I0056222

Bergmann · Schaefer
Lehrbuch der Experimentalphysik
Band 8   Sterne und Weltraum

Bergmann · Schaefer

Lehrbuch der Experimentalphysik

Band 8

Walter de Gruyter
Berlin · New York 2002

Sterne und Weltraum

Herausgeber Wilhelm Raith

Autoren

Hans Joachim Blome, Hilmar Duerbeck, Johannes V. Feitzinger,
Josef Hoell, Wolfgang Priester, Helmut Scheffler,
Fridtjof Speer

2., stark erweiterte und aktualisierte Auflage

W
DE
G

Walter de Gruyter
Berlin · New York 2002

Herausgeber

Dr.-Ing. Wilhelm Raith
Professor Emeritus
Universität Bielefeld
Fakultät für Physik
Postfach 100131
D-33501 Bielefeld
Email: raith@physik.uni-bielefeld.de

Das Buch enthält 277 Abbildungen, 7 Farbbilder und 45 Tabellen.

Die Deutsche Bibliothek – CIP-Einheitsaufnahme

Lehrbuch der Experimentalphysik / Bergmann ; Schaefer. – Berlin ; New York :
de Gruyter

Bd. 8. Sterne und Weltraum : [enthält 35 Tabellen] / Hrsg. Wilhelm Raith.
Autoren Hans Joachim Blome .... – 2., stark erw. und aktualisierte Aufl. –
2002
  ISBN 3-11-016866-9

⊚ Gedruckt auf säurefreiem Papier, das die US-ANSI-Norm über Haltbarkeit erfüllt.

© Copyright 2002 by Walter de Gruyter & Co., D-10785 Berlin. – Dieses Werk einschließlich
aller seiner Teile ist urheberrechtlich geschützt. Jede Verwertung außerhalb der engen Grenzen
des Urheberrechtsgesetzes ist ohne Zustimmung des Verlages unzulässig und strafbar. Das
gilt insbesondere für Vervielfältigungen, Übersetzungen, Mikroverfilmungen und die Einspei-
cherung und Verarbeitung in elektronischen Systemen. Printed in Germany.
Satz und Druck: Tutte Druckerei GmbH, Salzweg-Passau. Bindung: Lüderitz & Bauer GmbH,
Berlin. Einbandgestaltung: Hansbernd Lindemann, Berlin.

Vorwort zur 2. Auflage

Die stark erweiterte 2. Auflage ist ein modernes Textbuch für Astrophysik-Vorlesungen. Wie dem Bergmann-Schaefer angemessen, stehen Beobachtungen und Messungen im Vordergrund, doch die damit verbundenen Theorien werden ebenfalls ausführlich dargestellt.

Der erste Teil des Buches (Kapitel 1–3) ist den begrifflichen Grundlagen, Meßmethoden und Observatorien gewidmet, der zweite Teil (Kapitel 4–6) den astrophysikalischen Studienobjekten.

1. **Grundlagen der Astronomie:** Hier werden die astronomischen Koordinatensysteme und Zeit-Skalen sowie alle wichtigen Meßgrößen eingeführt. Ein kurzer historischer Rückblick verbindet die Astronomie mit der allgemeinen Natur- und Kulturgeschichte und beleuchtet die starke Wechselwirkung mit der Physik. Die Bedeutung des Internets für die Forschungsarbeit wird ausführlich dargestellt. Viele Web-Adressen erleichtern die Erschließung der „virtuellen Bibliothek", bestehend aus *on-line* Fachzeitschriften (auszugsweise), Katalogen, Datenarchiven und Software-Paketen zur Datenverarbeitung.

2. **Terrestrische Observatorien und Beobachtungstechniken:** Nach den Prinzipien für den Bau optischer Teleskope und den meßtechnischen Grundlagen der Photometrie, Spektroskopie und Polarimetrie werden moderne Observatorien behandelt. Im sichtbaren und infraroten Spektralbereich ergänzen sich die terrestrischen und extraterrestrischen Observatorien. Radioastronomie wird terrestrisch betrieben. Bei interferometrischen Messungen werden mehrere Radioteleskope im Verbund genutzt; für die *Very Long Baseline Interferometry* gibt es ein erstes Satelliten-Radioteleskop. Ebenfalls zu den terrestrischen Observatorien gehören Neutrino-Teleskope, großflächig verteilte Detektoren für den Nachweis der extrem hochenergetischen kosmischen Strahlung und Gammastrahlung sowie Antennen für Gravitationswellen.

3. **Extraterrestrische Observatorien:** Diese Errungenschaften des Raumfahrt-Zeitalters haben die astrophysikalischen Beobachtungsmöglichkeiten stark erweitert: Nun ist das gesamte elektromagnetische Spektrum für die Astrophysik zugänglich. Häufig erschließt sich die Natur der Objekte in unserer kosmischen Nachbarschaft erst durch die parallele Beobachtung in den verschiedenen Spektralbereichen. Eine Steigerung der Orts-, Energie- und Zeitauflösung der Instrumente führt daher oft zu spektakulären Erfolgen. Selbst mit der Beobachtung im sichtbaren Licht liefern Weltraumteleskope bahnbrechende Erkenntnisse, z. B. durch die astrometrischen Messungen, die die gestaffelten, miteinander verknüpften Methoden der Entfernungsbestimmung präzisieren.

4. **Sterne und interstellare Materie:** Diese Objekte werden zusammen behandelt, weil sie durch Sternbildungen und Sternexplosionen miteinander verbunden sind. Ob-

wohl wir jeden Stern nur in einem Augenblick seiner langen Entwicklungszeit beobachten können, repräsentieren die verschiedenen Sterne alle Entwicklungsstadien, so daß im 20. Jahrhundert die faszinierende Physik der Sternentwicklung weitgehend aufgeklärt werden konnte. Ein gerade neu entstehendes Forschungsgebiet ist die extrasolare Planetologie. (Die solare Planetologie wird in Band 7, „Erde und Planeten", ausführlich behandelt.)

5. **Galaxien:** Galaxien sind Systeme, die durch die Wechselwirkung der in ihnen enthaltenen Sterne und interstellaren Materie eine Vielzahl von Strukturen ausbilden und z.T. in ihren Zentren enorme Energiequellen besitzen. Für manche Besonderheiten, wie die Arme der Spiralgalaxien, gibt es interessante theoretische Ansätze, aber die Entwicklung der Galaxien ist noch größtenteils unverstanden. Anders als die Sterne sind die Galaxien vermutlich alle etwa zur gleichen Zeit entstanden. Mit modernen Teleskopen können sehr weit entfernte Galaxien erfaßt werden. Da der Blick in die Tiefe des Weltraums auch ein Blick in die Vergangenheit ist, wird so allmählich die Frühzeit der Galaxien der Beobachtung zugänglich.

6. **Kosmologie:** Vorstellungen von der Entwicklung des Universums sind nicht mehr nur Spekulationen, sondern Theorien, die getestet werden können durch Vergleich mit kosmologisch relevanten Meßdaten. Zudem muß die Beschreibung des ganz frühen Universums vereinbar sein mit den Gesetzen der Elementarteilchenphysik. Von besonderem aktuellen Interesse ist die schon von Einstein eingeführte kosmologische Konstante, für die jahrzehntelang der Wert null angenommen wurde. Nach jüngsten Erkenntnissen, zu denen die Autoren von Kapitel 6 wesentlich beigetragen haben, besitzt diese Konstante jedoch einen meßbaren positiven Wert; das entspricht einem beschleunigt expandierenden Universum.

Die 2. Auflage unterscheidet sich von der 1. in den folgenden Punkten:
- Erweiterung um die neuen Kapitel 1 und 2,
- stärkere Berücksichtigung der europäischen Beiträge in Kapitel 3,
- Neufassung des Kapitels 6,
- Aktualisierung aller Kapitel,
- Einfügung zahlreicher Internet-Adressen.

Leser, die sich allgemeinbildend für die Astrophysik interessieren, finden hier Information über alle interessanten neuen Entwicklungen. Zur Vertiefung des Stoffes wird auf weiterführende Literatur und einschlägige Quellen im Internet hingewiesen. Ein ausführliches Register erleichtert das Nachschlagen und hilft bei der Entschlüsselung von Akronymen.

Auf den Webseiten des Verlags (www.deGruyter.com) wird der Bergmann-Schaefer im Fachgebiet „Natural Sciences/Naturwissenschaften" vorgestellt. Bei Band 8 ist der Herausgebername ein Link zu meiner Homepage, wo weitere Information (falls nötig, auch Fehlerberichtigung) zu finden ist.

März 2002   *Wilhelm Raith*

Autoren

Prof. Dr. Hans Joachim Blome
Fachhochschule Aachen
Fachbereich 6: Raumfahrttechnik
Hohenstaufenallee 6
D-52064 Aachen
blome@fh-aachen.de

Hon.-Prof. Dr. Hilmar W. Duerbeck
Astronomy Group, WE/OBSS
Vrije Universiteit Brussel
Pleinlaan 2
B-1050 Brussel
Belgien
1985–1997 Westfälische Wilhelms-
Universität Münster
hduerbec@vab.ac.be

Prof. Dr. Johannes V. Feitzinger
Direktor
Sternwarte Bochum/Zeiss Planetarium
Castroper Straße 67
D-44777 Bochum
und Ruhr-Universität Bochum
Astronomisches Institut
planetarium@bochum.de

Dipl.-Phys. Josef Hoell
Deutsches Zentrum für Luft- und
Raumfahrt e.V. (DLR)
Raumfahrtmanagement
Projekte Extraterrestrik
Königswinterer Straße 522–524
D-53227 Bonn
josef.hoell@dlr.de

Prof. em. Dr. Wolfgang Priester
Universität Bonn
Institut für Astrophysik und
extraterrestrische Forschung
Auf dem Hügel 71
D-53121 Bonn
priester@astro.uni-bonn.de

Prof. Dr. Helmut Scheffler
Torgartenstaße 21
D-74931 Lobenfeld
1963–1991 Landessternwarte
Heidelberg-Königsstuhl
und Universität Heidelberg

Dr. Fridtjof Speer
4920 Canterwood Drive NW
Gig Harbor, WA 98332, USA
1960–1987 NASA,
Marshall Space Flight Center
1987–1991 University of Tennessee,
Space Institute
fridspeer@aol.com

Inhalt

1 Grundlagen der Astronomie

Hilmar W. Duerbeck

1.1 Kosmische Informationsträger

Die Bände 1 bis 6 des Lehrbuchs handeln von der Physik, wie sie sich aus Beobachtungen des täglichen Lebens und in Versuchsanordnungen im Labor erschließt. Im siebten Band tritt die Physik in den extraterrestrischen Raum, aber auch hier können seit dem Beginn der Weltraumfahrt Messungen und Experimente im interplanetaren Raum und auf den Planeten des Sonnensystems gemacht werden. Die im vorliegenden Band behandelten Erkenntnisse beziehen sich jedoch fast ausnahmslos auf Dinge jenseits des Sonnensystems. Sie beruhen nicht auf direkten Experimenten: allein die **Beobachtung** der elektromagnetischen Strahlung, der Teilchenstrahlung und der Gravitation liefern dem Forscher Informationen über die physikalischen und chemischen Eigenschaften der Himmelskörper außerhalb des Sonnensystems und die dort ablaufenden Prozesse.

Wir wollen zunächst die Information betrachten, die wir aus dem Studium der von den Himmelskörpern ausgesandten elektromagnetischen Strahlung im optischen Bereich gewinnen. Das erste Kapitel gibt eine kurze Einführung in die **klassische Astronomie**. Es erläutert Konzepte der Orts- und Zeitmessung und enthält eine kurze Geschichte der Astronomie. Ein Überblick über Zeitschriften, Datenarchive und Möglichkeiten der Datenanalyse schließt das Kapitel ab.

1.1.1 Der Strahlungsstrom

Allgemein können wir die Quantität, die Qualität, und die Richtungsinformation der elektromagnetischen Strahlung unterscheiden. Mit Quantität bezeichnen wir die Menge der uns pro Flächen- und Zeiteinheit von einem Himmelskörper zugesandten Strahlung, mit Qualität die spektrale Zusammensetzung sowie die Polarisation der Strahlung, und mit Richtungsinformation sowohl die aktuelle Richtung, aus der wir die Strahlung empfangen, wie auch im Fall eines flächenhaften Objektes die Helligkeitsverteilung an der Himmelssphäre.

Wir wollen zunächst die **Quantität der Strahlung** betrachten, also die über alle Wellenlängen (und Polarisationswinkel) aufsummierte Menge der Strahlung eines Himmelskörpers, die pro Flächen- und Zeiteinheit auf der Erde einfällt. In der Lichttechnik bezeichnet man diese Größe als **Bestrahlungsstärke** E einer Quelle, die in Lux (lx, Lumen/m²) gemessen wird. In der optischen Astronomie wird seit dem Altertum (s. Abschn. 1.8) die Helligkeit von Sternen in Größenklassen m (englisch:

magnitude) angegeben. Bestrahlungsstärken werden in der optischen Astronomie als **scheinbare Helligkeiten** gemessen. „Scheinbar" ist hier im Sinn von „augenscheinlich" aufzufassen: es sind die direkt aus der Himmelsbeobachtung ermittelten Helligkeiten, die nichts über die Strahlungsleistungen der Sterne verraten: ein schwach erscheinender Stern kann ein in geringer Entfernung stehender leuchtschwacher Stern oder ein in großer Entfernung stehender leuchtstarker Stern sein.

Besitzen zwei Sterne die Bestrahlungsstärken E_1 und E_2, so ist der Unterschied in den scheinbaren Helligkeiten

$$m_1 - m_2 = -2.5 \log(E_1/E_2), \tag{1.1}$$

bzw. es gilt:

$$\frac{E_1}{E_2} = 10^{-0.4(m_1 - m_2)}. \tag{1.2}$$

Aus den Gleichungen ergibt sich, daß schwächer erscheinende Sterne größere scheinbare Helligkeiten besitzen, und daß ein Faktor 100 in der Beleuchtungsstärke einer Helligkeitsdifferenz von 5 Größenklassen entspricht. Wir haben bislang nur die Strahlung betrachtet, für die das menschliche Auge empfindlich ist, und deshalb handelt es sich bei der Größe m um die **scheinbare visuelle Helligkeit** m_{vis}. Die hellsten Fixsterne am Himmel besitzen scheinbare visuelle Helligkeiten, die etwa bei der nullten Größe ($m_{vis} = 0$) liegen. Ein Stern mit $m_{vis} = 0$ erzeugt eine Bestrahlungsstärke von $2.54 \cdot 10^{-6}$ lx. Der Einheit Lux (lx) liegt die Helligkeitsempfindung des Auges zugrunde. Trifft ein Lichtstrom von 1 lm (Lumen) auf eine Fläche von 1 m², erzeugt er die Bestrahlungsstärke 1 lx. Die Strahlungsleistung 1 W, abgegeben bei einer Wellenlänge von 550 nm, bei der das Maximum der Empfindlichkeit des menschlichen Auges liegt, entspricht 680 lm. Betrachten wir eine gewöhnliche 100-Watt-Lampe, die mit 1.5-prozentiger Effizienz sichtbares Licht abgibt. Ihr Lichtstrom beträgt 1000 lm. Von einer Entfernung von 11 km aus gesehen, ist ihr Licht dem eines Sterns der nullten Größe vergleichbar, wobei wir die Lichtabschwächung in der irdischen Atmosphäre vernachlässigen wollen. In 112 km Entfernung ist ihre Helligkeit auf die 5. Größe abgesunken (Sterne 5. Größe kann man noch ohne Mühe mit dem bloßen Auge erkennen).

Die hellsten am Himmel sichtbaren Sterne sind von der nullten Größe (0^m), die schwächsten mit dem bloßen Auge erkennbaren Sterne besitzen sechste Größe (6^m), die schwächsten mit dem Hubble-Weltraumteleskop nachgewiesenen Objekte liegen bei 30^m – das Verhältnis der Bestrahlungsstärken der schwächsten noch nachweisbaren Sterne und der hellsten Sterne beträgt 1 : 1 Billion. Einige Objekte des Sonnensystems besitzen noch größere scheinbare Helligkeiten: die Sonne hat $m_{vis} = -26\overset{m}{.}75$, der Vollmond $m_{vis} = -12\overset{m}{.}7$.

Abb. 1.1 zeigt den Fortschritt in der Nachweisempfindlichkeit schwacher astronomischer Objekte, verglichen mit dem menschlichen Auge. Der rasche Anstieg in den letzten Jahrzehnten ergibt sich aus der Verwendung lichtelektrischer Empfänger statt der photographischen Emulsion, und aus dem Einsatz des Hubble-Weltraumteleskops, das punktförmige Objekte aufgrund seiner besseren Winkelauflösung und der reduzierten Himmelshelligkeit effizienter nachweisen kann.

Die Definition der scheinbaren Helligkeit läßt sich leicht auf Strahlung in Wellenlängenbereichen, für die das Auge wenig oder gar nicht empfindlich ist, er-

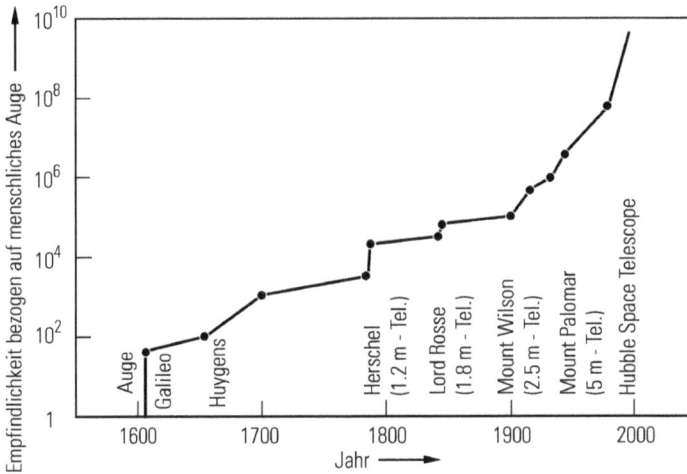

Abb. 1.1 Fortschritt in der Nachweisempfindlichkeit schwacher astronomischer Objekte im Lauf der Jahrhunderte.

weitern. Statt der nur im visuellen Bereich gültigen Bestrahlungsstärke definieren wir für beliebige Wellenlängen λ oder Frequenzen ν die **spektrale Strahlungsfluß-dichte** (engl. *luminous flux* oder einfach *flux*) als S_λ in $\mathrm{W\,m^{-2}\,nm^{-1}}$ oder S_ν in $\mathrm{W\,m^{-2}\,Hz^{-1}}$; die Größe S (ohne Index) soll die über das gesamte Spektrum (oder ein bestimmtes spektrales Intervall, das meist durch die Empfängertechnik vorgegeben ist) integrierte Strahlungsflußdichte anzeigen.

In der nicht mit historischem Ballast befrachteten Radioastronomie verwendet man keine Größenklassen, sondern ausschließlich spektrale Strahlungsflußdichten; als Einheit von S_ν wird oft 1 Jansky $= 1\,\mathrm{Jy} = 10^{-26}\,\mathrm{W\,m^{-2}\,Hz^{-1}}$ verwendet. Auch in der optischen und der Infrarotastronomie werden Strahlungsflußdichten manchmal in Jansky angegeben.

1.1.2 Die spektrale Zusammensetzung

Um die **Qualität der Strahlung**, d. h. die spektrale Zusammensetzung, zu ermitteln, kann man mit Hilfe eines **Spektrographen** ein Spektrum der Lichtquelle aufzeichnen. Arbeitsmethoden der **astronomischen Spektroskopie** werden im 2. Kapitel beschrieben. Die **Photometrie** eines Sterns in verschiedenen Farbbereichen liefert eine grobe Information über die spektrale Verteilung des Lichts. Die Verwendung eines Farbglases (oder einer Kombination von Farbgläsern) in Form eines „Filters" in Verbindung mit der Empfindlichkeitsverteilung des verwendeten Strahlungsempfängers ermöglicht die Lichtmessung in bestimmten Wellenlängenintervallen. Physikalische und praktische Erwägungen führen so zur Entstehung **astronomischer Farbsysteme**. Historisch an erster Stelle stehen die visuellen und photographischen Helligkeiten: Da das menschliche Auge vorzugsweise im grünen Spektralbereich empfindlich ist, die unsensibilisierte photographische Platte jedoch im blauen, weisen visuelle (vis) und photographische (pg) Helligkeiten von Sternen verschiedener Oberflächentemperatur unterschiedliche Werte auf. Nachdem man diese Tatsache erkannt hatte, machte man sie sich zunutze und definierte einen **Farbindex** *C. I.* (engl. *color index*):

$$C.I. = m_{\mathrm{pg}} - m_{\mathrm{vis}}. \tag{1.3}$$

Ein solcher Farbindex, wie er auch für andere Farbsysteme definiert werden kann, hängt im wesentlichen von der Oberflächentemperatur eines Sterns ab (heiße Sterne sind blau und besitzen negative Farbindizes, kühle Sterne sind rot und weisen positive Farbindizes auf). Aber auch der Druck und die chemische Zusammensetzung an der Sternoberfläche haben einen Einfluß auf den Farbindex. Überdies verursacht der Staub im Raum zwischen den Sternen eine Rötung des Lichts. Farbindizes liefern Informationen über all diese Eigenschaften. Wir werden in Abschn. 2.3 genauer auf die Möglichkeiten der astronomischen Photometrie eingehen.

1.1.3 Die Richtung, aus der Strahlung zu uns dringt

Die Richtung, aus der wir die Strahlung empfangen, enthält wichtige Informationen über die Verteilung der Objekte an der Himmelskugel und ihre Beschaffenheit. Die meisten Sterne erscheinen selbst in großen optischen Teleskopen nahezu punktförmig. Ein Sternscheibchen verrät uns zunächst nur etwas über die optische Güte des Teleskops und den Zustand der Erdatmosphäre. Allerdings gibt uns die zeitliche Änderung der Richtung, aus der wir die Strahlung eines Sterns empfangen, Hinweise über die Bewegung der Erde und des strahlenden Objektes, worauf später eingegangen werden soll. Flächenhafte Objekte (Gasnebel, Sternhaufen, Galaxien) liefern zusätzliche Richtungsinformationen, die uns etwas über die Struktur der Himmelskörper verraten. Die Messung von Richtungen setzt aber das Vorhandensein geeigneter **Koordinatensysteme** voraus, mit denen wir uns jetzt beschäftigen wollen.

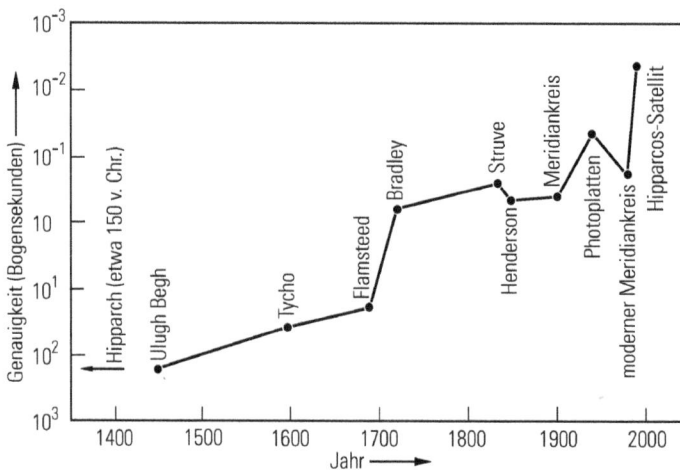

Abb. 1.2 Fortschritt in der Genauigkeit der Ortsbestimmung astronomischer Objekte, gemessen in Bogensekunden.

In Abb. 1.2 ist der Fortschritt in der Genauigkeit der Ortsbestimmung astronomischer Objekte, gemessen in Bogensekunden, illustriert. Die Punkte stehen für die Genauigkeit der Sternkataloge von Hipparch, Ulugh Begh, Tycho Brahe, John Flamsteed, James Bradley, und die Messungen in kleinen Feldern von Otto Struve und auf photographischen Platten. Die globale Meridiankreisastronomie hat im 20. Jahrhundert ihre Genauigkeit nur unwesentlich steigern können; einen großen Fortschritt stellen die Messungen des Hipparcos-Satelliten dar.

1.2 Koordinatensysteme

Für einen Beobachter auf der Erde kann zunächst das **Horizontsystem** (Abb. 1.3) definiert werden. Die örtliche vertikale Richtung (der **Vertikal**) läßt sich mit Hilfe eines Lots bestimmen, die darauf senkrecht stehende Ebene ist die Horizontalebene, die die Himmelskugel im astronomischen **Horizont** schneidet. Der Vertikal trifft der Himmelskugel im **Zenit** (über dem Kopf des Beobachters) und im **Nadir**. Die durch den Zenit und den sichtbaren Himmelspol gehende Ebene ist die Meridianebene des Beobachtungsortes, die die Himmelskugel im astronomischen **Meridian** schneidet. Dieses **lokale Koordinatensystem** ist nur von lokalem Interesse; wollen zwei Astronomen an verschiedenen Orten ihre Beobachtungsergebnisse vergleichen, muß man sich auf ein allgemein verbindliches Koordinatensystem festlegen.

Betrachten wir nun die Richtungsinformation, die wir aus der Beobachtung eines Gestirns erhalten. Für einen irdischen Beobachter (außerhalb der Pole) gehen Himmelskörper im Osten auf und im Westen unter. Dies wird durch die Erdrotation von West nach Ost verursacht, die mit Hilfe des Foucaultschen Pendelversuchs nachgewiesen werden kann.

Zunächst betrachten wir die Bewegung der Sonne am Himmel. Die Zeitdifferenz zwischen zwei Durchgängen der mittleren Sonne durch den Meridian ist die Definition eines **mittleren Sonnentages**. Diese „mittlere Sonne" ist ein hypothetisches Gestirn, das sich mit konstanter Winkelgeschwindigkeit am Himmelsäquator entlangbewegt. Die „wahre" Sonne läuft hingegen mit veränderlicher Geschwindigkeit (wegen der Elliptizität der Erdbahn) entlang der Ekliptik (wegen der Neigung der Erdachse in Bezug auf die Erdbahn). Die **Ekliptik**, die Bahn der wahren Sonne am Himmel, ist ein zum Äquator geneigter Großkreis, der durch die Sternbilder des Tierkreises verläuft. Auch die Bahnen der Planeten und des Mondes verlaufen in der Nähe der Ekliptik.

Bis 1964 war die Zeiteinheit Sekunde als der 84600-ste Teil des mittleren Sonnentages definiert. Hätte man die Bewegung der wahren Sonne der Definition des Tages zugrundegelegt, würden der Tag und die Sekunde keine konstanten Zeitintervalle darstellen. Aber es hat sich herausgestellt, daß auch die „mittlere Sonne" keine genaugehende Uhr darstellt. Abschn. 1.5 wird uns eine genauere Definition des in der Physik und Astronomie verwendeten Zeitmaßstabs, der **Sekunde**, geben.

Bekanntlich haben Orte auf verschiedenen Längengraden unterschiedliche „lokale" Sonnenzeiten; die vor etwa 100 Jahren erfolgte Einführung von Zeitzonen hat zur Folge, daß nur 24 verschiedene **Zonenzeiten** in Benutzung sind. Die **mitteleuropäische Zeit** (MEZ) ist eine dieser Zonenzeiten. Dies bringt es mit sich, daß nur an wenigen Orten um 12 Uhr mittags die mittlere oder auch die wahre Sonne genau in Südrichtung zu finden ist. Im Fall der MEZ steht die mittlere Sonne z. B. in Görlitz (und allen anderen Orten auf demselben Längenkreis) um 12 Uhr mittags genau im Süden. In den allermeisten Orten in Deutschland tritt der „wahre Mittag", an dem die Sonne ihren höchsten Stand erreicht, erst nach 12:00 MEZ ein – und bei Gültigkeit der Mitteleuropäischen Sommerzeit (MESZ) erst nach 13:00 MESZ.

Wird die wahre Sonne zur Zeitbestimmung verwendet (z. B. mit Hilfe einer Sonnenuhr), muß eine Korrektur angebracht werden, um aus der **wahren Sonnenzeit** die **mittlere Sonnenzeit** zu erhalten, die sogenannte **Zeitgleichung**. Diese ungefähr doppelsinusförmige Funktion mit einer Periode von einem Jahr ist auf manchen aufwendigen Sonnenuhren angebracht. Man beachte, daß die mittels Sonnenuhr bestimmte **mittlere Sonnenzeit** natürlich die lokale Sonnenzeit ist, und daß diese im Sommer dazu noch eine Stunde hinter der MESZ hinterherhinkt.

Die Zeit zwischen zwei aufeinanderfolgenden Meridiandurchgängen eines Fixsternes beträgt 23 Stunden und 56 Minuten. Dieses Zeitintervall ist die Länge eines **Sterntages**. In einem Jahr rotiert die Erde von der Sonne aus gesehen 365 mal um ihre Achse – ein Jahr hat rund 365 Tage –, sie bewegt sich aber zusätzlich einmal um die Sonne, d. h. von den Sternen aus gesehen rotiert sie 366 mal. Somit hat ein Jahr 366 Sterntage, die also etwas kürzer als Sonnentage sind, wie wir schon gesehen haben. Während uns die gewöhnliche Uhrzeit etwas über die Stellung der Sonne am Himmel verrät, sagt uns die **Sternzeit** etwas über die Stellung der Fixsterne, genauer gesagt, die Lage eines bestimmten Punktes am Himmel, des Frühlingspunktes.

So wie Orte mit unterschiedlichen Längengraden unterschiedliche lokale Sonnenzeiten haben, so hat jeder Ort auch seine eigene „lokale" Sternzeit (im folgenden als θ bezeichnet). Auf jeder Sternwarte findet man Uhren, die die Sternzeit anzeigen; sie dienen zum Pointieren der Teleskope auf Himmelsobjekte.

Das wichtigste Koordinatensystem, in dem Sternpositionen gemessen werden, ist das **Äquatorialsystem** (Abb. 1.4), dessen Pole in der Verlängerung der Erdpole liegen, und dessen Äquator analog dem Erdäquator ist. Betrachten wir zunächst die Erdkugel: Hier muß ein Großkreis, der durch beide Pole geht, als sogenannter „Hauptmeridian" festgelegt werden; man nimmt den durch die alte Sternwarte von Greenwich laufenden Großkreis als Hauptmeridian, und mißt die geographischen Längen in Graden „östlich" oder „westlich" von Greenwich. Die geographische Breite wird einfach als „nördlich" oder „südlich" des Erdäquators angegeben.

Auf der Himmelskugel verfährt man analog. Hier ergibt sich die Lage des Hauptmeridians aus einem der Schnittpunkte des Himmelsäquators mit der Sonnenbahn (der Ekliptik), die ein zum Äquatorialsystem geneigter Großkreis ist. Der Schnittpunkt, an dem die Sonne am Frühlingsanfang steht, wird als **Frühlingspunkt** bezeichnet. Er ist der Ursprung der Längengradzählung auf der Himmelskugel. Analog der Lokalisierung eines Ortes auf der Erde mittels der Angabe der geographischen Länge und Breite verwendet man bei der Lokalisierung eines Sterns auf der Himmelskugel die **Rektaszension** (α, gemessen in Grad, oder noch häufiger, in Stunden, Minuten, Sekunden, gezählt vom Frühlingspunkt nach Osten) und die Deklination δ (in Grad, nördlich oder südlich des Himmelsäquators). Im α-Winkelmaß entspricht eine Stunde 15 Grad, eine Minute 1/4 Grad oder 15 Bogenminuten: $1^h = 15°$, $1^m = 15'$, $1^s = 15''$, d. h. in einer Zeitsekunde wandert ein Stern am Äquator 15 Bogensekunden weiter.

Das Auffinden von Sternen mit Hilfe eines „parallaktisch" aufgestellten Fernrohrs, dessen eine Achse (die Stundenachse) parallel zur Achse durch die Himmelspole ist, und deren andere (die Deklinationsachse) senkrecht darauf steht, ist denkbar einfach: Auf dem Deklinationskreis wird die Deklination des gewünschten Objekts eingestellt, auf dem Stundenkreis der **Stundenwinkel** t, der sich wie folgt berechnet:

$$t = \theta - \alpha, \tag{1.4}$$

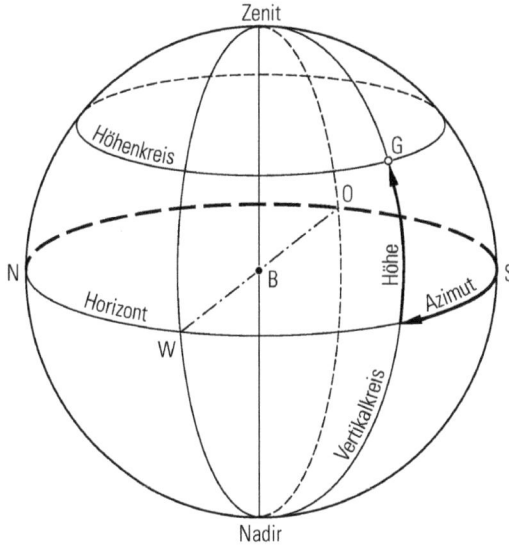

Abb. 1.3 Horizontsystem. N: Nordpunkt, O: Ostpunkt, S: Südpunkt, W: Westpunkt, B: Beobachtungsort, G: Gestirn.

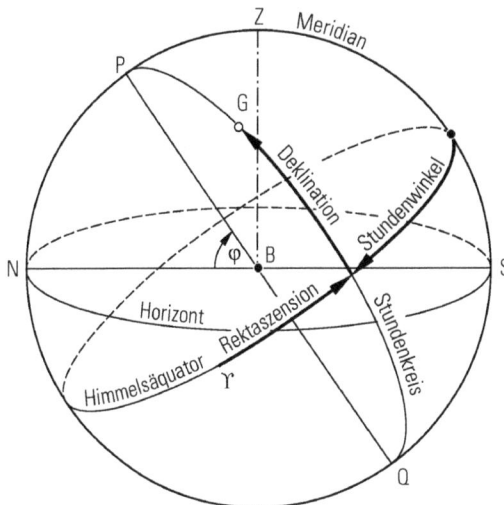

Abb. 1.4 Äquatoriales Koordinatensystem. N: Nordpunkt, O: Ostpunkt, S: Südpunkt, W: Westpunkt, B: Beobachtungsort, G: Gestirn, Z: Zenit, P: nördlicher Himmelspol, Q: südlicher Himmelspol, ♈: Frühlingspunkt, φ: geographische Breite des Beobachtungsortes.

d.h. Stundenwinkel = Sternzeit − Rektaszension. Die Rektaszension wird praktischerweise im Zeitmaß angegeben, und der „Stundenkreis" eines Fernrohrs ist in 24^h anstatt in $360°$ geteilt.

Da die Rektaszension des Frühlingspunktes 0^h ist, ist die Sternzeit also immer gleich dem Stundenwinkel des Frühlingspunktes. Ein Stern mit einer bestimmten Rektaszension, nehmen wir an 6 h, hat um sechs Uhr Sternzeit den Stundenwinkel 0^h, erreicht seinen höchsten Punkt am Himmel und geht zu diesem Zeitpunkt im Süden „durch den Meridian", d.h. er wechselt von der östlichen in die westliche Hemisphere.

Die Neigung der Erdachse beträgt ca. $23\frac{1}{2}$ Grad zur Normalen der Sonnenbahnebene. Ein geneigter Kreisel, auf den ein Drehmoment einwirkt, zeigt eine **Präzession**, d.h. seine Drehachse ist nicht raumfest. Im Fall der Erde wirkt das inhomogene Gravitationsfeld von Mond und Sonne auf den Äquatorwulst des Erdkörpers und versucht, die Polachse senkrecht zu den Bahnebenen auszurichten. Deshalb zeigt die Polachse der Erde nicht immer auf die gleiche Stelle des Himmels, sondern beschreibt in etwa 25 770 Jahren einen Kreis mit dem Öffnungswinkel $23°27'8''.26$ um den Pol der Ekliptik. Dies hat nicht nur zur Folge, daß unser heutiger Polarstern in einigen Jahrhunderten ausgedient hat, und andere Sterne an seine Stelle treten werden: der Frühlingspunkt, Schnittpunkt von Himmelsäquator und Ekliptik, ist in ständiger Bewegung, und mit ihm alle äquatorialen Koordinaten der Sterne. Sternkataloge besitzen deshalb nur zu einem ganz bestimmten Zeitpunkt Gültigkeit: sie gelten z.B. für das mittlere **Äquinoktium** und den Äquator zum Zeitpunkt J2000.0, also den Beginn des Julianischen Jahres 2000 (s. dazu auch Abschn.1.5). In der Regel sind die Sternpositionen zu einem anderen Zeitpunkt (der Epoche) ermittelt worden, und auf das Äquinoktium eines Katalogs vor- oder zurückgerechnet worden. Sternkataloge haben also eine (mittlere) Epoche (z.B. J1991.25 für den Hipparcos-Katalog, s.u.). Um aktuelle Sternkoordinaten zu erhalten, muß der Astronom die **Präzession** an die Sternpositionen anbringen.

Näherungsweise gilt als jährliche Änderung der Koordinaten aufgrund der Präzession:

$$\Delta\alpha = 3.07327 + 1.33617 \sin\alpha \tan\delta \text{ (in Sekunden pro Jahr)}, \tag{1.5}$$

$$\Delta\delta = 20.0426 \cos\alpha \text{ (in Bogensekunden pro Jahr)}. \tag{1.6}$$

Abb. 1.5 zeigt einen Ausschnitt aus einer Sternkarte des Millennium-Atlas, der auf den Sternpositionen des Hipparcos-Satelliten beruht. Das zugrundeliegende Koordinatensystem ist das Äquatorialsystem mit dem Äquinoktium J2000.0. Sterne sind als schwarze Punkte, Galaxien als offene Kreise oder Ellipsen eingezeichnet. Veränderliche Sterne sind mit einem gepunkteten Kreis umgeben. Bei einigen Sternen ist die Entfernung in Lichtjahren (ly) angegeben, bei einigen auch mittels eines Pfeils die Eigenbewegung in 1000 Jahren. Das Blatt zeigt einen Ausschnitt des Sternbildes Orion mit einem Gasnebel, der ein Begleiter des großen Orionnebels ist. Abb. 1.6 stellt einen Ausschnitt aus dem Himmelsareal der Abb.1.5 dar, wie er auf einer photographischen Himmelsaufnahme erscheint. Das Bild stammt aus einem im Internet verfügbaren Himmelsatlas, dem Digital Sky Survey, der auf von Schmidt-Teleskopen aufgenommenen Photoplatten beruht.

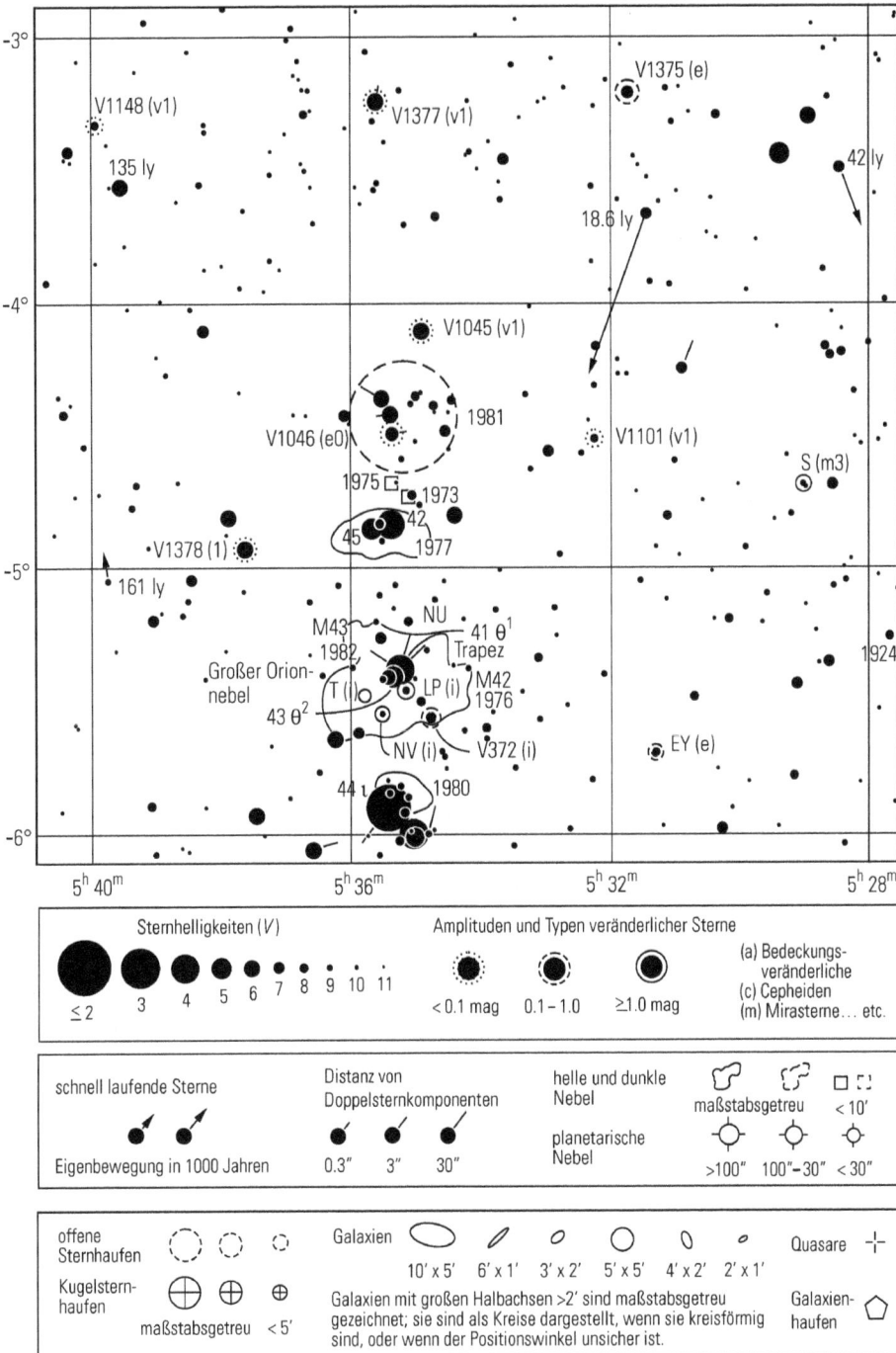

Abb. 1.5 Ausschnitt aus einem Blatt einer Sternkarte aus dem Millennium-Atlas (© Sky Publishing Corporation).

Abb. 1.6 Ein $1° \times 1°$ großes Gebiet einer photographischen Himmelskarte, zentriert auf die Mitte des Kartenausschnitts von Abb. 1.5 (© 1993–2000 by AAO and AURA).

Neben dem Äquatorialsystem ist in der Astronomie das **Ekliptikalsystem** in Gebrauch, in dem die Positionen von Sonne, Mond und Planeten angegeben werden können. Es fällt mit der Sonnenbahn am Himmel zusammen, und ist für die Berechnungen der Bahnen von Körpern des Sonnensystems von Nutzen. Die ekliptikale Länge wird vom Frühlingspunkt aus entlang der Ekliptik in östlicher Richtung gezählt.

Schließlich ist das **galaktische Koordinatensystem** (mit den Achsen galaktische Länge und Breite) zu erwähnen; es dient vor allem dem Studium der Verteilung galaktischer und extragalaktischer Objekte. Seine Bezugsebene geht durch die Sonne und die Ebene des Milchstraßensystems. Die galaktische Länge wird im gleichen Sinne wie die Rektaszension gezählt, wobei der Anfangspunkt in Richtung des Milchstraßenzentrums liegt.

1.3 Sternpositionen

Einer der Pioniere der Positionsastronomie, Friedrich Wilhelm Bessel, sah die eigentliche Aufgabe der Astronomie darin, „Regeln für die Bewegung jedes Gestirns zu finden, aus welchen sein Ort für jede beliebige Zeit folgt." Zur Ermittlung von Sternpositionen dient beispielsweise ein **Meridiankreis**. Dies ist ein Fernrohr, das nur um eine Achse, die genau in Ost-West-Richtung zeigt, gedreht werden kann. Man kann also nur Sterne beobachten, die im Begriff sind, den Meridian zu passieren. Aus der gemessenen Zenitdistanz z (in Grad) und der geographischen Breite des Beobachtungsortes φ läßt sich die Deklination δ, aus dem Zeitpunkt θ des Durchgangs des Sterns durch den Meridian, gemessen in Sternzeit, läßt sich die Rektaszension α eines Gestirns am Himmel berechnen:

$$\delta = \varphi \pm z \tag{1.7}$$

(das Vorzeichen hängt davon ab, ob der Stern nördlich $(+)$ oder südlich $(-)$ des Zenits den Meridian kreuzt), und

$$\alpha = \theta. \tag{1.8}$$

Dieser gemessene Ort muß zunächst vom Effekt der atmosphärischen Strahlenbrechung befreit werden. Gäbe es keine Atmosphäre, würde man die wahre Zenitdistanz z' messen. Die Strahlenbrechung bewirkt eine scheinbare Anhebung des Ortes eines Gestirns; die scheinbare Zenitdistanz z ist also immer kleiner als die wahre Zenitdistanz z'. Der Brechungsindex (die Brechzahl) der Atmosphäre an der Erdoberfläche hängt von Druck und Temperatur der Luft ab. Unter mittleren meteorologischen Bedingungen ist der Brechungsindex von Luft $\mu = 1.000293$, und bei nicht allzu großen Zenitdistanzen gilt

$$\sin z' = \mu \sin z. \tag{1.9}$$

Der so korrigierte Ort eines Sterns wird als **scheinbarer Ort** bezeichnet. Die Präzession bewirkt, wie schon erwähnt, eine fortschreitende Änderung der Äquatorialkoordinaten, und deshalb ändert sich der scheinbare Ort eines Sterns von Tag zu Tag. Hinzu kommt eine periodische Schwankung der Äquatorebene, die durch die Mondbewegung verursacht wird und von den Astronomen als **Nutation** bezeichnet wird (in der Kreiselphysik hat der Begriff Nutation eine andere Bedeutung). Als weiterer Effekt, der die Position eines Objekts am Himmel beeinflußt, tritt bei Objekten des Sonnensystems die tägliche Parallaxe hinzu. Sie beruht auf der täglichen Rotation der Erde um ihre Achse, die den Beobachter in einer gleichförmigen Bahn um den Erdmittelpunkt herumbewegt. Aus den auf den Beobachtungsort bezogenen topozentrischen Koordinaten müssen die geozentrischen Koordinaten eines Planeten berechnet werden, die einen Vergleich mit den Meßergebnissen an anderen Sternwarten ermöglichen.

Die **tägliche Parallaxe** besitzt als Basislinie den Erddurchmesser. Im Gegensatz dazu verursacht die Bewegung der Erde um die Sonne die **jährliche Parallaxe**, die bei nicht allzu weit entfernten Fixsternen meßbar ist und die zur Entfernungsbestimmung in der näheren Sonnenumgebung verwendet werden kann. Neben dieser Parallaxe tritt bei Fixsternen die **jährliche Aberration** des Lichtes in Erscheinung. Die Aberration besteht in einer Drehung der Visierlinie zu einem Stern in Richtung der Bewegung der Erde. Der Drehwinkel ist proportional zum Verhältnis der Geschwindigkeit der Erde und des Lichtes. Der Verschiebungswinkel σ eines Sterns beträgt

$$\sigma = k \sin \gamma, \tag{1.10}$$

wobei γ der Winkel zwischen der Bewegungsrichtung der Erde und der Richtung des Sterns ist, und k die Aberrationskonstante ist ($k = 20\overset{''}{.}47$). Analog führt die

Rotation der Erde zu einer wesentlich kleineren **täglichen Aberration**, die von der geographischen Breite abhängig ist.

Bei den bisherigen Betrachtungen haben wir die Fixsterne als raumfest angesehen. Sterne besitzen jedoch eine Raumbewegung, die in eine Bewegung in der Sichtlinie (die mittels des Dopplereffekts spektroskopisch meßbare **Radialgeschwindigkeit** in km/s) und eine Bewegung an der Sphäre (die **Eigenbewegung**, die allgemein in Bogensekunden pro Jahr angegeben wird) aufgespalten werden kann. Die Eigenbewegung beeinflußt also ebenfalls den Ort eines Sterns am Himmel.

Will man aus einer Beobachtung eines Sterns seinen **mittleren Ort** für ein bestimmtes Äquinoktium und eine bestimmte Epoche berechnen, muß man all diese Korrekturen an die Messung anbringen. Will man hingegen den Ort eines Sterns zur Bestimmung der geographischen Breite eines Ortes auf der Erde verwenden, muß man an seinem aus einem Sternkatalog entnommenen mittleren Ort all diese Korrekturen vornehmen, um seinen scheinbaren Ort zu berechnen, der dann zur Bestimmung der geographischen Breite verwendet werden kann. Analoges gilt für die Bestimmung der geographischen Länge; hier benötigt man zusätzlich eine genaue Zeitinformation. Das Problem der Ortsbestimmung spielte in den vergangenen Jahrhunderten in der Astronomie, Geodäsie und der Seefahrt eine dominierende Rolle. Heutzutage befinden sich Empfänger für Signale des satellitengestützten Globalen Positionierungssystems (GPS) schon in vielen Fahrzeugen auf unseren Straßen, und ersparen dem Navigator Beobachtungen, Berechnungen ... und das Warten auf klaren Himmel!

Abb. 1.7 zeigt die ersten von insgesamt 118 322 Einträgen des Hipparcos-Sternkatalogs. Die Tabelle gibt die Sternörter für das Äquinoktium J2000.0 und die Epoche J1991.25 im Äquatorialsystem wieder. Rektaszension und Deklination sind näherungsweise in der Rubrik „Descriptor" im üblichen Maß von Stunden, Minuten, Sekunden, Grad, Bogenminuten, Bogensekunden, und anschließend in der Rubrik „Position" mit höchster Genauigkeit in Grad und Bruchteilen von Grad angegeben.

Number HIP	Descriptor: epoch J1991.25			Position: epoch J1991.25			Par.	Proper Motion		Standard Errors				
	RA h m s	Dec ±° ′ ″	V mag	α deg	(ICRS)	δ deg	π mas	$\mu_{\alpha*}$	μ_δ mas/yr	α* mas	δ mas	π mas	$\mu_{\alpha*}$	μ_δ mas/yr
1	2	3	4	5 6	7	8	9	10	11	12	13	14	15 16	17 18
1	00 00 00.22	+01 05 20.4	9.10	H	0.000 911 85	+01.089 013 32	3.54	−5.20	−1.88	1.32	0.74	1.39	1.36	0.81
2	00 00 00.91	−19 29 55.8	9.27	G	0.003 797 37	−19.498 837 45 +	21.90	181.21	−0.93	1.28	0.70	3.10	1.74	0.92
3	00 00 01.20	+38 51 33.4	6.61	G	0.005 007 95	+38.859 286 08	2.81	5.24	−2.91	0.53	0.40	0.63	0.57	0.47
4	00 00 02.01	−51 53 36.8	8.06	H	0.008 381 70	−51.893 546 12	7.75	62.85	0.16	0.53	0.59	0.97	0.65	0.65
5	00 00 02.39	−40 35 28.4	8.55	H	0.009 965 34	−40.591 224 40	2.87	2.53	9.07	0.64	0.61	1.11	0.67	0.74
6	00 00 04.35	+03 56 47.4	12.31	G	0.018 141 44	+03.946 488 93	18.80	226.29	−12.84	4.03	2.18	4.99	6.15	3.20
7	00 00 05.41	+20 02 11.8	9.64	G	0.022 548 91	+20.036 602 16	17.74	−208.12	−200.79	1.01	0.79	1.30	1.13	0.82
8	00 00 06.55	+25 53 11.3	9.05 3 H	0.027 291 60	+25.886 474 45	5.17	19.09	−5.66	1.70	0.93	1.95	1.54	0.88
9	00 00 08.48	+36 35 09.4	8.59	H	0.035 341 89	+36.585 937 77	4.81	−6.30	8.42	0.86	0.55	0.99	1.02	0.65
10	00 00 08.70	−50 52 01.5	8.59	H	0.036 253 09	−50.867 073 60	4.96	42.23	40.02	0.77	0.73	1.10	0.98	0.82
11	00 00 08.95	+46 56 24.0	7.34	H	0.037 296 95	+46.940 001 54	4.29	11.09	−2.02	0.52	0.51	0.84	0.53	0.54
12	00 00 09.82	−35 57 36.8	8.43	H	0.040 917 56	−35.960 224 82	4.06	−5.99	−0.10	0.81	0.58	1.16	1.02	0.72
13	00 00 10.00	−22 35 40.9	8.80	H	0.041 679 70	−22.594 680 60	3.49	8.45	−10.07	1.21	0.67	1.48	1.44	0.59
14	00 00 11.59	−00 21 37.5	7.25	G	0.048 271 89	−00.360 421 19	5.11	61.75	−11.67	0.88	0.54	0.99	1.12	0.59
15	00 00 12.07	+50 47 28.2	8.60	H	0.050 308 90	+50.791 173 84	2.45	13.88	5.47	0.66	0.70	1.16	0.78	0.70
*16	00 00 12.34	−54 54 50.9	11.71	H	0.051 408 52	−54.914 128 19	0.53	257.39	−96.63	1.49	1.67	2.63	1.81	1.95
*17	00 00 12.26	−40 11 32.4	8.15	H	0.051 099 57	−40.192 328 42	6.15	−34.46	−26.37	0.57	0.55	1.00	0.61	0.65
18	00 00 12.75	−04 03 13.5	11.03	G	0.053 139 23	−04.053 738 13	19.93	−127.22	23.78	2.18	1.20	2.36	2.69	1.15
19	00 00 12.80	+38 18 14.7	6.53	H	0.053 316 96	+38.304 086 36	4.12	−2.50	−15.07	0.55	0.40	0.64	0.60	0.45
20	00 00 15.11	+23 31 45.4	8.51	G	0.062 950 50	+23.529 283 97	10.76	36.00	−22.98	0.88	0.59	1.06	0.92	0.59
21	00 00 15.00	−08 00 26.0	7.55	H	0.066 225 60	−08.007 234 37	5.84	61.80	−0.22	0.84	0.51	0.95	0.84	0.56

Abb. 1.7 Beispiel für einen Sternkatalog: die ersten von insgesamt 118 322 Einträgen des Hipparcos-Katalogs.

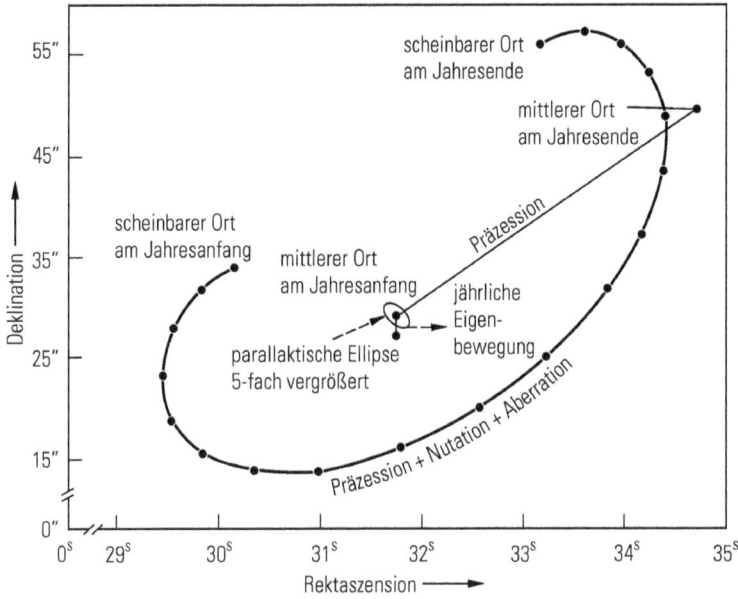

Abb. 1.8 Einflüsse auf den Ort eines Sterns an der Sphäre; Rektaszension in Zeitsekunden (*x*-Achse) und Deklination in Bogensekunden (*y*-Achse).

Die Eigenschaften des ICRS-Koordinatensystems werden in Abschn. 1.4 beschrieben. Die Tabelle gibt außerdem die scheinbare visuelle Helligkeit V im Johnson-System (s. Abschn. 2.3), die Parallaxe (in Milli-Bogensekunden, s. Abschn. 1.7) und die jährliche Eigenbewegung in Rektaszension und Deklination (ebenfalls in Milli-Bogensekunden) an.

Abb. 1.8 zeigt die Einflüsse auf den Ort des Sterns Ross 248 an der Sphäre. Ross 248 ist ein schwacher roter Stern in einer Entfernung von 3.17 pc (s. Abschn. 1.7). Die Präzession verursacht eine merkliche geradlinige Verschiebung, die Aberration eine jährliche Ellipse mit einer großen Halbachse von 20″.47. Die fortschreitende jährliche Eigenbewegung des Sterns und seine jährliche Parallaxe (aufgrund der Bewegung der Erde um die Sonne) bewirken wesentlich kleinere Verschiebungen des Sterns an der Sphäre.

1.4 Inertialsysteme

Ein ideales astronomisches Koordinatensystem ist ein System, bei dessen Verwendung die Gesetze der Dynamik uneingeschränkt Gültigkeit besitzen, ohne daß man neben der Gravitation zu Pseudokräften Zuflucht nehmen muß. Mit anderen Worten, das Koordinatensystem soll nicht rotieren, es soll ein **Inertialsystem** sein. Wenn wir im Labor einen Foucaultschen Pendelversuch durchführen, wird die Schwingungsebene des Pendels durch die Coriolis-Kraft gedreht: das Laborsystem auf der rotierenden Erde ist kein Inertialsystem. Wie kann der Astronom ein Inertialsystem definieren? Soll er es bezüglich einiger Sterne festlegen? Wir haben gesehen, daß Sterne Eigenbewegungen zeigen; selbst ein in Bezug auf Sterne im Mittel ruhendes Koordinatensystem wäre kein Inertialsystem, da die Sterne um das Zentrum der Milchstraße kreisen.

Zwei Möglichkeiten bieten sich an:

1. Das dynamische System: Ein nicht-rotierendes Koordinatensystem kann definiert werden, wenn ein genaues Modell der Präzession der Erdachse vorliegt, und die Lage und Bewegung des Frühlingspunktes genau bekannt ist (hierzu müssen simultane Beobachtungen von Sonne und Fixsternen gemacht werden).
2. Das kinematische System: Wären bestimmte Objekte am Himmel unbeweglich, würden sie ein für die Positionsbestimmung geeignetes Koordinatensystem definieren. Allerdings ist zunächst nicht auszuschließen, daß ein solches System in Bezug auf ein Inertialsystem rotiert. Man kann dies testen, indem man die Planetenbewegung in Bezug auf dieses System mit ihrer theoretisch berechneten Bewegung (aufgrund des Gravitationsgesetzes) vergleicht. Wenn man keine Zusatzkräfte (Coriolis-Kräfte) einführen muß, ist das Koordinatensystem ein Inertialsystem.

Wie erfüllt man am besten die Bedingungen eines Inertialsystems (keine relativen Bewegungen der Objekte, die das Inertialsystem definieren, keine globale Rotation des Systems)? Man verwendet sehr weit entfernte, helle und praktisch punktförmige extragalaktische Objekte, die quasistellaren Objekte (QSOs) oder Quasare (s. Abschn. 5.7). Man kann annehmen, daß die Eigenbewegungen dieser Objekte einige 10^{-6} Bogensekunden/Jahr nicht überschreiten. Der sogenannte International Celestial Reference Frame (ICRF) ist ein Positionskatalog von 608 Radioquellen, zumeist von Quasaren. Ihre relativen Positionen lassen sich mit hoher Genauigkeit durch Very-Long-Baseline-Interferometrie-Beobachtungen im Radiobereich ermitteln (VLBI, s. Abschn. 2.7.2). Die Quellen sind zumeist auch im optischen Bereich sichtbar. Dieser Positionskatalog definiert das sogenannte **International Celestial Reference System** (ICRS). Die Orientierung der ICRS-Achsen ist im Einklang mit dem Äquator und dem Äquinoktium für J2000.0. Ein Vergleich der genauesten Messungen im dynamischen System mit denen im kinematisch definierten ICRS liefert keinen Hinweis auf eine Rotation zwischen beiden Systemen.

Das Koordinatensystem des speziell für die präzise Bestimmung von Sternpositionen entwickelten Hipparcos-Satelliten wurde an das ICRS-Koordinatensystem angeschlossen. Da der Satellit selbst nicht in der Lage war, die schwachen optischen Bilder der Quasare genau zu vermessen, wurden etwa ein Dutzend Radiosterne (d. h. Sterne, die auch Radiostrahlung aussenden) im optischen Bereich mit Hipparcos und im Radiobereich im Rahmen eines VLBI-Projekts beobachtet. Das den Radiosternen zugrundeliegende System besitzt eine Rotation, die durch die Radiobeobachtungen ermittelt wurde (relativ zu dem System, das durch die Radioquasare definiert ist). Damit konnte das Koordinatensystem des Hipparcos-Satelliten bezüglich der Rotation des Systems der Radiosterne korrigiert werden, so daß es als optische Realisierung des ICRS anzusehen ist.

1.5 Die Zeit in der Astronomie

Wie schon bei der astronomischen Ortsbestimmung kurz erwähnt wurde, spielt die Zeit eine wichtige Rolle in der Astronomie. Während in vergangenen Jahrhunderten Sternwarten die wichtigsten Lieferanten einer genauen Zeit z. B. für die Seefahrt und die Eisenbahngesellschaften waren, stehen heute die genauesten Uhren in physikalischen Laboratorien, z. B. in der Physikalisch-Technischen Bundesanstalt in Braunschweig (PTB).

1.5.1 Atomzeit TAI

Für wissenschaftliche und andere Anwendungen verwendet man als Standardeinheit für Zeitintervalle die SI-Sekunde (SI = Système International d'Unités). Die SI-Sekunde ist das 9 192 631 770fache der Periodendauer der dem Übergang zwischen den beiden Hyperfeinstrukturniveaus des Grundzustandes von Atomen des Nuklids ^{133}Cs entsprechenden Strahlung, und zwar genaugenommen auf der Meeresoberfläche des rotierenden Erdkörpers, des Geoids. Die darauf beruhende Zeit ist die **internationale Atomzeit** TAI (= temps atomique international).

Etwa 250 Atomuhren in mehr als 50 Laboratorien zeigen allesamt Atomzeiten TA(k) an (wobei k das Kürzel für die Laboratoriumsbezeichnung ist). Die TAI wird aus dem Vergleich dieser Atomuhren durch ein kompliziertes Wichtungsschema ermittelt. Da sich die Atomuhren in unterschiedlichen Orten im Schwerefeld der rotierenden Erde befinden, in denen die Zeit unterschiedlich schnell verstreicht, müssen bei der Ermittlung der TAI relativistische Effekte berücksichtigt werden. Beispielsweise sind die beobachteten Sekundenintervalle der Atomuhr CS2 der PTB in Braunschweig (75 m über dem Meeresspiegel) um $8.2 \cdot 10^{-15}$ s kürzer als auf dem Geoid. Atomuhren der neuesten Generation sind die Caesium-Fontänen mit Genauigkeiten von $2 \cdot 10^{-15}$, entsprechend einer Abweichung von einer Sekunde in 10^7 Jahren.

Die Erdrotation bezüglich der Sonne dient als Grundlage der **Universalzeit oder Weltzeit** (UT1); die Erdrotation bezüglich des Frühlingspunktes als Grundlage der **Sternzeit** (ST). Da die Erdrotation ungleichmäßigen Kräften unterworfen ist, sind UT und ST im Gegensatz zur Atomzeit TAI periodischen und säkularen Schwankungen unterworfen. Aus antiken Beobachtungen von Sonnenfinsternissen ergibt sich, daß die Erdrotation aufgrund der Gezeitenreibung um etwa 1.4 ms pro Tag pro Jahrhundert abgebremst wird. Der mittlere Sonnentag, d. h. das Zeitintervall zwischen zwei Durchgängen der mittleren Sonne durch den Meridian, hatte um das Jahr 1820 eine Länge von 86 400 SI-Sekunden; mittlerweile beträgt seine Länge 86 400.002 SI-Sekunden.

1.5.2 Koordinierte Weltzeit UTC

Die TAI liefert eine präzise und gleichförmige Zeitskala. Das tägliche Leben hängt jedoch vom Wechsel von Tag und Nacht ab. Die Rotationsperiode der Erde ist nicht gleichförmig in Bezug auf die Atomzeit. Diese nicht-gleichförmig ablaufende Zeit, die auf der Erdrotation beruht, ist die Weltzeit UT1. Aufgrund der oben erwähnten Verlangsamung der Erdrotation nimmt die Differenz zwischen TAI und UT1 gegenwärtig um 1 Sekunde pro 18 Monate zu.

Die Standardzeit auf dem Hauptmeridian ist die auf der Atomzeit beruhende **Koordinierte Weltzeit** UTC (Coordinated Universal Time). Der Unterschied zwischen UTC und TAI beträgt eine *ganze* Zahl von Sekunden. Die UTC wird in enger Übereinstimmung mit der UT1 gehalten, indem man zusätzliche Sekunden, sogenannte Schaltsekunden, an die UTC anbringt, üblicherweise am letzten Tag im Juni oder Dezember.

Es gilt

$$UT1 - UTC \leq 0.9 \text{ s}. \tag{1.11}$$

Um dies zu erreichen, werden Schaltsekunden eingefügt:

$$TAI - UTC = N_S \text{ [s]}, \tag{1.12}$$

wobei N_S eine ganze Zahl von Schaltsekunden ist. Am 1. Januar 1958, 0 Uhr TAI (dem Zeitpunkt der Einführung der Atomzeit TAI) war die Differenz zwischen TAI und UTC etwa gleich 0, aber erst am 1. Januar 1972 wurden zum ersten Mal Schaltsekunden eingeführt. Seit dem 1. 1. 1999 ist $N_S = 32$. Eine Liste der Schaltsekunden seit Einführung des UTC-Zeitsystems am 1.1.1972 findet sich unter: http://www.ptb.de/deutsch/org/4/43/432/einf.htm.

Die einzelnen Zeitinstitute liefern mit ihren Atomuhren eine lokale Zeitskala, die mit der UTC in möglichst guter Übereinstimmung gehalten wird. Im Fall der Physikalisch-Technischen Bundesanstalt ist dies die UTC(PTB). Durch Hinzufügen von einer oder zwei Stunden zur UTC(PTB) entsteht die gesetzliche Zeit in Deutschland, MEZ (mitteleuropäische Zeit) bzw. MESZ (mitteleuropäische Sommerzeit):

$$MEZ = UTC(PTB) + 1 \text{ Stunde;}$$
$$MESZ = UTC(PTB) + 2 \text{ Stunden.}$$

Warum vergißt man nicht einfach die UTC und richtet sich nach der genauer gehenden Atomzeit? Weil, wie schon gesagt, unser Leben vom Tag- und Nachtrhythmus geprägt ist. Wegen der Verlangsamung der Erdrotation würde in etwa 30 000 Jahren um 12 Uhr mittags TAI die Sonne in Greenwich gerade erst am Morgenhimmel aufgehen. Um dies zu vermeiden, wird unser irdisches Leben von der UTC bestimmt, die der Sonne „nach Bedarf" nachgeführt wird. Will der Astronom aber die Zeiten von Vorgängen aufzeichnen, die sich anderswo im Kosmos abspielen, darf er nicht die UTC verwenden, da er sonst die Gangunregelmäßigkeiten der Erde mit möglichen Periodenänderungen von anderen „kosmischen Uhren", wie beispielsweise von bedeckungsveränderlichen Sternen oder Pulsaren, die er studieren will, miteinander vermischt.

1.5.3 Ephemeridenzeit ET, Terrestrische Zeit TT und andere Zeitskalen

Nachdem man erkannt hatte, daß die Erdrotation keine gleichförmig fortschreitende Zeitdefinition erlaubte, hielt man schon Mitte des 20. Jahrhunderts nach einer genaueren Uhr Ausschau. Da Atomuhren für diesen Zweck noch nicht zur Verfügung standen, wurde 1952 die sogenannte **Ephemeridenzeit** ET eingeführt. Der Umlauf der Erde um die Sonne, bzw. die Bewegung der Sonne vor dem Hintergrund der Sternbilder läßt sich mit Hilfe der Himmelsmechanik durch eine **Ephemeride** beschreiben, eine Bewegungsgleichung der Form $\bar{r}(t)$. Durch die Beobachtung einer Position P ergibt sich der Wert des Parameters t aus der Lösung der Gleichung $P = \bar{r}(t)$. Beispielsweise ist die Bewegung der *mittleren, auf den Erdmittelpunkt bezogenenen Länge* $\langle L \rangle$ der Sonne (gemessen im ekliptikalen Koordinatensystem, s. Abschn. 1.2)

$$\langle L \rangle = 279°41'48{.}''04 + 129602768{.}''13 \cdot t_e + 1{.}''089 \cdot t_e^2, \tag{1.13}$$

wobei t_e in Julianischen Jahrhunderten von $36\,525$ Ephemeridentagen, ausgehend von der Epoche 1900, Januar 0, 12:00 Uhr ET (d. h. 31. Dezember 1899, 12:00 ET), gerechnet wird. Hier ist 1 Sekunde als $1/31556925.9747$ Teil des tropischen Jahres 1900 definiert.

Ein **tropisches Jahr** ist das Zeitintervall zwischen zwei aufeinanderfolgenden Durchgängen der Sonne durch den Frühlingspunkt. Die Länge des tropischen Jahres geht mit den Jahreszeiten synchron. Das tropische Jahr hat eine Länge von 365.2421897 Tagen.

Die Sonne stellt also eine Uhr dar, aus deren jährlicher Bewegung man die Ephemeridenzeit ET ablesen kann. Zwischen TAI und ET gibt es keine systematischen Differenzen; es gilt:

$$ET \approx TAI + 32.184 \, s. \tag{1.14}$$

Astronomische Beobachtungen vor Einführung der Atomzeit können mit Hilfe der Ephemeridenzeit datiert werden. Die ET stellt eine verläßliche Extrapolation der gleichförmig verlaufenden Atomzeit in die Vergangenheit dar.

Die Ephemeridenzeit ist mittlerweile durch verbesserte Zeitskalen ersetzt worden. Eine Zeitskala, die auf der TAI basiert, aber Kontinuität mit der ET hat, ist die **Terrestrische Zeit** TT, deren Zeiteinheit die SI-Sekunde auf dem rotierenden Geoid ist. Sie stellt das Zeitargument für scheinbare terrestrische Ephemeriden dar, und ist deshalb eine „genauere" Fortsetzung der Ephemeridenzeit bis zum heutigen Tag. Es gilt:

$$TT = TAI + 32.184 \, s. \tag{1.15}$$

Die Atomzeit TAI und die Terrestrische Zeit TT sind, wie erwähnt, auf der Erdoberfläche definiert. Im Rahmen der Allgemeinen Relativitätstheorie stellen beide lokale Eigenzeiten τ dar. Eine Uhr, die die TAI anzeigt, befindet sich im Schwerefeld der Erde, und ist aufgrund der täglichen Rotation und dem Lauf der Erde um die Sonne weiteren Beschleunigungen ausgesetzt. Eine im Sinne der Allgemeinen Relativitätstheorie ideale Uhr sollte die Zeitmessung in einem Inertialsystem erlauben (d. h. man kann sich Uhren in jedem Punkt des Koordinatensystems vorstellen, die so synchronisiert werden können, daß alle die gleiche Zeit anzeigen und keine Gangunterschiede aufweisen). Zwei Realisationen einer solchen Zeit sind in der Astronomie in Gebrauch: die geozentrische und die baryzentrische Koordinatenzeit.

In der Allgemeinen Relativitätstheorie ist das Linienelement, die infinitesimale Entfernung zwischen zwei benachbarten Punkten x^μ und $x^\mu + dx^\mu$ der Raumzeit ($\mu = 0, 1, 2, 3$):

$$ds^2 = G_{\mu\nu} \, dz^\mu dx^\nu, \tag{1.16}$$

wobei implizit eine Summation über μ und ν ausgeführt wird. Bei Abwesenheit von Gravitationsfeldern kann man ein Inertialsystem mit kartesischen Koordinaten $(ct, \mathbf{x})$ wählen, so daß der metrische Tensor $G_{\mu\nu}$ die Form

$$g_{\mu\nu} \equiv \mathrm{diag}(-1, 1, 1, 1) \tag{1.17}$$

annimmt, d. h. $g_{00} = -1$, $g_{ii} = 1$, $g_{i0} = g_{0i} = 0$ mit $i = 1, 2, 3$. Die Transformationsgleichungen zwischen zwei sich in gegenseitiger Bewegung befindlichen Inertialsystemen sind Lorentztransformationen.

In den von uns betrachteten Fällen sind Gravitationsfelder vorhanden, so daß der metrische Tensor aus den Einsteinschen Feldgleichungen bestimmt werden muß. Zur Vereinfachung verwendet man eine sogenannte post-Newtonsche Näherung mit einem „quasi-inertialen" Koordinatensystem. Im Fall der **Geozentrischen Koordinatenzeit** TCG wählt man ein Koordinatensystem, das sich in bezug auf das Baryzentrum der Erde in Ruhe befindet, und keine Rotation bezüglich entfernter Objekte (Sterne) zeigt. Das Linienelement kann dann wie folgt geschrieben werden:

$$\mathrm{d}s^2 = -c^2\mathrm{d}\tau^2 = -\left(1 - \frac{2U}{c^2}\right)(\mathrm{d}x^0)^2 + \left(1 + \frac{2U}{c^2}\right)[(\mathrm{d}x^1)^2 + (\mathrm{d}x^2)^2 + (\mathrm{d}x^3)^2], \tag{1.18}$$

wobei c die Lichtgeschwindigkeit, τ die Eigenzeit, und U die Summe der Gravitationspotentiale der betrachteten Massenansammlung ist. Die Zeitkoordinate wird durch die Zeitskala der auf der Erdoberfläche arbeitenden Atomuhren definiert, und die grundlegenden physikalischen Einheiten der Raumzeit sind in allen Koordinatensystemen die SI-Sekunde für die Eigenzeit, und das SI-Meter für die Eigenlänge, die mit der SI-Sekunde durch den (konstanten) Wert der Lichtgeschwindigkeit verknüpft ist. Die TCG unterscheidet sich von der TT dadurch, daß sie langsamer abläuft:

$$\text{TCG} - \text{TT} = 6.969291 \cdot 10^{-10} \times (\text{JD} - 2443144.5) \times 86400 \, \text{s}. \tag{1.19}$$

(Zur Definition von JD siehe Abschn. 1.6). In einem weiteren Schritt kann man ein anderes „quasi-inertiales" Koordinatensystem definieren, dessen Ursprung im Massenzentrum des Sonnensystems ruht, und dessen Koordinaten sich ins Unendliche erstrecken, so daß sie sich asymptotisch den kartesischen Koordinaten eines Inertialsystems annähern (wenn wir den Rest des Universums vernachlässigen). Wieder kann man den metrischen Tensor, der das Gravitationspotential aller Körper des Sonnensystems mit Ausnahme der Erde (die ja schon bei der Berechnung der TCG berücksichtigt wurde) beschreibt, in post-Newtonscher Näherung ansetzen und die Beziehung zwischen der Geozentrischen Koordinatenzeit TCG und der **Baryzentrischen Koordinatenzeit** TCB ableiten. Zwischen TCB und TCG gibt es neben kleinen periodischen Differenzen einen säkulären Term:

$$\text{TCB} - \text{TCG} = 1.550505 \cdot 10^{-8} \times (\text{JD} - 2443144.5) \times 86400 \, \text{s}. \tag{1.20}$$

Die so definierten Zeiten stellen gleichförmig verlaufende Zeitskalen dar, da sie keine durch die gravitative Wirkung von Sonne, Mond und Planeten verursachten Gangunregelmäßigkeiten zeigen, denen selbst eine ideal laufende Atomuhr im Labor unterworfen ist.

Welche Zeit soll man benutzen? Die internationale Atomzeit (TAI) ist eine auf den genauesten Atomuhren beruhende, statistisch berechnete Zeitskala für hochpräzise Zeitvergleiche und Zeitmessungen. Die UT1 ist das Maß der Erdrotation, das nur beschränkt vorhergesagt werden kann und erst durch eine Analyse von Beobachtungen nachträglich bestimmt werden kann. Um den exakten Ort auf der Erde in bezug auf ein Koordinatensystem am Himmel zu bestimmen (astronomisch-geographische Ortsbestimmung, Navigation nach Gestirnen), ist eine Kenntnis der UT1 erforderlich. Die Koordinierte Universalzeit UTC (und die damit verknüpften Zonenzeiten wie die MEZ) ist die Standardzeit aller Messungen im täglichen Leben.

All diese Zeitskalen werden durch astronomische Beobachtungen oder die Aufzeichnung physikalischer Phänomene bestimmt, sind also „beobachtete Zeiten", die Beobachtungsfehlern, Instrumentenfehlern, und statistischen Fehlern unterworfen sind.

Andererseits gibt es die theoretischen Zeitargumente. Die TT ist eine Koordinatenzeit in einem Koordinatensystem, das mit dem Geoid der Erde verbunden ist. Sind die Raumkoordinaten mit dem Erdmittelpunkt verbunden, ist die dazugehörige Koordinatenzeit die Geozentrische Koordinatenzeit (TCG). Sind die Raumkoordinaten mit dem Baryzentrum des Sonnensystems verbunden, ist die Koordinatenzeit die Baryzentrische Koordinatenzeit (TCB). Die TCB ist deshalb das Zeitargument, das bei den Bewegungsgleichungen der Körper des Sonnensystems in bezug auf das Baryzentrum des Sonnensystems verwendet werden sollte.

Kommt es auf eine über lange Epochen homogene Zeitbasis an, sind TAI, TT oder ET – letztere für Ereignisse der ferneren Vergangenheit, als noch keine Atomuhren zur Verfügung standen – zu verwenden.

Nach diesem Exkurs in die Grundlagen der Zeitrechnung wenden wir uns einem vertrauteren Thema zu. Während sich die Zeitrechnung mit der Definition und Messung der Sekunde und der darauf beruhenden Einheiten Minute und Stunde beschäftigt, ist die Tageszählung und ihre Einordnung in größere Einheiten (Monate, Jahre) Aufgabe des Kalenderwesens.

1.6 Der Kalender

Der Wechsel von Tag und Nacht ist ein eindeutiges sich wiederholendes und abzählbares physikalisches Phänomen, und dieser „**Sonnentag**" ist die grundlegende Einheit aller **Kalender**. Die **Mondphasen** führten zum Konzept der Zeiteinheit „**Monat**", die Folge der Jahreszeiten (und das Wiedererscheinen heller Sterne am Morgenhimmel) zum „**Jahr**". Die weitverbreitete siebentägige **Woche** läuft unabhängig von der Monats- und Jahreszählung.

Für viele astronomische Anwendungen ist eine durchlaufende Tageszählung praktisch, die unabhängig von Monatslängen oder Schaltjahrvorschriften ist. Dieses System der Tageszählung ist das **Julianische Datum** (JD), das von Julius Scaliger im Jahre 1581 eingeführt wurde. Es gibt die Zahl der mittleren Sonnentage an, die seit dem Mittag (UT) des 1. Januar des Jahres -4712 ($= 4713$ v. Chr.) verflossen sind. Die Tageszeit (Stunden, Minuten, Sekunden – bezogen auf die Greenwich-Zeit), kann als dezimaler Bruchteil an das Julianische Datum angehängt werden.

Beispielsweise war der

1. Januar 2000, 00:00 Uhr UTC = JD 2451544.5.

Um die Tageszahlen nicht allzu lang werden zu lassen, wurde ein modifiziertes Julianisches Datum (MJD) eingeführt, das seinen Nullpunkt am 17. November 1858, 00:00 Uhr Weltzeit = JD 2400000.5 hat. Damit ist der

$$1. \text{Januar } 2000, \; 00{:}00 \text{ Uhr UTC} = \text{MJD } 51544.0.$$

Das Julianische Datum ist über die koordinierte Weltzeit UTC definiert, stellt also keine gleichförmig fortschreitende Zeit dar, da ihr die Schwankungen der Erdrotation aufgeprägt sind. Es ist also besser, die Zeiten von Ereignissen im Kosmos in Terrestrischer Zeit TT anzugeben, und ein **Julianisches Ephemeridendatum** zu verwenden:

$$\text{JED} = \text{JD} + (32.184 + N_S)/86\,400, \tag{1.22}$$

wobei N_S die beim gegebenen Julianischen Datum aufgelaufene Zahl von Schaltsekunden ist.

Die Bewegung der Erde um die Sonne verursacht einen jährlichen Gang von bis zu ≈ 1000 s im „Timing" kosmischer Phänomene, wie zum Beispiel den Ankunftszeiten der Signale von Pulsaren, den Minimumszeiten von bedeckungsveränderlichen Sternen, usw. Praktischerweise bezieht man den Zeitpunkt kosmischer Ereignisse auf die Sonne (oder genauer gesagt auf das Baryzentrum des Sonnensystems). Man bringt eine Korrektur am ermittelten Julianischen Datum an, die von der Jahreszeit und der Position eines Objekts am Himmel abhängt, und deren Maximalbetrag für einen Stern in der Ekliptik gleich dem Quotienten von Erdbahndurchmesser und Lichtgeschwindigkeit ist. Man erhält so das **heliozentrische Julianische Datum** (JD hel.). Das Julianische heliozentrische Ephemeridendatum (JED hel.) ist analog definiert.

Wenn man statt der einfachen Tageszählung eine handlichere Identifikation von Sonnentagen haben möchte, benötigt man einen **Kalender**. Verschiedenen Kalendern liegen neben der Woche der Mondmonat und/oder das Sonnenjahr als längere Zeiteinheiten zugrunde. Diese Einheiten bestehen nicht aus einer ganzzahligen Anzahl von Tagen. Unterschiedliche Schaltanweisungen sind erforderlich, um Wochen, Monate und Jahre in Einklang zu bringen. Man ist beispielsweise bestrebt, die Jahreslänge mit der Länge des **tropischen Jahres**, d.h. des Zeitintervalls zwischen zwei Durchgängen der mittleren Sonne durch den Frühlingspunkt, das 365.2421897 (mittleren) Sonnentagen entspricht, in Einklang zu halten. Damit fällt z.B. der Frühlingsanfang immer (ungefähr) auf den gleichen Tag des Jahres, den 21. März, und die Jahreszeiten sind im Jahreslauf festgelegt. Um ein Jahr mit einer ganzen Zahl von Tagen diesem Zeitintervall anzunähern, benötigt man eine Schaltregel, die vorschreibt, auf welche Weise Jahre von 365 und 366 Tagen kombiniert werden sollen, damit langfristig die mittlere Jahreslänge der Länge des tropischen Jahres gleichkommt.

Gegenwärtig wird in unserem Kulturkreis der **Gregorianische Kalender** (nach Papst Gregor XIII.) verwendet, der in den meisten westeuropäischen Ländern zwischen 1583 und 1753 eingeführt wurde (in Griechenland erst 1924). Er baut auf dem von Julius Caesar eingeführten **Julianischen Kalender** auf, dessen System von Monaten er übernimmt, und dessen Schaltregel so modifiziert wird, daß die mittlere Jahreslänge statt 365.25 nur noch 365.2425 Tage beträgt. Dies wird dadurch erreicht, daß nur in jedem 4. Jahrhundert das Jahrhundertjahr ein Schaltjahr ist (1600, 2000, 2400 . . .). Damit wird eine bessere Übereinstimmung mit dem tropischen Jahr erzielt.

Erst nach 3223 Jahren ist die Differenz zwischen tropischem Jahr und nach dem Gregorianischen Kalender gezähltem Jahr auf 1 Tag angewachsen.

Nicht alle Kalender nehmen auf die Jahreszeiten Rücksicht. Der **islamische Kalender** ist ein reiner Mondkalender von 12 Monaten zu 29 oder 30 Tagen, sodaß ein Jahr 354 oder 355 Tage hat. Eine Schaltregel bewirkt, daß die mittlere Monatslänge 29.53056 Tage beträgt und damit in gutem Einklang mit dem **synodischen Monat** von 29.530588 Tagen, dem Zeitintervall zwischen zwei Neumonden ist. Der islamische Kalender folgt den Mondphasen mit großer Genauigkeit, die Jahreszeiten jedoch wandern im Verlauf von 32 Mondjahren einmal durch das Jahr.

Zu Caesars Zeiten wurden die Jahre im Julianischen Kalender „nach Gründung Roms" gezählt, die BC 753 (= 753 vor Christus) stattfand. Das heute verwendete System der Jahreszählungen im Julianischen Kalender wurde erst nach AD 600 (= 600 nach Christus) eingeführt; verwendet man es für frühere Zeiten, rechnet man im Julianischen proplektischen Kalender, wobei man (anders als die Historiker) auch ein Jahr 0 verwenden muß. Die folgende Liste gibt eine Übersicht:

$$AD\ 500 = 500\ n.\,Chr. = +500$$
$$AD\ 1 = 1\ n.\,Chr = +1$$
$$BC\ 1 = 1\ v.\,Chr = 0$$
$$BC\ 40 = 40\ v.\,Chr. = -39\,.$$

Wenn man davon ausgeht, daß im Jahr AD 1 die christliche Jahreszählung einsetzt, begann das dritte nachchristliche Jahrtausend am 1. Januar 2001.

Möchte man Zeiten nicht als Bruchteile von Tagen, sondern von Jahren angeben, gibt es verschiedene Möglichkeiten. Ein **Besselsches Jahr** ist als der Zeitraum eines Kreislaufs der mittleren Sonne in Rektaszension definiert. Es beginnt, wenn die Rektaszension der Sonne 18 Stunden, 40 Minuten beträgt. Der Beginn des Besselschen Jahres B2000.0 war:

$$B2000.0 = 1.\,Januar\ 2000,\ 00{:}43{:}12\ (UT) = JD\ 2451544.53\,.$$

Beim **Julianischen Jahr** entsprechen 100 Jahre einem Zeitraum von 36525 Tagen, und die Epoche J1900.0 entspricht exakt der Epoche 1900 Januar 0.5 (d.h. 31. Dezember 1899, 12:00 UT.) Die Standardepoche, die heute Verwendung findet, ist

$$J2000.0 = 1.\,Jan\ 2000,\ 12{:}00{:}00\ (TT) = JED\ 2451545.0\,.$$

1.7 Astronomische Längenmaße

Als natürliche Einheit im Sonnensystem bietet sich die **Astronomische Einheit** (astronomical unit, AE) an, die mittlere Entfernung Erde-Sonne (= große Halbachse der Erdbahn). Mißt man die Umlaufzeiten der Planeten p in Jahren (Erde = 1), und ihre Entfernungen in Astronomischen Einheiten a, ergibt sich das 3. Keplersche Gesetz in einfacher Form: $p^2 = a^3$. Man gewinnt also die relativen Entfernungen der Planeten direkt aus dem Keplerschen Gesetz, und benötigt eine exakte Bestimmung der Astronomischen Einheit, um die absoluten Größenverhältnisse im Sonnensystem festlegen zu können.

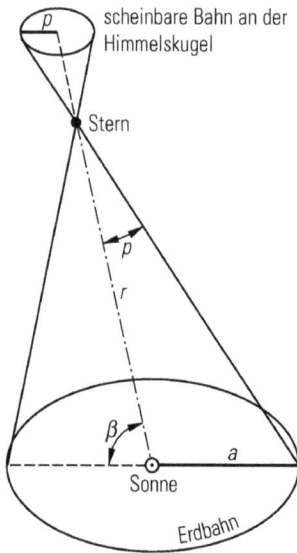

Abb. 1.9 Die jährliche Parallaxe eines Fixsterns. a: große Halbachse der Erdbahn um die Sonne, r: Entfernung des Sterns von der Sonne, p: parallaktischer Winkel, β: ekliptikale Breite.

Diese Bestimmung war vor der Einführung von Radarmessungen der Entfernungen von Planeten schwierig. Der beste heutige Wert beträgt $1.4959787066 \cdot 10^{11}$ m $\sim$ 150 Millionen km.

In direkter Beziehung zur Astronomischen Einheit steht das **Parsek** (parsec, pc), das bei der Bestimmung von Sternentfernungen Verwendung findet. Der Erdbahnradius von 1 AE erscheint von einem 1 pc entfernten Stern unter dem Winkel von 1 Bogensekunde, anders gesagt, die trigonometrische Parallaxe π eines 1 pc entfernten Sterns beträgt 1 Bogensekunde.

Damit gilt

$$d = 1/\pi$$

und 1 pc $= 206\,264.806$ AE (da $\sin 1'' \sim 1/206265$) $= 3.0856776 \cdot 10^{16}$ m $\sim$ 30 Milliarden km.

Eine davon unabhängige Größe ist das **Lichtjahr** (light year, ly), die Laufzeit des Lichtes in einem (Julianischen) Jahr:

$$1\,\text{ly} = 9.460730472 \cdot 10^{15}\,\text{m}.$$

Es sollte erwähnt werden, daß andere Autoren dem Lichtjahr die Länge eines tropischen Jahres zugrundelegen, so daß die Einheit um $2 \cdot 10^{11}$ m kleiner angenommen wird. Der Unterschied ist zwar im allgemeinen unterhalb der Meßgenauigkeit astronomischer Distanzen, zeigt aber, daß man besser Parsek verwenden sollte, um Unklarheiten zu vermeiden.

Der nächste Stern, Proxima Centauri, hat eine Parallaxe von 0.772 ± 0.002 Bogensekunden, und ist damit 1.295 ± 0.004 pc oder 4.225 ± 0.013 ly entfernt. Distanzen in der Milchstraße werden häufig in Kiloparsek (1 kpc $= 1000$ pc) angegeben, im extragalaktischen Bereich in Megaparsek (1 Mpc $= 1000$ kpc $= 10^6$ pc).

1.8 Historischer Abriß der Astronomie

Viele Konzepte der Astronomie (Koordinatensysteme, Winkel- und Zeitmaße, Größenklassen) sind heute physikalisch-mathematisch wohldefiniert. Trotzdem wird sich mancher Leser vielleicht gefragt haben, warum Zeit- und Winkelmaße nicht auf dekadischer Grundlage beruhen, oder warum astronomische Größenklassen zu schwächeren Strahlungsmengen hin größere Werte annehmen. Das Festhalten an Traditionen ist in der Astronomie genauso stark wie im täglichen Leben. Die Astronomiegeschichte ist Teil der Natur- und Kulturgeschichte, viele der grundlegenden astronomischen Begriffe sind von ihrer langen Entwicklung geprägt, die wir hier kurz skizzieren möchten.

Wir kennen Monumente wie Stonehenge in England oder die Pyramiden in Ägypten und Mexiko, die möglicherweise astronomisch bedeutsam sind, können aber meist nur Mutmaßungen über ihren Verwendungszweck anstellen. Hingegen ist die **griechische Astronomie** zumindest in ihrer Spätphase durch Textüberlieferung gut dokumentiert. Die **babylonische Astronomie**, auf der sie aufbaut, ist durch die Entzifferung von Keilschrifttexten seit dem Ende des 19. Jahrhunderts auch relativ gut bekannt.

Da das babylonische Zahlensystem nicht dekadisch war, sondern auf den Zahlen 12 und 60 aufbaute, werden Grad- und Zeitangaben seit dieser Zeit in einem solchen Sexagesimalsystem gemacht. Der babylonische Tierkreis bestand aus 12 Sternbildern, die Planeten wurden mit Göttern gleichgesetzt, und man glaubte, daß ihre Stellung im Tierkreis und ihre Lage zueinander einen Einfluß auf das Geschehen auf der Erde hatte. Es gibt Texte, in denen die Sichtbarkeit des Planeten Venus mit Ereignissen auf der Erde in Verbindung gesetzt wird, was man als eine Art empirischer Astrologie auffassen kann. Man kennt babylonische Ephemeriden, d.h. Vorausberechnungen der Stellungen von Sonne, Mond und Planeten, und man kennt astrologische Omentexte. Soweit wir wissen, basieren die babylonischen Ephemeriden nicht auf einer Theorie der Planetenbewegung, sondern auf empirischen Rechenvorschriften.

Ein Teil des babylonischen Erbes wurde in Griechenland bewahrt und weiterentwickelt. Griechische Philosophen machten sich Gedanken über den Aufbau der Welt, fertigten Kataloge von Sternpositionen und -helligkeiten an, und lieferten Verfahren zur Vorausberechnung von Planetenpositionen. Als Grundlage diente das **geozentrische Modell** des Sonnensystems: Sonne, Mond und Planeten umkreisen die Erde, wobei zur Erklärung der Planetenschleifen und anderer Unregelmäßigkeiten Hilfskreise eingeführt wurden: ein Planet bewegt sich auf einem Kreis (dem Epizykel), dessen Mittelpunkt auf einem anderen Kreis (dem Deferenten) um die Erde herumbewegt wird. Hinter der Bahn des äußersten Planeten, des Saturn, liegt die Sphäre der Fixsterne, die sich einmal pro (Stern-)Tag um die Erde herumbewegt.

Ein uns nicht überlieferter Sternkatalog des Hipparchos (190 v.Chr.–120 v.Chr.) verwendet zum ersten Mal „Größenklassen" als Maß für die scheinbare Helligkeit von Sternen. Unsere Kenntnis der griechisch-hellenistischen Astronomie beruht vor allem auf dem *Almagest* (Megale Syntaxis, „Große Zusammenstellung") des Klaudios Ptolemaios, der um 150 n.Chr. in Ägypten arbeitete. In ihm findet sich ein Beweis für die Kugelgestalt der Erde, ein ausgearbeitetes Modell von Sphären um die im Zentrum der Welt ruhende Erde, das die Bewegungen der Fixsternsphäre, der Sonne, des Mondes und der fünf damals bekannten Planeten beschreibt. Fernerhin enthält der Almagest einen Katalog von 1022 Fixsternen, sowie Anweisungen für die Berechnung von Planetenpositionen, Sonnen- und Mondfinsternissen. Aufgrund der ptolemäischen Theorie wurden Tabellenwerke erstellt, die es erlaubten, Planetenpositionen für beliebige Zeitpunkte zu berechnen (Alfonsinische Tafeln, berechnet am Hofe des Königs Alfons X. von Kastilien, 1252–1284).

Ansätze einer Weiterentwicklung der hellenistischen Astronomie finden sich in der Folgezeit in der islamischen Welt. Nasir al-Din al-Tusi (1201–1274) schlug ein geozentrisches Weltsystem mit eiförmigen Planetenbahnen vor, verbesserte Fixsternkataloge wurden von Abd Al-Rahman Al-Sufi (903–986) und Ulugh Begh (1393–1449) zusammengestellt.

Die Renaissance in Europa brachte eine Wiederentdeckung und kritische Rezeption der griechischen Traditionen. Versuche, das ptolemäische System zu vereinfachen, führten Nikolaus Copernicus zur Entwicklung eines **heliozentrischen Weltsystems** (*De Revolutionibus*, 1543), in dem die Planeten in Kreisbahnen (aber immer noch auf Epizykeln) um die Sonne kreisen. Neue, präzisere Messungen von Planetenpositionen, die von Tycho Brahe erhalten wurden, führten seinen ehemaligen Gehilfen Johannes Kepler zur Entdeckung der drei **Gesetze der Planetenbewegung** (*Astronomia Nova*, 1604 und *Harmonice Mundi*, 1620). Deren Ableitung aufgrund dynamischer Grundlagen und der Gültigkeit des Gravitationsgesetzes lieferte Isaac Newton (*Philosophiae Naturalis Principia Mathematica*, 1687). Eine erste astronomische Anwendung der Newtonschen Theorie war die Berechnung der Bahnen verschiedener Kometen von Edmund Halley, der mehrere Kometenerscheinungen einem einzigen Objekt zuordnen konnte, und dessen Wiedererscheinen für das Jahr 1758 vorhersagte.

In der Folge wurde die Entdeckung und Bahnberechnung von Kometen zu einem Hauptarbeitsgebiet der Astronomen. Ein Amateurastronom, der aus Hannover nach England übersiedelte Musiker Friedrich Wilhelm (William) Herschel, entdeckte 1781 einen Kometen, der sich nach kurzer Zeit als neuer Planet des Sonnensystems jenseits der Saturnbahn entpuppte und den Namen Uranus erhielt.

Im 19. Jahrhundert nahmen in der Entwicklung der **Himmelsmechanik** vor allem französische Astronomen eine führende Rolle ein. Ein Höhepunkt dieser Forschung war die theoretische Vorhersage der Existenz des Planeten Neptun, dessen Ort am Himmel von John C. Adams und Urbain Leverrier so genau vorausberechnet wurde, daß er 1846 nach kurzer Suche an der Sternwarte von Berlin entdeckt wurde. Nach langer Suche wurde 1930 – mehr durch Zufall – der äußerste Planet Pluto entdeckt.

Kleine Planeten (Asteroiden) waren schon seit 1801 in immer größerer Zahl gefunden worden, zumeist mit Bahnen, die zwischen Mars und Jupiter liegen. Erst in neuester Zeit hat man auch Kleinplaneten jenseits der Jupiterbahn gefunden.

Die frühen Astronomen besaßen nur geringes Interesse an der Natur der Sterne. Einen Anstoß zum tieferen Verständnis gab das Erscheinen eines neuen Sterns, der von Tycho Brahe untersucht und der Fixsternsphäre zugeordnet wurde, in der nach aristotelischer Lehrmeinung kein Entstehen und Vergehen stattfinden sollte (*De Nova Stella Anno 1572*, 1573). Auch andere Dinge waren mit der alten Lehre unvereinbar, z. B. die Gebirge und Täler auf dem Erdmond, oder die um Jupiter kreisenden Monde, wie Galileo Galilei beim Einsatz seines selbstgebauten Fernrohrs für astronomische Beobachtungen herausfand (*Sidereus Nuncius*, 1610).

Wie stellte man sich die Welt jenseits der Grenzen des Sonnensystems vor? Gedanken über die Struktur eines mit Sternen erfüllten Raumes finden sich bei Thomas Digges (*A Perfit Description of the Caelestiall Orbes*, 1576), Giordano Bruno (*Zwiegespräche vom unendlichen All und den Welten*, 1584) und bei Isaac Newton (*Briefe an Bentley*, 1692–93). Modelle eines aus Sternen bestehenden Milchstraßensystems, das eine unter vielen Sternansammlungen in einer unendlichen Welt ist, wurden von Thomas Wright (*A New Theory of the Milky Way*, 1750) und nachfolgend von Immanuel Kant (*Allgemeine Naturgeschichte und Theorie des Himmels*, 1755) und Johann Heinrich Lambert (*Cosmologische Briefe über die Einrichtung des Weltbaues*, 1761) entwickelt. William Herschel war nicht nur der Entdecker des neuen Planeten Uranus, sondern bewies durch seine Doppelsternbeobachtungen die allgemeine Gültigkeit des Newtonschen Gesetzes im Universum. Seine Sternzählungen und Nebelkataloge wurden zur Grundlage der modernen **stellaren und extragalaktischen Astronomie**, die sich durch den Einsatz der Photographie in der 2. Hälfte des 19. Jahrhunderts immer schneller entwickelte. Erst das 20. Jahrhundert brachte durch die Beobachtungen von Harlow Shapley, Heber D. Curtis und Edwin Hubble um 1920 Klarheit über die Ausdehnung der Milchstraße, die Natur und Entfernung der Spiralnebel, und ermöglichte den ungeheuren Fortschritt der letzten Jahrzehnte in der Kosmologie.

Die Entfernungen der Fixsterne waren lange Zeit unbekannt. Zwar hatte Christiaan Huyghens aus dem Vergleich der Helligkeiten von Sonne und Sirius auf eine Siriusentfernung von 27 664 AE, d. h. 0.13 pc geschlossen (*Cosmotheoros*, 1698), doch dies beruhte auf der Annahme der Gleichheit aller Sternhelligkeiten und der völligen Transparenz des Weltraums. Erst um 1840 gelang es fast gleichzeitig Friedrich Wilhelm Bessel, Friedrich Georg Wilhelm Struve und Thomas Henderson auf trigonometrischem Wege die Entfernungen der Sterne 61 Cygni, Sirius und α Centauri zu bestimmen, indem man den Abstand der Erde von der Sonne als Basislinie verwendete.

Im 19. Jahrhundert begann die Entwicklung der **Astrophysik**, zumeist abseits der großen Sternwarten als Beschäftigung von Privatforschern (William Huggins in England, Nikolaus von Konkoly in Ungarn) oder eigenwilligen Dozenten (Friedrich Zöllner in Leipzig). Aufbauend auf den optischen, physikalischen und chemischen Grundlagen von Joseph Fraunhofer, Gustav Kirchhoff und Robert Bunsen entstanden die Grundzüge der visuellen und photographischen Photometrie und Spektroskopie. Ein früher Meilenstein war 1874 die Gründung des Astrophysikalischen Observatoriums in Potsdam, das aber durch den Bau und Einsatz größerer Teleskope in den USA allmählich an Bedeutung verlor.

Das 20. Jahrhundert stellt eine Blütezeit der Astronomie und Astrophysik dar. Kenntnisse der Thermodynamik wurden auf den **Sternaufbau** angewandt, und es wurde um 1938 klar, daß die Energieerzeugung im Sterninneren (Carl Friedrich von Weizsäcker, Hans Bethe) auf Kernreaktionen leichter Elemente zurückzuführen ist. Berechnungen der Entwicklung von Sternen verschiedener Massen wurden möglich.

Die zweite Hälfte des 20. Jahrhunderts brachte enorme Erweiterungen der Beobachtungsmöglichkeiten: Als friedliche Anwendung der während des 2. Weltkrieges entwickelten Radartechnik entstand die Radioastronomie. Die Raumfahrt, vorangetrieben im Rüstungswettlauf der Großmächte während des Kalten Krieges, ermög-

lichte die Einrichtung von extraterrestrischen Teleskopen (zunächst für die vom Erd-
boden aus unzugänglichen Wellenlängenbereiche, dem Ultraviolett und der Rönt-
genstrahlung; später kamen auch Empfänger für Gammastrahlung, optische und
Infrarotstrahlung hinzu). Und wie alle Naturwissenschaften profitierte auch die
Astrophysik von der Entwicklung der Halbleitertechnik, die zu vielseitig verwend-
barer Elektronik und empfindlichen Teilchen- und Photodetektoren führte und
Großrechner mit ständig zunehmender Leistungsfähigkeit entstehen ließ. Das gegen
Ende des Jahrhunderts geborene Internet hat schnell auch die astrophysikalische
Forschung umgestaltet und die internationale Kooperation wesentlich erleichtert.

Die **Struktur der Milchstraße** wurde zuerst aufgrund von Sternzählungen ohne
Berücksichtigung der interstellaren Lichtabsorption ermittelt. Es ergab sich eine
relativ kleine Sternansammlung mit der Sonne nahe dem Zentrum (Universum von
Jacobus Kapteyn). Untersuchungen der zur Milchstraße gehörigen Kugelhaufen
(Harlow Shapley) und der Nachweis der interstellaren Absorption revidierten dieses
Bild gründlich. In der Zwischenzeit hatten kinematische Untersuchungen der Stern-
bewegungen ebenfalls zu einer Revision des Milchstraßenbildes geführt (Elis Ström-
gren, Jan Oort). Ein noch klareres Bild ergab sich aus der Untersuchung der 21-cm-
Linie des neutralen Wasserstoffs, der ein großräumiges Bild der Spiralstruktur der
Milchstraße offenbarte, dessen Details aber heute wegen der Strömungsbewegungen,
die der Keplerbewegung überlagert sind, als fraglich angesehen werden müssen.

Die Beobachtung externer Galaxien mit immer größeren Teleskopen und bis in
immer größere Tiefen des Raums (und damit zu immer früheren Zeiten des Universums) hat der Frage nach der **Entwicklung der Galaxien** neue Impulse gegeben.
Gleichzeitig ist die Untersuchung spezieller Phänomene (aktive Galaxien, Radiogalaxien, Quasare, Galaxienkollisionen und -verschmelzungen, Gammastrahlenausbrüche) immer weiter getrieben worden.

Als Krönung dieser Forschungsarbeiten kann man die Frage nach der **Struktur
und Entwicklung des Kosmos** selbst auffassen. Man hat die Existenz dunkler Materie
nachgewiesen, ohne bislang mit Bestimmtheit die Komponenten dieser Materie –
Neutrinos, Materiekondensationen unterhalb einer Sternmasse („Jupiters") oder
massereiche schwach wechselwirkende Elementarteilchen („Wimps") – ermitteln zu
können. Fernerhin hat man das zeitliche Verhalten der Expansion des Kosmos genauer untersucht und findet mit großer Wahrscheinlichkeit das Vorhandensein einer
abstoßenden Kraft im Kosmos (Λ-Term in den Einsteinschen Feldgleichungen). Genaue Untersuchungen der Fluktuationen in der kosmischen Mikrowellen-Hintergrundstrahlung („das Echo des Urknalls") sind dabei von großer Bedeutung
(s. Kap. 6).

Die Astronomie hat der Physik immer wieder Impulse gegeben. In den vergangenen Jahrhunderten war es vor allem die Himmelsmechanik, die Lehre von den
Bewegungen der Planeten und Kometen, die die mathematischen Methoden der
klassischen Physik befruchtete, aber auch – durch die ungeklärte Bewegung des
Merkurperihels – die erste Bestätigung für die Allgemeine Relativitätstheorie lieferte.
Die Astrophysik, insbesondere die Spektroskopie der Sterne und der Gasnebel, war
ein nützliches Prüffeld für die Physik der Atomspektren. Das Element Helium wurde
im Sonnenspektrum entdeckt, die Linien eines Elements „Nebulium" stellten sich
als elektrische Quadrupolübergänge des zweifach ionisierten Sauerstoffs heraus, die
unter im Labor erreichbaren Vakuumbedingungen immer noch stoßabgeregt wer-

den. Die Frage nach den Energiequellen der Sterne und der Erzeugung chemischer Elemente in Sternen steht in direktem Zusammenhang mit der Kernphysik, insbesondere der Kernfusion. Schließlich haben die Überlegungen zum frühen heißen Kosmos, zum Problem der Sonnenneutrinos, und zur Natur der dunklen Materie der Teilchenphysik wesentliche Impulse gegeben. Es steht zu hoffen, daß die Astronomie auch im neuen Jahrhundert ein Betätigungsfeld für Physiker sein wird, die in der Lage sind, die Augen von der angewandten Forschung weg auf Gebiete zu lenken, wo es Unerwartetes zu entdecken gibt.

1.9 Das Sonnensystem im Wandel

Nach Sonne und Mond sind die mit dem bloßen Auge sichtbaren „Wandelsterne" die markantesten Himmelskörper, die die Menschen seit Jahrtausenden fasziniert haben. Der Glaube an die mystische Kraft dieser Sterne war ein wesentlicher Grund für die Himmelsbeobachtungen des Altertums; das Stellen von Horoskopen bot für manchen Astronomen ein willkommenes Zubrot. Bei den Vorstellungen in modernen Planetarien spielen die Planeten und ihre Bewegung am Himmel eine große Rolle. Und für Amateurastronomen sind die großen Monde des Jupiter, die Phasen der Venus und die Ringe des Saturn beliebte erste Studienobjekte.

In der Entwicklung der Astronomie waren die Planeten, wie im vorhergehenden Abschnitt skizziert, wichtige Forschungsobjekte. Das Planetensystem war ein Standardkapitel jedes Lehrbuchs der Astronomie und Astrophysik.

In der zweiten Hälfte des 20. Jahrhunderts hat sich die Planetenforschung jedoch verselbständigt. Mit der Raumfahrt entstand die „Planetologie", deren Forschung vor allem mit Raumsonden betrieben wird, kaum noch mit teleskopischen Beobachtungen. Heute ist die Planetologie eine Wissenschaft, die als Erweiterung der Geophysik (aber auch der Geologie und Mineralogie) verstanden werden kann. Als Folge dieser Entwicklung werden die Planeten der Sonne ausführlich in Band 7 („Erde und Planeten") beschrieben.

Im vorliegenden Band 8 werden die historischen Meilensteine der Planetenerforschung an verschiedenen Stellen erwähnt; diese Information ist über das Register leicht auffindbar. Darüber hinaus enthält der Anhang „Zahlenwerte und Tabellen" alle wichtigen Parameter von Erde, Mond und den Planeten des Sonnensystems. Für den Amateurastronomen gibt es Internet-Hinweise zum Auffinden der Planenten-Konstellationen („Astronomische Ephemeriden", Abschn. 1.11.3).

Das neue Forschungsgebiet „Extrasolare Planeten" ist – da diese ja der direkten Untersuchung bislang nicht zugänglich sind – in diesem Buch in Abschn. 2.8 und Abschn. 4.3.4.3 beschrieben.

1.10 Astronomische Forschung heute

Astronomische Forschung wird an Universitätsinstituten, Landesinstituten, nationalen Forschungsinstituten (in Deutschland z. B. an den Max-Planck-Instituten für

Astronomie, Astrophysik und Radioastronomie) und internationalen Institutionen (z. B. European Southern Observatory (ESO) und European Space Agency (ESA)) betrieben. In den USA findet astronomische Forschung außerhalb von Universitäten vereinzelt in Stiftungsinstituten (Carnegie Foundation), Industriebetrieben (AT & T Bell Laboratories), innerhalb der National Aeronautics and Space Administration (NASA), und der Association of Universities for Research in Astronomy (AURA) statt. Der Schwerpunkt der NASA-Forschung liegt in der Satellitenastronomie, die der AURA im Betrieb erdgebundener Sternwarten in Arizona und Chile.

Die internationale Zusammenarbeit hat sich durch die Gründung der Internationalen Astronomischen Union (IAU) vertieft; auch internationale Sternwarten und internationale Forschungssatelliten, die beispielsweise gemeinsam von der NASA und der ESA entwickelt und betrieben wurden und werden, sind zu nennen. Das Internet hat der internationalen Zusammenarbeit zu neuen Möglichkeiten verholfen. Anträge auf Beobachtungszeit werden elektronisch eingereicht, Beobachtungen häufig „remote" durchgeführt, und astronomische Datenbanken sind, von gewissen Einschränkungen bezüglich der Priorität der Beobachter abgesehen, allgemein zugänglich. Automatische Teleskope überwachen den gesamten Himmel, oder es können Beobachtungen eines interessanten Gebietes „bestellt" werden. Das rasche Anwachsen der astronomischen Datenflut hat zu Überlegungen einer virtuellen Sternwarte geführt, einem Datenarchiv, in dem man wie mit dem Feldstecher am Himmel „spazierenschauen" kann.

Erwähnt werden sollte, daß anders als in den meisten anderen Naturwissenschaften ein nicht zu vernachlässigender Forschungsbeitrag von Amateuren geleistet wird. Die Entdeckung neuer veränderlicher Sterne oder die Überwachung bekannter Veränderlicher ist ein Betätigungsfeld von Amateurastronomen, die zumeist in nationalen Organisationen zusammengeschlossen sind (AAVSO – American Association of Variable Star Observers, BAV – Bundesdeutsche Arbeitsgemeinschaft für Veränderliche Sterne). Die Suche nach neuen Kometen und die Überwachung und Positionsbestimmung von Kleinplaneten ist eine Domäne der Amateure geworden. Auch an der Überwachung der Sonnenfleckenaktivität nehmen Amateure aktiv teil.

1.11 Informationsquellen und die Astronomie im Internet

1.11.1 Zeitschriften

Seit etwa zwei Jahrhunderten gibt es astronomische Fachzeitschriften; im 20. Jahrhundert ging die Gründung von immer mehr spezialisierten Zeitschriften einher mit der Fusion einer ganzen Reihe von ‚nationalen' Zeitschriften zu einer ‚europäischen' Zeitschrift – und dies schon 1969. Heute lassen sich einige Gruppen unterscheiden:

In den USA wird das Zeitschriftenpanorama durch das Astrophysical Journal (ApJ), das Astronomical Journal (AJ) und die Publications of the Astronomical Society of the Pacific (PASP) bestimmt. In Europa dominiert eindeutig Astronomy and Astrophysics (A & A). Daneben haben sich die altehrwürdigen Astronomischen Nachrichten (AN), die in Großbritannien erscheinenden Monthly Notices of the Royal Astronomical Society (MNRAS), sowie einige weitere Zeitschriften aus China, Italien, Japan, Litauen, Mexiko, Polen und Rußland behaupten können. Alle diese Zeitschriften stehen Autoren aus allen Ländern offen. Außerdem erfolgten in den letzten Jahrzehnten zahlreiche Neugründungen von Spezialzeitschriften (über Himmelsmechanik, Sonnenphysik, Planetologie, Geschichte der Astronomie, usw.). Viele Zeitschriften sind auch in elektronischer Form zugänglich (umfangreiche Tabellen werden zumeist nur noch elektronisch veröffentlicht). Auch für die elektronischen Ausgaben, die meist einige Zeit vor den Druckversionen erscheinen, ist ein Abonnement des Benutzers oder seiner Organisation erforderlich; ältere Jahrgänge sind oft kostenlos einsehbar. Einen nützlichen Überblick gibt:

– http://www.eso.org/gen-fac/libraries/ejournals.html .

Obwohl die Zeit zwischen der Einreichung eines Manuskripts bei der Redaktion einer Zeitschrift und der Veröffentlichung in den letzten Jahren kürzer geworden ist, ist die „Vorauspublikation" (das Preprint) noch verbreiteter geworden. Während in der Vergangenheit Manuskriptkopien an Institute und Kollegen geschickt wurden, sind heute Preprints aus allen Gebieten der Physik und verwandter Wissenschaften im Preprint-Server des Los Alamos National Laboratory herunterladbar, so auch neue Arbeiten aus der Astrophysik (astro-ph) und der Quantenkosmologie (gr-qc):

– http://xxx.lanl.gov ,

wobei nach Autoren, nach Stichworten im Titel oder der Zusammenfassung gesucht werden kann, oder auch alle in einem bestimmten Zeitraum eingegangenen Preprints aufgelistet werden können. Dieser Server ist auch unter

– http://xxx.uni-augsburg.de/find

erreichbar.

1.11.2 Astronomische Bibliographie/virtuelle Bibliothek

Wie findet der Astronom in der Flut der Veröffentlichungen die für ihn interessanten Arbeiten?

Von 1899 bis 1968 wurde der „Astronomische Jahresbericht" (AJB) herausgegeben, der die im Berichtsjahr erschienenen astronomischen Arbeiten (Bücher, Zeitschriftenartikel, Sternwartenveröffentlichungen) nach Sachgebieten geordnet mit Verfasser, Titel und Inhaltsangabe (Abstract) vorstellte. Dieses Jahrbuch wurde 1969 durch die halbjährlich erscheinenden „Astronomy and Astrophysics Abstracts" (AAA) abgelöst. Diese beiden Publikationen sind mittlerweile auch auszugsweise im Internet zugänglich:

– http://www.ari.uni-heidelberg.de/aribib .

Unter dieser Adresse ist auch eine Suche nach Buch- und Zeitschriftenautoren vergangener Jahrhunderte möglich, die in den Bibliographien vom Jerôme de Lalande (1803) und Jean Charles Houzeau und Albert Lancaster (1882–1889) erwähnt sind.

Ein davon unabhängiges System der astronomischen Bibliographie ist das von der NASA geförderte Astronomical Data System (ADS). Hier findet sich ein Suchprogramm nach Autoren, Objekten, Stichworten im Titel oder der Zusammenfassung (Abstract). Dies ist in vielen Fällen mit der Möglichkeit verbunden, den gefundenen Artikel in gescannter Form als pdf-, ps- oder gif-Datei herunterzuladen (beispielsweise sind die Zeitschriften ApJ, AJ, PASP und A&A komplett seit ihrem ersten Erscheinen zugänglich). Auch Objektlisten (stellare, nebelhafte, extragalaktische, oder planetare Objekte), zitierte Referenzen, oder andere Artikel, die auf den betrachteten Artikel verweisen, können aufgerufen werden:

– http://adswww.harvard.edu .

Dieser Server ist auch an anderen Orten verfügbar, beispielsweise hier:

– http://esoads.eso.org/
– http://cdsads.u-strasbg.fr/ .

Wie schon erwähnt, ist für die Lektüre neuer Artikel in astronomischen Zeitschriften im allgemeinen ein Abonnement erforderlich, aber zumindest die Zusammenfassung (Abstract) wird für die Mehrzahl der Artikel kostenlos zur Verfügung gestellt.

Das Centre des Données Astronomiques in Strasbourg (CDS) bietet viele Möglichkeiten des Zugangs zu astronomischen Katalogen:

– http://cdsweb.u-strasbg.fr .

Hierbei können astronomische Kataloge vollständig über das Internet erhalten werden (Catalogues), oder auszugsweise abgefragt werden (Vizier). Bei der Angabe einer Sternbezeichnung oder einer Position können mit Hilfe der Suchmaschine Simbad Koordinaten, Helligkeiten, Farben, Radialgeschwindigkeiten, Eigenbewegungen usw. von Objekten abgefragt werden, auch eine Bibliographie von Arbeiten, die sich mit dem ausgewählten Objekt beschäftigen, wird erstellt. Auch können Katalogobjekte auf Himmelskarten dargestellt werden (Aladin). Über die Nomenklatur astronomischer Objekte in verschiedenen Katalogen, die mittlerweile für die Astronomen unüberschaubar geworden ist, findet man bei Simbad Informationen.

Während sich das Centre des Données Astronomiques in Strasbourg anfangs vor allem der Datensammlung von Fixsternen widmete und erst in den letzten Jahren andere galaktische und extragalaktische Objekte in seine Datei aufnahm, enthält die NASA/IPAC Extragalactic Database, die vom Jet Propulsion Laboratory (California Institute of Technology, Pasadena, California) betrieben wird, ausschließlich extragalaktische Objekte:

– http://ned.ipac.caltech.edu/ .

Objekte des Sonnensystems und geologische Strukturen auf Planeten, Monden und anderen Himmelskörpern werden von einer Arbeitsgruppe der Internationalen Astronomischen Union benannt und sind bei der Abteilung für Astrogeologie des U.S. Geological Survey in Flagstaff/Arizona katalogisiert:

– http://wwwflag.wr.usgs.gov/USGSFlag/Space/nomen/nomen.html .

Schließlich sei noch eine Internet-Seite erwähnt, die zahlreiche Links zur Geschichte der Astronomie und verwandter Wissenschaften bietet:

– http://www.astro.uni-bonn.de/~pbrosche/astoria.html .

1.11.3 Astronomische Datenarchive

Typische **Datenarchive** der Vergangenheit sind Kataloge mit Listen von Sternpositionen oder -helligkeiten. Sie finden sich – zumeist in gedruckter Form – in den Bibliotheken vieler Sternwarten. Seit dem Einsatz von Photoplatten in der Astronomie gibt es „Plattenarchive", in denen die Himmelsaufnahmen oder die photographischen Spektren von Himmelsobjekten aufbewahrt werden. Nur in wenigen Fällen wurden Himmelsaufnahmen auf photographischem Wege vervielfältigt und als Himmelsatlanten verteilt. Die bekanntesten sind der Palomar Observatory Sky Survey und der ESO/SRC Sky Atlas. Diese weitreichenden photographischen Himmelskarten sind mittlerweile digitalisiert und ausschnittsweise über das Internet allgemein zugänglich:

– http://arch-http.hq.eso.org/cgi-bin/dss .

Nützlich ist auch eine „Photoplattensuchmaschine" (plate finder) auf der US-Homepage des Digital Sky Survey, die bei Vorgabe einer Position oder eines Objekts alle digitalisierten Photoplatten auflistet, auf denen das Objekt erscheint:

– http://archive.stsci.edu/dss .

Mittlerweile gibt es abgeschlossene und im Aufbau begriffene digitale Himmelsdurchmusterungen nicht nur im optischen, sondern auch im Infrarot (Two-Micron All-Sky Survey = 2MASS), im Radiogebiet (NRAO VLA Sky Survey = NVSS), und weitere werden folgen. Eine Internetseite, die einen Überblick und Links zu den einzelnen Datenarchiven bietet, ist:

– http://www.digital-sky.org/ .

Ältere Photoplatten oder Spektren sind aufgrund mancherlei Probleme nicht allgemein digital im Internet verfügbar. In der heutigen Zeit wurde in der Astronomie die photographische Platte durch Empfänger mit digitaler Auslesung weitgehend abgelöst, vor allem von CCDs. Ein CCD (charge-coupled device) ist ein Bauteil zur elektronischen Bildpunkt-Aufzeichnung, wie es z. B. in Camcordern oder digitalen Photoapparaten benutzt wird (s. Abschn. 2.3.2).

Durch die Verwendung digitaler Empfänger sollte eine Verbreitung astronomischer Beobachtungsdaten wesentlich leichter möglich sein, als dies mit Photoplatten der Fall war. Photoplatten mußten aufwendig kopiert oder mit Hilfe von Mikrodensitometern digitalisiert werden, während im Fall von CCDs die Daten sofort digital vorliegen. Dies ist in der Tat der Fall – man kann beispielsweise binnen Minutenfrist eine in Chile gemachte Aufnahme zu einem Computer nach Europa übertragen. Eine weite Verbreitung von CCD-Bildern war bislang jedoch nur sehr eingeschränkt möglich, da ein „rohes" CCD-Bild verschiedene Reduktionsstufen durchlaufen muß, bis es vollständig reduziert ist, und es gab in der Vergangenheit nur sehr wenige „Reduktions-Pipelines", also Befehlssequenzen in Bildverarbeitungsprogrammen, die eine solche Arbeit optimal ausführen können. Am ehesten sind solche optimierten standardisierten Reduktionen bei Himmelsdurchmusterungen im Infraroten und vor allem bei Daten von Satellitenteleskopen erfolgt. Ein Grund dafür ist, daß deren Instrumente vergleichsweise wenige Einstellmöglichkeiten haben, ein anderer, daß die Beobachtungen nur wenigen äußeren (oft unkontrollierten) Einflüssen, z. B. Wetteränderungen, unterworfen sind, ein dritter, daß die großen Raumfahrtorganisationen ausreichend Mittel haben, solche Archive aufzubauen und zu verwalten.

Das wohl bekannteste und weitestgenutzte Archiv ist das ULDA-Archiv des International Ultraviolet Explorer (IUE)-Satelliten: eine Sammlung von über 100 000 Ultraviolettspektren von Sternen, Gasnebeln, Galaxien, und Objekten des Sonnensystems:

– http://ines.vilspa.esa.es .

Weitere Datenarchive existieren für die Infrarot-Satelliten IRAS und ISO:

– http://www.ipac.caltech.edu/ipac/iras/toc.html,
– http://isowww.estec.esa.nl

und den Röntgensatelliten ROSAT:

– http://www.xray.mpe.mpg.de

und schließlich für das Hubble-Weltraumteleskop (hier ist vor der Verwendung des Archivs ein „Benutzer-Password" einzuholen):

– http://archive.stsci.edu .

Diese Liste von Daten astronomischer Satelliten ist bei weitem nicht vollständig (siehe auch Kap. 3). Ein Archiv verschiedener radioastronomischer Karten und Quellenkataloge ist

– http://www.parkes.atnf.csiro.au/databases/surveys/surveys.html .

Astronomische Ephemeriden finden sich bei:

– http://aa.usno.navy.mil/AA/,
– http://www.nao.rl.ac.uk .

Wer nur wissen möchte, wie die am Himmel zu sehenden Sternbilder heißen und ob unter den helleren Sternen auch Planeten sind, findet die Antwort z. B. auf der Amateur-Astronomie-Site

– http://www.sternklar.de → Planetarium → aktuelle Sternenhimmel.

Atom- und kernphysikalische Archive sind für die Astronomie ebenso nützlich wie astrophysikalische Programme. Einige seien hier erwähnt:

ZAMS ist ein Fortran-Programm von C. J. Hansen und S. D. Kawaler, das bei Vorgabe der chemischen Zusammensetzung und der Sternmasse das Modell (Temperatur- und Druckverlauf) eines Nullalter-Hauptreihensterns berechnet, d. h. eines sonnenähnlichen Sterns, der gerade erst mit dem Kernbrennen begonnen hat und noch chemisch homogen aufgebaut ist:

– http://bullwinkle.as.utexas.edu/ast376/zams.html.

Spectrum von R. O. Gray ist ein C-Programm zur Berechnung synthetischer Sternspektren im optischen Bereich:

– http://ww.acs.appstate.edu/dept/physics/spectrum/spectrum.html.

Cloudy von G. Ferland ist ein C-Programm, das bei Vorgabe der physikalischen und chemischen Eigenschaften das Emissionslinienspektrum eines Gasnebels berechnet:

- http://www.pa.uky.edu/~gary/cloudy.

1.12 Astronomische Software

Die in der Astronomie entwickelte Software dient zur **Datenerfassung** am Teleskop, zur darauffolgenden **Datenreduktion** (Datenkalibrierung und Extraktion wesentlicher Informationen), sowie zur **Datenanalyse** (z. B. Modellierung von Lichtkurven, Vergleich beobachteter Spektren mit synthetischen Spektren).

In der optischen Astronomie besteht die Datenerfassung zumeist im Auslesen von CCDs. Die erhaltenen Dateien sind Zahlensequenzen, die zweidimensionale Bilder darstellen. In der Radioastronomie ist der Weg zum zweidimensionalen Bild meist aufwendiger.

Um den Datentransport vom Teleskop zur nachfolgenden Datenreduktion, die oft an einem anderen Ort auf einem anderen Computersystem erfolgt, problemlos zu gestalten, wurde ein standardisiertes „flexibles System des Bildtransports" entwickelt, FITS (= Flexible Image Transport System). „Bild" steht hier für eine Zahlenfolge, die sich als zwei- oder mehrdimensionales Bild darstellen läßt. Es kann sich dabei um ein CCD-Bild eines Himmelsobjekts, aber auch um die verschiedenen Ordnungen eines Echelle-Spektrogramms (s. Abschn. 2.4.2) handeln. Eine FITS-Datei besteht (1) aus einem Vorspann, die im ascii-Format eine Folge von Schlüsselwörtern enthält, und (2) eine angehängte Datensequenz. Die Schlüsselwörter enthalten Informationen zur angehängten Datensequenz, damit sie korrekt entschlüsselt werden kann: Länge, Breite und Dimension des Bildes sowie Datentyp (Integer, Real, Precision). Weitere Schlüsselwörter geben wichtige Beobachtungsdaten wieder (Observatorium, Teleskop, Zusatzinstrument, Zeit der Beobachtung, Himmelskoordinaten, Belichtungszeit, Filter, usw.)

Schließlich seien noch einige astronomische Programmpakete zur Analyse von Direktaufnahmen und spektroskopischen Daten (primär im optischen Bereich, mit zusätzlichen Programmpaketen für die Reduktion von diversen Satellitendaten) erwähnt. In den USA wurde von den National Optical Astronomy Observatories (NOAO) das Image Reduction and Analysis Facility (IRAF)-Paket, in Europa vom European Southern Observatory (ESO) das Munich Image Data Analysis System (MIDAS) entwickelt. Beide **Programmpakete zur Bildanalyse** haben ihre Vorzüge und Nachteile. MIDAS bietet bequemere Online-Hilfsfunktionen, eine mehrbändige Dokumentation und eine Reihe von graphischen Interfaces für die Reduktion und ist auch für den „Einsteiger" relativ einfach benutzbar. IRAF bietet eine Fülle von einstellbaren Optionen, so daß man ohne Hilfe leicht den Überblick verlieren kann, es sei denn, man hält sich an eine der im Internet erhältlichen Einführungen, die bestimmte photometrische und spektroskopische Datenreduktionen Schritt für Schritt beschreiben, wobei aber nur ein Bruchteil der Möglichkeiten ausgelotet wird. Die Homepages der Programmpakete sind:

– http://www.eso.org/projects/esomidas/
– http://iraf.noao.edu/iraf-homepage.html .

Dieser Überblick über die Astronomie im Internet ist keinesfalls erschöpfend, sollte aber bei einem Einstieg die ersten Schritte erleichtern. Nützlich ist das im Literaturverzeichnis erwähnte Buch von Kidger und Mitarbeitern, das aber sicher bald veraltet sein wird. Einen knappen, aber ständig aktualisiertem Überblick gibt auch die Liste „Astronomical World Wide Web Resources":

– http://www.stsci.edu/astroweb/net-www.html .

Literatur

Allgemeine Einführungen, Grundlagen der Astrophysik

Roth, G. D. (Hrsg.), Handbuch für Sternfreunde (4. Aufl. in zwei Bänden). Springer, Berlin, Heidelberg, New York, 1989
Unsöld, A., Baschek, B., Der neue Kosmos (6. Aufl.). Springer, Berlin, Heidelberg, New York, 1999
Léna, P., Lebrun, F., Mignard, F., Observational Astrophysics (2. Aufl.). Springer, Berlin, Heidelberg, New York, 1998

Nachschlagewerke und Datensammlungen

Lexikon der Astronomie (in zwei Bänden). Spektrum Akademischer Verlag, Heidelberg, 1999
Krautter, J., Sedlmayr, E., Schaifers, K., Traving, G., Meyers Handbuch Weltall (7. Aufl.). Bibliographisches Institut, Mannheim, 1994
Lang, K. R., Astrophysical Formulae (3. Aufl. in zwei Bänden). Springer, Berlin, Heidelberg, New York, 1999
Cox, A. N. (Hrsg.), Allen's Astrophysical Quantities (4. Aufl.). AIP/Springer, New York, 2000
Murdin, P. (Hrsg.), Encyclopedia of Astronomy and Astrophysics (in vier Bänden). Institute of Physics Publishing/MacMillan Reference, Bristol und London, 2001

Sphärische Astronomie und Astrometrie

Green, R. M., Spherical Astronomy. Cambridge University Press, Cambridge, 1985
Walter, H. G., Sovers, O. J., Astrometry of Fundamental Catalogues. Springer, Berlin, Heidelberg, New York, 2000

Zeitmessung und Kalenderwesen

Jones, A. W., Splitting the Second: The Story of Atomic Time. Institute of Physics Publishing, Bristol, 2000
Richards, E. G., Mapping Time: The Calendar and its History. Oxford University Press, Oxford, 2000
Seidelmann, P. K. (Hrsg.), Explanatory Supplement to the Astronomical Almanac. University Science Books, Mill Valley, California, 1992

Geschichte der Astronomie

Hamel, J., Geschichte der Astronomie von den Anfängen bis zur Gegenwart. Franck-Kosmos, Stuttgart, 1998
Herrmann, D. B., Geschichte der modernen Astronomie. Aulis-Deubner, Köln, 1986
North, J., Viewegs Geschichte der Astronomie und Kosmologie. Vieweg, Braunschweig, 1997

Astronomie im Internet

Kidger, M. R., Sanchez, F., Perez-Fournon, I., Internet Resources for Professional Astronomy. Cambridge University Press, Cambridge, 1999

2 Terrestrische Observatorien und Beobachtungstechniken

Hilmar W. Duerbeck

In diesem Kapitel wird genauer auf Teleskope, Analyseinstrumente und -methoden für elektromagnetische Strahlung in verschiedenen Wellenlängenbereichen eingegangen, sofern diese vom Erdboden aus nachweisbar ist: optische, Infrarot- und Radiostrahlung, und extrem energiereiche Gammastrahlung. Darüber hinaus werden die anderen Informationsträger, Teilchenstrahlung in Form von kosmischer Strahlung und von Neutrinos, und die Gravitationswellen behandelt.

2.1 Atmosphärische Fenster für elektromagnetische Strahlung

Die **Erdatmosphäre** ist nur in bestimmten Wellenlängenbereichen oder „Fenstern" für elektromagnetische Strahlung durchlässig. Deutlich sind in Abb. 2.1 links und etwa in der Mitte das Radiofenster und das optische Fenster zu erkennen, durch das die Strahlung fast ungehindert zum Erdboden gelangt. Dazwischen tritt im Millimeter-, Submillimeter- und Infrarotbereich starke Absorption auf. Auch im Ultraviolettbereich ist die Atmosphäre undurchsichtig. Röntgen- und Gamma-Astronomie ist erst in Höhen von 30–40 km mittels Ballonexperimenten möglich. Infrarot- und Submillimeter-Beobachtungen werden erfolgreich von Ballons und Flugzeugen aus durchgeführt.

Im ultravioletten Bereich absorbiert Ozon (O_3), während im infraroten Bereich Wasserdampf (H_2O), Sauerstoff (in Form von O_2 und O_3) und Kohlendioxid (CO_2) Linienabsorption hervorrufen. Besonders der Wasserdampf ist im Infrarot, Submillimeter- und Millimetergebiet ein bedeutender Absorber, so daß Beobachtungen auf hohen Bergen, am Südpol (in etwa 3 km Höhe), oder von Ballons und Flugzeugen aus durchgeführt werden müssen. Im Radiobereich (zwischen 10 mm und 10 m) ist die Erdatmosphäre transparent, zu längeren Wellenlängen bewirken die Elektronen der Ionosphäre (ab etwa 60 km Höhe) eine Abschwächung der von außen einfallenden Radiostrahlung.

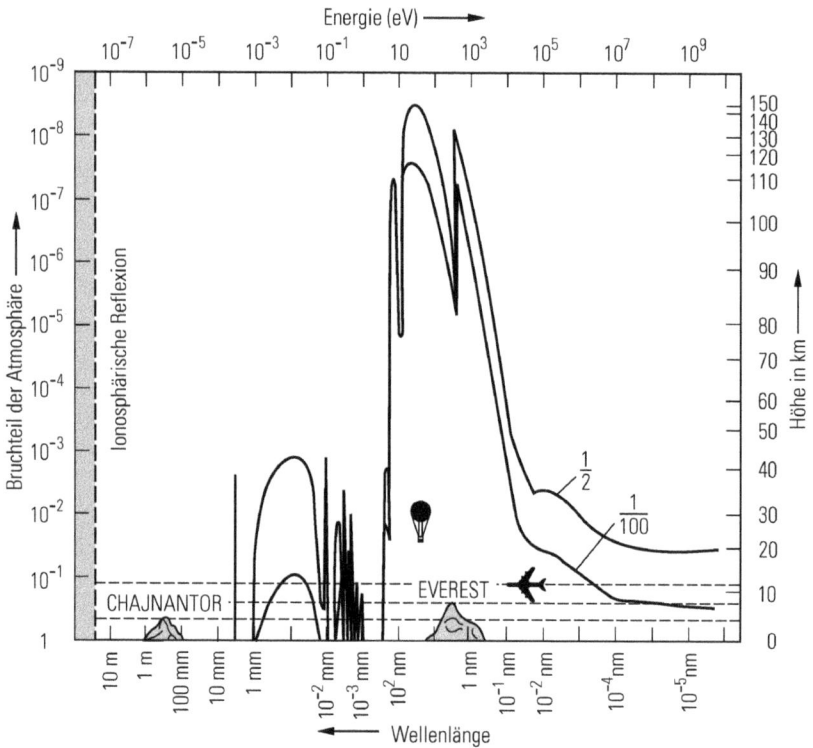

Abb. 2.1   Abschwächung elektromagnetischer Strahlung in der Erdatmosphäre vom Radio-bereich bis zu der kosmischen Strahlung. Die zwei Kurven zeigen an, wann senkrecht einfallende Strahlung durch die Atmosphäre auf 1/2 und 1/100 ihrer ursprünglichen Intensität abgeschwächt wird.

2.2 Optische Teleskope

Teleskope dienen zur Unterscheidung nahe beieinanderliegender Strahlungsquellen (**Auflösungsvermögen**) sowie zur Bündelung elektromagnetischer Strahlung (**Lichtstärke**). Im Brennpunkt des Teleskops befindet sich ein Strahlungsempfänger, entweder zur direkten Messung des einfallenden Strahlungsstroms oder in Verbindung mit einem Analysator für die Messung der spektralen Zusammensetzung und/oder der Polarisation der Strahlung. Je nach betrachtetem Wellenlängenbereich weist der Aufbau der Teleskope und Strahlungsempfänger Unterschiede auf. Wir wollen zunächst einige allgemein gültige Prinzipien betrachten.

2.2.1 Das Auflösungsvermögen

Das **Auflösungsvermögen** kann durch die Verlängerung der Brennweite des Teleskops, durch die Vergrößerung der Eintrittspupille und durch die Verfeinerung des Auflösungsvermögens des Empfängers verbessert werden. Vor allem die Luftunruhe setzt dem Auflösungsvermögen eines Teleskops Grenzen, die aber unter gewissen Bedingungen überwunden werden können.

Aufgrund der Wellennatur des Lichts tritt an der Eintrittspupille eines optischen Systems eine Beugung auf. Im Fall eines schmalen Spalts entsteht das wohlbekannte Interferenzmuster. Wenn eine Linse mit kreisförmiger Eintrittspupille und Radius r_0 von einer unendlich weit entfernten Punktquelle ($I_0(\theta) = \delta(\theta)$) mit Licht der Wellenlänge λ beleuchtet wird, ist die Intensitätsverteilungsfunktion in der Brennebene, die sogenannte Responskurve oder Airy-Funktion:

$$I_1(\theta) = \left[\frac{2J_1(2\pi r_0/\lambda\theta)}{2\pi r_0/\lambda\theta}\right]^2, \tag{2.1}$$

wobei J_1 die Besselfunktion erster Ordnung ist. Ein Fernrohr mit kreisförmiger Eingangspupille (Linse oder Spiegel) bildet eine Punktquelle als ein von Ringen umgebenes Beugungsscheibchen ab, das auch als **Airy-Scheibchen** bezeichnet wird.

Das **Rayleigh-Kriterium** für die Auflösung zweier gleichheller inkohärenter Punktquellen mit einem Winkelabstand θ ist die Überlagerung zweier identischer Airy-Funktionen. Die Auflösungsgrenze ist erreicht, wenn das Maximum der einen Funktion mit der ersten Nullstelle der anderen zusammenfällt:

$$\theta_0 = 0.61\frac{\lambda}{r_0}, \tag{2.2}$$

wobei der Winkel θ in Radiant gemessen wird. Ein optisches Großteleskop mit einem Spiegeldurchmesser von $D = 2r_0 = 10\,\text{m}$ hat somit für grünes Licht ($\lambda = 0.5\,\mu\text{m}$) ein theoretisches Auflösungsvermögen von $\theta_0 = 0.01$ Bogensekunden, ein großes Radioteleskop von 100 m Spiegeldurchmesser hat bei $\lambda = 0.2\,\text{m}$ ein Auflösungsvermögen von 0.1 Grad.

Die lineare Ausdehnung l des Beugungsscheibchens in der Brennebene ergibt sich aus der Brennweite f des Teleskops; es gilt $l = 2f \tan\theta$, oder für kleine Winkel θ:

$$l = 0.61\frac{2\lambda f}{r_0}. \tag{2.3}$$

Das dunkeladaptierte menschliche Auge besitzt eine Pupillenöffnung $D_{\text{Auge}} = 2r_0 = 7\,\text{mm}$ und eine Brennweite $f = 24\,\text{mm}$. Für grünes Licht ($\lambda = 0.5\,\mu\text{m}$) ist nach Gl. (2.3) $l = 3\,\mu\text{m}$. Da der Abstand der Netzhautrezeptoren des menschlichen Auges, der Zäpfchen, 6 µm beträgt, ist das Auflösungsvermögen der Optik des Auges dem Auflösungsvermögen der Empfänger gut angepaßt.

Moderne optische Spiegelteleskope haben ein Öffnungsverhältnis $D/f \sim 1:3$. Für sichtbares Licht ergibt sich als Größe des Beugungsscheibchens 2 µm, entsprechend 0.01 Bogensekunden. Allerdings verursacht selbst unter den günstigsten Beobachtungsbedingungen die Luftunruhe der Erdatmosphäre Sternbilder mit einer Ausdehnung von mehr als 0.25 Bogensekunden. Deshalb weisen die Bildelemente (Picture elements = Pixels) Größen und gegenseitige Abstände von etwa 20 µm auf, die der erreichbaren Auflösung angepaßt sind. Man erkennt, daß der Vorteil großer Teleskope nicht in der Auflösung, sondern in der lichtsammelnden Kraft, der sogenannten Lichtstärke liegt.

2.2.2 Die Lichtstärke

Die freie Öffnung bzw. der Durchmesser D des Teleskopspiegels bestimmt die Auffangfläche für das Licht eines Sterns oder eines ausgedehnten Objekts (Planet, Nebel…). Der gesammelte Lichtstrom wird in der Brennebene auf den Empfänger abgebildet. Die **Lichtstärke** I gibt an, wie stark der Lichtstrom auf die Empfängerfläche konzentriert ist. Das Licht eines Sterns verteilt sich durch die Beugung auf eine durch Gl. (2.3) bestimmte Fläche, so daß die Lichtstärke höchstens

$$I \sim \left(\frac{D}{\lambda}\right)^2 \cdot \left(\frac{D}{f}\right)^2 \tag{2.4}$$

ist. Bei gegebenem Öffnungsverhältnis D/f wächst I also proportional zu D^2.

Wir haben in Abschn. 1.1.1 gesehen, daß die schwächsten mit dem bloßen Auge erkennbaren Sterne von der sechsten Größenklasse sind. Mittels eines Fernrohrs können die Helligkeiten um einen Faktor G verstärkt werden, der dem Verhältnis der Auffangflächen F von Teleskop und Auge entspricht. Da das dunkeladaptierte Auge einen Pupillendurchmesser $D_{\mathrm{Auge}} = 7$ mm hat, ist

$$G = \frac{F_{\mathrm{Tel.}}}{F_{\mathrm{Auge}}} = \frac{\pi\,(0.5\,D_{\mathrm{Tel.}})^2}{\pi\,(0.5\,D_{\mathrm{Auge}})^2} = 2 \cdot 10^4\, D_{\mathrm{Tel.}}^2, \tag{2.5}$$

wobei der Spiegeldurchmesser in Metern gemessen wird. Die **Grenzgröße** m_{lim} eines Teleskops (Feldstecher, Linsenfernrohr, Spiegelfernrohr) ergibt sich für visuelle Beobachtungen, die in der astronomischen Praxis allerdings kaum noch von Bedeutung sind, zu

$$m_{\mathrm{lim}} = 16.7 + 5 \log D_{\mathrm{Tel.}} . \tag{2.6}$$

Mit einem guten Feldstecher kann man also Sterne der 11. Größe, mit einem 1 m-Spiegelteleskop Sterne der 16. Größe erkennen. Durch Verwendung empfindlicher und über längere Zeit integrierender Empfänger wie Photoplatten oder CCDs läßt sich diese Grenze um einige Größenklassen zu schwächeren Helligkeiten hin verschieben.

2.2.3 Die Apertursynthese

Wir haben in Abschn. 2.2.1 gesehen, daß die Winkeldistanz zweier Objekte, die mit einem Instrument gerade aufgelöst werden können, vom Quotienten von Wellenlänge und Teleskopgröße abhängt. Allerdings muß nicht die gesamte Apertur (Instrumentöffnung) mit optischen Empfangselementen (z. B. Spiegelsegmenten) überdeckt sein, sondern nur ein kleiner Teil. Es besteht eine Beziehung zwischen dem elektromagnetischen Feld in der Aperturebene, E_a, und demjenigen in der Fokalebene, E_f:

$$E_f(x, y) = \int\int E_a(u, v)\, \mathrm{e}^{2\pi i(ux + vy)}\, \mathrm{d}u\, \mathrm{d}v. \tag{2.7}$$

E ist eine komplexe Funktion der Ortskoordinaten in der Fokalebene (x, y) bzw. der Aperturebene (u, v), die die Amplitude und Phase des Feldes beschreibt. Das eigentliche Bild ist die detektierte Intensität $I(x, y)$, d.h. das Absolutquadrat des

Feldes E_f in der Fokalebene. Das Produkt der an zwei unterschiedlichen Orten gemessenen Felder wird als Korrelation bezeichnet. Die Fourier-Theorie besagt, daß die Quadrierung einer Größe in der Fokalebene der Korrelation in der Aperturebene entspricht:

$$I(x,y) = |E_f(x,y)|^2 = \int\int E_a(u_0,v_0)\, E_a^*(u_0+u, v_0+v)\, e^{2\pi i(ux+vy)}\, \mathrm{d}u\, \mathrm{d}v, \quad (2.8)$$

wobei die mit einem Stern versehene Größe die komplex-konjugierte Größe darstellt. Das Interferometer stellt ein Instrument dar, mit dem man eine Korrelation durchführen kann. Eines der Elemente des Interferometers empfängt und verstärkt das elektromagnetische Feld E im Punkt (u_0, v_0) der Aperturebene. Die Multiplikation dieses Signals mit dem Signal eines zweiten Elements, das sich im Punkt (u_0+u, v_0+v) befindet, wird ermittelt. Diese Korrelation oder ‚visibility‘ V ist:

$$V(u,v) = \langle E(u_0,v_0)\, E(u_0+u, v_0+v)\rangle. \quad (2.9)$$

Das Bild in der Fokalebene kann auch geschrieben werden:

$$I(x,y) = \int\int V(u,v)\, e^{2\pi i(ux+vy)}\, \mathrm{d}u\, \mathrm{d}v. \quad (2.10)$$

Wird die Korrelation $V(u,v)$ für eine große Zahl N von Elementdistanzen (u,v) gemessen, kann mit Hilfe der Datenpunkte $V(u_i, v_i)$ $(i = 1, N)$ das Integral in Gl. (2.10) numerisch ausgewertet werden. Es liefert eine numerische Darstellung des Bildes $I(x,y)$. Dieses Verfahren ist als **Apertursynthese** bekannt. Nachdem es in einfachster Form von Albert A. Michelson 1920 in der optischen Astronomie eingesetzt worden war, und dann lange Zeit in der Radioastronomie Verwendung gefunden hat (s. Abschn. 2.7.2, Teleskop-Arrays), findet es mittlerweile auch wieder bei optischen Teleskopen breitere Verwendung (s. Abschn. 2.2.4).

2.2.4 Realisationen optischer Teleskope

Bei vorgegebener Lichtwellenlänge nimmt gemäß Gl. (2.2) das Auflösungsvermögen mit wachsender Eingangspupille zu. Technische Grenzen lassen es nicht zu, **Linsenfernrohre (Refraktoren)** mit Durchmessern von über einem Meter herzustellen. Außerdem sind selbst mehrkomponentige Refraktorobjektive nur über einen beschränkten Wellenlängenbereich farbkorrigiert (z. B. ein Linsendublett aus Kron- und Flintglas). Refraktoren haben wegen der aufwendigen Farbkorrektur zumeist lange Brennweiten und geringe Linsendurchmesser, das Öffnungsverhältnis D/f liegt gewöhnlich bei 1 : 10 bis 1 : 20. Solche langen Instrumente benötigen zu ihrem Schutz große Kuppelgebäude. Der Refraktor mit der größten Öffnung von 1.02 m steht in der Yerkes-Sternwarte in Wisconsin, USA. Seine Brennweite beträgt 19.4 m.

Spiegelfernrohre (Reflektoren) haben wesentlich günstigere Eigenschaften: Licht aller Wellenlängen wird in demselben Brennpunkt vereinigt; die rückwärtige Lagerung gestattet es, Spiegel mit Durchmessern von einigen Metern und Dicken von wenigen Dezimetern einzusetzen. Das erste, von Isaac Newton 1672 entwickelte Spiegelteleskop besaß einen kleinen kurz vor dem Brennpunkt angebrachten Umlenkspiegel, der das Bild aus dem Teleskoptubus herauslenkte (**Newton-System**). Bei großen Teleskopen ist ein solcher Brennpunkt nahe der Eintrittsöffnung für den Beobachter äußerst schwer zugänglich. Bei großen Teleskopen der Vergangenheit

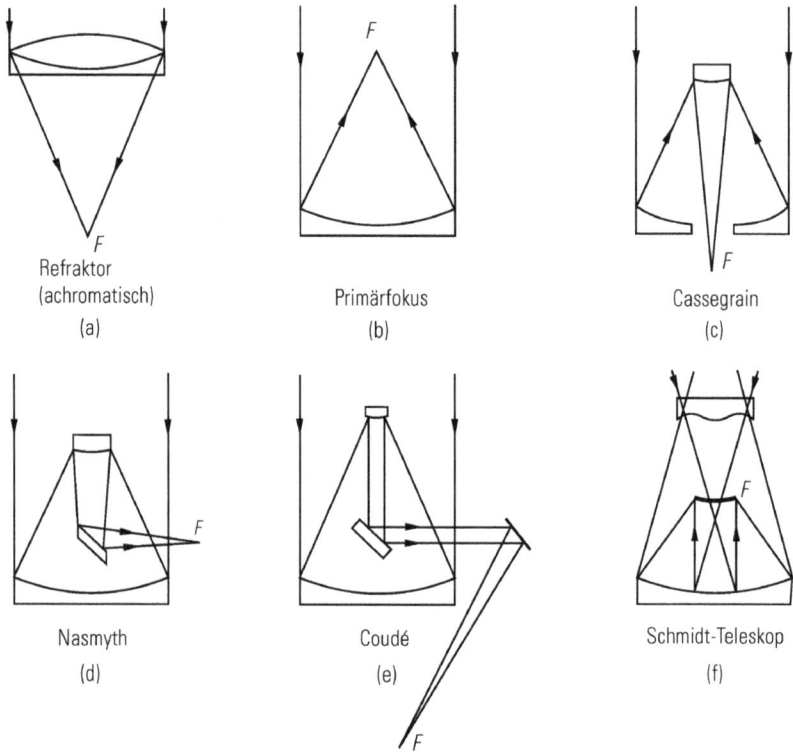

Abb. 2.2   Strahlengang in verschiedenen astronomischen Fernrohren. (a) Refraktor/Astrograph mit Dublett, Strahlungsempfänger in der Fokalebene. (b) Reflektor mit parabolischem Hauptspiegel und Primärfokus. (c) Cassegrain-Reflektor mit parabolischem Hauptspiegel, hyperbolischem Sekundärspiegel und gut zugänglicher Fokalebene. (d) Reflektor mit parabolischem Hauptspiegel und Nasmyth-Fokus. (e) Reflektor mit parabolischem Hauptspiegel und Coudé-Fokus (Spiegelanordnung liefert stationären Fokus). (f) Schmidt-Teleskop mit kugelförmigem Hauptspiegel, Korrektionsplatte und gekrümmter Fokalfläche.

war der Primärfokus als Kabine ausgelegt, in der der Beobachter Photoplatten belichtete und das Teleskop nachführte.

In der heutigen Zeit haben Instrumente zur Analyse des vom Teleskop gesammelten Lichtes große Ausmaße erreicht, so daß man einen Fokus unterhalb des Hauptspiegels (**Cassegrain-System**, **Ritchey-Chrétien-System**) oder einen Fokus nahe der Deklinationsachse bzw. der Azimutalachse (**Nasmyth-System**) bevorzugt.

Alle Systeme mit Parabolspiegeln zeigen für Strahlen, die zur Achse geneigt sind, Koma, d. h. die Sterne werden als längliche Flecken abgebildet. Durch spezielle Formgebung von Primär- und Sekundärspiegel können über ein größeres Bildfeld Koma und sphärische Aberration eliminiert werden. Weitere optische Fehler und die Bildfeldkrümmung können durch eine Korrektionsoptik beseitigt werden (Ritchey-Chrétien-System).

Eine weitwinklige Bilderfassung erlaubt das in den 1930er Jahren von Bernhard Schmidt entwickelte Spiegelsystem, das aus einem sphärisch geschliffenen Haupt-

Tab. 2.1   Große optische Teleskope.

Name	Apertur [m]	Ort	Bemerkungen/Internet-Adresse
Very Large Telescope (VLT)	16.4	Cerro Paranal, Chile	VLT-1…4, im Bau (europäisch) www.eso.org/paranal/
Keck Interferometer	14.6	Mauna Kea, Hawaii, USA	Keck I+II, im Bau (USA) www2.keck.hawaii.edu:3636/
Large Binocular Telescope (LBT)	2×8.4	Mt. Graham, Arizona, USA	Interferometer, im Bau (USA, Italien, Deutschland) medusa.as.arizona.edu/lbtwww/
Gran Telescopio Canarias (GTC)	10.4	La Palma, Spanien	segmentierter Spiegel, im Bau (Spanien, Mexiko) gtc.iac.es/home.html
Keck I-Teleskop	9.8	Mauna Kea, Hawaii, USA	segmentierter Spiegel
Keck II-Teleskop	9.8	Mauna Kea, Hawaii, USA	segmentierter Spiegel
Hobby-Eberly-Teleskop (HET)	9.1	Mt. Fowlkes, Texas, USA	segmentierter Spiegel, feste Elevation www.as.utexas.edu/mcdonald/het/het.html
South Africa Large Telescope (SALT)	9.1	Observatory, Südafrika	baugleich mit HET, im Bau www.salt.ac.za/
Subaru	8.2	Mauna Kea, Hawaii	Nationales Astronomisches Observatorium von Japan www.naoj.org/
Antu	8.2	Cerro Paranal, Chile	(VLT-1)
Kueyen	8.2	Cerro Paranal, Chile	(VLT-2)
Melipal	8.2	Cerro Paranal, Chile	(VLT-3)
Yepun	8.2	Cerro Paranal, Chile	(VLT-4)
Gemini North	8.1	Mauna Kea, Hawaii	www.noao.edu/usgp/usgp.html
Gemini South	8.1	Cerro Pachon, Chile	www.gemini.edu/
Walter Baade	6.5	Las Campanas, Chile	Magellan I www.ociw.edu/magellan/
Landon Clay	6.5	Las Campanas, Chile	Magellan II, im Bau
MMT	6.5	Mt. Hopkins, Arizona, USA	ehemaliges Multiple-Mirror-Teleskop sculptor.as.arizona.edu/foltz/www/mmt.html
BTA	6.0	Nizhny Arkhyz, Rußland	erstes optisches Großteleskop mit azimutaler Montierung www.sao.ru/Doc-en/index.html
Hale	5.08	Palomar Mountain, Kalifornien, USA	Inbetriebnahme 1948 www.astro.caltech.edu/observatories/palomar/

spiegel (zur Vermeidung von Koma) und einer Korrektionsplatte (zur Beseitigung der sphärischen Aberration) in doppelter Brennweitenentfernung besteht (**Schmidt-Spiegel**). Die Brennpunkte liegen auf der Oberfläche eines Kugelabschnitts, so daß zur Lichtaufzeichnung verwendete Fotoplatten gebogen werden müssen, sofern keine Ebnungslinse verwendet wird.

Große Schmidt-Teleskope besitzen Hauptspiegel von 1.2 m und Korrektionsplatten von 1 m Durchmesser; Nord- und Südhimmel sind mit solchen Teleskopen auf hunderten von 0.30 × 0.30 m großen Photoplatten in mehreren Farben aufgenommen worden. Mittlerweile sind Photoplatten durch CCD-Empfänger abgelöst wor-

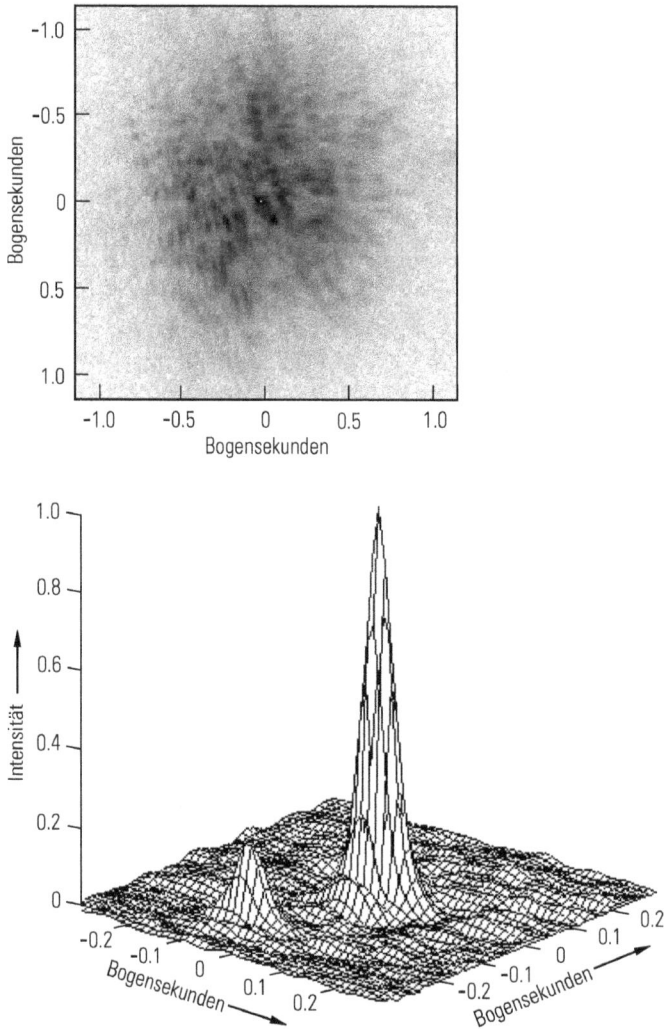

Abb. 2.3 (a) Speckle-Aufnahme eines engen visuellen Doppelsterns. (b) Die Analyse hunderter von Speckle-Bildern liefert ein nahe dem theoretischen Auflösungsvermögen des Teleskops liegendes Bild: In diesem Fall ist die Intensitätsverteilung des Lichts eines engen Doppelsterns gezeigt.

den und einige Schmidt-Spiegel sind für CCD-Beobachtungen umgerüstet worden. Allerdings ist eine CCD-Kamera schwierig im Fokus eines Schmidt-Spiegels einzusetzen, so daß eine weitwinklige Bilderfassung mit Anordnungen von mehreren CCD-Empfängern, die ein ausgedehnteres Gesichtsfeld abbilden können, häufiger im Fokus eines Ritchey-Chrétien-Teleskops durchgeführt wird.

Moderne, computergesteuerte Lagerungen des Hauptspiegels erlauben den Ausgleich der Verformung eines dünnen Spiegels aufgrund seiner Lage relativ zum Schwerefeld (**aktive Optik**).

Wie erwähnt, ist das Auflösungsvermögen optischer Teleskope aufgrund der Luftunruhe (des sogenannten Seeings) wesentlich geringer als aufgrund von Gl.(2.2) für das Rayleigh-Kriterium erwartet. Turbulenzelemente der Erdatmosphäre erzeugen eine Vielzahl von „Airy-Scheibchen", die sich bei langen Belichtungen zu diffusen Sternbildern aufsummieren. In der sogenannten **Speckle-Technik** zeichnet man in kleinen Wellenlängenbereichen „Momentaufnahmen" (≤ 0.1 s) astronomischer Objekte auf. Da diese Aufnahmen kürzer sind als die Fluktuationszeit der atmosphärischen Turbulenzelemente, werden die von den einzelnen Elementen erzeugten Airy-Scheibchen sichtbar. Mittels Fourier-Analyse werden einige hundert bis 10^6 Bilder ausgewertet, um die Autokorrelation (bei der Speckle-Interferometrie) oder die wahre Helligkeitsverteilung (bei der Speckle-Masking-Interferometrie) zu erhalten. Bei relativ hellen Objekten kann auf diese Weise das theoretische Auflösungsvermögen eines Teleskops auch unter den durch die Luftunruhe bedingten Einschränkungen erreicht werden (Abb. 2.3).

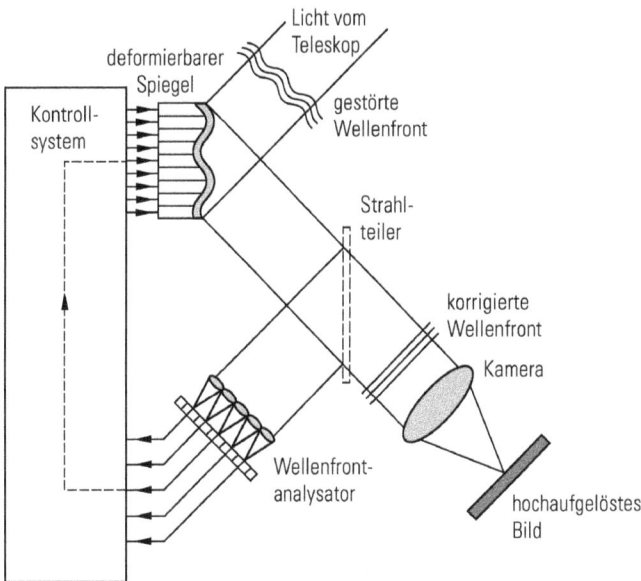

Abb. 2.4 Adaptive Optik: Das Licht vom Teleskop fällt auf einen deformierbaren Spiegel. Ein Strahlenteiler wirft einen Teil des Lichts auf einen Wellenfrontanalysator, der über einen Computer die Auflagepunkte des deformierbaren Spiegels so verändert, daß die einfallende Wellenfront wieder planparallel gemacht wird. Anschließend wird von einem Kamerasystem das korrigierte Bild aufgezeichnet.

Eine andere Technik versucht, die einfallende planparallele Wellenfront, die durch die Turbulenzelemente der Erdatmosphäre deformiert wurde, durch eine angepaßte rasche Änderung der Spiegelcharakteristik (zumeist des Sekundärspiegels) zu restaurieren. Diese Seeing-Kompensation durch **adaptive Optik** ist in der Lage, vor allem im roten und infraroten Spektralbereich die Bildqualität entscheidend zu verbessern (Abb. 2.4).

Die Aufstellung der Teleskope hat in den letzten Jahrzehnten eine Wandlung durchgemacht. Etwa 100 Jahre lang benutzte man fast ausschließlich die sogenannte **parallaktische Montierung**, bei der die Verlängerung einer Achse (der Stundenachse) durch die Himmelspole geht, und die andere Achse (die Deklinationsachse) senkrecht dazu steht. Eine gleichförmige Drehung der Stundenachse kompensiert die Erdrotation und führt das Teleskop den Sternen nach. Dieser einfache Antrieb steht im Gegensatz zu der aufwendigen Form der Montierung.

Ein Fernrohr mit einer **alt-azimutalen Montierung** kann wie ein einfaches Aussichtsfernrohr um die waagerechte (azimutale) und die senkrechte (= altitude, Höhe

Abb. 2.5 Beispiel eines alt-azimutal montierten optischen 8 m-Teleskops (VLT-1), eines der vier Einzelteleskope des Very Large Telescope der ESO. Der Spiegel ist oberhalb der Spiegelzelle sichtbar (verzerrte Bilder der rückseitigen Wand). Kurze Brennweite und azimutale Montierung erlauben eine kompakte Bauweise (© European Southern Observatory).

Abb. 2.6 Kuppelgebäude der vier Einheiten des Very Large Telescope der ESO auf dem Cerro Paranal in Nordchile. Die Zeichnung zeigt auch die optischen Strahlengänge der Teleskope (und dreier Hilfsteleskope) bei der Verwendung als Interferometer (© European Southern Observatory).

über dem Horizont) Achse bewegt werden (Abb. 2.5). Soll es den Sternen nachfolgen, müssen beide Achsen mit ständig wechselnden Geschwindigkeiten gedreht werden, außerdem muß die auftretende Bildfeldrotation im Fernrohr kompensiert werden. Beides ist heute durch Computersteuerung der Achsen und der Instrumenthalterung kein Problem. Die Kosten für die aufwendigere Teleskopsteuerung werden durch die stabile, kompakte Aufstellung, die ein wesentlich kleineres Schutzgebäude erfordert, bei weitem wettgemacht (Abb. 2.6). Nachdem schon seit den 1950er Jahren der überwiegende Prozentsatz der Radioteleskope alt-azimutale Montierungen aufwies, kam sie im optischen Bereich erstmalig 1975 beim russischen 6 m-Teleskop (Bol'shoj Teleskop Azimutal'nyj, Mt. Pastuchova) zur Anwendung und ist heute bei optischen Großteleskopen allgemein im Einsatz. Ein weiterer Schritt zur Reduzierung von Kosten stellt die azimutale Aufstellung des 9.2 m-Hobby-Eberly-Teleskops dar, dessen Blickrichtung einen Winkel von 55 Grad zum Horizont besitzt. Diese Aufstellung erlaubt es, 70 % des sichtbaren Himmels zu überdecken. Eine Bewegung des Strahlungsempfängers in der Fokalebene erlaubt eine Beobachtungsdauer von Objekten von etwa einer Stunde. Dies ist aber z. B. für nicht zeitkritische spektroskopische Untersuchungen ausreichend.

Moderne optische Großteleskope haben Spiegeldurchmesser von 8 bis 10 m: Very Large Telescope (4 × 8.2 m, European Southern Observatory, Cerro Paranal, Chile), Keck-Teleskop (2 × 9.8 m, Mauna Kea, Hawaii). Megateleskope mit Spiegeldurchmessern von 30 und 100 m sind in Planung. Einige dieser großen Spiegel sind nicht

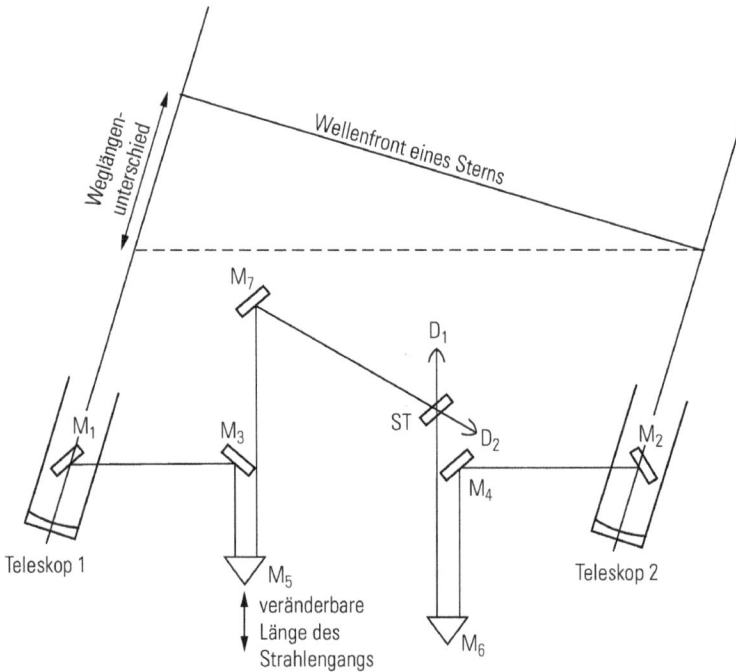

Abb. 2.7   Schematischer Aufbau eines Interferometers. Zwei Teleskope (in der Original-Versuchsanordnung von Michelson waren es zwei Planspiegel, die das Licht in ein Teleskop einspeisten) bringen das Licht von zwei Orten der Wellenfront über die Spiegel M_1–M_3–M_5–M_7 bzw. M_2–M_4–M_6 zu einem Strahlteiler (ST), wo die Kohärenz durch geeignete Detektoren D_1 und D_2 untersucht werden kann. Die Basislinie der Interferometeranordnung entspricht der Entfernung der Spiegel M_1 und M_2. Der Weg eines Strahls kann durch Bewegen von M_5 bzw. M_6 verkürzt oder verlängert werden, um das Interferenzmuster zu untersuchen. Vergleichbare Systeme werden in der Radioastronomie schon seit Jahrzehnten verwendet, wobei die Signale über Kabel zusammengeführt oder bei VLBI später korreliert werden.

mehr aus einem einzigen Block gefertigt, sondern aus kleineren sechseckigen Segmenten zusammengesetzt. Die Öffnungsverhältnisse liegen zwischen 1 und 3, was zusammen mit der alt-azimutalen Aufstellung zu einer sehr kompakten Bauweise führt.

Zusatzgeräte optischer Teleskope sind abbildende Kameras, Photometer, Polarimeter und Spektrographen, die heute zumeist mit CCD-Detektoren ausgestattet sind. In den folgenden Abschnitten werden wir kurz auf die meßtechnischen Grundlagen eingehen.

Die meisten Großteleskope benötigen eine aktive Optik, um die dünnen Spiegel in optimaler Form zu halten. Sehr oft wird auch eine adaptive Optik verwendet, die die Luftunruhe teilweise kompensiert. Ein weiterer Schritt, das Auflösungsvermögen eines optischen Teleskops durch Apertursynthese zu verbessern, wurde erstmals von Albert A. Michelson unternommen. Durch ein am 2.5 m-Mt. Wilson-Teleskop angebrachtes Spiegelsystem wurde der Aperturdurchmesser auf 6 m vergrößert. Aus der Beobachtung der „Visibility" des Interferenzmusters gelang es, die Durchmesser einiger naher Riesensterne zu ermitteln.

Heute arbeitet man bei sehr vielen Großteleskopen (VLT, Keck, LBT) an der Möglichkeit, die Strahlengänge der Einzelteleskope interferometrisch zu koppeln und so nicht nur eine hohe Lichtstärke, sondern auch eine wesentlich verbesserte Auflösung zu erhalten (Abb. 2.7).

2.3 Astronomische Photometrie

2.3.1 Meßtechnische Grundlagen

Wir haben uns schon in Abschn. 1.1.1 kurz mit Sternhelligkeiten befaßt und wollen diese Kenntnis jetzt vertiefen. Strahlungsflußdichten S_λ werden in der optischen Astronomie üblicherweise in Größenklassen angegeben,

$$m_\lambda = -2.5 \log(S_\lambda/S_\lambda(0)), \qquad (2.11)$$

wobei $S_\lambda(0)$ die Strahlungsflußdichte eines Sterns des Spektraltyps A0 der Größenklasse $m_\lambda = 0$ (in Watt pro Quadratmeter, Sekunde und Wellenlängenintervall λ, $\lambda + \Delta\lambda$) ist.

In der Photometrie mißt man keine monochromatischen Strahlungsflußdichten S_λ, sondern die Lichtmenge pro Zeiteinheit, die durch ein Farbfilter f mit der Transmissionscharakteristik $T_f(\lambda)$ den Empfänger erreicht. Um die grobe Energieverteilung eines Objekts zu ermitteln, führt man photometrische Messungen in verschiedenen, durch einen Filtersatz definierten Wellenlängenbereichen durch, d.h., die Messungen werden in einem bestimmten photometrischen System durchgeführt.

Photometrische Systeme wurden in der Astronomie für verschiedene Anwendungsbereiche entwickelt. Ein bekanntes Beispiel ist das seit den 1950er Jahren verwendete Johnsonsche UBV-System, in dem die Strahlungsströme von Objekten im ultravioletten, blauen und visuellen (d.h. grünen) Spektralbereich gemessen werden.

Tab. 2.2 Filter des Johnsonschen Farbsystems für den visuellen und infraroten Bereich.

Filter f	Zentrale Wellenlänge λ_f [μm]	Bandbreite $\Delta\lambda_f$ [μm]	Strahlungsflußdichte $S_\lambda(0)$ W m^{-2} μm^{-1}	Bemerkung
U	0.36	0.068	$4.35 \cdot 10^{-8}$	ultraviolett
B	0.44	0.098	$7.20 \cdot 10^{-8}$	blau
V	0.55	0.089	$3.92 \cdot 10^{-8}$	visuell (grün-gelb)
R	0.70	0.22	$1.76 \cdot 10^{8}$	rot
I	0.90	0.24	$8.3 \cdot 10^{-9}$	infrarot
J	1.25	0.30	$3.4 \cdot 10^{-9}$	infrarot
H	1.65	0.35	$7.0 \cdot 10^{-10}$	infrarot
K	2.20	0.40	$3.9 \cdot 10^{-10}$	infrarot
L	3.40	0.55	$8.1 \cdot 10^{-11}$	infrarot
M	5.0	0.3	$2.2 \cdot 10^{-11}$	infrarot
N	10.2	5.0	$1.23 \cdot 10^{-12}$	infrarot
Q	21.0	8.0	$6.8 \cdot 10^{-14}$	infrarot

Es ist in der Zwischenzeit in den roten und infraroten Spektralbereich erweitert worden. Daten des Johnsonschen Systems sind in Tab. 2.2 zusammengefaßt. Zunächst gilt gemäß Gl. (2.11) für die Filter $f = U, B, V \ldots$

$$m_f = -2.5 \log \frac{\int_0^\infty S_\lambda T_f(\lambda)\, d\lambda}{\int_0^\infty S_\lambda(0)\, T_f(\lambda)\, d\lambda} = \int_0^\infty S_\lambda T_f(\lambda)\, d\lambda + C_f, \qquad (2.12)$$

wobei der Wert der Konstanten C_f durch die Beobachtung von Standardsternen ermittelt werden muß. Die Tabelle enthält die Zentralwellenlängen λ_f sowie die Filterbandbreiten $\Delta\lambda_f$. Die Strahlungsflußdichte $S_\lambda(0)$ ist diejenige eines Sterns des Spektraltyps A0V der scheinbaren Größe $V = 0$ im Johnsonschen System.

In der Praxis beobachtet man mit Hilfe eines mit einem Johnsonschen Filtersatz ausgestatteten Photometers die entsprechenden Helligkeiten U, B und V, und bildet die Farbenindizes $U - B$ und $B - V$, die Informationen über den Energieverlauf im Spektrum enthalten.

Für Sterne der Hauptreihe, die einen ähnlichen inneren Aufbau wie die Sonne aufweisen, besteht ein eindeutiger Zusammenhang zwischen Oberflächentemperatur (oder Spektraltyp) und den beiden Farbindizes. Ist dieser Zusammenhang nicht gegeben, kann eine der folgenden Komplikationen vorliegen:

1. das Licht des Sterns ist durch die interstellare Extinktion gerötet;
2. der Stern ist kein Hauptreihenstern, sondern ein Riesenstern oder ein anderer Sterntyp, der sich von der Hauptreihe wegentwickelt hat;
3. der Stern besitzt eine von der Sonne unterschiedliche chemische Häufigkeit (er ist z. B. arm an schweren Elementen);
4. das Licht des Sternes ist „zusammengesetzt" d. h. der Stern ist in Wirklichkeit ein Doppelstern.

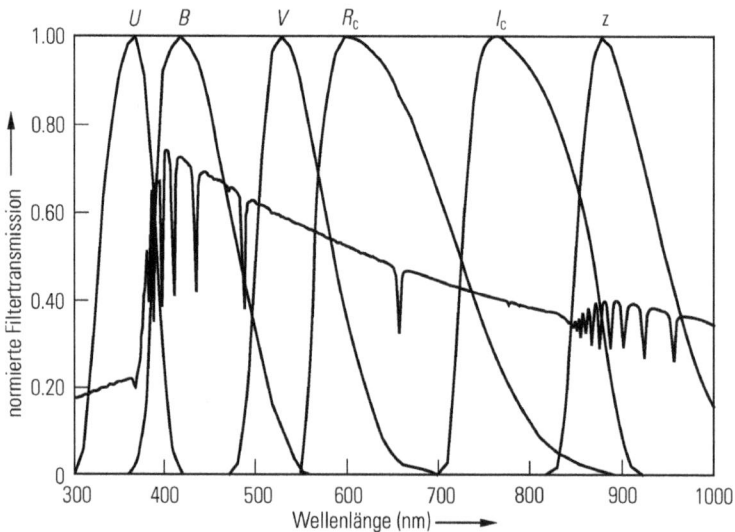

Abb. 2.8 Die Transmissionskurven der Filter U, B, V, R, I und K des Johnson-Systems sind der Energieverteilung eines A0-Sterns überlagert. $B-V$ ist ein gutes Maß für den Gradienten der spektralen Energieverteilung, während $U-B$ ein Maß für die Größe des Balmer-Sprungs ist.

Um sich Klarheit zu verschaffen, benötigt man weitere Farbindizes oder ein Spektrum des Sterns (s. Abschn. 2.4).

Als Nullpunkt der Helligkeiten und der Farbindizes diente früher der Stern Wega (α Lyrae), ein heller Stern mit einer Oberflächentemperatur von etwa 10 000 K, für den näherungsweise gilt: $U = B = V = U - B = B - V = 0.0$. Um das Problem einer möglichen Lichtveränderlichkeit des Sterns Wega zu vermeiden, wird mittlerweile der Nullpunkt des Farbsystems durch eine Anzahl schwächerer Wega-ähnlicher Sterne definiert.

Blaue Sterne besitzen im allgemeinen negative, gelbe und rote Sterne positive Farbindizes. Die Helligkeiten der Sonne sind $U = -25.91$, $B = -26.10$, $V = -26.75$, $U - B = +0.21$, $B - V = +0.65$. Für den hellen Stern α Centauri ist $V = -0.01$, $B - V = +0.71$. Der ähnliche Wert von $B - V$ deutet an, daß die Sonne und α Centauri nahezu gleiche Oberflächentemperaturen aufweisen. Nehmen wir an, daß α Centauri in der Tat ein „Zwilling" der Sonne ist, also nicht nur die gleiche Oberflächentemperatur, sondern auch den gleichen Radius besitzt. Er ist gemäß Gl. (1.2) $3.66 \cdot 10^{-11}$ mal so hell, muß also etwa 165 000 mal so weit entfernt sein. Dies ist eine grobe Entfernungsabschätzung auf photometrischem Wege. Die genauere trigonometrische Entfernungsbestimmung (s. Abschn. 1.7) ergibt, daß α Centauri 278 000 mal so weit entfernt ist wie die Sonne.

Photometrische Messungen sind nur bei wolkenlosem Nachthimmel möglich, wobei noch die zusätzliche Anforderung gestellt wird, daß die atmosphärische Lichtabschwächung (Extinktion) sich nicht ändert. Beim Durchgang durch die Erdatmosphäre wird die Strahlung eines Sterns gemäß der Gleichung

$$m_{f,0} = m_f - k_f \cdot \sec z + c_{f,0} \tag{2.13}$$

abgeschwächt, wobei $m_{f,0}$ die außerhalb der Erdatmosphäre beobachtbare scheinbare Helligkeit im Farbbereich f, und m_f die bei einer „Luftmasse" $\sec z = 1/\cos z$ beobachtete Helligkeit ist. Hierbei ist z die Zenitdistanz eines Sterns bei der Beobachtung. Aus der Formel geht hervor, daß zwei Messungen eines Sterns bei verschiedenen Luftmassen genügen, den Extinktionskoeffizienten k_f für eine bestimmte Wellenlänge bzw. ein bestimmtes Filter f zu ermitteln. Photometrische Beobachtungen werden im allgemeinen so ausgeführt, daß einige Sterne oder Sterngruppen bekannter Helligkeit und Farbe (die Standardsterne) bei verschiedenen Luftmassen beobachtet werden. Daraus werden für jedes Filter die Werte für den Extinktionskoeffizienten k_f und die Nullpunktskonstante $c_{f,0}$ ermittelt, die von den Teleskop- und Photometereigenschaften abhängen. Bei Breitbandphotometrie ist der Extinktionskoeffizient k_f auch von der Farbe (und damit z. B. vom Farbindex $(B - V)$) des Sterns abhängig: Ein blauer Stern gibt mehr Licht im kurzwelligen Bereich eines Filters ab als ein roter Stern, und damit wird sein Licht von der Atmosphäre stärker geschwächt. Man verwendet deshalb Standardsterne unterschiedlicher Farbe, um die Wellenlängenabhängigkeit von k_f gut zu bestimmen. Die Reduktion der Messungen der „Programmsterne", deren Helligkeiten und Farben man bestimmen will, erfolgt über einen Satz von Transformationsgleichungen, die man aus der Beobachtung der Standardsterne in der gleichen Nacht ermittelt hat. Durch Lösung eines linearen Gleichungssystems erhält man als Resultat die scheinbaren Helligkeiten U, B, V von Programmsternen im Johnsonschen System bei Luftmasse 0, sowie ihre Farbindizes $U - B$ und $B - V$.

Die scheinbare Helligkeit eines Objekts ist, wie schon erwähnt, ein Maß für den am Ort der Erde empfangenen Strahlungsstrom. Dieser hängt sowohl von der Strahlungsleistung des Objekts (z. B. gemessen in Watt) und von dessen Entfernung (z. B. gemessen in Metern) ab. Will man die Strahlungsleistung verschiedener astronomischer Quellen miteinander vergleichen, geschieht dies mittels der **absoluten Helligkeit** M. Dies ist die scheinbare Helligkeit eines Objekts, wenn es in einer Standardentfernung von 10 pc beobachtet wird. Der Zusammenhang zwischen absoluter und scheinbarer Helligkeit ergibt sich leicht aus der Definition der Größenklassen und dem $1/r^2$-Gesetz der Bestrahlungsstärke, allerdings muß eine Korrektur wegen interstellarer Absorption A berücksichtigt werden: Das Licht der Sterne wird durch den im interstellaren Raum befindlichen Staub abgeschwächt, das Licht der Sterne erscheint also immer schwächer als bei „klarer Sicht". Die Beziehung zwischen scheinbarer Helligkeit m und absoluter Helligkeit M für ein Objekt mit der Entfernung r (in pc) ist

$$M = m + 5 - 5 \log r - A. \tag{2.14}$$

Hierbei ist die Lichtabsorption A im Weltraum eine mit der Entfernung zunehmende Größe, die zu längeren Wellenlängen hin abnimmt. Die Formel gilt für unterschiedliche Farbbereiche, wobei der Farbbereich durch die Filterbezeichnung angegeben wird, z. B. für das Johnsonsche V-Filter: M_V, m_V und A_V. In der Milchstraßenebene ist $A_V = 1^m \, \mathrm{kpc}^{-1}$ eine akzeptable Näherung.

Die absolute Helligkeit M ist eine intrinsische Eigenschaft der Sterne. Sie hängt von anderen Sterneigenschaften ab, wie beispielsweise von der Oberflächentemperatur. Der Zusammenhang zwischen Oberflächentemperatur oder Sternfarbe und der absoluten Helligkeit liefert das Hertzsprung-Russell-Diagramm: Wasserstoffbrennende Sterne bilden die Hauptreihe, die sich von den absolut hellen heißen Sternen zu den absolut schwachen kühlen Zwergsternen erstreckt; daneben gibt es noch die zumeist kühlen und absolut hellen Riesensterne.

Physikalisch aussagekräftiger als die Sternhelligkeiten in speziellen Wellenlängenbereichen ist die über alle Wellenlängen integrierte spektrale Strahlungsflußdichte, die **bolometrische Helligkeit**:

$$m_{\mathrm{bol}} = -2.5 \log \frac{\int_0^\infty S_\lambda \, \mathrm{d}\lambda}{e_{\mathrm{b}}} \tag{2.15}$$

mit $e_{\mathrm{b}} = 2.52 \cdot 10^{-8} \, \mathrm{W \, m^{-2}}$. Wenn die Quelle isotrop strahlt und ihre Entfernung d (in pc) bekannt ist, läßt sich daraus die Leuchtkraft bestimmen:

$$\frac{L}{L_\odot} = 10^{0.4(m_{\mathrm{bol}} - 5 \log r + 5 - M_{\mathrm{bol}, \odot})}, \tag{2.16}$$

wobei $M_{\mathrm{bol}, \odot} = 4.76$ und $L_\odot = 3.827 \cdot 10^{26} \, \mathrm{W}$ die absolute Helligkeit und Leuchtkraft der Sonne sind. Oft setzt man $L_\odot = 1$ und gibt die Leuchtkraft eines Objekts in Sonnenleuchtkräften an.

2.3.2 Photometer

In den vergangenen Jahrzehnten gab es neben der Schätzung von Sternhelligkeiten mit dem bloßen Auge zwei unterschiedliche Techniken, photometrische Messungen in der optischen Astronomie durchzuführen:

1. Die **photoelektrische Photometrie**: Die Messung relativ heller Einzelobjekte erfolgt mit Hilfe von Photomultipliern (Elektronenvervielfachern). Hierbei wird das gebündelte Licht eines Objekts durch eine Meßblende in der Fokalebene auf eine Photokathode gelenkt. Die dort durch den äußeren **Photoeffekt** losgelösten Elektronen werden durch eine Reihe von Elektroden, zwischen denen ein Spannungsgefälle herrscht, beschleunigt und vervielfältigt. Ein primäres Elektron ruft an der Ausgangselektrode eine Lawine von 10^6 bis 10^7 Elektronen aus; dieses Signal kann analog oder digital (Zählrate der an der Ausgangselektrode auftretenden Impulse) abgespeichert werden. Einer solchen Objektmessung folgt zumeist auch eine Messung des Himmelshintergrundes, der bei schwachen Objekten oder hellem Himmelshintergrund (Mondlicht) erheblich sein kann. Photomultiplier sind über viele Zehnerpotenzen hinweg linear, so daß Helligkeitsskalen von den hellsten bis zu sehr schwachen Sternen gewonnen werden können. Die Quantenausbeute (der Bruchteil der Photonen, die ein Signal hervorrufen) liegt im blauen Spektralbereich bei 25 %, zu langen Wellenlängen hin nimmt sie ab. Typische Meßgenauigkeiten liegen bei 0.01 Größenklassen ($\sim 1\,\%$), im besten Fall bei 0.001 Größenklassen.
2. Die **photographische Photometrie**: Bei dieser über mehr als 100 Jahre in der Astronomie angewandten Technik kann man bei langen Belichtungszeiten zu sehr schwachen Objekten vorstoßen und gleichzeitig sehr viele Objekte simultan auf dem Empfänger, einer mit einer photographischen Emulsion überzogenen Glasplatte, abbilden. Die von einem Stern erzeugte Schwärzung der Photoemulsion, die mittels eines Irisblendenphotometers oder eines Mikrodensitometers gemessen werden kann, ist jedoch nicht linear mit der Sternhelligkeit verknüpft. Zur Gewinnung von Helligkeiten muß sich entweder eine photoelektrisch geeichte Skala von Sternen bekannter Helligkeit auf der photographischen Aufnahme befinden, oder sie muß durch mittels Gitter oder Prisma erzeugten sekundären Sternbildern, die mit den primären Bildern in einem ganz bestimmten Intensitätsverhältnis stehen, geeicht werden. Der dynamische Bereich einer Photoemulsion ist relativ gering; zwischen „klarer Platte" und „gesättigter Schwärzung" liegt etwa ein Faktor 100 in der Bestrahlungsstärke; die Quantenausbeute liegt bestenfalls bei einigen Prozent. Typische Meßgenauigkeiten liegen bei 0.1 Größenklassen ($\sim 10\,\%$). Beide Verfahren sind in den letzten zwei Jahrzehnten fast ausnahmslos durch den Einsatz von *Charge Coupled Devices* (CCDs, ladungsgekoppelte Detektoren) abgelöst worden.
3. Die **CCD-Photometrie**: CCDs sind Empfänger, die die Linearität der Photomultiplier (mit etwas eingeschränkter Dynamik) mit der Ortsauflösung der photographischen Platte (mit etwas eingeschränkter Menge von Bildpunkten) verbinden. Solche CCDs sind heute in Camcordern und digitalen Photoapparaten weit verbreitet. Ihre Empfindlichkeit liegt zwischen 400 und 1100 nm, mit einer maximalen Quantenausbeute von 75–80 % bei etwa 750 nm. Spezielle Beschichtun-

gen können den Spektralbereich zum UV hin erweitern. Ein CCD besteht aus einem dünnen n-p-dotierten Siliziumchip, auf welchem, durch eine dünne isolierende Siliziumdioxidschicht getrennt, eine zweidimensionale Anordnung von Elektroden aufgebracht ist. Während der Belichtung sammeln sich die proportional zur Zahl der einfallenden Photonen freigesetzten Elektronen im Potentialtopf des jeweiligen Pixels an. Nach Beendigung der Belichtung können durch geeignetes Verändern der Potentiale der Elektroden die Ladungsverteilungen Zeile für Zeile an den Rand des CCDs geschoben, über einen Verstärker ausgelesen und digital gespeichert werden.

Abb. 2.9 zeigt die Wirkungsweise eines CCDs bei der Belichtung und beim Auslesevorgang. Die größten derzeit verwendeten CCDs weisen 4000×4000 Bildelemente auf; will man ein ausgedehntes Himmelsareal mit guter Auflösung gleichzeitig aufzeichnen, muß man eine Reihe von CCDs in einer Mosaikanordnung verwenden.

CCD-Empfänger zeigen einen Dunkelstrom, der durch Kühlung wesentlich reduziert werden kann. Die CCD-Bildelemente besitzen unterschiedliche Effizienz,

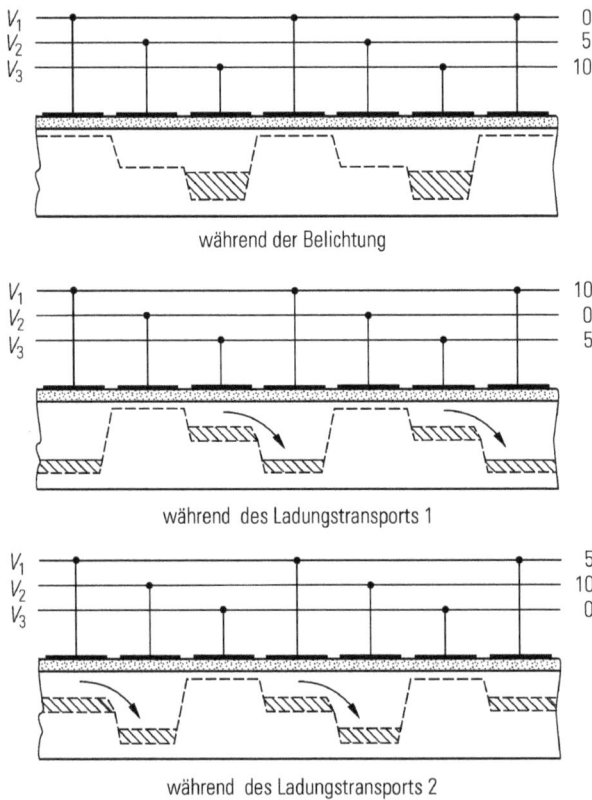

Abb. 2.9 Ein CCD während der Belichtung und zwei Phasen des Auslesevorgangs. Durch Veränderung der Spannungspotentiale V_1, V_2 und V_3 können die durch die Belichtung angesammelten elektrischen Ladungen zum Rand des CCDs transportiert und dort gemessen werden.

was durch eine Kalibrierung mit einer gleichförmigen Lichtquelle (z. B. dem Himmel kurz nach Sonnenuntergang bei CCD-Kameras für Direktaufnahmen, oder einer Halogen-Glühlampe bei CCD-Kameras in Spektrographen) korrigiert werden kann. Die so erhaltenen, im Mittel auf den Wert 1.0 normierten „Flatfield-Aufnahmen", die für verschiedene Filter unterschiedlich ausfallen, dienen zur Homogenisierung der anschließenden astronomischen Aufnahmen, die durch die gleichen Filter belichtet werden (Abb. 2.10).

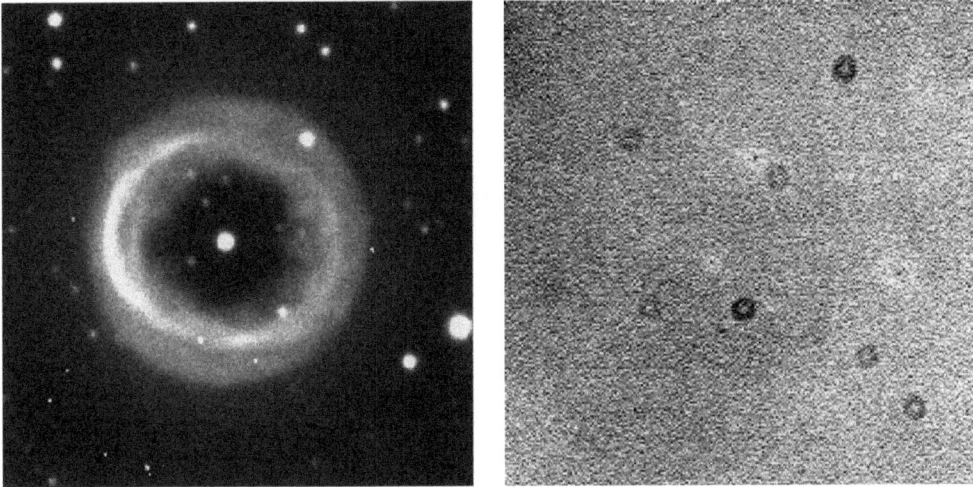

Abb. 2.10   Beispiele von CCD-Aufnahmen. *Links*: Reduzierte Aufnahme des Planetarischen Nebels Sp-1. Hintergrundschwankungen sind beseitigt, lediglich „heiße" Pixel, die durch Wechselwirkung von Teilchen der kosmischen Strahlung mit dem Detektormaterial hervorgerufen werden, sind zu erkennen. *Rechts*: Flatfield-Aufnahme, die Empfindlichkeitsschwankungen der einzelnen Pixel von einigen Prozent dokumentiert. Ringförmige Muster werden durch extrafokale Bilder von Staubteilchen im Kamerasystem verursacht.

Da CCDs simultan viele Sterne und den Himmelshintergrund aufzeichnen, kann auch bei variabler Himmelstransparenz und schwankender Himmelshelligkeit eine präzise Photometrie des Sternfeldes durchgeführt werden. Die digitalen CCD-Bilder können direkt nach Beendigung der Aufnahme und nach den verschiedenen Korrekturen mittels Bildverarbeitungsprogrammen analysiert werden (s. Abschn. 1.12). Das mathematische Anpassen von Helligkeitsprofilen an die zu untersuchenden Sterne liefert eine genaue Photometrie, selbst wenn der Hintergrund hoch und fluktuierend ist, oder wenn das Vorhandensein eines nahen Sternbildchens das zu untersuchende Sternprofil stört (‚Blending'). All dies sind Fälle, bei denen die Photometrie mit den alten lichtelektrischen und photographischen Verfahren zu großen Ungenauigkeiten führte. Typische Meßgenauigkeiten liegen – auch bei ungünstigeren Umständen – bei 0.01 Größenklassen ($\sim 1\%$) und können mit etwas höherem Aufwand um eine Zehnerpotenz verbessert werden.

2.3.3 Anwendungen

Die Photometrie ermöglicht die Bestimmung von Helligkeiten und Farben von Sternen. Da es einen Zusammenhang zwischen Farbe und absoluter Helligkeit gibt, kann man die Sterne eines am Himmel stehenden Sternhaufens, die alle die gleiche Entfernung vom Beobachter besitzen, anhand ihrer Lage in einem Farben-Helligkeits-Diagramm (FHD) ermitteln. Durch Vergleich mit einem Hertzsprung-Russell-Diagramm (HRD) kann man auch die Entfernung r des Sternhaufens ermitteln, indem man die Größe m des FHD mit der Größe M des HRD gemäß Gl. (2.14) in Beziehung setzt und r ermittelt.

Auch die photometrische Beobachtung veränderlicher Sterne hat eine große Bedeutung in der Astronomie und Kosmologie: Da es bei pulsierenden Sternen Beziehungen zwischen der Größe M und der Pulsationsperiode P gibt, kann man bei vorliegender Kalibration eines solchen „Entfernungsindikators" (z. B. die Perioden-Leuchtkraft-Beziehung der klassischen Cepheiden) M aus P ermitteln, und gemäß Gl. (2.14) r aus m und M berechnen (s. Abschn. 4.2.6.1).

2.4 Astronomische Spektroskopie

2.4.1 Meßtechnische Grundlagen

Ein schon von Newton in seinen Experimenten verwendetes dispergierendes Element ist das **Prisma**, das für Licht unterschiedlicher Wellenlängen unterschiedliche Brechungswinkel aufweist. Um eine hohe spektrale Auflösung zu erreichen, muß ein Prisma allerdings groß sein, was zu beträchtlichen internen Lichtverlusten führt und seine Verwendung in der modernen astronomischen **Spektroskopie** auf sehr wenige Anwendungsgebiete beschränkt.

Heutige Spektroskope[1] verwenden deshalb als dispergierendes Medium ein reflektierendes **Dispersionsgitter**. Die erreichbare spektrale Auflösung R ist

$$R = \frac{\lambda}{\Delta\lambda} = n \cdot N, \tag{2.17}$$

wobei N die Zahl der Linien auf dem Gitter ist, und n die spektrale Ordnung, in der das Gitter verwendet wird. Um ein Spektroskop effektiv einzusetzen, sollte die spektrale Auflösung des Dispersionsgitters gleich dem (projizierten) Eingangsspalt, der optischen Auflösung der Komponenten des Spektroskops und der Pixelgröße des Detektors sein. Auch muß das Öffnungsverhältnis des Kollimators demjenigen des Teleskops angepaßt sein, um das Gitter voll auszuleuchten.

---

[1] Früher bezeichnete der Name Spektroskop ein Gerät für visuelle spektrale Untersuchungen (skopein (gr.) = sehen). Spektrographen dienten der photographischen Aufzeichnung von Spektren; Spektrometer der genauen, meist auf kleine Bereiche beschränkten Intensitätsmessung in Sternspektren. Da heutzutage fast alle Untersuchungsgeräte mit linear arbeitenden Empfängern ausgestattet sind, wäre der Ausdruck Spektrometer angebracht. Man verwendet aber zumeist die Bezeichnung Spektrograph. Wir werden hier den allgemein gefaßten Begriff Spektroskop verwenden, analog zur Bezeichnung „Teleskop", das in der heutigen Astronomie ebenfalls kaum mehr zu visuellen Beobachtungen verwendet wird.

2.4.2 Spektroskope

In der optischen Astronomie werden heute zumeist drei Klassen von Spektroskopen verwendet:

1. hochauflösende Echelle-Spektroskope für die Beobachtung relativ heller Einzelobjekte;
2. klassische Cassegrain-Spektroskope mit mittlerer Auflösung, mit denen das Spektrum eines Objekts über ein größeres Wellenlängenintervall (typisch einige 100 nm) in *einer* Ordnung aufgezeichnet wird (Abb. 2.11); und
3. die Kombination einer abbildenden Kamera mit der Verwendung relativ niedrig auflösender „Grismen" (Prismen, auf deren Kante ein Gitter aufgebracht ist) für den Einsatz bei schwachen Objekten, auch zur gleichzeitigen Gewinnung vieler Spektren in einem Himmelsareal.

In allen Fällen kann statt eines astronomischen Objekts eine Lampe in den Strahlengang gebracht werden, die den Eingangsspalt (bzw. die Eingangsspalte) ausleuchtet und ein Kalibrationsspektrum erzeugt. Eine Spektrallampe (z. B. ein Gemisch von He-Ne-Ar) dient zur Erzeugung eines Linienmusters für die Wellenlängenkalibration, eine Weißlicht-Hochdruck-Lampe, die ein kontinuierliches Spektrum erzeugt, für die Empfindlichkeitskalibration des Strahlungsempfängers.

Wie im Fall der Photometrie haben heute linear arbeitende zweidimensionale Lichtempfänger wie CCDs die Photoplatten aus dem Spektroskop verdrängt. Da die Länge eines solchen CCDs selten 2000 Pixel überschreitet, werden sie bei niedrig auflösender Spektroskopie oder Feldspektroskopie eingesetzt. Statt der Coudé-Spektroskope, die Sternspektren auf bis zu 1 m langen Photoplatten aufzeichneten, kommen mittlerweile kompakt gebaute Echelle-Spektroskope zum Einsatz, die ein Spektrum in verschiedene Ordnungen zerlegt auf einer nahezu quadratischen Fläche abbilden: Ein Treppengitter arbeitet in hohen spektralen Ordnungen, die örtlich nahezu zusammenfallen; ein niedrigdispergierendes Prisma senkrecht zur Dispersionsrichtung trennt die Ordnungen und ordnet sie untereinander an.

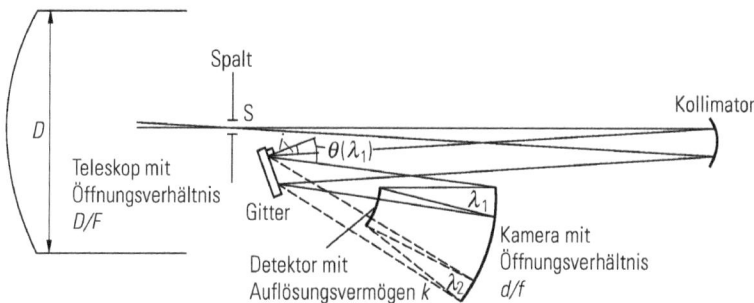

Abb. 2.11 Schematischer Aufbau eines astronomischen Spektrographen im Cassegrain- oder Coudé-Fokus. Der dem Öffnungsverhältnis des Spektrographen angepaßte Kollimator reflektiert einen parallelen Strahl auf das Gitter, das je nach Strichzahl und Einstellwinkel (bzw. spektraler Ordnung) das Licht dispergiert. Die Kamera fokussiert das spektral zerlegte Licht auf einen Detektor.

2.4.3 Anwendungen

Spektralphotometrische Messungen, mittels der man die Energieverteilung eines Objekts bestimmt, weisen Ähnlichkeit mit photometrischen CCD-Messungen auf. Der registrierte Strahlungsfluß wird mit Hilfe von Weißlicht-Flatfields für die statistische und spektrale Empfindlichkeit der Empfänger-Bildelemente korrigiert. Die allgemeine Empfindlichkeitsfunktion des Spektroskops (Transmissions- bzw. Reflexionsverhalten von Linsen, Gittern, Prismen, Spiegeln, spektrale Empfindlichkeit des Empfängers) wird durch die Beobachtung spektraler Standardsterne mit bekannter Energieverteilung, deren Strahlungsfluß bezüglich der atmosphärischen Extinktion korrigiert werden muß, ermittelt.

Die extinktionskorrigierten Programmobjekt-Spektren werden schließlich durch die ermittelte Empfindlichkeitsfunktion des Spektroskops dividiert. Damit erhält man die spektrale Energieverteilung des Programmobjekts in den gleichen Maßeinheiten wie diejenige der Spektralstandards. Schließlich müssen auch die spektralen Standards irgendwann kalibriert worden sein – hier vergleicht man das Licht heller Sterne mit der Energieverteilung eines Schwarzen Körpers auf der Erde, z. B. eines Ofens mit kleinem Austrittsfenster, in dem Platin bei Schmelztemperatur gehalten wird.

Sterne, Gasnebel und Galaxien sind die am häufigsten untersuchten Objekte in der Spektroskopie im optischen Bereich. Die erhaltenen Spektren werden mittels eines Vergleichspektrums (Spektrallampe) wellenlängenkalibriert, und die Spektrallinien können bekannten Elementen zugeordnet werden. Eine systematische Verschiebung ist auf den Doppler-Effekt (bzw. bei Galaxien auch auf die kosmische Rotverschiebung) zurückzuführen, und dient zur Bestimmung der Geschwindigkeit

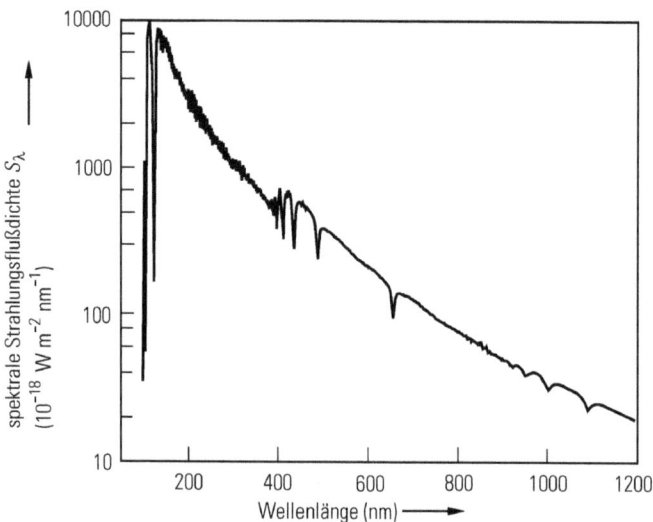

Abb. 2.12 Spektrale Energieverteilung des Sterns G93-48, eines weißen Zwerges mit Wasserstofflinien, der als Spektralstandard zur Bestimmung der Empfindlichkeitsfunktion von Teleskop, Spektroskop und Empfänger sowie der Lichtextinktion der Erdatmosphäre verwendet wird.

in der Sichtlinie. Besonders interessant ist die Bestimmung von Radialgeschwindig-keitskurven von Doppelsternen, aus denen sich die einzelnen Massen der Kompo-nenten mit Hilfe des 3. Keplerschen Gesetzes berechnen lassen.

Der Energieverlauf im Spektrum und das Erscheinungsbild der Spektrallinien liefert Informationen über die Temperatur, die interstellare Verfärbung und über die Leuchtkraft bzw. die absolute Helligkeit, die mit dem Druck an der Sternober-fläche verknüpft ist. Oft ist auch eine chemische Pekuliarität (Metallarmut oder Überhäufigkeit bestimmter Elemente) durch direkte Betrachtung des Linienspek-trums zu erkennen.

Hochaufgelöste Spektren dienen zumeist zur quantitativen chemischen Spektral-analyse, d. h. zur Bestimmung der Häufigkeiten verschiedener chemischer Elemente in einer Sternatmosphäre. Interessant ist auch die Analyse hochaufgelöster Spektren stark rotverschobener Quasare, die eine Aussage über die Natur der im Sehstrahl liegenden Objekte (Wasserstoffwolken, Galaxien) erlaubt (siehe Abschn. 6.3.9).

2.5 Optische Polarimetrie

Wenn Strahlung eine nicht-zufällige Winkelverteilung der elektrischen Vektoren im Lichtstrahl aufweist, ist sie polarisiert. Gewöhnlich werden zwei Arten polarisierter Strahlung unterschieden, linear und zirkular polarisierte. Im ersten Fall sind die elektrischen Vektoren allesamt parallel, und ihre Richtung ist konstant, im zweiten rotiert der elektrische Vektor mit der Frequenz der Strahlung, und die Intensität hinter einem linearen Analysator variiert mit der doppelten Frequenz.

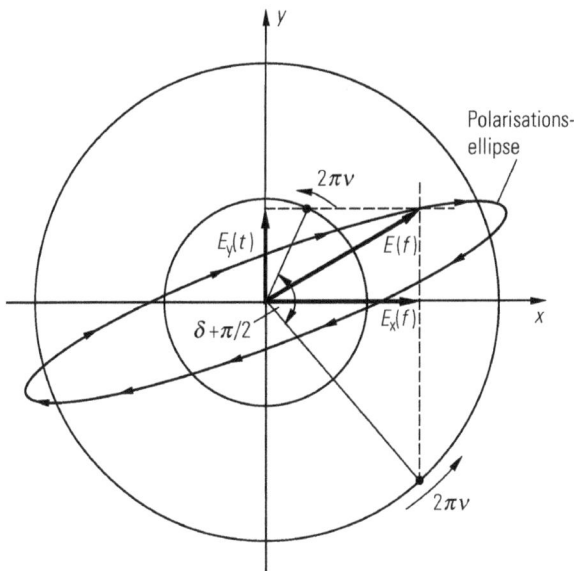

Abb. 2.13 Polarisation des Lichts. Der elektrische Vektor polarisierter Strahlung beschreibt im allgemeinsten Fall eine Ellipse.

In allgemeinerer Form läßt sich Strahlung als teilweise elliptisch polarisierte Strahlung beschreiben – ein Teil ist unpolarisiert, der andere elliptisch polarisiert: Beim letzteren rotiert der elektrische Vektor mit der Frequenz der Strahlung, und seine Stärke variiert mit der doppelten Frequenz. In einem polaren Koordinatensystem beschreibt der elektrische Vektor eine Ellipse (s. Abb. 2.13).

Die Eigenschaften partiell polarisierten Lichtes werden durch die vier **Stokes-Parameter** vollständig beschrieben. Wenn die Strahlung sich in einem dreidimensionalen rechtwinkligen Koordinatensystem in z-Richtung ausbreitet, kann der elektrische Vektor in die Komponenten parallel zur x- und y-Achse zerlegt werden:

$$
\begin{aligned}
E_x(t) &= e_1 \cos(2\pi vt), \\
E_y(t) &= e_2 \cos(2\pi vt + \delta),
\end{aligned}
\tag{2.18}
$$

wobei v die Frequenz der Strahlung, δ die Phasendifferenz zwischen den x- und y-Komponenten, und e_1 und e_2 die Amplituden der x- und y-Komponenten sind.

Die großen und kleinen Halbachsen der Polarisationsellipse ergeben sich zu

$$
a = \left(\frac{e_1^2 + e_2^2}{1 + \tan^2\left[\frac{1}{2}\sin^{-1}([2e_1 e_2/(e_1^2 + e_2^2)]\sin\delta)\right]} \right)^{\frac{1}{2}}
\tag{2.19}
$$

und

$$
b = a \tan\left[\frac{1}{3}\sin^{-1}([2e_1 e_2/(e_1^2 + e_2^2)]\sin\delta)\right]
\tag{2.20}
$$

mit

$$
a^2 + b^2 = e_1^2 + e_2^2,
\tag{2.21}
$$

und der Winkel zwischen der x-Achse und der großen Achse der Polarisationsellipse ist

$$
\psi = \frac{1}{2}\tan^{-1}([2e_1 e_2/(e_1^2 + e_2^2)]\cos\delta).
\tag{2.22}
$$

Die Stokes-Parameter sind schließlich wie folgt definiert:

$$
\begin{aligned}
Q &= e_1^2 - e_2^2 = \frac{a^2 - b^2}{a^2 + b^2}\cos(2\psi)\,I_p, \\[6pt]
U &= 2e_1 e_2 \cos\delta = \frac{a^2 - b^2}{a^2 + b^2}\sin(2\psi)\,I_p, \\[6pt]
V &= 2e_1 e_2 \sin\delta = \frac{2ab}{a^2 + b^2}\,I_p, \\[6pt]
I &= I_u + I_p.
\end{aligned}
\tag{2.23}
$$

wobei I_p und I_u die Intensitäten der polarisierten und unpolarisierten Komponente des Lichts sind. Der vierte Stokes-Parameter, I, ist die Gesamtintensität des Lichts. Es sei erwähnt, daß die Definition der Stokes-Parameter in der Literatur nicht einheitlich ist. Der Polarisationsgrad P der Strahlung ist

$$
P = \frac{I_p}{I} = \frac{(Q^2 + U^2 + V^2)^{\frac{1}{2}}}{I}.
\tag{2.24}
$$

Der Grad der linearen Polarisation P_L und der Grad der Elliptizität P_e sind

$$P_L = \frac{(Q^2 + U^2)^{\frac{1}{2}}}{I} \qquad (2.25)$$

und

$$P_e = \frac{V}{I}. \qquad (2.26)$$

Bei linear polarisiertem Licht ist $V = 0$, d.h. der Winkel $\delta = 0°$ oder $180°$. Der Polarisationsgrad ist dann gleich dem Grad der linearen Polarisation, und die experimentell bestimmte Größe

$$P = P_L = \frac{I_{max} - I_{min}}{I_{max} + I_{min}} \qquad (2.27)$$

ergibt sich aus der maximalen und minimalen Lichtintensität, die man bei einer Rotation des Polarisators im Meßinstrument erhält.

In der Astronomie eingesetzte polarimetrische Meßinstrumente sind das photometrische Polarimeter und das Spektropolarimeter. Polarimeter enthalten optische Elemente, die den Polarisationszustand der Strahlung ändern können. Die meisten beruhen auf dem Phänomen der Doppelbrechung, wie sie z.B. im Kalkspat auftritt. Bei der eigentlichen Messung der Polarisation von Sternlicht ist zu beachten, daß das Teleskop eine Polarisation des Lichts verursacht, und auch das Streulicht des Himmelshintergrundes (Sonnen- und auch Mondlicht) stark polarisiert ist. Dies macht man sich gewöhnlich bei der Wirkung bestimmter „Polaroid"-Sonnenbrillen zunutze, hier aber kann der Effekt die Messungen stark verfälschen. Die normierten Stokes-Parameter ergeben sich zu

$$\frac{Q}{I} = \frac{I(0°) - I(90°)}{I(0°) + I(90°)} \qquad (2.28)$$

und

$$\frac{U}{I} = \frac{I(45°) - I(135°)}{I(45°) + I(135°)}, \qquad (2.29)$$

wobei $I(\theta)$ die Intensität der Strahlung beim Positionswinkel θ des Polarisators bezeichnet.

In den meisten astronomischen Quellen ist die zirkular polarisierte Komponente der Strahlung kaum stärker als 1% der linear polarisierten, und der Grad der linearen Polarisierung kann aus Gl. (2.25) oder noch einfacher aus Gl. (2.27) ermittelt werden.

Ein Großteil der Polarisation des Sternlichts ist interstellaren Ursprungs. Teilchen des interstellaren Staubes werden durch interstellare Magnetfelder so ausgerichtet, daß sie in bestimmten Vorzugsrichtungen Sternlicht absorbieren und das zunächst unpolarisierte Sternlicht linear polarisieren. Der Grad der Polarisation kann als ein Indikator für die Entfernung eines Sterns verwendet werden.

Interessanter ist natürlich die intrinsische, d.h. durch innere Effekte hervorgerufene Polarisation der Strahlung eines Objekts. Polarisierte Strahlung beobachtet man bei nichtsphärischen Sternen, die von Gas- und Staubscheiben umgeben sind, bei Akkretionssäulen von Materie, die auf magnetische Weiße Zwerge in engen Doppelsternsystemen herabfällt, sowie bei rotierenden magnetischen Neutronensternen, den sogenannten Pulsaren.

2.6 Infrarotastronomie

Zwischen dem optischen Spektralbereich und dem Radiobereich erstreckt sich das Gebiet der Infrarotstrahlung (1–100 µm), der Sub-Millimeter- (100 µm–1 mm) und der Millimeterwellen (1–4 mm). Schon im langwelligen optischen Bereich finden sich Absorptionslinien und -banden von O_2 und H_2O, die im nahen Infraroten an Stärke zunehmen. Hinzu tritt bei längeren Wellenlängen die thermische Emission der Erdatmosphäre, die zwischen 10 und 15 µm ihr Strahlungsmaximum erreicht. Beides bewirkt, daß zu langen Wellenlängen hin immer schwächere Signale aus dem Weltall gegen einen hellen Himmelshintergrund detektiert werden müssen. Um die Beobachtungsbedingungen zu optimieren, installiert man Infrarotteleskope auf hohen Bergen, in der Antarktis, in Ballons und Flugzeugen, sowie in Erdsatelliten. Auch die Eigenstrahlung der Teleskope trägt zum Hintergrund bei, so daß Satellitenteleskope im allgemeinen mit flüssigem Helium gekühlt werden, damit schwache Signale nachgewiesen werden können.

Abb. 2.14 Eine Darstellung des zukünftigen Atacama Large Millimeter Array (ALMA), einem Millimeterwellen-Teleskoparray mit mehr als 60 Einzelspiegeln von jeweils 15 m Durchmesser (© European Southern Observatory).

Der Gipfel des Mauna Kea auf einer der Inseln von Hawaii beherbergt einige der leistungsfähigsten Infrarot- und Submillimeterteleskope: United Kingdom Infrared Telescope (UKIRT), Infrared Telescope Facility (IRTF) und James-Clerk-Maxwell-Teleskop (JCMT). 97% des Wasserdampfs der Erdatmosphäre liegen unterhalb der Teleskope. Weitere große Submillimeter- und Millimeter-Teleskope sind das 10m-Heinrich-Hertz-Teleskop (HHT) auf dem Mt. Graham in Arizona, das 15m-Swedish-ESO-Submillimeter-Teleskop (SEST) auf La Silla, Chile, die auch als Interferometer verwendbaren 30m-Teleskope des Institut de Radioastronomie Millimétrique (IRAM) auf dem Plateau de Bure bei Grenoble und das 45m-Nobeyama-Teleskop in Japan. Geplant ist das in 5000 Metern Höhe gelegene internationale Atacama Large Millimeter Array (ALMA) in Chajnantor, Nordchile, das aus mehr als 60 Elementen mit einer sammelnden Fläche von 10^4 m^2 bestehen soll, die auf einem Feld von 150 m bis zu 10 km Seitenlänge aufgestellt werden können (Abb. 2.14). Es wird bei Wellenlängen zwischen 350 μm und 10 mm arbeiten und eine Auflösung von 0.01 Bogensekunden haben.

Eine weitere Möglichkeit ist, Infrarot- und Submillimeterteleskope in Flugzeugen zu installieren. Viele Jahre lang diente das 0.91m-Kuiper-Airborne-Observatory (KAO) diesem Zweck, voraussichtlich im Jahre 2002 wird es durch das Stratospheric Observatory for Infrared Astronomy (SOFIA), ein 2.5m-Teleskop an Bord eines modifizierten Boeing 747-Flugzeugs abgelöst.

Tab. 2.3   Millimeter- und Submillimeterteleskope

Name	Apertur [m]	Ort	Bemerkungen/Internet-Adresse
A. Single Dish			
Nobeyama	45	Nobeyama, Japan	www.nro.nao.ac.jp/index-e.html
Pico Veleta	30	Pico Veleta, Spanien	iram.fr/GP/p4-pico.html
SEST	15	La Silla, Chile	www.ls.eso.org/lasilla/Telescopes/ SEST/SEST.html
JCMT	15	Mauna Kea, Hawaii, USA	www.jach.hawaii.edu/JACpublic/ JCMT/home_narrow.html
HHT	10	Mt. Graham, Arizona, USA	Heinrich Hertz www.mpifr-bonn.mpg.de/div/ hhertz/ smt-mpifr.html
SOFIA	2.5	Stratosphäre (Boeing 747)	sofia.arc.nasa.gov/
B. Arrays			
ALMA	64 × 10	Chajnantor, Chile	in Planung (Europa, USA, Japan) www.eso.org/projects/alma/
OVRO	6 × 10.4	Caltech, Kalifornien, USA	http://www.ovro.caltech.edu/mm/
PdBI	5 × 15	Plateau de Bure, Frankreich	Institut de Radioastronomie Millimétrique iram.fr/PDBI/bure.html iram.fr/GP/p5-bure.html

Bei Wellenlängen über 0.3 mm werden Heterodynempfänger verwendet. Hierbei wird das Signal durch einen „Mischer" (früher eine Schottky-Diode, heute ein auf 4 K gekühlter supraleitender SIS-Mischer) zu längeren Wellenlängen transformiert und verstärkt. Für den Nachweis von Strahlung im Breitbandbereich werden zumeist gekühlte Bolometer verwendet.

Der Empfindlichkeitsbereich der Infrarotteleskope liegt im allgemeinen zwischen 1 und 30 µm, der des JCMT zwischen 350 µm und 2 mm, und erlaubt photometrische, spektrometrische, bolometrische und „abbildende" Beobachtungen. Abbildende Kameras sind beispielsweise das Submillimeter Common User Bolometer Array (SCUBA) am JCMT auf Hawaii (91 Bildpunkte im Infraroten bei 450 µm, und 37 im Submillimeterbereich bei 850 µm) und das bei 1.0−1.4 mm arbeitende, 37 Bildpunkte umfassende Max-Planck-Millimeter-Bolometer (MAMBO) am IRAM 30m-Teleskop in Spanien. Interessante Objekte bei diesen Wellenlängen sind

1. Objekte des Sonnensystems,
2. interstellares Medium und Molekülwolken, insbesondere Radiostrahlung des CO-Moleküls,
3. Staubhüllen sehr junger und sehr alter Sterne,
4. Sternentstehungsgebiete, sowohl in unserer Milchstraße als auch in „Starburst"-Galaxien in der Frühzeit des Universums (diese zeigen ein Strahlungsmaximum bei 100 µm, das bei einer typischen Rotverschiebung von $z = 5$ in den Bereich von 0.8 mm wandert), und nicht zuletzt
5. die 3 K-Hintergrundstrahlung, die bei einigen Millimetern, an der Grenze zwischen Millimeter- und Radioastronomie, ihr Maximum hat.

2.7 Radioastronomie

2.7.1 Das Radiofenster

Das Radiofenster erstreckt sich von Wellenlängen von 10 mm bis zu einigen 10 Metern. Irdische Strahlungsquellen in diesem Bereich sind vor allem Radargeräte, Fernseh- und Ultrakurzwellensender. Zu längeren Wellenlängen hin wird die Ionosphäre undurchsichtig; es dringt keine Strahlung mehr aus dem Weltraum, wohingegen die irdischen Kurz-, Mittel- und Langwellensender durch die Reflexion der Wellen an der Ionosphäre eine weltweite Verbreitung der Radiobotschaften erreichen.

So wie sich die optischen Astronomen mit ihren Teleskopen in menschenleere Gebiete geflüchtet haben, um der irdischen „Lichtverschmutzung" zu entgehen, sehen sich die Radioastronomen den ständig ansteigenden Wünschen der Fernseh- und Telekommunikationsbetreiber gegenüber, die die letzten astronomisch interessanten und durch Vorschriften geschützten Frequenzbereiche der kommerziellen Nutzung zuführen wollen. Einen gewissen Schutz vor störender irdischer Radiostrahlung bietet ein Aufstellungsort in einem Tal. Beispielsweise steht das 100m-Radioteleskop des Max-Planck-Instituts für Radioastronomie in dem nach Süden offenen Tal des Effelsberger Baches (Abb. 2.15).

Abb. 2.15   Das 100m-Radioteleskop des MPI für Radioastronomie Bonn bei Effelsberg (Eifel) (© Max-Planck-Institut für Radioastronomie, Bonn).

2.7.2 Realisationen von Radioteleskopen

Bei Radioteleskopen lassen sich mehrere Arten unterscheiden: zum einen die aus einer großen Parabolantenne bestehenden Teleskope (Beispiele: das vollbewegliche 100-m Radioteleskop bei Effelsberg/Eifel, das fest in einem Talkessel eingebaute, nur als Transitinstrument zu verwendende Arecibo-Teleskop mit einem Spiegeldurchmesser von 300 m), zum anderen Teleskoparrays (Beispiel: die siebenundzwanzig 25 m-Radioteleskope des Very Large Array, Socorro, New Mexico, USA).

Betrachten wir zunächst den Parabolspiegel, der die Radiostrahlung phasengleich im Fokus zusammenführt. Dort befindet sich ein Empfangselement (Dipol, Helixantenne, Horn), das die Strahlung an den Empfänger weiterleitet. Wie in der optischen Astronomie wird die Winkelauflösung durch das Verhältnis von Spiegeldurchmesser D [m] und Wellenlänge λ [m] bestimmt. Im Radiobereich nimmt man die Halbwertsbreite θ_0 der Antennenkeule in Bogenminuten als Maß der Auflösung, es gilt analog zu Gl. (2.2):

$$\text{Halbwertsbreite } \theta_0 \approx (4300') \frac{\lambda}{D}. \tag{2.30}$$

Abb. 2.16   Die 27 15m-Antennen des Very Large Array (VLA) des National Radioastronomical Observatory bei Socorro, New Mexico, USA (© NRAO/AUI).

Wegen des beschränkten Auflösungsvermögens entwickelte man schon in den frühen Jahren der Radioastronomie Radio-Interferometer, d.h. zwei oder mehr Einzelteleskope, die in einem gewissen Abstand, der Basislinie B, voneinander aufgestellt sind. Solche Teleskoparrays machen sich die Apertursynthese (s. Abschn. 2.1.2) zunutze, die zum ersten Mal 1920 von Albert A. Michelson in der optischen Astronomie angewandt wurde. Je nach Größe des Winkels θ zwischen Quelle und Basislinie wird die Wellenfront, die zur gleichen Zeit an beiden Teleskopempfängern ankommt, in Phase oder außer Phase sein. Die Signale addieren sich, wenn

$$\sin\theta = \frac{n\lambda}{B} \quad \text{mit} \quad n = 1, 2, 3\ldots$$

Aufwendige Interferometer bestehen aus vielen Empfangsantennen, deren Basislänge verändert werden kann. Das Very Large Array in Socorro, New Mexico (Abb. 2.16) besteht aus 27 Spiegeln von je 25 m Durchmesser, die in Y-Form angeordnet sind, und deren Maximalabstand zwischen 1 und 36 km verändert werden kann. Die dabei erzielten Winkelauflösungen liegen je nach Wellenlänge und Basislinie zwischen 200 und 0.05 Bogensekunden. Bei solchen Teleskoparrays können die Antennensignale über Kabel zu einem Korrelator geleitet werden, ohne daß die Phaseninformation verlorengeht. Dies gestattet, durch Analyse der Sichtbarkeit von Interferenzmustern ein hochaufgelöstes Bild einer Himmelsregion zu gewinnen.

Man kann die Interferometrie auf interkontinentale Distanzen erweitern. Diese Interferometrie sehr großer Basislänge (VLBI = Very Long Baseline Interferometry)

Tab. 2.4 Große Radioteleskope

Name	Apertur [m]	Ort	Bemerkungen/Internet-Adresse
A. Single Dish			
Arecibo	305	Arecibo, Puerto Rico, USA	nicht beweglich www.naic.edu/
NRAO	100	Green Bank, West Virginia, USA	www.gb.nrao.edu/GBT/GBT.html
MPIfR	100	Effelsberg, Deutschland	www.mpifr-bonn.mpg.de/div/effelsberg/
Lovell	76	Macclesfield, Cheshire, UK	www.jb.man.ac.uk/
Parkes	64	Parkes, NSW, Australien	www.parkes.atnf.csiro.au/
B. Arrays			
VLA	27 × 25	Socorro, New Mexico, USA	www.aoc.nrao.edu/vla/html/ VLAhome.shtml
WSRT	14 × 25	Westerbork, Niederlande	www.nfra.nl/wsrt/index.htm
ATCA	6 × 22	Narrabri, Australien	Australia Telescope Compact Array www.narrabri.atnf.csiro.au/

wird seit 1967, als genügend genaue Uhren zur Verfügung standen, angewandt: In Radioteleskopen an verschiedenen Orten der Erde wird das IF-Signal (s. Abschn. 2.7.3) mit genauen Zeitmarken versehen und die Datenaufzeichnungen dieser Teleskope anschließend „off-line" in einem Korrelator zur Interferenz gebracht. Während der Beobachtung hat die Erdrotation die nötigen Veränderungen der Basislinien zwischen den einzelnen Empfangsstationen verursacht.

Ein Beispiel für VLBI ist das Very Long Baseline Array (VLBA), das aus 10 über die Erde verteilten 25-m-Teleskopen besteht. Mittels Basislinien von einigen tausend Kilometern werden im Zentimeterbereich Winkelauflösungen im Bereich einer tausendstel Bogensekunde erzielt. Im VLBI Space Observatory Program (VSOP) wird zusätzlich zu irdischen Teleskopen der japanische Satellit HALCA mit einer Antenne von 8 m Durchmesser eingesetzt. Das Apogäum seiner Bahn liegt bei 21 000 km, wodurch das Auflösungsvermögen um einen Faktor drei gegenüber VLBI verbessert werden kann.

2.7.3 Empfänger für Radiostrahlung

Der Strahlungsstrom von Radioquellen liegt im Bereich von $1 \, \text{Jy} = 10^{-26} \text{W} \, \text{m}^{-2} \text{Hz}^{-1}$. Das Effelsberger Radioteleskop mit einer sammelnden Oberfläche von 7854 m² und einer Empfangsbandbreite von 500 MHz empfängt von einer solchen Quelle eine Strahlungsleistung von weniger als 10^{-12} W.

Während man im optischen und infraroten Bereich Detektoren für die direkte Strahlung verwendet, ist bei Radiofrequenzen der Superheterodynempfänger (Überlagerungsempfänger) die erste Wahl. Ein solcher Empfänger weist Ähnlichkeiten mit einem UKW-Empfänger auf, ist aber wesentlich aufwendiger konstruiert. Ein

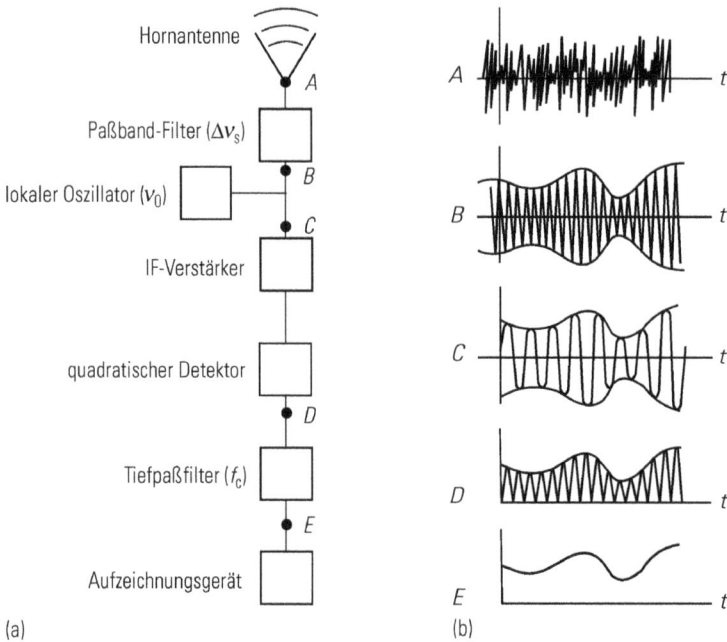

Abb. 2.17   Schematisches Bild eines Empfängers für Radiowellen. Erläuterungen s. Text.

schwaches Radiosignal (RF) der Frequenz v_s wird mit einem rauscharmen parametrischen Verstärker oder einem Maser vorverstärkt und in der Mischerstufe mit dem Signal eines lokalen Oszillators der Frequenz v_0 gemischt. Das resultierende „intermediäre" Signal bei der Zwischenfrequenz $(v_s - v_0)$ wird im IF-Verstärker verstärkt (und die bei der Mischung erzeugten Obertonfrequenzen herausgefiltert). Als Mischer dient im einfachsten Fall eine Diode, heute meist ein SIS-Junction-Mischer, der bei einer Temperatur von einigen Grad über 0 Kelvin gehalten wird. Die verstärkte Zwischenfrequenz wird an einen quadratischen Gleichrichter weitergeleitet; das Signal wird mittels eines Analog-Digital-Wandlers für die Abspeicherung vorbereitet (Abb. 2.17).

Um die Intensitätsverteilung der Radiostrahlung in einem Himmelsgebiet zu ermitteln, wird im Falle eines eindimensionalen Empfängers das Radiosignal als Funktion von Zeit und Himmelsrichtung aufgezeichnet, und schließlich eine „Radio-Karte" eines Himmelsgebiets konstruiert. Dabei ist es oft nötig, die um helle Radioquellen auftretenden Beugungsringe zu beseitigen, um auch schwache Quellen besser sichtbar zu machen; die Radiokarte wird durch bestimmte mathematische Verfahren „gereinigt". Im Fall der Beobachtung einer Spektrallinie wird das Teleskop der Quelle nachgeführt. Der Empfänger besteht aus einer „Filterbank", die das breitbandige IF-Signal in diskrete, aneinandergereihte Kanäle oder Filter unterteilt. Jedes Filter hat seinen eigenen (Square-Law) Detektor und Integrator.

Die Empfindlichkeit eines radioastronomischen Empfängers wird durch die Systemtemperatur T_{sys} beschrieben. Sie ist gleich der Rauschleistung eines idealen Widerstands der gleichen Temperatur T, der an den Eingang eines idealen Verstärkers angebracht ist. Beiträge zur Systemtemperatur liefern die Hintergrundstrahlung der

Antenne, das Rauschen von Übertragungsleitungen und das Rauschen des Empfängers selbst. Das gerade noch nachweisbare Radiosignal ist proportional zu $T_{sys}/\sqrt{Bt}$, wobei B die beobachtete Bandbreite und t die Integrationszeit ist. Bandbreiten reichen von einigen Kilohertz für die Beobachtung von Spektrallinien bis zu einigen Gigahertz für Breitband-Kontinuumsmessungen.

2.7.4 Anwendungen

Nach der im Jahre 1930 durch Karl Jansky gemachten Entdeckung von Radiostrahlung aus dem Kosmos war es Grote Reber, der den Himmel mit einem Parabolspiegel nach Radiostrahlung durchmusterte und in den 1940er Jahren erste Radiokarten des Himmels entwarf. Darin tritt die Milchstraße bei einer Wellenlänge von 1.9 m als starke Quelle von Synchrotronstrahlung schneller Elektronen im interstellaren Magnetfeld hervor. Linienstrahlung von Atomen und Molekülen in Gaswolken der Milchstraße, angefangen mit der 21-cm-Linie des neutralen Wasserstoffs, ist ein weiteres interessantes Gebiet: Aus den Geschwindigkeitsprofilen der Linien und der Annahme eines Rotationsmodells der Milchstraße läßt sich die großräumige Verteilung näherungsweise ermitteln. Das galaktische Zentrum, Molekülwolken der Milchstraße, Maser in Sternhüllen und Sternentstehungsgebieten, sowie Pulsare und ausgedehnte Supernovaüberreste sind interessante Radioquellen. In der extragalaktischen Forschung stehen Radiogalaxien und Quasare im Vordergrund, die in hochaufgelösten VLBI-Radiokarten eine sich rasch ändernde Morphologie aufweisen. Die hier mit „Überlichtgeschwindigkeit" auftretenden Strukturänderungen lassen sich – ohne Verletzung der Speziellen Relativitätstheorie – als Bewegungen von emittierenden Gebieten nahezu entlang der Sichtlinie des Beobachters deuten.

2.7.5 Radarastronomie

Die Radarastronomie vom Erdboden aus ermöglicht zum einen die Beobachtung von Meteoren (Sternschnuppen) zur Tag- und Nachtzeit. Meteore hinterlassen beim Eindringen in die Erdatmosphäre eine Spur aus ionisiertem Gas, das ein Radarsignal gut reflektiert. Doch nicht nur die Beobachtung solch naher Objekte wird durch die Radarastronomie ermöglicht, sondern auch Beobachtungen des Mondes, der Planeten und der Sonne. Radarsysteme weisen große Ähnlichkeit mit den in der Radioastronomie zum Einsatz kommenden Parabolspiegeln auf, oft sind es sogar die gleichen Instrumente. Zusätzlich muß ein Radarteleskop jedoch mit einer Sendeeinrichtung und einem Zeitnormal zur genauen Registrierung der ausgesandten und empfangenen Signale ausgestattet sein. Oft werden die Signale in bestimmten kodierten Intervallen abgestrahlt und anschließend wird in dem empfangenen Rauschen nach Echos mit dem gleichen Kodierungsmuster gesucht.

Die Datenanalyse erscheint auf den ersten Blick einfach: Die Entfernung eines Objekts ergibt sich aus dem Produkt der halben Laufzeit mit der Vakuumlichtgeschwindigkeit, wobei Korrekturen wegen der Laufzeiteffekte in der Erdatmosphäre und der Atmosphäre des Zielobjekts berücksichtigt werden müssen. Handelt es sich beim Zielobjekt um einen ausgedehnten, rotierenden Planeten, ist das reflektierte

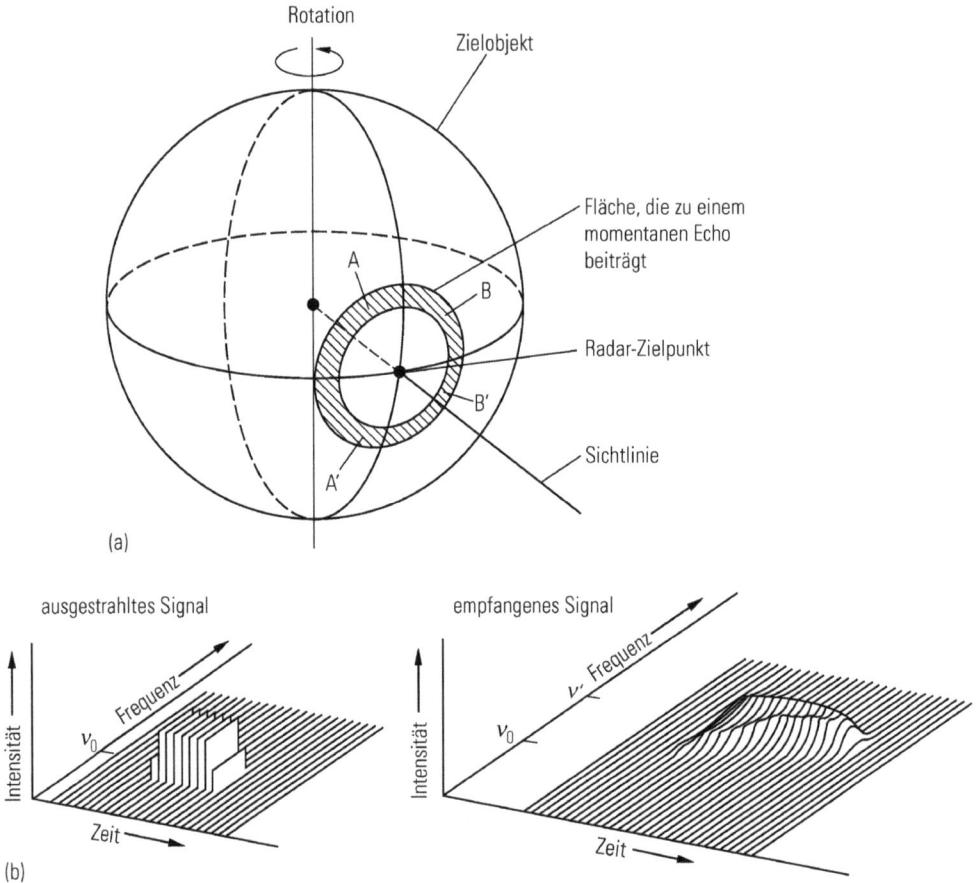

Abb. 2.18 (a) Zur Geometrie des Radarechos an einer Planetenoberfläche, (b) Beispiel des zeitlichen Verlaufs und der Frequenzform eines abgestrahlten und eines von einem rotierenden Planeten empfangenen Signals.

Signal über ein Zeit- und Frequenzintervall auseinandergezogen, und eine genaue Analyse erlaubt eine Aussage über das Reflexionsverhalten der Planetenoberfläche. Das zu einem bestimmten Zeitpunkt empfangene Signal rührt von allen Punkten auf einem Kreisring auf der Planetenoberfläche her (Abb. 2.18). Rotiert der Planet (wobei wir der Einfachheit halber annehmen, daß sich die Rotationsachse senkrecht zur Blickrichtung befindet), so besitzen zwei Punkte A und A′, die auf dem gleichen Breitengrad nördlich und südlich des Äquators liegen, die gleiche Geschwindigkeit zum Beobachter, und ihre Echos werden zur gleichen höheren Frequenz verschoben. Eine Radarkarte des Reflexionsvermögens des Objekts wird also eine Nord-Süd-Ambivalenz haben. Ist die Rotationsachse zur Sichtlinie geneigt, werden die Rechnungen zwar aufwendiger, es ist aber möglich, die Nord-Süd-Entartung aufzuheben und eine genaue Karte der Oberfläche zu erstellen. Die Details von Radarkarten sind nur schwer mit Oberflächeneigenschaften in Beziehung zu setzen: In ihnen vermischen sich Einflüsse des Reflexionsvermögens der Oberfläche, der Höhe, der Neigung und der kleinräumigen Struktur.

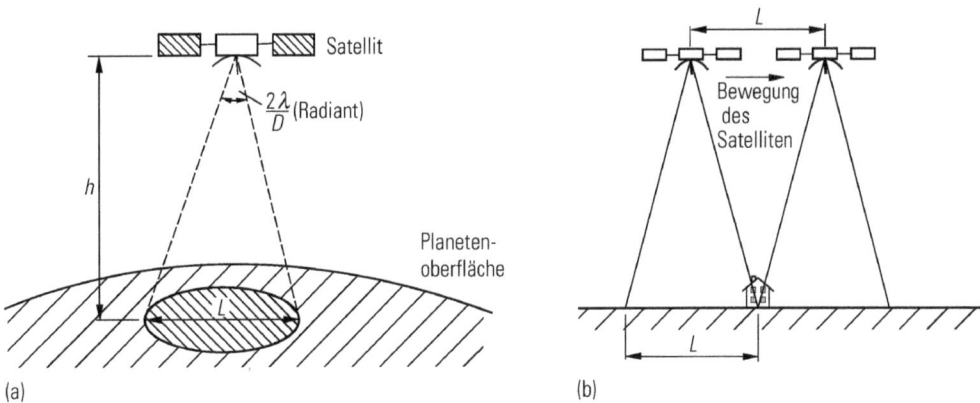

Abb. 2.19 Prinzip des Syntheseradars. (a) Die gleichzeitig überdeckte Fläche des Radars (der „Fußabdruck") hat einen Durchmesser $L = 2\pi h/D$. (b) Nachdem der Satellit die Strecke L zurückgelegt hat, verschwindet ein Objekt aus dem Nachweisbereich des Radars.

Radarastronomie wird auch von Satelliten aus betrieben. Das sogenannte Syntheseapertur-Radar (SAR) wurde mit besonderem Erfolg von den Magellan-Raumsonden zur Kartierung der Venusoberfläche verwendet. Der Satellit stellt eine einzige sich bewegende Antenne in einer Umlaufbahn um den Planeten dar und tritt an die Stelle der einzelnen Empfänger eines Interferometer-Arrays: Man simuliert die Beobachtung eines Arrays, indem man das Empfangssignal der Antenne aufzeichnet, wenn sie die Position eines der Arrayempfänger einnimmt und dann die weiteren Aufzeichnungen des Signals an anderen Bahnpositionen – mit entsprechenden Phasenverschiebungen, um die verschiedenen Zeitverzögerungen zu kompensieren – aufaddiert (Abb. 2.19). Punkt für Punkt erhält man so Aufsummierungen von Signalen, deren Analyse dann ein Bild der Oberfläche liefert. Die Arraylänge – also die Maximalzahl der Punkte, deren Signale man sinnvoll aufaddieren kann – wird begrenzt durch die Zeitdauer, mit der ein einzelner Punkt der Planetenoberfläche vom Radarstrahl erfaßt wird, d.h. wie lange er in der Fläche des „Fußabdrucks" des Radargerätes liegt. Interessanterweise findet man, daß die Auflösung mit der Verkleinerung der Radarantenne zunimmt (wobei aber das Signal-zu-Rausch-Verhältnis abnimmt und man deshalb bei der Größe der Radarantenne einen Kompromiß eingehen muß).

2.8 Suche nach extraterrestrischer Intelligenz (SETI)

SETI – die Suche nach extraterrestrischer Intelligenz – war zunächst mit der Entwicklung der Radioastronomie verknüpft, ist aber mittlerweile als eigenständige, fachübergreifende Forschungsrichtung etabliert. Natürlich hat SETI Vorläufer – die mutmaßliche Entdeckung von Marskanälen und ihre Interpretation als künstliche Gebilde (Giovanni Schiaparelli, 1877–1888; Percival Lowell, 1894) gehört ebenso dazu wie die Panspermie-Hypothese, die das Leben auf der Erde als von außen herbeigetragen deutete (Svante Arrhenius, 1903). Solche Ideen, oft als phantastisch verworfen, tauchen im Laufe der Zeit in immer neuen Varianten auf: An die Stelle der Marskanäle trat die Entdeckung eines „Marsgesichts" auf Mars Viking Orbiter 1 Photos des Jahres 1976 (das durch bessere Photos wieder ad absurdum geführt wurde); an die Stelle der Arrheniusschen Lebensträger die von Fred Hoyle und Chandra Wickramashinge 1979 vertretene Ansicht, daß Grippe-Epidemien auf der Erde durch Viren aus dem All hervorgerufen werden. Solche unorthodoxen Ideen haben zur Folge, daß SETI sich immer auf dem schmalen Grat zwischen wissenschaftlicher Ernsthaftigkeit und pseudowissenschaftlicher Phantasterei bewegt.

Ziel von SETI ist es, die Existenz von außerirdischem Leben nachzuweisen. In den Anfangsjahren von SETI bot sich nur eine Möglichkeit an: die Suche nach „intelligenten" Radiosignalen aus dem All. Im 20. Jahrhundert ist die Erde selbst zu einer starken Quelle von Radio- und Mikrowellenstrahlung geworden: Radio- und Fernsehsendungen, die drahtlose Übermittlung von Telefongesprächen, und insbesondere der Einsatz starker Radaranlagen machen die Erde im Radiobereich zu einem stark strahlenden, „heißen" Himmelskörper. Darüber hinaus sind im Sonnensystem Raumsonden unterwegs, die Daten durch Radiosignale übertragen. All diese kodierten Signale unterscheiden sich von dem „natürlichen" Rauschen der Radiostrahlung interstellarer Wolken und stellen von weitem erkennbare Zeichen einer technischen Zivilisation dar.

Wie groß ist die Wahrscheinlichkeit, eine uns ähnliche Zivilisation zu finden, die ebenfalls kodierte Radiosignale aussendet? Frank Drake stellte 1961 bei einer informellen Konferenz über „interstellare Kommunikation" die sogenannte **Drake-Gleichung** auf, mit der die Anzahl der Zivilisationen in der Milchstraße, deren Radioemission nachweisbar ist, abgeschätzt werden kann:

$$N = R_* \cdot f_p \cdot n_e \cdot f_l \cdot f_i \cdot f_c \cdot L, \tag{2.31}$$

wobei

$N =$ die Anzahl der Zivilisationen in der Milchstraße, deren Radioemission nachweisbar ist,

$R_* =$ die Entstehungsrate von Sternen, die für die Entwicklung von intelligentem Leben geeignet sind (nur massearme Sterne leuchten eine genügend lange Zeit, damit sich Leben auf ihren Planeten bilden kann),

$f_p =$ der Bruchteil dieser Sterne, der Planetensysteme aufweist,

$n_e =$ die Zahl der Planeten pro Sonnensystem, die ein Klima besitzen, das für Leben geeignet ist,

$f_l =$ der Bruchteil der geeigneten Planeten, auf denen Leben tatsächlich entsteht,

$f_i =$ der Bruchteil lebenstragender Planeten, auf denen intelligentes Leben entsteht,

$f_c =$ der Bruchteil der Zivilisationen, die eine Technologie entwickeln, die nachweisbare Signale ihrer Existenz ins All abstrahlt (hier vor allem Radiostrahlung),

$L =$ die Zeitdauer (in Jahren), in der solche Zivilisationen nachweisbare Signale ins All senden.

All diese Faktoren sind praktisch unbekannt, aber wenn man „vernünftige" untere Grenzen einsetzt, erhält man eine Zahl, die groß genug ist, um eine Suche nach künstlichen Radiosignalen zu rechtfertigen. Seit etwa 1960 ist diese Suche im Gange. Zwischenzeitlich bewirkte eine Streichung der öffentlichen Fördermittel durch den US-Kongreß, daß SETI mit Hilfe privater Geldgeber weiterbetrieben wird. Eine Suche nach „intelligenten" Signalen im interstellaren Rauschen, das von den Empfängern des größten irdischen Radioteleskops, des Arecibo 300 m-Spiegels, registriert wird, kann heute jeder an seinem Personal-Computer durchführen: Das Programm SETI@home lädt Arecibo-Datensätze über das Internet auf den heimischen Computer, der diese analysiert und als „Bildschirmschoner" darstellt, solange der Computer nicht vom Besitzer für andere Projekte benutzt wird. Die Ergebnisse werden über das Internet an die Zentrale zurückgemeldet und neue Daten zur Analyse heruntergeladen. Im Februar 2000 war die Teilnehmerzahl auf 1.6 Millionen PC-Besitzer aus 224 Ländern gestiegen; die seit Mai 1999 aufgewandte mittlere Rechenleistung entspricht etwa dem Zehnfachen der Leistung des größten Supercomputers. Wer an der Mitwirkung interessiert ist, findet Informationen unter http://setiathome.berkeley.edu .

Wie schwierig die Abschätzung der Faktoren in der Drake-Gleichung ist, mag ein Beispiel für f_l illustrieren. Wieviele Planeten im Sonnensystem tragen Leben? In-situ Analysen des Marsbodens durch die drei Biologie-Experimente der Viking-Lander (1976) lieferten unerwartete und wenig verstandene chemische Aktivität, aber keinen klaren Befund für das Vorhandensein von Mikroorganismen. Auch die Ergebnisse einer Analyse eines in der Antarktis gefundenen Meteoriten, der mit hoher Wahrscheinlichkeit vom Mars stammt, und der nach Ansicht einiger Forscher fossile Bakterienspuren aufweist, sind bislang nicht allgemein akzeptiert.

Was wissen wir über den Faktor f_p? In den letzten Jahren ist es einigen Forschergruppen gelungen, Planeten nachzuweisen, die um andere Sonnen kreisen. Man bezeichnet solche Objekte als **extrasolare Planeten** oder kurz **Exoplaneten**. Der indirekte Nachweis von solchen Planeten erfolgt

1. durch den Nachweis periodischer Radialgeschwindigkeitsänderungen kleiner Amplitude, von der Größenordnung 10 km/s, eines Sterns;
2. durch die Verfinsterung eines Sterns beim Vorübergang eines Planeten, der Helligkeitsabfall liegt bei maximal 1 % des Lichts.

Eine direkte Beobachtung ist schwierig, da ein Planet nur Bruchteile von Bogensekunden von einem sehr viel helleren Stern entfernt ist. Die Entwicklung von Erdsatelliten und Raumsonden, die eine direkte Beobachtung und Spektroskopie von Exoplaneten durchführen können, ist ein wesentliches Ziel des wissenschaftlichen „Origins"-Programms der amerikanischen Weltraumbehörde NASA.

Bislang sind mehr als 70 Planeten durch Radialgeschwindigkeitsbeobachtungen und ein Planet durch Photometrie entdeckt worden. Weitere Informationen über die Entdeckungsverfahren, laufende und geplante Projekte zur Planetensuche und ein Katalog von 74 extrasolaren Planeten (Stand: November 2001) sind im Internet abrufbar: http://www.obspm.fr/encycl/encycl.html .

2.9 Neutrinoastronomie

2.9.1 Allgemeines

Neben der elektromagnetischen Strahlung ist die Teilchenstrahlung der Neutrinos ein weiteres Fenster ins All. Im Standardmodell der Elementarteilchenphysik stellen die Leptonen und die Quarks mit ihren Antiteilchen die Grundbausteine der Materie dar. Die Leptonen bilden drei Familien (oder Generationen), bestehend aus einem elektrisch geladenen und einem neutralen Fermion sowie deren Antiteilchen. Die erste Familie besteht aus dem Elektron e^- und dem Elektron-Neutrino ν_e (und aus deren Antiteilchen, dem Positron e^+ und dem Elektron-Antineutrino $\bar{\nu}_e$), die zweite aus dem Myon μ^- und dem Myon-Neutrino ν_μ und die dritte aus dem Tauon τ^- und dem Tau-Neutrino ν_τ (mit den jeweiligen Antiteilchen). Im Falle der Quarks umfaßt die erste Familie das up- und das down-Quark, die zweite das charm- und das strange-Quark, die dritte das top- und das bottom-Quark (sowie die jeweiligen Antiquarks). Baryonen wie das Proton oder das Neutron sind aus drei Quarks aufgebaut.

Bekanntermaßen wurden in den 1930er Jahren Neutrinos bei der Erklärung des Betazerfalls

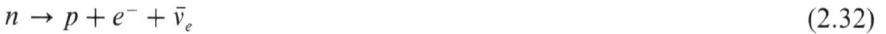

$$n \rightarrow p + e^- + \bar{\nu}_e \tag{2.32}$$

postuliert. Die Wechselwirkung mit Materie ist sehr gering; der Wirkungsquerschnitt der Reaktionen

$$\nu_e + n \rightarrow p + e^- \tag{2.33}$$

und

$$\bar{\nu}_e + p \rightarrow n + e^+ \tag{2.34}$$

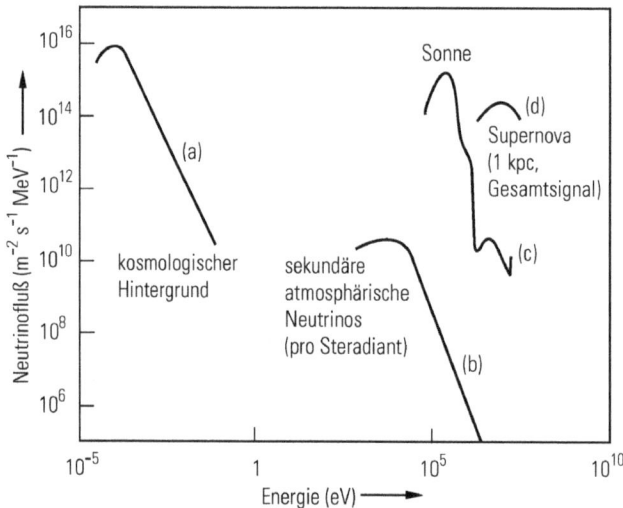

Abb. 2.20 Das Energiespektrum der kosmischen Neutrinos, die (a) von der kosmischen Hintergrundstrahlung herrühren, (b) durch Wechselwirkung der kosmischen Strahlung mit der Erdatmosphäre erzeugt werden, (c) von den Kernreaktionen aus dem Sonneninneren stammen, und (d) während eines Zeitraums von wenigen Sekunden von einer 1 kpc entfernten kollabierenden Supernova abgestrahlt werden.

beträgt bei einer typischen Neutrinoenergie von 1 MeV weniger als 10^{-43} cm^2. Der erste experimentelle Nachweis gelang 1956 Clyde Cowan und Frederick Reines, die in einem Kernreaktor erzeugte Antineutrinos über die Reaktion (2.34) nachwiesen, bei der die nachfolgende Strahlung bei der Annihilierung des Positrons und bei dem Zerfall des Neutrinos gemessen wurde.

Die auf der Erde nachgewiesenen Neutrinos aus dem Weltraum stammen vorzugsweise aus dem Inneren der Sonne, wo sie bei verschiedenen Kernreaktionen des Wasserstoffbrennens erzeugt werden (Abb. 2.20). Eine andere starke Quelle sind die Neutrinos des kosmischen Hintergrunds, die von den Kernprozessen nach dem Urknall herrühren und die wegen ihrer heute sehr geringen Energien nicht nachzuweisen sind. Eine weitere Quelle sind die Neutrinos, die bei Zerfällen sekundärer Teilchen der kosmischen Strahlung in der Atmosphäre erzeugt werden. Schließlich ist das Neutrinosignal einer 1 kpc entfernten, kollabierenden Supernova (s. Abschn. 4.2.6.3) in Abb. 2.20 eingezeichnet.

2.9.2 Meßtechnische Grundlagen

Wegen der sehr kleinen Wirkungsquerschnitte ist der Nachweis von Neutrinos schwierig. Der direkte Nachweis erfolgt über die Bildung eines geladenen Teilchens durch einen inelastischen Stoß:

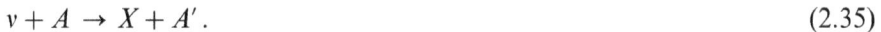

$$v + A \rightarrow X + A' \,. \tag{2.35}$$

Hierbei sind A und A' Atomkerne, X ein Satz geladener Teilchen (z. B. das mit v assoziierte Lepton). A' kann sich in einem instabilen oder angeregten Zustand befinden, dessen β- oder γ-Zerfall beobachtet wird. Im allgemeinen stehen Neutrinodetektoren in tiefen Bergwerken oder Tunneln, wo sie vor dem Einfluß der kosmischen Strahlung, die ein unerwünschtes Hintergrundsignal erzeugt, weitgehend geschützt sind. Für die Neutrinos stellen die Gesteinsmassen (und leider auch der Detektor!) praktisch kein Hindernis dar.

Neutrinos können durch radiochemische Methoden nachgewiesen werden. Ein erster, 1968 in Betrieb genommener Neutrinodetektor im Homestake-Bergwerk in North Dakota benutzt Chlor- und Argon-Kerne:

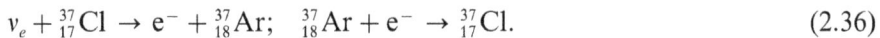

$$v_e + {}^{37}_{17}\mathrm{Cl} \rightarrow \mathrm{e}^- + {}^{37}_{18}\mathrm{Ar}; \quad {}^{37}_{18}\mathrm{Ar} + \mathrm{e}^- \rightarrow {}^{37}_{17}\mathrm{Cl}. \tag{2.36}$$

Die Neutrinoreaktion hat eine Schwellenenergie von 0.81 MeV. Der Detektor besteht aus einem mit fast 400.000 Litern Tetrachloräthylen C_2Cl_4 gefüllten Gefäß (etwa jedes vierte der Cl-Atome ist das gewünschte Isotop Cl-37). Das durch den Neutrinoeinfang entstehende Argon-37 wird alle paar Wochen ausgewaschen, und die Probe wird untersucht. Argon-37 ist radioaktiv mit einer Halbwertszeit von 35 Tagen; es wandelt sich durch Einfang eines Hüllenelektrons wieder in Cl-37 um. Die Menge an Argon-37 in der Probe wird durch die Beobachtung der charakteristischen Röntgenstrahlung bei diesen Elektroneneinfängen ermittelt.

Neutrinos niedriger Energie sind häufiger und können durch die Reaktion

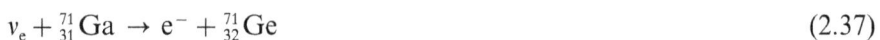

$$v_e + {}^{71}_{31}\mathrm{Ga} \rightarrow \mathrm{e}^- + {}^{71}_{32}\mathrm{Ge} \tag{2.37}$$

Tab. 2.5 Neutrino-Empfänger

Name	Detektor	Ort	Bemerkungen/Internet-Adresse
Homestake	600 t C_2Cl_4 = 32 t Cl-37	Homestake, ND, USA	Homestake-Mine www.ohwy.com/sd/h/homstkgm.htm
GALLEX	100 t $GaCl_3$ = 30.3 t Ga	Gran Sasso Undergr. Lab., Italien	(1991–1997), Gallium Experiment www.mpi-hd.mpg.de/kirsten/gallex.html
GNO	100 t $GaCl_3$ = 30.3 t Ga	Gran Sasso Undergr. Lab., Italien	(1998–), Gallium Neutrino Observatory www.lngs.infn.it/site/exppro/gno/Gno_home.htm
Super-Kamio-kande	50 000 t H_2O	Kamioka, Japan	Kamioka Observatory www-sk.icrr.u-tokyo.ac.jp/doc/sk/
SNO	1000 t D_2O	Sudbury, Ontario, Kanada	Sudbury Neutrino Observatory www.sno.phy.queensu.ca/

nachgewiesen werden, mit einer Schwellenenergie von 0.24 MeV. Der Betazerfall des ^{71}Ge hat eine Halbwertszeit von 11.4 Tagen. Das französisch-italienisch-deutsche GALLEX-Experiment im Gran Sasso verwendete 101 t $GaCl_3$ − HCl-Lösung (entsprechend 30.3 t reinem Gallium), das amerikanisch-russische SAGE-Experiment im Kaukasus 60 t flüssiges metallisches Gallium. Die entstehenden ^{71}Ge-Atome werden durch einen komplexen Prozeß ausgefiltert und einem Proportionalzählrohr zugeführt.

Die bisher beschriebenen Detektoren haben keine Richtungsauflösung und eine sehr grobe Zeitauflösung. Das ist bei den folgenden Detektoren anders.

Ein Wasser-Detektor wie Kamiokande in Japan wurde zunächst für den Nachweis von in Supersymmetrie-Theorien postulierten Protonenzerfällen errichtet, kann aber auch als Neutrino-Teleskop verwendet werden. Eine Weiterentwicklung ist Super-Kamiokande, der aus einem Tank mit 50 000 Tonnen Wasser besteht. Anders als die radiochemischen Methoden, die keine Richtungsauflösung und nur eine sehr geringe Zeitauflösung besitzen, weisen Photomultiplier an den Wänden des Wassertanks den Kegel der Tscherenkow-Strahlung eines schnellen Elektrons oder Positrons nach, das durch die folgenden Reaktionen entstanden sein kann:

1. durch elastische Elektronenstreuung:

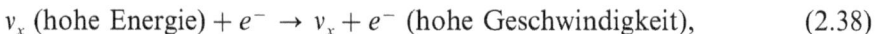

$$v_x \text{ (hohe Energie)} + e^- \rightarrow v_x + e^- \text{ (hohe Geschwindigkeit)}, \tag{2.38}$$

wobei die Richtung des Elektrons ungefähr der Richtung des einfallenden Neutrinos entspricht. Diese Reaktion tritt bei allen Neutrinosorten $x = e, \mu, \tau$ auf, hat aber in den beiden letzten Fällen einen kleinen Wirkungsquerschnitt;

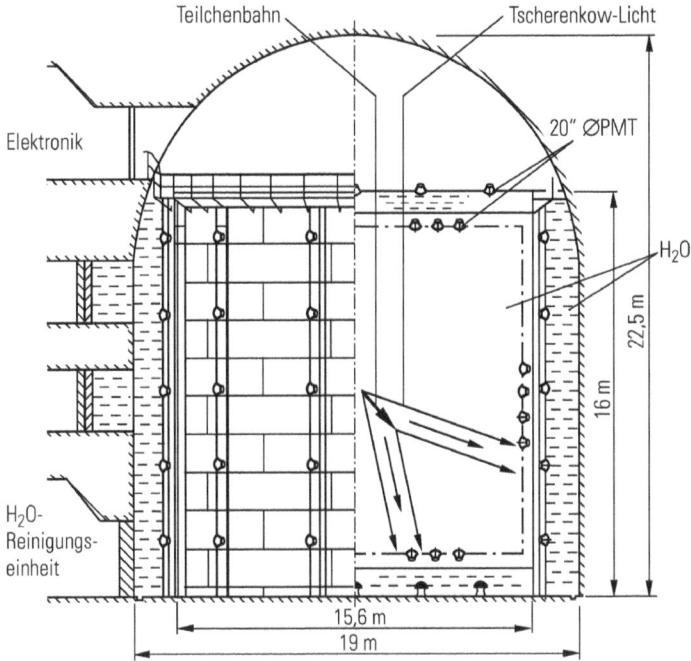

Abb. 2.21 Schnitt durch den Super-Kamiokande-Detektor.

Abb. 2.22 Innenansicht von Super-Kamiokande bei niedrigem Wasserstand. Boden, Decke und Wände sind mit 11 146 großformatigen Photomultipliern bedeckt (mit freundlicher Erlaubnis des ICRR, Institute for Cosmic Ray Research, University of Tokyo).

2. durch den inversen Betazerfall:

$$\bar{v}_e + p \rightarrow n + e^+, \tag{2.39}$$

wobei das schnelle Positron ebenfalls durch Tscherenkow-Strahlung nachweisbar ist, allerdings keine Richtungsinformation des eingefallenen Neutrinos mehr besitzt.

Der 1999 in Betrieb genommene SNO-Detektor (Sudbury Neutrino Observatory in Ontario/Kanada) verwendet 1000 t reinstes schweres Wasser (D_2O). Er weist Neutrinos durch folgende Reaktionen nach:

1. elastische Elektronenstreuung (s. Gl. (2.38));
2. Charged Current (CC) = geladener Strom:

$$v_e + {}_1^2H \rightarrow p + p + e^-, \tag{2.40}$$

wobei die Tscherenkow-Strahlung des Elektrons zum Nachweis dient. Die Reaktion hat einen viel größeren Wirkungsquerschnitt als die Elektron-Neutrino-Streuung, die bei den oben beschriebenen Wasserdetektoren ausgenutzt wird;
3. Neutral Current (NC) = neutraler Strom:

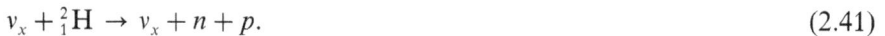

$$v_x + {}_1^2H \rightarrow v_x + n + p. \tag{2.41}$$

Diese Reaktion ist für alle Neutrinosorten $x = e, \mu, \tau$ gültig.

2.9.3 Ergebnisse

Neutrinos verraten uns etwas über die im Innern der Sterne ablaufenden Kernprozesse. Da man seit der Mitte des 20. Jahrhunderts eine klare Vorstellung von den im Innern der Sonne ablaufenden Kernreaktionen hat, wurde der quantitative Nachweis von Sonnenneutrinos als Test unserer Kenntnis des Sternaufbaus angesehen. Der in der Sonne ablaufende p-p-Prozeß mit seinen Verzweigungen liefert Neutrinos, die ein ganz bestimmtes Energiespektrum aufweisen. Besitzt man Detektoren, die auf Neutrinos bestimmter Energien ansprechen, liefert der Vergleich von Theorie und Beobachtung wichtige Hinweise über die Gültigkeit des Sternmodells – oder aber über die Gültigkeit der zugrundeliegenden Neutrinophysik.

Schon die ersten Ergebnisse des radiochemischen Detektors in der Homestake-Mine, die allerdings nur die hochenergetischen Neutrinos des Zerfalls von Bor in einer selten durchlaufenen Reaktionskette des p-p-Prozesses nachweisen, zeigten eine Diskrepanz zwischen der von der Theorie vorhergesagten und der beobachteten Zahl der Ereignisse. Diese Diskrepanz ließ sich auch durch verbesserte Nachweismethoden und verfeinerte Theorien der Kernprozesse nicht beseitigen. Auch andere Detektoren (Kamiokande, 1986; SAGE und GALLEX, 1991) lieferten Ergebnisse, die 50–70 % unter den erwarteten Zählraten lagen. Dieses Sonnenneutrinoproblem war jahrzehntelang Mittelpunkt von Diskussionen: Ist unser Wissen über die Kernreaktionen im Sonneninnern fehlerhaft, oder ist unsere Kenntnis der Neutrinophysik unvollständig?

Im Standardmodell besitzen Neutrinos keine Ruhemasse. In den vergangenen Jahrzehnten ist es nur gelungen, obere Grenzen für die Massen der einzelnen Neutrinoarten zu ermitteln. Im Fall einer nichtverschwindenden Ruhemasse sollte jedoch das Phänomen der **Neutrinooszillation** auftreten. Wenn v_e, v_μ und v_τ kohärente Mischungen der drei Neutrinomassen-Eigenzustände v_1, v_2 und v_3 mit den Ruhemassen m_1, m_2 und m_3 sind, wird ein Oszillieren von einem Zustand in einen anderen erwartet. Betrachten wir der Einfachheit halber nur zwei Neutrinosorten, v_e und v_μ, ist

$$v_e = v_1 \cos \theta + v_2 \sin \theta \tag{2.42}$$

und

$$v_\mu = -v_1 \sin \theta + v_2 \cos \theta, \tag{2.43}$$

wobei v_1, v_2 die Massen-Eigenzustände sind und θ der Mischungswinkel. Die relative Phase von v_1 und v_2 ändert sich als Funktion der Zeit oder der Entfernung. Ein Neutrino, das als v_e entstand, hat eine nichtverschwindende Wahrscheinlichkeit, später als v_μ nachgewiesen zu werden. Bezeichnen wir das als Elektron-Neutrino entstandene Teilchen mit $v_e(t)$, ergibt sich die Oszillationswahrscheinlichkeit zu

$$|<v_\mu|v_e(t)>|^2 = \sin^2(2\theta) \sin^2 \left(\frac{\pi x}{l_v} \right) \tag{2.44}$$

mit

$$l_v = 4\pi p_v / (m_2^2 - m_1^2) = \frac{4\pi p_v}{\Delta m^2}, \tag{2.45}$$

wobei p_v der Impuls des Neutrinos ist. Analog zu einem im Magnetfeld präzedierenden Elektron, dessen Spin nur ganz bestimmte Werte annehmen kann, stellt die Neutrino-Oszillation eine Präzession im Generationenraum dar: das Neutrino verwandelt sich von einer Sorte in eine andere. Ein Experiment wie das Sonnenneutrinoexperiment in der Homestake-Mine, das nur für den Nachweis *einer* Neutrinosorte (v_e) eingerichtet ist, sollte im Fall von Neutrinooszillationen ein Defizit in der Zahl der erwarteten Ereignisse liefern – und genau das wird beobachtet.

Ein entscheidender Schritt zur Erklärung des Sonnenneutrino-Problems gelang 1998, als man zeigen konnte, daß Myon-Neutrinos bei ihrem Durchgang durch die Erde sich in Tau-Neutrinos verwandeln: sie „oszillieren" von einem Zustand in den anderen. Ein durch Wechselwirkung mit kosmischer Strahlung in der Erdatmosphäre erzeugtes Myon-Neutrino kann sich bei seinem Durchgang durch die Erde in ein Tau-Neutrino verwandeln: Superkamiokande hat ein Defizit von etwa 50 % von Myon-Neutrinos „von unten" festgestellt, verglichen mit denen, die direkt „von oben" einfallen. Das Resultat wird als Oszillation von v_μ in v_τ mit $\Delta m^2 \sim 2 \cdot 10^{-3} \, \text{eV}^2$ und einem großen Mischungswinkel interpretiert.

Der überzeugende Nachweis der Oszillation der Sonnenneutrinos wurde in einem Mitte 2001 vorgestellten ersten Ergebnis des Sudbury-Neutrino-Observatoriums vorgestellt. Die durch geladene Ströme verursachten Ereignisse, die nur von Elektron-Neutrinos hervorgerufen werden können, sind zahlenmäßig geringer als die Ereignisse, die durch elastische Streuung hervorgerufen werden, und die zu einem kleinen Teil auch von Myon- und Tauon-Neutrinos herrühren. Eine genaue Analyse zeigte, daß der Gesamtfluß von aktiven ^{8}B-Neutrinos $5.44 \pm 0.99 \cdot 10^6 \, \text{cm}^{-2} \, \text{s}^{-1}$ beträgt, wovon etwa 68 % Myon- und Tauon-Neutrinos sind. Dieser Gesamtfluß ist in sehr guter Übereinstimmung mit modernen Modellen des Sonneninnern.

Es liegt nahe, zur Erklärung des Defizits der Sonnenneutrinos eine Oszillation der Elektron-Neutrinos beim Durchgang durch die Sonnenmaterie anzunehmen. Hierbei sind $\Delta m^2 \sim 10^{-5}$ und ein sehr kleiner Mischungswinkel erforderlich. Durch die Beobachtung von Neutrinooszillationen ist man nur in der Lage, Massendifferenzen der drei Neutrinosorten festzustellen, nicht jedoch die Massen selbst.

Schließlich sei erwähnt, daß die abgeleiteten oberen Grenzen der Neutrinomassen bei weitem nicht ausreichen, die in der extragalaktischen Astronomie und Kosmologie postulierte „dunkle Materie" zu erklären. Deshalb wird mit verschiedenen kryogenischen Teilchendetektoren eine Suche nach schwach wechselwirkenden massereichen Teilchen, den WIMPs (= Weakly Interacting Massive Particles) durchgeführt.

2.10 Kosmische Strahlung

Die **kosmische Strahlung**, die auch als Höhenstrahlung bezeichnet wird, besteht hauptsächlich aus vollionisierten Atomkernen (etwa 50 % Protonen, 25 % Alphateilchen, 13 % CNO-Kernen) und zu 1 % aus Elektronen, die mit hoher Geschwindigkeit auf die äußere Erdatmosphäre auftreffen. Die von der Sonne ausgesandten hochenergetischen Ionen und Elektronen werden manchmal als „solare kosmische Strahlung" bezeichnet. Ein kleinerer Prozentsatz der energiereichen Teilchen sind Gammastrahlen und Neutronen, die nicht durch das Erdmagnetfeld abgelenkt werden und somit direkte Rückschlüsse auf den Ort ihrer Entstehung erlauben (s. Abschn. 2.11).

Tab. 2.6 Empfänger für kosmische Strahlung

Name	Detektor	Ort	Bemerkungen/Internet-Adresse
HiRes / Fly's Eye	67 optische 1.5m-Teleskope	Dugway, Utah, USA	hires.physics.utah.edu/
AGASA	111 Teilchendetektoren auf 100 km²	Akeno Observatory, Japan	Akeno Giant Air Shower Array www-akeno.icrr.u-tokyo. ac.jp/AGASA/
HEGRA		La Palma, Spanien	High Energy Gamma Ray Astronomy www.gae.ucm.es/hegra/ hegraingles.html
Super-Kamiokande	Wasser-Tscherenkow-Detektor	Kamioka, Japan	www-sk.icrr.u-tokyo.ac.jp/ doc/sk/
AUGER	1600 Teilchendetektoren auf 3000 km² und 6 Luftfluoreszenz-Tel.	Malargue, Mendoza, Argentinien	im Bau www.auger.org/

Unterhalb von 10^{14} eV $= 0.1$ PeV ist der Strahlungsstrom der kosmischen Strahlung so hoch, daß sie leicht mit Instrumenten an Bord von Ballons und Satelliten gemessen werden kann. Zu höheren Energien hin wird der Strahlungsstrom zu klein, um genügend häufige Ereignisse in den Detektoren hervorzurufen. Stattdessen verwendet man die Erdatmosphäre als Detektor. Die Wechselwirkung von energiereichen Teilchen mit den Atomen der Atmosphäre erzeugt eine Kaskade von sekundären Teilchen: Elektronen, Positronen, Photonen, und die aus dem Zerfall von Hadronen stammenden Myonen (Abb. 2.23). Man bezeichnet diese Teilchenlawine als extensiven **Luftschauer** (extensive air shower, EAS).

Die sich mit relativistischer Geschwindigkeit bewegenden Elektronen und Positronen senden in durchsichtigem Plastikmaterial oder in Wasser Licht aus (Tscherenkow-Strahlung): Eine Anordnung von Teilchendetektoren am Erdboden (Luftschauerteleskop mit Plastikszintillatoren, die über ein Gebiet von mehreren Quadratkilometern verteilt sind) kann aus der Zahl der Myonen, der Form der Schauerfront und den Ankunftszeiten in den einzelnen Detektoren relativ genau die Gesamtenergie und die Richtung des ursprünglichen Teilchens der kosmischen Strahlung ermitteln.

Heutige Instrumente bedecken typischerweise 100 km^2 mit Detektorabständen von 1 km. 1962 wurde ein kosmisches Teilchen mit einer Energie von 10^{20} eV $=$ 100 EeV nachgewiesen, indem man einen Teil der $5 \cdot 10^{10}$ sekundären Teilchen in

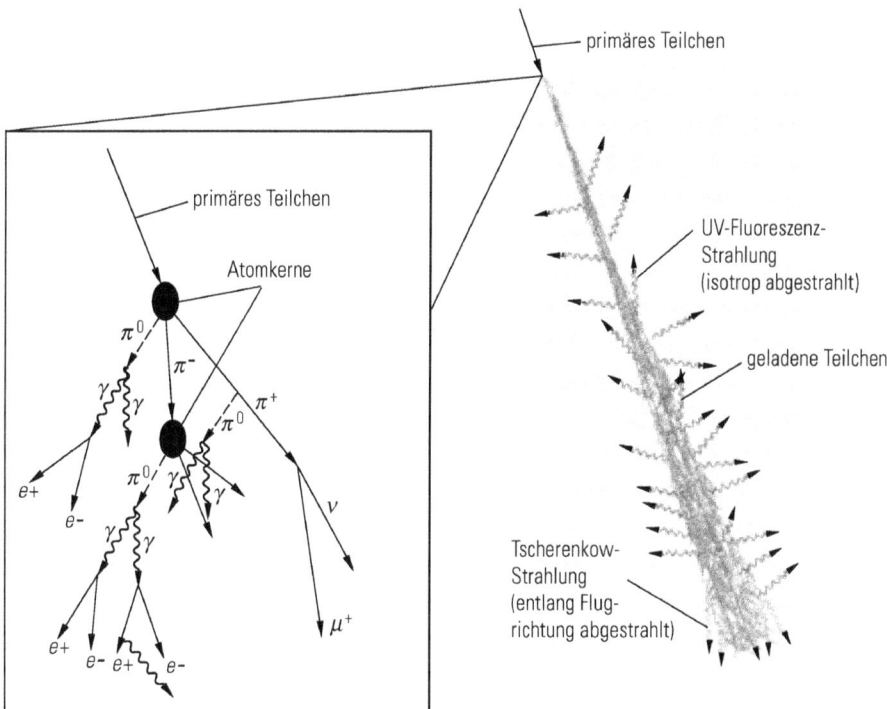

Abb. 2.23 Die Entstehung eines extensiven Luftschauers, der aus sekundären Teilchen sowie Licht aus der Fluoreszenz von Luftmolekülen und der Tscherenkow-Strahlung von schnellen Teilchen besteht.

einem Gebiet von 8 km^2 registrierte. Nur ultrahochenergetische (UHE) kosmische Strahlen mit Teilchenenergien der Größenordnung 10^{15} eV $= 1$ PeV rufen Sekundärteilchen hervor, die bis zum Erdboden dringen können.

Eine andere Methode untersucht mit Hilfe von lichtsammelnden Spiegeln und Photomultipliern die Fluoreszenz (oder besser gesagt Lumineszenz), die beim Durchgang der geladenen Teilchen durch die Atmosphäre erzeugt wird. Diese Lumineszenz rührt von der Rekombination der durch die Teilchenlawine ionisierten Stickstoff- und Sauerstoffmoleküle her. Eine Anlage zur Messung der atmosphärischen Fluoreszenz war „Fly's Eye", eine Anlage von 67 1.5m-Spiegeln und 880 Photomultipliern in der Wüste von Utah, die den gesamten Himmel beobachtete und orts- und zeitaufgelöste Bilder von durch kosmische Strahlung erzeugten Luftschauern aufzeichnete (Abb. 2.24). Das dort 1991 nachgewiesene energiereichste Teilchen der kosmischen Strahlung hatte eine Energie von $3.2 \cdot 10^{20}$ eV. Eine andere Anlage, das Akeno Giant Air Shower Array (AGASA) in Japan beobachtete 1993 einen Luftschauer, der durch ein Teilchen mit $2 \cdot 10^{20}$ eV ausgelöst wurde. Eine neue, größere Anlage ist das im Bau befindliche Pierre Auger Cosmic Ray Observatory in der Pampa Amarilla (Argentinien) mit 1600 über ein Gebiet von 3000 km^2 verteilten Wasserdetektoren.

Abb. 2.24 Der Detektor Fly's Eye in Utah, der die atmosphärische Fluoreszenz von hochenergetischer kosmischer Strahlung beobachtete (© The University of UTah – Fly's Eye Group).

Ist die einfallende Energie des Teilchens der kosmischen Strahlung nur etwa von der Größenordnung 10^{12} eV $= 1$ TeV, so gelangen die Sekundärteilchen nicht zu den Detektoren am Erdboden. Die Teilchen dieser sehr hochenergetischen Strahlung (VHE) erzeugen jedoch in der oberen Atmosphäre Tscherenkow-Strahlung, die als Lichtkegel mir relativ kleiner Öffnung am Erdboden ankommt. Ein solcher Lichtkegel hat einen Durchmesser von etwa 300 Metern, und kann von lichtsammelnden

10^4
10^2
10^{-1} —— (1 Teilchen m^{-2} s^{-1})
10^{-4}
10^{-7}
10^{-10}
10^{-13}
10^{-16}
10^{-19}
10^{-22}
10^{-25}
10^{-28}

Teilchenfluß (m^{-2} s^{-1} sr^{-1} GeV^{-1})

"Knie"
(1 Teilchen m^{-2} Jahr^{-1})

"Enkel"
(1 Teilchen km^{-2} Jahr^{-1})

10^9 10^{10} 10^{11} 10^{12} 10^{13} 10^{14} 10^{15} 10^{16} 10^{17} 10^{18} 10^{19} 10^{20} 10^{21}
Energie (eV) ⟶

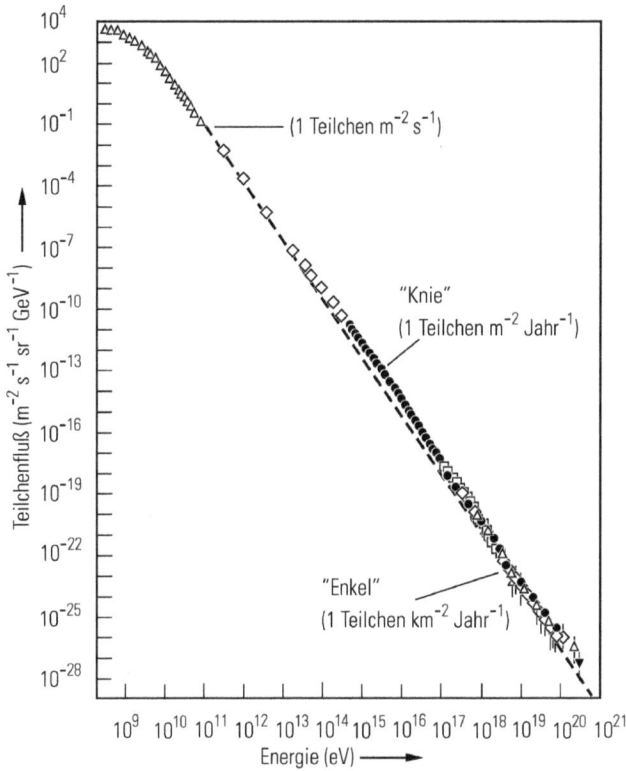

Abb. 2.25 Das Spektrum der kosmischen Strahlung. Der Strahlungsstrom nimmt zu hohen Energien hin nahezu linear ab (dN/d$E \sim E^{-3}$). Vergleicht man die Form der Energieverteilung mit einem ausgestreckten Bein, lassen sich geringe Abweichungen von der Linearität als „Knie" und „Enkel" (= Fußgelenk) beschreiben.

Detektoren nachgewiesen werden. Die besten dieser Detektoren sind die abbildenden Tscherenkow-Teleskope.

Bei diesen Teleskopen besteht die Möglichkeit, zwischen kosmischer Teilchenstrahlung und der sehr viel seltener eintreffenden hochenergetischen Gammastrahlung (s. Abschn. 2.11) zu unterscheiden. Die von Gammaquanten ausgelöste Tscherenkow-Strahlung breitet sich nur in Richtung des Schauers aus, während das von der kosmischen Teilchenstrahlung zusätzlich hervorgerufene Fluoreszenzlicht in alle Richtungen emittiert wird und damit ein diffuseres Bild liefert.

Der Strahlungsstrom der kosmischen Strahlung folgt annähernd einem Potenzgesetz:

$$\frac{\mathrm{d}N}{\mathrm{d}E} \sim E^{-3}. \tag{2.46}$$

Der Strahlungsstrom der kosmischen Strahlung beträgt $10^4\,\mathrm{m}^{-2}\mathrm{s}^{-1}$ bei 100 MeV und 1 km^{-2} Jahrhundert^{-1} bei 10^{20} eV (Abb. 2.25).

Eine Obergrenze für die Energie nachweisbarer kosmischer Strahlung wurde 1965 vorhergesagt. Einem hochenergetischen Proton erscheint ein Photon der allgegenwärtigen kosmischen Mikrowellen-Hintergrundstrahlung (s. Abschn. 4.6 und 6.2.2) wie ein Gammaquant. Die Wechselwirkung zwischen einem Gammaquant und einem Proton führt zur Entstehung von Pionen:

$$\gamma + p \rightarrow n + \pi^+. \tag{2.47}$$

Ein solcher Prozeß, bei dem dem Proton Energie entzogen wird, tritt nur bei Energien über $6 \cdot 10^{19}$ eV auf. Auf der Erde registrierte energiereichere Teilchen der kosmischen Strahlung können nicht viele Stöße erlitten haben, und deshalb kann die Quelle dieser Teilchen nicht weiter als etwa 50 Millionen Parsec entfernt sein.

Der Ursprung der kosmischen Strahlung ist nicht genau bekannt. Man nimmt an, daß der überwiegende Teil aus der Milchstraße stammt. Eine wiederholte Wechselwirkung von Teilchen mit Magnetfeldern, die mit Schockwellen von Supernovaexplosionen verknüpft sind, ist ein relativ gut verstandener Beschleunigungsmechanismus. Als extragalaktische Quellen kommen aktive Galaxienkerne (AGN – Active Galactic Nuclei), Radiogalaxien und Gammastrahlenausbrüche (GRB – Gamma Ray Bursts) infrage.

2.11 Hochenergetische Gammastrahlung

In die Erdatmosphäre eindringende Gammaquanten mit Energien über 300 GeV erzeugen Elektron-Positron-Paare, die weitere hochenergetische Photonen und $e^- e^+$-Paare hevorrufen. Die Teilchen dieser **hochenergetischen Gammastrahlung** haben Geschwindigkeiten, die größer als die Phasengeschwindigkeit des Lichts sind, und emittieren Tscherenkow-Strahlung (Abb. 2.26). Diese Blitze blauen Lichts werden, wie im Falle der kosmischen Strahlung, durch Photomultiplier nachgewiesen.

Tab. 2.7   Empfänger für ultrahochenergetische Gammastrahlung

Name	Detektor	Ort	Bemerkungen/Internet-Adresse
WGRO	10 m Mosaik-Spiegel	Arizona, USA	Whipple Observatory egret.sao.arizona.edu/index.html
HEGRA		La Palma, Spanien	High Energy Gamma Ray Astronomy hegra1.mppmu.mpg.de/HEGRA/
MAGIC	abbildendes Tscherenkow-Tel.	La Palma, Spanien	Durchmesser ca. 17 m hegra1.mppmu.mpg.de/ MAGICWeb/
GRAAL	nichtabbildendes Tscherenkow-Tel.	bei Almeria, Spanien	Spiegelfeld (Sonnenkollektoren) hegra1.mppmu.mpg.de/GRAAL/
Milagro	Wasser-Tscherenkow-Detektor	Los Alamos, New Mexico, USA	kontinuierl. Beobachtung umdgrb.umd.edu/cosmic/ milagro.html
VERITAS	7 × 10 m-Spiegel	Arizona, USA	in Planung veritas.sao.arizona.edu/

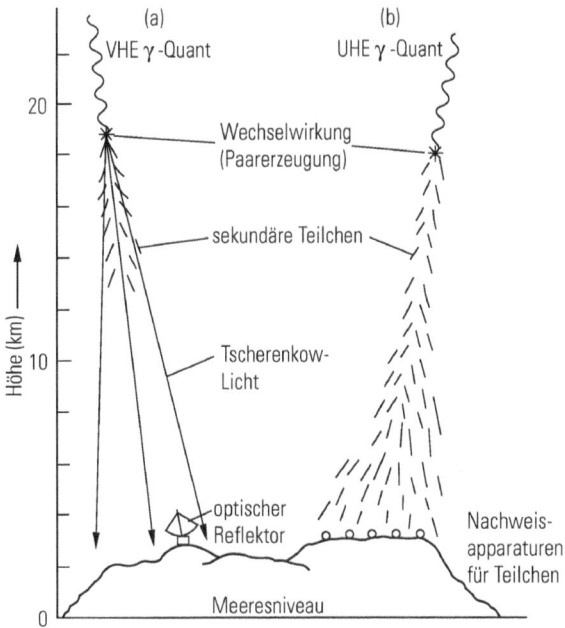

Abb. 2.26 Entstehung sekundärer Teilchen und Tscherenkow-Strahlung beim Eintreten hochenergetischer Gammaquanten in die Erdatmosphäre.

Abb. 2.27 Das aus Spiegelsegmenten bestehende 10m-Whipple-Teleskop, das seit 1968 die Tscherenkow-Strahlung hochenergetischer Gammaquanten beobachtet (© Drs. R. W. Lessard und T. C. Weekes).

Durch die Analyse der Winkelverteilung des Lichts können mit Hilfe von abbildenden Teleskopen für atmosphärische Tscherenkow-Strahlung etwa 99.7 % der Signale, die von Protonen oder anderen Teilchen der kosmischen Strahlung herrühren, als Hintergrundsignale erkannt werden: Teilchen der kosmischen Strahlung rufen viele sekundäre Schauer hervor und liefern zudem ein unschärferes Bild. Allerdings sind in einem vorgegebenen Energiebereich Teilchen der kosmischen Strahlung etwa 10 000 mal so zahlreich wie Gammaquanten.

Da die hochenergetische Gammastrahlung sich geradlinig ausbreitet, konnten einige Objekte am Himmel als Quellen identifiziert werden, wie der Supernovaüberrest „Crabnebel" und die aktiven Galaxienkerne Markarian 421 und Markarian 501 (s. Abschn. 4.2.6.3 und 5.7).

Eines der bekanntesten abbildenden Teleskope für atmosphärische Tscherenkow-Strahlung ist das Whipple-Teleskop in Arizona, das eine Apertur von 10 m besitzt (Abb. 2.27). Größere Teleskope und Teleskop-Arrays sind im Bau. Auch Spiegelsysteme von Sonnenenergiekraftwerken werden als Teleskope für atmosphärische Tscherenkow-Strahlung eingesetzt.

2.12 Gravitationsstrahlung

2.12.1 Allgemeines, Quellen, Meßziele

Wenn sich die räumliche Massenverteilung eines Systems zeitlich ändert, breitet sich die resultierende Störung des Gravitationsfeldes in Form einer **Gravitationswelle** mit endlicher Geschwindigkeit (c im Vakuum, gemäß der Allgemeinen Relativitätstheorie) aus. Gravitationswellen können als Deformation der Raumgeometrie senkrecht zur Ausbreitungsrichtung aufgefaßt werden. Wenn man eine kleine Störung h der Minkowski-Metrik eines euklidischen Raums betrachtet, findet man, daß bei einer sich in x-Richtung ausbreitenden Welle metrische Störungen in y- und z-Richtung auftreten, die zwei Polarisationen, h_+ und $h_\times$ aufweisen, deren Richtungen um 45° gegeneinander gedreht sind. Der entscheidende Unterschied zum Elektromagnetismus liegt darin, daß es nur „positive" Massen gibt, und jede beschleunigte Bewegung einer Masse mit der Beschleunigung einer anderen Masse verknüpft ist. (Der Elektromagnetismus wird durch ein Vektorpotential beschrieben, die Gravitation durch einen Tensor 2. Stufe.)

Ein parallel zur Wellenebene liegender Kreisring von Teilchen im freien Fall nimmt unter der Einwirkung einer Gravitationswelle eine elliptische Form an. Dies macht man sich beim Nachweis zunutze: Zwei frei fallende Massen, die Teile eines solchen Kreisrings sind, zeigen eine relative Verschiebung zueinander. Maximale Empfindlichkeit wird erreicht, wenn der Abstand der Massen eine halbe Wellenlänge beträgt.

Die Wellenamplitude ist charakterisiert durch die dimensionslose Größe

$$h(t) = \frac{\delta L}{L}, \tag{2.48}$$

wobei $\delta L/L$ die relative Deformation des Rings bedeutet. Die „Spannung" (strain) ist die Amplitude der Gravitationswelle und nimmt mit dem Quadrat des Abstands von der Quelle ab. Die Intensität der Welle ist dem Quadrat der zeitlichen Ableitung der Spannung proportional:

$$I = \frac{c^3}{16\pi G}\left(\frac{dh}{dt}\right)^2. \tag{2.49}$$

Der enorme Proportionalitätsfaktor zeigt auf, warum es so schwierig ist, Gravitationswellen zu entdecken: der Raum ist sehr „steif". Um eine kleine Störung zu erzeugen, ist ein großer Energieaufwand nötig. Um eine – wohl in den nächsten Jahren nachweisbare – Störung $h(t) = 10^{-21}$ mit einer Dauer von 10 ms hervorzurufen, muß eine Gravitationswelle eine Stärke von $8 \cdot 10^{-5}$ W m^{-2} haben.

Doppelsterne und Pulsare sind periodische Quellen, die quasi-sinusförmige Wellen geringer Amplitude verursachen. Es gibt viele nahe Quellen mit sehr kleinen Frequenzen ($10^{-4} - 10^{-1}$ Hz). Dazu zählen Kontaktdoppelsterne (Sternpaare, die eine gemeinsame äußere Hülle besitzen) und Zwergnovae (Sternpaare, die aus einem weißen und einem roten Zwergstern bestehen), die allesamt Umlaufsperioden von einigen Stunden aufweisen. Der Energiefluß eines typischen kurzperiodischen Doppelsternsystems in Sonnennähe beträgt 10^{-14} W m^2; er ruft eine Längenänderung eines Teststabes der Größenordnung $\delta L = 10^{-22}$ m hervor, entsprechend dem 10^{-12}-fachen des Durchmessers eines Wasserstoffatoms!

Tab. 2.8   Gravitationswellenempfänger

Name	Detektor	Ort	Bemerkungen/Internet-Adresse
Antennen (Michelson-Interferometer mit Laser)			
LIGO	$L = 4$ km	Livingston, Louisiana, USA	Testbetrieb www.ligo.caltech.edu/
LIGO	$L = 4$ km	Hanford, Washington, USA	Testbetrieb www.ligo.caltech.edu/
VIRGO	$L = 3$ km	Cascina bei Pisa, Italien	Testbetrieb www.virgo.infn.it/
GEO 600	$L = 0.6$ km	Ruthe bei Hannover, Deutschland	Testbetrieb www.geo600.uni-hannover.de
TAMA	$L = 0.3$ km	Mitaka, Japan	Testbetrieb tamago.mtk.nao.ac.jp/tama.html
LISA	$L = 5 \cdot 10^6$ km	3 Satelliten	NASA/ESA-Projekt, in Planung sci.esa.int/lisa/
Kryogenische Resonatoren			
Allegro	2300 kg	Lousiana, USA	gravity.phys.lsu.edu/allegro/index.html
Auriga	2300 kg	Legnaro bei Padua, Italien	www.auriga.lnl.infn.it/
Explorer	2300 kg	CERN, Genf, Schweiz	www.roma1.infn.it/rog/explorer/explorer.html
Niobe	1500 kg	Univ. Western Australia	www.gravity.uwa.edu.au/bar/niobe.html

Der gravitative Kollaps eines Sterns in einer Supernova-Explosion stellt eine höherfrequente Ausbruchsquelle ($10 - 10^4$ Hz) dar. Solche Supernova-Explosionen (s. Abschn. 4.2.6.3) treten in unserer Galaxis einige Male pro Jahrhundert auf und besitzen $h \sim 10^{-18}$; Ereignisse in näheren Galaxienhaufen wie dem Virgo-Haufen treten etwa alle paar Monate auf, bei den erwarteten Signalen ist $h \sim 10^{-21}$.

2.12.2 Detektoren

Als *indirekter* Nachweis von Gravitationswellen dient der aus zwei rotierenden, einander umkreisenden Neutronensternen bestehende Doppelpulsar PSR 1913+16. Seine Bahnperiode von $2.8 \cdot 10^4$ s nimmt mit einer Rate von 10^{-4} s/Jahr ab. Man nimmt an, daß der daraus folgende Energieverlust in Form der Abstrahlung von Gravitationswellen erfolgt. Andere Ursachen für die Periodenänderung können allerdings nicht restlos ausgeschlossen werden.

Die von Joseph Weber seit 1969 entwickelten mechanischen **Resonanzdetektoren** beruhen auf der Messung der Deformation eines vor seismischen Erschütterungen isolierten Metallzylinders beim Durchgang von Gravitationswellen. Die Deformation wird durch piezoelektrische Sensoren nachgewiesen, wobei die störende Brownsche Molekularbewegung durch Kühlung reduziert wird. Aufwendige Koinzidenzschaltungen mehrerer solcher Detektoren sollen Signale über dem Untergrund des Rauschens nachweisen. 1969 glaubte Weber, mit einem solchen Detektor Gravitationswellen mit einer Stärke $h \sim 10^{-16}$ aus dem Zentrum der Milchstraße nachgewiesen zu haben, die jedoch von anderen Experimentatoren nicht verifiziert werden konnten.

Nichtresonante **direkte Detektoren** beruhen auf dem Prinzip des Michelson-Interferometers, das relative Änderungen zweier Probemassen nachweisen kann, die einige Kilometer voneinander entfernt sind (Abb. 2.28). Ein derartiges L-förmiges

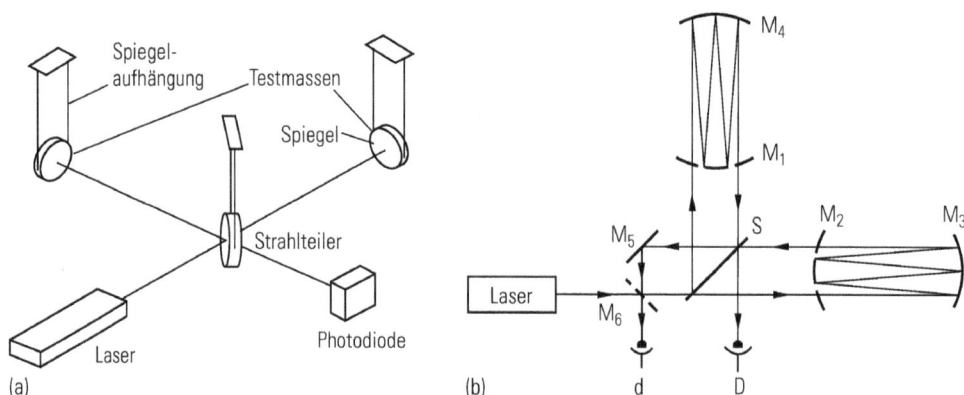

Abb. 2.28   (a) Schematischer Aufbau eines nichtresonanten Detektors für Gravitationswellen mit Laser, Strahlteiler, zwei Spiegeln als Probemassen und einer Photodiode als Detektor. (b) Realisation eines nichtresonanten Detektors mit Laser, Strahlteiler S, sechs Spiegeln ($M_1 \ldots M_6$) und zwei Detektoren d und D. Die bis zu 50-fache Reflexion zwischen den Spiegeln erhöht die Empfindlichkeit der Anlage.

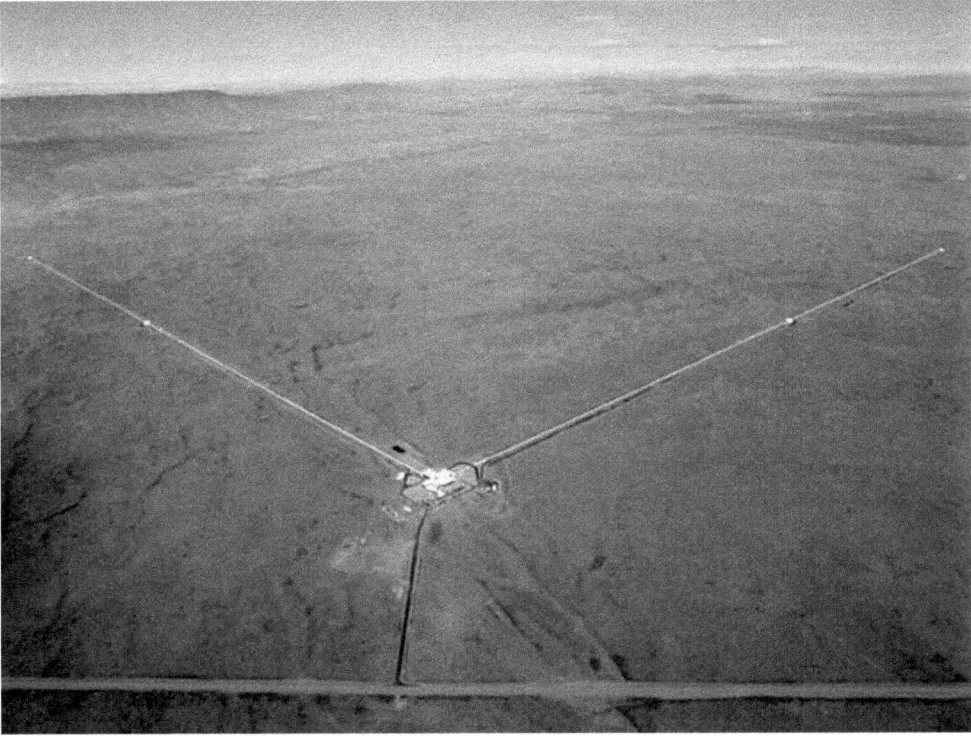

Abb. 2.29   Luftaufnahme der Gravitationswellenantenne LIGO in Hanford, Louisiana. Die Länge der beiden Michelson-Interferometer-Arme beträgt 4 km (© LIGO Laboratory).

Michelson-Laserinterferometer besteht aus zwei Detektoren, die mit Neodym-Yttrium-Granat-Lasern mit Leistungen von 100 W und mehr beleuchtet werden. Die Lichtsignale werden etwa 50 mal zwischen den Spiegeln reflektiert, um die Empfindlichkeit des Interferometers zu erhöhen, und das Interferenzmuster wird genau registriert. Solche Detektoren müssen von Störungen der Umgebung (Erdbeben etc.) extrem isoliert sein. Auch hier müssen Koinzidenzschaltungen zwischen mehreren Anlagen statistische Fluktuationen unterdrücken. Zwei augenblicklich nahezu fertiggestellte Anlagen, LIGO (Laser Interferometer Gravity wave Observatory, Abb. 2.29) in den USA und VIRGO, ein bei Pisa errichtetes italienisch-französisches Projekt, besitzen Armlängen von 4 bzw. 3 km. Solche Anlagen sollen einen „Strain" von 10^{-22} über eine Bandbreite von 1 kHz nachweisen können. Aus den unterschiedlichen Ankunftszeiten an mehreren Detektoren kann die Richtung einer Gravitationswelle auf einige Bogenminuten genau ermittelt werden.

Gravitationswellen von Supernovae und kollabierenden Doppelsternen sollten Frequenzen von etwa 1000 Hz und Strain-Amplituden von 10^{-18} m zeigen. VIRGO ist zwischen 10 und 6000 Hz empfindlich.

Ein aus drei Satelliten bestehendes **Weltraum-Laserinterferometer** (Laser Interferometer Space Antenna = LISA) ist als Gemeinschaftsprojekt von NASA und ESA in Planung und könnte 2008 fertiggestellt sein. Die Satelliten sollen ein Dreieck mit einer Seitenlänge von 5 Millionen Kilometern bilden, und ihre Positionen mit einer

Genauigkeit von 20 Picometern (2×10^{-11} m) gemessen werden. LISA soll vor allem nach niederfrequenten Gravitationswellen im Millihertz-Bereich suchen, die z.B. von den nächsten kurzperiodischen Doppelsternen der Sonnenumgebung abgegeben werden, den schon erwähnten Kontakt-Doppelsternen und Zwergnovae.

2.13 Ausblick

Vor etwas mehr als 100 Jahren wurden erste Versuche angestellt, die Radiostrahlung der Sonne nachzuweisen, und wenig später gelang der Nachweis eines „von oben" kommenden energiereichen Teilchenstroms, der „Höhenstrahlung", oder, wie wir heute sagen, der kosmischen Strahlung. Im 20. Jahrhundert wurden viele neue „Fenster ins Weltall" aufgestoßen. Einige davon haben uns bekannte Objekte in völlig neuem Licht erscheinen lassen, andere – wie die Anlagen zum Nachweis von Neutrino- und Gravitationsstrahlung – sind in der Lage, im gerade angebrochenen neuen Jahrhundert der astronomischen Beobachtung wichtige neue Impulse zu geben.

Literatur

Teleskope und Optik

Riekher, R., Fernrohre und ihre Meister. Verlag Technik, Berlin, 1990
Schroeder, D. J., Astronomical Optics. Academic Press, London und San Diego, 1987
Wilson, R. N., Reflecting Telescope Optics I, II. Springer, Berlin, Heidelberg, New York, 1996, 1999
Hardy, J. W., Adaptive Optics for Astronomical Telescopes. Oxford University Press, Oxford und New York, 1998

Photometrie und Spektroskopie

Sterken, C., Manfroid, J., Astronomical Photometry – A Guide. Kluwer, Dordrecht, 1992
Kitchin, C. R., Optical Astronomical Spectroscopy. Institute of Physics, Bristol, 1995
Kitchin, C. R., Astrophysical Techniques, 3. Aufl. Institute of Physics, Bristol, 1998
Howell, S., Handbook of CCD Astronomy. Cambridge University Press, Cambridge, 2000
McLean, I. S., Electronic Imaging in Astronomy – Detectors and Instrumentation. J. Wiley & Sons, Chichester, New York, Weinheim, 1997

Radioastronomie

Kraus, J. D., Radio Astronomy, 2. Aufl. Cygnus-Quasar Books, Powell, Ohio, 1986
Rohlfs, K., Tools of Radio Astronomy. Springer, Berlin, Heidelberg, New York, 1990
Verschuur, G. L., Kellermann, K. I., Galactic and Extragalactic Radio Astronomy, 2. Aufl. Springer, Berlin, Heidelberg, New York, 1988

SETI

Dick, S.J., The Biological Universe. The Twentieth-century Extraterrestrial Life Debate and the Limits of Science. Cambridge University Press, Cambridge, 1996

McConnell, B.S., Beyond Contact: A Guide to SETI and Communicating with Alien Civilizations. O'Reilly, Cambridge, Mass., 2001

Neutrinoastronomie

Bahcall, J.N., Neutrino Astrophysics. Cambridge University Press, Cambridge, 1989

Kosmische Strahlung

Cronon, J.W., Cosmic Rays. In: More Things in Heaven and Earth (Bederson, B., Hrsg.). Springer und AIP, New York, 1999, S. 278

Schlickeiser, R., Cosmic Ray Astrophysics. Springer, Berlin, Heidelberg, New York, 2001

Gammastrahlenastronomie

Schönfelder, V. (Hrsg.), The Universe in Gamma Rays. Springer, Berlin, Heidelberg, New York, 2001

Gravitationswellen

Bartusiak, M., Einstein's Unfinished Symphony. Listening to the Sounds of Space-time. National Academy Press, Washington, 2001

Internet-Hinweise

Einen sehr guten Überblick über alle Arten von astronomischen Detektoren für elektromagnetische Strahlung, Teilchenstrahlung und Gravitationswellen findet man bei:

http://www.futureframe.de/astro/instr/index.html .

Einen Überblick über Radioobservatorien bietet:

http://www.mpifr-bonn.mpg.de/public/liste_tel.html .

Über Space VLBI und das japanische Satelliten-Radioteleskop HALCA:

http://us-space-vlbi.jpl.nasa.gov/
http://www.vsop.isas.ac.jp/

Über große optische Observatorien (in Betrieb, in Bau, geplant) berichtet:

http://www.seds.org/billa/bigeyes.html .

Über Teleskope und Institute allgemein:

http://wwwospg.pg.infn.it/observatories.htm .

3 Extraterrestrische Observatorien

Fridtjof Speer, Josef Hoell

3.1 Wissenschaftliche Satelliten

3.1.1 Klassen von Extraterrestischen Observatorien

Seit ihrem Beginn im Jahre 1957 hat die Raumfahrt und die damit verbundene Raumforschung in ständig wachsendem Maße unsere Welt erweitert und verändert. Man denke nur an weltweite Telefon- und Fernsehverbindungen – Navigation und Ortsbestimmung – Wetter- und Erdbeobachtungen – und schließlich die wissenschaftliche Forschung. Insbesondere die Astronomie und Astrophysik sahen sich innerhalb von wenigen Jahren von einigen fundamentalen Begrenzungen, die auf der Erdoberfläche existieren, befreit. Mit der wachsenden Größe der Nutzlasten wurde es möglich, langdauerde astrophysikalische Beobachtungen außerhalb der Erdatmosphäre zu machen. Darüber hinaus wurde es möglich, physikalische und biologische Experimente in gewichtslosem Zustand und, wenn notwendig, in einem bis dahin unerreichten Vakuum auszuführen.

Die überraschend schnellen Fortschritte in der Raumfahrtentwicklung der frühen Jahre waren nicht zuletzt auf die Rivalität zwischen den Vereinigten Staaten und der ehemaligen Sowjetunion zurückzuführen. Militärische und politische Überlegungen spielten eine große Rolle in den verhältnismäßig großen Aufwendungen beider Länder für die zivile Raumfahrt. Dies wurde besonders deutlich in dem öffentlichen Wettlauf zur ersten bemannten Mondlandung. Beide Länder hatten beachtliche Erst-erfolge, die sich gegenseitig ergänzten und unterstützten, obwohl das ursprünglich keineswegs geplant war. Inzwischen haben alle industrialisierten Länder der Erde die Möglichkeiten der Raumfahrt erkannt, und haben ihre eigenen mehr oder weniger ehrgeizigen Programme für wirtschaftliche, wissenschaftliche und Verteidigungszwecke in Gang gesetzt.

Wenngleich die ursprüngliche Motivierung für den Raumflug zweifellos nicht auf einer wissenschaftlichen Ebene lag, so hatten doch die ersten Flugmissionen der Vereinigten Staaten und der ehemaligen Sowjetunion gut durchdachte Forschungsziele und führten zu vielen wichtigen Entdeckungen. Bekannte Beispiele sind die Van-Allen-Strahlungsgürtel um die Erde (Explorer I im Jahre 1958), die Beobachtung der Sonne vom Raum aus (OSO-1 im Jahre 1962)[1] und die Proben-Aufnahmen vom Mond mit anschließender Rückkehr zur Erde der Raumsonde Luna-16 (im Jahre 1970).

Extraterrestrische Observatorien existieren noch nicht sehr lange. Als die Raum-

[1] Alle Akronyme sind in Tab. 3.5 am Ende des Kapitels erläutert.

fahrt begann, gab es zwar viele Ideen, wie man diese neuen technischen Möglichkeiten ausnutzen könnte, es erforderte jedoch einige Jahre und neue Technologien, um aus dem Konzept eines extraterrestrischen Observatoriums eine Realität zu machen. Extraterrestrisch besagt lediglich, daß die Beobachtungen außerhalb der Erde und ihrer Atmosphäre ausgeführt werden und schließt viele verschiedene Möglichkeiten ein, die vom Beobachtungsstandort und -ziel abhängen. Tab. 3.1 zeigt eine Übersicht über die Vielfalt dieser Möglichkeiten. In der Kategorie der Orbital-Observatorien war es zunächst infolge der begrenzten Tragfähigkeit der Startraketen am einfachsten, extraterrestrische Beobachtungen von einer relativ nahen Kreisbahn um die Erde auszuführen. Beobachtungsziele waren neben Astronomie meteorologische Beobachtungen und einige experimentelle Untersuchungen auf der Erdoberfläche und der Ozeane. Beispiele für diese Observatorien sind das Hubble-Teleskop und ROSAT für Astronomie, die Nimbus-Serie für Wetterbeobachtungen und Landsat für Oberflächenbeobachtungen. Eine besonders gesuchte Orbitalposition ist die geostationäre Bahn, die ihre Position relativ zur Erdoberfläche in der Äquatorebene nicht ändert und aus diesem Grunde viele praktische Anwendungen findet. Für viele astronomische Beobachtungen ist Erdnähe allerdings sehr unerwünscht. Gründe dafür sind Erdmagnetismus, Strahlungsgürtel und langdauernde Okkultation durch die Erdscheibe. Das im Jahr 1999 gestartete Chandra-Observatorium hat daher eine stark elliptische Bahn mit einem hohen Apogäum gewählt; ebenso das europäische XMM-Newton-Observatorium; und das SIRTF-Observatorium wird aus diesen Gründen den Langrange-Punkt L2 jenseits vom Mond als Standort suchen.

Der nächste große Schritt in der Entwicklung von Raumobservatorien begann mit der Serie von fünf erfolgreichen Lunar Orbiter-Flügen, die in den Jahren 1966

Tab. 3.1   Klassen von Extraterrestrischen Observatorien.

	Oberflächen-Beobachtungen	atmosphärische Beobachtungen	astronomische Beobachtungen	Beispiel
Orbital-Observatorien				
Erdorbit	•	•	•	Landsat, ROSAT Nimbus, Hubble
Mondorbit	•		•	Lunar Orbiter
Planetenorbit	•	•		Galileo
Sonnenorbit		•	•	Ulysses
Oberflächen-Observatorien				
Mond	•			Apollo/ALSEP
Planeten	•	•		Viking
Asteroiden	•	•	•	NEAR
Kometen		•	•	Giotto
Interstellare Observatorien			•	Voyager

• existierend

und 1967 von einer Kreisbahn um den Mond aus die Mondoberfläche in Detail photographierten und entscheidend dazu beitrugen, daß die Apollo-Landungen drei Jahre später in Gebieten erfolgten, die schon weitgehend bekannt waren.

Die folgende Gruppe sind planetarische Observatorien, die sich entweder im Vorbeiflug oder in Kreisbahnen um Planeten bewegen und der systematischen Untersuchung von planetarischen Oberflächen und Atmosphären dienen. Alle inneren und äußeren Planeten (z. Zt. mit Ausnahme von Pluto) sind bereits auf diese Weise untersucht worden. In einigen Fällen wurden die Orbital-Beobachtungen durch Zweigmissionen von kleineren Raumsonden zur Planetenoberfläche ergänzt.

Die Beobachtung der Sonne von der Erde aus ist durch die Bahnebene unseres Planeten auf eine äquatoriale Ansicht beschränkt. Während dies gute Beobachtungsmöglichkeiten für einen großen Teil der Sonne zuläßt, ist die Beobachtung der polaren Sonnengebiete kaum möglich. Die Ulysses-Mission stellt deshalb einen großen Fortschritt in dieser Richtung dar. In ihrer mehrjährigen komplizierten Flugbahn wurden zum ersten Mal Beobachtungen der Sonnenpole ermöglicht. Es ist denkbar, daß das zunehmende Interesse an kontinuierlichen Beobachtungen der gesamten Sonnenoberfläche eines Tages zu Observatorien in polaren Sonnenorbits führen wird, analog zu den polaren Erdmissionen, die an jedem Tag die gesamte Erdoberfläche zweimal abbilden können. Allerdings wären die entsprechenden Umlaufzeiten um die Sonne sehr lang, und die Sonnenstrahlung würde substantielle Abschirmung erfordern.

Extraterrestrische Oberflächen-Stationen machen die zweite Kategorie aus (Tab. 3.1). Sie führen geologische, seismische und andere physikalische und chemische Untersuchungen aus und senden die Meßwerte durch Radiosignale zu Empfangsstationen auf der Erde. Beispiele sind die von Astronauten während der Apollo-Missionen aufgestellten Mondstationen ALSEP und die auf dem Mars gelandeten beiden Viking-Stationen, die im Jahre 1976 hauptsächlich (und vergeblich) nach biologischen Spuren von extraterrestrischem Leben suchten. Im Juli 1997 war es der Miniatur-Rover Sojourner, der weltweite Aufmerksamkeit mit seinen ferngelenkten Entdeckungsfahrten auf dem Mars erregte. Weiter in der Zukunft liegen permanente und vielleicht sogar bemannte Beobachtungsstationen auf dem Mond, insbesondere auf der erdabgewandten Seite, um alle störenden Strahlungseinflüsse von der Erde durch den Mond abzuschirmen.

In der dritten und letzten Kategorie finden sich interstellare Observatorien, die der Erforschung des interstellaren Raums, des Sonnensystems als Ganzes und schließlich der Erforschung unserer nächsten Nachbarsterne dienen. Ein vielversprechender Anfang ist mit den beiden erfolgreichen Voyager-Missionen gemacht worden, die in den 70er Jahren Beobachtungen an den äußeren Planeten ausgeführt haben. Nach dem Vorbeiflug an Neptun (Voyager 2) wurde die ursprüngliche Mission im Jahre 1989 zur Voyager Interplanetarischen Mission (VIM) umgewandelt. Die beiden Observatorien haben unser Sonnensystem für immer verlassen und zur Jahrhundertwende die beachtliche Entfernung von 70 AE (oder etwa 10 Stunden für eine Signalübermittlung) erreicht. Ihre Geschwindigkeit ist etwas höher als 3 AE/a, und sie bewegen sich beide aus der Ekliptik heraus; Voyager 1 unter 35° nach Norden, Voyager 2 unter 48° nach Süden. Von ihren außergewöhnlichen Beobachtungsstandorten konzentrieren sich ihre Messungen auf Stärke und Richtung des solaren Magnetfeldes, den Sonnenwind, kosmische Teilchchenstrahlung und das Plasma.

Beide Observatorien arbeiten völlig zufriedenstellend. Die Mission ist zeitlich begrenzt durch die Lebensdauer der Atombatterien (Radioisotope Thermoelectric Generators), die zu Beginn der Mission eine Leistung von je 470 W lieferten und jedes Jahr etwa 5 Watt infolge des radioaktiven Zerfalls der Pu-238-Quelle verlieren. Um die Messungen so lange wie möglich auszudehnen, plant das Jet Propulsion Laboratory in Pasadena, die Instrumente nach und nach durch Radiokommandos abzuschalten, um die letzten und wichtigsten Messungen bis zum Jahre 2020 auszudehnen.

Fast alle der oben erwähnten Observatorien sind unbemannte Satelliten oder Stationen. In zwei besonderen Fällen sind jedoch bemannte Observatorien beteiligt: die Raumstation Skylab wurde von den Vereinigten Staaten in Gang gesetzt und diente insbesondere der Beobachtung der Sonne im Sichtbaren, Ultravioletten und Röntgenbereich. Darüber hinaus wurden der Komet Kohoutek und der interplanetarische Staub systematisch untersucht, und schließlich wurden auch gleichzeitig erdatmosphärische Messungen durchgeführt. Drei Astronauten-Gruppen besuchten in den Jahren 1973 und 1974 diese erste Raumstation, die dann später von der russischen Raumstation Mir abgelöst wurde.

Die zweite Serie von bemannten Observatorien waren die sechs erfolgreichen Mondlandungen, die zwischen 1969 und 1972 stattfanden. Obwohl die einfache Tatsache der Landung von Menschen auf einem benachbarten Himmelskörper die wissenschaftlichen Ziele etwas in den Hintergrund drängte, wurden viele geologische Untersuchungen gemacht und die ALSEP-Stationen aufgebaut, die nach dem Rückflug der Astronauten bis 1977 wertvolle Messungen ausführten.

Nach dieser kurzen Einführung in die Vielfalt der extraterrestrischen Beobachtungsmöglichkeiten sollen in diesem Kapitel hauptsächlich astrophysikalische Observatorien in Erdumlaufbahnen beschrieben werden. Die Auswahl der behandelten Satelliten aus der großen Anzahl der inzwischen geflogenen oder unmittelbar geplanten Missionen folgte im wesentlichen drei Gesichtspunkten: ihr pionierender Charakter im Raumfahrtzeitalter, ihre Bedeutung für Astrophysik und ihre Fortschritte in Satellit-Technologie.

Extraterrestrische Observatorien zeigen besonders deutlich die Vorteile des Weltraums als Standort für astrophysikalische Beobachtungen. Wie Abb. 3.1 zeigt, verschwindet in einer Höhe von etwa 300 km die Strahlungsabsorption der Erdatmosphäre, und kosmische Teilchen und Strahlung in allen Wellenlängen können direkt beobachtet und gemessen werden. Obwohl extraterrestrische Beobachtungen im Vergleich zu Erdobservatorien kostspielig sind, haben sie sich jedoch in kurzer Zeit als unersetzlich herausgestellt und werden nun von vielen Nationen in großem Umfang verfolgt.

Die Vorteile von extraterrestrischen Observatorien sind nicht auf die Abwesenheit der Atmosphäre beschränkt. Im Raum gibt es keine wetterverursachten Unterbrechungen von astronomischen Beobachtungen. Dies ist besonders wichtig für lichtschwache Objekte, die langzeitige und kontinuierliche Beobachtungen erfordern. Außerdem sind die Umweltbedingungen im Raum (vorhersagbare kontrollierte Temperaturen und Erschütterungsfreiheit) für viele Instrumente und Satellitenkomponenten vorteilhaft und resultieren in verlängerter Lebensdauer. Es muß allerdings erwähnt werden, daß der Raum auch gewisse Umweltnachteile mit sich bringt. Die Van-Allen-Strahlungsgürtel, die kosmische Teilchenstrahlung und gelegentliche

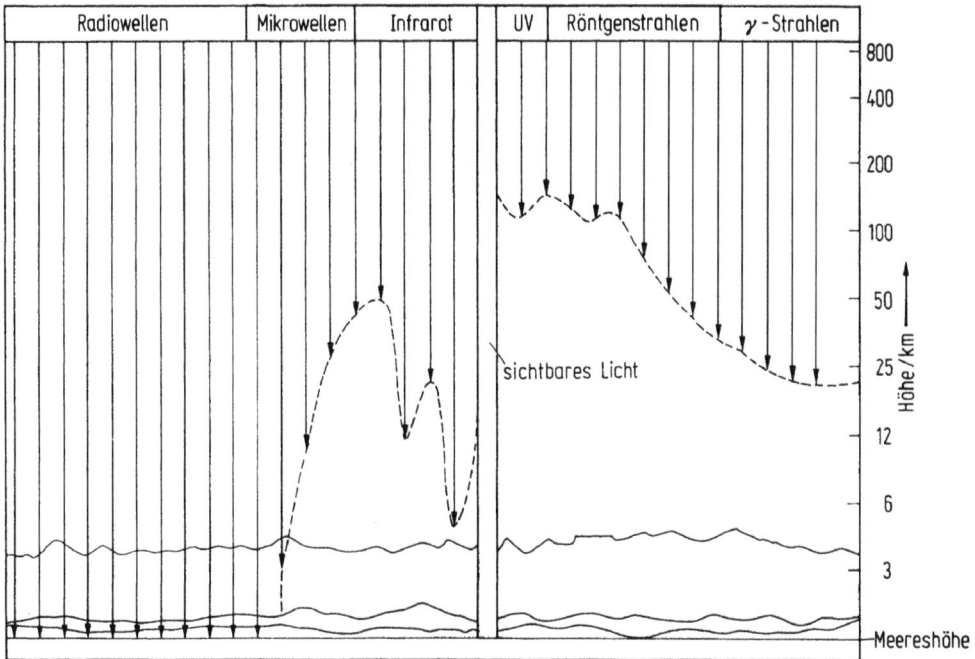

Abb. 3.1 Durchlässigkeit der Erdatmosphäre für elektromagnetische Strahlung vom Weltraum. Die Höhe, in der merkliche Absorption einsetzt, erscheint als weißes Gebiet und variiert mit der Wellenlänge. Extraterrestrische Observatorien befinden sich oberhalb 450 km und somit im optisch durchlässigen Bereich für alle Wellenlängen.

Strahlungsausbrüche von der Sonne haben ihre Gefahren für nicht abgeschirmte Satellitenkomponenten und können zu periodischen Unterbrechung der Beobachtungsprogramme führen.

Was die Nachteile von extraterrestrischen Observatorien betrifft, so sind es vor allem die Kosten, aber auch die Unzugänglichkeit der Satelliten für Reparaturen, Justierungen und Verbesserungen, die im Laufe einer langen Lebensdauer wichtig sein können. Ein anderer Nachteil, insbesondere für die beteiligten Wissenschaftler, ist die lange Wartezeit von der Konzeption ihres Instruments bis zum Empfang der ersten Messungen. Dieser lange Weg schließt mehrere aufeinanderfolgende Stufen ein: Projektvorschlag, Zuweisung zu einem geplanten Satelliten, Bewilligung der Mittel, Modifizierung des Observatoriumsentwurfs im Einklang mit den Mitteln, Konstruktion und Tests, Vorbereitungen zur Datenverarbeitung und -verteilung und schließlich das Warten auf den Start der Trägerrakete. Die Gesamtwartezeit betrug im Anfangsstadium der Raumfahrt oft mehr als 10 Jahre und ist auch heute noch trotz einiger Verbesserungen verhältnismäßig lang.

Die offensichtlichen Anfangserfolge von astronomischen Satelliten und die oft überraschenden, neuen Ergebnisse führten sehr bald zu der Frage, wie man diese modernen Beobachtungsmittel so gestalten kann, daß für gegebene Mittel ein Maximum an wissenschaftlichen Erkenntnissen zu erwarten ist. Diese Debatte zog sich lange hin und ist auch heute noch nicht abgeschlossen. Es geht im wesentlichen um die Wahl zwischen zwei gegensätzlichen Methoden: man kann entweder eine Anzahl kleinerer Satelliten für begrenzte und spezielle Beobachtungen ohne die Möglichkeit für Reparaturen bauen, oder aber sehr große Observatorien mit hoher Leistungsfähigkeit, die eine ausgezeichnete Platform für mehrere verwandte Instrumente darstellen und so ausgelegt sind, daß Reparaturen und Austausch von Instrumenten ohne große Schwierigkeiten mittels der Raumfähre ausgeführt werden können.

3.1.2 Die Satellitengruppe „Great Observatories"

Die hohen Anforderungen an Richtungsgenauigkeit und Stabilität machen eine einfache und billige Lösung für die Mehrzahl moderner astrophysikalischer Missionen schwierig oder unmöglich. In den späten 80er Jahren beschloß daher NASA, vier große Observatorien für astrophysikalische Beobachtungen in überlappenden spektralen Wellenbereichen kurz nacheinander zu bauen. So wurde das Konzept der Great Observatories geboren und ausgeführt; es bedeutete einen wesentlichen Fortschritt gegenüber isolierten Einzelbeobachtungen (abnehmendes öffentliches Interesse und Budgetkürzungen haben allerdings einige Jahre später dieses ursprüngliche Konzept etwas verändert). Die vier ursprünglich geplanten Observatorien (Tab. 3.2) lagen in der Gewichtsklasse von je 10 bis 20 Tonnen.

Sie begannen im Jahre 1990 mit starker internationaler Beteiligung mit dem Start des Hubble-Teleskops. Die Great Observatories verdienen besondere Beachtung, da sie als eine Gruppe von gleichzeitig geplanten, leistungsfähigen und langlebigen Observatorien das gesamte elektromagnetische Spektrum vom Infrarot bis zu den energiereichsten γ-Strahlen mit hoher Empfindlichkeit und Genauigkeit umfassen und in kurzer Reihenfolge gestartet werden sollten. Das Ziel war, in jedem der ein-

Tab. 3.2 Merkmale der Great Observatories.

	Hubble	Compton	Chandra	SIRTF
Spektralgebiet	UV/Sichtbar	Gamma	Röntgen	Infrarot
Start	April 1990	April 1991	Juli 1999	2002 (geplant)
Lebensdauer (Jahr)	20	10	5	3
Instandhaltung im Orbit	Ja	Nein	Nein	Nein
Höhe des Orbits (km)	600	450	140 000/ 10 000	heliozentrisch
Periode des Orbits	1.4 Std.	1.5 Std.	64 Tage	heliozentrisch
Masse (kg)	11 000	17 000	4100	900
Elektr. Leistung (kW)	2	2	2.4	0.4
Eigenantrieb	Nein	Ja	Ja	Nein
Instrumente	5	4	2	3
Richtungsstabilität	0.″007	20′	0.″25	0.″75
Richtungsgenauigkeit	0.″01	30′	30″	1.″5

zelnen Spektralgebiete die zur Zeit existierende instrumentelle Leistungsfähigkeit um mindestens eine Größenordnung zu verbessern. Dieser Faktor und die Möglichkeit, Beobachtungen untereinander und mit geeigneten terrestrischen Teleskopen in mehreren Spektralgebieten zu koordinieren, macht diese Gruppe zum derzeit stärksten wissenschaftlichen Werkzeug für die Erforschung des Universums.

Die Bedeutung multispektraler Beobachtungen leuchtet ein, wenn man an die Entdeckung der Quasare denkt, die im Jahre 1963 durch ihre Radiostrahlung entdeckt wurden. Es stellte sich heraus, daß diese Objekte für mehrere Dekaden auf photographischen Platten registriert waren, jedoch keine besonderen Merkmale im Sichtbaren aufwiesen. Später zeigte sich, daß sie starke Emissionen im Ultraviolett und im Röntgenbereich (nicht sichtbar auf der Erdoberfläche) aufwiesen und auf diese Weise vom Raum aus leicht zu identifizieren sind.

Die Great Observatories wurden unabhängig von einander entwickelt und repräsentierten den letzten Stand der derzeitigen Raumfahrttechnologie. Ein gemeinsames Konstruktionsziel waren lange Lebensdauer im Orbit und Ausnutzung der damals noch in der Entwicklung befindlichen Raumfähre. Die vier Spektralgebiete waren Sichtbares Licht und Ultraviolett, Röntgenbereich, γ-Strahlenbereich und Infrarot. Obwohl die Startdaten der vier Observatorien gestaffelt waren, existierte genügend Überlappung, so daß am Ende des zwanzigsten Jahrhundert alle vier Great Observatories im Orbit erwartet wurden. In Wirklichkeit traten aus den verschiedensten Gründen erhebliche Verzögerungen ein; es gelang jedoch, drei der Observatorien zur Jahrhundertwende gemeinsam im Orbit arbeiten zu sehen.

Wie haben sich nun die Great Observatories als Gruppe bewährt? Zur Jahrhundertwende befanden sich drei von ihnen im Orbit, und SIRTF war im Bau mit einem geplanten Startdatum im Juli 2002. Abb. 3.2 zeigt einen Vergleich von den im Jahre 1985 geplanten Beobachtungsdauern mit der Situation im Jahre 2001. Im Mittel haben sich die Daten um sechs Jahre verzögert. Obwohl die Mission des Compton-Observatoriums wegen des Ausfalls der Meßkreisel im Juni 2000 beendet

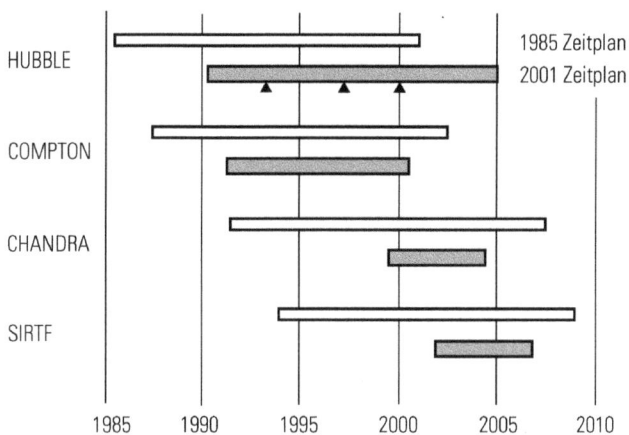

Abb. 3.2 Beobachtungsdauern der Great Observatories. Vergleich der geplanten (1985) und tatsächlichen (2001) Beobachtungszeiten. Trotz der Verzögerungen und Verkürzungen konnte die Mehrzahl der Observatorien gleichzeitig beobachten. Die lange Beobachtungszeit von Hubble wurde durch Instandhaltungsflüge (▲) ermöglicht.

werden mußte, war es möglich, für etwa ein Jahr gleichzeitige und mit einander koordinierte Beobachtungen der drei Observatorien durchzuführen. Besonders wichtig ist die Zusammenarbeit zwischen Hubble und Chandra in der Beobachtung von Gamma-Bursts und Supernovae.

Die Instandhaltungsflüge haben für Hubble die erstaunlich lange Lebensdauer von 20 Jahren erreichbar gemacht, während die drei nachfolgenden Observatorien weniger als die Hälfte erwarten dürften. Was Nachfolgemissionen betrifft, so sind bereits in allen vier Spektralbereichen mehr oder weniger spezifische Pläne entwickelt worden, deren Verwirklichung von der Lebensdauer der Observatorien im Orbit und den wissenschaftlichen Prioritäten abhängt. Außerdem zeigt Tab. 3.2 den beginnenden Trend zu leichteren Observatorien mit Bahnen, die sehr viel weiter von unserem Planeten entfernt sind, um allen störenden Einflüssen zu entgehen. Und die vielen bereits bekannten Entdeckungen zeugen für die Effektivität dieser multispektralen extraterrestrischen Observatorien, die die Fähigkeiten ihrer Vorgänger jeweils um etwa eine Größenordnung übertreffen.

3.1.3 Europäische Satellitenprojekte

Europäische Satellitenprojekte haben in wachsendem Maße an der astronomischen Forschung teilgenommen und haben wesentliche Beiträge zu unserem astronomischen Weltbild geliefert. Von diesen werden der Astrometriesatellit Hipparcos im Abschn. 3.2.2 und Infrarot-Observatorium ISO in 3.5.2 dargestellt. Auch die Beiträge der ESA zum Hubble-Teleskop in 3.2.1 gehören in diese Kategorie. Solche Kooperationen konzentrieren die technologischen und wissenschaftlichen Fähigkeiten, die in den verschiedenen Ländern vorhanden sind, und verteilen natürlich auch die Kosten.

Auch das vielleicht produktivste Satellitenobservatorium war eine solche gemeinsame Anstrengung: der International Ultraviolet Explorer (IUE). Das Projekt wurde gemeinsam von NASA, ESA und PPARC (ehemals SERC), der britischen Raumfahrtagentur, durchgeführt. Der Start erfolgte im Januar 1978, und erst über 18 Jahre später, am 30. September 1996, wurde die Mission beendet. Nutzlast war ein Ritchey-Chrétien Cassegrain Teleskop mit 45 cm Öffnung. Insgesamt mehr als 100 000 Spektren kosmischer Objekte waren das Ergebnis, die mittels zweier Echelle Spektrographen im Wellenlängenbereich von 1150 bis 3350 Å erzeugt wurden. IUE bewegte sich auf einem geosynchronen Orbit, so daß ständig Kontakt zur Bodenstation vorhanden war. Damit war es wie bei einem bodengebundenen Observatorium für die Astronomen möglich, von der Bodenstation aus in Echtzeit die Messung zu verfolgen und die Ergebnisse direkt zu sichten. Dank dieser Flexibilität war eine Stärke die Beobachtung von „Targets of Opportunity" wie Kometen, Novae und Supernovae, die kurzfristig in das Beobachtungsprogramm aufgenommen werden konnten. Auch für Multispektralbeobachtungen, simultan mit anderen Teleskopen und dadurch häufig einen weiten Bereich des elektromagnetischen Spektrums abdeckend, wurde IUE eingesetzt. Die Beobachtungsobjekte beginnen bei den nahen Kometen und Planeten und reichen bis zu entfernten Quasaren. Zu den Schwerpunkten gehört die Analyse hochaufgelöster Sternspektren, die Untersuchung von Doppelsternsystemen sowie Studien an interstellarem Staub und Gas.

Die meisten der ESA-Mitgliedsstaaten besitzen eigene, nationale Raumfahrt-agenturen. Das Deutsche Zentrum für Luft- und Raumfahrt (DLR) ist die deutsche Raumfahrtagentur, in Österreich wird diese Aufgabe von der Österreichischen Gesellschaft für Weltraumfragen (Austrian Space Agency, ASA) wahrgenommen, in den Niederlanden von der NIVR (Nederlands Instituut voor Vliegtuigontwikkeling en Ruimtevaard). Wesentlicher Bestandteil der nationalen Raumfahrtprogramme ist selbstverständlich die Mitwirkung am ESA-Programm. Zum einen entsenden die nationalen Agenturen die Vertreter in die Entscheidungsgremien der ESA, aber auch bzgl. der Finanzierung gibt es eine Aufgabenverteilung. So wird bei den Weltraumobservatorien üblicherweise der Satellit selber („Satellitenbus"), Rakete, Start und Betrieb aus den ESA-Beiträgen finanziert, während die wissenschaftlichen Instrumente, die häufig in Forschungsinstituten entwickelt und die unter Konkurrenz ausgewählt werden, aus den nationalen Haushalten gefördert werden.

Die Zeitspanne zwischen zwei aufeinanderfolgenden ESA-Projekten im gleichen Arbeitsgebiet beträgt nicht selten weit mehr als zehn Jahre. In der Röntgenastronomie zum Beispiel war Exosat 1983 bis 1986 in Betrieb, sein Nachfolger XMM wurde erst 1999 gestartet. Um zu gewährleisten, daß die Wissenschaftler trotzdem Zugang zu aktuellen Satellitendaten bekommen und ihre erworbene wissenschaftliche und technologische Kompetenz behalten, ist ein weiterer Bestandteil des *nationalen* Programms die Mitwirkung an anderen Projekten durch die Beistellung von Instrumenten im Austausch gegen Datenrechte. Viele solche Kooperationen werden mit NASA durchgeführt. Beispiele sind die deutsche und niederländische Beteiligung an Chandra durch die Beistellung eines Spektroskopieexperimentes oder die deutsche Beteiligung am Submillimeterteleskop SWAS.

Der dritte Bestandteil des nationalen Raumfahrtprogramms ist die Durchführung von Satellitenprojekten in eigener Regie oder als bilaterale Projekte. Eines der ersten nationalen europäischen Weltraumobservatorien war der niederländische ANS (Astronomische Nederlandse Satelliet) mit einem UV- und drei Röntgenexperimenten. Die Instrumente wurden von den Universitäten in Groningen und Utrecht beigestellt, sowie ein Röntgeninstrument aus den USA. Der Start erfolgte im August 1974 mit einer amerikanischen Scout-Rakete. Der Satellit erreichte aber nicht den geplanten 500 km polaren Orbit, sondern wurde auf eine hochelliptische 260 km × 1200 km Umlaufbahn gebracht. Im Juni 1977 erfolgte der Wiedereintritt in die Erdatmosphäre. Zu den bedeutenden Entdeckungen dieses Satelliten zählt die Beobachtung von Strahlungsausbrüchen im Röntgenbereich („X-Ray Bursts") im Kugelsternhaufen NGC 6624. Man nimmt heute an, daß solche Bursts in Doppelsternsystemen durch den Materietransfer auf die Oberfläche eines Neutronensterns verursacht werden. Weitere wichtige Ergebnisse sind die Röntgenbeobachtungen von Flare-Sternen und der koronalen Röntgenemission von Capella und Sirius.

Herausragendes Projekt in Deutschland war der Röntgensatellit ROSAT, der in Abschn. 3.4.2 ausführlicher beschrieben wird. Seine erste Aufgabe nach dem Start in 1990 war die vollständige Durchmusterung des gesamten Himmels; anschließend wurden einzelne Röntgenquellen detailliert untersucht. Ein anderes, bilaterales Projekt von DLR und NASA war die ASTRO-SPAS Plattform, die mit verschiedenen Nutzlasten (Ultraviolett- und Infrarot-Teleskop) jeweils für mehrere Tage vom Space Shuttle ausgesetzt wurde.

Aktuell ist das Flugzeugobservatorium SOFIA (Stratospheric Observatory for Infrared Astronomy), das ein Submillimeterteleskop trägt. NASA stellt das Flugzeug, eine umgebaute Boeing 747, zur Verfügung, während das DLR für das Teleskop verantwortlich ist. Solche nationalen oder bilateralen Projekte gewährleisten nicht nur einen beträchtlichen Anteil an den Beobachtungsdaten, sondern auch größere Aufträge für die Industrie.

3.2 Observatorien im Sichtbaren

3.2.1 Das Hubble-Teleskop

Hubble ist das erste der Great Observatories und wurde im April 1990 vom Kennedy Space Center in Florida in der Raumfähre Discovery in seine Erdumlaufbahn befördert. Das Raumteleskop geht auf eine alte Idee zurück, die der Raumfahrtpionier Hermann Oberth im Jahre 1923 in Deutschland beschrieben hat. Später, im Jahre 1946, als die Raumfahrt in erreichbare Nähe gerückt war, griff Lyman Spitzer an der Princeton University diese Idee wieder auf und machte der Akademie der Wissenschaften in Washington einen detaillierten Vorschlag. Es dauerte jedoch über 20 Jahre, bis NASA die Idee ernsthaft ins Auge faßte und zunächst durch mehrere wissenschaftliche Ausschüsse untersuchen ließ. Nach ausgedehnten Diskussionen einigte man sich schließlich auf ein 2.4 m-Teleskop, das in der Größe an die Raumfähre angepaßt war und dessen optische Fähigkeiten allen derzeitigen Erdobservatorien weit überlegen sein würden [1]. Der Aufstiegstermin mußte zunächst mehrmals verschoben werden, weil große technische Herausforderungen zu bewältigen waren, die mehr Zeit erforderten als ursprünglich geplant war. Beispiele dafür sind der Primärspiegel, das Stabilisierungssystem, und die wissenschaftlichen Instrumente.

Als diese Schwierigkeiten und die damit verbundenen finanziellen Probleme gemeistert waren und der Start in erreichbare Nähe gerückt war, geschah das Challenger-Unglück, das alle weiteren Flüge der Raumfähren für drei Jahre verhinderte. So mußte das Hubble-Teleskop schließlich, nach all den eigenen Verzögerungen, für viele Monate eine Art embryonisches Leben in einer gigantischen staubfrei gehaltenen Montagehalle der Firma Lockheed im Staat Kalifornien zubringen (Abb. 3.3).

Die Erdatmosphäre ist in großen Bereichen des elektromagnetischen Spektrums nicht nur undurchlässig, sie ist darüber hinaus selbst im durchlässigen, optischen Bereich durch Inhomogenitäten in der Luftdichte ständigen Schwankungen in der Brechzahl ausgesetzt. Diese Schwankungen begrenzen das Auflösungsvermögen aller Erdobservatorien selbst an den am besten geeigneten Beobachtungsorten. Mit anderen Worten, auch Teleskope, die weitgehend im sichtbaren Licht arbeiten, werden leistungsfähiger, wenn man sie in den Raum außerhalb der Atmosphäre bringen kann. Das Hubble-Teleskop, in seinem Erdorbit, ist ausgelegt, diese natürlichen Begrenzungen für Beobachtungen von der Erdoberfläche auszuschalten.

Während der langen Zeit von den ersten Ideen bis zum Start des Hubble-Teleskops hat sich allerdings eine merkliche Verschiebung im Wettbewerb zwischen bodenstän-

Abb. 3.3 Das Hubble-Teleskop. Eine Aufnahme kurz vor dem Transport zum Kennedy Space Center. Die Sonnenblende oben ist geschlossen. Die beiden Photozellenflächen sind an den Seiten aufgerollt. Die Parabol-Antenne ist in der Mitte zu sehen. Alle äußeren Oberflächen sind thermisch isoliert. Das Gerüst erlaubt Rotationen in die vertikale oder horizontale Position während des Aufbaus (NASA).

digen und Weltraum-Observatorien ergeben. Die Einführung der aktiven und adaptiven Optik hat eine Verbesserung der terrestrischen Observatorien mit großen Aperturen erbracht. Im sichtbaren Licht und im langwelligen Infrarot ist es heute möglich, die Lichtempfindlichkeit und das Auflösungsvermögen des Hubble-Teleskops in begrenzten Gebieten des Blickfeldes zu erreichen.

Das Keck-Teleskop auf Mauna Kea, Hawaii, besitzt z. B. einen Primärspiegel bestehend aus 36 individuell kontrollierten hexagonalen Elementen mit einer Gesamtapertur von 10 m. Das bedeutet dem Hubble-Teleskop gegenüber einen 17fachen Vorteil in der Geschwindigkeit, mit der spektrographische Aufnahmen von lichtschwachen Objekten gemacht werden können. Das Auflösungsvermögen vom Keck ist dagegen auf 0.''5 begrenzt, während das vom Hubble 5–10 mal besser ist.

Aktive Optik ist in der Lage, die Form des Primärspiegels mit einer Frequenz von mehreren hundert Hz so zu ändern, daß die durch atmosphärische Turbulenz verursachten kleinen Ablenkungen des Lichtstrahls korrigiert werden. Ohne Korrektur kann die Bildverwischung bis zu einem Winkel von etwa 1'' anwachsen. Adaptive Optik erfordert die Bewegung des Spiegels mit der Frequenz der atmosphärischen Turbulenz, d. h. mehrere kHz; sie erfordert eine Referenzlichtquelle, entweder einen hellen Stern in der Nähe des gesuchten Objekts oder die Reflektion eines Laserstrahls von bestimmten Schichten in der Atmosphäre. Eine dritte Methode ist Speckle-Interferometrie, d. h. mehrfache kurzzeitige Belichtungen, die von einem Computer später in ein einzelnes Bild vereinigt werden und damit die Verwischung reduzieren.

Diese neuen Methoden haben gemeinsam, daß sie relativ helle Sterne oder mehrere Laser erfordern, und nahe der optischen Achse bleiben müssen. Das Hubble-Teleskop und andere extraterrestrische Observatorien haben nach wie vor den großen Vorteil, wiederholbare Beobachtungen über lange Zeiträume machen und im Ultravioletten und im Infrarot arbeiten zu können. Die gleichmäßige Bildschärfe von ausgedehnten Objekten (z. B. Galaxien und Nebel) ist beim Hubble unübertroffen. Darüber hinaus ist es auch wichtig, Zugang zu Sternen in der Nähe der Himmelspole zu haben, ein schwieriges Unterfangen für Observatorien in der Nähe des Äquators.

Es wird sich also in Zukunft ein neues Gleichgewicht in der Aufgabenverteilung zwischen den sehr aufwendigen extraterrestrischen Observatorien und den größeren Bodenstationen einstellen. Für Himmelsübersichten von begrenzten Objekten im Sichtbaren und im kurzwelligen Infrarot, wo das Auflösungsvermögen durch die Anzahl der Photonen begrenzt ist, werden die Boden-Observatorien mit adaptiven und interferometrischen Methoden vorzuziehen sein, während das Hubble-Teleskop und seine Nachfolger vor allem für Objekte eingesetzt werden, die höchstes Auflösungsvermögen über das gesamte Blickfeld erfordern und für die das Ultraviolett und langwellige Infrarot besonders wichtig sind.

Es gab mehrere erstklassige Erdobservatorien, die in ihrer Leistung weit übertroffen werden mußten, um das Hubble-Teleskop trotz seiner hohen Kosten wissenschaftlich und ökonomisch sinnvoll zu machen. Dies erforderte die Bereitstellung von erheblichen Geldmitteln. Daher waren die Beratungen über die Größe und technischen Merkmale für das Hubble-Teleskop eine Angelegenheit, die für ihre Bewilligung bis zum US-Kongreß gehen mußte.

In technischer Hinsicht erforderte die Entwicklung des Teleskops und der fünf großen Instrumente eine ungewöhnlich lange Zeit und ging in vielen Details über das hinaus, was der Stand der damaligen Technologie anbieten konnte. Das Hubble-Teleskop mußte während seiner anfänglichen Konstruktion auf die Fertigstellung der Raumfähre warten. Im Falle einer solchen Parallelentwicklung werden viele Entwurfsberechnungen von einander abhängig und müssen wiederholt werden, wenn sich vorläufige Resultate, z. B. Lastfaktoren, als zu niedrig herausstellen. In einigen Fällen machte das sogar die Neukonstruktion von strukturellen Bauteilen notwendig, weil die im Inneren der Raumfähre zu erwartenden Vibrationen während des Raketenaufstiegs für die optische Bank um einen Faktor zwei größer waren als anfänglich angenommen wurde.

Hubble sollte eine Lebensdauer von mindestens 15 Jahren haben. Dies erforderte, daß Reparaturen und Auswechselung von kritischen Komponenten im schwerefreien Raum ausgeführt werden können. Außerdem muß von Zeit zu Zeit der Höhenverlust des Satelliten korrigiert werden, der durch die zwar geringfügige, jedoch stetig akkumulierende atmosphärische Abbremsung verursacht wird. Die Raumfähre muß deshalb nicht nur der anfänglichen Beförderung in den Orbit dienen, sondern auch später als eine Art fliegende Werkstatt fungieren, die außerdem periodisch den Höhenverlust des Observatoriums durch ein kurzes Flugmanöver ersetzt.

Die Höhe der Kreisbahn war im wesentlichen durch die Tragfähigkeit der Raumfähre gegeben. Im dadurch ermöglichten Höhenbereich versuchte man, die atmosphärische Abbremsung gering zu halten, ohne dabei zu nahe an die Van-Allen-Strahlungsgürtel zu kommen. Die Strahlungsgürtel, die im Südatlantik verhältnismäßig niedrige Schichten erreichen, können die empfindliche Halbleiter-Elektronik und die Software beschädigen und müssen deshalb vermieden werden.

Abb. 3.4 Simulierung der Schwerefreiheit. Eine der drei simulierten Feinkameras des Hubble-Teleskops wird von Astronauten im Wassertank während des Trainings ausgewechselt. Ein dritter Taucher assistiert. Im Hintergrund ist ein Fenster zur Beobachtung durch Videokameras (NASA).

Das Marshall Space Flight Center in Huntsville, Alabama, hat einen großen und tiefen Wassertank installiert, in dem Astronauten in Taucheranzügen experimentieren und herausfinden, wie solche Reparaturen im schwerefreien Raum am besten bewerkstelligt werden können. Abb. 3.4 zeigt, wie das Modell eines Instruments in voller Größe und gleicher Masse „schwerefrei" ausgewechselt wird.

Man braucht in der Schwerefreiheit des Raums spezielle Werkzeuge, die „angebunden" sind, so daß sie sich nicht selbstständig machen können. Gut ausgewählte Stützpunkte erlauben den Astronauten, Arbeitsteile zu bewegen und zu rotieren. Das Teleskop und ein Mechanismus, der es in beliebige Orientierungen bringen kann, sind in voller Größe nachgebaut und im Wassertank installiert worden.

Im übrigen muß natürlich dafür gesorgt werden, daß die Auswechselkomponenten, die vielleicht gebraucht werden, verfügbar sind. So waren eines der Hauptinstrumente und viele andere lebenswichtige Satellitenkomponenten mit ihren Ersatzteilen parallel im Bau für den Fall, daß sie vorzeitig ausfallen sollten. Nach dem Aufstieg zeigte sich, daß dies eine sehr gute Idee war. Der optische Fehler des Primärspiegels (s. Abschn. 3.2.1.2) machte es notwendig, die zweite Weitwinkelkamera mit einer Korrekturoptik auszustatten und beschleunigt fertigzustellen.

Die Europäische Raumfahrtbehörde ESA war von Beginn an ein voller Partner und erstellte nicht nur eines der Instrumente, sondern auch die mechanischen und elektrischen Komponenten und Photozellen für die elektrische Energieversorgung des Teleskops. Abb. 3.5 zeigt einen der vielen Tests, die von British Aerospace in

Abb. 3.5 Test der Photozellenmontage des Hubble-Teleskops. Eine der beiden Photozellenflächen wird auf Styrofoam-Schwimmern in einem Wassertank ausgerollt, um die elektromechanischen Systeme zu prüfen. Nur ein Teil der Photozellen sind in diesem Stadium montiert (NASA).

Bristol vor der Lieferung ausgeführt wurden. Die flexiblen Photozellenflächen wurden auf Schwimmern aus- und eingerollt, um die elektromechanischen Teile unter annähernd realistischen Bedingungen zu erproben. Wie sich später herausstellte, reichten diese Tests nicht aus, um die im Orbit vom Sonnenlicht thermisch induzierten Verformungen der Photozellenflächen zu entdecken. Die Dynamik der Verformungen kompromittierte anfänglich die Genauigkeit des Stabilisierungssystems, bis Abhilfe durch ein neues Computerprogramm gefunden werden konnte. Die Abmessungen der Flächen sind 2.4 m · 12.1 m. Ihre Orientierung folgt der Sonne, und sie liefern bei rechtwinkligem Einfall 5.2 kW für eine durchschnittliche Last von 2 kW. Dabei muß berücksichtigt werden, daß beinahe die Hälfte eines Erdorbits im Erdschatten liegt. Während der Schattenperiode dienen die auf der Sonnenseite aufgeladenen Batterien als Energiequelle.

Das Hubble-Teleskop (Abb. 3.6) ist etwa 23 m lang, hat einen Durchmesser von 4 m und besteht aus drei Hauptelementen, nämlich der Optik, dem Stabilisierungssystem und den wissenschaftlichen Instrumenten. Hinzu kommen die üblichen Satellitenbestandteile wie Energieversorgung, Datenverarbeitung, Kommunikationssysteme und thermische Kontrolle [1].

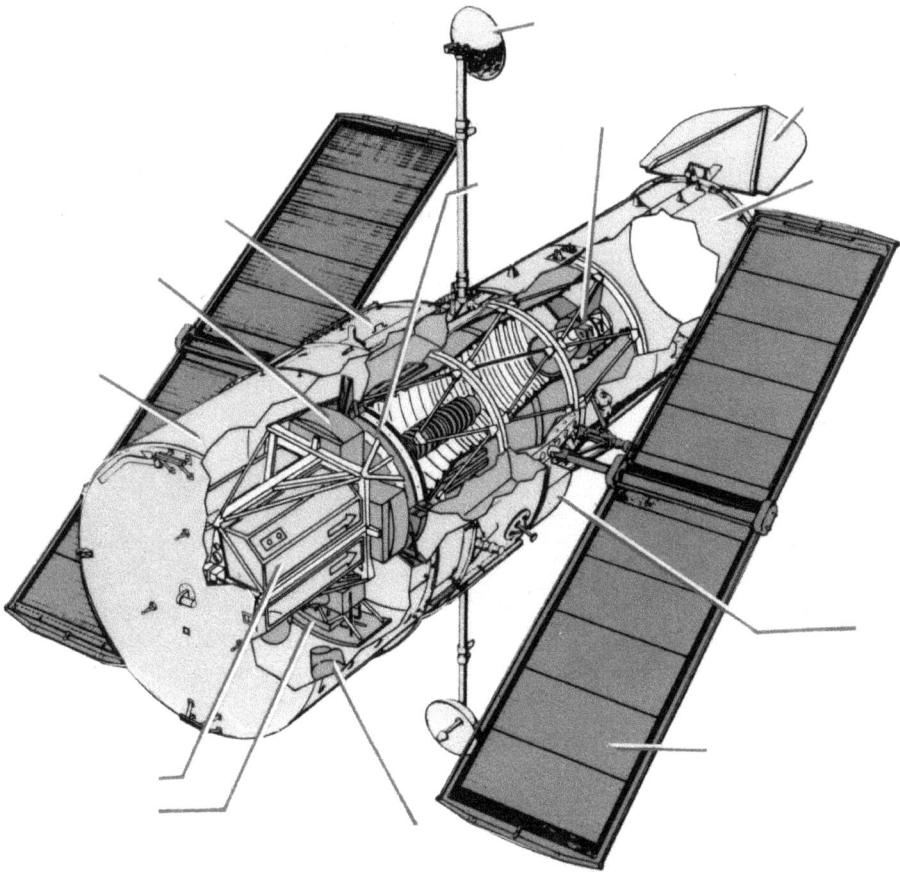

Abb. 3.6   Schema des Hubble-Teleskops (NASA).

Die Aufteilung in Hauptelemente entspricht dem technischen Management eines solchen Observatoriums. Das optische System besteht aus Primär- und Sekundärspiegel und der verbindenden optischen Bank. Es wurde separat von einer optischen Firma gebaut und an die Integrationsfirma geliefert. Jedes der fünf wissenschaftlichen Instrumente wurde von einer ausgewählten Universität oder einem Forschungsinstitut konstruiert und ebenfalls schließlich an die Integrationsfirma geliefert. Das dritte Element, das Raumfahrzeug ist die Verantwortlichkeit der Integrationsfirma und schließt alle oben erwähnten Bauteile wie Energie, Daten, usw. ein. Schließlich vereinigt das Observatorium alle drei Hauptelemente als Nutzlast für die Trägerrakete, deren letzte Stufe nach dem Aufstieg im Orbit abgetrennt wird.

Um einen Einblick in die Größe des technischen Fortschritts zu geben, soll auf die oben genannten Hauptelemente, d.h. den Primärspiegel, das Stabilisierungssystem und die fünf auswechselbaren Instrumente, etwas näher eingegangen werden. Sie zeigen, warum vom Hubble-Teleskop solch eine bahnbrechende Verbesserung in der Qualität astronomischer Beobachtungen erwartet wurde; eine Verbesserung, die alle einzelnen Entwicklungsstufen in der 400 Jahre alten Geschichte der Fernrohre seit Galilei bei weitem übertreffen sollte.

3.2.1.1 Der Primärspiegel

Das optische System basiert auf dem Ritchey-Chrétien-Entwurf, um ein möglichst großes Blickfeld zu erreichen. Der 826-kg-Quarzspiegel wurde von der Firma Perkin Elmer in fünfjähriger Arbeit auf eine Genauigkeit von 1/78 einer Wellenlänge geschliffen und poliert. Der 2.4-m-Primärspiegel war der technische Schrittmacher für das gesamte Observatorium. Die geforderte Oberflächengenauigkeit war vorher nicht erreicht worden und machte es notwendig, den Schleif- und Polierprozeß mit einem Computer weitgehend zu automatisieren (Abb. 3.7).

Die interferometrischen Messungen, die zwischen den zahlreichen Polierepisoden gemacht werden mußten, wurden mit einem Paar Laser-Lichtquellen vorgenommen und resultierten in einer Art Reliefkarte mit Bergen und Tälern, bezogen auf eine idealisierte mathematische Referenzfläche. Die Konturen wurden dann elektronisch in Kommandos für die automatische Poliermaschine übersetzt.

Das Polierwerkzeug war eine rotierende Scheibe von etwa 4 cm Durchmesser. Für mehrere Stunden folgte es einem spiralförmigen Weg über den gesamten Spiegel und verweilte im Mittel länger auf den „Bergen" als auf den „Tälern". Auf diese Weise konvergierte die Spiegelfläche allmählich auf die ideale parabolische Form mit der Genauigkeit von einem Bruchteil einer Wellenlänge. Wenn man vergleichsweise den Durchmesser des Spiegels auf den des Golfs von Mexico vergrößert, ist die verbleibende Welligkeit erstaunlich klein, ungefähr 1/2 cm.

Wie weiter unten besprochen wird (s. Abschn. 3.2.1.2), wurden die Messungen zwischen den Polierepisoden mit einem reflektierenden Nullkorrektor vorgenommen, der infolge einer fälschlichen mechanischen Justierung systematische Fehler in der Spiegeloberfläche verursachte und zu der im Orbit entdeckten sphärischen Aberration führte. Für die beteiligten Wissenschaftler war es eine tragische Ironie, daß der zu seiner Zeit bestgeschliffene Spiegel der Welt mit einer falschen Oberflächenform herauskam.

Abb. 3.7 Der Primärspiegel in der automatischen Poliermaschine. Die 2.4 m weite Spiegel-fläche ist auf eine aus dem gleichen Material bestehende Kastenstruktur aufgeschmolzen, um die notwendige Stabilität zu erreichen. Die rotierende Polierscheibe links kann vom Computer auf jeden Punkt der Oberfläche gesteuert werden. Das Lichtbündel vom Sekundärspiegel passiert den Primärspiegel durch die 60 cm große Öffnung und zielt auf die Eingangsaperturen der Instrumente (NASA).

Besonders große Anstrengungen mußten gemacht werden, um den Spiegel in allen späteren Stadien des Zusammenbaus vor Verunreinigungen durch Staub oder kon-densierbare Gase zu schützen, damit das Auflösungsvermögen nicht durch Rayleigh-Streuung beeinträchtigt wurde. Zugang zum Spiegel war streng begrenzt. Während der verschiedenen Phasen des Zusammenbaus befand sich das Teleskop in Tempe-ratur-kontrollierten Räumen mit besonders leistungsfähigen Luftfiltern. Bei Abwe-senheit einer Atmosphäre im Raum liegt der durch Beugung bestimmte kleinste auflösbare Winkel bei etwa 0.″1.

Nach dem Polieren wurde der Spiegel in einer eigens für diesen Zweck errichteten Vakuumanlage mit einer 0.1 mm dicken Aluminiumschicht bedampft. Während der Bedampfung rotierte der Spiegel langsam für drei Minuten, um eine gleichmäßige Schichtdicke zu erreichen. Unmittelbar danach wurde eine noch dünnere Schicht Magnesiumfluorid aufgedampft, um die Oxydation der Aluminiumschicht zu ver-meiden und gleichzeitig die Reflektivität im Ultraviolett zu erhöhen (Abb. 3.8). Die gemessene Reflektivität war 85 % im Sichtbaren und 75 % im Ultraviolett, und damit besser als gefordert.

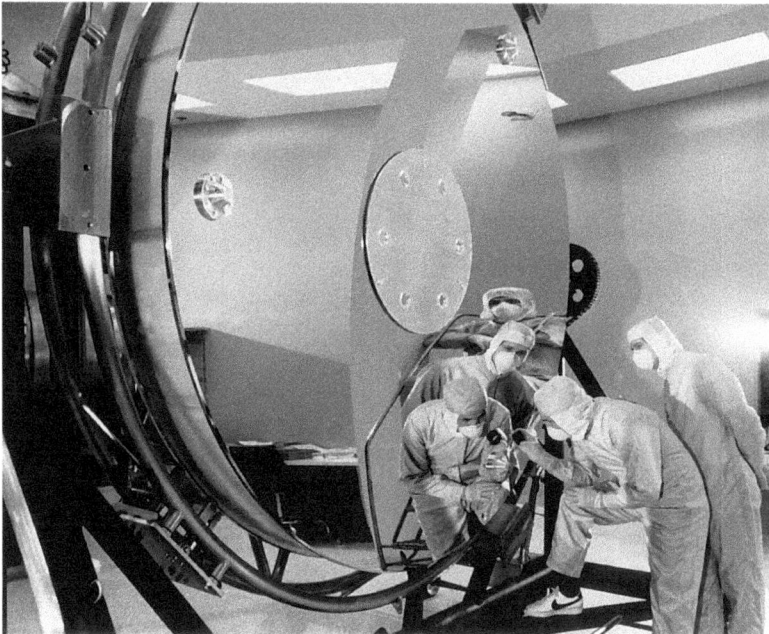

Abb. 3.8 Der Primärspiegel nach dem Aufdampfen von Aluminium und Magnesiumfluorid vor dem Einbau in das Hubble-Teleskop (NASA).

3.2.1.2 Der optische Fehler

Zwei Monate nach dem Start des Hubble-Teleskops und während der Testserie im Erdorbit wurde es klar, daß das optische System nicht die erwartete Bildqualität erzeugen konnte. Nach vielen Versuchen mit beiden Kameras mußte man annehmen, daß entweder der Primär- oder der Sekundärspiegel oder beide sphärische Aberration aufwiesen.

Die Beeinträchtigung der Bildqualität war so ernsthaft, daß der Erfolg der Hubble-Mission auf dem Spiel stand. Lew Allen, der damalige Direktor des Jet Propulsion Laboratory in Pasadena, wurde beauftragt, als Leiter einer Untersuchungskommission die Ursache des Fehlers zu bestimmen. Der Bericht der Allen-Komission wurde im November 1990 veröffentlicht [2]. Sphärische Aberration des Primärspiegels war ohne jeden Zweifel die Ursache des optischen Fehlers. Die äußeren Ringzonen des Spiegels reflektierten das einfallende Licht in einem falschen Fokus, der 38 mm von dem Brennpunkt der innersten Ringzone entfernt war. Daher lag der Anteil von 70 % der Gesamtenergie nicht wie gefordert in einem Radius von 0.″1 sondern etwa dem siebenfachen dieses Wertes (Abb. 3.9).

Während der Fabrikation des Spiegels wurden die interferometrischen Messungen mit einem reflektierenden Nullkorrektor vorgenommen (Abb. 3.10). Er formt eine Art optische Schablone für die genaue Oberflächenform des Primärspiegels. Dieser Nullkorrektor ist für jede geringfügige Abweichung in der Distanz zwischen seinen beiden Spiegeln hoch empfindlich. Daher wurde diese Distanz mit einer präzisen Meßstange aus Invar kontrolliert.

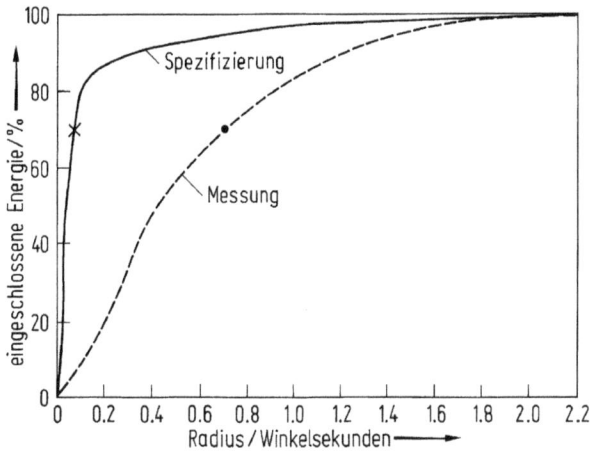

Abb. 3.9   Reflektierte Energie des Primärspiegels. Der Sollwert der eingeschlossenen Energie war 70 % der Gesamtstrahlung in einem Radius von 0.″1. Die im Orbit gemessenen Werte sind mit dem Sollwert verglichen und sind beinahe eine Größenordnung schlechter. Die Abweichung wurde durch den optischen Fehler verursacht.

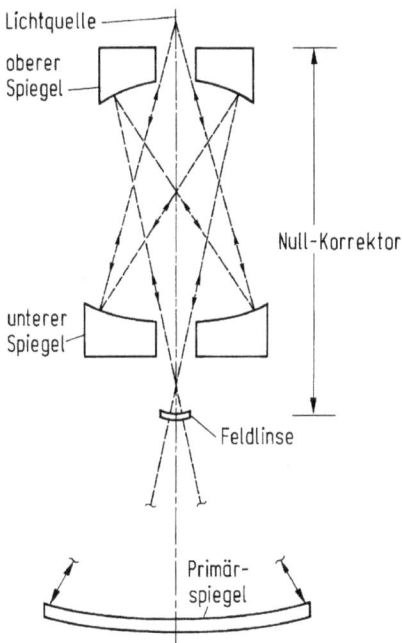

Abb. 3.10   Schema des reflektierenden Nullkorrektors. Dieses optische Gerät wurde während der Herstellung des Primärspiegels zur Messung der Oberflächenform verwendet.

Die Meßstange war an ihren Enden poliert, so daß ihre Länge durch Reflektion interferometrisch gemessen werden konnte. Sie war mit einer Kappe abgedeckt, die das Licht nur im zentralen Gebiet einlassen und reflektieren sollte. Wie Abb. 3.11 zeigt, war diese Messung offenbar wiederholt fälschlich auf dem Rande der ausrei-

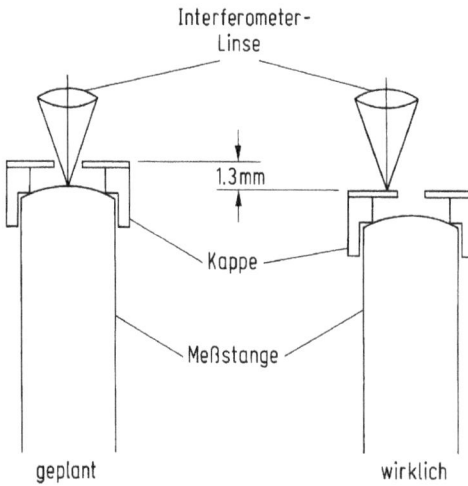

Abb. 3.11   Der Fehler im Nullkorrektor. Das Interferometer fokussierte auf der halbpolierten Kappe anstatt auf dem reflektierenden Ende des Meßstabes und verursachte eine Verschiebung um 1.3 mm innerhalb des Nullkorrektors.

chend reflektierenden Kappe ausgeführt worden, mit dem Resultat, daß die Spiegel des Null-Korrektors um 1.3 mm zu weit voneinander entfernt waren.

In mehreren Messungen mit unabhängigen Methoden waren während der langwierigen Polierprozedur wiederholt Anzeichen für einen Fehler wahrgenommen worden, wurden jedoch vom Hersteller falsch interpretiert. Andere, unabhängige Meßmethoden, insbesondere der refraktive Nullkorrektor, wurden für weniger genau gehalten und deshalb ignoriert. Obwohl der reflektierende Nullkorrektor im allgemeinen tatsächlich genauer als der refraktive ist, kritisierte die Allen-Kommission, daß die sichtbaren Abweichungen ohne weitere Prüfung ignoriert worden sind. Der Hauptpunkt in der Kritik war jedoch das Fehlen eines Gesamttests des optischen Systems nach seiner Fertigstellung und vor dem Einbau in das Observatorium. Solch ein Test wurde während der Ausschreibung des Projekts vom Hersteller nicht für notwendig gehalten und war deshalb nicht im Vertrag enthalten. Ein nachträglich hinzugefügter Gesamttest wäre nur mit erheblichen zusätzlichen Mitteln und entsprechendem Zeitaufwand möglich gewesen.

Der Untersuchungsbericht schließt mit einem Abschnitt über Schritte, die in Zukunft bei der Herstellung solcher großen optischen Geräte beachtet werden sollen [2]. Einige dieser Empfehlungen betreffen die Meßmethoden während der Herstellung des Spiegels:

a) Technische Risiken, wie z. B. die Möglichkeit einer Verschiebung des Reflektionspunktes, müssen früh und systematisch erkannt und in der Konstruktion berücksichtigt werden.

b) Die Genauigkeit aller kritischen Messungen muß bekannt sein und im Einklang mit den Anforderungen des Gesamtsystems stehen.

c) Alle kritischen Messungen müssen dokumentiert und aufbewahrt werden.

Diese Untersuchung spielten sich in der breiten Öffentlichkeit ab und wurden von der Presse ausführlich beschrieben. Es ist bemerkenswert, daß das Hubble-Teleskop innerhalb weniger Jahre zweimal im kritischen Licht der Öffentlichkeit stand. Das erste Mal, im Jahre 1983, wurden mehrere Ausschüsse einberufen, um zu prüfen, warum die Kosten des Projekts die ursprünglich bewilligten Mittel überschritten und warum mehrere Teilsysteme erhebliche Verzögerungen im Zeitplan erlitten hatten [3]. Das zweite Mal, sieben Jahre später und nach dem Aufstieg, als die Allen-Kommission mit Recht die Unterlassung wichtiger Tests bemängelte, obwohl sie die Produktionskosten in den früheren Jahren noch weiter erhöht hätten [2].

Solch eine widerspruchsvolle Situation kann immer dann erwartet werden, wenn, wie beim Hubble-Teleskop, die Kosten eines technologisch ehrgeizigen Projekts fixiert werden, bevor die Wege zur Erfüllung aller Anforderungen klar definiert sind. In dem ständigen Wettbewerb für Geldmittel und neue Projekte sah sich NASA oft genötigt, beinahe kommerzielle Methoden zum Angebot neuer Projekte an die Öffentlichkeit anzuwenden. Auf diese Weise wurden oft nur die erwarteten wissenschaftlichen Resultate und nicht die Risiken erwähnt. Die Enttäuschung der Öffentlichkeit ist dann groß, wenn sich die Risiken als allzu reell herausstellen.

Im Rückblick, mit der Kenntnis aller Konsequenzen, ist es einfach, Schritte aufzuzeigen, die diesen schwerwiegenden Fehler hätten vermeiden können. Es ist jetzt allen Beteiligten klar, daß ein Test des gesamten optischen Systems vor dem Start unumgänglich war und von Beginn an hätte geplant werden müssen. Solch einen Test mit der erforderlichen Präzision im Schwerefeld der Erde auszuführen, wäre allerdings schwierig und kostspielig gewesen; er hätte die Kosten des optischen Systems verdoppelt. Der Fehler lag jedoch darin, daß selbst ein verhältnismäßig primitiver Test ausgelassen wurde (der den optischen Fehler hätte entdecken können), als der Präzisionstest unerschwinglich und unnötig erschien.

Die technische Konsequenz der sphärischen Aberration war ein lichtschwächeres Gerät, das mit Hilfe von bildkorrigierenden Computerprogrammen nur mit dem inneren Teil des Spiegels arbeitete und lichtschwache Details völlig verlor. Die Abschätzungen ergaben etwa 50–60 % der erwarteten wissenschaftlichen Ausbeute als erreichbares Ziel, wenn am Teleskop nichts geändert worden wäre.

Daraufhin entwickelte das neu eingerichtete Space Telescope Science Institute in Baltimore (s. Abschn. 3.2.1.6) eine radikale technische Lösung des Problems. Das Institut schlug vor, die Optik der bereits im Bau befindlichen zweiten Weitwinkelkamera mit Korrekturspiegeln auszustatten und anstelle eines der anderen (axialen) Instrumente eine Anordnung von mehrfachen korrigierenden Spiegelpaaren einzubauen, die den verbleibenden drei Instrumenten ihre volle Kapazität zurückgeben [4].

Diese Spiegelanordnung wurde COSTAR benannt (Abb. 3.12). Konstruktion begann sehr bald, und im Dezember 1993 führten die Astronauten der Raumfähre Endeavor diese Reparatur im Weltraum erfolgreich aus (s. Abschn. 3.2.1.5). COSTAR wurde gegen das Photometer ausgetauscht, die zweite Weitwinkelkamera mit eingebauter korrigierender Optik wurde gegen die erste Kamera ausgewechselt und auch neue Meßkreisel und Magnetbandgeräte eingebaut. Eine weitere wichtige Verbesserung waren neue Photozellenflächen aus Europa (ESA), die trotz der periodischen Temperaturänderungen im Orbit keine Störungen im Orientierungs-

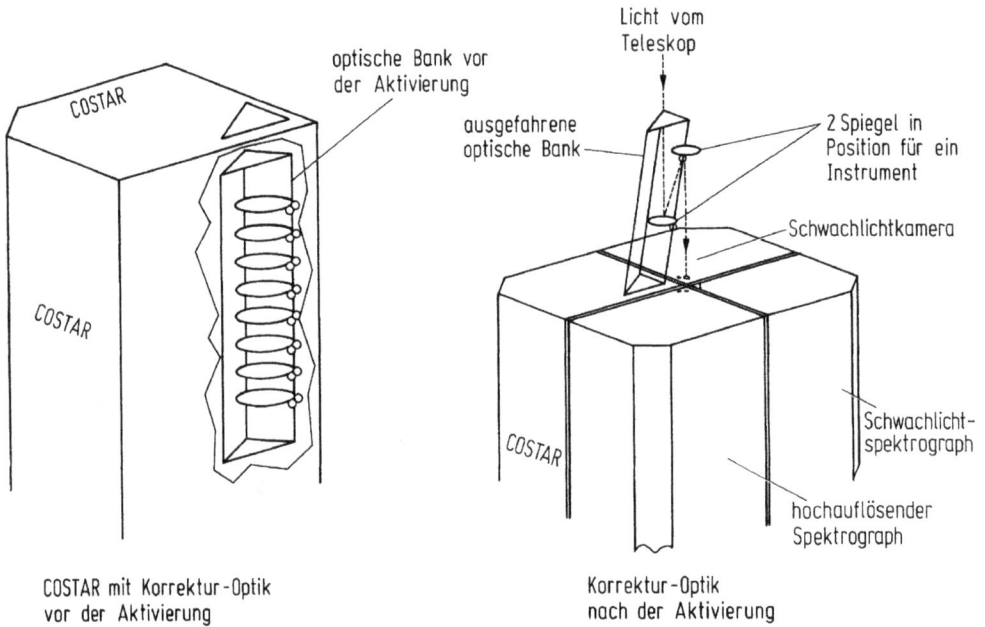

optische Bank vor
der Aktivierung

Licht vom
Teleskop

ausgefahrene
optische Bank

2 Spiegel in
Position für ein
Instrument

Schwachlichtkamera

COSTAR

COSTAR

COSTAR

COSTAR

Schwachlicht-
spektrograph

hochauflösender
Spektrograph

COSTAR mit Korrektur-Optik
vor der Aktivierung

Korrektur-Optik
nach der Aktivierung

Abb. 3.12 COSTAR wurde anstelle des Photometers in das Teleskop eingebaut und korrigierte den optischen Fehler für die drei verbleibenden axialen Instrumente. Die neue zweite Weitwinkelkamera hatte eine eingebaute Korrekturoptik [4].

system verursachten. Diese ausgedehnte Raumreparatur, die sich über zwei Wochen hinstreckte, war nur möglich, weil das Hubble-Teleskop von vornherein für diese Art von Instandhaltung im Weltraum konstruiert war. Die einzelnen Stufen der Reparatur waren von den beteiligten Astronauten im Wassertank ausgiebig trainiert worden und liefen dann im Raum ohne Fehler ab.

Es war nicht nur ein großer Erfolg für die Weltraumwissenschaften, sondern auch eine willkommene Atempause für die Raumfahrtbehörde, die sich zu dieser Zeit wegen einiger Mißerfolge heftiger Kritik ausgesetzt sah. Für die Astrophysiker war es eine Art Rechtfertigung für das Konzept der Great Observatories. Für ihre Kollegen in anderen Disziplinen dagegen blieb die Frage immer noch offen, ob die enormen Mittel für das Observatorium und seine Reparatur wirklich gerechtfertigt waren. Auf jeden Fall war es eine geglückte Demonstration, schwierige konstruktive Aufgaben im schwerelosen Raum ausführen zu können.

Innerhalb weniger Tage waren dann die ersten Resultate des „wiedergeborenen" Hubble-Teleskops für die ganze Welt sichtbar. Sie verifizierten die ursprünglich gesetzten Ziele bezüglich Auflösungsvermögen der Optik und Stabilität des Observatoriums. Die Instrumente arbeiteten zufriedenstellend, und es begann eine Serie von neuen Entdeckungen, wie z. B. der erste Nachweis eines Schwarzen Lochs in der Galaxie M87 und die protoplanetarischen Staubringe im Orion Nebel (Farbbild 2, siehe Bildanhang).

3.2.1.3 Das Stabilisierungssystem

Das Stabilisierungssystem dient dazu, das Teleskop in die gewünschte Orientierung zu bringen und dort für die Dauer der Beobachtung so ruhig wie möglich zu halten. Das Ziel war eine Orientierungsgenauigkeit von 0.″007 mit einer etwa gleich großen Stabilität. Das ist eine sehr hohe Anforderung. Dieser kleine Winkel entspricht dem Durchmesser einer 10-Pfennig-Münze über die Entfernung von Berlin nach München; es ist die größte erlaubte Abweichung während einer Beobachtung von mehreren Minuten. Der Konstruktionsweg zur Erreichung dieses Ziels beginnt mit einer Gruppe von großen Orientierungskreiseln und enthält Sternkameras in Verbindung mit kleinen Meßkreiseln für die Grob-Ausrichtung bis auf etwa 1′. Die letzte Stufe besteht aus drei Kameras zur Fein-Orientierung. Sie benutzen die Primäroptik des Teleskops, um mittels eines Algorithmus' zwei vorher ausgewählte Leitsterne auf 1″ genau in das Blickfeld zu bringen.

Wenn das Teleskop bereit ist, ein neues Objekt zu beobachten, werden zunächst in der ersten Phase die drei Meßkreisel von dem vorangegangenen Objekt in ihrer raumfesten Orientierung bestätigt. Dann wird das Teleskop langsam (24 Minuten für eine volle Umdrehung) mit Hilfe der Orientierungskreisel in die Richtung des nächsten Ziels rotiert, ohne dabei der Sonne oder der hellen Erde mit der optischen Achse zu nahe zukommen. Die neue Richtung wird zunächst durch die Meßkreisel grob bestimmt. Dann übernehmen die Sternkameras die Aufgabe, den Abstand des von den Meßkreiseln grob definierten Zielpunktes vom wahren Objekt zu messen. Dafür werden drei helle Sterne benutzt, deren Koordinaten genau bekannt sind.

In dieser zweiten Phase der Neuorientierung beträgt die Genauigkeit der Richtungsbestimmung etwa 1′ und befindet sich damit innerhalb des Blickfeldes von zwei Fein-Orientierungskameras. Letztere leiten nun das Teleskop mit Hilfe der Orientierungskreisel während der dritten Phase auf einer spiralförmigen Bahn zu je einem vorher ausgewählten Leitstern. Sobald der erste Leitstern entdeckt ist, wird die Kontrolle von der ersten an die zweite Feinkamera übergeben, die dann die Rotation vervollständigt, bis auch der zweite Leitstern gefunden ist. Beide Leitsterne müssen im richtigen Helligkeitsbereich liegen, um vom Computersystem angenommen zu werden. Mit dieser Sequenz ist die völlig automatisierte Neuorientierung auf das nächste Objekt um alle drei räumlichen Achsen vollzogen. Der gesamte Prozeß dauert etwa 20 Minuten.

Die vier Orientierungskreisel werden mit Hilfe von den außen angebrachten Elektromagneten in dem gewünschten Umdrehungsbereich gehalten. Die Wechselwirkung zwischen Elektromagneten und erdmagnetischem Feld ermöglicht es, den sich ständig aufbauenden Drehimpuls durch geeignete Kommandos vom Stabilisierungssystem in gleichem Masse abzubauen und somit die Drehzahl der Orientierungskreisel zu begrenzen. Um jede Verschmutzung der Optik durch kondensierbare Gase auszuschalten, werden für die Orientierung und Stabilisierung keinerlei Raketenantriebe verwendet. Auch die Raumfähre mußte während der Aussetzung und später während der Instandhaltungsflüge besondere Vorkehrungen treffen, so daß ihre Antriebsrichtung ständig vom Teleskop weggerichtet war.

Diese schwierige Konstruktionsaufgabe erforderte mehr Zeit als ursprünglich vorgesehen war, bevor sie durch Simulationen im Laboratorium erfolgreich demonstriert werden konnte. Diese Schwierigkeiten werden durch die Tatsache illustriert, daß selbst kleine Bewegungen im Teleskop, wie z. B. Filterdrehungen von individuellen Instrumenten genau analysiert werden mußten. In einigen Fällen wurden Gegengewichte und Gegenrotationen angewandt, um während einer Beobachtung temporäre Abwanderungen der Teleskopachse zu vermeiden.

Wie nach dem Start herausgefunden wurde, sind sogar die kleinen, thermisch verursachten Kriechbewegungen der Photozellenflächen, die wie Segel an je zwei Polen ein- und ausgerollt werden können, ausreichend, um beträchtliche Störungen in der Fein-Orientierung hervorzurufen. Dies machte sich besonders dann bemerkbar, wenn das Teleskop vom Erdschatten in das Sonnenlicht eintrat und umgekehrt. Es war möglich, diesen Effekt durch einige Änderungen im Computerprogramm des Stabilisierungssystems zu mildern. Eine endgültige Lösung wurde jedoch erst mit den Nachfolge-Photozellenflächen erreicht, die später im Erdorbit gegen den ersten Satz ausgetauscht wurden.

3.2.1.4 Die Instrumente

Hubble enthält an seinem zylindrischen Ende fünf große Abteilungen für die auswechselbaren wissenschaftlichen Instrumente (Abb. 3.13). Ihre Eingangsaperturen liegen alle in einer kleinen Fläche direkt im Brennpunkt des Telekops. Es handelte sich im Anfang um eine Weitwinkel- und eine langbrennweitige Kamera, ein Photometer und zwei Spektralapparate [1].

Darüber hinaus wurden die drei oben erwähnten Feinkameras nicht nur zur Orientierung, sondern gleichzeitig auch als Instrumente für Astrometrie ausgenutzt, um den Sternkatalog weiter auszubauen und zu verbessern. Sterne bis zur Größenklasse 20 wurden mit einer Genauigkeit von 0.″002 bestimmt. Das Astrometrieteam wurde von W. H. Jefferys an der University of Texas in Austin geleitet und setzte die Beobachtungen des erfolgreichen europäischen Satelliten HIPPARCOS fort (s. Abschn. 3.2.2).

Die Weitwinkelkamera wurde unter der Leitung von J. Westphal am California Institute of Technology und dem Jet Propulsion Laboratory in Pasadena entwickelt und ist das vielseitigste der Instrumente. Es kann gleichzeitig mit einem von den anderen vier Instrumenten eingeschaltet werden. Das Herz der Kamera ist eine Matrix von 800 · 800 CCD-Pixels, die thermoelektrisch auf 178 K gekühlt werden. Die Kamera besitzt zwei Unterabteilungen mit einer Brennweite von je f/12.9 und f/30, letztere mit kleinerem Blickfeld für lichtschwache Objekte.

Die Schwachlichtkamera wurde von ESA unter der Leitung von D. Macchetto in Europa entwickelt und gebaut. Dieses Kamerasystem ist das empfindlichste Gerät des Teleskops und ist in der Lage, Sterne bis zur Größenklasse 28 zu messen. Es besteht aus zwei Kameras mit verschiedenen Brennweiten und je einem dreistufigen Bildverstärker. Die Bildgröße in der langen Brennweite beträgt 11″. Mit einer hohen Quantenausbeute können einzelne Photonen quantitativ nachgewiesen werden. Für

Abb. 3.13   Die fünf ursprünglichen Instrumente des Hubble-Teleskops halb-schematisch und ►
etwa im gleichen Maßstab. Die Länge der vier axialen Instrumente ist beinahe 2 m. Die Weitwinkelkamera wird als radiales Instrument von der Seite eingesetzt (NASA).

Hochauflösungs-Spektrograph

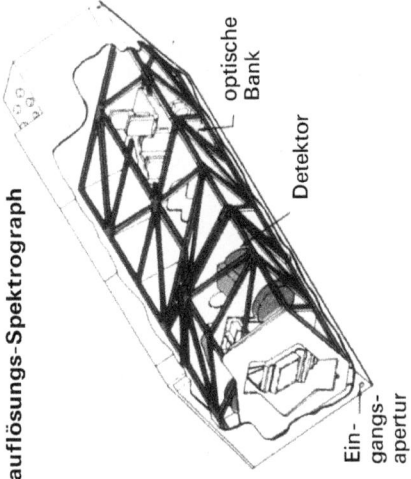

optische Bank

Detektor

Ein-
gangs-
apertur

Weitwinkelkamera

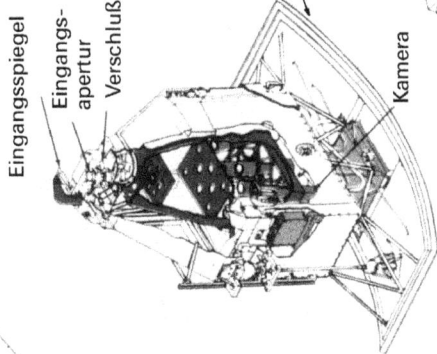

Eingangsspiegel

Eingangs-
apertur
Verschluß

Strahlungskühlung

Kamera

Schwachlicht-Spektrograph

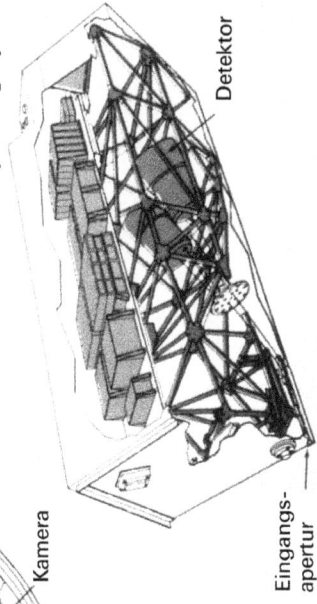

Detektor

Eingangs-
apertur

Hochgeschwindigkeits-Photometer

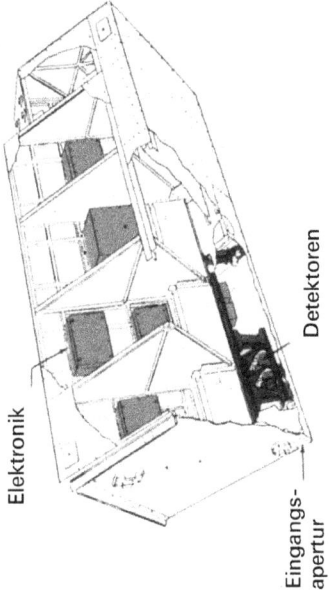

Elektronik

Detektoren

Eingangs-
apertur

Schwachlichtkamera

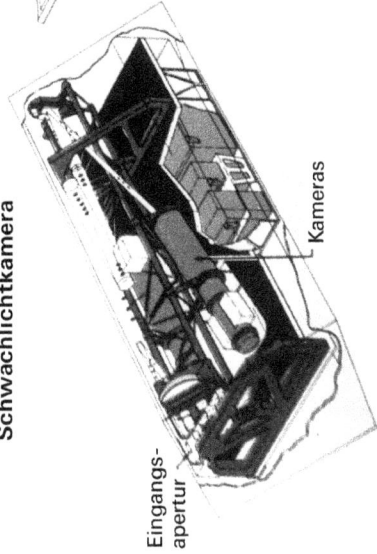

Kameras

Eingangs-
apertur

andere Beobachtungen können Filter, Beugungsgitter und Koronamasken in den Lichtweg eingebracht werden.

Der Schwachlichtspektrograph wurde unter der Leitung von R. Harms an der University of California-San Diego entwickelt und besitzt ein spektrales Auflösungsvermögen von 100 bis 1000. Der Lichtweg wird durch Spiegel und Beugungsgitter geteilt und durch ein Filterrad gelenkt, so daß kosmische Strahlungsquellen vom nahen Ultraviolett bis zum nahen Infrarot mit hoher Quantenausbeute untersucht werden können. Das Bildzentrum kann abgeschirmt werden, um auch lichtschwache Objekte, die in der Nähe von hellen Sternen liegen, beobachten zu können.

Das Hochgeschwindigkeits-Photometer wurde von R. Bless an der University of Wisconsin entwickelt. Es ist ein relativ einfaches Instrument ohne bewegliche Teile. Es besitzt eine hohe zeitliche Auflösung in der Ordnung von 16 μs und arbeitet mit vier Bild-Aufteilern und einer Reihe von Filtern und Photomultipliern. Die spektrale Reichweite erstreckt sich von 0.12 bis 0.65 μm. Zusammen mit den Feinkameras konnte dieses Instrument verbesserte astrometrische Messungen liefern. Es war dieses Instrument, das aufgegeben werden mußte, um für COSTAR Platz zu machen und damit den optischen Fehler des Primärspiegels für die restlichen Axialinstrumente auszugleichen.

Der hochauflösende Spektrograph wurde unter der Leitung von J. Brandt am Goddard Space Flight Center entwickelt. Seine Hauptaufgabe ist stellare Spektroskopie mit hoher Auflösung im Ultraviolett. Der Spektralbereich liegt zwischen der Lyman-Alpha-Linie und 3.2 Å. Zwei Echelle-Gitter sind das Herz des Spektrogra-

Abb. 3.14 Aussetzung des Hubble-Teleskops in seinen Orbit gesehen von der Raumfähre Discovery. Die Photozellenflächen wurden vor der Freilassung ausgerollt und geprüft (NASA).

phen. Die Gesamtauflösung liegt zwischen 2000 und 120000. Ähnlich wie beim Schwachlicht-Spektrograph wurden mehrere 512-Kanal-Bildverstärker verwendet.

Am 25. April 1990 wurde das Hubble-Teleskop sanft von der Raumfähre Discovery freigelassen, um seine langjährige Aufgabe als erstes der Great Observatories in der 600 km hohen Erdkreisbahn zu beginnen. Abb. 3.14 zeigt das Teleskop über der Raumfähre kurz nach der Entfernung des manövrierfähigen Arms. Das Frontende des Observatoriums ist sonnenabgewandt und von der geschlossenen Sonnenblendentür geschützt. Das Hubble-Teleskop schwebt frei im Raum.

Seit das Hubble Teleskop im Februar 1993 seine volle Leistungskraft durch die Korrektur des optischen Fehlers gewonnen hat, sind eine enorme Anzahl von Beobachtungen gemacht worden, die die ursprünglich gesetzten Ziele voll erfüllt haben [5]. Im Sonnensystem werden die Planeten beinahe kontinuierlich überwacht, um Änderungen in der Atmosphäre und den Wolkenbildungen zu messen. Stürme auf den großen Planeten werden verfolgt, und die planetarischen Ringe auf Zusammensetzung und Dichte mit Hilfe von Sternokkultationen untersucht. Die Bahnen und Massen von Pluto and seinem Mond Charon konnten trotz ihrer großen Entfernung bestimmt werden.

Sternbeobachtungen konzentrierten sich besonders auf die Geburt von Sternen (Farbild 2, Bildanhang), die verschiedenen Stadien ihrer Evolution, die Häufigkeit der Elemente, sowie die Eigenschaften von Sternhaufen. Das hohe Auflösungsvermögen erlaubt die Untersuchung von Galaxien bis in die Frühzeit des Universums. Mit der Neubestimmung der Hubble-Konstanten und der Beobachtung von Gravitationslinsen und kollapsten Sternen liefert das Hubble-Teleskop entscheidende Beiträge zur Kosmologie.

Ein besonders lohnendes Ziel sind unvorhergesehene kosmische Ereignisse, die mit anderen Mitteln gefunden oder vorhergesagt werden und dann die Empfindlichkeit und das Auflösungsvermögen des Hubble-Teleskops benötigen, um besser verstanden zu werden. Neue Supernovae und der Shoemaker-Levy Komet, der im Juli 1994 auf Jupiter einschlug, sind gute Beispiele dafür.

3.2.1.5 Instandhaltungsflüge

Die Lebensdauer des Teleskops wird auf 15 bis 20 Jahre geschätzt. Dies ist nur möglich, weil die Auswechselung von Instrumenten und Komponenten ein integraler Teil des Bauprogramms war. Tab. 3.3 zeigt eine Übersicht über die drei bisher durchgeführten Instandhaltungsflüge. In allen Fällen wurde eine der Raumfähren benutzt, die mit dem schwenkbaren Arm das Teleskop einbrachte und die Auswechselung der verschiedenen Objekte ermöglichte.

Die Bedeutung dieser Instandhaltungsflüge wird besonders deutlich, wenn man bedenkt, daß ohne den ersten Flug der optische Fehler nicht hätte korrigiert werden können und daß ohne den dritten Flug das Teleskop manöverier- und arbeitsunfähig geblieben wäre. Einer der drei letzten Meßkreisel war im November 1999 ausgefallen. Abgesehen von diesen extremen Fällen hatten die Instandhaltungsflüge einen weiteren sehr positiven Einfluß auf die Produktivität des Telekops. Im Februar 1997, beinahe sieben Jahre nach dem Start des Hubble Teleskops wurden zwei neue Instrumente eingebaut, die Infrarotkamera und der abbildende Spektrograph.

Tab. 3.3   Hubble-Teleskop Instandhaltungsflüge.

1. Instandhaltungsflug

Start: 12.2.1993
Dauer: 11 Tage
Hauptzweck: Korrektur des optischen Fehlers

Hauptaktivitäten:
– COSTAR ersetzt Photometer
– zweite Weitwinkelkamera ersetzt erste
– neue Photozellenflächen und Elektronik
– neuer Computer
– Höhenverlust des Observatoriums kompensiert

2. Instandhaltungsflug

Start: 11.2.1997
Dauer: 10 Tage
Hauptzweck: neue Instrumente

Hauptaktivitäten:
– Abbildender Spektrograph ersetzt hochauflösenden Spektrograph
– Infrarotkamera ersetzt Schwachlicht-Spektrograph
– erste von 3 Sternkameras ersetzt
– erstes von 3 Tonbandgeräten ersetzt
– Höhenverlust des Observatoriums kompensiert

3. Instandhaltungsflug

Start: 19.12.1999
Dauer: 7 Tage
Hauptzweck: neue Meßkreisel

Hauptaktivitäten:
– 6 Meßkreisel ersetzt
– neuer Computer
– zweite von 3 Sternkameras ersetzt
– zweites von 3 Tonbandgeräten ersetzt

Das Infrarotkamerasystem (Abb. 3.15) enthält drei Einzelkameras mit unterschiedlichem Auflösungsvermögen, um sowohl punktförmige Ziele als auch ausgedehnte Objekte optimal abbilden zu können. Der Spektralbereich des Kamerasystems erstreckt sich von 0.8 bis 2.5 μm. Die Detektoren bestehen aus HgCdTe-Elementen mit je 256×256 Pixel. Die gesamte Detektoranordnung wird auf 58 K gekühlt und befindet sich in einem Dewar mit gefrorenem Stickstoff, der im Teleskop eine Lebensdauer von fünf Jahren haben soll. Das Instrument wurde unter der Leitung von R.I. Thompson am Steward Observatory entwickelt.

Der Abbildende Spektrograph (Abb. 3.16) ist ein zweidimensionales Instrument, dessen spektrale Empfindlichkeit vom Ultraviolett zum Infrarot reicht. Es ersetzt in seiner Fähigkeit beide vorher existierende Spektralinstrumente. Der Spektrograph

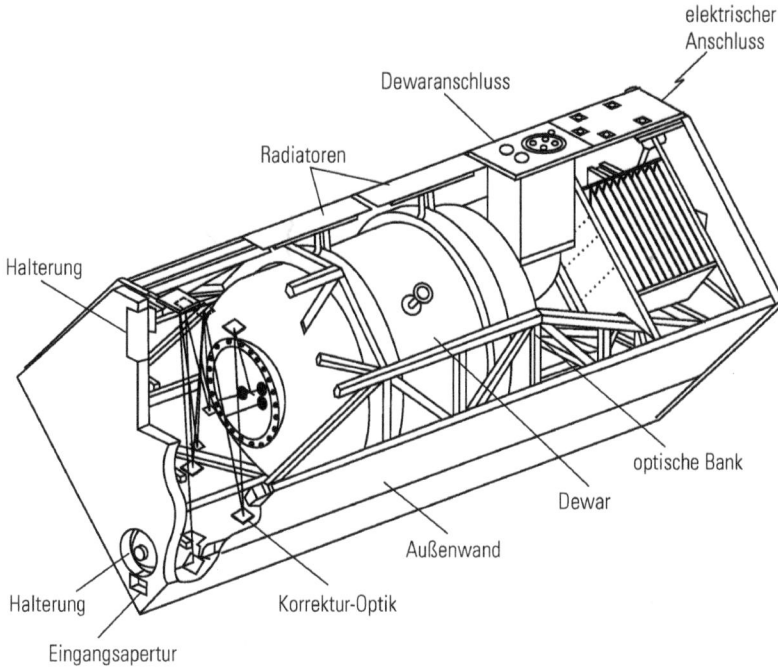

elektrischer
Anschluss

Dewaranschluss

Radiatoren

Halterung

optische Bank

Dewar

Außenwand

Halterung

Korrektur-Optik

Eingangsapertur

Abb. 3.15 Das neue Kamerasystem im kurzwelligen Infrarot enthält 3 Einzelkameras. Der Spektralbereich liegt zwischen 0.8 und 2.5 µm. Die HgCdTe-Detektoren werden auf 58 K gekühlt. Diese Kamera wurde während des zweiten Instandhaltungsflugs im Jahre 1997 eingebaut (NASA-GSFC).

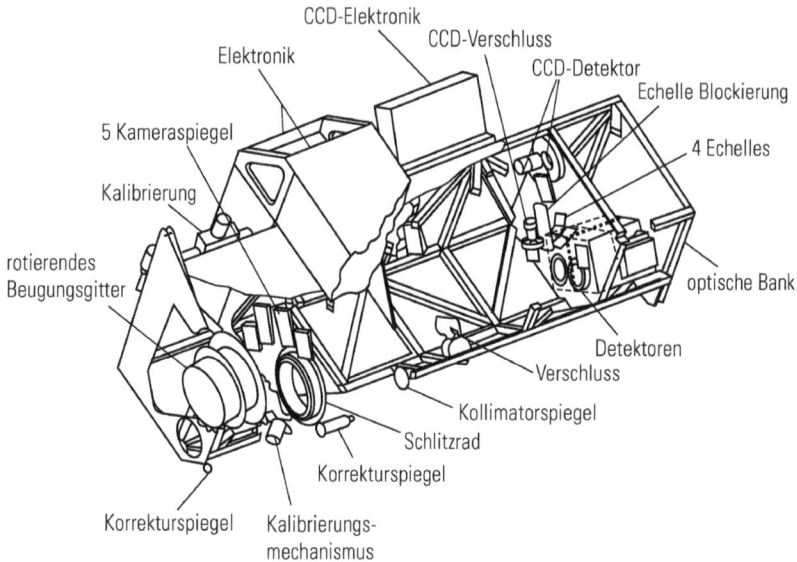

CCD-Elektronik

CCD-Verschluss

Elektronik

CCD-Detektor

Echelle Blockierung

5 Kameraspiegel

4 Echelles

Kalibrierung

rotierendes
Beugungsgitter

optische Bank

Detektoren

Verschluss

Kollimatorspiegel

Schlitzrad

Korrekturspiegel

Korrekturspiegel   Kalibrierungs-
mechanismus

Abb. 3.16 Der abbildende zweidimensionale Spektrograph hat mit Hilfe von drei verschiedenen Detektoren eine Spektralempfindlichkeit vom Ultraviolett bis zum Infrarot und dient zur Beobachtung von ausgedehnten Objekten. Das Gerät wurde während des zweiten Instandhaltungsflugs im Jahre 1997 eingebaut (NASA-GSFC).

kann mehrere Punkte (z. B. Sterne in einer ausgedehnten Galaxie) in einer einzelnen Belichtung gleichzeitig beobachten und macht dadurch das Beobachtungsprogramm wesentlich effektiver. Drei verschiedene Detektorarten werden benutzt: Cäsiumjodid für 0.115 bis 0.17 µm; Cäsiumtellurid für 0.165 bis 0.310 µm; und CCD's für 0.305 bis 1 µm. Der Spektrograph wurde von B. Woodgate am Goddard Space Flight Center entwickelt.

Ein vierter Instandhaltungsflug ist vorläufig für Februar 2002 geplant, falls Ausfälle von wichtigen Komponenten nicht einen früheren Flug erforderlich machen sollten. Für den vierten Flug sind eine neue Kamera für Übersichtsaufnahmen, neue Photozellenflächen, und ein neues Kühlungssystem für die Infrarotkamera vorgesehen. Die Lebensdauer der Infrarotkamera soll damit um fünf weitere Jahre verlängert werden. Danach soll mit einem weiteren Flug die Gesamtlebensdauer des Hubble-Teleskops schließlich 20 Jahre erreichen.

Trotz der erheblichen Kosten für diese Art der Reparatur und Verbesserung im Orbit muß man im Auge behalten, daß neue Instrumente und Komponenten nicht nur die Fähigkeiten des Teleskop stark verbessert haben; der erste und dritte Flug waren „lebensrettende" Aktionen, ohne die das Teleskop nur bedingt oder gar nicht funktioniert hätte. Die Kosten für den ersten Versorgungsflug betrugen infolge des optischen Fehlers beinahe 20 % der Gesamtkosten des Hubble-Teleskops. Gemessen an der Möglichkeit, das Teleskop vollständig aufgeben zu müssen, erscheint dieser Preis akzeptabel. In absoluten Beträgen waren die Kosten jedoch zu hoch. Daher wurde bei den nachfolgenden drei Great Observatories von dieser Möglichkeit kein Gebrauch gemacht.

3.2.1.6 Space Telescope Science Institute

Noch während der technischen Entwicklung des Teleskops wurde das Space Telescope Science Institute eingerichtet. Verglichen mit früheren Satelliten war es ein grundsätzlich neuer Weg, die wissenschaftliche Seite des Observatoriums zu managen. Sein Schlüsselpersonal nahm an allen kritischen Entwicklungsentscheidungen des Teleskops teil und baute das Datenverarbeitungssystem auf. Das Institut befindet sich in der Johns Hopkins University in Baltimore (Abb. 3.17) und führt seine Aufgaben in Zusammenarbeit mit europäischen Wissenschaftlern und mit ESA aus.

Die Hauptfunktionen des Instituts sind die Auswahl und Durchführung von astronomischen Beobachtungen, die Leitung der Datenverabeitung, sowie die Archivierung und Verteilung der Daten an die beteiligten Wissenschaftler. In der ersten Dekade der Hubble-Beobachtungen hat das Institut 7 Terabytes an Daten archiviert und wurde damit das umfangreichste Archiv für gezielte astronomische Beobachtungen. In jedem Monat wurden durchschnittlich 100 Gigabytes hinzugefügt, während beinahe das fünffache pro Tag an Wissenschaftler in aller Welt herausgegeben wurde. Die Daten schließen alle Spektralgebiete und Beobachtungstechniken ein und eröffnen viele neue Forschungsmöglichkeiten. In den ersten Jahren wurden kurzzeitige Beobachtungen bevorzugt, um möglichst viele Beobachtergruppen teilnehmen zu lassen. In späterer Jahre verschob sich das Gleichgewicht zu längeren Beobachtungsdauern, da sich damit die wissenschaftliche Ausbeute verbesserte.

Abb. 3.17 Das Space Telescope Science Institute in Baltimore, MD ist das wissenschaftliche Zentrum für das Hubble-Teleskop. Hier werden die Beobachtungsvorschläge ausgewertet und entschieden und alle Daten archiviert. Europäische Wissenschaftler nehmen an allen Aktivitäten teil (NASA).

Eine weitere sehr wichtige Aufgabe war die Lösung von technischen Problemen, die im Orbit aufgetreten sind. Ein gutes Beispiel dafür ist die führende Rolle, die das Institut bei der Korrektur des optischen Fehlers und mit dem Entwurf von COSTAR gespielt hat. Im Zusammenhang mit den Instandhaltungsflügen war das Institut an der Auswahl von neuen Instrumenten entscheidend beteiligt.

Es gab zunächst drei Beobachtergruppen, die Ihre Vorschläge an das Institut einreichten. Die erste Gruppe schloß alle Wissenschaftler ein, die an der Entwicklung der Instrumente mitgearbeitet haben und denen daraufhin eine gewisse garantierte Beobachtungszeit zugewiesen wurde. Dieser Gruppe gehören natürlich auch europäische Forscher an, die einen wesentlichen Anteil an der Entwicklung des Teleskops hatten. Die zweite Gruppe waren reguläre Beobachter, deren Vorschläge vom Institut entsprechend ihrem Fachgebiet (z.B. Planetenforschung) von speziellen Ausschüssen bewertet und der Priorität nach geordnet wurden. Die dritte Gruppe bestand aus Amateurastronomen, denen eine gewisse Beobachtungszeit vom Institutsleiter zugewiesen wurde. Dies diente unter anderem dazu, das öffentliche Interesse am Hubble-Teleskop wach zu halten. Um einen Einblick in die internationale Verteilung der Beobachtergruppen zu geben, sei erwähnt, daß bis zum Jahre 1999 237 Institutionen beteiligt waren, davon 125 in den USA, 94 in Europa und 18 in anderen Ländern. Das Institut beschäftigt etwa 20 europäische Wissenschafler und arbeitet eng mit seinem Schwesterinstitut von ESA, der European Coordinating Facility in München, zusammen.

Die Auswahl der Beobachtungen war und ist schwierig, da bei weitem mehr Vorschläge eingehen als ausgeführt werden können. Auch ist die genaue Reihenfolge der einzelnen Beobachtungen eine nicht-triviale Aufgabe. Viele Beobachtungen erfordern längere Zeiten als innerhalb eines 90-Minuten-Orbits verfügbar sind und müssen daher in kleine Segmente aufgeteilt werden; auch soll die Zeit für die Neuorientierung des Teleskops zwischen zwei aufeinanderfolgenden Beobachtungen auf ein Minimum reduziert werden. Alle diese Betrachtungen bestimmen die Gesamteffektivität des Beobachtungsprogramms oder, in anderen Worten, wieviele Beobachtungen pro Tag durchgeführt oder abgelehnt werden.

Reguläre Beobachtungsvorschläge werden einmal im Jahr angenommen und innerhalb von sechs Monaten entschieden. In besonderen Fällen („Targets of Opportunity"), z. B. Supernovae oder Gamma-Bursts, wurde dieses Verfahren so weit beschleunigt, daß Beobachtungen innerhalb von ein bis zwei Tagen durchgeführt werden konnten.

3.2.2 Der Astrometrie-Satellit Hipparcos

Das Fundament der kosmischen Entfernungsbestimmungen bilden die sonnennahen Sterne, deren Distanz über ihre trigonometrische Parallaxe, der scheinbaren Bewegung vor dem entfernten Fixsternhintergrund während der jährlichen Bewegung der Erde um die Sonne, bestimmt wird. Die Anzahl der gemessenen Parallaxen war seit den Beobachtungen von Thomas Henderson an Alpha Centauri (1832/33), Friedrich Wilhelm Bessel an 61 Cygni (1837/38) und Wilhelm Struve am Wega (1837/38) kontinuierlich angestiegen. Die Messungen erfordern eine hohe Präzision, z. B. beträgt die Parallaxe von 61 Cyg nur etwa 0."3. Vom Erdboden aus sind die Messungen eingeschränkt durch den Einfluß der Erdatmosphäre und gravitative und thermische Randbedingungen. Auch ist von einem festen Beobachtungspunkt nur ein Teil der Himmelssphäre zugänglich. Es war daher ein logischer Schritt zu einem Astrometrie-Satelliten. Und Hipparcos brachte den Durchbruch. Mit einer Meßgenauigkeit von einer Millibogensekunde (1 mas) erhöhte er die Anzahl der mit hinreichender Genauigkeit gemessenen Sternparallaxen von wenigen Tausend auf etwa 50000.

Die Bezeichnung Hipparcos würdigt Hipparch von Nikaia, der bereits im zweiten vorchristlichen Jahrhundert die Entfernung des Mondes mit trigonometrischen Methoden ableitete und den ersten systematischen Sternkatalog mit 1028 Sternen erstellte. Mit dem Hipparcos-Teleskop wurden von 120000 vorher ausgesuchten Sternen die fünf astrometrischen Parameter (zwei Ortskoordinaten, zwei Geschwindigkeitskoordinaten der Eigenbewegung, sowie die Parallaxe) und ihre Helligkeit bestimmt. Ein zweites Experiment, Tycho, nutzte die Sternkameras, die für die Lagebestimmung des Satelliten notwendig sind. Mit ihnen wurden von über einer Million Sterne astrometrische Messungen mit etwas niedrigerer Genauigkeit und Photometrie in zwei Bändern (B und V) durchgeführt.

Dabei deutete nach dem Start am 9. August 1989 zunächst alles auf einen Fehlschlag hin. Eine Ariane 4 hatte den Satelliten (Abb. 3.18) auf einen hochelliptischen Transferorbit abgesetzt; doch dann versagte das Apogäumstriebwerk, das ihn auf eine kreisförmige, geostationäre Umlaufbahn bringen sollte. Zwar konnte das Perigäum noch von 200 auf 500 km angehoben werden, doch zwischen diesem und dem Apogäum bei 36000 km mußte der Satellit mehrmals täglich die Strahlungs-

Abb. 3.18 Hipparcos Satellit (ESA).

gürtel der Erde mit ihren hochenergetischen Protonen und Elektronen durchqueren. Durch eine völlig überarbeitete Missionsplanung unter Einsatz zusätzlicher Bodenstationen und Umprogrammierung der Software wurde die Mission fortgeführt, und als sie im August 1993 schließlich beendet werden mußte, hatte sie die ursprünglichen Ziele nicht nur erreicht, sondern sogar übertroffen.

Das Teleskop, das diese anspruchsvolle Aufgabe löste, hat ein ungewöhnliches Design. Es basiert auf einem Schmidt-Teleskop mit 29 cm Öffnung, das gleichzeitig zwei Gesichtsfelder von etwa einem Grad Durchmesser beobachtet, die am Himmel 58° auseinander liegen. Die Bilder der Sterne, im Mittel drei pro Gesichtsfeld, werden in der Brennebene übereinander projiziert. So lassen sich gleichzeitig die Winkelabstände innerhalb des Gesichtsfelds und über den Winkelabstand von 58° mit hoher Genauigkeit bestimmen. Ein Gitter in der Brennebene mit 2688 parallelen Spalten moduliert das Licht, das von einem dahinter liegenden Detektor registriert wird. Während der Rotation des Satelliten wandern die Bilder der Sterne über das Gitter. Der Zeitpunkt ihrer Registrierung liefert die Information über die Position am Himmel, allerdings nur in der Koordinate senkrecht zu den Spalten. Die Intensität des Signals liefert die Information über die Helligkeit des Sterns. Der Bordcomputer, der die Positionen der 120 000 Sterne des Eingabekatalogs kennt, meldet dem Lichtdetektor, in welchen Bereich er zu schauen hat, um einen Stern zu finden und zu vermessen. Der Satellit rotiert mit einer Periode von zwei Stunden und tastet dabei einen Großkreis am Himmel ab. Durch den Winkelabstand der beiden Gesichtsfelder wird ein Stern im zeitlichen Abstand von 20 Minuten zweimal vermessen. Während eines 10-Stunden Orbits werden so etwa 2000 Sternpositionen registriert. Durch die

Drehung der Rotationsachse wurde der gesamte Himmel während der Mission viele Male erfaßt.

Die Auswertung der Daten erfolgt in mehreren Stufen. Der erste Schritt besteht aus der Berechnung der eindimensionalen (senkrecht zur Scanrichtung), relativen Sternpositionen während eines Orbits. Im nächsten Schritt werden die Daten aus vielen solcher Großkreise, typischerweise von einigen Monaten, kombiniert und absolute, aber immer noch eindimensionale Positionen festgelegt. Zuletzt müssen aus diesen gesammelten Informationen nicht nur die zweidimensionalen Positionen der Sterne am Himmel (Rektaszension und Deklination) bestimmt werden, sondern auch ihre Eigenbewegung und ihre Entfernung (Parallaxe).

Nach dem Ende der Mission dauerte es weitere vier Jahre, bis die Daten aufbereitet und die Kataloge veröffentlicht wurden [6], [7]. Das primäre Ergebnis der Mission ist der Katalog mit 118 218 Sternen bis ca. zur 13. Größenklasse, der jetzt auch online verfügbar ist. Bei den helleren Sternen (bis 9. Größenklasse) wird in den beiden Positionskoordinaten eine Genauigkeit von 0.77 und 0.64 mas erreicht, 0.97 mas bei der Parallaxe und 0.88 und 0.74 mas pro Jahr in den Eigenbewegungskoordinaten. Die Genauigkeit ist nicht für alle Sterne gleich, sie variiert etwas mit der Helligkeit und der Position am Himmel. Die hochpräzisen Koordinaten definieren einerseits ein Bezugssystem für Beobachtungen über den gesamten Spektralbereich,

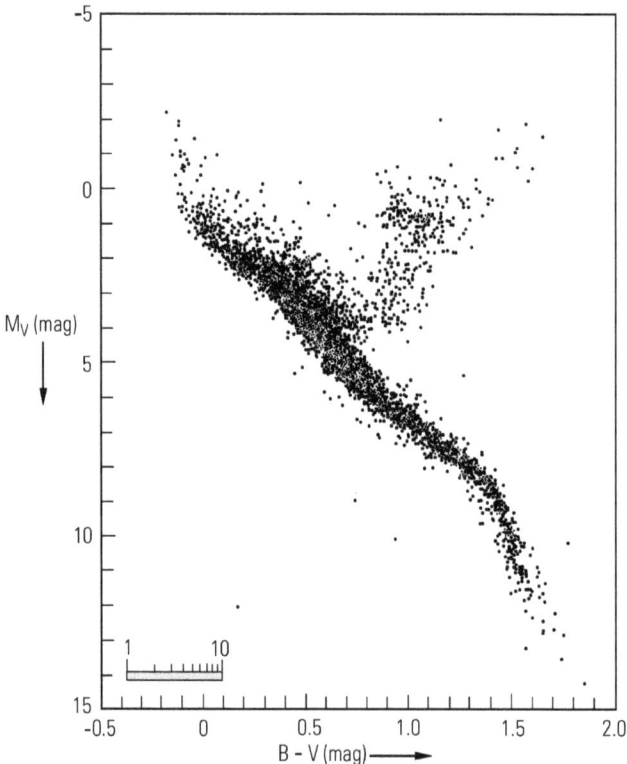

Abb. 3.19 Hertzsprung-Russell-Diagramm mit den 4902 Sternen, deren Entfernung Hipparcos mit besser als 5 % Genauigkeit gemessen hat (ESA).

andererseits beschreiben sie die räumliche Verteilung und Bewegungen der Sterne relativ zur Sonne. Die Entfernung, bis zu der nun Parallaxen mit hinreichender Präzision bekannt sind, ist von einigen Dutzend Lichtjahren bis auf Hunderte von Lichtjahren angewachsen (Abb. 3.19). Daß beobachtete Größen, wie die scheinbare Helligkeit, nur über eine exakte Entfernungsbestimmung den absoluten Größen zugeordnet werden können, verdeutlicht die Bedeutung dieser Messungen für die Astrophysik. Viele Bereiche, wie Sternaufbau und -entwicklung oder galaktische Evolution profitieren von diesen Daten [8], [9],[10]. Da die verschiedenen Methoden zur Entfernungsbestimmung aufeinander aufbauen und dadurch voneinander abhängig sind, verbessern die Hipparcos-Ergebnisse auch die Genauigkeit der Entfernungsmessung auf großen Skalen und finden damit indirekte Anwendung sogar in der Kosmologie.

Neben den astrometrischen und photometrischen Messungen gab es einige interessante Nebenergebnisse. So wurden Kleinplaneten im Sonnensystem beobachtet, Doppel- und Mehrfachsternsysteme identifiziert; durch die mehrfache Beobachtung eines Sterns konnten Lichtkurven festgelegt werden, und aus der Ablenkung des Lichts im Schwerefeld der Sonne Voraussagen der allgemeinen Relativitätstheorie überprüft werden. Die erfolgreichen Beobachtungen von Hipparcos beeinflussen heute viele Teilgebiete der Astrophysik maßgeblich. Nachfolgeprojekte, die die erreichte Genauigkeit noch übertreffen sollen, sind daher bereits in Diskussion.

3.3 Das Compton-Observatorium im Gammastrahlenbereich

Der zweite Satellit der Great Observatories wurde im April 1991 erfolgreich gestartet, nachdem anfängliche Schwierigkeiten mit dem automatischen Entfalten der Antenne von den Astronauten manuell beseitigt werden konnten. Im Oktober 1991 wurde der Satellit zu Ehren des amerikanischen Physikers und Nobelpreisträgers Arthur H. Compton „Compton-Gammastrahlenobservatorium" benannt (Abb. 3.20).

Gammastrahlen repräsentieren die höchsten Strahlungsenergien, die aus dem Universum empfangen werden. Ähnlich wie Röntgen- und Infrarotstrahlen werden sie von der Erdatmosphäre weitgehend absorbiert. Der besonders schwere Satellit wurde von einer Raumfähre in einen kreisförmigen Orbit mit einer Höhe von 450 km befördert und begann die ersten 15 Monate seiner Mission mit einer Übersicht der Himmelskugel im Gammastrahlenbereich. Danach folgten Einzelbeobachtungen von Objekten, die während der Übersichtsphase ausgesucht worden sind. Die Ziele und Reihenfolge der Beobachtungen wurden von einem wissenschaftlichen Stab innerhalb des Goddard Space Flight Center in der Nähe von Washington, D.C. bestimmt. Diese Gruppe diente als Kontrollzentrale des Compton-Observatoriums.

Um den Gesamtspektralbereich von harten Röntgenstrahlen bis zu den energiereichsten γ-Strahlen (Abb. 3.21) erfassen zu können, sind verschiedene Meßmethoden erforderlich. Sie haben gemeinsam, daß γ-Photonen mit ausgewählten Kristallen oder Flüssigkeiten in Wechselwirkung treten und dabei sichtbares Licht aussenden, das in einer geeigneten Geometrie auf Energiehöhe und Herkunftsrichtung schließen läßt. Da jedoch auch kosmische Teilchenstrahlen ähnliche Szintillationen verursachen, müssen die Instrumente letztere durch Antikoinzidenzzähler ausschließen. Die

Abb. 3.20   Halb-schematische Ansicht des Compton-Observatoriums. Die drei Instrumente (von links nach rechts) waren OSSE, COMPTEL, EGRET. Je eine Einheit des BATSE-Instruments befand sich an den acht Eckpunkten des Observatoriums (NASA).

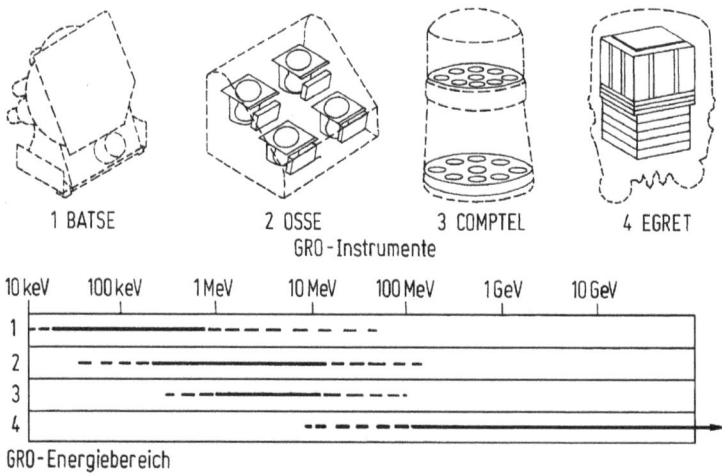

Abb. 3.21   Die Energiebereiche der vier Compton-Instrumente erfaßten lückenlos den gesamten γ-Strahlenbereich von 10 keV aufwärts (NASA).

vier Instrumente des Observatoriums waren der γ-Burstdetektor (BATSE), das Szintillations-Spektrometer (OSSE), das abbildende Compton-Teleskop (COMPTEL) und das Teleskop für höchste Energien (EGRET).

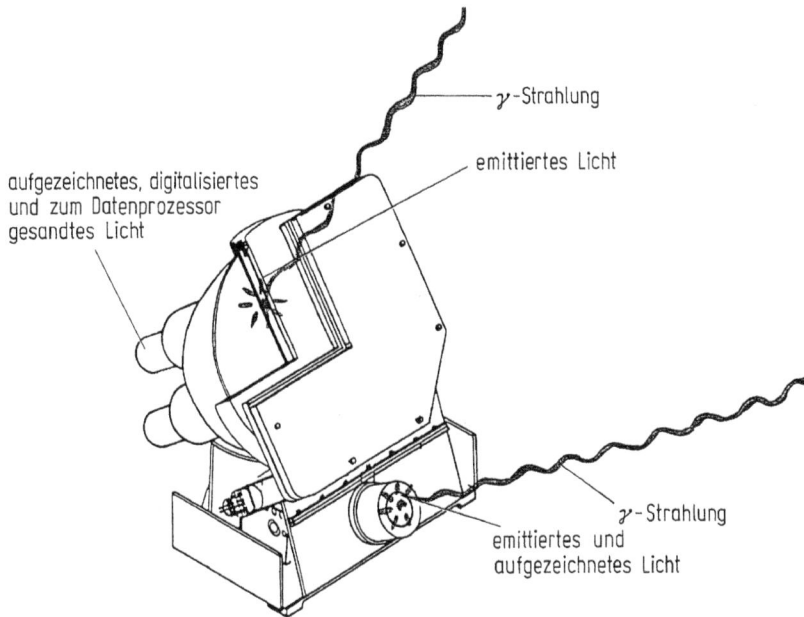

Abb. 3.22 Schema des γ-Burst-Detektors. Jede der acht identischen Einheiten enthielt eine 51 cm große Natriumjodidscheibe, die von jeweils 3 Photomultipliern beobachtet wurde. Der Sekundärdetektor (unten rechts) hatte eine größere Energiereichweite für spektrographische Messungen (NASA).

Der γ-Burstdetektor BATSE wurde unter der Leitung von G. Fishman am Marshall Space Flight Center in Huntsville, AL, entwickelt und bestand aus 8 Natriumjodid-Szintillations-Detektoren, von denen je einer an den Eckpunkten des Observatoriums angebracht war. Diese räumliche Anordnung erlaubte, daß die gesamte Himmelskugel kontinuierlich und unabhängig von der Orientierung des Observatoriums nach kurzzeitigen, hochenergetischen Strahlungsquellen abgesucht werden konnte (Abb. 3.22). Der Energiebereich von BATSE reichte von 20 bis 600 keV, und die zeitliche Auflösung war besser als 1 ms. Die Richtungsbestimmung war relativ grob und in der Ordnung von 1^0.

Das Szintillations-Spektrometer OSSE bestand aus vier identischen, jedoch von einander unabhängigen Detektoren mit einem Blickfeld von je etwa $4^0 \cdot 11^0$ und einem Spektralbereich von 0.1 bis 10 MeV. Es wurde unter der Leitung von J. Kurfess vom Naval Research Laboratory in Washington, D.C. entwickelt. Das Detektormaterial war auch in diesem Fall Natriumjodid, umgeben von anderen Szintillatoren, die alle störenden nichtfrontalen Photonen ausschlossen. Photomultiplier maßen dann die Energieäquivalente der einfallenden Strahlung (Abb. 3.23). Das Gerät konnte gleichzeitig mit der Strahlungsquelle den sie umgebenden Hintergrund messen, um die absolute Meßgenauigkeit zu erhöhen.

Der Compton-Teleskopdetektor COMPTEL war für Energien von 1 bis 30 MeV ausgelegt. Er wurde in Zusammenarbeit von Wissenschaftlern aus Europa und den USA unter der Leitung von V. Schönfelder am Max-Planck-Institut für Extrater-

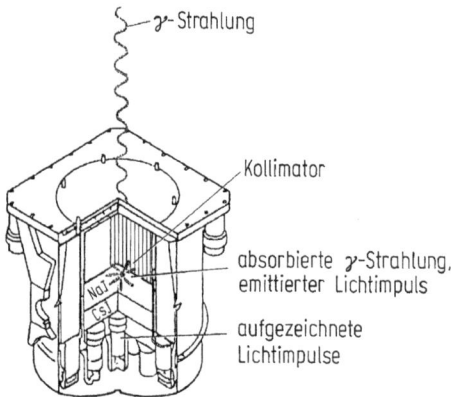

Abb. 3.23 Schema des Szintillations-Spektrometers. Das Instrument bestand aus vier identischen Einheiten, deren individuelle Orientierung variiert werden konnte. Unter dem Wolframkollimator war der Caesiumjodidkristall direkt mit dem Hauptkristall aus Natriumjodid verbunden. 7 Photomultiplier registrierten die Szintillationen (NASA).

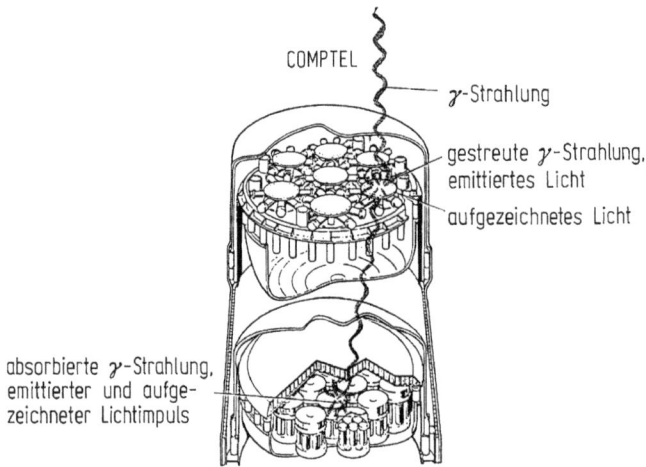

Abb. 3.24 Schema des Compton-Teleskop-Detektors für mittlere Energien. Der obere Teil bestand aus 7 Aluminiumbehältern mit einem flüssigen Szintillator, die von je 8 Photomultipliern umgeben waren. Der untere Teil bestand aus 14 zylindrischen Natriumjodidkristallen, die ihrerseits von je 7 Photomulipliern umgeben waren (NASA).

restrische Physik entwickelt und konnte Punkt- und diffuse Quellen in diesem Wellenbereich abbilden (Abb. 3.24). Die Photonen traten in einen flüssigen Szintillator ein. Compton-Streuung mit Elektronen verschiebt die ursprüngliche Wellenlänge unter einem bestimmten Winkel zu einer größeren Wellenlänge, die dann in einem Kristallszintillator mit Photomultipliern gemessen wurde.

EGRET, das vierte Instrument, war für die höchsten meßbaren Energien bestimmt. Es wurde ebenfalls in internationaler Zusammenarbeit von der Stanford University, Grumman Aerospace und dem Max-Planck-Institut für Plasmaphysik

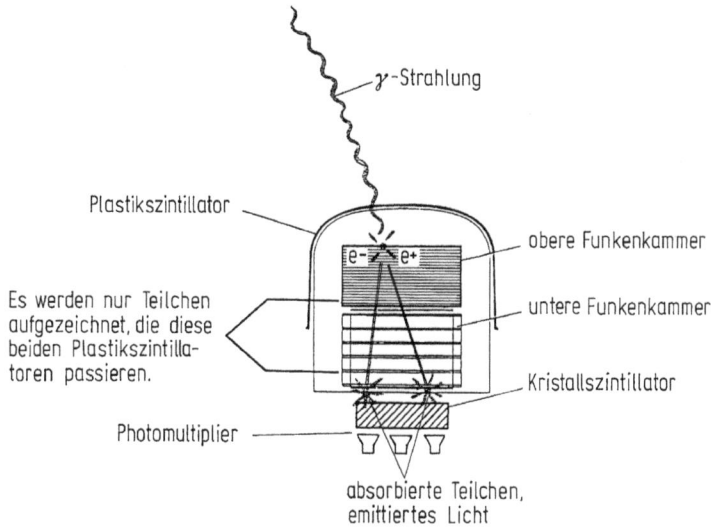

Abb. 3.25 Schema des Compton-Teleskop-Detektors für höchste Energien. Die obere Funkenkammer enthielt Tantalschichten, die Elektron-Positron-Paare auslösten. Ihre Bahn wurde durch die beiden Funkenkammern bestimmt; ihre Energie wurde in dem 408 kg schweren Natriumjodidkristall am Boden des Instruments gemessen (NASA).

entwickelt. Die wissenschaftliche Führung wurde in drei Gruppen aufgeteilt: C. Fichtel am Goddard Space Flight Center, R. Hofstadter (verstorben 1990) an der Stanford University und K. Pinkau am Max-Planck-Institut für Plasmaphysik.

Wenn γ-Photonen mit Energien von 10 MeV oder höher die Metallflächen der ersten EGRET Funkenkammer trafen, lösten sie Elektron-Positron-Paare aus, die eine zweite Kammer durchkreuzten und schließlich in einem Kristallszintillator mit Hilfe von Photomultipliern als Funktion ihrer Energie registriert wurden (Abb. 3.25). Die Flugbahnen der Teilchen und ihr eingeschlossener Winkel sind ein Maß für Richtung und Energie der einfallenden Photonen.

Die ersten Beobachtungen dieses neuen Raum-Observatoriums bestätigten, daß alle Instrumente und das Observatorium als Gesamtsystem zufriedenstellend arbeiteten. Gleichzeitig wurden die ersten vorläufigen Ergebnisse vom γ-Burstdetektor veröffentlicht [11]. Diese γ-Bursts sind seit den 60er Jahren bekannt und bisher noch nicht zufriedenstellend erklärt worden. Es handelt sich um sehr kurzzeitige Strahlungsphänomene, die in wenigen Minuten oder sogar nur Sekunden enorme Energiemengen ausstrahlen (Abb. 3.26). Die Energien sind so groß, daß es schwierig ist, bekannte physikalische Mechanismen zu ihrer Erklärung heranzuziehen. γ-Bursts gehören zu den größten astrophysikalischen Rätseln unserer Zeit.

Die drei in Abb. 3.26 gezeigten, am häufigsten auftretenden Klassen von γ-Bursts unterschieden sich in Energiehöhe, in Zeitdauer, und in ihrer Feinstruktur. Die ersten Beobachtungen von BATSE schienen darauf hinzudeuten, daß γ-Bursts entweder verhältnismäßig nahe und innerhalb unseres Milchstraßensystems entstehen, oder aber sehr viel weiter entfernt und außergalaktischen Ursprungs sein könnten.

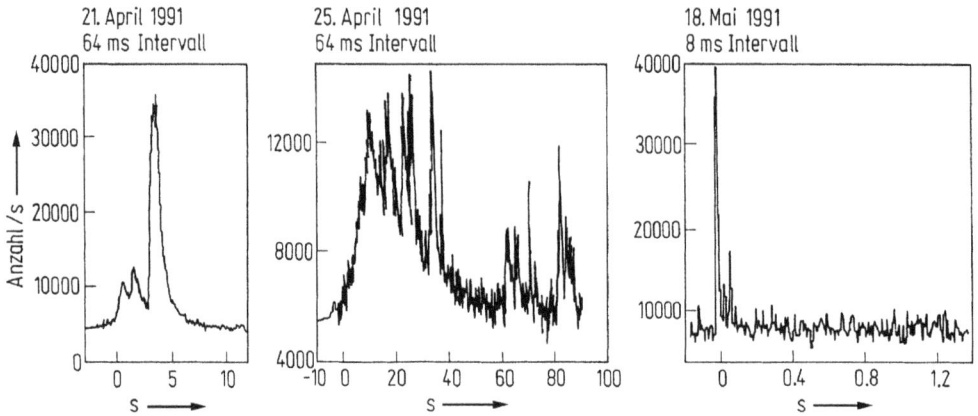

Abb. 3.26 Klassen von γ-Bursts im Energiebereich von 50 bis 300 keV. Alle γ-Bursts waren sehr energetisch und kurzzeitig [11].

Nach mehreren Jahren intensiver Beobachtungen hat sich das Bild geklärt. Die Bursts zeigten eine große Verschiedenheit in ihrer Zeitstruktur und ihrer Dauer. Die zeitliche Struktur kann chaotisch oder einfach sein, die Dauer variierte zwischen 30 ms und 1000 sec. Mit einer durchschnittlichen Häufigkeit von einem Burst pro Tag zeigten die über längere Zeiträume gemessenen Intensitäten einen charakteristischen Abfall, der auf eine Inhomogenität der Strahlungsquellen schließen läßt. Die räumliche Verteilung war isotrop über die Himmelskugel, zeigte also keine Häufung in der galaktischen Ebene [12]. Mit anderen Worten, die Erde liegt im Zentrum einer sphärischen Burst-Verteilung, die bis zu einer sehr weit entfernten aber endlichen Distanz reicht.

Die Genauigkeit in der Richtungsbestimung hing von der Burstintensität ab und erreichte 1°.5 für starke Bursts, fiel jedoch für schwächere Quellen stark ab. Nur in den seltenen Fällen, in denen Beobachtungen von anderen Observatorien gleichzeitig gemacht werden konnten, war die Richtungsgenauigkeit gut genug, um optische Gegenstücke zu identifizieren. Die beobachtete Abwesenheit von Röntgenstrahlen und die gelegentliche Wiederholung von Bursts (20 %) erschwerten die Interpretation, obwohl eine Assoziation mit Neutronensternen plausibel erschien. Alle Messungen deuteten auf sehr große, d. h. kosmologische Enfernungen der Strahlungsquellen (> 3 Milliarden Lichtjahre) [13].

Eine zusätzliche Beobachtungsmöglichkeit von BATSE war die Ausnutzung von Erdokkultationen zur Abbildung von Strahlungsquellen. Wenn γ-Strahlen wiederholt vom Erdhorizont okkultiert werden, ist es möglich, ihre Position und Ausdehnung genauer zu bestimmen. Auf diese Weise wurden mehrere Burst-Pulsare entdeckt, die stetige und pulsierende Röntgenstrahlen-Emission mit sporadischen γ-Bursts verbinden [14].

EGRET produzierte eine Himmelsübersicht in harten γ-Strahlen; sie ist dominiert von Wechselwirkungen zwischen kosmischer Strahlung und interstellarem Gas in der Ebene unserer Milchstraße. Einige Pulsare sind in diese Ebene eingebettet. Eine neue Klasse von Objekten, die γ-Strahlblazers, sind dadurch gekennzeichnet, daß sie den größten Teil ihrer Strahlungsenergie zwischen 30 MeV und 30 GeV ausstrahlen. Sie befinden sich in kosmologischen Entfernungen, ändern jedoch ihre Intensität innerhalb weniger Tage [15]. Ein wichtiges Ergebnis von COMPTEL ist eine Himmelskarte im Licht von radioaktivem Aluminium 26; sie zeigt unerwartete Konzentrationen dieses Isotops in relativ kleinen Gebieten [16]. OSSE-Beobachtungen zeigten eine andere Linienemission, die auf Zerstrahlung von Elektronen und Positronen im interstellaren Medium zurückgeführt wird [17].

Eine immer noch offene und kritische Frage ist die Natur der hochenergetischen Vorgänge, die zu γ-Bursts führen. Die Suche nach optischen Gegenstücken könnte die Beantwortung dieser Frage erleichtern. Im Januar 1997 entdeckte der italienisch-holländische Satellit Beppo-SAX einen γ-Burster im Sternbild Orion. Die Position konnte mit Hilfe von einem Röntgenteleskop vom gleichen Satellit bis auf 1′ bestimmt werden (eine 250fache Verbesserung gegenüber dem Compton-Observatorium) und führte damit zur ersten Identifizierung eines γ-Bursters mit einem optischen Gegenstück, das von einem Bodenobservatorium erfaßt und in seinen Koordinaten genau bestimmt werden konnte. Obwohl die Intensität des Objekts schnell abnahm, konnte das Hubble-Teleskop einen hellen Punkt identifizieren, der von einer weit entfernten Galaxie umgeben war.

Dieser erste Erfolg veranlaßte mehrere Observatorien, sich zu einer koordinierten Suchaktion zusammenzufinden. Im Januar 1999 wurde die Suche von Erfolg gekrönt. Mit vier robotischen Kameras der University of Michigan war es möglich, das optische Gegenstück eines Bursters zu identifizieren, nachdem das Compton-Observatorium 20 Sekunden vorher den γ-Burst gefunden hatte. Diese koordinierten und teilweise automatisierten Beobachtungen werden fortgesetzt und werden erlauben, die Natur der γ-Bursts einzugrenzen.

Die besten derzeitigen Hypothesen sind binäre Neutronensterne, die sich umkreisen und schließlich kollidieren, wobei die freiwerdende Gravitationsenergie zur γ-Emission führt. Eine Variante ist die Kollision zwischen einem schwarzen Loch und einem Neutronenstern. Da auch diese Modelle nicht alle Fragen beantworten können, werden auch sog. Hypernovae erwogen mit sehr massiven Sternen (> 50 Sonnenmassen) als Ausgangspunkt. Diese überschweren Supernovae könnten die Energien produzieren, die zur Erzeugung der gemessenen γ-Strahlen aus kosmologischen Entfernungen erforderlich sind.

Im Dezember 1999 verlor das Compton-Observatorium einen seiner letzten drei Meßkreiselsysteme, die zur Orientierung erforderlich sind. Beobachtungen hätten weitergeführt werden können, doch drohte eine andere Gefahr, der unkontrollierte Einschlag des 17 Tonnen schweren Satelliten irgendwo auf der Erdoberfläche. Berechnungen zeigten, daß solch ein Einschlag eine Fläche von 40 000 km² bedecken würde. Die verbleibenden Kreiselsysteme waren notwendig, um einen gezielten (und beinahe gefahrlosen) Einschlag in den Pazifischen Ozean zu erlauben. Im Gegensatz zum Hubble-Teleskop erlaubte die Konstruktion des Compton-Observatoriums keine Reparatur im Orbit. Nach langen Überlegungen und zur großen Enttäuschung der beteiligten Wissenschaftler wurde im Juni 2000 schließlich das Kommando zur Rückkehr des Compton-Observatoriums aus dem Orbit gegeben. Der harmlose Einschlag erfolgte im Pazifik, 3900 km südöstlich von Hawaii, und beendete diese erfolgreiche Mission nach neun Jahren. Dies Ereignis zeigt, daß bei einigen extraterrestrischen Observatorien das Ende der Mission sorgfältig eingeplant werden muß.

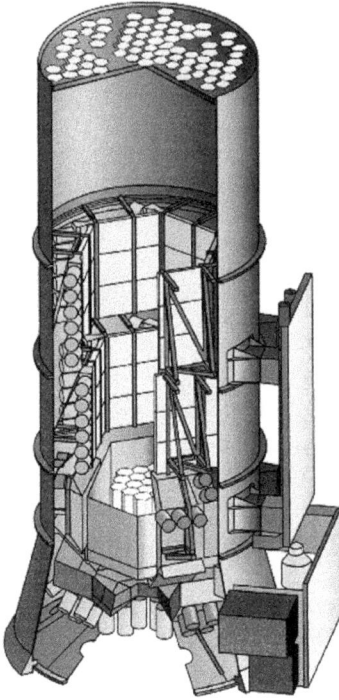

Abb. 3.27   Das SPI-Spektrometer auf INTEGRAL (ESA).

Mehrere Jahre nach dem Beginn der Mission und am Endpunkt der Lebensdauer dieses Observatoriums war die aktive Beobachtergruppe zu der beachtlichen Größe von 700 Wissenschaftlern aus allen Ländern der Erde angewachsen. Die γ-Strahlenastronomie wird heute als ein wichtiger Teil der astronomischen Forschung anerkannt. Der Verlust des Compton-Observatoriums bedeutet eine enttäuschende zweijährige Lücke in der γ-Stahlenastronomie. Frühestens im Jahre 2002 sollen diese Beobachtungen mit dem INTEGRAL-Observatorium mit verbesserten Instrumenten im hochenergetischen Gammastrahlenbereich wieder aufgenommen werden. INTEGRAL ist die zweite „mittlere Mission" im Wissenschaftsprogramm der ESA (s. Abschn. 3.7). Das Projekt wird mit Beiträgen der USA (Bereitstellung einer der beiden Bodenstationen) und Rußland (Start mit PROTON-Rakete) durchgeführt.

Wissenschaftliches Ziel ist die Beobachtung und Spektroskopie von Gammaquellen im Energiebereich zwischen 15 keV und 10 MeV. Dazu werden zwei Instrumente verwendet, das SPI-Spektrometer (Abb. 3.27) und das abbildende Instrument, IBIS, ergänzt durch zwei Monitore für die simultane Beobachtung im Röntgen- und optischen Spektralbereich. INTEGRAL ist daher nicht nur einfach ein Gammastrahlen-Teleskop, sondern ein Observatorium, das Beobachtungen über einen weiten Spektralbereich ermöglicht. Nach dem Start in 2002 wird es für alle interessierten Beobachter zur Verfügung stehen; auch die Unterstützung durch ein Datenzentrum in Genf ist gewährleistet.

3.4 Observatorien im Röntgenbereich

3.4.1 Das Einstein-Observatorium

Das Einstein-Observatorium wurde am 13. November 1978 vom Cape Canaveral mit einer Atlas-Centaur-Rakete in eine Kreisbahn von 540 km Höhe befördert. Dieser wissenschaftliche Satellit war das klassische Produkt der frühen Weltraumfahrt. Keine der Beobachtungen, die von diesem Satellit ausgeführt wurden, hätte man von der Erdoberfläche machen können, da die Erdatmosphäre im Röntgenstrahlenbereich undurchlässig ist. Abb. 3.28 ist ein alter Holzschnitt, der in beinahe seherischer Weise zeigt, wie der Mensch das verborgene Universum von außerhalb der Erde zu erforschen sucht.

Abb. 3.28   Lange vor dem ersten Raumflug scheint dieser alte Holzschnitt den Erkenntnisdrang des Menschen nach den Geheimnissen des Universums zu symbolisieren.

Das Einstein-Observatorium war die logische Folge von einer Reihe von früheren Missionen und Beobachtungen, die gezeigt hatten, daß die Sonne nicht nur sichtbares Licht, sondern auch sehr intensive Röntgenstrahlen aussendet. Im Jahre 1962 fanden R. Giacconi und seine Mitarbeiter, daß auch einige Objekte außerhalb des Sonnensystems Röntgenstrahlen mit erstaunlich hohen Intensitäten ausstrahlen [18]. Diese Entdeckung führte zur Entwicklung des kleinen Satelliten, Uhuru, der im Laufe seiner Lebenszeit etwa 120 kosmische Röntgenquellen identifizierte. Der Satellit war von Malindi, Kenia, am Jahrestag von Kenia's Unabhängigkeit gestartet worden („Uhuru" bedeutet Freiheit in Swahili). Es war der erste ausschließlich für Röntgen-Astronomie bestimmte Satellit.

Viele, jedoch nicht alle Strahlungsobjekte konnten als sichtbare Sterne identifiziert werden. Es war unklar, ob diese Objekte alle innerhalb unserer Milchstraße liegen oder außergalaktischen Ursprungs sind. Wie so häufig in der Geschichte der Naturwissenschaften hatte eine neue Entdeckung zunächst mehr Fragen aufgeworfen als beantwortet. Wissenschaftliche Gremien stimmten überein, daß mehr und bessere Beobachtungen erforderlich sein würden, um diese Fragen zu beantworten. Nach einigen Umwegen wurde dann im Jahre 1971 der Startschuß für ein neues astronomisches Satelliten-Programm gegeben, das Sterne und andere Strahlungsquellen ausschließlich in den hohen Energien beobachten sollte.

NASA war sehr sorgfältig in der Auswahl seiner wissenschaftlichen Missionen, insbesondere der Instrumente, die das wissenschaftliche Herz eines Satelliten bilden. Der Prozeß ist langwierig und beginnt mit einem Beratungsausschuß, der einmal im Jahr die Prioritäten in einem bestimmten Fachgebiet, in diesem Fall also Astrophysik, aufstellt. Der Ausschuß besteht aus anerkannten Wissenschaftlern, die für eine Periode von einigen Jahren gewählt, und dann von anderen Kollegen abgelöst werden. Auf diese Weise wird sichergestellt, daß die Befürwortung von gewissen Missionen und Instrumenten nicht zu stark von Interessenkonflikten beeinflußt wird.

Der nächste Schritt wird innerhalb von NASA vollzogen. Zu diesem Zweck wird eine sog. Definitions-Studie angefertigt, in der die technische Durchführbarkeit des Projekts gezeigt und eine Abschätzung der Gesamtkosten vorgenommen wird. Die Kosten werden mit Hilfe von mathematischen Modellen abgeschätzt, die alle früheren Missionen ähnlicher Art enthalten und ständig auf dem neuesten Stand gehalten werden. Kritische Faktoren in diesen Modellen sind z. B. Gewicht, Anzahl der Instrumente, Lebensdauer und Komplexität des Satelliten. Diese Abschätzungen sind gewöhnlich realistischer und erheblich höher als die von der Industrie eingehenden Vorschläge, da letztere oft sehr optimistische Annahmen enthalten, um den Konkurrenzkampf zu gewinnen.

Bei großen und kostspieligen Projekten beginnt nun eine nervenaufreibende Zeit der Beratungen, in denen der Wert des Projekts gegen andere wissenschaftliche Projekte und natürlich auch gegen die erwarteten Kosten abgewogen wird. In vielen Fällen muß über die Größe des Satelliten und die Anzahl der Instrumente verhandelt werden, bevor Bewilligung erreicht werden kann. Sobald die Bewilligung einigermaßen gesichert erscheint, veröffentlicht NASA eine formelle Ankündigung für eine „Raumflug-Gelegenheit", in der spezifische Vorschläge für Instrumente eingeladen werden. Universitäten, Gruppen von Wissenschaftlern vom In- und Ausland, sowie NASA-Zentren nehmen an diesem Wettbewerb teil.

Die Gewinner erhalten nach der endgültigen Bewilligung des Projekts nicht nur die Gewißheit, aktiv teilzunehmen; sie erhalten darüber hinaus aufgrund ihres technischen Vorschlags die erforderlichen Mittel, um das Instrument zu konstruieren. Nach ihrer Annahme sind sie dann voll verantwortlich, das Instrumentarium termingemäß abzuliefern und dabei die veranschlagten Kosten nicht zu überschreiten. Diese Versprechungen sind nicht immer erfüllbar, wenn unerwartete technische Probleme auftauchen. Die Auswahl der Gewinner wird wieder von einem neutralen Ausschuß von nicht direkt beteiligten Fachkollegen („Peer Review") vorgenommen, dessen Entscheidung endgültig ist.

Das Einstein-Programm kann in vieler Hinsicht als Vorläufer der Great Observatories angesehen werden. Es gehörte zu einer Familie von drei sehr ähnlichen

Abb. 3.29 Das Einstein Observatorium vor dem Transport zum Kennedy Space Center. Es enthielt 5 Instrumente zur Beobachtung von kosmischen Röntgenstrahlenquellen (NASA).

Observatorien, die in den Jahren von 1977 bis 1982 astrophysikalische Beobachtungen im Bereich hoher Energien (HEAO-Satelliten) ausführten. Es war bereits bekannt, daß viele kosmische Phänomene im Röntgenbereich besonders klar zu identizieren sind; gute Detektoren in diesem Wellenbereich waren verfügbar, und die allgemeine Raumfahrt-Technologie hatte einen hohen Stand erreicht. Daher wurde diesem Observatorium in dem oben beschriebenen Prozess eine hohe Priorität zugeordnet [19].

Das Einstein Observatorium hatte eine Länge von 7 m, eine Masse von 3,200 kg und war von einer Atlas-Centaur Rakete in seinen 540 km kreisförmigen Orbit befördert worden. Das Herz des Observatoriums (Abb. 3.29 und 3.30) war die 60 cm-Röntgenoptik, die nach dem Wolterschen Prinzip aus vier konzentrischen parabolischen und hyperbolischen Spiegelpaaren bestand; diese vier Paare waren ineinander geschachtelt und besaßen einen gemeinsamen Brennpunkt, der eine kurze Brennweite von etwa 3.5 m erlaubte (Abb. 3.31) [20]. Diese kurze Brennweite erleichterte den

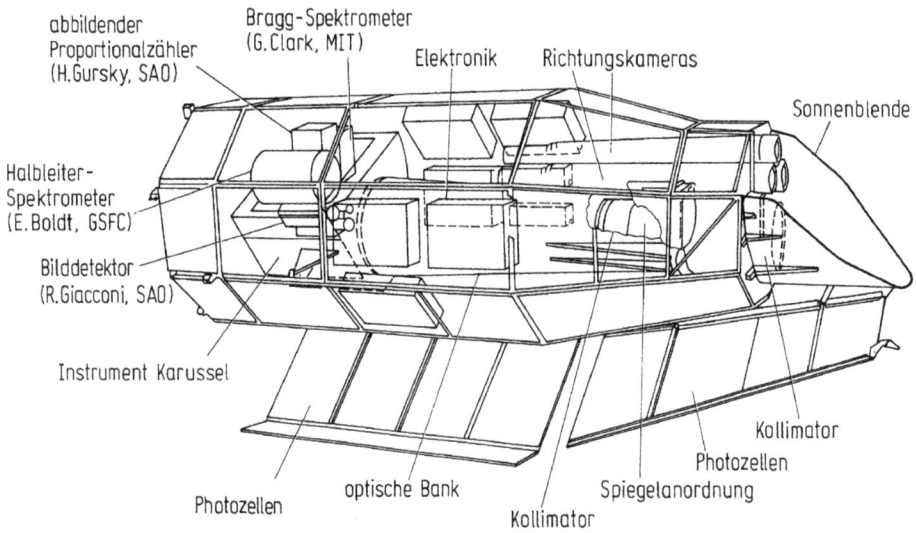

abbildender
Proportionalzähler
(H.Gursky, SAO)

Bragg-Spektrometer
(G.Clark, MIT)

Elektronik   Richtungskameras

Sonnenblende

Halbleiter-
Spektrometer
(E.Boldt, GSFC)

Bilddetektor
(R.Giacconi, SAO)

Instrument Karussel

Photozellen   optische Bank   Spiegelanordnung   Kollimator   Photozellen

Kollimator

Abb. 3.30   Schema des Einstein-Observatoriums.

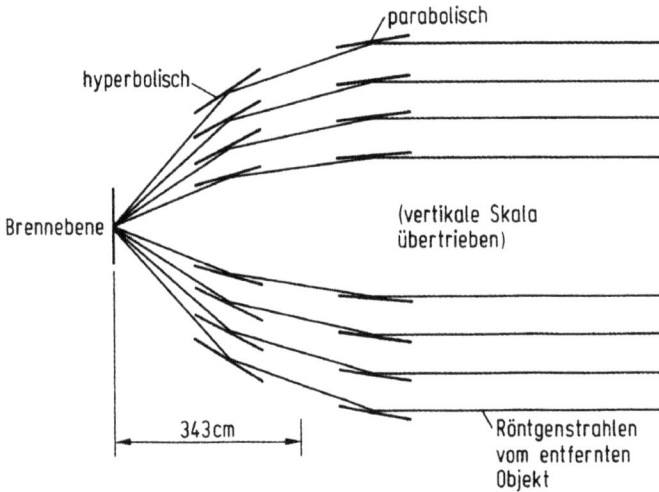

parabolisch

hyperbolisch

Brennebene

(vertikale Skala
übertrieben)

343 cm

Röntgenstrahlen
vom entfernten
Objekt

Abb. 3.31   Methode der Röntgenfokussierung mit streifendem Einfall. Vier konzentrische Paare von hyperbolischen (links) und parabolischen (rechts) axisymmetrischen Spiegeln bilden die Woltersche Röntgenoptik. Der Strahlungseinfall ist von rechts.

Bau des Satelliten, der als Nutzlast für die Atlas-Centaur-Rakete eine gewisse Länge nicht überschreiten durfte.

Weiche Röntgenstrahlen bis zu 5 keV wurden im streifenden Einfall von den annähernd zylindrischen Spiegelwänden reflektiert. Die wirksame Spiegelfläche mußte groß genug sein, um die geforderte Empfindlichkeit des Teleskops zu erreichen. Berechnungen ergaben, daß vier Spiegelpaare erforderlich sein würden. Das Schleifen

Abb. 3.32 Spiegelelement vor dem Polieren. Der Durchmesser beträgt 60 cm (NASA).

und Polieren der Quarzspiegel (Abb. 3.32) war eine zwar langwierige aber bahnbrechende Leistung der Firma Perkin Elmer.

Die vier Spiegelpaare wurden nacheinander in ein solides und sehr starres Gehäuse aus Graphit-Gießharz mit einem „Rückrat" aus Invar, einer Metallegierung mit sehr geringem Ausdehnungskoeffizienten, eingebaut und optisch so ausgerichtet, daß ein gemeinsamer Brennpunkt für alle Spiegelelemente erreicht wurde. Diese massive Konstruktion war notwendig, um das optische System selbst während der starken Vibrationen eines Raketenaufstiegs nicht zu verändern (Abb. 3.33).

Ein durch Radiosignale gesteuertes Karussell erlaubte, im Laufe eines Beobachtungsprogramms je eines von den vier Instrumenten in beliebiger Reihenfolge in den Brennpunkt des Röntgenteleskops zu bringen. Bei den im Karussell montierten Instrumenten handelte es sich um eine Kamera, zwei Spektrographen und einen Proportionalzähler. Die wissenschaftliche Gesamtleitung des Einstein-Observatoriums unterlag R. Giacconi am Smithsonian Astrophysical Observatory (SAO).

Die Röntgenkamera hatte zwei Detektoren mit Multichannel-Platten; sie besaß ein Auflösungsvermögen von 1″ und mittlere Quantenausbeute. R. Giacconi, SAO war für die Entwicklung verantwortlich. Der abbildende Proportionalzähler hatte ein Auflösungsvermögen von 1′ und hohe Quantenausbeute. Dieses Instrument wurde von H. Gursky am SAO entwickelt. Das tief gekühlte (90 K) Silicium- und Germanium-Festkörperspektrometer hatte ein spektrales Auflösungsvermögen von 150 eV und wurde von E. Boldt am Goddard Space Flight Center entwickelt. Das

Abb. 3.33 Die Einstein-Spiegelmontage. Strahleneintritt ist von links; das Gehäuse enthält die vier konzentrischen Spiegelpaare hinter den ringförmigen Öffnungen (NASA).

Bragg-Spektrometer besaß sechs gekrümmte Kristalle, die eine sehr hohe spektrale Auflösung von etwa 1 eV erlaubten; es wurde unter G. Clark am Massachusetts Institute of Technology entwickelt.

Obwohl jede der vier Instrumentgruppen in erster Linie mit ihrem eigenen Instrument arbeitete, wurde der Beobachtungsplan mehrere Tage im voraus koordiniert. Für viele Objekte wurden mehrere Instrumente nacheinander eingesetzt, um die räumlichen, zeitlichen und spektralen Charakteristiken der Strahlungsquelle möglichst vollständig zu erfassen.

Viele hochenergetische Vorgänge im Universum gehen erstaunlich schnell vor sich; dies trifft insbesondere besonders für Vorgänge zu, die im kurzwelligen Röntgenlicht beobachtet wurden. Ein Neutronenstern, das Endprodukt einer Supernova zum Beispiel, kann sich bis zu 1000 Hz um seine Achse drehen. Eines der Einstein-Instrumente (die Kamera) hatte deshalb eine Zeitkonstante von 0.01 ms. Übrigens sind die schnellen Rotationen ein Maß für die verhältnismäßig kleinen Durchmesser dieser kosmischen Gebilde; sie liegen in der Größenordnung von 10 km.

Obwohl das Einstein-Observatorium in seinen Funktionen im wesentlichen autonom war, mußten die zu beobachtenden Himmelskoordinaten und andere Details periodisch durch Radiosignale hinaufgesendet werden. Die Beobachtungen wurden auf Magnetband aufgenommen und ein- bis zweimal täglich zu den Bodenstationen zurückgespielt. Die Richtungsstabilität des Observatoriums war besser als 1' und die Bildauflösung etwa 2'' [19]. Für zweieinhalb Jahre wurden hervorragende Bilder und Spektren von kosmischen Röntgenquellen aufgenommen, bis die Mission im Jahre 1982 endete.

Die geforderte Mindestlebensdauer von Einstein war ein Jahr. Die tatsächliche Zeit, 2 1/2 Jahre, war mehr als doppelt so lang. Dies war nicht völlig unerwartet und ist vor allem darauf zurückzuführen, daß während der technischen Entwicklung im allgemeinen sehr konservative Annahmen gemacht werden. Man kann die geforderte Lebensdauer eines Satelliten annähernd in die Anzahl der überzähligen Komponenten übersetzen. Es wurden gerade soviele Einheiten von kritischen Komponenten eingebaut, daß die nach Vollendung ihrer jeweiligen Lebenserwartung ausgefallenen durch zweite oder dritte Nachfolger-Einheiten ersetzt werden konnten. Zum Beispiel wurden sechs Meßkreisel eingebaut, obwohl nur drei (einer für jede orthogonale Achse) erforderlich sind. Nach jedem Ausfall wurde ein Ersatzkreisel durch Radiosignal aktiviert. Andere Beispiele sind die Photozellenflächen, die Anzahl der Batterien und die Menge des mitgeführten Treibstoffs für die Orientierungsmanöver. Sie waren alle so reichlich bemessen, daß sie selbst unter ungünstigen Verhältnissen mindestens ein Jahr reichen würden.

Das Einstein-Observatorium hat nicht nur den Katalog bekannter kosmischer Röntgenquellen um einen erheblichen Faktor erhöht, es hat darüber hinaus neue Klassen von solchen Quellen gefunden und definiert. Zum Beispiel wurde Koronastrahlung im Röntgenbereich an Vertretern aller Sternklassen nachgewiesen. Pulsare, Weiße Zwerge, Burster und Quasare emittieren im allgemeinen starke Röntgenstrahlung. Auch galaktische Zentren sind intensive Röntgenstrahlenquellen. In vielen Fällen werden Röntgenstrahlen von Materie erzeugt, die im Gravitationsfeld von kollabierten Sternen beschleunigt wird. In allen Fällen scheint das Auftreten von Röntgenstrahlen mit der Wechselwirkung zwischen sehr heißen Gasen und sehr starken Magnetfeldern verbunden zu sein [21].

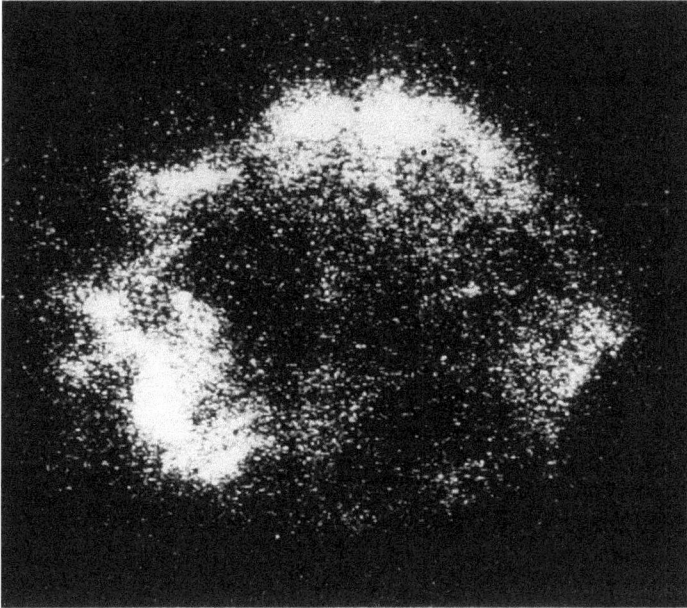

Abb. 3.34 Die Kassiopeia-A-Supernova im Röntgenspektrum, abgebildet vom Einstein-Observatorium in 1979.

Abb. 3.34 zeigt die Überreste der Supernova Cas A im Sternbild der Kassiopeia. Die ringförmige Front ist die Röntgenemission der Schockwelle, die mit der interstellaren Materie in Wechselwirkung tritt. Giacconi und Tananbaum schätzten, daß die ursprüngliche Gesamtmasse des Sterns etwa 10 bis 30 Sonnenmassen betrug [22]. Bemerkenswert ist auch, daß eine entsprechend starke Emission im Radiowellen-Spektrum beobachtet werden konnte.

Ein weiteres Beispiel von besonders nennenswerten Einstein-Beobachtungen sind die beiden Quasare in Abb. 3.35. Quasare sind die am weitesten entfernten beobachtbaren Objekte im Weltraum; neben Emissionen im Radiowellen-Spektrum senden sie fast ohne Ausnahme Röntgenstrahlen aus, so daß dies eine der besten Methoden zur ihrer Entdeckung und Klassifizierung sein dürfte. Der neu entdeckte Quasar in Abb. 3.35 besitzt eine Rotverschiebung um den Faktor 2.6.

Schwarze Löcher, deren Existenz inzwischen allgemein anerkannt worden ist, gehören zu den interessantesten Objekten. Es sind kollabierte Sterne, deren ursprüngliche Masse mindestens dreimal so groß wie die der Sonne ist und die nach dem Ausbrennen von Wassersoff und Helium und der damit verbundenen Abnahme des inneren Strahlungsdrucks unter ihrem eigenen Schwerefeld innerhalb kürzester Zeit zusammenfallen und so extreme Dichte erreichen, daß selbst Photonen nicht mehr von ihrem Gravitationsfeld entkommen können. Diese Objekte sollten starke Röntgenstrahlung von ihrem Akkretionsring aussenden, während die kollabierten Sterne selbst bei Definition keine nachweisbare Strahlung emittieren dürften. Das Einstein-Observatorium hat mehrere Kandidaten für Schwarze Löcher identifiziert.

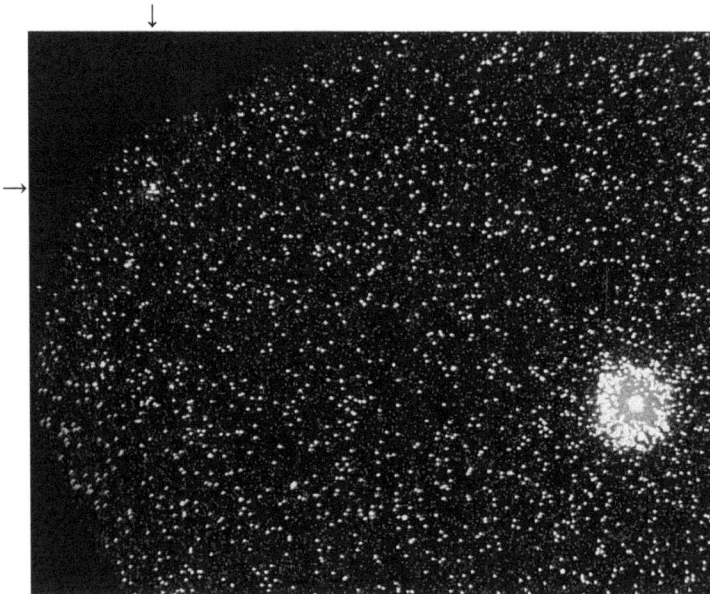

Abb. 3.35 Einstein-Abbildung von zwei Quasaren im Röntgenlicht. Der lichtschwache Quasar OQ 172 (1979) oben links (Pfeile) ist etwa 10 Milliarden Lichtjahre entfernt (NASA).

3.4.2 Der Röntgensatellit ROSAT

Nach Einstein und dem europäischen EXOSAT-Satelliten, der von 1983 bis 1986 in Betrieb war, setzte ab 1990 der deutsche Röntgensatellit ROSAT die Präsenz der Röntgenobservatorien in der Erdumlaufbahn fort. Bereits 1975 war er vom Max-Planck-Institut für Extraterrestrische Physik (MPE) in Garching bei München vorgeschlagen worden. Realisiert wurde er schließlich unter der wissenschaftlichen Leitung des MPE in Zusammenarbeit mit NASA, die einen der Detektoren in der Fokalebene beisteuerte und für den Start verantwortlich war, sowie britischen Wissenschaftlern unter Führung der Universität Leicester, die ein komplettes zusätzliches Teleskop, eine Weitwinkel-Kamera (WFC) für den extrem-ultravioletten Spektralbereich beistellten [23].

Ein Industriekonsortium unter Führung der Firma Dornier in Friedrichshafen begann 1983 mit dem Bau des Satelliten. Auftraggeber war die Deutsche Forschungsanstalt für Luft- und Raumfahrt (heute Deutsches Zentrum für Luft- und Raumfahrt, DLR), deren Raumfahrtkontrollzentrum in Oberpfaffenhofen auch für den Betrieb des Satelliten verantwortlich zeichnete. Der Start, der mit dem Space Shuttle geplant war, wurde nach der Challenger-Katastrophe zunächst verschoben. Man entschied sich daraufhin für eine Delta II Rakete als Träger, die ROSAT am 1. Juni 1990 in seine Umlaufbahn um die Erde brachte (Abb. 3.36 und 3.37) [24], [25].

Wie auch schon Einstein und EXOSAT ist ROSAT mit einer Wolter-Spiegeloptik ausgestattet. Dieses Konzept ermöglicht erstmals die Fokussierung von niederener-

Abb. 3.36 Der Röntgensatellit ROSAT (Länge etwa 4.5 m) (MPE).

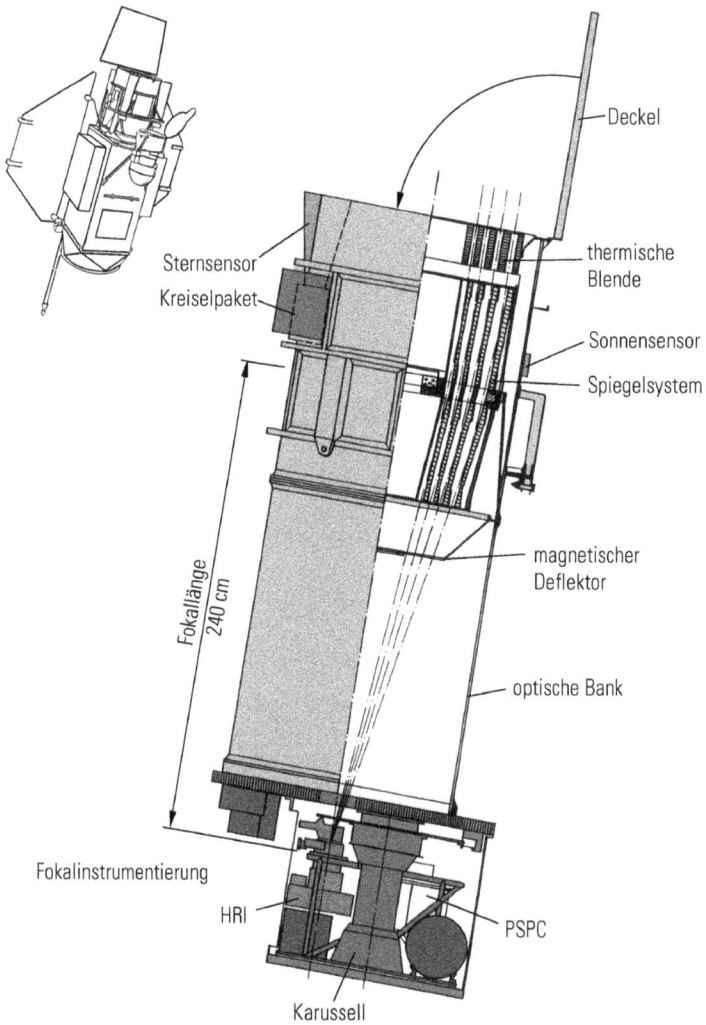

Abb. 3.37   Das ROSAT Röntgenteleskop. Der Querschnitt des Teleskops zeigt oben die vier geschachtelten Wolter-Spiegel, am anderen Ende das Detektorkarussell mit den drei Fokalinstrumenten (MPE).

getischen Röntgenstrahlen. Es geht auf eine Erfindung des Kieler Physikers Hans Wolter aus dem Jahre 1951 zurück, der diese Überlegungen im Hinblick auf ein Röntgenmikroskop gemacht hatte. Die Röntgenastronomie gab es damals noch nicht, die erste Röntgenquelle am Fixsternhimmel, Sco X-1, wurde erst elf Jahre später entdeckt. Die ROSAT-Optik, von der Firma ZEISS in Oberkochen gebaut, setzt sich aus vier ineinandergeschachtelten Wolter-Spiegeln zusammen, die jeweils die Röntgenstrahlung nacheinander an einer Paraboloid- und einer Hyperboloidfläche unter streifendem Einfall reflektieren (vgl. Abb. 3.31 in Abschn. 3.4.1). Der Grenzwinkel für die streifende Reflexion und damit die effektive Fläche der Röntgenoptik nimmt allerdings mit zunehmender Photonenenergie ab. Die Spiegel aus der Glaskeramik Zerodur, das sich durch eine äußerst niedrige thermische Ausdehnung auszeichnet, wiegen fast eine Tonne. Sie sind mit einer dünnen Goldschicht beschichtet, deren Glattheit die Qualität des Teleskops bestimmt.

Welche Ansprüche an die Oberflächengenauigkeit gestellt werden, macht der folgende Vergleich deutlich: Die Mikrorauhigkeit von etwa 0.2 nm entspricht, auf die Fläche des Bodensees bezogen, Kräuselungen der Wasseroberfläche von weniger als einem Hundertstel Millimeter Höhe, größere Wellen von etwa 1 km Länge dürften höchstens 1.5 mm Höhe erreichen. Dieser Präzision verdankt das ROSAT-Spiegelsystem, bei einem Durchmesser von 83 cm und 2.4 m Brennweite, eine Winkelauflösung von nur etwa 3.''5. Der Empfindlichkeitsbereich des ROSAT Röntgenteleskops liegt bei Photonenenergien zwischen 0.1 und 2.4 keV.

Die drei Detektoren in der Brennebene [26] sind auf einem Karussell angeordnet, so daß sie wechselweise in den Strahlengang gefahren werden können. Es sind ein redundanter Vieldrahtproportionalzähler (Position Sensitive Proportional Counter, PSPC) und ein Kanalplattendetektor (High Resolution Imager, HRI). Beide Typen ergänzen sich in ihren Aufgaben. Der am MPE entwickelte PSPC hat ein großes Gesichtsfeld, eine Energieauflösung, die die Unterscheidung von vier „Farben" ermöglicht, eine höhere Empfindlichkeit, aber eine geringere Ortsauflösung. Der von der NASA zur Verfügung gestellte HRI wurde vom Smithsonian Astrophysical Observatory entwickelt und ist nahezu baugleich mit dem auf Einstein eingesetzten Instrument. Er zeichnet sich durch eine hohe Ortsauflösung aus, hat aber ein kleineres Gesichtsfeld als der PSPC und keine Energieauflösung. Der PSPC macht also Röntgen-„Farbbilder", während der HRI schärfere Schwarz-Weiß-Aufnahmen liefert.

Der ortsempfindliche Proportionalzähler ist mit einem Gasgemisch aus Argon, Xenon und Methan gefüllt, in dem ein einfallendes Röntgenphoton über den photoelektrischen Effekt Elektronen freisetzt. In dem elektrischen Feld eines unter Hochspannung stehenden Gittersystems werden die Elektronen weiter beschleunigt. Durch Stöße mit den Gasatomen vervielfacht sich die Ladung um etwa das zwanzigtausendfache. Die Kathode besteht aus über Kreuz angeordneten Drahtgittern, deren Positionstoleranzen in der Größenordnung von nur etwa 2.5 µm liegen. Aus dem Signalmuster an dem Gitter wird die Position des einfallenden Photons abgeleitet, aus dem gemessenen Strom seine Energie. Geladene Teilchen der kosmischen Strahlung, die ebenfalls ein Signal erzeugen, werden durch einen Antikoinzidenzzähler unterdrückt. Da das Einlaßfenster gasdurchlässig ist, begrenzt der Vorrat des in drei Tanks mitgeführten Argon-Xenon-Methan-Gemischs die Lebensdauer des PSPCs (Abb. 3.38).

Wie sinnvoll es war, zwei PSPC-Detektoren mitzunehmen, zeigte sich im Januar 1991. Durch eine Störung im Bordcomputer wurde das Lageregelungssystem deaktiviert und der Satellit geriet ins Taumeln. Die Solarzellenfläche war aus der Sonnenrichtung herausgedreht, die elektrische Spannung der Speicherbatterie gefährlich gesunken. In letzter Minute gelang es, den Satelliten zunächst in einen sicheren Betriebsmode zu kommandieren und anschließend durch Software-Änderungen wieder einen geregelten Betrieb zu gewährleisten. Allerdings hatte das Röntgenteleskop während der Taumelbewegung in die Sonne geschaut. Einer der beiden PSPC-Detektoren und ein Filter der britischen Weitwinkel-Kamera waren durch Überhitzung zerstört worden.

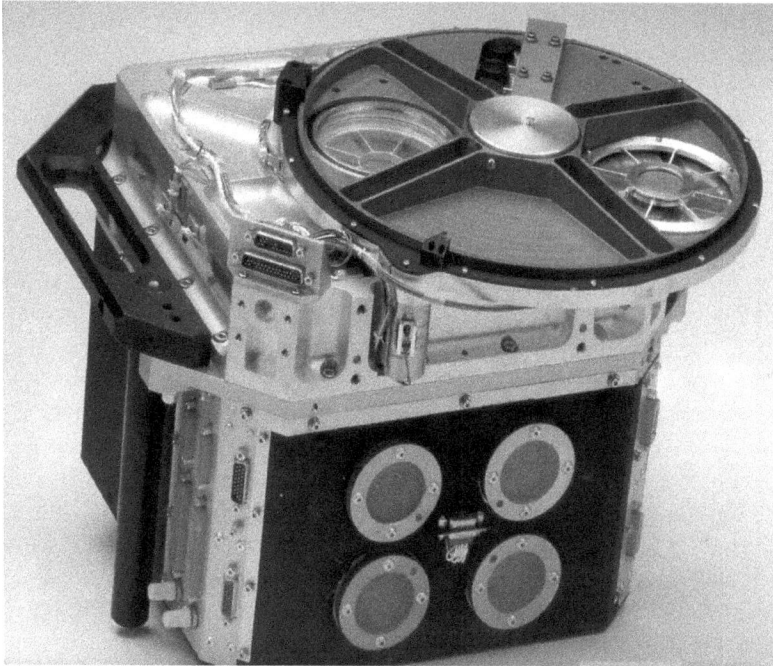

Abb. 3.38 Der am MPE entwickelte ortsempfindliche Vieldrahtproportionalzähler (PSPC) mit Filterrad. Das Elektrodensystem innerhalb der Kamera besteht aus bis zu 10 µm dünnen Drähten, die ein Netz aus 820 Einzeldrähten bilden (MPE).

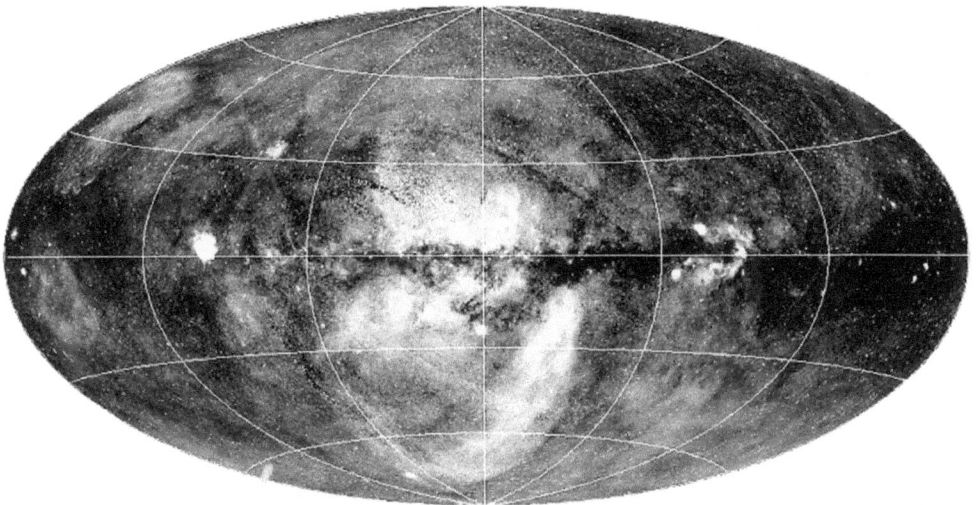

Abb. 3.39 Diffuse Röntgenemission, die durch kosmisches heißes Gas verursacht wird. Alle Punktquellen der Himmelsdurchmusterung wurden in dieser Abbildung eliminiert (MPE).

Mit dem zweiten Proportionalzähler konnte die Mission dann plangemäß fortgesetzt werden. Sie bestand aus zwei Teilen: im ersten halben Jahr wurde der gesamte Himmel mit dem PSPC-Detektor durchmustert, zum ersten Mal mit einem abbildenden Röntgenteleskop (Abb. 3.39). Anschließend wurden detaillierte Beobachtungen einzelner Röntgenquellen durchgeführt. Während der Himmelsdurchmusterung wurden ca. 80 000 Röntgen- und 6000 EUV-Quellen registriert. Fast alle bekannten Arten astrophysikalischer Objekte ließen sich beobachten (Farbbild 6, siehe Bildanhang). An extragalaktischen Röntgenquellen waren es insbesondere die aktiven galaktischen Kerne, außerdem Galaxienhaufen und Galaxien. In unserer Milchstraße gehören normale Sterne, Röntgendoppelsterne, Neutronensterne und Supernovaüberreste zu den Beobachtungsobjekten. Neben den statistischen Untersuchungen, die die große Anzahl der beobachteten Objekte ermöglicht, und der Pfadfinderfunktion für anschließende Detailbeobachtungen, ist der Vorteil der Himmelsdurchmusterung auch das praktisch unbegrenzte Gesichtsfeld, das die Beobachtung von ausgedehnten Objekten, z. B. nahe Supernovaüberreste, möglich macht.

Für die Phase der detaillierten Beobachtungen einzelner Quellen („pointierte Beobachtungen") wurde ROSAT als öffentliches Observatorium betrieben; jeder interessierte Wissenschaftler konnte Beobachtungsanträge stellen. Allerdings wurden die Daten auch hier nach einem Jahr öffentlich gemacht. Diese Phase dauerte bis Ende 1998, als die Mission, die ursprünglich nur für 18 Monate Dauer geplant war, beendet wurde. Insgesamt hat ROSAT ca. 150 000 Röntgenquellen beobachtet, 4000 Wissenschaftler aus 26 Ländern nahmen an dem Beobachtungsprogramm teil. Die Beobachtungsdaten sind inzwischen in verschiedenen Katalogen veröffentlicht [27].

Mit über acht Jahren Lebensdauer und exzellenten Beobachtungen hat ROSAT die wissenschaftlichen Erwartungen weit übertroffen. Die Vielzahl der Beobachtungsobjekte, zu denen durch ROSAT neue Klassen und Phänomene hinzugefügt wurden, und die bisherigen Höhepunkte der wissenschaftlichen Ergebnisse [28] seien hier stichwortartig aufgezählt: die Auflösung des kosmischen Röntgenhintergrundes in diskrete Quellen, die Beobachtung und Analyse des heißen Gases, das das Gravitationspotential von Galaxienhaufen ausfüllt, die Beobachtung von Supernovaüberresten, insbesondere die Entdeckung von Explosionströmmern im Vela SNR, die Entdeckung der „Supersoft Sources" in der Großen Magellanschen Wolke, die Untersuchungen an T-Tauri Sternen, und schließlich die überraschende Entdeckung, daß auch Kometen Röntgenstrahlung emittieren.

3.4.3 Das Chandra-Observatorium

Die Einstein-Ergebnisse waren interessant genug, ließen jedoch auf der anderen Seite so viele wichtige Fragen unbeantwortet, daß für NASA ein Nachfolgeprojekt für die beteiligten Astrophysiker unerläßlich erschien. Schon im Jahre 1989 wurden Mittel für eine ernsthafte Studie eines massiven neuen Raumobservatoriums bewilligt, das Einstein in vieler Hinsicht um Größenordnungen übertreffen sollte. Ein besseres räumliches und zeitliches Auflösungsvermögen, eine lichtstärkere Optik, verbesserte Instrumente und eine erheblich längere Lebensdauer waren die Anforderungen für dieses neue Projekt, das zunächst Advanced X-Ray Astrophysics Facility (AXAF) genannt wurde [29].

Diese geplanten Verbesserungen waren realistisch und beruhten teilweise auf der Vergrößerung der Röntgenoptik und teilweise auf der Verbesserung der Instrumente. AXAF wurde für eine Lebensdauer von 15 Jahren ausgelegt und erforderte deshalb die Möglichkeit von Instandhaltungsflügen mit der Raumfähre wie beim Hubble-Teleskop. Anstelle von vier kleineren Spiegelpaaren sollten bei AXAF sechs Paare mit Durchmessern zwischen 60 und 120 cm verwendet werden.

Es war zunächst geplant, wieder zwei Bild- und zwei spektroskopische Instrumente zu verwenden, ähnlich wie bei Einstein. Die vorläufige Entwicklung von allen vier wurde begonnen, allerdings mit gewissen programmatischen Einschränkungen. Die endgültige Bewilligung von Mitteln für das Observatorium wurde von der erfolgreichen Fertigstellung des ersten Spiegelpaares abhängig gemacht. Das Spiegelsystem mit seinen hohen technischen Anforderungen wurde mit Recht als Schrittmacher für das Gesamtobservatorium angesehen. Auf diese Weise sollten die am Hubble-Teleskop aufgetretenen Kostenüberschreitungen verhindert werden.

Darüber hinaus wurde allerdings im Zusammenhang mit den Kosten auch erneut die Frage nach der Optimalgröße des Observatoriums gestellt. So untersuchte im Jahre 1992 ein wissenschaftlicher Ausschuß die Frage, ob die Ziele der AXAF-Mission besser ausgeführt werden könnten, wenn die Instrumente auf zwei verschiedene Satelliten verteilt würden. Da die Anforderungen für verschiedene Instrumentgruppen bezüglich Optik, Auflösung und Stabilität sehr unterschiedlich sein können, war es denkbar, die beiden verkleinerten Satelliten getrennt zu optimieren und damit die Gesamtkosten zu senken. Ein unmittelbarer Vorteil einer solchen Aufteilung war die Verringerung der Anfangskosten und insbesondere die Beschleunigung des Zeitplans für die erste Mission.

Während dieser Untersuchungen befanden sich die Spiegel in intensiver Arbeit, und Teile des Observatoriums waren bereits im Bau. Trotz guter anfänglicher Fortschritte mit der Spiegelherstellung erlebte das Program zu dieser Zeit eine ernsthafte Krise. Realistische Kostenprojektionen für die folgenden Jahre überschritten die verfügbaren Mittel. Es mußte eine Lösung gefunden werden, die zukünftige Kosten erheblich reduzierte, ohne die wissenschaftlichen Ziele ernsthaft zu beeinträchtigen.

Die beteiligten Wissenschaftler erarbeiteten eine gute Lösung. Es wurde vorgeschlagen, die Mission in einen abbildenden und einen spektroskopischen Teil aufzuspalten. Weitere einschneidende Änderungen waren die Reduzierung des Spiegelsystems von sechs auf vier Paare und die Beschränkung der ersten Mission auf zwei Bildinstrumente. Um den Verlust von Beobachtungsmöglichkeiten auszugleichen, wurde beschlossen, die erdnahe Kreisbahn aufzugeben und statt dessen einen langgestreckten elliptischen Orbit mit einem Apogäum von mindestens 100 000 km zu erreichen. Solch eine Bahn bietet durch die Reduzierung des Erdschattens eine verbesserte Effektivität in den Beobachtungsfolgen, so daß die erwarteten wissenschaftlichen Resultate trotz dieser drastischen Änderungen annähernd gleich bleiben sollten. Auf der anderen Seite bedeutet der veränderte Orbit, daß Reparaturen und Geräteverbesserungen im Raum nicht ausgeführt werden können, und daß damit die zu erwartende Lebensdauer verringert wird.

Im folgenden Jahr wurde dann allerdings entschieden, daß wegen allgemeiner Kürzung der bereitstehenden Mittel die zweite (spektroskopische) Mission nicht weiter verfolgt werden konnte, so daß schließlich nur noch eine verkleinerte, aber wissenschaftlich effektive Ausführung des ursprünglich geplanten Observatoriums

Abb. 3.40   Die Kalibrierungsanlage für das Chandra-Observatorium im Marshall Space Flight Center in Huntsville, AL. Die Strahlungsquelle befindet sich am Ende des evakuierten Tunnels (links), die Vakuumkammer im Testgebäude (rechts) (NASA).

übrigblieb. Damit teilt es das Schicksal von vielen anderen Raumfahrtprojekten, die zunächst ehrgeiziger begannen als sie dann durchgeführt werden konnten.

Inzwischen war das erste Spiegelpaar fertiggestellt und wurde für seinen kritischen Test zu einer neuen Vakuum-Kalibrierungsanlage im Marshall Space Flight Center transportiert. Der Test simulierte realistische Raumbedingungen und zeigte, daß die Spiegel ihre Anforderungen voll erfüllten. Abb. 3.40 zeigt eine Luftaufnahme dieser im Jahre 1991 fertiggestellten Anlage (die ursprüngliche kleinere Version war für die Einstein-Optik gebaut worden). Das Röntgenstrahlenbündel wird im Gebäude oben links erzeugt und fällt nach Passieren des 530 m langen Vakuumtunnels beinahe parallel auf die in der großen Vakuumkammer befindlichen Spiegel. Die massive Kammer ruht auf seismisch stabilen Fundamenten, um jede Erschütterung während der empfindlichen Messungen zu vermeiden. Der Tunneldurchmesser steigt in drei Stufen von 1 auf 1.6 m an. Das Vakuum erreicht 10^{-5} Pa. Abb. 3.41 zeigt schematisch die Testkonfiguration der Spiegelanordnung in der Kammer. Der erste Spiegeltest wurde im Sommer 1991 erfolgreich durchgeführt.

Im Laufe des Aufbaus des Observatoriums wurden dann später erst die verbleibenden Spiegel und dann die gesamte Spiegelanordnung zusammen mit den beiden Instrumenten auf diese Weise geprüft. Da die Spiegel erhebliches Gewicht haben, müssen sie während dieser Messungen durch besondere Maßnahmen unterstützt werden, um den Einfluß der Schwerkraft zu vermindern und ihre wahre Form im schwerefreien Raum zu repräsentieren. Mit diesen gründlichen und langdauernden Tests

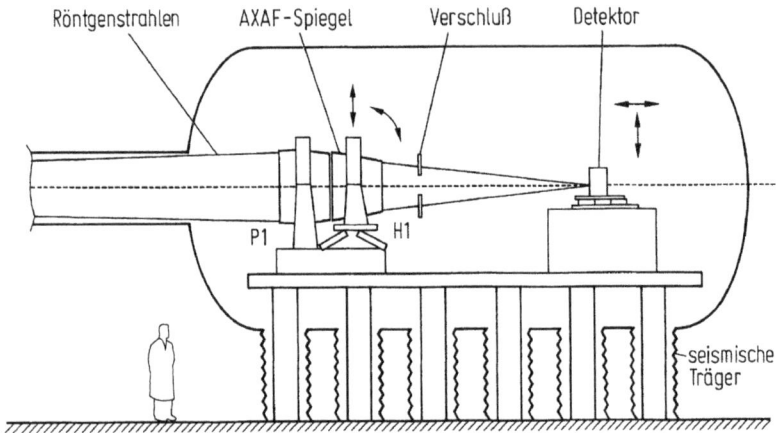

Abb. 3.41 Schema der Vakuumkammer zur Kalibrierung der Chandra-Optik. Die Pfeile zeigen die Freiheitsgrade für mechanische Justierungen.

wurde die Möglichkeit eines optischen Fehlers, wie er beim Hubble-Teleskop auftrat, ausgeschaltet.

Das Röntgenobservatorium wurde im Juli 1999 gestartet. Der Aufstieg in die elliptische Bahn erfolgte in drei Stufen; zunächst in der Raumfähre; dann folgten zwei Brennperioden einer angesetzten kleineren Stufenrakete und schließlich, für Bahnkorrekturen, fünf Brennperioden des in das Observatorium eingebauten eigenen Raketentriebwerks (Abb. 3.42). Nach dem Kalibrieren im Orbit und dem Beginn der Beobachtungen wurde das Observatorium nach dem in Indien geborenen amerikanischen Physiker und Nobelpreisträger Chandrasekhar (kurz „Chandra") benannt. Das Apogäum ist 140 000 km (etwa 1/3 der Erde-Mond Entfernung) mit einer Periode von 62.5 Stunden. Diese Bahn hat große Vorteile für langzeitige Beobachtungen. Mehr als 80 % der Bahn sind frei von störenden Erdeinflüssen und Strahlungsgürteln. Das erlaubt eine wesentlich verbesserte Beobachtungsstrategie für schwierige und lichtschwache Ziele (z. B. für Objekte nahe den Erdpolen).

Um Gewicht zu sparen und eine möglichst hohe Bahn zu ermöglichen, wurde das Teleskop weitgehend aus Graphit-Gießharz gebaut, das geringes Gewicht mit hoher Steifigkeit verbindet, zwei wesentliche Vorteile für optische Systeme. Das Endgewicht war 4620 kg, nur wenig mehr als ein Drittel des Hubble-Teleskops. Das Teleskop besteht aus vier Paaren von parabolischen/hyperbolischen Zerodur-Hohlspiegeln mit einer aufgedampften Iridium-Oberfläche. Die dünne Iridiumschicht erhöht die Reflektivität im Röntgenlicht. Das Rohmaterial der Spiegel wurde von den Schott Glaswerken geliefert; der äußere Durchmesser des größten Spiegelsatzes beträgt 1.2 m, ist also doppelt so groß wie der des Einstein-Observatoriums und hat eine Gesamtfläche von 19.2 m². Die Wolter-Optik mit streifendem Einfall ist in seiner Konstruktion dem Einstein-Observatorium sehr ähnlich. Die effektive Fläche für den streifenden Einfall ist eine Funktion der Wellenlänge und wird in Abb. 3.49 (s. Abschn. 3.4.4) mit der von Einstein, ROSAT und XMM-Newton verglichen. Besonders wichtig war die geplante Verbesserung im Energiebereich oberhalb von 2 keV. Die Stabilität der Teleskoporientierung beträgt im Mittel 0."25, die Genauig-

Abb. 3.42 Ansicht des Chandra Observatoriums. Die Sonnenblende ist geöffnet und zeigt die konzentrischen Öffnungen der 1.2 m Röntgenoptik. Links daneben ist die Öffnung der Sternkamera zur Richtungsbestimmung. Ebenfalls nach vorne gerichtet sind die vier Düsen des eingebauten Raketentriebwerks. Der Instrumentmodul befindet sich am Ende der konischen optischen Bank. Das Observatorium ist 15 m lang (NASA/TRW).

keit in der Richtung 30″. 50 % der Energie im Brennpunkt liegen innerhalb eines Kreises von 0.″5. Sechs Orientierungskreisel (drei davon sind überschüssig für spätere Ausfälle) besorgen die Richtungskontrolle des Teleskops.

Der Instrumentmodul enthält zwei Instrumente, die wechselseitig in den Brennpunkt des Telekops befördert werden können. Innerhalb der langen optischen Bank sind zwei Transmissionsgitter angebracht, die ebenfalls durch Radiosignal in den Lichtstrahl bewegt werden können. Es handelt sich hier um eines für hohe Energien (HETG), entwickelt von C.R. Canizares am MIT und eines für niedrige Energien (LETG), entwickelt von A. Brinkman, SRU, Utrecht. Die Auflösung ist in beiden Fällen etwa 800. Die Kamera verwendet zwei Microchannel-Platten und erreicht eine Auflösung von 0.″5 über ein Blickfeld von 31′ (Abb. 3.43). Damit wird ein detailliertes Bild der kosmischen Röntgenquelle gewonnen. Das Instrument wurde im Smithsonian Astrophysical Laboratory unter der Leitung von S.S. Murray entwickelt.

Das abbildende Spektrometer verwendet zwei orthogonale Reihen von CCD's, eine zur Abbildung und eine zur Spektroskopie. Es liefert gleichzeitig Abbildungen und die Spektralverteilung der Strahlungsquellen. Die spektrale Auflösung ist für hohe Energien 60–1000, und für niedrige Energien 40–2000. Das Spektralgebiet erstreckt sich von 0.2 bis 10 keV bei einer Bildauflösung von < 1″. Das Instrument wurde von der Pennsylvania State University und dem Massachusetts Institute of Technology unter der Leitung von G.P. Garmire entwickelt und gebaut. Sein Haupt-

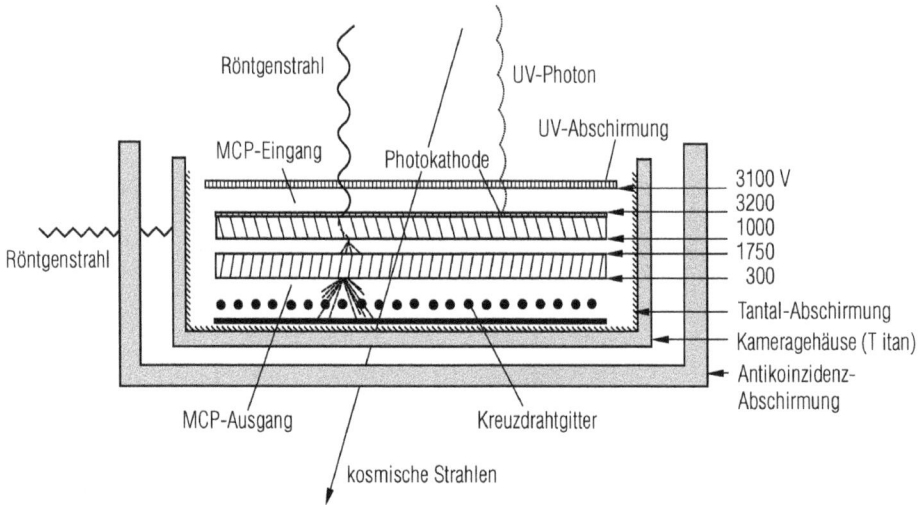

Abb. 3.43 Die hochauflösende Kamera enthält zwei Microchannel-Platten (10 · 10 cm); sie bestehen aus je 69 Millionen Bleiglasröhren, jedes 1.2 mm lang und 10 μm Durchmesser. Einfallende Röntgenstrahlen befreien Elektronen, die das Kreuzgitter am Boden des Detektors treffen; damit wird die Bildposition der Strahlungsquelle mit einer Genauigkeit von 0."5 bestimmt (SAO).

zweck ist die Messung von Temperaturvariationen von ausgedehnten Röntgenquellen, z. B. Wolken von heißen Gasen im intergalaktischen Raum. Gleichzeitig mit der Abbildung wird die Energie der einfallenden Strahlung bestimmt. Es ist möglich, Aufnahmen im Licht einer einzelnen Spektrallinie (z.B. von Eisen) zu machen. Während der Kalibrierung im Orbit stellte sich heraus, daß die CCD's durch Protonen vom Van-Allen-Gürtel Strahlungsschäden erlitten haben. Um weitere Schäden zu vermeiden, wird das Instrument periodisch deaktiviert, wenn Chandra den Strahlungsgürtel durchfliegt.

Das Chandra Science Institute arbeitet analog zum Space Telescope Science Institute (s. Abschn. 3.2.1.6). Es wird vom Smithsonian Astrophysical Observatory in Cambridge, Massachusetts geleitet. Etwa 150 Wissenschaftler und Techniker managen die Auswahl der Beobachtungen, die kontinuierliche Kontrolle des Observatoriums durch Radiosignale von drei Bodenstationen und den Datenfluß vom Observatorium zu den Beobachtern. Auch die Unterrichtung der Öffentlichkeit erfolgt von hier.

Die ersten Beobachtungsziele waren Überreste von Supernovae und ihre Dynamik, heiße Gase in Akkretionsscheiben um Schwarze Löcher, heiße Gase im Inneren von Galaxiehaufen und Quasare. Von besonderem Interesse sind auch Emissionen in diskreten Spektrallinien von schweren Elementen im Weltraum. Von Beginn der Mission an sind eine Reihe von gleichzeitigen Beobachtungen mit dem Hubble-Teleskop erfolgreich koordiniert worden. Abb. 3.44 ist ein gutes Beispiel für das Auflösungsvermögen und die Empfindlichkeit von Chandra. Im Röntgenlicht zeigt der Krebsnebel ein sehr verschiedenes Bild vom Sichtbaren.

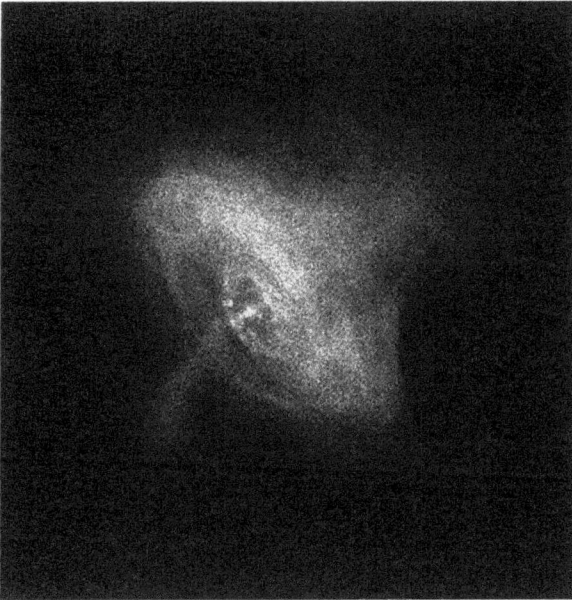

Abb. 3.44 Der Supernova-Überrest im Krebsnebel, aufgenommen von Chandra. Im Zentrum rotiert ein Pulsar mit 30 Hz. Im Röntgenlicht sind Ringe von energetischen Teilchen bis zu einer Entfernung von 1 ly zu erkennen. Senkrecht zu den Ringen entweichen Teilchen in einem Strahl (nach links). Die Glockenform ist eine Folge der Wechselwirkung zwischen den kreisenden Teilchen und den umgebenden Gas- und Staubwolken im starken Magnetfeld des Nebels (NASA/SAO).

3.4.4 Das XMM Newton-Observatorium

XMM steht für „X-ray Multi-Mirror" Mission und dieser Name sagt bereits, was dieses Röntgenobservatorium auszeichnet: Die Optik besteht aus insgesamt 174 Einzelspiegeln, die eine große Sammelfläche aufspannen und damit dieses Observatorium für die Abbildung schwacher Röntgenquellen und spektroskopische Untersuchungen prädestinieren. Als einer der „Cornerstones" (Eckpfeiler) im Wissenschaftsprogramm „Horizon 2000" der ESA soll XMM-Newton neue Akzente in der Röntgenastronomie und in der Beobachtung des heißen Universums setzen (Abb. 3.45 und 3.46) [30].

Sowohl für das Spiegelsystem als auch die Detektoren sind neue Technologien entwickelt worden. Wie bei Einstein, ROSAT und Chandra sind die Spiegel nach dem Wolter-Verfahren geformt. 58 Einzelspiegel von 30 bis 70 cm Durchmesser und 60 cm Länge bilden konzentrisch ineinandergeschachtelt ein Spiegelmodul. XMM besteht aus drei parallelen Teleskopen, jedes ist mit einem solchen Spiegelmodul ausgestattet. Während bei ROSAT und Chandra die vier Einzelspiegel aus der Glaskeramik Zerodur bestehen, erfordert die Kompaktheit der XMM Optik besonders dünne Spiegel und dazu ein neues Herstellungsverfahren. Auf einen Abformkörper

Abb. 3.45 Das XMM-Newton Röntgenobservatorium (ESA/Astrium).

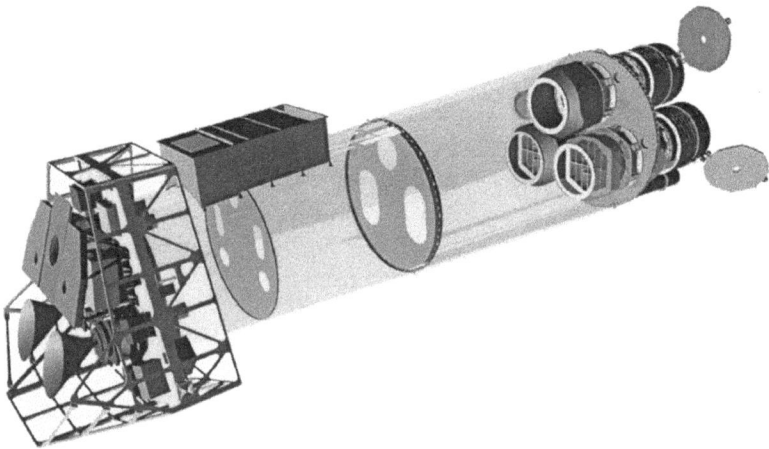

Abb. 3.46 Aufbau des XMM-Röntgenteleskops (Länge etwa 11 m). Rechts die drei Spiegelmodule, zwei davon mit Reflektionsgittern ausgestattet. Links die Detektorebene und die Radiatoren, die die Kühlung der CCDs gewährleisten (ESA).

("Mandrel") wird zunächst eine Goldschicht aufgedampft, die später die reflektierende Oberfläche bildet.

Das Material der Spiegelstruktur besteht aus Nickel, das elektrolytisch auf die Goldschicht abgeschieden wird. Nach der Trennung von dem Mandrel läßt sich dieser für die nächste Spiegelfertigung verwenden. Die 60 cm langen Spiegelschalen mit einer Brennweite von 7.5 m werden nur an ihrem parabolseitigen Ende durch ein Speichenrad gehalten. Die Spiegeldicke liegt zwischen 0.47 mm (innen) und 1.07 mm (außen), die Abstände betragen nur wenige Millimeter, die Oberflächengenauigkeit etwa 4 Å. Trotz dieser hohen Anforderungen wurde die Winkelauflösung fast doppelt so gut wie ursprünglich angestrebt, eine technologische Meisterleistung.

Während die Spiegelmodule in den drei Teleskopen identisch sind, gibt es Unterschiede in der Instrumentierung. Im Primärfokus werden CCD-Detektoren („Charge Coupled Device") eingesetzt, die von der europäischen EPIC-Kollaboration („European Photon Imaging Camera") beigestellt werden. Zwei verschiedene Typen kommen zum Einsatz: eine in Deutschland entwickelte „pn-Kamera" und zwei „MOS-Kameras", die in Großbritannien gefertigt wurden. In den beiden Teleskopen mit den MOS-CCDs wird außerdem etwa die Hälfte des Lichts durch Reflektionsgitter aus dem Strahlengang auf weitere CCD-Detektoren reflektiert und ermöglicht so Röntgenspektroskopie mittlerer Auflösung. Ein gesondertes Teleskop mit 30 cm Öffnung beobachtet simultan die Röntgenquellen im optischen und ultravioletten Spektralbereich. Diese Beobachtung liefert zusätzliche Informationen über die Natur der Röntgenquellen und trägt daher wesentlich zu deren Identifizierung bei. Eine Beobachtung mit XMM-Newton erfolgt gleichzeitig mit allen sechs Instrumenten, also den drei Fokalkameras, den beiden Spektrometern und dem optischen Monitor.

Zwei Instrumente sollen hier etwas ausführlicher dargestellt werden: die pn-Kamera und das RGS-Spektrometer. Die Kamera wurde im Max-Planck-Institut für Extraterrestrische Physik in Garching in Zusammenarbeit mit dem Institut für Astronomie und Astrophysik der Universität Tübingen entwickelt (Abb. 3.47). Fast 50 cm Durchmesser hat der Kamerakopf, an dessen einem Ende ein Radiator sitzt, der die im Instrument entstehende Wärme in den kalten Weltraum abstrahlt und so die Betriebstemperatur von etwa $-90°$ C gewährleistet. Ein Filterrad und ein Protonenschild bestimmen die andere Seite des Kamerakopfes, von der die Photonen einfallen. Herzstück der Kamera sind 12 CCDs, jeweils 3 cm × 1 cm groß, und auf einem monolithischen Silizium-Wafer angeordnet. Sie wurden speziell für die Anwendung bei XMM entwickelt und optimiert. In ihrem Innern erzeugen die Röntgenphotonen in der Verarmungszone des pn-Übergangs Elektron-Loch-Paare, die durch eine von außen in Sperrichtung angelegte Spannung „abgesaugt" und in Potentialtöpfen unter der Oberfläche gesammelt werden. Durch zeitlich variable Spannungen an den Bildelementen (Pixel) lassen sie sich dann in Richtung Ausleseanode verschieben.

Für den Einsatz bei XMM-Newton wurden folgende Parameter gewählt: Die Pixelgröße ist mit 150 μm × 150 μm so festgelegt, daß sie die räumliche Auflösung des Spiegelsystems noch unterschreitet, aber dadurch schneller auslesbar ist als bei sonst üblichen kleineren Pixeln. Auch die Dicke der Verarmungszone ist mit 280 μm größer als bei handelsüblichen CCDs, damit auch von den höherenergetischen Photonen (bis 15 keV) ein großer Prozentsatz absorbiert wird. Bei 6 keV beträgt das

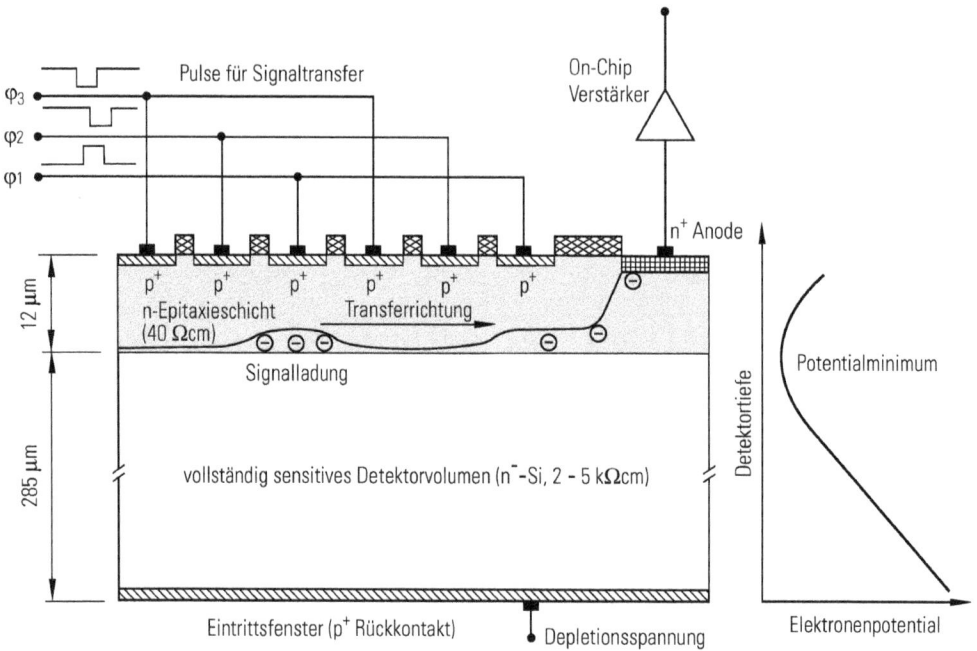

Abb. 3.47 Schematischer Querschnitt durch das pn-CCD in der XMM-Kamera (MPE).

Ansprechvermögen noch 100 %. Die Absorption in der Oberflächenschicht auf der Rückseite des CCD, die dem einfallenden Röntgenlicht zugewandt ist, ist relativ niedrig, so daß bereits Photonen ab etwa 0.1 keV aufwärts detektiert werden. Jedes einzelne der 12 CCDs auf der 36 cm² großen Detektorfläche ist in 64 × 200 Pixel unterteilt. Die Ladungen in den 64 Zeilen werden parallel ausgelesen, verstärkt und in ein serielles Datenpaket umgewandelt. Auch durch die parallele Auslese wird das zeitliche Auflösungsvermögen des Detektors gesteigert. Die Auslesezeit für das gesamte Gesichtsfeld („full frame mode") beträgt etwa 0.07 Sekunden, in speziellen Betriebsmodi kann sie unter Einschränkung der ausgelesenen Fläche und auf Kosten der räumlichen Auflösung bis auf Mikrosekunden gesenkt werden. Da nicht nur der Ort, sondern auch die Energie der Photonen gemessen wird, darf nicht mehr als ein Photon auf ein Pixelelement treffen, bevor dieses ausgelesen wird. Jeweils ein Quadrant (also 3 CCDs) verfügt über eine unabhängige Ausleseelektronik, so daß bei einem Ausfall die übrigen drei Viertel voll funktionsfähig bleiben. Die intrinsische spektrale Auflösung der CCDs liegt, abhängig von der Photonenenergie, zwischen 5 und 60.

Zur Steigerung der spektralen Auflösung des XMM-Observatoriums dienen die RGS-Spektrometer (Reflection Grating Spectrometer). Sie werden im Energiebereich von 0.3 bis 2.5 keV verwendet. 182 Gitterplatten, jeweils 10 cm × 20 cm groß und nur 1 mm dick, sind hinter zweien der drei Teleskope angebracht, von wo sie etwa die Hälfte des Röntgenlichtes auf gesonderte Detektoren reflektieren. Die Anzahl der Linien auf ihrer goldbeschichteten Oberfläche variiert zwischen 626 und

656 Linien pro Millimeter. Die reflektierte und dispergierte Strahlung trifft auf eine Reihe aus neun CCD-Detektoren, die ebenfalls auf der MOS-Technologie beruhen. Deren intrinsisches spektrales Auflösungsvermögen erlaubt es, die erste und zweite Ordnung zu trennen, die sonst überlappen würden. Durch die Verwendung der Gitter wird in der ersten Ordnung eine Auflösung von 150 bis 800 erreicht. Die Entwicklung dieses Experimentes war eine Zusammenarbeit zwischen der Stichting Ruimte Onderzoek Nederland (SRON), dem Mullard Space Science Laboratory (UK), dem Paul Scherrer Institut (Schweiz) und der Columbia Universität (USA).

XMM-Newton ist auch ein Beispiel für eine erfolgreiche internationale Zusammenarbeit. Der Satellit wurde von einem Industriekonsortium unter Führung von Astrium (früher Dornier Satellitensysteme) in Friedrichshafen gebaut. 46 Firmen in 14 europäischen Ländern und eine in den USA waren in diesem Konsortium vertreten. Mit über zehn Meter Länge, fast vier Tonnen Gewicht und einer Spannweite der Solargeneratoren von etwa 16 Meter ist es der größte wissenschaftliche Satellit, der bisher in Europa gebaut wurde. Für die Herstellung, Integration und Verifikation der Spiegel war Media Lario in Italien zusammen mit Kayser-Threde in München verantwortlich, die Mandrels wurden bei Carl Zeiss in Oberkochen gefertigt. Wissenschaftliche Institute in Europa und USA haben die Instrumente

Tab. 3.4   Beiträge der wissenschaftlichen Institute zu XMM-Newton.

---

a) European Photon Imaging Camera (EPIC)
   bestehend aus: Drei Röntgenkameras mit CCD-Detektoren (ein pn-CCD und zwei MOS-CCDs) im Primärfokus, einschließlich Elektronik, Radiatoren und Filter.
   Principal Investigator: M. J. L. Turner (Leicester University, UK)
   beteiligte Länder: Großbritannien, Deutschland (MPE Garching und Universität Tübingen), Italien, Frankreich

b) Reflection Grating Spectrometer (RGS)
   bestehend aus: Zwei Spektrometer mit Reflexionsgittern und Auslese-CCDs, ca. 645 Linien pro mm
   Principal Investigator: A. C. Brinkmann (SRON, NL)
   beteiligte Länder: Niederlande, Schweiz, Großbritannien, USA

c) Optical Monitor (OM)
   bestehend aus: 30 cm Ritchey-Chrétien Teleskop f/12,7 mit Filtern und Gittern, 1 Bogensekunde Auflösung
   Principal Investigator: K. O. Mason (Mullard Space Science Laboratory, UK)
   beteiligte Länder: Großbritannien, Belgien, USA

d) Telescope Scientist
   Design der Teleskope, röntgenoptische Tests an Spiegelproben, Einzelspiegeln und Spiegelsystemen, Kalibration der Instrumente.
   B. Aschenbach (MPE Garching)

e) Survey Science Centre (SSC)
   Aufbereitung der wissenschaftlichen Daten für die Beobachter.
   Principal Investigator: M. G. Watson (Leicester University)
   beteiligte Länder: Großbritannien, Deutschland (MPE Garching und Astrophysikalisches Institut Potsdam), Frankreich

---

entwickelt und Aufgaben beim Design und Testen der Röntgenoptik sowie bei der Datenaufbereitung übernommen. Eine Übersicht dazu zeigt Tab. 3.4.

Am 10. Dezember 1999 wurde XMM-Newton mit einer Ariane-5 Rakete gestartet. Die Umlaufperiode von 48 Stunden auf einer hochelliptischen Bahn

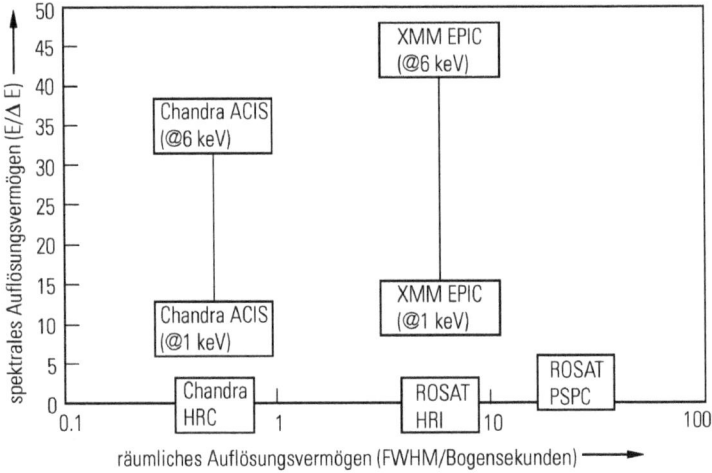

Abb. 3.48 Räumliches Auflösungsvermögen (Halbwertsbreite der Punktbildfunktion) und spektrales Auflösungsvermögen der Detektoren von ROSAT, Chandra und XMM-Newton.

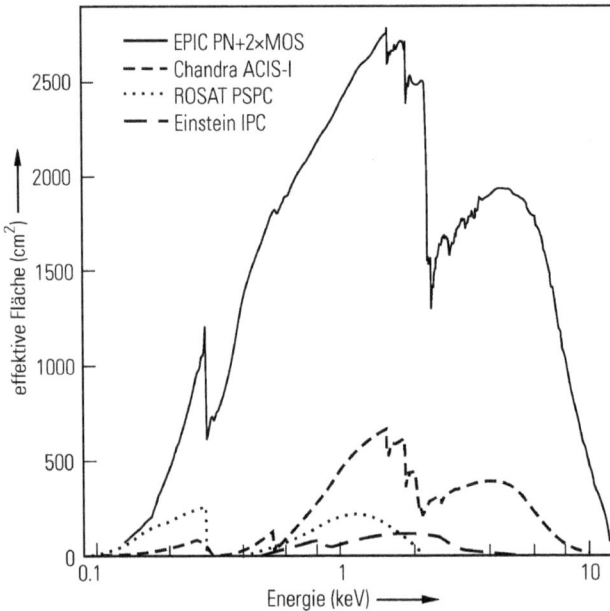

Abb. 3.49 Effektive Fläche als Funktion der Photonenenergie von Einstein, ROSAT, Chandra und XMM-Newton (MPE).

(7000 km × 114000 km) ermöglicht lange, ungestörte Beobachtungen. Nach einer Phase der Inbetriebnahme und Kalibration im Orbit begannen am 1. Juli 2000 die Routinebeobachtungen. XMM-Newton fliegt nun zeitgleich mit dem amerikanischen Chandra-Observatorium. Beide setzen die ROSAT-Beobachtungen bei höheren Energien (ROSAT: 0.1–2.4 keV, Chandra und XMM: ca. 0.1–10 keV) und mit einer anspruchsvolleren Detektortechnologie fort, außerdem ergänzen sie sich in ihren Eigenschaften.

Das räumliche Auflösungsvermögen von Chandra mit ca. 0.''5 ist unübertroffen (Abb. 3.48), während sich XMM-Newton durch die große Sammelfläche auszeichnet (Abb. 3.49). Die Ausweitung des Empfindlichkeitsbereiches zu höheren Energien macht nun auch die Röntgenquellen sichtbar, deren Strahlung im niederenergetischen ROSAT-Bereich absorbiert wird. Und die spektroskopischen Möglichkeiten ermöglichen tiefere Einblicke in die Natur der Röntgenquellen: der Ursprung des kontinuierlichen Spektrums läßt sich analysieren (z. B. thermisches oder Synchrotronspektrum) und die Linienspektroskopie ermöglicht chemische Analysen, Temperaturmessungen und die Bestimmung von Rotverschiebungen. Mit Chandra und XMM-Newton hat eine neue Generation von Röntgenobservatorien mit der Erkundung des heißen Universums begonnen.

3.5 Observatorien im Infrarotbereich

3.5.1 Der Infrarot-Satellit IRAS

Der Aufstieg des Infrarot-Satelliten IRAS (Infrared Astronomical Satellite) erfolgte im Januar 1983 mit einer Delta-Rakete von Vandenberg an der Westküste der Vereinigten Staaten. In 10 Monaten wurde die gesamte Himmelskugel mehr als zweimal von drei tiefgekühlten Instrumenten im Brennpunkt eines 57-cm-Ritchey-Chrétien-Spiegelteleskops auf Infrarotquellen abgesucht. Der annähernd polare Orbit war 900 km hoch, und die Mission wurde erst dadurch beendet, daß das Kühlungsmedium, superflüssiges Helium II, verbraucht war [31]. IRAS leitete ein neues Kapitel in der Geschichte der Astronomie ein.

Das Projekt war gemeinschaftlich von den Niederlanden, Großbritannien und den Vereinigten Staaten durchgeführt worden, um die damals noch existierende Lücke im Spektrum der Himmelsbeobachtungen zu schließen. Die Erdatmosphäre ist durch die Existenz von Wasserdampf für langwelliges Infrarot beinahe undurchlässig; darüber hinaus emittiert die höhere Atmosphäre selbst eine störende Hintergrundstrahlung für alle Observatorien auf der Erdoberfläche.

Das große Interesse der Astronomen an Infrarotbeobachtungen erklärt sich aus der Fähigkeit dieser Strahlen, kosmische Staubwolken zu durchdringen. Gleichzeitig war bekannt, daß viele Sternklassen einen großen Teil ihrer totalen Strahlungsenergie im Infrarot aussenden. Insbesondere gilt dies für Sterne im Frühstadium ihrer Entwicklung, solange sie noch relativ kühle und für das menschliche Auge unsichtbare Gravitationskerne innerhalb kosmischer Staub- und Gaswolken darstellen. Etwa 60% der Beobachtungen von IRAS waren einer systematischen Übersicht der Himmelskugel gewidmet, während die übrigen Beobachtungen auf ausgewählte Ziele gerichtet waren. Das Übersichtsinstrument hatte je 15 oder 16 Germanium- und Silicium-Detektoren in vier Wellenbereichen: 8.5–15; 19–30; 40–80 und 83–120 μm.

Der Spektrograph mit einem Auflösungsvermögen von 14 bis 35 benutzte die gleiche Art von Detektoren wie das Übersichtsinstrument. Das Photometer mit eingebautem Zerhacker führte bei hoher Winkelauflösung absolute und differentielle Photometrie von ausgewählten Objekten gleichzeitig in zwei Wellenlängen im langwelligen Infrarot aus. Die Resultate dieser Beobachtungen betreffen alle großen Klassen von astronomischen Objekten: das Sonnensystem, benachbarte Sterne und interstellare Materie, die Milchstraße und andere Galaxien und Quasare. In einer Serie von Aufnahmen ist die Ebene der Milchstraße deutlich erkennbar als eine Konzentration von vielen Einzelsternen (Farbbild 1, siehe Bildanhang). Extragalaktische Objekte erscheinen in längeren Wellenlängen, sie sind annähernd isotrop über die Himmelskugel verteilt.

Die erste große Überraschung von IRAS wurde bei direkten Beobachtungen des Sterns Wega gefunden. Sie lieferten die erste sichtbare Evidenz für einen Ring von kleinen Teilchen, die Wega in einem Abstand von 0.85 Erdbahnradien umkreisen. Die Gesamtmasse des Ringes wird auf 300 Erdmassen geschätzt. Es handelt sich hier wahrscheinlich um ein Planetensystem in seiner anfänglichen evolutionären Phase. In den folgenden Monaten wurden noch etwa 50 weitere Sterne mit solchen Ringgebilden gefunden. Die mittlere Temperatur der Ringe liegt bei etwa 85 K.

3.5.2 Das Infrarot-Observatorium ISO

Ein Problem haben die Infrarotastronomen, das ihre Kollegen, die bei anderen Wellenlängen messen, nicht kennen: ihr Beobachtungsinstrument emittiert selbst die Strahlung, die es mit hoher Empfindlichkeit von den astronomischen Quellen registrieren soll. Zur Unterdrückung dieser Wärmestrahlung müssen die Detektoren und alle im Strahlengang befindlichen Teile gekühlt werden. Diese Maßnahme bestimmt den Aufbau des ISO-Satelliten: Das Teleskop ist in einen 4 m hohen Kryostaten mit superfluidem Helium eingebettet, das bei 1.8 K langsam durch einen porösen Stopfen verdampft und dabei das gesamte Gesichtsfeld auf Temperaturen zwischen 1.8 und 8 K hält (Abb. 3.50). Der Vorrat an Helium bestimmt daher auch die Lebensdauer des Satelliten: mindestens 18 Monate sollte die Mission ursprünglich dauern. Doch zur Freude der Astronomen reichte der 2300 l Vorrat an Helium wesentlich länger, erst nach etwa 29 Monaten verdampfte der letzte Tropfen [32].

Durch ein langes Blendenrohr, das die Strahlung von Erde, Sonne, Mond und der hellen Planeten abschirmt, fällt die Infrarotstrahlung in das Teleskop, ein Ritchey-Chrétien Cassegrain mit 60 cm Öffnung und 9 m Brennweite. Es mißt bei Wellenlängen zwischen 2.4 und 240 μm. Das ist eine deutliche Erweiterung des Wellenlängenbereiches gegenüber seinem Vorgänger IRAS, der in vier Bändern zwischen etwa 9 und 120 μm gemessen hat. Auch die Nachweisempfindlichkeit und das räumliche Auflösungsvermögen konnten deutlich gesteigert werden. Kurz vor der Brennebene teilt ein Pyramidenspiegel den Strahl und weist jedem der vier wissenschaftlichen Instrumente ein eigenes Gesichtsfeld von 3' Durchmesser zu. Die Beobachtung des gleichen Objektes mit verschiedenen Instrumenten erfordert daher ein Schwenken des Satelliten. Die Instrumente, die jeweils von einem internationalen Konsor-

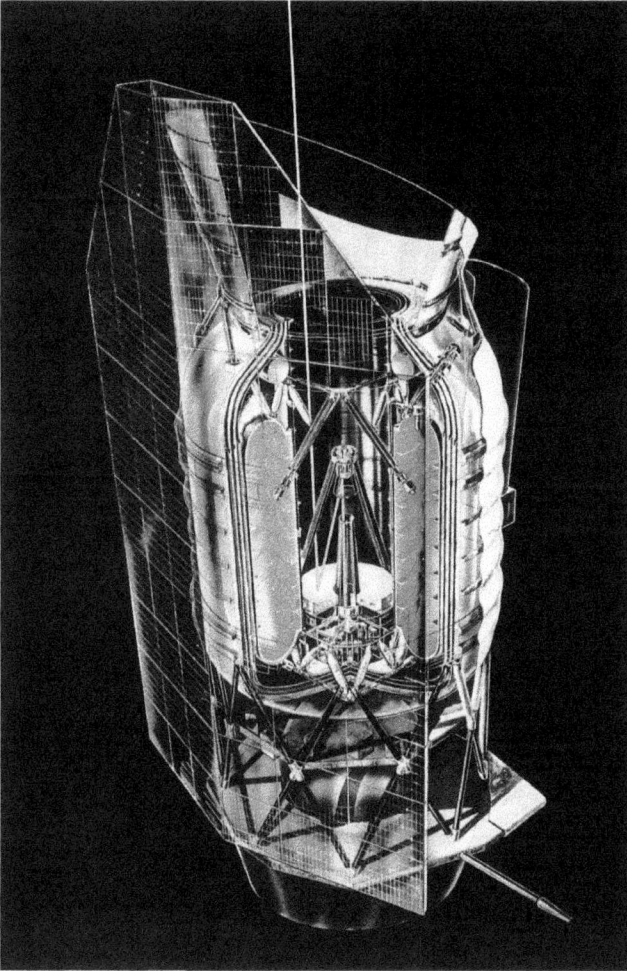

Abb. 3.50   Querschnitt durch den ISO-Satelliten (MPIA/Astrium).

tium entwickelt und an ESA geliefert wurden, ermöglichen Abbildung, Spektroskopie, Photometrie und Polarimetrie der Infrarotstrahlen. Ihre Eigenschaften im einzelnen sind:

a) ISOCAM. Die Kamera auf ISO bildet den Infrarothimmel in den Wellenlängenbereichen von 2.5 bis 5.5 μm und von 4 bis 18 μm ab. Jeder der beiden Detektoren besteht aus 32×32 Bildelementen. Durch wählbare Linsen im Strahlengang wird eine räumliche Auflösung von 1."5 bis 12″ pro Bildelement erreicht. 21 Filter schränken die Beobachtung auf breite Bänder oder bestimmte Linien ein. Drei weitere stufenlos veränderliche Interferenzfilter ermöglichen sehr schmalbandige Beobachtungen. Principal Investigator (PI) der Kamera ist C. Cesarsky vom Service d'Astropysique Saclay (Frankreich).

Abb. 3.51   Aufbau des ISOPHOT-Instrumentes (MPIA).

b) ISOPHOT. Das abbildende Photopolarimeter ISOPHOT ist aus mehreren Subsystemen zusammengesetzt (Abb. 3.51). Es besteht aus einem Photometer (PHT-P), das den Spektralbereich vom nahen bis zum fernen Infrarot abdeckt (3 bis 120 µm), zwei Infrarot-Kameras (PHT-C, 50 bis 240 µm) und zwei Gitter-Spektrophotometern (PHT-S), die simultan im Wellenlängenbereich von 2.5 bis 5 mm bzw. 6 bis 12 µm betrieben werden und eine Auflösung von etwa 90 erreichen. Die Beobachtungen mit dem Photometer lassen sich durch die Wahl von 13 Blendengrößen und 25 Filterbereichen optimieren. Sowohl PHT-P als auch PHT-C sind in der Lage, die Polarisation zu messen. Durch die Empfindlichkeit des Photometers und insbesondere der Kamera im fernen Infrarot lassen sich auch die kältesten ausgedehnten Quellen untersuchen. ISOPHOT wurde unter der Federführung des Max-Planck-Instituts für Astronomie (MPIA) in Heidelberg (PI: D. Lemke) entwickelt.

c) Spektrometer für den kurzwelligen Bereich (SWS). Das SWS ist von Stichting Ruimte Onderzoek Nederland (SRON) in den Niederlanden (PI: Th. de Graauw), zusammen mit dem Max-Planck-Institut für Extraterrestrische Physik (MPE) in Garching und der Universität Leuven (Belgien) entwickelt worden. Nach Eintritt in das Instrument wird der Strahl geteilt und trifft auf zwei nahezu unabhängige und simultan verwendete Gitterspektrometer, eines für den kurzwelligen Anteil von 2.38–12.1 μm und eines für den langwelligen Anteil von 11.4–45.2 μm. Die spektrale Auflösung liegt zwischen 1000 und 2000. Im langwelligen Teil kann sie durch ein zugeschaltetes Fabry-Pérot-Interferometer noch um einen Faktor 20 gesteigert werden.

d) Spektrometer für den langwelligen Bereich (LWS). Das LWS setzt die spektroskopischen Fähigkeiten bis in das ferne Infrarot mit hoher Auflösung fort. Mittels Gittern wird bei Wellenlängen zwischen 43 und 197 μm eine spektrale Auflösung von 150 bis 200 erreicht, die ebenfalls durch zuschaltbare Fabry-Pérot-Interferometer auf 6800 bis 9700 gesteigert werden kann. PI dieses Instruments ist P. Clegg vom Queen Mary and Westfield College, London.

ISOCAM und ISOPHOT lassen sich also für Abbildung, Photometrie und Polarimetrie verwenden, Spektroskopie ist mit allen vier Instrumenten möglich.

Als Sensoren für die Infrarotstrahlung werden Halbleiterdetektoren verwendet, z. B. mit Gallium dotierte Silizium-(Si:Ga) oder Germaniumkristalle (Ge:Ga). Ihre Leitfähigkeit ändert sich entsprechend der Anzahl der absorbierten Photonen. Die geforderte Empfindlichkeit stellt hohe Anforderungen an die Kühlung und an die Reinheit der Materialien. Der langwellige Empfindlichkeitsbereich bei ISOPHOT und LWS läßt sich nur mit einem zusätzlichen Trick erreichen: Die Ge:Ga-Kristalle werden in einem kleinen Schraubstock unter hohen mechanischen Druck gesetzt. Dadurch lassen sie sich auch von den energieärmeren Photonen zu erhöhter Leitfähigkeit anregen.

Das ISO-Projekt wurde von ESA mit Beiträgen von NASA und ISAS (Japan) durchgeführt. Am 17. November 1995 startete der Satellit mit einer Ariane 4 auf eine hochelliptische Umlaufbahn. Während der 24stündigen Umlaufperiode konnten allerdings nur zwei Drittel der Zeit zum Beobachten genutzt werden, nämlich wenn sich der Satellit außerhalb der irdischen Strahlungsgürtel befand. Die Daten wurden von zwei Bodenstationen empfangen, Villafranca in Spanien und Goldstone in den USA. Ein Teil der Beobachtungszeit war den Wissenschaftlern vorbehalten, die die Instrumente entwickelt und beigestellt hatten. Der größte Teil jedoch stand Gastbeobachtern aus den ESA-Mitgliedsstaaten, den USA und Japan zur Verfügung. Alle Daten wurden, ein Jahr nachdem sie ihren Antragstellern zur Verfügung gestellt wurden, öffentlich gemacht. Das zentrale Datenzentrum befindet sich in Villafranca in der Nähe von Madrid. Außerdem existieren Datenzentren in einigen Instituten der Instrumentbeisteller, die die Nutzer auch bei Problemen mit der Datenauswertung unterstützen.

Es wurden viele unterschiedliche Objekte wie Kometen, Sternentstehungsgebiete, Galaxien und Quasare beobachtet. Einen Schwerpunkt bildet die Analyse von Staub, interplanetar, interstellar und intergalaktisch. Staub verbirgt im optischen große Teile des Universums, während er im Infraroten nahezu durchsichtig ist [33]. Durch die Absorption von kurzwelliger Strahlung, der daraus resultierenden Aufheizung und der Abgabe als Wärmestrahlung transformiert Staub hochenergetische Strahlung in Infrarotstrahlung, ein Effekt, der z. B. um junge Sterne und bei Quasaren beobachtet wird. Hervorzuheben ist auch der „Serendipity Sky Survey": Er ist zu-

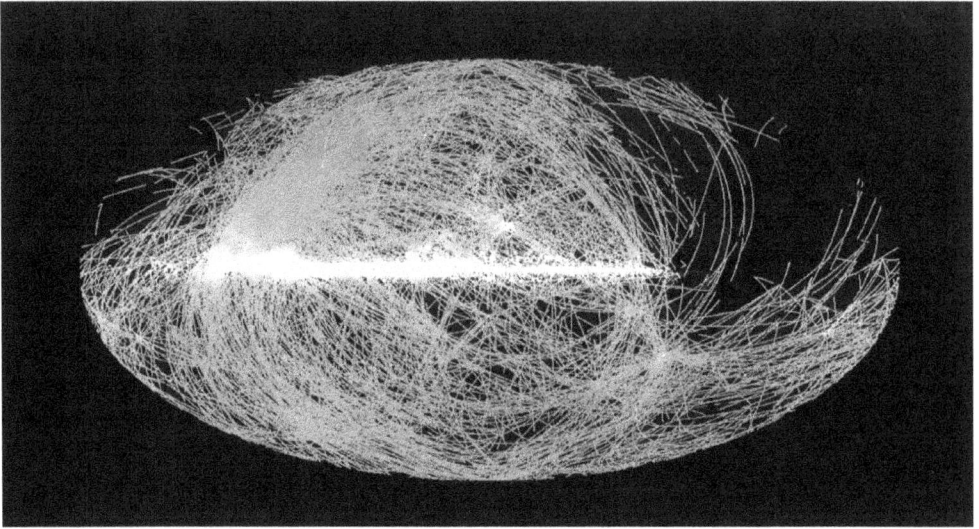

Abb. 3.52   Himmelskarte des Serendipity Survey bei 175 µm, überlagert der IRAS Durch-musterung bei 100 µm (MPIA).

sammengesetzt aus den 3′ breiten Streifen, die eine ISOPHOT-Kamera bei 175 µm aufgenommen hat, während das Teleskop von einem Beobachtungsobjekt zum andern schwenkte. Immerhin 15 % des Himmels konnten so abgedeckt werden, und mehrere Tausend Punktquellen wurden dabei entdeckt (Abb. 3.52). Einen Überblick über die Zwischenergebnisse findet sich bei Lemke [34]. Die Auswertung der ISO-Daten wird die Wissenschaftler noch einige Jahre beschäftigen und auch eine gute Grundlage für Beobachtungen und Analysen mit zukünftigen Missionen liefern.

3.5.3 Das Infrarot-Teleskop SIRTF

SIRTF (Space Infrared Telescope Facility) ist das vierte und letzte von NASA's Great Observatories und soll seine Beobachtungen im Jahre 2002 beginnen. Obwohl die Ziele und Beobachtungsmethoden wohl bekannt waren und obwohl dieses Observatorium von verschiedenen wissenschaftlichen Ausschüssen stark unterstützt wurde, war die technische Entwicklung unter dem Druck schrumpfender Budgets eine Art Hindernisrennen. Die Wahl der Startrakete war durch das Challenger-Unglück eingeschränkt und eliminierte, wie beim Chandra-Observatorium, die Raumfähre. Daher wurde im Jahre 1990 ein großes Observatorium mit einer Masse von 5700 kg für die Titan-Rakete geplant. Das ursprünglich geplante Teleskop war in seinem Aufbau eine vergrößerte Fortentwicklung von IRAS. Der spektrale Bereich wurde auf 1 mm Wellenlänge ausgedehnt, und die Empfindlichkeit und Auflösung sollten um mehr als eine Größenordnung besser werden als bei IRAS (s. Abschn. 3.5.1). Die Budget-Situation zwang die Raumfahrtbehörde zu einer drastischen Kürzung der für SIRTF zur Verfügung stehenden Mittel. Das Jet Propulsion Laboratory entschloß sich daraufhin im Jahre 1993, die kleinere Startrakete Atlas einzusetzen.

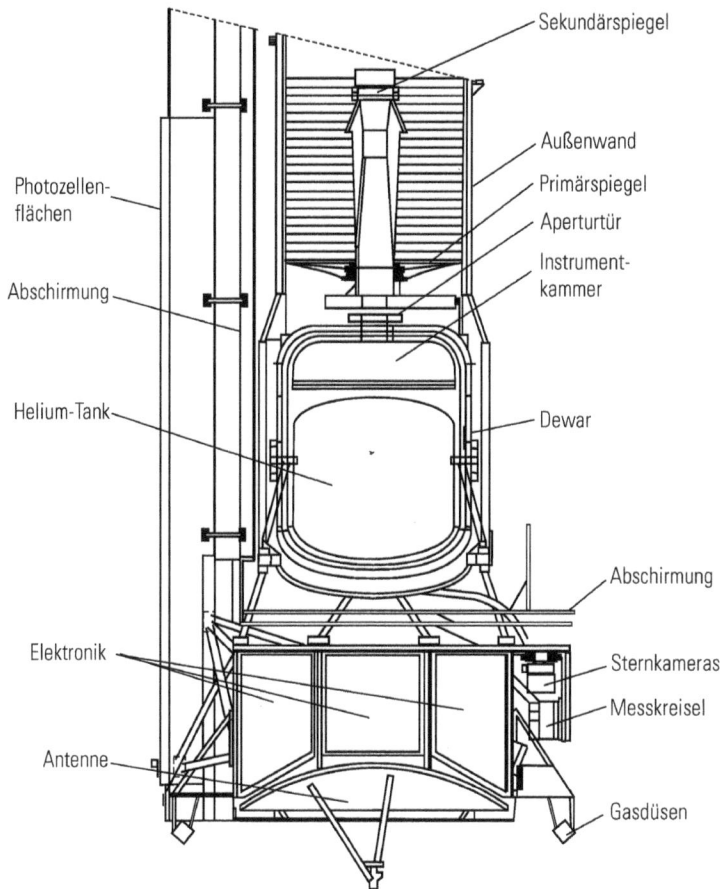

Abb. 3.53 Schema des SIRTF-Observatoriums (im Bau). Die Länge beträgt 4.5 m. Der Dewar mit supraflüssigem He enthält Kamera, Spektrograph und Photometer für Infrarotmessungen von einem heliozentrischen Orbit. Der Aufstieg ist für das Jahr 2002 geplant (NASA-JPL).

Das verringerte Volumen und Gewicht schränkten Anzahl und Größe der Instrumente entsprechend ein, so daß die Gesamtkosten des Projekts auf etwa die Hälfte reduziert werden konnten. Während Studien und Neuplannungen weiterliefen, erwies sich jedoch auch diese Version als zu kostspielig.

Nach einer weiteren Verkleinerung wurde endlich im Jahre 1995 der Grundstein für das nun im Bau befindliche Infrarot-Teleskop gelegt (Abb. 3.53). Als Startrakete wird Delta benutzt; das Gewicht des Teleskops ist damit auf 750 kg begrenzt, und die Lebensdauer, die durch die Menge des mitgeführten Kühlungsmittels gegeben ist, wird zwischen zwei und fünf Jahren liegen. Damit sind das Gesamtgewicht auf 13 % und die Kosten auf 22 % des ursprünglichen Konzepts geschrumpft.

Es ist ein Zeichen für die erfindungsreiche und positive Haltung der beteiligten Wissenschaftler, daß die Ziele und erwarteten Resultate für diese Mission nicht im gleichen Maße gelitten haben. Ein wesentlicher Faktor in der „Rettung" der wissen-

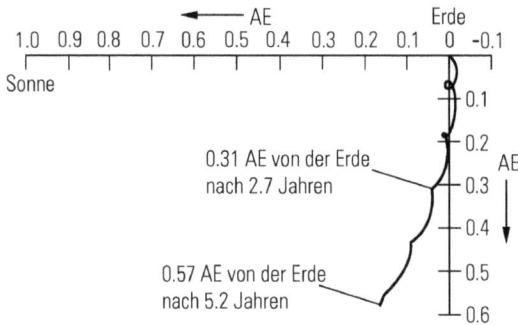

Abb. 3.54 Der heliozentrische SIRTF-Orbit in einem rotierenden Koordinatensystem mit Sonne und Erde als Fixpunkten. Die Pfeile zeigen die Entfernung des Observatoriums von der Erde nach 2.7 und 5.2 Jahren (NASA-JPL).

schaftlichen Ziele ist der heliozentrische Orbit, der den störenden Wärmefluß von der Erde verringert und einen besseren Beobachtungsstandort für Übersichten der Himmelskugel darstellt. Abb. 3.54 zeigt den geplanten Orbit in einem rotierenden Koordinatensystem mit Sonne und Erde als Fixpunkten. SIRTF wird von einer Delta-Rakete vom Cape Canaveral in einem direkten Aufstieg gerade so aus dem Schwerefeld der Erde entfernt, daß das Observatorium langsam hinter der Erde zurückbleibt. Die zwei Pfeile in Abb. 3.54 deuten auf die Bahnpunkte 2.7 und 5.4 Jahre nach dem Aufstieg. Durch die verhältnismäßig klein bleibende Entfernung von der Erde werden die Anforderungen an das Kommunikationssystem gering gehalten.

Das Teleskop besitzt einen 85 cm Beryllium-Spiegel und drei Instrumente, die sich in einem großen Kryostat befinden. Das abbildende Photometer (Multiband Imaging Photometer, MIPS)wird von G. Rieke an der University of Arizona entwickelt. Es enthält Silicium- und Germanium-Detektoren und ist optimiert für Übersichtsbeobachtungen großer Regionen und arbeitet in den Wellenlängen 24, 70 und 160 µm; zwischen 52 und 99 µm soll die spektrale Auflösung für spektrophotometische Untersuchungen 20 erreichen. Der Infrarot-Spektrograph (Infrared Spectrograph, IRS) entsteht unter der Leitung von J.R. Houck, Cornell University, und arbeitet in den Wellenlängen von 5 bis 40 µm; Das Herz des Spektrographen sind zwei Echelles und zwei Spaltspektrographen. Die Silicium-Detektoren sind in 128 · 128 Pixels angeordnet.

Die Infrarotkamera (Infrared Array Camera, IRAC) wird von G.G. Fazio im Smithsonian Astrophysical Observatory entwickelt. Die Weitfeldkamera (5' · 5' Blickfeld) kann in drei Wellenlängen gleichzeitig abbilden: 3.6, 4.5 und 8 µm. Die Detektoren bestehen aus InSb und Si und haben ein 256 · 256 Pixel Format. Alle Untersysteme des Observatoriums werden auf eine Lebensdauer von mindestens 2.5 Jahren ausgelegt mit der Erwartung, daß sie ebenso wie bei früheren Satelliten erheblich überschritten werden wird. Das Observatorium wird im Spektralbereich von 3 bis 180 mm arbeiten und ist in seiner Empfindlichkeit nur vom kosmischen Hintergrund begrenzt. Die Hauptaufgaben des vierten der Great Observatories werden in die folgenden Gebiete fallen:

a) Die Geburt von Planeten und Sternen; geplante Objekte schließen Kometen unseres Sonnensystems, planetarische Teilchenringe, protostellare Winde und braune Zwerge ein.
b) Der Ursprung von energetischen Galaxien und Quasaren mit einer Rotverschiebung von z = 5.
c) Die Verteilung von Materie und Galaxien im Universum mit Infrarot-Himmelsübersichten, Untersuchungen der Halos und das Problem der fehlenden Masse (missing mass problem).
d) Die Formierung und Evolution von Galaxien.

3.6 Der COBE-Satellit im Mikrowellenbereich

Kosmische Mikrowellenstrahlung wurde im Jahre 1965 von A. Penzias und R. Wilson in den Bell Laboratories entdeckt. Es dauerte bis in die späten 70er Jahre, bis die große Bedeutung dieser Strahlung voll verstanden wurde. Es ist jetzt allgemein anerkannt, daß die kosmische Strahlung in diesem Wellenbereich die stärkste Evidenz für ein heißes und komprimiertes frühes Universum, d. h. den Urknall, darstellt.

Die Beobachtung dieser Strahlung von der Erdoberfläche ist wiederum einigen Begrenzungen hinsichtlich Absorption und atmosphärischen Störungen ausgesetzt. Die Aussicht, Messungen oberhalb der Atmosphäre für lange Zeiten ungestört von Emissionen der Oberfläche oder von Wolken machen zu können, war ein großer Vorteil gegenüber Ballon- oder Bodenbeobachtungen. Daher wurde im Jahre 1976 der Bau eines Satelliten in der Explorer-Serie beschlossen. Das Projekt erhielt den Namen COBE (Cosmic Background Explorer) [35].

Das wissenschaftliche Ziel der für zwei Jahre geplanten Mission war die Messung der kosmischen Hintergrundstrahlung und eine Suche nach der kollektiven Strahlung von den erstentstandenen Sternen des Universums. Die anfängliche Idee, ein schwereres Observatorium in einer Raumfähre zu befördern, mußte nach dem Challenger-Unglück aufgegeben werden, und es wurde beschlossen, eine zweistufige Delta Rakete von der Vandenberg-Startstelle zu benutzen.

Der Start erfolgte im November 1989. Die Höhe des Orbits war 900 km, und die Inklination war 99° zum Äquator, so daß die Ebene des Orbits während der gesamten Mission stets senkrecht zur Sonne gerichtet blieb. Um die Himmelskugel gleichmäßig erfassen zu können, rotierte der Satellit um seine Längsachse mit 0.8 U/min. Die Drehungsachse war von Sonne und Erde weggerichtet. Das Gesamtgewicht des Satelliten war 2300 kg (Abb. 3.55). Drei Photozellenflächen lieferten eine Last von 712 W. Der Satellit trug drei Instrumente, ein Differentialradiometer (DMR), ein absolutes Spektrophotometer im langwelligen Infrarot (FIRAS), und ein Gregorianisches 19 cm Teleskop zur Messung des diffusen Hintergrunds. Die beiden letzteren Instrumente befanden sich in einem großen Kryostat, der mit flüssigem Helium für zehn Monate im Orbit auf einer Temperatur von 2 K gehalten wurde [35].

Das Differentialradiometer (Abb. 3.56) hat sechs Empfänger, je zwei für 3.3 ; 5.7; und 9.6 mm Wellenlänge. Die Auswahl der Wellenlängen diente zur Ausschaltung von störenden Strahlungen innerhalb der Milchstraße. Jedes der hochempfindlichen Empfängerpaare bestimmte den Unterschied in der Helligkeit von zwei verschiede-

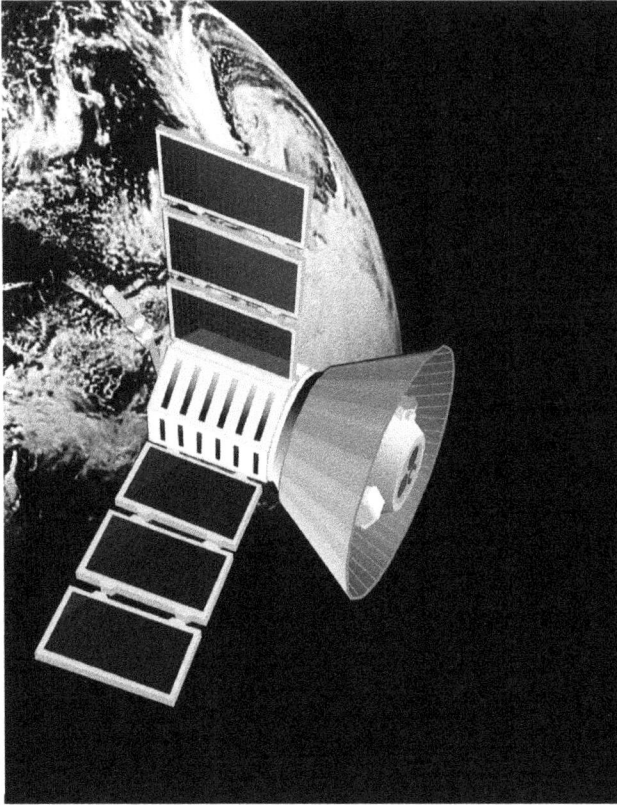

Abb. 3.55   Ansicht des COBE-Observatoriums in seinem sonnenorientierten Orbit. Der zentrale zylindrische Körper ist das Ende des Kryostat mit den beiden Öffnungen der gekühlten Instrumente. Die konische Abschirmung schützt vor thermischen und HF-Strahlungen (NASA-GSFC).

nen Punkten der Himmelskugel, die durch zwei getrennte Antennen abwechselnd empfangen wurden. Das Instrument benötigte keine Kühlung und befand sich außerhalb des Kryostat. George F. Smoot, UC Berkeley, war der führende Wissenschaftler dieses Instruments.

Die Messung der Anisotropie erforderte eine lange Beobachtungszeit bevor durch kumulative Beobachtungen ein klares Bild frei von galaktischen Störquellen erhalten wurde. Im April 1992, nach zwei Jahren Beobachtungen, präsentierten Smoot und seine Kollegen das erstaunliche Ergebnis. In galaktischen Koordinaten zeigt die Himmelskugel gewaltige Strukturen, die zum großen Teil auf echte Inhomogenitäten in der Strahlung nach dem Urknall zurückgeführt werden (Meßungenauigkeiten spielen ebenfalls eine Rolle). Die im Bild stark betonten Temperaturunterschiede sind äußerst gering; sie sind in der Ordnung von 5 μK. Farbbild 7 (siehe Bildanhang) zeigt die Anisotropie für die volle Beobachtungszeit von vier Jahren. Die Bestätigung der Urknallhypothese, insbesondere der inflationären Expansion, wurde als großes Ereignis in der Kosmologie begrüßt. Der britische Astrophysiker Stephen Hawking

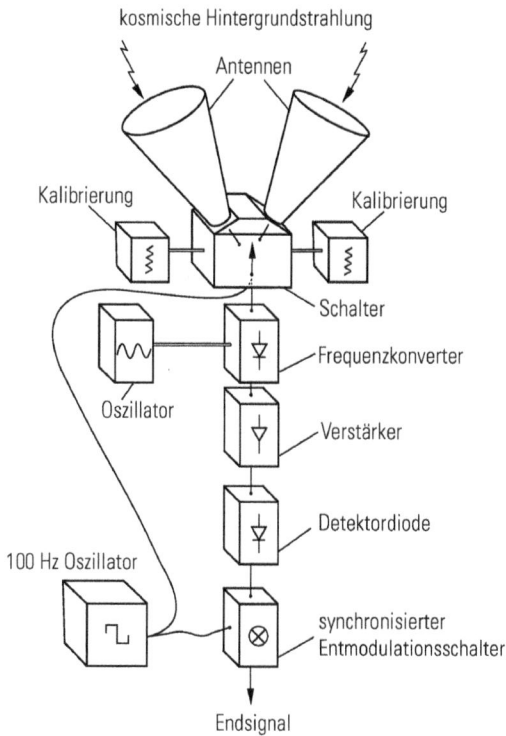

Abb. 3.56 Differentialradiometer im Mikrowellenbereich. Das Schema zeigt wie der Empfänger von zwei verschieden gerichteten Antennen abwechselnd gespeist wird. Der Dicke-
Schalter erlaubt, den veränderlichen Teil des Spektrums zu isolieren. Die Empfänger arbeiten
auf den Frequenzen 31.4, 53 und 90 GHz. Das Endsignal ist proportional zum Unterschied
in der gemessenen Helligkeit (NASA-GSFC).

war so begeistert, daß er es impulsiv als die „größte Entdeckung des Jahrhunderts,
wenn nicht die größte aller Zeiten" bezeichnete [35].

Ein zweites Instrument, das Spektrophotometer, war entlang der Rotationsachse
des Satelliten ausgerichtet und war auf diese Weise in der Lage, die gesamte
Himmelskugel zweimal pro Jahr abzutasten (Abb. 3.57). Die Antenne war trompe-
tenartig geformt. Die Himmelskugel wurde in 1000 individuelle Bildelemente aufgeteilt, die dann einzeln mit einem Michelson-Interferometer auf ihr Spektrum
untersucht wurden. Vier sehr kleine und auf 1.5 K gekühlte Widerstandsthermo-
meter aus Silizium bilden das Herz des Instruments. Eine 0.02 mm dicke, geschwärzte
Diamantschicht bedeckte jedes der Thermometer.

Das beobachtete Energiespektrum (Abb. 3.58) gab mit großer Genauigkeit die
Schwarzkörperstrahlung einer Temperatur von 2.728 K wieder. Die Kurve bestätigte
Vorhersagen der Urknalltheorie und war, zusammen mit den Ergebnissen vom
Differentialradiometer, bahnbrechend für weitere Fortschritte in der Kosmologie.
Das Instrument wurde am Goddard-Zentrum unter der Leitung von John C. Mather
entwickelt [35].

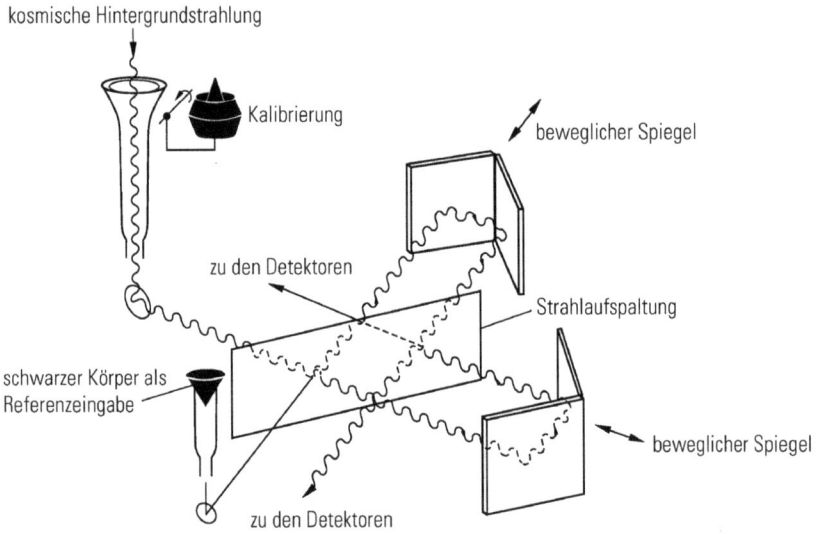

Abb. 3.57 Das absolute Spektrophotometer im langwelligen Infrarot zeigt das Michelson-Interferometer zur Messung der Wellenlängen. Das Instrument wurde in einem Kryostat auf 1.5 K gekühlt. 4 hochempfindliche Silizium Thermometer wurden als Infrarotdetektoren verwendet (NASA-GSFC).

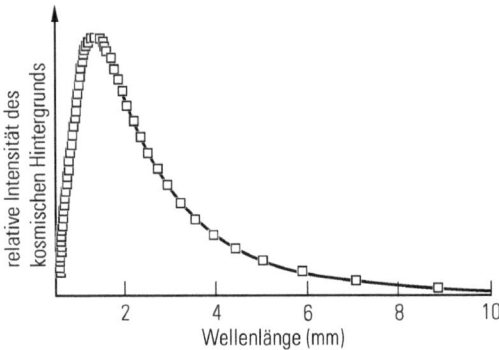

Abb. 3.58 Messung der kosmischen Hintergrundstrahlung im Mikrowellenbereich. Die Messungen erscheinen als kleine Quadrate. Die Kurve repräsentiert die Strahlung eines Schwarzen Körpers von 2.728 K. Die Genauigkeit der Übereinstimmung gilt als Beweis für den Urknall (NASA-GSFC).

COBE wurde im Dezember 1993 nach vier Jahren im Orbit (davon 10 Monate mit aktiver Kühlung) durch Radiosignal abgestellt. Arbeit begann sehr bald an einem Nachfolgeprojekt, das mit einem verbesserten Instrument tiefer in die kosmologischen Fragen eindringen soll. Dieses Instrument ist ein passiv gekühltes Differentialradiometer. Dieses neue Projekt trägt den Namen Microwave Anisotropy Probe (MAP). Die Mission begann Ende Juni 2001 mit dem Start auf einer Delta Rakete vom Cape Canaveral. Der Flugplan ist besonders interessant; er bestand aus mehreren Schleifen innerhalb der Mondbahn, einem Vorbeiflug (gravity-assist) am Mond und führte im Oktober 2001 zu einem Orbit um den Sonne-Erde-Lagrange Punkt L2. MAP befindet sich also etwa 1.5 Millionen km sonnenabgewandt von der Erde und kann auf diese Weise die kosmische Hintergrundstrahlung kontinuierlich über die gesamte Himelskugel ohne die störenden Einflüsse von Sonne und Erde beobachten. Ein Hydrazintriebwerk hält den 830 kg Satellit für zwei bis drei Jahre im Orbit um L2. Das Instrument ist ein passiv gekühltes Mikrowellenradiometer mit doppelten Gregorianischen Reflektoren in der Größe von $1.4\,\text{m} \cdot 1.6\,\text{m}$. Die fünf Radiometerkanäle liegen zwischen 3.3 und 13.6 mm Wellenlänge, und die Winkelauflösung (0.3°) soll die von COBE mindestens um den Faktor 20 übertreffen. Im Jahre 2007 soll dann ESA's Planck-Observatorium im gleichen Wellengebiet folgen.

3.7 Neue Pläne und Projekte

Trotz der nachgewiesenen Vorteile der Great Observatories als einer Klasse von gleichzeitigen, multispektralen Hochleistungs-Observatorien haben die hohen Kosten und die anfänglichen Rückschläge neue Fragen nach dem optimalen Programm der Zukunft aufgeworfen [36]. Für viele der interessierten Wissenschaftler ist die lange und ungewisse Wartezeit von der Konzeption eines Instruments bis zum Erhalt der ersten Beobachtungsergebnisse ein großes Problem. Die Zeiten sind länger als in vergleichbaren Laboratorium-Experimenten, und viele der Verzögerungen sind außerhalb der Kontrolle der beteiligten Wissenschaftler.

Weiterhin werden durch die schnelle Weiterentwicklung in den verschiedenen Technologien ständig verbesserte Möglichkeiten für die Raumforschung eröffnet. In Verbindung mit den langen Wartezeiten sind beim Beginn einer neuen Mission oft einige Schlüsselkomponenten (z.B. Computer) bereits überholt; außerdem geht der Trend mit empfindlicheren und genaueren Instrumenten im allgemeinen zu höheren Kosten. Dies führt dazu, daß der Wettbewerb zwischen guten Ideen härter, und der Prozentsatz der bewilligten Projekte kleiner wird.

Diese Realität, besonders in Zeiten von Budgeteinschränkungen, macht es zunehmend notwendig, Prioritäten für die verschiedenen Wissenschaftszweige der Raumfahrtforschung zu setzen. So wurden eine Reihe von systematischen Studien unternommen, um solche Prioritäten auf rationaler Basis zu bestimmen und zur Auswahl von den verbleibenden wenigen wissenschaftlichen Raumfahrtprojekten heranzuziehen. Die Verhandlungen zwischen den nationalen Raumfahrtbehörden, der Industrie und den Universitäten, an denen zunehmend verschiedene Nationen teilnehmen, werden mit wachsender Projektgröße, der Anzahl der Teilnehmer und der Kosten immer schwieriger. Oft führen lokale finanzielle und technische Probleme nicht nur zu Verzögerungen im gemeinsam geplanten Forschungsprogramm, sondern machen auch Neuverhandlungen mit den internationalen Partnern notwendig.

Aus diesen Gründen wurden in den 90er Jahren in den Vereinigten Staaten immer mehr Stimmen laut, neben den aufwendigen großen auch kleinere Satelliten mit begrenzten wissenschaftlichen Zielen zu bewilligen, um den wissenschaftlichen Nachwuchs für solche Forschung zu ermutigen. In einem von N. Augustine geleiteten

Beratungsausschuss wurde empfohlen, extraterrestrische Beobachtungen in einer mehr ausgeglichenen Weise fortzusetzen. Neben einigen großen Projekten sollen in Zukunft auch kleinere Satelliten mit einzelnen Instrumenten berücksichtigt werden [37]. Dies trifft besonders für solche Instrumente zu, die weder eine hohe Richtungsstabilität noch eine komplizierte Optik benötigen und die in der Vergangenheit manchmal als eine Art Passagiere auf den größeren Observatorien mitgetragen worden sind.

Die AXAF/Chandra Mission war ein Beispiel für dieses Denken, als die ursprünglich geplanten Instrumente zunächst auf zwei Flüge verteilt wurden und dann mit der zweiten Mission völlig aufgegeben wurden. Einer der wichtigsten Faktoren für die Gesamtkosten ist das Gewicht des Satelliten und die dafür erforderliche Trägerrakete. In der Mitte der 90er Jahre entschloß sich daher NASA's damaliger Leiter, Dan Goldin, unter dem Druck schwindender Haushaltsmittel zu einer fundamentalen Änderung in der Strategie für unbemannte wissenschaftliche Satelliten. Unter dem Motto „schneller, billiger, besser" wurden miniaturisierte und leichte Satelliten bevorzugt, die von kleineren (und billigeren) Trägerraketen in den Orbit befördert werden und nur begrenzte Ziele verfolgen. Damit wurde die Wartezeit für die Wissenschaftler verkürzt, und die Kosten für jede einzelne Mission erniedrigt. Gleichzeitig wurden gewisse formelle Anforderungen für das Projektmanagement reduziert und die damit verbundenen zusätzlichen Risiken akzeptiert.

In den ersten Jahren dieser neuen Richtlinien waren die Ergebnisse gemischt. Es gab gute Erfolge wie z.B. das Marslandeprojekt Sojourner. Dagegen waren zwei andere Mars-Missionen, Polar Lander und Climate Orbiter, totale Mißerfolge. Es wurden sofort Stimmen laut, die NASA's neue Strategie in Frage stellten und für einen Mittelweg plädierten. Es bleibt abzuwarten, wie dieser Mittelweg definiert werden wird. Es ist sehr wahrscheinlich, daß sich im Laufe der Zeit für verschiedene Klassen von Observatorien verschiedene Konstruktionskriterien entwickeln, so daß sich für jede Klasse ein vernünftiges Gleichgewicht zwischen Risiko und Kostenaufwand einstellt.

In Anbetracht der Fortschritte in der Raumfahrt und der Instrumentenentwicklung kann man vorhersagen, daß extraterrestrische Observatorien weiter an Bedeutung gewinnen werden. Fast alle erfolgreichen Satelliten hatten unmittelbar nach dem Ende ihrer Mission zur Folge, daß Nachfolgemissionen vorgeschlagen und schließlich bewilligt wurden. Gleichzeitig mit der Tendenz zu leistungsfähigeren Observatorien wird unter dem Druck begrenzter nationaler Mittel die internationale Zusammenarbeit in den Weltraumwissenschaften immer stärker werden. Die Forderung nach immer größerer Empfindlichkeit und Meßgenauigkeit zwingt zur Entwicklung von größeren optischen Systemen, in denen z. B. die Spiegel und ihre Elemente nicht mehr massiv und starr sind, sondern durch Radiosignale in ihrer Oberflächenform verändert werden können. Diese adaptiven optischen Systeme sind in der Lage, ihre Oberflächenform im Raum zu verändern, wenn das durch die größeren Dimensionen des Spiegels und die längere Dauer im Orbit erforderlich wird. Ein weiteres vielversprechendes Konzept sind interferometrische Messungen von zwei oder mehr Satelliten, die durch die genau bekannte Entfernung zwischen ihnen eine enorm vergrößerte Meßbasis darstellen. Die Suche nach extrasolaren Planeten, die z. Zt. mit Erfolg auf Grund von Dopplermessungen der geringen Bewegungen des zentralen Sterns gemacht werden, können mit diesen interferometrischen Messungen so stark verbessert werden, daß es möglich erscheint, eines Tages extrasolare Planetenoberflächen direkt beobachten zu können.

Die Auswahl der Erdorbits kann für viele Missionen sehr wichtig sein und hat sich bereits in den 90er Jahren geändert. Stärkere Trägerraketen erlauben die Beförderung zu größeren Höhen oder sogar heliozentrischen Orbits, die alle Störungen von der Erde, wie Okkultation von Beobachtungszielen, Erdmagnetfeld, thermische und HF-Strahlung und Strahlungsgürtel verringern oder ausschalten. Schließlich wird in zukünftigen Jahren für eine Gruppe von astrophysikalischen Beobachtungen der Mond eine ideale Basis darstellen. Messungen von der erdabgewandten Seite sind frei von allen Störungen und ruhen auf einer sehr stabilen Basis. Voraussetzung dafür sind erheblich verbesserte Raumfahrzeuge und die Möglichkeit von semipermanenter Anwesenheit von Wissenschaftlern auf dem Mond.

Das Hubble-Observatorium und sein Nachfolger (Next Generation Space Telescope) werden das Universum bis zu Entfernungen von mehr als 10 Milliarden Lichtjahren beobachten können. Sie werden helfen, die inhomogene Massenverteilung der Galaxien und ihrer höheren Systeme im Weltall besser zu verstehen. Außerdem besteht eine gute Aussicht, Planeten von den uns unmittelbar benachbarten Sternen, die inzwischen nachgewiesen worden sind, direkt sehen zu können. Es ist dem Hubble-Teleskop in der Tat gelungen, im Orion-Nebel zum ersten Mal eine Gruppe von vier jungen Sternen zu entdecken, die von je einem proto-planetarischen Staubring umgeben sind (Farbbild 2, s. Bildanhang). Es wird angenommen, daß die nach der Stern-Formation zurückgebliebenen Staubringe den Ausgangspunkt für Planetenbildung darstellen.

INTEGRAL und nachfolgende Missionen werden entscheidend zur endgültigen Deutung der γ-Bursts beitragen. Sie werden weiterhin helfen, die Strahlung von den Galaxiekernen zu erklären, deren enorme Energiequellen wahrscheinlich von dem Einfluß von Schwarzen Löchern herrühren. Chandra und XMM-Newton werden hauptsächlich der Erforschung von kollabierten Sternen, Pulsaren und Schwarzen Löchern dienen.

Gas- und Staubwolken, die Sternzentren im Anfang ihrer Entstehung umgeben, von ihnen aufgeheizt und in kosmischen Zeiträumen zur Bildung von Planetensystemen führen können, werden primär mit Infrarot- und Mikrowellen-Observatorien beobachtet werden. Im Zentimeter-Wellenbereich werden Radioteleskope von der Erdoberfläche aus die Strukturen von Radiogalaxien untersuchen und damit zu einem besseren Verständnis von galaktischen Plasmen und Magnetfeldern beitragen.

In Europa sind ebenfalls wohldefinierte und anspruchsvolle Pläne für die Zukunft entwickelt worden. Das europäische Weltraumprogramm wird von der Weltraumorganisation ESA (European Space Agency) und den nationalen europäischen Raumfahrtagenturen gestaltet. 1985 wurde das ESA-Programm „Horizon 2000" verabschiedet, das langfristig die europäischen Ziele zur Erforschung des Weltraums festlegt, 1995 wurde es als „Horizon 2000 plus" ergänzt. Es beinhaltet neben den Weltraumobservatorien für die verschiedenen Spektralbereiche auch die Projekte zur Erkundung des Sonnensystems und des erdnahen Weltraums. Horizon 2000 in seiner heutigen Form enthält vier Komponenten und Missionen: Cornerstones, Mittlere Missionen, Flexi-Missionen und Smart-Missionen.

Cornerstones. Das wissenschaftliche Thema der Cornerstone-Missionen wird bereits frühzeitig programmatisch festgelegt. Dadurch besteht eine Planungssicherheit für die beteiligten Wissenschaftler und es steht ausreichend Zeit für technologische Vorentwicklungen zur Verfügung. Finanziell umfassen die Cornerstones ungefähr 1.5 Jahresetats des ESA Wissenschaftsprogramms, sie stellen damit die „Flagschiffe", die anspruchsvollsten und komplexesten Komponenten im Wissenschaftsprogramm dar.

Die ersten vier Cornerstones sind das „Solar Terrestrial Science Project" (STSP), das sich aus dem Sonnenobservatorium SOHO und den vier Cluster-Satelliten zusammensetzt. SOHO ist ein gemeinsames Projekt mit der NASA und wurde im Dezember 1995 gestartet. Die Cluster-Satelliten wurden im Sommer 2000 in ihre Umlaufbahn gebracht, von wo aus sie die Wechselwirkung des Sonnenwindes in der Magnetosphäre der Erde untersuchen.

Das Röntgenobservatorium XMM-Newton wurde im Dezember 1999 gestartet (s. Abschn. 3.4.4). Die Kometenmission ROSETTA soll 2003 starten und einen Lander auf dem Kometen Wirtanen absetzen. Diese Mission wird ca. 8 Jahre bis zur Ankunft bei dem Kometen dauern.

Das Infrarotobservatorium FIRST (Far Infrared Space Telescope), das inzwischen in Herschel umgetauft worden ist, ist ein Ritchey-Chrétien Teleskop mit einem Primärspiegel von 3.5 m Durchmesser. Während die Röntgenstrahlung uns das heiße, hochenergetische Universum zeigt, wird im Infraroten das kalte Universum sichtbar (s. a. Abschn. 3.5). Planetensysteme, Sterne und Galaxien in den Frühphasen ihrer Entwicklung gehören zu den prädestinierten Beobachtungsobjekten in diesem Spektralbereich. Darüber hinaus bietet er den großen Vorteil, daß diese Strahlung im Gegensatz zum optischen Licht interstellaren Staub durchdringt und dadurch eine tiefere Sicht ermöglicht. In der Brennebene des Teleskops befinden sich drei Instrumente, das Heterodyne Instrument for FIRST (HIFI), das Photoconductor Array Camera and Spectrometer (PACS) und das Spectral and Photometric Imaging Receiver (SPIRE) für Photometrie und Spektroskopie im Bereich von 60 bis 670 µm. Diese Instrumente müssen auf etwa minus 271 °C gekühlt werden; ein Kryostat mit superfluidem flüssigen Helium liefert diese extrem niedrige Temperatur. Der Heliumvorrat begrenzt die Lebensdauer dieses Projektes, sie soll mindestens drei Jahre betragen.

Aufgrund der langen Vorlaufzeiten haben bereits die Vorbereitungen für weitere Missionen in dieser Gruppe begonnen: eine Raumsonde zum Merkur, ein Interferometrie-Observatorium für astrometrische Untersuchungen und ein Gravitationswellendetektor. Außerdem sind Infrarot- und Röntgenastronomie sowie die Nutzung der internationalen Raumstation weitere Schwerpunkte.

Mittlere Missionen. Für die mittleren Missionen wie auch die folgenden werden verschiedene Vorschläge aus den unterschiedlichen Teilgebieten der Astronomie und Astrophysik studiert und letztendlich ein Vorschlag ausgewählt. Das Gammastrahlen-Observatorium INTEGRAL und das Submillimeterteleskop Planck zur Erforschung der kosmischen Hintergrundstrahlung gehören in diese Kategorie.

INTEGRAL wie auch der amerikanische GLAST-Satellit sollen die erfolgreichen Beobachtungen des Compton-Observatoriums fortsetzen (s. Abschn. 3.3). Die wissenschaftlichen Instrumente auf INTEGRAL sind ein Spektrometer (SPI) und ein abbildendes Instrument (IBIS), ergänzt durch zwei Monitore für die simultane Beobachtung im Röntgen- und optischen Spektralbereich. Beide Hauptinstrumente besitzen spektrales und räumliches Auflösungsvermögen. SPI ist optimiert für die Spektralanalyse von Punktquellen und ausgedehnten Quellen bei Photonenenergien zwischen 20 keV und 8 MeV. Es erreicht eine spektrale Auflösung von 500. Bei IBIS liegt der Schwerpunkt dagegen auf einer guten räumlichen Auflösung von etwa 12′ im Energiebereich zwischen 15 keV und 10 MeV. Als optisches System verwenden beide ein „coded mask telescope". Bei diesem Verfahren wird praktisch der Schattenwurf einer geeignet geformten Maske ausgelesen. INTEGRAL soll Ende 2002 auf einer russischen Rakete starten.

Das Planck-Teleskop ist motiviert durch die hochpräzise Bestimmung kosmologischer Parameter (s. Abschn. 3.6 und Kapitel 6), die mittels der Analyse von Temperaturfluktuationen in der kosmischen Hintergrundstrahlung auf kleinen Winkelskalen bestimmt werden. Der Satellit trägt ein 1.5 m Spiegelteleskop mit zwei Detektoren in der Fokalebene: ein Low-Frequency Instrument (LFI), das aus 56 abstimmbaren Radioempfängern für den Spektralbereich 30 bis 100 GHz besteht, und ein High-Frequency Instrument (HFI), das aus 56 Bolometern zusammengesetzt ist, die zwischen 100 und 850 GHz messen. Planck soll mit Herschel zusammen auf einer Rakete im Jahre 2007 starten.

Flexi-Missionen. Um die Anzahl der Missionen zu erhöhen und damit größere Kontinuität und Flexibilität zu gewährleisten, wurden 1997 in der zukünftigen Planung die mittleren Missionen ersetzt durch kleinere Flexi (F-) und Smart-Missionen. F1, Mars Express, ist der erste ESA-Satellit zur Erkundung unseres Nachbarplaneten und soll 2003 starten. F2 und F3 befinden sich derzeit im Auswahlverfahren. Es ist geplant, daß auch die europäische Beteiligung am Next Generation Space Telescope (NGST) der NASA im Rahmen einer Flexi-Mission durchgeführt wird.

Smart-Missionen. Diese Missionen dienen in erster Linie der technologischen Vorbereitung zukünftiger Projekte, insbesondere der Cornerstones.

Ein wichtiger Bestandteil in den zukünftigen nationalen Programmen werden Kleinsatelliten sein, die das ESA-Programm ergänzen. Im Vergleich zu den komplexeren ESA-Satelliten sind sie üblicherweise in ihrer wissenschaftlichen Zielsetzung und instrumentellen Ausstattung eingeschränkt, doch ermöglichen sie die Kontinuität in der wissenschaftlichem Datenakquirierung und die Entwicklung und Tests von aufwendigen Instrumenten.

Mit diesen definitiven Plänen ist der Ausblick für wissenschaftliche Satelliten im 21. Jahrhundert äußerst vielversprechend. Sorgfältig ausgesuchte astronomische Missionen beobachten den Sternhimmel zunehmend kontinuierlich und in allen Spektralbereichen. Der Trend geht zu immer leistungsfähigeren jedoch relativ kleinen Observatorien mit sehr spezifischen Forschungszielen, die ihre Aufgabe im Weltraum weit entfernt von der störenden Erde ausführen. Koordinierte Beobachtungen in mehreren Spektralbereichen, unterstützt von den modernen großen Bodenobservatorien, gewinnen weiter an Bedeutung. Automatisierte Akquirierungssysteme registrieren kurzzeitige Phänomene wie Gammabursts oder Supernovae mit Zuverlässigkeit und steuern geeignete Observatorien mit geringem Zeitverlust auf diese Ziele.

Große Datenarchive ermöglichen es, auch geringfügige Änderungen an den untersuchten Objekten zu erfassen und die Daten einer wachsenden Zahl von Wissenschaftlern in aller Welt verfügbar zu machen. Die internationale Zusammenarbeit in der strategischen Planung und der Ausführung dieser Projekte wird ihren positiven Trend beibehalten und weiter verstärken.

Noch viel weiter in die Zukunft blickend werden schließlich unbemannte Raumsonden zu den nächsten Sternen gesandt werden. Diese Phase hängt von einer Reihe von kritischen Vorbedingungen ab, die heute noch nicht existieren: nicht nur verbesserte Raketen, sondern prinzipiell neue Antriebsarten, nicht nur langlebige Komponenten, sondern sich selbst reparierende, „denkende" Systeme werden erforderlich sein, um benachbarte Planetensysteme oder unbekannte kosmische Objekte mit ihren riesigen Entfernungen im interstellaren Raum direkt zu beobachten oder zu besuchen.

3.8 Fundamentale Fragen der Astrophysik

Mit dem Start von drei der vier Great Observatories und vielen anderen modernen europäischen und japanischen Satelliten hat eine neue Ära begonnen, in der von nun an das Universum in allen Bereichen des elektromagnetischen Spektrums mehr oder weniger kontinuierlich und gleichzeitig beobachtet wird. Die extraterrestrischen Beobachtungen werden vervollständigt durch eine Anzahl von außerordentlich leistungskräftigen und großen Bodenobservatorien, hauptsächlich im Sichtbaren und im Radiowellenbereich.

Das große terrestrische Radioteleskop-Interferometersystem im Rio-Grande-Tal von New Mexico soll hier besonders erwähnt werden. Seine 27 großen parabolischen Antennen sind in der Form des Buchstaben Ypsilon aufgereiht und können die Himmmelskugel in vier Wellenbereichen zwischen 1.3 und 21 cm beobachten [38]. Ähnliche Geräte in anderen Ländern sind im Bau und werden zunehmend an den Beobachtungen teilnehmen. Sie spielen schon jetzt eine große Rolle, wenn neue kosmische Objekte wechselseitig oder gleichzeitig in den verschiedensten Wellenbereichen untersucht werden.

Abb. 3.59 zeigt eine aufschlußreiche Zusammenstellung der spektralen Empfindlichkeiten einiger ausgewählter Observatorien, verglichen mit den Emissionsspektren von drei verschiedenen astronomischen Objekten. Die Empfindlichkeitsskala ist so normiert, daß die durchschnittliche Empfindlichkeit des menschlichen Auges die Einheit darstellt. Die drei Kurven repräsentieren die spektrale Verteilung der Strahlungsenergien des Krebsnebels, des Quasars 3C 273 und der entferntesten bisher gefundenen Quasare. In der doppelt-logarithmischen Darstellung wird die Kleinheit des „Sichtbaren Fensters" besonders deutlich. Das Fehlen von Objekten oberhalb der höchsten Kurve reflektiert den gegenwärtigen Stand der astronomischen Technologie. Es ist offensichtlich, daß die Astronomie mit weiter verbesserten Beobachtungsmethoden an der Schwelle von neuen Erkenntnissen steht.

Anstelle des unbewaffneten menschlichen Auges, das vor nur 400 Jahren als einziges Instrument zur Beobachtung der Sterne diente, werden von nun an ständig verbesserte elektrooptische Geräte eine Welt von unerwarteten neuen Phänomenen

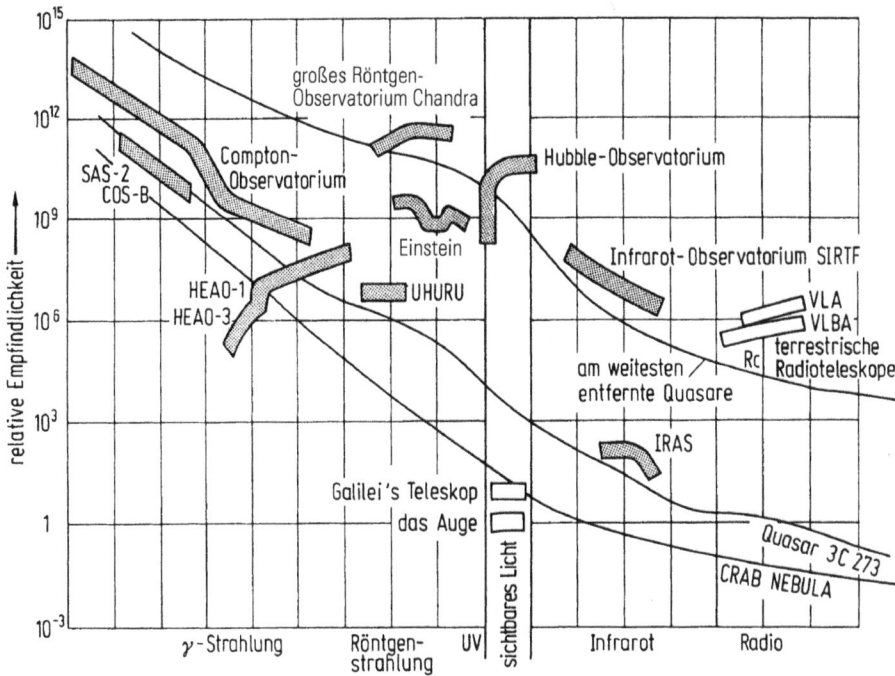

Abb. 3.59 Die spektrale Empfindlichkeit einiger Raum-Observatorien (gerastert) als Funktion der Wellenlänge relativ zur Empfindlichkeit des menschlichen Auges in logarithmischen Skalen. Die Energiespektren von drei kosmischen Objekten (Kurven) zeigen das Potential dieser Beobachtungstechnologie. Galilei's Teleskop ist zum Vergleich angedeutet (NASA).

entdecken und untersuchen. Für ihre Interpretation wird es weiterhin wichtig bleiben, daß die Messungen nicht auf das enge Fenster des „Sichtbaren" beschränkt sind, sondern das gesamte elektromagnetische Spektrum umfassen. Die Great Observatories waren bahnbrechend in diesem multispektralen Konzept, das nun auf internationaler Basis fortgesetzt wird. Es werden sich zunehmend Netzwerke von Observatorien bilden, die ständig mit einander in Verbindung stehen und in der Lage sind, auch kurzzeitige Objekte wie γ-Bursters und Supernovae unmittelbar zu erfassen.

Als das Programm der Great Observatories in Angriff genommen wurde, war es notwendig, den wissenschaftlichen Wert dieser kostspieligen Instrumente und ihrer zu erwartenden Beobachtungen abzuschätzen. Aus diesem Grund wurden eine Reihe von spezifischen Fragen der Astrophysik formuliert, deren Beantwortung die neuen Observatorien dienen sollten. Fundamentale Fragen nach dem Ursprung des Universums haben den Menschen in der einen oder anderen Form seit Urzeiten bewegt. Sie können heute mit wachsender Genauigkeit formuliert werden, weil frühere Generationen von Astronomen und Physikern die Grundlage dafür geschaffen haben. Die folgenden zehn grundlegenden Fragen spielen eine große Rolle:

– Wie ist das Universum entstanden, und welche Prozesse folgten dem Urknall?
– Wie sind Galaxien entstanden und wie ist ihre Verteilung zu erklären?

– Wie entstehen Sterne und wie erklärt sich ihre Verteilung?
– Was ist die „Missing Mass" des Universums?
– Wohin führt die beobachtete Expansion des Universums?
– Wie erklären sich γ-Bursts?
– Welche Rolle spielen Schwarze Löcher?
– Welche Rolle spielen bekannte und neue Elementarteilchen?
– Welche Sterne haben Planetensysteme?
– Gibt es Leben außerhalb der Erde und außerhalb des Sonnensystems?

Viele dieser fundamentalen Fragen werden durch extraterrestrische Observatorien beantwortet oder genauer und besser formuliert werden. Wenn jedoch die Geschichte der naturwissenschaftlichen Forschung eines gelehrt hat, so ist es die Erkenntnis, daß mit wachsender Einsicht in die Natur immer wieder neue und unerwartete Fragen aufgeworfen werden.

Tab. 3.5   Bedeutung der verwendeten Akronyme.

Akronym	Herkunft	Bedeutung
ACIS	Advanced CCD Imaging Spectrometer	Abbildendes Spektrometer im Chandra Observatorium
ALSEP	Apollo Lunar Surface Experiment Package	Von den Mondlandungen zurückgelassene Instrumente
ASA	Austrian Space Agency	Österreichische Ges. für Weltraumfragen
AXAF	Advanced X-Ray Astrophysics Facility	Großes Röntgen-Observatorium, umbenannt in Chandra
BATSE	Burst and Transient Source Experiment	γ-Burst-Detektor in Compton
CCD	Charge Coupled Device	Elektronisches Kamera-Element
CNS	Centre for Nuclear Studies, Saclay, France	
COBE	Cosmic Background Explorer	Satellit zur Messung der kosmischen Hintergrundstrahlung
COMPTEL	Imaging Computer Telescope	Abbildendes Compton-Teleskop Instrument
COSTAR	Corrective Optics Space Telescope Axial Replacement	Korrigierende Optik für das Hubble-Teleskop
DIRBE	Diffuse Infrared Background Experiment	COBE-Instrument zur Messung der Hintergrundstrahlung
DLR	Deutsches Zentrum für Luft- und Raumfahrt	
DMR	Differential Microwave Radiometers	COBE-Instrument zur Messung der Anisotropie der Hintergrundstrahlung
DSRI	Danish Space Research Institute, Copenhagen	

Tab. 3.5   (Fortsetzung)

Akronym	Herkunft	Bedeutung
EGRET	Energetic Gamma Ray Experiment Telescope	Compton-Teleskop Instrument für höchste Energien
EPIC	European Photon Imaging Camera	XMM-Newton Kamera
ESA	European Space Agency	Europäische Raumfahrtbehörde
FIRAS	Far Infrared Absolute Spectro-photometer	Spektrophotometer des COBE-Satellit
FIRST	Far Infrared Space Telescope	Teleskop im langwelligen Infrarot
GSFC	Goddard Space Flight Center, Greenbelt, MD	
HIPPARCOS	High Precision Parallax Collecting Satellite	
HRC	High Resolution Camera	Kamera im Chandra-Observatorium
HRI	High Resolution Imager	ROSAT Bildinstrument
INTEGRAL	International Gamma-Ray Astrophysics Laboratory	Europäisches Gammastrahlen-Observatorium
IRAS	Infrared Astronomical Satellite	Der erste Infrarot-Satellit
ISO	Infrared Space Observatory	
IUE	International Ultraviolet Explorer	
JPL	Jet Propulsion Laboratory, Pasadena, CA	
MAP	Microwave Anisotropy Probe	Nachfolgemission für COBE
MIT	Massachusetts Institute of Technology, Boston, MA	
MMA	Millimeter Array	Europäisches Radioteleskop
MPE	Max-Planck-Institut für Extraterrestrische Physik, Garching	
MPIA	Max-Planck-Institut für Astronomie, Heidelberg	
NASA	National Aeronautics and Space Administration	Luft- und Raumfahrtbehörde der Vereinigten Staaten
NGST	Next Generation Space Telescope	Nachfolgemission für Hubble-Teleskop
NRL	Naval Research Laboratories, Washington, D.C.	
OSO	Orbiting Solar Observatory	Observatorium für Sonnen-beobachtungen
OSSE	Oriented Scintillation Spectro-meter Experiment	Scintillations-Experiment im Compton Teleskop
PI	Principal Investigator	Führender Instrument-Wissenschaftler
PSPC	Position Sensitive Proportional Counter	Proportionalzähler auf ROSAT
RGS	Reflection Grating Spectrometer	Gitterspektrometer auf XMM-Newton
ROSAT	Deutscher Röntgensatellit	
SAO	Smithsonian Astrophysical Observatory, Boston, MA	

Tab. 3.5   (Fortsetzung)

Akronym	Herkunft	Bedeutung
SAS-1	Small Astronomy Satellite (Uhuru)	Der erste Röntgensatellit
SIRTF	Space Infrared Telescope Facility	Infrarot-Observatorium (das vierte der Great Observatories)
UCSD	Univ. of California, San Diego	
VLA	Very Large Array	Radioteleskop-Anlage in New Mexico
XMM	X-ray Multi Mirror Mission	Europäisches Röntgen-observatorium

Literatur

Zitierte Publikationen

[1] O'Dell, C. R., The Space Telescope, Telescopes for the 1980's, Annual Reviews, Inc. (ed. by G. Burbidge and A. Hewitt), Palo Alto, California, 1981

[2] Allen, L., The Hubble Space Telescope Optical Systems Failure Report, NASA, Washington, 1990

[3] Smith, R. W., The Space Telescope, Cambride, University Press, 1989

[4] Brown, R. A., Ford, H. C., A Strategy for Recovery, Space Telescope Science Institute, Baltimore, MD, 1991

[5] Collins Peterson, C., Brandt, J. C., Hubble Vision, Cambridge University Press, 1995

[6] ESA: HIPPARCOS Venice 1997, Presentation of the Hipparcos and Tycho Catalogues, SP-402 (1997a)

[7] ESA: The Hipparcos and Tycho Catalogues, SP-1200 (1997b)

[8] Bastian, U., Der vermessene Sternenhimmel, Spektrum der Wissenschaft, 42–49 (2/2000)

[9] Bastian, U., Die Eroberung der dritten Dimension, Spektrum der Wissenschaft, 50–57 (2/2000)

[10] Perryman, M., Hipparcos – the stars in three dimensions, Sky & Telescope (6/1999)

[11] Meegan, C. A., Fishman, G. J. et al., Spatial Distribution of γ-ray Bursts Observed by BATSE, Nature, **355**, 1, 1992

[12] Fishman, G. J., Gamma-Ray Bursts: An Overview, Astron. Soc. of the Pacific, **107**, 1145–1151, 1995

[13] Fishman, G. J., Hartmann, D. H., Gamma Ray Bursts, Scientific American, 46–51, July 1997

[14] Fishman, G. J., BATSE Highlights, Annals New York Academy of Sciences, **759**, 232–235, 1995

[15] Fichtel, C. E., Highlights of the Energetic Gamma Ray Experiment Telescope, Annals New York Academy of Sciences **759**, 222–225, 1995

[16] Schönfelder, V., Bennett, K., et al., Highlights from the COMPTEL 1 to 30 MeV Sky Survey, Annals New York Academy of Sciences **759**, 226–231, 1995

[17] Kurfess, J. D. Highlights from OSSE on the Compton Observatory, Annals New York Academy of Sciences, **759**, 236–240, 1995

[18] Giacconi, R., Gursky, H., Paolini, F., Rossi, B., Physical Review Letters **9**, 439, 1962

[19] Giacconi, R. et al., The Einstein Observatory and Future X-Ray Telescopes, Telescopes in the 1980's, Annual Reviews Inc. (ed. by G. Burbidge and A. Hewitt), Palo Alto, California, 1981

[20] Aschenbach, B., X-ray Telescopes, Rep. Progr. Phys. **48**, 579–629, 1985

[21] Giacconi, R., The Einstein X-Ray Observatory, Scientif. American, 80–102, Februar 1980

[22] Giacconi, R., Tananbaum, H., The Einstein Observatory: New Perspectives in Astronomy, Science, **209**, 865–876, 1980

[23] Harris, A.W., Gottwald, M., Das WFC-Teleskop auf Rosat, Sterne und Weltraum, 185–188, 1993

[24] Trümper, J., Der Röntgensatellit ROSAT, Phys. Bl., 137–143, 1990

[25] Aschenbach, B., Hahn, H.-M., Trümper, J., Der unsichtbare Himmel – Röntgenastronomie mit ROSAT, Birkhäuser, 1996

[26] Pfeffermann, E. et al., The Focal Plane Instrumentation of the ROSAT-Telescope, SPIE **733**, 519–532, 1986

[27] Voges, W. et al., Catalogues from ROSAT All-sky Survey and Pointed Observations, Symp. Proc. „Highlights in X-Ray Astronomy" (ed. by B. Aschenbach and M. Freyberg), MPE Report, 282–285, 1999

[28] Trümper, J., ROSAT und seine Nachfolger, Phys. Bl. **55**, 45–49, 1999

[29] Weisskopf, M., Astronomy and Astrophysics with the Advanced X-Ray Astrophysics Facility, Space Science Reviews, **47**, 47–93, 1988

[30] Schartel, N., Dahlem, M., XMM Newton – der europäische Röntgensatellit, Sterne und Weltraum, 428–435, 2000

[31] IRAS, the Infrared Astronomical Satellite, Nature, **303**, 287–291, 1983

[32] Astron. Astrophys. **315**, special issue ISO, 1996

[33] Lemke, D., ISO – Im Jahr vor dem Start, Sterne und Weltraum, 614–623, 1994

[34] Lemke, D., Staub, Ruß, Wasser und Eis, Sterne und Weltraum, 754–760, 1999 und 862–866, 1999

[35] Mather, J.C., Boslough, J., The Very First Light, Harper Collins, 1996

[36] Canizares, C.R., Savage, B.D., Space Astronomy and Astrophysics, Physics Today, **44**, 60–67, 1991

[37] Report of the Advisory Committee on the Future of the U.S. Space Program, NASA, Washington, D.C., 1990

[38] Heeschen, D.S., The Very Large Array, Telescopes for the 1980's, Annual Reviews, Inc. (ed. by G. Burbidge and A. Hewitt), Palo Alto, California, 1981

Weiterführende Literatur

[1], [3], [5], [19], [25], [35], [38]

Internet-Hinweise

Chandra	http://chandra.harvard.edu
COBE	http://nssdc.gsfc.nasa.gov
Compton	http://cossc.gsfc.nasa.gov
DLR Raumfahrtmanagement	http://www.dlr.de/raumfahrtmanagement
Einstein	http://nssdc.gsfc.nasa.gov/nmc/tmp/1978-103A.html
ESA Astrophysik	http://astro.estec.esa.nl/
HIPPARCOS, ESA	http://astro.estec.esa.nl/Hipparcos/hipparcos.html
Hubble	http://www.stsci.edu

INTEGRAL	http://astro.estec.esa.nl/SA-general/Projects/Integral/integral.html
IRAS	http://nssdc.gsfc.nasa.gov/nmc/tmp/1983-004A.html
ISO, ESA, Vilspa	http://www.iso.vilspa.esa.es/
ISO, ISOPHOT, MPIA	http://www.mpia-hd.mpg.de/ISO/welcome.html
MAP	http://map.gsfc.nasa.gov/
NASA Raumwissenschaften	http://spacescience.nasa.gov/
Östereichische Gesellschaft	http://www.asaspace.at/
ROSAT, MPE	http://wave.xray.mpe.mpg.de/rosat
SIRTF	http://sirtf.jpl.nasa.gov
XMM, ESA	http://xmm.vilspa.esa.es/
XMM, MPE	http://wave.xray.mpe.mpg.de/xmm
XMM, RGS	http://xmm.astro.columbia.edu/
XMM, OM	http://mssls7.mssl.ucl.ac.uk/

4 Sterne und interstellare Materie

Helmut Scheffler, Johannes V. Feitzinger

4.1 Einleitung

Die Materie des Weltalls wird im wesentlichen in zwei verschiedenen Konfigurationen beobachtet: Einerseits in Form von Sternen, angenähert kugelsymmetrischen, durch Eigengravitation zusammengehaltenen Konzentrationen von der Mächtigkeit der Sonne, andererseits als weit verbreitetes, äußerst verdünntes Gas mit eingelagerten kleinen festen Teilchen (*Staub*). Der von Sternen ausgefüllte Bruchteil des Raumes beträgt in unserer näheren kosmischen Umgebung nur rund 10^{-23}. In den meisten Sternen ist die mittlere Massendichte von der Größenordnung $10^3 \, \text{kg m}^{-3}$, die mittlere Massendichte der interstellaren Materie beträgt hingegen nur $3 \cdot 10^{-21} \, \text{kg m}^{-3}$. Die Gesamtmassen der in einem großen Volumen enthaltenen stellaren und interstellaren Materie sind daher von gleicher Größenordnung.

Wir wissen heute, daß die Sterne aus dem interstellaren Medium entstanden sind und daß sich auch gegenwärtig noch in vielen Bereichen des Kosmos neue Sterne bilden. Der Prozeß der Sternentstehung wird durch die Gravitationskraft dominiert. Überwiegt sie in einer hinreichend großen interstellaren *Wolke* gegenüber dem Gasdruck, so beginnt das Medium im freien Fall zu kontrahieren. Das verdichtete Gas gewinnt im weiteren Verlauf thermische Energie aus der potentiellen Energie der Gravitation; Temperatur und Druck steigen stark an. Der Kollaps wird aufgehalten, wenn der Gasdruck die Gravitationskraft ausgleichen kann. Die Beobachtung derartiger protostellarer Objekte, die noch in einen staubreichen Kokon interstellaren Materials gehüllt sind, ist erst durch die Erschließung des Infraroten und des Mikrowellenbereiches möglich geworden.

Das eigentliche Sternleben beginnt, wenn durch weitere Kontraktion die Temperatur im Zentrum so stark angestiegen ist, daß dort die thermischen Geschwindigkeiten der Gaspartikel ausreichen, um Kernreaktionen einleiten zu können. Weil die interstellare Materie überwiegend aus Wasserstoff besteht, kann der Energienachschub zur Deckung der hohen Verluste durch Abstrahlung nun von der Fusion des Wasserstoffs zu Helium geliefert werden. Wegen der langen Dauer des *Wasserstoffbrennens* finden wir die weitaus meisten Sterne in diesem Stadium vor. Zu diesen Objekten gehört auch die Sonne, der einzige Stern, den wir uns „aus der Nähe" anschauen können.

Auf dem Wege von der interstellaren Wolke zum fertigen Stern spielt die Erhaltung des Drehimpulses eine wichtige Rolle: Die Kontraktion um einen Faktor der Größenordnung 10^{-7} bewirkt, daß eine ganz geringfügige Drehbewegung des sternbildenden Wolkenfragmentes zu einer sehr raschen Rotation des resultierenden Protosterns führt. Schon bald wird daher die senkrecht zur Rotationsachse liegende Komponente der Gravitationskraft durch die Zentrifugalkraft kompensiert und es entsteht entweder eine flache Scheibe mit zentraler Verdichtung oder ein Ring, der instabil ist und in Fragmente zerfällt. Die zweite Möglichkeit liefert eine Erklärung dafür, daß etwa die Hälfte der Sterne Doppel- und Mehrfachsternsystemen angehört. Im Fall unserer Sonne ist hingegen die erste Möglichkeit realisiert worden. Nach der Bildung des protosolaren Kerns sind in dem scheibenförmigen Urnebel mit fortschreitender Abkühlung die Planeten und ihre Monde sowie Asteroiden und Kometen des Sonnensystems entstanden. Vor allem die großen Planeten tragen nun praktisch den gesamten Drehimpuls.

Die Erhaltung des Drehimpulses hat auf diese Weise zur Entstehung einer dritten Form kosmischer Materie neben den Sternen und dem dünnen interstellaren Medium geführt. Der Massenanteil der Gesamtheit dieser Körper beträgt jedoch nur wenig mehr als ein Promille der Sonnenmasse, und unser Heimatplanet stellt hiervon wieder nur rund zwei Promille. Auch die größten dieser Körper sind zu massearm, um in ihren Inneren thermonukleare Prozesse zu erzeugen. Nach unseren Vorstellungen über die Sternentstehung ist es sehr wahrscheinlich, daß auch andere Einzelsterne Planetensysteme besitzen. Durch Infrarotbeobachtungen wurden indessen Scheiben um einige Sterne entdeckt, die vielleicht als Vorstufen von Planetensystemen angesehen werden dürfen.

Die gesamte Strahlungsleistung eines Sternes, seine *Leuchtkraft L*, stellt sich so ein, daß für den Zusammenhang mit der Sternmasse $\mathcal{M}$ gilt $L \sim \mathcal{M}^3$. Die massereichsten Sterne mit $\mathcal{M} \approx 100$ Sonnenmassen verbrauchen daher ihren Vorrat an Kernenergie, der proportional zu $\mathcal{M}$ ist, etwa 10^6 mal rascher als die Sonne. Im Verhältnis zur Sonne müssen die heute beobachteten massereichen Sterne also sehr jung sein. Wir finden diese Objekte tatsächlich stets noch in Bereichen starker Verdichtung des interstellaren Mediums.

Wenden wir uns kurz der weiteren Entwicklung der Sterne zu. Nach dem Wasserstoffbrennen kontrahiert das Zentralgebiet erneut und heizt sich hierdurch soweit auf, daß nun Helium in höhere Elemente umgewandelt werden kann. Die äußeren Schichten expandieren: Es entsteht ein *Riese* mit einem Radius von der Größenordnung des Abstandes Erde–Sonne.

Die Sterne wirken auf das interstellare Medium zurück, aus dem sie hervorgegangen sind. Bei den massereichsten, heißesten Sternen löst der Strahlungsdruck in den äußeren Schichten einen starken *Sternwind* aus, mit dem innerhalb von 10^6 Jahren einige Sonnenmassen in den interstellaren Raum zurückgeführt werden. Ein Auswurf von Gas findet auch in den späten Entwicklungsphasen der häufigen, weniger massereichen Sterne statt, wenn sie sich soweit ausgedehnt haben, daß in den äußeren Schichten schon kleine Störungen genügen, um die dort nur geringe Schwerkraft zu überwinden. So entstehen die als *planetarische Nebel* bezeichneten, expandierenden Hüllen um die verbleibenden kompakten Kerne: *Weiße Zwerge* mit Dichten von einer Tonne durch Kubikzentimeter, in denen das entartete Elektronengas der Schwerkraft das Gleichgewicht hält.

Weit dramatischer kann die späte Sternentwicklung bei größeren Ausgangsmassen verlaufen. Das kompakte Zentralobjekt überschreitet hier eine kritische Grenzmasse, oberhalb welcher ein Gravitationskollaps einsetzt. Die einstürzende Materie kann erst gestoppt werden, wenn im Zentrum Atomkerndichten erreicht sind und damit ein *Neutronenstern* mit nur 10 km Durchmesser, aber etwa einer Sonnenmasse entstanden ist. Der in diesem Moment erzeugte Rückstoß bewirkt, daß die ganze Hülle mit etwa 10000 km s^{-1} hinausgeworfen wird. Wir beobachten den Ausbruch einer *Supernova.* Abb. 4.1 zeigt an einem Beispiel das spätere Stadium einer solchen Hülle.

Ein anderer Einfluß massereicher Sterne auf ihre interstellare Muttersubstanz wird durch die hohe Oberflächentemperatur dieser Objekte bewirkt. Das Strahlungsmaximum liegt weit im Ultraviolett, so daß genügend Photonen vorhanden sind, die den interstellaren Wasserstoff ionisieren können. Der Energieüberschuß der abgelösten Elektronen führt zu einer so starken Aufheizung des Gases, daß es mit Überschallgeschwindigkeit expandiert. Bekanntestes Beispiel einer solchen *HII-Region* ist der Orionnebel.

Die Entstehung und Entwicklung von Sternen hat zur Folge, daß das interstellare Medium einem ständigen Wechsel unterworfen ist und eine recht inhomogene Struktur besitzt. Heiße Sterne verwandeln das kalte Gas ihrer Umgebung in ein dünnes, heißes Plasma. Wenn sie als Supernovae explodieren, durchpflügen starke Stoßfronten das Medium und heizen weite Bereiche auf Temperaturen über 10^6 K auf. In den Stoßfronten werden die schwachen interstellaren Magnetfelder verstärkt, und es können geladene Partikel auf relativistische Geschwindigkeiten beschleunigt werden. Zwischen solchen extremen Zustandsänderungen kühlt sich das Gas wieder

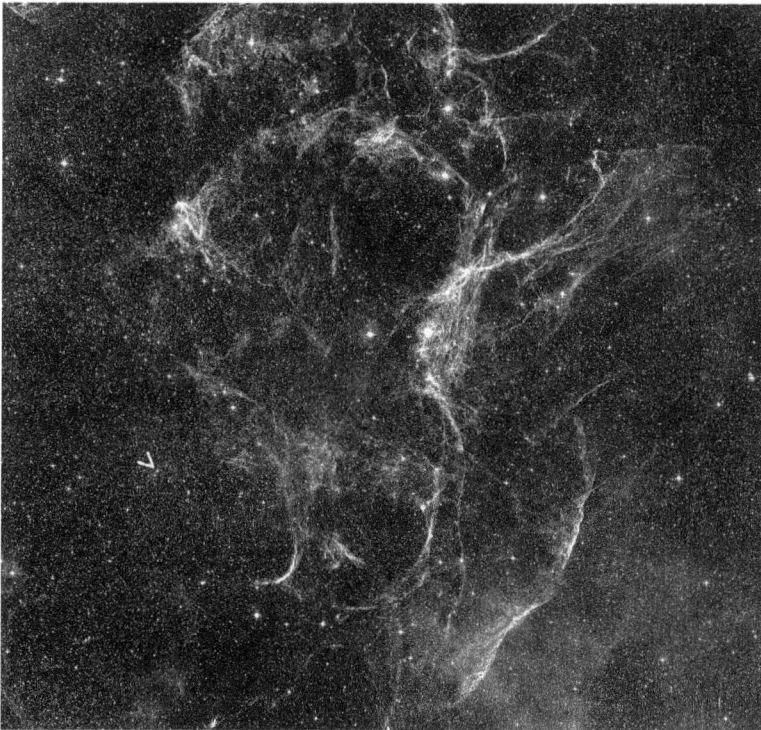

Abb. 4.1   Hüllen-Überrest einer Supernova im Sternbild Vela. Der Pfeil zeigt die Position des verbliebenen stellaren Objektes (Aufnahme von H.-E. Schuster mit dem Schmidt-Teleskop des European Southern Observatory in Chile).

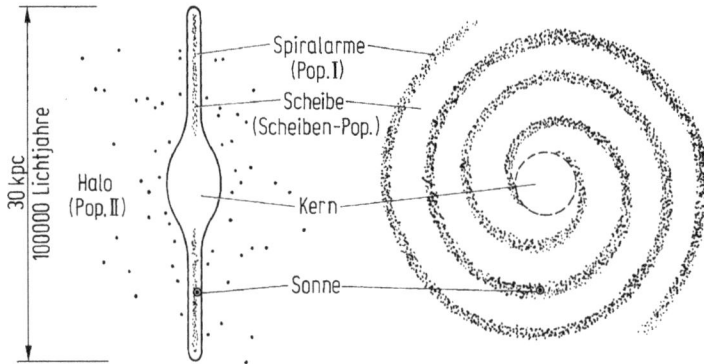

Abb. 4.2 Schematischer Aufbau unserer Galaxis. Links: Schnitt senkrecht zur Symmetrie-ebene. Die Punkte repräsentieren die kugelförmigen Sternhaufen. Der Abstand der Sonne vom galaktischen Zentrum beträgt 8.5 kpc.

ab, es entstehen „diffuse Wolken" und schließlich sogar relativ dichte, kalte Wolken, in denen sich Moleküle bilden können. Hier beginnt dann der Prozeß der Stern-entstehung von neuem.

Durch Supernova-Explosionen und starke Sternwinde ist das interstellare Mate-rial nach und nach mit den im Sterninneren synthetisierten schwereren Elementen angereichert worden. Die ersten Sterngenerationen entstanden wahrscheinlich aus einem Medium, das praktisch nur aus Wasserstoff und Helium bestand. In der jüng-sten Sternpopulation findet man den höchsten Anteil von Elementen ab Kohlenstoff. Alle Atome mit Ordnungszahlen $Z \geq 3$ werden in der Astrophysik als „Metalle" bezeichnet.

Die Sterne und das interstellare Medium bilden gemeinsam große, gravitativ ge-bundene Einheiten, die *Galaxien*, die in Kapitel 5 behandelt werden. Wir befinden uns in einer solchen Galaxie nahe der Symmetrieebene einer riesigen, rotierenden Scheibe (Abb. 4.2). Die meisten Sterne dieser relativ dünnen Scheibe sind so weit von uns entfernt und daher von so geringer scheinbarer Helligkeit, daß wir sie mit bloßem Auge nur als schwaches, den ganzen Himmel umspannendes, diffuses Licht-band wahrnehmen: die *Milchstraße*.

Während wesentliche Merkmale der Struktur einer Galaxie, die wir aus großer Entfernung von außen sehen, oft schon durch eine einzige Photographie erkennbar gemacht werden können, läßt sich die entsprechende Information über unser Milch-straßensystem nur sehr umständlich gewinnen: Es müssen die Entfernungen sehr vieler Einzelobjekte mit genügender Genauigkeit bestimmt werden. Bis in die zwan-ziger Jahre unseres Jahrhunderts hinein war noch umstritten, in welcher Richtung sich das Zentrum unserer Galaxie befindet und ob die Sonne weit davon entfernt sei. Die Ursache dafür lag vor allem in der Unkenntnis der Schwächung des Stern-lichtes durch interstellare Staubteilchen – vom Zentrum des Systems bis zu uns be-trägt der Schwächungsfaktor für sichtbares Licht etwa 10^{-8}! Erst durch Beobach-tungen im Infrarot- und Radiofrequenzbereich gelang es, das ganze System zu durch-dringen. Heute wissen wir, daß unsere Galaxis der in Abb. 4.3 gezeigten Galaxie ähnlich ist.

Abb. 4.3 Spiralgalaxie M 101 im Sternbild Ursa Major (Aufnahme mit dem 2.2-m-Teleskop der Calar Alto Sternwarte des Max-Planck-Instituts für Astronomie, Heidelberg).

Abb. 4.4 Die elliptische Galaxie NGC 205 (aus A. Sandage).

Neben den flachen Systemen mit Spiralarmen gibt es die weniger auffällig strukturierten *elliptischen Galaxien* mit teilweise nur geringer Abplattung (Abb. 4.4) und die *irregulären Galaxien* (Abb. 4.5).

Abb. 4.5 Die Große Magellansche Wolke, eine irreguläre Galaxie am Südhimmel und nächstes Nachbarsystem unserer Galaxis (Aufnahme von H. Elsässer mit dem 25-cm-Refraktor der Boyden Sternwarte).

Nach chemischer Zusammensetzung, Alter und räumlicher Verteilung kann man im Milchstraßensystem grob drei verschiedene Sternpopulationen unterscheiden: Die jüngsten Sterne mit den höchsten Metallhäufigkeiten finden sich nur sehr nahe der Symmetrieebene in den Spiralarmen und werden als *Population I* zusammengefaßt. Die Sterne mittleren Alters, zu denen die Sonne gehört, bilden die *Scheibenpopulation*. Die ältesten Sterne mit den niedrigsten Metallhäufigkeiten erfüllen ein nahezu sphärisches Volumen mit relativ niedriger Anzahldichte und werden daher als *Halo-Population* oder (*extreme*) *Population II* bezeichnet. Diese Objekte müssen bereits in der anfänglich sphärisch-symmetrischen Kollapsphase der Protogalaxis entstanden sein.

Von den verschiedenen Gebieten der Astrophysik ist die Physik der Sterne gegenwärtig am weitesten entwickelt. Ihr wird daher der größte Abschnitt dieses Beitrages gewidmet. Ein weiterer Abschnitt soll Einblick in ein jüngeres, besonders forschungsintensives Gebiet geben: die interstellare Materie. In beiden Fällen bilden vor allem Beobachtungen von Objekten in unserer Galaxis die empirische Grundlage. Die gewonnenen Erkenntnisse über den Aufbau und die Entwicklung der Sterne sowie über die physikalischen Eigenschaften der interstellaren Materie gelten jedoch im Grundsätzlichen auch für die anderen Galaxien.

4.2 Die Sternform der Materie

Sterne sind Kugeln heißen Gases, in denen ein Gleichgewicht zwischen dem nach außen gerichteten Druck und der nach innen gerichteten Eigengravitation besteht. Ein Stern kann durch *integrale Zustandsgrößen* charakterisiert werden: Die in ihm vereinte Masse $\mathscr{M}$, sein Radius R, die gesamte abgegebene Strahlungsleistung L, die als *Leuchtkraft* bezeichnet wird, seine Oberflächentemperatur und andere. Prototyp eines Sternes ist die Sonne. Die Nähe der Sonne hat eine besonders genaue Bestimmung ihrer Zustandsgrößen ermöglicht und man verwendet diese Werte als Bezugsgrößen oder Maßeinheiten für die anderen Sterne. Darüber hinaus bietet die Sonne den einmaligen Vorzug, daß wir hier die Struktur der äußeren Schichten eines Sternes im Detail auflösen können. Aus diesen Gründen besprechen wir zuerst die Zustandsgrößen der Sonne und die Phänomene ihrer Atmosphäre.

4.2.1 Die Sonne, der nächste Stern

4.2.1.1 Radius, Masse, Rotation

Die mittlere *Entfernung der Erde von der Sonne*, die große Halbachse der schwach elliptischen Erdbahn a, ist durch Radarmessungen an den Planeten Venus und Mars besonders genau bestimmt worden: Die Dimensionen der Planetenbahnen und damit auch ihre Abstände von der Erde sind aus den klassischen optischen Beobachtungen mit hoher Genauigkeit in Einheiten a bekannt. Andererseits ermöglichten es Radarbeobachtungen, solche Abstände durch Messung der Laufzeit elektromagnetischer Wellen zum Planeten und zurück auch absolut zu ermitteln. Der Vergleich beider Ergebnisse lieferte dann a. Für die astrophysikalischen Anwendungen können wir uns mit der Angabe des abgerundeten Resultats begnügen:

$$a = 149\,598\,000 \text{ km} .$$

In Verbindung mit dem mittleren Winkeldurchmesser der Sonne von 31′59.″3 ergibt sich damit der *Sonnenradius* zu

$$R_{\odot} = 6.960 \cdot 10^5 \text{ km} .$$

Zwei Punkte auf der Sonne, deren gegenseitiger Abstand uns unter einem Winkel von 1″ erscheint, sind hiernach 725 km voneinander entfernt.

Die *Masse der Sonne* kann aus ihrer Gravitationswirkung auf das System Erde–Mond abgeleitet werden. Die Integration des Zweikörperproblems führt auf das 3. Keplersche Gesetz in der Form

$$\frac{a^3}{P^2} = \frac{G}{4\,\pi^2}\,(\mathscr{M}_1 + \mathscr{M}_2) . \tag{4.1}$$

Dabei bezeichnen a die große Halbachse der relativen Bahn des Körpers mit der Masse $\mathscr{M}_2$ um den Körper mit der Masse $\mathscr{M}_1$, P die Umlaufzeit und G die Gravitationskonstante. Im betrachteten Fall folgt mit $a = a$ und $P = 1$ Jahr als Massensumme in guter Näherung die Sonnenmasse $\mathscr{M}_1 = \mathscr{M}_{\odot}$, denn für die Masse des

Systems Erde–Mond gilt $\mathcal{M}_2 \approx 3 \cdot 10^{-6}\mathcal{M}_\odot$. Man erhält

$$\mathcal{M}_\odot = 1.989 \cdot 10^{30} \text{ kg}.$$

Die *mittlere Massendichte der Sonne* ergibt sich zu nur $\varrho_\odot = 1.4\,\text{g cm}^{-3}$ (Erde: $5.5\,\text{g cm}^{-3}$), die *Schwerebeschleunigung an der Sonnenoberfläche* $g_\odot = G\mathcal{M}_\odot/R_\odot^2$ beträgt hingegen das 28 fache der Erdbeschleunigung.

Die Sonne rotiert in dem gleichen Sinn, wie die Planeten ihre Bahnen durchlaufen. Man erkennt dies am einfachsten durch Beobachtung der Bewegung der Sonnenflecken von Ost nach West über die Sonnenscheibe. Am Sonnenäquator beträgt die Rotationsgeschwindigkeit rund $2\,\text{km s}^{-1}$ entsprechend einer Rotationsdauer von 25.0 Tagen. Die Rotation erfolgt jedoch nicht starr: Mit wachsendem Abstand vom Sonnenäquator nimmt die Rotationsgeschwindigkeit ab. Bei der heliographischen[1] Breite $\pm 40°$ erreicht die Rotationsdauer 27.0 Tage. Ursache dieser *differentiellen Rotation* sind großräumige und tiefreichende Zirkulationsbewegungen.

4.2.1.2 Die Strahlung der Sonne

Das *Spektrum der Sonne* erstreckt sich vom Röntgen- und Ultraviolettbereich über die sichtbare und infrarote Strahlung bis zu Radiowellenlängen. Beobachtungen vom Erdboden aus sind nur möglich im „optischen Fenster" der Erdatmospshäre zwischen 300 nm und 1 µm Wellenlänge, in einigen schmalen Bändern des Infrarotbereiches und im „Radiofenster" von Millimeterwellen bis zu 20-m-Wellen. Vor allem die Strahlung mit Wellenlängen unterhalb von 300 nm konnte nur durch extraterrestrische Beobachtungen erschlossen werden. Etwa ab 200 nm im Ultraviolett bis weit ins Infrarot besteht das Sonnenspektrum aus einem Kontinuum mit maximaler Stärke im Sichtbaren, in das zahlreiche Absorptionslinien, die sogenannten *Fraunhofer-Linien*, eingelagert sind. Rund 95 % der Sonnenstrahlung entfallen auf diesen Bereich. Die Schicht, welcher diese Strahlung entstammt, wird *Photosphäre* genannt.

Die Verteilung der photosphärischen Strahlung über die Sonnenscheibe zeigt eine *Randverdunkelung* (Abb. 4.6). Die Strahlungsintensität sinkt jedoch zum Rand hin nicht allmählich auf Null, sondern strebt einem endlichen Wert zu, um schließlich innerhalb von weniger als einer halben Bogensekunde steil abzufallen. Diese „Schärfe" des Sonnenrandes hat ihre Ursache darin, daß die Photosphäre schon auf einer Strecke von 300 km praktisch undurchlässig („optisch dick") wird.

Für die Strahlung der Sonne (und der Sterne) werden folgende Meßgrößen verwendet (Tab. 4.1):

Die *Strahlungsflußdichte* (Bestrahlungsstärke) S ist definiert als Strahlungsleistung pro Fläche, die aus einem bestimmten Raumwinkel, beispielsweise von der ganzen Sonnenscheibe, empfangen wird (SI-Einheit: Watt pro Quadratmeter, W m^{-2}); der *Strahlungsstrom* Φ ist die Strahlungsleistung pro Fläche, die in den Halbraum, beispielsweise von der „Oberfläche" der Sonne nach außen abgegeben wird (SI-Einheit: W m^{-2}); die *Intensität* (Strahldichte) I ist die Strahlungsleistung pro Fläche und Raumwinkel (SI-Einheit: $\text{W m}^{-2}\,\text{sr}^{-1}$; Steradiant (sr) = der Raumwinkel, dessen

---

[1] griechisch: hèlios = die Sonne

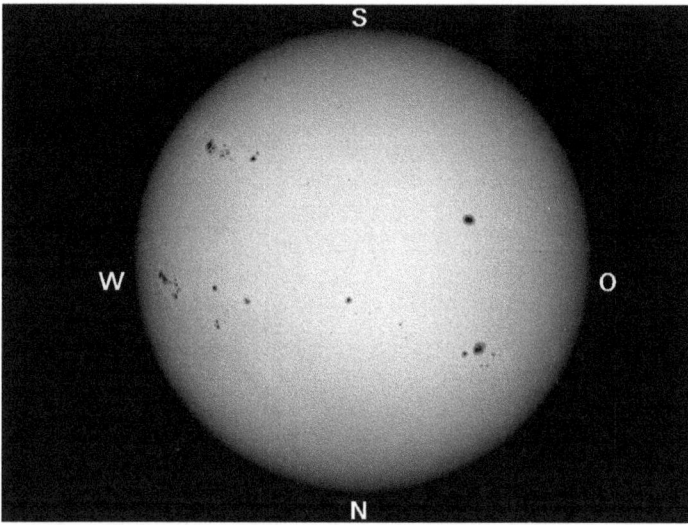

Abb. 4.6 Direkte Sonnenaufnahme im blauen Spektralbereich.

Tab. 4.1 Größen zur Beschreibung von Strahlung in Astrophysik und Optik.

Größe, Symbol Astrophysik	Größe, Symbol Strahlungsphysik (Bd. 3, Optik)	SI-Einheit
Strahlungsflußdichte S	Bestrahlungsstärke E, E_e	$\mathrm{W\,m^{-2}}$
Strahlungsstrom Φ (in den Halbraum)	Spezifische Ausstrahlung M_e (in den Halbraum)	$\mathrm{W\,m^{-2}}$
Intensität I	Strahldichte L, L_e	$\mathrm{W\,sr^{-1}m^{-2}}$
Leuchtkraft L	(gesamte) Strahlungsleistung Φ	W

Scheitelpunkt im Mittelpunkt einer Kugel liegt und aus der Kugeloberfläche eine Fläche R^2 ausschneidet; $R = $ Radius).

Zur Charakterisierung der Wellenlängenabhängigkeit der Strahlung bezieht man die bisher definierten Größen auf ein (differentielles) Wellenlängenintervall $\mathrm{d}\lambda$ bzw. Frequenzintervall $\mathrm{d}\nu$ und bildet den entsprechenden Differentialquotienten. Die so gebildeten spektralen Größen werden mit dem Index λ bzw. ν versehen. Die von der Sonne isotrop ausgesandte spektrale Strahlungsleistung L_λ kann in jeder Entfernung r auf die Hüllfläche einer konzentrischen Kugel $4\pi r^2$ bezogen werden. Mit $r = R_\odot = $ Sonnenradius folgt $L_\lambda/4\pi R_\odot^2 = \Phi_\lambda$, der spektrale Strahlungsstrom auf der Sonnenoberfläche, und mit $r = r_\odot = $ Entfernung der Erde von der Sonne folgt

$$\frac{L_\lambda}{4\pi r_\odot^2} = S_\lambda,$$

die spektrale Strahlungsflußdichte am Ort der Erde (außerhalb der Erdatmosphäre). Aus beiden Ansätzen ergibt sich

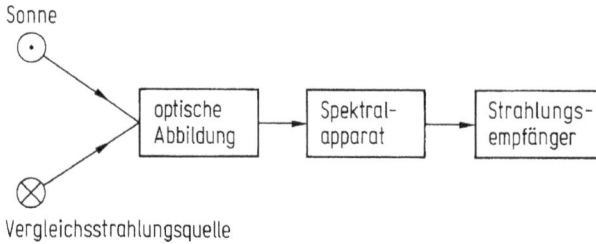

Abb. 4.7   Zur Messung der absoluten Intensitätsverteilung im Spektrum der Sonne.

$$\Phi_\lambda = \left(\frac{r_\odot}{R_\odot}\right)^2 S_\lambda . \tag{4.2}$$

S_λ, bezogen auf eine Fläche senkrecht zur Sonnenrichtung, wird erzeugt durch die Einstrahlung von der Sonnenscheibe, die unter dem Raumwinkel $\Omega_\odot = \pi R_\odot^2 / r_\odot^2$ erscheint. Der Quotient $S_\lambda / \Omega_\odot$ ist gleich der mittleren Intensität der Sonnenscheibe. Man hat auch Messungen ausgeführt, bei denen nur ein kleiner Raumwinkel $\Omega \ll \Omega_\odot$ in der Mitte der Sonnenscheibe (durch eine entsprechend kleine Blende) erfaßt wurde, und dann gilt S_λ / Ω = Intensität der senkrecht aus der Sonnenatmosphäre austretenden Strahlung.

Allgemein ist die Änderung von S_λ mit der Entfernung von einer flächenhaften Quelle lediglich durch die Änderung des Raumwinkels der Quelle bedingt. Aus der Definition der Intensität folgt (für kleine Raumwinkel)

$$S_\lambda = I_\lambda \cdot \Omega . \tag{4.3}$$

Bezeichnet r den Abstand von der Quelle, so gilt $S_\lambda \sim 1/r^2$ und $\Omega \sim 1/r^2$. Daher ist die Intensität der Strahlung einer ausgedehnten Quelle *unabhängig* von der Entfernung. Von der unmittelbar gemessenen Größe S_λ geht man aus diesem Grunde stets zu $S_\lambda / \Omega = I_\lambda$ über.

Die *absolute Intensitätsverteilung* im Spektrum der ganzen Sonnenscheibe wie auch der Scheibenmitte wurde durch photometrischen Vergleich mit einer Strahlungsquelle bekannter spektraler Intensitätsverteilung gemessen (Abb. 4.7). Hierzu diente im Prinzip ein Hohlraumstrahler (schwarzer Körper, *black body*), dessen spektrale Intensitäten $B_\lambda(T)$ bzw. $B_\nu(T)$ mit großer Genauigkeit durch die Plancksche Strahlungsformel gegeben sind:

$$B_\lambda(T) = \frac{2hc^2}{\lambda^5} \frac{1}{e^{hc^2/(k\lambda T)} - 1} \quad \text{bzw.} \quad B_\nu(T) = \frac{2h\nu^3}{c^2} \frac{1}{e^{h\nu/(kT)} - 1} . \tag{4.4}$$

Für jedes kleine Wellenlängenintervall $\lambda \cdots \lambda + \Delta\lambda$ werden Sonne und Vergleichsquelle im Wechsel gemessen. Im Verhältnis beider Meßwerte heben sich die spektrale Empfindlichkeit des Strahlungsempfängers und die Durchlässigkeit der ganzen Apparatur heraus. Die so gewonnenen Intensitäten der Sonnenstrahlung sind jedoch noch mit der wellenlängenabhängigen Extinktion durch die Erdatmosphäre behaftet. Deshalb müssen sämtliche Messungen für verschiedene Zenitdistanzen ausgeführt werden, um dann auf die extraterrestrischen Werte extrapolieren zu können. Um den Einfluß der atmosphärischen Extinktion klein zu halten, wurden derartige Messungen von hohen Bergen aus vorgenommen. Es liegen auch extraterrestrische Messungen vor.

Die Ergebnisse zeigen, daß die Energieverteilung im Sonnenspektrum von der eines schwarzen Körpers deutlich abweicht. Nur in grober Näherung kann man sie durch eine Planck-Kurve zu $T \approx 6000$ K approximieren. Darüber hinaus bedeutet die Randverdunkelung, daß die aus der Photosphäre tretende Strahlung – anders als beim schwarzen Körper – richtungsabhängig ist. Der Grund dafür liegt in der Zunahme der Temperatur mit der Tiefe in der Photosphäre in Verbindung mit dem hohen Absorptionsvermögen im Kontinuum: Senkrecht austretende Strahlung kommt effektiv aus tieferen, heißeren Schichten als schräg austretende Strahlung. Die Schichtung der Temperatur ist auch die wesentliche Ursache für das Auftreten der Fraunhofer-Linien, einer weiteren Abweichung von der „schwarzen Strahlung": Bei Wellenlängen, die sehr stark absorbiert werden, also als Spektrallinien beobachtet werden, kann die Strahlung nur aus den höchsten, kühleren Photosphärenschichten stammen, und sie ist deshalb schwächer als die aus tieferen Schichten stammende Strahlung benachbarter Wellenlängen, bei denen allein kontinuierliche Absorption vorliegt.

4.2.1.3 Leuchtkraft und effektive Temperatur

Jede aus Messungen der Strahlung der ganzen Sonne abgeleitete spektrale Intensität stellt wegen der Randverdunkelung einen Mittelwert über die Sonnenscheibe dar. Wir versehen diese Größe deshalb mit einem Querstrich $\bar{I}_\lambda$. Bezeichnet ϱ den Abstand eines Punktes von der Mitte der Sonnenscheibe in Einheiten des Sonnenradius, so gilt $\varrho = \sin \vartheta$, wobei ϑ der Austrittswinkel der Strahlung gegen die Normale zur Sonnenoberfläche ist (Abb. 4.8). Zur Berechnung von $\bar{I}_\lambda$ integrieren wir I_λ über die Sonnenscheibe und dividieren durch deren Fläche $\pi R_\odot^2$:

$$\bar{I}_\lambda = (\pi R_\odot^2)^{-1} \int\limits_{r=0}^{R_\odot} I_\lambda(r)\, 2\pi r\, \mathrm{d}r = 2 \int\limits_{\varrho=0}^{1} I_\lambda(\varrho)\, \varrho\, \mathrm{d}\varrho \,.$$

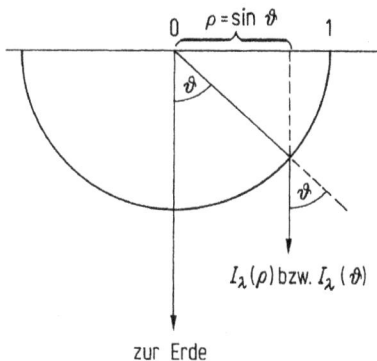

Abb. 4.8 Relativer Abstand von der Mitte der Sonnenscheibe ϱ und Austrittswinkel der Strahlung ϑ gegen die Normale zur Sonnenoberfläche.

Mit $\varrho = \sin\vartheta$ und $d\varrho = \cos\vartheta\,d\vartheta$ folgt

$$\bar{I}_\lambda = 2 \int_{\vartheta=0}^{\pi/2} I_\lambda(\vartheta)\cos\vartheta\sin\vartheta\,d\vartheta . \tag{4.5}$$

Dabei bezeichnet $I_\lambda(\vartheta)$ die unter dem Winkel ϑ aus der Sonnenoberfläche austretende spektrale Intensität.

Der spektrale *Strahlungsstrom* Φ_λ an der Sonnenoberfläche ergibt sich aus der Integration der Intensität $I_\lambda(\vartheta)$ über den Halbraum, wobei der Faktor $\cos\vartheta$ einzufügen ist wegen der Verkleinerung des Querschnitts schräg austretender Strahlenbündel:

$$\Phi_\lambda = \int_{2\pi} I_\lambda(\vartheta)\cos\vartheta\,d\omega = \int_{\varphi=0}^{2\pi} d\varphi \int_{\vartheta=0}^{\pi/2} I_\lambda(\vartheta)\cos\vartheta\sin\vartheta\,d\vartheta .$$

Ein Vergleich mit Gl. (2.5) ergibt

$$\Phi_\lambda = \pi\bar{I}_\lambda . \tag{4.6}$$

Gl. (4.6) zeigt, daß die bei der Intensität zur Berücksichtigung der Randverdunklung erforderliche Mittelwertbildung bei der Berechnung des Strahlungsstromes Φ_λ schon in der Integration über den Halbraum vorgenommen wird.

Um zu einem eindeutigen Temperaturbegriff für die „Oberfläche" der Sonne (und der Sterne) zu kommen, definiert man die **effektive Temperatur** T_{eff} als Temperatur eines schwarzen Strahlers, der gerade den beobachteten Gesamtstrahlungsstrom Φ besitzt. Damit ist T_{eff} aus dem Stefan-Boltzmann-Gesetz zu berechnen:

$$\int_0^\infty \Phi_\lambda\,d\lambda = \Phi = \sigma T_{\text{eff}}^4 . \tag{4.7}$$

Danach können auch die gesamte Strahlungsleistung der Sonne, die **Leuchtkraft** $L_\odot = 4\pi R_\odot^2\,\Phi$, und die am Ort der Erde vorliegende gesamte Strahlungsflußdichte, die sogenannte **Solarkonstante** $S = (R_\odot/r_\odot)^2\,\Phi$, angegeben werden. Die Resultate lauten

$$\Phi = 6.33 \cdot 10^7\,\text{W m}^{-2}$$
$$T_{\text{eff}} = 5780\,\text{K}$$
$$L_\odot = 3.85 \cdot 10^{26}\,\text{W}$$
$$S = 1.37\,\text{kW m}^{-2}$$

4.2.1.4 Fraunhofer-Linien und qualitative Analyse

Zwischen 300 nm und 1 µm treten im Sonnenspektrum über 20 000 Fraunhofer-Linien auf. Für einige der bekanntesten und stärksten sind in Tab. 4.2 die Wellenlängen und die Elementzugehörigkeit angegeben. Die meisten dieser Linien werden durch Atome erzeugt. Man findet jedoch auch (schwache) Linien der zweiatomigen Moleküle bzw. Molekülradikale CO, C_2, CN, CH, OH. Im roten und infraroten Bereich zeigt das Sonnenspektrum darüber hinaus zahlreiche Linien, die in der Erdatmosphäre entstehen: terrestrische (oder tellurische[2]) Linien, die sich beispiels-

---

[2] lateinisch: tellus, telluris = Erde

weise durch die Variation ihrer Stärke mit der Zenitdistanz der Sonne zu erkennen geben.

Die Identifikationen solarer Fraunhofer-Linien (Tab. 4.2) lieferten den sicheren Nachweis von mindestens 63 Elementen in der Sonnenphotosphäre. Die verbleibenden Elemente besitzen entweder sehr geringe kosmische Häufigkeiten (Bi, Tl, U und andere), oder ihre Linien können bei den photosphärischen Temperaturen nicht in genügendem Umfang angeregt werden (Ar, Ne und andere), weil die vorliegenden Temperaturen mittleren kinetischen Energien der Gaspartikel von nur etwa 1 eV entsprechen. Die *Balmer-Linien* des Wasserstoffs erfordern zwar auch relativ hohe Anregungsenergien, dieser Nachteil wird jedoch durch die überragende Häufigkeit dieses Elementes vollständig kompensiert. Helium ist im Photosphärenspektrum praktisch nicht vertreten.

Tab. 4.2   Bekannte starke Fraunhofer-Linien.

Kurzbezeichnung	Wellenlänge/nm	Ursprung	
Hα	656.3	H	(Balmer-Serie)
D$_1$, D$_2$	589.6/589.0	Na	(Dublett)
b$_1$, b$_2$, b$_4$	518.4/517.3/516.7	Mg	(Triplett)
Hβ	486.1	H	(Balmer-Serie)
Hγ	434.0	H	(Balmer-Serie)
g	422.7	Ca	
Hδ	410.2	H	(Balmer-Serie)
H, K	396.9/393.4	Ca$^+$	(Dublett)

4.2.2 Phänomene der Sonnenatmosphäre

4.2.2.1 Feinstruktur der Photosphäre

Die Sonnenscheibe zeigt eine Körnigkeit, die mit terrestrischen Teleskopen – infolge kleinräumiger Brechzahlfluktuationen in der Troposphäre – nur unvollständig auflösbar ist. Die wahre Struktur dieser **Granulation** ist überzeugend erstmals 1957 durch Aufnahmen mit einem ballongetragenen Teleskop aus Höhen um 25 km weitgehend enthüllt worden. Die meist unregelmäßig polygonalen, hellen Granula besitzen Durchmesser von 0.″4 (Auflösungsgrenze) bis 5″, im Mittel 1.″3, rund 1000 km entsprechend (Abb. 4.9). Bildet man die Sonne mit guter räumlicher Auflösung auf den möglichst hohen Spalt eines Spektrographen ab, so zeigen die Fraunhofer-Linien des erzeugten Spektrums unregelmäßige Zickzackverläufe. Ursache sind lokale Doppler-Verschiebungen bei den Positionen der einzelnen hellen Granula und der dunklen, weil kühleren intergranularen Gebiete im Spalt infolge von vertikalen Bewegungen. Die Beträge $\Delta\lambda$ entsprechen Geschwindigkeiten zwischen 0.2 und 1 km s^{-1}. In den Granula steigt die Materie auf, in den Zwischengebieten sinkt sie ab.

Analysen des Geschwindigkeitsfeldes mit verschiedenen Methoden erwiesen darüber hinaus die Existenz von großen Zellen mit etwa 30 000 km Durchmesser, in

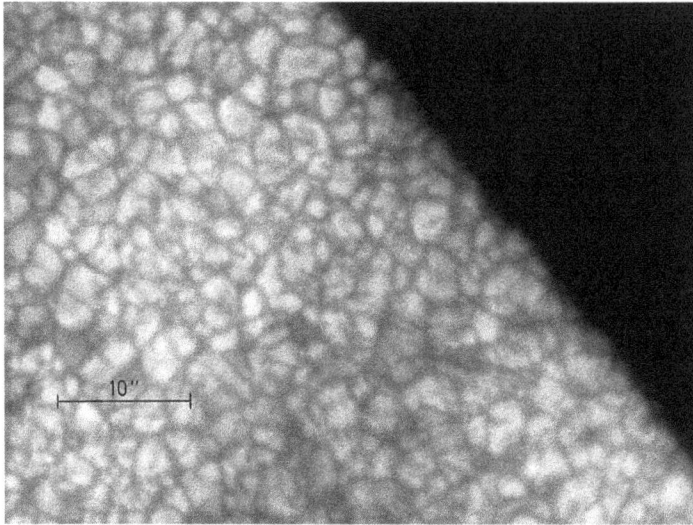

Abb. 4.9   Granulation der Sonnenoberfläche. Die Aufnahme wurde am Sonnenobservatorium Izana auf Teneriffa während einer partiellen Sonnenfinsternis gewonnen. Die Begrenzung rechts oben wird durch den Mondrand erzeugt (Aufnahme von F. L. Deubner und W. Mattig).

deren Mitte die Materie auf- und an deren Rändern sie absteigt. Von der Mitte zum Rand verläuft die Strömung jeweils horizontal mit Geschwindigkeiten von etwa 0.5 km s^{-1}. Dieses fast über die ganze Sonnenoberfläche verbreitete Phänomen wird als **Supergranulation** bezeichnet (s. Abb. 4.16).

Überraschend war die Entdeckung einer relativ schwach gedämpften *Oszillation* in den Auf- und Abstiegsbewegungen der Granulation am festen Ort mit einer Periode von 5 Minuten. Die Untersuchung der räumlich-zeitlichen Struktur des Geschwindigkeitsfeldes ergab, daß es sich hierbei nicht um ein rein lokales Phänomen handelt, sondern um die Überlagerung einer Anzahl diskreter Schwingungsformen der ganzen „Sonnenoberfläche" mit den größten Geschwindigkeitsamplituden für horizontale Wellenlängen um 10^4 km. Das räumliche Spektrum reicht bis zu Wellenlängen von der Größe des Sonnenradius, also zu *globalen* 5-Minuten-Oszillationen, die jedoch sehr kleine Geschwindigkeitsamplituden aufweisen: Durch Messungen mit einem Resonanzstreuspektrometer konnten für die ganze Sonnenscheibe Amplituden von 15 cm s^{-1} nachgewiesen werden.

4.2.2.2 Chromosphäre und Korona, Sonnenwind

Die enorme Helligkeit der Photosphäre verhindert die direkte Beobachtung höherer Schichten der Sonnenatmosphäre. Wird jedoch während einer totalen Sonnenfinsternis die Photosphäre kurzzeitig ganz durch den Mond abgedeckt, dann erscheint ein rosafarbiger Lichtsaum, die **Chromosphäre**, deren Intensität nur etwa das 10^{-5}-fache der Photosphärenintensität nahe dem Sonnenrand beträgt. Oberhalb von 1500 km Höhe über der Photosphäre weist diese Schicht viele schmale, helle Flam-

Abb. 4.10 Sonnenkorona (aufgenommen von G. van Biesbroeck während der totalen Sonnenfinsternis am 25.2.1952).

menzungen auf, die sogenannten *Spiculae*. Darüber beobachtet man die weit ausgedehnte, weißlich leuchtende **Sonnenkorona**, deren Helligkeit jedoch mit dem Abstand vom Sonnenrand rasch abfällt (Abb. 4.10).

Aufnahmen während dieser kurzen *Flash-Phase* der Finsternis mit einem vor die Öffnung des Teleskops gesetzten dünnen Glasprisma mit kleinem brechendem Winkel („Objektivprisma"), wobei die chromosphärische Sichel als Spektrographenspalt wirkt, zeigen, daß die Chromosphäre ein Emissionslinienspektrum besitzt (Abb. 4.11). Neben den Balmer-Linien des Wasserstoffs sowie CaII-H und -K sind im Photosphärenspektrum (in Absorption) nicht vertretene Linien mit relativ hohen Anregungsenergien vorhanden. Erwähnt sei die Linie $\lambda = 587.6$ nm des neutralen Heliums, deren Beobachtung während einer totalen Sonnenfinsternis 1868 den ersten Hinweis auf dieses damals noch unbekannte Element lieferte und ihm seinen Namen gab (Nachweis auf der Erde 1895 durch W. Ramsay).

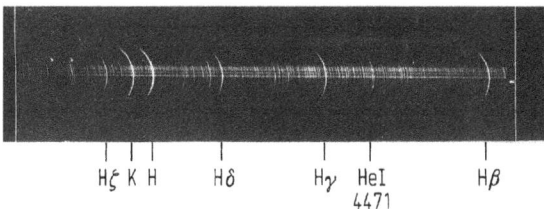

Abb. 4.11 Flash-Spektrum der Chromosphäre der Sonne. Die durchgehenden Streifen entstehen dort, wo die kontinuierliche Strahlung der Photosphäre in „Tälern" des Mondrandprofils sichtbar wird (aufgenommen von Houtgast und Zwaan).

Im *Ultraviolett* unterhalb von 150 nm ist das kontinuierliche Spektrum der Photosphäre bereits so schwach, daß die hier ebenfalls vorhandenen chromosphärischen Emissionslinien dominieren. Diese Linien können daher auch ohne Sonnenfinsternis, allerdings nur extraterrestrisch, direkt vor der Sonnenscheibe beobachtet werden. Die Lyman-α-Linie des Wasserstoffs bei 121.6 nm wurde erstmals 1952 bei einem Raketenaufstieg als starke chromosphärische Emission nachgewiesen. Seitdem haben extraterrestrische Messungen den Verlauf des Spektrums von Chromosphäre und Korona bis ins Röntgengebiet erschlossen. Neben der Lyman-Serie und den entsprechenden Linien des ionisierten Heliums treten zahlreiche Linien verschiedener Ionen mit ebenfalls hohen Anregungsenergien auf. Bilder der Sonne in Wellenlängenbereichen der Ultraviolett- wie auch der weichen Röntgenstrahlung zeigen unmittelbar die Strukturen von Chromosphäre und Korona (Abb. 4.12a).

Die Struktur der Chromosphäre kann auch im sichtbaren Spektralbereich vor der Sonnenscheibe erkennbar gemacht werden: In der Mitte einer starken Fraunhofer-Linie ist das Absorptionsvermögen der Sonnenmaterie um mehrere Zehnerpotenzen größer als bei den Wellenlängen des benachbarten Kontinuums. Die in der Linienmitte noch vorhandene Strahlung kann daher nur aus den höchsten Schichten kommen, die effektiv bereits über der Photosphäre liegen. Aufnahmen der Sonnenscheibe mit einem Filter, das nur den schmalen Wellenlängenbereich der Linienmitte einer starken Fraunhofer-Linie hindurchläßt, ergeben daher ein Bild einer bestimmten Schicht der Chromosphäre. Derartige *Filtergramme* (Abb. 4.12b) zeigen als feinste Strukturelemente kleine „Körner" (*fine mottles*) mit Abmessungen von der Größenordnung 1000 km, die mit den Spiculae identifiziert werden können. Sie sind zu Büscheln gehäuft, und diese Büschel bilden ein unregelmäßiges *Netzwerk*. Die Maschen dieses chromosphärischen Netzwerkes sind mit den Zellen der Supergranulation identisch. Die fine mottles befinden sich also an den Rändern dieser großen Strömungszellen.

Aufschlüsse über den physikalischen Zustand der Sonnenkorona sind zuerst durch Finsternisbeobachtungen der optischen Strahlung gewonnen worden. Spektralaufnahmen zeigten, daß sich drei verschiedene Komponenten überlagern:

1. die *K-Korona* mit rein kontinuierlichem Spektrum, das denselben Intensitätsverlauf besitzt wie das Kontinuum der Photosphäre,
2. die *L-Korona* mit einem reinen Emissionslinienspektrum und
3. die *F-Korona* („Fraunhofer-Korona"), deren Spektrum eine nahezu genaue Wiedergabe des Photosphärenspektrums mit den Fraunhofer-Linien darstellt.

Die Trennung der Komponenten war möglich, weil sich die K-Korona nur bis zu einem Randabstand von etwa 0.3 Sonnenradien und die L-Korona bis zu etwa 0.5 Sonnenradien erstrecken, während die F-Korona bei Abständen > 1.5 Sonnenradien überwiegt.

Die im sichtbaren Bereich beobachteten starken Emissionslinien der L-Korona erwiesen sich durchweg als verbotene Linien hochionisierter Atome, vor allem der Eisengruppe. Als Beispiel sei die FeXIV-Linie $\lambda = 530.3$ nm angeführt. Die zur Erzeugung des hier emittierenden Ions erforderliche Ionisationsenergie beträgt in diesem Fall 355 eV. Damit dies auf thermischem Wege durch Stöße von anderen Gaspartikeln geschehen kann, müssen deren mittlere kinetische Energien $(3/2)\,kT$ von dieser Größenordnung sein. Daraus folgt eine Temperatur von rund 10^6 K. Eine

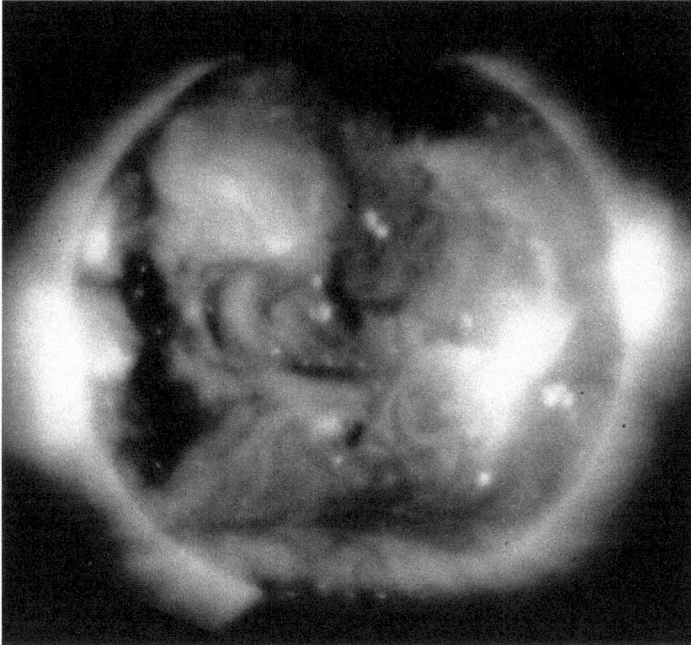

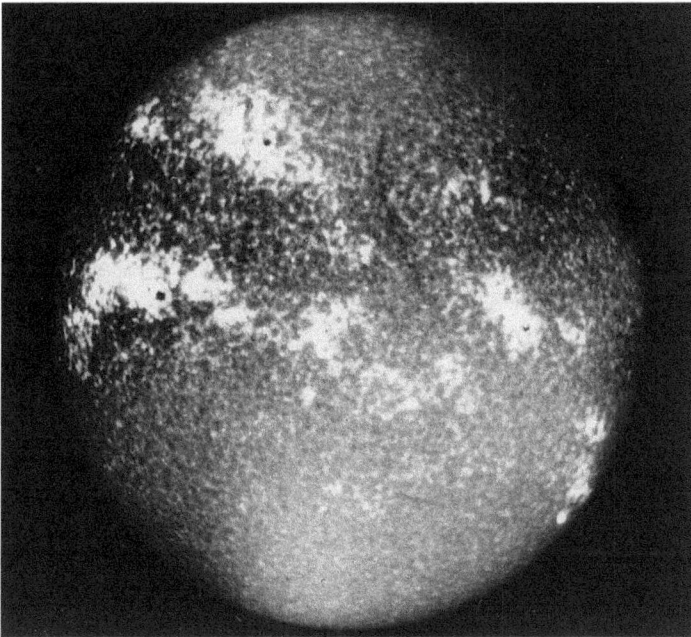

Abb. 4.12   Oben: Aufnahme der Sonne im Gebiet der weichen Röntgenstrahlung von dem 1973 gestarteten Weltraumlaboratorium „Skylab" (aus Solar Physics Group, 1975).
Unten: Ca II-K-Filtergramm der Sonne.

so hohe Temperatur ist auch zur Erklärung der beobachteten großen Linienbreiten (thermischer Doppler-Effekt) erforderlich. Diese Aussagen wurden später durch die Beobachtungen der Emissionslinien des Ultraviolett- und Röntgenbereichs bestätigt. Hier findet man vorwiegend entweder Linien von Ionen, deren Erzeugung Energien unter 100 eV erfordert (H, HeI, CIII, SiIII und andere) und die in der Chromosphäre entstehen, oder Linien von Ionen, für deren Erzeugung Energien über 200 eV notwendig sind (MgIX, FeX ... FeXIV und andere), deren Quelle die Korona ist.

In der K-Korona sehen wir das an freien Elektronen gestreute Photosphärenlicht (Streukoeffizient unabhängig von der Wellenlänge), das daher auch eine erhebliche lineare Polarisation aufweist. Das Fehlen der Fraunhofer-Linien ist eine Folge der hohen Temperatur des Koronagases: Für $T \approx 10^6$ K sind die thermischen Geschwindigkeiten der leichten Elektronen so groß, daß sich Doppler-Verschiebungen des gestreuten Photosphärenlichtes von durchschnittlich etwa 8 nm ergeben. Hierdurch werden die Fraunhofer-Linien völlig „verschmiert" und sind im Streulicht nicht mehr erkennbar. Aus den beobachteten Intensitäten der K-Korona können die Anzahldichten der Elektronen abgeleitet werden. Die höchsten Werte in der inneren Korona liegen bei $N_e \approx 10^8$ cm^{-3}.

Bei der F-Korona handelt es sich um Photosphärenlicht, das an interplanetarem Staub gestreut wurde. Durch Messungen von Ballonen und Raketen aus konnte ein stetiger Übergang in das auf gleiche Weise entstehende *Zodiakallicht* nachgewiesen werden. Nahe der Sonne können diese kleinen festen Teilchen nicht existieren. Daß wir das Streulicht auch relativ nahe bei der Sonne als F-Korona sehen, liegt überwiegend an der starken Vorwärtsstreuung der zwischen Sonne und Erde befindlichen Staubteilchen.

Das heiße koronale Plasma erstreckt sich bis zu sehr großen Abständen von der Sonne. Es befindet sich in einem Zustand permanenter Expansion. Durch Messungen von Raumsonden aus, zuerst 1962 mit Mariner 2, konnte es noch in der Entfernung des Erdabstandes von der Sonne direkt nachgewiesen werden. Hier wurde ein ständiger Strom von Ionen (vorwiegend H und He) und Elektronen mit durchschnittlich etwa $2 \cdot 10^8$ Teilchen/cm^2 s gemessen, dessen Geschwindigkeit etwa 400 km/s beträgt, so daß Dichten von einigen Teilchen/cm^3 resultieren. Die Temperatur des Plasmas beträgt noch etwa $5 \cdot 10^5$ K. Durch diesen kontinuierlichen **Sonnenwind** verliert die Sonne jedoch nur rund 10^{-14} Sonnenmassen im Jahr.

4.2.2.3 Solare Radiofrequenzstrahlung

Aussagen über Temperaturen und Dichten in den äußeren Schichten der Sonnenatmosphäre liefern auch Messungen der solaren Emission von Radiowellen. Man unterscheidet hier die ständig vorhandene „ruhige" von der zeitlich variablen und oft sehr viel stärkeren „gestörten" Strahlung. Wir besprechen zunächst die ruhige Komponente. Die Beobachtungen beziehen sich auf die Strahlungsflußdichte der ankommenden Strahlung $S_\lambda = I_\lambda \cdot \Omega$, wobei Ω den Raumwinkel der Richtkeule des Radioteleskops bezeichnet. Ist Ω größer als der Raumwinkel der ganzen Sonne $\Omega_\odot$, dann ist $\Omega = \Omega_\odot$ zu setzen. Die hieraus berechnete Intensität I_λ charakterisieren die Radioastronomen durch die **Strahlungstemperatur** T_S, definiert als Temperatur eines schwarzen Strahlers, der bei der betrachteten Frequenz diese Intensität besitzt.

Weil die Plancksche Strahlungsformel im Radiobereich ($h\nu/(kT) \ll 1$) durch das Rayleigh-Jeans-Gesetz ersetzt werden darf, wird T_S definiert durch

$$I_\nu = B_\nu(T_S) = \frac{2\nu^2}{c^2}\,kT_S\,. \tag{4.8}$$

T_S ist im allgemeinen von der Frequenz ν abhängig. Für die ruhige Radiosonne ergaben die Messungen den in Abb. 4.13a gezeigten Verlauf von T_S mit der Frequenz bzw. Wellenlänge. Im Meterwellengebiet ist T_S angenähert konstant gleich $1 \cdot 10^6$ K.

Die *Herkunft* dieser Strahlung verraten unmittelbar die Messungen ihrer Verteilung über die Sonnenscheibe bei fester Wellenlänge. Mit einem einzelnen Radioteleskop sind solche Messungen jedoch nicht möglich. Die kleinste auflösbare Winkelausdehnung ist durch das Verhältnis λ/D bestimmt, wobei D den Durchmesser der Antennenfläche (Radiospiegel) bezeichnet. Angenähert gilt $\alpha = 60° \cdot (\lambda/D)$. Für $\lambda = 1$ m und $D = 100$ m erhält man damit nur $\alpha = 0.6°$, während der Winkeldurchmesser der ganzen Sonne $0.5°$ beträgt. Hinreichende Winkelauflösung kann jedoch durch Zusammenschalten von zwei oder mehr, genügend weit voneinander entfernten Einzelantennen zu einem Radio-Interferometer erreicht werden. In der Formel für α ist dann für D der (maximale) gegenseitige Abstand der Einzelantennen einzusetzen. Ergebnisse sind in Abb. 4.13b wiedergegeben. Offenbar kommt die Meterwellenstrahlung aus der Sonnenkorona, Zentimeter- und Dezimeterwellen werden hingegen vorwiegend in der Chromosphäre erzeugt. Die Strahlungstemperaturen T_S dürfen angenähert als thermodynamische (kinetische) Temperaturen der jeweils emittierenden Schichten interpretiert werden. Die quantitative Diskussion ergibt, daß die Radioemission der ruhigen Sonne thermische Bremsstrahlung der freien Elektronen in den elektrischen Feldern der Ionen ist (Frei-frei-Übergänge).

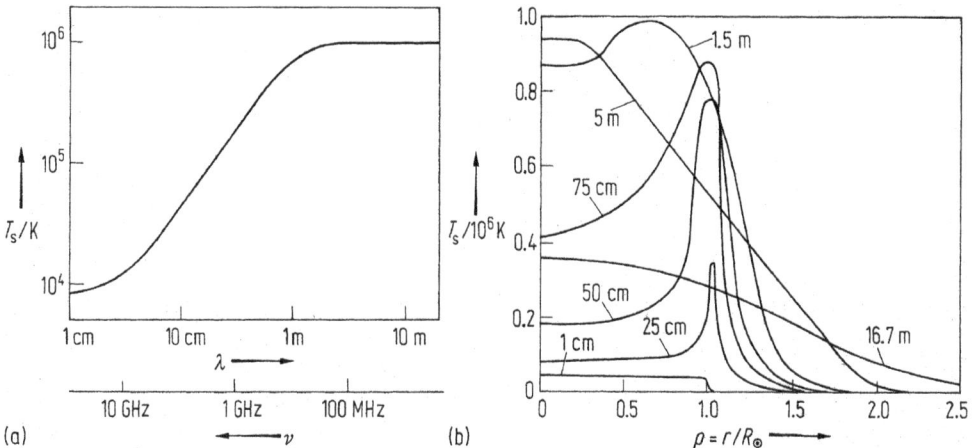

Abb. 4.13 (a) Strahlungstemperatur T_s der Radiofrequenzstrahlung der ruhigen Sonne in Abhängigkeit von der Wellenlänge λ bzw. der Frequenz ν. (b) Mitte-Rand-Variation von T_s über die Sonnenscheibe (nach Smerd).

4.2.2.4 Sonnenaktivität und Magnetfelder

Die veränderlichen Phänomene der Sonnenatmosphäre sind sehr vielfältig und können hier nur kurz angesprochen werden. Die Häufigkeit aller dieser Erscheinungen folgt einem ausgeprägten Aktivitätszyklus mit einer Periode von durchschnittlich 11 Jahren. Auffälligste Erscheinung im optischen Bereich sind die dunklen **Sonnenflecken**. Die Lebensdauer des einzelnen Flecks erreicht maximal etwa 100 Tage. Die ersten Flecken eines neuen Zyklus treten stets in relativ hohen heliographischen Breiten um $\pm 35°$ auf, später jedoch immer näher am Sonnenäquator bis zu etwa $\pm 8°$ (Breitengesetz der Aktivitätszonen).

Voll entwickelte Sonnenflecken besitzen Durchmesser von der Größenordnung 10^4 km, in Extremfällen bis zu 10^5 km. In den Flecken liegen die Temperaturen um etwa 2500 K niedriger als in der benachbarten Photosphäre. In den Spektren von Flecken, die sich im Bereich der Mitte der Sonnenscheibe befinden, werden Aufspaltungen von Fraunhofer-Linien durch den longitudinalen Zeeman-Effekt beobachtet (Blick in Richtung der magnetischen Feldlinien). Die gemessenen Aufspaltungsbeträge entsprechen magnetischen Flußdichten bis zu $B = 0.4$ Tesla (T), also etwa dem 10^4fachen des Erdmagnetfeldes, wobei das Feld im Kern (Umbra) des Flecks senkrecht zur Sonnenoberfläche verläuft. Nimmt man an, daß während der Lebensdauer des Flecks angenähert ein Gleichgewicht besteht zwischen Gasdruck P_F im Fleck plus magnetischem Druck senkrecht zu den Feldlinien $P_M = \mu_0 B^2/2$ einerseits und dem Gasdruck P in der umgebenden Photosphäre andererseits: $P_F + P_M = P$, dann folgt für einen typischen Fleck mit $B = 0.15$ T eine Druckerniedrigung $P - P_F$, die einer Temperaturdifferenz von 2500 K entspricht. Die Abkühlung des Flecks ist also eine Folge seines starken Magnetfeldes.

Sonnenflecken treten vorwiegend in Gruppen mit zwei Hauptflecken verschiedener magnetischer Polarität auf. Diese *bipolaren Gruppen* folgen dem durch Abb. 4.14

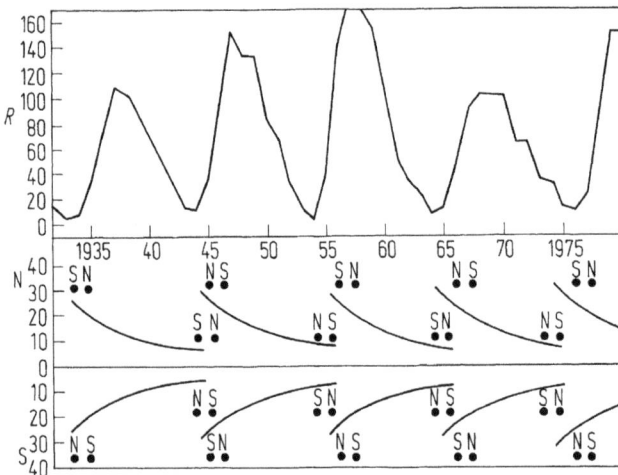

Abb. 4.14 Halesches Polaritätsgesetz der Sonnenflecken. Oben: Jahresmittel der Sonnenfleckenrelativzahl R. Unten: Wanderung der Fleckenzonen in heliographischer Breite und Polaritätsfolge von bipolaren Fleckengruppen.

erläuterten Haleschen Polaritätsgesetz. Während eines Zyklus bleibt die Polaritätsfolge der beiden Hauptflecken erhalten, zum Beispiel: Der vorangehende Fleck ist auf der Nordhalbkugel ein magnetischer Südpol, auf der Südhalbkugel jedoch ein Nordpol. Beim nächsten Zyklus ist es gerade umgekehrt. Eine einfache Erklärung der Bipolarität der Flecken basiert auf folgender Überlegung. Die mit dem Magnetfeld eines Sonnenflecks verbundenen Stromsysteme bleiben im solaren Plasma wegen dessen hoher elektrischer Leitfähigkeit (Ionisation!) sehr lange erhalten, bevor sie durch Joulesche Wärmeverluste abgebaut sind und das Magnetfeld verschwindet. Eine Abschätzung liefert für die Lebensdauer eines typischen Flecks einige hundert Jahre. Das Magnetfeld muß also schon vor dem Erscheinen des Flecks vorhanden gewesen sein, es taucht offenbar aus größerer Tiefe auf. Würden unterhalb der Photosphäre parallel zum Sonnenäquator verlaufende magnetische Schläuche oder Stricke durch lokal verstärkten Auftrieb (Konvektion!) an die Sonnenoberfläche gebracht, so ergäben sich dort gerade bipolare Flecken (Abb. 4.15). Die Entstehung derartiger magnetischer Stricke läßt sich (nach H. W. Babcock, 1961) als Auswirkung der differentiellen Rotation der Sonne auf ein ursprünglich vorhandenes, schwaches magnetisches Dipolfeld plausibel machen: Das in die Materie „eingefrorene" Magnetfeld wird hierdurch zu Stricken aufgewickelt, die parallel zum Äquator verlaufen. Auf diesem Wege lassen sich auch das Breitengesetz und das Halesche Polaritätsgesetz deuten.

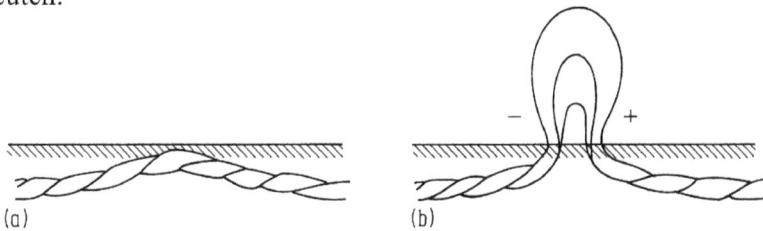

Abb. 4.15 Entstehung einer bipolaren Fleckengruppe. Über der Photosphäre dehnt sich das Feld weit in die dünne Korona aus.

Oberhalb der Photosphäre expandiert das Magnetfeld einer bipolaren Fleckengruppe infolge des dort sehr niedrigen Gasdrucks weit in die Sonnenkorona hinaus. Die geschlossenen magnetischen Feldlinien halten das dünne heiße Plasma fest, wodurch die im Röntgengebiet beobachteten *koronalen Bögen* entstehen. Die zum Sonnenwind führende Abströmung erfolgt außerhalb der bipolaren magnetischen Regionen entlang offener Feldlinien und ist in den *Koronastrahlen* direkt sichtbar (Abb. 4.10).

Es ist möglich, aus den beobachteten gemittelten Eigenschaften von Aktivitätsgebieten auf die physikalischen Prozesse zu schließen, welche die aufsteigenden magnetischen Flußröhren in der solaren Kovektionszone bestimmen. Aktivitätsgebiete sind Folge von torodialen Flußröhren an der Basis der Konvektionszone; diese Flußröhren werden durch Auftriebskräfte nach oben gedrückt. Sie steuern den koronalen Massenauswurf in den Sonnenwind, denn dieser ist an bestimmte Plasma- und Magnetfeldstrukturen gebunden. So zum Beispiel, wenn feldliniengeführte suprathermische Elektronen auftreten. Sie haben als Ursache das Aufreißen der unterliegenden geschlossenen und verschränkten Magnetfeldstrukturen.

Die Suche nach einem allgemeinen Magnetfeld der Sonne, wie es die Erde besitzt, führte schon früh zum Nachweis schwacher Felder außerhalb von Sonnenflecken von der Größenordnung $B \approx 10^{-4}$ T. Die erreichten räumlichen Auflösungen bedeuteten jedoch, daß damit im besten Fall Mittelwerte des Feldes jeweils über eine Fläche von gut 1000 km Durchmesser bestimmt worden waren. Eines der erstaunlichsten Ergebnisse der neueren Sonnenforschung war die Entdeckung einer starken Zunahme der gemessenen magnetischen Flüsse mit wachsender Auflösung, woraus auf die Existenz hoher Flußdichten von 0.1 bis 0.2 T in dünnen, vertikalen *magnetischen Flußröhren* mit Durchmessern von 100 bis 200 km geschlossen werden konnte. In den Filtergrammen der Chromosphäre mit der höchsten heute erreichten Auflösung (≈ 150 km) treten diese Flußröhren als kleine helle Punkte hervor. Sie sind auf die Ränder und insbesondere die „Ecken" der Supergranulationszellen konzentriert. Damit bilden sie das chromosphärische Netzwerk. In der höheren Chromosphäre weiten sich die Flußröhren aus und es steigen aus ihnen die Spiculae auf (Abb. 4.16). Die Flußröhren entstehen wahrscheinlich durch Kompression des von den Mitten der großen Zellen nach außen strömenden Gases an den Rändern, weil hier die kinetische Energiedichte groß ist gegen die magnetische Energiedichte, so daß die eingefrorenen vertikalen Feldlinien mitgenommen werden.

In den Bereichen der Rotationspole der Sonne beobachtet man jeweils Felder einheitlicher Polarität, so daß der Eindruck eines Dipolfeldes entsteht. Dies erklärt insbesondere die während der Fleckenminima sichtbaren Polarstrahlen der dann abgeplatteten Korona.

Die spektakulärsten Erscheinungen der gestörten Sonne sind die *Flares*. Im sichtbaren Bereich besteht dieses Phänomen im plötzlichen hellen Aufleuchten eines eng begrenzten Gebietes vorwiegend im Licht der Hα-Linie. Diese Gebiete liegen stets zwischen oder nahe bei Sonnenflecken, nämlich dort, wo auf relativ kurze Distanz starke Magnetfelder verschiedener Polarität vorhanden sind. Bei einem großen Flare erstreckt sich das Spektrum fast über den ganzen Bereich elektromagnetischer Wellen. Die chromosphärische und koronale Emission im Ultraviolett wie auch im Ge-

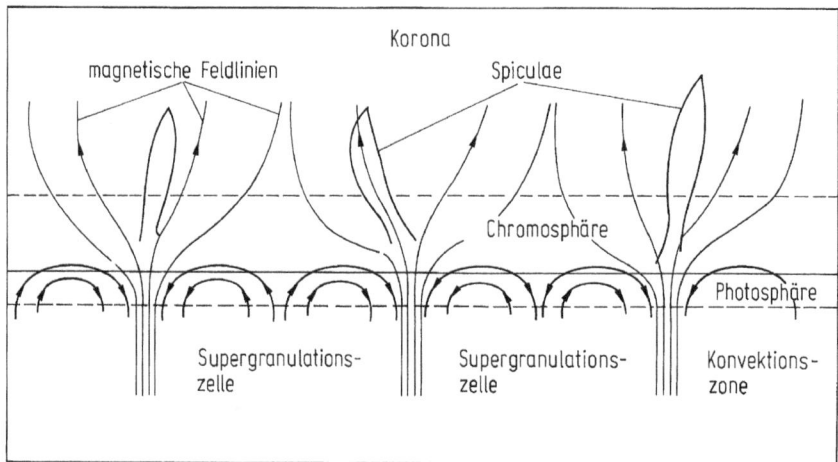

Abb. 4.16 Magnetfeldstruktur und Supergranulation (schematisch, nach Kopp und Kuperus, 1968).

biet der weichen Röntgenstrahlung ist beträchtlich verstärkt. Es wurde auch harte Röntgenstrahlung mit Photonenenergien der Größenordnung 10^2 keV und γ-Strahlung mit Energien bis zu etwa 10 GeV beobachtet. Auf der anderen Seite des Spektrums wächst die Radiofrequenzstrahlung des Meterwellenbereiches bis auf das 10^4-fache ihrer ruhigen Stärke (*outbursts*). Die gesamte Energieproduktion eines Flares kann bis zu 10^{26} J betragen und damit fast die Energieabgabe der ganzen Sonne pro Sekunde erreichen.

Die Radioemission der Flares erlaubt Rückschlüsse auf Energieumsetzung, Plasmaheizung, Teilchenbeschleunigung und Teilchentransport in stark magnetischen Plasmen. Bei mm und cm Wellenlängen spielt inkohärente Synchrotronstrahlung eine wichtige Rolle. Sie stammt von Elektronen mit Energien zwischen Kilo- und Megaelektronenvolt. Diese Elektronen transportieren einen wesentlichen Bruchteil derjenigen Energie ab, die bei der Auslösung eines Flares freigesetzt wird.

Von den *terrestrischen Auswirkungen* der Flares seien hier folgende erwähnt: Die harte Röntgenstrahlung erhöht die Ionisation in der D-Schicht der Ionosphäre, wodurch der Kurzwellenfunkverkehr unterbrochen werden kann. Die γ-Strahlung führt zu einer Verstärkung der „niederenergetischen" Komponente der kosmischen Strahlung. Plasmawolken mit Geschwindigkeiten von 1000 bis 2000 km s^{-1} (Korpuskularstrahlung) erzeugen nach 1 bis 2 Tagen in der Magnetosphäre der Erde magnetische Stürme und Polarlichter.

4.2.3 Zustandsgrößen der Sterne

4.2.3.1 Spektren und Spektralklassifikation

Die Spektren der weitaus meisten Sterne bestehen, wie das Sonnenspektrum, aus einem *Kontinuum*, in das eine mehr oder weniger große Zahl von *Fraunhofer-Linien* eingeschnitten ist. Allein durch Beurteilung der Stärken bestimmter Fraunhofer-

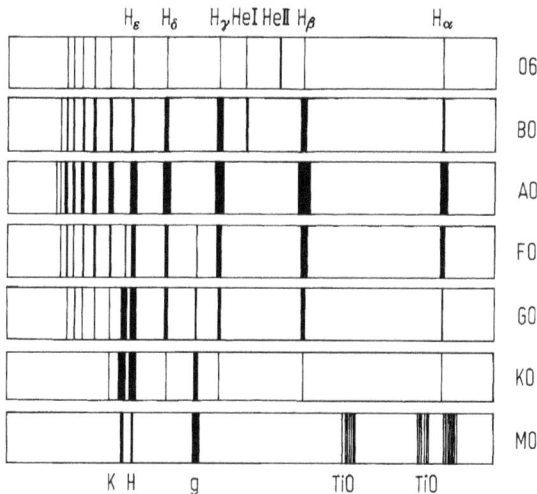

Abb. 4.17 Die Spektralsequenz der Sterne in schematischer Darstellung.

Linien läßt sich das Gros der Sterne in eine eindimensionale Folge von **Spektraltypen** einordnen. Das Wesen dieser rein phänomenologischen Ordnung besteht darin, daß die Stärke jeder dieser Linien durch die Typenfolge hindurch systematisch variiert, indem sie zunächst zunimmt und nach Erreichen eines Maximums wieder abnimmt oder einfach nur ständig ab- bzw. zunimmt (Abb. 4.17). Historisch bedingt werden die einzelnen Typen durch die Buchstaben

> O, B, A, F, G, K, M

bezeichnet, und zur feineren Unterteilung durch nachgestellte Zahlen gekennzeichnet, zum Beispiel: B0, B1,..., B9, A0, A1,..., F0, F1,... Schon mit zwei Linien, etwa der Balmer-Linie Hγ und der Calcium-Linie g, lassen sich beispielsweise Sterne des Typenbereichs F, G, K eindeutig klassifizieren. Für die Sonne erhält man den Spektraltyp G2, der Stern Wega (α Lyrae) repräsentiert den Typ A0.

Die Unterschiede in den Spektren sind nicht auf unterschiedliche chemische Zusammensetzung zurückzuführen. Die physikalische Interpretation der Spektralsequenz ergab vielmehr, daß man mit ihr eine Ordnung der Sterne nach der *Oberflächentemperatur* hergestellt hatte. O-Sterne besitzen die höchsten, M-Sterne die niedrigsten Temperaturen. Wir erläutern dies anhand der Stärken der Balmer-Linien des Wasserstoffs: Bei niedriger Temperatur befinden sich fast alle H-Atome im Grundzustand $n = 1$. Die durch Übergänge von $n = 2$ nach höheren Energieniveaus entstehenden Balmer-Linien können daher nicht auftreten. Lassen wir die Temperatur wachsen, so werden zunehmend H-Atome in den Zustand $n = 2$ gelangen, so daß die Stärken der Balmer-Linien ebenfalls zunehmen. Nach hinreichender Temperaturerhöhung setzt jedoch die Ionisation des Wasserstoffs ein. Die Zahl der neutralen H-Atome nimmt nun ab. Damit werden auch die Balmer-Linien wieder schwächer, bis sie – nachdem fast sämtlicher Wasserstoff ionisiert ist – praktisch verschwinden. Entsprechendes gilt für die Linien von He und He$^+$ bei generell höheren und für die Linien von Ca$^+$ und Ca (K und g) bei niedrigeren Temperaturen. Die quantitative Diskussion führt auf eine Temperaturskala, die bei den O-Sternen mit Werten über 40 000 K beginnt und bei den M-Sternen noch unter 3000 K reicht. Da man diese Temperatursequenz früher als Entwicklungsfolge ansah, hat es sich eingebürgert, bei O- und B-Sternen von „frühen" Typen und bei K- und M-Sternen von „späten" Typen zu sprechen, ohne heute noch eine Deutung damit zu verbinden.

Nach dem Wienschen Verschiebungsgesetz ist zu erwarten, daß die Strahlungsenergie bei den heißen O- und B-Sternen zum weitaus überwiegenden Teil in den vom Erdboden aus nicht erfaßbaren *Ultraviolettbereich* unterhalb von 300 nm fällt. Beobachtungen der ultravioletten Sternspektren sind vor allem mit Hilfe der Satelliten „Orbiting Astronomical Observatory" der NASA, OAO-2 und OAO-3 („Copernicus") sowie mit dem amerikanisch-europäischen „International Ultraviolet Explorer" (IUE) ausgeführt worden. Es zeigte sich allgemein, daß die frühen Spektraltypen auch unterhalb von 200 nm bis zur Grenze der Lyman-Serie des Wasserstoffs bei 91.2 nm – hier wird das interstellare Wasserstoffgas undurchlässig – ein reiches photosphärisches Absorptionslinienspektrum besitzen. Neben den Lyman-Linien: Ly α by 121.6 nm, Ly β bei 102.6 nm, ..., treten starke Resonanzlinien der Ionen C$^+$, C^{2+}, C^{3+}, N$^+$, Si$^+$, Si^{3+} und sogar N^{4+} und O^{5+} auf. Andererseits beobachtet man bei den späten Spektraltypen mit schwachem UV-Kontinuum zahlreiche Emissionslinien wie bei der Sonne, die in den Chromosphären dieser Sterne entstehen müssen.

Sternstrahlung mit Wellenlängen unterhalb von 91.2 nm kann die interstellaren Wasserstoffatome ionisieren, und sie wird hierdurch sehr stark abgeschwächt. Der Absorptionskoeffizient in diesem Grenzkontinuum der Lyman-Serie ist jedoch umgekehrt proportional zu ν^3. Er wird daher im Röntgengebiet bereits sehr klein, so daß diese Strahlung wieder der Beobachtung – von Raketen und Satelliten aus – zugänglich ist. Anstelle herkömmlicher Teleskope benutzte man zunächst Kollimatoren, die aus zahlreichen langen Röhren bestanden, hinter denen sich jeweils ein Photonenzähler befand. Wesentlich höhere Winkelauflösung wurde bei dem 1978 gestarteten Satelliten-Observatorium „Einstein" mit einem abbildenden Röntgen-Spiegelteleskop nach H. Wolter erreicht, das von der Reflexion bei streifendem Einfall Gebrauch macht. Derartige Systeme waren auch in dem 1983 gestartetem European X-Ray Observatory Satellite (EXOSAT) installiert. Neben zahlreichen Röntgenquellen besonderer Art konnte auch die relativ schwache thermische Röntgenstrahlung aus den Koronen normaler Sterne nachgewiesen werden. Hier leistete der Röntgensatellit ROSAT wichtige Beiträge.

4.2.3.2 Strahlungsstrom, Radius und effektive Temperatur

Die *absoluten Intensitätsverteilungen* in den Spektren der Sterne müssen grundsätzlich auf die gleiche Weise gemessen werden, wie wir es für die Sonne erläutert haben. Es genügt jedoch, die dort beschriebene Prozedur des Anschlusses an den schwarzen Körper nur für *einen* Stern auszuführen, und weitere Sterne dann unmittelbar an diesen „Standardstern" anzuschließen. Als Standardstern dient heute der A0-Stern Wega (Abb. 4.18). Zur Bestimmung der absoluten Energieverteilung im Ultraviolett ist ein schwarzer Körper wegen seiner relativ niedrigen Temperatur (höchstens 3000 K) nicht brauchbar. Man hat hier die kontinuierliche Synchrotronstrahlung monoenergetischer Elektronen eines Speicherringes als Vergleichsquelle herangezo-

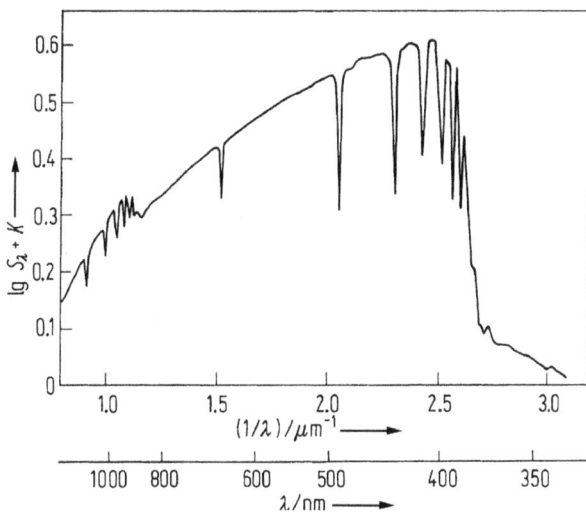

Abb. 4.18 Spektrale Energieverteilung des A0-Sternes Wega (nach Kurucz, 1975).

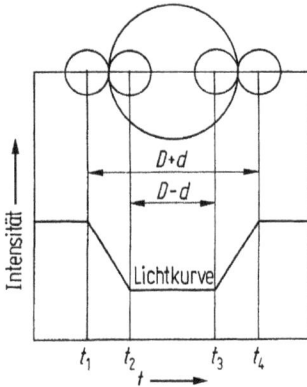

Abb. 4.19 Zur Bestimmung von Sternradien bei Bedeckungsveränderlichen.

gen, deren Intensität in Abhängigkeit von der Wellenlänge berechnet werden kann. Wie im Fall der Sonne lassen sich die gefundenen Energieverteilungen nur in sehr grober Näherung durch das Plancksche Strahlungsgesetz darstellen.

Die Messungen liefern die spektralen Strahlungsflußdichten am Ort der Erde S_λ. Mit der entfernungsunabhängigen mittleren Intensität der Sternscheibe $\bar{I}_\lambda$ ist diese Größe verknüpft durch

$$S_\lambda = \bar{I}_\lambda \Omega \,,$$

wobei $\Omega = \pi R^2/r^2$ den Raumwinkel bezeichnet, unter dem die Sternscheibe mit dem Radius R aus der Entfernung vom Beobachter r erscheint. Für den Übergang von S_λ zum spektralen *Strahlungsstrom* an der Sternoberfläche $\Phi_\lambda = \pi \bar{I}_\lambda$ (Gl. (4.6)) benötigt man somit das Verhältnis R/r, also R *und* r oder direkt die Winkelausdehnung des Sternes. Ist R/r bekannt, so kann für jede Wellenlänge Φ_λ und damit weiter nach Gl. (2.7) die *effektive Temperatur* T_{eff} des Sternes berechnet werden.

Einen Weg zur Bestimmung von *Sternradien R* bieten die sogenannten **Bedeckungsveränderlichen**, enge Doppelsternsysteme, deren Bahnebenen zufällig so orientiert sind, daß es für den irdischen Beobachter zu gegenseitigen Bedeckungen der Komponenten kommt. Das Prinzip erläutert Abb. 4.19. Bezeichnen t_1 bis t_4 die beobachteten Zeiten der inneren und äußeren Kontakte der beiden Sternscheiben, D und d deren Durchmesser, U den Umfang der (hier als kreisförmig angenommenen) Bahn des kleineren um den größeren Stern und P die Periode des Umlaufs, dann gilt

$$\frac{t_4 - t_1}{P} = \frac{D+d}{U} \,, \qquad \frac{t_3 - t_2}{P} = \frac{D-d}{U} \,.$$

U kann aus der spektroskopisch bestimmten Bahngeschwindigkeit (Doppler-Effekt) in linearem Maß abgeleitet werden. Die Auflösung der beiden Gleichungen liefert D und d ebenfalls in linearem Maß. Das Verfahren konnte auf über 100 Sterne verschiedenen Spektraltyps angewandt werden, und es ergaben sich Radien zwischen $10^{-2} R_\odot$ und $10^3 R_\odot$ (s. Tab. 4.7, weiter unten).

Eine grundlegende Methode zur Bestimmung der *Entfernungen r* von Sternen basiert auf der Vermessung der parallaktischen Verschiebungen der Sternpositionen durch die Bahnbewegung der Erde um die Sonne. Beobachtungen über ein ganzes Jahr hinweg liefern den Winkel, unter dem die große Halbachse a der Erdbahn bei senkrechter Aufsicht vom Stern aus erscheint. Dieser Winkel wird (*trigonometrische*) *Parallaxe p* des Sternes genannt. Da p stets kleiner als eine Bogensekunde ist, können wir schreiben $r \sin p = r p'' \sin 1'' = r p''/206\,265$, wobei p'' die in Bogensekunden ausgedrückte Parallaxe bezeichnet. Als *Entfernungseinheit Parsec* (pc) definiert man die Entfernung, aus welcher die große Halbachse der Erdbahn unter dem Winkel $p'' = 1''$ erscheint:

$$1\,\text{pc} = 206\,265\,a = 3.086 \cdot 10^{16}\,\text{m}\,.$$

Es werden auch die größeren Einheiten $1\,\text{kpc} = 10^3\,\text{pc}$ und $1\,\text{Mpc} = 10^6\,\text{pc}$ verwendet. Drückt man r in pc aus, so gilt einfach

$$r = \frac{1}{p''}\,.$$

Der mittlere Fehler der Bestimmungen von p'' liegt bei $\pm 0.''01$. Daher beträgt die Unsicherheit der Entfernung bereits für $r = 20\,\text{pc}$ entsprechend $p'' = 0.''05$ etwa 20 % ihres Wertes. Im Raumgebiet $r \leq 20\,\text{pc}$ sind für rund 2000 Sterne Entfernungen ermittelt worden. Weiterreichend und ebenfalls von grundlegender Bedeutung ist die Methode der Sternstromparallaxen, mit deren Hilfe die Entfernung des Sternhaufens Hyaden ($r = 46\,\text{pc}$) auf wenige Prozent genau bestimmt werden konnte.

Bildet man das für die Gewinnung des Strahlungsstromes Φ_λ gewünschte Verhältnis R/r aus den in der beschriebenen Weise abgeleiteten Werten von R und r, dann gehen die Fehler beider Größen ein und können zu einer erheblichen Verfälschung des Resultats führen. Der Messung der *Winkeldurchmesser* von Sternen kommt deshalb große Bedeutung zu. Im Teleskop können die Sterne jedoch nicht als Scheiben aufgelöst werden. Die Sonne würde bereits in der Entfernung 1 pc nur noch unter einem Winkel von $0.''01$ erscheinen. Bei einem Teleskop von beispielsweise 2 m Öffnung führt allein die Beugung zu einer Unschärfe von etwa $0.''05$ (theoretisches Auflösungsvermögen). Diese wird durch die „Luftunruhe" in der Erdatmosphäre auch unter günstigsten Bedingungen auf etwa $0.''5$ erhöht. Mit Hilfe interferometrischer Methoden ist diese Grenze, vor allem in neuerer Zeit, ganz wesentlich unterschritten worden.

Beim schon klassischen **Amplituden-Sterninterferometer** (Michelson) wird Licht von zwei spaltförmigen Öffnungen mit einem relativ großen gegenseitigen Abstand D aufgenommen und durch Spiegel im Teleskop zusammengeführt. Das fokale Sternscheibchen ist dann von einem System dunkler Streifen durchzogen, wobei der Streifenabstand λ/D beträgt (in Bogenmaß). Ist der Winkeldurchmesser des Sterns gerade vom Betrag λ/D, dann verschwinden die Streifen. Zur Bestimmung des Winkeldurchmessers wird D variiert. Eine moderne Weiterentwicklung dieser Methode, bei welcher der Einfluß der Luftunruhe durch eine „aktive Optik" kompensiert wird, ist in Culgoora/Australien in Erprobung. Die Winkelauflösung soll ± 0.0005 Bogensekunden betragen. – Beim **Intensitätsinterferometer** (Hanbury Brown und Twiss) werden die hochfrequenten Schwankungen der Intensität des Sternlichtes („*Photonenrauschen*"), das an zwei Teleskopen im gegenseitigen Abstand D eintrifft, mit-

Tab. 4.3 Beispiele interferometrisch gemessener Winkeldurchmesser von Sternen (in Bogensekunden) und daraus abgeleitete Sternradien R.

Name des Sterns	Spektral-typ	Winkel-durchmesser	Methode	$R/R_\odot$
α Leonis = Regulus	B7V	0."00137	BTI	3.6
α Lyrae = Wega	A0V	0. 00324	BTI	2.76
α Canis Minoris = Prokyon	F5V	0. 00550	BTI	2.08
α Bootis = Arktur	K2III	$\begin{cases} 0.\ 020 \\ 0.\ 022 \end{cases}$	$\left.\begin{matrix} \text{MI} \\ \text{SI} \end{matrix}\right\}$	27
α Orionis = Beteigeuze	M1.5I	$\begin{cases} 0.\ 047 \\ 0.\ 049 \end{cases}$	$\left.\begin{matrix} \text{MI} \\ \text{SI} \end{matrix}\right\}$	700

MI = Michelson-Sterninterferometer, BTI = Brown-Twiss-Interferometer, SI = Speckle-Interferometrie. Die römischen Ziffern an den Spektraltyp-Symbolen werden in Abschn. 4.2.3.4 erklärt.

einander korreliert. Die Abnahme der Korrelation mit wachsendem D erfolgt umso langsamer, je größer der Winkeldurchmesser des Sternes ist. Eine aus zwei 6.5-m-Spiegeln bestehende Anordnung mit einem Maximalwert des Abstandes D von 188 m ermöglichte eine Meßgenauigkeit von $\pm$ 0."0001, war aber auf helle Sterne mit $m_V < 2.5$ mag beschränkt. Die **Speckle-Interferometrie** (Labeyrie) geht von sehr kurz belichteten Aufnahmen der aus hellen Fleckchen („speckles") bestehenden Feinstruktur des fokalen teleskopischen Sternbildes aus, erzeugt durch rasch veränderliche kleinräumige Deformationen der Wellenfront in der Erdatmosphäre. Bildung und Mittelung der Fourier-Transformierten vieler derartiger Aufnahmen und Rücktransformation mittels eines Lasers führt zur wahren Bildstruktur.

Beispiele von Ergebnissen dieser Verfahren sind in Tab. 4.3 zusammengestellt. Unter Verwendung von Winkeldurchmessern auf dem oben beschriebenen Weg gewonnene effektive Temperaturen der verschiedenen Spektraltypen werden in Tab. 4.6 gegeben.

4.2.3.3 Sternhelligkeiten und Leuchtkräfte

Weil von den meisten Sternen nur sehr geringe Energieflüsse eintreffen, spielen in der beobachtenden Astrophysik *Integralhelligkeiten*, mit denen die Sternstrahlung jeweils eines relativ breiten Wellenlängenbereiches (1 bis etwa 10 nm) gemessen wird, eine wichtige Rolle. Man hat dazu eine Anzahl von Filter-Empfänger-Kombinationen vereinbart, die allgemein verwendet werden. Bezeichnen S_λ die spektrale Strahlungsflußdichte des einfallenden Lichtes und g_λ die durch das jeweilige Filter, die Teleskopoptik und die Empfängerempfindlichkeit erzeugte *Spektralempfindlichkeitsfunktion*, so ist die vom Photometer gelieferte Meßgröße proportional zu dem Integral

$$S = \int\limits_0^\infty S_\lambda g_\lambda \, d\lambda \, .$$

Tab. 4.4 Mittlere Wellenlängen $\bar{\lambda}$ (Erläuterung s. Text).

Bereich	U	B	V	R	I
$\bar{\lambda}/\mathrm{nm}$	365	440	550	700	900

Tab. 4.4 gibt die mittleren Wellenlängen $\bar{\lambda}$ für einige besonders häufig benutzte Integralhelligkeiten mit Bandbreiten um 10 nm in den Bereichen nahes Ultraviolett (U), Blau (B), Visuell (V), um das Empfindlichkeitsmaximum des Auges, Rot (R) und nahes Infrarot (I). Mit den entsprechenden integralen Größen S_U, S_B, S_V, ... bildet man die **scheinbaren Helligkeiten**, definiert durch

$$m = -2.5 \lg_{10}\left(\frac{S}{S^{(0)}}\right). \tag{4.9}$$

Dabei bedeutet $S^{(0)}$ den Wert von S für den Stern Wega $= \alpha$ Lyrae. $S/S^{(0)}$ ist durch den Quotienten der entsprechenden Meßwerte gegeben. Mit dem Faktor -2.5 wird erreicht, daß man nahe bei der alten Schätzskala der Sternhelligkeiten bleibt: hellste Sterne sind von 1. Größe, schwächste, mit dem bloßen Auge gerade noch sichtbare Sterne von 6. Größe. Durch den Bezug auf einen bestimmten Stern – tatsächlich stützt man sich auf mehrere „Standardsterne" – wird vermieden, von vornherein absolute Werte bestimmen zu müssen. Für Wega folgt damit $m_U = m_B = m_V = \ldots = 0$. Die *Einheit* der additiven scheinbaren Helligkeit m wird *Größenklasse* oder *magnitude*[3] (mag) genannt. Tab. 4.5 enthält als Beispiele die scheinbaren Helligkeiten in den Bereichen U, B, V, R, I für fünf Sterne verschiedenen Spektraltyps. Diese Werte sind mit Hilfe von Beobachtungen bei verschiedenen Zenitdistanzen vom Einfluß der Extinktion in der Erdatmosphäre befreit worden. Wegen des Bezuges auf den A0-Stern Wega ergibt sich für jeden A0-Stern ein konstanter spektraler Verlauf der m-Werte.

Tab. 4.5 Beispiele scheinbarer Helligkeiten m (in mag) in den Bereichen U, B, V, R, I.

Stern	Spektraltyp	m_U	m_B	m_V	m_R	m_I	$m_B - m_V$
η Hydrae	B3	3.36	4.10	4.30	4.36	4.05	-0.20
γ Ursae Majoris	A0	2.44	2.44	2.44	2.44	2.44	0.00
ϱ Geminorum	F0	4.46	4.49	4.17	3.83	3.64	0.32
70 Virginis	G5	5.96	5.68	4.97	4.36	4.00	0.71
β Andromedae	M0	5.57	3.61	2.04	0.80	-0.20	1.57

Die Differenz zwischen den scheinbaren Helligkeiten eines Sternes in zwei verschiedenen Wellenlängenbereichen, wobei m (kurzwellig) minus m (langwellig) vereinbart ist, wird **Farbindex** genannt. Der Farbindex hängt von der Energieverteilung im

---

[3] lateinisch: magnitudo = Größe

Sternspektrum ab und ist daher eng mit dem Spektraltyp korreliert. In der letzten Spalte der Tab. 4.5 wird dies für $m_B - m_V$ demonstriert. Für den Spektraltyp A0 sind alle Farbindizes gleich Null.

Als **absolute Helligkeit** M definiert man den Wert von m, der sich ergäbe, wenn der Stern in die Entfernung 10 pc versetzt würde. Ist die tatsächliche Entfernung r des Sternes bekannt, so läßt sich die Differenz $m - M$ einfach durch Anwendung des $1/r^2$-Gesetzes für die Strahlungsflußdichten (Bestrahlungsstärken) S auf die Entfernungen r und 10 pc berechnen:

$$m - M = -2.5 \lg_{10} \frac{S(r)}{S(10)} = -2.5 \lg_{10} \frac{10^2}{r^2}$$

oder

$$m - M = -5 + 5 \lg_{10} r \,. \tag{4.10}$$

Hier ist r in pc einzusetzen. Wird die Strahlung im interstellaren Raum auf dem Weg zum Beobachter um A Größenklassen geschwächt, so ist auf der rechten Seite von Gl. (4.10) noch A zu addieren.

Die Sonne besitzt die visuelle scheinbare Helligkeit $m_V = -26.73$, wozu Gl. (4.10) mit $r = (1/206\,265)$ pc die visuelle absolute Helligkeit $M_V = +4.84$ liefert. Die visuellen absoluten Helligkeiten der Sterne erstrecken sich von $M_V \approx -9$ bis zu $M_V \approx +20$.

Für den Zusammenhang zwischen der absoluten Helligkeit M und der Strahlungsleistung des Sternes, seiner Leuchtkraft L, gilt offenbar $M = -2.5 \lg_{10} L + \text{const.}$ Damit folgt insbesondere

$$M - M_\odot = -2.5 \lg_{10} \frac{L}{L_\odot} \tag{4.11}$$

mit der Umkehrung

$$\frac{L}{L_\odot} = 10^{-0.4(M - M_\odot)} \,, \tag{4.12}$$

wobei sich $L_\odot$ und $M_\odot$ auf die Sonne beziehen. Damit L und $L_\odot$ die Gesamtstrahlung aller Wellenlängen umfassen, muß dies auch für M und $M^\odot$ gelten. Man dehnt daher den Begriff der Integralhelligkeit auf die Gesamtstrahlung aus mit der Spektralempfindlichkeitsfunktion $g_\lambda \equiv 1$. Gl. (4.9) liefert dann die sogenannte *bolometrische Helligkeit* m_{bol}, woraus weiter M_{bol} folgt. Die Beobachtungen liefern oft nur die visuelle absolute Helligkeit M_V. Für den Übergang zu M_{bol} benötigt man die vom Spektraltyp abhängige bolometrische Korrektion $BC = M_{\text{bol}} - M_V$. Zur Bestimmung von BC ist die Kenntnis der Energieverteilung im gesamten Spektrum des betrachteten Spektraltyps erforderlich.

4.2.3.4 Das Hertzsprung-Russell-Diagramm

Sind alle denkbaren Wertekombinationen der Zustandsgrößen R, L, T_{eff} bzw. M_V, Spektraltyp oder Farbindex gleichermaßen verwirklicht? Eine anschauliche Antwort hierauf ergibt sich, wenn man alle Sterne mit bekanntem M_V und Spektraltyp (Sp) in ein Diagramm mit M_V als Ordinate und Sp als Abszisse einträgt, das sogenannte

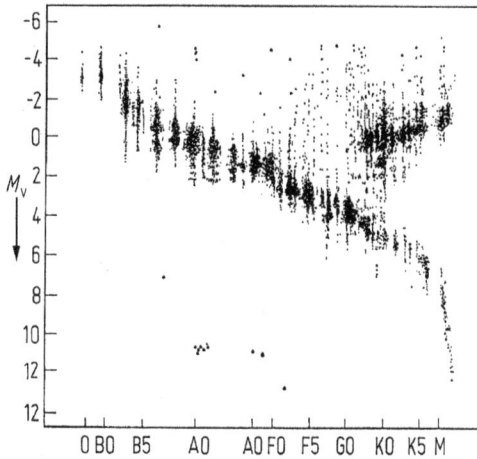

Abb. 4.20 Hertzsprung-Russell-Diagramm für 6700 Sterne aus den dreißiger Jahren.

Hertzsprung-Russell-Diagramm, im folgenden abgekürzt HRD (Abb. 4.20). Die M_V-Werte nehmen hier nach oben ab, so daß L nach oben zunimmt. Man spricht auch von einem Zustandsdiagramm der Sterne, insbesondere dann, wenn L und T_{eff} anstelle von M_V und Sp aufgetragen werden.

Auffälligstes Strukturmerkmal ist die Anordnung der meisten Sterne entlang der diagonal verlaufenden **Hauptreihe**. Auch die Sonne ist ein Hauptreihenstern. Darüber gibt es, mit wesentlich geringerer Häufigkeit, **Riesen** und **Überriesen** sowie darunter **Weiße Zwerge**: Wegen L = Sternoberfläche mal Strahlungsstrom an der Sternoberfläche = $4\pi R^2 \cdot \sigma T_{eff}^4$ müssen Sterne mit größerem L als Hauptreihensterne gleicher effektiver Temperatur größere Radien, Sterne mit kleinerem L hingegen kleinere Radien besitzen. Von „Weißen" Zwergen spricht man wegen der Farbe dieser Ob-

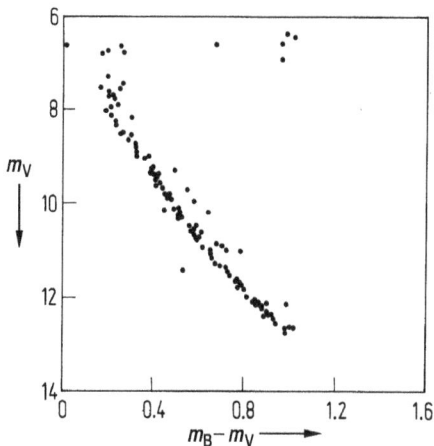

Abb. 4.21 Farben-Helligkeits-Diagramm des offenen Sternhaufens Praesepe. Die bei etwa 0.75 mag oberhalb der Hauptreihe auftretenden Punkte repräsentieren unaufgelöste Doppelsternsysteme (Faktor $\leqq 2$ in den Helligkeiten gegenüber Einzelsternen gleichen Spektraltyps).

jekte als Folge ihrer relativ hohen Oberflächentemperatur. Die wahre Häufigkeit der Hauptreihensterne nimmt zu den M-Sternen hin enorm zu.

Aussagen über die feinere Struktur des HRD, insbesondere über die Schärfe der Hauptreihe, werden durch die Fehler in M_V bzw. L infolge der Fehler bei der Entfernungsbestimmung erschwert. Eine wichtige Möglichkeit, hier weiterzukommen, bieten die Sternhaufen, da deren Mitglieder sämtlich die gleiche Entfernung von uns besitzen. Man kann daher nach Gl. (4.10) M_V durch m_V ersetzen. Darüber hinaus verwendet man dann anstelle des Spektraltyps den mit hoher Genauigkeit meßbaren Farbindex $m_B - m_V$. Man erhält ein sogenanntes **Farben-Helligkeits-Diagramm** (FHD, s. Abb. 4.21). Die beobachteten m_B und m_V sind im allgemeinen durch die wellenlängenabhängige interstellare Extinktion beeinflußt, so daß zwischen den beobachteten Werten $m_B - m_V$ und den hier gewünschten **Eigenfarben** $(m_B - m_V)_0$ eine als Farbexzeß bezeichnete konstante Differenz besteht (s. Abschn. 4.3.1.1).

Die FHDs der relativ schwach konzentrierten offenen Sternhaufen der galaktischen Scheibe mit maximal einigen 10^2 Sternen sehen meist ähnlich aus wie das HRD der übrigen Sterne der Sonnenumgebung, und sie zeigen darüber hinaus, daß die Hauptreihe eine relativ große Schärfe besitzt. Die Sterne der in einem angenähert sphärischen Halo unserer Galaxis angeordneten kugelförmigen Sternhaufen mit jeweils zwischen 10^5 und 10^7 Mitgliedern bilden im FHD eine wesentlich andere Struktur (Abb. 4.22): Die Hauptreihe bildet ein „Knie", von dem aus ein Riesenast nach rechts oben zieht. Von dessen oberem Teil zweigt dann der sogenannte **Horizontalast** ab. Hierin kommt zum Ausdruck, daß die Sterne der galaktischen Scheibe und die Sterne der Kugelhaufen verschiedenen **Sternpopulationen** angehören, die sich nicht nur in der räumlichen Verteilung und der Kinematik, sondern auch in der chemischen Zusammensetzung (s. Abschn. 4.2.4.1) und dem Alter unterscheiden. Sie wurden

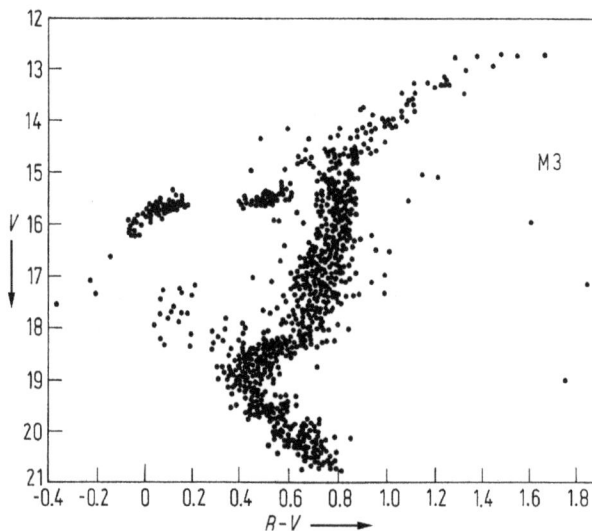

Abb. 4.22 Farben-Helligkeits-Diagramm des kugelförmigen Sternhaufens M 3 (Nr. 3 im Katalog von Ch. Messier, nach H. L. Johnson und A. R. Sandage).

zunächst als Population I und Population II eingeführt und erhielten in einer verfeinerten Einteilung die Bezeichnungen *Scheibenpopulation* und *Halopopulation*.

Tab. 4.6 Eigenfarbe $(m_B - m_V)_0$, absolute visuelle Helligkeit M_V, bolometrische Korrektion (BC) $= M_{bol} - M_V$ und effektive Temperatur T_{eff} für Sterne verschiedenen MK-Spektraltyps.

Spektraltyp	$(m_B - m_V)_0$	M_V	BC	T_{eff}/K
Hauptreihe				
O5	-0.33	-5.7	-4.20	44 500
B0	-0.30	-4.0	-2.96	30 000
B5	-0.17	-1.2	-1.26	15 400
A0	-0.00	$+0.7$	-0.10	9 520
F0	$+0.30$	2.7	$+0.11$	7 200
G0	0.58	4.4	$+0.02$	6 030
K0	0.81	5.9	-0.11	5 250
M0	1.40	8.8	-1.18	3 850
Riesen III				
G5	0.86	0.9	-0.14	5 150
K0	1.00	0.7	-0.30	4 750
M0	1.56	-0.4	-1.05	3 800
M5	1.63	-0.3	-2.28	3 330
Überriesen I				
O5	-0.31	-6.5	-3.67	40 300
B0	-0.23	-6.4	-2.29	26 000
A0	-0.01	-6.3	-0.21	9 730
F0	$+0.17$	-6.6	$+0.19$	7 700
G0	0.76	-6.4	$+0.05$	5 550
K0	1.25	-6.0	-0.30	4 420
M0	1.67	-5.6	-1.09	3 650

Tab. 4.7 Mittelwerte von Leuchtkraft L, Radius R, Masse $\mathcal{M}$ in Einheiten der Sonnenwerte und äquatorialer Rotationsgeschwindigkeit V_{Rot} in km s^{-1} für verschiedene MK-Spektralklassen.

L-Klasse	V	III	I	V	III	I	V	III	I	V	III	I
Spektraltyp	$L/L_\odot$			$R/R_\odot$			$\mathcal{M}/\mathcal{M}_\odot$			V_{Rot}/kms^{-1}		
O5	$8 \cdot 10^5$	$1 \cdot 10^6$	$1 \cdot 10^6$	12	–	–	50	–	50	200	180	150
B0	$5 \cdot 10^4$	$1 \cdot 10^5$	$3 \cdot 10^5$	7.5	15	30	18	20	25	170	120	100
A0	50	$1 \cdot 10^2$	$4 \cdot 10^4$	2.5	5	60	30	4	16	180	100	40
F0	7	20	$3 \cdot 10^4$	1.5	5	80	1.8	–	12	100	130	30
G0	1.6	40	$3 \cdot 10^4$	1.1	6	100	1.1	2.5	10	10	30	< 20
K0	0.4	60	$3 \cdot 10^4$	0.9	16	200	0.8	3.5	13	< 10	< 20	< 20
M0	$8 \cdot 10^{-2}$	$3 \cdot 10^2$	$4 \cdot 10^4$	0.6	40	500	0.5	5.0	17	–	–	–

Wie das HRD zeigt, ist zur eindeutigen Charakterisierung eines Sternes die Angabe von wenigstens zwei Parametern notwendig. Die Spektralklassifikation erlaubt, einen Parameter unmittelbar aus dem Sternspektrum abzulesen: den Spektraltyp. Es zeigt sich aber, daß auch die absolute Helligkeit im Linienspektrum eines Sternes zum Ausdruck kommt: Bei den Riesen und Überriesen sind beispielsweise die Wasserstofflinien schärfer als bei Hauptreihensternen gleichen Spektraltyps, weil die Atmosphären dieser Sterne niedrigere Dichten besitzen (geringere Druckverbreiterung); ferner sind die Linien vieler Ionen stärker, aber die Linien neutraler Atome schwächer als bei Hauptreihensternen, weil sich bei niedrigeren Dichten eine höhere Ionisation einstellt. Es ist daher möglich, aus dem Sternspektrum auch eine Aussage über die absolute Helligkeit des Sternes zu gewinnen. W.W. Morgan und P.C. Keenan haben auf diese Weise eine zweidimensionale Spektralklassifikation entwickelt (*MK-Klassifikation*). Die Sterne eines bestimmten Spektraltyps werden dabei folgenden **Leuchtkraftklassen** zugeordnet:

Leuchtkraftsymbol	Bezeichnung der Sterne
I	Überriesen
II	helle Riesen
III	Riesen
IV	Unterriesen
V	Hauptreihensterne („Zwerge")

Das Leuchtkraftsymbol wird dem Spektraltypsymbol angefügt. Der zweidimensionale Spektraltyp (MK-Spektraltyp) der Sonne lautet beispielsweise G2V, für den Stern α Orionis (Beteigeuze) ergibt sich M2I. Die Weißen Zwerge sind hier nicht einbezogen und werden durch ein w oder ein D (degenerate) vor dem Spektraltypsymbol gekennzeichnet. Kennt man den MK-Spektraltyp eines Sternes, so können heute die Eigenfarbe $(m_B - m_V)_0$, die visuelle absolute Helligkeit M_V und andere integrale Zustandsgrößen des Sternes aus vorliegenden ausführlichen Tabellen entnommen werden, wie sie auszugsweise in den Tab. 4.6 und 4.7 wiedergegeben sind. Die absolut hellsten Sterne (*Hyperriesen*) besitzen bolometrische absolute Helligkeiten bis zu $M_{bol} \approx -11$, entsprechend $L \approx 10^6 L_\odot$. Die Leuchtkräfte der Weißen Zwerge reichen andererseits bis zu $10^{-4} L_\odot$ hinab.

4.2.3.5 Sternmassen, Masse-Leuchtkraft-Beziehung, Rotation

Die sichere empirische Bestimmung von Sternmassen ist auf Komponenten von Doppelsternsystemen beschränkt. Das Verfahren besteht in der Analyse der Bahnbewegungen, die von zwei Sternen unter dem Einfluß ihrer gegenseitigen Gravitationskräfte ausgeführt werden. Die beiden Sterne mit den Massen $\mathcal{M}_1$ und $\mathcal{M}_2$ bewegen sich um den gemeinsamen Schwerpunkt auf Ellipsen mit den großen Halbachsen a_1 und a_2. Die relative Bahn der einen Komponente um die andere ist eine Ellipse mit der großen Bahnhalbachse $a = a_1 + a_2$. Wählt man als Längeneinheit die große Halbachse der Erdbahn a („Astronomische Einheit"), als Zeiteinheit das Jahr und als Masseneinheit die Sonnenmasse $\mathcal{M}_\odot$, dann nimmt das 3. Keplersche Gesetz die einfache Form an

$$\frac{a^3}{P^2} = \mathcal{M}_1 + \mathcal{M}_2 \,. \tag{4.13}$$

Dies ergibt sich, wenn man Gl. (2.1) durch deren spezielle Aussage für das System Sonne–Erde: $a^3/(\text{Jahr})^2 = (G/4\pi^2)\,\mathcal{M}_\odot$ – wegen der überragenden Größe der Sonnenmasse geht die Erdmasse nicht ein – dividiert. Aus der Definition des Schwerpunktes folgt die weitere Beziehung

$$\frac{\mathcal{M}_1}{\mathcal{M}_2} = \frac{a_2}{a_1} \,. \tag{4.14}$$

Können neben P die Größen a und a_2/a_1 aus Beobachtungen abgeleitet werden, so liegen damit zwei Gleichungen für die Bestimmung von $\mathcal{M}_1$ und $\mathcal{M}_2$ vor. Auf Einzelsterne sind die Ergebnisse dann übertragbar, wenn die Komponenten so weit getrennt sind, daß es nicht zu merklichen Wechselwirkungen mit Massenaustausch kommen kann.

Die direkte Beobachtung der Bahnbewegung ist nur bei relativ nahen Systemen, den optisch aufgelösten *visuellen Doppelsternen*, möglich. Aus meist langjährigen Messungen erhält man zunächst die Projektion der relativen Bahn auf die zum Sehstrahl senkrechte Tangentialebene an die Sphäre und kann daraus die in Bogensekunden ausgedrückte große Bahnhalbachse a'' ableiten. Ist die Entfernung des Systems r in pc bekannt, so folgt $a = a'' \cdot r$ in Einheiten a. Das Verhältnis a_2/a_1 kann ermittelt werden, wenn die „absoluten" Bahnen der Komponenten relativ zum Systemschwerpunkt – durch Positionsmessungen relativ zu praktisch ortsfesten schwachen Hintergrundsternen – bestimmt werden können. Einzelmassen (Fehler $< \pm 20\%$) für etwa zwei Dutzend Hauptreihensterne konnten auf diesem Wege gewonnen werden.

Im Fernrohr nicht mehr auflösbare Doppelsternsysteme geben sich durch periodischen Doppler-Verschiebungen der Fraunhofer-Linien zu erkennen. Diese Objekte bilden die Gruppe der *spektroskopischen Doppelsterne*. Ist der Helligkeitsunterschied zwischen den Komponenten nicht zu groß, so können die Bahngeschwindigkeiten beider Komponenten relativ zum Systemschwerpunkt bestimmt werden („Zweispektrensystem"). Aus den Bahngeschwindigkeiten und der Periode folgen die beiden großen Bahnhalbachsen in Metern und damit auch in Einheiten a ohne Kenntnis der oft recht unsicheren Entfernung des Systems. Weil im allgemeinen eine von $90°$ verschiedene Neigung i der Bahnebene gegen die Tangentialebene an der Sphäre vorliegen wird, sind diese Größen leider noch mit dem unbekannten Faktor $\sin i$ behaftet. Dieser Nachteil verschwindet bei den *Bedeckungsveränderlichen*, Systemen mit $i \approx 90°$, bei denen es zu gegenseitigen Bedeckungen der Komponenten und daher zu einem charakteristischen Lichtwechsel kommt (Abb. 4.19). Für rund 80 Komponenten von Bedeckungsveränderlichen liegen gegenwärtig Massenwerte mit Fehlern $< \pm 20\%$ vor.

Der Bereich gut bestimmter Sternmassen erstreckt sich von $0.1\,\mathcal{M}_\odot$ (späte M-Zwerge) bis zu $20\,\mathcal{M}_\odot$. Weniger genaue Resultate für eine Anzahl von O-Sternen lassen Werte bis zu rund $100\,\mathcal{M}_\odot$ erwarten. Für einen O3-Stern wurden durch Vergleich von Beobachtung und Theorie sogar $120\,\mathcal{M}_\odot$ abgeschätzt. Mittlere Massenwerte verschiedener Spektral- und Leuchtkraftklassen enthält Tab. 4.7. Für die als Doppelsternkomponenten beobachteten Weißen Zwerge ergaben sich Massen zwischen $0.3\,\mathcal{M}_\odot$ und $1\,\mathcal{M}_\odot$. Während sich die Skalen der Leuchtkräfte und Radien der Sterne über zehn bzw. sechs Zehnerpotenzen erstrecken, tritt bei den Sternmassen nur ein Spielraum von drei Zehnerpotenzen auf.

Bei einigen Sternen konnte aus sehr kleinen periodischen Ortsveränderungen auf die Existenz unsichtbarer Begleiter mit Massen geschlossen werden, die von der Größenordnung der Jupitermasse ($\approx 10^{-3}\,\mathcal{M}_\odot$) sind. Derartige Objekte können nicht mehr als Sterne angesehen werden (weiteres s. Abschn. 4.2.5.3).

Ein wichtiges „Zustandsdiagramm" der Sterne neben dem HRD betrifft den Zusammenhang zwischen den Massen und den Leuchtkräften der Sterne (Abb. 4.23). Für die Hauptreihensterne findet man hier eine enge **Masse-Leuchtkraft-Beziehung**, die sich in grober Näherung durch $L \sim \mathcal{M}^3$ darstellen läßt. Die Weißen Zwerge liegen um Größenordnungen unterhalb dieser Beziehung.

Die letzte Spalte der Tab. 4.7 enthält Werte der äquatorialen *Rotationsgeschwindigkeit* V_{Rot} für verschiedene MK-Typen. Aussagen über V_{Rot} sind auf zwei Wegen gewonnen worden: Hohe Rotationsgeschwindigkeiten sind, wie Modellrechnungen zeigen, an der Form der dann stark durch Doppler-Effekt verbreiterten Profile der Fraunhofer-Linien erkennbar. Unter der Voraussetzung, daß die unbekannten Neigungen der Rotationsachsen zufällig verteilt sind, kann jeweils der Mittelwert von V_{Rot} für Sterne eines bestimmten MK-Typs ermittelt werden. Den zweiten Weg bieten die Bedeckungsveränderlichen. Kurz vor bzw. nach der vollständigen Bedeckung einer Komponente, wenn uns nur das Licht einer Randpartie erreicht, beobachtet man als Folge der Sternrotation eine Doppler-Verschiebung der Linien, die sich dem Effekt der Bahnbewegung überlagert. Hier erhält man individuelle Werte V_{Rot}. Die für frühe Spektraltypen erhaltenen Höchstwerte liegen teilweise schon nahe der durch die Gleichheit von Schwerkraft und Zentrifugalkraft definierten Stabilitätsgrenze.

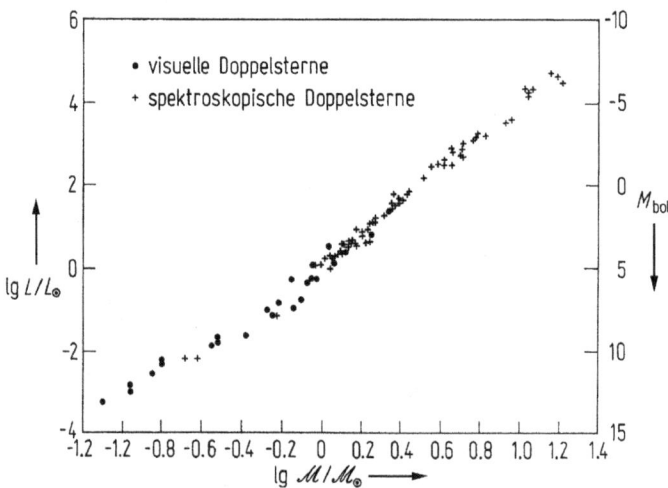

Abb. 4.23 Masse-Leuchtkraft-Beziehung für Hauptreihensterne mit gut bestimmten Massenwerten.

4.2.4 Physik der Sternatmosphären

Als Atmosphäre eines Sternes bezeichnet man jene äußeren Schichten, aus denen Strahlung unmittelbar in den umgebenden Weltraum austreten kann, die also der direkten Beobachtung zugänglich sind. Insbesondere wird die Schicht, in welcher das von den Fraunhofer-Linien durchzogene kontinuierliche Sternspektrum entsteht, wie bei der Sonne Photosphäre genannt. In der Sternatmosphäre findet keine Energieerzeugung statt; der gesamte nach außen fließende Energiestrom ist daher unabhängig von der Tiefe.

Die Physik der Sternatmosphären setzt sich das Ziel, die beobachteten Intensitätsverteilungen in den Sternspektren mit allen Linienprofilen – bei der Sonne auch die beobachtete Randverdunkelung – quantitativ zu interpretieren und damit Aussagen über den physikalischen Aufbau und die chemische Zusammensetzung der Sternatmosphären zu erhalten. Dies geschieht durch die Konstruktion geeigneter Atmosphärenmodelle, deren Parameter so bestimmt werden, daß sich die Beobachtungsergebnisse mit befriedigender Genauigkeit wiedergeben lassen.

Die Dicke der Photosphäre ist meist klein gegenüber dem Sternradius. Wir betrachten deshalb im folgenden den Fall planparallel geschichteter Atmosphären. Die wichtigsten Parameter sind dann:

1. die gesamte Energiestromdichte $\Phi = \sigma T_{\mathrm{eff}}^4$;
2. die relativen Häufigkeiten der chemischen Elemente;
3. die Schwerebeschleunigung g im Bereich der Atmosphäre.

Sieht man von Effekten der Sternrotation sowie von Magnetfeldern ab und nimmt hydrostatisches Gleichgewicht an, dann reicht die Kenntnis dieser Parameter aus, um ein Modell der Sternatmosphäre – die Verläufe von Temperatur, Druck, Partialdruck der freien Elektronen und Dichte in Abhängigkeit von der Tiefe – abzuleiten und die Intensität der austretenden Strahlung in Abhängigkeit von der Wellenlänge und der Richtung zu berechnen.

Weil die Elementhäufigkeiten in der Atmosphäre eines erstmals untersuchten Sternes noch weitgehend unbekannt sind und weil für T_{eff} und g meist nur relativ ungenaue Werte vorliegen, sucht man zunächst eine als *Grobanalyse* bezeichnete Näherungslösung der gestellten Aufgabe. Dabei wird angenommen, daß die Fraunhofer-Linien in einer homogenen „Deckschicht" aus dem von unten eingestrahlten Kontinuum herausabsorbiert werden. Nachdem damit für den betrachteten Stern der Wertebereich der eingehenden Parameter eingegrenzt ist, wird für Parameterwerte innerhalb dieses Bereichs ein „Gitter" von Atmosphärenmodellen und zugehörigen Spektren berechnet. Der Vergleich mit dem beobachteten Spektrum führt dann zu den gesuchten Elementhäufigkeiten, T_{eff} und g. Dieses Verfahren wird als *Feinanalyse* bezeichnet.

4.2.4.1 Quantitative Analyse von Sternspektren

Wir beschränken uns auf die Beschreibung der Grobanalyse. Den Ausgangspunkt bildet hierbei der Zusammenhang zwischen der „Stärke" einer Fraunhofer-Linie und der Anzahl der absorbierenden Atome in der Sternatmosphäre. Die Annahme

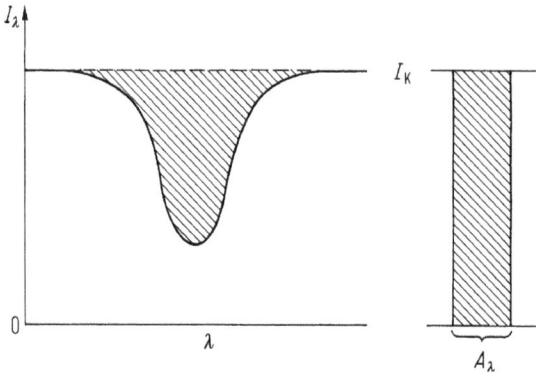

Abb. 4.24 Zur Definition der Äquivalentbreite einer Absorptionslinie. Die beiden schraffierten Flächen sind gleich groß.

einer homogenen Schicht der Dicke H, in welcher die Linienabsorption erfolge, erlaubt für die austretende Intensität innerhalb der Linie den einfachen Ansatz

$$I_\lambda = I_K e^{-\varkappa_\lambda^L \cdot H} , \qquad (4.15)$$

falls die im Linienbereich reemittierte Strahlung vernachlässigbar ist (schwache Linien). Dabei bezeichnen I_K die im Linienbereich wellenlängenunabhängige Kontinuumsintensität am „Boden" der Schicht und $\varkappa_\lambda^L$ den Linienabsorptionskoeffizienten (SI-Einheit: m^{-1}).

Als Maß der Stärke einer beobachteten Fraunhoferlinie wählt man die Fläche zwischen dem Intensitätsverlauf in der Linie I_λ und dem über die Linie hinweg interpolierten Kontinuum I_K und nimmt dabei I_K als Intensitätseinheit:

$$A_\lambda = \int\limits_{\text{Linie}} \frac{I_K - I_\lambda}{I_K} d\lambda . \qquad (4.16)$$

Diese Größe besitzt die Dimension der Wellenlänge und wird daher *Äquivalentbreite* der Linie genannt (Abb. 4.24). Für unser einfaches Modell ergibt sich damit

$$A_\lambda = \int\limits_{\text{Linie}} [1 - e^{-\varkappa_\lambda^L \cdot H}] d\lambda . \qquad (4.17)$$

Entsteht die Linie durch den Übergang von dem unteren Energiezustand m zum oberen Energiezustand n, dann gilt nach der Theorie des Linienabsorptionskoeffizienten

$$\varkappa_\lambda^L = \frac{e^2 \lambda_0^2}{4 \varepsilon_0 m_e c} N_m f_{mn} \psi(\lambda) . \qquad (4.18)$$

Hierbei bezeichnen λ_0 die Wellenlängen der Linienmitte (λ_0^2 kommt durch den Übergang von der Frequenz zur Wellenlänge herein), ε_0 die elektrische Feldkonstante, N_m die Anzahldichte der Atome bzw. Ionen des betrachteten Elements, die sich im Zustand m befinden (SI-Einheit: m^{-3}), f_{mn} die Oszillatorenstärke für den Übergang $m \to n$ und $\psi(\lambda)$ das auf Eins normierte Linienprofil. Der Verlauf von $\psi(\lambda)$ ist im „Linienkern" durch den thermischen Doppler-Effekt und in den „Linienflügeln" durch Strahlungs- und vor allem Stoßdämpfung bestimmt. Dementsprechend treten darin zwei Parameter auf:

1. die *Doppler-Breite*

$$\Delta\lambda_D = \frac{\lambda_0}{c} \sqrt{\frac{2RT}{\bar{\mu}}} \qquad (4.19)$$

mit R = Gaskonstante, T = Temperatur, $\bar{\mu}$ = mittlere molare Masse des Gases und 2. die *Dämpfungskonstante* γ.

Setzt man Gl. (4.18) in Gl. (4.17) ein, dann stellt diese Gleichung den Zusammenhang zwischen der Äquivalentbreite einer Linie und der Anzahldichte N_m her. Besonders einfache Verhältnisse ergeben sich für *schwache Linien*. Dann ist $\varkappa_\lambda^L H \ll 1$ und somit $\exp(-\varkappa_\lambda^L H) \approx 1 - \varkappa_\lambda^L H$, so daß wegen der Normierung von $\psi(\lambda)$ folgt

$$A_\lambda = \int\limits_{\text{Linie}} \varkappa_\lambda^L H \, d\lambda = \frac{e^2 \lambda_0^2}{4\varepsilon_0 m_e c} N_m H f_{mn} \, . \qquad (4.20)$$

Für schwache Linien wächst also A_λ einfach proportional zur **Säulendichte** der absorbierenden Atome $\mathcal{N}_m = N_m H$ (SI-Einheit: m^{-2}), unabhängig von Doppler-Breite und Dämpfung. Den allgemeinen Fall erläutert Abb. 4.25. Der Parameter dieser sogenannten Wachstumskurven ist $a = \gamma/\Delta\lambda_D$. Für a werden jedoch bereits Temperatur und (für die Stoßdämpfung) Dichte oder Druck in der absorbierenden Schicht benötigt. Weil darüber hinaus bei stärkeren Linien auch die Reemission merklich wird, beschränken wir uns auf die Diskussion schwacher Linien. Aus den gemessenen A_λ (SI-Einheit: m) kann dann, bei bekannter Oszillatorenstärke, unmittelbar die Säulendichte $\mathcal{N}_m$ nach Gl. (4.20) berechnet werden.

Handelt es sich beispielsweise um eine Linie des einfach ionisierten Calciums Ca^+, so besteht der nächste Schritt im Übergang zur Säulendichte für alle Ca^+-Ionen in allen möglichen Anregungszuständen. Danach müssen noch die Säulendichten der

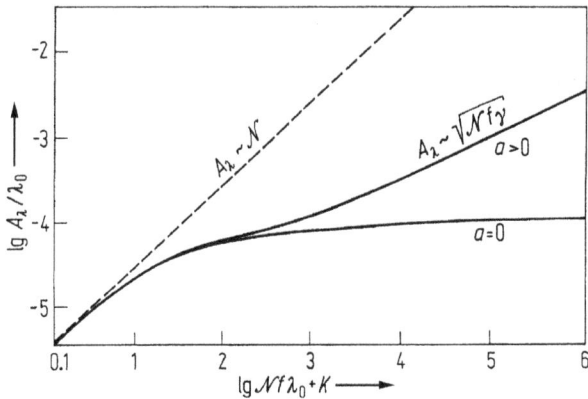

Abb. 4.25 Wachstumskurve der Äquivalentbreite. Für verschwindende Stoßdämpfung (Druckverbreiterung) steigt A_λ mit zunehmendem $\mathcal{N}$ kaum noch an, wenn in der Linienmitte $I_\lambda = 0$ erreicht ist. Treten „Dämpfungsflügel" auf, dann wächst A_λ weiter, aber nur proportional zu $\sqrt{\mathcal{N}}$.

neutralen Ca-Atome sowie der zweifachen und höheren Ca-Ionen ermittelt und addiert werden. Hat man diesen Weg für die erfaßbaren Elemente beschritten, so können nun deren relative Häufigkeiten abgeleitet werden. Zur Unterscheidung der verschiedenen Ionisationsstufen eines Elementes schreiben wir im folgenden $N_{i,m}$ für die Anzahldichte der i-fachen Ionen des betrachteten Elementes, die sich im Energiezustand m befinden, wobei $i = 0$ das neutrale Atom, $i = 1$ das einfach ionisierte Atom usw. bezeichne; ferner sei $N_i = \sum N_{i,m}$ die Anzahldichte aller i-fachen Ionen des Elementes (Summation über alle Anregungsstufen m). Unter der *Voraussetzung thermodynamischen Gleichgewichtes* kann man zunächst von $N_{i,m}H$ zu N_iH mit Hilfe der Boltzmann-Verteilung gelangen:

$$\frac{N_{i,m}H}{N_iH} = \frac{N_{i,m}}{N_i} = \frac{g_{i,m}}{u_i} \exp\left(-\frac{\chi_{i,m}}{kT}\right). \tag{4.21}$$

Hier bedeuten $g_{i,m}$ das statistische Gewicht und $\chi_{i,m}$ die Anregungsenergie des Zustandes m; u_i ist die Zustandssumme für das betrachtete i-fache Ion, die Summe der Produkte $g_{i,m}\exp(-\chi_{i,m}/kT)$ über alle m. Hiernach können die N_iH für die übrigen Ionisationsstufen mit Hilfe der Saha-Gleichung

$$\frac{N_{i+1}}{N_i} P_e = 2 \frac{u_{i+1}}{u_i} \frac{(2\pi m_e)^{3/2}(kT)^{5/2}}{h^3} \exp\left(-\frac{\chi_i}{kT}\right) \tag{4.22}$$

berechnet werden, wobei $P_e = N_e kT$ den Partialdruck der freien Elektronen (Anzahldichte N_e) und χ_i die Ionisationsenergie des i-fachen Ions bezeichnen. Oft dominiert eine Ionisationsstufe, so daß für diese gilt $N_iH \approx NH$ = gesamte Säulendichte aller Atome und Ionen des Elementes. Die für diese Schritte benötigten Werte von T und P_e lassen sich gewinnen, indem man Beobachtungen von Linien verschiedener Ionisationsstufen desselben Elements, beispielsweise von Ca und Ca$^+$, heranzieht. Das aus den A_λ zweier solcher Linien erhaltene Verhältnis $N_{i,m}/N_{i,n}$ kann mit Hilfe der Gln. (4.21) und (4.22) durch einen nur von T und P_e abhängigen Ausdruck dargestellt werden. Mit mehreren solchen Verhältnissen ist eine Bestimmung von T und P_e gut möglich. Schließlich läßt sich der gesamte Gasdruck P aus dem mit Hilfe der Saha-Gleichung gewinnbaren Verhältnis

$$\frac{P}{P_e} = \frac{NkT}{N_ekT} = \frac{N}{N_e} = f(T, P_e) \tag{4.23}$$

berechnen – jedes Element liefert zu N_e den Beitrag $N_1 + 2N_2 + 3N_3 + \cdots$ und zu N außerdem $N_0 + N_1 + N_2 + \cdots$

Für die *Photosphäre der Sonne* lieferte dieses Verfahren $T \approx 5700$ K, $P_e \approx 1$ Pa, $P \approx 10^4$ Pa. Der Druck beträgt also etwa ein Zehntel des Druckes am Boden der Erdatmosphäre, das entsprechende Verhältnis für die Massendichte liegt bei $3 \cdot 10^{-4}$. Diese Zahlen können als Mittelwerte der tatsächlichen Schichtung im Bereich der Linienbildung betrachtet werden.

Die Ergebnisse für die relativen *Häufigkeiten der Elemente* in den Atmosphären der Sonne und der untersuchten normalen Sterne der Population I stimmen weitgehend überein: Wasserstoff dominiert, das Verhältnis der Atomzahlen von Wasserstoff zu Helium beträgt rund 10, während die schwereren Elemente zusammen in Atomzahlen nur den Anteil 10^{-3} ausmachen, bezogen auf die Summe aller Atome

Tab. 4.8 Logarithmen der Elementhäufigkeiten in den Atmosphären einiger Sterne, geordnet nach Atomzahlen und bezogen auf Wasserstoff $\lg_{10} N(H) = 12.0$. Die Sterne der beiden letzten Spalten sind sogenannte Schnelläufer und gehören der Sternpopulation II des galaktischen Halos an (Bezeichnung durch die Nummer des Sternes im Henry-Draper-Katalog der Spektraltypen); Fehlergrenzen: $\Delta \lg_{10} N \approx \pm 0.3$.

	B0V τ Sco	A0V α Lyr	G2V Sonne	G8III ε Vir	$\approx$ G0 HD 140 283	$\approx$ A2 HD 161 817
1 H	12.0	12.0	12.0	12.0	12.0	12.0
2 He	11.0	11.4	10.9	–	–	–
6 C	8.1	–	8.5	8.5	6.7	7.4
7 N	8.3	8.7	7.9	–	–	–
8 O	8.7	9.0	8.8	–	–	–
12 Mg	7.5	7.7	7.6	7.5	5.2	6.8
14 Si	7.6	7.6	7.6	7.7	5.2	6.4
20 Ca	–	6.1	6.3	6.5	4.0	5.1
26 Fe	–	7.3	7.5	7.6	5.3	6.0

$= 1$ (Elemente ab C; Li, Be und B besitzen sehr geringe Häufigkeiten). Bei den Sternen der Population II liegt die Häufigkeit der schwereren Elemente hingegen um ein bis zwei Zehnerpotenzen niedriger. In Tab. 4.8 ist eine Auswahl der Resultate von Feinanalysen zusammengestellt.

4.2.4.2 Modelle von Sternatmosphären

Die Berechnung einer Modellatmosphäre zu vorgegebenen Werten von T_{eff}, g und der chemischen Zusammensetzung erläutern wir unter den folgenden, vereinfachenden Annahmen:

a) es liege lokales thermodynamisches Gleichgewicht vor, so daß das Emissionsvermögen des Gases nach dem Kirchhoffschen Strahlungsgesetz durch die lokale Temperatur bestimmt ist. In der Astrophysik ist dafür die Abkürzung der englichen Version üblich: **LTE** für Local Thermodynamical Equilibrium.

b) der Energietransport erfolge allein durch die Strahlung („Strahlungsgleichgewicht"). Wärmeleitung spielt wegen der niedrigen Dichte keine Rolle, Konvektion kann jedoch wichtig werden.

c) die Atmosphäre befinde sich im hydrostatischen Gleichgewicht.

Wir betrachten zunächst den *Strahlungstransport* in einer planparallel geschichteten Sternatmosphäre. Die Energiebilanz der monochromatischen Strahlung der Frequenz v, die in der Tiefe t (gemessen von einem willkürlichen Nullniveau aus) unter dem Winkel ϑ gegen die Normale zur Sternoberfläche senkrecht durch ein Flächenelement df in das Raumwinkelelement $d\omega$ fließt, lautet für ein Wegelement ds (Abb. 4.26)

$$dI_v \, df \, d\omega = -\varkappa_v I_v(t, \vartheta) \, df \, ds \, d\omega + \varepsilon_v \, df \, ds \, d\omega \, .$$

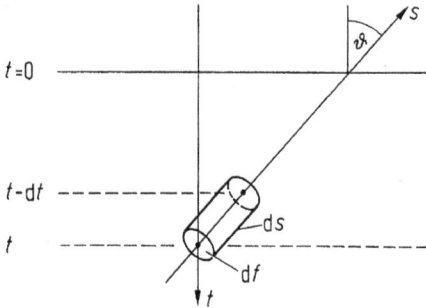

Abb. 4.26 Zur Ableitung der Strömungsgleichung der Strahlung.

Links steht die Energieänderung der durch $df\,d\omega$ fließenden Strahlung auf dem Wegelement ds, rechts stehen die auf ds absorbierten bzw. emittierten Energiebeträge durch Zeit. Dabei bedeuten $\varkappa_v$ den Absorptionskoeffizienten durch Länge und ε_v den Emissionskoeffizienten durch Volumen, Zeit, Raumwinkel und Frequenz (SI-Einheit: $W\,m^{-3}\,sr^{-1}\,Hz^{-1}$). Wegen $ds = -dt/\cos\vartheta$ folgt hieraus unmittelbar die *Strömungsgleichung* der Strahlung

$$\cos\vartheta\,\frac{dI_v}{dt} = \varkappa_v I_v - \varepsilon_v\,. \tag{4.24}$$

Die Annahme von LTE bedeutet, daß wir setzen dürfen $\varepsilon_v = \varkappa_v B_v(T)$, wobei $B_v(T)$ die Planck-Funktion bei der Temperatur T in der Tiefe t bezeichnet. Für die kontinuierliche Strahlung ist dies oft eine brauchbare Näherung. Führen wir anstelle von t die *optische Tiefe* ein durch

$$\tau_v = \int_0^t \varkappa_v\,dt\,, \quad d\tau_v = \varkappa_v\,dt\,, \tag{4.25}$$

dann nimmt Gl. (2.24) die Form an

$$\cos\vartheta\,\frac{dI_v}{d\tau_v} = I_v - B_v\,. \tag{4.26}$$

Die Voraussetzung (b) verlangt, daß der Gesamtstrahlungsstrom (s. Gl. (4.5)) unabhängig von der Tiefe sei:

$$\int_0^\infty \Phi_v(t)\,dv = \Phi_0 = \sigma T_{\text{eff}}^4\,. \tag{4.27}$$

Mit Gl. (4.26) und Gl. (4.27) haben wir zwei Gleichungen für die Bestimmung der beiden Funktionen $I_v(\tau_v, \vartheta)$ und $B_v(T)$ mit $T(\tau_v)$. Die Lösung des Gleichungssystems liefert zunächst nur $T(\tau_v)$. Der Zusammenhang zwischen T (für festes v) und t läßt sich nach Voraussetzung (c) mit Hilfe der hydrostatischen Grundgleichung gewinnen: Die Änderung des Druckes P beim Übergang von t nach $t + dt$ ist dann gegeben durch

$$dP = g\varrho\,dt = \frac{g\varrho}{\varkappa_v}\,d\tau_v\,, \tag{4.28}$$

wobei g die Schwerebeschleunigung und ϱ die Massendichte bezeichnen. $\varkappa_v/\varrho$ ist der massen- und flächenbezogene Absorptionskoeffizient in einer Säule entlang dem Sehstrahl. Dieser „Massenabsorptionskoeffizient" ist bei vorgegebener chemischer Zusammensetzung als Funktion von T und P bekannt. Die Integration von Gl. (4.28) liefert daher zu $T(\tau_v)$ die Funktion $P(\tau_v)$ und danach durch Integration von $dP = g\varrho\,dt$ mit $\varrho = \varrho(T, P)$ für ein ideales Gas $P = P(t)$. Damit ist auch $t = t(\tau_v)$ gefunden.

Die Annahme von LTE bedeutet, daß bei der Besetzung der Energiezustände der Atome die allein durch die lokale Temperatur charakterisierten Stoßprozesse gegenüber den Strahlungsprozessen dominieren. In den höheren Atmosphärenschichten mit sehr niedrigen Dichten ist jedoch die Häufigkeit von Stößen stark herabgesetzt, während die mittlere freie Weglänge der Photonen groß wird. Hier sind daher ε_v und $\varkappa_v$ nicht allein durch die lokalen Werte von T und P bzw. P_e bestimmt, sondern hängen auch von der Intensität des Strahlungsfeldes I_v in einer mehr oder weniger großen Umgebung ab. Es können starke *Abweichungen vom LTE* auftreten. Vor allem bei der Berechnung der Intensitätsprofile starker Fraunhofer-Linien, die in den höheren Schichten entstehen, ist die Annahme von LTE oft nicht mehr brauchbar. Damit wird das Problem erheblich komplizierter. An die Stelle der Boltzmann-Verteilung und der Saha-Gleichung treten nun Systeme von *statistischen Gleichungen* für die Besetzungszahlen, mit denen die Gleichheit der zeitlichen Raten von Zugängen und Abgängen durch Stoß- und Photoprozesse für jeden einzelnen Energiezustand gefordert wird. Wegen des Auftretens der Strahlungsintensität müssen diese Gleichungen simultan mit der Strömungsgleichung (4.24) gelöst werden.

4.2.4.3 Halbempirisches Modell der Sonnenatmosphäre

Die Gleichung (4.26) kann für feste Werte von v und ϑ als gewöhnliche Differentialgleichung für die Funktion $I_v(\tau_v, \vartheta)$ aufgefaßt werden, deren Lösung keine Schwierigkeiten bereitet. Speziell für die an der Sternoberfläche austretende Intensität erhält man das Integral

$$I_v(0, \vartheta) = \int\limits_0^\infty \tilde{B}_v(\tau_v)\mathrm{e}^{-\tau_v \sec\vartheta}\,d\tau_v \sec\vartheta\,. \tag{4.29}$$

Dabei ist $\sec\vartheta = 1/\cos\vartheta$. Dieses Ergebnis läßt sich auch unmittelbar anschaulich herleiten. Wir betrachten zunächst die senkrecht austretende Strahlung. Der auf dem Wegstück dt emittierte Beitrag $\varepsilon_v(t)\,dt$ wird bis zur Oberfläche um den Faktor $\exp[-\tau_v(t)]$ geschwächt. Mit $\varepsilon_v(t)\,dt = B_v(T)\varkappa_v\,dt = \tilde{B}_v(\tau_v)\,d\tau_v$ folgt daher

$$I_v(0, 0) = \int\limits_0^\infty \tilde{B}_v(\tau_v)\mathrm{e}^{-\tau_v}\,d\tau_v\,. \tag{4.30}$$

Für $\vartheta \neq 0$ verlängern sich offenbar dt und $d\tau_v$ um den Faktor $\sec\vartheta$, so daß Gl. (4.29) resultiert.

Im Fall der Sonne können wir $I_v(0, \vartheta)$ direkt beobachten und Gl. (4.30) dann als Integralgleichung für $\tilde{B}_v(\tau_v)$ auffassen. Setzt man für $\tilde{B}_v(\tau_v)$ bei festem v eine Potenzreihe aus Gliedern $a_n\tau_v^n$ an, so ergibt sich für $I_v(0, \vartheta)$ eine Reihe, die aus Gliedern der Form $a_n n! \cos^n \vartheta$ besteht. Die Darstellung von $I_v(0, \vartheta)$ durch eine Summe von Gliedern $A_n \cos^n \vartheta$ ermöglicht daher eine einfache Bestimmung von $\tilde{B}_v(\tau_v)$. Für feste Frequenzen im Kontinuum konnten hiernach auf die in Abschn. 4.2.4.2 beschriebene Weise Temperaturschichtungen $T(\tau_v)$ und damit weiter $P(\tau_v)$, $P_e(\tau_v)$ und die geometrische Tiefenskala berechnet werden. Ein solches halbempirisches Modell der Photosphäre und unteren Chromosphäre der Sonne ist in Tab. 4.9 wiedergegeben. Die Aussagen über den chromosphärischen Bereich basieren teilweise auf der Analyse der Profile starker Fraunhofer-Linien, die in diesen hohen Schichten entstehen. Dabei liegt der allgemeine, vom LTE abweichende Fall vor (non-LTE oder NLTE). Für die höhere Chromosphäre bildeten die im Ultraviolett ausgeführten extraterrestrischen Messungen von Kontinuum und Emissionslinien eine wichtige Grundlage.

Die Hauptursache der kontinuierlichen Absorption in den Photosphären der Sonne und anderer Sterne mittleren und späten Spektraltyps sind negative Wasserstoffionen H^-. Im Labor wurden diese Teilchen erst in den fünfziger Jahren nachgewiesen. Das Elektron des neutralen H-Atoms schirmt die Kernladung nicht völlig ab, so daß noch ein weiteres Elektron gebunden werden kann. Die Bindungsenergie beträgt nur 0.75 eV. Strahlung mit $hv > 0.75$ eV oder $\lambda < 1650$ nm kann daher kontinuierlich absorbiert werden: $H^- + hv \rightarrow H + e^-$. Darüberhinaus liefern Frei-frei-Übergänge (Bremsstrahlung) von Elektronen in den Feldern neutraler H-Atome eine noch weiter ins Infrarot reichende kontinuierliche Absorption. Daß der kontinuierliche Absorptionskoeffizient der Sonnenatmosphäre tatsächlich überwiegend von H^--Ionen erzeugt wird, läßt sich aus den Temperaturschichtungen $T(\tau_v)$ erkennen, die für verschiedene Frequenzen des Kontinuums zwischen den Linien abgeleitet wurden: Zu fester Temperatur, die einer bestimmten geometrischen Tiefe entspricht, ergibt sich für τ_v die erwartete Wellenlängenabhängigkeit. Das Sonnenlicht entsteht also vorwiegend bei der Bildung von H^--Ionen, $H + e^- \rightarrow H^- + hv$, im Dreierstoß.

Tab. 4.9 Modell der mittleren Schichtung der Photosphäre und der Chromosphäre der Sonne. τ_{500} = optische Tiefe im Kontinuum bei der Wellenlänge 500 nm, N_H = Anzahldichte der Wasserstoffatome, t = geometrische Tiefe mit Nullpunkt bei $\tau_{500} = 1.0$ (nach Vernazza et al., 1976, 1981).

τ_{500}	T/K	P/Pa	P_e/Pa	N_H/cm^{-3}	t/km
0	450000	$1.4 \cdot 10^{-2}$	$7.5 \cdot 10^{-3}$	$1.0 \cdot 10^9$	-2500
$1.4 \cdot 10^{-7}$	24000	$1.6 \cdot 10^{-2}$	$6.6 \cdot 10^{-3}$	$1.9 \cdot 10^{10}$	-2200
$2.9 \cdot 10^{-7}$	9500	$1.7 \cdot 10^{-2}$	$4.8 \cdot 10^{-3}$	$5.2 \cdot 10^{10}$	-2100
$9.1 \cdot 10^{-6}$	5930	$3.0 \cdot 10^0$	$8.5 \cdot 10^{-3}$	$3.1 \cdot 10^{13}$	-1000
$2.2 \cdot 10^{-5}$	5360	$1.1 \cdot 10^1$	$7.4 \cdot 10^{-3}$	$1.3 \cdot 10^{14}$	-800
$3.4 \cdot 10^{-4}$	4150	$1.6 \cdot 10^2$	$1.3 \cdot 10^{-2}$	$2.0 \cdot 10^{15}$	-500
$1.0 \cdot 10^{-2}$	4600	$1.1 \cdot 10^3$	$9.4 \cdot 10^{-2}$	$1.6 \cdot 10^{16}$	-300
$2.0 \cdot 10^{-1}$	5450	$5.9 \cdot 10^3$	$7.6 \cdot 10^{-1}$	$7.1 \cdot 10^{16}$	-100
1.0	6420	$1.2 \cdot 10^4$	$5.8 \cdot 10^0$	$1.2 \cdot 10^{17}$	0
2.0	7040	$1.4 \cdot 10^4$	$1.9 \cdot 10^1$	$1.4 \cdot 10^{17}$	30
5.0	7880	$1.7 \cdot 10^4$	$7.7 \cdot 10^1$	$1.4 \cdot 10^{17}$	60

4.2.4.4 Konvektionszone und Heizung der Sonnenkorona

Ursache der Granulation ist die Instabilität tieferer Schichten gegen *thermische Konvektion*. Eine Bedingung dafür ergibt sich aus folgender Überlegung: Wir betrachten ein Materieelement, das etwas wärmer ist als die Umgebung und daher aufsteigt. Es wird seinen Aufstieg nur dann fortsetzen, wenn es dabei ständig wärmer bleibt als seine Umgebung. Dazu muß die Abnahme seiner Temperatur mit der Höhe kleiner sein als die Abnahme der Temperatur der Umgebung. Weil der Energieaustausch des Elementes mit dem benachbarten Gas innerhalb der Zeit bis zu seiner Auflösung nur relativ gering ist, kann seine Zustandsänderung als adiabatisch betrachtet werden. Wir erhalten damit die Bedingung

$$\left| \frac{dT}{dh} \right|_{\mathrm{ad}} < \left| \frac{dT}{dh} \right|_{\mathrm{U}} . \tag{4.31}$$

In der Sonnenphotosphäre ist diese Bedingung für $\tau_{500} > 1$ erfüllt. Dort wird der Absorptionskoeffizient $\varkappa_\nu^{\mathrm{K}}$ größer, die freie Weglänge der Photonen also kleiner, so daß sich ein steiler Temperaturgradient $|dT/dh|_{\mathrm{U}}$ einstellt, damit die ankommende Energiemenge transportiert werden kann. Andererseits bewirkt die bei $T \approx 10\,000$ K wesentlich einsetzende Ionisation des Wasserstoffs, die viel Energie absorbiert, eine Verkleinerung von $|dT/dh|_{\mathrm{ad}}$. Man spricht aus diesem Grund von der *Wasserstoffkonvektionszone* der Sonne, die nach Modellrechnungen bis zu einer Tiefe von rund 10^5 km reicht.

Für $\tau_{500} < 1$ ist die Photosphäre gegen thermische Konvektion stabil. Aus der Tiefe emporsteigende Materieelemente treffen auf diese stabile Schicht, die hierdurch wie eine Membran zu Schwingungen angeregt wird. Die Aufstiegsbewegungen werden aufgehalten und setzen sich teilweise als Kompressionswellen (Schallwellen) nach außen fort. Mechanische Energie wird in Form eines akustischen Rauschens in höhere Schichten transportiert. Wegen des steilen Dichteabfalls in der oberen Photosphäre um mehrere Zehnerpotenzen wächst dort die Amplitude der longitudinalen Schwingungen des Gases sehr stark an, überschreitet schließlich die Phasengeschwindigkeit der Wellen und führt damit zur Entstehung von Stoßfronten. In diesen wird die Energie der gerichteten mechanischen Schwingungen in die Energie ungeordneter thermischer Bewegungen umgewandelt und führt so zu einer Aufheizung.

Dieser beobachtete akustische Energiefluß beträgt in der Übergangsregion zur Korona $10\,\mathrm{W\,m^{-2}}$, also viel zuwenig um den Energiehaushalt, der zwischen $300{-}5000\,\mathrm{W\,m^{-2}}$ liegt, aufrecht zu erhalten. Daraus folgt, daß nur über Magnetfeldeffekte die fehlende Energie nachgeliefert werden kann.

Die akustischen Stoßwellen dürften also nur in der ruhigen Chromosphäre außerhalb stärkerer Magnetfelder wirksam sein. In chromosphärischen Bereichen mit starken Feldern spielen analoge longitudinale hydromagnetische Wellen eine Rolle. In der Korona ist die Energiedichte des Magnetfeldes größer als die thermische Energiedichte des Gases, weshalb hier magnetische Wechselwirkungen dominieren. Dies zeigt sich beispielsweise darin, daß in den koronalen Bögen besonders hohe Temperaturen auftreten (s. Abschn. 4.2.2.4). Die Magnetfelder stellen eine Koppelung her zwischen dem koronalen Plasma und den subphotosphärischen Schichten. Energiequelle der Korona sind letztlich die mit der Konvektion und Zirkulation verbundenen Bewegungen des Plasmas.

Magnetische Dissipation über Alfven-Wellen spielt hierbei die entscheidende Rolle. Magnetfelder bilden das Bindeglied zu den sich aufbauenden Stromsystemen, die das Gas schließlich heizen.

4.2.5 Innerer Aufbau und Entwicklung der Sterne

Warum treten die Zustandsgrößen L, T_{eff}, R und $\mathcal{M}$ der weitaus meisten Sterne nur in bestimmten Kombinationen auf, wie sie in der Hauptreihe und dem Riesenast des Hertzsprung-Russell-Diagramms sowie in der Masse-Leuchtkraft-Beziehung zum Ausdruck kommen? Die Antwort ergibt sich aus dem Studium des Gleichgewichtes heißer Gaskugeln, die von der eigenen Gravitation zusammengehalten werden. Weil die Materie bei den hohen Temperaturen des Sterninneren im wesentlichen nur aus nackten Atomkernen und freien Elektronen besteht, ist die Zustandsgleichung einfach, und es lassen sich verhältnismäßig zuverlässige Aussagen über die Verteilung von Temperatur, Druck und Dichte gewinnen. Zu verschiedenen Werten der Sternmasse kann man für eine bestimmte Häufigkeitsverteilung der chemischen Elemente Sternmodelle berechnen. Die Ergebnisse liefern insbesondere Beziehungen zwischen $\mathcal{M}$, L, R und T_{eff}, die mit den beobachteten Zusammenhängen verglichen werden können.

Hauptenergiequelle der Sterne ist die Kernfusion, wobei die Umwandlung von Wasserstof in Helium den weitaus größten Beitrag liefert. Auch diese Energievorräte sind jedoch nicht unerschöpflich, denn es stehen ihnen, vor allem bei den massereicheren Sternen, enorm hohe Energieverluste durch Abstrahlung gegenüber. Die Kernprozesse führen zu einem veränderten chemischen Aufbau. Die Sterne werden daher ihre Zustandsgrößen im Laufe der Zeit ändern. Mit Hilfe sukzessiver Gleichgewichts-Sternmodelle läßt sich die Frage nach den Lebenswegen der Sterne beantworten.

4.2.5.1 Der Gleichgewichtszustand eines Sternes

Während des langfristig stationären Zustandes, wie wir ihn bei den „normalen" Sternen beobachten, können wir einen Stern, der weder rotiert noch durch äußere Kräfte deformiert wird, als Gaskugel im *hydrostatischen Gleichgewicht* betrachten: In jedem Abstand r vom Mittelpunkt der Kugel trägt der nach außen gerichtete Druck des Gases *und* der Strahlung $P(r) = P_g(r) + P_s(r)$ gerade das Gewicht der darüberliegenden Kugelschalen. Schreiten wir von r nach $r + dr$ fort (Abb. 4.27),

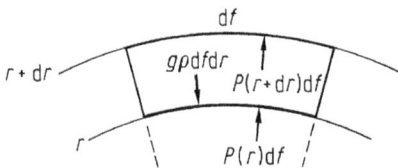

Abb. 4.27 Zur Ableitung der Bedingung für hydrostatisches Gleichgewicht.

so ist die Änderung der zum Mittelpunkt hin gerichteten Gravitationskraft auf ein Flächenelement df gerade gleich der Änderung der auf dieses vom Druck ausgeübten Kraft. Bezeichnen g und ϱ die Schwerebeschleunigung und die Massendichte, so gilt also

$$\mathrm{d}P\,\mathrm{d}f = -g(r)\varrho(r)\,\mathrm{d}f\,\mathrm{d}r \tag{4.32}$$

mit

$$g = G\,\frac{\mathscr{M}_r}{r^2}, \tag{4.33}$$

wobei G = Gravitationskonstante und $\mathscr{M}_r$ = Masse innerhalb der Kugel mit dem Radius r:

$$\mathscr{M}_r = \int_0^r 4\pi r^2 \varrho(r)\,\mathrm{d}r\,. \tag{4.34}$$

Als mechanische Gleichgewichtsbedingung erhalten wir damit

$$\frac{\mathrm{d}P}{\mathrm{d}r} = -G\,\frac{\mathscr{M}_r}{r^2}\,\varrho\,. \tag{4.35}$$

Weil das Gas im Sterninneren praktisch vollständig ionisiert ist, also nur aus Atomkernen und Elektronen besteht, dürfen wir für den Zusammenhang zwischen P, ϱ und der Temperatur T bis zu relativ hohen Dichten ($\approx 10^4\,\mathrm{g\,cm^{-3}}$) die Zustandsgleichung des idealen Gases

$$P_{\mathrm{g}} = \frac{k}{m}\,\varrho T \tag{4.36}$$

anwenden (m = mittlere Teilchenmasse).

Gl. (4.35) erlaubt in Verbindung mit Gl. (4.36) eine einfache Abschätzung der Temperatur im tiefen Sterninneren. Wir ersetzen dazu dP/dr näherungsweise durch den Differenzenquotienten zwischen den Drücken an der Sternoberfläche ($r = R$) und im Zentrum ($r = 0$): $(P_R - P_0)/R$. Weil die Massendichte zum Zentrum hin stark zunimmt, setzen wir weiter $\mathscr{M}_r = \mathscr{M}$ und wählen $r = R/2$ sowie $\varrho = \bar{\varrho} \approx \varrho_0/4$. [Statt $\bar{\varrho} = \varrho_0/4$ könnte man etwa auch $\bar{\varrho} = \varrho_0/10$ wählen, weil es hier auf einen Faktor 2.5 nicht ankommt. Jeder Versuch einer besseren Begründung führt auf eine umständliche theoretische Diskussion.]

Wegen $P_R \ll P_0$ folgt dann $P_0 \approx G\mathscr{M}\varrho_0/R$. Dazu liefert Gl. (4.36) die Zentraltemperatur (für $P_{\mathrm{S}} \ll P_{\mathrm{g}}$)

$$T_0 = \frac{P_0 m}{k\varrho_0} \approx G\,\frac{m}{k}\,\frac{\mathscr{M}}{R}\,. \tag{4.37}$$

Weil die *Sonne* überwiegend aus ionisiertem Wasserstoff und etwa gleichvielen freien Elektronen besteht, gilt $m \approx 1/2\,m_{\mathrm{P}} \approx 0.8 \cdot 10^{-27}\,\mathrm{kg}$, und man erhält $T_0 \approx 10^7\,\mathrm{K}$.

Mit Gl. (4.34) und Gl. (4.35) haben wir zwei Gleichungen für die drei unbekannten Funktionen $P(r)$, $\varrho(r)$ und $\mathscr{M}_r(r)$. Eine Gleichung, die uns weiterhilft, kann aus der Strömungsgleichung für den *Strahlungstransport* gewonnen werden, indem man darin zum Strahlungsdruck übergeht. Jedes Lichtquant überträgt auf absorbierende Materie den Impuls der ihm äquivalenten Masse $mc = E/c = h\nu/c$. Die unter dem Winkel ϑ gegen die radiale Richtung im Stern durch die auf der Kugelschale (d$f = 1$

in Abb. 4.27) in das Raumwinkelelement strömende flächenbezogene Strahlungsleistung $I(\vartheta)\cos\vartheta\,\mathrm{d}\omega$ liefert daher pro Zeiteinheit den Strahlungsimpuls $I(\vartheta)\cos\vartheta\,\mathrm{d}\omega/c$. Um die radiale Druckkomponente zu erhalten, ist nochmals mit $\cos\vartheta$ zu multiplizieren. Der gesamte Strahlungsdruck ergibt sich durch Integration über alle Raumwinkelelemente

$$P_{\mathrm{S}} = \frac{1}{c}\iint I(\vartheta)\cos^2\vartheta\,\mathrm{d}\omega\,. \tag{4.38}$$

Um in der Strömungsgleichung (2.24) zu P_{S} überzugehen, integrieren wir diese über v, multiplizieren mit $\cos\vartheta\,\mathrm{d}\omega/c$ durch und integrieren danach über alle Raumwinkelelemente. Das Resultat können wir in der Form schreiben

$$\frac{\mathrm{d}P_{\mathrm{S}}}{\mathrm{d}r} = -\frac{\bar\varkappa}{c}\,\Phi(r)\,. \tag{4.39}$$

Dabei bedeuten $\bar\varkappa$ den über v gemittelten Absorptionskoeffizienten (Opazität) und Φ den gesamten Strahlungsstrom. Das Raumwinkelintegral über das zweite Glied auf der rechten Seite von Gl. (4.24) verschwindet, weil ε_v im Sterninneren in sehr guter Näherung von ϑ unabhängig ist. Die hochgradige Isotropie der Strahlung im Sterninneren ist auch der Grund dafür, daß wir trotz sphärischer Materieverteilung die für eine planparallele Schichtung abgeleitete Gl. (4.24) heranziehen dürfen. Für den Strahlungsdruck liefert die Integration in Gl. (4.38) das für Hohlraumstrahlung gültige Ergebnis

$$P_{\mathrm{S}} = \frac{4\pi}{3c}\,I = \frac{1}{3}\,aT^4 \tag{4.40}$$

mit $a = 4\sigma/c$. Der zweite Ausdruck folgt mit dem Stefan-Boltzmann-Gesetz $\pi I = \Phi = \sigma T^4$.

Setzt man Gl. (4.40) in Gl. (4.39) ein und führt den gesamten Energiestrom (Leuchtkraft) beim Radius r ein durch

$$L_r = 4\pi r^2\Phi(r)\,, \tag{4.41}$$

dann folgt

$$\frac{\mathrm{d}T}{\mathrm{d}r} = -\frac{3\bar\varkappa}{4caT^3}\,\frac{L_r}{4\pi r^2}\,. \tag{4.42}$$

Der Strahlungsfluß ist dem Temperaturgradienten proportional. Gewinnt der Stern seine Energie aus nuklearen Prozessen mit der massenbezogenen Energieerzeugungsrate $\varepsilon_{\mathrm{N}}(\varrho, T)$, so ist L_r gegeben durch

$$L_r = \int_0^r \varepsilon_{\mathrm{N}}\varrho\,4\pi r^2\,\mathrm{d}r\,. \tag{4.43}$$

Wegen der hohen Ionisation tragen zu $\varkappa_v$ vorwiegend nur die Streuung der Strahlung an freien Elektronen, Compton-Effekt und Frei-frei-Übergänge in den Feldern der Ionen bei. Die Definition von $\bar\varkappa$ erfordert eine geeignete Mittelbildung über alle Frequenzen, wobei die in der Gewichung auftretenden Intensitäten in sehr guter Näherung durch die Planck-Funktion $B_v(T)$ approximiert werden dürfen. Die nukleare Energieerzeugungsrate ε_{N} besprechen wir im Abschn. 4.2.5.2.

In Bereichen des Sternes, in denen die Konvektionsbedingung (4.31) erfüllt ist, kann der Energietransport in erheblichem Umfang durch *Konvektion* erfolgen. Anstelle von Gl. (4.42) darf dann oft näherungsweise der adiabatische Temperaturgradient für ideales Gas

$$\frac{\mathrm{d}T}{\mathrm{d}r} = \left(\frac{\mathrm{d}T}{\mathrm{d}r}\right)_{\mathrm{ad}} = \left(1 - \frac{1}{\gamma}\right)\frac{T}{P}\frac{\mathrm{d}P}{\mathrm{d}r} \tag{4.44}$$

herangezogen werden ($P \sim \varrho^{\gamma}$ und $P \sim \varrho T$) mit $\gamma = c_p/c_V = 5/3$. Wärmeleitung spielt demgegenüber für den Energietransport in normalen Sternen keine Rolle.

Gehen wir in den Gln. (4.34) und (4.43) durch Differenzieren zu den Ableitungen $\mathrm{d}\mathscr{M}_r/\mathrm{d}r$ bzw. $\mathrm{d}L_r/\mathrm{d}r$ über, so haben wir zusammen mit den Gln. (4.35) und (4.42) oder (4.44) ein System von vier gewöhnlichen Differentialgleichungen erster Ordnung für die vier Funktionen

$$P(r), \quad T(r), \quad \mathscr{M}_r(r) \quad \text{und} \quad L_r(r)$$

gewonnen. Denn bei vorgegebenen relativen Häufigkeiten der Elemente läßt sich die Dichte mit Hilfe der Zustandsgleichung durch P und T ausdrücken und es können $\bar{\varkappa}$ und ε_N in Abhängigkeit von ϱ und T bzw. P und T ermittelt werden. Zur Festlegung der Lösungen lassen sich folgende Anfangs- bzw. Randwerte vorgeben: $P(R) = 0$, $T(R) \approx 0$ (kann verbessert werden), $\mathscr{M}_r(0) = 0$ und $L_r(0) = 0$. Um den Sternradius R festzulegen, müssen wir noch die Bedingung $\mathscr{M}_r(R) = \mathscr{M}$ hinzufügen. Gibt man die *Masse $\mathscr{M}$* und die *chemische Zusammensetzung* vor, so können der Aufbau und die integralen Zustandsgrößen des Sternes berechnet werden. H. Vogt (1926) und unabhängig H. N. Russell (1927) schlossen weitergehend, ohne dafür einen mathematischen Beweis angeben zu können, daß die Lösung im allgemeinen eindeutig sei (**Vogt-Russell-Theorem**).

Im Fall chemischer Homogenität im Stern und Energieerzeugung durch Kernfusion ist dieser „Satz" gültig. Für Sterne mit gleichen relativen Elementhäufigkeiten hängen dann alle integralen Zustandsgrößen nur von der Masse ab. Insbesondere folgt $L = L(\mathscr{M})$ und $T_{\mathrm{eff}} = T_{\mathrm{eff}}(\mathscr{M})$, so daß zwischen L und T_{eff} ein sehr enger Zusammenhang zu erwarten ist, wie wir ihn in der *Hauptreihe* des HRD beobachten. Nach den bereits besprochenen Analysen der Sternatmosphären besitzen Hauptreihensterne tatsächlich die gleiche chemische Zusammensetzung.

Eingehende Untersuchungen haben gezeigt, daß für chemisch inhomogen aufgebaute Sterne in manchen Fällen mehrere Lösungen existieren. Weil chemische Inhomogenität eine Folge fortgeschrittener Kernfusionsprozesse im Zentralbereich des Sternes ist, entscheidet die Vorgeschichte des Sternes über die zutreffende Lösung.

4.2.5.2 Energiequellen und Energiegleichgewicht

Der *Energievorrat eines Sternes* besteht aus thermischer Energie E_T, Gravitationsenergie E_G und nuklearer Energie E_N. Zur Abschätzung von E_T multiplizieren wir die mittlere kinetische Energie eines Teilchens $(3/2)\,kT$ mit der Anzahl aller Teilchen im Stern $\mathscr{M}/\bar{m}$, wobei $\bar{m}$ die mittlere Teilchenmasse bezeichnet. Mit $T = 10^7$ K und $\bar{m} = 0.8 \cdot 10^{-27}$ kg für vollständig ionisierten Wasserstoff ergibt sich für die Sonne $E_T \approx 5 \cdot 10^{41}$ J.

Kontrahiert eine im Vergleich zu stellaren Dimensionen praktisch unendlich ausgedehnte, kugelförmige Wolke der Masse $\mathscr{M}$ bis zum Sternradius R, so ist der Energiegewinn gleich der (negativen) potentiellen Gravitationsenergie des resultierenden Sternes:

$$E_{\mathrm{G}} = - E_{\mathrm{pot}}(R) \approx G\,\frac{\mathscr{M}^2}{R}\,. \tag{4.45}$$

Die Sonne hat hiernach durch Kontraktion auf ihren heutigen Radius etwa $4 \cdot 10^{41}$ J gewonnen. Wegen $|E_{\mathrm{pot}}(R)| \sim 1/R$ kann ein Stern durch hinreichende weitere Verkleinerung seines Radius sehr hohe Energiebeträge ΔE_{G} aus seiner Gravitationsenergie gewinnen.

Daß sich für E_{G} und E_{T} die gleiche Größenordnung ergibt, hat seinen Grund in dem für abgeschlossene Systeme im Gleichgewicht gültigen Virialsatz der statistischen Mechanik:

$$2E_{\mathrm{T}} = E_{\mathrm{G}}\,. \tag{4.46}$$

Hieraus folgt, daß die Hälfte der durch langsame Kontraktion eines Sternes frei werdenden Gravitationsenergie zu thermischer Energie wird und somit nur die andere Hälfte für die Abstrahlung verfügbar ist. Die gewonnene Energie reicht für den Zeitraum

$$\tau_{\mathrm{HK}} = \frac{1}{2}\frac{E_{\mathrm{G}}}{L} = \frac{E_{\mathrm{T}}}{L}\,, \tag{4.47}$$

die sogenannte **Helmholtz-Kelvin-Zeitskala**. Für die Sonne erhält man $\tau_{\mathrm{HK}} = 5 \cdot 10^{41}$ J$/4 \cdot 10^{26}$ J/s $\approx 10^{15}$ s $= 3 \cdot 10^7$ Jahre. Das tatsächliche Alter der Sonne beträgt demgegenüber etwa $4.5 \cdot 10^9$ Jahre (Erdalter).

Im Sterninneren sind die kinetischen Energien eines Teils der Atomkerne genügend hoch, um bei Stößen mit anderen Kernen die Coulombsche Abstoßung durchtunneln zu können und damit thermonukleare Reaktionen einzuleiten. Die mittlere Bindungsenergie pro Nukleon nimmt mit wachsender Massenzahl vom Wasserstoff bis zum Eisen zu und fällt dann wieder ab. Kernspaltungen sind daher nur für die seltenen, schwersten Elemente exotherm und können keinen wesentlichen Energiebeitrag liefern. Für die Kernfusion von Wasserstoff zu Helium und weiter von Helium zu höheren Elementen bis zum Eisen steht demgegenüber das häufigste Element zur Verfügung und es kann die maximale Bindungsenergie pro Nukleon gewonnen werden. Die Fusionierung 4H $\to$ He liefert dabei den weitaus größten Anteil. Aus der Differenz in Atommasseneinheiten $(4 \cdot 1.008) - 4.004 = 0.028$ folgt, daß $0.028/4$ oder 0.7% der Masse des vorhandenen Wasserstoffs in Energie umgesetzt werden können. Bis zur Bildung von Eisen sind es 0.8%. Der maximal verfügbare Vorrat an Kernenergie ergibt sich damit zu

$$E_{\mathrm{N}} = 0.008\,\mathscr{M}c^2\,. \tag{4.48}$$

Für die Sonne erhält man $E_{\mathrm{N}} \approx 10^{45}$ J $\approx 10^4 E_{\mathrm{T}}$ und damit die **nukleare Zeitskala**

$$\tau_{\mathrm{N}} = \frac{E_{\mathrm{N}}}{L} \approx 10^4 \tau_{\mathrm{HK}} \approx 10^{11}\ \text{Jahre}\,.$$

Zur Verschmelzung von zwei Kernen mit den Ladungen Z und Z' wäre ohne Tunneleffekt eine kinetische Energie der relativen Bewegung vom Betrag der potentiellen

Energie $E_{pot} = ZZ'e^2/R$ erforderlich, wobei R den Kernradius ($\approx 10^{-13}$ cm) bezeichnet. Am niedrigsten ist diese Coulomb-Barriere hiernach für die Kerne mit der niedrigsten Ordnungszahl: die Protonen. Man erhält $E_{pot} \approx 1$ MeV. Die mittlere kinetische Energie eines Partikels liegt für $T = 10^7$ K jedoch nur bei $E_{kin} = (3/2)kT \approx$ 1 keV. Nach der Maxwellschen Geschwindigkeitsverteilung nimmt die Häufigkeit der Partikel mit wachsender Energie exponentiell ab, so daß es praktisch keine Partikel mit $E_{kin} \approx 1$ MeV gibt. Der Tunneleffekt nimmt jedoch mit wachsender Partikelenergie zu. Daher resultiert eine maximale Häufigkeit durchtunnelnder Protonen bei etwa 5 keV (*Gamov-Peak*).

Die Diskussion der möglichen Einzelprozesse führte zu dem Resultat, daß bei Temperaturen der Größenordnung 10^7 K nur die Fusion von H zu He („Wasserstoffbrennen") als Energiequelle in Frage kommt. Dabei sind die folgenden Reaktionen wichtig:

Proton-Proton-Reaktionskette

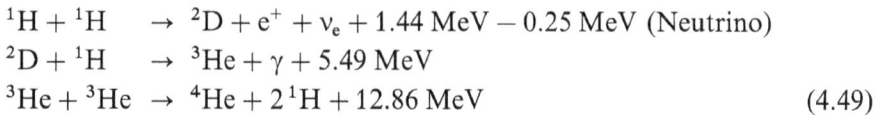

$$\begin{aligned}
{}^1\text{H} + {}^1\text{H} &\rightarrow {}^2\text{D} + e^+ + \nu_e + 1.44\,\text{MeV} - 0.25\,\text{MeV (Neutrino)} \\
{}^2\text{D} + {}^1\text{H} &\rightarrow {}^3\text{He} + \gamma + 5.49\,\text{MeV} \\
{}^3\text{He} + {}^3\text{He} &\rightarrow {}^4\text{He} + 2\,{}^1\text{H} + 12.86\,\text{MeV}
\end{aligned} \tag{4.49}$$

Die Bilanz lautet: $4\,{}^1\text{H} \rightarrow {}^4\text{He} + 2e^+ + 2\gamma + 2\nu_e + 26.2\,\text{MeV}$.

Damit ein ^{4}He-Kern entstehen kann, müssen die beiden ersten Reaktionen zweimal durchlaufen werden. Die erste Reaktion findet extrem selten statt. Für die Verhältnisse im Sonnenzentrum ergibt sich eine Reaktionszeit von 10^{10} Jahren $\approx$ Dauer der ganzen Kette. Aus ^{3}He kann ^{4}He auch durch eine Reaktion mit dem bereits vorhandenen ^{4}He (α-Teilchen) entstehen. In Kurzschreibweise lautet die dann entstehende Nebenkette

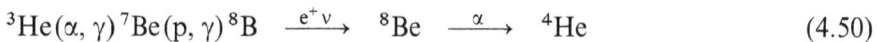

$$ {}^3\text{He}(\alpha, \gamma)\,{}^7\text{Be}(p, \gamma)\,{}^8\text{B} \xrightarrow{e^+\nu} {}^8\text{Be} \xrightarrow{\alpha} {}^4\text{He} \tag{4.50}$$

CNO-Zyklus (Bethe-Weizsäcker-Zyklus). Hier wird die Existenz von ^{12}C vorausgesetzt. Die ^{12}C-Kerne spielen jedoch nur die Rolle eines Katalysators (Abb. 4.28). Die Bilanz lautet: $4\,{}^1\text{H} \rightarrow {}^4\text{He} + 3\gamma + 2e^+ + 2\nu_e + 25.0\,\text{MeV}$. Dauer des ganzen Zyklus $\approx 10^8$ Jahre.

Die Berechnung der Energieerzeugungsraten ε_N in Abhängigkeit von Dichte und Temperatur führt in der Annäherung durch Potenzansätze auf

$$\begin{aligned}
\varepsilon_N(\text{pp}) &\sim T^5 &&\text{(für } T \approx 10^7\,\text{K)} \\
\varepsilon_N(\text{CNO}) &\sim T^{16} &&\text{(für } T \approx 3 \cdot 10^7\,\text{K)}
\end{aligned}$$

Bei den Verhältnissen im Sonneninneren dominiert die pp-Kette. Die entstehenden *Neutrinos* durchdringen die Sonne ungehindert und können daher direkte Information über den Ablauf der Reaktionen liefern. Zum Nachweis dieser Teilchen zogen R. Davis und Mitarbeiter den Prozeß $^{37}\text{Cl}(\nu_e, e^-)\,{}^{37}\text{Ar}$ heran. Es wurde ein Tank mit 380000 Litern Tetrachlorethylen C_2Cl_4 in einer Goldmine in 1500 m Tiefe installiert. Aus den darin enthaltenen Atomen des Isotops ^{37}Cl nach Neutrino-Einfängen entstandene ^{37}Ar-Atome wurden durch die bei ihrem Zerfall auftretende Röntgenstrahlung (Einfang eines Elektrons in die K-Schale) nachgewiesen. Die langjährigen Messungen ergaben nur etwa 1/4 des erwarteten Neutrinoflusses. Mit dieser

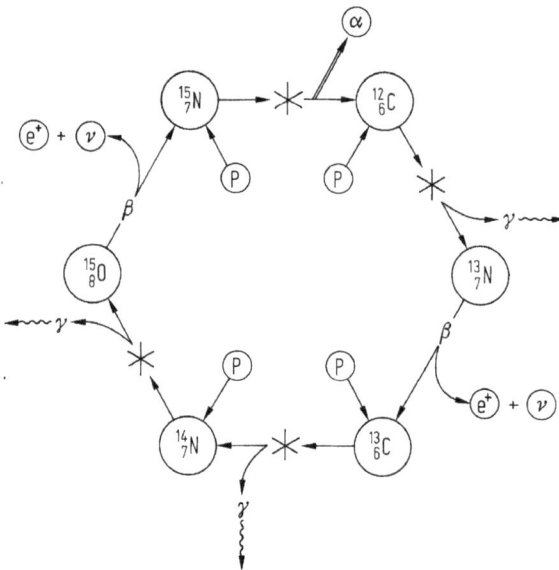

Abb. 4.28 Der Bethe-Weizsäcker-Zyklus in schematischer Darstellung (Beginn oben rechts mit dem Einfang eines Protons durch einen Kohlenstoffkern).

Methode werden jedoch nur Neutrinos mit Energien über 0.8 MeV erfaßt, wie sie in der Nebenkette Gl. (4.50) entstehen. Die solaren Neutrinos aus der pp-Hauptkette, deren Energien unterhalb von 0.42 MeV liegen, sind seit 1991 durch Messungen von Arbeitsgruppen des Max-Planck-Instituts für Kernphysik, Heidelberg, und anderer Institute im Gran-Sasso-Tunnel in den italienischen Abruzzen nachgewiesen worden. Hierbei wurde die Umwandlung von ^{71}Ga in radioaktives ^{71}Ge durch Neutrino-Einfang herangezogen, und dessen Zerfall (Halbwertszeit 11 Tage) gemessen. Es wurden 30 t Gallium verwendet – gelöst als 100 t Galliumchlorid. Für den gesamten solaren Neutrinofluß lieferte der „Gallex-Detektor" 60 % des für das theoretische Sonnenmodell berechneten Wertes. Der Meßfehler betrug rund 10 %. Die Erklärung der noch verbliebenen Differenz zwischen Messung und Erwartung liegt in Neutrino-Oszillationen. Neutrinos vom elektronischen Typ v_e können sich in Myonen-Neutrinos v_μ und Tauonen-Neutrinos v_τ umwandeln. Das Sudbury Neutrino-Observatorium in Kanada hat direkt nachweisen können, daß der Kern der Sonne die richtige Zahl von elektronischen Neutrinos aussendet und daß sich ein Teil davon auf dem Weg zur Erde in andere Neutrino-Flavors umwandelt und deswegen scheinbar fehlt. Der mit schwerem Wasser gefüllte Detektor des unterirdischen Observatoriums kann Neutrinos mit drei unterschiedlichen Methoden erkennen, die für die Neutrino-Flavors unterschiedlich empfindlich sind.

Während des Wasserstoffbrennens besteht in den Sternen ein fein geregeltes *Energiegleichgewicht*. Die Leuchtkraft ist nicht durch die Energieerzeugungsrate, sondern durch die Effektivität des Energietransports und damit durch den Temperaturgradienten festgelegt. Dieser ergibt sich aus der Bedingung des hydrostatischen Gleichgewichtes. Der Stern stellt seine Energieproduktion gerade so ein, daß die zur Sternmasse gehörende Leuchtkraft resultiert: Ist im Zentralgebiet ein Teil des Wasserstoffs bereits in Helium umgewandelt, so daß ε_N kleiner wird, als es die Leuchtkraft verlangt, dann verliert der Stern ständig zuviel Energie; es fehlt ihm thermische Energie, die er in dieser Phase allein durch Kontraktion aus seiner Gravitationsenergie gewinnen kann. Hierdurch steigt im Zentralgebiet die Temperatur und folglich ε_N in dem Maße an, wie es zur Wiederherstellung des hydrostatischen Gleichgewichtes erforderlich ist.

Ist im Zentralgebiet der Wasserstoff zu Helium fusioniert, dann steigt die Temperatur an, bis die Umwandlung höherer Kerne möglich wird ($T \approx 10^8$ K). Am wichtigsten ist dabei der

3α-Prozeß (Heliumbrennen)

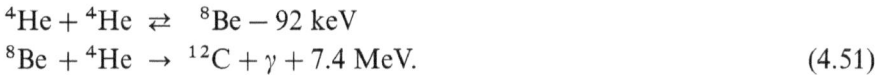

$$^4\text{He} + {}^4\text{He} \rightleftarrows {}^8\text{Be} - 92 \text{ keV}$$
$$^8\text{Be} + {}^4\text{He} \rightarrow {}^{12}\text{C} + \gamma + 7.4 \text{ MeV.} \tag{4.51}$$

Die erste Reaktion ist endotherm, und der ^{8}Be-Kern zerfällt sofort wieder in zwei α-Teilchen. Die im Mittel vorhandene, sehr geringe Anzahldichte der ^{8}Be-Kerne reicht für den Ablauf der zweiten Reaktion aus.

$$\varepsilon_N(3\alpha) \sim \varrho^2 T^{30} \quad \text{(für } T \approx 10^8 \text{ K)}$$

Im Laufe der Entwicklung zu noch höheren Zentraltemperaturen sind weitere α-Einfangprozesse möglich: $^{12}\text{C} + {}^4\text{He} \rightarrow {}^{16}\text{O} + \gamma$, $^{16}\text{O} + {}^4\text{He} \rightarrow {}^{20}\text{Ne} + \gamma$ usw., die wegen der zunehmenden Höhe der jeweiligen Coulomb-Barriere bei ^{40}Ca enden. Bei $T \approx 10^9$ K kann ^{12}C fusioniert werden (*Kohlenstoffbrennen*).

Einige Reaktionen liefern auch freie Neutronen und ermöglichen damit, daß schwerere Kerne als ^{40}Ca durch Neutroneneinfang gebildet werden. In einem Gleichgewicht vieler Prozesse findet schließlich eine Anreicherung der Elemente mit maximaler Bindungsenergie (Eisengruppe!) statt. Diese Reaktionen liefern zwar keinen nennenswerten Beitrag zu ε_N, sie sind aber wichtig für die *Entstehung der chemischen Elemente*. Es gibt heute zahlreiche Argumente dafür, daß nach dem „Urknall" im wesentlichen nur Wasserstoff und Helium vorhanden waren und die schwereren Kerne (ab Kohlenstoff) in den Sternen gebildet wurden. Bei den Explosionen von Sternen als Supernovae (s. Abschn. 4.2.6.3) – und wahrscheinlich auch durch starke Sternwinde – sind diese Kerne in das interstellare Medium gelangt. Spätere Sterngenerationen, die aus diesem Material entstanden sind, enthalten daher zunehmend höhere Anteile schwerer Elemente.

Die relativ seltenen Nuklide, die schwerer als Eisen sind, entstehen nach allgemein akzeptierter Vorstellung aus bereits gebildeten Kernen der Eisengruppe durch Neutroneneinfang. Während der ruhigen Entwicklung massereicher Sterne erfolgt ein Neutroneneinfang nur etwa alle 10^4 Jahre. Die β-Zerfallszeit eines hierbei eventuell entstandenen instabilen Kerns ist jedoch viel kürzer. Daher bilden sich bevorzugt stabile Kerne, bis jenseits von Blei und Bismut, wobei der α-Zerfall eine Grenze setzt. Weil der n-Einfang nur langsam fortschreitet, spricht man hier vom *s-Prozeß* (slow). Umgekehrte Verhältnisse liegen bei extrem hoher Neutronenkonzentration vor: n-Einfänge erfolgen öfter als β-Zerfälle und man spricht vom *r-Prozeß* (rapid). Dann entstehen rasch Kerne mit hoher Massenzahl und es können Nuklide schwerer als Blei, insbesondere die neutronenreichen Isotope, gebildet werden. Die Bedingung sehr hoher Neutronenkonzentration ist während einer Supernova-Explosion erfüllt.

In neuer Zeit ist jedoch fraglich geworden, ob dies für hinreichend lange Zeit der Fall ist (s. Abschn. 4.2.5.4).

4.2.5.3 Sternmodelle und Sternentwicklung

Wir können davon ausgehen, daß sich die Sterne aus chemisch homogener interstellarer Materie gebildet haben. Für die Population I kann man etwa folgende *Massenanteile* der Elemente ansetzen: $X_H \approx 0.70$, $X_{He} \approx 0.27$, $X_{Rest} \approx 0.03$. Die Lösung des Systems der Grundgleichungen des Sternaufbaues durch numerische Integrationen liefert dann zu jedem vorgegebenen Massenwert $\mathcal{M}$ ein Sternmodell mit bestimmten integralen Zustandsgrößen L, R und damit auch T_{eff}. Die erhaltenen Zusammenhänge zwischen L und T_{eff} sowie zwischen L und $\mathcal{M}$ geben im wesentlichen die Hauptreihe des HRD und die empirische L, $\mathcal{M}$-Beziehung wieder. Damit ist gezeigt, daß die Hauptreihe der Aufenthaltsort der Sterne während des Wasserstoffbrennens ist. Die Hauptreihe endet bei $\mathcal{M} \approx 0.08 \, \mathcal{M}_\odot$, weil bei kleineren Massen die Zentraltemperatur nicht mehr zur Zündung des Wasserstoffbrennens ausreicht.

Weil die Sternentwicklung langsam abläuft, kann man schrittweise die statischen Folgemodelle mit entsprechend geänderten Elementhäufigkeiten $X_H(t + \Delta t) = X_H(t) + \dot{X}_H \cdot \Delta t$ berechnen. $\dot{X}_H = - \dot{X}_{He}$ ist das Produkt aus der massenbezogenen nuklearen Umwandlungsrate und der Masse der umgewandelten H-Atome. Entsprechendes gilt für die übrigen Reaktionen. Auf diese Weise erhält man zu vorgegebenem $\mathcal{M}$ und Anfangswerten $X_H(0)$, $X_{He}(0)$, ... eine *Entwicklungsfolge* von Sternmodellen. Die für chemische Homogenität berechneten Anfangsmodelle (Beginn des Wasserstoffbrennens: $t = 0$) liefern die sogenannte **Alter-Null-Hauptreihe**. Die zum Vergleich herangezogene empirische Hauptreihe muß sich daher auf junge Sterne beziehen.

Das Hauptreihenstudium endet, wenn im Zentralgebiet des Sternes sämtlicher Wasserstoff in Helium umgewandelt ist. Nach den Rechnungen sind dann etwa 10 % des gesamten Wasserstoffvorrates verbraucht. Der Bildpunkt des Sternes im HRD entfernt sich danach von der Hauptreihe. Als *Verweilzeit* auf der Hauptreihe kann man daher 1/10 der nuklearen Zeitskala $\tau_N = E_N/L$ mit E_N nach Gl. (4.48) ansetzen:

$$\tau_{HR} = \frac{1}{10} \, \tau_N = \frac{1}{10} \, 0.008 \, c^2 \, \frac{\mathcal{M}}{L} = 6 \cdot 10^9 \, \frac{\mathcal{M}/\mathcal{M}_\odot}{L/L_\odot}. \tag{4.52}$$

Mit der Näherung $L \sim \mathcal{M}^3$ folgt $\tau_{HR} \sim \mathcal{M}^{-2}$: Die Verweilzeit τ_{HR} nimmt mit wachsender Masse rasch ab. Tabelle 4.10 gibt eine Übersicht der nach Gl. (4.52) berechneten Werte für τ_{HR}.

Nach diesen Ergebnissen können die heute beobachteten O-Sterne höchstens wenige Millionen Jahre alt sein! Die M-Sterne der Hauptreihe besitzen demgegenüber Alter zwischen 0 und 10 Milliarden Jahren.

Tab. 4.10 Verweilzeiten auf der Hauptreihe τ_{HR}.

Spektraltyp	O5	B0	A0	F0	G0	K0	M0
τ_{HR}/Jahre	$2 \cdot 10^6$	$2 \cdot 10^7$	$6 \cdot 10^8$	$2 \cdot 10^9$	$5 \cdot 10^9$	$9 \cdot 10^9$	$2 \cdot 10^{10}$

Für die *Sonne* liefert die Näherungsformel $\tau_{HR} = 6 \cdot 10^9$ Jahre, wovon bereits $4.5 \cdot 10^9$ Jahre vergangen sind. Genauere Rechnungen lassen jedoch nach dieser Zeit zunächst nur einen Anstieg $dL/dt \approx 10^{-10} L_\odot$/Jahr erwarten. Erst in etwa $8 \cdot 10^9$ Jahren wird die Leuchtkraft der Sonne dramatisch zunehmen (s. unten).

Nach-Hauptreihen-Entwicklung: Sterne der oberen Hauptreihe ($\mathcal{M} > 1.5\,\mathcal{M}_\odot$) besitzen einen konvektiven Kern, während im übrigen Teil des Sternes keine Konvektion stattfindet (Strahlungstransport). Bei den Sternen der unteren Hauptreihe ($\mathcal{M} < 1.5\,\mathcal{M}_\odot$) ist umgekehrt nur die Hülle konvektiv (Sonne!). Es entsteht daher in jedem Fall ein chemisch inhomogener Aufbau. Im unteren Teil von Abb. 4.29 wird die Entwicklung des Sterninneren an einem Beispiel veranschaulicht. Nach $5.6 \cdot 10^7$ Jahren ist im Kern die Umwandlung H $\rightarrow$ He abgeschlossen. Hiernach kontrahiert der Kern. Die mit dem Energiegewinn verbundene Temperaturerhöhung führt zur Fusion H $\rightarrow$ He in einer Schale um den Kern. Die äußeren Schichten expandieren nun, und es entsteht ein Roter Riese. Die Umwandlung He $\rightarrow$ C beginnt nach $7 \cdot 10^7$ Jahren und nach $8 \cdot 10^7$ Jahren besteht der Kern bereits vorwiegend aus

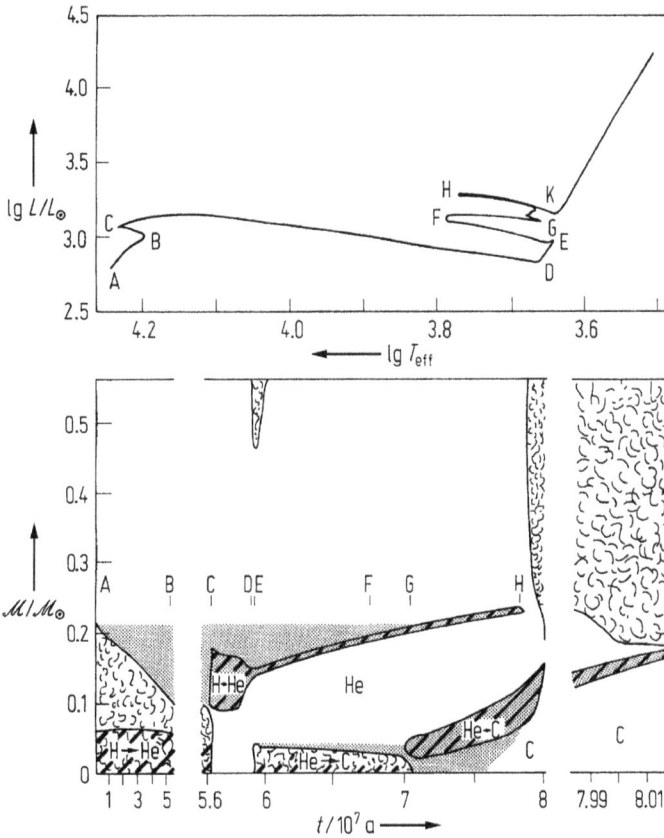

Abb. 4.29 Entwicklung eines Sternes mit $\mathcal{M} = 5\,\mathcal{M}_\odot$. Oben: Weg im HRD, bei A mit dem Wasserstoffbrennen beginnend. Unten: Beschreibung des inneren Aufbaues als Funktion des Alters t. Schraffiert: Massenschalen mit Kernenergieerzeugung; gewölkt: Konvektion; punktiert: Anreicherung mit He bzw. C (nach Kippenhahn, Thomas und Weigert, 1965).

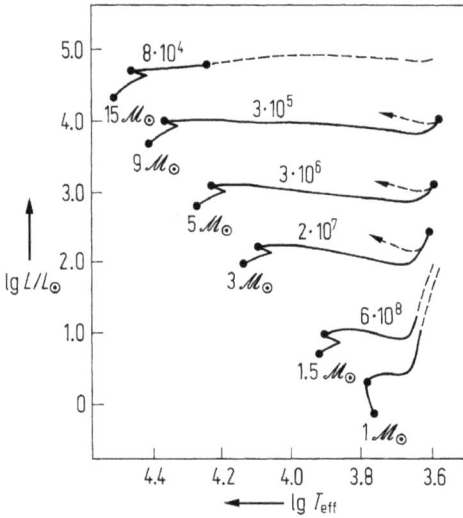

Abb. 4.30 Entwicklungswege im HRD für Sterne verschiedener Masse, von der Alter-Null-Hauptreihe beginnend. Chemische Zusammensetzung: $X_H = 0.71$, $X_{He} = 0.27$, $X_{Rest} = 0.02$ (nach Iben).

Kohlenstoff, während He noch in einer Schale brennt. Bei Sternen mit Massen unter $4\,\mathcal{M}_\odot$ wird schon im He-Kern des Roten Riesen die Dichte so hoch, daß das Elektronengas *entartet*. P hängt nur noch von ϱ ab, weil der Fermi-Druck der Elektronen groß ist gegen den thermischen Druck. Abb. 4.30 zeigt die entsprechenden Entwicklungswege von A (Hauptreihe) nach E (Beginn des Heliumbrennens im Kern) im HRD für Sterne verschiedener Masse.

Die Entwicklung massereicher Sterne hängt kritisch vom angenommenen Modell des Massenverlustes durch Sternwinde ab. Diese wirken besonders während des Wasserstoff-Kernbrennens und des Schalenbrennens, sowie während der Phase des Helium-Kernbrennens.

Die Entwicklungswege werden umso rascher durchlaufen, je größer die Sternmasse ist. Die Farben-Helligkeits-Diagramme (FHD) der offenen *Sternhaufen* bestätigen diese theoretische Voraussage. Ein Sternhaufen ist eine Gruppe von Sternen gleicher chemischer Zusammensetzung und praktisch gleichen Alters. Bei einem sehr jungen Haufen werden alle Sterne noch auf der Alter-Null-Hauptreihe liegen. Mit wachsendem Alter des Haufens wandern zuerst die massereichen Sterne nach rechts von der Hauptreihe ab, während die masseärmeren Sterne noch dort verbleiben. Das HRD bzw. FHD eines Sternhaufens zeigt daher eine Linie gleichen Alters (*Isochrone*), die bei masseärmeren (späteren) Sterntypen von der Hauptreihe nach rechts abbiegt und dort ein „Knie" bildet, je größer das Alter des Haufens ist (Abb. 4.31). Durch Vergleich mit berechneten Isochronen läßt sich daher eine Aussage über das Alter des betrachteten Sternhaufens gewinnen. Jeder Lage des „Knies" entspricht ein bestimmtes Alter, das an der rechten Ordinatenskala aufgetragen ist. Die jüngsten offenen Sternhaufen mit O-Sternen besitzen danach Alter von nur etwa 10^6 Jahren, die ältesten erreichen einige 10^9 Jahre. Ein entsprechender Vergleich zwischen Be-

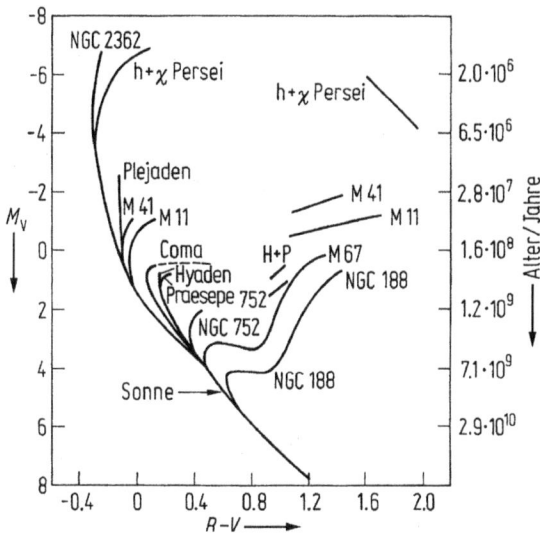

Abb. 4.31 Schematische Farben-Helligkeits-Diagramme offener Sternhaufen (nach Hayashi, Hoshi und Sugimoto).

obachtung und Theorie für kugelförmige Sternhaufen (Population II), deren Hauptreihen und Entwicklungswege wegen der geringeren Häufigkeit der schwereren Elemente in diesen Objekten etwas anders verlaufen, führen auf Alter zwischen $8 \cdot 10^9$ und $13 \cdot 10^9$ Jahren.

Die Entwicklung von Population II Sternen, wie sie im galaktischen Halo und in Kugelsternhaufen vorkommen, hängt entscheidend von folgenden Größen ab: Zustandsgleichung der stellaren Materie, Opazitätswerte, He-Brennraten, Neutrinoenergieverluste, Elementdiffusion im Sternkörper. Derartige neue Modelle drücken die Altersbestimmung von Kugelsternhaufen von den hohen Werten (14–18 Gigajahre) auf Werte von 10–13 Gigajahre herunter. Da Opazitätseffekte und Heliumionisation in den Sternhüllen das wichtigste Agens zum Antrieb von Pulsationen sind, schlagen solche neuen Ansätze auch auf die Perioden- Leuchtkraft- Beziehung dieser Sterne durch (siehe Kap. 4.2.6.1).

Bemerkenswerte Abweichungen von der beschriebenen Entwicklung können bei *Komponenten enger Doppelsternsysteme* auftreten. Während sich der masseärmere Stern noch auf der Hauptreihe befindet, kann sich der massereichere Primärstern bereits zu einem Roten Riesen entwickelt haben. Erreicht seine Oberfläche dabei die sogenannte Rochesche Grenzfläche, an welcher die gravitative Bindung der Materie an den Roten Riesen endet, dann strömt Materie auf den masseärmeren Stern über. Der Rote Riese kann seine gesamte Hülle bis auf den dichten, entarteten Kern verlieren und damit ein *Weißer Zwerg* werden (s. Abschn. 4.2.5.4). Dies erklärt das Auftreten von zahlreichen Weißen Zwergen als Doppelsternkomponenten. Bekanntestes Beispiel ist der Begleiter des Sirius.

4.2.5.4 Späte Entwicklungsphasen und Endstadien

Bei Sternen mit Massen zwischen $0.5\,\mathcal{M}_\odot$ und $4\,\mathcal{M}_\odot$ endet die thermonukleare Entwicklung mit dem Heliumbrennen, das zu einem Kohlenstoff-Sauerstoff-Kern führt mit entartetem Elektronengas. Weil die Schwerebeschleunigung an der Sternoberfläche im Riesenstadium sehr stark abgesunken ist, kommt es zu Instabilitäten und damit zu einer stetigen Abströmung von Materie, die schließlich zum Verlust des größten Teils der wasserstoffreichen Hülle führt. Diese tritt als *Planetarischer Nebel* (s. Abschn. 4.2.6.4) in Erscheinung, dessen Zentralstern im wesentlichen mit dem nackten C—O-Kern identifiziert werden kann. Bei Sternen mit $\mathcal{M} \approx 4\,\mathcal{M}_\odot \cdots 8\,\mathcal{M}_\odot$ scheint infolge raschen Massenverlustes eine ähnliche Entwicklung stattzufinden.

Der verbleibende C—O-Kern (mit einer Resthülle aus He) kann ein stabiles Endstadium einnehmen, das wir als *Weißen Zwerg* beobachten. Wegen der Entartung des Elektronengases ist der Druck unabhängig von der Temperatur und es gilt $P = P_e \sim \varrho^{5/3}$. Mit dieser Beziehung reichen die Gln. (4.34) und (4.35) zur Berechnung von $P(r)$, $\mathcal{M}_r(r)$ und $\varrho(r)$ aus. Man erhält u.a. eine Masse-Radius-Beziehung, die zu den Beobachtungen der Weißen Zwerge paßt. Der hohe Druck des entarteten Elektronengases verhindert einen Kollaps des Sterns. Wegen seiner kleinen Oberfläche kommt er mit dem Rest an thermischer Energie der schnellen Teilchen, deren Impulse oberhalb der Fermi-Kante liegen, etwa 10^{10} Jahre aus. Die Lösungen für verschiedene Massenwerte zeigen jedoch, daß bei Annäherung an $\mathcal{M} \approx 1.4\,\mathcal{M}_\odot$ die Zentraldichte $\varrho_0 \to \infty$ und der Sternradius $R \to 0$ geht. Dies ist die *Chandrasekharsche Grenzmasse*, oberhalb welcher das Objekt einen Gravitationskollaps erleidet. Die Massen der Weißen Zwerge liegen tatsächlich stets unterhalb dieser Grenze.

In Sternen mit Anfangsmassen $\mathcal{M} > 8\,\mathcal{M}_\odot$ setzt sich der Wechsel von Brennphasen und Kontraktionsphasen nach dem Heliumbrennen weiter fort, bis sich im Kern die Elemente der Eisengruppe gebildet haben. Es resultiert ein Überriese, dessen extrem dichter, entarteter Fe—Ni-Kern von einer Folge von Schalen umgeben ist, in denen jeweils die nächst leichteren Elemente angereichert sind; in der äußeren Hülle ist noch unverbrauchter Wasserstoff vorhanden. Um die hohen Energieverluste durch Abstrahlung decken zu können, muß der Stern nun auf seine Gravitationsenergie zurückgreifen. Weil die Masse des Kernes oberhalb der Chandrasekharschen Grenzmasse liegt, kommt es zum Kollaps.

Ein stabiler Zustand ist nochmals möglich, wenn im Zentralgebiet Atomkerndichten erreicht worden sind. Ist die Kontraktion weit genug fortgeschritten, so werden (bei $T_0 \approx 10^{10}$ K und $\varrho_0 \approx 10^{10}$ g cm^{-3}) die Atomkerne zunehmend aufgelöst. Der damit verbundene Energieverlust beschleunigt den Kollaps. Die Fermi-Energien der Elektronen werden schließlich so groß, daß diese in die freigewordenen Protonen eindringen können:

$$\mathrm{p + e^-} \ \to \ \mathrm{n + \nu_e} \,.$$

Am Ende des Kollapses, der nur Sekunden dauert (freie Fallzeit), verbleiben fast nur Neutronen. Durch den Wegfall der elektrischen Abstoßungskräfte wird das Volumen des Kerngebietes plötzlich enorm stark verkleinert. Wie bei einem Weißen Zwerg entsteht eine entartete Konfiguration, wobei nun jedoch anstelle von Elektronen Neutronen treten. Der resultierende *Neutronenstern* besitzt einen im Verhältnis $m_e/m_n \approx 5 \cdot 10^{-4}$ kleineren Radius, der sich für $\mathcal{M} = 1\,\mathcal{M}_\odot$ zu $R \approx 10$ km ergibt.

Die Dichte beträgt etwa 10^{15} g cm^{-3}. Die gewonnene Bindungsenergie des Neutronensternes beträgt $\Delta E_G \approx G\mathcal{M}^2/R \approx 10^{46}$ J und ist damit größer als der gesamte Kernenergievorrat der Sonne. Ein erheblicher Teil dieser Energie wird von den entstandenen Neutrinos abgeführt. Mit der stark endothermen Reaktion Atome + Elektronen $\rightarrow$ Neutronen + Neutrinos wird der gesamte vorangegangene Energiegewinn aus Kernprozessen für das verbleibende Objekt rückgängig gemacht. Bei diesen Sternen werden also zur Deckung der Abstrahlung nur vorübergehend Anleihen an die Kernenergie gemacht, die nun von der Gravitation nachgeliefert worden sind. Wenn der Kollaps an der Oberfläche des Neutronensternes abrupt gestoppt wird, entsteht ein elastischer Rückstoß, der eine starke Stoßwelle erzeugt. Die in der äußeren Schale noch *wasserstoffreiche* Hülle über dem Neutronenstern wird hierdurch explosionsartig hinausgestoßen. Es tritt das Phänomen einer Supernova auf (Typ II, s. Abschn. 4.2.6.3).

Auch für Neutronensterne existiert eine obere Grenzmasse (*Oppenheimer-Volkoff-Grenze*), die bei 2 bis 3 $\mathcal{M}_\odot$ liegt. Wird sie überschritten, so tritt relativistische Entartung ein und es gibt keinen Gleichgewichtszustand mehr. Der Stern kollabiert ohne Halt. Wenn die Gravitationsenergie $2G\mathcal{M}^2/R$ beim *Schwarzschild-Radius* $R = 2G\mathcal{M}/c^2$ ($= 3$ km für $\mathcal{M} = 1\,\mathcal{M}_\odot$) die Ruheenergie $\mathcal{M}c^2$ überschreitet, können Photonen nicht mehr entweichen; es entsteht ein **Schwarzes Loch**. Die Gravitationswirkung bleibt dabei erhalten. Wenn eine Komponente eines Doppelsternsystems zu einem Schwarzen Loch geworden ist, könnte man daher dessen Existenz durch Beobachtung der Bahnbewegung der sichtbaren anderen Komponente nachweisen: Im Fall eines Schwarzen Loches müßte sich für die unsichtbare Komponente eine Masse oberhalb von etwa 3 $\mathcal{M}_\odot$ ergeben.

Als beste Kandidaten für Schwarze Löcher mit stellaren Massen gelten gegenwärtig die Hauptkomponenten der Röntgen-Doppelsternsysteme (siehe Abschn. 4.2.6.3) mit den Bezeichnungen Cygnus X-1, V404 Cygni und A0620-00.

4.2.6 Veränderliche Sterne und andere Sondertypen

Ein kleiner Bruchteil der Sterne paßt nicht oder nur mit einzelnen Merkmalen in das Schema der zweidimensionalen Spektralklassifikation und zeigt meist zeitlich veränderliche Zustandsgrößen. Absolut genommen zählen die bisher katalogisierten Objekte dieser Art jedoch bereits nach Zehntausenden. Seit langem bekannte helle Veränderliche Sterne sind beispielsweise o (Omikron) Ceti (Mira) und δ Cephei. Neuentdeckte schwächere „Veränderliche" werden innerhalb des Sternbildes, dem sie angehören, mit einem oder zwei lateinischen Großbuchstaben, und wenn diese Möglichkeiten erschöpft sind, mit V und einer Nummer (ab 335) bezeichnet. Beispiele: T Tauri, RR Lyrae, V 603 Aquilae.

Das erste Charakteristikum eines Veränderlichen ist seine *Lichtkurve*: Die Auftragung der scheinbaren Helligkeit m gegen die Zeit t. Die Vielfalt der Lichtkurven ist groß. Veränderliche mit ähnlichen Lichtkurven lassen sich jeweils zu einer Klasse zusammenfassen, die oft nach einem Prototypen benannt wird. Beispiel einer solchen Klasse sind die δ Cephei-Sterne oder Cepheiden mit periodischen Lichtkurven von charakteristischer Form, deren Periodenlängen zwischen 1 Tag und 50 Tagen liegen (δ Cephei: 5.4 Tage). Die Hinzunahme spektraler Eigenschaften, insbesondere auch von Information über Doppler-Verschiebungen der Spektrallinien, hat zu einer Einteilung der Klassen in zwei Gruppen geführt: Pulsierende Veränderliche und Eruptive Veränderliche. Tabelle 4.11 erläutert die wichtigsten Klassen dieser physischen Veränderlichen. Die bereits in Abschn. 4.2.3.2 erwähnten und hier nicht aufgeführten Bedeckungsveränderlichen besitzen nur in besonderen Fällen Komponenten mit variablen Zustandsgrößen. Die ungewöhnlichen Eigenschaften weiterer Sondertypen bestehen vor allem in spektralen Merkmalen, aus denen hervorgeht, daß es sich um Sterne mit weit ausgedehnten Atmosphären oder Hüllen handelt.

Im Hertzsprung-Russell-Diagramm (HRD) liegen die Bildpunkte der physisch Veränderlichen und sonstigen Sondertypen – jeweils charakterisiert durch L und T_{eff}

Tab. 4.11 Wichtige Klassen von Veränderlichen. P = Periode, Δm = Helligkeitsamplitude. In Klammern hinter der Klassenbezeichnung: Zahl der bis 1980 katalogisierten Objekte.

Pulsierende Veränderliche	Lichtwechsel durch Expansion und Kontraktion der äußeren Schichten des Sternes
RR Lyrae-Sterne (5900)	Regelmäßig periodisch, $P = 0.2 \cdots 1$ Tag, $\Delta m \approx 1$ mag; Spektraltyp A (seltener F). Prototyp RR Lyrae: $P = 0.57$ Tage.
Cepheiden (780)	Sehr regelmäßig periodisch, $P = 1 \cdots 50$ Tage, $\Delta m \approx 0.1 \cdots 2$ mag; Spektraltyp A $\cdots$ K, Überriesen. Typ I oder „klassische" Cepheiden: Population I, Typ II oder W Virginis-Sterne: Population II.
Mira-Sterne (5200)	Periodisch mit Schwankungen der Höhen der Maxima, $P \approx 80 \cdots 1000$ Tage, $\Delta m \approx 2.5 \cdots 6$ mag, Spektraltyp M mit Emissionslinien, Riesen.
Eruptive Veränderliche	Auswurf von Gasmassen oder Wechselwirkung mit zirkumstellarer bzw. interstellarer Materie
Novae (230)	Helligkeit eines sehr schwachen Sternes nimmt in wenigen Tagen um $\Delta m = 7 \cdots 15$ mag zu und fällt innerhalb von Jahren auf den ursprünglichen Wert ab. Doppler-Verschiebungen im Spektrum entsprechen Expansionsgeschwindigkeiten bis 3000 km s^{-1}.
Supernovae (7 galaktische und $\approx$ 500 extragalaktische)	Helligkeitsausbruch $\Delta m \approx 20$ mag, Expansionsgeschwindigkeit $\approx 10\,000$ km s^{-1}.
Zwergnovae (290)	Nahezu konstantes „Normallicht", Spektraltyp ab G mit Emissionslinien. Ausbrüche in unregelmäßigen Abständen, $\Delta m \approx 2 \cdots 6$ mag. Im Einzelfall feste mittlere „Zykluslänge" zwischen 10 und 1000 Tagen.
T Tauri-Sterne (> 35)	Unregelmäßige Helligkeitsvariationen. Spektrum ähnlich F $\cdots$ M mit Linienemission (Balmer-Linien, Ca II, Fe I). Stets im Bereich interstellarer Wolken.
Flare-Sterne (540)	Helligkeit steigt innerhalb von Sekunden oder Minuten um $\Delta m = 1 \cdots 6$ mag (Flare). Abfall auf Normallicht in Minuten bis Stunden. Spektrum: K0V $\cdots$ M8V, im Ausbruch Emissionslinien. Radiostrahlungsausbrüche wie bei solaren Flares.

– meist außerhalb der Hauptreihe und des normalen Riesenastes. Mit Zunahme der
Kenntnisse über die physikalischen Vorgänge bei der Sternentwicklung stellte sich
heraus, daß die meisten dieser „exotischen" Objekte mit bestimmten, kürzeren Phasen im Leben der Sterne identifiziert werden können, die entweder noch vor oder
bereits nach dem Hauptreihenstadium liegen. Die gegenüber normalen Sternen geringen Häufigkeiten der Veränderlichen und Sondertypen ergeben sich einfach aus
den kurzen Dauern dieser Phasen. Die bisherigen Beobachtungen liefern im wesentlichen eine „Momentaufnahme" der Besetzung des HRD. Daher sind Entwicklungsstadien, deren Dauern nur einen kleinen Bruchteil der Verweilzeit auf der Hauptreihe
betragen, entsprechend seltener vertreten als das langlebige Hauptreihenstadium.

4.2.6.1 Pulsierende Veränderliche

Zur Illustration der in Tab. 4.10 gegebenen kurzen Charakterisierungen zeigt
Abb. 4.32 die Lichtkurven der drei Prototypen RR Lyrae, δ Cephei und Mira. Die
kurzperiodischen **RR Lyrae-Sterne** findet man häufig in kugelförmigen Sternhaufen.
In den Farben-Helligkeits-Diagrammen dieser Sternhaufen liegen sie auf dem Hori-
zontalast (vgl. Abb. 4.22), wo sie zwischen $B - V \approx 0.2$ und 0.4 eine Lücke ausfüllen.
Daher sind die über eine Periode gemittelten absoluten Helligkeiten für alle RR

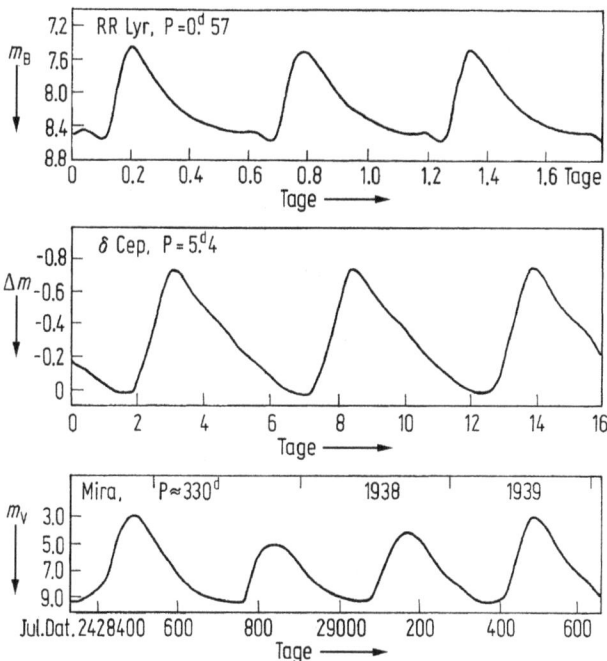

Abb. 4.32 Lichtkurven von RR Lyrae, δ Cephei und Mira. Bei Mira ist als Abszisse das
Julianische Datum, eine durchlaufende Tageszählung, aufgetragen. Das Julianische Datum
kann für jeden Tag aus den astronomischen Jahrbüchern entnommen werden.

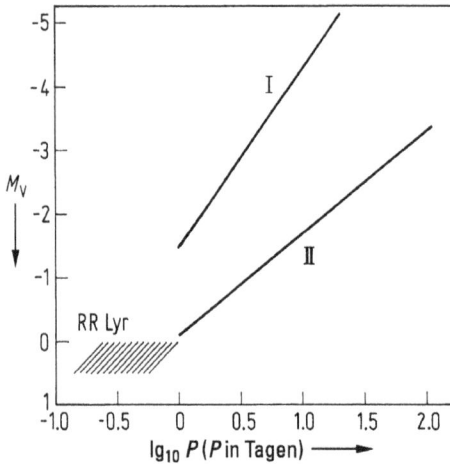

Abb. 4.33   Perioden-Helligkeits-Beziehung der Cepheiden.

Lyrae-Sterne angenähert gleich, nämlich $M_V \approx +0.5$. Bei den *Cepheiden* besteht demgegenüber eine Beziehung zwischen M_V und der Periode: Je länger die Periode, umso größer die Leuchtkraft (Abb. 4.33). Hierbei muß jedoch zwischen den helleren „klassischen" δ Cephei-Sternen oder Typ-I-Cepheiden (Population I) und den W Virginis-Sternen oder Typ-II-Cepheiden (Population II) anhand spektraler Kriterien unterschieden werden. Die Typ-I-Cepheiden haben für die Bestimmung der Entfernungen der Galaxien große Bedeutung erlangt, weil sie absolut sehr hell sind und aus der beobachteten Periode unmittelbar auf M_V und weiter mit m_V nach Gl. (4.10) auf r geschlossen werden kann. Bei den weniger gut periodischen **Mira-Sternen** besteht keine so enge Beziehung zwischen Periode und absoluter Helligkeit.

Die Fraunhofer-Linien in den Spektren von RR Lyrae-Sternen, Cepheiden und Mira-Sternen zeigen Verschiebungen, die mit der Periode der Helligkeitsschwankungen um die Nullage pendeln: Die dem Beobachter zugewandte Seite der Sternphotosphäre nähert und entfernt sich periodisch, die äußeren Schichten des Sternes *pulsieren* radial. Eingehende Untersuchungen von Cepheiden ergaben, daß neben dem Sternradius auch die Oberflächentemperatur variiert; Maximum und Minimum der Helligkeit treten bei gleichem Radius auf, sind also auf unterschiedliche Temperaturen zurückzuführen.

Die Periode der radialen Grundschwingung einer Gaskugel ist bis auf einen Faktor der Größenordnung Eins durch $P \approx 1/\sqrt{G\bar{\varrho}}$ gegeben, wobei G die Gravitationskonstante und $\bar{\varrho}$ die mittlere Massendichte im Stern sind. Für einen Cepheiden erhält man damit die richtige Größenordnung der Periode. Weil die in der Kompressionsphase entstehende Wärme durch Abstrahlung teilweise verloren geht, wird die „Rückstellwirkung" herabgesetzt, die Schwingung gedämpft. Ein Ausgleich dieses Energieverlustes und damit die beobachtete langfristige Konstanz der Periode kann jedoch auf folgende Weise geschehen. Modellrechnungen zeigen, daß in den äußeren Schichten der Cepheiden der mittlere Absorptionskoeffizient $\bar{\varkappa}$ mit wachsendem Druck zunimmt. Deshalb wird in der Kompressionsphase mehr Strahlungsenergie aus dem Sterninneren absorbiert; es entsteht ein Überdruck, der zu einer abkühlenden Expansion führt. In der Phase größter Expansion tritt das Umgekehrte ein: $\bar{\varkappa}$ ist besonders klein, wodurch eine erneute Kontraktion begünstigt wird. Die Bedingungen für diesen sogenannten *Kappa-Mechanismus* der Pulsationen, der mit der 1. und 2. Ionisation des Heliums in äußeren Schichten zusammenhängt, sind für Sterne mit Massen von 5 bis $9\,\mathcal{M}_\odot$ in fortgeschrittenen Entwicklungsphasen erfüllt, wenn L und T_{eff} die bei Cepheiden beobachteten Werte erreicht haben. Die Modellrechnungen liefern auch die richtige Perioden-Helligkeits-Beziehung.

Die kühlen *Mira-Sterne* stellen die Fortentwicklung von Sternen mit Massen um $1\,\mathcal{M}_\odot$ nach dem normalen Riesenstadium dar. Ihre Atmosphären sind viel weiter aufgebläht und dünnen Schleiern ähnlich. Die Pulsationen sind daher mit *Abströmungen* verbunden. Beobachtungen von Linienemission des weit außen vorhandenen OH-Molekülradikals bei 1612 MHz zeigen meist zwei scharfe Komponenten, deren gegenseitige Abstände Geschwindigkeitsunterschieden bis zu 30 km s^{-1} entsprechen. Eine Komponente kommt von der Vorderseite, die andere von der Rückseite einer expandierenden äußeren Hülle. Hier ist das kühle Gas teilweise zu festen Teilchen kondensiert, deren thermische Emission als *Infrarotexzeß* bei $\lambda > 5\,\mu$m beobachtet wird. Die Massenverlustraten liegen bei $10^{-6}\,\mathcal{M}_\odot$/Jahr. Bei den etwas massereicheren sogenannten **OH/IR-Sternen** beginnt das Spektrum erst oberhalb von $1\,\mu$m. Die Massenverlustraten dieser Objekte erreichen einige $10^{-5}\,\mathcal{M}_\odot$/Jahr.

4.2.6.2 Kataklysmische Veränderliche

Zahlreiche Veränderliche vom eruptiven Typus haben sich als *enge Doppelsternsysteme* erwiesen, in denen es zu Wechselwirkungen zwischen den beiden Sternen kommt. Die Helligkeitsausbrüche sind die Folge von Materieüberströmungen von der einen auf die andere Komponente. Die Bezeichnung „kataklysmisch" (griechisch: sich vernichtend, zerstörend) nimmt hierauf Bezug. Zu diesen Objekten gehören vor allem die Novae und die Zwergnovae.

Wir besprechen zunächst die **Novae**. Abb. 4.34 erläutert die Lichtkurve einer Nova (s. auch Tab. 4.11). Q0, Q1, ..., Q9 bezeichnen die für die einzelnen Phasen des Ausbruchs charakteristischen *Spektraltypen einer Nova*.

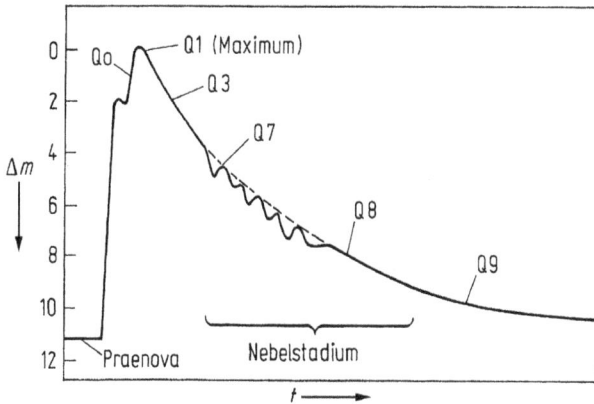

Abb. 4.34 Schematisierte Lichtkurve einer Nova.

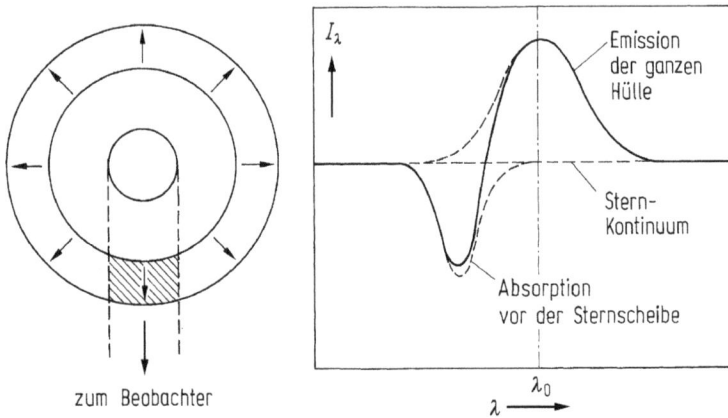

Abb. 4.35   Entstehung von P Cygni-Profilen.

Q0: Spektrum ähnlich Typ A, jedoch violettverschobene Fraunhofer-Linien infolge rascher Expansion der Photosphäre mit Geschwindigkeiten $\approx 1000\ \mathrm{km\,s^{-1}}$.

Q2: Spektrum wie F-Überriese.

Q3: Es treten Emissionslinien hinzu, die in der entstandenen ausgedehnten Hülle erzeugt werden. Die entsprechenden Absorptionslinien liegen auf den violetten Kanten der Emissionslinien. Man spricht von *P Cygni-Profilen* (zuerst bei dem Veränderlichen P Cygni beobachtet). Abb. 4.35 erläutert die Entstehung dieser Profile.

Q7: Das Kontinuum mit den Absorptionslinien verschwindet und es verbleibt ein reines Emissionslinienspektrum, insbesondere erscheinen die „verbotenen" grünen Linien des zweifach ionisierten Sauerstoffs (*Nebellinien*) $N_1 = \lambda\ 495.9\ \mathrm{nm}$ und $N_2 = \lambda\ 500.7\ \mathrm{nm}$. Das Gas der sehr hoch verdünnten Hülle wird durch die Ultraviolettstrahlung des noch vorhandenen heißen Sternes ionisiert. Ein Teil der Emissionslinien entsteht bei der Rekombination der Ionen von H, C, N, O und anderen. Die Anregung des nur wenige eV über dem Grundzustand liegenden metastabilen Ausgangszustandes der Nebellinien N_1 und N_2 erfolgt durch Stöße der freien Elektronen. Diese Übergänge werden infolge der niedrigen Dichte gegenüber den „erlaubten" Übergängen begünstigt (starke Abweichungen vom thermodynamischen Gleichgewicht, s. auch Abschn. 4.3.3.2).

Bei einigen Novae konnte die ausgedehnte Nebelhülle direkt beobachtet und ihre weitere Expansion verfolgt werden. Ist die Hülle genügend dünn geworden, so kann man auch die *Exnova* beobachten, einen lichtschwachen, heißen Stern, dessen Kontinuum dem der O-Sterne ähnlich ist.

Die Ausbrüche der **Zwergnovae** erreichen umso größere Amplituden Δm, je seltener sie stattfinden. Extrapoliert man diesen Zusammenhang bis zu den Δm-Werten der Novae (s. Tab. 4.12), so ergeben sich Zykluslängen von Jahrtausenden. Die Novae lassen sich also zwanglos einbeziehen. Das Spektrum einer Zwergnova im „Ruhezustand" entspricht einem G-, K- oder M-Hauptreihenstern mit zusätzlichen Emissionslinien und es zeigt periodische Doppler-Verschiebungen, aus denen auf ein enges Doppelsternsystem geschlossen werden muß.

Tab. 4.12 Einige Daten der Novae und Supernovae.

	Novae	Supernovae Typ I	Typ II
Amplitude Δm_{V}	12 mag	20 mag	20 mag
Leuchtkraft L (max)	$3 \cdot 10^4 \cdots 1 \cdot 10^5 L_\odot$	$1 \cdot 10^{10} L_\odot$	$5 \cdot 10^9 L_\odot$
abgestrahlte Energie	10^{38} J	10^{44} J	10^{41} J
abgestoßene Masse	$10^{-5} \cdots 10^{-4} \mathcal{M}_\odot$	$10^{-4} \cdots 0.1 \mathcal{M}_\odot$	$0.2 \cdots 10 \mathcal{M}_\odot$

Die Interpretation der Beobachtungen führte zu folgendem *Modell*. Ein Weißer Zwerg als Hauptkomponente ($\mathcal{M}_1 \approx 1 \mathcal{M}_\odot$) und ein später Hauptreihenstern ($\mathcal{M}_2 < \mathcal{M}_1$) bewegen sich um ihren gemeinsamen Schwerpunkt. Der gegenseitige Abstand ist so gering, daß die Oberfläche des (größeren) Hauptreihensternes bis zum sogenannten *inneren Librationspunkt* reicht, an dem die resultierenden Kräfte beider Sterne sich gerade gegenseitig aufheben. Hier kommt es bei der geringsten Störung zur Überströmung von Gas vom Hauptreihenstern in den Anziehungsbereich des Weißen Zwerges. Ein ständiger Gasstrom entwickelt sich und wird infolge der Coriolis-Kraft (Ablenkung von der Verbindungslinie der Komponenten) und der Impulserhaltung auf Bahnen um den Weißen Zwerg gelenkt. Um diesen bildet sich eine **Akkretionsscheibe**, in welcher sich das Gas ansammelt und deren Außenbereich die Emissionslinien abstrahlt. Ein Helligkeitsausbruch scheint dann stattzufinden, wenn die angesammelte Gasmasse einen bestimmten kritischen Wert überschreitet, bei welcher die Scheibe instabil wird und nach innen fällt.

Auch bei einigen Exnovae konnte nachgewiesen werden, daß sie derartigen engen Doppelsternsystemen angehören. Die für einen *Novaausbruch* notwendigen großen Energiebeträge können erzeugt werden, wenn das wasserstoffreiche Gas des Hauptreihensterns bei seinem Einfall nahe der Oberfläche des Weißen Zwerges so stark erhitzt wird, daß ein explosionsartiges Wasserstoffbrennen stattfindet. Hierdurch kann eine Hülle mit einer Masse bis zu etwa $10^{-4} \mathcal{M}_\odot$, einschließlich der Gasscheibe, ausgeworfen werden ("thermonuclear runaway").

4.2.6.3 Supernovae und ihre Überreste

Supernovae erreichen im Helligkeitsmaximum die 10^4 bis 10^5 fache Leuchtkraft einer Nova (s. Tab. 2.12). Nach den Lichtkurven (Abb. 4.36) und den Spektren kann man zwei verschiedene Typen unterscheiden. Beim *Typ I* weist das Spektrum sehr breite Emissionsbänder und Absorptionströge auf; Wasserstofflinien sind sehr schwach oder gar nicht vorhanden. Der *Typ II* zeigt demgegenüber starke Wasserstofflinien (Balmer-Serie); den Violettverschiebungen der Linien entsprechen Expansionsgeschwindigkeiten zwischen 5000 und 20 000 km s^{-1}.

Seit Beginn der Neuzeit wurden bisher nur zwei Supernovae unseres Milchstraßensystems beobachtet. Die Entdecker waren Tycho Brahe 1572 und Kepler 1604. Aus historischen Quellen konnte auf weitere 9 Supernovae der letzten 2000 Jahre geschlossen werden. Das bekannteste dieser Objekte erschien im Jahre 1054 im Stern-

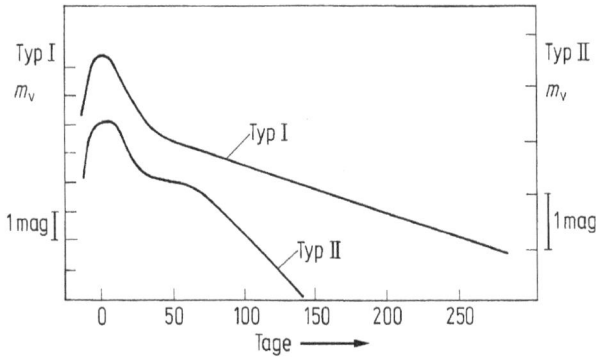

Abb. 4.36 Mittlere Lichtkurven von Supernovae der Typen I und II.

bild Stier und war sogar am Tage sichtbar. Die expandierende Hülle ist mit dem – wegen seines Aussehens so genannten – *Krebsnebel* (Abb. 4.37) identisch.

Wegen ihrer großen Leuchtkräfte im Maximum – sie entsprechen der Leuchtkraft einer ganzen Galaxie – sind in anderen Galaxien aufleuchtende Supernovae leicht zu entdecken. Keine der bisher beobachteten rund 500 außergalaktischen Supernovae war jedoch mit bloßem Auge sichtbar, bis am 24. Februar 1987 eine Supernova in unserer Nachbargalaxie, der Großen Magellanschen Wolke (am Südhimmel), aufleuchtete. Sie erreichte die scheinbare Helligkeit eines Sternes 4. Größe. Das Spektrum der Supernova 1987A zeigte die Wasserstofflinien und läßt daher auf den Typ II schließen.

Abb. 4.37 Der Krebsnebel im Sternbild Taurus (Aufnahme mit dem 2.2-m-Teleskop der Calar Alto Sternwarte des Max-Planck-Instituts für Astronomie, Heidelberg).

Nach der in Abschn. 4.2.5.4 skizzierten Theorie der Supernovae dieses Typs ist noch vor dem Helligkeitsausbruch eine kurzzeitige, sehr starke *Neutrinoemission* zu erwarten. Diese Neutrinos tragen den größten Teil der frei werdenden Energie und sie können den Stern weitgehend ungehindert verlassen. Bei SN 1987A ist es erstmals gelungen, diesen „Neutrinoburst" zwanzig Stunden vor der Entdeckung des optischen Helligkeitsausbruchs zweifelsfrei nachzuweisen: Nämlich in den Registrierungen laufender Experimente zur Messung kosmischer Neutrinos gleichzeitig in Japan und in den USA. Wie bei dem in Abschn. 4.2.5.2 beschriebenen Experiment von R. Davis zum Nachweis solarer Neutrinos bestehen auch hier die Detektoren aus großen Tanks, die sich zur Abschirmung in tiefen Bergwerken befinden. Sie sind mit mehreren Millionen Litern hochreinen Wassers gefüllt. Die von einfallenden Neutrinos oder Antineutrinos erzeugten Elektronen und Positionen bewegen sich darin schneller als mit Lichtgeschwindigkeit (Brechzahl > 1) und emittieren daher Tscherenkow-Strahlung, die durch eine große Zahl von Photozellen nachgewiesen wird.

Im Fall der Supernova des Jahres 1054 ist die Ex-Supernova noch heute beobachtbar. Es ist ein blauer Stern 16. Größe mit einem rein kontinuierlichen Spektrum. 1968 wurde an dieser Stelle, inmitten des Krebsnebels, eine Radioquelle entdeckt, deren Strahlung mit der genau eingehaltenen Periode von 0.033 s pulsiert, ein sogenannter **Pulsar** (= pulsating radio source), und 1969 konnte gezeigt werden, daß auch der optische Stern mit derselben Periode pulsiert. Später wurde auch gepulste Röntgen- und γ-Strahlung nachgewiesen. Das Spektrum dieser Strahlungen ist kontinuierlich und von der Form $I_\nu \sim \nu^{-\alpha}$ mit $\alpha > 0$. Es läßt sich nicht als thermische Strahlung interpretieren. Dies verbietet auch die beobachtete lineare Polarisation.

Da man leicht zeigen konnte, daß echte Pulsationen der Ex-Supernova mit so kurzer Periode auszuschließen sind, verblieb die Annahme entsprechend rascher Rotation. Nur bei einem *Neutronenstern* ist die Schwerkraft genügend groß, um den damit verbundenen hohen Zentrifugalkräften das Gleichgewicht zu halten. Das Auftreten von Rotationsperioden im Millisekundenbereich nach der Kontraktion zu einem Neutronenstern ist wegen der Erhaltung des Drehimpulses auch keineswegs überraschend. Besaß der Stern vor dem Kollaps ein schwaches Magnetfeld, wie es die Sonne besitzt, so sind darüber hinaus an der Oberfläche des resultierenden Neutronensternes Magnetfelder der Größenordnung 10^8 T zu erwarten!

Die Vorstellungen zur Deutung der *Strahlungspulse* gehen von der Annahme aus, daß die magnetische Achse des Sterns nicht mit der Rotationsachse zusammenfällt. Durch die rasche Rotation des Magnetfeldes können Elektronen der Plasmahülle des Neutronensterns auf relativistische Geschwindigkeiten beschleunigt werden. Die von diesen Elektronen emittierte Synchrotronstrahlung ist infolge der Magnetfeldstruktur auf einen rotierenden Strahlungskegel beschränkt – Analogie zum umlaufenden Scheinwerferstrahl eines Leuchtturms! Damit ergibt sich auch eine zwanglose Deutung des Spektrums und der beobachteten Polarisationseigenschaften der Pulse.

Auch die expandierende *Hülle* der Supernova von 1054, der Krebsnebel, besitzt ein *nichtthermisches*, kontinuierliches Spektrum der Form $I_\nu \sim \nu^{-\alpha}$ mit $\alpha \approx 1$ im optischen Bereich. Ursache sind die in den von schwachen Magnetfeldern durchzogenen Nebel injizierten relativistischen Elektronen. Diesem Kontinuum sind Emissionslinien überlagert, die von hellen Filamenten ausgehen. Hier handelt es sich um die thermische Emission von Verdichtungen des Nebelgases.

Heute sind mehr als 350 Pulsare bekannt. Optische Pulse konnten jedoch nur noch bei einem weiteren Pulsar nachgewiesen werden. Bei den Positionen der Supernovae Tycho Brahes und Keplers, beide vom Typ I, sind zwar nichtthermische, Radiofrequenzstrahlung emittierende Nebelhüllen, aber keine stellaren Überreste gefunden worden. Diese und andere Beispiele deuten darauf hin, daß Supernovae vom Typ I keinen Stern hinterlassen.

Wegen seines Mangels an Wasserstoff wurde für diesen Typ folgende Deutung vorgeschlagen: Hat sich in einem engen Doppelsternsystem ein Weißer Zwerg gebildet, der vorwiegend aus C, O und He besteht (s. Abschn. 4.2.5.4), so kann dessen Masse durch Überströmen von Materie seines Begleiters über die kritische Grenzmasse von $1.4\,\mathcal{M}_\odot$ anwachsen. Setzt hiernach durch den anschließenden Kollaps das Kohlenstoffbrennen ein, dann kommt es wegen der Entartung zunächst nicht zu einer abkühlenden Expansion, weil der thermische Druck gegenüber dem Fermi-Druck vernachlässigbar ist. Mit wachsender Temperatur steigt die Energieproduktion enorm stark an, es erfolgt eine „Kohlenstoffdetonation", die keinen stellaren Rest hinterläßt.

Die Beobachtungen mit den in Abschn. 4.2.3.1 erwähnten Röntgen-Satelliten haben zur Entdeckung einiger rotierender Neutronensterne geführt, die engen Doppelsternsystemen angehören. Analog zu den kataklysmischen Veränderlichen wird hier Materie von einem Neutronenstern akkretiert. Das ionisierte Gas fließt entlang der magnetischen Feldlinien und stürzt auf die magnetischen Polkappen des Neutronensterns. Die dort in einem relativ kleinen „heißen Fleck" erzeugte starke *Röntgenemission* kann, wegen der Absorption im einfallenden Strom, nur seitlich entweichen. Ist die magnetische Achse gegen die Rotationsachse geneigt, so erhält der Beobachter während jeder Rotation zwei Strahlungspulse.

Als Beispiel sei der Röntgen-Doppelstern Centaurus X-1 angeführt, dessen Röntgenleuchtkraft $3 \cdot 10^{30}$ W erreicht. Hier beobachtet man einen Bedeckungslichtwechsel der Röntgenhelligkeit mit einer Periode von 2.1 Tagen. Die Röntgenquelle pulsiert mit einer mittleren Periode von 4.84 s. Um diesen Mittelwert variiert Pulsperiode sinusförmig infolge der Bahnbewegung der Quelle selbst mit einer Periode von 2.1 Tagen und einer Amplitude von 0.0067 s. Hieraus kann auf eine Bahngeschwindigkeit von etwa 400 km s^{-1} und weiter mit der Umlaufzeit von 2.1 Tagen auf einen Bahnradius von etwa 15 Sonnenradien geschlossen werden. Als optischer Begleiter des Neutronensterns wurde ein O-Stern identifiziert.

Bei einer anderen Art von sehr starken Röntgenpunktquellen mit unregelmäßigen Strahlungsausbrüchen, den sogenannten *Röntgen-Bursts*, könnte es sich um sehr alte enge Doppelsternsysteme handeln. Dann ist das Magnetfeld bereits weitgehend abgeklungen (Dauer $\approx 10^9$ Jahre), so daß der „Leuchtturmeffekt" nicht mehr auftritt.

4.2.6.4 Of-Sterne, Wolf-Rayet-Sterne und Planetarische Nebel

Bei einem Teil der massereichen, absolut hellen O-Sterne treten in den sichtbaren Spektren Emissionslinien von He^+ und N^{2+} auf, und es werden typische *P-Cygni-Profile* beobachtet. Wie bei den Novae muß hier auf eine expandierende Hülle, einen ständig abströmenden „Sternwind", geschlossen werden. Das Spektralsymbol wird in diesen Fällen mit dem Buchstaben f versehen. Die Interpretation der Beobachtungen im Sichtbaren und im Ultraviolett liefert Windgeschwindigkeiten weit oberhalb der Entweichgeschwindigkeit; die Massenverlustraten betragen einige $10^{-6} \mathcal{M}_\odot$/Jahr. Die Beschleunigung des Gases erfolgt sehr wahrscheinlich durch die Übertragung des Impulses der Photonen der Ultraviolettstrahlung auf die Ionen bei der Absorption in den starken Resonanzlinien (selektiver Strahlungsdruck).

Noch größere Massenverlustraten wurden für die ebenfalls absolut hellen *Wolf-Rayet-Sterne* abgeleitet. Charakteristikum sind hier extrem breite Emissionslinien von He, He$^+$ und höheren Ionen von C, N, Si über einem Kontinuum ähnlich dem von O- oder B-Sternen. Die beobachteten Profile lassen sich mit der Annahme einer gleichmäßig mit bis zu 4000 km s^{-1} expandierenden Hülle deuten, wobei sich Massenverlustraten bis zu $10^{-4} \mathcal{M}_\odot$/Jahr ergeben.

Wie wir bereits in Abschn. 4.2.5.4 erwähnt haben, tritt auch bei den häufigen Sternen mit Massen nahe der Sonnenmasse eine Phase hohen Massenverlustes auf, nämlich dann, wenn sich der alternde Stern so weit ausgedehnt hat, daß die vom Zentrum weit entfernten, dünnen äußeren Schichten instabil werden (Mira-Stadium). Es gilt heute als sicher, daß die im weiteren Verlauf entstehenden expandierenden Hüllen mit den seit langem bekannten **Planetarischen Nebel** identisch sind.

Der Name dieser oft angenähert kugelsymmetrischen, hochionisierten Gashüllen, (Abb. 4.38) entstand, weil die hellsten Objekte bei visueller Beobachtung im Fernrohr den grünlichen Planetenscheibchen von Uranus oder Neptun ähnlich erscheinen. Die Spektren Planetarischer Nebel bestehen hauptsächlich aus Emissionslinien (Abb. 4.39): Rekombinationslinien von H (Balmer-Serie) und anderen Elementen sowie stoßangeregte Linien der Ionen von O, N, Ne u.a. Letztere entstehen – soweit sie im Sichtbaren liegen – sämtlich durch verbotene Übergänge. Die stärksten dieser Emissionen sind die bereits in Abschn. 4.2.6.2 bei der Besprechung der Novae erwähnten verbotenen grünen Nebellinien N_1, N_2 des O^{2+}.

Abb. 4.38 Der Planetarische Nebel NGC 7293 (Aufnahme mit dem 2.2-m-Teleskop der Calar Alto Sternwarte des Max-Planck-Instituts für Astronomie, Heidelberg).

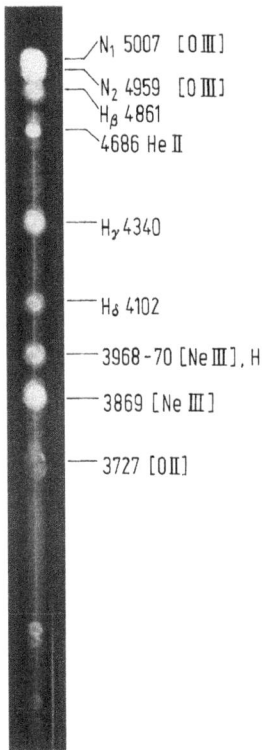

Abb. 4.39 Objektivprismen-Spektrum des Planetarischen Nebels NGC 7662 (Aufnahme Lick Observatorium, University of California, Santa Cruz, USA).

Die Ionisation des Nebelgases erfolgt durch die Ultraviolettstrahlung des Zentralsterns, eines 30 000 bis 100 000 K heißen, sehr kompakten Objektes. Messungen der durch die Expansion des Nebels erzeugten Doppler-Verschiebungen liefern Geschwindigkeiten der Größenordnung 10 km s^{-1}. In Verbindung mit der gegenwärtigen Ausdehnung der Nebel – Größenordnung 0.1 pc – ergeben sich „Expansionsalter" zwischen 10^2 und 10^4 Jahren. Je größer das Expansionsalter, umso näher liegt der Zentralstern im HRD dem Bereich der Weißen Zwerge, seinem Endstadium. Der Nebel verdünnt sich im Laufe der Zeit und wird unsichtbar, wenn sein Radius etwa 0.7 pc überschreitet.

4.2.6.5 Sterne in frühen Entwicklungsphasen

In Bereichen erhöhter Dichte der interstellaren Materie findet man verschiedenartige Objekte, die heute als Sterne im *Vor-Hauptreihen-Stadium* gelten. Manche sind noch in eine sehr dichte Hülle eingebettet und erscheinen als reine *Infrarotquellen*. Wir beobachten hier lediglich die thermische Emission der erwärmten festen Staubteilchen der Hülle. Bei anderen ist der Stern bereits sichtbar, zeigt aber noch unregelmäßige Veränderlichkeit und sein Spektrum läßt eine kontrahierende oder expandierende, dünne Hülle erkennen.

Modellrechnungen für die Entwicklung eines gravitationsinstabilen, kugelförmigen interstellaren Wolkenfragmentes (Dichte etwa 10^6 Teilchen/cm^3, Temperatur etwa 10 K, s. Abschn. 4.3.4.3) bis zur Bildung eines Hauptreihensterns lassen folgenden Ablauf erwarten. Zunächst überwiegt die Eigengravitation nur leicht gegenüber dem Gasdruck, so daß Kontraktion einsetzt. Weil das Wolkenfragment noch für seine Eigenstrahlung optisch dünn bleibt, steigt die Temperatur vorerst nicht an. Die Gravitation dominiert deshalb zunehmend über den Gasdruck. Damit wird der freie Fall der Materie zum Massenmittelpunkt angenähert und es bildet sich eine starke zentrale Verdichtung mit einer ausgedehnten Hülle. Erst wenn die Verdichtung für ihre Eigenstrahlung optisch dick wird, heizt sie sich auf und ihr Druck kann den weiteren Kollaps stoppen. Es entsteht ein „quasi-hydrostatischer Kern". Langsame weitere Kontraktion (s. Abschn. 4.2.5.2) und der Einfall von Materie der Hülle liefern diesem protostellaren Kern die Energie für weitere Aufheizung, zur Deckung der Abstrahlung, zur Dissoziation der Moleküle und danach zur Ionisation der Atome.

Bei *massereichen Protosternen* ist die Temperatur im Kern schon nach einigen 10^4 Jahren so stark angestiegen, daß das Wasserstoffbrennen einsetzt. Nach weiterem Materieeinfall aus der inneren Hülle entsteht ein heißer Hauptreihenstern, der noch von einer undurchlässigen, kühlen, äußeren Hülle umgeben ist. Hier wird die Sternstrahlung durch kleine feste Teilchen absorbiert, die sich auf 100 ... 500 K erwärmen und die aufgenommene Energie im Infrarot abstrahlen. Von außen erscheint das Objekt als starke Infrarotquelle, deren Strahlungsleistung der eines O- oder B-Sternes entspricht (s. Abschn. 4.3.4.3). Durch Aufheizung des Gases der Hülle wird der Einfall von Materie schließlich nach 10^5 Jahren gestoppt und ins Gegenteil verkehrt: Die Hülle wird abgeworfen. Abb. 4.40 zeigt als Beispiel den berechneten Entwicklungsweg im HRD für einen Protostern mit 60 $\mathcal{M}_\odot$ bis zum Erreichen der Hauptreihe. Schon nach $4 \cdot 10^4$ Jahren entsteht ein Infrarotstern von enormer Leuchtkraft, der nach 10^5 Jahren zum Hauptreihenstern wird.

Bei *Protosternmassen* $\lesssim 3 \mathcal{M}_\odot$ erfolgt die Entwicklung langsamer. Auch nachdem die gesamte Hülle (nach etwa 10^6 Jahren) auf den Kern „hinabgeregnet" ist, reicht

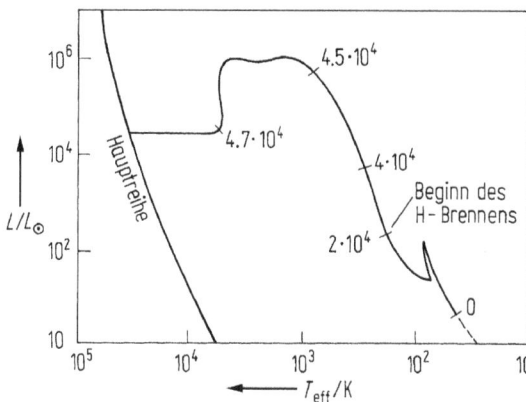

Abb. 4.40 Entwicklungsweg im HRD für einen Protostern mit anfänglich 60 $\mathcal{M}_\odot$ nach Modellrechnungen. Entwicklungszeiten in Jahren (nach Appenzeller und Tscharnuter, 1974).

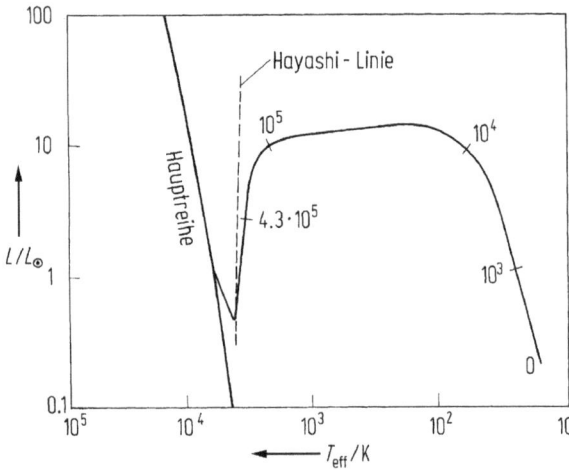

Abb. 4.41 Entwicklungsweg im HRD für einen Protostern mit $\mathscr{M} = 1\,\mathscr{M}_\odot$ nach Modellrechnungen. Entwicklungszeiten in Jahren (nach Appenzeller und Tscharnuter, 1975).

die Zentraltemperatur des entstandenen Vor-Hauptreihensternes noch nicht zur Zündung des Wasserstoffbrennens aus. Dieses beginnt erst nach einer längeren Phase weiterer quasi-hydrostatischer Kontraktion, während welcher die Zentraltemperatur weiter ansteigt. Den Weg eines solchen Protosternes im HRD zeigt Abbildung 4.41. Anfangs ist der Protostern (für nur etwa $5 \cdot 10^4$ Jahre) ein Infrarotobjekt ($T_{\mathrm{eff}} \lesssim 1000\,\mathrm{K}$). Nach dem Maximum der Leuchtkraft nähert er sich langsam (etwa 10^6 Jahre) der sogenannten **Hayashi-Linie**: Sterne im hydrostatischen Gleichgewicht gibt es nur links von dieser Grenzlinie und auf der Linie selbst liegen die Sterne mit voll konvektivem Aufbau, für die sich zu vorgegebenem L der kleinste Wert von T_{eff} ergibt.

Die nur in Komplexen interstellarer Wolken vorkommenden Veränderlichen vom Typ **T Tauri** (s. Tab. 4.10) können mit den Vor-Hauptreihensternen mit Massen $\lesssim 3\,\mathscr{M}_\odot$ in der Phase der asymptotischen Annäherung an die Hayashi-Linie identifiziert werden. Sorgfältige Bestimmungen der Werte von L und T_{eff} zeigen, daß ihre Bildpunkte im HRD in diesem Gebiet oberhalb der Hauptreihe liegen. Bei einer Untergruppe, den YY-Orionis-Sternen, kann aus dem Spektrum auf den Einfall der restlichen Hülle geschlossen werden: Es treten „inverse" P-Cygni-Profile auf, die Absorptionskomponenten befinden sich auf der langwelligen Seite der Emissionslinien und entsprechen Einfallgeschwindigkeiten um $300\,\mathrm{km\,s^{-1}}$.

4.3 Interstellare Materie

Der Beobachtung im integralen sichtbaren Licht sind nur zwei Phänomene interstellaren Ursprungs zugänglich: Diffuse helle Nebel und sogenannte Dunkelwolken, deutlich abgegrenzte Bereiche mit stark verminderter Sternzahl, die in Extremfällen als „Löcher" im Sternhimmel erscheinen. Die Existenz eines allgemein verbreiteten interstellaren Mediums, das unter anderem eine mit der Entfernung zunehmende, beträchtliche Schwächung des kontinuierlichen Sternlichtes erzeugt, konnte erst 1930 nachgewiesen werden. Die Unkenntnis dieser von kleinen festen Teilchen verursachten interstellaren „Extinktion" hatte vorher zu einem völlig falschen Bild von den Dimensionen unseres Sternsystems und der Lage der Sonne geführt.

Die Durchdringung des ganzen Milchstraßensystems gelang jedoch erst durch die nach dem Zweiten Weltkrieg einsetzende Entwicklung der Radioastronomie, weil die Hochfrequenzstrahlung des interstellaren Gases keiner Extinktion unterliegt. So konnte insbesondere die Verteilung und Bewegung des neutralen Wasserstoffs in der gesamten galaktischen Scheibe untersucht werden. Beobachtungen im Mikrowellengebiet führten seit den sechziger Jahren zur Entdeckung zahlreicher Emissionslinien von komplexen Molekülen, die nur in den dichtesten, optisch undurchdringlichen interstellaren Wolken existieren können. In den auf diese Weise lokalisierten Molekülwolken wurden häufig Infrarotquellen gefunden, die sich als Protosterne in verschiedenen Entwicklungsphasen erwiesen. Damit war es erstmals möglich, den Prozeß der Sternentstehung auch auf empirischem Wege zu erforschen.

4.3.1 Interstellarer Staub

4.3.1.1 Interstellare Extinktion

Aufnahmen von flachen Galaxien, die wir zufällig von der Kante her sehen, zeigen in deren Symmetrieebenen oft einen dunklen Streifen, der zweifellos durch eine relativ dünne Schicht lichtschwächender Materie erzeugt wird (Abb. 4.42). Auch unsere Galaxis ist von diesem flachen Typ und wir befinden uns praktisch in der galaktischen Symmetrieebene. Weitwinkelaufnahmen der Milchstraße machen deut-

Abb. 4.42 Spiralgalaxie „von der Kante" gesehen (Aufnahme von K. Birkle mit dem 2.2-m-Teleskop der Calar Alto Sternwarte des Max-Planck-Instituts für Astronomie, Heidelberg).

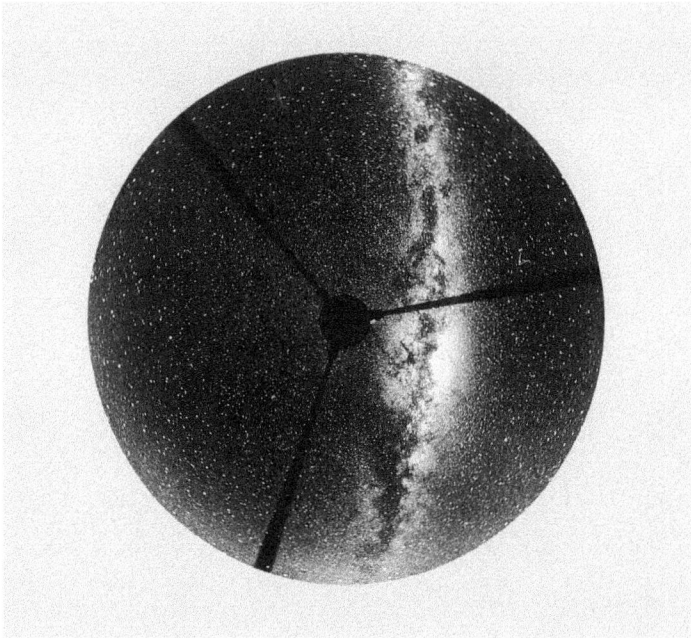

Abb. 4.43 Weitwinkelaufnahme der südlichen Milchstraße (aus Schlosser, Schmidt-Kaler und Hünecke, 1975).

lich, daß hier eine Schicht verdunkelnden Materials vorhanden ist, wobei sich einzelne, relativ nahe **Dunkelwolken** herausheben (Abb. 4.43). Zählungen der fernen Galaxien liefern ein überzeugendes Argument dafür, daß kein Defizit von Sternen, sondern eine *Lichtschwächung* vorliegt: Die durchschnittliche Anzahl N von Galaxien pro Quadratgrad ($1° \cdot 1°$) nimmt bei der Annäherung an die Symmetrielinie der Milchstraße, den galaktischen Äquator, systematisch ab. Bezeichnet b die galaktische Breite, den Winkelabstand vom galaktischen Äquator, so gilt für $|b| > 15°$

$$\lg N = K - \frac{0.15}{\sin |b|}$$

und für $|b| < 15°$ werden praktisch keine Galaxien beobachtet. K ist eine von der Grenzhelligkeit abhängige Konstante. Dieser Befund läßt sich mit der Annahme einer planparallelen absorbierenden Schicht erklären, denn die Weglänge des Lichtes in der Schicht für eine Galaxie bei der galaktischen Breite b beträgt dann $s = z_0/\sin |b|$, wobei z_0 die halbe Dicke der Schicht bezeichnet (Abb. 4.44).

Von großer Bedeutung für die Klärung der Ursache der interstellaren Lichtschwächung wie auch für die Ableitung ihres Betrages im Einzelfall war die Untersuchung der Wellenlängenabhängigkeit dieses Phänomens. Weil sich dabei herausgestellt hat, daß es sich nicht um einen reinen Absorptionsprozeß handelt, sprechen wir von *Extinktion*.

Vergleicht man die gemessenen spektralen Energieverteilungen eines nahen und eines weit entfernten Sterns, die beide den *gleichen* Spektraltyp und damit die gleiche wahre Energieverteilung besitzen, so erweist sich die Differenz nicht als konstant,

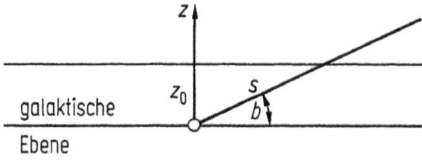

Abb. 4.44   Zur Extinktion durch eine planparallele Schicht.

sondern sie wächst mit abnehmender Wellenlänge: Die interstellare Extinktion nimmt mit abnehmender Wellenlänge zu. Das Sternlicht wird *verfärbt*, nämlich gerötet; der Farbindex erscheint vergrößert um den **Farbexzeß**

$$E_{B-V} = (m_B - m_V) - (m_B - m_V)_0 > 0 \,, \tag{4.53}$$

wobei $(m_B - m_V)_0$ den wahren Farbindex, die *Eigenfarbe*, bedeutet.

Wir nehmen der Einfachheit halber an, daß das Licht des nahen Sterns (Entfernung < 50 pc) keine interstellare Extinktion erfährt. Es bezeichne S_λ die am Ort des Beobachters vorliegende spektrale Strahlungsflußdichte des weit entfernten Sternes (Entfernung r), und $S_\lambda^{(0)}$ deren Wert, wenn keine Extinktion stattfände. Dann gilt

$$S_\lambda = S_\lambda^{(0)} e^{-\tau_\lambda} \quad \text{mit} \quad \tau_\lambda = \int_0^r \varkappa_\lambda \, dr = k_\lambda \int_0^r \varrho(r) \, dr \,. \tag{4.54}$$

Hier bezeichnen $\varkappa_\lambda$ den längenbezogenen Extinktionskoeffizienten und $k_\lambda = \varkappa_\lambda / \varrho$ mit $\varrho =$ räumliche Massendichte den massenbezogenen Extinktionskoeffizienten, der in einem einheitlichen Medium allein von der Wellenlänge abhängt. Für die interstellare Extinktion in Größenklassen erhalten wir damit die Darstellung

$$A_\lambda = m_\lambda - m_\lambda^{(0)} = -2.5 \lg \frac{S_\lambda}{S_\lambda^{(0)}} = 1.086 \, \tau_\lambda = 1.086 \, k_\lambda \int_0^r \varrho(r) \, dr \,. \tag{4.55}$$

Die Differenz Δm_λ zwischen den beiden Sternen unterscheidet sich hiervon nur durch eine wellenlängenunabhängige Konstante, die wegen der verschiedenen Entfernungen auftritt. Sie fällt heraus, wenn man Differenzen $\Delta m_\lambda - \Delta m_V$ betrachtet. Mit den bei verschiedenen Wellenlängen beobachteten Δm_λ einschließlich Δm_B und Δm_V bildet man deshalb die *normierte Extinktion*

$$\frac{\Delta m_\lambda - \Delta m_V}{\Delta m_B - \Delta m_V} = \frac{A_\lambda - A_V}{A_B - A_V} = \frac{A_\lambda - A_V}{E_{B-V}} = \frac{k_\lambda - k_V}{k_B - k_V} \,. \tag{4.56}$$

Der im allgemeinen gefundene Verlauf dieses Quotienten ist in Abb. 4.45 als Funktion der reziproken Wellenlänge dargestellt. Die Grundlage bildeten Messungen für viele Sternpaare vom Ultraviolett (mit Beobachtungssatelliten) bis ins ferne Infrarot. Im sichtbaren Bereich steigt die Kurve fast linear an, A_λ und k_λ sind also angenähert proportional zu $1/\lambda$. Bei $1/\lambda \approx 4.6 \, \mu m^{-1}$ entsprechend $\lambda = 220$ nm weist die Kurve einen ausgeprägten „Höcker" auf.

Im Infraroten wird A_λ sehr klein. Die nachfolgend erläuterte Interpretation der Extinktion läßt erwarten, daß $A_\lambda \to 0$ für $\lambda \to \infty$ bzw. $1/\lambda \to 0$. Die normierte Ex-

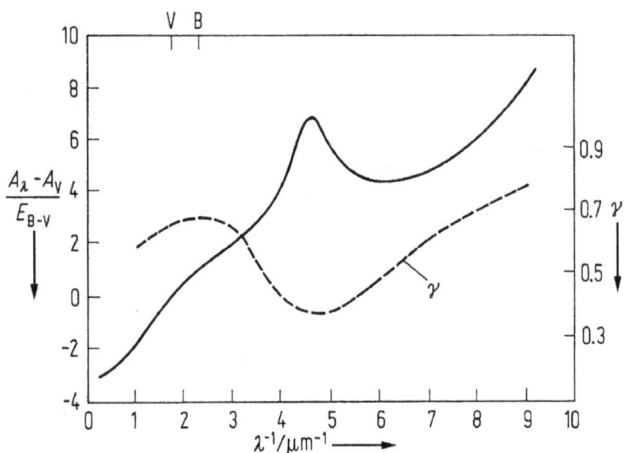

Abb. 4.45 Interstellare Verfärbungskurve (ausgezogen) und Verlauf der Albedo (gestrichelt, erläutert in Abschn. 4.3.1.2).

tinktion (4.56) strebt hier gegen den Grenzwert $(A_\lambda - A_V)/E_{B-V} = -3$ und man erhält die wichtige Beziehung

$$\frac{A_V}{E_{B-V}} = 3 \,. \tag{4.57}$$

Die Bedeutung dieses Ergebnisses liegt darin, daß es die Bestimmung des auf anderem Wege nur schwer ableitbaren Betrages von A_V ermöglicht. Denn E_{B-V} kann einfach nach Gl. (4.53) aus den gemessenen Helligkeiten m_B, m_V und der heute aus Tabellen zum Spektraltyp entnehmbaren Eigenfarbe $(m_B - m_V)_0$ gebildet werden – der Spektraltyp wird durch die kontinuierliche interstellare Extinktion nicht beeinflußt, weil bei dessen Bestimmung die Linientiefen *relativ* zum unmittelbar benachbarten Kontinuum beurteilt werden. Die Anwendung von Gl. (4.57) auf die beobachteten Farbexzesse ergab nahe der galaktischen Ebene $A_V = 1 \ldots 2$ mag pro 1000 pc Wegstrecke. In den Dunkelwolken beträgt die visuelle Extinktion oft ein Mehrfaches dieser Werte.

Versuche, die Wellenlängenabhängigkeit von A_λ und die beobachteten Beträge von A_V mit der Annahme kontinuierlicher Absorption oder Streuung durch interstellares Gas zu deuten, scheitern sämtlich bereits daran, daß sie Massendichten erfordern, die weit über dem aus den Sternbewegungen abgeleiteten oberen Grenzwert für die interstellare Materie nahe der galaktischen Symmetrieebene von etwa $3 \cdot 10^{-21}$ kg m^{-3} liegen. Die Alternative ist die *Lichtstreuung* an kleinen festen Teilchen. Nach der *Mie-Theorie* für die Streuung an kleinen Kugeln mit dem Radius a ist der Streukoeffizient $\varkappa_\lambda$ für $2\pi a/\lambda \approx 1$ gerade proportional zu $1/\lambda$, während sich für $2\pi a/\lambda \ll 1$ Proportionalität zu $1/\lambda^4$ (Rayleigh-Streuung an Molekülen) und für $2\pi a/\lambda \gg 1$ ein wellenlängenunabhängiger Verlauf (geometrische Abdeckung!) ergibt. Die Extinktionswirkung ist für $2\pi a/\lambda \approx 1$ am größten.

Bei geometrischer Abdeckung würde einfach gelten $\varkappa_\lambda = \pi a^2 n$, wobei n die Anzahldichte der kugelförmigen Teilchen bezeichnet. Die wellenoptische Behandlung liefert noch einen *Wirkungsfaktor* $Q_{ext}(\lambda)$, der im Fall $2\pi a/\lambda \approx 1$ proportional zu

$1/\lambda$ ist. Für einen Stern, der sich in der Entfernung r befindet, können wir daher, mit der vereinfachenden Annahme räumlicher Konstanz von n, ansetzen

$$A_\lambda = 1.086\,\varkappa_\lambda r = 1.086\,\pi a^2 Q_{\text{ext}}(\lambda)nr\,. \tag{4.58}$$

Betrachten wir nun den visuellen Bereich um $\lambda = 5 \cdot 10^{-4}$ mm und wählen $a = 3 \cdot 10^{-4}$ mm, so ist nach der Mie-Theorie $Q_{\text{ext}}(\lambda) \approx 1$. Für $A_\lambda = A_{\text{v}} = 1$ mag zu $r = 1000$ pc $= 3 \cdot 10^{19}$ m erfordert Gl. (4.58) dann $n \approx 10^{-7}$ Teilchen/m^3. Für Eis als Teilchenmaterial folgt damit beispielsweise die mittlere Massendichte 10^{-23} kg m^{-3}, also nur 1 % des oberen Grenzwertes. Wollte man die beobachtete Extinktion mit wesentlich größeren Teilchenradien erklären, so ergäbe sich nicht nur ein Widerspruch gegen die beobachtete Wellenlängenabhängigkeit – die Extinktion wäre neutral –, sondern vor allem eine mit stellardynamischen Abschätzungen unverträglich größere Massendichte des Staubes.

Aussagen über die *Natur der interstellaren Staubteilchen* sind durch Diskussion der beobachteten Wellenlängenabhängigkeit von A_λ leider nur in sehr begrenztem Umfang zu erhalten: Die Verfärbungskurve (Abb. 4.45) läßt sich im Sichtbaren und Infrarot sowohl mit dielektrischen als auch mit metallischen Teilchen mit geeignet gewählter Radienverteilung gut darstellen. Man versuchte daher, Information aus Überlegungen zur Herkunft der Teilchen zu gewinnen. Eine naheliegende Möglichkeit ist die Bildung der Teilchen durch Kondensation aus dem interstellaren Gas. Wegen der niedrigen Gasdichten verläuft dieser Prozeß in den erfaßten Bereichen außerhalb sehr dichter Wolken extrem langsam. Als Teilchenmaterial sind die häufigsten und bindungsfreudigsten Elemente zu erwarten. Das Resultat sind *Eisteilchen* der gewünschten Größe mit „Verunreinigungen" durch CH$_4$, NH$_3$ und andere Moleküle („dirty ice").

Feste Teilchen sollten sich auch in den relativ kühlen, dichten Gashüllen bzw. Scheiben um neu entstandene Sterne bilden. Modellrechnungen lassen hier zunächst hitzebeständige *Silicate*, wie etwa Ca$_2$SiO$_4$ oder Mg$_2$SiO$_4$, und später, bei niedrigeren Temperaturen, wasserhaltige Silicate erwarten, die schließlich vom Sternwind in den interstellaren Raum getragen werden.

Als weitere Quelle fester Teilchen gilt eine Untergruppe der kühlen M-Riesensterne, in deren ausgedehnten Atmosphären der Kohlenstoff überhäufig ist (*Kohlenstoffsterne*). Die Temperaturen sind hier so niedrig, daß sich aus freien Kohlenstoffatomen und -molekülen C, C$_2$, C$_3$, ... *Graphitteilchen* bilden können. Sie werden durch den Strahlungsdruck hinausgetrieben. In manchen Fällen kann eine hierdurch erzeugte zeitweise Verdunkelung des Sterns und die thermische Infrarotemission der warmen Teilchen beobachtet werden.

Eine befriedigende Darstellung der ganzen Verfärbungskurve ist mit keiner der drei Teilchenarten allein möglich. So läßt sich der Höcker im Ultraviolett nicht mit den dielektrischen Eisteilchen wiedergeben. Graphitteilchen *absorbieren* im Ultraviolett und ermöglichen insbesondere eine Erklärung dieses Höckers, können aber nicht gleichzeitig die visuelle Extinktion deuten. Da auch Silicatteilchen den ultravioletten Teil der Verfärbungslurve, und hier auch ein bei 10 µm beobachtetes Absorptionsband zu erklären vermögen, gelangt man zu dem Ergebnis, daß wenigstens drei verschiedene Arten interstellarer Staubteilchen vorliegen, darunter auch solche mit Eismänteln.

4.3.1.2 Streulicht und Wärmestrahlung von den Staubteilchen

In den Bereichen von Dunkelwolken findet man vereinzelt helle Nebel, deren Spektren aus einem Kontinuum mit Fraunhofer-Linien bestehen, die jeweils in allen Details mit dem Linienspektrum eines benachbarten hellen Sterns übereinstimmen. Man beobachtet hier das an interstellaren Staubteilchen gestreute Sternlicht und spricht von **Reflexionsnebeln**. Der Verlauf des kontinuierlichen Spektrums des Nebels steigt nach kurzen Wellenlängen hin stärker an als das Kontinuum des Sterns. Der Nebel ist blauer als der Stern, wie es bei der Streuung an Teilchen in der Größenordnung der Wellenlänge zu erwarten ist. Das *Reflexionsvermögen* der Staubpartikel muß relativ hoch sein. Daher kann auf die Annahme eines erheblichen Anteils von Eisteilchen (mit Verunreinigungen) oder Teilchen mit Eismänteln nicht verzichtet werden.

Die Streuung des Lichtes aller galaktischen Sterne am gesamten interstellaren Staub der galaktischen Scheibe führt zu einem schwachen, **diffusen Galaktischen Streulicht**, das nach Messungen mit dem Orbiting Astronomical Observatory, OAO 2, im Sichtbaren und im nahen Ultraviolett 30 % bis 50 % des direkten Sternlichtes der Milchstraße erreicht. Der Wirkungsfaktor Q_{ext} setzt sich additiv zusammen aus den Wirkungsfaktoren für Streuung (scattering) Q_{sca} und für echte Absorption Q_{abs}. Der Anteil der gestreuten Strahlung wird durch die sogenannte *Albedo* charakterisiert:

$$\gamma = \frac{Q_{sca}}{Q_{ext}} = \frac{Q_{sca}}{Q_{sca} + Q_{abs}}. \tag{4.59}$$

Der aus den Messungen abgeleitete Verlauf von γ mit variabler Wellenlänge ist in Abb. 4.45 eingezeichnet. Im Bereich des Höckers der Extinktionskurve durchläuft die Albedo ein Minimum. Die Extinktion muß also hier vorwiegend in einer echten Absorption bestehen, wie sie durch Graphit und Silicate erzeugt werden kann.

Die von einem interstellaren Staubteilchen *absorbierte* Sternstrahlung führt zu einer Erhöhung seiner inneren, thermischen Energie. Die Temperatur des Teilchens stellt sich so ein, daß dieser Energiegewinn und der Energieverlust durch Abstrahlung einander gleich sind. Die Strahlungsflußdichte des Sternlichtes im interstellaren Raum beträgt in der Sonnenumgebung $S \approx 4 \cdot 10^{-6}\,\mathrm{W\,m^{-2}}$. Für ein vollkommen schwarzes Teilchen kann die Abstrahlung nach dem Stefan-Boltzmann-Gesetz berechnet werden, so daß im Gleichgewicht gilt $S = \sigma T^4$. In diesem Fall resultiert eine *Teilchentemperatur* von 3 K. Tatsächlich kann das Teilchen jedoch nicht wie ein schwarzer Körper strahlen: Seine Emission liegt im fernen Infrarot bei Wellenlängen, die viel größer sind als der Teilchendurchmesser; es strahlt daher nur sehr uneffektiv. Absorbiert wird hingegen nur kurzwelliges Sternlicht. Das Teilchen heizt sich deshalb stärker auf. Für realistische Teilchenmodelle erhält man $T \approx 20 \ldots 40$ K. Nach dem Wienschen Verschiebungsgesetz liegt das Maximum der thermischen Strahlung dann um $\lambda = 100\,\mu m$.

Diese *Wärmestrahlung* des interstellaren Staubes konnte 1983 mit dem Infrared Astronomical Satellite (IRAS) direkt gemessen werden. Das bei diesem Gemeinschaftsunternehmen der Niederlande, Englands und der USA verwendete Teleskop wurde mit flüssigem Helium auf weniger als 10 K gekühlt, um die Umgebungsstrah-

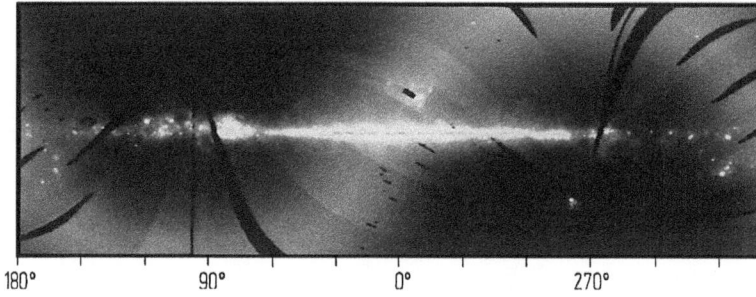

Abb. 4.46 Verteilung der Infrarotstrahlung mit $\lambda = 60\,\mu\text{m}$ im Bereich der Milchstraße nach Messungen mit dem Satelliten IRAS in galaktischen Koordinaten. Die schmalen schwarzen Streifen bedecken Gebiete, für die keine Messungen vorliegen. Das sinusförmige, breite, helle Band folgt dem Verlauf der Ekliptik und wird durch die thermische Emission des interplanetaren Staubes erzeugt (aufgenommen von E. R. Deul, W. B. Burton, Sterrewacht Leiden, Niederlande).

lung zu unterdrücken. Die Messungen erfolgten bei 12, 25, 60 und $100\,\mu\text{m}$. Abb. 4.46 zeigt die bei $60\,\mu\text{m}$ gemessene Verteilung der Strahlung in galaktischen Koordinaten Länge l und Breite b, wobei $l = 0°$ der Richtung zum Zentrum der Galaxis entspricht. Der emittierende Staub ist stark zur galaktischen Symmetrieebene hin konzentriert, wie man es nach den Beobachtungen der interstellaren Extinktion erwartet. In Richtung auf das galaktische Zentralgebiet hin ist die Emission verstärkt, weil dort die Zahl der Sterne höher ist.

4.3.1.3 Interstellare Polarisation und galaktisches Magnetfeld

Das Licht interstellar verfärbter Sterne zeigt in der Regel eine schwache lineare Polarisation. Zur Beobachtung werden Polarimeter verwendet, mit denen der ankommende Strahlungsfluß in seiner Abhängigkeit von der Schwingungsrichtung des Lichtes gemessen werden kann. Als *Polarisationsgrad* definiert man die Größe

$$P = \frac{S_{\text{max}} - S_{\text{min}}}{S_{\text{max}} + S_{\text{min}}}. \tag{4.60}$$

Dabei bezeichnet S_{max} den für die bevorzugt auftretende Schwingungsrichtung festgestellten größten und S_{min} den für die dazu senkrechte Schwingungsrichtung gefundenen kleinsten Strahlungsfluß. Die Richtung, für die $S = S_{\text{max}}$ ist, wird als *Polarisationsrichtung* bezeichnet. Die für P erhaltenen Werte überschreiten selten $2\,\%$ und erreichen maximal $6\,\%$.

Das Sternlicht ist als thermische Strahlung unpolarisiert. In Hüllen oder Scheiben um die Sterne durch Streuung ihres Lichtes entstehende Polarisation würde sich aus Gründen der Symmetrie aufheben, da stets das ganze Objekt erfaßt wird. Die folgenden Fakten sprechen für einen interstellaren Ursprung der gemessenen Polarisation: P ist eng mit dem Farbexzeß korreliert und unabhängig vom Spektraltyp des untersuchten Sterns. Die größten Polarisationsgrade treten in der Nähe des galaktischen Äquators auf. Der erstaunlichste Befund ist jedoch, daß in manchen Be-

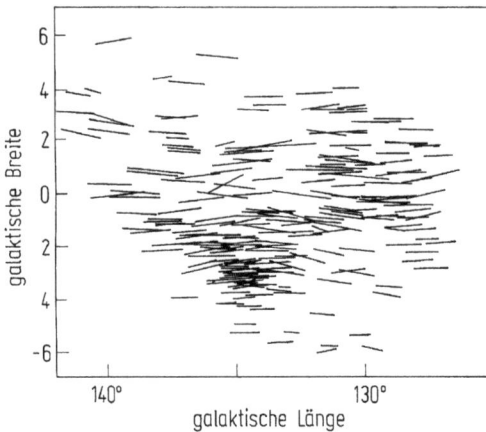

Abb. 4.47 Interstellare Polarisation des Lichtes von Sternen im Bereich der Milchstraße zwischen den galaktischen Längen 125° und 140°. Jeder gemessene Stern wird an seinem Ort durch einen Strich repräsentiert, dessen Länge den Betrag (in willkürlichen Einheiten) und dessen Orientierung die Richtung der Polarisation angibt (nach Hiltner, 1956).

reichen der Milchstraße die Polarisationsrichtungen der Sterne angenähert übereinstimmen und parallel zum galaktischen Äquator sind. Abb. 4.47 zeigt ein Beispiel. In anderen Richtungen, beispielsweise bei den galaktischen Längen $l \approx 70° \ldots 80°$, sind die Polarisationsrichtungen nahezu regellos verteilt.

Die Polarisation entsteht hiernach offenbar deshalb, weil Sternlicht verschiedener Schwingungsrichtung eine unterschiedliche Extinktion erfährt. Dies erfordert, daß zumindest ein Teil der Staubpartikel eine nichtsphärische, längliche Form besitzt und großräumig in einem gewissen Grad einheitlich ausgerichtet ist. Das parallel zur großen Achse eines solchen Teilchens schwingende Licht erfährt eine besonders große Schwächung, senkrecht dazu schwingendes Licht wird am wenigsten geschwächt. Nimmt man beispielsweise Rotationsellipsoide an mit einem Verhältnis Rotationsachse/kleine Achse = 2/1, so lassen sich die beobachteten Polarisationsgrade mit der Annahme erklären, daß etwa 10 % der auf dem Sehstrahl zum Stern vorhandenen Teilchen parallel zueinander ausgerichtet sind.

Es bestehen heute kaum noch Zweifel daran, daß die Ursache für eine teilweise *Ausrichtung* der interstellaren Staubteilchen ein großräumiges interstellares *Magnetfeld* ist. Die Vorstellung, daß die wirksamen Teilchen ferromagnetisch sind und wie Kompaßnadeln ausgerichtet werden, erweist sich jedoch nicht als brauchbar, insbesondere deshalb, weil sie viel zu hohe Feldstärken erfordern würde. Eine befriedigende Erklärung liefert hingegen ein bereits 1951 von L. Davis und J. L. Greenstein vorgeschlagener Ausrichtungsmechanismus, der auch bei paramagnetischem Material wirksam ist.

Wir müssen davon ausgehen, daß die winzigen Teilchen unter der Wirkung von Stößen der interstellaren Gaspartikel in sehr rascher Drehbewegung gehalten werden. Abschätzungen lassen bis zu etwa 10^8 Umdrehungen pro Sekunde erwarten! Im kinetischen Gleichgewicht erfolgt die Drehung dabei vorzugsweise um die kleine Teilchenachse. Liegt nun diese Achse nicht in der Richtung des Magnetfeldes, dann wird das Teilchen während seiner Rotation ständig ummagnetisiert. Hierdurch wird seine Rotationsenergie nach und nach in thermische Energie umgewandelt, die Drehung wird abgebremst. Würden die Rotationsachsen der Teilchen nicht durch erneute Stöße von Gaspartikeln geändert, dann gäbe es nach hinreichend langer Zeit nur noch Teilchen, deren Drehung ohne Dämpfung um die Richtung der magnetischen Feldlinien erfolgt. Verläuft der Sehstrahl zu einem Stern senkrecht zu den Feldlinien, dann würden in der Projektion zum Beobachter hin die großen Achsen aller Teilchen parallel zueinander erscheinen. Unter dem Einfluß der – unter interstellaren Bedingungen sehr seltenen – Stöße von Gaspartikeln resultiert nur eine teilweise Ausrichtung. Nimmt man eine Feldstärke von $3 \cdot 10^{-10}$ T an, die auch durch andere Beobachtungen nahegelegt wird, dann ergibt dieser Mechanismus der *magnetischen Relaxation* einen Ausrichtungsgrad von etwa 10%, wie er zur Deutung der gemessenen Polarisationsbeträge benötigt wird.

Hiernach kann aus den beobachteten Polarisationsrichtungen auf den *Verlauf des galaktischen Magnetfeldes* in der Sonnenumgebung geschlossen werden. In der Richtung $l = 140°$ auf dem galaktischen Äquator (Abb. 4.47) muß das Magnetfeld beispielsweise senkrecht zum Sehstrahl und parallel zur galaktischen Ebene verlaufen. Dasselbe findet man für die entgegengesetzte Richtung $l = 320°$. Das Feld folgt damit dem in der Verteilung der jungen Sterne ausgeprägten Verlauf des sogenannten lokalen Spiralarmes unserer Galaxis.

Die Entstehung von Magnetfeldern im interstellaren Medium wird ausgelöst durch kleinräumige Turbulenz und Ionisation. Die turbulenten Bewegungen werden über Corioliskräfte, als Folge der galaktischen Rotation, in zyklonische Bewegungen übergeführt. Derartige zyklonische Bewegungen haben die Eigenschaft jedes toroidale Feld in ein poloidales Feld und umgekehrt zu verdrillen. Durch Vermischung entstehen Erhaltungs- und Verstärkungseffekte, sowohl kleinräumig, wie auch auf galaktischen Skalen.

4.3.2 Diffuse Wolken interstellaren Gases

4.3.2.1 Interstellare Absorptionslinien in Sternspektren

In den Spektren der noch in großen Entfernungen erfaßbaren, absolut hellen O- und B-Sterne treten häufig scharfe CaII-K- und NaI-D-Linien auf, die nicht in den Atmosphären dieser heißen Sterne entstehen können. Doppler-Verschiebungen solcher Linien gegenüber der Ruhewellenlänge sind in der Regel von denen der Fraunhofer-Linien verschieden. Das hier absorbierende Gas führt also eine andere Bewegung aus als der Stern. Besonders deutlich wird dies, wenn ein unaufgelöstes Doppelsternsystem vorliegt und die Fraunhofer-Linien infolge der Bahnbewegung der beiden Sterne periodische Verschiebungen zeigen, während die scharfen Linien „ruhen". Die Stärken dieser scharfen Linien sind im allgemeinen umso größer, je weiter der Stern entfernt und je größer die interstellare Extinktion ist. Diese Beobachtungsbefunde beweisen die Existenz von weit verbreitetem interstellarem Gas. Die geringe Breite der interstellaren Absorptionslinien ist eine Folge der gegenüber den Sternatmosphären sehr niedrigen Dichten (Druckverbreiterung) und Temperaturen (thermischer Doppler-Effekt) des interstellaren Gases.

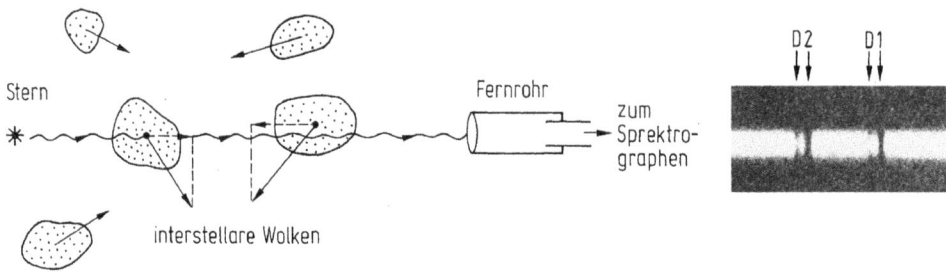

Abb. 4.48 Entstehung der Aufspaltung interstellarer Absorptionslinien. Rechts: Ausschnitt aus einem Sternspektrum mit den interstellaren Linien D1 und D2 des Natriums, die jeweils aus zwei Komponenten bestehen.

Mit großen, lichtstarken Teleskopen aufgenommene, hochaufgelöste Spektren weit entfernter Sterne zeigen, daß die interstellaren Linien meist aus mehreren schmalen *Komponenten* bestehen. Jede einzelne Komponente muß von einer individuell bewegten Gasmasse erzeugt werden. Bei Sternen in der Nähe der galaktischen Ebene nimmt die Zahl der Linienkomponenten mit der Entfernung der Sterne systematisch zu. Das interstellare Medium besitzt offenbar eine *wolkige* Struktur (Abb. 4.48). Die Auswertung eines großen Beobachtungsmaterials ergab, daß der Sehstrahl zu einem Stern nahe der galaktischen Ebene auf einer Strecke von 1000 pc durchschnittlich 5 bis 7 „Wolken" trifft.

Zur Unterscheidung von den relativ dichten, kompakten und für sichtbares Licht oft gänzlich undurchlässigen interstellaren Wolken, die als Dunkelwolken erscheinen, spricht man hier von **diffusen Wolken**. In diffusen Wolken enthaltene Staubteilchen erzeugen den größten Teil der allgemeinen interstellaren Extinktion. Mit dem Mittelwert $A_V = 1.5$ mag auf eine Strecke von 1000 pc folgt pro Wolke eine visuelle Extinktion von 0.2 bis 0.3 mag. Die kleinräumigen Schwankungen der Farbexzesse von Ort zu Ort an der Sphäre im Bereich der Milchstraße lassen *Wolkendurchmesser* um 3 pc erwarten.

Die stärksten interstellaren Linien des *sichtbaren* Bereiches sind H und K des CaII-Spektrums sowie g von CaI und die D-Linien von NaI. Daneben treten noch Linien von KI, FeI, TiII und der Molekülradikale CH und CN auf. Das Fehlen der Balmer-Linien des häufigen Wasserstoffs hat eine einfache Ursache: Wegen der extrem niedrigen interstellaren Dichten befinden sich praktisch alle H-Atome in ihrem Grundzustand $n = 1$. Absorptionsübergänge nach höheren Zuständen führen zur Lyman-Serie, die mit der Linie Lα bei 121.6 nm im fernen *Ultraviolett* beginnt und deren Seriengrenze bei 91.2 nm liegt. Interstellare Absorptionslinien des Wasserstoffs konnten daher erst durch extraterrestrische Beobachtungen nachgewiesen werden. Dasselbe gilt für die Resonanzlinien der Elemente C, N, O, Mg, Si und andere.

Ein großes Beobachtungsmaterial lieferte das Orbiting Astronomical Observatory OAO 3, *Copernicus*. Es wurden O- und frühe B-Sterne herangezogen, da nur diese im Ultraviolett ein genügend intensives Kontinuum besitzen – und nur schwache stellare Lyman-Linien. Lα und die Resonanzlinien von C, N, O und andere erwiesen sich als so stark, daß eine Aufspaltung in die von den einzelnen diffusen Wolken erzeugten Komponenten oft nicht mehr erkennbar ist. Aussagen über die Dichten und die relativen Häufigkeiten der einzelnen Elemente im interstellaren Gas wurden nach dem in Abschn. 4.2.4.1 beschriebenen Verfahren aus den gemessenen Äquivalentbreiten gewonnen. Mit Hilfe der Wachstumskurve erhält man zunächst die Säulendichten $\mathcal{N}_m$ der Atome bzw. Ionen auf dem Sehstrahl im Ausgangszustand m des Linienübergangs. Im Fall der Lyman-Linien des Wasserstoffs und der Resonanzlinien der übrigen vertretenen Elemente hat man damit praktisch alle Atome bzw. Ionen erfaßt, weil m der allein besetzte Grundzustand ist.

Die Analyse der Copernicus-Beobachtungen von 100 Sternen mit Entfernungen zwischen 50 und 3000 pc ergab für den neutralen Wasserstoff eine mittlere Dichte von rund 1 H-Atom/cm^3. Die *Säulendichte des Wasserstoffs* ist dem Farbexzeß proportional:

$$\mathcal{N}(H) = 5.8 \cdot 10^{21} E_{B-V} \, . \tag{4.61}$$

Für die einzelne diffuse Wolke wurde die mittlere Säulendichte $\mathcal{N}(H) \approx 4 \cdot 10^{20}$ H-Atome/cm^2 abgeschätzt.

Die gefundenen *Häufigkeiten der höheren Elemente* relativ zum Wasserstoff liegen teilweise erheblich unter den Werten der Atmosphären der Sonne und der Sterne der Population I. Die Reduktionsfaktoren betragen für C, N und O etwa 1/5, für Mg, Si und Fe einige 10^{-2} und erreichen bei Al und Ca etwa 10^{-3}. Die fehlenden Atome sind sehr wahrscheinlich in den Staubteilchen gebunden. Dabei ist zu beachten, daß seltenere Elemente, wie Calcium, hierbei nahezu ganz verbraucht werden können. Die Summation der fehlenden Atome führt angenähert auf die für den Staub abgeschätzte Massendichte.

Die extraterrestrischen Beobachtungen erlaubten auch erstmals eine Klärung der Frage nach der *Häufigkeit molekularen Wasserstoffs* im interstellaren Raum. Die einzige direkte Nachweismöglichkeit der im Grundzustand befindlichen H_2-Moleküle besteht in der Beobachtung von Übergängen zwischen den Schwingungsniveaus des elektronischen Grundzustandes und des bereits hoch liegenden ersten angeregten elektronischen Zustandes. Die langwelligsten der dabei entstehenden Resonanz-Absorptionslinien sind die Lyman-Banden im Bereich $\lambda \leq 110$ nm. Bei Sternen mit Extinktionswerten $A_V > 0.3$ wurden relativ starke Linien der Lyman-Banden beobachtet. Die quantitative Auswertung ergab, daß in Wolken mit A_V-Werten über 1 mag der Wasserstoff überwiegend in molekularer Form vorliegen muß.

Ein weiteres bemerkenswertes Ergebnis der UV-Beobachtungen war die Identifikation von Absorptionslinien interstellaren Ursprungs der Spektren hochionisierter Atome, insbesondere von CIV, SiIV und OVI. Die Ionisationsenergien sind hier von der Größenordnung 100 eV und entsprechen im thermischen Gleichgewicht Temperaturen von 10^5 bis 10^6 K. Die OVI-Linien besitzen relativ große Breiten, deren Deutung als thermischer Doppler-Effekt ebenfalls Temperaturen um 10^6 K erfordert. Die eingehende Diskussion führte zu der Annahme einer sehr dünnen, *heißen Komponente* des interstellaren Gases, die den Raum zwischen den Wolken weitgehend ausfüllt. Eine unabhängige Bestätigung hierfür lieferten Messungen diffus verteilter weicher Röntgenstrahlung von Satelliten aus: Man beobachtet hier die kontinuierliche, thermische Bremsstrahlung des hochionisierten, heißen Gases, die bei Vorbeiflügen freier Elektronen an den Ionen, vor allem Protonen, entsteht. Die Dichte dieses Gases wurde zu einigen 10^{-3} Atomen/cm^3 abgeschätzt.

4.3.2.2 Die 21 cm-Linie des atomaren Wasserstoffs

Aussagen der Beobachtungen im Sichtbaren und im Ultraviolett über das interstellare Gas in der galaktischen Scheibe sind infolge der Staubextinktion auf einen Entfernungsbereich von der Sonne von allenfalls 3000 pc beschränkt. Erst die Messungen der hiervon völlig unbehinderten Radiofrequenzstrahlung des interstellaren Gases hat dessen Erforschung im galaktischen Maßstab möglich gemacht. Von großer Bedeutung war dabei der Nachweis einer Radio*linie* des Wasserstoffs, weil damit Information über die Bewegungsverhältnisse und die Struktur der Gasverteilung im Großen wie im Kleinen gewonnen werden konnte.

Der Grundzustand des neutralen Wasserstoffatoms besteht aus zwei Hyperfeinstrukturniveaus, entsprechend der parallelen und antiparallelen Einstellung von Elektronen- und Kernspin. Übergänge zwischen den beiden Niveaus mit den Hyperfeinstrukturquantenzahlen $f = 1/2 + 1/2 = 1$ und $f = 1/2 - 1/2 = 0$ führen auf eine Spektrallinie mit der Frequenz $v_{10} = (E_1 - E_0)/h = 1420.4$ MHz bzw. Wellenlänge $\lambda_{10} = c/v_{10} = 21.1$ cm. Nach den Auswahlregeln der Quantentheorie sind nur Übergänge zwischen geraden und ungeraden Niveaus erlaubt, die Bahndrehimpulsquantenzahl ist jedoch für beide Niveaus $l = 0$. Daher gibt es keine elektrische Dipolstrahlung, sondern nur magnetische Dipolstrahlung mit der extrem kleinen Übergangswahrscheinlichkeit $A_{10} = 2.87 \cdot 10^{-15} \text{ s}^{-1}$. Ist das obere Niveau durch einen Stoß mit einem anderen H-Atom besetzt worden, so findet der Übergang $1 \rightarrow 0$ im Mittel erst nach der Zeit $1/A_{10} \approx 10^7$ Jahre statt. Daß die Linienstrahlung dennoch beobachtbar ist, ergibt sich aus der enormen Größe der emittierenden Volumina: Bei einer Dichte von 1 H-Atom/cm^3 befinden sich in 1 (pc)^3 rund $3 \cdot 10^{55}$ H-Atome!

Wir fassen zunächst die wichtigsten *Beobachtungsergebnisse* zusammen:

1. Die 21-cm-Strahlung ist stark zum galaktischen Äquator hin konzentriert. Schnitte senkrecht zur Milchstraße ergeben Intensitätsprofile von nur 5° bis 10° Halbwertsbreite. Der neutrale Wasserstoff ist also hauptsächlich auf eine relativ dünne Schicht beschränkt (Dicke etwa 250 pc). Die 21-cm-Messungen wurden deshalb zur Festlegung der Grundebene bzw. des Äquators eines galaktischen Koordinatensystems herangezogen, das damit genauer definiert ist, als es vorher die Sternverteilung der Milchstraße erlaubt hatte.

2. Die mit den Radiospektrographen für Positionen entlang des galaktischen Äquators gemessenen Linienprofile sind sehr breit. Man drückt die Abstände von der Ruhefrequenz der Linie $\Delta v = v - v_{10}$ durch die entsprechende „Radialgeschwindigkeit" nach der Doppler-Formel aus: $v_{\mathrm{r}} = (v_{10} - v)\,c/v_{10}$. Die Linienbreiten erreichen Werte bis zu etwa 200 km s^{-1}. Die Schwerpunkte der Profile variieren systematisch mit der galaktischen Länge zwischen Null und Werten über ± 100 km s^{-1}, wie es Abb. 4.49 zeigt. Die schmalsten Profile treten in den Richtungen $l = 0$ (galaktisches Zentrum) und $l = 180°$ (Antizentrum) auf.

Für die Interpretation der Linienprofile ist zu beachten, daß die große Lebensdauer des Ausgangsniveaus der 21-cm-Linie nach der Unschärferelation eine extrem kleine natürliche Linienbreite $\Delta v_{\mathrm{N}} = A_{10}/2\pi = 5 \cdot 10^{-16}$ Hz ergibt und die Verbreiterung durch Stöße wegen der geringen Dichten mit nur $\Delta v \approx 10^{-11}$ Hz ebenfalls völlig zu vernachlässigen ist. Thermische Bewegungen führen beispielsweise bei $T = 100$ K auf Linienbreiten $\Delta v = 5$ kHz oder $\Delta v_{\mathrm{r}} = 1$ km s^{-1}. Die großen Breiten der beobach-

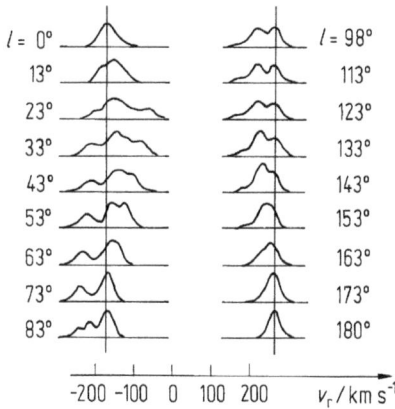

Abb. 4.49 Profile der 21-cm-Emissionslinie bei verschiedenen galaktischen Längen *l* auf dem galaktischen Äquator. Die beiden durchgehenden vertikalen Geraden geben die Lage des Nullpunktes $v_r = 0$ an.

teten Profile müssen daher überwiegend durch Doppler-Verschiebungen infolge *makroskopischer* Bewegungen des Gases bedingt sein: Die Radialgeschwindigkeit v_r des emittierenden Gases relativ zum Beobachter variiert entlang des „Sehstrahls" mit der Entfernung r, weil das Gas an der Rotation der Galaxis teilnimmt, deren Geschwindigkeit sich mit dem Zentrumsabstand ändert (Abb. 4.50). Die Linienintensität wird hierdurch über den entsprechenden Frequenzbereich aufgefächert.

In einem kleinen Frequenzintervall innerhalb der Linie trägt nur die Emission eines relativ kleinen Entfernungsbereiches zur Intensität bei. Wir dürfen deshalb meist den Fall vernachlässigbarer Linienabsorption annehmen und setzen daher an

$$I_v = \int\limits_0^\infty \varepsilon_v(r)\,\mathrm{d}r\,, \tag{4.62}$$

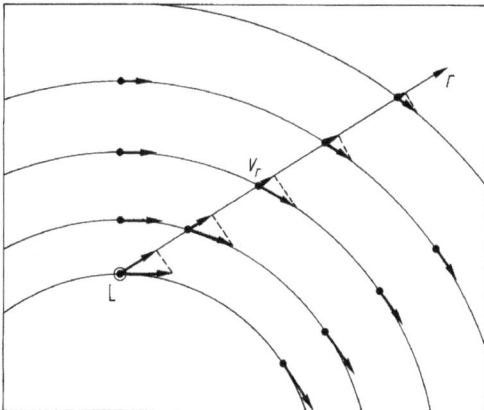

Abb. 4.50 Änderung der Radialgeschwindigkeit v_r des emittierenden Gases mit seiner Entfernung r von unserem lokalen Bezugssystem L infolge der differentiellen galaktischen Rotation.

wobei der Emissionskoeffizient einfach gegeben ist durch

$$\varepsilon_v = \frac{h v_{10}}{4\pi} A_{10} N_1 \psi(v) \, . \tag{4.63}$$

Hier bezeichnet $\psi(v)$ das auf Eins normierte Linienprofil; der Faktor $1/4\pi$ bewirkt den Bezug auf die Raumwinkeleinheit. Die Anzahldichte aller neutralen H-Atome ist $N = N_0 + N_1 = (4/3) N_1$ wegen $N_1/N_0 = (g_1/g_0)\exp(-h v_{10}/kT) \approx g_1/g_0 = 3$ mit $g = 2f + 1$. Aus der im Frequenzintervall $v \cdots v + \Delta v$ beobachteten Intensität kann hiernach die Säulendichte $\mathscr{N}$ der neutralen H-Atome berechnet werden, deren Emission in dieses Intervall fällt. Bei dem in Abb. 4.50 gezeigten Fall sind dies die H-Atome eines bestimmten Entfernungsbereiches $r \cdots r + \Delta r$. Ist das Geschwindigkeitsfeld bekannt, so läßt sich daher der Dichteverlauf entlang des Sehstrahls ableiten.

In der Richtung zum galaktischen Zentrum verläuft der Sehstrahl senkrecht zur Umlaufsbewegung und Doppler-Verschiebungen durch die großräumige differentielle Rotation fallen weg. Das Linienprofil wird wesentlich schmaler, aber entsprechend höher. Darüber hinaus ist hier die Weglänge durch die Galaxis am größten. Es muß daher mit einer merklichen Absorption durch H-Atome im oberen Hyperfeinstrukturniveau gerechnet werden. Im Fall lokalen thermodynamischen Gleichgewichts (LTE) ist dann die Strahlungsintensität in der Linie bei der Frequenz v für räumlich konstante Temperatur gegeben durch

$$I_v = \int\limits_0^{\tau_v^*} B_v(T) e^{-\tau_v} d\tau_v = B_v(T)(1 - e^{-\tau_v^*}) \tag{4.64}$$

(s. die zu Gl. (4.30) in Abschn. 4.2.4.3 führende Erläuterung). Dabei ist τ_v^* die optische Dicke der gesamten vom Sehstrahl durchstoßenen Gasschicht. Für große optische Dicke, $\tau_v^* \gg 1$, folgt hieraus

$$I_v = B_v(T) = \frac{2v^2}{c^2} kT \tag{4.65}$$

mit der im Radiofrequenzbereich gültigen Rayleigh-Jeans-Näherung ($h v/kT \ll 1$). Erreicht die Linie im Bereich ihres Maximums diesen Höchstwert der Intensität, so ist dort eine Abflachung des Profils zu erwarten und man kann aus I_v unmittelbar auf die *Temperatur* schließen. Dies ist bei der 21-cm-Linie für $l \approx 0°$ der Fall. Das Resultat lautet $T \approx 130\,\text{K}$.

Die von den einzelnen diffusen Wolken erzeugten Linienkomponenten lassen sich bei Beobachtungen in Richtungen auf dem galaktischen Äquator nicht auflösen, weil zu viele Wolken beitragen, deren Komponenten sich gegenseitig überlappen. Bei höheren galaktischen Breiten verläuft der Sehstrahl hingegen nur ein kurzes Stück in der galaktischen Gasschicht und es fallen nur wenige Wolken in die Richtkeule des Radioteleskops. Hier konnten die Linienprofile einzelner Wolken isoliert werden. Die Interpretation der Linienbreiten als thermischer Doppler-Effekt führte auf Temperaturen um 100 K. Den schmalen Linien sind jedoch häufig flache, breite Komponenten unterlegt, deren Deutung Temperaturen von einigen 10^2 K bis zu $8 \cdot 10^3$ K erfordert und damit auf eine „warme" Gaskomponente schließen läßt.

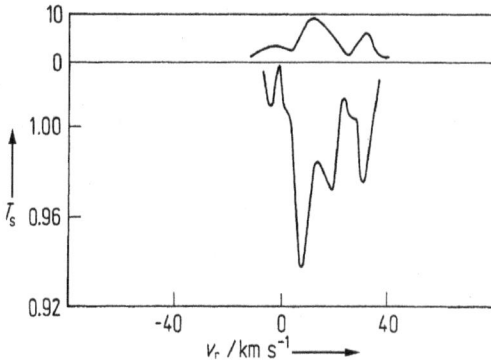

Abb. 4.51 Emissions- und Absorptionsprofil der 21-cm-Linie in Richtung einer diskreten Radiokontinuumsquelle mit den galaktischen Koordinaten $l = 240.06$, $b = -32.07$ (nach Hughes, Thompson und Colvin, 1971).

In den kontinuierlichen Spektren weit entfernter kosmischer Radioquellen, beispielsweise Überresten von Supernovae oder Galaxien mit starker Radioemission, erzeugt der interstellare neutrale Wasserstoff *21-cm-Absorptionslinien*. Wählt man eine diskrete Radioquelle bei höherer galaktischer Breite mit kleinem Winkeldurchmesser, dann ist die Aufspaltung des Linienprofils in Einzelkomponenten besonders gut ausgeprägt (Abb. 4.51). Die beobachteten Linienbreiten der Komponenten entsprechen Temperaturen zwischen 40 K und 120 K. Aus den Einsenkungen im Absorptionsprofil kann die optische Dicke τ_v und daraus – nach Integration über die Linienkomponente – weiter die Säulendichte der neutralen H-Atome für die *Einzelwolken* abgeleitet werden. Typische Ergebnisse liegen wieder bei $3 \cdot 10^{20}$ H-Atomen/cm². Für einen Wolkendurchmesser von 3 pc erhält man eine *Dichte* von 30 H-Atomen/cm³. Nimmt man die Wolke der Einfachheit halber als kugelförmig an, so folgt eine *Masse* von $10\,\mathcal{M}_\odot$.

4.3.2.3 Modell des allgemein verbreiteten Mediums

Würde der Gasdruck der diffusen Wolken nicht kompensiert, so käme es relativ rasch zu ihrer Auflösung – im Widerspruch zu der relativ großen Häufigkeit dieser Wolken. Die Eigengravitation ist jedoch viel zu gering, um den Zusammenhalt einer diffusen Wolke zu gewährleisten (s. Abschn. 4.3.4.3). Man muß daher annehmen, daß Druckgleichgewicht mit einem umgebenden Medium besteht. Hierfür bietet sich die beobachtete dünne, heiße Gaskomponente an: Das für den Druck maßgebende Produkt $N \cdot T$ nimmt für dieses Gas mit $N \approx 3 \cdot 10^{-3}\,\mathrm{cm}^{-3}$ und $T \approx 10^6$ K denselben Wert an wie für die Wolke mit $N \approx 30\,\mathrm{cm}^{-3}$ und $T \approx 100$ K. Die in Abschn. 4.3.2.2 erwähnte „warme" Gaskomponente läßt sich zwanglos als Übergangsschicht mit $N \approx 0.3\,\mathrm{cm}^{-3}$ und $T \approx 10^4$ K interpretieren.

Die Temperaturen im Innern einer diffusen Wolke und in ihrer warmen Hülle resultieren aus dem Gleichgewicht zwischen der Energiezufuhr und den Energieverlusten. Wegen der geringen Dichten spielt dabei Wärmeleitung keine Rolle. Sternstrahlung mit $\lambda < 91.2$ nm (Lyman-Grenze) wird meist schon in der Nähe der sie emittierenden O- und B-Sterne vom neutralen Wasserstoff absorbiert (siehe Abschn. 4.3.3.2). Ein Rest kann den Wasserstoff nur in einer relativ dünnen äußeren Schicht ionisieren und damit das Gas dort aufheizen. Tiefer dringt die weiche Röntgenstrahlung des heißen „Zwischenwolkengases" ein, wodurch der Wasserstoff hier zu etwa 10 % ionisiert, das Gas aber dennoch stark aufgeheizt wird. Den „Kern" der Wolke erreicht nur Sternstrahlung mit $\lambda > 91.2$ nm. Sie kann nur Elemente wie C, Si und Fe ionisieren, deren Häufigkeiten um Faktoren der Größenordnung 10^{-4} niedriger sind als die Häufigkeit des Wasserstoffs. Entsprechend wenige freie Elektronen können ihre kinetische Energie auf die übrigen Gaspartikel übertragen. Einen höheren Gewinn an thermischer Energie liefern Elektronen, die beim Auftreffen der UV-Photonen des Bereichs $\lambda > 91.2$ nm auf die Oberflächen von Staubteilchen entstehen (lichtelektrischer Effekt).

Energieverluste treten durch Linienemission des Gases im Infrarotbereich auf: Die in ihren Grundzuständen befindlichen Atome und Ionen können durch Stöße von neutralen H-Atomen oder gegebenenfalls Elektronen in die Ausgangsniveaus gehoben werden. In den kalten Wolkenkernen sind dies die oberen Niveaus der Feinstrukturaufspaltung der Grundzustände von C^+, Si^+ und Fe^+. Die hierbei übertragene Energie wird danach abgestrahlt und geht der Wolke verloren. Der Energieverlust durch Volumen ist sowohl proportional zur Anzahldichte der stoßenden wie auch proportional zur Anzahldichte der emittierenden Gaspartikel, das heißt, er ist proportional zum Dichtequadrat. In den Wolkenkernen ist die Kühlrate daher relativ hoch. Abb. 4.52 erläutert das resultierende *Wolkenmodell*. Ionisation durch das Strahlungsfeld der Sterne im Bereich $\lambda > 91.2$ nm allein würde den Wolkenkern nur auf etwa 20 K erwärmen. Durch den Photoeffekt an Staubteilchen wird 80 K, der Mittelwert der Wolkentemperatur nach den 21-cm-Absorptionsbeobachtungen, erreicht.

Das Strahlungsfeld des fernen Ultraviolett (FUV) zwischen 6 eV $<$ hv $< 13{,}6$ eV ist von entscheidender Wichtigkeit für Struktur, Chemie, thermischem Gleichgewicht und Entwicklung des neutralen interstellaren Mediums. Photodissoziationsgebiete lassen sich durch dieses Strahlungsfeld beschreiben. Der gesamte neutrale Wasserstoff und große Teile des molekularen Gases sind derartigen Strahlungsfeldern

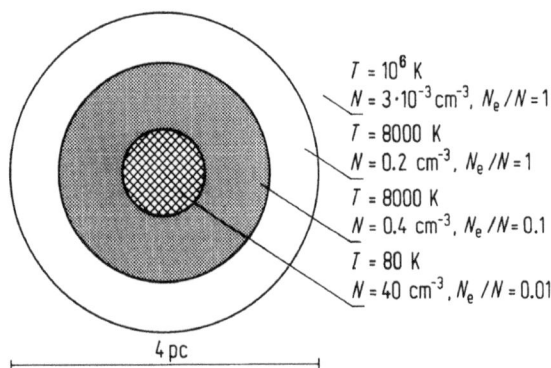

Abb. 4.52   Idealisierte diffuse interstellare Wolke.

ausgesetzt. Als Folge wird nichtstellare Infrarotstrahlung und mm-Strahlung von CO beobachtet. Auf den Oberflächen interstellarer Wolken, mit einer typischen Absorption von 1–3 mag, wird durch das FUV intensive Strahlung bei 158 μm von [CII] und 63 μm und 146 μm von [OI] ausgelöst. Ferner werden die Rotationsschwingungsbanden der H_2-Übergänge angeregt, sowie das IR-Staubkontinuum und Emission von polyzyklischen aromatischen Wasserstoffkarbonaten.

Eine Erklärung für das Auftreten der heißen Gaskomponente liefern Modellrechnungen zur Ausbreitung von Supernova-Hüllen im interstellaren Medium. Danach bilden sich starke Stoßfronten aus, hinter denen heißes Gas mit $T \approx 10^6 \cdots 10^7$ K und extrem niedriger Dichte verbleibt. Die Häufigkeit der Supernovae und die Reichweite ihrer Explosionswellen scheint auszureichen, um die beobachtete weite Verbreitung des dünnen „Koronagases" zu erklären.

Der Grund für die Bindung der kalten Wolken an den Nahbereich der galaktischen Ebene ist das Schwerefeld der galaktischen Scheibe, das zum größeren Teil von Sternen erzeugt wird. Für planparallel geschichtetes Gas im homogenen Schwerefeld ergibt sich die *Äquivalenthöhe* zu $H = RT/\mu g$, wobei R die Gaskonstante, μ die molare Masse und g die Schwerebeschleunigung bezeichnen. Aus den beobachteten Sternbewegungen senkrecht zur galaktischen Ebene ist für g ein Wert von rund 10^{-10} m s^{-2} abgeleitet worden. Für die hochionisierte *heiße Gaskomponente* ($\mu \approx 0.5$) erhält man damit $H \approx 5 \cdot 10^3$ pc = 5 kpc. Durch die Explosionswellen von Supernovae aufgeheiztes Gas muß sich also bis zu großen Abständen von der galaktischen Ebene ausdehnen.

Ultraviolett- und Röntgenbeobachtungen trugen wesentlich dazu bei, die Blasenstruktur des lokalen interstellaren Mediums aufzuklären. Aus einer von der Sonne nur 170 pc entfernten Assoziation strömen beachtliche Mengen Gas ab. Es müssen also in unmittelbarer Sonnenumgebung SN-Explosionen stattgefunden haben. Die ^{10}Be-Konzentration in antarktischen Eisschichten im Altersbereich von 35000 und 60000 Jahren weist ebenso darauf hin.

Beobachtungen interstellarer Absorptionslinien in den ultravioletten Spektren von Sternen, die große Abstände (bis zu 10 kpc) von der galaktischen Ebene besitzen, mit dem „International Ultraviolet Explorer" (IUE) haben den Nachweis eines solchen dünnen **galaktischen Gas-Halos** geliefert. Es wurden sowohl CIV- und SiIV-Linien als auch Linien niedrigerer Ionen gefunden, die auf das Vorhandensein auch kühleren Gases in großen Abständen von der galaktischen Ebene schließen lassen. Weil die Kühlrate dem Quadrat der Dichte proportional ist, kann jede geringfügige lokale Verdichtung zur Kondensation von Wolken führen, die sich zunehmend rascher abkühlen und zur galaktischen Scheibe zurückfallen.

4.3.2.4 Kontinuierliche Radiofrequenzstrahlung und hochenergetische Teilchen

Der erste (zufällige) Nachweis von Radiowellen aus dem Kosmos (K.G. Jansky, 1932) bezog sich auf Meterwellenstrahlung mit einem kontinuierlichen Spektrum, die vorwiegend aus dem Bereich der Milchstraße kommt. Die späteren Beobachtungen mit großen Radioteleskopen und -interferometern führten zu folgenden Beobachtungsresultaten: Die nichtsolare kosmische Radiokontinuumsstrahlung geht einerseits von zahlreichen verschiedenartigen, wohl abgegrenzten Objekten aus: Gasnebeln um heiße Sterne, Supernova-Überresten, Galaxien und andere. Außer diesen

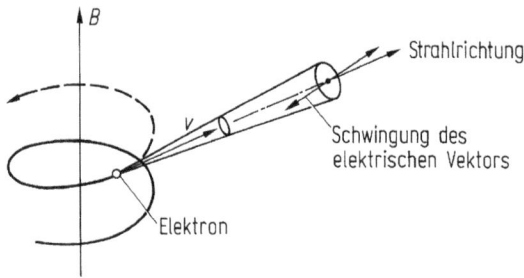

Abb. 4.53 Synchrotronstrahlung eines relativistischen Elektrons im Magnetfeld der Fluß-dichte B.

diskreten Quellen ist eine allgemeine *Hintergrundstrahlung* vorhanden, die mäßig zum galaktischen Äquator und zum galaktischen Zentrum hin konzentriert ist, aber auch bei hohen galaktischen Breiten noch merkliche Intensitäten aufweist. Diese offenbar *interstellare* Strahlung tritt vor allem bei Wellenlängen über 1 m hervor. Sie besitzt ein Spektrum der Form

$$I_v \sim v^{-\alpha} \tag{4.66}$$

mit $\alpha = 0.4 \cdots 0.9$ und ist schwach linear polarisiert.

Thermische Strahlung würde Exponenten α zwischen 0 und -2 liefern (s. Abschn. 4.3.3.3) und keine Polarisation aufweisen. Wie bei den Hüllen der Super-novae (s. Abschn. 4.2.6.3) ergibt auch hier die Annahme von *Synchrotronstrahlung* relativistischer Elektronen in einem Magnetfeld (Abb. 4.53) eine zwanglose Erklä-rung der Beobachtungen.

Damit wird die Verbindung zu den Teilchen der 1912 von V. Hess bei einem Ballon-aufstieg entdeckten kosmischen Strahlung hergestellt, die weit außerhalb der Ma-gnetosphäre der Erde vorwiegend aus relativistischen Protonen, α-Teilchen und Elek-tronen besteht.

Elektronen einer Energie $E \gg m_e c^2 = 0.5$ MeV strahlen ein nicht sehr breites kon-tinuierliches Spektrum aus mit einem Maximum bei der Frequenz (in MHz)

$$v_m = 4.6 \cdot 10^4 B_\perp E^2 .$$

Hier bezeichnet $B_\perp$ die magnetische Flußdichte (in T) senkrecht zur Bewegungsrich-tung der Elektronen, E ist in MeV einzusetzen. Mit $B_\perp = 3 \cdot 10^{-10}$ T ergibt sich für $E = 10^3 \cdots 10^4$ MeV vorwiegend Strahlung im Bereich $v = 14$ MHz $\ldots 1400$ MHz bzw. $\lambda = 20$ m $\ldots 20$ cm. Legt man ein Energiespektrum der Form

$$N(E) \sim E^{-\gamma} \tag{4.67}$$

zugrunde, wie es direkte Messungen für Nukleonen und Elektronen der primären kosmischen Strahlung ergeben haben, dann resultiert auch ein Potenzgesetz für den Emissionskoeffizienten der Synchrotronstrahlung:

$$\varepsilon_v \sim B_\perp^{\frac{(\gamma+1)}{2}} v^{-\frac{(\gamma-1)}{2}} . \tag{4.68}$$

Für den in Gl. (4.66) eingeführten „Spektralindex" gilt also $\alpha = (\gamma - 1)/2$. Der mittlere beobachtete Wert $\alpha = 0.7$ erfordert $\gamma = 2.4$. Diese Aussage stimmt befriedigend überein mit Ergebnissen extraterrestrischer Messungen der Elektronenkomponente der kosmischen Strahlung. Protonen können zu der beobachteten Hintergrundstrahlung nicht wesentlich beitragen, weil deren Synchrotronemission erst für Energien $E \gg m_p c^2 \approx 10^3$ MeV auftritt, wo das Energiespektrum Gl. (4.67) bereits stark abgefallen ist.

Der Gyrationsradius der Bewegung relativistischer Teilchen im galaktischen Magnetfeld mit $B \approx 3 \cdot 10^{-10}$ T ist für Energien unter 10^{12} MeV kleiner als 0.3 pc. Nukleonen und Elektronen sind somit in der galaktischen Scheibe gefangen und ihre Bewegungsrichtungen sind angenähert isotrop verteilt. Direkte Messungen erlauben daher keine Aussagen über Herkunft und räumliche Verteilung der Teilchen. Die Konzentration der nichtthermischen Radiokontinuumsstrahlung zum galaktischen Äquator und zum galaktischen Zentrum läßt hingegen den Schluß zu, daß die hochenergetischen Teilchen der Kosmischen Strahlung in der ganzen galaktischen Scheibe und im galaktischen Zentralgebiet existieren.

Daß die beobachtete Synchrotronstrahlung nur eine schwache *Polarisation* zeigt, ist eine Folge der Wolkenstruktur des interstellaren Mediums: Die ursprünglich polarisierten Radiowellen erfahren von Wolke zu Wolke unterschiedliche Drehungen ihrer Schwingungsebenen (Faraday-Rotation). Die Überlagerung der aus verschiedenen Richtungen innerhalb der Richtkeule des Radioteleskops kommenden Strahlung führt daher zu einer weitgehenden Aufhebung der Polarisation. Nur der Anteil des Nahbereichs (≈ 100 pc) besitzt noch seine ursprünglichen Polarisationseigenschaften. Hier ergibt sich eine Bestätigung für den in Abschn. 4.3.1.3 gezogenen Schluß über den *Verlauf des lokalen Magnetfeldes*: Im Bereich $l \approx 140°$ liegt die Schwingungsrichtung des elektrischen Vektors beispielsweise vorwiegend senkrecht zum galaktischen Äquator, die Feldlinien müssen also parallel zur galaktischen Ebene (und angenähert senkrecht zum Sehstrahl) verlaufen.

Bei Dezimeter- und Millimeterwellenlängen tritt zu der hier diskutierten Hintergrundstrahlung galaktischen Ursprungs eine weitgehend isotrope kontinuierliche Strahlung hinzu, deren Energiedichte von gleicher Größenordnung ist wie diejenige aller galaktischen Sterne zusammen. Das Spektrum dieser 1965 von A.A. Penzias und R.W. Wilson entdeckten *kosmischen Hintergrundstrahlung* entspricht dem eines schwarzen Körpers mit einer Temperatur von rund 3 K. Diese sogenannte 3-K-Strahlung wird als Relikt der heißen Anfangsphase des Weltalls (Urknall) gedeutet (s. Kap. 4, Abschn. 4.2.2).

4.3.3 HII-Regionen

4.3.3.1 Diffuse Emissionsnebel

Diese Bezeichnung gilt eindrucksvollen optischen Erscheinungen: flächenhaft leuchtenden, unregelmäßig strukturierten Objekten mit Emissionslinienspektren. Die Abb. 4.54 und 4.55 zeigen zwei Beispiele. Die hellsten diffusen Emissionsnebel sind bereits in einem 1784 von Charles Messier erstellten Katalog der Sternhaufen und Nebel verzeichnet. Der Orionnebel erscheint dort als Objekt 42 und wird noch heute

Abb. 4.54 Der Große Orionnebel im Licht der Wasserstofflinie Hα (Aufnahme Palomar Observatorium).

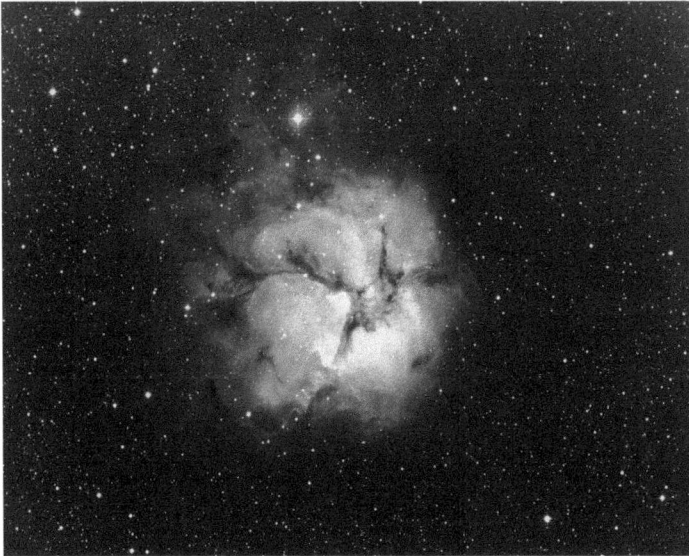

Abb. 4.55 Der Trifid-Nebel, M20 (Aufnahme von Th. Neckel mit dem 2.2-m-Teleskop der Calar Alto Sternwarte des Max-Planck-Instituts für Astronomie, Heidelberg).

oft M42 genannt. Nach seiner Nummer in dem umfangreicheren „New General Catalogue" erhielt er die Bezeichnung NGC 1976.

Wie bei den Reflexionsnebeln (Abschn. 4.3.1.2) lassen sich interne oder nahe benachbarte helle Sterne finden, die als Ursache und Energiequelle der Nebelemission infrage kommen. Bei Emissionsnebeln besitzen diese Sterne stets Spektraltypen früher als B1, bei Reflexionsnebeln hingegen spätere Spektraltypen ab B1 (*Hubblesche Regel*). Die *Anregung* des Eigenleuchtens der Emissionsnebel kann somit nur durch sehr heiße Sterne erfolgen, die überwiegend im Ultraviolett abstrahlen. Wegen der Seltenheit dieser Sterntypen ist die Entscheidung für den anregenden Stern (oder eine enge Sterngruppe) meist leicht zu treffen. Im Innern des Orionnebels befinden sich beispielsweise drei B-Sterne und ein O6-Stern, die ein Trapez bilden. Der O6-Stern dominiert als Energiequelle des Nebels.

Die Kenntnis des Spektraltyps eines anregenden Sterns ermöglicht die Angabe seiner absoluten Helligkeit (Tab. 4.5). Zu der gemessenen scheinbaren Helligkeit m_V kann danach die Entfernung des Sterns und damit auch des Nebels nach Gl. (4.10) berechnet werden. Im allgemeinen muß dabei noch die interstellare Extinktion $A_V \approx 3 E_{B-V}$ als additives Glied auf der rechten Seite von Gl. (4.10) berücksichtigt werden (Bestimmung von E_{B-V} s. Abschn. 4.3.1.1). Mit der Entfernung kann aus dem Winkeldurchmesser des Nebels seine *lineare Ausdehnung* berechnet werden. Die erhaltenen Werte liegen meist zwischen 10 und 50 pc. Beobachtungen von Emissionsnebeln in anderen flachen Galaxien zeigen, daß diese Objekte entlang der *Spiralarme* angeordnet sind. In der optisch erfaßbaren Umgebung der Sonne kann dies auch für unsere Galaxis bestätigt werden.

Die *Spektren* der diffusen Emissionsnebel sind den Spektren der Planetarischen Nebel (Abschn. 4.2.6.4) sehr ähnlich. Die stärksten Emissionslinien sind (1) die Balmer-Linien des Wasserstoffs (bis zu hohen Serliengliedern) sowie Linien des Heliums und (2) verbotene Linien der Ionen von O (grüne Nebellinien N_1 und N_2 von O^{2+}), N, Ne und S. Oft ist auch ein schwaches Kontinuum vorhanden, dessen Intensität in den Ultraviolettbereich hinein zunimmt. Hieraus kann geschlossen werden, daß es sich um Licht des anregenden Sternes handelt, das an eingelagerten Staubteilchen gestreut worden ist. Für die Existenz von Staub in den Nebeln sprechen auch verschiedene Strukturmerkmale.

4.3.3.2 Interpretation der optischen Beobachtungen

Die diffusen Emissionsnebel lieferten den frühesten Hinweis auf die Existenz interstellarer Materie. Erst die Entdeckung großer, relativ dichter und kalter *Molekülwolken* durch Beobachtungen im Mikrowellenbereich in neuerer Zeit (s. Abschn. 4.3.4.1) hat die Stellung dieser Objekte in vollem Umfang erkennen lassen: Wir sehen hier die Auswirkungen der Entstehung massereicher Sterne in solchen Wolken. Das Gas wird lokal ionisiert, aufgeheizt und zum Leuchten gebracht. Wie Leuchtfeuer zeigen die diffusen Emissionsnebel die Anwesenheit völlig unsichtbarer, massereicher Wolken an, die genügend dicht sind, um die Bildung von Sternen zu ermöglichen.

Ein erheblicher Teil der Ultraviolettstrahlung der anregenden Sterne dieser Nebel fällt in den Bereich unterhalb der Lyman-Grenze $\lambda < \lambda_0 = 91.2$ nm mit Photonenenergien $h\nu > h\nu_0 = 13.6$ eV = Ionisationsenergie des Wasserstoffatoms. Die Sternstrahlung kann daher nicht nur den in molekularer Form vorliegenden interstellaren Wasserstoff dissoziieren (Dissoziationsenergie 4.5 eV), sondern auch resultierende neutrale Wasserstoffatome ionisieren. In einer gewissen Umgebung eines solchen

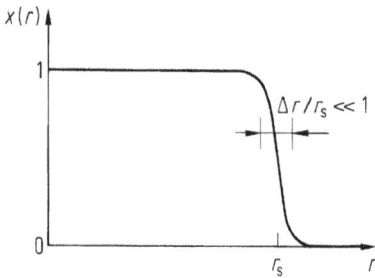

Abb. 4.56 Definition des Strömgren-Radius einer HII-Region.

heißen Sterns wird der größere Teil des Gases daher aus Protonen und freien Elektronen bestehen. Hier stellt sich ein Gleichgewicht zwischen Ionisationen und Rekombinationen ein. Damit ergibt sich sogleich eine Erklärung der *Balmer-Linien*: Sie entstehen im Anschluß an Rekombinationen von Protonen und Elektronen in Energiezustände $n > 2$.

Die quantitative Diskussion des Ionisationsgleichgewichtes ergibt, daß der *Ionisationsgrad* des Wasserstoffs $x = N_1/(N_0 + N_1)$ in der Nähe des anregenden Sternes praktisch gleich Eins ist. Dabei bezeichnen N_0 und N_1 die Anzahldichten der neutralen bzw. ionisierten H-Atome. Die Sternstrahlung mit $\lambda < 91.2$ nm wird jedoch in einer hinreichend großen Entfernung verbraucht sein und damit $x \to 0$ gehen. Die Rechnung zeigt, daß der Übergang von $x = 1$ nach $x = 0$ nicht allmählich erfolgt, sondern innerhalb einer Strecke, die klein ist gegenüber dem Abstand vom Stern (Abb. 4.56). Es bildet sich also ein deutlich begrenztes Gebiet ionisierten Wasserstoffs aus, für das sich die Bezeichnung **HII-Region** eingebürgert hat. Hier wird das beobachtete Linienspektrum emittiert. Der Radius der HII-Region wird nach dem Entdecker dieses Befundes *Strömgren-Radius* genannt. Er hängt von der Oberflächentemperatur des anregenden Sterns und von der Anzahldichte der Wasserstoffatome $N_H = N_0 + N_1$ in der HII-Region ab. In Tab. 4.13 sind numerische Ergebnisse für eine homogene HII-Region mit $N_H = 1$ cm^{-3} wiedergegeben. Der Übergang zu

Tab. 4.13 Strömgren-Radien r_s von HII-Regionen für $N_H = 1$ cm^{-3}. T^* ist die Temperatur eines schwarzen Körpers, der im Bereich $\lambda < 91.2$ nm die gleiche Strahlungsleistung besitzt wie ein Stern des angegebenen Typs. L_K ist die Gesamtzahl der vom Stern in einer Sekunde in diesem Lyman-Kontinuum emittierten Photonen (nach Osterbrock, 1974).

Spektraltyp	T^*/K	L_K/s^{-1}	r_s/pc
O5	48 000	$4.7 \cdot 10^{49}$	108
O6	40 000	$1.7 \cdot 10^{49}$	74
O7	35 000	$6.9 \cdot 10^{48}$	56
O8	33 000	$4.0 \cdot 10^{48}$	51
O9	32 000	$1.7 \cdot 10^{48}$	34
B0	30 000	$4.7 \cdot 10^{47}$	23
B1	23 000	$3.3 \cdot 10^{45}$	4

beliebiger Dichte N_H erfordert die Multiplikation der angegebenen Werte von r_s mit $N_H^{-2/3}$. Die erhaltenen Zahlen werden durch die Beobachtungen in großen Zügen bestätigt. Für realistische Dichten ($N_H \approx 10^2 \cdots 10^3$ cm^{-3}) ergeben sich bereits bei B1-Sternen sehr kleine HII-Regionen.

Mit der Ionisation durch Photonen der Sternstrahlung ist eine starke *Aufheizung* des Gases einer HII-Region verbunden. Die abgelösten Elektronen erhalten den Überschuß $hv - hv_0$ als kinetische Energie und übertragen diese durch Stöße teilweise auf die anderen Gaspartikel. Für den schließlich resultierenden stationären Zustand können wir setzen

$$\overline{hv} - hv_0 = \frac{3}{2} kT. \tag{4.69}$$

Hierbei bezeichnet $\overline{hv}$ die mittlere Energie der von neutralen H-Atomen absorbierten Photonen der Sternstrahlung und T die resultierende Temperatur des Nebelgases. Die Mittelbildung über hv ist mit der pro Volumen absorbierten Sternstrahlung $\varkappa_v I_v$ gewichtet vorzunehmen:

$$\overline{hv} = \frac{\displaystyle\int_{v_0}^{\infty} hv \varkappa_v I_v \mathrm{d}v}{\displaystyle\int_{v_0}^{\infty} \varkappa_v I_v \mathrm{d}v}. \tag{4.70}$$

Für den auftretenden Absorptionskoeffizienten im Grenzkontinuum der Lyman-Serie des Wasserstoffs gilt $\varkappa_v \sim v^{-3}$. Setzt man für I_v die relative spektrale Intensitätsverteilung eines schwarzen Körpers mit der Temperatur der Sternoberfläche T^* an, so darf hier die Wiensche Näherung ($hv/kT^* \gg 1$) verwendet werden: $I_v \sim v^3 \exp(-hv/kT^*)$. Wir beschränken uns auf die Wiedergabe des Ergebnisses: $\overline{hv} - hv_0 \approx kT^*$. Es liefert mit Gl. (4.69) für die Temperatur des Nebelgases $T \approx (2/3) T^*$.

Hierbei ist nicht berücksichtigt, daß der Nebel durch seine Linienstrahlung im Bereich $\lambda > 91.2$ nm, die ihn ungehindert verlassen kann, ständig Energie verliert. Entscheidend sind dabei die verbotenen Linien, deren Ausgangsniveaus nur wenige eV über den Grundzuständen liegen, welche die Atome und Ionen meist einnehmen. Die Besetzung dieser Niveaus findet praktisch allein durch Stöße der leichten und daher schnellen freien Elektronen statt. Die Anregungsenergie der verbotenen Linien wird also unmittelbar aus der thermischen Energie des Elektronengases entnommen und führt so zu einer *Kühlung* des gesamten Nebelgases. Dessen Temperatur stellt sich so ein, daß die von $\overline{hv} - hv_0$ abhängige Heizrate gleich der Kühlrate ist. Für realistische Dichten ergibt die Rechnung in allen Fällen *Temperaturen*, die mit 8000 bis 10 000 K erheblich niedriger sind als die „Anfangstemperatur" $(2/3) T^*$. Auf die dynamischen Auswirkungen der Aufheizung des Gases wird in Abschn. 4.3.4.3 eingegangen.

Einer Erklärung bedarf noch das Auftreten der *verbotenen Linien*, deren Übergangswahrscheinlichkeiten A_{nm} um etwa 10 Größenordnungen kleiner sind als diejenigen erlaubter Linien. Wir nehmen dazu vereinfachend an, daß das emittierende Ion nur zwei gebundene Energiezustände n und m besitzt, wobei m der untere Zustand sei. In einem stationären Zustand muß die Anzahl der Übergänge durch Zeit und Volumen von m nach n gleich derjenigen von n nach m sein. Da man Strahlungsanregungen vernachlässigen darf, muß daher gelten

$$N_m N_e Q_{mn} = N_n A_{nm} + N_n N_e Q_{nm} \, . \tag{4.71}$$

Links stehen die Stoßanregungen $m \to n$, rechts die zur Linienemission führenden spontanen Übergänge und die strahlungslos durch abregende Stöße erfolgenden Übergänge $n \to m$. Q_{mn} und Q_{nm} bezeichnen die jeweilige mittlere Anzahl dieser Elektronenstöße, die ein Ion bei der Elektronendichte $N_e = 1 \, \mathrm{cm}^{-3}$ erfährt. Diese „Koeffizienten der Stoßraten" sind jeweils das Produkt aus der mittleren Geschwindigkeit der freien Elektronen und dem wirksamen Querschnitt des Ions. Sie hängen daher von der Temperatur ab. Q_{nm} ist mit Q_{mn} verknüpft durch die Beziehung

$$g_m Q_{mn} = g_n Q_{nm} \exp(-h\nu_{nm}/kT) \, , \tag{4.72}$$

wobei g_m, g_n die statistischen Gewichte der beiden Niveaus und $h\nu_{nm}$ ihre Energiedifferenz sind.

Zum Beweis hierfür betrachtet man speziell den Fall thermodynamischen Gleichgewichts. Dann gilt $N_n Q_{nm} = N_m Q_{mn}$ und die Boltzmann-Formel

$$\frac{N_n}{N_m} = \left(\frac{g_n}{g_m}\right) \exp(-h\nu_{nm}/kT) \, .$$

Damit folgt unmittelbar Gl. (4.72) als allgemeine Relation zwischen atomaren Eigenschaften, die lediglich eine Maxwellsche Geschwindigkeitsverteilung für die freien Elektronen voraussetzt.

Drückt man in Gl. (4.71) Q_{mn} durch Q_{nm} aus, so liefert diese Gleichung für das Besetzungsverhältnis der beiden Zustände

$$\frac{N_n}{N_m} = \frac{g_n}{g_m} \frac{\exp(-h\nu_{nm}/kT)}{1 + (A_{nm}/N_e Q_{nm})} \, . \tag{4.73}$$

Ist die Dichte genügend hoch, so daß die Stoßabregungen gegenüber den Strahlungsabregungen dominieren, $N_e Q_{nm} \gg A_{nm}$, dann geht dieser Ausdruck in die Boltzmann-Formel über. Bei hinreichend niedrigen Dichten $N \approx N_e$ wird jedoch $N_e Q_{nm} \ll A_{nm}$ und damit der Nenner sehr groß, so daß ein sehr viel kleineres Besetzungsverhältnis N_n/N_m resultiert als im Fall thermodynamischen Gleichgewichtes. Dies trifft für erlaubte Linien mit typischen Werten $A_{nm} \approx 10^8 \, \mathrm{s}^{-1}$ zu.

Bei $T = 10\,000$ K gilt beispielsweise für tiefliegende Energieniveaus von O^{2+}: $Q_{nm} \approx 10^{-7} \, \mathrm{cm}^3 \, \mathrm{s}^{-1}$, so daß bei typischen Nebeldichten $N_e \approx 10^3 \, \mathrm{cm}^{-3}$ für erlaubte Linien folgt $A_{nm}/N_e Q_{nm} \approx 10^{15}/N_e \gg 1$. Für die verbotenen O^{2+}-Linien N_1 und N_2 gilt jedoch $A_{nm} \approx 10^{-2} \, \mathrm{s}^{-1}$, so daß $A_{nm}/N_e Q_{nm} \approx 10^5/N_e$ resultiert. Das Ausgangsniveau n wird also hier etwa 10^{10}fach stärker besetzt als bei entsprechenden erlaubten Linien. Das für die Linienstärke maßgebende Produkt $A_{nm} N_n$ ist daher für die verbotenen Linien von gleicher Größenordnung wie für erlaubte.

Galaktische Scheibe, Halo und Zentralkörper zeigen entwicklungsspezifische Häufigkeitsverteilungen von O, Mg, Si, Ca und Ti; ebenso die durch Neutroneneinfang aufgebauten Elemente. Die Metallhäufigkeit in Sternen schwankt zwischen

$$10^{-4} < [\mathrm{Fe/H}] < 10^{0.5} \, .$$

Die mittlere Eisenhäufigkeit [Fe/H] beträgt in Sonnenumgebung, Halo und galaktischem Zentralkörper jeweils $10^{-0.2}$, $10^{-0.6}$ und $10^{-0.2}$.

4.3.3.3 Radioemission von HII-Regionen

Die diffusen Emissionsnebel sind auch Quellen kontinuierlicher Radiofrequenzstrahlung. Durch Messungen mit großen Radioteleskopen erhaltene Konturenkarten der Strahlungsintensität entsprechen nur in großen Zügen den optischen Bildern der Nebel. Abbildung 4.57 demonstriert dies am Beispiel des *Orionnebels*. Von der lokalen Extinktion durch eingelagerten Staub ist das Radiobild unbeeinflußt. Das Maximum der Radioemission liegt nahe bei der Position der anregenden Trapezsterne. Die gemessenen Strahlungsflußdichten S_ν sind sehr klein.

Beispielsweise ergibt sich für den ganzen Orionnebel bei $\nu = 5\,\text{GHz}$ nur $S_\nu = 4 \cdot 10^{-24}\,\text{W}\,\text{m}^{-2}\,\text{Hz}^{-1}$. Die Radioastronomen benutzen deshalb die *Einheit* 1 Jansky $= 1\,\text{Jy} = 10^{-26}\,\text{W}\,\text{m}^{-2}\,\text{Hz}^{-1}$.

Die Radiokontinuumsstrahlung von HII-Regionen tritt – im Gegensatz zur galaktischen Hintergrundstrahlung – vorwiegend bei höheren Frequenzen auf. Abbil-

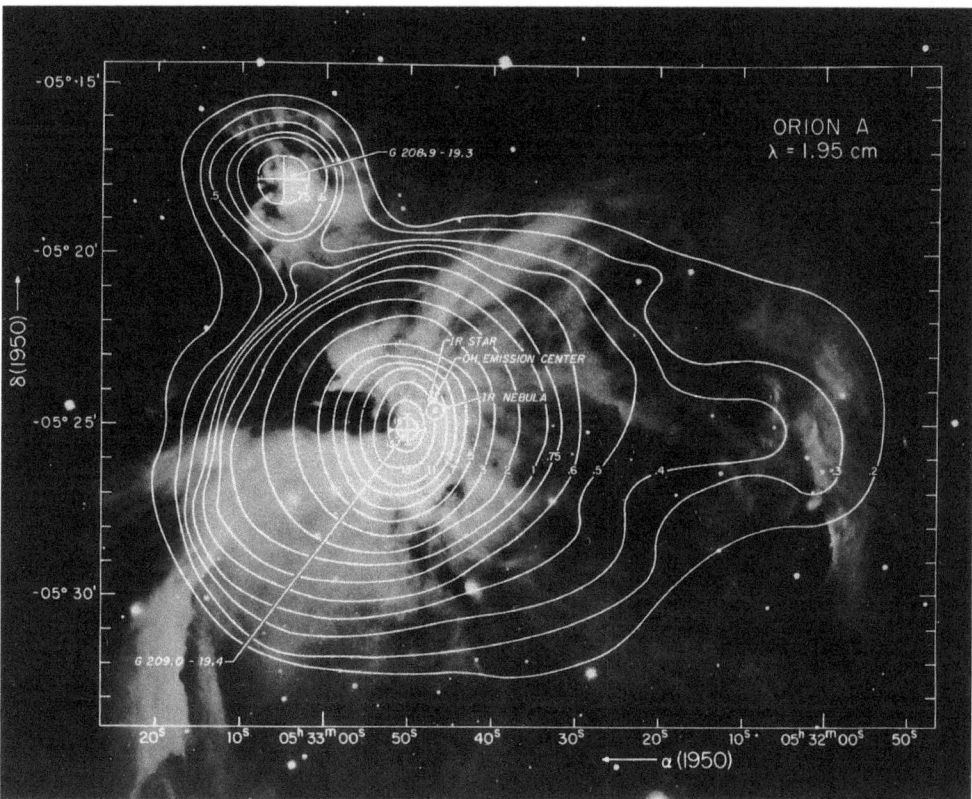

Abb. 4.57   Konturenkarte der Radiokontinuumsstrahlung des Orionnebels bei $\lambda = 1.95\,\text{cm}$ über einer Aufnahme im Licht der Hα-Linie (nach von P. G. Mezger und W. J. Altenhoff, Max-Planck-Institut für Radioastronomie, Bonn).

dung 4.58 erläutert den typischen *Spektralverlauf* am Beispiel des Orionnebels. Er läßt sich mit der Annahme thermischer Bremsstrahlung der freien Elektronen in den Feldern der Ionen (hauptsächlich Protonen) befriedigend erklären: Für den gleichermaßen auftretenden inversen Prozeß der Absorption bei Frei-frei-Übergängen liefert die klassische Theorie den kontinuierlichen Absorptionskoeffizienten mit den Abhängigkeiten $\varkappa_\nu \sim T^{-3/2} \nu^{-2} N_e^2$, wobei N_e die Elektronendichte bedeutet. Daher wächst die optische Dicke der ganzen HII-Region $\tau_\nu^* \sim \nu^{-2}$ mit abnehmender Frequenz bzw. zunehmender Wellenlänge rasch an. Mit plausiblen Werten für T und N_e erhält man für $\lambda > 1$ m bereits $\tau_\nu^* \gg 1$. In diesem Fall gilt Gl. (4.65) und es folgt $I_\nu \sim \nu^2$, wie beobachtet. Für Wellenlängen im Dezimeter- und Zentimeterbereich wird hingegen $\tau_\nu^* \ll 1$. Dann geht Gl. (4.64), wegen $\exp(-\tau_\nu^*) \approx 1 - \tau_\nu^*$, in einen frequenzunabhängigen Ausdruck über:

$$I_\nu = \tau_\nu^* B_\nu(T) \sim T^{-1/2} \int N_e^2 \, dr \, . \tag{4.74}$$

Nimmt man lokales thermodynamisches Gleichgewicht (LTE) an, so genügt in diesem Fall kontinuierlich verteilter Energiezustände, daß eine Maxwellsche Geschwindigkeitsverteilung der Elektronen vorliegt. Die quantenmechanische Rechnung liefert für $\varkappa_\nu$ einen Korrekturfaktor, der proportional ist zu $\nu^{-0.1} \cdot T^{0.15}$, so daß bei kurzen Wellen genauer gilt $I_\nu \sim \nu^{-0.1}$. Für eine homogene HII-Region aus reinem Wasserstoff vom Durchmesser l erhält man insbesondere

$$\tau_\nu^* = 8 \cdot 10^{-2} \, T^{-1.35} \nu^{-2.1} N_e^2 \cdot l \, . \tag{4.75}$$

Nach Abb. 4.58 wird $\tau_\nu^* = 1$ etwa für $\nu = 1$ GHz erreicht. Diese Aussage kann mit Hilfe von Gl. (4.75) zur groben Abschätzung von N_e herangezogen werden. Mit $T = 10^4$ K folgt $N_e^2 l = 3 \cdot 10^6$ cm^{-6} pc. Der Winkeldurchmesser des Orionnebels und seine Entfernung (500 pc) liefern $l \approx 3$ pc, womit folgt $N_e \approx 10^3$ cm^{-3} (vgl. hierzu Tabelle 4.14).

Tab. 4.14 Ergebnisse für eine Auswahl von drei ausgedehnten und drei kompakten HII-Regionen.

HII-Region Radioquelle	Optischer Nebel	Entfernung r/pc	Durchmesser l/pc	Temperatur T/K	Mittlere Elektronendichte N_e/cm^{-3}	Masse des ionisierten Gases $\mathcal{M}/\mathcal{M}_\odot$
Orion A	M 42 = NGC 1976	500	3	8 000	$3 \cdot 10^2$	10^2
W 38 (S)	M 17 = NGC 6618	2200	2.3	7 700	$2 \cdot 10^3$	10^2
Sgr B2	–	9000	10	8 300	$1 \cdot 10^3$	10^4
W 3 A1	–	3100	0.4	8 400	$2 \cdot 10^3$	2
W 3 C	–	3100	0.07	10 000	$2 \cdot 10^4$	0.1
W 75, DR 21A	–	3000	0.08	8 400	$3 \cdot 10^4$	0.2

Viele diskrete Radioquellen besitzen ein thermisches Spektrum der in Abb. 4.58 dargestellten Art, aber es ist kein optischer Nebel beobachtbar. Diese Quellen haben mit den diffusen Emissionsnebeln die starke Konzentration zum galaktischen Äqua-

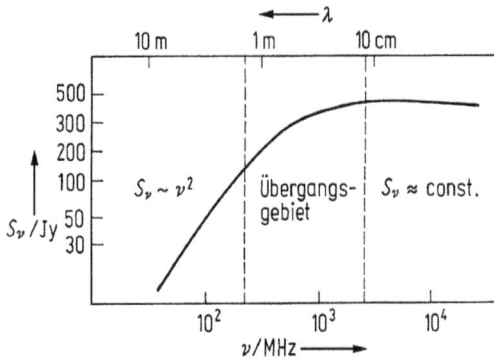

Abb. 4.58 Kontinuierliches Radiospektrum des Orionnebels
($1 \, \text{Jy} = 1 \, \text{Jansky} = 10^{-26} \, \text{W} \, \text{m}^{-2} \, \text{Hz}^{-1}$).

tor gemeinsam, und es besteht kein Zweifel daran, daß hohe interstellare Extinktion die Sichtbarkeit der optischen Strahlung verhindert. So sind gerade die größten HII-Regionen, die sich im *Zentralgebiet unserer Galaxis*, in der Richtung des Sternbildes Sagittarius befinden (Abb. 4.59), völlig unsichtbar. Das von der Entfernung unabhängige Produkt $S_\nu \cdot r^2$ ist beispielsweise für die „Riesen-HII-Region" Sagittarius B2 etwa zwanzigmal so groß wie für den Orionnebel. Die stärkste Quelle, Sagittarius A, ist zur Definition des Nullpunktes der galaktischen Längenzählung herangezogen worden. Sie besteht aus einer thermischen und einer nichtthermischen Quelle. Interferometrische Beobachtungen höchster Auflösung lassen hier unter an-

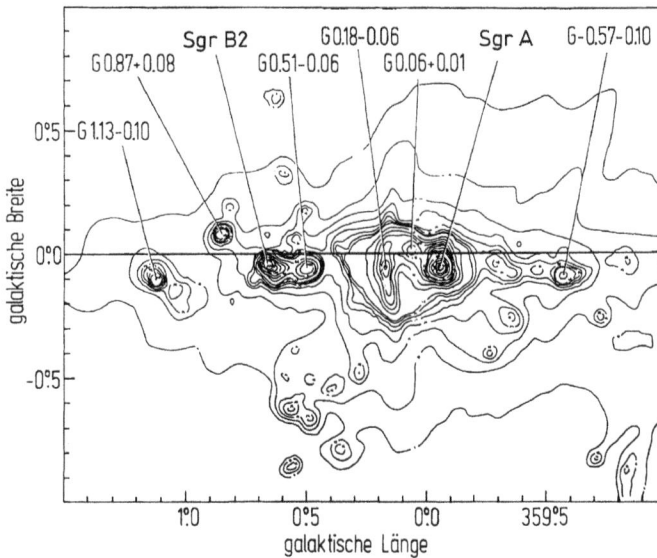

Abb. 4.59 Konturenkarte der Radiokontinuumsstrahlung bei 5 GHz aus dem galaktischen Zentralgebiet nach Messungen mit dem 100-m-Radioteleskop in Effelsberg (nach Altenhoff et al., 1971).

derem ein extrem kompaktes Objekt erkennen, das als „Kern" unserer Galaxis angesehen wird.

In den Bereichen ausgedehnter thermischer Radioquellen wurden mit Radiointerferometern häufig kleine, sehr intensive Komponenten entdeckt. In der Regel läßt sich bei diesen **kompakten HII-Regionen** keine optische Nebelemission feststellen. Für die Elektronendichten ergaben sich Werte bis zu 10^5 cm^{-3}. Das Produkt $S_v \cdot r^2$ und damit auch die Gesamtzahl L_K der Lyman-Kontinuums-Photonen durch Sekunde der anregenden Sterne sind von gleicher Größenordnung wie für den Orionnebel. Wir haben hier offenbar ein frühes Stadium von HII-Regionen um sehr junge, massereiche Sterne vor uns. Tatsächlich erweisen sich manche kompakten HII-Regionen als starke Infrarotquellen mit Strahlungsleistungen bis zu $10^4 L_\odot$, wie man sie für massereiche Protosterne erwartet (s. Abschn. 4.2.6.5 und Abschn. 4.3.4.3).

HII-Regionen emittieren auch *Radiolinien*. Bei den ständigen Rekombinationen von Protonen mit freien Elektronen resultieren unmittelbar H-Atome in Energiezuständen mit allen möglichen Hauptquantenzahlen n. Ist $n \gtrsim 60$, so führen nachfolgende Übergänge in den nächstniedrigen Zustand zu Linienemission mit Frequenzen $v = (E_n - E_{n-1})/h$, die bereits im Radiobereich liegen. 1965 wurde im Orionnebel und in dem Nebel M17 erstmals eine solche *Radio-Rekombinationslinie* bei 5009 MHz entdeckt, die durch den Übergang des Wasserstoffatoms von $n = 110$ nach $n = 109$ entsteht. Seither sind zahlreiche weitere Linien in vielen HII-Regionen bis zu den entferntesten Bereichen der Galaxis beobachtet worden. Damit konnten Aussagen sowohl über den physikalischen Zustand wie auch über die großräumige Bewegung und die Verteilung dieser Objekte auf Spiralarmen gewonnen werden.

4.3.4 Molekülwolken und Sternentstehung

4.3.4.1 Interstellare Moleküle

Die Suche nach weiteren Radiolinien neben der 21-cm-Linie führte in den sechziger Jahren zur Entdeckung interstellarer Emissionslinien von Molekülen. Seither sind über 40 Arten interstellarer Moleküle durch ihre Linienstrahlung überwiegend im Mikrowellengebiet nachgewiesen worden. Dazu gehören OH (Hydroxyl-Radikal), NH_3 (Ammoniak), H_2O (Wasserdampf), CO (Kohlenmonoxid), H_2CO (Formaldehyd) und auch recht komplexe organische Verbindungen, beispielsweise NH_2CHO (Formamid) und CH_3OCH_3 (Dimethylether). Die darin vorkommenden Elemente sind H, C, N, O, S und Si. Die Linien entstehen meist durch Übergänge zwischen *Rotationszuständen* der Moleküle.

Die Elementhäufigkeit, die Anzahl und Verschiedenheit von Molekülen in dichten Molekülwolken korrespondiert mit den großen Veränderungen der physikalischen Parameter die bei Sternentstehung stattfinden. Zirkumstellares Material mit Abständen von 100–10000 Astronomischen Einheiten vom Zentralstern kann im mm-Wellenlängenbereich und mit IR-Teleskopen beobachtet und analysiert werden. Die erhaltenen Ergebnisse deuten auf eine innige Verkoppelung zwischen der Chemie der Gasphase und den Stauboberflächen. Hierbei können sich die beobachteten langen, ungesättigten Kohlenstoffketten aufbauen.

Es gibt zwei Haupttypen interstellarer chemischer Reaktionen: 1. Chemische Abläufe in den Gaskomponenten und 2. auf den Oberflächen der Staubpartikel. Zwischen Staub und Gasphase findet eine stete Wechselwirkung statt, derart, daß auf den Stauboberflächen gebildete Moleküle ins Gas ausgestoßen werden und Gasbestandteile auf den Stauboberflächen absorbiert werden. Diese komplexen Wechselwirkungen werden durch chemische Reaktionsnetze beschrieben. Die Netzwerkalgebra verknüpft die Häufigkeiten der wechselwirkenden Atome, Ionen, Radikale und Moleküle. Derartige Reaktionsnetzwerke müssen chemisch geschlossen sein, das heißt, die entsprechenden Bilanzgleichungen müssen sowohl die Konstanz der gesamten Anzahldichten, wie die der Ladungen sicherstellen, wenn zusätzlich Ionisations- und Rekombinationsketten auftreten. Reaktionsaktive Staubteilchen sind: amorphe Silikat- und Karbonstäube, Stäube mit Eismänteln und polyzyklische, aromatische Hydrokarbonmoleküle. Ein Beispiel hierzu ist die Verkettung von Benzenen.

Diese Moleküle müssen sich in relativ dichten Wolken befinden, deren Staubkomponente das interstellare Strahlungsfeld der Sterne weitgehend abschirmt. Anderenfalls würden sie durch dessen Ultraviolettanteil unterhalb von etwa 200 nm rasch zerstört. Die Beobachtungen von Moleküllinien lieferten daher erstmals eine Möglichkeit, die dichtesten interstellaren Wolken zu analysieren, in denen Sterne entstehen. Die von diffusen Wolken erzeugten Lyman-Banden des H_2-Moleküls in den ultravioletten Sternspektren (Abschn. 4.3.2.1) lassen erwarten, daß in den dichteren Wolken der gesamte Wasserstoff in molekularer Form vorliegt. Leider gibt es kein Mikrowellen-Linienspektrum des H_2-Moleküls: Da es aus zwei gleichartigen Atomen gebildet ist, besitzt es kein Dipolmoment, auch weist es keine Hyperfeinstruktur auf. Man kann jedoch andere Moleküle, vor allem CO, als *Indikatoren* für das dominierend häufige H_2 betrachten.

Systematische Beobachtungen des Himmels bei den Wellenlängen der entdeckten Linien zeigten, daß einfache Moleküle wie OH (bei $\lambda = 18$ cm), CO ($\lambda = 2.6$ mm), H_2CO ($\lambda = 2.1$ mm) und andere überraschend weit verbreitet und stark zur galaktischen Ebene hin konzentriert sind. Die Profile der CO-Linie bei $\lambda = 2.6$ mm, die durch den Übergang von $J = 1$ nach $J = 0$ entsteht (J = Gesamtdrehimpuls-Quantenzahl), sind denen der 21-cm-Linie infolge des gleichartigen Einflusses der galaktischen Rotation ähnlich, lassen aber die Zusammensetzung aus Beiträgen einzelner Wolken viel deutlicher erkennen. Die Intensitätsverteilung an der Sphäre entspricht oft bis ins Detail dem Verlauf der visuellen interstellaren Extinktion, insbesondere sind Dunkelwolken klar ausgeprägt.

Komplexe organische Moleküle werden – neben den einfachen Molekülen – nur in bestimmten Bereichen beobachtet. Überraschend war zunächst, daß sich in unmittelbarer Nähe solcher zweifellos besonders dichten, kalten und staubreichen Wolken oft HII-Regionen befinden. Offenbar sind in einem Teilbereich dieser Wolken bereits massereiche Sterne entstanden und haben HII-Regionen erzeugt. Ein herausragendes Beispiel liefern die Beobachtungen des galaktischen Zentralgebietes bei der „Riesen-HII-Region" Sgr B2. Sie ist in eine große **Molekülwolke** eingebettet, deren Reichtum an Molekülarten alle anderen Quellen von Moleküllinien in unserer Galaxis übertrifft.

Häufig ist die Sternbildung am Rand der Wolke ausgelöst worden. Ein Beispiel ist in Abb. 4.60a skizziert. Die hier durch CO-Linienemission ausgewiesene Molekül-

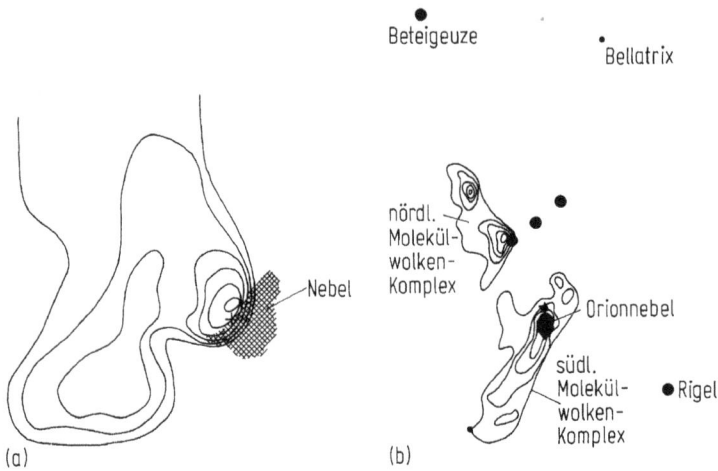

Abb. 4.60   (a) Konturen der CO-Linienemission bei dem diffusen Emissionsnebel S 140. Das Kreuz markiert die Position einer starken Infrarotquelle (nach Blair et al., 1978). (b) Konturen der CO-Linienemission im Orion.

wolke tritt auch durch starke Extinktionswirkung (*Dunkelwolke*) in Erscheinung. Der optische Nebel grenzt an die Molekülwolke, die dahinter verdichtet ist und dort eine starke Infrarotquelle enthält. Die Strahlungsleistung dieser Infrarotquelle entspricht der eines massereichen Protosterns (s. Abschn. 4.2.6.5). Im Sternbild Orion findet man zwei große Molekülwolkenkomplexe (Abb. 4.60 b). Der Orionnebel liegt *vor* einer besonders dichten Wolke des südlichen Komplexes – anderenfalls wäre er nicht sichtbar. Auch in dieser als OMC 1 (= Orion Molecular Cloud 1) bezeichneten Wolke wurden zahlreiche organische Moleküle nachgewiesen. Die anregenden Sterne des Orionnebels (Trapez) müssen aus der OMC 1 entstanden sein und danach einen Teil der uns zugewandten Seite dieser Wolke ionisiert und aufgeheizt haben.

Großräumig sind die Molekülwolken in unserer Galaxis vorwiegend auf das Gebiet innerhalb der Umlaufbahn der Sonne und auf den Zentralbereich beschränkt, während der neutrale Wasserstoff (diffuse Wolken) auch noch in der äußeren galaktischen Scheibe bis zu großen Abständen vom Zentrum anzutreffen ist.

Einen bemerkenswerten neuen Weg zur Gewinnung der räumlichen Verteilung interstellarer Wolken mit hohen Dichten haben Messungen *kosmischer γ-Strahlung* eröffnet. Neben galaktischen und extragalaktischen diskreten Quellen (*Punktquellen*) beobachtet man eine diffuse Komponente. Diese diffuse γ-Strahlung entsteht durch Wechselwirkungen der hochenergetischen Partikel der kosmischen Strahlung mit den Atomkernen der interstellaren Materie. Wichtigste Prozesse sind: (1) Erzeugung von Bremsstrahlung bei Stößen hochenergetischer Elektronen mit Protonen in H_2-Molekülen oder neutralen H-Atomen und (2) Entstehung von π^0-Mesonen (neben anderen Teilchen) bei Stößen hochenergetischer Protonen mit Protonen in H_2-Molekülen oder neutralen H-Atomen und anschließender Zerfall der π^0-Mesonen in zwei Photonen. Die Partikel mit Energien über 50 MeV können die dichtesten Molekülwolken durchdringen. Die pro Volumen erzeugte γ-Strahlung ist daher der Gasdichte proportional.

Interessante Meßergebnisse für den Energiebereich zwischen 70 MeV und 5 GeV für die ganze Milchstraße lieferte der in Zusammenarbeit mehrerer europäischer Forschungsinstitute entwickelte und 1975 gestartete γ-Satellit COS-B. Die diffuse Strahlung ist stark am galaktischen Äquator konzentriert, und die nahen Molekül-wolkenkomplexe in den Sternbildern Taurus, Orion und Ophiuchus sind als Bereiche erhöhter Strahlungsintensität deutlich ausgeprägt.

4.3.4.2 Zustand der Molekülwolken

Die Ableitung der Temperaturen und Dichten in Molekülwolken aus den gemessenen Intensitäten von Moleküllinien darf nicht von vornherein unter der Voraussetzung lokalen thermodynamischen Gleichgewichts (LTE) erfolgen. Man hat allgemein vor-zugehen, wie wir es in Abschn. 4.3.3.2 in vereinfachter Form für die verbotenen optischen Linien diffuser Emissionsnebel erläutert haben. Bei der Aufstellung sta-tistischer Gleichungen analog zu Gl. (4.71) ist nun auf der linken Seite noch ein Term für die Übergänge $m \rightarrow n$ durch Absorption von Strahlung und auf der rechten Seite ein Term für die hier wichtig werdende stimulierte Emission hinzuzufügen. Weil damit die Intensität des Strahlungsfeldes eingeht, müssen die resultierenden Gleichungen im allgemeinen simultan mit der Strahlungstransportgleichung gelöst werden.

An die Stelle der Elektronendichte tritt die Dichte der als Stoßpartner allein wich-tigen H_2-Moleküle. Damit ergibt sich eine Möglichkeit, $\mathcal{N}(H_2)$ zu bestimmen. Eine Analyse der Beobachtungen von drei Linien des CS-Moleküls lieferte beispielsweise für die zentralen Teile typischer Molekülwolken $N(H_2) \approx 2 \cdot 10^4 \cdots 2 \cdot 10^5$ cm^{-3} und kinetische Temperaturen $T \approx 10 \cdots 30$ K.

Für die 2.6-mm-CO-Linie ergibt eine Betrachtung, wie wir sie in Abschn. 4.3.3.2 im Anschluß an Gl. (4.73) angestellt haben, daß für $\mathcal{N}(H_2) > 1 \cdot 10^4$ cm^{-3} die An-nahme von LTE erlaubt ist. Wenn die Wolke in der Linie optisch dünn ist, $\tau_v^* \ll 1$, dann gilt somit für die Intensität Gl. (4.74). Bei bekannter Temperatur kann τ_v^* und daraus (nach Integration über die ganze Linie) die Säulendichte $\mathcal{N}(CO)$ ermittelt werden. Im Fall $\tau_v^* \gg 1$ liefert die Intensität hingegen nur eine Aussage über die Temperatur nach Gl. (4.65). Da auch die Linie des mit ^{13}C gebildeten isotopischen CO-Moleküls beobachtet wird, ist jedoch die Bestimmung von τ_v^* *und* T möglich.

Das Häufigkeitsverhältnis $^{12}C/^{13}C$ wurde für das interstellare Gas zu 40/1 gefun-den (auf der Erde 89/1). Im Fall $\tau_v^* \ll 1$ sollte daher das Intensitätsverhältnis der beiden Linien etwa 40/1 betragen, beobachtet wird aber meist ein Verhältnis um 3/1. Dies deutet darauf hin, daß die hier erfaßten Wolken in der Linie des normalen CO optisch dick sind. Dieser Schluß wird durch die Form der Profile bestätigt: Sie sind in der Mitte abgeflacht und erreichen dort den Höchstwert der Intensität $I_v = B_v(T)$ oder zeigen sogar zentrale Einsenkungen durch Selbstabsorption. Die Beobachtungen liefern damit unmittelbar die Temperatur. Für die ^{13}CO-Linie darf andererseits $\tau_v^* \ll 1$ ange-nommen werden, so daß $\tau_v^*(^{13}CO)$ und weiter $\mathcal{N}(^{13}CO)$ abgeleitet werden können.

Ergebnisse für Wolken mit $A_V \lesssim 1$ mag, für die man Säulendichten $\mathcal{N}(H_2)$ aus den interstellaren Lyman-Absorptionsbanden in ultravioletten Sternspektren gewin-nen konnte, führten auf die Beziehung

$$\mathcal{N}(H_2) \approx 5 \cdot 10^5 \, \mathcal{N}(^{13}CO) . \tag{4.76}$$

Tab. 4.15 Eigenschaften von Molekülwolken. Globulen sind kleine, angenähert kreisförmig erscheinende Dunkelwolken mit visuellen Extinktionsbeträgen $A_V \approx 3 \cdots 15$ mag.

Objekt	Durchmesser/pc	T/K	$N(H_2)/cm^{-3}$	$\mathcal{M}/\mathcal{M}_\odot$
Dunkelwolke	$3 \cdots 10$	10	10^3	$10^3 \cdots 10^4$
Globule	1	10	$10^3 \cdots 10^4$	$10^2 \cdots 10^3$
Kondensation in Dunkelwolke	0.1	10	$3 \cdot 10^4$	$1 \cdots 10$
Riesen-Molekülwolken	50	15	$3 \cdot 10^2$	10^5
Kern von OMC 1	0.5	80	$2 \cdot 10^5$	$5 \cdot 10^2$
Kern von Sgr B2	5	100	10^5	$5 \cdot 10^5$

Wendet man diese Relation auf die ^{13}CO-Säulendichten typischer Molekülwolken an und dividiert jeweils durch die Wolkendurchmesser, dann resultieren die in Tab. 4.15 zusammengestellten Dichten $\mathcal{N}(H_2)$. Die Angaben für Kondensationen in Dunkelwolken beruhen vor allem auf Beobachtungen einer Linie von NH_3 bei 1.3 cm.

Die *Profile* der Moleküllinien abgrenzbarer Wolken besitzen in der Regel Breiten, die Geschwindigkeitsdifferenzen von einigen km s^{-1} entsprechen. Die thermischen Doppler-Breiten für die abgeleiteten niedrigen Temperaturen betragen hingegen nur etwa ein Zehntel dieser Werte. Da andere Verbreiterungsmechanismen ausscheiden, müssen innere *makroskopische* Bewegungen vorhanden sein. Eine plausible Erklärung könnte die Annahme liefern, daß die Wolken als Ganzes oder in Teilbereichen kontrahieren. Die Beobachtungen naher Molekülwolken lassen eine inhomogene, „klumpige" Struktur erkennen, die wahrscheinlich auf die Bildung von Verdichtungen zurückzuführen ist.

4.3.4.3 Sternentstehung

Die physikalischen Bedingungen in Molekülwolken kontrollieren die Art und die Raten der Sternentstehung. Dies hat auch Folgen für die Planetenbildung und Galaxienentwicklung. In den allermeisten Molekülwolken sorgen die Photonen des interstellaren Strahlungsfeldes und die kosmischen Strahlungspartikel für eine Restionisation. Dadurch werden Magnetfelder gestützt, die wiederum einer gravitativen Zusammenklumpung der Wolke entgegenwirken. Innengasdruck und Magnetfelder sorgen so über längere Zeiten für Gleichgewichtskonfigurationen. In vielen Wolken findet man außerdem überschallige Turbulenz. Die fünf Grundparameter einer Wolke sind Temperatur, Teilchendichte, Magnetfeldstärke, chemische Zusammensetzung und innere Geschwindigkeitsverteilung.

Bei welchen Dichten und Temperaturen kann es in einer interstellaren Molekülwolke zum Überwiegen der Eigengravitation gegenüber dem nach außen gerichteten Gasdruck und damit zu fortschreitender Kontraktion kommen? Zu einer einfachen Antwort verhelfen die Betrachtungen zum Viralsatz Gl. (4.46) in Abschn. 4.2.5.2. Sie lassen erwarten, daß für kontrahierende Wolken gilt $E_G > 2 E_T$, wobei wir von Rotation und turbulenten inneren Bewegungen absehen. Für eine homogene, kugelförmige Wolke mit dem Radius R und der Masse $\mathcal{M}$ lautet diese Bedingung

$$\frac{3}{5}\, G\, \frac{\mathcal{M}}{R} > 2\, \frac{3}{2}\, kT\, \frac{\mathcal{M}}{\bar{m}} \tag{4.77}$$

mit $\bar{m}$ = mittlere Teilchenmasse. Drückt man R durch $\mathcal{M}$ und die Anzahldichte der Gasteilchen N mit Hilfe von $\mathcal{M} = (4\pi/3)\, R^3 N \bar{m}$ aus, dann kann hieraus eine Bedingung für N gewonnen werden:

$$N > \left(\frac{5}{3}\right)^3 \frac{3^3 k^3}{4\pi\, G^3\, \bar{m}^4}\, \frac{T^3}{\mathcal{M}^2} \approx 5 \cdot 10^2\, T^3 \left(\frac{\mathcal{M}}{\mathcal{M}_\odot}\right)^{-2}. \tag{4.78}$$

Der Vorfaktor auf der rechten Seite gilt für reinen molekularen Wasserstoff.

In Tab. 2.16 sind nach Gl. (4.78) berechnete kritische Dichten $N(H_2)$ für verschiedene Massen und Temperaturen gegeben. Diffuse Wolken mit $T \approx 100$ K, $\mathcal{M} \approx 10 \cdots 100\, \mathcal{M}_\odot$ und $N \approx 30$ H-Atome/cm^3 sind hiernach weit von der Grenze der Gravitationsinstabilität entfernt. Die Dichten der Molekülwolken (Tab. 4.15) liegen hingegen durchweg nahe bei den kritischen Werten oder überschreiten sie sogar erheblich. Dies gilt meist auch dann noch, wenn man die beobachteten Linienbreiten als Folge innerer turbulenter Bewegungen interpretiert, wodurch auf der rechten Seite von Gl. (4.77) zusätzlich das Zweifache der entsprechenden kinetischen Energie auftritt.

Es ist nicht zu erwarten, daß eine größere Wolke fortschreitend als Ganzes kollabiert. Inhomogenitäten werden vielmehr dazu führen, daß bald kleinere Teilbereiche stärker verdichtet werden. Eine solche *Fragmentierung* ist durch interferometrische Beobachtungen der Moleküllinienstrahlung erwiesen. Von *Protosternen* spricht man, wenn der „Kern" eines solchen Wolkenfragmentes für seine thermische Eigenstrahlung optisch dick ($\tau_\nu > 1$) geworden ist (Absorption durch Staubteilchen) und sich hierdurch aufzuheizen beginnt.

Wie bereits in Abschn. 4.2.6.5 beschrieben, ist der protostellare Kern zunächst noch von einer ausgedehnten, staubreichen Hülle umgeben, die seine Strahlung ins Infrarot verschiebt. Der Nachweis früher Phasen der Sternbildung erfordert daher Infrarotbeobachtungen. Bei Wellenlängen zwischen 1 μm und etwa 25 μm sind diese in einigen schmalen „Fenstern" der Erdatmosphäre vom Boden aus möglich, längerwellige Infrarotstrahlung bis zu 750 μm wurde von hochfliegenden Flugzeugen, Stratosphärenballonen und von Satelliten aus gemessen. Hier dienten als Strahlungsempfänger Germanium-Bolometer, die mit flüssigem Helium gekühlt wurden.

Tab. 4.16 Anzahldichte (in cm^{-3}) der Gaspartikel an der Grenze der Gravitationsinstabilität für eine kugelförmige, homogene Wolke aus reinem molekularem Wasserstoff für verschiedene Temperaturen T und Wolkenmassen $\mathcal{M}$ (in Einheiten der Sonnenmasse $\mathcal{M}_\odot$).

T/K $\quad$ $\mathcal{M}/\mathcal{M}_\odot$	1	10	100	1000	10000
10	$5 \cdot 10^5$	$5 \cdot 10^3$	$5 \cdot 10^1$	$5 \cdot 10^{-1}$	$5 \cdot 10^{-3}$
30	$1 \cdot 10^7$	$1 \cdot 10^5$	$1 \cdot 10^3$	10	$1 \cdot 10^{-1}$
100	$5 \cdot 10^8$	$5 \cdot 10^6$	$5 \cdot 10^4$	$5 \cdot 10^2$	5

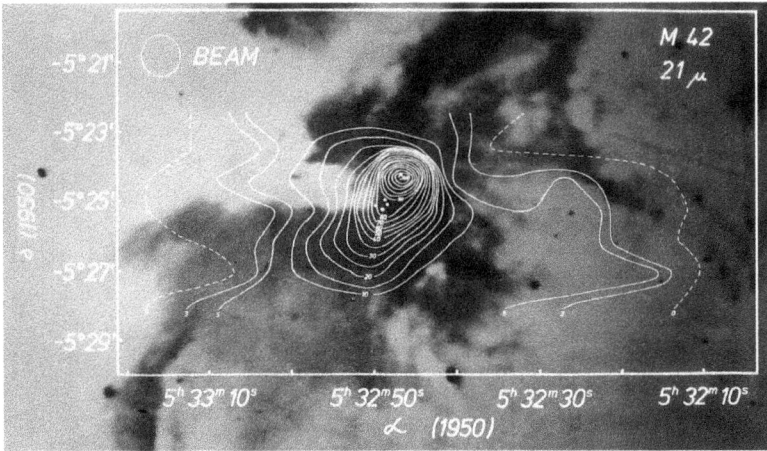

Abb. 4.61 Konturenkarte der Infrarotemission bei 21 µm aus der Orion-Molekülwolke OMC1 über einer Photographie des Orionnebels mit den (stark markierten) Trapezsternen. Links oben ist die Größe der Meßblende angegeben (nach Lemke, Low und Thum, 1974).

Nahe bei zahlreichen HII-Regionen sowie O- und B-Sternassoziationen sind überraschend starke Infrarotquellen entdeckt worden, bei denen es sich zweifellos um Protosterne handelt. Beispiele liefert auch hier das Gebiet des Orionnebels (Abb. 4.61). Nordwestlich der Trapezsterne, und damit deutlich gegen das Maximum der Radiokontinuumsstrahlung der HII-Region abgesetzt, befinden sich eine flächenhafte Quelle, nach ihren Entdeckern als *Kleinmann-Low-Infrarotnebel* benannt, und eine unaufgelöste „Punktquelle", das *Becklin-Neugebauer-Objekt*. Die Energieverteilungen entsprechen angenähert schwarzen Körpern mit Temperaturen von etwa 150 K bzw. 500 K. Die gesamten Strahlungsleistungen betragen in beiden Fällen $L \approx 2 \cdot 10^3 L_\odot$. Der Kleinmann-Low-Nebel (Ausdehnung einige $10^5 R_\odot$) fällt mit dem dichten Kern der OMC1 zusammen. Diese Eigenschaften sind nach Abschn. 4.2.6.5, Abb. 4.41, für massereiche Protosterne zu erwarten. Die infolge

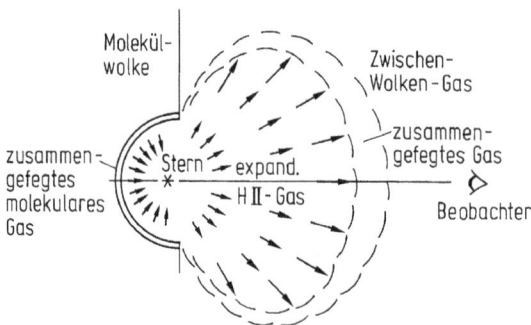

Abb. 4.62 Zur Auswirkung der Entwicklung einer HII-Region am Rande einer Molekülwolke (nach Yorke, 1985).

ihrer Aufheizung expandierende HII-Region des Orionnebels hat hier wahrscheinlich eine Kompression der Molekülwolke verursacht und damit die weitere Sternbildung ausgelöst (Abb. 4.62). Dieselbe Deutung dürfte für die starke Infrarotquelle bei der HII-Region S 140 gelten (Abb. 4.60a). In solchen Fällen dringt der Prozeß der Sternbildung allmählich immer weiter vor, bis in der ganzen Wolke Sterne entstanden sind.

Sonnenähnliche Sterne im Massenbereich 0.2–2 Sonnenmassen zeigen in den Anfangsphasen ihrer Entwicklung starke magnetische Aktivität. Vom Protostern bis zum Erreichen der Hauptreihe können starke Felder auf fast der gesamten Sternoberfläche nachgewiesen werden. Stellare Flares, als plötzliche Lichtausbrüche beobachtbar, sind Folge von Magnetfeldlinien-Vereinigungen und im Röntgen- und Radiowellenlängenbereich nachgewiesen worden. Die Flare-Erscheinung tritt in der stellaren Magnetosphäre auf, vermutlich in der Grenzschicht zwischen Stern und der den Stern umgebenden Aufsammlungsscheibe, die aus den Resten seines Entstehungsmaterials besteht.

Starke Infrarotquellen kann man hiernach als erste beobachtbare Phase der Bildung *massereicher* Sterne betrachten. Die nächste Phase sind kompakte HII-Regionen. Auch in diesen Objekten wird starke kontinuierliche Infrarotemission (bis zu $L \approx 10^4 L_\odot$) beobachtet und die stellaren Kerne können im sichtbaren Bereich noch nicht nachgewiesen werden. Dies ist erst nach weiterer Expansion der HII-Regionen möglich, wenn sie als diffuser Emissionsnebel sichtbar werden.

In den Bereichen ausgeprägter Dunkelwolken, fern von HII-Regionen, sind zahlreiche schwächere Infrarotquellen mit Leuchtkräften und Temperaturen bis hinab zu $0.1 L_\odot$ bzw. 40 K entdeckt worden, die auf Protosterne mit sonnenähnlichen Massen schließen lassen. Besonders erfolgreich war dabei der bereits in Abschn. 4.3.1.2 erwähnte Satellit IRAS. So wurden beispielsweise im Dunkelwolkenkomplex Taurus derartige Infrarotquellen in dichten Kondensationen des molekularen Gases gefunden, die vor allem durch NH_3-Linienemission hervortreten. Im gleichen Gebiet gibt es zahlreiche Vor-Hauptreihensterne vom Typ T Tauri. In diesen Wolken entstehen offenbar nur massearme Sterne, die keine HII-Regionen erzeugen können.

Überraschend war die Beobachtung, daß die CO-Linienemission um dichte Kondensationen in einer Reihe von Fällen von zwei in entgegengesetzten Richtungen aus dem Kern heraus fließenden, sogenannten **bipolaren Molekülströmen** kommt. Die Geschwindigkeiten liegen bei 30 km s^{-1}. Eine Erklärung hierfür ergibt sich, wenn man die in den obigen Betrachtungen vernachlässigte, mögliche Rotation der dichten Kondensation in Betracht zieht. Die nur sehr geringfügige Drehung großer interstellarer Wolken, wie sie durch die differentielle Rotation unserer Galaxis entsteht, muß im Laufe des Kollapses wegen der Erhaltung des Drehimpulses in eine relativ rasche Rotation übergehen. Dies gilt insbesondere für dichte Wolkenfragmente. Die Fliehkraft wird den Kollaps senkrecht zur Rotationsachse aufhalten, die resultierende Kondensation flacht sich zu einer *Scheibe* ab. Ein von dem stellaren Kern ausgehender Wind, wie man ihn von den T-Tauri-Sternen kennt (Geschwindigkeiten zwischen 50 und 400 km s^{-1}), kann die Scheibe nur senkrecht zu ihrer Symmetrieebene durchdringen und nimmt dabei das dort im Außenbereich vorhandene molekulare Gas mit. Für die Bündelung der Ausströmung spielen wahrscheinlich Magnetfelder eine wichtige Rolle.

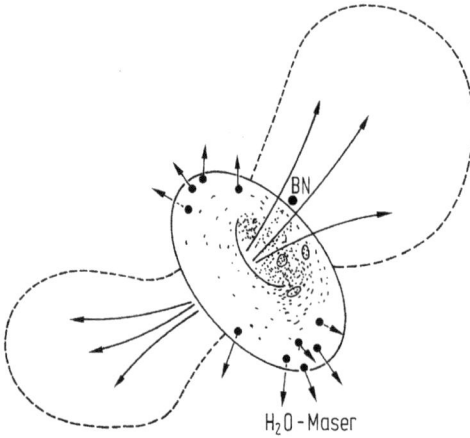

Abb. 4.63 Modell des Kernes der Orion-Molekülwolke OMC1, des Kleinmann-Low-Infrarotnebels (nach Plambeck et al., 1982).

Bipolare Strukturen werden auch bei einigen massereichen Protosternen beobachtet. Zur Interpretation wird auch hier die Ausbildung einer Scheibe (oder eines Ringes) um den stellaren Kern herangezogen. Abb. 4.63 erläutert das Beispiel des Kleinmann-Low-Infrarotnebels. Aus den durch gestrichelte Linien eingegrenzten „Blasen" kommt verbotene Infrarot-Linienstrahlung des angeregten H_2-Moleküls, die höhere Temperaturen erfordert, als sie in Molekülwolken vorliegen. Die Ausströmung erfolgt mit etwa $100 \ \mathrm{km \ s^{-1}}$.

In der Umgebung starker Infrarotquellen in Molekülwolken wird häufig Linienemission von OH ($\lambda = 18$ cm), H_2O ($\lambda = 1.35$ cm) und einigen anderen Molekülen beobachtet, die aus sehr kleinen Gebieten kommt mit Winkeldurchmessern (nach interferometrischen Messungen) von $0.''1$ bis zu $0.''0003$ hinab. Für die auf den Raumwinkel bezogene Intensität I_ν ergeben sich daher enorm große Werte, deren Interpretation als thermische Strahlung Temperaturen von 10^{10} bis 10^{15} K erfordern würde. Die Linienbreiten sind hingegen klein und würden bei einer Deutung als thermischer Doppler-Effekt $T < 100$ K erfordern. Es wird daher angenommen, daß eine Verstärkung der Strahlung durch die *stimulierte Emission* stattfindet. Solche „natürliche" *Maser* werden auch im Bereich des Kleinmann-Low-Nebels beobachtet (Abb. 4.63). Die Überbesetzung des oberen Niveaus des beobachteten Überganges scheint durch Absorption von Infrarotstrahlung des warmen Staubes der ringförmigen Kondensation zu erfolgen. Die emittierenden Moleküle müssen jedoch entlang einer größeren Wegstrecke auf dem Sehstrahl die gleiche Geschwindigkeit besitzen, da sonst keine ausreichende Verstärkung auftritt. Die Interferometrie mit interkontinentalen Basislängen ergab für die H_2O-Maser in der Orion-Molekülwolke eine *Expansionsbewegung* mit etwa $20 \ \mathrm{km \ s^{-1}}$, die in Abb. 4.63 durch Pfeile angedeutet ist. Eine voll befriedigende Erklärung dieser für die Endphasen der Entstehung massereicher Sterne charakteristischen Maserquellen steht noch aus.

Sternentstehung und die mit ihr gekoppelte Planetenentstehung laufen parallel. Protoplanetare Scheiben wurden bei vielen Sternen gefunden. Die Suche nach Planetensystemen an fertig entwickelten Sternen benutzt direkte und indirekte Verfahren. Indirekte Verfahren sind astrometrische, spektroskopische und photometrische Beobachtungstechniken. Die ersten zwei zeichnen die Bewegung des Stern um den Massenmittelpunkt des Systems Stern-Planet auf. Astrometrie befaßt sich hierbei mit der Sternbahnvermessung an der Himmelssphäre, die Spektroskopie untersucht die Geschwindigkeitsvariationen in Sichtlinienrichtung. Die photometrischen Untersuchungen registrieren Helligkeitsänderungen des Sterns, wenn ein dunkler Planet vor der Sternscheibe steht.

Direkte Abbildungsverfahren haben größere Schwierigkeiten aufgrund der gewaltigen Helligkeitsdifferenzen zwischen Stern und Planet. Planeten sind schlechte Strahlungsemitter, sei es nun thermische oder nichtthermische Strahlung. Dies hat seinen Grund in der Kleinheit der Planeten und in ihrer niedrigen Temperatur. Die Nähe zum Stern könnte zwar schon mit kleinen Teleskopen aufgelöst werden, das Intensitätsverhältnis und die Bildverschmierung durch die Erdatmosphäre setzen hier jedoch Grenzen. Zur Zeit kennt man rund 90 Planetensysteme. Die Massen der planetaren Körper liegen zwischen $0.5-7$ Jupitermassen bei mittleren Abständen um 2.1 Astronomischen Einheiten vom Zentralstern.

4.4 Ausblick

Die stürmische Entwicklung der neueren Astrophysik – wobei wir hier die Erfolge der direkten Erforschung der Körper des Sonnensystems mit Raumsonden ausklammern – beruhte in hohem Maße auf der Ausdehnung der Beobachtungen in vorher nicht genutzte oder nicht zugängliche Bereiche des Spektrums der elektromagnetischen Wellen: Radio-, Mikrowellen- und Infrarotbereich, Ultraviolett-, Röntgen- und γ-Strahlung. Hiervon sind auch neue Impulse für die nach wie vor wichtige Astronomie im herkömmlichen optischen Bereich ausgegangen und haben dieser zu einer neuen Blüte verholfen. Für die Auswertung des ständig umfangreicher gewordenen Datenmaterials und insbesondere für die theoretische Deutung war andererseits die Verfügbarkeit leistungsstarker Elektronenrechner von entscheidender Bedeutung.

Eine grundsätzliche Verbesserung der Kenntnis aller stellaren Zustandsgrößen bewirkte die erfolgreich abgeschlossene Mission des Astrometriesatelliten Hipparcos. Von rund 200 000 Sternen stehen ab 1997 genauere Daten über Entfernungen und Eigenbewegungen zur Verfügung. Die sich hieraus ergebenden Konsequenzen haben Folgen für alle Gebiete der Astronomie.

Die aus großen Entfernungen zu uns gelangende Strahlung kosmischer Objekte ist in der Regel sehr schwach und meist erscheinen die Quellen bzw. ihre Strukturen unter sehr kleinen Winkeln. Daher richten sich die Bestrebungen gegenwärtig für alle Wellenlängenbereiche auf eine Steigerung der Empfindlichkeit und der spektralen Auflösung, aber auch der Winkelauflösung der Beobachtungseinrichtungen. Für den optischen Bereich stehen heute Empfänger mit nahezu hundertprozentiger Quantenausbeute zur Verfügung, und auch im Radiofrequenzbereich werden bereits Empfänger mit kaum noch zu übertreffender Empfindlichkeit eingesetzt. Eine wesentlich größere Reichweite zu schwächeren Objekten läßt sich hier also nur durch Vergrößerung der Teleskopöffnungen erreichen. Damit wachsen die Kosten sehr stark an, sie nähern sich dem enorm hohen finanziellen Aufwand für die nur extraterrestrisch von Satelliten aus durchführbaren Messungen im Ultraviolett-, Röntgen- und γ-Bereich. Die Möglichkeiten eines einzelnen Instituts, oft sogar eines Landes, werden ganz erheblich überschritten. Die benötigten Mittel können meist nur durch überregionale bzw. internationale Zusammenschlüsse aufgebracht werden.

In der Bundesrepublik bereits bestehende überregionale Einrichtungen sind die Max-Planck-Institute für Radioastronomie (Bonn), für Extraterrestrische Physik (Garching) und für optische Astronomie (Heidelberg) mit der Calar-Alto-Sternwarte in Spanien. Ein Beispiel für internationale Zusammenarbeit ist das European Southern Observatory (ESO) mit seinem Großobservatorium für optische Astronomie in Chile, dessen Unterhalt von acht europäischen Ländern gemeinsam bestritten wird. Für die extraterrestrischen Forschungsvorhaben sei die European Space Administration (ESA) genannt. In den USA gibt es neben der NASA beispielsweise Kooperationen verschiedener Universitäten.

Die Aktivitäten aller dieser Organisationen und Zusammenschlüsse kommen in einer Vielzahl neuer oder in Vorbereitung befindlicher terrestrischer sowie in Satelliten installierter Beobachtungseinrichtungen zum Ausdruck. Nur für eine Auswahl sollen Konzeption und Forschungsziel hier kurz beschrieben werden. Als Beispiel einer bereits arbeitenden, neuen erdgebundenen Einrichtung sei das *Very Large Array* (VLA) in New Mexico, USA, erwähnt: Ein *Radio-Inferometer*, das aus 27 phasengerecht zusammengeschalteten Radioteleskopen von je 25 m Durchmesser besteht, die in der Form eines Y angeordnet sind, mit variablen Armlängen bis zu 21 km. Die Anlange wird vom National Radio Astronomy Observatory betrieben, dessen Finanzierung durch eine private Assoziation amerikanischer Universitäten erfolgt. Mit dem VLA können Bilder von Radioquellen, beispielsweise von aktiven galaktischen Kernen und Quasaren oder vom Zentrum unserer Galaxis, mit einer Auflösung von $1''$ gewonnen werden.

Welche dramatischen neuen Beobachtungsergebnisse hochauflösende Radiointerferometrie an Pulsaren zutage fördert, zeigt sich in der Entdeckung von Planetensystemen und Gravitationswellen. Im ersten Fall wurde aus der Bahnmechanik eines Pulsarsystems die Existenz von zwei Planeten gesichert nachgewiesen. Im zweiten Fall führte die langjährige Beobachtung eines Doppelpulsars zum Nachweis von Energieverlusten des Systems über Gravitationswellen. Der indirekte Nachweis von Bahnenergieverlusten über Gravitationswellen ist gleichzeitig die genaueste Bestätigung der allgemeinen Relativitätstheorie.

Erst in jüngster Zeit wird auch der *Millimeter- und Submillimeterwellenbereich* erschlossen, in dem der größte Teil der Linienstrahlung der interstellaren Molekülwolken liegt. Bei gleicher Teleskopöffnung ist hier die theoretische Winkelauflösung besser als für die längeren Radiowellen. Um sie zu erreichen, muß jedoch eine entsprechend höhere Genauigkeit der reflektierenden Fläche verlangt werden. Ein sehr leistungsfähiges neues Teleskop, das diese Bedingung (für $\lambda = 0.8 \cdots 3$ mm) erfüllt, mit einem Spiegeldurchmesser von 30 m, wird seit 1986 von dem deutsch-französischen *Institut für Radioastronomie im Millimeterbereich* (IRAM) betrieben. Wegen der atmosphärischen Wasserdampfabsorptionen bei diesen Wellenlängen wurde es in fast 3000 m Höhe auf eine Schulter des Pico Veleta in der spanischen Sierra Nevada gesetzt. Mit diesem und weiteren geplanten Teleskopen für Wellenlängen bis hinab zu 0.1 mm (Beginn starker Absorption) können erstmals auch Molekülwolken in anderen Galaxien untersucht werden.

Messungen der Strahlung kalter kosmischer Objekte, etwa der thermischen Emission des interstellaren Staubes im *fernen Infrarot*, stoßen auf die Schwierigkeit, daß die thermische Strahlung der unmittelbaren Umgebung des Empfängers, einschließlich des Teleskops, weit überwiegt. Da dies auch für die Strahlung der Erdatmosphäre gilt, erfordert der Nachweis schwächerer Quellen trotz Kühlung des ganzen Systems auf wenige Kelvin extraterrestrische Messungen. In Abschn. 4.3.1.2 haben wir bereits den Satelliten IRAS erwähnt. Noch leistungsfähiger ist das im November 1995 gestartete europäische *Infrared Space Observatory* (ISO) für Wellenlängen von 3 bis 200 μm sein. Es ist mit einem als Ganzes auf etwa 3 K gekühlten 60-cm-Teleskop ausgestattet, und man hofft, hundert- bis tausendfach schwächere Quellen messen zu können, als dies vom Erdboden aus möglich ist. Auf diese Weise können beispielsweise die frühesten Stadien der Sternbildung erfaßt werden (vgl. auch Kapitel 3).

Für die *terrestrische optische Astronomie* sind in den letzten Jahren acht Teleskope mit Öffnungen über 3 m in Betrieb genommen worden. Damit hat sich auf diesem Gebiet bereits eine bisher einmalige Ausweitung der Forschungsmöglichkeiten ergeben. Der Preis eines 3.5-m-Teleskops mit der verlangten Genauigkeit der optischen Flächen in allen Lagen liegt schon bei mindestens 50 Millionen DM. Die Erfahrungen beim Bau großer optischer Teleskope haben gezeigt, daß bei etwa 4 bis 6 m Durchmesser des Hauptspiegels eine Grenze erreicht wird, gegen deren Überschreitung technische wie ökonomische Argumente sprechen. Ein 3.5-m-Teleskop wiegt bereits über 400 t, sein Hauptspiegel fast 12 t! Um noch größere lichtsammelnde Flächen zu erreichen, versucht man deshalb entweder, den Spiegel von vornherein aus mehreren getrennt justierbaren Teilen zusammenzusetzen oder aber mehrere Einzelspiegel optisch miteinander zu koppeln, das heißt, deren Strahlengänge in einem gemeinsamen Fokus zu vereinigen.

In den USA wurde ein 10-m-Teleskop gebaut, dessen Spiegel aus 36 relativ dünnen, wabenförmigen Segmenten besteht. Auch ein deutsches Projekt eines Mosaikspiegels dieser Größenordnung ist im Gespräch. Die zweite Möglichkeit ist als kleinerer Prototyp bereits vom Smithsonian Astrophysical Observatory und der University of Arizona realisiert worden. Dieses *Multi Mirror Telescope* besteht aus sechs Spiegeln von je 1.8 m Durchmesser und seine lichtsammelnde Wirkung ist der eines einzigen 4.5-m-Spiegels gleich. Das European Southern Observatory (ESO) hat ein *Very Large Telescope* (VLT) nach ähnlichem Konzept teilweise in Betrieb genommen: Das VLT besteht aus vier linear angeordneten 8-m-Spiegeln und damit einer effektiven Öffnung von 16 m (vgl. Abb. 2.5 und 2.6). Die oben genannte Grenze für Spiegel aus einem Stück hat man hier durch die Verwendung leichter, dünner Spiegel überwunden. Deformationen durch Schwereeffekte beim Neigen des Teleskops oder durch thermische Effekte werden ständig gemessen und unmittelbar korrigiert. Dieses Prinzip der „aktiven Optik" ist bei dem Anfang 1989 fertiggestellten *ESO New Technology Telescope* mit 3.5 m Öffnung bereits verwirklicht worden.

Die Winkelauflösung eines terrestrischen optischen Großteleskops ist nicht besser als etwa bei einem 2-m-Teleskop, denn sie wird durch die unregelmäßigen kleinräumigen (und zeitlichen) Brechzahlschwankungen in der Erdatmosphäre (Luftunruhe, englisch „seeing") auf günstigenfalls etwas unterhalb von 1″ begrenzt. Das Bild eines praktisch punktförmigen Sterns, sein *Seeing-Scheibchen*, ist damit etwa zehnmal so groß wie das durch Beugung an der Öffnung eines idealen 2-m-Spiegels entstehende Ringsystem. Gegenwärtig arbeitet man daher an der Entwicklung einer *adaptiven Optik*, bei welcher die in der Erdatmosphäre erzeugten, rasch veränderlichen Deformationen der ankommenden Wellenfront mit Hilfe geeigneter Sensoren und eines zusätzlichen deformierbaren Spiegels gemessen und sofort (bis zu einem gewissen Grad) kompensiert werden sollen (notwendige Korrekturrate: bis zu 200 mal in der Sekunde).

Die Zahl der Aufgabenstellungen für ein terrestrisches Großteleskop ist groß. So werden beispielsweise spektroskopische Beobachtungen sehr schwacher Sterne möglich und bei helleren Sternen kann die spektrale Auflösung beträchtlich erhöht werden. Ein anderes Ziel ist das Vordringen zu den fernsten Galaxien, deren Strahlung Milliarden Jahre unterwegs ist und daher Information über die frühesten Stadien des Universums enthält. Terrestrischen Teleskopen setzt jedoch der helle Himmelshintergrund, insbesondere das Leuchten der Hochatmosphäre (*Airglow*), eine Grenze. Ein außerhalb der Erdatmosphäre stationiertes, merklich kleineres Teleskop, etwa der 2-m-Klasse, kann hier dieselben Leistungen erbringen wie ein terrestrisches Großteleskop oder diesem bereits überlegen sein. Letzteres gilt in jedem Fall für das Winkelauflösungsvermögen und damit auch für die Reichweite bei der Beobachtung von Sternen (Kontrast gegen den Hintergrund!). Darüber hinaus erlaubt es die bisher nicht mögliche Untersuchung der ultravioletten Spektren schwächerer Objekte. Aus diesen und weiteren Gründen kommt dem von der NASA und der ESA gemeinsam entwickelten *Hubble Space Telescope* (HST) mit 2.4 m Öffnung eine kaum zu überschätzende Bedeutung zu, wie ausführlich in Kapitel 3 dargestellt ist. Aufgaben mit höchster Priorität sind (1) Neubestimmung der Entfernungen von Galaxien durch Beobachtung der darin enthaltenen Cepheiden, die nun auch in ferneren Systemen erfaßt werden können; (2) Studium der Quasar-Spektren, vor allem im UV; (3) Durchmusterung des Himmels bis zu Sternhelligkeiten m_V $\approx$ 28 mag – bisher liegt die Grenze bei 23 mag.

Speziell für die *Sonnenphysik* wurden in den letzten Jahren neue optische Teleskope an günstigen Orten auf der Erde errichtet. Um eine Auflösung von 0.″1 erreichen zu können, sind jedoch auch für diesen Forschungszweig extraterrestrisch arbeitende Beobachtungsinstrumente erforderlich. Hierzu seien zwei Projekte mit deutscher Beteiligung erwähnt: Das *High Resolution Solar Observatory* der NASA und das *Solar and Heliospheric Observatory* der ESA. Mit letzterem werden sowohl solare Phänomene als auch solar-terrestrische Prozesse untersucht. Insbesondere finden in-situ-Messungen des Sonnenwindes in Erdnähe statt.

Wenden wir uns nun den nichtsolaren Strahlungen mit Wellenlängen unterhalb von etwa 300 nm zu, die von der Erdatmosphäre vollständig absorbiert werden. Nach den erfolgreichen Satellten zur Beobachtung im *Ultraviolett*, Copernicus und IUE (s. Abschn. 4.2.3.1), richtet sich das Interesse dort zunächst auf den extremen UV-Bereich um die Lyman-Grenze. Beispielsweise wurde 1993 ein hierfür konzipiertes Teleskop vom Space Shuttle in eine Umlaufbahn gebracht.

Im *Röntgenbereich* sind an die Stelle von Teleskopen nach dem Prinzip der Lochkamera abbildende Systeme nach H. Wolter getreten, die mit streifendem Einfall auf die Spiegelflächen arbeiten. Das erste derartige Röntgenteleskop wurde bei dem Satelliten *Einstein* der NASA angewandt (1978 bis 1981). Der nachfolgende *European X-Ray Observatory Satellite* (EXOSAT) besaß zwei dieser Wolter-Teleskope. Der am Max-Planck-Institut für Extraterrestrische Physik entwickelte deutsche Röntgensatellit (ROSAT), mit einem 83-cm-Teleskop ausgestattet, wurde ein voller

Erfolg. Seine Durchmusterung des ganzen Himmels nach schwachen Quellen hat die Röntgenastronomie revolutioniert. Tausende von fernen Quasaren und aktiven galaktischen Kernen wurden entdeckt, da diese Objekte meist auch Röntgenstrahler sind.

Zur Messung kosmischer γ-*Strahlung* müssen die Methoden der Hochenergiephysik für den Nachweis energiereicher Partikel angewandt werden. Dabei sind bisher nur Winkelauflösungen von bestenfalls wenigen Grad erreicht worden. Ein entscheidender Durchbruch wird von einer von der ESA geplanten Mission *International Gamma-Ray Astrophsics Laboratory* (INTEGRAL) erwartet. INTEGRAL soll hochauflösende Gamma-Linienspektroskopie ermöglichen und eine Winkelauflösung von 17' erreichen, Energiebereich: 15 keV bis etwa 10 MeV. Damit könnte beispielsweise die Quelle der in Richtung zum galaktischen Zentralgebiet beobachteten 0.511-MeV-Annihilationslinienstrahlung von Positronen lokalisiert werden.

In der Erforschung von Strahlungen, die bei hochenergetischen Prozessen im Kosmos entstehen, kommt die physikalische Durchdringung der heutigen Astronomie besonders drastisch zum Ausdruck. Die wechselseitigen Beziehungen zwischen Physik und Astronomie haben jedoch schon früh begonnen. So wurde die Entwicklung der Newtonschen Mechanik wesentlich durch astronomische Beobachtungen angeregt. Für die Interpretation der Sternspektren hat später vor allem die Physik der Atomhüllen als Grundlage gedient. Um den Aufbau und die Entwicklung der Sterne zu verstehen, waren Erkenntnisse der Kernphysik und der Elementarteilchenphysik nötig. Die moderne Astrophysik hat seither viele Probleme und Rätsel hervorgebracht, von deren Diskussion umgekehrt neue, anregende Impulse für die Kernphysik und Elementarteilchenphysik ausgegangen sind. Als herausragende Beispiele seien die Nukleosynthese und das Neutrinoproblem genannt. Das „kosmische Laboratorium" bietet zahlreiche Möglichkeiten, das Verhalten von Materie unter extremen Bedingungen zu studieren, wie sie auf der Erde nicht realisiert werden können. Neue, weiterreichende astrophysikalische Beobachtungen in allen Wellenlängenbereichen werden daher voraussichtlich nicht nur ihrem Hauptziel, der Erforschung des physikalischen Zustandes und der Evolution der Körper des Weltalls, dienen, sondern auch zur Aufklärung von Grundeigenschaften der Materie beitragen.

Literatur

Allgemeine Einführungen in die Astronomie und Astrophysik

Feitzinger, J.V., Unterwegs auf der Milchstraße – die Erkundung unserer Galaxie, Kosmos, Stuttgart, 1993
Unsöld, A., Baschek, B., The New Cosmos, 5. Auflage, Springer, Berlin, 2001
Weigert, A., Wendker, H.J., Astronomie und Astrophysik – ein Grundkurs, 3. Auflage, Physik-Verlag, Weinheim, 1996

Größere Teilgebiete der Astrophysik

Audouze, J., Vauclair, S., An Introduction to Nuclear Astrophysics, Reidel, Dordrecht, 1980
Blitz, L. (Ed.), The Evolution of the Interstellar Medium, Astronomical Society of the Pacific, San Francisco, 1990

Burton, W.B., Elmegreen, B.G., Genzel, R., The Galactic Interstellar Medium, Springer, Berlin, 1992

Humphreys, R.M., Lectures on the Structure and Dynamics of the Milky Way, San Francisco, Astronomical Society of the Pacific, 1993

Levy, E.H., Lunine, J.I., Protostars and Planets III, University of Arizona Press, Tucson, 1993

Rolfs, C.E., Rodney, W.S., Cauldrons in the Cosmos – Nuclear Astrophysics, University of Chicago Press, Chicago, 1988

Scheffler, H., Elsässer, H., Bau und Physik der Galaxis, B.I. Wissenschaftsverlag, Mannheim, 1992

Scheffler, H., Elsässer, H., Physik der Sterne und der Sonne, B.I. Wissenschaftsverlag, Mannheim, 1990

Stichwortartige Zusammenfassungen der Astronomie und Astrophysik

Maran, P. (Ed.), The Astronomy and Astrophysics Encyclopedia, Van Nostrand Reinhold, New York, 1992

Murdin, P. (Ed.), The Encyclopedeia of Astronomy and Astrophysics, MacMillan Publishers, London, 2000

Voigt, H.H., Abriß der Astronomie, 5. Auflage, B.I. Wissenschaftsverlag, Mannheim, 1991

Weisman, P.R. (Ed.), Encyclopedeia of the Solar System, Academic Press, San Diego, 1999

Datensammlung

Lang, K.R., Astrophysical Formulae, Vol. I–II, Springer Verlag, Berlin, 1999

Schaifers, K., Voigt, H.H. (Hrsg.), Landolt-Börnstein, Zahlenwerte und Funktionen aus Naturwissenschaft und Technik, Neue Serie, Gruppe VI, Bd. 2a, 2b, 2c und VI, 3a, 3b, 3c: Astronomy and Astrophysics, Springer, Berlin, 1981/1982; 1993/1999

Körper des Sonnensystems

Beatty, J.K., O'Leary, B., Chaikin, A., Die Sonne und ihre Planeten, Weltraumforschung in einer neuen Dimension, Physik-Verlag, Weinheim, 1985

Fahr, H.J., Willerding, E.A., Die Entstehung von Sonnensystemen, Spektrum Akademischer Verlag, Heidelberg, 1998

Gürtler, J., Dorschner, J., Das Sonnensystem, Barth Verlagsgesellschaft, Leipzig, 1993

Jones, B.W., The Solar System, Pergamon Press, Oxford, 1984

Lewis, J.S., Physics and Chemistry of the Solar System, Academic Press, San Diego, 1997

Swamy, K., Physics of Comets, World Scientific, Philadelphia, 1986

Suess, H.E., Chemistry of the Solar System – An Elementary Introduction to Cosmochemistry, Wiley, New York, 1987

Aktuelle astrophysikalische Themen

Bakes, E.L., The Astrochemical Evolution of the Interstellar Medium, Twin Press, Vledder, 1997

Bastian, T.S., Benz, A.O., Gary, D.E., Radioemission from Solar Flares, Annual Review Astro. and Astrophys., **36**, 131, 1998

Camenzind, M., Millisekundenpulsare, Sterne und Weltraum, **28**, 423–429, 1989

Caputo, F., Evolution of Population II Stars, Astro. Astrophys. Review, 33, 1998

Dieshoeck van, E.F., Blake, G.A., Chemical Evolution of Star Forming Regions, Annual Review Astro. Astrophys., **36**, 317, 1998

Dorschner, J., Mutschke, H., Das staubige Universum und die Festkörper-Astrophysik, Sterne und Weltraum **35**, 442–451, 1996

Evans II, N. J., Physical Conditions in Regions of Star Formation, Annual Review Astro. Astrophys., **37**, 311, 1999

Feigelson, E. C., Montmerle, Th., High Energy Processes in Young Stellar Objects, Annual Review Astro. Astrophys., **37**, 363, 1999

Ferlet, R., The Local Interstellar Medium, Astro. Astrophys. Review, **9**, 153, 1999

Hillebrandt, W., Die Supernova in der Großen Magellanschen Wolke, Sterne und Weltraum, **29**, 438–447, 1990

Hollenbach, D. J., Tielens, A. G., Dense Photodissociation Regions, Annual Review Astro. Astrophys., **35**, 179, 1997

Howard, R. F., Solar Active Regions as Diagnostics of Subsurface Conditions, Annual Review Astro. Astrophys., **34**, 75, 1996

Hulst, van der, J. M. (Ed.), The Interstellar Medium in Galaxies, Kluwer Academic Publishers, Dordrecht, 1997

Kulsrud, R. M., A Critical Review of Galactic Dynamics, Annual Review Astro. Astrophys., **37**, 37, 1999

McClintock, J., Do Black Holes Exist? Sky and Telescope, **7**, 466–473, 1988

McWilliam, A., Abundance Ratios and Galactic Chemical Evolution, Annual Review Astro. Astrophys., **35**, 503, 1997

Merkle, F., Adaptive Optik, Sterne und Weltraum, **28**, 108–713, 1989

Murdin, P., Supernova 1987a und die Neutrino-Astronomie, Sterne und Weltraum, **31**, 87–94, 1992

Schmid-Burgk, J., Die kosmische Hintergrundstrahlung (3 K-Strahlung), Physikalische Blätter, **43**, 147–151, 1987

Schönfelder, V., Das Compton-Observatorium, Sterne und Weltraum, **33**, 28–35, 1994

Surdin, V. G., Lamzin, S. A., Protosterne, Ambrosius Barth Verlag, Heidelberg, 1998

Vanbeveren, D., DeLoore, C., Rensbergen van, W., Massiv Stars, Astro. Astrophys. Review, **9**, 63, 1998

Suche nach außerirdischem Leben

Marcy, G. W., Butler, R. P., Detection of Extrasolar Giant Planets, Annual Review Astro. and Astrophys., **36**, 57, 1998

Melosh, H. J. (Ed.), Origins of Planets and Live, Annual Review Verlag, Palo Alto, 1997

Papagiannis, D. (Ed.), The Search for Extraterrestrial Life. Recent Developments, Proceedings of the 112th Symposium of the International Astronomical Union, Reidel, Dordrecht, 1985

Schlögl, R. W., Leben auf Planeten anderer Sonnensysteme? Sterne und Weltraum, **30**, 426–428, 1991

Wolszczan, A., Pulsars with Planetary Systems, Science, 264, 538, 1994

Zitierte Literatur aus den Abbildungen und Tabellen

Altenhoff, W. J. et al., Astron. Astrophys. Supp. **1**, 337, 1971

Appenzeller, I., Tscharnuter, W., Astron. Astrophys. **30**, 423, 1974

Appenzeller, I., Tscharnuter, W., Astron. Astrophys. **40**, 397, 1975

Blair, G. N. et al., Astrophys. J. **183**, 896, 1978

Hayashi, C., Hoshi, R., Sugimoto, D., Progr. Theor. Phys. Suppl. **22**, 1962

Hiltner, W. A., Astrophys. J. Suppl. **2**, 448, 1956

Hughes, M. P., Thompson, A. R., Colvin, R. S., Astrophys. J. Suppl. **23**, 323, 1971

Iben, I., Ann. Rev. Astron. Astrophys. **5**, 585, 1967

Kippenhahn, R., Thomas, H.C., Weigert, A., Z. Astrophys. **61**, 246, 1965

Kopp, A.K., Kuperus, M., Solar Physics **4**, 1968

Kurucz, R.L., Dudley Observatory Reports **9**, 271, 1975

Lemke, D., Low, F.J., Thum, C., Astron. Astrophys. **32**, 233, 1974

McKee, C.F., Ostriker, J.P., Astrophys. J. **218**, 159, 1977

Osterbrock, D.E., Astrophysics of Gaseous Nebulae, Freeman, San Francisco, 1974, Table 2.3, S. 22

Plambeck, R.L. et al., Astrophys. J. **259**, 623, 1982

Sandage, A., The Hubble Atlas of Galaxies, Carnegie Institution of Washington, Washington, 1961, S. 618

Schlosser, W., Schmidt-Kaler, Th., Hünecke, W., Atlas der Milchstraße, Astronomisches Institut der Ruhr-Universität Bochum, Bochum, 1975

Smerd, S.F., aus: The Sun, (Kuiper, G.P., Ed.), University of Chicago Press, Chicago, 1953, Fig. 9, S. 484

Solar Physics Group, American Science and Engineering, Inc., Cambridge, Massachusetts, 1975

Vernazza, J.E. et al., Astrophys. J. Suppl. **30**, 1, 1976; **45**, 635, 1981

Yorke, H.W., ESO-Messenger **37**, 32, 1985

5 Galaxien

Johannes V. Feitzinger

5.1 Galaxien und Astrophysik

In den letzten Jahrzehnten verschob sich der Interessenschwerpunkt der Astrophysik vom Studium der *Einzelsterne* zum Studium der *Sternsysteme*. Heute sind beide Gebiete von gleicher Bedeutung. Der Grund liegt in den Fortschritten der Teleskopentwicklung, der Erschließung neuer Wellenlängenbänder und den hinsichtlich Auflösung und Empfindlichkeit verbesserten Beobachtungsgeräten. Immer mehr und vor allem immer lichtschwächere Galaxien können untersucht werden. Dabei stehen die Fragen nach Aufbau und Entwicklung der Galaxien an erster Stelle.

1923 gelang es Edwin Hubble, die äußeren Bereiche unseres Nachbarsternsystems, des *Andromedanebels*, in einzelne Sterne aufzulösen und über deren Veränderlichkeit eine Entfernungsbestimmung (vgl. Abschnitt 5.6) durchzuführen. Hubble errechnete für den Andromedanebel eine Entfernung von $8.7 \cdot 10^{21}$ m (heutiger Wert $2.2 \cdot 10^{22}$ m). Damit stand fest, daß es ferne Welteninseln – ähnlich aufgebaut wie unsere eigene *Milchstraße* – gibt. Anfang der 30er Jahre war diese Erkenntnis astronomisches Allgemeingut geworden [1]. Wir blicken heute auf rund 70 Jahre Galaxienforschung zurück. Der Erforschung unserer eigenen Milchstraße kam dabei eine zentrale Rolle zu: sei es, daß man Ergebnisse und Verfahren an anderen Sternsystemen nachprüfte; sei es, daß man Beobachtungen an fremden Sternsystemen, die man von außen sieht, für die Milchstraßenforschung nutzbar zu machen versuchte. Sachverhalte, die unsere Galaxis betreffen, werden in allen Abschnitten genannt werden.

Eine typische Galaxie enthält rund 10^{11} Sterne und mindestens ebensoviel Galaxien finden sich im derzeit beobachtbaren Weltall. Die Bausteine des heutigen Universums auf Skalen von einigen 10^{26} m sind Galaxien. Auf dieser Stufe der Organisation des Universums setzt sich der hierarchische Aufbau des Weltalls fort: Galaxien ordnen sich in *Galaxienhaufen* zusammen, und Galaxienhaufen scheinen sich girlandenförmig aneinanderzuhängen. Zwischen diesen Ketten, Klumpen und Flächen (*Galaxienwiesen*) von Sternsystemen im Raum existieren gewaltige Leerräume. Die Verteilung der Galaxien im Raum, ihre Anzahl, ihre Masse, ihre innere Entwicklung, ihr Bewegungszustand liefern der Kosmologie die Beobachtungsdaten, um Weltmodelle überprüfen zu können.

Galaxien haben als Einzelbausteine des Kosmos eine höhere strukturelle Qualität als die Einzelsterne. Die Summe der Wechselwirkungen der Einzelsterne und der Gas- und Staubwolken zwischen den Sternen liefert ein Mehr an physikalisch meßbaren Eigenschaften, als die pure Addition der Eigenschaften der Bestandteile eines

Sternsystems. Galaxien sind strukturbildende kosmische Objekte. Es sind rückge-
koppelte astrophysikalische Ökosysteme, in denen Sterne geboren werden, sich entwickeln, absterben und Teile ihrer Materie an das interstellare Medium zurückgeben.
Das zurückgeführte Material ist mit den Produkten der stellaren Nukleosynthese
angereichert. Die Dynamik und Kinematik der Sternsysteme zeigt Wege, die struk-
turbildenden Prozesse zu verstehen [191], [195].

5.1.1 Grundparameter der Galaxien

Als eine Klasse von physikalischen Systemen können Galaxien durch einen Satz
empirischer, rein physikalischer Parameter beschrieben werden. In Tab. 5.1 sind die
Unterschiede in den physikalischen Parametern von Sternen und Galaxien zusammengestellt. Diese Tabelle kann als Bindeglied zum vorangehenden Kapitel angesehen werden. Die Grundparameter eines Sternsystems sind wie folgt [2] festgelegt:

1. Galaxien besitzen keinen eindeutig bestimmbaren Rand. Daher wird ein *effektiver
   Radius* r_e definiert, innerhalb dessen die halbe Gesamtmasse oder die Hälfte der
   gesamten *Leuchtkraft* (abgestrahlte Energie pro Zeit) liegen. Sind diese Größen
   unbekannt, wird unter Anpassung eines exponentiellen Helligkeitsabfalls derje-
   nige Wert des Galaxienradius benützt, bei dem die Helligkeit auf $1/e \approx 0.368$
   abgenommen hat. Angaben von Galaxiendurchmessern müssen daher stets auch
   Auskunft über die verwendeten Bezugsgrößen geben. Helligkeits-Durchmesser
   (Isophoten[1]) sind generell schlechte Durchmesserindikatoren, denn sie sind abhängig von der Raumorientierung, der Leuchtkraftdichte und dem Leuchtkraft-
   abfall der Systeme.

Tab. 5.1 Physikalische Parameter von Sternen und Galaxien.

Sterne	Galaxien	
Spektraltyp	Galaxientyp	
Leuchtkraft	Gesamtleuchtkraft (oder in Wellenlängenbändern)	} und radiale Verteilung
Masse	Gesamtmasse (hinweisende Masse)	
Radius	effektiver Radius, Elliptizität	
Dichte	Dichteverteilung	
Temperatur, Druck	kinetische Energie Geschwindigkeitsstreuung (radiale Verteilung)	
Drehimpuls	Gesamtdrehimpuls	} und radiale Verteilung
chemische Zusammensetzung	chemische Zusammensetzung	
Massenverteilungsfunktion	Massenverteilungsfunktion	

[1] Isophoten sind Linien oder Flächen gleicher Helligkeit am leuchtenden Objekt.

2. Die Masse der Galaxien: Ideal ist es natürlich immer, die Gesamtmasse M_t (Index t für „total") eines Systems zu kennen; sie ist jedoch schwer bestimmbar. Man verwendet daher auch sogenannte *hinweisende* (englisch: indicative) *Massen* M_i, die nach festen Regeln aus Längen und Geschwindigkeitsdaten abgeleitet werden. Aus der maximalen Rotationsgeschwindigkeit v_m beim Galaxienradius r_m einer flachen Rotationskurve $v_m = v(r_m)$ findet man

$$M_i = (G\mu)^{-1} r_m v_m^2$$

oder, wenn die zentrale Geschwindigkeitsstreuung σ_c in einem sphäroidalen System (elliptische Galaxie) mit dem effektiven Radius r_e gegeben ist,

$$M_i = G^{-1} \lambda r_e^2 \sigma_c^2 \ .$$

G ist die Gravitationskonstante, λ und μ sind empirische Faktoren, die so gewählt werden, daß $M_i = M_t$ ist. M_t muß aus realistischen Modellen abgeleitet werden. $M(r)/M_t$ wird *galaktische Massendichtefunktion* genannt. $M(r)$ ist das Integral über die Massenverteilung bis zum Radius r.

3. Systemeigene Zeitskalen: In einem flachen Sternsystem ist das die Rotationsperiode P, abgeleitet für die maximale Rotationsgeschwindigkeit v_m. In sphäroidalen Systemen kann es die Durchquerungszeit

$$P_q = \frac{r_e}{\sigma_c}$$

sein.

4. Die gesamte Energieabstrahlung L in Form von elektromagnetischer Strahlung aller Wellenlängen (bolometrische Leuchtkraft) und die normalisierte spektrale Leuchtkraft $L(\lambda)/L$. Sind diese Größen nicht greifbar, wird die gesamte absolute Größenklasse $\tilde{M}$ in möglichst vielen Standardwellenlängenbändern (z. B. U, B, V) verwendet. (Das Symbol $\tilde{M}$ wird verwendet, um die absolute Helligkeit von der Masse M zu unterscheiden.) Eine wichtige abgeleitete Größe ist das bolometrische (oder wellenlängenbandbezogene) Masse-Leuchtkraftverhältnis

$$\frac{M_t}{L} \ .$$

5. Die normalisierten Gesetze für die Leuchtkraftdichteverteilung $L(r)/L$ und die Massendichteverteilung $M(r)/M_t$ in Galaxien verschiedenen Typs; nach Möglichkeit ausgedrückt durch Volumendichten, zumindest jedoch durch eine Flächendichte. Daraus läßt sich der radiale Verlauf des Masse-Leuchtkraftverhältnisses ableiten. Ferner ist es wünschenswert, Angaben über die radialen Dichteverläufe des interstellaren neutralen Wasserstoffes oder andere Bestandteile einer Galaxie zur Verfügung zu haben.

6. Die radiale Drehimpulsverteilung einer Galaxie oder der mittlere Drehimpuls pro Masse beschreiben mit der Rotationskurve den dynamischen Zustand der Sternsysteme.

7. Der Struktur- oder morphologische Typ T einer Galaxie: Der Galaxietyp birgt versteckt Informationen über Entstehung und Entwicklung der Systeme. Er korreliert sehr gut mit einigen der meßbaren Grundparametern; er kann jedoch noch nicht eindeutig aus solchen Parametern abgeleitet werden.

Die Mittelwerte und Verteilungsfunktionen dieser Werte, vor allem als Funktion der Galaxientypen, sind die Voraussetzungen für Theorien der galaktischen Strukturen und ihrer Entwicklungen. Als große Zukunftsperspektive muß ihre Ableitung aus realistischen Modellen der Kosmologie angesehen werden. Hierher gehört auch die Massenfunktion, die die Verteilung der Galaxienmasse im kosmischem Einheitsvolumen beschreibt.

5.1.2 Galaxienkataloge und Auswahleffekte

Kein Galaxienkatalog ist bis zu irgendeiner vorgegebenen Gesamtleuchtkraft vollständig. Die Auswahleffekte werden von folgenden Galaxieneigenschaften und äußeren Faktoren bestimmt: Oberflächenhelligkeit, Gesamtleuchtkraft und scheinbarem Galaxiendurchmesser; ferner spielen Formfaktoren (z. B. Neigungswinkel der Sternscheibe) und Helligkeitskonzentration in einem bestimmten Galaxientyp eine Rolle. Die Sterndichte (unserer eigenen Milchstraße), die interstellare Extinktion, möglicherweise auch die intergalaktische Extinktion in den einzelnen Beobachtungsfeldern sind äußere Faktoren, die die Katalogvollständigkeiten beeinflussen. Wir besitzen sehr wenig quantitative Informationen über die Vollständigkeitsfaktoren verschiedener Galaxienkataloge und die relativen Raumdichten unterschiedlicher Galaxientypen. Alle Verteilungsfunktionen, die die statistischen Mittelwerte von Galaxieneigenschaften darstellen, sind derartigen fundamentalen Unsicherheiten ausgesetzt. Corwin [3] gibt kommentiert eine Übersicht zu den derzeitigen Katalogwerken; wir nennen als Standardwerk den 3. Katalog heller Galaxien von de Vaucouleurs und Mitarbeitern [4]. Zum Betrachten von schönen Galaxienbildern ist der Hubble-Sandage-Atlas [5] gut geeignet.

Die Entdeckungswahrscheinlichkeit von Galaxien ist grundsätzlich durch Auswahleffekte hinsichtlich Oberflächenhelligkeit und scheinbaren Durchmesser begrenzt. Die Leuchtkraft-Radius-Beziehung verdeutlicht dies (Abb. 5.1). Alle flächenhaften Objekte am Himmel, die wir vom Erdboden aus im optischen Spektralbereich beobachten wollen, fallen in einen schmalen diagonalen Streifen. Rechts unterhalb des Streifens finden sich die sehr ausgedehnten schwachen Quellen, die man durch den normalen Widerschein der nächtlichen Atmosphäre und des interplanetaren Streulichts nicht beobachten kann. Die mittlere Flächenhelligkeit muß bei fotografischen Registrierungen größer als 27 mag/(arc s^2) sein (Quadratbogensekunde: 1 arc s^2 = 2.35 × 10^{-11} sr); neuere Flächendetektoren können an 30 mag/(arc s^2) heranreichen. Links oberhalb des Streifens liegen die kompakten hellen Quellen, die ohne großen Beobachtungsaufwand nicht von Sternen unterschieden werden können; die Auflösungsgrenze der optischen Teleskope neuerer Bauart (z. B. New Technology Teleskop der Europäischen Südsternwarte, Spiegeldurchmesser 3.6 m) liegt bei 0″.1.

Die Wichtigkeit der Erweiterung des Beobachtungsbereiches im Durchmesser-Helligkeitsdiagramm wird auch wegen des sogenannten *Eisbergeffekts* der Galaxien deutlich [7], [8], [9]. Der Radius einer Galaxie bei einer bestimmten Isophotenhelligkeit ist eine empfindliche Funktion der zentralen Helligkeit des Sternsystems. Möglicherweise sind durch Auswahleffekte nur diejenigen Galaxien erfaßt, die sich wegen ihrer großen Zentralhelligkeit genügend kräftig vom Nachweishintergrund

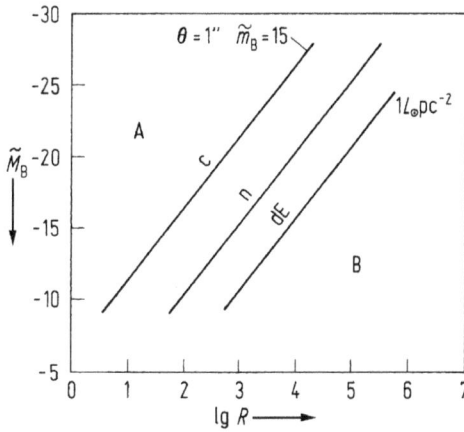

Abb. 5.1 Radius-Helligkeitsdiagramm für Galaxien [6]. Radius R in pc.
A: Durchmesser zu klein, B: Flächenhelligkeit zu niedrig, C: kompakte, N: normale, dE:
Zwerg-Galaxien; Untergrenze des Winkeldurchmessers $\theta = 1''$ bei scheinbarer Helligkeit
$\tilde{m}_B = 15$.

abheben. Scheinbarer Radius und scheinbare fotografische Leuchtkraft, als empfindliche Funktionen der zentralen Flächenhelligkeit bei fester Gesamtleuchtkraft,
bestimmen daher keineswegs die wahren Größen dieser Grundparameter.

Um aus den Abhängigkeiten und Fehlschlüssen unvollständiger Stichproben zu
entkommen, müssen diese möglichst vollständig, d. h. entfernungsbegrenzt, ausgewählt werden.

Spiralgalaxien sind abgeflachte scheibenförmige dreidimensionale Mischungen
aus Sternen, Gas und Staub. Die optischen Bilder werden von dem durch Extinktion
und Staubrötung modifizierten Sternlicht bestimmt. Galaxien sind beliebig im Raum
orientiert. Jede Galaxie wird unter einem ihr eigenen Anstellwinkel zur Himmelssphäre beobachtet. Der Neigungswinkel zwischen der Himmelssphäre und der
Grundebene des Systems sei i. Einige Galaxien sehen wir von der Kante ($i = 90°$),
andere von oben ($i = 0°$). Wenn Galaxien keinen Staub enthalten würden, dann
würden sich ihre Bruttoeigenschaften an die Himmelssphäre projizieren, als ob sie
optisch dünn wären; alle Galaxienanteile könnten unter allen Anstellwinkeln beobachtet werden. Die optischen Eigenschaften der fast staubfreien elliptischen Galaxien bieten sich uns auf diese Weise an. Im Gegensatz hierzu verursacht der Staub
in Spiralgalaxien weite Spielräume für mögliche optische Tiefeneffekte. Die Scheiben
von Spiralgalaxien können je nach Anstellwinkel und Strahlungstransport im Stern-
Staubgemisch optisch dünn oder optisch dick erscheinen. Im optisch dünnen Fall
werden sich ihre Isophotendurchmesser beim Blick auf die Kante vergrößern; die
gemessenen Leuchtkräfte werden unverändert bleiben und die Flächenhelligkeit wird
schwach zunehmen. Im optisch dicken Fall werden die Leuchtkräfte stark abnehmen,
während sich die Durchmesser und die Flächenhelligkeiten kaum ändern werden.

Diese Effekte sind groß und müssen genau bekannt sein, bevor die wahren Durchmesser und Leuchtkräfte bestimmt werden können. Um dies jedoch zu tun, können
wir nicht um die Galaxie herumlaufen, vielmehr müssen die sichtlinienabhängigen

Effekte statistisch aus einer großen Stichprobe ähnlicher Galaxien mit verschiedenen Anstellwinkeln abgeleitet werden. Dies setzt eine ideale Stichprobe voraus.

Die Kenntnis der *optischen Dicke* von Spiralgalaxien ist für viele Probleme der extragalaktischen Astronomie wichtig. Zum einen werden Spiralgalaxien wegen ihrer individuellen Eigenschaften untersucht, zum anderen sind sie aber die Standardbausteine bei der Festlegung der großräumigen Struktur des Universums. Optisch dicke Galaxien müssen bezüglich ihrer stellaren Inhalte anders behandelt werden als optisch dünne Systeme; vor allem muß dies bei Entwicklungseffekten der Galaxien in Rechnung gestellt werden. An 2065 Galaxien wurde festgestellt [10], daß der scheinbare Durchmesser vom Neigungswinkel unabhängig ist. Dies impliziert die Abhängigkeit der Leuchtkraft vom Neigungswinkel; mit zunehmendem i (Blick auf die Kante) nimmt die Leuchtkraft ab. Den Betrag dieser Abnahme kann nur eine Analyse der Entfernungen einer leuchtkraftbegrenzten Galaxienstichprobe liefern. Die bisher durchgeführten Untersuchungen sicherten obiges Ergebnis bis zu einem Isophotendurchmesser von 25.0 B mag/(arc s^2); d.h. Spiralgalaxien zeigen nur geringe optische Dicke. Hierbei wird die Flächenhelligkeit im blauen Spektralbereich bei einer isophoten Wellenlänge von 4200 Å gemessen.

5.2 Klassifikation der Galaxien

Ziel einer Galaxienklassifikation muß sein, die Formenvielfalt der Sternsysteme in ein Ordnungsschema zu bringen. Solch ein Schema muß zwei Bedingungen erfüllen: es muß objektiv und es muß praktikabel sein. Eine normale Galaxie hat mit unzählig anderen bestimmte ins Auge fallende Charakteristika gemeinsam; diese Charakteristika unterliegen einem Streubereich; ebenso wird sie sich durch gewisse Unterschiede gegenüber anderen Sternsystemen auszeichnen. Galaxienklassifikation beruht daher auf der Erfassung von *morphologischen Eigenschaften*. Um Einheitlichkeit bei dieser Klassifikation zu sichern, werden in der Regel Blauaufnahmen (mit der Schwerpunktswellenlänge etwa bei 440 nm) mit Teleskopen einheitlichen Typs und Öffnungsverhältnissen benützt (Schmidt-Teleskope). Dies hat natürlich einen Auswahleffekt mit Rückwirkung auf die Definition von normalen Sternsystemen zur Folge. Denn die morphologischen Bauelemente einer Galaxie in einem Klassifikationsuntersystem befolgen eine gewisse *räumliche Anordnungssymmetrie*. Die Anordnungssymmetrie erlaubt das Klassifizieren der Untersysteme gemäß ihrem Erscheinungsbild. Das Erscheinungsbild wird von der Flächenhelligkeit der Galaxie bestimmt. Es ist ein rein morphologisches und kein physikalisches Kriterium, denn die Flächenhelligkeit ist der begrenzende Faktor bei der Festlegung der Untersysteme auf einer fotografischen Platte. Die Wellenlängenabhängigkeit der Morphologie von Galaxien wird in Farbbild 3 (siehe Bildanhang) deutlich. Die Blauaufnahme zeigt diese Galaxie als mehrarmiges System, während die Infrarotaufnahmen bei 2.1 μm und 0.83 μm ein zweiarmiges Spiralsystem mit einem zentralen Balken erscheinen lassen. Die Galaxienklassifikation ist wellenlängenabhängig [184], [207].

5.2.1 Normale Galaxien

Die Galaxien lassen sich in zwei morphologische Grundtypen [4], [12] aufspalten: *elliptische Systeme* und *Spiralformen*. Ein bei 1 bis 2 % liegender Anteil kann nicht einer dieser Gruppen zugeordnet werden und wird *irregulär* genannt.

Elliptische Systeme zeigen geringe bis keine innere Struktur. Sie werden daher durch ihre scheinbare Elliptizität beschrieben. Seien a die große und b die kleine Achse, so gilt

$$n = \frac{10(a - b)}{a},$$

und die Klassifikationsbezeichnung lautet: En. E0-Systeme sind scheinbar kreisförmig, E7 sind die am stärksten abgeflachten. Wenn n größer als 7 wird, sprechen wir von *linsenförmigen* oder *S0-Galaxien*. Dabei können auch andere Strukturen auftauchen; es können Dellen in den begrenzenden Helligkeitsverteilungen sein oder ringförmige Abschattungen.

Bei Spiralgalaxien werden zunächst die Untergruppen mit zentralem Balken (SB) und ohne zentralen Balken (S) unterschieden. Die zunehmende Armöffnung und/ oder die abnehmende Helligkeit des Zentralkörpers (bulge) im Vergleich zur Scheibe spaltet in die Untersysteme a, b, c, d, m, auf. Untersystem m bildet den Übergang zur völligen Irregularität. Setzen die Spiralarme an einem Ring an, wird die Bezeichnung (r) eingefügt, sonst gilt (s) und bei Zwischentypen (rs); dies wird auch bei Balkenübergängen durchgeführt: SA (ohne Balken), SAB, SB (mit Balken).

S0-Systeme bilden den morphologischen Übergang zwischen den elliptischen und den Spiralgalaxien. In der Abb. 5.2 ist der Klassifikationsraum dargestellt mit einem illustrierten Schnitt bei den Sb-Systemen. Die Klassifikation unterscheidet zwei **Familien**: *Gewöhnliche und Balkensysteme*, die jeweils den oberen und unteren Teil des Klassifikationsvolumens einnehmen. Jede Familie spaltet in die **r**- und **s-Varietät** auf. Die Hauptsache ist durch die Klassifikationsklassen gegliedert. Die Gestalt des Volumens ist ein Maß für die Variationsbreite zwischen den beiden Familien. Sie ist am größten beim Übergangstyp S0-A und verschwindet praktisch bei den E- und Im-Klassen. Um die in der Klassifikation erfaßten morphologischen Eigenschaften anderen physikalischen Parametern zuordnen zu können, wurde ein numerischer Code eingeführt; er ist in Tab. 5.2 zusammengestellt. Die Klassifikationskriterien beziehen sich auf: Kernbereich, Scheibe, Hülle und Balken, Spiralstruktur und die relative Dominanz und Lage der einzelnen Komponenten zueinander. Während Familie (S, SB) und Varietät (r, s) einer Galaxie relativ einfach festzulegen sind, ist die Zuordnung zu einer **Klasse** (a, b, c, d, m) schwierig und nicht immer eindeutig. Die zwei Kriterien für die Bestimmung der Klasse sind: (a) Das Helligkeitsverhältnis von Kernbereich und Scheibe; (b) die Auflösung (Definiertheit) und der Öffnungsgrad der Spiralarme. Diese beiden Kriterien sind natürlich miteinander korreliert, da das Klassifikationsschema von der Orientierung der Galaxien unabhängig sein muß.

Irreguläre Galaxien passen nicht ohne weiteres in die übliche Klassifikation. In der Regel sind sie kleiner als normale Spiralen oder elliptische Systeme. Die Irregulären werden in Irr I = Im eingeteilt; der Prototyp hierzu ist die Kleine Magellansche Wolke. Die Irr II entsprechen heute den IO Systemen.

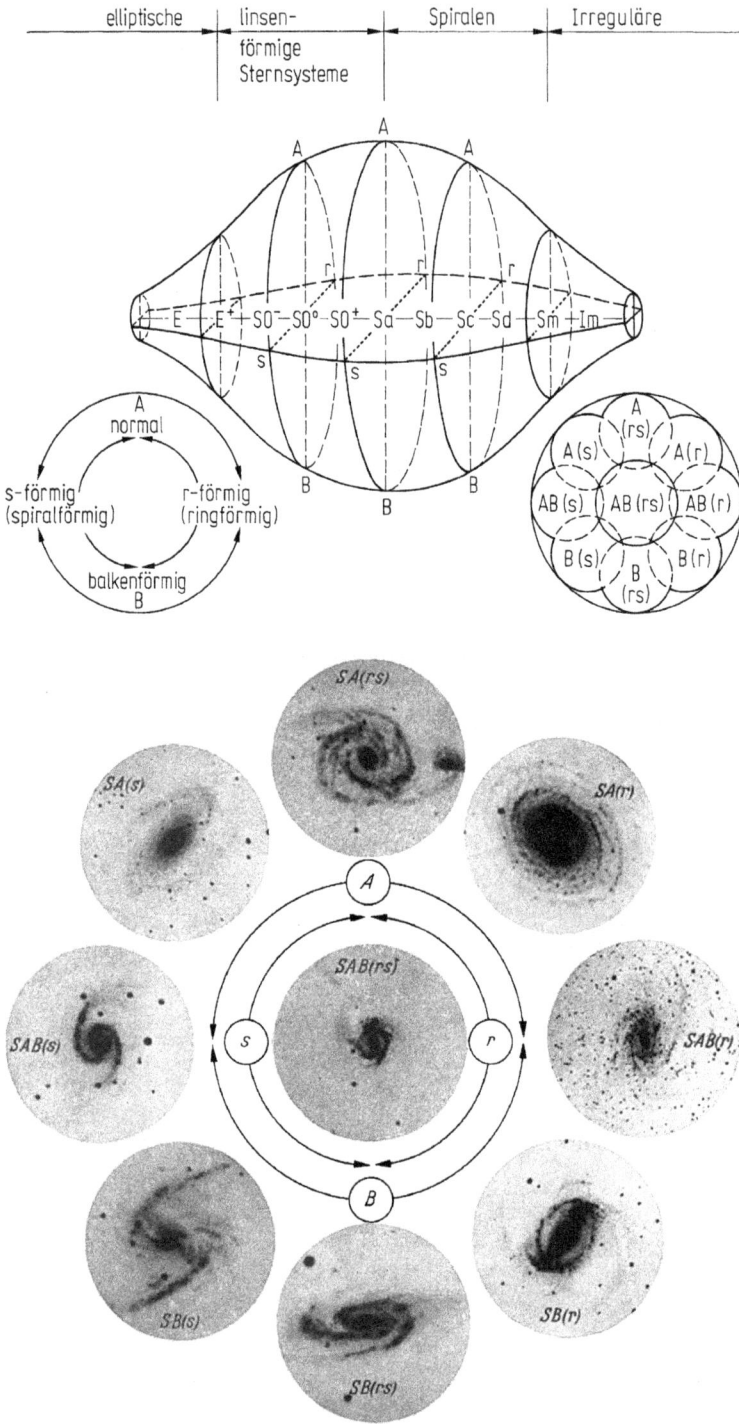

Abb. 5.2   Der dreidimensionale Klassifikationsraum für Galaxien [4].

Tab. 5.2 Numerische Verschlüsselung der Galaxientypen [4].

Morphologischer Typ		Kode T
extrem kompakte elliptische Galaxie	cE	-6
zwergenhaft elliptische Galaxie	dE	-5
normale elliptische Galaxie	En	
riesenhaft elliptische Galaxie	E^+/cD	-4
linsenförmige Systeme	L^-SO^-	-3
(variabler Abplattungsgrad)	LSO^0	-2
	L^+SO^+	-1
linsenförmige Spiralsysteme	S0/a	0
Spiralsysteme	Sa	1
	Sab	2
	Sb	3
	Sbc	4
	Sc	5
	Scd	6
	Sd	7
	Sdm	8
	Sm	9
irreguläre Systeme I	Im	10
irreguläre Systeme II	I0	–
kompakte, blaue irreguläre Systeme	cI	11

Das Vorhandensein von Spiralstruktur und einer ausgeprägten Kernregion sind die wesentlichen Kriterien, um zwischen irregulären Systemen und Galaxien vom Typ d und m zu unterscheiden. Viele staubreiche Systeme, früher Irr II, die nicht vom Magellanschen Typ Sm oder Im sind, entstammen Galaxienzusammenstößen. Handelt es sich dabei um E/SO- Systeme, mit chaotischen Gas- und Staubverteilungen, spricht man von IO-Galaxien. Ebenso werden bei wechselwirkenden Spiralen Strukturen mit chaotischen Gas- und Staubverteilungen und teilweiser Zerrissenheit der Sternscheibe in die IO-Gruppe eingeordnet.

Im Systeme sind kleine, langsam rotierende Galaxien, deren Masse so gering ist, daß sie keine regelmäßig ausgebildete Scheiben und Spiralen besitzen. Es sind jedoch meistens abgeflachte Systeme mit einer schwach ausgeprägten Kernregion. Viele IO◦s zeigen starke Sternentstehungsausbrüche, meistens als Folge von Wechselwirkungen mit Nachbargalaxien; sie sind in der Regel gasreich. Da irreguläre Galaxien meistens kleiner als normale Systeme sind, bezeichnet man sie auch als Zwerggalaxien. Die Übergänge sind fließend. Blaue kompakte Galaxien stellen Übergänge zwischen Zwerg- und irregulären Systemen dar [198].

Leuchtkraft L und Ausgeprägtheitsgrad der Spiralstruktur hängen miteinander zusammen. Aus der Kohärenz von Spiralstruktur läßt sich daher ein Leuchtkraftkriterium ableiten [13]. Systeme mit gut ausgeprägter globaler Spiralstruktur erhalten die Bezeichnung I, während diejenigen mit schlecht definierten, zerrissenen Strukturen die Leuchtkraftklasse V zugeordnet bekommen. Da elliptische Systeme

Tab. 5.3   Kriterien der Leuchtkraftklassifikation [13].

Leuchtkraft	Beschreibung
I	lange, gut entwickelte Spiralarme von hoher Flächenhelligkeit, Überriesengalaxien
II	im Vergleich zu I ist die Spiralstruktur dieser hellen Riesengalaxien weniger ausgeprägt entwickelt
III	von einem Zentralkörper hoher Flächenhelligkeit gehen kurze, zerrissene Spiralarme ab
IV	eine Scheibe geringer Flächenhelligkeit ist nur mehr andeutungsweise von Spiralstruktur umgeben
V	Zwerg-Spiralen; geringe Flächenhelligkeit mit fast verschwindenden Spiralarmansätzen

Die Bezeichnungen Überriese, Riese, Zwerg sind der Spektralklassifikation der Sterne entlehnt.

fast strukturlos sind, ist bei ihnen eine Leuchtkraftklassifikation auf morphologischer Grundlage nicht möglich. In Tab. 5.3 sind die Klassifikationskriterien erläutert.

Aus *Typenklasse* T und *Leuchtkraftklasse* L′ läßt sich ein *Leuchtkraftindex* Λ zusammensetzen

$$\Lambda = \frac{T + L'}{10},$$

der wiederum mit der absoluten Helligkeit $\tilde{M}$ der Galaxien gut korreliert [14]

$$\tilde{M} = -19.01 + 1.14(\Lambda^2 - 1).$$

Der aus T und L′ kombinierte Index Λ ist gegen subjektive Klassifikationseinflüsse stabiler und berücksichtigt auch die Tatsache, daß die Leuchtkraftklassifikation vom morphologischen Typ abhängig ist.

Die Einführung einer taxionomischen Galaxienordnung ist nur ein erster Schritt, um die physikalische Natur der Galaxien zu verstehen. Die Klassifikation ist rein empirisch und bedarf einer theoretischen Begründung, nämlich derart: Welche physikalischen Parameter bestimmen Klasse, Familie und Varietät?

Um die subjektiven Einflüsse bei der Galaxienklassifikation auszuschalten, werden automatische Verfahren diskutiert. Dies vor allem auch deshalb, weil immer größere Datenmengen durch die neuen fotografischen Himmelsdurchmusterungen anfallen [15], [16], [17]. Bei der Klassifikation spielen *digitale Bildfilter* eine wichtige Rolle. So werden über Verfahren der mathematischen Morphologie Bildfilter eingesetzt, um Strukturen zu erkennen.

Die zwei Hauptprozeduren bei der automatischen morphologischen Klassifikation sind die Analyse der Parameter der zum Vergleich verwendeten Prototypgalaxien und das Klassifikationsprogramm selbst. Die Hauptschwierigkeit liegt in der Anpassung eines zweidimensionalen Bildes (auf der Fotoplatte) an ein dreidimensionales Modell. In Verbindung mit der Klassifikation wird oft auch eine Hauptkomponentenanalyse der Galaxiengrundparameter (Zustandsgrößen) versucht. Nur bestimmte *Galaxienzustandsgrößen* legen die Galaxieneigenschaften fest. Kennen wir diese Zustandsgrößen, sind wir in der Lage, die morphologische Klassifikation, d. h. Strukturbildung und Entwicklung der Galaxien zu verstehen.

Die Klassifikation unseres eigenen Sternsystems ist schwierig. Man benötigt diesen Wert, um Aussagen über die Normalität unserer Galaxie machen zu können und auch für die vergleichende Einordnung in das Klassifikationssystem. Die Galaxiennormalität unseres eigenen Sternsystems bestimmt einen wichtigen Eich- und Nullpunkt bei der Festlegung der *extragalaktischen Entfernungsskala*.

Erste Klassifikationsversuche lagen bei Sb und Sc. Der Leuchtkraftunterschied zwischen diesen beiden Klassen ist rund 1 Größenklasse; dies entspricht einem 60 %igen Entfernungsfehler, wenn der falsche Galaxientyp als Vergleichswert zugeordnet wird. Unglücklicherweise können wir unser Sternsystem nicht von außen fotografieren und die Spiralarme und den Kernbereich optisch vergleichen. Die Klassifikation muß daher indirekt erfolgen und ist somit entsprechend unsicher. Als beste Bestimmung [18], [19] gilt z. Zt.: SAB (rs)bc. Die Milchstraße ist also ein Zwischentyp normaler Art; sie besitzt mehr als zwei Spiralarme unterschiedlicher Helligkeit, die an einen Balken und inneren Ring ansetzen. In der Abb. 5.3 sind einige Galaxientypen abgebildet.

5.2.2 Zwerggalaxien

In der Leuchtkraftklassifikation L' der Galaxien wird je nach der absoluten fotografischen Helligkeit zwischen *Überriesengalaxien* und *Zwerggalaxien* unterschieden. Jedes Klassifikationsintervall hat etwa die Breite einer Größenklasse. Die Helligkeit der Zwerggalaxien ist somit nur ein hundertstel so groß wie die der Überriesengalaxien. Wir wissen heute, daß Zwerggalaxien der bei weitem am häufigsten vorhandene Typ von Sternsystemen im Universum sind. Die überwiegende Mehrzahl bleibt jedoch bis auf besonders nahe gelegene Systeme unbeobachtbar. Demzufolge sind Zwerggalaxien in allen Galaxienkatalogen nur sehr spärlich vertreten. Dies umso ausgeprägter, je geringer ihre Flächenhelligkeiten und je unausgeprägter sie sind. In einer operationalen Definition werden Galaxien mit einer absoluten Helligkeit im Blauen schwächer als -16 mag als Zwerggalaxien bezeichnet [20]. Zwerggalaxien haben Leuchtkraftklassen kleiner IV–V. Die dE-Systeme scheinen die anzahlmäßig häufigsten Galaxien zu sein.

Man unterscheidet drei Klassen:

1. **Elliptische Zwerggalaxien** (dE) sind charakterisiert durch die Abwesenheit von Sternen heller als $\tilde{M}_{Blau} = -1.5$ mag, fast vollständiger Abwesenheit von neutralem Wasserstoff und zentraler Symmetrie der elliptischen Isophoten. Nach ihrer Anzahl in der Milchstraßenumgebung scheinen sie sehr häufig vorzukommen. Sie können etwa bis zu einer Entfernung von 400 kpc in Einzelsterne aufgelöst werden.[2]

2. **Irreguläre Zwerggalaxien** (dIm) beherbergen helle blaue Sterne (ihre hellsten liegen etwa bei -8.5 mag), beträchtliche Beträge von neutralem Wasserstoff und häufig

---

[2] 1 Kiloparsec (kpc) = $30.857 \cdot 10^{18}$ m

NGC 2859   Typ SB0

NGC 2523   Typ SBb(r)

NGC 175   Typ SBab(s)

NGC 1073   Typ SBc(sr)

NGC 1300   Typ SBb(s)

NGC 2525   Typ SBc(s)

Abb. 5.3 Beispiele für Galaxientypen.
Aus: Fundamental Astronomy, H. Karttunen (Ed.), Springer, Heidelberg, 1987.

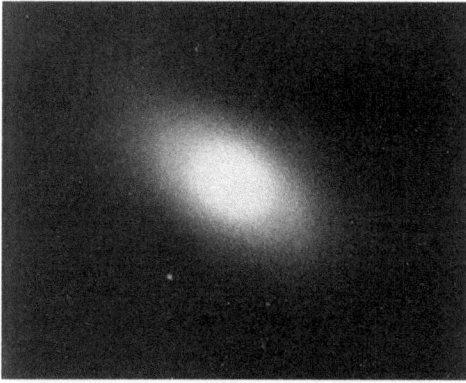

NGC 1201   Typ S0

NGC 2841   Typ Sb

NGC 2811   Typ Sa

NGC 3031   M81   Typ Sb

NGC 488   Typ Sab

NGC 628   M74   Typ Sc

Abb. 5.3   (Fortsetzung)

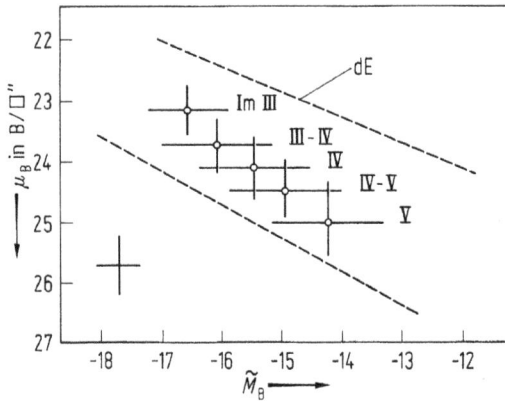

Abb. 5.4 Flächenhelligkeit μ (B mag/arc s^2) und absolute Helligkeit für Zwerggalaxien Im. Die gestrichelten Linien begrenzen den Bereich der dE-Galaxien [22].

auch *HII-Gebiete*. Sie sind leichter entdeckbar als dE-Systeme und bis in 25 mal größere Entfernungen in Einzelsterne auflösbar. Die scheinbar größere Häufigkeit der dIm-Zwerge gegenüber den dE-Zwergen ist offenbar beobachtungstechnisch bedingt. Die Klasse der Zwergspiralen ist nur im Bereich d, m besetzt, d. h. unter den leuchtkraftschwachen Galaxien sind bisher keine regulären Spiralsysteme vom Typ Sa, Sb, Sc gefunden worden. Es scheint daher so, daß Galaxien schwächer als $\tilde{M}_{Blau} = -16$ mag generell keine großräumig geordnete Spiralstruktur haben können. Sd-, Sm-Systeme haben zunehmend chaotischere Struktur und ähneln mehr den irregulären Galaxien. Solche Systeme gibt es auch schwächer als -16 mg. In Abb. 5.4 ist der Zusammenhang zwischen der absoluten Helligkeit und der Flächenhelligkeit für Im-Systeme der Leuchtkraftklassen III bis V dargestellt. Die Leuchtkraftklassen wurden morphologisch gemäß der Flächenhelligkeit bestimmt. Die Grenzlinien für dE-Zwerge umschließen völlig das Gebiet der Im's. Die Stichprobe entstammt dem *Virgo-Galaxienhaufen* [22].

3. **Extragalaktische HII-Gebiete.** Es handelt sich um Zwerggalaxien mit aktiver Sternentstehung. Ihr Gasanteil beträgt 20 bis 40 % der Gesamtmasse; sie sind von starken Ionisationsquellen (Sternentstehungsgebieten) durchsetzt. Die Emissionsgebiete haben Durchmesser von 0.2 bis 1 kpc. Die dadurch bedingten großen Flächenhelligkeiten führten auch zu der Bezeichnung *blaue kompakte Zwerggalaxien* (BCD). Dieser Zwerggalaxientyp entspricht bis auf die hohe Sternentstehungsrate den Im-Systemen; um ihre Abweichung davon besser zu klassifizieren, tragen sie die Bezeichnung cI. Sternentstehungsausbrüche sind die Ursache für die optisch so dominant hervortretenden HII-Gebiete.

5.2.3 Wechselwirkende Galaxien

Galaxien schließen sich zu neuen Einheiten höherer Ordnung zusammen. Wir beobachten Doppel- und Mehrfachsysteme (bis zu 10 Galaxien), Galaxiengruppen (10–100 Mitglieder) und Galaxienhaufen mit mehr als 100 Einzelsystemen. Die

Dichteverteilung in den Galaxienhaufen läßt darauf schließen, daß Haufen durch Gravitationskräfte zusammengehalten werden.

Milchstraße und Andromedanebel bilden mit ihren kleinen Begleitgalaxien die sogenannte *Lokale Galaxiengruppe*. Die Galaxien der Lokalen Gruppe sind wichtig hinsichtlich der Entfernungsbestimmung, der chemischen Entwicklung, der Typenverteilung und der Dynamik der stellaren Komponenten [185]. Als begrenzender Radius (von der Milchstraße aus gerechnet) werden 1.5 Mpc angegeben. Die beiden dominierenden Galaxien sind von einem Schwarm Zwerggalaxien umgeben. Insgesamt zählt man 35 Galaxien zur lokalen Gruppe; es sind 12 elliptische Zwergsysteme, 11 Im's der Leuchtkraftklasse V. Die restlichen 7 sind die drei großen Spiralen (*Milchstraße*, NGC 224 = Messier 31 = *Andromedanebel* und NGC 598), die *Große Magellansche Wolke* (SBdm), IC 5152 (Sdm) und die beiden elliptischen Galaxien NGC 205 (S0/E5 pekuliar) und NGC 221 (E2). Die Milchstraße hat 9 Satellitengalaxien. Beim Andromedanebel sind bisher 7 entdeckt. Berücksichtigt man Abschattungseffekte, so wären 40 bis 60 Zwergsysteme um die beiden Hauptgalaxien zu erwarten, die eine absolute Blauhelligkeit schwächer als -14 mag haben müßten. Unsere Galaxiengruppe kann als Teil eines lokalen Filamentes zwischen anderen benachbarten Galaxiengruppen und Galaxienhaufen angesehen werden [185], [202], [211].

Abgesehen von ganz wenigen einzelstehenden Sternsystemen, genannt *Feldgalaxien*, werden Galaxien untereinander *Gezeitenwechselwirkungen* erleiden, wenn sie in Gruppen und Haufen eng beieinander stehen [23], [24], [25], [205]. Die Zeitskalen zwischen zwei nahen Begegnungen von Galaxien im Innenbereich eines typischen Galaxienhaufens lassen sich leicht abschätzen. Die Begegnungswahrscheinlichkeit 1 ist das Produkt aus Galaxienquerschnitt πr^2, der Anzahldichte n der Galaxien im Haufen, der mittleren Geschwindigkeit $\langle v \rangle$ und der Zeit τ zwischen zwei Begegnungen

$$\pi r^2 n \langle v \rangle \tau = 1 \quad \text{oder} \quad \tau = (\pi r^2 n \langle v \rangle)^{-1} \, .$$

Mit $\langle v \rangle = 1500$ km/s, $n = 10^3/\text{Mpc}^3$ und $r = 10$ kpc mittleren Galaxienradius, wird $\pi r^2 = 3 \cdot 10^{45}$ cm^2 und $\tau = 2 \cdot 10^9$ Jahre. Genaue Rechnungen liefern noch kürzere Zeiten. Jede Galaxie in einem Galaxienhaufen hat also bei einem Kosmosalter von $2 \cdot 10^{10}$ Jahren bis zu 10 nahe Begegnungen oder Zusammenstöße erfahren. Was geschieht bei solchen Wechselwirkungen? Wir vergleichen hierzu den effektiven Querschnitt aller Sterne σ_* mit dem aller Gasatome σ_g

$$\sigma_* = N \pi r_*^2 = 1.2 \cdot 10^{33} \text{ cm}^2 \, , \quad N = 4 \cdot 10^{12} \text{ Sterne} \, , \quad r_* = 10^{10} \text{ cm} \, .$$

Der Atomquerschnitt ist $\pi r_A^2 = 10^{-16}$ cm^2, die Wasserstoffatommasse $m_H = 1.7 \cdot 10^{-24}$ g und der Gasanteil in einem Sternsystem $M_g = 4 \cdot 10^{10} M_\odot$; somit wird

$$\sigma_g = \frac{M_g}{m_H} 10^{-16} = 5 \cdot 10^{51} \text{ cm}^2 \, ,$$

also ist $\sigma_* \ll \sigma_g$ und $\sigma_g \gg \pi r^2$; dies bedeutet, die Sterne stoßen sich gar nicht, während sich das Gas immer stößt. Bei direkter Begegnung wird das Gas aus den Galaxien herausgefegt und damit die Sternentstehung unterbrochen. Der Sterninhalt dagegen wird durch die Gezeitenkräfte verzerrt und umgeschichtet. Einzelsternzusammenstöße sind extrem unwahrscheinlich.

Gezeitenwechselwirkungen erzeugen eine Vielzahl von neuen morphologischen Strukturen wie Galaxienschweife, Galaxienbrücken, Doppelschweife, Verwölbungen und Symmetriestörungen. Bei genauerer Unterteilung lassen sich 10 verschiedene Grundtypen [26] morphologischer Abweichungen auflisten, die *Symmetriestörungen* der Sterne und/oder der Gas- und Staubverteilungen beschreiben.

Um wesentliche Strukturänderungen bei Vorbeigängen oder Kollisionen zu erzeugen, müssen die Objekte von vergleichbarer Masse sein, ein gravitativ gebundenes System darstellen und sich bis auf einen gegenseitigen Abstand (R) nähern, der von gleicher Größenordnung ist, wie die Summe der Systemdurchmesser ($4r$). Gezeitenkräfte beruhen auf Differenzbeschleunigungen Δb. Sei die Beschleunigung der Sterne im System I durch die Störgalaxie II der Masse M

$$b_{St} = GMR^{-2}$$

und die Beschleunigung des Systems I insgesamt

$$b_I = GM(R + r)^{-2},$$

so wird

$$\Delta b = b_{St} - b_I = GM(R^{-2} - (R + r)^{-2}).$$

Eine Reihenentwicklung für $r \ll R$ liefert

$$(r + R)^{-2} = R^{-2} - 2rR^{-3} + \cdots.$$

Abb. 5.5 Ringgalaxie AM 0644-741, als Beispiel für ein durch Gezeiten gestörtes Sternsystem. Zwei Galaxien haben sich in einem fast zentralen Stoß durchquert (Europäische Südsternwarte).

Somit wird die Störbeschleunigung

$$\Delta b = 2GMrR^{-3}.$$

Sie nimmt mit der 3. Potenz der Entfernung ab; effektiv wirkende Gezeitenwechsel-wirkungen finden nur bei nahen Vorbeigängen statt. In Abb. 5.5 ist eine gezeiten-gestörte Galaxie, die Ringgalaxie AM0644-741, abgebildet.

5.2.3.1 Dynamische Reibung und verschmelzende Galaxien

Die Summenwirkung vieler Zweikörper-Wechselwirkungen läßt sich als dynamische Reibung beschreiben, die die Bewegung der Systeme beeinflußt. Galaxien, die an-einander vorbeilaufen oder sich durchdringen, erzeugen jeweils im anderen System oder hinter sich eine positive Dichtestörung. Diese hat ihre Ursache in den auf die Sterne ausgeübten Anziehungskräften. Diese Dichtestörung wiederum erzeugt eine statistisch signifikante Abweichung in der Potentialverteilung, verursacht also eine negative Beschleunigung in dem jeweiligen Galaxiensystem relativ zu dem jeweiligen Bezugssystem der Sterne. Der Erhalt des Energiegleichgewichts führt zu einer Ab-nahme der gegenseitigen Systemgeschwindigkeiten und zu einer Vergrößerung der individuellen Sterngeschwindigkeiten, um eine neue Gleichverteilung zu erreichen. Dynamische Reibung hat also die Energieverringerung von geordneter kollektiver Bewegung zur Folge; Sternsysteme bremsen einander ab, beginnen sich anzunähern und vergrößern dabei ihre innere kinetische Energie.

Zwei identische, sphärisch symmetrische Galaxien der Masse M laufen mit der Geschwindigkeit v in einer Frontalkollision aufeinander zu. Die Gesamtenergie E eines jeden Systems in großer Entfernung voneinander ist

$$E = Mv^2 + 2(\tilde{T} + W);$$

hierbei ist $\tilde{T}$ die interne kinetische und W die potentielle Energie. Im Augenblick der maximalen Durchdringung schreiben wir für die Gesamtenergie

$$E' = Mv^2 + 2(\tilde{T} + \Delta\tilde{T}) + W'.$$

W' ist die potentielle Energie der beiden Systeme und $\Delta\tilde{T}$ die Änderung der inneren Energie. Der Erhalt der Gesamtenergie erfordert

$$2\Delta\tilde{T} + W' = 2W.$$

Für das Verhältnis der Zunahme von innerer und potentieller Energie ergibt sich

$$\frac{2\Delta\tilde{T}}{|W'|} = 1 - \frac{2W}{W'}.$$

Bei annäherndem Erhalt der sphärischen Symmetrie haben wir

$$W' \leq 4W$$

und somit

$$\frac{2\Delta\tilde{T}}{|W'|} \leq 0.5.$$

Genauere Rechnungen weisen diesen Betrag der Energieübertragung als obere Grenze aus.

Nach Begegnungen in größeren Entfernungen voneinander sind Geschwindigkeit v_n und Energie der Systeme

$$Mv_n^2 + 2(\tilde{T} + \Delta\tilde{T} + W).$$

Die kinetische Bewegungsenergie des Systems wird also kleiner

$$Mv_n^2 = Mv^2 - 2\Delta\tilde{T} = Mv^2 + \frac{W'}{2} \approx Mv^2 + 2W.$$

Definieren wir eine Einfanggeschwindigkeit v_e von gleicher Größe wie $v = v_f = 0$ (v_f ist die Fluchtgeschwindigkeit). Befindet sich das System daher im Grenzbereich von gebundenem zu ungebundenem Zustand, so haben wir

$$v_e^2 = 2\frac{\Delta\tilde{T}}{M} = -\frac{2W}{M}.$$

Liegt die ursprüngliche Geschwindigkeit bei $v \approx v_e$, so ist der wechselseitige Einfang zu einem lose gebundenen System möglich. Ist dieser lose gebundene Zustand einmal erreicht, werden wiederholte Vorbeigänge die Bahnenergie weiter mindern und die beiden Galaxien können zu einem System verschmelzen.

Gezeitenwechselwirkung und dynamische Reibung führen zum *Verschmelzen von Systemen*; eingefangene Zwergsysteme werden sich in massenreichen Systemen auflösen, Systeme gleicher Masse werden ihre Kernbereiche bewahren. In Galaxienhaufen sind solche Vorgänge häufig, denn die relative Größe einer Haufengalaxie im Vergleich zur Entfernung ihres nächsten Nachbarn ist 1/5 in der Zentralregion reich bevölkerter Galaxienhaufen. Galaxien können also nicht während ihrer gesamten Lebensdauer als abgeschlossene Systeme betrachtet werden; Galaxieneigenschaften sind von der Galaxienumgebung abhängig. Die überleuchtkräftigen, überriesigen elliptischen Galaxien in den Zentren der Galaxienhaufen – cD Systeme – haben ihre herausragenden Eigenschaften durch solche Verschmelzungsprozesse erworben.

5.2.4 Sondertypen

Eine normale Galaxie kann als Mittelwert vieler ähnlicher Sternsysteme operational definiert werden. Abweichungen von dieser Normalität werden dann als Sonderfälle behandelt. Diese Abweichungen können morphologischer Art sein; die wechselwirkenden Galaxien, mit starken Gezeitenstörungen, sind hierfür ein Beispiel. Die Abweichungen können jedoch auch die spektrale Energieverteilung betreffen. Verstärkte Sternentstehung durch Gezeitenwechselwirkungen kann ebenfalls Abweichungen in den spektralen Energieverteilungen hervorrufen.

Der gegenüber einer Normalgalaxie festgestellte spektrale Strahlungsüberschuß wird als Röntgen-, Ultraviolett-, Infrarot- oder Radiostrahlungs-Exzeß gemessen. Diese Überschüsse können oft in bestimmten Bereichen einer Galaxie lokalisiert werden. Galaxien mit starker Aktivität aus dem Kernbereich sind *Quasare* und *Sey-*

fert-Galaxien. Bei *Radiogalaxien* kann diese Strahlung sowohl aus den Kernen wie auch aus den ausgedehnten Hüllen oder Materieauswürfen stammen. Die Übergänge sind hierbei fließend, sowohl bei der emittierten Strahlung, wie auch bei der Sondertypeneinteilung.

Bei einer normalen Galaxie ist die Strahlung im wesentlichen die Summenstrahlung der Sterne (Absorptionsspektrum), modifiziert und ergänzt durch Absorption und Emission aus Strahlungsprozessen des interstellaren Mediums. Die Kernbereiche aktiver Galaxien zeigen im Gegensatz hierzu in den Spektren verbotene, extrem verbreiterte Emissionslinien und starke Kontinuumsstrahlung. Ihr Strahlungsausstoß ist außerdem in allen Wellenlängen zeitlich variabel.

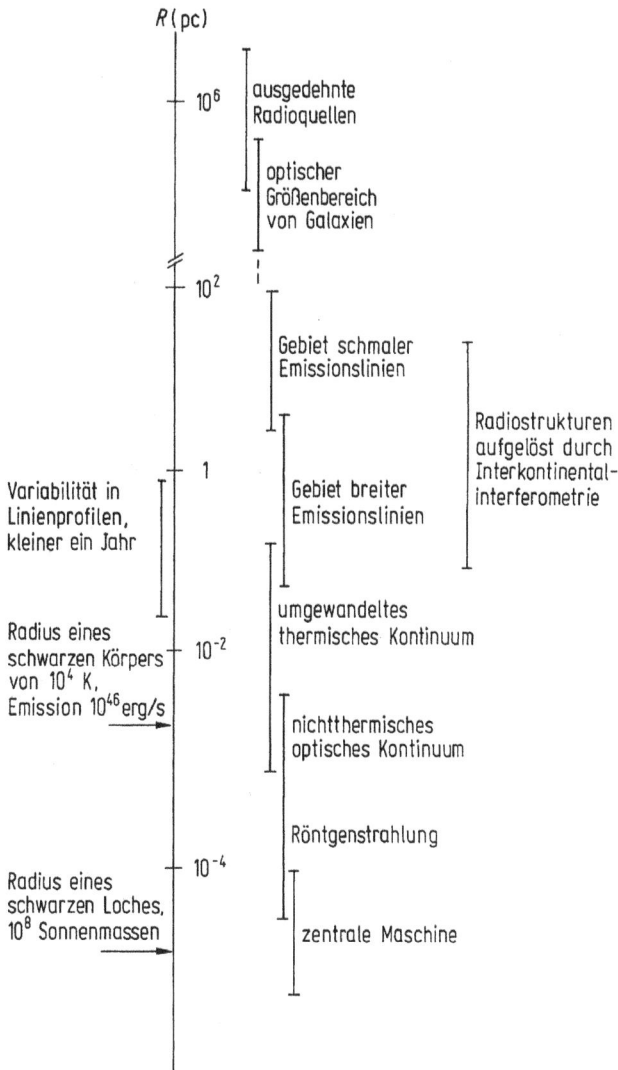

Abb. 5.6   Aktivitätsformen eines galaktischen Kerns und die zugehörige Längenskala.

Die Vielfalt der Sondertypen sind das Ergebnis der unterschiedlichsten Durchmusterungsverfahren; benützte Auflösungen ausgewählter Spektralbereiche lieferten zunächst Galaxienkataloge, die die verschiedensten abweichenden Galaxieneigenschaften betonten. Erst die synoptische Zusammenschau aller Eigenschaften über alle Wellenlängen hinweg erlaubte es, ein einheitliches Modell von Galaxienaktivität zu entwickeln und die spektralen und morphologischen Besonderheiten verstehen und einzuordnen zu lernen. Generell bedeutet *Aktive Galaxie* gegenüber *Normaler Galaxie* durch einen Strahlungsüberschuß ausgezeichnet zu sein. Der gesamte spektrale Energieausstoß ($\tilde{E}_{\text{total}}$) wird also den Emmissionsmechanismus charakterisieren können.

Man mißt die abgestrahlte Leistung (L = Leuchtkraft) und kann mit Hilfe einer Abschätzung der Lebensdauer (t_{L}) des Emissionsprozesses $\tilde{E}$ berechnen. Die Hauptschwierigkeit liegt in der Abschätzung von t_{L}. Normale Galaxien setzen innerhalb von 10^{10} Jahren rund 10^{62} erg um (1 erg = 10^{-7} J). Quasare, Radiogalaxien und Seyfertgalaxien schaffen dies in 10^6 bis 10^7 Jahren. Kosmisch gesehen kann ein Energieausstoß von 10^{60} bis 10^{62} erg innerhalb von 10^6 bis 10^7 Jahren als explosives Ereignis angesehen werden. Die Aktivitätsphänomene der Galaxien zehren also von ganz anderen Energiespeichern und Prozessen als die stetig brennende Kernfusion in den Sternen normaler Sternsysteme.

Galaxienkerne, die durch ihren Energieausstoß die Galaxiensondertypen entstehen lassen, zeigen Aktivität in vielerlei Formen und in allen Wellenlängenbereichen. Sie verursachen das Aktivitätsphänomen auf Längenskalen über mehrere Zehnerpotenzen. In Abb. 5.6 sind diese Skalen und die verschiedenen Aktivitätsformen zusammengestellt.

Die zentrale Maschine ist in allen aktiven Galaxienkernen stets die gleiche – ein *Schwarzes Loch*. Sein Energieausstoß kann auf verschiedene Arten und Weisen umgewandelt und modifiziert werden, je nach den Besonderheiten in den galaktischen Kernbereichen. Zusammen mit Vorläuferzuständen oder Abklingphasen des Energieausstoßes ist so der Zoo aktiver Galaxien einer Ordnung zugänglich (vgl. Abschn. 3.7).

5.3 Der Aufbau der Galaxien

Das meistverbreitete System zur Angabe der scheinbaren integralen Helligkeit der Galaxien ist das B-System mit einer isophoten Wellenlänge von 435 nm. Die Photometrie von ausgedehnten Objekten liefert Informationen über die Intensitätsverteilung $\tilde{I}(r, \theta)$ im projizierten Galaxienbild (Galaxienradius r, Azimutwinkel θ). Die Gesamtintensität ist

$$I = \int\limits_{0}^{2\pi} \int\limits_{0}^{\infty} \tilde{I}(r, \theta)\, r\, \mathrm{d}r\, \mathrm{d}\theta$$

und die Gesamthelligkeit (absolute Helligkeit bei bekannter Entfernung)

$$\tilde{M} = -2.5 \lg (I/I_0).$$

Die Intensitätsverteilung $\tilde{I}(r)$ (in beliebigen Wellenlängen) und die sich daraus ergebende Gesamthelligkeit sind Schlüsselwerte für die Untersuchungen des Galaxienaufbaues.

Die Helligkeitsverteilung bestimmt den Galaxienradius r, der operational definiert wird durch die Helligkeitsisophote $\mu_B = 25.0 \, \text{mag/arc} \, s^2$; sie entspricht einer Flächenhelligkeit von $1/10$ über der Nachthimmelshelligkeit. Auf den fotografischen Himmelsdurchmusterungen des Palomarobservatoriums und der Europäischen Südsternwarte ist dies etwa der auf den Blauaufnahmen gerade noch entdeckbare scheinbare Galaxiendurchmesser.

Die gemessenen scheinbaren Durchmesser sind eine Funktion der *Galaxienneigung*. Galaxien, die mehr von der Kante gesehen werden, besitzen größere scheinbare Durchmesser. Die endliche Dicke der Scheibe verursacht einen längeren optischen Weg und daher bei festgehaltenem Radius eine größere Flächenhelligkeit. Verfahren zur Korrektur dieses Effektes sind in [4] angegeben; die empirisch abgeleitete Beziehung hierfür hat die Form

$$\lg D(0)_{25} = \lg (a/a_0) - 0.4 \lg (a/b)$$

(a, b scheinbare große und kleine Achse). $D(0)_{25}$ ist der auf die 25er-Isophote normierte Durchmesserwert der aufgerichteten ($i = 0°$) Galaxie.

5.3.1 Galaxiendurchmesser und Elliptizität

Aus den gemessenen scheinbaren photometrischen Durchmessern ergeben sich die wahren Durchmesser, wenn die Entfernung bekannt ist. Da Galaxienentfernungen mit relativ großen Fehlern behaftet sind, liegen die Fehler linearer Durchmesserangaben bei etwa 10 bis 20% für die näheren Galaxien. Der Bereich der linearen Durchmesser liegt zwischen 0.1 und 60 kpc. Den verschiedenen Galaxientypen müssen unterschiedliche Durchmesser zugeordnet werden:

Elliptische und S0-Systeme:	10 – 50 kpc
Spiralsysteme:	10 – 30 kpc
Irreguläre Systeme:	5 – 20 kpc
Zwergsysteme:	0.1 – 10 kpc

Zwischen der absoluten Helligkeit $\tilde{M}$ einer Galaxie und ihrer wahren großen Achse A (gemessen in pc) besteht eine gute Korrelation [27]

$$\tilde{M} = -6.0 \lg (A/\text{pc}) + 7.14 \, .$$

Die äußere Form eines Sternsystems ermöglicht einen ersten Zugang zur inneren Struktur. Aussagen über die Elliptizität von Galaxien bilden daher eine der Grundlagen für die Theorie der Kinematik und Dynamik von Sternsystemen. Elliptische Galaxien scheinen der einfachste Galaxientyp zu sein; sie sind der natürliche Ausgangspunkt für allgemeine Untersuchungen. Hinzu kommt, daß das Herz jeder Scheibengalaxie ein kleines ellipsoidisches System – der *Zentralkörper* (bulge) – ist. Um den Zentralkörper hat sich die Scheibe, die jetzt die Helligkeitsverteilung dominiert, aufgebaut. Ellipsoidische Strukturen lassen sich beim größten Teil der leuchtenden kosmischen Materie feststellen. Es sind in der Regel keineswegs abgeplattete, isotrope Rotatoren, sondern dreiachsige Stern- und Gaskonfigurationen.

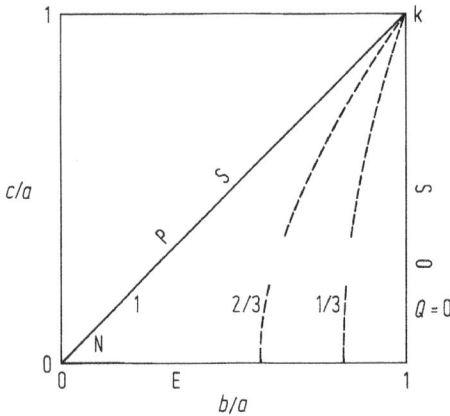

Abb. 5.7 Die Achsenverhältnisse b/a und c/a für dreiachsige Ellipsoide. Die gestrichelten Linien entsprechen konstanter Dreiachsigkeit Q; Abgeflachte Sphäroide haben $Q = 0$, gestreckte Sphäroide $Q = 1$. P-S sind gestreckte Sphäroide, O-S abgeflachte Sphäroide, N bedeutet Nadel, E elliptische Scheibe, K Kugel.

Der von den drei Halbachsen $a \geq b \geq c$ aufgespannte Strukturraum, das *Ellipsoidenland* (Abb. 5.7), wird vom Dreiachsigkeitsparameter

$$Q = \frac{1 - b^2/a^2}{1 - c^2/a^2}$$

unterteilt, wobei Grenzfälle spezielle Namen tragen. Die *abgeplatteten Sphäroide* sind die bisher in der Literatur am häufigsten diskutierten Objekte. Die wahren Achsengrößen werden in der Regel durch Projektionseffekte verstellt; mit der vereinfachenden Annahme $A = a =$ wahre große Systemachse, $b =$ scheinbare kleine Achse (Projektion) und $c =$ wahre kleine Achse des abgeflachten Sphäroids und zufällige Orientierung der Drehachsen, kann die Häufigkeitsverteilung der wahren Elliptizitäten q_0 sphäroidaler Systeme ($e =$ Exzentrizität)

$$e = 1 - \frac{c}{a} = 1 - q_0$$

aus der beobachteten Häufigkeitsverteilung der scheinbaren Elliptizitäten

$$1 - \frac{b}{a} = 1 - q ; \quad \sin i = \frac{b}{a}$$

berechnet werden. Für Rotationsellipsoide ist dann der Neigungswinkel i zwischen Systemgrundebene und Tangentialebene an der Himmelssphäre

$$\cos^2 i = \frac{q^2 - q_0^2}{1 - q_0^2} .$$

Die Verteilung der wahren Elliptizitäten bei den E-Galaxien ist nicht bis zu Werten $q_0 \geq 0.3$ gleichförmig. Völlig sphärische Systeme mit $q_0 = 1$ sind selten. Das scharfe

Abbrechen bei E7 deutet auf die Nichtexistenz von extremen Abplattungen hin, die bei den Spiralsystemen vorkommen.

Der Mittelwert liegt bei $q_0 = 0.64$. Linsenförmige Systeme ($T = -3$ bis -1) sind stärker abgeflacht als E-Galaxien, wobei zwei Gruppen festgestellt werden können mit $q_0 = 0.25$ ($= 90\%$) und $q_0 = 0.6$ (10%). Bei den Spiralgalaxien von S0 bis Sm ist $\langle q_0 \rangle = 0.25$ (70%) und $q_0 = 0.6$ für 30% der untersuchten Fälle. q_0 nimmt entlang der Klassifikationssequenz von E nach S stetig ab. In Abb. 5.8 ist die Häufigkeitsverteilung der Achsenverhältnisse normaler Galaxien dargestellt. Eine Untersuchung bei Zwerggalaxien zeigt [30], daß elliptische und irreguläre Zwerggalaxien *dreiachsige Systeme* sind, während bei Zwergspiralen (Sd, Sm) abgeflachte *zweiachsige Strukturen* ($a = b$) überwiegen.

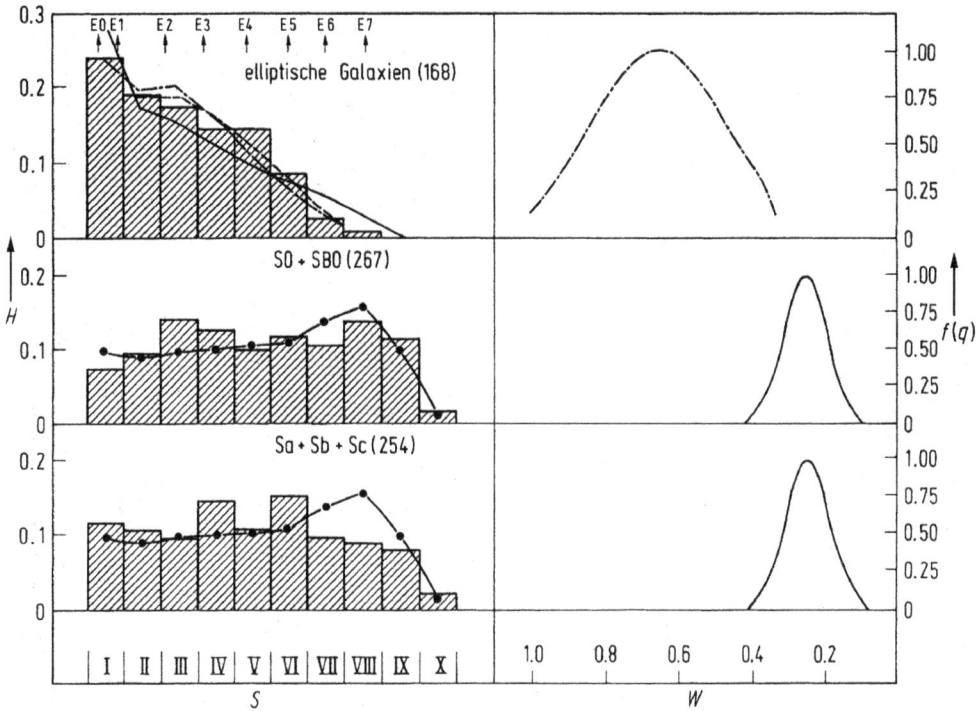

Abb. 5.8 Häufigkeitsverteilung der gemessenen scheinbaren (s) Achsenverhältnisse und der wahren (w) Achsenverhältnisse [29]. H: Häufigkeit, $f(q)$: Häufigkeitsverteilung der wahren Elliptizitäten q_0.

5.3.2 Farben und Leuchtkräfte

In den Sternsystemen ist die Farbe eine komplizierte Mischung aus dem vom Metallgehalt der leuchtenden Materie und dem Systemalter bestimmten Abstrahlungsprozessen. Farben, Farbgradienten und ihre Korrelation mit anderen Galaxieneigenschaften sind daher für Theorien der Galaxienbildung wichtig. E-Galaxien zeigen einen ausgeprägten Zusammenhang zwischen ihrer Leuchtkraft und Farbe [31]

$$\lg(L/L_0) = 4.1\,(u - V)$$

(isophote Wellenlänge $u = 3500\,\text{Å}$, $V = 5500\,\text{Å}$). Die Zentralbereiche der Galaxien sind röter als ihre Außenbereiche; für typische Gradienten pro Zehnerpotenz im Radius findet man

$$\Delta(b - V) \approx -0.03\,\text{mag}\,,$$
$$\Delta(u - V) \approx -0.10\,\text{mag}$$

(isophote Wellenlänge $b = 4700\,\text{Å}$); dies entspricht auf gleichen Skalen im Mittel einer Änderung des Metallgehalts um

$$[\text{schwere Elemente } (Z > 2)/\text{H}] \approx -0.2\,.$$

Farbgradienten in den Zentralkörpern von Spiralgalaxien sind etwa um eine Größenordnung stärker ausgeprägt als in elliptischen Systemen. Sie lassen sich als Gradienten der verschiedenen Sternpopulationen verstehen. Die Änderung der integralen Gesamtfarbe der Galaxien in (B-V) läuft von $+0.1$ mag (elliptische Systeme) nach $+0.4$ mag (irreguläre Systeme). In der Abb. 5.9 sind in einem Zwei-Farben-Diagramm die Galaxienfarben als Funktion des Typs aufgezeichnet. Zum Vergleich ist die Hauptreihe der Zwergsterne angegeben. Die Versetzung der Galaxienkurve hat ihre Ursache in den Überlagerungsspektren der Sternsysteme. Emmissionslinien in den Spektren verschieben die Kurve weiter in den blauen Farbbereich. Die Farbänderungen entlang der Klassifikationsabfolge hat ihre Ursache im Ausdünnen der jungen Sternpopulationen mit abnehmender Klassifikationsstufe. Der untere Bereich des Zwei-Farben-Diagramms wird von den roten Farben der Zentralkörper der Spiralen und den E- und S0-Systemen beherrscht.

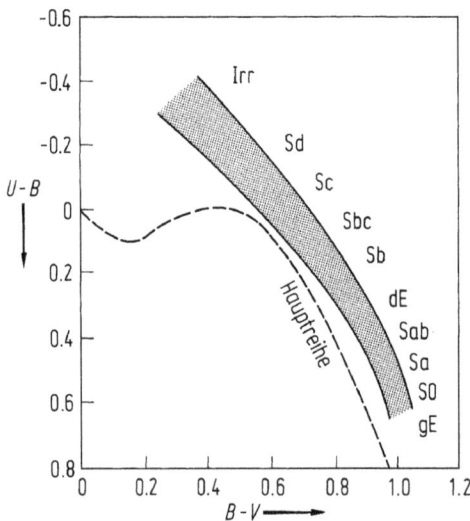

Abb. 5.9   Korrelation von Farbe und Galaxientyp [32]: $U = 3650\,\text{Å}$, $B = 4400\,\text{Å}$, $V = 5500\,\text{Å}$.

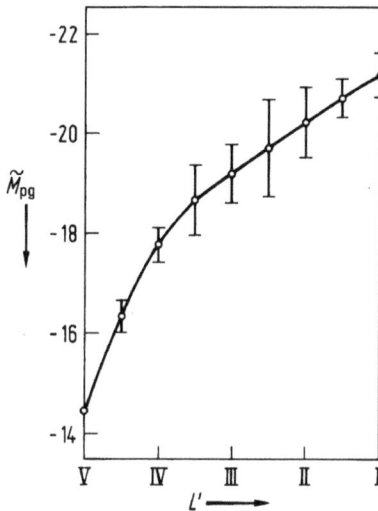

Abb. 5.10 Eichung der Galaxienleuchtkraftklassen: $\tilde{M}_{\mathrm{pg}}$ ist die absolute photografische Helligkeit, die isophote Wellenlänge ist 4300 Å.

Die *Flächenphotometrie* (photoelektrisch oder photografisch) liefert die Intensitätsverteilung in einem Wellenlängenband als Funktion des Galaxienradius. Aus der Integration der Intensitätsverteilung bis zu einem bestimmten Isophotenniveau ergibt sich die scheinbare Helligkeit. Extrapoliert man das Flächenhelligkeitsprofil bis zu kleinsten Werten, erhält man eine Näherung für die scheinbare Gesamthelligkeit. Die Reduktionsverfahren sind technisch aufwendig und enthalten viele Einzelkorrekturen, bis einheitlich normierte Werte vorliegen [4].

Um die absolute Helligkeit und Leuchtkraft festzulegen, muß bekannt sein: die scheinbare Helligkeit, die Entfernung, die Absorption in unserem eigenen Sternsystem und die *K-Korrektur*. Diese Korrektur berücksichtigt die Verschiebung des Wellenlängenbandes aufgrund der kosmischen *Rotverschiebung*. Die Eichung der Galaxienleuchtkraftklassen für Spiralen und irreguläre Systeme ist in Abb. 5.10 dargestellt. Für elliptische Systeme ist die Streubreite der Leuchtkräfte viel größer. Der mittlere Wert für die elliptischen Systeme in Galaxienhaufen liegt bei $\tilde{M}_{\mathrm{v}} = -23.3$; hierbei ist eine Hubblekonstante von 50 km/s/Mpc verwendet, um die Entfernung der Galaxie über die Rotverschiebung zu errechnen.

Aus den Helligkeitsisophoten kann das mittlere Leuchtkraftprofil einer Galaxie abgeleitet werden. Die sich ergebenden *Flächenhelligkeiten* und die *Leuchtkraftprofile* enthalten Informationen über den Galaxienaufbau. Die verschiedenen Komponenten eines Sternsystems sind aus dem Leuchtkraftprofil ableitbar. Damit können dynamische Modelle überprüft werden, denn diese Modelle machen Aussagen zur Flächenhelligkeit. Normale Galaxien erreichen eine zentrale Flächenhelligkeit im Bereich 15 bis 22 mag/arc s^{-2}.

Sei A die Fläche einer Isophote bestimmter Flächenhelligkeit; ihr mittlerer Radius ist

$$\bar{r} = \sqrt{\frac{A}{\pi}},$$

$I(\bar{r})$ gibt dann die mittlere Flächenhelligkeitsverteilung an. Betrachten wir zunächst elliptische Sternsysteme. In normalen elliptischen Systemen hängt die Flächenhelligkeit $I(\bar{r})$ im wesentlichen vom Radius ab und folgt der empirischen Formel

$$\lg\left(\frac{I(\bar{r})}{I_e}\right) = -3.33\left(\left(\frac{\bar{r}}{r_e}\right)^{\frac{1}{4}} - 1\right). \tag{5.1}$$

Die Konstante ist so gewählt, daß die Hälfte des Gesamtlichtes innerhalb r_e der Galaxie liegt, die dort eine Flächenhelligkeit I_e besitzt; r_e und I_e werden aus Beobachtungen abgeleitet. Gl. (3.1) und (3.2) geben die an die Sphäre projizierte Helligkeitsverteilung an. Die wahre dreidimensionale Leuchtkraftverteilung $\varrho(R)$ in einer Galaxie läßt sich durch Inversion ermitteln; am einfachsten ist dies bei sphärischen Systemen. Mit z der Tiefenerstreckung und R der radialen Koordinate an der Sphäre gilt $z^2 = R^2 - r^2$ und

$$I(\bar{r}) = \int_{-\infty}^{+\infty} \varrho(R)\,\mathrm{d}z\,.$$

Der Wechsel der Integrationsvariabeln führt zur *Abelschen Integralgleichung*

$$I(r) = 2\int_{r}^{+\infty} \varrho(R)\,R(R^2 - r^2)^{-\frac{1}{2}}\,\mathrm{d}R$$

mit der Lösung für die Leuchtkraftverteilung

$$\varrho(R) = -\frac{1}{\pi}\int_{R}^{\infty}\frac{\mathrm{d}I}{\mathrm{d}r}(r^2 - R^2)^{-\frac{1}{2}}\,\mathrm{d}r\,.$$

Substitution des beobachteten $I(\bar{r})$-Verlaufes liefert die wahre Leuchtkraftverteilung $\varrho(R)$. In Abb. 5.11 ist die Flächenhelligkeit für eine E- und eine überriesige E-Galaxie

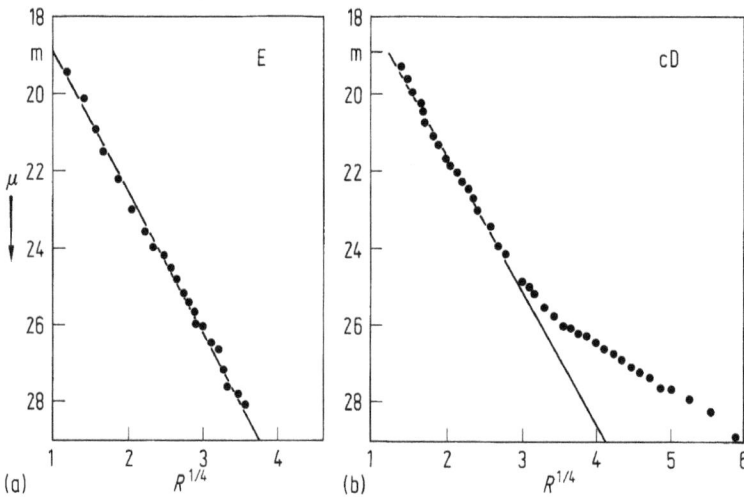

Abb. 5.11 Verlauf der Flächenhelligkeit μ (a) in einer E- und (b) in einer cD-Galaxie [34]: μ in mag/arc s^2, R (Radius/kpc)$^{1/4}$.

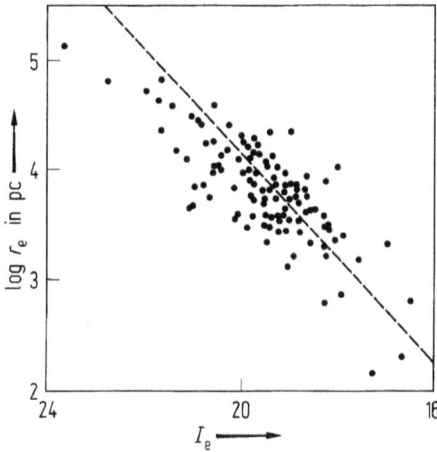

Abb. 5.12 Korrelation zwischen effektivem Radius r_e in pc und effektiver Flächenhelligkeit I_e in mag/arc s^2 bei elliptischen Galaxien [31].

(cD-System) gezeigt, wie sie in Zentren von Galaxienhaufen gefunden werden. Der Helligkeitsabfall für cD-Systeme erfolgt langsamer und entspricht einer Hülle; diese ausgedehnte Hülle hat vermutlich ihre Ursache in starken Gezeitenwechselwirkungen im Zentralbereich des Galaxienhaufens und im Aufsammeln von Haufenmaterie (verschluckte Zwergsternsysteme, Kühlströme).

Typische Werte für elliptische Systeme liegen bei $r_e = 1$ bis 10 kpc und $I_e = 18$ bis 21 mag/arc s^{-2}. Für dichte, kompakte Systeme hat man

$$19.5 \text{ mag(B) arc s}^{-2} < I_e < 21.5 \text{ mag(B) arc s}^{-2}$$

gefunden, dies entspricht 1200 bis 200 Sonnenleuchtkräften pro pc^2. Der Zusammenhang (Abb. 5.12) eines Helligkeitsparameters (I_e) und eines Längenparameters (r_e) ist ein wichtiger Hinweis auf die Struktur elliptischer Galaxien

$$r_e \sim I_e^{-0.83 \pm 0.08} .$$

Leuchtkräftigere Galaxien haben größere r_e-Skalenlängen und geringere I_e-Werte. Diese Korrelation und die Ähnlichkeit aller $I(\bar{r})$-Verläufe bei elliptischen Systemen läßt auf gleiche dynamische Zustände schließen.

Spiralgalaxien von der Kante und S0-Systeme zeigen deutlich zwei Strukturkomponenten: eine *Scheibe* und einen *Zentralkörper*. Der Zentralkörper variiert in seiner relativen Größe von dominierend bis verschwindend. Die Flächenhelligkeit der Scheibe hat die exponentielle Form

$$I(\bar{r}) = I_0 e^{-\alpha \bar{r}} . \qquad (5.2)$$

I_0 ist die extrapolierte zentrale Flächenhelligkeit und α der inverse Wert der Skalenlänge; sie wird durch den photometrischen Gradienten $g(\bar{r})$

$$g(\bar{r}) = \frac{d(\lg I)}{dr} , \quad g(\bar{r}) = 0.4343\,\alpha$$

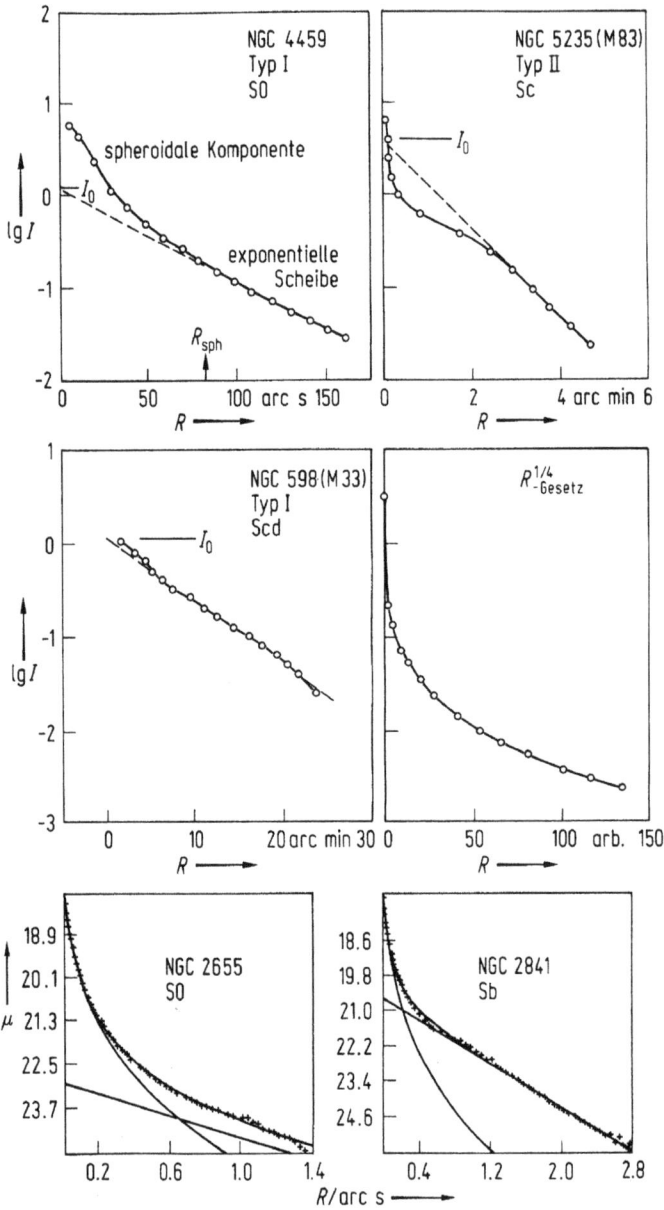

Abb. 5.13 Radiale Leuchtkraftprofile für verschiedene Scheibengalaxien [33], [38]. Typ II: Systeme mit zusätzlicher flacher linsenförmiger Komponente. Bei NGC 2655 und 2841 ist neben der Scheibe auch der Helligkeitsverlauf des Zentralkörpers mit angepaßt.

festgelegt; für ein rein exponentielles Gesetz ist der effektive Radius

$$r_e = 1.6785 a^{-1}.$$

Überraschenderweise ist I_0 für fast alle Systeme von gleicher Größe

$$B(0) = (21.65 \pm 0.3)\,\text{B mag arc s}^{-2}.$$

$B(0)$ ist hier die extrapolierte Flächenhelligkeit des Galaxienzentrums. Der Wert entspricht 145 Sonnenleuchtkräften pro pc^2. Die Skalenlänge ist $2 \le 1/\alpha \le 10\,kpc$ für S0-Sbc-, jedoch immer kleiner als 5 kpc für Sc-Im-Galaxien. Oft sinkt das Leuchtkraftprofil bei sehr leuchtkräftigen Systemen unter das der projizierten exponentiellen Scheibe. Solche Systeme (Typ II) besitzen zusätzlich eine flache linsenförmige Komponente, die den zentralen Helligkeitsabfall verursacht. Für die Milchstraße findet man eine Gesamtleuchtkraft von $1.6 \cdot 10^{10}$ Sonnenleuchtkräften, ein $r_e = 5\,kpc$ und ein Leuchtkraftverhältnis zwischen Scheibe und Zentralkörper von 2 [35]. Die Abb. 5.13 zeigt sechs radiale Helligkeitsprofile für Galaxien mit verschiedenen Verhältnissen von sphäroidaler und exponentieller Komponente; zum Vergleich ist die reine $r^{1/4}$ Verteilung ebenfalls angegeben.

Die Zentralkörper von Scheibengalaxien werden den elliptischen Systemen gleichgesetzt. Die Gleichheit betrifft Morphologie, Helligkeitsverteilung und Sterninhalt. Die physikalischen Unterschiede sind:

1. Die Zentralkörper sind im Mittel flacher als elliptische Galaxien; oft zeigen sie zentrale Einbuchtungen im Flächenhelligkeitsverlauf.
2. Zentralkörper sind diffuser; bei gleicher Leuchtkraft ist r_e größer und I_e kleiner.
3. Zentralkörper rotieren schneller; sie scheinen durch Rotation abgeflachte Sphäroide zu sein, während E-Systeme dreiachsige Ellipsoide sind, die eine anisotrope Geschwindigkeitsverteilung stabilisiert.

Dieser dynamische Unterschied und die Gravitationswirkung der Scheibe auf die Zentralkörper sind vermutlich die Ursache für die genannten photometrischen Unterschiede [31]. Die Helligkeitsverteilung in Balkenstrukturen von Scheibengalaxien folgen oft einem $r^{1/4}$-Gesetz. Die optisch stark hervortretenden Balken erweisen sich flächenphotometrisch als schwach ausgeprägte, den Scheiben eingelagerte, Strukturen. Das Leuchtkraftverhältnis Balken zur Gesamtleuchtkraft ist 0.15; Werte für den Quotienten aus Balkenhalbachse und Scheibenradius liegen bei 0.2. Scheiben zeigen in ihrer z-Erstreckung exponentielle Verläufe. Die vertikale Skalenhöhe liegt im Mittel bei $0.7 \pm 0.2\,kpc$; große Abweichungen nach oben und unten sind möglich; dem wird mit der Bezeichnung dicke und dünne Scheiben Rechnung getragen [36], [37].

5.3.3 Interstellare Materie

Die Lichtverteilung in Galaxien ist die auffälligste und grundlegendste beobachtbare Eigenschaft; wesentlich ist sie durch die Sterne bestimmt. Die interstellare Materie, die diese Lichtverteilung durch Absorption und Emission beeinflußt, läßt sich am besten über ihre Radiostrahlung nachweisen.

Radiokontinuumsstrahlung bei 1415 MHz hat ihre Ursache in den relativistischen Elektronen, die den Zentralkörpern und Scheiben angehören. Die Quelle dieser Elektronen sind in der alten Sternpopulation zu sehen (*Supernovae*). 90 % der gesamten Radiostrahlung werden aus der Scheibenkomponente emittiert. Die mediane Radioleistung der Scheibe ist der mittleren optischen Leuchtkraft der Galaxien proportional, unabhängig von der morphologischen Familie, jedoch abhängig von der Klassifikationsstufe. Das mittlere Größenverhältnis vom optischen zum Radioscheiben-Durchmesser ist für verschiedene morphologische Typen ähnlich, abgesehen bei Typen T = 0, −1 [39].

In der Linienstrahlung der 21-cm-Linie des atomaren Wasserstoffs (HI) wurden bisher die meisten Galaxien beobachtet; daraus lassen sich Massen und Verteilung des atomaren Wasserstoffs bestimmen; über den Dopplereffekt kann die Galaxienrotation ausgemessen werden. Die Ausdehnung der Wasserstoffscheibe erstreckt sich bis zum zweifachen des optischen Scheibenradius, mit großen Asymmetrien in der Flächendichte und im Geschwindigkeitsfeld. Galaxien mit ausgeprägten Zentralkörpern haben oft ein zentrales HI-Defizit. Die HI-Verteilung bei von der Seite beobachtbaren Systemen ist oft gegen den Rand hin, bezogen auf die optische Grundebene, verwölbt.

Neuen Zugang zu der interstellaren Materie der Galaxien lieferten die CO-Durchmusterungen ($\lambda = 2.6$ mm) und der im Infrarot (6 µm, 12 µm, 60 µm, 100 µm) arbeitende IRAS-Satellit [40], [41]. Molekulares Gas des interstellaren Mediums eignet sich sowohl dazu die Morphologie, wie den Entwicklungszustand galaktischer Scheiben zu bestimmen, denn Sterne bilden sich in den dichten *Molekülwolken*. Innerhalb dieser Wolken wird das Gas an die nächste Sterngeneration weitergegeben und die massenreichsten dieser jungen Sterne erzeugen den größten Teil der galak-

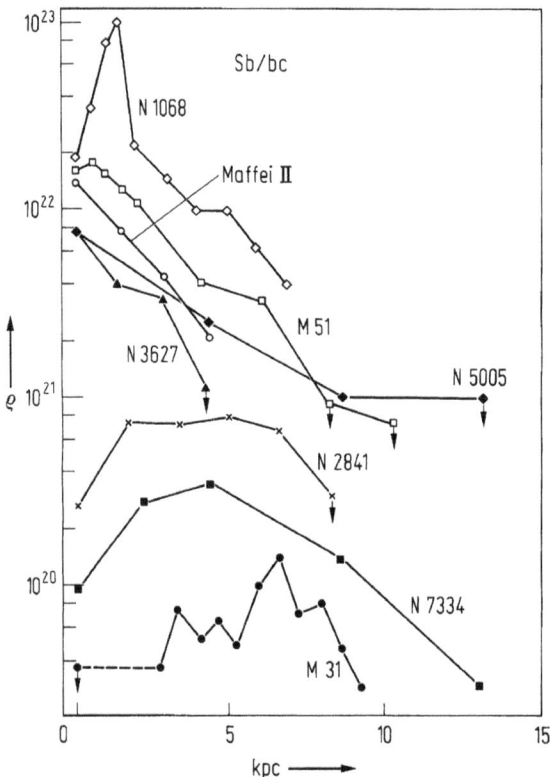

Abb. 5.14 Radiale Verteilung der integralen CO-Intensitäten in Einheiten der Flächendichte molekularen Wasserstoffes ϱ (H_2/cm^2) [40].

tischen Leuchtkraft. Die gemessenen CO-Leuchtkräfte sind zu den H_2-Massen proportional

$$\frac{N(H_2)}{I_{CO}} = 3.0 \cdot 10^{20}\,\mathrm{cm}^{-2}\,(\mathrm{K\,km\,s}^{-1})^{-1}.$$

Auf diese Art besteht ein direkter Zugang zur Massenverteilung des häufigsten kosmischen Elements (H_2) in seiner molekularen Form. Die Infrarotstrahlung stammt vom *Staub* des interstellaren Mediums. Staub wird durch die heißen jungen Sterne aufgeheizt; die Infrarotleuchtkräfte geben daher auch über die Sternentstehungsraten Auskunft. In der Abb. 5.14 sind die radialen Verläufe der molekularen Wasserstoffflächendichte für Sb/bc Galaxien dargestellt. Die CO-Verteilung in Sc-Systemen hat ein zentrales Maximum und stetigen radialen Abfall. Die Milchstraße zeigt in der Verteilung ein Loch zwischen 1 und 4 kpc. Die zur CO-Verteilung in Sc-Systemen parallel verlaufende H_2-Verteilung unterscheidet sich wesentlich von der des neutralen Wasserstoffs in den Sc-Galaxien. HI zeigt stets eine zentrale Absenkung und über die Scheibe eine konstante Flächendichte $N(\mathrm{HI}) \leq 10^{21}\,\mathrm{cm}^{-2}$. Bei den Sb-Systemen findet man teilweise zentrale Absenkungen; Sa-Systeme verhalten sich ähnlich. Das Verhältnis von CO-Durchmessern zu optischen Durchmessern (D_{25}) liegt bei 0.5 ± 0.2. Bei Balkensystemen scheint die CO-Emission entlang des Balkens verstärkt zu sein.

In Abb. 5.15 sind die engen Korrelationen zwischen der Staubmasse und dem molekularen Wasserstoff des interstellaren Mediums sowie der Infrarotleuchtkraft dargestellt; es gilt

$$L_{IR} \sim M(H_2)^{1.00 \pm 0.03}.$$

Galaxien mit hohen Staubtemperaturen zeigen eine große Effizienz in der Sternentstehung. Die Effizienz der Sternentstehung, abgeleitet aus $L_{IR}/M(H_2)$, ist einen Faktor 7 größer bei stark wechselwirkenden Systemen (Abb. 5.16). Ursache hierfür sind die erhöhte Anzahl der Wolkenzusammenstöße durch Gezeitenstörungen in den Sternsystemen.

Lange Zeit galten die S0- und E-Systeme als gasfrei. Neue empfindlichere und andere Wellenlängenbereiche benützende Beobachtungen (Radio-, Infrarot-, Röntgen- und Millimeter-Wellenlängen) haben auch in diesen Systemen alle Komponenten der interstellaren Materie nachgewiesen [42] (wenn auch nur im Bereich von 2% bis 3%). Bei den S0-Galaxien überstreichen die Quotienten aus L_{CO}/L_B und $M(\mathrm{HI})/L_B$ größere Spielräume als bei Spiralsystemen

$$0.01\,\frac{M_\odot}{L_\odot} < \frac{M(\mathrm{HI})}{L_B} < 1\,\frac{M_\odot}{L_\odot}.$$

Ein Grund hierfür könnte sein, daß das interstellare Medium sich in keinem stetigen Gleichgewichtszustand mit den Sternen befindet. Ebenso ist das Verhältnis der Strahlungsflüsse von CO und HI in diesen Galaxien bedeutend höher als in normalen Spiralen. Die Röntgenleuchtkräfte lassen auf heißes Gas von 10^8 bis $10^9\,M_\odot$ schließen; es ist der Anteil, den man aus *stellaren Massenverlustraten* erwartet. In den inneren Bereichen der S0-Galaxien findet *Sternentstehung* auf Skalen von 1 kpc und größer statt.

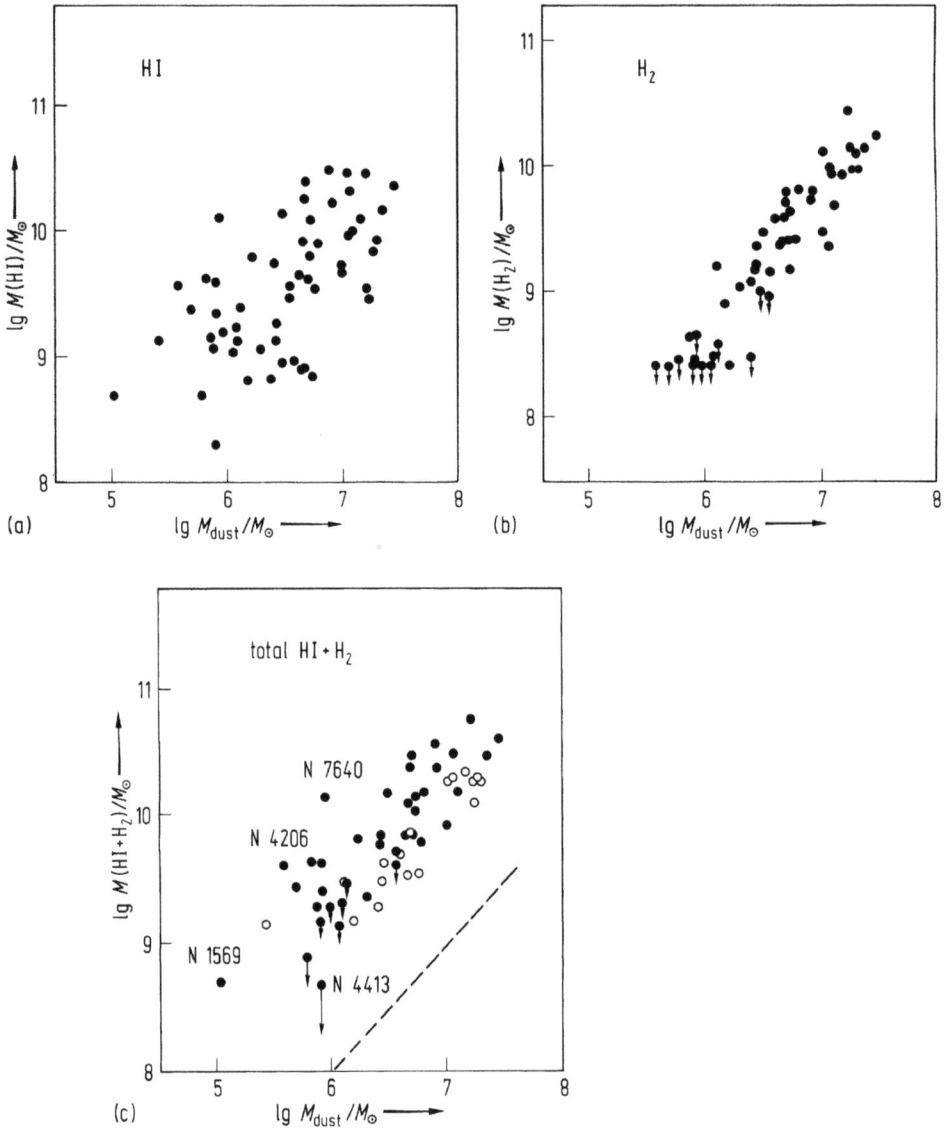

Abb. 5.15 Korrelation zwischen Staub, molekularem und atomarem Wasserstoff für eine typische Galaxienstichprobe [41].

Bei den elliptischen Systemen wurde ebenfalls heißes Gas in Mengen entsprechend den stellaren Massenverlustraten nachgewiesen. Auch hier findet in geringem Maße Sternentstehung statt, vor allem in Systemen mit kleiner Leuchtkraft; sie liegt bei 0.1 bis 1 $M_\odot$/Jahr. In Systemen mit großer Leuchtkraft wird das interstellare Medium durch den aktiven Kern dominiert. 40% der E-Systeme zeigen Staubabsorption. Die Massen an kaltem Gas sind um 1/10 kleiner als die Massenanteile des heißen Gases; heißes und kaltes Gas zeigen keinerlei Entsprechung und befinden sich im Vergleich zu den Spiralsystemen in einem Nichtgleichgewichtszustand.

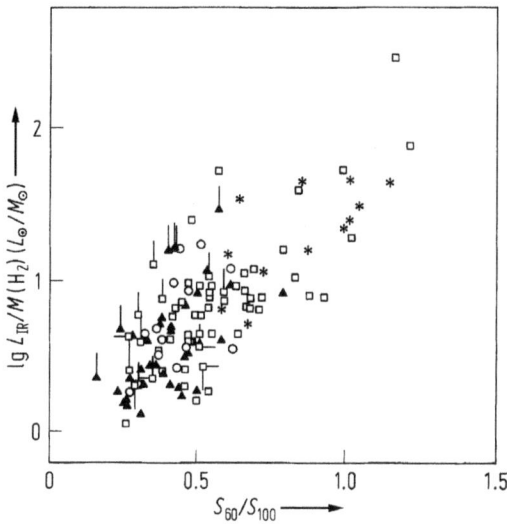

Abb. 5.16 Vergleich der Verhältnisse von L_{IR}/M (H_2) und den Strahlungsflüssen $S_{60\,\mu m}/S_{100\,\mu m}$ als Maß für die Sternentstehungsaktivität bei normalen und gestörten Galaxien [40]: $*$ wechselwirkend, $\circ$ isoliert, $\blacktriangle$ Virgo-Haufen, $\square$ andere.

5.3.4 Massen

Galaxienmassen sind aus einem Grunde unsicher: Die Rotationskurven der meisten Sternsysteme zeigen keinen Keplerabfall im Außenbereich

$$v(r) \sim r^{-\frac{1}{2}},$$

der zu erwarten wäre, wenn die Massenverteilung der sichtbaren Helligkeitsverteilung folgen würde. Die Rotationskurven sind flach

$$v(r) \sim \text{const.}$$

Dies bedeutet, daß Galaxien ausgedehnte massenreiche *Halos* an dunkler Materie (über elektromagnetische Strahlung noch nicht direkt nachgewiesen) besitzen. Aus der Systemdynamik kann dieser Massenanteil errechnet werden (s. Abschn. 5.5).

Um aus beobachteten kinematischen Daten die Galaxienmassen abzuleiten, stehen 6 Verfahren zur Verfügung:

1. Rotationskurven (besonders bei Spiralen),
2. Linienbreite der 21-cm-Linie,
3. Geschwindigkeitssteuerung der Sterne (besonders bei E's),
4. Kinematik von Begleitgalaxien oder Kugelsternhaufen,
5. Kinematik von Doppelgalaxien,
6. Geschwindigkeitssteuerung in Galaxiengruppen oder -haufen.

Meistens handelt es sich um hinweisende Massen (vgl. Abschn. 5.1.1), die aus den Verfahren abgeleitet werden.

Rotation. Die Rotationskurven stellen den Zusammenhang her zwischen Geschwindigkeit und Abstand vom Zentrum in einer Galaxie; es werden Kreisbahnen angenommen. Die Rotationsgeschwindigkeit $v_{rot}(r)$ ist mit dem Gravitationspotential in der Systemebene $\Phi(r)$ verknüpft

$$v_{rot}^3(r) = \frac{-\partial\phi}{\partial r}.$$

Ist $\partial\Phi/\partial r$ bekannt, kann die Masse bis zum letzten beobachteten Punkt $v_{rot}(r)$ bestimmt werden. Dies geschieht entweder durch direkte Umkehr von $v(r)$ oder durch Modellanpassungen beobachteter Rotationskurven. Die Modellanpassung benützt Punktmassen, abgeflachte und geschachtelte Sphäroide und Scheiben mit variablen Dichtegradienten. Die Zahl der freien Parameter muß dabei möglichst klein gehalten werden.

Eines der üblichen Verfahren zur Massenschätzung verwendet eine empirische Formel für das Kraftfeld F als Funktion des Radius r

$$F(r) = \frac{v_{rot}^2}{r} = \tilde{a}r(1 + \tilde{b}r^2)^{-1}.$$

Die Konstanten $\tilde{a}, \tilde{b}$ können durch die maximale Rotationsgeschwindigkeit v_{max} in der entsprechenden Entfernung r_{max} ausgedrückt werden

$$\tilde{a} = 3(v_{max}/r_{max})^3$$
$$\tilde{b} = 2r_{max}^{-3}$$

Unter der Annahme, die Galaxie verhalte sich in großer Entfernung wie eine Punktmasse, folgt

$$M = \tilde{a}(G\tilde{b})^{-1} = \frac{3}{2} G^{-1} r_{max} v_{max}^2.$$

21-cm-Linienbreite. Galaxienmassen lassen sich aus der Linienbreite eines gesamten 21-cm-Spektrums abschätzen (s. Band 8, Kap. 4); denn durch die Rotation wird das Linienprofil dopplerverbreitert, entsprechend der maximalen Rotationsgeschwindigkeit. Die Masse innerhalb des optisch photometrischen Durchmessers einer Galaxie kann so für flache Rotationskurven angegeben werden. Als gute Näherung findet man

$$\frac{M_{opt}}{M_\odot} = 10^{3.7 \pm 0.15} \cdot \Delta v_0^2 D(0) \cdot D;$$

Δv_0 Linienbreite in km/s
$D(0)$ photometrischer Durchmesser in arc min, entsprechend einem
        $\mu_B = 25$ mag/arc s^2
D Galaxienentfernung in Mpc.

Geschwindigkeitsstreuung der Sterne. Im Fall von gut durchmischten Sternsystemen wird das *Virial-Theorem* benützt

$$2\tilde{T} + W = 0$$

Tab. 5.4 Die Massenbereiche für verschiedene Galaxientypen.

Typ	Masse (in Sonnenmassen)
cD	10^{13}
E, S0	$0.4 \cdot 10^{10} - 4 \cdot 10^{12}$
dE	$0.3 \cdot 10^6 - 5 \cdot 10^7$
Sa	$(0.2-2)10^{12}$
Sb	$(0.2-6)10^{11}$
Sc	$(0.2-5)10^{11}$
Sd-Sm	10^{10}
Irr	10^9
dSd–m	$(0.3-5)10^6$

mit $\tilde{T}$ der gesamten kinetischen Energie und W der potentiellen Energie. Daraus folgt, daß die Geschwindigkeitsstreuung σ proportional dem Quotienten aus der Masse und dem Systemdurchmesser $2r$ ist

$$\langle \sigma^2 \rangle \sim MG(2r)^{-1} \, .$$

Die gleiche Überlegung kann auf Galaxiengruppen und Galaxienhaufen angewandt werden. Wird dies getan, ist die so abgeleitete dynamische Masse immer wesentlich höher als die über photometrische Methoden abgeleitete Masse. Das Problem der fehlenden Masse in den Galaxienhaufen hängt sicherlich mit der dunklen Materie zusammen, die über elektromagnetische Strahlungsvorgänge noch nicht nachgewiesen werden konnte. Die Massenbestimmungen durch die Kinematik von Begleitgalaxien oder Kugelhaufen und bei Doppelgalaxien liefern Ergebnisse, die mit anderen Verfahren gut übereinstimmen. In Tab. 5.4 ist der Massenbereich für die Galaxientypen

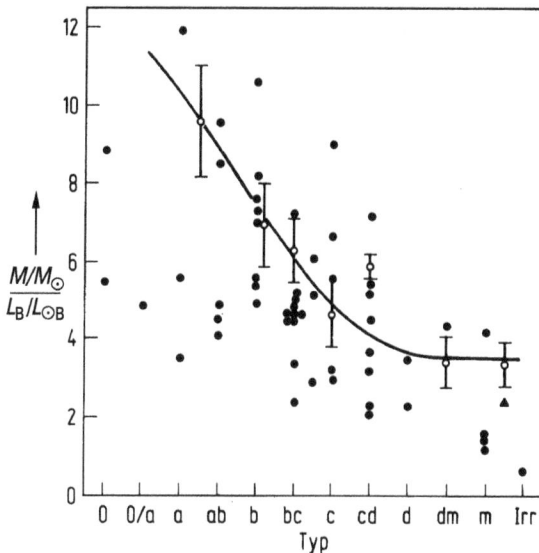

Abb. 5.17 Verhältnis von Gesamtmasse und blauer Leuchtkraft als Funktion des Galaxientyps [44]: ○ logarithmische Mittelwerte, ⊆ dIrr.

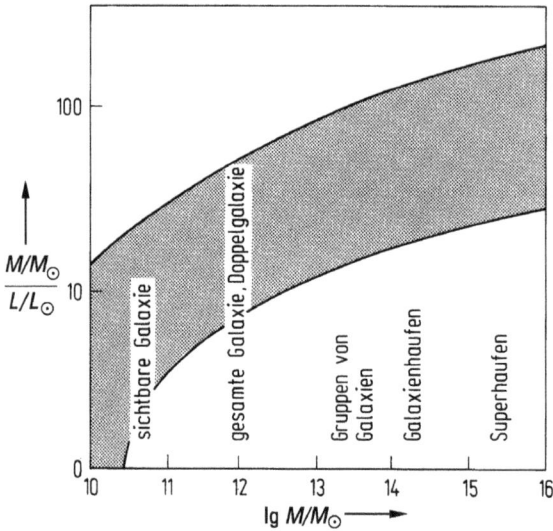

Abb. 5.18 Das Verhältnis von nichtleuchtender zu leuchtender Masse in selbstgravitierenden Systemen nimmt systematisch mit wachsender Masse zu [45].

aufgelistet. Für das Milchstraßensystem wird eine Gesamtmasse zwischen $4 \; 10^{11}$ bis $1,4 \; 10^{12} M_\odot$ diskutiert. Die Gesamtleuchtkraft der Milchstraße ist um einen Faktor 2 unsicher. Neuere Abschätzungen liefern $L_B = (2.3 \pm 0.6) \cdot 10^{10} L_\odot$ [43].

Die dynamischen Verfahren der Massenbestimmung zeigen, daß ein Großteil der Masse unserer eigenen und anderer Galaxien außerhalb der Verteilung der sichtbaren Sterne liegt; dies ist die *dunkle Materie* oder die nicht sichtbare Halokomponente. Form und Ausdehnung des Halos sind unbekannt. Ältere Bestimmungen von Masse-Leuchtkraftverhältnissen (vor ~ 1975) können daher heute nicht mehr verwendet werden. In Abb. 5.17 ist das Masse-Leuchtkraftverhältnis dargestellt. Der Trend spiegelt die Änderung des Sterninhaltes als Funktion des Galaxietyps wieder. Für elliptische Systeme ist $M/L \approx 30$ mit Einzelwerten bis zu 100. Die Zunahme der Unsicherheiten im M/L-Verhältnis wird in Abb. 5.18 deutlich. Je höher die hierarchische Stufe, in der Massen von Systemen bestimmt werden, desto größer wird der Anteil an dunkler Materie.

5.3.5 Sternpopulationen

Spiral- und irreguläre Galaxien scheinen mehr aus hellen blauen Sternen und interstellarer Materie zu bestehen (*Population I*), während elliptische Systeme ausschließlich aus schwachen roten Sternen (*Population II*) aufgebaut sind. Diese Feststellung von Walter Baade in den 50er Jahren führte zur Einführung von Sternpopulationen. Sie wurden durch vier Parameter beschrieben: Ort (innerhalb der Sternsysteme), Farbe, Kinematik und Verknüpfung mit interstellarer Materie. In Abb. 5.19a ist das klassische Zwei-Punkt-Populationsdiagramm gezeigt [46], [47], [48]. Grundlegende Variable dieser Einteilung sind *Sternalter* und *Elementhäufig-*

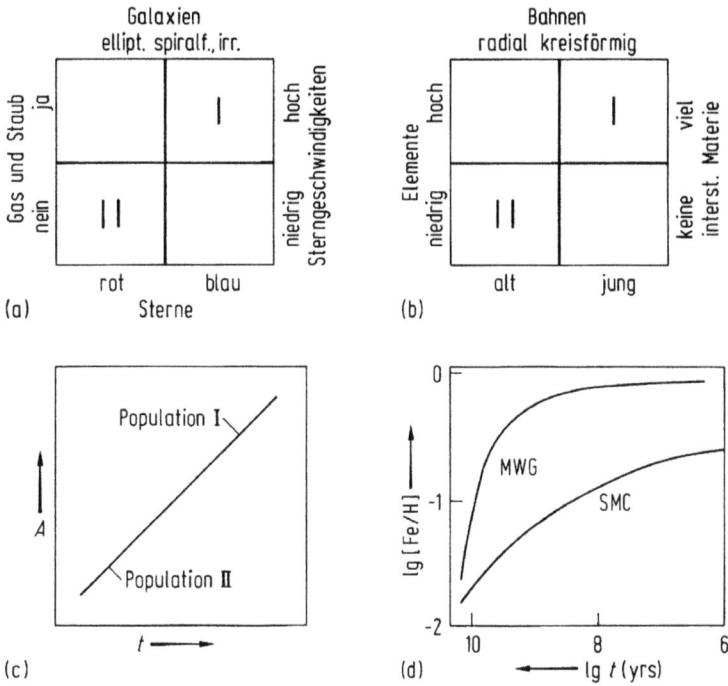

Abb. 5.19 Populationen [44], [46]. (a) Zwei-Punkt-Populationsdiagramm. (b) Die zwei Populationen als Entwicklungsfolge. (c) Die Populationsmorphologie in der Entwicklungsebene. A: Anreicherung an schweren Elementen, t: Entwicklungszeit. (d) Anreicherung an schweren Elementen für die Milchstraße Sbc (MGW) und die Kleine Magellansche Wolke (SMC).

keiten in Sternen. Alle Populationsunterschiede können mit Hilfe dieser zwei Größen verstanden werden. Sternpopulationen sind daher durch zwei Segmente auf einer Linie darstellbar, welche die chemische Anreicherung einer Sterngruppe als Funktion der Zeit angibt (Abb. 5.19b); hierbei sind fließende Übergänge, d.h. Zwischenpopulationen möglich. Ein mehr morphologisches Vorgehen, dargestellt in Abb. 5.19c, untermauert dies. Bestimmte Sternarten häufen sich in bestimmten galaktischen Umwelten. Dies läßt sich anhand von Abb. 5.19d verstehen; hier ist die chemische Elementanreicherung der Milchstraße (Spiralgalaxie Sbc) und der irregulären Zwerggalaxie *Kleine Magellansche Wolke* (dIr) als Funktion der Zeit dargestellt. Wahrscheinlich wegen ihrer kleineren Masse und deshalb einer stets geringeren Sternentstehungsrate erfuhr die Kleine Magellansche Wolke eine geringere Elementanreicherung. Sie enthält daher relativ junge Sterne, die metallarm sind. Die *Sternentstehungsrate* ist also die dritte Variable, die die Populationszusammensetzung einer Galaxie steuert.

Um die Populationsunterschiede verschiedener Galaxien darzustellen, wird ein *dreidimensionaler Populationsraum* benützt (Abb. 5.20a), der sich aus Sternalter τ, Elementhäufigkeit Z (gemessen über den Eisengehalt) und Sternentstehungsraten f aufspannt. In diesem Raum stellt sich zum Beispiel eine einfache galaktische Entwicklung als Linie dar (Abb. 5.20b). Die Galaxien begannen mit der Sternentstehung vor rund 15 Ga (1 Ga = 10^9 Jahre) und bildeten dann Sterne mit stetig abnehmender

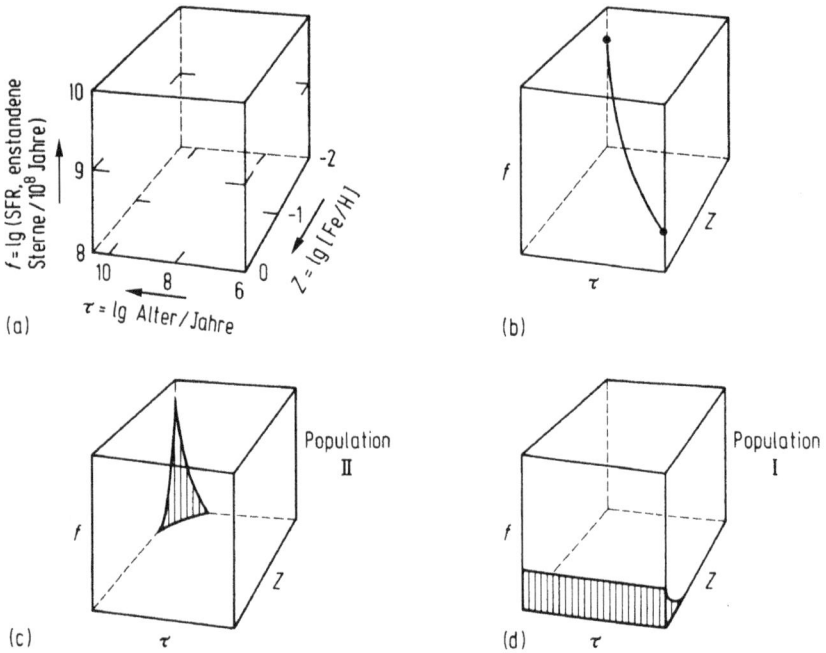

Abb. 5.20 Populationen. (a) Der dreidimensionale Populationsraum: Sternentstehung, Alter und Chemie. (b) Eine einfache galaktische Entwicklung im Populationsraum. (c) Eine reine Population-II-Galaxie. (d) Eine reine Population-I-Galaxie.

Rate, entsprechend dem kleiner werdenden Vorrat an interstellarer Materie. Als Funktion der Zeit nimmt die kosmische Elementhäufigkeit in dem Maße zu, wie schwere Elemente in den Sternen gebildet und an das interstellare Medium abgegeben werden. Dieses Entwicklungsbild ist natürlich noch unrealistisch, da eine reale Galaxie keine gleichförmige Anreicherung und keine stetige Sternentstehung besitzt. Das klassische Bild einer Population-II-Galaxie ist in Abb. 5.20c dargestellt. Der Hauptteil der Sternentstehung ereignete sich in einem anfänglichen Sternentstehungsausbruch; in der kurzen Zeit konnte nur eine geringe Elementanreicherung ablaufen. Eine reine (unphysikalisch) Population-I-Galaxie gibt Abb. 5.20d wieder. Seit ihrer Bildung läuft eine gleichförmige Sternentstehung; die Elementhäufigkeit ist und war etwa sonnenähnlich.

Galaxien unserer lokalen Gruppe und natürlich auch die Milchstraße sind soweit erforscht, daß eine Populationsanalyse gemäß dem dargestellten Verfahren durchgeführt werden kann. Im Detail bestehen zwar noch viele Unsicherheiten, die in den Populationsräumen auftretenden Trends können jedoch als verläßlich angesehen werden. In Abb. 5.21a–d sind die Milchstraße (Sbc), der Andromeda-Nebel (Sb), die Große Magellansche Wolke (Sm) und NGC 205 (E) dargestellt. Die Populationsfläche $P(f, \tau, Z)$ für die Milchstraße zeigt einen anfänglich starken Sternentstehungsausbruch bei niedrigen Z-Werten. Die Sternentstehung läuft dann mit leicht abnehmender Rate weiter. Z nimmt allmählich, jedoch nicht unbedingt stetig zu. Der Andromeda-Nebel ähnelt in vielen Grundparametern unserer Milchstraße. Die Populationen in

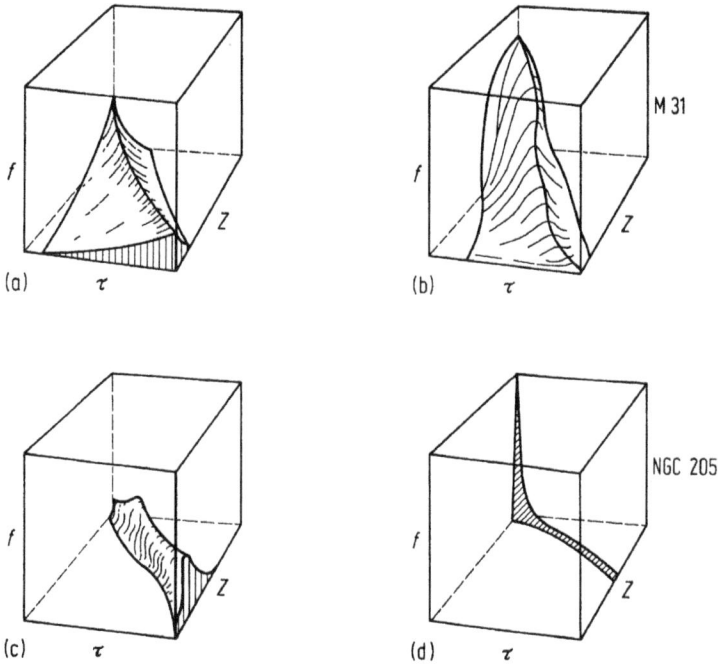

Abb. 5.21 Die Populationsräume der Milchstraße Sbc (a), des Andromedanebels Sb (b), der Großen Magellanschen Wolke Sm (c), NGC 205 E (d).

beiden Systemen sollten also ähnlich sein. M 31 muß eine längere und heftigere anfängliche Sternentstehungsrate gehabt haben. Die heutige mittlere Rate liegt unterhalb der Milchstraßenwerte. Die Anreicherung ist in beiden Systemen ähnlich.

Ein ganz anderes Verhalten zeigt die Große Magellansche Wolke. Hier liegt eine ungleichförmige Sternentstehungsgeschichte vor. Nach einem mäßigen Beginn steigerte sich die Sternentstehungsaktivität, klang wieder ab und zeigt heute wieder hohe Werte. Wir finden eine sehr große Streuung in den Z-Werten; ihre schlechte, global langsame Durchmischung, könnte in der geringen Rotationsgeschwindigkeit liegen [49].

Obgleich NGC 205 als elliptisches System klassifiziert wird, ist sie als Begleitgalaxie des Andromedanebels möglicherweise für E-Systeme nicht gänzlich typisch. In ihren Zentralbereichen gibt es eine junge O und B Sternpopulation mit interstellarer Materie. Dies spiegelt sich in ihrer Populationsgeschichte wieder. Ein Großteil der Sterne entstand bei ihrer Bildung, wie wir es für E-Systeme erwarten. Die Sternentstehung setzt sich stetig und schwach bis heute fort. Sie ist begleitet von einem Anwachsen der schweren Elementhäufigkeit.

Die Lokale Gruppe zeigt große Vielfalt in den möglichen Sternpopulationen von Galaxien. Wir können dies als erstes richtungsweisendes Schlaglicht auf die Populationsvielfalten in den Sternsystemen allgemein auffassen.

5.3.6 Die physikalische Bedeutung der Galaxienklassifikation

Eine große Zahl beobachtbarer Galaxieneigenschaften sind wechselseitig miteinander korreliert. Welches die fundamentalen Parameter sind, die den Aufbau und die Entwicklung steuern, also das morphologische Erscheinungsbild bestimmen, kann über eine Hauptkomponentenanalyse ermittelt werden [16]. Voraussetzung hierfür ist eine genügend große und vollständige Datenmenge. Die Änderung der Parameter entlang der Klassifikationsabfolge gibt Aufschluß über die astrophysikalischen Grundlagen der Galaxienklassifikation.

Abbildung 5.22 zeigt die Abhängigkeit einiger photometrischer Parameter von der Klassifikationsstufe T. Das morphologische Klassifikationsschema spiegelt sich eindeutig in den Farben, Flächenhelligkeiten und im Wasserstoffindex wieder. Der Wasserstoffindex $HI = \tilde{m}_R - \tilde{m}_{opt}$ wird aus der Radiohelligkeit (z. B. bei 21 cm) und einer Blauhelligkeit gebildet. Er ermöglicht den Vergleich von Radio- und optischen Galaxienleuchtkräften. Ein besonders wichtiger Parameter ist der Leuchtkraftanteil des Zentralkörpers (des sphäroidalen Körpers bei S-Systemen) $\Delta\tilde{m}$, ausgedrückt entweder als Verhältnis von Zentralkörper und Scheibe oder von Zentralkörper und Gesamthelligkeit; er wird oft auch als Helligkeitsdifferenz geschrieben

$$\Delta\tilde{m} = \tilde{m}_Z - \tilde{m}_G \, ,$$

$\tilde{m}_Z$: Helligkeit des Zentralkörpers, $\tilde{m}_G$: Helligkeit der Galaxie.

Die Änderung von $\Delta\tilde{m}$ als Funktion der Klassifikationsstufe ist in Abb. 5.23 dargestellt. Das Verhältnis Zentralkörper (oder bulge) zur Scheibe wird allgemein als eine Struktureigenschaft angesehen, die die Systeme schon bei ihrer Entstehung mit-

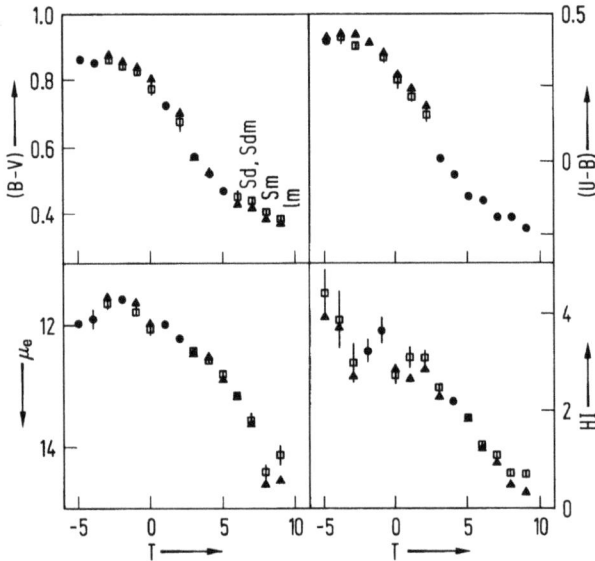

Abb. 5.22 Photometrische Galaxienparameter als Funktion der Klassifikationsstufe T [4], [12]; Es sind die Farbindizes, die effektive Flächenhelligkeit (μ_e) und der Wasserstoffindex HI dargestellt.

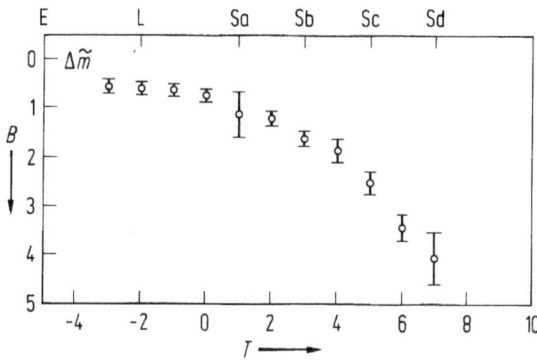

Abb. 5.23 Änderung von $\Delta\tilde{m}$ (Helligkeitsverhältnis Zentralkörper-Scheibe, ausgedrückt in B-Helligkeiten) als Funktion des Klassifikationstyps T [50].

bekommen haben. Gestützt wird dies durch das sich stetig ändernde Elliptizitätsverhältnis von Zentralkörper und Scheibe entlang der Klassifikationsreihe T. Die Elliptizität als Abflachung ist eine dynamische Eigenschaft, die sich nicht auf Zeitskalen ändern kann, die kleiner als die Relaxationszeit der Systeme sind. Die *Relaxationszeiten für Sternsysteme* liegen bei 10^{12} bis 10^{14} Jahren; dies ist ein größerer Zeitraum als das augenblickliche Weltalter. Die Unterschiede in den wahren Abflachungen zwischen E- und S-Systemen und ihren Zentralkörpern zeigen also, daß ein Typ sich nicht in andere entwickeln kann. Die Klassifikationsabfolge T ist keine Entwicklungssequenz. Sowohl für das Verständnis der Verteilung der Sternpopulationen in den Galaxien wie auch der Sternentstehungsraten, ist der Anteil der interstellaren Materie in den einzelnen Klassifikationsstufen wichtig. In Abb. 5.24c ist das Verhältnis von molekularem zu atomarem Wasserstoff für Spiralgalaxien dargestellt. Der morphologisch bestimmte Galaxientyp zeigt eine Abhängigkeit vom Gasinhalt. $M(\mathrm{HI})/L_B$ nimmt um den Faktor 5 stetig zu (Abb. 5.24b); das Verhältnis $M(\mathrm{H_2})/L_B$ ist zwischen $1 \leq T \leq 5$ fast konstant und nimmt dann um den Faktor 3 ab [51]. Eine Folge hiervon ist, daß das mittlere Verhältnis von $M(\mathrm{H_2})/M(\mathrm{HI})$ um den Faktor 20 stetig, als Funktion des Galaxientyps, kleiner wird. Die dominierende Gasphase ändert sich also mit der Klassifikationsstufe. Dies deutet auf eine Umwandlung von atomarem in molekulares Gas, bei kleineren Säulendichten innerhalb von Sa, Sb Galaxien, hin; Grund hierfür ist die geringere Geschwindigkeitsstreuung in der Gaskomponente im Vergleich zu Sc-Sm-Systemen. Während die globale Leuchtkraftbeziehung keine Typ-Korrelation enthält (Abb. 5.24d), ist das Verhältnis Wasserstoffmasse zur Gesamtmasse gut mit dem morphologischen Typ korreliert (Abb. 5.24a). Grundsätzlich kann zwischen 3 Galaxienkategorien unterschieden werden: elliptische, spiralige, und Zwergsysteme. Letztere enthalten auch die Sd- und Sm-Galaxien. Die Natur der SO-Systeme, möglicherweise als Übergangssysteme, bedarf noch weiterer Untersuchungen [208].

Auf der Grundlage dieser Korrelationen stellt sich die Frage, welche und wieviele Parameter die Galaxieneigenschaften bestimmen. Eine statistische Hauptkomponentenanalyse für Spiralgalaxien [12] und elliptische Systeme zeigt hierbei den Weg. Die hierzu verwendeten Parametersätze sind in Tab. 5.5 aufgelistet. Man findet stets

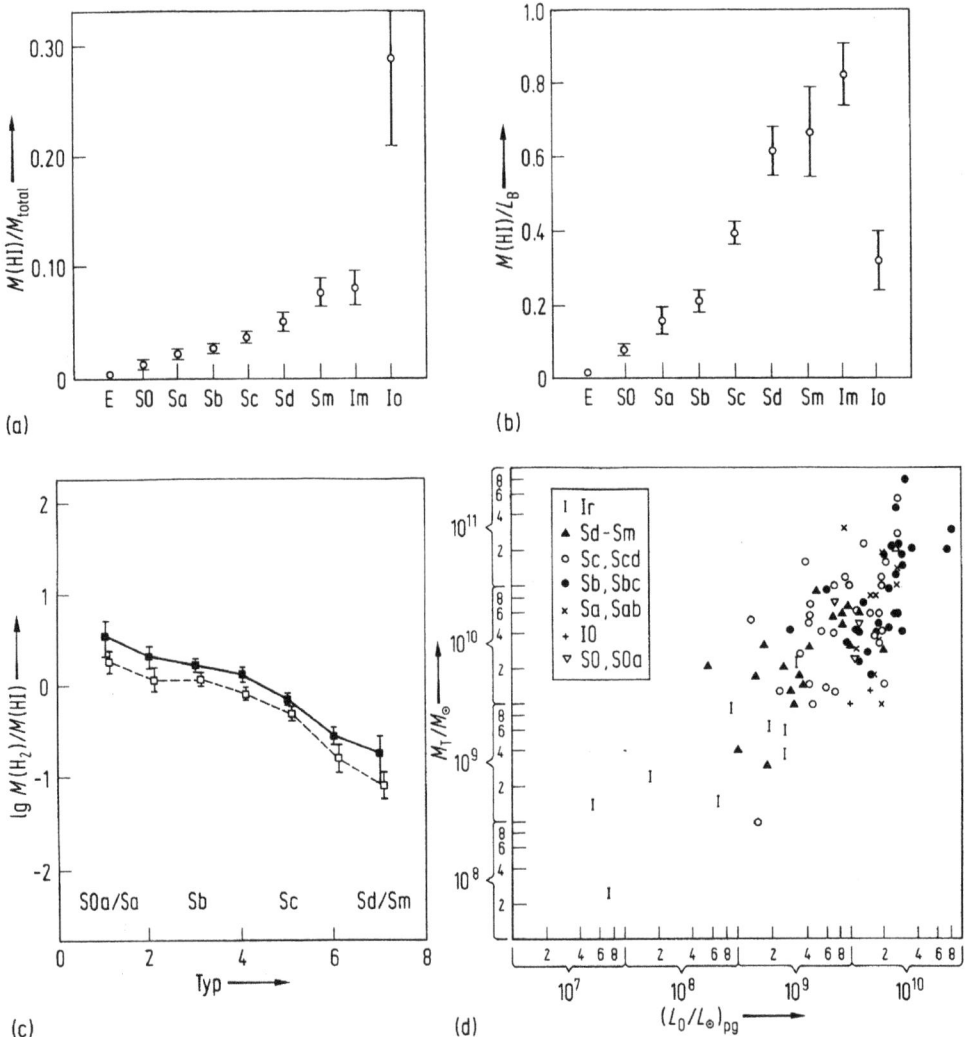

Abb. 5.24   Galaxiengrundparameter. (a) Verhältnis von Wasserstoffmasse zur Gesamtmasse als Funktion des Galaxientyps [52]. (b) Verhältnis von Wasserstoffmasse zur Leuchtkraft als Funktion des Galaxientyps [52]. (c) Verhältnis von molekularem zu atomarem Gas als Funktion des Galaxientyps [41]. (d) Beziehung zwischen Gesamtmasse und Leuchtkraft [52].

zwei dominierende Achsen; die erste hat einen hohen Korrelationskoeffizienten zur Größe und Skalenlänge, die zweite zum Aussehen. Skalenlängen (in den radialen photometrischen Gesetzen und bei den Rotationskurven) und Gestalt (Farbe und Zentralkörper – Gesamthelligkeitsverhältnis) spannen die Fundamentalebene der Spiralgalaxienkomponenten auf, [193].

Bis etwa 1980 ging man davon aus, die elliptischen Galaxien würden eine einparametrige Strukturfamilie darstellen, vor allem wegen der engen Korrelation zwischen Leuchtkraft L, Metallizität, Farbe und zentraler Geschwindigkeitsstreuung σ_c [31].

Tab. 5.5 Parametersätze für die Hauptkomponentenanalyse.

Spiralgalaxien
Morphologischer Typ
Farbindizes
Leuchtkraft oder Helligkeit
Leuchtkraftkonzentrationsindex
Durchmesser
Helligkeitsverhältnis von Zentralkörper zur Gesamthelligkeit
Mittlere Flächenhelligkeit
Gesamtmasse oder hinweisende Masse
Wasserstoffmasse
maximale Rotationsgeschwindigkeit
Radius der maximalen Rotationsgeschwindigkeit

Elliptische Galaxien
Leuchtkraft
Leuchtkraftkonzentrationsindex
Flächenhelligkeit
Radius/effektiver Radius
Achsenverhältnis
zentrale Geschwindigkeitsstreuung
Metallhäufigkeit/Linien-Äquivalentbreiten
Metallizitätsindex

Die Gesamtleuchtkraft, und deshalb die Gesamtmasse, wurde als Grundparameter betrachtet. Insbesondere ist die enge Korrelation [53]

$$L \sim \sigma_c^n$$

zwischen einer photometrischen und dynamischen Eigenschaft der Einstieg zur Physik dieser Galaxien. Erweiterte Hauptkomponentenanalysen zeigten einen im wesentlichen zweiachsigen Parameterraum. Die erste Achse ist eng verknüpft mit den Skalenlängen und enthält die Korrelation $L \sim \sigma$; die zweite Achse enthält die Form der Systeme, also die Elliptizität q. Eine dritte Achse, verknüpft mit der Flächenhelligkeit μ, ist von untergeordneter Wichtigkeit; ihre Einführung vermindert die Streuung in den Korrelationen der Achsen 1 und 2.

Die morphologische Klassifikation [36] baut sich wesentlich aus zwei Parametern auf: die stete Abnahme des Zentralkörper – Scheiben Helligkeitsverhältnisses, die Zunahme von jungen Sternen und des Gasanteils von E nach Sm. Aus der Populationsanalyse folgt, daß bei den zentralsymmetrisch aufgebauten ellipsoidischen Komponenten die Sternentstehung in der ersten Phase der Galaxienbildung eingesetzt haben muß. Globale Galaxienstrukturen hängen mit den Anfangsbedingungen bei der Galaxienentstehung zusammen; eine große Unbekannte hierbei ist die dunkle Materie im Halobereich der Systeme. Es scheint so zu sein, daß die prozentualen Anteile an dunkler Materie [54] an der Gesamtmasse von E nach Sm zunehmen. Ist dies der Fall, so ist der über die Galaxiendynamik nachgewiesene Massenanteil

des Halos der dominierende Parameter, der die Galaxientypen prägt. Wenn sich
der sichtbare Teil einer Galaxie innerhalb eines vorgegebenen Halopotentials gebildet
hat, so hemmt dieser Halo die Sternentstehung, da er das Zusammenstürzen der
Gaswolken aufgrund ihrer Eigengravitation abschwächt. Wenn die Sternentstehungsrate geringer wird, dann ist mehr Zeit für inelastische Wolkenstöße, die schließlich zur Ausbildung einer Scheibe führen. Erhöhung des prozentualen Halo-Mas-
senanteils führt also zu größeren Zentralkörper-Scheiben Massenverhältnissen und
ebenso zu größeren Anteilen übrigbleibenden Gases nach der Scheibenbildung. Aus
dem Restgas wird in Scheibensystemen die Sternentstehung weiter gespeist.

Eine weitere Stütze findet dieses Modell in den Leuchtkraftfunktionen $\varphi(\tilde{M})$ der
Galaxien. Die *optische Leuchtkraftfunktion der Galaxien* ist eine Wahrscheinlichkeitsverteilung $\varphi_T(\tilde{M})$ über die absolute Helligkeit $\tilde{M}$ als Funktion des Galaxientyps.
Aufsummiert über alle Typen wird sie *allgemeine* oder *universale Leuchtkraftfunktion*
genannt. Das Konzept einer universalen Leuchtkraftfunktion kann heute nicht mehr
aufrechterhalten werden, da die relative Häufigkeit der Galaxientypen stark von
den Umgebungsdichten in den Galaxienhaufen abhängen [55]. Die Umgebungs-

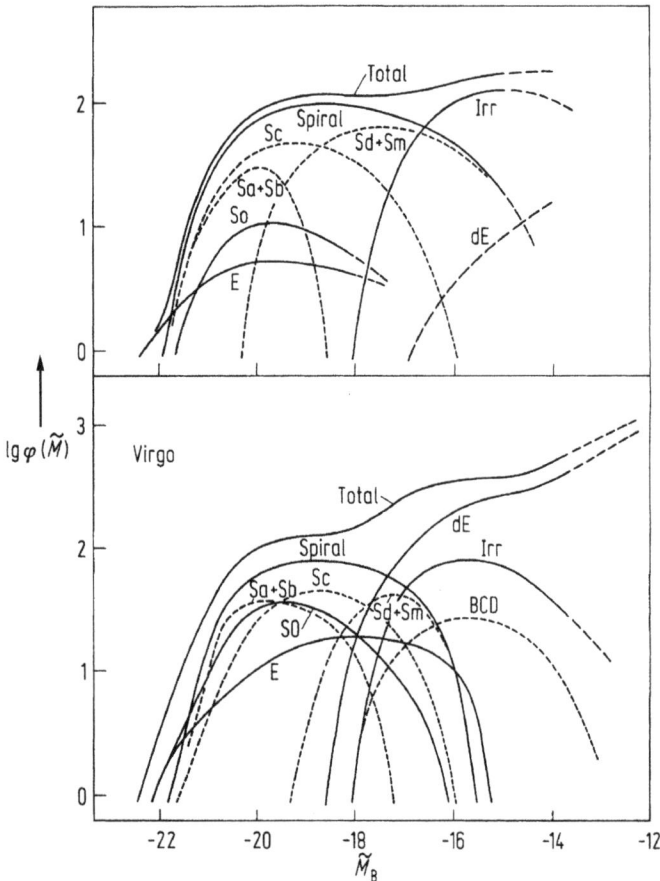

Abb. 5.25 Leuchtkraftfunktion $\varphi(\tilde{M})$ für Feld- und Haufen-Galaxien (Virgo-Haufen): BCD
sind blaue kompakte Zwerggalaxien [55].

dichte muß aber von den Halodichten geprägt sein. Für unterschiedliche T unterscheiden sich die $\varphi_T(\tilde{M})$-Funktionen in ihrer Form. Eine Summe über alle Typen, dies wäre die universale Funktion, kann daher keine allgemeine Form für alle Umgebungsdichten annehmen.

Es sei $v(\tilde{M}, x, y, z)$ die Anzahl der Galaxien im Volumen dV am Orte (x, y, z) mit absoluten Helligkeiten zwischen $\tilde{M}$ und $\tilde{M} + \mathrm{d}\tilde{M}$. Da die Galaxienhelligkeiten nicht räumlich korreliert sind, gilt

$$v(\tilde{M}, x, y, z)\,\mathrm{d}\tilde{M}\,\mathrm{d}V = \varphi(\tilde{M})\,D'(x, y, z)\,\mathrm{d}\tilde{M}\,\mathrm{d}V$$

mit

$$\int_{-\infty}^{+\infty} \varphi(\tilde{M})\,\mathrm{d}\tilde{M} = 1\,;$$

$\varphi(\tilde{M})$ ist der Galaxienbruchteil pro Größenklasse im Helligkeitsintervall $\tilde{M}$, $\tilde{M} + \mathrm{d}\tilde{M}$. $\varphi(\tilde{M})$ heißt typenunabhängige Leuchtkraftfunktion. Die Dichtefunktion $D'(x, y, z)$ gibt die Anzahl der Galaxien im Volumen dV an. φ und D' sind Wahrscheinlichkeitsdichten. In der Abb. 5.25 sind die Leuchtkraftfunktionen für Feldgalaxien und für den Virgogalaxienhaufen dargestellt. Der Nullpunkt von $\lg \varphi_T(\tilde{M})$ ist offengelassen und willkürlich; der Datensatz für den Virgohaufen ist vollständiger als der für die Feldgalaxien. Die Leuchtkraftfunktionen für die verschiedenen Galaxientypen unterscheiden sich stark; der Versuch einer universalen Leuchtkraftfunktion ist als Summe der vielen einzelnen, glockenförmigen Kurven eingezeichnet. Die Leuchtkraftfunktionen von Feld und Haufen unterscheiden sich in ihren schwächer werdenden Helligkeitsenden; besonders das Fehlen von blauen kompakten Zwerggalaxien (BCD-Galaxien) im Feld ist auffallend. Andererseits sind der typische Verlauf von Feld- und Haufenfunktionen der einzelnen Galaxientypen ähnlich. Die Zunahme von Zwerggalaxien ist offensichtlich. Sollten sie als Plankton des Universums die Massenbilanz beherrschen? Das Verständnis des Zustandekommens der Leuchtkraftfunktionen ist einer Theorie der Galaxienentstehung vorbehalten, [183].

5.4 Dynamik von Galaxien

Galaxien sind N-Körper-Objekte. Ihre Formen und ihre inneren Bewegungszustände können durch die Gravitationswirkungen ihrer Bestandteile beschrieben werden. Hauptziel der Stellar- und Gasdynamik ist es, Beziehungen zwischen Dichte und Geschwindigkeitsverteilung der Sterne und des Gases in den Sternsystemen aufzustellen und ihre zeitliche Entwicklung zu beschreiben [56]. Die Konstruktion *dynamischer Modelle* von Galaxien beruht auf drei Annahmen: die Anzahl der Partikel bleibt erhalten, d. h. die Gesamtmasse des Systems ist unveränderlich. Es gibt keine nahen Sternbegegnungen. Die Zeitskalen für Wechselwirkungen durch nahe Sternbegegnungen sind viel größer als das Alter der Systeme. Die Systeme erhalten sich durch Eigengravitation. Jeder Stern und das Gas bewegen sich im kollektiven Anziehungsfeld aller Systembestandteile.

Die statistische Beschreibung eines Sternsystems wird durch die Verteilungsfunktion

$$f(x, y, z, u, v, w, t)$$

gewährleistet; sie ist definiert als Anzahl der Sterne durch Masse m im Volumen $\Delta\vec{r}(x, y, z)$ und im Geschwindigkeitsraum $\Delta\vec{v}(u, v, w)$ zur Zeit t. Die Verteilungsfunktion f als Anzahldichte im Phasenraum kann mit anderer Normierung auch als Massendichte oder Leuchtkraftdichte interpretiert werden. Der zeitlichen Entwicklung eines Sternsystems entspricht die zeitliche Entwicklung der Verteilungsfunktion im sechsdimensionalen Phasenraum, der aus den drei Raum- und den drei Geschwindigkeitskoordinaten besteht; also haben wir

$$\frac{\mathrm{d}f}{\mathrm{d}t} + \sum_{i=1}^{3}\left(v_i\frac{\partial f}{\partial x_i} - \frac{\partial\phi}{\partial x_i}\frac{\partial f}{\partial v_i}\right) = 0\,. \tag{5.3}$$

Es ist die Fundamentalgleichung der Stellardynamik. Ihre zeitliche Entwicklung enthält die Erhaltung von f im mitbewegten Volumenelement. Aus der Definition von f ergibt sich die Massendichte ϱ des Volumenelements zu

$$\varrho = m\int f\,\mathrm{d}^3 v$$

und somit die Gleichung für das schon in Abschn. 5.3.4 auftretende Potential

$$\nabla^2\phi = 4\pi Gm\int f(\vec{r}, \vec{v})\,\mathrm{d}^3\vec{v} = 4\pi G\varrho \tag{5.4}$$

als *Poisson-Gleichung*; m ist hierbei die Masse einer Sternsorte oder die gemittelte Masse über alle Sternsorten im Volumenelement.

Jede Funktion $f \geq 0$, die das Integro-Differentialgleichungssystem Gln. (5.3), (5.4) erfüllt, stellt somit ein mögliches Sternsystem dar. Die allgemeine Lösung von Gl. (5.3) läßt sich schreiben

$$f = f(I_i) \qquad i = 1\cdots 6\,.$$

Hier sind der Funktionensatz I_i die sechs Integrale der Bewegungsgleichung für einen einzelnen Stern der Masse m;

$$\frac{\mathrm{d}x_i}{\mathrm{d}t} = v_i\,, \qquad \frac{\mathrm{d}v_i}{\mathrm{d}t} = -\frac{\partial\phi}{\partial x_i}\,;$$

$\partial\phi/\partial x_i = F_i$ sind die Gravitationskräfte pro Masse in Richtung der drei Hauptachsen.

Bei expliziter Behandlung dynamischer Fragen liegen zwei abhängige Variable vor: ϕ, f. Die unabhängigen Variablen sind r_i, v_i. Jede spezielle Lösung von Gl. (5.3) und Gl. (5.4) heißt selbstkonsistentes Modell. Die Randwerte für eine physikalisch realistische Lösung des Problems lauten

$$f \geq 0\,, \quad \phi(r) \to r^{-1} \quad \text{mit} \quad r \to \infty$$

und

$$\phi(r = 0) = \text{Minimum}\,.$$

Die erste Bedingung schließt negative Dichten aus, die zwei anderen sichern den stetigen Potentialverlauf. In gleicher Weise müssen die Integrationsgrenzen im Geschwindigkeitsraum festgelegt werden. Für endliche Systeme lautet die Bedingung für die kinetische Energie $\tilde{T}$

$$\phi \leq \tilde{T} \leq 0\,.$$

Dies bedeutet eine Abschneideenergie knapp unter der Entweichgeschwindigkeit im Geschwindigkeitsraum; damit wird eine Systemabgrenzung festgelegt; wenn keine Sterne entweichen können, ist somit auch die erste Annahme der Massenerhaltung erfüllt.

5.4.1 Einfache Potentiale und Kraftgesetze

Die Zerlegung der Galaxien in Grundkomponenten gemäß der gemessenen Helligkeitsverteilungen weist ebenfalls den Weg für die Konstruktion der Potentiale. Die Potentialstruktur folgt der Massenverteilung und die Massenverteilung spiegelt sich wenigstens zum Teil in der Helligkeitsverteilung und in der Geschwindigkeitsverteilung, auch in den Rotationskurven, wieder. In der Praxis bedeutet dies, daß wir versuchen müssen, die Galaxien durch Kombinationen von Scheiben und Sphäroiden mit homogenen oder inhomogenen Massenverteilungen darzustellen. Das grundlegende Verfahren ist dann, die beobachtete Struktur und Geschwindigkeitsverteilung durch entsprechende Massenverteilungen zu simulieren, deren Kraftgesetze dann das Sternsystem beschreiben.

Die einfachsten Massenverteilungen sind die einer homogenen Kugel (1. Näherung für einen Zentralkörper) oder eine *Punktmasse* (*galaktischer Kern*). Für eine Punktmasse gilt das Kraftgesetz

$$F_r = -GMR^{-2}\left(\frac{r}{R}\right),$$

$$F_z = -GMR^{-2}\left(\frac{z}{R}\right)$$

und

$$R = (r^2 + z^2)^{\frac{1}{2}}.$$

Hierbei ist r der radiale Abstand und z der Abstand von der Grundebene des Systems. Für Punkte innerhalb der homogenen kugelförmigen Massenverteilung, etwa im Abstand b vom Zentrum, erzeugen nur Bereiche mit $r \leq b$ eine Nettokraft. Alle Bereiche außerhalb von b wirken am Testpunkt mit der Nettokraft Null. Bei gleichförmiger Dichte ϱ wird die effektiv wirkende Masse dann

$$M_{KV} = \frac{4}{3}\pi\varrho b^3.$$

Abgeflachte homogene Sphäroide kommen der galaktischen Wirklichkeit schon näher. Mit der Exzentrizität e gilt für die kleine Achse c

$$c = a(1 - e^2)^{\frac{1}{2}}.$$

Der Testpunkt habe die Koordinaten (r, z). Die Sphäroidmasse ist

$$M_{SP} = \frac{4}{3}\pi\varrho a^3(1 - e^2)^{\frac{1}{2}},$$

und das Kraftgesetz lautet

$$F_r = -\frac{3}{2} M_{SP}(a \cdot e)^{-3} r (\beta - \sin\beta \cos\beta),$$

$$F_z = -3 M_{SP}(a \cdot e)^{-3} z (\mathrm{tg}\,\beta - \beta).$$

Das Potential hat dann die Gestalt

$$\phi(r, z) = 2\pi e^{-1}(1 - e^2)^{\frac{1}{2}} \varrho a^3 \beta - \frac{1}{2}(r F_r + z F_z).$$

In diesen Gleichungen ist der Parameter β wie folgt definiert: Für einen Testpunkt innerhalb des Sphäroids gilt

$$\sin\beta = e$$

und damit

$$\cos\beta = (1 - e^2)^{\frac{1}{2}},$$

$$\mathrm{tg}\,\beta = e(1 - e^2)^{-\frac{1}{2}}.$$

Für einen Testpunkt außerhalb des Sphäroids wird β so gewählt, daß die Gleichung

$$r^2 \sin^2\beta + z^2 \mathrm{tg}^2\beta = a^2 e^2 \tag{5.5}$$

befriedigt wird. An der Oberfläche des Sphäroids selbst gilt

$$\frac{r^2}{a^2} + \frac{z^2}{a^2}(1 - e^2) = 1.$$

Für $\sin\beta = e$ entspricht diese Gleichung der Gl. (5.5). Damit ist die Stetigkeit von β, wenn die Grenzfläche überschritten wird, gesichert.

Setzen wir nun die Massenverteilung von Modellgalaxien aus einem kugelförmigen und einem sphäroidalen Anteil zusammen, so können wir schreiben

$$-F_r = M_{KV} r^{-2} + \frac{3}{2}(ae)^{-3} r M_{SP}(\sin^{-1}e + e(1 - e^2)^{\frac{1}{2}}).$$

Dieses Kraftgesetz erlaubt dann, z. B. die Rotationsgeschwindigkeit des Systems zu berechnen und mit gemessenen Werten zu vergleichen.

Am geeignetsten für die Modellierung von Sternsystemen sind Potentiale (Kraftgesetze), die durch einfache und realistische Dichteverteilungen aufgebaut werden. Ein Beispiel hierfür ist

$$\phi(r, z) = -G M_{SP}(r^2 + (a + (z^2 + b^2)^{\frac{1}{2}}))^{-\frac{1}{2}}.$$

Je nach Wahl des Achsenverhältnisses a, b kann sich die Potentialform von einer infinitesimal dünnen Scheibe bis zu einem sphärischen System verändern. Über die Poissongleichung läßt sich die Massenverteilung berechnen

$$\varrho(r, z) = \left(\frac{b^2 M_{SP}}{4\pi}\right) \frac{ar^2 + (a + 3(z^2 + b^2)^{\frac{1}{2}})(a + (z^2 + b^2)^{\frac{1}{2}})^2}{(r^2 + (a + (z^2 + b^2)^{\frac{1}{2}})^2)^{\frac{5}{2}}(z^2 + b^2)^{\frac{3}{2}}}.$$

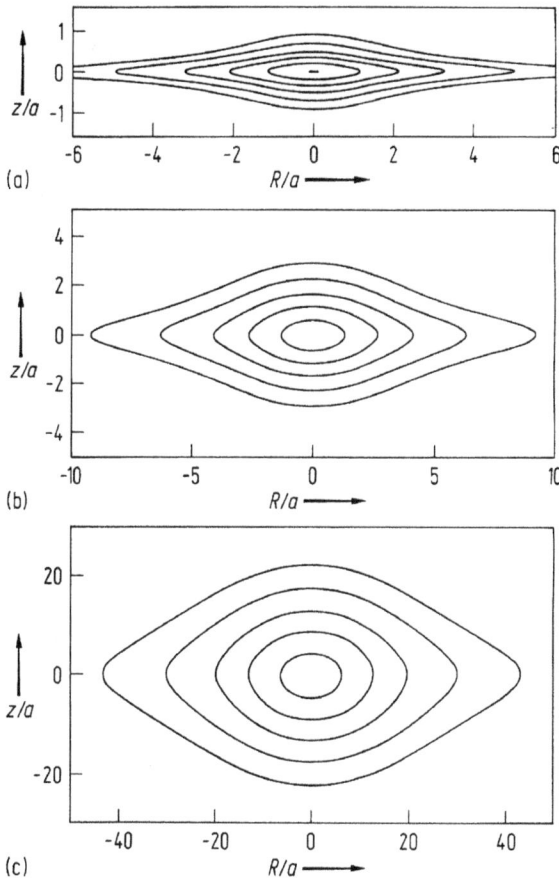

Abb. 5.26 Dichteprofile in der (r, z)-Ebene [56]. Die Dichteniveaus sind auf das Verhältnis von Gesamtmasse M und großer Systemachse a normiert. (a) $b/a = 0.2$, $f = M/a^3$. (b) $b/a = 1.0$, $f = 0.1 \, M/a^3$. (c) $b/a = 10$, $f = 0.0001 \, M/a^3$. (Dichteniveaus: f (1, 0.3, 0.1, 0.03, 0.01).

In Abb. 5.26 sind die Dichteprofile für verschiedene b/a dargestellt. $b/a = 0.2$ entspricht qualitativ der Helligkeitsverteilung in einer Scheibengalaxie; der Dichteabfall erfolgt hier allerdings für große r nach $\varrho(r, 0) \sim r^{-3}$ und nicht exponentiell. Für unsere Milchstraße sind nach [19] die *Isopotentialkurven* in Abb. 5.27 gezeigt.

Das generelle Verfahren wird nun einsichtig. Durch Kombination der Massenverteilungen entsprechender Komponenten kann die Helligkeits- und die Geschwindigkeitsverteilung von Sternsystemen modelliert werden. Danach nehmen Fragen nach der Stabilität und der Konsistenz der Systeme einen wesentlichen Platz ein.

Die Skalenlängen und Dichten der verschiedenen Komponenten eines Sternsystems werden nach zwei Verfahren bestimmt. Die photometrische Methode entnimmt diese Größen dem Verlauf der Flächenhelligkeiten, dann wird ein im betrachteten Sternsystem vom Ort unabhängiges Masse-Leuchtkraft-Verhältnis gewählt, mit dem die Flächenhelligkeit multipliziert wird. Daraus ergibt sich die Massendichte.

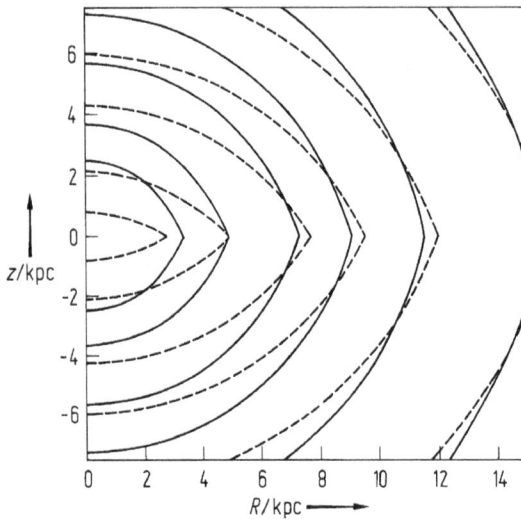

Abb. 5.27   Isopotentiallinien für die Milchstraße [19]: Die gestrichelten Kurven sind die Beiträge der Scheibe zum Gesamtpotential.

Die dynamische Methode nimmt an, daß jede Komponente ein ortsunabhängiges Masse-Leuchtkraft-Verhältnis besitzt. Skalenlängen und Massendichten werden nun so gewählt, daß bekannte, d. h. gemessene dynamische Eigenschaften gut angepaßt werden können. Diese Methode verzichtet bei der Festlegung des Massenmodells auf Informationen aus der Helligkeitsverteilung.

5.4.2 Sternbahnen

Die Sternbahnen in den verschiedenen Potentialen unterliegen gewissen Einschränkungen, die sich aus der Energie- und Drehimpulserhaltung ergeben. Da die Summe der möglichen Sternbahnen die Galaxienkörper aufbaut, ist es wichtig zu verstehen, welche dreidimensionalen Formen Sternbahnen annehmen können. Die Bewegungsgleichungen lauten in Zylinderkoordinaten (r, θ, z):

$$\ddot{r} = r\dot{\theta}^2 - \frac{\partial \phi}{\partial r}$$

$$\frac{\mathrm{d}}{\mathrm{d}t}(r^2 \dot{\theta}) = -\frac{\partial \phi}{\partial \theta}$$

$$\ddot{z} = -\frac{\partial \phi}{\partial z}$$

Die Lösung des Bewegungsproblems kann im Prinzip mit Hilfe von sechs Integralen folgender Form geschrieben werden

$$I_i(r, \theta, z, \dot{r}, \dot{\theta}, \dot{z}, t) = C, \qquad i = 1 \cdots 6.$$

In praxi sind nicht alle sechs Integrale bekannt. Unter der Annahme der zeitlichen Unabhängigkeit der Potentialfunktion ϕ, muß die Gesamtenergie der Sterne konstant bleiben. Daraus ergibt sich das Energieintegral

$$I_1 = \frac{1}{2}\,(\dot{r}^2 + \dot{\theta}^2 + \dot{z}^2) + \phi\,(r, z)\,.$$

Nehmen wir das Potential achsialsymmetrisch an, $\partial\phi/\partial\theta = 0$ ergibt sich ein zweites Integral als Erhaltung des Drehimpulses

$$I_2 = r^2\dot{\theta} = J\,.$$

Damit läßt sich in den Bewegungsgleichungen die Variable θ eliminieren

$$\ddot{r} = -\frac{\partial\phi}{\partial r} + \frac{J^2}{r^3}\,,$$

$$\ddot{z} = -\frac{\partial\phi}{\partial z}\,.$$

Definieren wir nun eine neue Potentialfunktion $U(r, z)$ durch

$$U(r, z) = \phi\,(r, z) + \frac{1}{2}\,J^2 r^{-2}\,,$$

dann ist

$$\ddot{r} = -\frac{\partial U}{\partial r} \quad \text{und} \quad \ddot{z} = -\frac{\partial U}{\partial z}\,.$$

$U(r, z)$ heißt *effektives Potential*. Für die Gesamtenergie kann somit geschrieben werden

$$E = \frac{1}{2}\,(\dot{r}^2 + \dot{z}^2) + \frac{1}{2}\,r^2\dot{\theta}^2 + \phi\,(r, z) = \frac{1}{2}\,(\dot{r}^2 + \dot{z}^2) + U(r, z)\,. \tag{5.6}$$

Mit der Potentialfunktion $U(r, z)$ wird das Bewegungsproblem auf zwei Dimensionen in einer meridionalen Systemebene reduziert. Die *Meridionalebene* rotiert mit

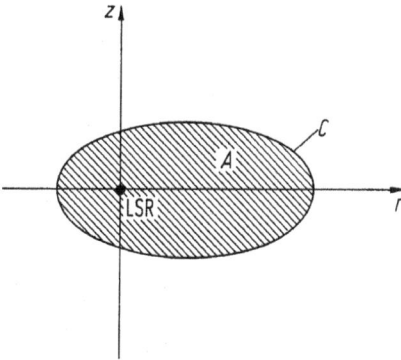

Abb. 5.28 Ein Stern mit fester Gesamtenergie E ist in einem Potential in seiner Bewegung auf den Bereich A beschränkt. Die Grenzlinie ist die Nullgeschwindigkeitskurve C; LSR: Lokales Bezugssystem.

der Winkelgeschwindigkeit $\dot\theta = J/r^2$. Die Hauptcharakteristika einer Sternbahn sind demnach die Bewegung auf oder weg vom Zentrum einer Galaxie und die Lage oberhalb oder unterhalb der Systemebene. Die Lage des Sterns in tangentialer Richtung hinsichtlich der Systemrotation ergibt sich für jeden Zeitpunkt aus

$$\theta(t_2) - \theta(t_1) = J \int_{t_1}^{t_2} r^{-2}(t)\,dt\ .$$

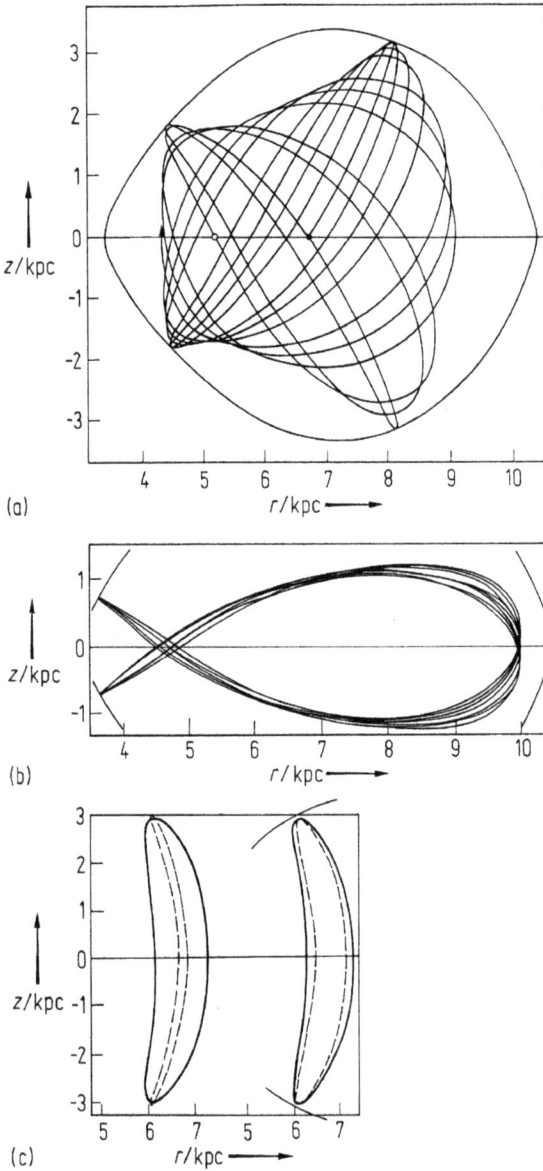

Abb. 5.29   (a) Schachtel-, (b) Schlauch-, (c) Hüllenbahnen für ein Gesamtpotential der Milchstraße [58].

Die Bewegung in einer meridionalen Ebene (r, z) ist für vorgegebene Gesamtener-
giewerte E auf bestimmte Gebiete A beschränkt, denn es muß stets $r^2 > 0$, $z^2 > = 0$
sein (s. Abb. 5.28). Die Grenzkurve C, welche das Gebiet A umschließt, ergibt sich
aus Gl. (5.6) durch gleichzeitiges Setzen $r^2 = 0$, $z^2 = 0$; dies legt die Punkte (r, z)
fest, für die gilt

$$E = U(r, z) \,.$$

C ist demnach die Kurve, auf der die potentielle und die kinetische Energie des
Sterns gleich sind; sie heißt *Nullgeschwindigkeitskurve*. Der Stern kann also das Gebiet A nicht verlassen; er kann aber im Laufe der Zeit jeden beliebigen Ort in diesem
Gebiet erreichen. Durch Variation der gesamten Energie E, d. h. der Geschwindigkeiten $\dot{r}$, $\dot{z}$, können die Grundkomponenten der Sternsysteme bahnmäßig dargestellt
werden. Die numerische Integration der Bewegungsgleichungen für mögliche galaktische Potentiale liefert drei charakteristische Bahnformen: *Schachtel-*, *Schlauch-*
und *Hüllen-Bahnen*. In Abb. 5.29 sind die Bahnfamilien für ein unserer Milchstraße
angepaßtes zweiachsiges Potential gezeigt; in Abb. 5.30 sehen wir Bahnfamilien für
ein dreiachsiges Potential.

Zur Zeit gibt es nur Ansätze einer Theorie zur Vorhersage von Bahnformen [57].
Die Bahnformen in den realistischen Potentialen der Sternsysteme scheinen auch
auf ein drittes Bewegungsintegral hinzudeuten, das einen Energieaustausch zwischen
$\dot{r}$ und $\dot{z}$ steuert. Dies hängt mit den Übergängen von sphärischen zu abgeflachten
Potentialkomponenten zusammen; dadurch werden Bahnpräzessionen ausgelöst, die
einer Dämpfung unterliegen.

Neben dem gleichförmigen Gravitationsfeld einer Galaxie muß auch ein irreguläres Feld vorhanden sein; es verursacht Relaxationseffekte und eine Diffusion von

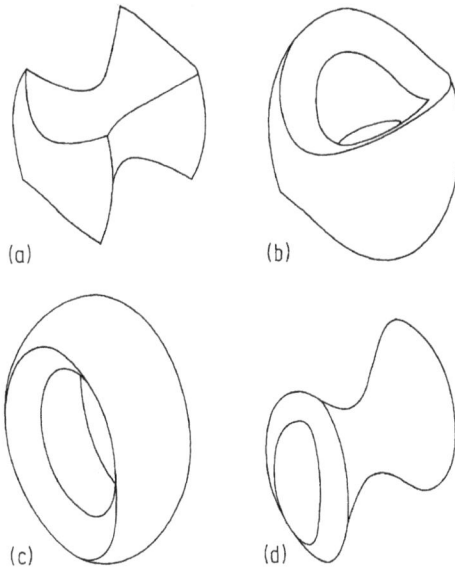

Abb. 5.30 Bahnen in einem nichtrotierenden dreiachsigen Potential: (a) Schachtel-, (b) kurz-
achsige Schlauch-, (c) innere langachsige Schlauch-, (d) äußere langachsige Schlauchbahnen
[59].

Sternbahnen. Gravitative Wechselwirkungen zwischen Sternen und massereichen interstellaren Wolken sind hierfür wahrscheinlich verantwortlich. Unter der Annahme stochastischer Störungen der regulären Sternbahnen, ergibt sich ein *Diffusionskoeffizient* [60], [61] für unsere Galaxie von

$$\delta = 2.0 \cdot 10^{-7} \, (\text{km/s})^2/\text{Jahr} \, .$$

Hier liegen auch die Ansätze für völlig *chaotische Sternbahnen* [62].

Die immer vorhandenen kleinen Abweichungen von den regulären Sternbahnen (Kreisbahnen v_K, Bezugsradius r_K) lassen sich im Rahmen einer Störungstheorie als Schwingungen um die Grundbahn darstellen. Die Schwingungsfrequenz $\varkappa$ (*Epizykelfrequenz*) ist

$$\varkappa^2 = \left(\frac{\partial^2 \phi}{\partial r^2}\right)_{r_\text{K}} + 3J^2 r_\text{K}^{-4} \, ,$$

wobei sich der Bezugsradius r_K aus dem Minimum von $U(r, z)$ ergibt

$$0 = \frac{\partial U}{\partial r} = \frac{\partial \phi}{\partial r} - J^2 r^{-3} \, ,$$

$$\left(\frac{\partial \phi}{\partial r}\right)_{r_\text{K}} = J^2 r_\text{K}^{-3} = r_\text{K} \dot\theta^2 \, .$$

5.4.3 Elliptische Systeme

Eine Kugel mit gleichförmiger Dichteverteilung ϱ innerhalb des Radius r hat die Masse

$$M = \frac{4}{3} \pi \varrho r^3 \, .$$

Wir betrachten die Kugel als idealisiertes sphärisches Sternsystem. Die Kreisgeschwindigkeit für einen Probekörper beträgt dann

$$v_\text{K} = \left(\frac{4}{3} \pi G \varrho r^2\right)^{\frac{1}{2}} \, ,$$

und die zugehörige Bahnperiode ist

$$P = 2\pi r v_\text{K}^{-1} = (3\pi G^{-1} \varrho^{-1})^{\frac{1}{2}} \, .$$

Den Fall einer Probemasse im Schwerefeld der Kugel beschreibt die Differentialgleichung

$$\frac{\text{d}^2 r}{\text{d}t^2} = -GMr^{-2} = \frac{4}{3} \pi G \varrho r$$

als Bewegungsgleichung eines harmonischen Oszillators mit der Frequenz $\omega = 2\pi P^{-1}$. Der Probekörper wird für den Weg vom Rand zum Zentrum 1/4 der Schwingungszeit benötigen. Diese Zeitskala heißt *dynamische Zeitskala*

$$t_{\mathrm{dyn}} = \frac{P}{4} = \left(\frac{3\pi}{(16\,G\varrho)} \right)^{\frac{1}{2}} .$$

Obwohl dieses Ergebnis nur für eine homogene Kugel richtig ist, wird die Zeitskala auf alle Sternsysteme angewandt, sofern eine mittlere Dichte ϱ angegeben werden kann. Die dynamische Zeitskala in elliptischen Galaxien, die als entartete sphärische Sternansammlungen aufgefaßt werden können, liegt bei 10^5 Jahren in den Zentralbereichen und bei mehr als einigen 10^9 Jahren für die Außengebiete. Da außerdem die Zwei-Körper-Wechselwirkungszeiten überall größer als das Weltalter sind, können elliptische Galaxien als stoßfreie Sternsysteme betrachtet werden. Sie befinden sich im dynamischen Gleichgewicht; das reguläre und stetige optische Erscheinungsbild untermauert dies. Die Struktur und Dynamik stoßfreier Sternsysteme ist vollständig durch die Verteilungsfunktion f beschrieben. In den Gleichgewichtsmodellen gilt

$$\frac{\mathrm{d}f}{\mathrm{d}t} = 0 \,,$$

und die Integration über f für alle v_i liefert die Dichteverteilung $\varrho(\vec{r})$ des Systems. Über die Phasenraumkoordinaten (r_i, v_i) ist die Verteilungsfunktion f mit den Bewegungsintegralen verknüpft, welche von den möglichen Gravitationspotentialen der Systeme zugelassen werden. Jedes stoßfreie dynamische Galaxienmodell kann hinsichtlich seiner Masse, seines effektiven Radius und seiner zentralen Geschwindigkeitsstreuung skaliert werden. Zwei dieser drei Parameter sind frei wählbar [28], [36], [56], [63].

Die für die Untersuchung der Dynamik von E-Systemen wichtigen Beobachtungsgrößen sind: Flächenhelligkeitskarten, Radialgeschwindigkeiten, Geschwindigkeitsstreuungen, Absorptionslinienprofile und, wenn möglich, Geschwindigkeitsfelder des kalten Gases [189]. Die *selbstkonsistenten Galaxienmodelle* werden häufig hinsichtlich Radius und zentraler Geschwindigkeitsstreuung skaliert; da das Masse-Leuchtkraftverhältnis von elliptischen Systemen nicht apriori festgelegt ist, liefern Korrelationen zwischen globalen Parametern Informationen über Aufbau und Entstehung der Galaxien.

Die wichtigste Korrelation bei elliptischen Galaxien ist die zwischen der Dynamik und einer photometrischen Eigenschaft. Die Gesamtleuchtkraft L ist proportional zur zentralen Geschwindigkeitsstreuung

$$L \sim \sigma_c^n \quad \text{mit} \quad 3 < n < 5 \,. \tag{5.7}$$

Die Streuung in dieser Relation beträgt 0.6 bis 0.7 mag. Für Scheibengalaxien gilt eine ähnliche Verknüpfung mit einer Streuung von 0.3 bis 0.5 mag.

Die Hauptkomponentenanalyse zeigte, daß im Zustandsraum der Galaxien eine Grundebene von mehreren korrelierten Galaxieneigenschaften aufgespannt wird. Benützt man als zweiten Parameter r_e, so reduziert sich die Streuung in Gl. (5.7)

$$L \sim \sigma_c^{2.65} \cdot r_e^{0.65} \,.$$

Elliptische Galaxien füllen also nicht den dreidimensionalen Parameterraum (L, σ_c, r_e) aus, sondern liegen auf einer zweidimensionalen Fläche, der Grundebene. Das Vorhandensein einer *Parametergrundebene* zieht die systematische Änderung von M/L als Funktion von L und der Flächenhelligkeit μ nach sich [64].

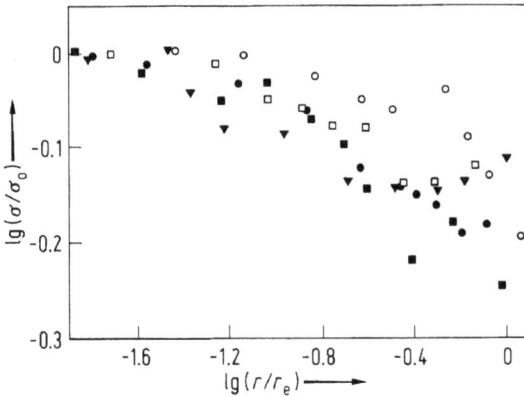

Abb. 5.31 Verlauf der radialen Geschwindigkeitsstreuung σ für 5 E-Systeme bezogen auf die zentrale Geschwindigkeitsstreuung σ_0 [65].

Die Streuung in L (± 0.5 mag) ist überraschend klein. Die gemessene Geschwindigkeitsstreuung ist die zentrale Geschwindigkeitsstreuung, die empfindlich von den Anisotropien der Geschwindigkeitsverteilung in den Systemen abhängt. Da die Modelle eine große Variation in den Anisotropien zulassen, auch, wenn die Dichteprofile konstant gehalten werden, muß der wahre in den Galaxien vorkommende Spielraum für die Geschwindigkeitsanisotropien sehr klein sein. In Abb. 5.31 ist der Verlauf der Geschwindigkeitsstreuung als Funktion des Galaxienradius angegeben; die meisten E-Galaxien zeigen eine mit dem Radius abnehmende Geschwindigkeitsstreuung [65]. E-Galaxien rotieren, wenn überhaupt, extrem langsam. Ein typischer Wert hierfür, NGC 1600 als Beispiel gewählt, liegt bei $v_{\text{rot}} = 1.9 \pm 2.3$ km/s in Hauptachsenrichtung [66]; dies liefert $v_{\text{rot}}/\sigma_c \leq 0.013$. Die leuchtkräftigeren elliptischen Systeme ($M_B \geq -20.5$ mag) haben $v_{\text{rot}}/\sigma_c \approx 0.2$, bedeutend kleiner als für abgeplattete isotrope Rotatoren erwartet. Also ist die Form der hellen elliptischen Systeme die Folge von Anisotropien in den Geschwindigkeitsverteilungen und keine Rotationsabplattung. Ein nützlicher Indikator hierfür ist

$$\left(\frac{v_{\text{rot}}}{\sigma}\right)^* = \frac{(v_{\text{rot}}/\sigma)_{\text{mess}}}{(v/\sigma)_{\text{iso}}}$$

mit $(v/\sigma)_{\text{iso}}$, dem theoretisch zu erwartenden Wert für abgeplattete rotationsabgeflachte Galaxien; in guter Näherung läßt sich schreiben

$$\left(\frac{v}{\sigma}\right)_{\text{iso}} = \left(\frac{\varepsilon}{(1-\varepsilon)}\right)^{\frac{1}{2}} .$$

Anders verhalten sich die Zentralkörper von Spiralgalaxien; es sind schnelle Rotatoren mit $v_{\text{rot}}/\sigma \geq 0.5$. Modellrechnungen, die den Einfluß der Scheibenkomponenten berücksichtigen, zeigen eine Zentralkörperrotation, wie sie für abgeplattete isotrope Rotatoren zu erwarten ist. Elliptische Systeme geringer absoluter Helligkeit ($-18 \leq \tilde{M}_B \leq -20.5$) besitzen ein $(v/\sigma)^* \approx 0.9$. Ihre Rotation liegt in der Größenordnung der Zentralkörper von Scheibensystemen. In Abb. 5.32 wird in einem

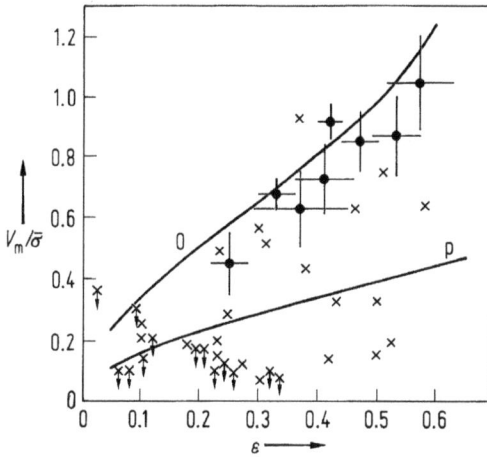

Abb. 5.32 Vergleich der Rotation von E-Systemen (∗) und Zentralkörpern (●); v_m ist die maximale projizierte Rotationsgeschwindigkeit; O sind abgeflachte, P gestreckte Systeme; $\zeta = 1 - b/a$; [67].

($v_m/\sigma - \varepsilon$)-Diagramm die globale dynamische Wichtigkeit von Rotation, Geschwindigkeitsstreuung und Elliptizität verglichen ($-19.5 \leq \tilde{M}_B \leq -23.5$). Die vorhergesagte Rotation für isotrope abgeplattete Sphäroide zeigt die O-Linie. Helle E-Systeme rotieren 1/3 bis 2/3 langsamer als Modelle isotroper abgeplatteter Sphäroide. Sie besitzen daher nur 1/9 bis 1/2 der Rotationsenergie, die nötig wäre, um sie durch Rotation abzuflachen. Zentralkörper von Scheibengalaxien werden jedoch gut von den Modellen erfaßt. Für helle Systeme ergeben sich beim Vergleich mit den Modellen konsistente Ergebnisse, wenn gestreckte (teilweise dreiachsige) Sphäroide benützt werden. Wenn die achsiale Geschwindigkeitsstreuung σ_z kleiner ist als σ_r, σ_θ, dann sind nur kleine Rotationsanteile nötig, um große Abplattungen zu erhalten. Mit $\delta = 1 - \sigma_z^2/\sigma_r^2$ und $0.7 \leq 1 - \delta \leq 1$ (als Maß für die Anisotropie des Geschwindigkeitsstreuungstensors) sind die Beobachtungen gut zu erklären. Der Zusammenhang $L \sim v/\sigma$ ist schwach korreliert; leuchtkräftige Systeme rotieren langsamer. Der spezifische Drehimpuls J/M (bezogen auf die Gesamtmasse) ist für helle Systeme kleiner. In der Abb. 5.33 a–f sind Daten der Grundparameter gesammelt; photometrische und dynamische Größen zeigen ausgeprägte Korrelationen. Zur Zeit gibt es keine befriedigende Erklärung für diese Ergebnisse. Die systematischen Unterschiede zwischen hellen (massereichen) und weniger hellen (masseärmeren) Systemen sind nicht über die Galaxienentstehung und verschiedene Sternentstehungsraten verstehbar. Vermutlich spielen Galaxienverschmelzungsprozesse eine wichtige Rolle.

Ein Teil der elliptischen Systeme läßt sich gut durch Modelle beschreiben, die ein konstantes Masse-Leuchtkraftverhältnis und $f = f(E, J)$, d.h. $\sigma_z = \sigma_r$ besitzen; ein anderer Teil der Systeme scheint Verteilungsfunktionen zu haben, die von drei Integralen abhängen und mit radiusabhängigen Masse-Leuchtkraftwerten gekoppelt sind; hier ist $\sigma_r \neq \sigma_\theta \neq \sigma_z$.

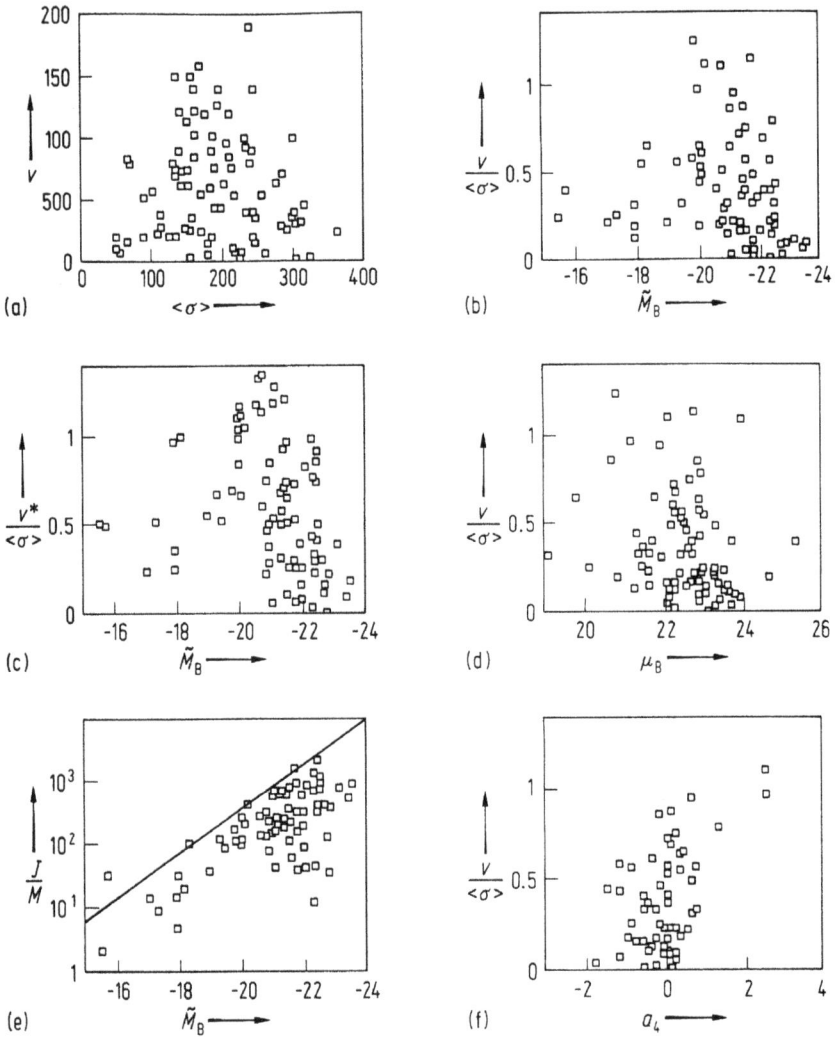

Abb. 5.33 Struktur- und Dynamik-Parameter von elliptischen Galaxien [28]; v ist die Rotationsgeschwindigkeit, σ die Geschwindigkeitsstreuung (km/s), $(v/\sigma)^*$ die im effektiven Radiusbereich, M_B ist die absolute Helligkeit, μ_B die Flächenhelligkeit, J/M der spezifische Drehimpuls, der Isophotenparameter a_4 mißt die Abweichungen der Isophoten von der Ellipse.

5.4.3.1 Balkenstrukturen

Rund die Hälfte der Scheibengalaxien enthält zentralgelegene *dreiachsige Strukturen*, sogenannte *Balken* [188]. Balken unterscheiden sich von E-Systemen und ovalen Scheiben durch ihre größere Elliptizität ($b/a = 0.2$) und durch die Unterschiede in den Helligkeitsverläufen entlang ihrer großen und kleinen Achsen. Entlang der Hauptachse ist die Flächenhelligkeit konstant bis zu einem scharfen Rand, die kleine Achse zeigt einen $r^{1/4}$-Abfall.

Balken erzeugen in den Sternsystemen nichtachsialsymmetrische Kraftfelder, die stark genug sind, die Systemdynamik aufzurühren. Balken sind vermutlich die Motoren für säkulare Entwicklungsprozesse; sie bestimmen und steuern in der Galaxienklassifikation die Varietät. Der schnelle Austausch von Energie und Drehimpuls zwischen Einzelsternen und der kohärenten Balkenstruktur ist hierfür verantwortlich. Balken erzeugen und verstärken Spiralstruktur. Die Balkenstrukturen rotieren starr, während die Sterne differentiell rotieren; daher müssen sie durch die Struktur hindurchströmen oder um sie herum zirkulieren. Es sind zur Zeit keine selbstkonsistenten Balkenmodelle bekannt, d. h. gesucht ist ein nichtachsialsymmetrisches Potential, das ein Sternensemble auf langgestreckte Bahnen zwingt und sie veranlaßt, sich derart zu organisieren, daß das Potential erhalten wird. Ist der Balken eine Dichtewelle oder eine materielle Struktur mit innerer Zirkulation? Sowohl numerische Vielkörperrechnungen wie Beobachtungen, deuten auf Zirkulationsmodelle hin [56], [68]. Dieser Frage wird in Abschn. 5.5.2 weiter nachgegangen.

5.4.4 Scheibengalaxien

Die grundlegenden Korrelationen, die die allgemeinen Eigenschaften der Galaxien miteinander verknüpfen, sind bivariant, sowohl für elliptische wie auch für Scheibensysteme. Die Galaxien stellen sich durch eine zweidimensionale Ebene im Parameterraum dar, deren Achsen sein können: Größe (Masse, Leuchtkraft oder Radius), Dichte oder Flächenhelligkeit und kinetische Temperatur (Geschwindigkeitsstreuung, Kreisbahngeschwindigkeit für Scheiben). Die Parameterebene der Galaxien verspricht, ähnlich dem Zustandsdiagramm der Sterne, ein universales Werkzeug für alle theoretischen Arbeiten zu werden, wenn erst einmal genügend verläßliche Werte vorliegen. Leider sind wir von dieser idealen Situation noch weit entfernt.

Der Ausdruck Spiralgalaxie ist mit Bildern von Sternsystemen verknüpft, die zwei dominierende symmetrische Spiralarme zeigen, die sich aus jungen Sternen und Gas aufbauen und vom Zentrum stetig zum Rande der sichtbaren Scheibe verlaufen. Solche kohärenten zweiarmigen Spiralen illustrieren die Galaxienklassifikationen Sa–Sc, obwohl derartige Strukturen keineswegs vorherrschend sind. Mit einem gleichmäßigen und hellen Sternmuster sind diese Strukturen nur in den hellsten Systemen zu finden; die Grundlage der Leuchtkraftklassifikation ist hier zu suchen. Neben den großräumigen stetigen Mustern zeigen zumindest 30 % der Scheibensysteme eine große Anzahl kurzer Spiralarmfilamente, die sich nicht zu einer kohärenten Struktur zusammenfügen, obwohl der generelle Eindruck einer Zweiarmigkeit erhalten bleibt. Sie werden *filamentartige* oder *flockulente Spiralgalaxien* genannt [36], [69], [70]. Flockulente Systeme können in allen Klassifikationsstufen Sa–Sc gefunden werden; gegen Ende der Klassifikation (Sd, Sm) überwiegen flockulente Systeme mit stark zerrissenen und unzusammenhängenden Armen [49].

In Farbbild 3 wird je nach benützten Wellenlängenband die junge oder die alte Sternpopulation sichtbar. Zum einen ist die Aufnahme dominiert von dem blauen Licht leuchtkräftiger junger O- und B-Sterne und HII-Gebieten. Da O, B-Sterne Lebensdauern um 10^7 Jahre haben, sieht man sie nur in Gebieten frischer Sternentstehung; Spiralarme sind also die Orte schneller heftiger und aktiver Sternentstehung. Bei längeren Wellenlängen, im roten Licht der älteren Scheibenpopulation, verbreitert sich das Spiralband stark, wird stetiger und weist Helligkeitsamplituden von lediglich 10 bis 20 % auf. Es scheint, daß solche alten Strukturen in Systemen mit großräumiger kohärenter Spiralstruktur überwiegen. Verstärkte Sternentstehung muß also mit Dichtevariationen der alten Sternpopulation der Scheibe zusammenhängen; die gesamte Scheibe ist an der Ausbildung von Spiralstruktur beteiligt.

Der grundlegende Unterschied zwischen linsenförmigen oder SO-Systemen und Spiralsystemen ist die Abwesenheit von Gas und Staub oder die Abwesenheit von Spiralarmen. Beide Sachverhalte sind stark miteinander korreliert. Es gibt praktisch kein gasfreies Sternsystem, welches Spiralarme zeigt. Wenn auch Spiralstruktur in den alten Scheibensternen vorhanden ist, so ist dennoch das interstellare Medium das wesentliche Kennzeichen für Spiralstrukturen.

Die exponentiellen Scheiben, die die Spiralstruktur tragen, haben eine allgemeine Flächenhelligkeitsverteilung [71], [72], [73] gemäß

$$I(r, z) = I_0 e^{-r/r_0} \sec h^2 (z/z_0) .$$

Eine dieser Helligkeitsverteilung folgende Flächendichteverteilung entspricht einer lokal isothermen Schicht; dann ist σ_z unabhängig von z. Für das vertikale Kraftgesetz schreiben wir

$$\frac{\partial \phi}{\partial z} = - F_z$$

oder

$$\frac{d\varrho}{dz} = \varrho F_z \sigma_z^{-2} .$$

Division dieser Gleichung durch σ und Ableitung nach z liefert

$$\frac{d}{dz} \left(\frac{1}{\varrho} \frac{d\varrho}{dz} \right) = \sigma_z^{-2} ; \quad \frac{dF_z}{dz} = -4 \pi \varrho G \sigma_z^{-2} ,$$

wenn die Poissongleichung verwendet wird. Diese Differentialgleichung besitzt die Lösung

$$\varrho (z) = \varrho_0 \sec h^2 (z/z_0)$$

mit

$$z_0 = (\sigma_z^2 (2 \pi G \varrho_0)^{-1})^{\frac{1}{2}} .$$

Die Skalenlängen liegen im Mittel bei $z_0 = 700$ pc, sie sind unabhängig vom Radius. Für $z \gg z_0$ wird

$$\sec h^2 (z/z_0) \quad \rightarrow \quad e^{-2z/z_0} .$$

Bei radiusunabhängigen Skalenhöhen ergibt sich für die Geschwindigkeitsstreuung

$$\sigma_z (r) \sim e^{-r/2r_0}$$

und, wenn das Anisotropieverhältnis σ_r/σ_z genähert konstant ist, gilt auch

$$\sigma_r (r) \sim e^{-r/2r_0}$$

was Beobachtungen bestätigen [74]. Die Konstanz von σ_r/σ_z erfordert einen in r- und z-Richtung wirksamen Prozeß, der die Scheibe aufrührt (erhitzt). Der konstante dynamische Aufheizprozeß der Scheibe sichert die konstante Skalenhöhe und die konstante Isotropie [75].

Neben der dünnen Scheibe besitzen einige Galaxien dicke Scheiben mit Skalen-höhen um 1500 pc; ob dicke Scheiben durch exponentielle oder $r^{1/4}$-Verläufe besser darstellbar sind, ist noch nicht entschieden. Als Hauptmechanismen für den Erhalt der Scheibendicke, d.h. für die Scheibenaufheizung, kommen folgende Prozesse in Frage: Spiralstruktur und Streuung der Sterne an großen Molekülwolken [76]. Das erstere wäre eine Streuung an Sterndichtewellen, das zweite ein Zweikörperstreu-prozeß. Die Scheibenaufheizung kann als Diffusion der Sterne im Geschwindigkeits-raum aufgrund vieler einzelner Streuprozesse angesehen werden. Die zeitliche Ent-wicklung der Geschwindigkeitsstreuung läßt sich modellieren

$$\frac{(\mathrm{d}\sigma^2)}{\mathrm{d}t} = \delta(t)\sigma^{-n}$$

mit n beliebig und δ dem Diffusionskoeffizienten. Für den Sonderfall, daß $\delta(t) = \mathrm{const.}$ und $\sigma_0(t) = \mathrm{const.}$, ist die Zeitabhängigkeit der Geschwindigkeitsstreu-ung gegeben durch

$$\sigma(t) = (\sigma_0^{n+2} + ct)^{\frac{1}{n+2}}$$

(c ist eine Normierungskonstante). Daten für die Milchstraße und Sonnenumgebung sind in Abb. 5.34 dargestellt.

Einsicht in den Zusammenhang zwischen Sternbahnen und der Geschwindig-keitsstreuung in Scheiben läßt sich über die *Epizykelnäherung* gewinnen (Kap. 5.4.2). Eine Sternbahn kann als schwingungsfähig angesehen werden, wenn die Abweichung von der stabilen Kreisbahn klein ist

$$u, v, w \ll v_{\mathrm{K}}, \quad z \ll z_0 .$$

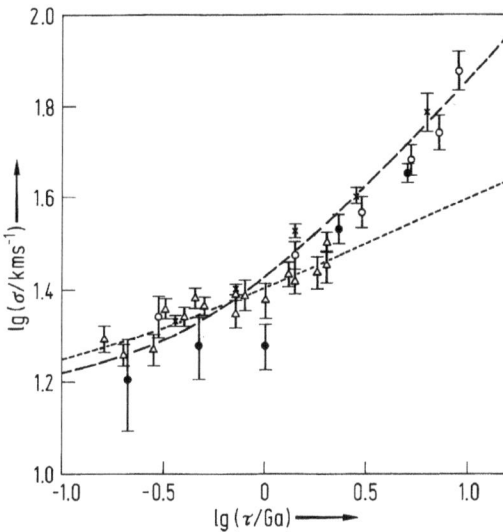

Abb. 5.34 Geschwindigkeitsstreuung als Funktion des Alters für die Sonnenumgebung [76]; Symbole: unterschiedliche Autoren.
$--- \quad \sigma_0 = 15\,\mathrm{km/s}, \; C = 500\,(\mathrm{km/s})^2\,\mathrm{Ga}^{-1}$
$\cdots \quad \varrho_0 = 15\,\mathrm{km/s}, \; C = 10^7\,(\mathrm{km/s})^5\,\mathrm{Ga}^{-1}$

Der Stern kann unabhängige radiale und vertikale Schwingungen um ein mit v_K umlaufendes Führungszentrum durchführen, dessen Bezugsradius r_K ist. Für diese Schwingungen gilt die Energieerhaltung

$$E_K = \frac{1}{2}\left(u^2 + v^2 \gamma\right); \quad E_z = \frac{1}{2}\left(w^2 + r^2 z^2\right)$$

mit

$$\gamma = 2\frac{\Omega}{\varkappa} = \left(1 + \frac{1}{2}\frac{\mathrm{d}\ln\Omega}{\mathrm{d}\ln r}\right)^{-\frac{1}{2}}.$$

Ω ist die Winkelgeschwindigkeit einer Kreisbahn, $\varkappa$ die schon eingeführte Epizykelfrequenz und ν die Schwingungsfrequenz senkrecht zur Bahnebene

$$\nu^2 = \left(\frac{\partial^2 \phi}{\partial z^2}\right)_{(r_K, 0)}.$$

$1 \le \gamma \le 2$ gilt für Rotationskurven zwischen starrer Rotation und Keplerrotation; für eine Kreisbahngeschwindigkeit $v_K = \text{const.}$ wird

$$\gamma = 2^{\frac{1}{2}}.$$

Eine Sternpopulation im dynamischen Gleichgewicht (Phasenraum durchmischt) zeigt für z gemittelte Geschwindigkeitsstreuungen

$$\sigma_u^2 = \gamma^2 \sigma_v^2 = \langle E_K\rangle,$$
$$\sigma_w^2 = \langle E_z\rangle.$$

Die horizontalen Komponenten stehen dann im Verhältnis

$$\frac{\sigma_u}{\sigma_v} = \frac{1}{\gamma}.$$

Dies gilt unabhängig vom Aufheizungsmechanismus der Scheibe. Für flache Rotationskurven in Spiralgalaxien muß daher

$$\frac{\sigma_v}{\sigma_u} = 0.71$$

gelten. Abweichungen hiervon können durch Asymmetrien wie Balken, Spiralarme, Dichtewellen, Verwölbungen der Scheibe, elliptische Verzerrungen von Zentralkörper und Scheibe und einseitige Wasserstoffverteilungen erklärt werden [77].

In den rotierenden galaktischen Scheiben muß radiales Kräftegleichgewicht herrschen. Die radiale Kraftkomponente hängt daher zusammen mit dem Mittelwert der Rotationsgeschwindigkeit, wenn die Geschwindigkeitsstreuungen klein gegen die Rotationsgeschwindigkeit sind

$$-\left(\frac{\partial\phi}{\partial r}\right)_{z=0} = F_r(r, 0) = -v_K^2 r^{-1}.$$

Die räumliche Verteilung der Massendichte in der Scheibe von Sternen und Gas (und den übrigen Komponenten der Sternsysteme) bestimmt den Verlauf des Potentials und somit das Kraftgesetz und folglich den Verlauf der Rotationskurve $v(r)$. Aus den Rotationskurven können daher Schlüsse auf die Massenverteilung gezogen werden. Unter Vernachlässigung der Spiralstruktur geht man von geeignet erscheinenden mathematischen Ansätzen für die Dichteverteilung (Potentiale) der einzelnen Komponenten aus. Die Lösung der Poissongleichung liefert je nach Ansatz Dichte oder Potential; die Ableitung des Potentials nach r führt zur Rotationskurve. Weil ϕ und ϱ in der Poissongleichung linear auftreten, addieren sich die von den einzelnen Komponenten Scheibe, Zentralkörper, Halo usw. gelieferten Potentiale

$$\phi = \phi_s + \phi_z + \phi_H + \cdots ,$$

und dies folgt auch für die Anteile an $v^2(r)$

$$v^2(r) = v_s^2 + v_z^2 + v_H^2 + \cdots .$$

Die Parameter der Modellansätze wählt man nun so, daß sowohl die beobachteten Werte $v(r)$, also auch möglichst viele weitere empirisch bekannte Größen, optimal approximiert werden. Für die Milchstraße ist die Komponentenanalyse der Rotationskurve in Abb. 5.35 dargestellt. Der entscheidende Punkt hierbei ist die Hinzunahme eines massereichen unsichtbaren Halos. Nur so kann der Verlauf der Rotationsgeschwindigkeit beschrieben werden [78], [79].

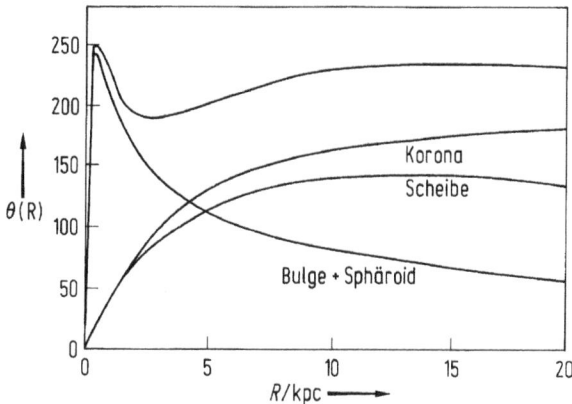

Abb. 5.35   Gesamtrotationskurve der Milchstraße ($\theta(R)$ km/s) und die Anteile ihrer Hauptkomponenten [78].

Über den Dopplereffekt können Rotationskurven spektroskopisch in der Strahlung einzelner Linien (im optischen oder radioastronomischen Spektralbereich) aufgenommen werden [80], [81]. Der ideale Datensatz für eine Galaxie, z. B. aus der 21-cm-Linienmessung des neutralen Wasserstoffs ist in Abb. 5.36 dargestellt. Der Datenwürfel wird von zwei Winkelkoordinaten an der Himmelssphäre und der Radialgeschwindigkeit aufgespannt. Diese Werte entsprechen der Abbildung der sechsdimensionalen Positions-Geschwindigkeits-Verteilung des Galaxienwasserstoffes. Im Idealfall kann angenommen werden, daß das Gas in der Mittelebene einer dünnen

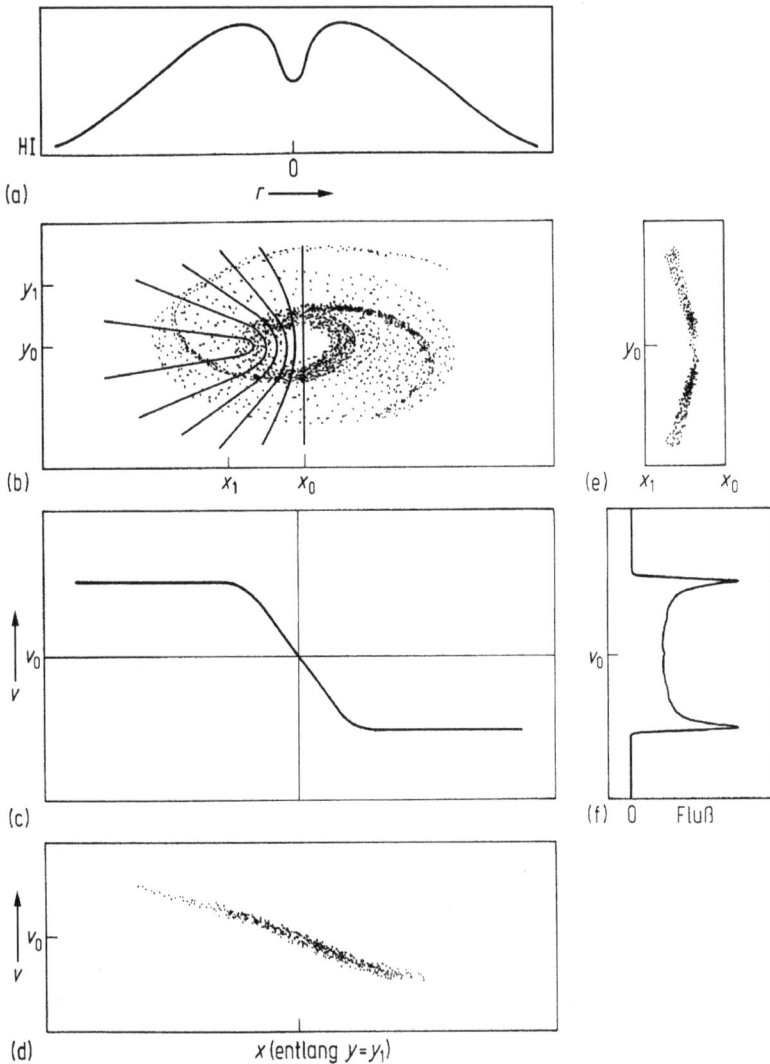

Abb. 5.36 Der Datenwürfel für radioastronomisch beobachtete Geschwindigkeitsfelder in Galaxien [80].

Scheibe lokalisiert ist; Achsialsymmetrie soll für Verteilung und Geschwindigkeitsfeld gelten. In den Abb. 5.36a, b, c wird die typische radiale Flächendichte der HI-Verteilung gezeigt. In Abb. 5.36b ist die Scheibe unter einem Anstellwinkel $i = 60°$ gezeichnet; der Grad der Schattierung entspricht einer Säulendichte, die durch Integration des Datenwürfels entlang der Radialgeschwindigkeitsachse gewonnen wurde. Jede der darüber gelegten Linien stellt die Gesamtheit der Orte gleicher Radialgeschwindigkeit dar. Die Rotationskurve (Abb. 5.36c) wurde entlang der Hauptachse $y = y_0$ abgegriffen. Die Systemgeschwindigkeit der Galaxie ist v_0; mit dieser Geschwindigkeit bewegt sie sich auf uns zu oder von uns weg. Wenn nicht über die Radialgeschwindigkeiten aufintegriert wird, kann der Datenwürfel bei beliebigen

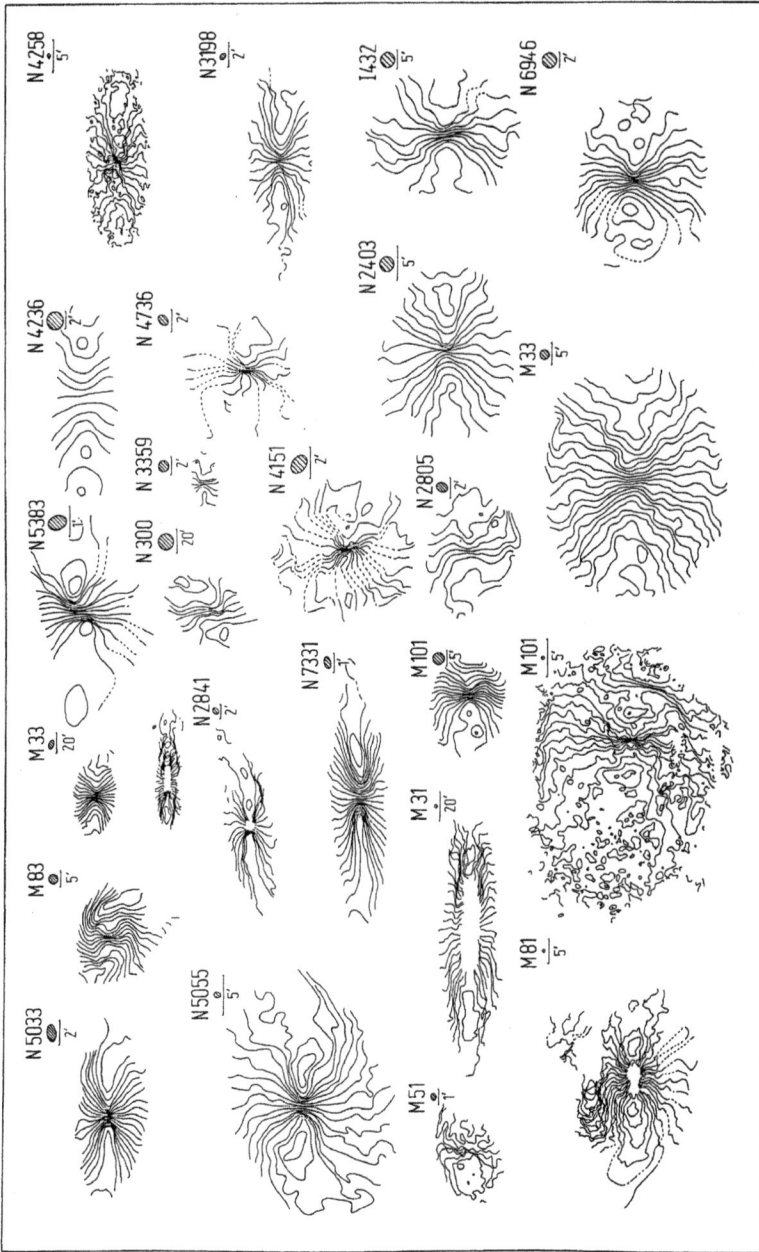

Abb. 5.37 Geschwindigkeitsfelder von Scheibengalaxien [82].

Himmelskoordinaten geschnitten werden, etwa bei y_1, parallel zur Hauptachse. Wir erhalten so eine Positions-Geschwindigkeitskarte (Abb. 5.36d). Sie ähnelt in der Form, nicht jedoch in der Steigung, der Rotationskurve. Ein Schnitt des Daten-würfels bei konstanter Geschwindigkeit liefert eine Geschwindigkeitskanalkarte (Abb. 5.36e); es ist dies die Winkelverteilung des gesamten galaktischen Gases in einem festgelegten Geschwindigkeitsintervall; die Verteilung gleicht einer der Iso-geschwindigkeitskurven in Abb. 5.36b. Wird eine Galaxie mit einem Radiospiegel beobachtet, der die Scheibe nicht auflösen kann, ergibt sich ein Gesamtprofil der Galaxie als Geschwindigkeitsspektrum (Abb. 5.36f). Solche Messungen legen die Linienbreite Δv fest und ermöglichen hinweisende Massenbestimmungen. Eine Aus-wahl von Geschwindigkeitsfeldern verschiedener Galaxien ist in Abb. 5.37 und von Rotationskurven in Abb. 5.38 dargestellt. Aus deren Verläufen und photometrischen Daten lassen sich *Massenmodelle* aufbauen [83].

In vielen Galaxien ist das Geschwindigkeitsfeld, ideal dargestellt in Abb. 5.36b, gestört und weicht von achsialer Symmetrie ab. Typische Abweichungen zeigen die

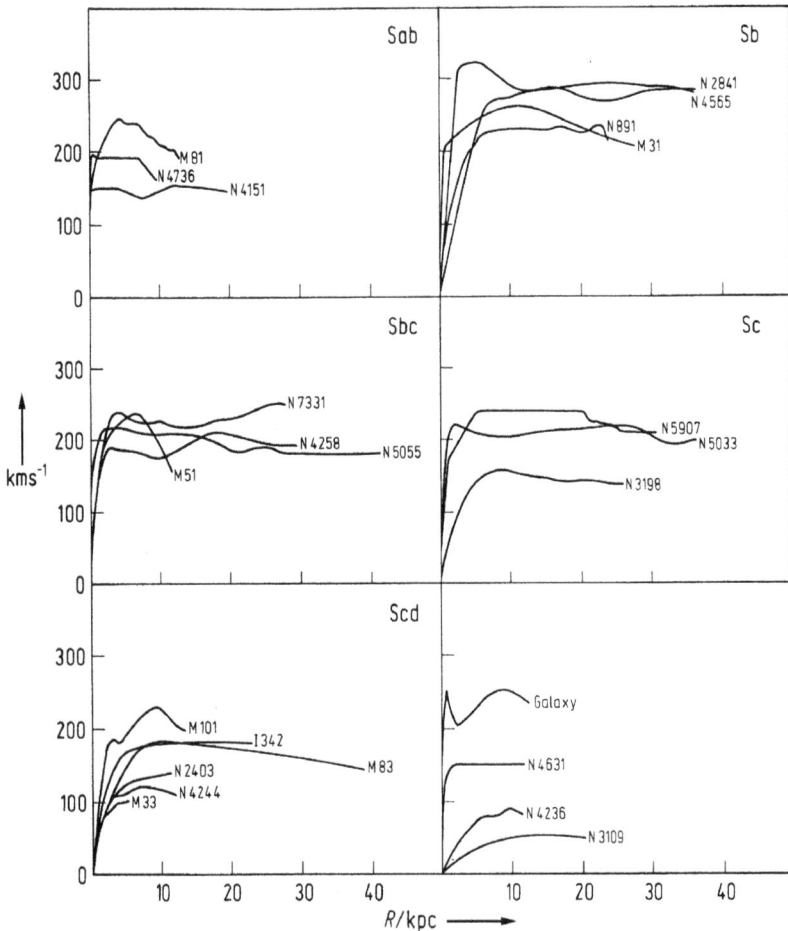

Abb. 5.38 Rotationskurven von Galaxien verschiedenen Typs [82].

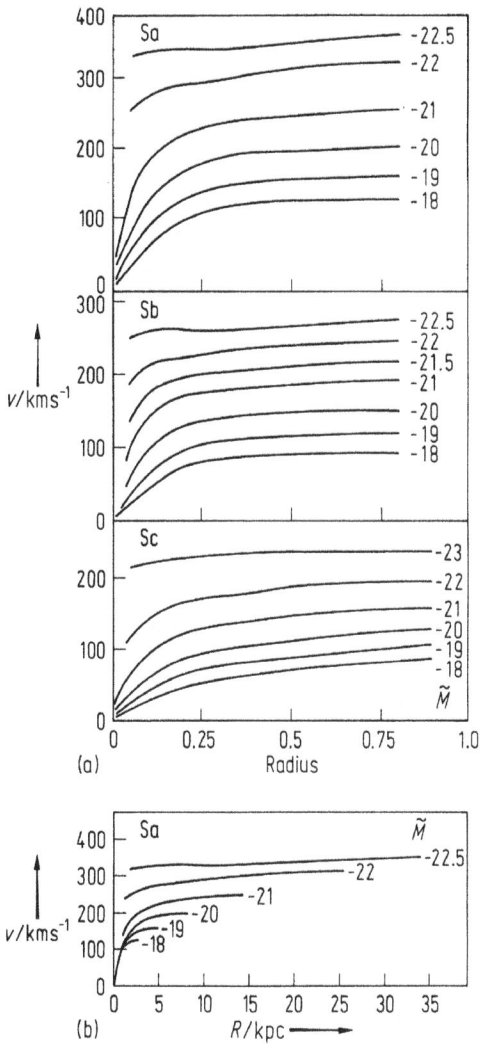

Abb. 5.39 Rotationskurven [81]. (a) Normierte Rotationskurven (in km/s) für Sa, Sb, Sc Galaxien, geordnet nach absoluter Leuchtkraft; die radiale Koordinate ist auf den Isophotenradius r_{25} bezogen. (b) wie (a), jedoch als Funktion des linearen Radius.

Galaxien NGC 5383 und M 83. Ist die Gasscheibe verwölbt, ändern sich also Positionswinkel der Hauptachse und Neigung der Gasscheibe wie bei M 83, entsteht eine S-förmige Versetzung als Zeichen einer kinematischen Verwölbung; derartige Störungen findet man oft in den Außenbereichen der Galaxien. Ovale Verzerrungen, wie bei NGC 5383, betreffen mehr die Innenbereiche und sind die Folge von Balken, deren Gravitationswirkung die Symmetrie des Geschwindigkeitsfeldes bricht; große und kleine Achse des Feldes stehen nicht mehr aufeinander senkrecht.

Die in den Außenbereichen der Galaxien flach werdenden Rotationskurven implizieren eine mit dem Radius zunehmende Gesamtmasse und eine mit r^{-2} abnehmende mittlere Dichte. Da die leuchtende Materie mit r exponentiell abnimmt, wächst das Verhältnis aus dynamischer und leuchtender Masse mit r an. Im allgemeinen bleiben die Rotationskurven von Scheibengalaxien flach (kein Kepler-Abfall $r^{-1/2}$), oft werden sie sogar mit $r^{+0.1}$ bei großen Radien steiler. Innerhalb eines jeden Galaxientyps haben kleine Galaxien geringer Leuchtkraft Rotationsgeschwindigkeiten, die allmählich vom Kern ansteigen und ein Maximum am optischen Rand des Systems erreichen. Große Galaxien hoher Leuchtkraft haben steile Rotationsgeschwindigkeitsanstiege und erreichen die hohen Maxima weit innerhalb des optischen Galaxienradius. Auf absolute Helligkeit und Bruchteile des Isophoten-Radius r_{25} normierte sogenannte synthetische Rotationskurven [81], sind für Sa, Sb, Sc Galaxien in Abb. 5.39a dargestellt; Abb. 5.39b zeigt diese Kurven als Funktion des linearen Radius für Sa-Systeme. Der stetige Übergang als Funktion der Leuchtkraft von kleinen Geschwindigkeitsgradienten zu großen und von niedrigen zu hohen Rotationsgeschwindigkeiten ist bei allen Galaxientypen vorhanden. Innerhalb eines Galaxientyps ist die Form der Rotationskurve ein eindeutiger Leuchtkraftindikator. Die Form der Rotationskurven ist für alle Galaxienklassen dieselbe, unabhängig von der Galaxienmorphologie. Die Ähnlichkeit wird in Abb. 5.40 deutlich, wo für Sa-, Sb- und Sc-Galaxien mit unterschiedlichen Verhältnissen von Zentralkörper- und Scheibenleuchtkraft die Rotationskurven verglichen werden (Sa: $Z/S = 4.0$; Sb: $Z/S = 0.3$, Sc: $Z/S = 0.1$). Die ähnlichen Formen der Rotationskurven spiegeln keine der ausgeprägten Strukturunterschiede wieder, die zu der unterschiedlichen Klassifikation führten. Diese Ähnlichkeit stützt den Sachverhalt, daß die optischen Leuchtkräfte nicht das Gravitationspotential an irgendeinem Ort innerhalb der optisch sichtbaren Galaxie wiedergeben.

Der Zusammenhang zwischen absoluter Blauhelligkeit und maximaler Rotationsgeschwindigkeit ist in Abb. 5.41 aufgezeigt. Die Korrelationsgraden haben typenabhängige Steigungen; für Infrarot-Helligkeiten ändern sich die Korrelationskoeffizienten, ansonsten bleibt die Abhängigkeit qualitativ erhalten.

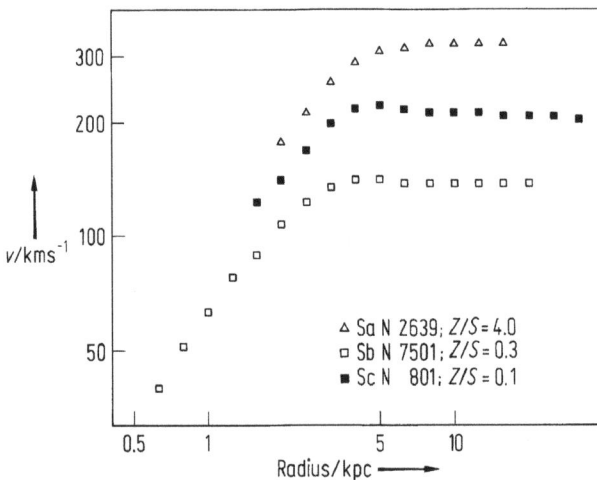

Abb. 5.40 Rotationskurven für Galaxien (Sa, Sb, Sc) mit unterschiedlichen Zentralkörper (B) – Scheiben (D) – Leuchtkraftverhältnissen [81].

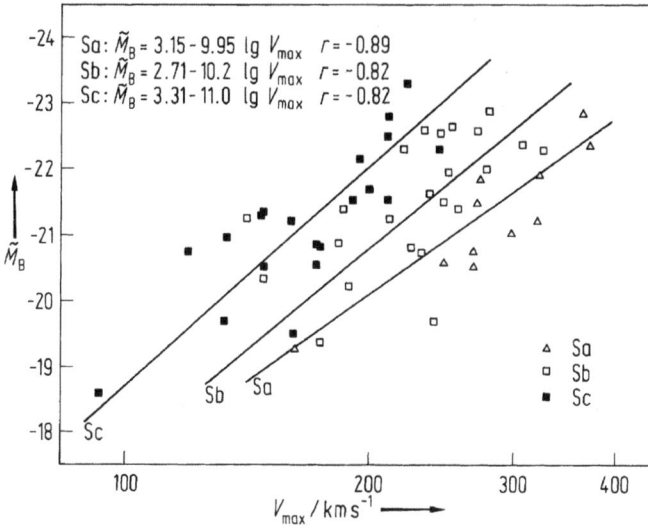

Abb. 5.41 Korrelation zwischen maximaler Rotationsgeschwindigkeit und absoluter Helligkeit für Sa-, Sb-, Sc-Systeme [81].

Innerhalb eines Galaxientyps nehmen Geschwindigkeit und deshalb Masse und Massendichte mit zunehmender Leuchtkraft zu. Bei festen Werten für Radius und Leuchtkraft besitzen Sa-Systeme höhere Rotationsgeschwindigkeiten und daher größere Dichten. Beachten wir das Wechselspiel zwischen Leuchtkraft und Galaxientyp. Eine extrem leuchtkräftige Sc-Galaxie kann hinsichtlich Geschwindigkeit, Masse und Massendichte ein mittleres Sa-System imitieren, der Radius der Sc-Galaxie muß dann allerdings sehr groß sein. Die Abhängigkeit der mittleren Masse (ermittelt innerhalb des optischen Bildes einer Galaxie), $M(r_{25})$ vom Galaxientyp liefert als obere Grenze $\sim 10^{12}$ Sonnenmassen; diese Massenobergrenze ist typenunabhängig. Solche Zusammenhänge werden aus den Korrelationen $(r_{25}, \tilde{M}_B)$ (Abb. 5.42a) und $(M, \tilde{M}_B)$ (Abb. 5.42b) deutlich. $(r_{25}, \tilde{M}_B)$ ist die einzige Korrelation, die nicht in Galaxientypen aufspaltet. Die $(M, \tilde{M}_B)$-Korrelation läßt die Masse-Leuchtkraft-Verhältnisse für jeden Galaxientyp konstant. M/L enthält also Information über den Typ, nicht aber über die Leuchtkraft. Die maximale Rotationsgeschwindigkeit von Galaxien ist vom Galaxientyp abhängig (Abb. 5.43)

Typ	$\langle v_{max} \rangle / \mathrm{km\ s^{-1}}$
Sa	299
Sb	222
Sc	175

Die Korrelationen zwischen Masse, Leuchtkraft, Radius, maximaler Rotationsgeschwindigkeit, Galaxientyp und M/L können in einem Diagramm vereinigt werden (Abb. 5.44). Es illustriert die Beziehungen der Grundparameter der Systeme und enthält in kompakter Form unser Wissen über die Dynamik von Scheibensystemen. Es zeigt, daß mindestens zwei Parameter nötig sind, um eine Galaxie in

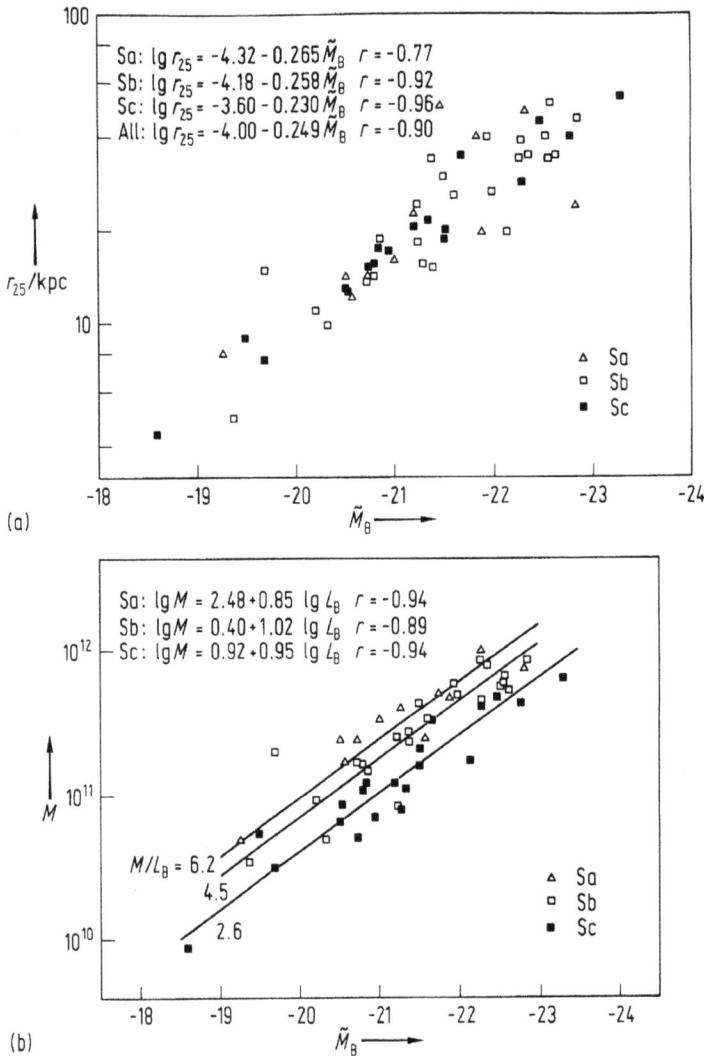

Abb. 5.42 Helligkeit und Radius [81]. (a) Korrelation von absoluter Blauhelligkeit und Radius r_{25}; es besteht keine Typabhängigkeit. (b) Korrelation von absoluter Helligkeit und Masse.

dieser Ebene einzuordnen. Die Korrelationen von $(v_{\max}, \tilde{M}_B)$ und $(M, \tilde{M}_B)$ implizieren auch Korrelationen zwischen Masse und Drehimpulsdichte für jeweils einen einzelnen Galaxientyp. Es gibt keinen Hinweis darauf, daß die Abfolge der Galaxientypen eine Abfolge der Drehimpulsdichte sei [85].

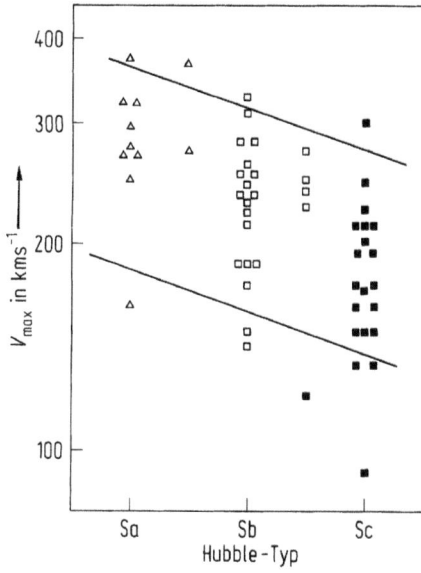

Abb. 5.43 Korrelation zwischen Galaxientyp und maximaler Rotationsgeschwindigkeit [81].

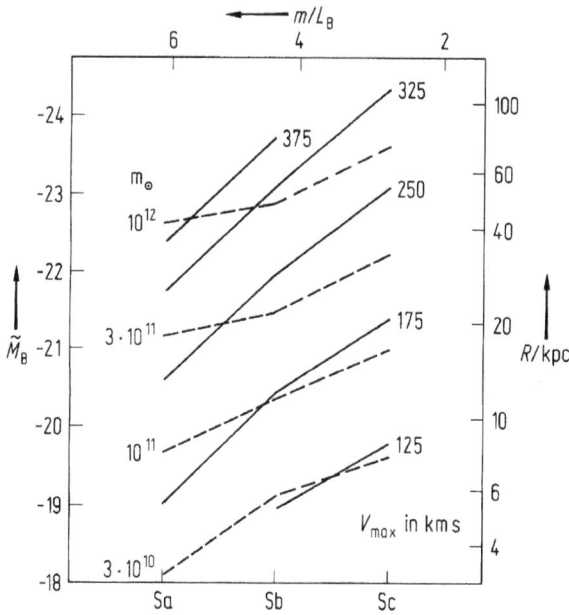

Abb. 5.44 Ein Zustandsdiagramm für Galaxien; die Verknüpfung von 6 Grundparametern wie es augenblickliche Beobachtungen nahelegen [84].

5.4.5 Dunkle Materie

Die Rotationskurven, als Ausfluß der dynamischen Galaxienmasse, zeigen wenig Beziehung zu den aus der Verteilung der optischen Leuchtkräfte abgeleiteten Geschwindigkeiten. Wir nennen die nichtleuchtenden Masse „Halo-Masse" und unterstellen eine sphärische Verteilung. Obgleich Details der dunklen Materie noch nicht zu fassen sind, können zahlreiche Einschränkungen hinsichtlich ihrer Eigenschaften durch die dargestellten Beobachtungen gemacht werden [86], [87].

Die nichtleuchtende Halomaterie ist kein Teil einer gleichförmigen Hintergrundsmassenverteilung zwischen den Galaxien; die Materie ist um die Galaxien geklumpt. Dies folgt aus ihrer radialen Abnahme, bezogen auf die Galaxienzentren; sie hat in den Außenbereichen der Sternsysteme Dichten, die 100 bis 1000 mal über der mittleren Dichte des Universums liegen. Die nichtleuchtende Materie zeigt keine ausgesprochenen zentralen Verdichtungen, wie es bei der sichtbaren Materie der Galaxien der Fall ist. Die generelle Formähnlichkeit der Rotationskurven von Scheibensystemen verschiedenen Typs bedeutet, daß sowohl die dunkle Halomaterie wie die leuchtende Scheibenmaterie zur gesamten radialen Massenverteilung innerhalb der sichtbaren Scheibe beitragen. Galaxien verschiedener Morphologie haben Massenverteilungen, die sich nur durch Skalierungsfaktoren unterscheiden; dies wird in Abb. 5.40 deutlich. Obwohl die drei dort gezeigten Galaxien um einen Faktor 40 in den Anteilen der Leuchtkräfte ihrer Zentralkörper differieren, muß die Form ihrer großräumigen Massenverteilung ähnlich sein, denn ihre Rotationskurven sind ähnlich.

Der Anteil an dunkler Materie am Gesamtsystem ist unabhängig von der Galaxienleuchtkraft, d.h. von Galaxienmasse und Radius. Das Verhältnis der dynamischen Masse (leuchtende oder nichtleuchtende Anteile) innerhalb der optischen Scheibe zur Gesamtleuchtkraft der Galaxie M/L_B ist konstant innerhalb eines Galaxientyps. Hierbei kann die Spannweite des Leuchtkraftbereichs bis 100 gehen. Zwischen leuchtender und nichtleuchtender Materie besteht für alle Galaxien eines Galaxientyps eine enge Proportionalität; dies ist unabhängig davon, ob die Galaxie eine kleine niederleuchtkräftige Spirale oder ein hochleuchtkräftiges, massenreiches System ist. Die dunkle Materie scheint zu wissen, wieviel leuchtende Materie das System enthält.

Der Bruchteil an dunkler Materie ist unabhängig vom Galaxientyp. Theoretische Populationsanalysen [88] liefern folgende Masse (sichtbar)-Leuchtkraftverhältnisse:

$$\text{Sa} \qquad \frac{M_{si}}{L_B} = 3.1 \qquad \frac{M_{dyn}}{L_B} = 6.2 \pm 0.6$$

$$\text{Sb} \qquad \frac{M_{si}}{L_B} = 2.1 \qquad \frac{M_{dyn}}{L_B} = 4.5 \pm 0.4$$

$$\text{Sc} \qquad \frac{M_{si}}{L_B} = 1.2 \qquad \frac{M_{dyn}}{L_B} = 2.6 \pm 0.2$$

Die Proportionalität zu den dynamischen Masse-Leuchtkraftverhältnisen (aus Abb. 5.42b) ist auffällig; diese Proportionalität impliziert die Unabhängigkeit des Anteils der dunklen Materie vom Galaxientyp. Die theoretischen und relativen

Masse-Leuchtkraftverhältnisse sind auch gute Abschätzungen der absoluten Werte, d. h. $M_{dyn}/M_{si} \approx 2$. Die dunkle Materie trägt zur Hälfte zur Gesamtmasse innerhalb des optischen Radius r_{25} eines Sternsystems bei. Die dunkle Materie erstreckt sich über die optische sichtbare Scheibe; die Masse der Galaxien nimmt mit dem Radius linear zu. Dies kann aus den radioastronomisch gewonnenen Rotationskurven abgeleitet werden, die aufgrund der größeren Ausdehnung der Gasscheibe weit über das optisch sichtbare System hinausreichen. Elliptische Systeme tragen ebenfalls wesentliche Anteile ihrer Masse in Form von dunkler Materie. Eine untere Grenze liegt auch hier bei 50 %.

Erstreckt sich die Verteilung der dunklen Materie bis zu einem Mehrfachen der optischen/radioastronomischen Galaxienradien, dann kann der Massenanteil der nichtleuchtenden Komponente durchaus bis zum 10 fachen der leuchtenden Komponente ansteigen. Damit wäre das Universum zu 90 % aus einem der augenblicklichen direkten Beobachtung über elektromagnetische Strahlung nicht zugänglichen Stoff aufgebaut.

Die normale Materieform des sichtbaren Universums ist baryonisch; sie besteht aus Neutronen und Protonen. Wenn die dunkle Materie baryonisch ist, muß sie in Objekten lokalisiert sein, deren Massen sehr viel kleiner als eine Sonnenmasse sind, um der Entdeckung zu entgehen. Das Deuterium, welches auch nach dem Urknall entstand, wurde größtenteils für die Heliumbildung verwendet. Die heute beobachtete Deuteriumhäufigkeit setzt daher Grenzen für die möglichen Anteile baryonischer Materie im Universum. Diese Anteile erlauben, die Galaxienentstehung in einem baryonisch dominierten Weltall zu suchen. Die Galaxienentstehung verursacht Fluktuationen in der kosmischen Mikrowellenhintergrundstrahlung. Solche Fluktuationen wurden nachgewiesen [89]. Deuteriumhäufigkeit und die Fluktuationen deuten auf eine *baryonische Zusammensetzung* der dunklen Materie hin.

5.5 Strukturbildung in Galaxien

Makroskopische Ordnung spielt im Rahmen unserer Beobachtungsmöglichkeiten eine bedeutende Rolle. Von Wasserstrudeln zu Sanddünen, von Kovektionszellen im Erdkörper und in der Sonne bis zu den Kristallstrukturen der Minerale, von Einzelsternen, interstellaren Wolken bis zu Galaxien stoßen wir auf Formen, die makroskopische Ordnungsmechanismen ausdrücken. Die Formenwelt, die Strukturbildung und überhaupt die diese steuernden und regulierenden Wechselwirkungen in den dynamischen galaktischen Systemen stehen am Anfang der Erforschung. Sternsysteme zeigen innere Struktur. Daß Struktur plötzlich in einem turbulenten Medium, sei es im Sterngas, sei es im interstellaren Medium entsteht, sich entwickelt, sich aufrecht erhält, aber auch wieder vergeht, Unordnung in Ordnung übergeht, ist *nichtlinearen dissipativen Prozessen* zuzuschreiben. Die auffallendsten Strukturmerkmale sind die Spiralarme und die Balken in den Sternsystemen.

Viele Energieumverteilungsprozesse laufen in einem Sternsystem ab: Umwandlung von Wasserstoff in Helium, chemische Reaktionen und Heiz- oder Kühlprozesse im interstellaren Medium, Sternentstehung, Sternentwicklung oder Sternexplosionen, Umverteilung von großräumig geordneter Rotationsenergie in Energie der Ge-

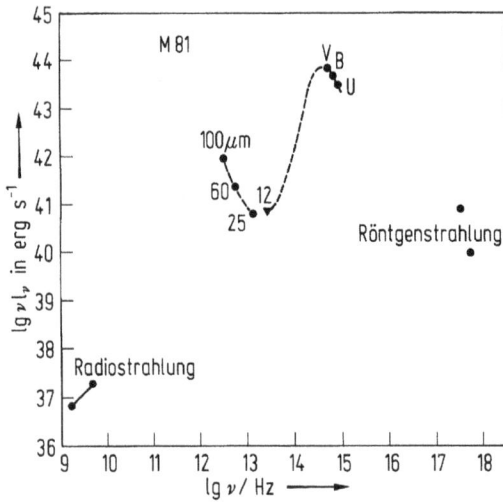

Abb. 5.45 Energieverteilung der Gesamtemission einer normalen Spiralgalaxie (M 81) [90].

schwindigkeitsstreuungen. Alle diese Abläufe sind durch verstärkende (positive) oder abschwächende (negative) Rückkoppelungsschleifen miteinander vernetzt und bilden so ein nichtlineares Prozeßsystem. Die ständige Verfügbarkeit von Gravitationsenergie, in Folge davon auch von Fusionsenergie, und die Möglichkeit der Energieabstrahlung, macht Galaxien zu offenen im Ungleichgewicht befindlichen Systemen.

Ein Beispiel für den Energieausstoß einer normalen Spiralgalaxie gibt Abb. 5.45. Dominiert wird das Spektrum von der optischen und infraroten Strahlung. Radio-, Röntgen- und γ-Strahlungsemissionen erlauben uns, bestimmte Aspekte des Sternsystems zu untersuchen; Radiostrahlung verschafft uns Zugang zu den Magnetfeldern und der kosmischen Strahlung, Radiolinienstrahlung gibt über die globale Rotation Auskünfte zur Dynamik. Röntgenstrahlung erlaubt einen Blick auf die alte Sternpopulation (z.B. Neutronensterne) und die heiße Komponente des interstellaren Mediums. In der Tab. 5.6 sind die verschiedenen spektralen Bereiche und ihre Strahlungsquellen zusammengefaßt.

5.5.1 Energiegleichgewichte

Die Struktur der Spiralarme ist wesentlich an das interstellare Medium gekoppelt. Sein Energiegleichgewicht bestimmt die Sternentstehungsprozesse, die wiederum Spiralarme oder Spiralarmfilamente markieren. Der Bewegungszustand des interstellaren Mediums in normalen Scheibengalaxien ist aus vier Anteilen zusammengesetzt:

- differentielle Scheibenrotation; bei Sbc-Systemen rund 26 km/s/kpc;
- allgemeine Turbulenz im Bereich von 0.5 bis 1 kpc von $\Delta v \approx 7$ km/s;
- Turbulenz im Inneren von Wolken $\Delta v \sim 1-5$ km/s;
- Geschwindigkeitsstörungen durch stellare Dichtewellen oder Balken $\Delta v \approx 10$ km/s.

Tab. 5.6 Wichtige Strahlungsquellen in Galaxien und die zugehörigen Spektralbereiche.

Spektraler Bereich		stellare Quellen	interstellare Quellen	Absorber
γ-Strahlung	MeV	Supernovae, kosmische Strahlung	Gas und kosmische Strahlung	interstellare Materie, H, H_2
harte Röntgenstrahlung	$kT > 3\,keV$	Röntgendoppelsterne, galaktische Kerne	heißeste Phase des interstellaren, intergalaktischen Gases	Staub, H, He
weiche Röntgenstrahlung	$0.1 < kT < 3\,keV$	Hauptreihensterne, entwickelte Supernovae	heißes interstellares, Gas, Supernova-Reste	Staub, H, He
EUV	$100-912\,\text{Å}$	O Sterne, entwickelte POP II Sterne, Akkretionsscheiben	heißes interstellares, Gas, Supernova-Reste	Staub, H, He
fernes UV	$912-2000\,\text{Å}$	POP I, POP II massereichere Sterne	Planetarische Nebel HII, Ly Alpha	Staub, Metalle, H_2, Ly Alpha
mittleres UV	$2000-3300\,\text{Å}$	POP I, POP II $> 1.5\,m_\odot$	–	Staub, Metalle, ionisierte Komponenten
optische Strahlung	$3300-8000\,\text{Å}$	POP I, POP II	HII, H-Balmer, Metalle verboten, Emissionsl.	Staub, neutrale Metalle
nahes IR	$0.8-7\,\mu$	entwickelte Riesen, Überriesen, Protosterne	HII, heißer Staub, H_2, Kohlenstoffketten	Staub, Kohlenstoffkettenmoleküle
mittleres IR	$7-25\,\mu$	heißer zirkumstellarer Staub, Protosterne, OH/IR Sterne	HII, kleine Staubkörner, Kohlenstoffketten	Staub, Moleküle
fernes IR	$25-300\,\mu$	Protosterne, Kohlenstoffsterne	HII, Staub	Staub
unter mm	$300\,\mu-1\,mm$	–	Staub, Moleküle, thermische, nichtthermische Strahlung	–
Radiostrahlung	$1\,mm-m$	– aktive Sterne, galaktischer Kern	thermisch, nichtthermisch, Moleküle, HI, HII	–

Drei Energieformen werden vom interstellaren Medium getragen (mittlere Teilchenzahl $N \approx (10 - 100)\,\text{cm}^{-3}$):

- thermische Energie der Teilchen $E_\text{th} \approx 4.5 \cdot 10^{-13}\,\text{erg}\,\text{cm}^{-3}$,
- Turbulenzenergie einzelner Zellen gegeneinander $E_\text{turb} \approx 2.9 \cdot 10^{-13}\,\text{erg}\,\text{cm}^{-2}$,
- an das heiße, ionisierte Gas gekoppelte magnetische Energie $E_\text{mag} \approx 3.6 \cdot 10^{-13}\,\text{erg}\,\text{cm}^{-3}$.

Drei unterschiedliche Arten von Energiequellen können angegeben werden: Sternstrahlung, kosmische Strahlung (als Folge von Supernovae, Novae und Pulsaren) und die differentielle Rotation der Sternsysteme. Die Energiedichten der Einspeisungsmechanismen lauten:

$$E_{\text{Str}} \sim 7 \cdot 10^{-13} \,\text{erg}\,\text{cm}^{-3}\,,$$
$$E_{\text{kos}} \sim 10 \cdot 10^{-13} \,\text{erg}\,\text{cm}^{-3}\,,$$
$$E_{\text{rot}} \sim 7 \cdot 10^{-13} \,\text{erg}\,\text{cm}^{-3}\,.$$

Es existiert eine auffallende Gleichverteilung zwischen

$$E_{\text{ther}} \sim E_{\text{tur}} \sim E_{\text{mag}} \qquad \text{(Energiespeicher)}$$

und

$$E_{\text{Str}} \sim E_{\text{kos}} \sim E_{\text{rot}} \qquad \text{(Energieeinspeisung)}$$

und den Einspeisungs- und den Speichermechanismen

$$E_{\text{ein}} \sim E_{\text{Spei}}\,.$$

Wir betrachten gemäß Abb. 5.46 das interstellare Medium als ein rückgekoppeltes System zwischen den Energieeinspeisungen und den Energiespeichern und der Energieleckrate.

Die Energiequellen sind einerseits die differentielle galaktische Rotation, die über turbulente Reibung – die bei den in der Astrophysik vorherrschenden großen Reynoldszahlen über die molekulare Reibung dominiert – Energie in die Turbulenz speist. Andererseits tragen Sternstrahlung und kosmische Strahlung über Absorption zur Erhöhung der thermischen Energie bei. Turbulenz und thermische Energie sind gegeneinander über räumliche Inhomogenitäten verkoppelt. Turbulenz ist ja gerade räumliche Inhomogenität von Geschwindigkeiten. Über turbulente Dissipation bei hohen Reynoldszahlen wird Gleichverteilung und damit Erhöhung der mittleren thermischen Energie erreicht. Umgekehrt führt lokale Thermalisierung (z. B. durch Sternstrahlung) zu Inhomogenitäten in der Temperaturverteilung, damit zu Druckgradienten und damit zu Geschwindigkeitsgradienten, also zur Zunahme der turbulenten Energie.

Magnetische Energie kann über Turbulenz durch Feldlinienverlängerung umgeschichtet und verstärkt werden, wenn die Gleitzahlen des Feldes klein sind im Vergleich zu typischen Zeiten der turbulenten Bewegung, also bei eingefrorenen Feldern. Umgekehrt wird Turbulenz erzeugt, wenn örtlich so starke Feldlinienkrümmung vorliegt, daß der magnetische Druck größer als der Gasdruck wird.

Es liegt schließlich auch eine Koppelung zwischen thermischer und magnetischer Energie vor, die gemessen an den anderen jedoch klein ist. Es können kleine Anfangsmagnetfelder durch Zusammenstoß von Plasmawolken erzeugt werden, so daß die thermische Energie in magnetische Energie gesteckt wird. Natürlich entweicht auch Energie durch Strahlung aus dem System, wobei angenommen wird, daß aufgrund der Expansion des Weltalls die Photonendichte im intergalaktischen Raum nicht wesentlich zunimmt, andererseits die Photonen, gleichzeitig bei adiabatischer Expansion, energieärmer werden. Schließlich kann Materie auch aus dem System ausgeblasen werden; man spricht von *galaktischen Springbrunnen*.

Wie wird nun in diesem System Gleichverteilung erreicht? Energiespeicher in einem System haben genau dann den gleichen Energieinhalt, wenn die Zeitkonstanten der Kopplungsmechanismen zwischen den Speichern sehr viel kleiner sind als die der

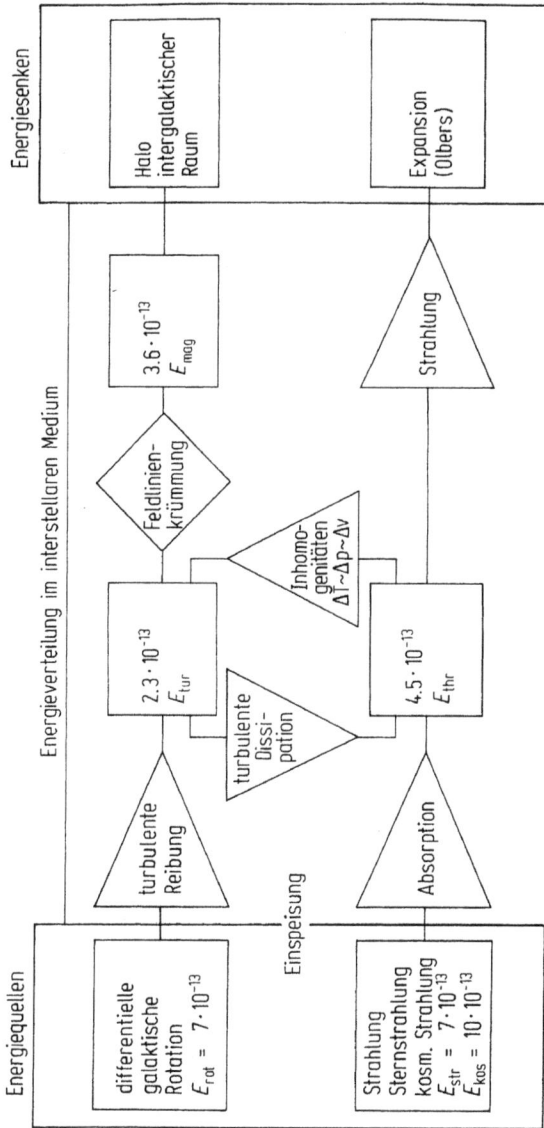

Abb. 5.46 Schema der Energiebilanzen in einem Sternsystem.

Input-Output-Mechanismen. Wenn dies der Fall ist, dann ist der Energieinhalt der Speicher etwa auch dem der Quellen, natürlich nur unter der Bedingung, daß pro Zeiteinheit nicht wesentlich mehr Energie hinein- als herausgepumpt wird. Die Frage der Gleichverteilung der Energiequellen: differentielle galaktische Rotation, kosmische Strahlung und Sternstrahlung, scheint dagegen weitgehend unklar. Ein Ansatz liegt in der Tatsache, daß über die Systemrotation (global), die Dynamik der Sternentstehungsprozesse gesteuert wird, die ihrerseits die Energiereservoirs der Energiequellen schaffen. Die allgemeine Gleichverteilung von stellaren und interstellaren Energieformen ist Voraussetzung für langfristige Stabilität der Sternsysteme.

Hier ist auch der Lösungsansatz für den Zusammenhang zwischen photometrischen und dynamischen Systemeigenschaften verborgen. Zu einem qualitativen Verständnis gelangt man über das *Virialtheorem* [56], [91], [92]

$$2\tilde{T} + W = 0 \,. \tag{5.8}$$

Die Dichteverteilung in Scheibengalaxien ist formal

$$\varrho(\bar{r}) = \varrho_0 f\left(\frac{\bar{r}}{r_e}\right) = \varrho_0 f(\tilde{x})$$

und die Flächendichte an der Sphäre

$$\tilde{\chi}(\bar{r}) = \tilde{\chi}_0 g\left(\frac{\bar{r}}{r_e}\right) = \chi_0 g(\tilde{x}) \,;$$

$f(\tilde{x})$ und $g(\tilde{x})$ seien dimensionslose allgemeine Strukturfunktionen. Für die Rotationskurven können wir schreiben

$$v(\bar{r}) = v_{max} h(\tilde{x}) \,.$$

Damit erhält man über das dimensionslose Volumenelement $d\tau$ für $\tilde{T}$ und W

$$T = \frac{1}{2} \int \varrho(\bar{r}) v^2(\bar{r}) d\tau = \frac{1}{2} \varrho_0 v_m^2 r_e^3 \tilde{a} \,,$$

$$-W = \frac{1}{2} G \int \varrho(\bar{r}) \int \frac{\varrho(\bar{r})}{|\bar{r} - r'|} d\tau d\tau' = \frac{1}{2} G \varrho_0^2 r_e^5 \tilde{b} \,.$$

Die zwei dimensionslosen Integrale $\tilde{a}, \tilde{b}$ beschreiben die radiale Materieverteilung. Mit (5.8) wird

$$v_{max}^2 = \frac{1}{2} G \varrho_0 r_e^2 \frac{\tilde{b}}{\tilde{a}} \,.$$

Die Gesamtmasse M läßt sich ebenfalls über dimensionslose Integrale $\tilde{c}, \tilde{d}$ ausdrücken

$$M = \chi_0 r_e^2 \int g(\tilde{x}) d\tau = \chi_0 r_e^2 \tilde{c} \,, \quad M = \varrho_0 r_e^3 \int f(\tilde{x}) d\tau = \varrho_0 r_e^3 \tilde{d}$$

und liefert schließlich

$$v_{max}^4 = \frac{1}{4} \tilde{b}^2 \tilde{c} \tilde{a}^{-2} \tilde{a}^{-2} \chi_0 M \,, \quad v_{max}^4 = \text{const.} \, \chi_0 M \sim L$$

unter der Annahme der Konstanz von χ_0 und der Masse-Leuchtkraftverhältnisse.

5.5.2 Spiralstruktur

Weder logarithmische noch hyperbolische Spiralen lassen sich optimal an beobachtete Spiralformen anpassen [93]. Innerhalb der Schwankungsbreite, die die natürlichen Spiralarmunregelmäßigkeiten zeigen, können beide Formen jedoch als geeignete Interpolationsformen benützt werden. Bei der logarithmischen Spirale ist der

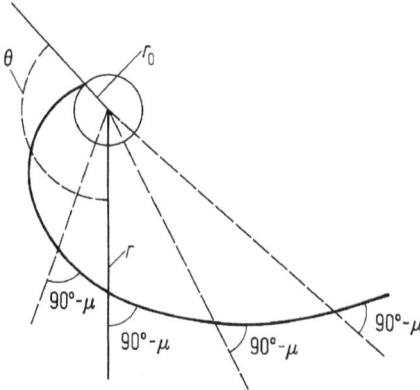

Abb. 5.47   Geometrie der logarithmischen Spirale.

Anstell(Öffnungs)winkel μ nahezu konstant (vgl. Abb. 5.47). Innerhalb eines Systems zeigt er eine Streuung von $\pm 4°$. Es gilt

$$r = r_0 \, e^{s(r)\theta} \quad \text{mit}$$
$$s(r) = \text{tg}\, \mu(r) \, .$$

θ ist der Windungswinkel. Die hyperbolische Form ist darstellbar als

$$r \cdot \theta = \text{const.}\, v(r)$$

hierbei ist die Rotationskurve $v(r)$ des Systems entscheidend [94]. Die Anstellwinkel korrelieren mit der Armstruktur und mit dem Verhältnis von Zentralkörper und Scheibe d. h. mit dem Galaxientyp (Abb. 5.48). Der Anstellwinkel der Spiralarme ist proportional zur maximalen Rotationsgeschwindigkeit; die Spiralform hängt also über die Rotation mit dem dynamischen Zustand des Systems zusammen.

Die differentielle Rotation der Galaxien bedeutet, daß die Winkelgeschwindigkeit der Rotation nach außen abnimmt, auch, wenn die lineare Rotationsgeschwindigkeit konstant bleibt. Eine radiale Struktur wird daher mit der Zeit in einen spiralförmigen Streifen auseinandergezogen; Spiralstruktur scheint also leicht erklärlich zu sein. Ein Spiralarm, als materiefeste Struktur stets der gleichen Sterne und Gaswolken, würde daher schon nach wenigen Rotationsperioden aufgewickelt und verwischt werden; bei einem Sb-System genügen hierzu einige 10^8 Jahre. Um die große Häufigkeit der Galaxien mit Spiralstruktur zu erklären, muß daher die zwingende Annahme gemacht werden, Spiralstruktur sei eine langlebige, wellenartige Störung in den galaktischen Scheiben. Spiralarme werden vor allem durch absolut helle, junge

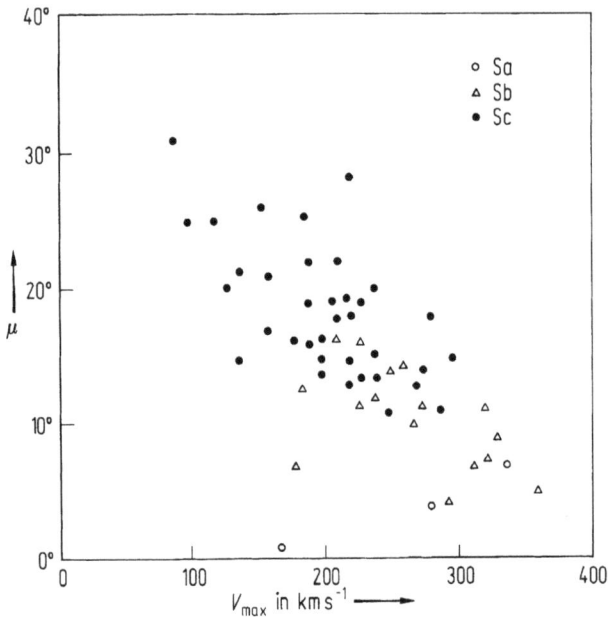

Abb. 5.48 Spiralarm-Anstellwinkel und maximale Rotationsgeschwindigkeit.

Objekte (OB-Sterne, HII-Gebiete, Überriesen) markiert. An ihren Innenkanten finden sich kühle Dunkelwolken, die in Draufsicht als Absorptionsbereiche auffallen. Je nach benützten Wellenlängenbereich können viele Details des Spiralarmaufbaus festgelegt werden: Molekülwolken, Staubstreifen, heißes Gas, kompakte HII-Gebiete, intensive nichtthermische Radiostrahlung, Magnetfeldkonzentrationen. Zwei Theorien versuchen diese Phänomene zu beschreiben. Die Dichtewellentheorie vermag großräumige spiralige Grundmuster zu erklären, die stochastische Theorie der sich selbst fortpflanzenden Sternentstehung ist bei den flockulenten und sehr langsam rotierenden Systemen (Sc–Sd–Sm) erfolgreicher [95]. Das Farbbild 4 zeigt NGC 1232 (Sc I) und verdeutlicht in der Falschfarbendarstellung die *flockulente Spiraligkeit*. Die starke H α-Emission der HII-Gebiete hebt sich rot hervor und markiert die Spiralarme.

5.5.2.1 Dichtewellentheorie

Spiralstruktur in einer Sternscheibe kann als Dichtewelle aufgefaßt werden, als eine longitudinale Schwingung, die sich durch die Sternscheibe fortpflanzt. Das Spiralmuster bleibt hierbei über viele Bahnperioden langzeitlich stabil; es erscheint als *quasistationäre Struktur* [56], [97], [98], [99], [100], [186]. Die Frage nach dem Ursprung der Spiralstruktur wird zunächst nicht gestellt, sondern angenommen, daß Spiralmuster die instabilsten normalen Schwingungsmoden galaktischer Scheiben sind. In dem Maße, wie sich die Wellenamplitude aufbaut, wird Energie im interstellaren Medium dissipiert und Dämpfungserscheinungen treten auf. Die

Dämpfungsrate nimmt in gleicher Weise zu, wie die Wellenamplitude zunimmt, was schließlich zu einer Welle mit stabiler endlicher Amplitude führt; in derartigen Zuständen beobachten wir die Spiralsysteme. Das Verhalten von Dichtewellen in galaktischen Scheiben wird in drei Schritten analysiert: Mit Hilfe der Poissongleichung wird das Gravitationspotential eines über die Flächendichte festgelegten starr rotierenden Dichtewellenmusters errechnet. Dieses Zusatzpotential beeinflußt die Stern- und Gasbahnen und ändert so aktiv die Flächendichte des Sternsystems. Um Konsistenz zu erhalten, wird die sich ergebende Änderung an die eingegebene Ausgangsdichte angepaßt. Für eng gewundene Dichtewellen, d. h. für Wellen, deren radiale Wellenlänge sehr viel kleiner ist als der Scheibenradius, ist die langreichweitige gravitative Koppelung innerhalb der Sternscheibe vernachlässigbar. Die gravitative Wechselwirkung Welle-Scheibe kann lokal mit Verfahren der Wentzel-Kramers-Brillouin-Näherung bestimmt werden. Das Ergebnis derartiger Rechnungen mündet in eine Dispersionsrelation für Spiralwellen in der Stern- und Gaskomponente

$$\varkappa^2 - m^2\left(\Omega_p - \frac{v(r)}{r}\right)^2 = 2\pi G\chi(r)kF\left(\frac{m(\Omega_p - v(r)/r)}{\varkappa}, \frac{k^2\sigma_r}{\varkappa^2}\right);$$

Ω_p ist die Winkelgeschwindigkeit des starr rotierenden Spiralmusters; m zeigt die Anzahl der Arme an, in der Regel ist $m = 2$. $\chi(r)$ ist die Flächendichte und F eine komplizierte Reduktionsfunktion, die das Resonanzverhalten der Scheibe für Sterne und Gas beschreibt. k ist die Wellenzahl; zwischen ihr und dem Anstellwinkel der Spirale gilt

$$\mathrm{tg}\,\mu = m(kr)^{-1}.$$

Sternscheiben sind schwingungsfähige Gebilde; die Epizykelfrequenz ist hierfür ein Maß. So wird in erster Näherung die Bewegung eines Sterns in einer Scheibe mit einer Dichtewelle durch zwei Frequenzen bestimmt: dies sind in einem mit der Welle mitrotierenden Bezugssystem

$$\varkappa(r) \quad \text{und} \quad \left(\frac{v(r)}{r} - \Omega_p\right) = \Omega(r) - \Omega_p.$$

Wenn diese beiden Frequenzen kommensurabel sind, ergeben sich Resonanzen. Kommensurabilität heißt, für die relative Frequenz v gilt bei Ganzzahligkeit

$$v = (\Omega_p - \Omega(r))\frac{m}{\varkappa}.$$

Die Hauptresonanzen in einem Sternsystem sind:

innere Lindblad-Resonanz $v = -1 \quad \Omega(r) - \dfrac{\varkappa}{2} = \Omega_p,$

Korotation $v = 0 \quad \Omega(r) = \Omega_p,$

äußere Lindblad-Resonanz $v = +1 \quad \Omega(r) + \dfrac{\varkappa}{2} = \Omega_p.$

Die Orte und sogar die Existenz dieser Resonanzen hängen von der Rotationskurve ab, also der Massenverteilung und der Winkelgeschwindigkeit des Spiralmusters.

Spiralstruktur scheint in Galaxien mit Dichtewellen wesentlich auf den Bereich zwischen Korotation und innerer Resonanz beschränkt zu sein. Die Existenz von dichtewellenartigen Schwingungszuständen in den galaktischen Scheiben hängt von der Stabilität der Scheibe ab. Es läßt sich zeigen, daß eine Scheibe gegen Kollaps (Jeans-Instabilität der Wellenlänge λ) stabil ist, sobald das kritische λ_{kri} kleiner ist als

$$\lambda_{kri} = 4\pi G\chi(r)\varkappa^{-2}.$$

Das ist dann der Fall, wenn die Geschwindigkeitsdispersion σ_r größer ist als

$$\sigma_{r,min} = 3.36\,G\chi(r)\varkappa^{-1}.$$

Das Verhältnis von aktueller zu minimaler Dispersion ist der Stabilitätsparameter

$$\Sigma = \frac{\sigma_r}{\sigma_{r,min}};$$

er ist als eine Art Thermometer für galaktische Scheiben zu verstehen. Heiße Scheiben mit großem σ_r haben große Σ-Werte, für kühle Scheiben gilt das Umgekehrte. Der Stabilitätsparameter Σ legt die radiale Ausdehnung der Spiralen fest. Für $\Sigma = 1$ ist der gesamte Bereich zwischen der inneren und äußeren Resonanz für Dichtewellen mit festen Ω_p erlaubt; für $\Sigma \geq 1$ wird die Spirale von Bereichen um die Korotation ausgeschlossen; die Breite dieses Bereichs nimmt mit Σ zu, ab $\Sigma \approx 1.6$ ist keine Dichtewelle mehr möglich. Abschätzungen der Σ-Werte stützen die Annahme der Existenz von Spiralstruktur ausschließlich zwischen Korotation und innerer Resonanz [101]. Da die Korotation als Ort des Aufhörens von Spiralstruktur festgelegt wird, folgt über die Rotationskurve, aus der Resonanzbedingung, die Drehgeschwindigkeit des Spiralmusters. Die Werte für Ω_p liegen zwischen 10 und 30 km/s/kpc. Dies bedeutet ein generelles Einströmen von Sternen und interstellarer Materie von hinten in das gravitative Spiralmuster; Gas und Sterne überholen also die Struktur. Die senkrecht zum Arm auftretende Einströmgeschwindigkeit – als Relativgeschwindigkeit – ist

$$w_\perp = \left(\frac{v(r)}{r} - \Omega_p\right) r \sin\mu$$

Abb. 5.49 zeigt ein typisches *zweiarmiges Wellenmuster* der Dichtewellentheorie. Die räumliche Kohärenz des Musters wird durch die Eigengravitation der an ihr teilhabenden stellaren und gasförmigen Komponenten gesichert. Auf die kleine spiralige Dichtestörung der Sternscheibe reagiert die gasförmige Komponente der Scheibe. Die sich neu in der Welle einstellende Flächendichte der gasförmigen sowie der stellaren Komponente ist in etwa proportional dem Quadrat der typischen Komponentengeschwindigkeit. Beim Gas ist dies die Schallgeschwindigkeit, bei den Sternen die mittlere Geschwindigkeitsstreuung. Da die effektive Schallgeschwindigkeit des Gases bei nur einem Drittel bis einem Viertel der stellaren Geschwindigkeitsstreuung der Scheibensterne liegt, wird das gleiche Spiralarmfeld, das nur eine kleine relative Dichteänderung bei den Sternen verursacht, zu großen Dichteänderungen in der Gaskomponente führen. Die Reaktion des interstellaren Gases auf ein kleines Hintergrund-Spiralarm-Gravitationsfeld erweist sich als große Wechselwirkung, bei der Stoßwellen entlang den Spiralarmen des unterliegenden stellaren Spiralmusters entstehen. Das Gas strömt entlang seiner Stromlinien durch die Arme der langsam

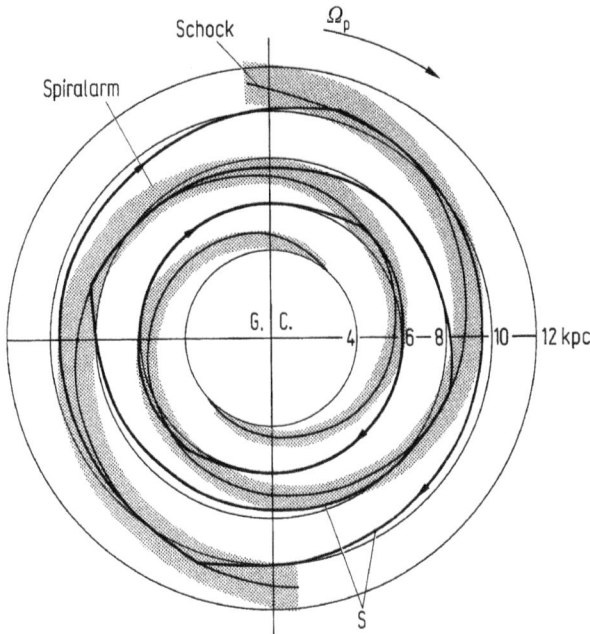

Abb. 5.49 Spiralarmdichtewelle und Strömungslinien (S) des Gases [102].

rotierenden Spiralwelle (und Schockfront) von der inneren zur äußeren Seite. Da
Gas die Stromlinie nicht kreuzt, wirken die Stromlinien wie Begrenzungen einer
Düse. Bei einem Arm beginnend, ändert sich die Strömungsgeschwindigkeit von
überschallig zu unterschallig bis zum nächsten Arm. Angetrieben wird dieses Verhalten des Gases durch 1. das spiralige Gravitationsfeld des Hintergrundmusters
zusammen mit der Rotation, 2. den dem Muster folgenden Druck und 3. die sich
ändernden Stromlinienquerschnitte. Solche globalen *galaktischen Stoßwellen* sind
die Auslösemechanismen für *gravitativen Wolkenkollaps*, der zur Sternentstehung
entlang der Spiralarme führt. Da neu entstandene Sterne HII-Gebiete erzeugen,
können galaktische Schockwellen als die notwendigen Vorläufer der markanten HII-
Gebiete in Spiralarmen angesehen werden. In Abb. 5.50 ist dies illustriert. Die nichtlineare Dichtestörung des Gases besitzt ein steiles und schmales Maximum, das
durch die Stoßwelle hervorgerufen wurde. Die Schockwelle bildet sich im Potentialtrog der stellaren Hintergrunddichtewelle. Das Gas fließt in den Schock und in die
Kompressionszone von links nach rechts. Vor Erreichen des Schocks kann ein Teil
der interstellaren Molekülwolken schon instabil werden und Sternentstehung einsetzen. Wenn das Gas die Schockregion verläßt, wird es entspannt. Maximale Sternentstehung wird in der Schockregion stattfinden, die an das Spiralmuster gebunden
ist. Damit ergibt sich auch für die Beobachtung ein eindeutiges Bild: Schockfront,
HI- und H_2-Konzentrationen, schmale Staubbänder, komprimierte Magnetfelder,
entsprechend begleitet von Strahlungsmaxima im Radiokontinuum und Geschwin-
digkeitsströmungen. All dies findet sich an der Innenkante der hellen optischen Spiralarme aus jungen Sternen und HII-Gebieten. Das ist außerdem die zeitliche Entwicklung der physikalischen Phänomene über einen Spiralarmquerschnitt hinweg.

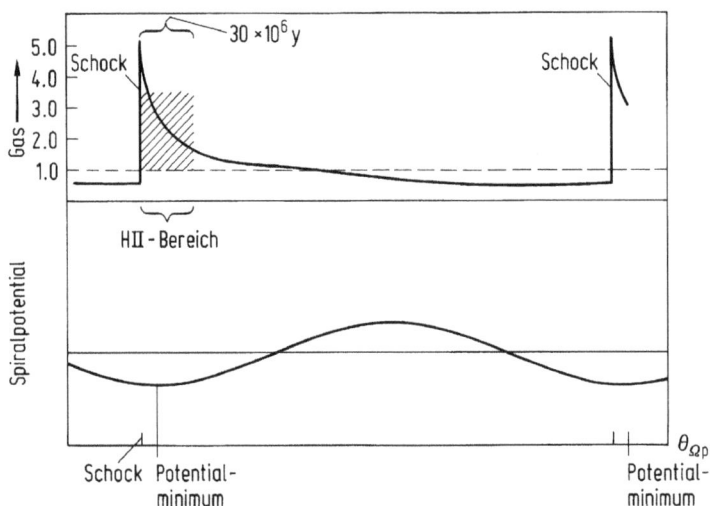

Abb. 5.50   Verlauf von Gasdichte und Potential entlang einer Strömungslinie in einer Dichtewelle; azimutale Geometrie [102].

Die Verteilung der Spiralarmobjekte in einem Arm, Farbgradienten als Folge zeitlicher Entwicklung und Geschwindigkeitsfelder, sind wesentliche Tests, die die Beobachtung zur Überprüfung der Dichtewellentheorie bereithält. Da keine idealen Spiralgalaxien, d. h. Spiralarmdichtewellen beobachtet werden, sind neben schönen Teilbestätigungen viele Fragen offen. Die Anregung und der zeitliche Erhalt von stellaren Dichtewellen sind noch nicht geklärt [95], [100], [103].

5.5.2.2 Stochastische Sternentstehung und Spiralstruktur

Großräumige stetige Spiralmuster findet man nicht bei allen Galaxien. Bei rund 30 % der Systeme überwiegen flockulente, zerrissene Strukturen, in denen sich kurze Spiralarmfilamente aneinanderreihen. Weitere 30 % sind Mischtypen. Besonders bei Galaxien ab der Klasse Sc gehen großräumige stetige Spiralmuster verloren [70]. Ein typisches Beispiel für ein flockulentes System ist NGC 7793 [104]. Dieser Beobachtungsbefund, zusammen mit der Tatsache, daß Sternentstehung sich selbständig im interstellaren Medium ausbreiten kann, führte zur Entwicklung einer Spiralstrukturtheorie, die stochastische, sich selbst fortpflanzende Sternentstehung benützt. Strukturbildung in Galaxien wird als ein Perkolationsprozeß aufgefaßt, der auf galaktischen Skalen großräumig Spiralstruktur hervorbringt [105], [106].

Große Sternentstehungsgebiete in Galaxien, die Spiralstruktur markieren, enthalten massereiche, leuchtkräftige Sterne mit Massen zwischen 5 und 50 Sonnenmassen; es sind sogenannte *OB-Sternassoziationen*. Die Lebensdauer eines Sterns ist etwa invers proportional dem Quadrat seiner Masse; ein Stern von 10 Sonnenmassen lebt ungefähr 10^7 Jahre; OB-Assoziationen sind daher junge Objekte. Leuchtkräfte und Temperaturen dieser Sterne sind groß genug, um das interstellare Medium über Entfernungen von einigen hundert pc zu ionisieren, mit der Folge einer sich an der

Ionisationsfront fortpflanzenden Schockwelle. Hinzukommen die starken Sternwinde und die am Lebensende massereicher Sterne stattfindenden Supernovaexplosionen. Auch die dabei entstehenden Schockwellen können interstellare Gaswolken zusammenpressen und zum Sternentstehungskollaps bringen. Die großräumigen Prozesse der Strukturbildung sind abhängig von der Sprungwahrscheinlichkeit der Sternentstehung von einer interstellaren Wolke zur benachbarten Wolke. Unter kleinskaligen Prozessen verstehen wir die weiter oben beschriebenen Vorgänge; es ist das mikroskopische Zustandsregime der Sternentstehung [107]. Im Laufe des Abbrennens einer interstellaren Wolke durch Sternentstehung, ergibt sich die Möglichkeit des Übergreifens der Sternentstehung auf die Nachbargebiete – dies ist der makroskopische Prozeß, der mit Hilfe der Methoden der statistischen Mechanik behandelt wird. Es ist der Prozeß, der über Entfernungen von einigen hundert pc arbeitet und der einem ganzen Sternsystem Spiralstruktur aufprägen kann. Mit Hilfe numerischer Modellrechnungen können derartige Prozesse simuliert werden; die Eingabeparameter werden der Beobachtung entnommen; die Endparameter der Modellrechnungen können mit der Beobachtung verglichen werden.

Eine Scheibengalaxie wird durch ein *zweidimensionales Polargitter* dargestellt, dem realistische Dichteverteilungen und Rotationskurven aufgeprägt werden. Die Zellgröße entspricht der Größe von Sternassoziationen. Die Rechnungen starten mit der zufälligen Verteilung von Sternassoziationen in etwa 1 % der Zellen. Die Anfangsverteilung ist nicht entscheidend, da sehr schnell ein Gleichgewichtszustand erreicht wird. Die Assoziationen können neue Assoziationen in den nächstgelegenen Nachbarzellen mit der Wahrscheinlichkeit p erzeugen. Eine nächste Nachbarzelle hat eine gemeinsame Grenze zur Zelle mit laufender Sternentstehung (s. Abb. 5.51).

Die Rotationskurve erzeugt Verscherung, und die nächsten Nachbarn einer jeden Zelle wechseln. Die Modellrechnungen sind zeitdiskret. Nach Erzeugung aller neuen Assoziationen wird jeder Kreisring des Polargitters entsprechend der Rotationskurve weitergedreht. Ein Zeitschritt besteht aus der Zeugung der Assoziationen, den entsprechenden Gasumverteilungen und der Gitterdrehung. Im einfachsten Fall wird der Vorgang wiederholt und nur die Assoziationen als aktiv betrachtet, die beim

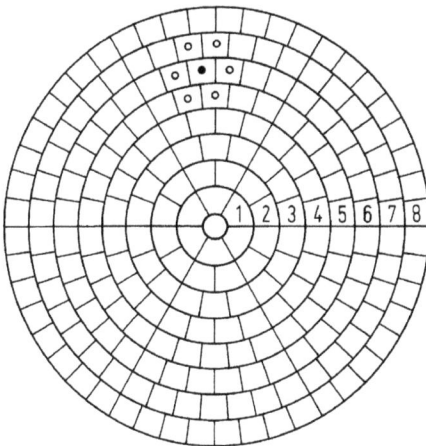

Abb. 5.51 Polargitter bei den Modellrechnungen zur stochastischen Sternentstehung.

letzten Zeitschritt entstanden sind. Eine Assoziation ist einen Zeitschritt lang aktiv.
Die gesamte Modellrechnung iteriert diesen Ablauf solange wie möglich. Da der
Prozeß stochastisch ist, besteht eine gewisse Wahrscheinlichkeit für Null-Sternent-
stehung bei einem Zeitschritt. Um dies zu verhindern, wird, wie in den Galaxien,
stets eine kleine spontane Sternentstehungswahrscheinlichkeit mitgeführt.

Ein Sternentstehungsgebiet mit gerade laufender frischer Sternentstehung wird
eine gewisse Zeit brauchen, um zu neuer Sternentstehung zu gelangen. Sein Gasinhalt
ist zu heiß und verdünnt; es ist erschöpft. Durch Einführung einer Erholzeit (Abkühlzeit, Kondensationszeit) τ in die Modelle wird dem Rechnung getragen. Die
Erholzeit reguliert die Sternentstehung. Die Wahrscheinlichkeit für Sternentstehung
ist Null kurz nach dem Sternentstehungsereignis. Sie erreicht ihren maximalen Wert
p proportional zur Erholzeit τ.

Typische Ergebnisse solcher Rechnungen sind in Abb. 5.52 dargestellt. Die Bilder
zeigen Assoziationen mit einem Alter von bis zu 10 Zeitschritten; die Zeitschritte
für Sternentstehung und Anfangsentwicklung liegen bei 10^7 bis einigen 10^7 Jahren.
Unter *Alter der Assoziationen* verstehen wir die Zahl der Zeitschritte, die vergangen
sind, seit eine Sternentstehungszelle aktiv war. Zellen mit aktiver Sternentstehung
haben das Alter 1. Die Symbolgröße jeder Assoziation variiert invers mit dem Alter.
Die älteren Assoziationen werden angezeigt, obwohl sie nicht aktiv sind; sie haben
jedoch noch sehr hohe Leuchtkraft. Die Abbildungen zeigen deutlich Spiralstruktur.
Wichtig ist hierbei die Stabilität der Spiralmuster. In dem Maße wie Spiralarme
sich aufwickeln und aussterben, entstehen neue. Das Grundmuster bleibt ständig
erhalten.

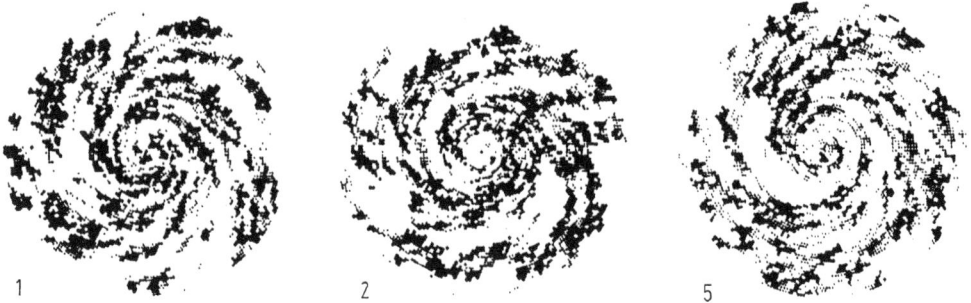

Abb. 5.52 Stochastische Sternentstehung und Spiralstruktur: Kunstgalaxien zu den Zeiten
1, 2, 5 · 10^9 Jahren; jede Abbildung enthält 10 Zeitschritte.

Die Erholzeit τ hat in den einfachen Modellen mit einer Gasphase keinen großen
Einfluß auf die Morphologie des erscheinenden Spiralmusters. Wenn τ abgeändert
wird, muß p so eingestellt werden, daß die Änderung in der effektiven Zahl der zur
Verfügung stehenden Nachbarzellen aufgefangen wird. Eine Erhöhung von τ hat
den Verlust von zur Sternentstehung fähigen Zellen zur Folge. Also muß p größer
werden, da ja immer einige Zellen Sternentstehung tragen. Der *wichtigste Parameter*
ist p; er stellt die Mikrophysik der Sternentstehung dar. Abb. 5.53 zeigt das Verhalten
der Sternentstehungsrate als Funktion von p für einige τ-Werte (in Einheiten der
gewählten Zeitschritte). Der für Perkolationssysteme typische Phasenübergang ist

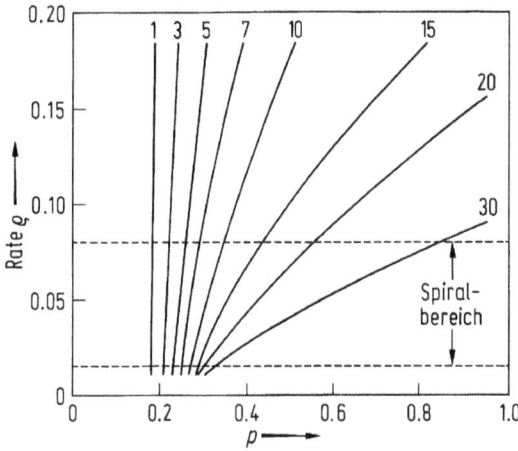

Abb. 5.53 Phasenübergang und Perkolation: τ ist in Zeitschritten angegeben. Die Sternentstehungsrate ist als Funktion der stimulierten Wahrscheinlichkeit (p) aufgetragen.

deutlich erkennbar. Der Parameterraum für gute Spiralstruktur ist angezeigt. Unterhalb des Streifens erscheinen völlig zerrissene Strukturen. Oberhalb werden soviele Sterne erzeugt, daß die verschiedenen Spiralarme ineinander verschmelzen und verschwinden. Um gute Spiralen bei kleinen τ-Werten zu haben, muß p knapp über der *kritischen Perkolationswahrscheinlichkeit* p_c liegen. Für größere τ-Werte werden die Kurven flacher und p verliert an Wichtigkeit. Die Rotationskurven haben ebenfalls entscheidenden Einfluß auf die Strukturen; sie werden über die maximalen Rotationsgeschwindigkeiten parametrisiert. Der Wert der maximalen Rotationsgeschwindigkeit legt zwei wichtige Modelleigenschaften fest: Sternentstehungsrate und Galaxientyp.

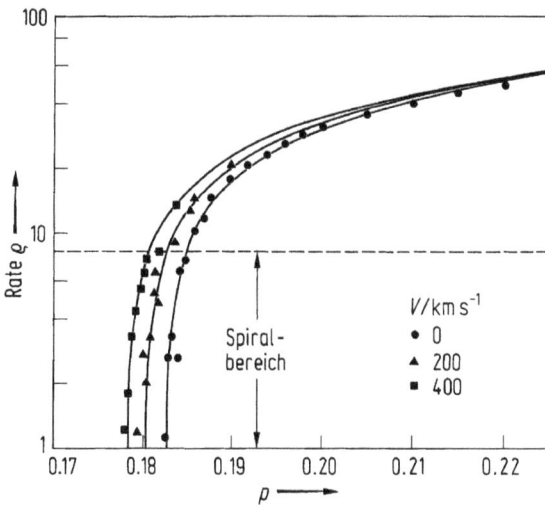

Abb. 5.54 Phasenübergang und maximale Rotationsgeschwindigkeit: p ist die stimulierte Wahrscheinlichkeit.

Hinsichtlich der Sternentstehungsraten gibt es einen wichtigen Unterschied zwischen der stochastischen, sich selbst fortpflanzenden Sternentstehung und anderen galaktischen Entwicklungsmodellen. Allgemein ist Sternentstehung ein anpaßbarer Eingabeparameter, nicht jedoch in diesem Modell. Die relative Sternentstehungsrate ergibt sich aus den Rechnungen; sie kann als Funktion der Systemparameter festgelegt werden. In Abb. 5.54 ist die Sternentstehungsrate als Funktion der maximalen Rotationsgeschwindigkeit für $\tau = 10$ dargestellt. Die kritische Wahrscheinlichkeit nimmt ab, wenn v_m zunimmt. Wenn v_m zunimmt, wird die Verscherung größer. Dadurch kommen mehr aktive und zur Sternentstehung fähige Zellen in Kontakt. Die mittlere Anzahl möglicher Sternentstehungszellen wird größer, also sinkt p_c ab. p kann als Parameter der Mikrophysik dieser Vorgänge interpretiert werden und ist vom Galaxientyp unabhängig; er muß für alle v_{max} gleiche Werte besitzen. Abb. 5.54 zeigt daher die Proportionalität der Zunahme der Sternentstehungsrate mit v_{max}. Ein solcher Zusammenhang wird durch die Beobachtung bestätigt.

Für das Modell der sich selbst fortpflanzenden Sternentstehung ist der Anstellwinkel der Spiralarme ein kinematischer Effekt als Folge der Rotationskurven. Da die Winkelgeschwindigkeit nicht konstant ist, ist stets Verscherung vorhanden, die sich über die Sternentstehungsprozesse in Spiralstruktur zeigt. Die Verscherung ist abhängig von der Drehgeschwindigkeit; je höher die Geschwindigkeit, desto enger sind die Arme gewickelt. Für flache Rotationskurven ist die Verscherung ψ mit dem Drehwinkel θ

$$\psi = \frac{d\theta}{d \lg r} = r \frac{d}{dr} \Omega t_{OB} = -\frac{v_{max} t_{OB}}{r}$$

t_{OB} ist die Lebensdauer von OB-Sternen, die die Spiralstruktur markieren. Das Ergebnis der Rechnungen zeigt Abb. 5.55 in guter Übereinstimmung mit der Korrelation zwischen v_{max} und dem Anstellwinkel. Die Morphologie dieser Modellgalaxien entspricht flockulenten Systemen; ein typischer, gut dokumentierter Fall ist die Große Magellansche Wolke [49], [108], [109].

Systeme mit großer stetiger Armkohärenz [110] lassen sich modellieren, wenn τ zu großen Werten verschoben wird; die Sternentstehungsraten beginnen dann zu oszillieren, gleichzeitig bilden sich zweisymmetrische Strukturen (Abb. 5.56). Dies ist ein Ansatz, flockulente Mischsysteme zu erklären.

Analytische Modelle benützen Reaktions-Diffusions-Gleichungssysteme und erreichen so eine räumliche Koppelung der stochastischen Sternentstehungsprozesse. Es bilden sich zweisymmetrische großräumige Spiralarmwellen aus [111], [112], [113].

Eigenschaften von Zwerggalaxien lassen sich ebenso über die perkolierende Sternentstehung gut beschreiben [114]. Das irreguläre Erscheinungsbild und Sternentstehungsausbrüche sehr vieler Zwergsysteme sind direkte Folge der geringen Anzahl an Sternentstehungszellen. Der Sternentstehungsprozeß läuft in den kleinen Systemen erratisch ab; es kann sich keine großräumige Struktur bilden.

Spiralarmdichtewellen erzeugen globale Muster; sie haben jedoch kurze Lebensdauern [115], [116], [117]. Wenn keine Antriebsmechanismen vorhanden sind, wie etwa ein Balken oder eine nahe Nachbargalaxie (die über Gezeitenstörung die Welle antreibt) oder interne Wellenverstärkung, wird die Dichtewelle nach einigen Umläufen herausgedämpft. Es scheint möglich zu sein, daß stochastische, sich selbst fort-

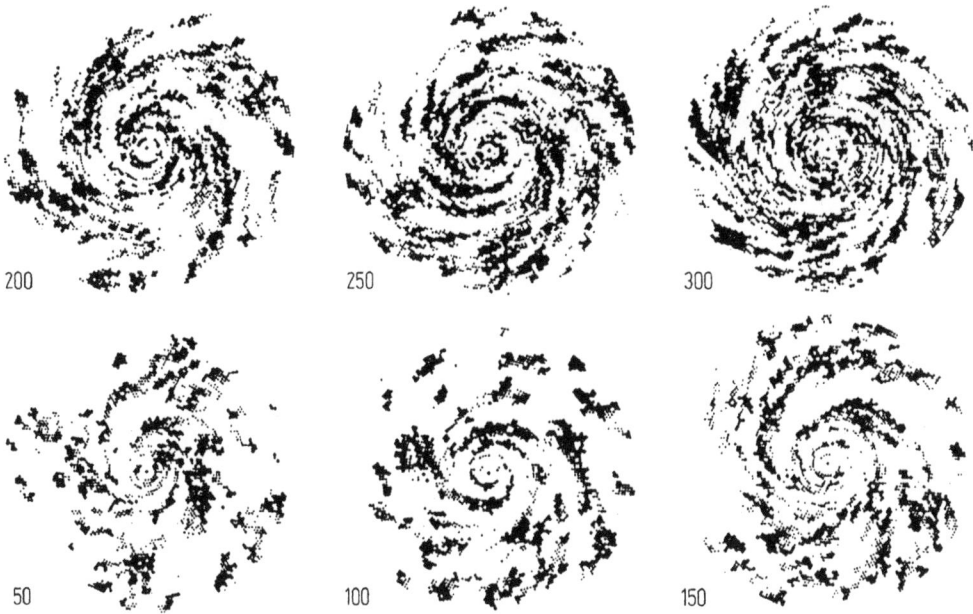

Abb. 5.55 Modellrechnungen mit unterschiedlichen maximalen Rotationsgeschwindigkeiten (in km/s); je langsamer die Rotation, desto zerrissener werden die Spiralarme.

Abb. 5.56 Modellrechnungen mit großen Erholzeiten τ: Die Spiralstruktur wird großräumig stetig und zweisymmetrisch.

pflanzende Sternentstehung und Dichtewellen miteinander verträglich sind und sich gegenseitig stützen und verstärken. Die aktive, zur Sternentstehung bereite interstellare Materie in den Perkolationsmodellen mit großem τ zeigt ein zweiarmiges Spiralmuster. Dieses Muster hat geeignete Symmetrie, um in einer Dichtewelle verstärkt zu werden und kann so die treibende Kraft darstellen, welche die Dichtewelle stabilisiert. Die Erzeugung der stetigen großräumigen und langlebigen Spiralstruktur ist wesentlich ein symbiotischer Prozeß zwischen beiden Mechanismen. Großräumige Gasdynamik, Sternentstehung und der Stern-Gas-Zyklus [118], [119], [120] verknüpfen Stellardynamik und stochastische Perkolation [109] der Sternentstehung.

5.5.3 Stern- und Gasdynamik in Balkensystemen

Balken verschiedenster Größe finden sich in Scheibengalaxien, sowohl in den Spiral-wie auch den Balkenspiralsystemen. Elliptische Systeme sind teilweise dreiachsig, also ähnlich Balken aufgebaut. Es gibt jedoch drei wesentliche Unterschiede zwischen elliptischen Systemen und Balkenstrukturen:

1. Elliptische Systeme sind weniger stark abgeflacht als Balken.
2. Elliptische Systeme zeigen kaum Eigenrotation; Balken rotieren starr und teilweise schnell (50–100 km/s).
3. Elliptische Galaxien haben wenig Gas, während Balken und Balkengalaxien gasreich sind und letztere großräumig stetige Spiralstruktur zeigen.

Die wichtigste Information zur Dynamik eines Galaxienmodells wird durch die Angabe von Lage und Eigenschaft der *Hauptresonanzen* geliefert. Theoretisch, wie auch von der Beobachtung belegt, enden Balken an oder etwas innerhalb der Korotation [56], [100], [121], [122], [123], [124], [125]. Die Sterne und Gasbahnen organisieren sich unter dem Einfluß von achsialsymmetrischem Hintergrundpotential, Balkenpotential und Winkelgeschwindigkeit Ω_B des Balkens. Hintergrundpotential und Ω_B spielen die wichtigste Rolle bei der Festlegung der Hauptresonanzen. Die *Resonanzzahl n* ist gegeben durch

$$n = \varkappa(\Omega_B - \Omega(r))^{-1}$$

und gibt die Anzahl der radialen Schwingungen während m Umläufen eines Sterns an; n/m bezeichnet die *Resonanzfamilien*; $n = 2$, $m = 1$ ist die innere Lindblad-Resonanz. Wenn die Kurve $\Omega - \varkappa/2$ ein Maximum besitzt, ergeben sich für kleine Ω_B zwei innere Lindblad-Resonanzen; geht $\Omega - \varkappa/2$ gegen unendlich, gibt es nur eine innere Lindblad-Resonanz für beliebige Werte von Ω_B.

Die Azimutalabhängigkeit ϕ des Balkenpotentials wird mit einer Fourier-Reihe

$$\phi_B = \sum_{n=1}^{\infty} A_n(r)\cos(2n\theta)$$

beschrieben; das einfachste Balkenmodell hat dann die Form $A_1\cos(2\phi)$. Der Amplitudenterm A zeigt einen $r^{-1/2}$- oder exponentiellen Verlauf.

Die Bahntheorie für Balkenstrukturen ist die Voraussetzung für die noch nicht geglückte Konstruktion selbstkonsistenter Balkenmodelle. Einige Grundeigenschaften der bisher gefundenen Bahnen sind jedoch als allgemeingültig und von Modellen unabhängig erkannt; es sind dies Bahnformen und Verzweigungen. In einem rotierenden Bezugssystem, mit dem ruhenden Balken in y-Richtung, wird die Teilchenbewegung durch das effektive Potential

$$\phi_{\text{eff}} = \phi(x, y) - \frac{1}{2}\Omega_B^2(x^2 + y^2)$$

gesteuert. Die Isopotentiallinien sind entlang des Balkens im Innenbereich länglich gestreckt und senkrecht zu ihm im Außenbereich (Abb. 5.57). Die *Lagrangepunkte* (Lagrangepunkte sind Sattelpunkte im Potentialgebirge eines rotierenden Sternbalkens. Sie markieren die stabilen und instabilen Gleichgewichtszonen um den Balken.)

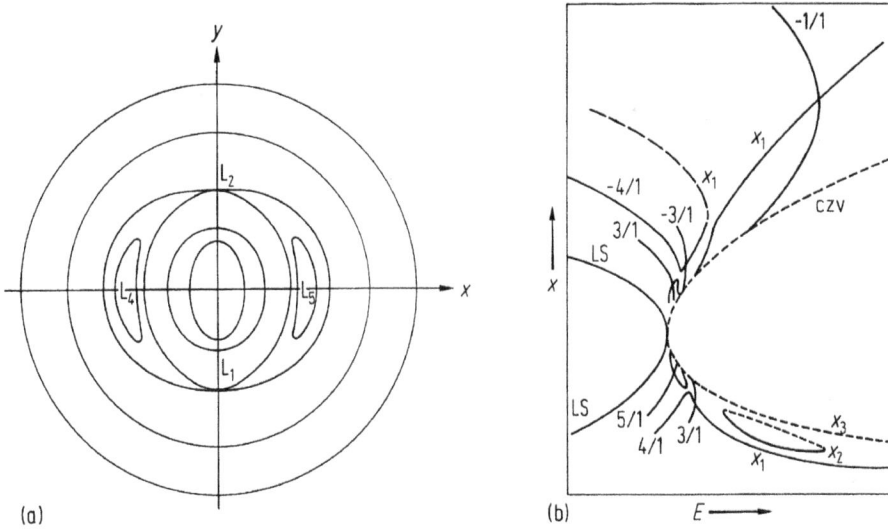

Abb. 5.57 Potential und Bahnen in einem Balken [100]. (a) Isopotentiallinien des effektiven Potentials einer typischen Balkengalaxie. (b) Hauptfamilien der periodischen Bahnen: --- instabile Zweige, CZV: Nullgeschwindigkeitskurve, LS: Lagrang'sche kurzperiodische Bahnen.

L 4 und L 5 sind Maxima, L 1, L 2 sind Sattelpunkte. Die periodischen Bahnen sind das Rückgrat aller Bahnstrukturen; im stabilen Fall werden sie von quasistabilen Bahnen begleitet, im instabilen Fall lösen sie Ergodizität aus. Sie beeinflussen daher entscheidend das Aussehen der Dichtefunktion. Die Hauptfamilien der periodischen Bahnen schneiden senkrecht die Bahnachsen. Sie sind schematisiert in (Abb. 5.57 b) dargestellt.

Jede Bahn ist durch einen Punkt (E, x) gekennzeichnet; x ist der Radius (kleine Bahnachse) bei dem für $y = 0$ die kleine Balkenachse überschritten wird und E ist die Bahnenergie

$$E = \frac{1}{2}\,(\dot{x}^2 + \dot{y}^2) + \phi(x, y) - \frac{1}{2}\,\Omega_B^2(x^2 + y^2)\,.$$

Wie bei Schachtelbahnen kann nicht jeder Punkt im (E, x)-Diagramm angelaufen werden und es gibt Nullgeschwindigkeitskurven mit

$$E = \phi(x, 0) - \frac{1}{2}\,\Omega_B^2\,x^2\,.$$

Die Hauptbahnfamilie innerhalb der Korotation ist x_1, länglich entlang des Balkens und stabil, fast auf seiner gesamten Länge. Im Grenzfall eines gegen Null gehenden Balkenpotentials wird die Familie stetig und entspricht Kreisbahnen. Die Resonanzfamilien sind ebenfalls dynamisch wichtig; x_2, x_3 hängen mit den Lindblad-Resonanzen zusammen; ihre Bahnen liegen senkrecht zum Balken. Beginnend bei kleinen Radien sind Resonanzen mit steigendem m vorhanden und werden bei der Annäherung an die Korotation immer dichter gepackt. Ungerade Resonanzen (3/1, 5/1)

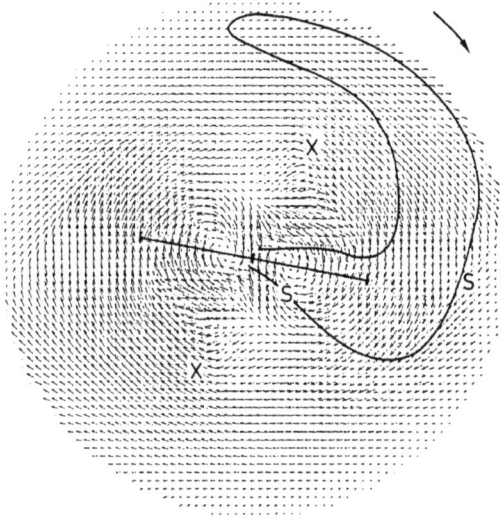

Abb. 5.58 Strömungslinien des Gases in einer Balkengalaxie [126]. Die Pfeilgröße ist zur Geschwindigkeit proportional ($v_m = 223$ km/s); der Balken rotiert im Uhrzeigersinn: die Lage eines Arms mit dem Schock (S) und die Lagrange-Punkte sind angegeben; Modellrechnung für NGC 1300.

zeigen Bifurkationen von x_1, während gerade Resonanzen (4/1, 6/1) x_1 aufspalten und dann stetig in zwei Zweigen verlaufen. Die Bahnen dieser Familien folgen dem langgestreckten Balken, ihre Form ist jedoch anders. Die meisten x_1-Bahnen entsprechen Ellipsen, möglicherweise mit Schleifen an den Enden. 4/1-Bahnen ähneln einem Parallelogramm, dessen längere Seiten zum Balken parallel ausgerichtet sind. In der unmittelbaren Nähe der Korotation gibt es lang- und kurzperiodische Librationsbahnen um L4, L5. Außerhalb der Korotation existieren ähnliche Bahnfamilien ($-n/m$); das Minuszeichen weist auf ihren retrograden Charakter hin. Die Ergodizität der Bahn hängt von den Balkenmassen und der Exzentrizität der Balken ab. Die Ausbildung von Ringstrukturen in Galaxien ist gleichfalls auf Resonanzen zurückzuführen.

Das Einfangen von Materie (Gas) in stabilen periodischen Bahnen kann in der Morphologie von Balkengalaxien nachgewiesen werden. Die periodischen Bahnen sind mit den Strömungslinien des Gases verknüpft; unter der Annahme eines druckfreien Mediums fällt eine Strömungslinie mit geschlossen periodischen Bahnen zusammen. Ein Beispiel für das Strömungsverhalten des Gases in einem Balkensystem zeigt Abb. 5.58.

5.5.4 Chemische Entwicklung in Galaxien

Theorien der Galaxienentstehung gehen von gasförmigen Zuständen der Protogalaxien aus. Allmählicher Kollaps der Gaswolken und Fragmentation in Sterne sind der Beginn der chemischen Entwicklung. Im frühen Universum entstanden wesentlich alle Elemente bis zum Helium; die restlichen Elemente stammen aus den Fusionsprozessen im Sterninneren und den Kreisläufen der Massenabgabe und neuerlicher Sternentstehung. Ein Einzelstern oder ein Mehrfachsternsystem produziert eine gewisse Ausbeute an schweren Elementen. Diese Beiträge führen zur chemischen Anreicherung des interstellaren Mediums und müssen in ein zyklisches Entwicklungsschema eingebunden werden, dem auch von außen zusätzliches Material zugeführt werden kann. Solch ein Entwicklungsschema, ein kosmisches Kreislaufmodell, wird als *chemisches Entwicklungsmodell* der Galaxis oder anderer Sternsysteme bezeichnet; ihr Ziel ist es, Aussagen zu machen über den Ursprung und die Häufigkeit der chemischen Elemente [127], [128], [129], [130], [131].

Die chemische Entwicklung legt Sternpopulationseigenschaften fest und diese wiederum photometrische Eigenschaften von Sternsystemen. Die chemische Entwicklung bestimmt die Eigenschaften des interstellaren Mediums. Die Untersuchung der chemischen Entwicklung der Galaxien bringt Aufschlüsse über die räumliche Verteilung und zeitliche Entwicklung der Elementhäufigkeiten in Galaxien. Dabei müssen Sternentstehungsprozesse und die Verteilung der Sterne durch Volumen hinsichtlich Masse und Chemie berücksichtigt werden. Die im interstellaren Medium zu findende Endausbeute an schweren Elementen gibt Aufschluß über die Sterntode und die Weiterverarbeitungsraten. Dem im Prinzip einfachen Beobachtungsvorgehen – stelle die Elementhäufigkeit an möglichst vielen Orten in einem Sternsystem fest – stehen komplizierte Entwicklungsmodelle gegenüber. Sie beschreiben die augenblickliche Galaxienchemie und ihre zeitlichen Veränderungen. Sie machen Aussagen über die chemische Anreicherung als Funktion der Zeit (Abb. 5.59) und die Elementverteilung als Funktion des galaktischen Radius.

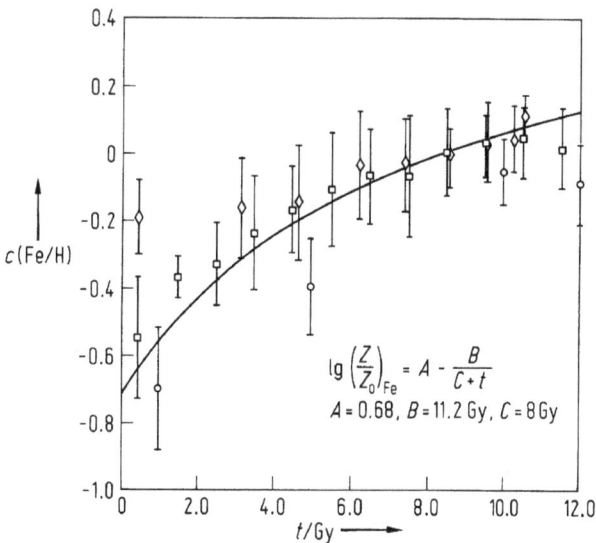

Abb. 5.59 Alter t und Metallgehalt c (Fe/H) für Zwergsterne der Sonnenumgebung nach verschiedenen Autoren. Den Beobachtungen läßt sich folgende Funktion anpassen: $\log(Z/Z_0)_{Fe} = A - B(C + t)^{-1}$; $A = 0.68$; $B = 11.2\,\text{Gy}$; $C = 8\,\text{Gy}$; Z ist die auf Eisen ($Z_0 = \text{Fe}$) normierte Metallizität.

Die grundlegenden Parameter solcher Modelle sind: die Anfangsbedingungen bezüglich Homogenität und Elementhäufigkeit, die stellaren Geburtsraten, die chemischen Ausbeuten, die Einfallsraten von fremder Masse (keine abgeschlossenen Systeme) und galaktische Winde, die Materie abblasen. Ferner wird vorausgesetzt, daß die Massenverteilungsfunktion zeitunabhängig ist.

Sei $\xi(m, t)$ diejenige Sternmasse, die im Einheitsvolumen pro Zeiteinheit im Massenbereich m, $m + dm$ zur Zeit t entsteht; für $\xi(m, t)$ wird Separierbarkeit angenommen

$$\xi(m, t) = \xi(m) f(t)\,;$$

$f(t)$ ist die stellare Geburtsfunktion, und $\xi(m)$ ist massenproportional

$$\xi(m) \sim m^{-s} \quad \text{für} \quad 1,2 < s < 3\,.$$

Die Massenverteilungsfunktion $\psi(m)$ ist

$$\psi(m) = \xi(m) m^{-1} \sim m^{-(1+s)}\,.$$

Den Hauptteil ihres Lebensalters $\tau(m)$ verbringen Sterne als *Hauptreihensterne*; die Dauer der übrigen Entwicklungsstufen sind gegen $\tau(m)$ sehr klein und werden vernachlässigt. Sterne beenden ihr Leben nach Massenabwurf als dunkle Restmassen w. Die beobachtete Hauptreihenmassenfunktion $\varphi(m)$ ist somit gegeben durch

$$\varphi(m) = \psi(m) \int_{t_0-\tau(m)}^{t_0} f^*(t)\,dt = \psi(m)\mathscr{D}, \quad \text{wenn } \tau(m) < t_0\,,$$

$$\varphi(m) = \psi(m)\,, \qquad\qquad\qquad\qquad \text{wenn } \tau(m) \geq t_0$$

mit

$$\int_0^{t_0} f^*(t)\,dt = 1\,.$$

Das Integral $\mathscr{D}$ ist der Bruchteil der Sterne, die sich zur Zeit t noch auf der Hauptreihe befinden. Alle mit $m \leq m_0$ gebildeten Sterne, für die $\tau(m_0) = t_0$, befinden sich auf der Hauptreihe. Bei einer stetigen Bildungsrate ist

$$f^* = t_0^{-1}$$

und

$$\varphi(m) = \psi(m)\tau t_0^{-1} \quad \text{für} \quad m > m_0\,.$$

Die in die Sternentstehung bis zur Zeit t gehende Masse M_{St} ist

$$M_{\mathrm{St}}(t) = \int_{m_1}^{m_2} \psi(m) m\,dm \int_0^t f^*(t)\,dt$$

mit m_1, m_2 als Massenober- bzw. Untergrenzen. Bis zur gleichen Epoche t wird von den Sternen Materie M_{ab} abgeworfen

$$M_{\mathrm{ab}}(t) = \int_{m_1}^{m_2} \psi(m)(m - w) \int_0^{t-\tau(m)} f^*(t)\,dt\,dm\,.$$

In einem geschlossenen System war zur Zeit $t = 0$ die Gasmasse

$$M_G(t = 0) = M \, ;$$

M ist die Gesamtmasse. Zur Zeit t haben wir dann

$$M \quad = M_G(t) + M_{St}(t) - M_{ab}(t) \, , \tag{5.9}$$

$$M_S(t) = M - M_G(t) = M_{St}(t) - M_{ab}(t) \, . \tag{5.10}$$

Gl. (5.9) entspricht der Massenerhaltung, Gl. (5.10) definiert die Masse M_S in Form von Sternen (leuchtend oder dunkel) zur Zeit t.

$z(t)$ gibt die Schwerelementausbeute an, $z M_G$ also die Masse der schweren Elemente im interstellaren Medium. Die Rate dM_G/dt, mit der dieser Anteil für neue Sternentstehung verbraucht wird, kann in zwei Anteile aufgespalten werden: $z(dM_G/dt)$ ist der verbleibende Anteil der schweren Elemente und $(1 - z)(dM_G/dt)$ ist der Anteil, der im Sterninneren weiter verarbeitet wird. Für $z M_G$ schreibt sich somit die Bilanzgleichung

$$\frac{d}{dt}(z M_G) = z \frac{dM_G}{dt} - y(1 - z) \frac{dM_G}{dt} \, ,$$

$$A = y(z - 1) \frac{dM_G}{dt} \, .$$

A ist die Anreicherung als Folge der Ausbeute y, mit der die Sterne schwere Elemente an das interstellare Medium zurückgeben. Umschreiben liefert schließlich für $z \cdot y \ll 1$

$$\frac{dz}{dt} \quad = - y M_G^{-1} \frac{dM_G}{dt} \, ,$$

$$z(t) = y \ln\left(\frac{M}{M_G(t)}\right) = y \ln\left(\frac{1 + M_S(t)}{M_G(t)}\right) \, .$$

Diese Gleichung erlaubt eine Interpretation der Metallhäufigkeit entlang der Galaxien-Klassifikationssequenz ab Typ S. Je kleiner der Bruchteil der Gasmasse an der Gesamtmasse, desto größer ist der Metallgehalt im interstellaren Medium; die y-Werte liegen bei 0.03 ± 0.001 [132], [133], [134]. Das hier geschilderte einfache Modell erklärt die Sauerstoff- und Eisenhäufigkeit gut, und auch radiale Verläufe innerhalb der Galaxien werden damit qualitativ erfaßt, sowohl bei den Spiralsystemen wie auch bei irregulären und blauen kompakten Galaxien.

Radiale Elementhäufigkeitsgradienten sind eine allgemeine Eigenschaft der Spiralsysteme (Abb. 5.60). z nimmt mit der Masse der Systeme zu,

$$z \approx 0.0025 \log\left(\frac{M_{gal}}{10^8 \, M_\odot}\right) \, ,$$

als eine Folge der ablaufenden Sternentstehungsprozesse (M_{gal} ist die Galaxienmasse).

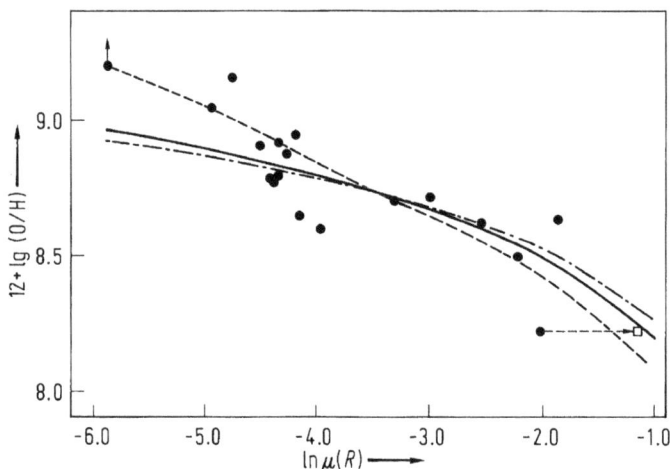

Abb. 5.60 Korrelation zwischen O/H-Häufigkeit und dem HI-Gasanteil als Funktion des Radius für M 81 [133]. Die durchgezogene Linie entspricht dem einfachen Modell, die gestrichelte Linie komplizierteren Rechnungen.

5.5.5 Magnetfelder in Galaxien

Großräumige Magnetfelder wurden seit 1980 in einer Vielzahl von Galaxien nachgewiesen [135], [136], [137], [138], [182]. Die Beobachtung linear polarisierter Synchrotonstrahlung im Radiobereich ist das leistungsfähigste Werkzeug, um interstellare Magnetfelder zu beobachten. Die Intensität der gesamten Synchrotonstrahlung liefert Aufschluß über die Feldstärke des Gesamtfeldes $B_{z,\perp}$ an der Sphäre, die Intensität der linear polarisierten Emission kann verwendet werden die Stärke des stetigen und gleichförmigen Feldes $B_{u,\perp}$ abzuschätzen. Der Polarisationsgrad ist 75% im Falle eines völlig stetigen Feldes; er sinkt mit zunehmenden turbulenten Anteilen. Die Orientierung des E-Vektors liegt senkrecht zur $B_{u,\perp}$-Komponente, wird jedoch verdreht (Faraday-Rotation), wenn die Welle ein magnetisiertes Plasma durchläuft. Das Vorzeichen der Rotation liefert die Richtung des Feldes. Die Drehung ist proportional zur Stärke des Feldes $B_{u,\parallel}$ parallel zum Sehstrahl. Magnetfelder können ebenfalls aus der optischen Polarisation des Lichts über den interstellaren Staub und der Zeeman-Aufspaltung von Linien abgeleitet werden.

In den bisher beobachteten rund 2 Dutzend Galaxien verläuft das Feld parallel zu den optischen Armen; d. h. die Variation des Rotationsmaßes erfolgt in azimutaler Richtung. Es wurden bezüglich der Richtung des Feldlinienverlaufs achsensymmetrische und bisymmetrische Spiralfelder gefunden (Abb. 5.61). Die beiden Magnetfeldstrukturen können als unterschiedliche *Moden eines galaktischen Dynamos* verstanden werden. Bei axisymmetrischer Dichteverteilung liefern lineare Dynamorechnungen eine maximale Anwachsrate für den niedrigsten Mode, der auch beobachtet wird. *Bisymmetrische Moden* können zur Zeit nur über Symmetrieabweichungen erklärt werden; Störungen in der Dichteverteilungen regen vermutlich die Ausbildung eines bisymmetrischen Feldverlaufs an. In unserer eigenen Galaxie gibt

A   B

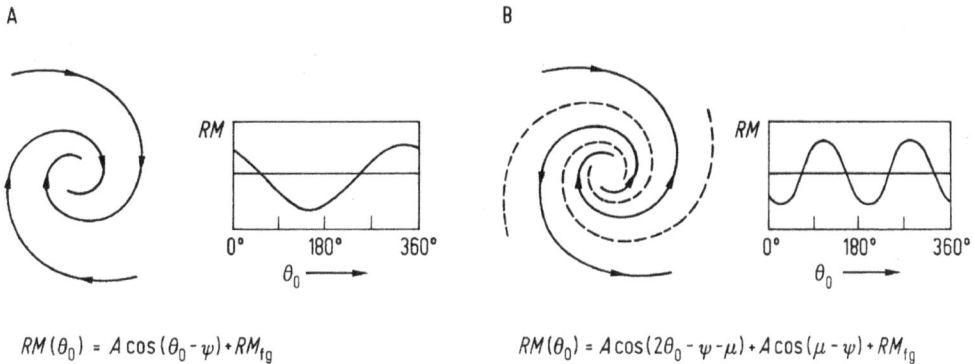

$$RM(\theta_0) = A\cos(\theta_0 - \psi) + RM_{fg}$$ $$RM(\theta_0) = A\cos(2\theta_0 - \psi - \mu) + A\cos(\mu - \psi) + RM_{fg}$$

Abb. 5.61 Axialsymmetrisches (Fall A) und bisymmetrisches (Fall B) Magnetfeld in einer Scheibengalaxie. Das Rotationsmaß RM ist als Funktion des Azimutwinkels θ aufgetragen. Die gestrichelten Linien entsprechen den Neutrallinien. Der Fall A läßt sich darstellen durch: $RM(\theta) = A\cos(\theta_0 - \psi) + RM_{fg}$ und der Fall B durch $RM(\theta) = A\cos(2\theta_0 - \psi - \mu) + A\cos(\mu - \psi) + RM_{fg}$. RM_{fg} ist der Vordergrundanteil des Rotationsmaßes.

es zwei Feldumkehrungen zwischen dem Sonnenort und dem Zentrum; dies wäre mit einem bisymmetrischen Verlauf verträglich. Es gibt jedoch starke Diskrepanzen zwischen dem Anstellwinkel des Magnetfeldes und der Spiralarme.

Von der allgemeinen Orientierung der interstellaren Magnetfelder parallel zu den optischen Armen wird gelegentlich abgewichen; im Falle M 51 brechen die Felder in Richtung der Begleitgalaxie aus. Das unaufgelöste (turbulente) Feld ist am stärksten in den optischen Armen, das stetige Feld B_u ist in den Zwischenarmbereichen am stärksten. Das Gesamtfeld B_t ist nur geringfügig in den Spiralarmen verstärkt,

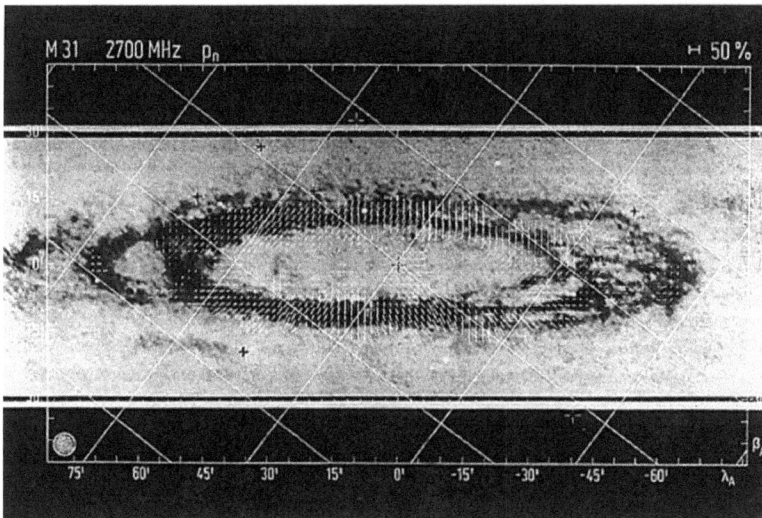

Abb. 5.62 Polarisationsvektoren in der Andromeda-Galaxie [139]. Messungen im 11-cm-Kontinuum, das Magnetfeld liegt senkrecht zu den Vektoren. Die Polarisationsstruktur wurde einer 21-cm-HI-Emissionskarte überlagert.

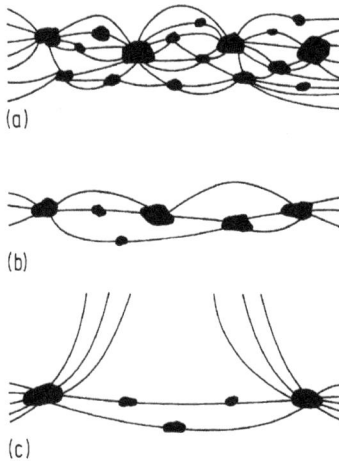

Abb. 5.63   Magnetfeldlinienverlauf und Molekülwolkenverteilung.

was die Beobachtung einer homogenen stetigen Radioscheibe über alle Radiowellenlängen hinweg erklärt. B_u ist an den Innenkanten der Spiralarme nicht verstärkt, d.h. das Feld wird durch den galaktischen Spiralarmdichtewellenschock nicht komprimiert; ob dies ein Argument gegen die Ausbildung von globalen Spiralarmschockfronten ist, kann noch nicht entschieden werden. Als Beispiel zeigen wir den Feldverlauf im Sternentstehungsring der Andromeda-Galaxie (Abb. 5.62). Turbulentes und gleichförmiges Feld liegen in diesem Ring beieinander. Das gleichförmige Feld ist um 200 pc gegen die Innenkante des Staubstreifens verschoben; die Feldgleichförmigkeit B_u/B_t erreicht Werte bis 90 %.

Der angenommene *Feldverlauf in Spiralarmen* wird in Abb. 5.63 verdeutlicht. Galaxien mit wenigen Molekülwolken und daher geringer Sternentstehung (M 31) zeigen einen relativ ungestörten Feldverlauf innerhalb der Arme (Abb. 5.63 b). Eine große Molekülwolkenanzahl (Abb. 5.63 a) verursacht Turbulenz aufgrund der unaufgelösten Überlagerungen der Feldschleifen von Wolke zu Wolke; die Wolkenbewegungen verstärken die Feldlinienverschlingungen. Die Turbulenz drückt das Feld in den Zwischenarmbereich. Gebiete mit wenig molekularen Gas erlauben den Feldlinien die galaktischen Scheiben zu verlassen (Abb. 5.63 c).

Die mittlere Feldstärke des Gesamtfeldes B_t kann aus der durchschnittlichen Synchrotron-Intensität abgeschätzt werden. Dabei wird Energiegleichverteilung zwischen der Feldenergie und den kosmischen Strahlungspartikeln, die die Strahlung erzeugen, angenommen. B_t liegt zwischen 4 µG bis 5050 µG (Gauß: 1 G = 10^{-4} T), wobei der hohe Wert im Zentrum der Galaxie M 82 gemessen wurde. Eine Stichprobe von Sb-Galaxien hat

$$\langle B_t \rangle = 8 \, \mu G \, .$$

Die enge Korrelation zwischen Radiokontinuum und infraroter Leuchtkraft bei Spiralgalaxien bedeutet, daß die Energiedichte des Gesamtfeldes $B_z^2/8\pi$ proportional zur Energiedichte des Strahlungsfeldes ist. Das Strahlungsfeld wird von der Sternentstehungsrate bestimmt. Diese Korrelation besteht bis herab zu Skalen von

1000 pc. Sie deutet auf eine Verknüpfung von Magnetfeldstärke und lokaler Sternentstehungsrate hin. Feldstärke und Sternentstehungsrate sind vermutlich über die Molekülgasdichte miteinander verknüpft. Die Sternentstehungsrate ist sicher von den im Medium vorherrschenden Magnetfeldstärken abhängig. Magnetfelder sind für die Wolkenstabilität und die Fragmentation ebenso wichtig, wie für die Physik der Wolkenzusammenstöße. Die Molekülwolkenverteilung und die Feldstruktur hängen, wie es die turbulenten Feldanteile zeigen, zusammen.

5.6 Entfernungsbestimmung von Galaxien

Die astronomischen Entfernungsbestimmungen arbeiten nach dem Verfahren von System und Anschluß. Stets wird zunächst ein *System von Eichpunkten* an der Himmelssphäre errichtet, in das andere Objekte eingemessen werden. In der allerersten Stufe innerhalb unserer Milchstraße sind dies die *trigonometrischen Parallaxen*. An diesen hängt die gesamte astronomische Entfernungsleiter; sie ist in Abb. 5.64 dargestellt. Die primären Methoden der Entfernungsbestimmung von Galaxien benützen Verfahren, die entweder über Beobachtungen oder aus theoretischen Überlegungen in unserem eigenen Sternsystem geeicht werden können. Wenn die Entfer-

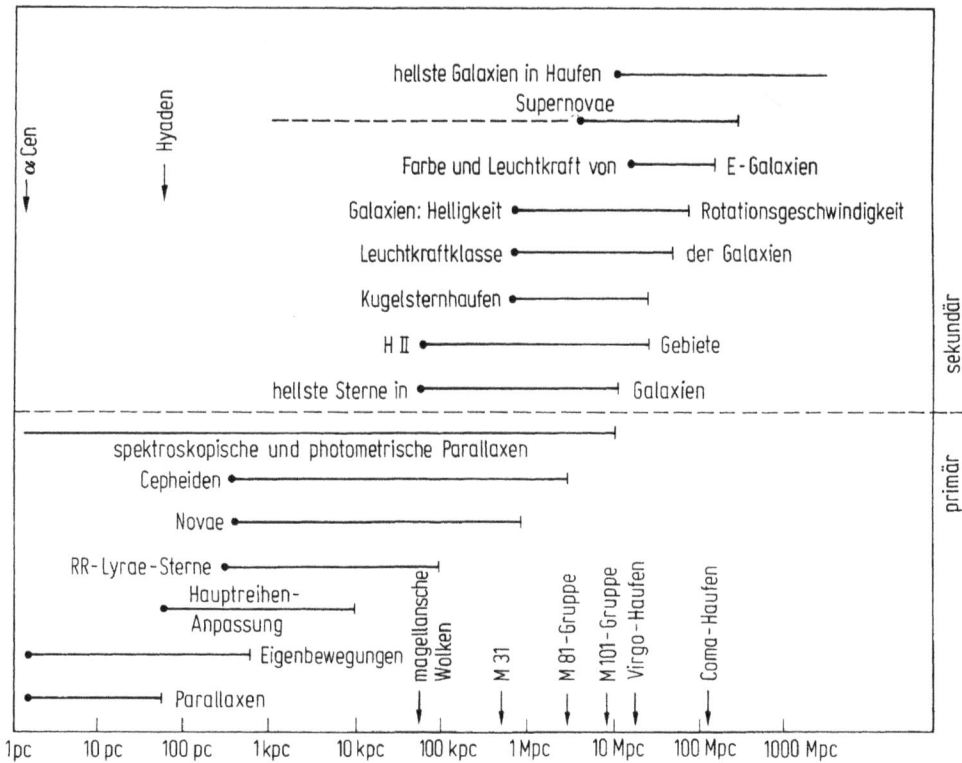

Abb. 5.64 Die kosmische Entfernungsleiter [141].

nungen zu nahen Galaxien damit festgelegt sind, können die sekundären Eichpunkte in diesen Sternsystemen festgemacht werden. Mit Hilfe dieser sind die Entfernungen der Galaxien in noch größeren Weiten bestimmbar. Tertiäre Entfernungsindikatoren hängen an Galaxieneigenschaften, die über sekundäre Verfahren geeicht wurden [140], [141], [142], [143].

Der Einsatz tertiärer Verfahren wird sich im Laufe der nächsten Jahre erübrigen, denn die Möglichkeiten der primären und sekundären Verfahren sind bei weitem noch nicht erschöpft. Die neuen Großteleskope werden eine Eichung von Galaxienentfernungen möglich machen, die zur Zeit von primären Indikatoren noch nicht erreicht werden können. Insbesondere lassen sich dann folgende Entfernungsbestimmungsverfahren ersetzen: Leuchtkraftklasse von Spiralgalaxien, Durchmesser von Galaxien und hellste Galaxien in reichen Galaxienhaufen.

Alle extragalaktischen Entfernungseichungen münden in die Festlegung der *Hubble-Konstanten* H. Die Hubble-Konstante ist der Proportionalitätsfaktor zwischen Fluchtgeschwindigkeit der Galaxien (Expansion des Kosmos) und der Entfernung

$$v_f = H \cdot D_{kos}$$

v_f = Fluchtgeschwindigkeit in km/s

D_{kos} = Entfernung in Mpc

H in (km/s)/Mpc

Ist auch die Reichweite der tertiären Entfernungsindikatoren überschritten, dann kann die Entfernung kosmischer Objekte nur über die Hubble-Beziehung bestimmt werden; dies erfordert die vorherige Eichung. Kosmologische Fragen, wie großräumige Materieverteilung, Gesamtmasse des Universums und Weltmodelle hängen an dem für die Hubble-Konstante gefundenen Wert.

Wenn die Fluchtgeschwindigkeit v_f kosmischer Strukturen in die Größenordnung der Lichtgeschwindigkeit kommt, muß für die Rotverschiebung z der relativistische Dopplereffekt angesetzt werden

$$z = \frac{\lambda - \lambda_0}{\lambda_0} = \left(\frac{1 + \dfrac{v_f}{c}}{1 - \dfrac{v_f}{c}} \right)^{\frac{1}{2}} - 1 \, ,$$

der für $v_f \ll c$ in den klassischen Dopplereffekt übergeht

$$z = v_f c^{-1} \, .$$

Aus dem Zusammenhang zwischen scheinbarer und absoluter Helligkeit folgt die Eichgleichung für die Hubble-Konstante

$$v_f = H \cdot D$$
$$5 \lg (D/\text{pc}) = \tilde{m} - \tilde{M} - 5$$
$$\tilde{m} = 5 \lg (v_f/\text{km s}^{-1}) + \underbrace{(\tilde{M} - 5 - 5 \lg [H/(\text{km s}^{-1}/\text{Mpc})])}_{C}$$

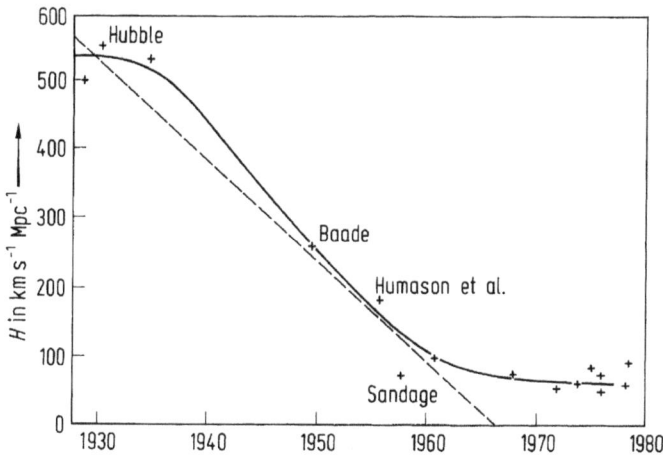

Abb. 5.65 Der Wert der Hubble-Konstante H von 1930 bis 1980.

Die Fluchtgeschwindigkeit v_f und die scheinbare Objekthelligkeit m sind direkt meßbar; im Prinzip muß nun $\tilde{m}$ gegen $\lg v_f$ aufgetragen werden. Wenn die Gerade die Steigung 5 besitzt, ist die Linearität gewährleistet und aus der Konstanten C folgt die Hubble-Konstante H, sofern genügend $\tilde{M}$-Werte als Mittelwert der absoluten Helligkeit über eine Objekteigenschaft bekannt sind. In den höheren Gliedern der Rotverschiebung – Entfernungskorrelation sind weitere kosmologische Kenngrößen wie der Dichteparameter und der Abbremsparameter enthalten.

Die Eichung der Hubble-Konstanten erlebte in den letzten 60 Jahren dramatische Änderungsschübe (Abb. 5.65). Heute liegen die Werte für H zwischen 50 und 100 (km/s)/Mpc. Der große Sprung zwischen 1930 und 1952 hatte seine Ursache in einer Fehleichung der Cepheiden. Erst 1952 wurde erkannt, daß es zwei Cepheiden-populationen von unterschiedlicher absoluter Helligkeit gibt, Einem weiteren Sprung von $H = 250$ auf $H = 100$ im Zeitraum von 1952 bis 1960 lag die Entdeckung zugrunde, die sogenannten hellsten Sterne in nahen Galaxien seien Sterngruppen oder ionisierte Gaswolken. Seit den 60er Jahren wird um eine Verkleinerung des Faktors 2 bei der Festlegung der Hubble-Konstanten gerungen. Verschiedene Arbeitsgruppen geben interne Fehler von 15% bis 20% an; die große Differenz von 100% harrt noch der Aufklärung. Unbekannte systematische und zufällige Fehler sowie Fehlinterpretationen des Beobachtungsmaterials müssen dafür verantwortlich sein.

In Abb. 5.66 ist unser augenblicklicher kosmischer Horizont dargestellt. In Abhängigkeit von der Wellenlänge liegen die überstrichenen Entfernungen oder Rückblickzeiten bei $z = 3$ bis 4. Dies entspricht bei einer Hubble-Konstanten von 50 (km/s)/Mpc einer Entfernung von 5280 Mpc bis 5520 Mpc, bei einer Hubble-Konstanten von 100 (km/s)/Mpc einer Entfernung von 2400 Mpc bis 2760 Mpc, ohne Berücksichtigung spezieller Weltmodelle. Zwischen der durch die Hintergrundstrahlung (s. Kap. 6) gegebene Photonenbarriere und unserem augenblicklichen Horizont liegt noch ein unermeßliches Terra Incognita. Die Astronomie im nächsten Jahrtausend wird dort fündig werden können. Auf kosmologischen Skalen findet man zwei unterschiedliche Galaxienpopulationen. Es sind regelmäßig aufgebaute massereiche

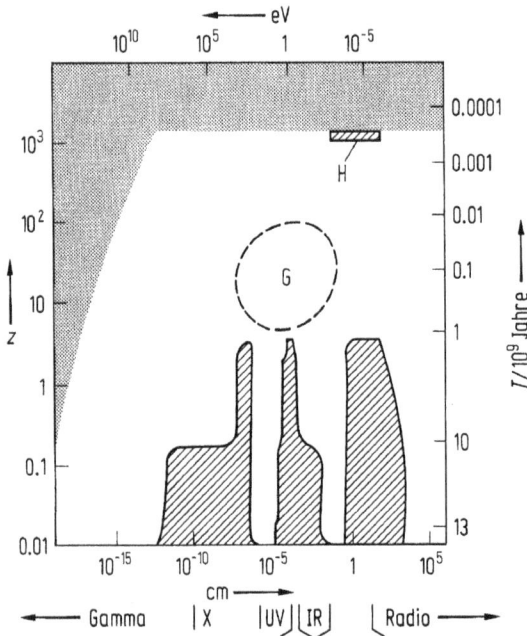

Abb. 5.66 Der kosmische Photonen-Horizont [144]. Der schraffierte Bereich markiert den derzeit zugänglichen Raum und seine obere Grenze, unseren augenblicklichen Horizont. Der dunkel gerasterte Bereich kann nicht direkt beobachtet werden; die Photonen werden entweder an Elektronen gestreut oder liefern bei Stößen Elektronen-Positronen-Paare. Die uns aus größter Entfernung erreichende Strahlung ist die kosmische Hintergrundstrahlung H; z ist die Rotverschiebung, T die Zeit seit dem Urknall, G das Gebiet der Galaxienentstehung.

Systeme, die sich im Zeitraum $z = 1 - 2$ wenig verändert haben und ihre Hauptsternenentstehung sehr früh zwischen $z = 3 - 4$ erlebten. Im Gegensatz zu dieser langsamen Entwicklung war das nahe Universum ($z = 0.5$) von Zwerggalaxien dominiert. Diese Population an Zwerggalaxien hat schnell abgenommen, zeigt starke Sternentstehungsausbrüche und wenig gut ausgebildete Strukturen [181].

5.6.1 Die weite und die kurze kosmische Entfernungsskala

Vier Grundschritte liegen der Ableitung der kosmischen Entfernungsskala, d. h. der Festlegung der Hubble-Konstanten zugrunde:

1. Wahl eines galaktischen Extinktionsmodells und entsprechender Rötungsgesetze. Damit wird der interstellaren Extinktion Rechnung getragen, um Helligkeit und Farbe von Sternen in anderen Galaxien mit denen unserer eigenen Galaxie vergleichbar zu machen.
2. Ableitung der Entfernung der nahen Galaxien mit Hilfe der primären Indikatoren. Diese sollen über fundamentale geometrische oder photometrische Verfahren in unserem Sternsystem geeicht sein. Dieser Schritt legt den Nullpunkt des extragalaktischen Entfernungsmoduls ($\tilde{m} - \tilde{M}$) fest.

3. Konstruktion eines Gerüstes relativer Entfernungen zu den entfernteren Galaxien mit Hilfe sekundärer und tertiärer Indikatoren, die in den nahen Sternsystemen geeicht wurden. Die relativen Entfernungen müssen linear proportional zu den wahren geometrischen Entfernungen sein. Die absoluten Entfernungen müssen mit dem Nullpunkt verträglich und konsistent sein.

4. Ableitung eines mittleren Entfernungs-Geschwindigkeits-Quotienten $\langle H^* \rangle$ $= \langle v_f \rangle / \langle D \rangle$ unter Berücksichtigung von Auswahleffekten und Anisotropien in den Fluchtgeschwindigkeiten der Galaxien. Wenn $\langle D \rangle$ groß genug ist ($D \gg 10$ Mpc) und $\langle v_f \rangle$ mit entsprechenden Korrekturen versehen ist, wird H^* zur Näherung der wahren Hubble-Konstanten H_0.

Die Vielzahl der bei dieser Ableitung durchzuführenden Schritte, die komplexen und oft schiefen Objektstichproben, die systematischen und zufälligen externen und internen Fehler (erkannt oder nicht erkannt) machen jeden Schritt auf der kosmischen Entfernungsleiter unsicher. Dies auch deshalb, weil die Grundanforderungen an die Eichquellen (als Standardkerzen) nicht immer erfüllt sind, sei es aus rein astrophysikalischen Gründen, sei es aus Gründen unseres unvollständigen Wissens. Meßtechnik, physikalischer Objektzustand, Teilwissen, Reduktionsverfahren, all das wirkt zusammen und macht die Fehlerfortpflanzung zur Zeit nicht klar durchschaubar. Die Grundanforderungen an die Standardentfernungsindikatoren sind [197]:

1. Sie müssen unabhängig von Entfernung und Umgebung als verläßliche und reproduzierbare Standards erprobt sein.
   Beispiel: Die mittlere absolute Helligkeit von Kugelsternhaufen kann zur Ableitung der Entfernung des Virgo-Galaxienhaufens verwendet werden. Dabei wird stillschweigend die Annahme gemacht, die Leuchtkraftfunktion der Kugelsternhaufen sei universal. Dies bedeutet soviel wie: Helligkeitsstreuung, mittlere Haufenhelligkeit und Gaußsche Form der Leuchtkraftfunktion sind unveränderlich. Die Leuchtkraftfunktion ist nur bei Systemen innerhalb unserer Milchstraße genügend genau beobachtet, die Annahme der Umgebungsunabhängigkeit ist von der Beobachtung her noch nicht überprüfbar.

2. Die Änderung von wahrer Leuchtkraft und/oder geometrischer Ausdehnung muß einen deutlich meßbaren Effekt auf die entfernungsabhängigen scheinbaren Eigenschaften haben.
   Beispiel: Die lineare Größe der größten HII-Gebiete in Galaxien ist mit der ebenfalls entfernungsabhängigen absoluten Helligkeit der Muttergalaxien korreliert; eine gleiche Korrelation existiert zwischen der Helligkeit der hellsten blauen Sterne und deren Muttersystemen.

3. Die absolute Größe oder die lineare Ausdehnung muß geeicht sein, entweder durch direkte Methoden oder durch Ankoppelung an Entfernungsindikatoren, deren Nullpunkt gut bekannt ist.
   Beispiel: Oft ist der Unterschied zwischen absoluten und relativen Entfernungsindikatoren verdeckt; erstere besitzen einen bekannten Nullpunkt; letztere nicht. Die Schwierigkeiten, einen Entfernungsindikator absolut festzulegen, liegt in der Tatsache, daß gelegentlich der nahegelegenste Repräsentant schon außerhalb des engen Bereichs sicherer Entfernungen liegt. Der Nullpunkt aller extragalaktischen Entfernungsindikatoren hängt von den Entfernungen der lokalen Galaxien ab. Deren Abstände sind auf einem Niveau von 15% bis 20% eingemessen.

4. Die Streuung um die mittlere Leuchtkraft oder mittlere geometrische Ausdehnung der Standardindikatoren muß klein oder auf andere Art gut bekannt sein. Jeder unverstandene Streubereich verursacht systematische Unterschätzungen beim Vorstoß zu großen Entfernungen.

Mehrere Entfernungsskalen hängen an Eichbeziehungen der Form

$$\tilde{M}(\text{Galaxie}) = a\alpha + b\beta + \cdots;$$

hierbei sind α, β beobachtbare Galaxien-Parameter, die mit der Systemleuchtkraft korrelieren; a, b sind noch über eine Nullpunktseichung zu bestimmende Koeffizienten. Unglücklicherweise ist bis heute kein streuungsfreier Leuchtkraftindikator bekannt, und allgemein betrachtet ist der Streubereich der Leuchtkräfte immer groß.

In Anbetracht dieser grundsätzlichen Schwierigkeiten sind die Unterschiede bei der Wahl des Nullpunkts der Perioden-Helligkeits-Farb-Beziehung der Cepheiden oder des Absorptionsanteils innerhalb unseres Sternsystems nicht ausschlaggebend.

Tab. 5.7 Unterschiede zwischen den Reduktionsschritten der langen und kurzen Entfernungsskala.

Methode oder Faktor	lange Skala ($H = 50$)	kurze Skala ($H = 100$)
interstellares Extinktionsgesetz	niedrige Werte	hohe Werte
interne Galaxien-Extinktion	bei einigen Anwendungen vernachlässigt	stets benützt
Cepheiden	Perioden-Leuchtkraft-Farb-Relation	Perioden-Leuchtkraft-Relation
RR Lyrae, Novae	benützt um Hyaden-Modul 3.03 zu rechtfertigen	mit gleichem Gewicht wie Cepheiden verwendet
Entfernungen der lokalen Gruppe	nur Cepheiden	verschiedene Methoden, auch sekundäre (Zirkelschlüsse)
hellste rote Sterne	nicht benützt oder als einzige sekundäre Indikatoren	benützt
hellste blaue Sterne	Anwendung bei M 101, Extrapolation	benützt
Durchmesser HII Gebiete	systematischer Fehler vorhanden, M 101	systematische Fehler korrigiert
HII Ringe	nicht benützt	bei allen Eichgalaxien verwendet
Geschwindigkeitsstreuung in HII Gebieten	nicht benützt	bei M 101 extrapoliert
hellster Kugelsternhaufen	benützt um Skala zu bestätigen	benützt
Galaxien: abs. Helligkeit max. Rotationsgeschwindigkeit	benützt um Skala zu bestätigen	benützt als Linearitätstest
Supernovae	benützt um Skala zu bestätigen	benützt als Linearitätstest
Leuchtkraftklasse oder Index	einziger tertiärer Indikator	wichtigster tertiärer Indikator

In der Tab. 5.7 sind die Unterschiede im Reduktionsverfahren für die lange und die kurze Entfernungsskala aufgeführt. Die lange Entfernungsskala hat A. Sandage und G. Tammann als herausragende Verfechter, die kurze Entfernungsskala ist von G. de Vaucouleurs. Als Abstand des Virgo-Haufens wird im Rahmen der langen Entfernungsskala 21.3 ± 0.8 Mpc [145], im Rahmen der kurzen Entfernungsskala 17.8 ± 2.3 Mpc [146] angegeben. Der *Virgo-Galaxienhaufen* ist das Sprungbrett in die Tiefe des Kosmos.

5.6.2 Die Hubble-Konstante

Eine Vielzahl von Arbeitsgruppen mit neuen Messungen hat versucht, beide Skalen zu vereinheitlichen; aber wie auch die Meßverfahren und Reduktionsansätze angesetzt wurden, die für H gefundenen Werte liegen im Bereich 50 (km/s)/Mpc $\leq H \leq$ 120 (km/s)/Mpc. Es scheint daher augenblicklich sinnvoller zu sein, durch Wichtungsverfahren und kritische Abschätzung der Fehlergrenzen einen plausiblen Wert für H festzulegen. Berücksichtigt man die in der Literatur auftretenden Unterschiede und führt mehr konservative Abschätzungen durch [140], so ergeben sich die Fehler für die wichtigsten extragalaktischen Entfernungsindikatoren in Größenklassen des Entfernungsmoduls gemäß der Zusammenstellung von Tab. 5.8 [140].

Tab. 5.8 Unsicherheiten im Entfernungsmodul (in mag) einiger fundamentaler Entfernungsindikatoren [140].

Parameter	Unsicherheiten im Modul in mag
Hyaden-Entfernung	0.2
Hauptreihenkorrektur aufgrund der Hyaden-Elementhäufigkeit	0.2
Cepheiden-Perioden-Leuchtkräfte, Elementhäufigkeit	0.3
Cepheiden, langperiodische Eichung	0.4
Novae in Galaxien der lokalen Gruppe	0.5
RR-Lyrae-Sterne, Eichung und Elementhäufigkeit	0.3
RR-Lyrae-Sterne in Galaxien der lokalen Gruppe	0.2
W-Virginis-Sterne, Eichung	0.3
W-Virginis-Sterne, lokale Gruppe	0.2
hellste Sterne als Funktion des Galaxientyps und Leuchtkraftklasse	0.5
Entfernungen aus Durchmessern von HII-Gebieten	0.4
Entfernungen aus HII-Leuchtkräften	0.4
Cepheiden in NGC 2403	0.3
Leuchtkräfte von Kugelsternhaufen	0.4

Abschätzung der Unsicherheiten aufgrund von Literaturdifferenzen und konservativer Datenbetrachtung.

Diese Verfahren gehen mit ihren Fehlern in die Entfernungsbestimmung des Virgo-Galaxienhaufens ein. Der Virgo-Galaxienhaufen ist die wichtigste Eichmarke beim Schritt zu H. Er ist noch nahe genug, um direkte primäre und sekundäre Standards

Tab. 5.9 Entfernungsbestimmungen des Virgo-Galaxienhaufens [143].

Methode	$(m - M)$	D/Mpc
Kugelsternhaufen/Leuchtkraftfunktion	31.52 ± 0.16	20.1 ± 1.5
Novae	$31.4 \ \pm 0.4$	19.1 ± 3.5
Galaxien: Rot.-Geschwindigkeit und abs. Helligkeit	30.85 ± 0.4	14.8 ± 2.8
Supernovae I	$32.1 \ \pm 0.4$	$26 \ \ \pm 5$
Supernovae: Farbtemperatur und Radius	$31.8 \ \pm 0.4$	$23 \ \ \pm 4$
Supernovae radioastronomisch Interferometrie	$31.7 \ \pm 0.6$	$22 \ \ \pm 6.5$
Supernovae (gewichtetes Mittel)	$31.9 \ \pm 0.25$	$24 \ \ \pm 3$
E-Galaxien, Durchmesser und Geschwindigkeitsstreuung	31.69 ± 0.29	21.8 ± 2.9
Gewichtetes Mittel	31.54 ± 0.11	
ungewichtetes Mittel	31.47 ± 0.17	

errichten zu können. Andererseits ist er schon so weit entfernt, daß das Radialge-schwindigkeitsfeld des Hubble-Flusses stetiger geworden ist. In der Tab. 5.9 sind Verfahren zur Entfernungsbestimmung des Virgo-Haufens aufgelistet, die weitge-hend voneinander unabhängig sind, abgesehen von der gemeinsamen Abhängigkeit von den verwendeten Eichgalaxien, besonders vom Andromedanebel (M 31). Der gewichtete mittlere Entfernungsmodul (31.5 ± 0.2) mag entspricht (20 ± 2) Mpc [143]. Eine andere Wichtung mit mehr Einzelwerten [141] liefert 31.32 mag mit einem inneren Fehler von 0.2 mag und einem äußeren von 0.15 mag; dies entspricht einer linearen Entfernung von (18.4 ± 2) Mpc. Die Fehlergrenzen und der Spielraum der Entfernungswerte sind wohl das z. Zt. Beste und Sicherste, was über Distanzen im Mpc-Bereich ausgesagt werden kann. Sie sollen die augenblickliche Verläßlichkeit der Entfernungsskala beschreiben. Als korrigierte kosmologische Rotverschiebung für den Virgo-Galaxienhaufen findet man $v = (1332 \pm 69)$ km/s [143]. Setzt man diese beiden Werte in die Hubble-Beziehung ein, wird

$$\langle H_0 \rangle = (67 \pm 8) \, (\mathrm{km/s})/\mathrm{Mpc} \, .$$

Der Entfernungsfehler des Virgo-Haufens liefert den größten Beitrag zum mittleren Fehler von H_0. In Tab. 5.10 sind H-Werte, die mit verschiedenen Verfahren gemessen wurden, zusammengestellt. Interne und externe Fehler, zusammen mit einer Wich-tung der Meßverfahren hinsichtlich ihrer Sicherheit (Gewicht 2: Methoden mit be-kannter theoretischer Begründung; Gewicht 1: Methoden mit empirischen Korre-lationen) ergeben [141] $H_0 = (67 \pm 15) \, (\mathrm{km/s})/\mathrm{Mpc}$.

Eine der Hauptaufgaben des Hubble-Weltraumteleskopes war und ist die genauere Festlegung der Hubble-Konstanten. Dazu wurden vier sekundäre Entfernungsbe-stimmungsmethoden eingesetzt, da Cepheiden für Entfernungen größer als 28 Mil-lionen pc nicht hell genug sind.

Man benötigt die weiter entfernten Galaxien um die ungestörte kosmische Ex-pansion zu erfassen, da lokale Unregelmäßigkeiten in immer größeren Entfernungen relativ gesehen zunehmend kleineren Einfluß auf den Wert der Hubble-Konstanten haben. Die vier benützten Methoden ergeben relative Entfernungen, d.h. wir er-fahren zum Beispiel, dass eine Galaxie viermal weiter entfernt ist als eine andere. Daher werden zunächst näher gelegene Galaxien mit Cepheiden als Eichmarken

Tab. 5.10   Die Hubble-Konstante H [141].

Methode	H in (km/s)/Mpc
1. *Abschätzungen für den Virgo-Haufen* *oder Galaxien innerhalb 20 Mpc*	
M-101-Gruppe	55.5 ± 8.7
Virgo-Haufen/ausgewählte Methoden	57 ± 6
Virgo-Haufen/Linienbreite HI	83 ± 19
Virgo-Haufen/alle Methoden	$42–72$
Virgo-Haufen/E, SO	49.3 ± 4
HI-Linienbreite	80 ± 3
E, SO, Mittelwerte	50.8
Kugelsternhaufen	80 ± 11
HII-Gebiete, Galaxiendurchmesser	$60 (+15, -10)$
Durchmesser HII	65
HI-Linienbreite, Infrarot	65 ± 4
Leuchtkräfte von Sb's	75 ± 15
HII-Leuchtkräfte von Virgo Sc's	55
2. *Abschätzungen mit Galaxien* *jenseits des Virgo-Haufens*	
Entfernte Sc-I	55 ± 6
HI-Linienbreite	50.3 ± 4.3
Durchmesser, abs. Helligkeit	100 ± 10
Supernovae I/optisch	56 ± 15
HI-Linienbreite, Infrarot	95 ± 4
Mittelwerte abs. Helligkeit, Durchmesser	100 ± 10
HI-Linienbreite, Infrarot, Neueichung	82 ± 10
Supernovae I/optisch und infrarot	50 ± 7
3. *Gruppen und Haufen von Galaxien* *mit verläßlichen Entfernungen*	
alle Gruppen ohne Geschwindigkeitskorrektur	72.9 ± 3.4
alle Gruppen mit Korrektur für Milchstraßen-Raumbewegung	74.6 ± 5.2
4. *Hellste Haufen-Galaxien mit $v_f \leq 10\,000$ km/s*	
alle Haufen	67.7 ± 1.7

dazu verwendet, die vier sekundären Verfahren einzumessen, um sie anschließend auf entferntere Galaxien übertragen zu können.

Typ-1a-Supernovae: Bei diesem relativ gut verstandenen Typ explodiert in einem Doppelsternsystem ein weißer Zwergstern, wenn durch Masseüberströmung vom Begleitstern die Stabilitätsgrenze überschritten wird. Die Helligkeitsabklingzeiten sind proportional zur maximalen Supernova-Helligkeit. Dies erlaubt eine Eichung der relativen Helligkeiten der Supernovae untereinander. Es ergibt sich: $H = (68 \pm 6)$ (km/s)/Mpc.

Tully-Fischer-Beziehung: Die Rotationsgeschwindigkeit einer Spiralgalaxie ist proportional zu ihrer Masse und daher proportional zur Gesamthelligkeit des Systems. Je schneller die Rotation, desto größer ist die Helligkeit. Es ergibt sich: $H = (71 \pm 8)$ (km/s)/Mpc.

Elliptische Galaxien: Die Geschwindigkeitsstreuung der Sterne in der Grundebene ist proportional zur Gesamthelligkeit. Es ergibt sich: $H = (78 \pm 10)$ (km/s)/Mpc.

Körnigkeit der Oberflächenhelligkeit: Nahe Galaxien erscheinen körniger als weit entfernte Systeme; denn bei nahen Systemen können Einzelstrukturen aufgelöst werden. Je weiter ein System entfernt ist, desto gleichförmiger wird seine Helligkeitsverteilung. Es ergibt sich: $H = (69 \pm 7)$ (km/s)/Mpc.

Der Wert der Hubble-Konstanten ist trotz der zusätzlichen Methoden immer noch strittig. Werte um 55 (km/s)/Mpc [209] , [210], stehen die höheren Werte um 70 (km/s)/Mpc [200] gegenüber. Selbst für Werte um 80 (km/s)/Mpc finden sich neurdings wieder Beobachtungshinweise. Es ist durchaus legitim, wie in Kap. 6 getan, höhere Hubblewerte zu diskutieren.

Die verschiedenen Auswertemethoden werden in [201] kritisch diskutiert. Im Augenblick muß man sich jedoch fragen, was nützt die Angabe eines aus Supernovae abgeleiteten Wertes von $H = (60 \pm 10)$ (km/s)/Mpc [187], wenn die Fehlergrenzen eher größer als kleiner werden.

5.7 Aktive Galaxien und Quasare

Bei aktiven Galaxien ist im wesentlichen der Kernbereich der Träger von Aktivität. Gut untersuchte Beispiele sind die Radiogalaxie Cent A und der Quasar 3C 273, [190] , [192] , [203]. Aktivität bedeutet hier Energieausstoß, der nicht von normaler Sternstrahlung geliefert wird. Eine Galaxie gilt als aktiv, wenn mindestens eines der vier, besser zwei der folgenden Kriterien erfüllt sind:

1. Helleres kompaktes Kerngebiet als der entsprechende Bereich einer Galaxie gleichen Typs;
2. nichtstellaren Anregungsmechanismen entstammende Emissionslinien;
3. variable Emissionslinien oder variables Kontinuum;
4. nichtthermische Kontinuumsemission aus dem Kernbereich.

Viele Quasare, Seyfert-Galaxien und Radiogalaxien zeigen alle vier Eigenschaften; BL-Lac-Objekte sind durch die Eigenschaft 1, 3 und 4 beschreibbar; LINERS zeigen die Eigenschaft 2, manchmal auch 4 oder 1.

Extragalaktische Radioquellen, die ebenfalls den aktiven Galaxien zugeordnet werden, teilt man in drei Gruppen:

1. Radioemission von diffusen Gaswolken in Abständen bis in den Mpc-Bereich von der Muttergalaxie oder dem Quasar;
2. scharfgebündelte Jets und heiße Flecke, die Energie zwischen Muttergalaxie und den diffusen Wolken transportieren;
3. kompakte Quellen, die identisch sind mit den galaktischen Kernen oder Quasaren.

Die *kompakten Radioquellen* sind Sitz der zentralen Maschinen, welche die gewaltigen Energiemengen freisetzen. Fast alle BL-Lac-Objekte, die meisten Quasare und viele Radiogalaxien enthalten kompakte Radiokerne; diese werden auch in anderen aktiven Galaxien festgestellt und finden sich ebenfalls in normalen Spiral- und elliptischen Systemen. In Abschn. 5.2.4, Abb. 5.74 wurden die Skalenlängen gezeigt, auf denen die verschiedenen Aktivitätsphänomene ablaufen und die, je nach vorherrschendem Emissionsmechanismus, für die unterschiedlichen Benamungen verantwortlich sind [147], [148], [149], [150], [151], [152], [153], [180].

5.7.1 Typenbeschreibungen und verallgemeinerte Klassifikation

Quasare sind die leuchtkräftigsten galaktischen Kerne. Ihre visuelle Leuchtkraft liegt zwischen 10^{45} und 10^{49} erg s^{-1} ($-32 \geqslant M_v \geqslant -24$). Quasarbilder sind auf gewöhnlichen Fotoplatten sternähnlich. Auf langbelichteten Aufnahmen bei guten Seeing-Verhältnissen sind schwache, um den Quasar konzentrisch gelegene Aufhellungen zu entdecken; diese Aufhellungen lassen sich als Muttergalaxie deuten. Die Galaxie ist weitaus schwächer als der Quasar und besitzt eine typische Helligkeit, wie sie S- oder E-Systeme zeigen. Quasare sind also die leuchtkräftigen Kerne entfernter Galaxien.

Das optische Spektrum eines Quasars ist nichtthermisch mit einem Spektralindex $\alpha \approx -1$ (Definition: Flußdichte $\sim$ (Frequenz)$^\alpha$), es kann sich ins Infrarot und in den Röntgenbereich fortsetzen (vgl. Abb. 5.67 als Beispiel für den spektralen Verlauf eines aktiven Kernes im Gegensatz zur Abb. 5.45 einer normalen Galaxie). Da Quasare im Vergleich zu normalen Galaxien einen ultravioletten Strahlungsüberschuß besitzen, erscheinen sie bei nicht allzu großen Rotverschiebungen blau. *Quasarspektren* besitzen kräftige, breite Emissionslinien, die einem hochionisierten Gas zuzuschreiben sind: $T = 10^4$ K, $n_e = 10^8$ cm^{-3} (n_e: Elektronendichte); die Linienbreiten

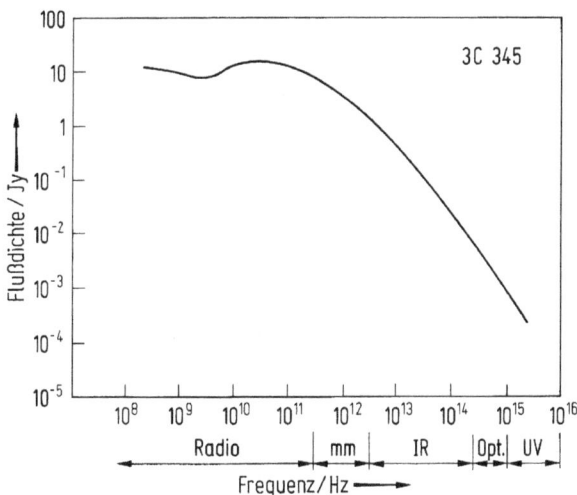

Abb. 5.67 Spektrum des Quasars 3C 345 [152]. Flußdichte in Jansky (Jy): 1 W m^{-2} Hz^{-1} $= 10^{26}$ Jy.

entsprechen 10 000 km/s; die Größe des Emissionsgebietes liegt im 1-pc-Bereich. Hinzukommt ein größerer Bereich mit $n_e < 10^7$ cm^{-3}, in denen schmale verbotene Emissionslinien entstehen; auch Absorptionslinien wurden nachgewiesen. Nicht alle Quasare sind starke Radioquellen. Radioruhige Quasare (aus optischen Durchmusterungen) sind etwa zehnmal häufiger als radiolaute Quasare. Quasare mit sehr breiten Emissionslinien sind keine starken Radioquellen. Die Muttergalaxien der radiolauten Systeme sind E-Galaxien, die der radioruhigen S-Galaxien.

Viele **Radiogalaxien** mit kompakter zentraler Quelle zeigen starke Emissionslinien und werden daher als aktive Galaxien bezeichnet. Man unterscheidet 2 Gruppen: Radiogalaxien mit *schmalen verbotenen* oder erlaubten Emissionslinien (die Linienbreite entspricht 500 km/s) und Radiogalaxien mit *breiten erlaubten* (Linienbreite 8000 km/s) und *schmalen verbotenen* Linien. Viele breitlinige Radiogalaxien ähneln in ihren Kernleuchtkräften den Seyfert-Galaxien.

Seyfert-Galaxien sind Galaxien mit hellen Kernen und Emissionsliniensystemen; 1 % aller hellen Galaxien sind Seyfert-Galaxien. Auch hier wird zwischen schmalen und breitlinigen Systemen unterschieden. Seyfert-I-Galaxien haben erlaubte *breite* (5000 km/s), Seyfert-II-Galaxien *schmale* erlaubte und verbotene Emissionslinien (300 bis 1000 km/s Linienhalbwertsbreite). Die visuelle Leuchtkraft ihrer Kerne beginnt bei 10^{42} erg/s und endet etwa bei 10^{45} erg/s.

Bei den sogenannten **LINER-Galaxien** (low ionisation nuclear emission-line region) handelt es sich um normale Sternsysteme mit Emissionslinienspektren, die nicht von Sternen stammen. Je nach Definition der unteren Beobachtungsgrenzen gehören 1/3 aller Galaxien zu diesem Typ; schwache nichtthermische visuelle Kontinuumsstrahlung ist nicht bei allen Systemen nachgewiesen.

BL-Lac-Objekte, benannt nach dem Prototyp BL-Lacertae, sind sternähnliche Galaxienkerne mit sehr schwachen, (sehr oft auch keinen) Emissionslinien. Das *Kontinuum* wird durch eine steile Potenzgesetzverteilung ($\alpha \sim 2$) beschrieben. Große

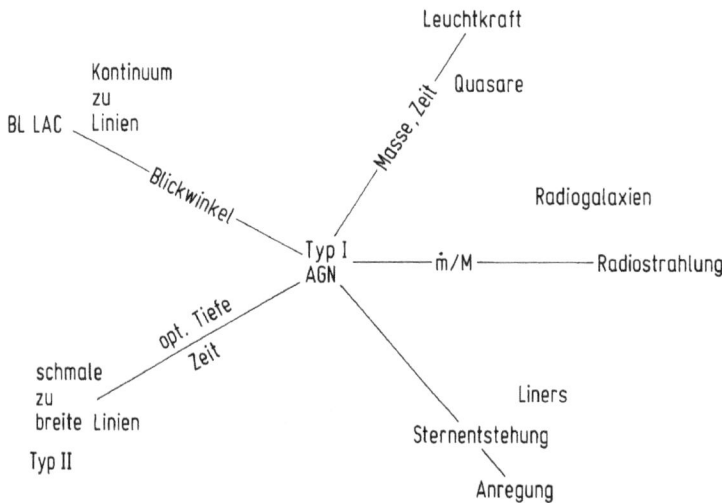

Abb. 5.68 Der fünfdimensionale Klassifikationsraum für Galaxienaktivität [151]: Die Achsenparameter bestimmen das Erscheinungsbild der Aktivität (AGN: aktiver galaktischer Kern); vgl. hierzu Abb. 3.6.

schnelle Variabilität über alle Wellenlängen und ein variables polarisiertes Kontinuum sind beobachtet. Die Leuchtkraft der nichtthermischen Quelle liegt im Bereich $-26 \geq \tilde{M}_v \geq -21$. Eine kompakte Radioquelle ist im Zentrum dieser Objektklasse zu finden. BL-Lac-Objekte werden als Quasare mit verstärkter Kontinuumsemission angesehen, welche die Emissionslinien überdeckt.

Bei einigen BL-Lac-Objekten wurde ein schwaches Emissionslinienspektrum nachgewiesen; sie erhielten den Namen *Blazers*. Diese Untergruppe stützt die Vorstellung eines stetigen Überganges zwischen BL-Lac's und Quasaren.

In Abb. 5.68 ist der von der Beobachtung aufgespannte fünfdimensionale *Parameterraum der Galaxienaktivität* abgebildet. Das Zentrum der Klassifikation wird von einem aktiven Kern I eingenommen. Die Achsen markieren die Anregung (Emissionslinien), die Radioleuchtkraft, die Gesamtleuchtkraft und die Intensitätsverhältnisse zwischen Kontinuum und breiten und schmalen Emissionslinien. Die verschiedenen Aktivitätstypen und ihre Übergänge werden durch das Einwirken von Sichtwinkel, Absorption (optische Tiefe), Zeitvariationen der Masseneinströmung, Energieumsetzung und Umgebungsdichten bestimmt. Die Gebiete der breiten und schmalen verbotenen Emissionslinien lassen sich durch folgende typische Werte eingrenzen:

Breite Linien
Größe 1 pc, Gaswolken $n_e \approx 10^9\,\mathrm{cm}^{-3}$, Füllfaktor 0.01, Geschwindigkeit 5000–30 000 km/s, Ionisationsparameter der zentralen Quelle (Photonen cm^{-2}/Teilchen cm^{-2}) ≈ 0.01.

Schmale Linien
Größe ≈ 1 kpc, Gaswolken $10^2\,\mathrm{cm}^{-3} < n_e < 10^6\,\mathrm{cm}^{-3}$, $T \sim 10^4$ K; Füllfaktor ≤ 0.001, Geschwindigkeit 200–1000 km/s, Ionisationsparameter der zentralen Quelle Seyfert II ≈ 0.1–0.01; LINERS ≈ 0.001.

Den schematisierten spektralen Verlauf für einen aktiven galaktischen Kern zeigt Abb. 5.69. Die 6 wesentlichen Komponenten sind: Das Kontinuum mit einem Po-

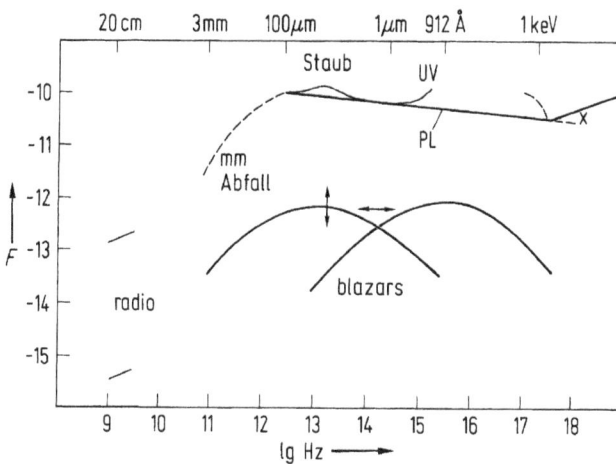

Abb. 5.69 Der charakteristische Spektralverlauf eines aktiven galaktischen Kerns; aufgetragen ist der Fluß durch logarithmisches Frequenzintervall über dem Logarithmus der Frequenz. PL: Power-Law, Potenzgesetz der Abstrahlung

tenzgesetz und niederfrequentem Abknicken; eine thermische infrarote Komponente, die bei aktiven Kernen mit hoher Opazität dominiert; ein Emissionsbuckel im Ultravioletten; Röntgenstrahlungsüberschuß; ein Kontinuum der Jets mit variabler Lage und ein Radiokontinuum, das nicht von den Jets stammt.

Der größere Teil der Strahlung aller extragalaktischen Radioquellen und der ihnen zugrundeliegenden aktiven galaktischen Kerne entstammt *inkohärenten Synchrotronprozessen*. Die Kontinuumsspektren lassen sich wie folgt interpretieren:

a) Die Form der Spektren der ausgedehnten Quellen entspricht Potenz- oder Doppelpotenzgesetzen; ihre speziellen Verläufe sind in Übereinstimmung mit Synchrotronmodellen, bei denen die relativistischen Teilchen sowohl Energieverluste wie Gewinne erfahren.

b) Bei den kompakten Quellen tritt das spektrale Maximum bei umso kürzeren Wellenlängen auf, je kleiner die Quelle ist; dies wird durch das Synchrotronstrahlungsmodell vorhergesagt. Die gemessenen Winkelausdehnungen sind in guter Übereinstimmung mit denen, die aus der Abschätzung des Selbstabsorptionsabschneidens erfolgen.

c) Die maximale beobachtete Helligkeitstemperatur ist 10^{12} K, wie es bei einer inkohärenten Synchrotronquelle erwartet wird, die durch inverse Compton-Streuung kühlt.

d) Die Intensitäts- und Polarisationsvariationen, ihre Wellenlängen und Zeitabhängigkeit sind in Übereinstimmung mit Werten für sich ausdehnende Wolken relativistischer Teilchen.

Die Energiequelle ist die sogenannte zentrale Maschine. Die beobachtete Korrelation zwischen 21-cm-Strahlung der Zentralbereiche und der Stärke der Kernradioquelle stützen folgendes Modell: Die zentrale Maschine, ein supermassives Schwarzes Loch, wird durch Gas gespeist, das über eine Akkretionsscheibe einfließt. Energie von der zentralen Maschine kann über stark kollimierte relativistische Partikelstrahlen, Jets, bis in die äußersten ausgedehnten Radioquellen transportiert werden [204].

5.7.2 Jets

Unter einem Jet wird eine Struktur verstanden, die mindestens viermal so lang wie breit ist; die bei hoher Auflösung räumlich von anderen ausgedehnten Strukturen entweder trennbar oder durch einen großen Helligkeitskontrast unterschieden werden kann; die mit einem aktiven Kern direkt verbunden ist [155], [156]. Die Jet-Längen reichen vom pc- bis in den hundert-kpc-Bereich. Zur Zeit sind rund 140 Jet-Systeme bekannt. Jets treten bei allen Klassen von aktiven galaktischen Kernen auf; sie können daher einem allen aktiven Kernen gemeinsamen Entstehungsmechanismus zugeschrieben werden; sie hängen eindeutig mit galaktischer Kernaktivität zusammen. In Abb. 5.70 ist die Jet-Struktur der Radioquelle 3 C 120 über einen weiten Winkelauflösungsbereich dargestellt. Die Richtung des Jets kann bis in den zentralen pc-Bereich erhalten bleiben. Andererseits werden auch Jets beobachtet, die mäandern und abbiegen, wohl die Folge einer Wechselwirkung mit einem äußeren Medium oder einer Präzession der zentralen Quelle. Jets enden in den ausgedehnten diffusen Radiostrahlungskeulen der zugehörigen aktiven Radiogalaxien [199], [212].

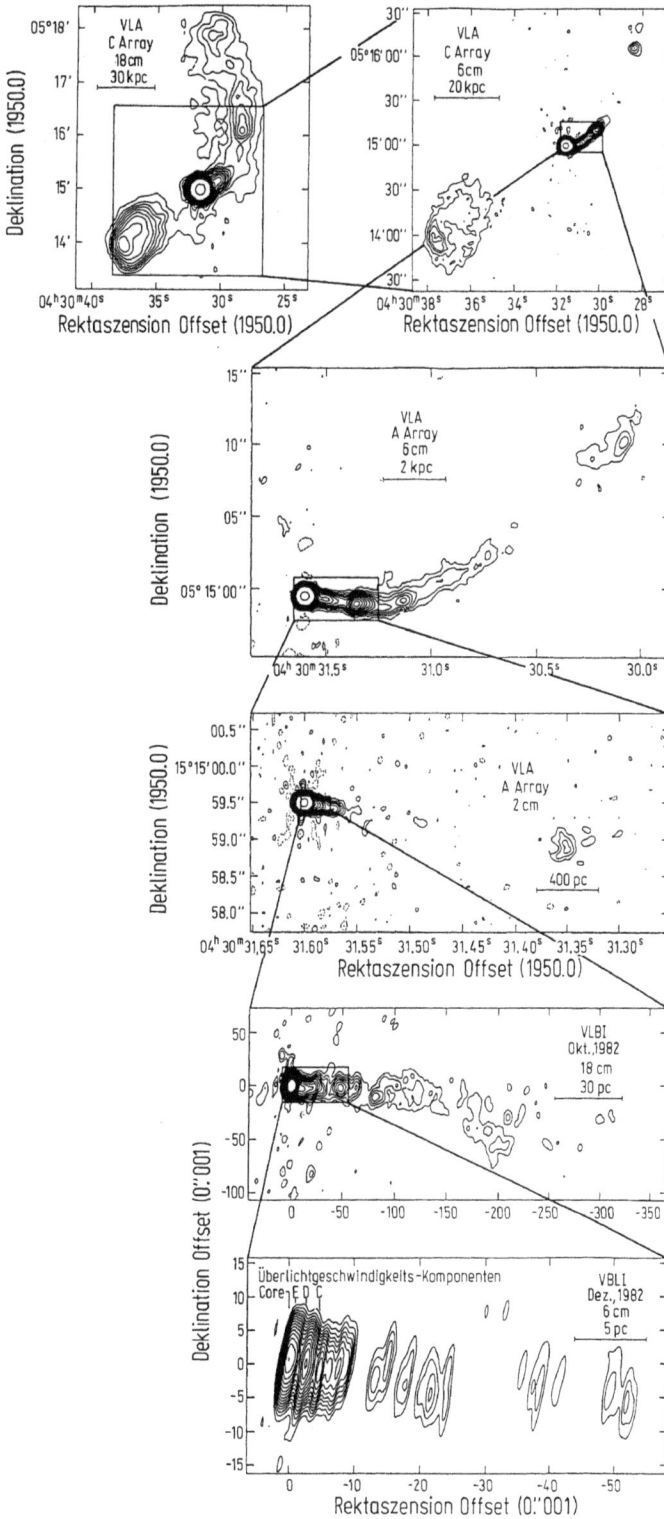

Abb. 5.70 Die Radio-Jet-Galaxie 3C 120 mit zunehmender Auflösung [158].

Das Grundmodell unterstellt einen zunächst unsichtbaren *relativistisch schnellen Partikelstrom* aus dem aktiven Kern, der sich in den Radiokeulen im Bereich der sogenannten heißen Flecke auflöst und thermalisiert. Er liefert die Energie für die Radiostrahlung. Durch Energieverluste auf dem Weg dorthin wird der Strahl selbst sichtbar. Den zentralen Kern verlassen symmetrisch zwei solche Materiestrahlen. Der vom Beobachter weggerichtete Strahl ist weitgehend unsichtbar, da seine Synchrotronstrahlung in einer schmalen Keule fokussiert wird, die entgegen die Sichtlinie gerichtet ist. Emissionen von stationären Kernen werden an dem Punkt beobachtbar, wo der sich dem Beobachter nähernde relativistische Strahl undurchsichtig wird. Überlichtgeschwindigkeit wird als relativistischer Scheineffekt zwischen diesem stationären Punkt in der Düse und nach außen laufenden Schockfronten oder anderen Inhomogenitäten meßbar.

Der Mechanismus relativistischer Strahlungsquellen kann die Erscheinung der Überlichtgeschwindigkeit, der schnellen Flußvariationen und des Fehlens von über den inversen Comptoneffekt gestreuter Röntgenstrahlung erklären. Die Helligkeit eines Jets im Rahmen eines Modells von magnetischen Flußröhren und relativistischen Partikeln wird beeinflußt durch die Strahlungsverluste, adiabatische Gewinne oder Verluste durch Änderung des Jet-Querschnittes und andere, die relativistischen Elektronen beeinflussende Effekte. Es gibt zur Zeit keinen direkten Ansatzpunkt, Dichte und Geschwindigkeit eines Radiostrahlung emittierenden Jets abzuschätzen oder gar zu messen. Radiohelligkeit und lineare Polarisation in verschiedenen Wellenlängen sind die einzigen Zugänge für ein Modell; hinzu kommen Messungen von äußeren Randbedingungen aus der optischen und der Röntgenstrahlung [204].

5.7.3 Ursachen der Aktivität: Die zentrale Maschine

Alle Modelle des inneren Bereichs von aktiven Kernen bestehen aus vier Bausteinen, deren Zusammenwirken die energetisch, spektralen und variablen Eigenschaften erklären können. Die Bausteine sind: ein kompaktes, zentrales Objekt, vermutlich ein *supermassives Schwarzes Loch*; eine differentiell rotierende Akkretionsscheibe (Aufsammlungsscheibe), die thermische Photonen im Ultraviolett- und Röntgenbereich abgibt; eine harte Röntgenquelle, die von der inneren Scheibe abgesetzt ist; Jets, die entlang der Rotationsachse des zentralen Objekts abströmen [153], [154], [157].

Der größte Teil der Energie entsteht im Bereich $3 \leq x \leq 10$ mit $x = r/r_G$; r_G ist der Gravitationsradius

$$r_G = 2GMc^{-2} = 10^{-5} M_8 \, \text{pc} \; ; \quad M_8 = \frac{M}{10^8 M_\odot}$$

des zentralen Schwarzen Loches mit der Masse M. Die Primärenergie wird auf ihren Weg nach außen umgesetzt, dabei entstehen die verschiedenen Aktivitätsphänomene. Gleichzeitig hat die beobachtete Kurzzeit-Variabilität in dieser Region ihren Ursprung. Sie ist mit der Lichtdurchquerzeit t_G eines Schwarzen Loches vergleichbar

$$t_G = r_G c^{-1} = 10^3 M_8 \, \text{s} \, .$$

Eine charakteristische Leuchtkraft ist die sogenannte *Eddington-Grenzleuchtkraft*, bei der der Strahlungsdruck auf ein freies Elektron der Schwerkraft der Zentralmasse das Gleichgewicht hält

$$L_E = 4\pi G m_p c\, \sigma_T^{-1} = 1.3 \cdot 10^{14} M_8 \,\text{erg s}^{-1}$$

m_p = Protonenmasse

σ_T = Thompson'scher Streuquerschnitt

Die Beobachtungsdaten lassen auf Zentralmassen von 10^6 bis 10^9 Sonnenmassen schließen. Diese Massen bestimmen in Vielfachen von r_G, t_G und L_E die Längen-, Zeit- und Leuchtkraftskalen des Modells. Der Beweis eines Schwarzen Loches als zentrale Maschine benötigt die Bestimmung seiner Masse und Größe. Methoden hierzu sind die Messung der Geschwindigkeitsstreuung in nahen galaktischen Kernen oder Emissionslinienstärken, die in den Gebieten der breiten Linien entstehen. Kurzzeit-Röntgenvariabilität aufgrund von Materieaufströmen auf die Akkretionsscheibe liefert ebenfalls einen Hinweis auf die Größe der Zentralmasse.

Obgleich ein gewisser Energieanteil aus der Rotation des Schwarzen Loches stammt, ist die Hauptenergiequelle die *Akkretion*. Die Gesamtleuchtkraft ist proportional zur Akkretionsrate

$$L = \varepsilon \dot{m} c^2$$

ε ist die Akkretionsausbeute und liegt im Bereich von 0.1. Die Akkretionsrate $\dot{m}$ läßt sich über ihren kritischen Wert skalieren

$$\dot{m}_E = L_E c^{-2}\,, \quad \dot{m}_{kri} = \frac{\dot{m}_E}{\varepsilon}\,,$$

$$\dot{m}' = \frac{\dot{m}}{\dot{m}_{kri}}\,, \quad \dot{m}' = \frac{L}{L_E}\,.$$

Die charakteristische Schwarzkörpertemperatur beträgt für die Leuchtkraft L_E und bei Emission innerhalb eines Radius r_G

$$T_E = 5 \cdot 10^5 M_8^{-\frac{1}{4}} \,\text{K}\,.$$

Gleichzeitig kann eine passende Magnetfeldstärke definiert werden, so daß ihre Energiedichte mit der Strahlung vergleichbar ist

$$B_E \sim 4 \cdot 10^4 M_8^{-\frac{1}{2}} \,\text{G}\,.$$

Die durch Akkretionsflüsse hervorgerufene Feldstärke erreicht obige Größenordnung. Die zugehörige Zyklotronfrequenz ist dann

$$\nu_{cE} \sim 10^{11} M_8^{-\frac{1}{2}} \,\text{Hz}\,.$$

Dazu gehört die Compton-Kühlungszeitskala für relativistische Elektronen mit dem Lorentz-Faktor γ_e

$$t_{cE} \sim \frac{m_e}{m_p} \gamma_e^{-1} \frac{r_G}{c} \sim 0.3 \gamma_e^{-1} M_8 \text{ s};$$

dies entspricht auch der Synchrotronlebensdauer im Felde B_E. Die Photonendichte n_γ innerhalb des Quellvolumens wird

$$n_\gamma \sim \frac{L r^{-2} c^{-1}}{\langle h\nu \rangle}.$$

Aus diesen Maximalabschätzungen ergeben sich für die Strahlungsprozesse, d.h. für das Erscheinungsbild von Kernaktivität, vier Folgerungen; die Annahmen hierbei lauten lediglich: $L \sim L_E$, $2 \leq x \leq 10$.

Der Hauptstrahlungsbeitrag ist *Synchrotronstrahlung* in einem Feld mit $B \approx B_E$; das Abknicken durch Selbstabsorption im spektralen Verlauf ist dann bei

$$\nu_{SE} \sim 2 \cdot 10^{14} M_8^{-\frac{5}{14}}$$

d.h. typischer Weise im Infraroten. Aus dem Bereich $r \sim r_G$ können keine wesentlichen Radiostrahlungsanteile stammen, außer kohärente Prozesse, die bei $\nu \sim \nu_{CE}$ arbeiten (CE = Compton Emission). Synchrotronemissionen bei ν_{SE} benötigt Elektronen mit

$$\gamma_e \sim 40 M_8^{\frac{1}{4}}.$$

Thermische Strahlung von optisch dickem Material zeigt sich im fernen Infrarot und als weiche Röntgenstrahlung. Wiederabsorption ist unwichtig, wenn das thermische Gas in diesem Gebiet heiß genug ist. Wenn ein wesentlicher Anteil der Strahlung als γ-Strahlung mit Energien $\geq$ MeV entsteht, werden Elektronen-Positronen-Paare erzeugt.

Unter diesen Bedingungen ist die Lebensdauer für Synchrotronstrahlung oder inversen Compton-Effekt $\leq (r_G/c)$. Die strahlenden Partikel müssen also injiziert oder wiederholt beschleunigt werden und zwar an vielen, über das Quellvolumen verteilten Stellen. Ein massereiches Schwarzes Loch, isoliert im leeren Raum, verhält sich ruhig. Um Energie abzugeben, muß es von einem Plasma (und/oder Magnetfeld) umgeben sein. In galaktischen Kernen ist dies der Fall. Gas von normalen Sternen (Sternwindverluste), von Supernovae oder Sterne selbst, gelangen in das Zentralgebiet. Selbst Gas, das aus dem intergalaktischen Raum eingefangen ist, kann diesen Weg finden. Sternreste, vom Schwarzen Loch zerrissen, oder Reste von Sternkollisionen aus kompakten Sternhaufen der Umgebung sind geeignet, die Materieeinströmraten zu erzeugen [159].

Zwischen dem relativistischen Energieerzeugungsbereich ($r \sim r_G$) und den pc-Skalen spannen sich mehrere Zehnerpotenzen auf, die heute über interferometrische Methoden diagnostiziert werden können und aus denen die Emissionslinien stammen. Innerhalb dieser Skalen wird das Strömungsverhalten durch ein $1/r$-Potential und Magnetfelder geführt. Da jedoch Schwarze-Loch-Potentiale wiederum um Größenordnungen tiefer als übliche galaktische Potentiale sind, kann das Gas auf extreme Art und Weise komprimiert und zusammengehalten werden. So entsteht eine Doppeldüse, die die Jets steuert.

Das Akkretionsströmungsverhalten hängt von zwei Dingen ab. Einmal von der Akkretionsrate

$$\dot{m} = \frac{\dot{M}}{\dot{M}_E},$$

die den dynamischen Einfluß des Strahlungsdruckes festlegt, zum anderen von der Zeitskala des Einströmens, die von der Viskosität abhängig ist. Die Kühlungszeitskala ist invers proportional zur Dichte und daher zur Einströmgeschwindigkeit v_{in} für ein $\dot{m}$. Das Verhältnis von v_{in} und Kühlzeit ist ein wichtiger Parameter, der die Gastemperatur kontrolliert; er hängt ab von

$$\dot{m} \left(\frac{v_{in}}{v_{freifall}} \right)^{-2}.$$

Wenn $\dot{m} \geq 1$, ist der Kühlprozeß wirksam und die aus der Akkretion stammende Leuchtkraft in der Größenordnung von L_{Ed}. Eine andere, noch größere Energiequelle als Akkretion schlummert im Schwarzen Loch selbst. Der Teil der Ruhemasse, der im Spin eines rotierenden Schwarzen Loches gebunden ist ($\sim 29\%$), kann im Prinzip über elektromagnetische Wirbel dem Loch entzogen werden und der Materialbeschleunigung dienen.

Die Energetik der Jet-Strukturen und die allgemeine spektrale Variabilität der galaktischen Kerne (70 %) sind Beobachtungstatsachen, die Schwarze-Loch-Maschinen in den Kernen erfordern. Schwarzes Loch und Akkretionsscheibe bilden den Rahmen, um das verschiedene Variabilitätsverhalten zu erklären. Zeitskalen von 10^6 Jahren werden durch ruhige und aktive (Masseneinfall) Phasen der Kerne beschrieben; dies erklärt den Prozentsatz aktiver galaktischer Kerne. Optische Variabilität auf Skalen von Jahren haben ihre Ursache in thermischen Grenzzyklen in den Akkretionsscheiben, die von Masseneinfall und Massenüberlauf der Scheiben gesteuert werden. Variabilität im Röntgenbereich auf Skalen von 10^4 s ist zum Beispiel durch Rotation heißer Aufströmflächen auf der Akkretionsscheibe zu begründen. Für die Variabilität im Minutenbereich wird Paarinstabilität zwischen Elektron-Positronenpaaren vorgeschlagen [194], [204].

Die Gesamtenergie für die gewaltigen Leuchtkräfte aktiver Galaxien stellen zwei Prozesse zur Verfügung: Akkretion und/oder *Ruhemassenextraktion*. Der zweite Prozeß liefert reine nichtthermische Strahlung, Akkretion hingegen eine beliebige Mischung von thermischen und nichtthermischen Strahlungsanteilen. Die Eigenschaften aktiver Kerne sind von den relativen Anteilen dieser zwei Mechanismen geprägt. Sie sind Funktionen von $\dot{m}$ und dem Spin des Schwarzen Loches. Die Kernmasse M setzt für alle Aktivitätserscheinungen den Rahmen, die dann je nach galaktischer Umgebung in verschiedenster Ausprägung von der Beobachtung erfaßt werden.

Für das Vorhandensein von Schwarzen Löchern in den Kernen aktiver Galaxien gibt es 6 Beobachtungshinweise:

1. Die schnelle Variabilität auf Zeitskalen von einer Minute ergibt Lichtdurchquerungszeiten der Kerne von der Größe eines Schwarzschild-Radius bei 10^7 Sonnenmassen.

2. Galaktische Kerne zeigen schwache, sehr breite Emissionslinien der Gaskomponenten, die auf Potentialtiefen von 10^7 Sonnenmassen schließen lassen.
3. Die Geschwindigkeitsstreuung der Sterne innerhalb des Kernbereichs ist typisch 3000 km/s; ein Schwarzes Loch der Masse 10^7 Sonnenmassen bestimmt das Potential bis 10^6 Schwarzschild-Radien $\sim$ rund 1 pc. Dies ist gut meßbar.
4. Der extreme Energieausstoß galaktischer Kerne läßt sich nur über einen Mechanismus hoher Effizienz bei der Umwandlung von Ruhemasse in Strahlungsenergie abdecken. Kernprozesse oder atomare Prozesse scheiden hierfür aus. Gravitationsenergie ist daher die einzige Alternative. Sie erfordert ein Schwarzes Loch.
5. Die Materieauswurfachsen von Radiogalaxien sind im Raum lediglich auf Zeitskalen $\leq 10^7$ Jahre fest. Ein kompakter Kreisel mit präzidierender Achse in Form eines Schwarzen Loches ist hierfür die einfachste Erklärung.
6. Die beobachtete Expansion mit Überlichtgeschwindigkeit vieler Radioquellen erfordert relativistische Massenbewegungen. Nur ein relativistisch tiefes Schwarzes-Loch-Potential kann dem genügen.

Quasare als Kerne von Galaxien und die Energieerzeugung in Quasaren durch Massenakkretion auf Schwarze Löcher ist durch eine Fülle von hinweisenden Beobachtungen ein gut gestütztes kosmisches Entwicklungsschema. Die Eigenschaften der fernen Quasare und die Stern- und Gaskinematik in nahen Galaxien sind zwei unabhängige Hinweise auf Schwarze Löcher. Die meisten Galaxien enthalten in ihren Zentren Schwarze Löcher mit Massen zwischen 10^6 und 10^9 Sonnenmassen [181].

5.7.4 Gravitationslinsen

Die physikalische Grundlage einer Gravitationslinse bildet die Ablenkung von elektromagnetischer Strahlung in Gravitationsfeldern. Für kleine Ablenkwinkel wird die sogenannte *Einstein-Beugung* eines Strahls der nahe an einer kompakten Masse M in der Entfernung b vorbeiläuft

$$\delta = 4GMc^{-2}b^{-1}$$

$c = $ Lichtgeschwindigkeit

Die Einstein-Beugung wurde mit besser als 1 % Genauigkeit durch radiointerferometrische Beobachtungen von Quasaren verifiziert, deren Strahlung von der Sonne abgebeugt wurde.

Die Masseninhomogenitäten des Universums (Sterne, Galaxien) stören durch Gravitationslinseneffekte unseren Blick in den Kosmos. In einigen Fällen treten spektakuläre Bildänderungen auf, so z. B. Mehrfachbilder von Einzelquellen. Der erste eindeutige Fall einer Gravitationslinsenwirkung wurde 1979 an dem Quasar QSO 0957 + 561 festgestellt. Mit einer Rotverschiebung $z = 1.41$ wurde sein Bild durch eine Galaxie bei $z = 0.36$ in eine Doppelquelle aufgespalten; seither sind ein Dutzend Mehrfachquasare bekannt.

Andere beobachtete Gravitationslinsenphänomene sind: Galaxien, die zu leuchtenden Bögen durch Galaxienhaufen verzerrt werden; Radioringe, die sich ergeben, wenn eine Vordergrund-Galaxie genau in Sichtlinie zu einer ausgedehnten Radiogalaxie liegt. Das große Interesse an den Gravitationslinsen liegt darin, daß dieses

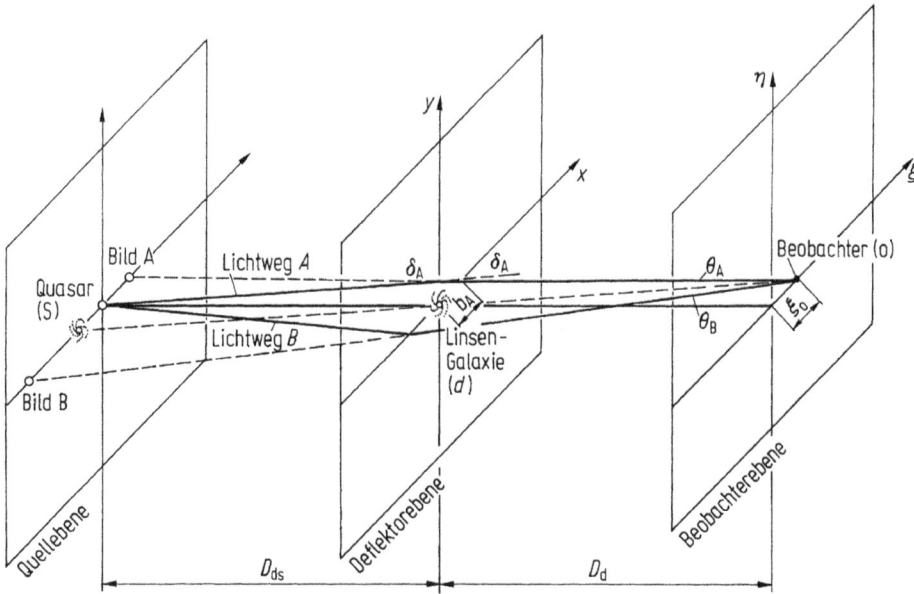

Abb. 5.71 Gravitationsoptische Abbildung eines Quasars durch eine Galaxie; $D_S = D_d + D_{ds}$. b_A: Abstand des Strahlenwegs A zur Linsengalaxie.

Phänomen zu einem leistungsfähigen astrophysikalischen Werkzeug entwickelt werden kann. Unter anderem ist es einsetzbar bei der Untersuchung von: Größe und Struktur von Quasaren, Größe von intergalaktischen Gaswolken, Masse und Massenverteilung der Linsen, Natur von dunkler und leuchtender Materie, Bestimmung der Hubble-Konstanten, Entdeckung zufälliger Bewegung in der kosmischen Expansion [160].

Mit Hilfe der klassischen geometrischen Optik läßt sich das Gravitationslinsenphänomen eingehender betrachten (Abb. 5.71); wir setzen schwache Felder (keine Schwarzen Löcher) voraus und nehmen einen quasistationären Fall an, d.h. die Geschwindigkeit der Eigenbewegung der Gravitationslinse ist gegen die Lichtgeschwindigkeit vernachlässigbar klein. Für kleine Ablenkwinkel ergibt sich dann die Linsengleichung

$$\xi_0 = D_d \left(\frac{D_s}{D_{ds}} (\theta - \delta) \right), \quad D_s = D_d + D_{ds}, \tag{5.11}$$

die für gegebene Beobachtungspositionen ξ_0 die Lage θ der Bilder in Abhängigkeit von der Massenverteilung der Linsen, die in dem Ablenkwinkel δ eingeht, zu bestimmen gestattet. Die Entfernungen D sind sogenannte Raumwinkelentfernungen, also die Quadratwurzel aus dem Verhältnis der Fläche eines Objekts und dem Raumwinkel, unter dem dieses Objekt gesehen wird. In Abb. 5.72 ist der sogenannte Kleeblattquasar QSO 2237 + 0305 gezeigt. Die Linsengalaxie im Zentrum ist schwach sichtbar und hat ein $z = 0.038$; der Quasar liegt bei $z = 1.7$. Das Vorantreiben der Empfindlichkeits- und Auflösungsgrenzen der Teleskope wird über Gravitationslinsen die Quasarstruktur, d.h. den Aufbau galaktischer Kerne zu enthüllen gestatten.

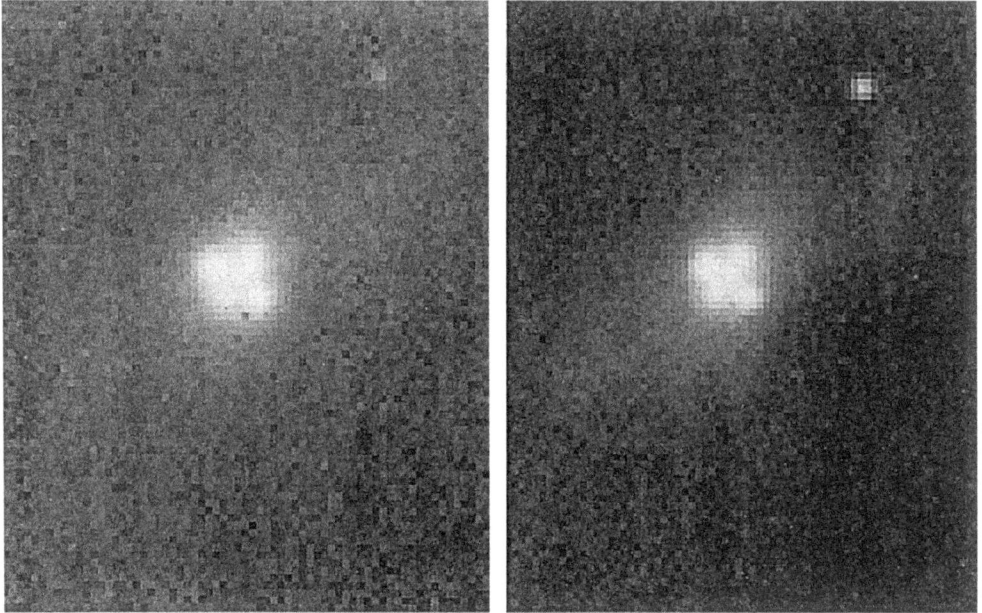

Abb. 5.72   Das gravitationsgelinste Vierfach-Bild des Quasars QSO 2237-030; 2 minütige Belichtung in V (links) und R (rechts) (Europäischen Südsternwarte).

Da sich die Gravitationslinsen, Galaxien, Galaxienhaufen und die Lichtquellen (Quasare) in kosmologisch bedeutenden Entfernungen vom Beobachter befinden, kann dies ausgenützt werden, um die Hubble-Konstante H völlig unabhängig von anderen Methoden zu bestimmen. Die Lichtwege für die verschiedenen Quasarbilder um eine Linsengalaxie herum besitzen unterschiedliche Längen. Helligkeitsänderungen in der Quelle werden zu unterschiedlichen Zeiten in den Bildern auftauchen. Sollte die Messung solcher Helligkeitsschwankungen in den Bildern mit guter Genauigkeit möglich werden, ist H bestimmbar. Die Ausdehnung des Universums, während der das Licht unterwegs ist, zwingt zur Einführung eines Rotverschiebungsfaktors $(1 + z_d)$ in Gl. (5.11); ersetzt wird θ durch $\theta_s/(1 + z_d)$.

Der Winkelabstand der beiden Bilder ist $\theta_{t0} = |\theta_A| + |\theta_B|$. Die Wegdifferenz $c\,\Delta t$, wobei Δt die Zeitdifferenz zwischen dem Auftauchen der Variabilität in den beiden Quellen ist, ist dann

$$c\,\Delta t = \theta_{t0}\,\xi_0$$

oder

$$\Delta t = \theta_{t0}\,(\theta_A + \theta_B)\,\frac{D_s D_d}{D_{ds}} \cdot \frac{1 + z_d}{c}.$$

Die Lichtlaufzeit ist aus meßbaren Größen zusammengesetzt, wenn die Entfernungen bekannt sind. Statt der Entfernungen sind die Rotverschiebungen meßbar. Aus dem Hubble-Gesetz ergibt sich mit

$$v_f = z \cdot c\,; \quad D = \frac{c}{H}\,z\,,$$

und da Δt selbst meßbar ist

$$H = \theta_{t0}(\theta_A + \theta_B)\,\frac{z_s\,z_d}{(z_s + z_d)}\,\frac{(1 + z_d)}{\Delta t}\,.$$

Dies ist eine neue, auf der Messung von Unterschieden in den Lichtankunftszeiten beruhende Methode, die Hubble-Zahl zu bestimmen.

Die Gravitationslinsenphysik wird wichtige Beiträge zum Aufbau und zur Struktur der Sternsysteme liefern. Insbesondere sind die Ergebnisse des Microlensing ermutigend. Einige Machos (massive compact halo objects) sind als mögliche Kandidaten für dunkle Materie durch ihre Linsenwirkung auf Hintergrundsterne nachgewiesen. Die Linsenwirkung liefert eine Lichtverstärkung über fünf Tage von Hintergrundsternen [181].

5.8 Galaxien als Bausteine des Kosmos

Angefangen von Doppel-, Dreifach- und Mehrfachsystemen, über Gruppen von einigen wenigen bis 100 Galaxien, zu reichen Haufen mit tausenden von Mitgliedern, ist die Galaxienverteilung auf allen Skalen geklumpt; (im folgenden wird ein H von 50 (km/s)/Mpc benützt). Galaxienhaufen werden durch die Erhöhung der Flächendichte σ gegenüber einer mittleren Hintergrundanzahl σ_H auffällig;

$$\left\langle \frac{\sigma}{\sigma_H} \right\rangle \geq N$$

Je nach Wahl von N können Galaxienhaufen oder Galaxienverdichtungen auf den verschiedensten Skalen ausgewählt werden. Zusätzliche Kriterien sind: ein Haufen muß mindestens 50 Mitglieder im Helligkeitsintervall $\tilde{m}_3 + 2$ enthalten; $\tilde{m}_3$ ist die scheinbare Helligkeit der dritthellsten Galaxie. Mehr als 50 Mitglieder sollten innerhalb eines Radius von 3 Mpc anzutreffen sein; die unterschiedlichen Rotverschiebungen innerhalb eines Haufens sollten plausible Bereiche nicht übersteigen [161], [162], [163], [164].

5.8.1 Morphologische Eigenschaften der Galaxienhaufen

Der Begriff *Reichtum eines Haufens* mißt die Anzahl der Mitgliedergalaxien innerhalb eines bestimmten Abstandes vom Haufenzentrum; er quantifiziert daher die mittlere Galaxienanzahldichte. Der Reichtum der Haufen variiert über einen großen Bereich, von reichen und dichten Haufen, die tausende Sternsysteme enthalten bis zu Galaxiengruppen geringer Dichte, wie zum Beispiel unsere lokale Gruppe. Die Gesamtzahl der Mitglieder eines Haufens hängt von der Haufendefinition ab. Die geschätzte Galaxiengesamtzahl hängt auch stark von der angenommenen Haufengröße, der Hintergrundkorrektur und der Extrapolation zu schwachen Mitgliedern ab; keine dieser Größen kann mit großer Genauigkeit festgelegt werden. Eine weitgehende entfernungsunabhängige Definition der Reichtumsklasse eines Haufens lautet: Anzahl der Galaxien innerhalb einer festgelegten Helligkeitsklasse ($\tilde{m}_3$, $\tilde{m}_3 + 2$) und eines bestimmten Radius

$$R_A = 1.7/z \text{ arc min} = 3 \text{ Mpc}.$$

Eine Hintergrundskorrektur wird über Zählungen in benachbarten Feldern ermöglicht. Reichtumsklassen gemäß dieser Definition liegen zwischen 50 und mehr als 300 Mitgliedern durch Fläche.

Auch Galaxienhaufen lassen sich in einer einparametrigen Folge ordnen. Reguläres und irreguläres Erscheinungsbild sind hierbei die Grenzfälle, wobei reguläre Haufen dynamisch weiterentwickelt sind als irreguläre Haufen. Viele Haufeneigenschaften korrelieren mit der morphologischen Haufengestalt; diese kann beschrieben werden durch Konzentration, Vorherrschen von hellen Galaxien, Galaxieninhalt, Dichteprofil, Massenverteilung, Radio- und Röntgenemission. In Tab. 5.11 ist die Zusammenfassung der Klassifikation und die mit ihnen verknüpften Eigenschaften und Wechselbeziehungen dargestellt. Die Klassifikationsschemata verwenden das morphologische Haufenerscheinungsbild, die Dominanz heller Galaxien und den Galaxieninhalt.

Tab. 5.11   Kriterien der Galaxienhaufen-Klassifikation.

Eigenschaft/Klasse	regulär	dazwischenliegend	irregulär
Konzentration	kompakt	mäßig kompakt	offen
Helligkeitskontrast der Galaxien	I, I–II, II	(II), II–III	(II–III), III
Galaxienanordnung	cD, B, (L, C)	(L), (F), (C)	(F), I
Inhalt	E-reich	S-arm	S-reich
E : SO : S	3 : 4 : 2	1 : 4 : 2	1 : 2 : 3
Symmetrie	sphärisch	dazwischenliegend	irregulär
Zentralkonzentration	groß	mäßig	sehr gering
zentrales Profil	steiler Gradient	dazwischenliegend	flacher Gradient
Radioemission	50 % Entdeckungsrate	50 %	25 %
L_{Radio}	hoch	niedrig	niedrig
X-Emission	33 % Entdeckungsrate	8 %	8 %
L_X	groß	dazwischenliegend	niedrig
Beispiel	A 2199, Coma	A 194, A 539	Virgo, A 1228

Die Kompaktheit eines Haufens unterscheidet drei Fälle. Ein *kompakter Haufen* enthält eine einzige, hervorstechende Anhäufigung heller Galaxien. Ein *mäßig kompakter Haufen* hat mehrere solcher Konzentrationen oder eine einzige aufgelockerte Anhäufung von bis zu 10 hellen Galaxien. Ein *offener Galaxienhaufen* zeigt keine hervorstechende Objektansammlung. Kompaktheit läßt sich auch durch Regularität, als Maß für zentrale Verdichtung und kreisförmige Symmetrie, wiedergeben. Ein regulärer Haufen hat mindestens 10^3 Objekte im Zentralbereich mit einer Helligkeitsstreuung von ≤ 6 Größenklassen. Ein irregulärer Haufen ist symmetrielos und ohne zentrale Verdichtung. Auch der Galaxieninhalt ist unterschiedlich. Reguläre Haufen werden überwiegend von E- und S0-Systemen bevölkert, während irreguläre Haufen alle Typen, besonders aber S-Systeme beinhalten. Unter Benützung der 10 hellsten Mitglieder für Klassifikationszwecke läßt sich ein Gabeldiagramm aufstellen:

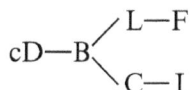

$$cD - B \begin{cases} L - F \\ C - I \end{cases}$$

das die Haufentypen in eine Folge mit stetig variierenden Eigenschaften abbildet:

cD –	(überriesig)	21 %	der Haufen wird von einer cD-Galaxie dominiert (A401, A2199)
B –	(doppel)	9 %	der Haufen wird von einem hellen Doppel-System beherrscht (Coma-Haufen)
L –	(Linie)	9 %	drei oder mehr von den zehn hellsten Systemen sind in einer Linie an geordnet (Perseus-Haufen)
C –	(Kern)	14 %	mindestens vier der zehn hellsten Systeme bilden den Haufenkern (A2065)
F –	(flach)	18 %	die zehn hellsten Systeme sind aufgelockert angeordnet (A397)
I –	(irregulär)	29 %	kein ausgeprägtes Haufenzentrum vorhanden (A1228)

Die Prozentzahlen beziehen sich auf 110 Galaxienhaufen aus dem Abell(A)-Katalog.

Benützt man den relativen Helligkeitskontrast der hellsten Galaxien zu den übrigen Galaxien in einem Haufen, ergibt sich eine Fünfereinteilung:

Haufentyp I:	einzelne, dominierende cD-Galaxie (A2199);
I–II:	Übergang;
II:	die hellsten Mitglieder liegen zwischen cD-Systemen und normalen Riesen-E-Galaxien (Coma);
II–III:	Übergang;
III:	der Haufen enthält kein dominierendes System (Virgo, Herkules-Haufen).

Die Haufeneinteilung nach Galaxieninhalt ist in Tab. 5.12 zusammengefaßt. Das Verhältnis von S- zu E-Galaxien hängt von den Systemhelligkeiten und dem Abstand vom Haufenzentrum ab. Die hellsten Galaxien eines Haufens sind jedoch stets E- und S0-Systeme. Die Galaxienhaufen bestimmen ihren Galaxieninhalt durch innere Wechselwirkungen und Staudruck ihres intergalaktischen Gasinhaltes. Der Staudruck kann in der Lage sein, das interstellare Gas der Galaxien aus den Systemen herauszuschieben.

Tab. 5.12 Einteilung der Galaxienhaufen nach ihren Inhalten.

	E	SO	S	(E + SO)/S	Beispiel
cD-Haufen	35 %	45 %	20 %	4.0	Coma, A2199
Spiralen arm	15 %	55 %	30 %	2.3	A194, A400
Spiralen reich	15 %	35 %	50 %	1.0	Herc., A1228, A1367, A2197
Feld	15 %	25 %	60 %	0.7	

5.8.2 Dichteprofil, Größe, Masse

Das Dichteprofil der Galaxienverteilung in einem Galaxienhaufen wird durch eine dreiparametrige Funktion beschrieben

$$\varrho(\tilde{R}) = \varrho_0 f_1(\tilde{R}, \tilde{R}_c, \tilde{R}_h),$$
$$\sigma(R) = \sigma_0 f_2(R, R_c, R_h);$$

$\varrho(\tilde{R})$ ist das räumliche, $\sigma(R)$ das projizierte Profil von Masse, Anzahl oder Helligkeit; f_1, f_2 sind Funktionen, die die Beobachtungsdaten gut wiedergeben. Die drei Parameter sind: Zentraldichte (ϱ_0 oder σ_0); zentrale Skalenlänge (der Kernradius ist definiert als Halbwertsradius $\sigma(R_c) = \sigma_0/2$); Grenzradius des Haufens R_h. Zur Zeit können die Haufendichteprofile nur verläßlich bis $10^{-2} \sigma_0$ festgelegt werden. Eine gute und praktische Funktion, um die Haufen zu beschreiben, ist die isothermer Gaskugeln

$$\sigma(R) = \alpha \left[\sigma_{iso}\left(\frac{r}{\beta}\right) - C \right]$$

mit $\beta = R_h/3$, $C = \sigma_{iso}(R_h/\beta)$ und $\sigma_{iso}(r/\beta)$ der Isothermen-Funktion. α ist ein Normalisierungsparameter hinsichtlich der Zentraldichte, β skaliert die Skalenlänge und C ist der konstante Abscheideparameter. R_c und C ergeben sich für eine Haufenstichprobe zu

$$R_c = 0.25\,\text{Mpc}, \quad C = 0.015\,\sigma_0.$$

Ein mittleres Haufenprofil ist in Abb. 5.73 abgebildet.

Die Form der Flächenhelligkeitsprofile von Haufen ist geringfügig abhängig vom Galaxieninhalt; Haufen, die arm an Spiralgalaxien und cD-Haufen sind, besitzen

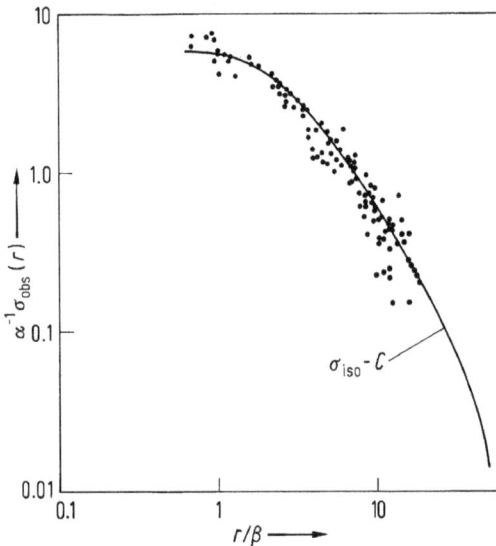

Abb. 5.73 Galaxienhaufen-Profil [165]. Die normalisierte Verteilung von 15 Galaxien-Haufen entspricht dem Modell einer isothermen Gaskugel mit dem Abschneideparameter $C = 0.1$.

höhere zentrale Dichten und steilere Dichtegradienten als irreguläre Haufen. Im Rahmen der isothermen Modelle findet man für die zentrale Anzahldichte reicher, regulärer Haufen

$$N(\Delta \tilde{m} = 3) \approx 200 \pm 100 \text{ Galaxien/Mpc}^3$$

für die drei hellsten Größenklassen. Die Gesamtgröße eines Galaxienhaufens ist eine Frage der Definition. Da der Haufenrand keine scharfe Grenze darstellt, wird zu seiner Definition oft die Haufendynamik verwendet. Der Gravitationsradius R_G ist definiert

$$R_G = 2GM(3v_r^2)^{-1} \, ;$$

M ist die Haufenmasse und v_r die beobachtete radiale Geschwindigkeitsstreuung. Eine andere Randdefinition, Halorand R_h, nutzt das Dichteprofil und legt als Rand den Übergang in die Hintergrundverteilung fest

$$R_h \approx 20 R_c \, .$$

Mit 5 verschiedenen Zeitskalen können die Eckdaten eines Galaxienhaufens festgelegt werden. Die Zeitskalen sind die Durchquerungszeit, die Zwei-Körper-Wechselwirkungszeit, dynamische Reibung, Stoßzeit und Bremsstrahlungskühlzeit. Die Durchquerungszeit P_q einer Galaxie mit der Geschwindigkeit v in einem Haufen mit dem Radius R ist bei sphärischer Symmetrie

$$v = (3v_r^2)^{\frac{1}{2}}, \quad P_q = \frac{R}{v} = 0.57 R v_r^{-1} \, .$$

Die typische Durchquerzeit eines Haufens mit $R = 10$ Mpc beträgt $6 \cdot 10^9$ Jahre. Galaxien an den Rändern großer Haufen ($R \sim 35$ Mpc) haben Durchquerungszeiten $\geq 2 \cdot 10^{10}$ Jahre und je nach angenommenem Weltalter noch keine vollständige Durchquerung erlebt.

Die Zwei-Körper-Wechselwirkungszeit t_W für Galaxien im Haufen mißt die Zeitspanne der wesentlichen Geschwindigkeitsänderung nach engen Begegnungen

$$t_W = v^3 (4\pi G M_g N \ln \Lambda)^{-1} \tag{5.12}$$

N = Galaxienanzahldichte

$\ln \Lambda$ = Verhältnis von maximalem zu minimalem Stoßparameter

In den zentralen Teilen regulärer Haufen ist $N \sim 3.2 \cdot 10^3$ Galaxien/Mpc^3. Mit $M_g \sim 10^{12} M_\odot$ wird $t_W \sim 10^9$ Jahre.

Relaxationszeiten aufgrund dynamischer Reibung, (d.h. eine Galaxie bewegt sich im isotropen Haufenhintergrundsfeld), ergeben sich auf Formel (5.12), wenn $N \cdot M_G$ ersetzt durch ϱ_H wird, der mittleren Hintergrundsmassendichte des Haufens. Die Zeitskala der dynamischen Reibung ist mit der Zeitskala der Zwei-Körper-Wechselwirkung über das Verhältnis der Massendichte der helleren Galaxien zu der der leichteren Hintergrundgalaxien verknüpft. Galaxien relaxieren umso schneller, je größer ihre Masse und je dichter das Umgebungsfeld ist. Die beobachtbaren Relaxations-Effekte sind eine räumliche und eine Geschwindigkeitsschichtung der Galaxien, entsprechend ihrer Masse in den Haufen. In einigen Haufen konnte eine Teilentwicklung auf Energiegleichverteilung hin für die massenreichsten Objekte in den Haufenzentren festgestellt werden. Schichtungen für die massenärmeren Objekte sind nur marginal nachgewiesen. Außerhalb der Kernbereiche sind die Relaxationszeiten sehr groß, nämlich $\geq 2 \cdot 10^{10}$ Jahre.

Die mittlere Zeitspanne t_{St} zwischen aufeinander folgenden Stößen einer Galaxie mit anderen Haufengalaxien beträgt (vgl. Abschn. 5.2.3)

$$t_{St} = (2^{\frac{1}{2}} v N \pi r_G)^{-1}$$

r_G = Galaxienradius

In den dichten zentralen Teilen homogener Haufen liegt die Stoßzeit zwischen 10^8 und 10^9 Jahren für eine Galaxie von 20 kpc Durchmesser. In den Gebieten niedriger Haufendichte, $N \leq 100$ Galaxie Mpc^{-3}, kann $t_{St} \geq 10^{10}$ Jahre werden.

Die Kühlzeit t_{BR} des intergalaktischen Haufengases durch Bremsstrahlung ist

$$t_{BR} = 9 \cdot 10^7 T_8^{\frac{1}{2}} n_e^{-1} \text{ Jahre}$$

T_8 = Gastemperatur in 10^8 K
n_e = Elektronendichte durch cm^3.

Für eine typische Gastemperatur von 10^8 K, wie man sie aus der Röntgenstrahlung des Haufengases und den internen Haufengeschwindigkeiten der Galaxien ableitet und bei $n_e = 10^{-3}$ cm^{-3} liegen die Kühlzeiten bei 10^9 bis 10^{10} Jahren. Für die Physik der Kühlströme in Haufen wird diese Zeitskala wichtig.

Unter der Annahme einer Galaxienhaufenverteilung aus Dichtestörungen des frühen Universums wird die Haufen-Kollapszeit zu einem Eckparameter. Die Kollapszeit t_{Ko} ist gegeben durch

$$t_{Ko} = \pi \left(\frac{R^3}{2GM} \right)^{\frac{1}{2}}.$$

Für typische Haufenwerte (Coma-Haufen; $R = 4$ Mpc, $M = 4 \cdot 10^{15} M_{\odot}$) ist die Kollapszeit $t_{Ko} \sim 5 \cdot 10^9$ Jahre. Da diese Zeit im Vergleich zum Weltalter kurz ist, kann angenommen werden, daß reiche, reguläre Haufen kollabierte Systeme sind, die schon eine starke Relaxation durchlaufen haben [194].

Die Festlegung der Gesamtmasse eines Haufens führt zu den schon geschilderten Diskrepanzen aufgrund der dunklen Materie. Dynamische Methoden, unter Benützung der Geschwindigkeitsstreuung, liefern höhere Werte als photometrische Verfahren. Die dynamische Masse ergibt sich aus $\langle v_r \rangle$ und dem effektiven mittleren Radius R_e

$$R_e = GM^2 E_G^{-1},$$
$$M = \langle v_r^2 \rangle R_e G^{-1};$$

E_G ist die Gravitationsenergie des Haufens. Die beobachtete Geschwindigkeitsdispersion muß hierbei für alle Massen gelten; ferner muß die Gesamtmasse auf gleiche Art verteilt sein wie die Galaxien, aus deren Verteilung die potentielle Energie abgeleitet wurde. Die mittlere zentrale Massendichte ist

$$\varrho_0 = 9 \langle v_r^2 \rangle (4\pi G R_e^2)^{-1}.$$

Für reiche Galaxienhaufen sind Richtwerte

$$M = 10^{15 \pm 1} M_\odot , \quad L \sim 10^{12} - 10^{13} L_\odot ,$$

$$\frac{M}{L} \sim 50 - 500 \, \frac{M_\odot}{L_\odot} .$$

Unter der Prämisse der Existenz von dunkler Materie sind etwa 15 bis 20 % der Masse in den Galaxien, 10 % im intergalaktischen Gas und 75 bis 80 % in der dunklen Materie zu lokalisieren. Die Anwesenheit von dunkler Materie in dynamisch relaxierten Galaxienhaufen steht außer Zweifel. Typische Werte für das Verhältnis von Masse zu blauer Leuchtkraft liegen zwischen 145–430 $M_\odot/L_\odot$. Solche Werte sind signifikant kleiner als die Werte um ein geschlossenes Universum zu erzwingen. Es könnte jedoch noch mehr dunkle Materie mit größeren Masse-Leuchtkraft-Verhältnissen im Raum zwischen den Galaxienhaufen verborgen sein [206].

5.8.3 Kühlströme

Rund 10 % der Haufenmasse wird als heißes Gas in Galaxienhaufen und Galaxiengruppen festgestellt. Im Schwerefeld des Haufens kann sich dieses Gas nur dann im hydrostatischen Gleichgewicht halten, wenn seine Schallgeschwindigkeit in der Nähe der Geschwindigkeitsstreuung der Haufengalaxien liegt (500–1200 km/s). Die Gastemperatur beträgt dann $2 \cdot 10^7$ bis 10^8 K. Der wesentliche Energieverlust bei derartig hohen Temperaturen ist *Bremsstrahlung*, die als diffuse Röntgenstrahlung nachgewiesen wird. Indirekte Hinweise auf das intergalaktische Haufengas stammen von Kopf-Schweif-Radio-Galaxien. Aus der schweifartigen Radiospur, die die Galaxienbewegung im intergalaktischen Medium hinterläßt und den Radiodoppelkeulen, kann auf das intergalaktische Medium geschlossen werden [166], [167], [168], [196].

Der größte Teil des beobachteten Haufengases hat eine Elektronendichte von $10^{-4}/cm^3 \leq n_e \leq 10^{-2}/cm^3$ und ist in den zentralen Bereichen von 1 bis 2 Mpc Radius enthalten. Die Gesamtgasmasse in reichen Haufen liegt bei $10^{14} M_\odot$ mit einer Bremsstrahlungsleuchtkraft von 10^{43} bis $3 \cdot 10^{45}$ erg/s.

Hochionisierte Emissionslinien von Eisen, Silicium, Schwefel und Sauerstoff zeigen teilweise solare Elementhäufigkeit an (Fe ≈ 0.3 des Sonnenwertes). Die Anreicherung an schweren Elementen deutet direkt auf einen nichtprimordalen Ursprung hin. Teile des Gases müssen vorangehende Sterngenerationen durchlaufen haben, bevor sie über Supernovaexplosionen an das intergalaktische Medium zurückgeliefert wurden. Das Gas könnte auch von jungen Galaxien stammen, die es bei der Haufenbildung verloren haben. Es besitzt die gleiche kinetische Energie pro Masseneinheit wie die Galaxien. Die Energie ist letztendlich gravitativer Art, und es besteht kein Anlaß, nach zusätzlichen Heizmechanismen zu suchen. Das Vorhandensein von soviel Gas, das vergleichbar mit der gesamten beobachtbaren Sternmasse und mindestens 10 % der Virialmasse des Galaxienhaufens ist, deutet auf eine maximale 50 %-Effizienz bei der Galaxienbildung hin.

Das Haufengas ist natürlich am dichtesten im Haufenzentrum, und dort ist auch seine kürzeste Strahlungskühlzeit t_{BS} aufgrund der beobachteten Röntgenemission zu finden. Ein Kühlstrom bildet sich aus, wenn t_{BS} kleiner als das Systemalter t_A (in der Regel das Weltalter) ist. t_{BS} ist hierbei stets größer als die Zeit t_{Ko} des gravitativen freien Falls

$$t_A > t_{BS} > t_{Ko} \, .$$

Der Kühlstrom setzt ein, da bei sinkender Temperatur die Gasdichte steigen müßte, um dem Gewicht der überliegenden Schichten das Gleichgewicht zu halten; der Kühlstrom wird vom Druck angetrieben. Im Einzelnen bedeutet dies: Das Gas ist im Potentialtrog des Haufens gefangen; bei einem bestimmten Radius r_{BS} wird $t_A = t_{BS}$. Der Gasdruck bei r_{BS} wird durch die überliegenden Schichten bestimmt, die für die Kühlung nicht wichtig sind. Innerhalb des Kühlradius r_{BS} vermindert der Kühlprozeß die Temperatur; die Gasdichte müßte also zunehmen um dem Druck bei r_{BS} standzuhalten. Die einzige Möglichkeit einer Dichteerhöhung besteht im Einwärtsströmen; es entsteht ein Kühlstrom. Beobachtungsevidenz hierfür liefert die Röntgenstrahlung der Galaxiehaufen.

Die Kühlzeit für das Gas im Perseushaufen, das auch die Emissionslinie Eisen XVII ($T \leq 5 \cdot 10^6$ K) zeigt, ist kleiner als $3 \cdot 10^7$ Jahre. Da das Emissionsmaß dieses Gases mit der abgeleiteten Kühlzeit bei höheren Temperaturen übereinstimmt, muß der Kühlstrom stetig und langlebig sein ($\sim t_A$). Alle verfügbaren Beobachtungsdaten sowohl naher ($z \leq 0.1$) als auch weiter entfernter Haufen ($z \sim 0.5$) stützen diesen Befund von stetigen, langandauernden Kühlströmen. Die in den Kühlströmen transportierte Masse ist beträchtlich

$$\dot{m} t_A = 10^{12} \left(\frac{\dot{m}}{100 \, M_\odot \, \mathrm{a}^{-1}} \right) \left(\frac{t_{BS}}{10^{10} \, \mathrm{a}} \right) M_\odot \, .$$

Sie ist vergleichbar mit einem wesentlichen Teil der Masse der zentralen Einzelgalaxien; D- oder cD-Systeme könnten Teile ihrer außergewöhnlich hohen Masse auch von Kühlströmen beziehen. Andererseits ist die sich im Zentrum ansammelnde Masse nur ein kleiner Teil der gesamten Gasmasse des Haufens. Falls dieses Gas Sterne bildet, dann sind die Kühlströme die größten und ausgeprägtesten Gebiete von Sternentstehung im derzeit beobachtbaren Universum. Kühlströme können nur massearme Sterne $\langle M_* \rangle < 0.5 \, M_\odot$ bilden.

Das Kühlstromgas kann nicht direkt beobachtet werden, wenn seine Temperatur unter $3 \cdot 10^6$ K absinkt. Wenn es dann rekombiniert und massearme Sterne bildet, die über die zentralen Gebiete des Haufens verteilt sind ($M(r) \sim r$), so bleibt es unentdeckbar. Sterne geringer Masse stellen daher eine mögliche Form dunkler baryonischer Materie dar. Das abkühlende Gas kann nicht zur Gänze in den Zentren der Haufen abgelagert werden, denn es würde sehr bald die Masse dominieren und die Geschwindigkeitsstreuung beeinflussen. Die Verteilung der Röntgenstrahlung belegt eine weiträumige Ablagerung des kühleren Gases. Da $\dot{m}(r) \sim r$, muß das gekühlte Gas mit $\varrho \sim r^{-2}$ in Form eines isothermen Halos in dem Haufen vorhanden sein. Die Existenz der Kühlströme in Galaxienhaufen, die dabei stattfindende Sternentstehung und Massenverteilung, sind wichtige Aspekte für das Verständnis der Haufenphysik und der dunklen Materie [194]. Generell läßt sich zur Zeit sagen, daß die physikalischen Eigenschaften des diffusen intergalaktischen Gases für die Kosmologie von wesentlicher Wichtigkeit sind. Insbesondere der Übergang zu den kalten Wasserstoffwolken extrem niedriger Metallhäufigkeit zwischen den Quasaren ist entwicklungsgeschichtlich für die Galaxien von größter Bedeutung. Die Absorptionslinienstrukturen in den Quasarspektren (Lyman-Alpha-Wald) liefern hierzu den Zugang [206].

5.8.4 Superhaufen und Leerräume

Die auf Galaxienhaufen folgende nächste hierarchische Stufe kosmischer Einheiten sind die Superhaufen. Mit Durchmessern 10 bis 100 mal so groß wie Galaxienhaufen und einer geringeren Dichte sind sie gewöhnlich *irregulär*, zeigen keine zentralen Verdichtungen und unstetige Besetzungsverteilungen [169], [170], [171], [172], [173]. Für ihre größten Ausdehnungen ist die Durchquerungszeit länger als das Weltalter; sie sind daher *nicht relaxiert*. Unrelaxiertes Erscheinungsbild, zusammen mit Durchmessern im Bereich ≥ 100 Mpc, können als Arbeitsdefinition zur Charakterisierung von Superhaufen verwendet werden. Inhomogenitäten auf den Längenskalen der Superhaufen treten einerseits als Anhäufung von Galaxienhaufen auf, andererseits als Leerräume gleicher Größenordnung. In diesen Leerräumen ist die Dichte von leuchtender Materie praktisch Null. Die Superhaufen voneinander abzugrenzen, ist schwierig; sie gehen ineinander über. Das Universum scheint von einem dreidimensionalen Netzwerk aus Superhaufen durchzogen zu sein, aufgebaut wie ein Schwamm mit Leerräumen und Materieverdichtungen. Die heute beobachteten großräumigen Strukturen sind die kosmischen Fossilien der Bedingungen im frühen Universum; diese Fossilien enthalten Informationen zur Geschichte der Galaxien- und Strukturentstehung und deren Entwicklung.

Die quantitative Erfassung der räumlichen Verteilung reicher Galaxienhaufen und die Bildung von Haufen wird am besten von *Korrelationsfunktionen* beschrieben. Die räumliche Korrelationsfunktion $\xi(r)$ ist definiert über die Wahrscheinlichkeit $dP(r)$, zwei Objekte im Abstand r innerhalb der Volumenelemente dV_1 und dV_2 zu finden

$$dP(r) = n^2 (1 + \xi\,\Psi r))\,dV_1\,dV_2 ;$$

n ist die Raumdichte der Objekte. Die Korrelation ist daher Null für eine Zufallsverteilung und positiv für eine geklumpte Verteilung auf entsprechenden Skalen. Die räumliche Zweipunkt-Korrelationsfunktion für Haufen ξ_{cc} läßt sich aus der Beziehung

$$\xi_{cc}(r) = \left(\frac{F(r)}{F_{ra}(r)} \right) - 1$$

bestimmen; $F(r)$ ist die beobachtete Häufigkeit von Galaxienpaaren in einer Stichprobe und $F_{ra}(r)$ ist die Häufigkeit von Zufallspaaren. Eine Stichprobe von 104 reichen Galaxienhaufen führt zu folgendem Ergebnis: Die Korrelationsfunktion $\xi_{cc}(r)$ läßt sich durch ein Potenzgesetz der Form

$$\xi_{cc}(r) = 360\,r^{-1.8} \tag{5.13}$$

für $5 \leq r \leq 300$ Mpc darstellen. Stark ausgeprägte räumliche Korrelation ist bei Abständen ≤ 50 Mpc zu beobachten; die Korrelation wird schwächer bei Abständen bis 100 Mpc. Die Korrelationsfunktion für reiche Haufen hat gleiche Form und Steigung wie die Korrelationsfunktion von Galaxien in einem Haufen und ist 18 mal stärker auf allen Skalenbereichen. Die Haufenkorrelationsfunktion erstreckt sich zu weit größeren Abständen als die Galaxienkorrelation. Die Haufenkorrelations-skalenlänge, d. h. die Skalenlänge, bei der die Korrelationsfunktion eins wird, ist $r_0 \approx 52$ Mpc, bei den Galaxien liegt sie bei $r_0 \approx 10$ Mpc. Die Galaxienkorrelation bricht bei etwa 30 Mpc ab; das Weiterreichen der Haufenkorrelation weist die Super-haufen als existente großräumige Strukturelemente des Universums aus. Tests mit anderen Stichproben und in anderen Himmelsregionen führen zu gleichen Ergebnissen, wobei die geschätzte Streuung in der Korrelationsfunktion bei etwa 15 % liegt.

Galaxienhaufen klumpen in Superhaufen zusammen. Läßt sich auch eine Klumpung von Superhaufen nachweisen? Definiert man alle Raumvolumina mit einer räumlichen Haufendichte f größer als die mittlere Haufendichte als Superhaufen, so ist die Dichte von Superhaufen

$$n(\mathrm{SH}) = f n_0 ;$$

$n(\mathrm{SH})$ ist die räumliche Dichte von Haufen in einem Superhaufen, und n_0 ist die mittlere Haufendichte in der Stichprobe. Der Auswahlprozeß für Superhaufen läßt sich für verschiedene Werte der Überschußdichte f ($f = 10, \ldots, f = 400$) durchführen; je nach Wahl von f variiert der Inhalt von Superhaufenkatalogen. Große f-Werte erfassen die dichten Kerne von Superhaufen, kleine f-Werte beschreiben Superhaufen geringerer Dichte und die Ausläufer der Haufen. Die Grenzen der Superhaufen stellen keine physikalischen Haufenränder dar, sondern definieren Volumina auf verschiedenen f-Niveaus. In der Tab. 5.13 sind für verschiedene Auswahlwerte von f Eigenschaften von Superhaufen zusammengestellt. Die Korrelationsfunktion der Superhaufen hat die Form

$$\xi_{\mathrm{SH}}(r) = 1500 \, r^{-1.8} .$$

Tab. 5.13 Eigenschaften von Superhaufen [173].

Eigenschaft	f			
	20	40	100	400
N	16	12	11	7
$n/$Reichtum	2–15	2–7	2–7	2–3
$R_{\max}/$Mpc	145	36	36	13
$R_{\mathrm{x}}/$Mpc	27.1	7.6	7.6	4.5
$R_{\mathrm{z}}/$Mpc	28.6	14.5	13.5	4.5
F	0.54	0.34	0.30	0.16
V_{sc}/V	0.03	0.008	0.003	0.0004

N: Gesamtzahl der Superhaufen
n: Anzahl der Haufen in einem Superhaufen
$R_{\max}$: lineare Größe der größten Superhaufen
$R_{\mathrm{x}}, R_{\mathrm{z}}$: mittlere Abstände aller Haufenpaare in einem Superhaufen
F: Bruchteil der zu einem Superhaufen gehörenden Haufen
V_{sc}/V: vom Superhaufen eingenommener Raumanteil

Dies entspricht einer Korrelationsskalenlänge von 120 Mpc; die Korrelation ist als sicher anzusehen im Bereich $100 \leq r \leq 300$ Mpc. Unterhalb 100 Mpc ist wegen der Größe der Strukturen keine sinnvolle Korrelation zu erwarten. Der kleine Bruchteil des von Superhaufen ausgefüllten Volumens zeigt die Existenz von Leerräumen. Dies wird auch durch die f-Werte gestützt; wenn Regionen mit überdichten f-Werten auf 200 Mpc Skalen auftauchen, gibt es auch Regionen mit Unterdichten. Superhaufen und Leerräume müssen gleichen gemeinsamen Ursprung haben und stellen die zueinander komplementären Effekte kosmischer Entwicklungsprozesse dar. Typische Leerräume haben Durchmesser von 50 Mpc, ihre Randschalen sind von aneinander grenzenden Superhaufen besetzt; die Randschalen zeigen eine nach außen gerichtete Geschwindigkeit zwischen 600 und 1400 km/s, bezogen auf das Leerraumzentrum. Dieser Geschwindigkeitsbereich enthält eine 300-km/s-Komponente, die aus den Einfallgeschwindigkeiten der Galaxien in Richtung des zugehörigen Superhaufenzentrums stammt.

5.8.5 Die Stetigkeit der kosmischen Expansion

Geometrische Positionen an der Himmelssphäre und Entfernungsbestimmung über die Rotverschiebung erschließen die räumliche Struktur des Kosmos, seine Galaxien-Besetzungsdichte. Rotverschiebungsdurchmusterungen über große Himmelsareale oder mit tiefen Erstreckungen (ähnlich einem Tortenstück) erfassen Strukturen im Bereich von 100 bis 200 Mpc. Während reiche Haufen geeignet sind, die großräumigen kosmischen Strukturen zu markieren, bilden Einzelgalaxien aufgrund ihrer größeren Raumdichte und ihrer kleineren mittleren Abstände besser die mittleren Skalen ab. Die großen Skalen von 100 Mpc und mehr sind in den Rotverschiebungsdurchmusterungen eindeutig vertreten; die Einzelgalaxienkorrelationen (s. Formel (5.13)) zeigen hingegen keine positive Korrelation auf Skalen größer 50 Mpc, wohl aber die Haufenkorrelationen, die gleiches Verhalten wie die Rotverschiebungskorrelationen aufweisen [164], [171], [174], [175], [176].

Rotverschiebungsdurchmusterungen zeigen scharf definierte, von Galaxien besetzte Strukturen, die häufig Leerräume oder unterdichte Galaxiengebiete umgeben. Große Teile der Galaxien scheinen auf scheibenähnlichen Geometrien (Galaxienwiesen) lokalisiert zu sein, mit gelegentlich überdichten Filamenten wie dem *Perseus-Pisces-Superhaufen*. Die Topologie der Geometrie ist schwammähnlich und von fraktaler Verteilung. Die beobachteten Leerräume und überdichten Gebiete liegen auf Skalen von zehntel Mpc im 100-Mpc-Bereich. Ebenso wie Galaxien können Quasare zum Ausloten der Raumstruktur verwendet werden. Auch hier wurden bis in den 200-Mpc-Bereich hinein räumliche Korrelationen gefunden. Die Stärke und Ausdehnung der Quasarklumpung wird den Schlüssel zum Verständnis der frühen Strukturbildung im Universum liefern können.

Die zur Zeit vorhandene Datenmenge an Rotverschiebungen reicht aus, einen verläßlichen Eindruck von der räumlichen Galaxienverteilung zu erstellen; diese räumliche Verteilungen bestätigen die Existenz der großräumigen Strukturen, die zum Teil aus den an die Sphäre projizierten Galaxienverteilungen abgeleitet wurden. Die zur Zeit größte Rotverschiebungsdurchmusterung enthält rund 9000 Objekte (Centre of Astrophysics, Harvard). Die Durchmusterung wird an der Nordhalbkugel

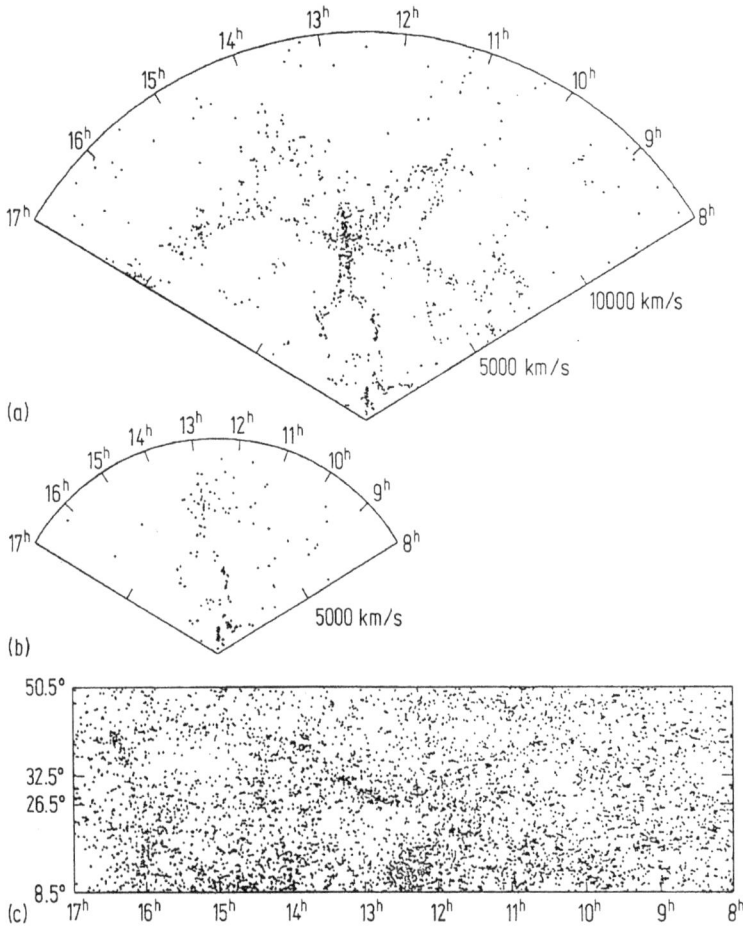

Abb. 5.74 Räumliche Verteilung von 1061-Galaxien [177], [178]. (a) Deklinationsstreifen
$26°.5 \leq \delta \leq 32°.5$, $\tilde{m}_B = 15.5$, $v < 15\,000$ km/s. (b) Wie (a), jedoch $\tilde{m}_B = 14.5$, $v \approx 10\,000$ km/s.
(c) Projizierte Galaxienverteilung, 7031-Objekte.

in einer Reihe schmaler, in Rektaszension und Deklination beschränkter Raumkeile
durchgeführt [177], [178]. Das lokale Universum ist strukturreich, schwammartig,
von fraktaler dreidimensionaler Geometrie und zeigt die Superhaufenbildung und
die Leerräume (Abb. 5.74). In dieser Abbildung ist der Coma-Haufen die dickere
Struktur in der Mitte des Raumkeils, während der Virgo-Haufen fast im Ursprung
der Abbildung zu lokalisieren ist; die Lokale Gruppe mit der Milchstraße erweist
sich als Ausläufer des Virgo-Haufens. Mehrere Leerräume fallen ebenfalls auf; der
größte von ihnen erstreckt sich von 13 bis 16 h und hat einen Durchmesser von
≈ 100 Mpc.

Man muß im Gedächtnis behalten, daß entdeckte Strukturen im Rotverschie-
bungsgeschwindigkeitsraum nicht unbedingt die wahre Raumverteilung der Galaxien wiedergeben. Die Band- und blasenartige Galaxienverteilung kann künstlich
verstärkt sein, wenn die Abweichungen vom linearen Galaxienstrom vernachlässigt

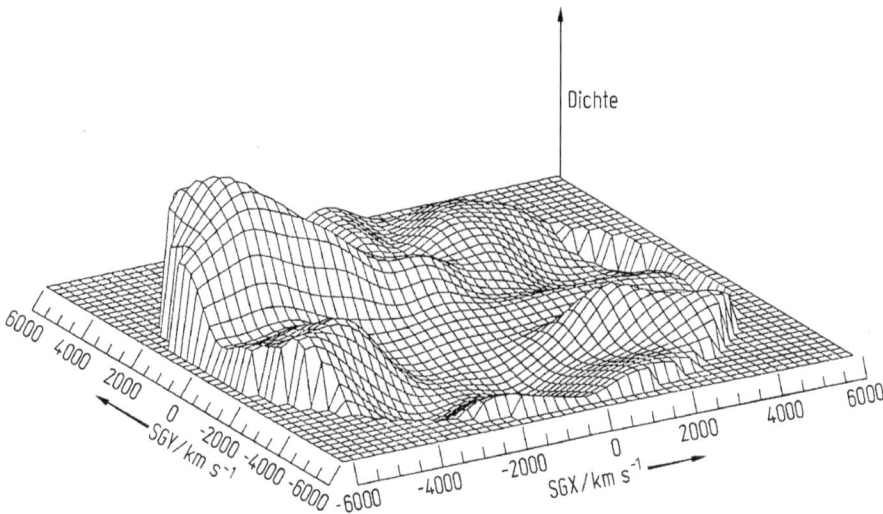

Abb. 5.75 Dichtekontrast der Galaxienverteilung bezogen auf eine mittlere kosmische Galaxiendichte (Maximum ≈ 1.2) [179]. Darstellung in supergalaktischen Koordinaten ($x = y = z = $ Milchstraßenzentrum). Die z-Ebene fällt etwa mit der galaktischen Ebene zusammen; dargestellter Bereich etwa $v \cong 6000\,\mathrm{km/s} \cong 120\,\mathrm{Mpc}$.

werden. Es müssen solche Nichtlinearitäten schon allein deshalb auftreten, weil die inhomogene Materieverteilung wegen ihrer dynamischen Wirkungen das Geschwindigkeitsfeld der Galaxien deformiert. Sowohl für die Galaxienbesetzung der Ränder der Leerräume als auch zwischen den Galaxienhaufen, sind derartige Abweichungen in den homogenen Strömungsgeschwindigkeiten des Hubble-Flusses beobachtet; die Skalen liegen hier bei 100 Mpc. In Abb. 5.75 ist der Dichtekontrast der Galaxienverteilung, zentriert auf unsere Galaxie, für eine Stichprobe von 973 Galaxien dargestellt; die Kantenlänge beträgt hier 240 Mpc. Die hervorstechendste Struktur ist der große Buckel links ($-5000, +2000$) im Hydra-Centaurus-Gebiet; er wird in der Literatur *Großer Attraktor* genannt. Der Virgo-Haufen ist der kleine Buckel an der Hangfläche des Großen Attraktors ($-1000, 0$). Die Superhaufen im Pavo und Indus liegen bei ($-4000, -2000$). Ein unterbesetztes Gebiet liegt vor dem Virgo-Haufen; es entspricht einem Leerraum. Der Große Attraktor beherrscht das Geschwindigkeitsfeld im Umkreis von 6000 km/s. Die vom stetigen Hubble-Fluß abweichenden Restgeschwindigkeiten des Virgo-Haufens und der lokalen Gruppe liegen bei (650 ± 125) km/s und (550 ± 125) km/s; sie scheinen in den Potentialtrog des Großen Attraktors hineinzufallen; die rms-Fehler betragen bei derartigen Analysen ± 250 km/s und ± 0.2 für den Dichtekontrast.

Die leuchtende Materie ist im augenblicklich beobachtbaren Universum ungleichförmig verteilt. Die ungleichförmige Materieverteilung läßt den Hubble-Fluß der kosmischen Expansionsgeschwindigkeiten auf Skalen der Superhaufen gestört erscheinen.

Die Baryonische Materie – wo ist sie? Mit dieser Frage wird die Astrophysik über die Jahrtausendwende drängen. Das elektromagnetische Spektrum ist in seiner Gänze zugänglich geworden, und dennoch scheint die Astronomie der Großen Räume immer weniger zu sehen. Sollten uns zur Zeit, pessimistisch geschätzt, wirklich nur 5% der Materie des Universums zugänglich sein und der Rest allein über gravitative Effekte? Die Art der Materie und die Materieverteilung, sie bestimmen und bestimmten die Entwicklung des gesamten Kosmos. Der Vorstoß in Entfernungen, in denen Galaxienbildung abläuft, wird genauso fruchtbar werden wie die Aufdeckung der Sternentstehung innerhalb des Milchstraßensystems (siehe Farbbild 5).

Die gewaltigen Energieerzeugungsmechanismen der aktiven Galaxien harren der Beschreibung durch eine konsistente Theorie. Teilaspekte lassen sich mit gewissen Annahmen zu einem einigermaßen logischen Szenario verknüpfen, aber die Bindeglieder sind oft nur indirekt gestützte Vermutungen. Jets und Schwarze Löcher, Teilchenbeschleunigung in Magnetosphären und vor allem die verbrauchten und umgesetzten Materiemengen sind uns bei den aktiven Galaxien immer noch rätselhaft.

Die Strukturbildung innerhalb von Galaxien und das Wechselspiel von den entstehenden Sternen mit dem mehrkomponentigen interstellaren Medium sind teilweise für die morphologische Formenvielfalt der Sternsysteme verantwortlich. Spiralstruktur ist hierfür das auffälligste Beispiel. Die nichtlinearen Wechselwirkungen, ihre Vernetzung und die Energieprobleme warten noch auf grundlegende Aufklärung.

Die Astrophysik hat heute als wichtige Grundlagenforschung die Funktion einer Leitwissenschaft übernommen. Sie schafft die Voraussetzungen für die Beantwortung der zeitlosen Fragen nach Struktur, Sinn und Bedeutung des gesamten Kosmos.

Danksagung

Der Verfasser dankt herzlich Frau B. Marquardt für die Geduld und Schnelligkeit bei der Niederschrift des Manuskriptes sowie den Autoren und Verlagen für die Abdruckerlaubnis der Abbildungen: American Institut of Physics, Astronomical Society, Washington (USA); Annual Reviews Inc., Palo Alto (USA); Arp, H.C.; Astronimical Journal; Astrophysical Journal; Block, D.L., R.J. Wainscoat und T. Kinman; Bosma, J.S.; Cambridge University Press, Cambridge (USA); Carnegie Institution of Washington, Washington (USA); Europäische Südsternwarte; Freeman, W.H. and Company, New York (USA); Karttunen, H., P. Kröger, H. Oja, M. Poutanen und K.J. Donner; Kluwer Academic Publishers, Dordrecht (Holland); Macmillan Magazines Ltd., London (England); Nature; Reidel Publishing Company, Dordrecht (Holland); Springer Verlag, Berlin, Heidelberg, New York (Deutschland); University of Chicago Press, Chicago (USA); Wiley J. and Sons, New York (USA); Wissenschaftsverlag B.I., Mannheim (Deutschland).

Literatur

Zitierte Publikationen

[1] Feitzinger, J.V., in: Scheibe, Kugel, Schwarzes Loch. Die wissenschaftliche Eroberung des Kosmos (Schultz, U., Hrsg.), Beck, München, 1990, S. 277
[2] de Vaucouleurs, G., in: Formation and Dynamics of Galaxies (Shakeshaft, J.R., Ed.), Reidel, Dordrecht, 1974

[3] Corwin, H.G., in: The World of Galaxies (Corwin, H.G., Bottinelli, L., Eds.), Springer, New York, 1989

[4] de Vaucouleurs, G., de Vaucouleurs, A., Corwin, H.G., Buta, R.J., Paturel, G., Fouque, P., Third Reference Catalogue of Bright Galaxies, Vol. I–III, Springer, New York, 1991

[5] Sandage, A., The Hubble Atlas of Galaxies, Carnegie Institution of Washington, Washington, 1961, S. 618

[6] Arp, H.C., Ap. J. **142**, 402, 1965

[7] Disney, M., Nature, **263**, 573, 1976

[8] Disney, M., Philips, St., Mon. Not. Roy. Astr. Soc. **205**, 1253, 1983

[9] Freeman, K.C., in: Structure and Properties of Nearby Galaxies (Berkhuijsen, E.M., Wielebinski, R., Eds.), Reidel, Dordrecht, 1978

[10] Burstein, D., Haynes, M.P., Faber, S.M., Nature, **353**, 515, 1991

[11] Block, D.L., Wainscoat, R.J., Nature **353**, 48, 1991

[12] Buta, R., in: The World of Galaxies (Corwin, H.G., Bottinelli, L., Eds.), 29, Springer, New York, Berlin, 1989

[13] van den Bergh, S., Ap. J. **131**, 215 und 558, 1960

[14] de Vaucouleurs, G., Ap. J. **227**, 380, 1977

[15] Thonnat, M., in: The World of Galaxies (Corwin, H.G., Bottinelli, L., Eds.), Springer, New York, Berlin, 1989

[16] Okamura, S., Watanabe, M., Kodaira, K., in: The World of Galaxies (Corwin, H.G., Bottinelli, L., Eds.), Springer, New York, Berlin, 1989

[17] Burda, P., Feitzinger, J.V., Astr. Astrophys. **261**, 697, 1992

[18] Hodge, P.W., Pub. Astr. Soc. Pac., **95**, 721, 1983

[19] de Vaucouleurs, G., Pence, W., Astro. J., **83**, 1163, 1978

[20] Kjär, K., Tarenghi, M. (Eds.), Dwarf Galaxies, European Southern Observatory Workshop-Report, Garching, München, 1980

[21] Börngen, F., Die Sterne, **59**, 131, 1983

[22] Bingelli, B., in: Star-Forming Dwarf Galaxies (Kunth, D., Thuan, T., Thank Van, T., Eds.), Editions Frontieres, Gif sur Yvette, 1986

[23] Alladin, S.M., Narasimhan, K.S., Physics Reports **92**, 6, 341, 1982

[24] Wielen, R. (Ed.), Dynamics and Interactions of Galaxies, Springer, New York, Berlin, 1990

[25] Sulentic, J.W., Telesco, C.M., Keel, W.C. (Eds.), Paired and Interacting Galaxies, NASA Conference Publ. No. 3098, Washington, 1990

[26] Arp, H.C., Madore, B.F., A Catalogue of southern peculiar galaxies and associations, Vol. I, II, Cambridge University Press. Cambridge, 1987

[27] Holmberg, E., in: Galaxies and the Universe (Sandage, A., Sandage, M., Kristian, J., Eds.), **123**, University of Chicago Press, Chicago, 1975

[28] de Zeeuw, Te, Franx, M., Ann. Rev. Astro. Astrophys. **29**, 239, 1991

[29] Sandage, A., Freeman, K.C., Ap. J. **160**, 83, 1970

[30] Feitzinger, J.V., Galinski, T., Astr. Astrophys. **167**, 215, 1986

[31] Kormendy, J., Djorgovski, S., Ann. Rev. Astr. Astrophys. **27**, 235, 1989

[32] Mitton, S., Exploring the Galaxies, Ch. Scribner's sons, New York, 1976

[33] Freeman, K.C., in: Galaxies (Martinet, L., Mayor, M., Eds.), **3**, Geneva Observatory, Sixed Advanced Course, Saas Fee, 1976

[34] Thuan, T.X., Romanishin, W., Ap. J., **248**, 439, 1981

[35] de Vaucouleurs, G., Ap. J. **268**, 451, 1983

[36] Kormendy, J., in: Morphology and Dynamics of Galaxies (Martinet, L., Mayor, M., Eds.), Geneva Observatory, 12. Advanced Course, Saas Fee, 1982

[37] van der Kruit, P.C., in: The World of Galaxies (Corwin, H.G., Bottinelli, L., Eds.), Springer, Heidelberg, 1989

[38] Boronson, T., Ap. J. Suppl. **46**, 177, 1981

[39] Hummel, E., Astr. Astrophys. **96**, 111, 1981

[40] Young, J. S., Scoville, N. Z., Ann. Rev. Astr. Astrophys. **29**, 581, 1991

[41] Young, J. S., in: Windows on Galaxies (Fabbiano, G., Gallagher, J. S., Renzini, A., Eds.), Kluwer Academic Publ., Dordrecht, 1990

[42] Knapp, G. R., in: The Interstellar Medium in Galaxies (Thronson, H., Shull, J. M., Eds.), Kluwer Academic Press, Dordrecht, 1990

[43] Fich, M., Tremaine, S., Ann. Rev. Astr. Astrophys. **29**, 409, 1991

[44] Faber, S. M., Gallagher, J. S., Ann. Rev. Astr. Astrophys. **17**, 135, 1979

[45] Layzer, D., Constructing the Universe, Scientific America Library, New York, 1984

[46] Hodge, P. W., Ann. Rev. Astr. Astrophys. **27**, 199, 1989

[47] Sandage, A., Ann. Rev. Astr. Astrophys. **24**, 421, 1986

[48] Pagel, P. E. J., Edmunds, M. G., Ann. Rev. Astr. Astrophys. **19**, 77, 1981

[49] Feitzinger, J. V., Space Sci. Rev., **27**, 35, 1980

[50] Semien, F., in: The World of Galaxies (Corwin, H. G., Bottinelli, L., Eds.), Springer, Heidelberg, 1989

[51] Young, J. S., Knezek, P., Ap. J. Lett. **347**, L 55, 1989

[52] Roberts, M. S., in: Galaxies and the Universe (Sandage, A., Sandage, M., Kristian, J., Eds.), University of Chicago Press, Chicago, 1975

[53] Faber, S. M., Jackson, R. E., Ap. J. **204**, 668, 1976

[54] Tinsley, B. M., Mon. Nat. Roy. Astr. Soc. **194**, 63, 1981

[55] Binggeli, B., Sandage, A., Tammann, G. A., Ann. Rev. Astr. Astrophys. **26**, 509, 1988

[56] Binney, J., Tremaine, S., Galactic Dynamics, Princeton University Press, Princeton, 1987

[57] Binney, J., in: Morphology and Dynamics of Galaxies (Martinet, L., Mayor, M., Eds.), 12. Advanced Course, Geneva Observatory, Saas Fee, 1982

[58] Ollongreen, A., in: Galactic Structure (Blaauwe, A., Schmidt, M., Eds.), University of Chicago Press, Chicago, 1965

[59] Statler, T. S., Ap. J. **321**, 113, 1987

[60] Wielen, R., Astr. Astrophys. **60**, 263, 1977

[61] Larson, R. B., Mon. Nat. Roy. Astr. Soc. **186**, 479, 1979

[62] Contopoulos, G., in: Chaos in Astrophysics (Buchler, J. R., Perdong, J. M., Spiegel, E. A., Eds.), Reidel, Dordrecht, 1985

[63] Faber, S. W., Dressler, A., Davies, R. L., Burstein, D., Lynden-Bell, D., Terlevich, R., Wegner, G., in: Nearly Normal Galaxies (Faber, S. M., Ed.), 1975, Springer, Heidelberg, 1987

[64] Dressler, A., Lynden-Bell, D., Burstein, D., Davies, R. L., Faber, S. M., Terlevich, R. J., Wegner, G., Ap. J. **313**, 42, 1987

[65] Illingworth, G., in: Internal Kinematics and Dynamics of Galaxies (Athanassoula, E., Ed.), Reidel, Dordrecht, 1983

[66] Jedrzejewski, R. I., Schechter, P. L., Astro. J. **98**, 147, 1989

[67] Kormendy, J., Illingworth, G., Ap. J. **256**, 460, 1982

[68] Athanassoula, L., in: Dynamics of Disk Galaxies (Sundelius, B., Ed.), Göteborg Astronomical Inst. Publ., Göteborg, 19991

[69] Kormendy, J., Norman, C. A., Ap. J. **233**, 539, 1979

[70] Elmegreen, D. M., Elmegreen, B. G., Mon. Nat. Roy. Astr. Soc. **201**, 1021, 1035, 1982

[71] van der Kruit, P. C., Searle, L., Astr. Astrophys. **95**, 105, 116, 1981

[72] van der Kruit, P. C., Searle, L., Astr. Astrophys. **110**, 61, 79, 1982

[73] Freeman, K. C., in: Dynamics of Disc Galaxies (Sundelius, B., Ed.), Göteborg Astronomical Inst. Publ., Göteborg, 1991

[74] van der Kruit, P. C., Freeman, K. C., Ap. J. **303**, 556, 1986

[75] Carlberg, R., Ap. J. **322**, 59, 1987

[76] Lacey, C., in: Dynamics of Disc Galaxies (Sundelius, B., Ed.), Göteborg Astronomical Inst. Publ., Göteborg, 1991

[77] Kuijken, K., Tremaine, S., in: Dynamics of Disc Galaxies (Sundelius, B., Ed.), Göteborg Astronomical Inst. Publ., Göteborg, 1991

[78] van der Kruit, P.C., Astr. Astrophys. **157**, 230, 1986

[79] Gilmore, G., Wyse, R.F.G., Kuijken, K., Ann. Rev. Astr. Astrophys. **27**, 55, 1989

[80] Giovanelli, R., Haynes, P.M., in: Galactic and Extragalactic Radio Astronomy (Verschuur, G.L., Kellermann, K.I., Eds.), Springer, Heidelberg, 1988

[81] Rubin, V.C., Burstein, D., Ford, W.K., Thonnard, N., Ap. J. **289**, 81, 1985

[82] Bosma, A., Astro. J. **86**, 1791, 1825, 1981

[83] Athanassoula, E., Bosma, A., in: Nearly Normal Galaxies (Faber, S.M., Ed.), Springer, Heidelberg, 1987

[84] Rubin, V.C., in: Internal Kinematics and Dynamics of Galaxies (Athanassoula, E., Ed.), Reidel, Dordrecht, 1983

[85] Vettolani, G., Marano, B., Zamorani, G., Bergamini, R., Mon. Not. Roy. Astr. Soc. **193**, 269, 1980

[86] Rubin, V.C., in: Highlights of Modern Astrophysics (Shapiro, S.L., Teukolsky, S.A., Eds.), Wiley, New York, 1986

[87] Trimble, V., Ann. Rev. Astr. Astrophys. **25**, 425, 1987

[88] Larson, R.B., Tinsley, B.M., Ap. J. **219**, 46, 1978

[89] Smoot, F.G. et al., Ap. J. Lett, 1992

[90] Fabbiano, G., Ap. J. **325**, 544, 1988

[91] Tully, R.B., in: Windows on Galaxis (Fabbiano, G., Gallagher, J.S., Ranzini, A., Eds.), Kluwer Academic Publ., Dordrecht, 1990

[92] Aaronson, M., Huchra, J.P., Mould, J.R., Ap. J. **229**, 1, 1979

[93] Kenicutt, R.C., Astro. J. **86**, 1847, 1981

[94] Seiden, P.E., Gerola, H., Ap. J. **233**, 56, 1979

[95] Normann, C.A., in: Internal Kinematics and Dynamics of Galaxies (Athanassoula, E., Ed.), Reidel, Dordrecht, 1983

[96] Arp, H., Ap. J. **263**, 54, 1982

[97] Lin, C.C., Shu, F.H., Ap. J. **140**, 646, 1964

[98] Lin, C.C., Lau, Y.Y., Studies in Appl. Mathematics, **60**, 97, 1979

[99] Bertin, G., Physics Reports **61**, 1, 1980

[100] Athanassoula, E., Physics Reports **114**, 319, 1984

[101] Kalnajs, A., in: Dynamics of Disc Galaxies (Sundelius, B., Ed.), Göteborg Astronomical Inst. Publ., Göteborg, 1991

[102] Roberts, W.W., Ap. J. **158**, 123, 1969

[103] Toomre, A., in: Structure and Evolution of Normal Galaxies (Fall, S.M., Lynden-Bell, D., Eds.), Cambridge University Press, Cambridge, 1981

[104] Elmegreen, D.M., Ap. J. Supp. **43**, 37, 1980

[105] Seiden, P.E., Gerola, H., Fundamentals of Cosmic Physics **7**, 241, 1982

[106] Schulman, L.S., Seiden, P.E., Annals of the Israel Phys. Soc. **5**, 252, 1983

[107] Dopita, M.A., in: Nearly Normal Galaxies (Faber, S.M., Ed.), Springer, Heidelberg, 1987

[108] Feitzinger, J.V., Glassgold, A.E., Gerola, H., Seiden, P.E., Astr. Astrophys. **98**, 371, 1981

[109] Feitzinger, J.V., in: Star Forming Regions (Peimbert, H., Jugaku, J., Eds.), 521, Reidel, Dordrecht, 1987

[110] Seiden, P.E., Schulman, L.S., Feitzinger, J.V., Ap. J. **253**, 91, 1982

[111] Feitzinger, J.V., Neukirch, Th., Man. Not. Roy. Astr. Soc. **235**, 1343, 1988

[112] Shore, S. N., Ap. J. **265**, 202, 1983
[113] Nozakura, T., Ikeuchi, S., Ap. J. **333**, 68, 1988
[114] Gerola, H., Seiden, P. E., Schulman, L. S., Ap. J. **242**, 517, 1980
[115] Toomre, A., Ap. J. **158**, 899, 1969
[116] Feitzinger, J. V., Schmidt-Kaler, Th., Astr. Astrophys. **88**, 41, 1980
[117] Toomre, A., Kalnays, A. J., in: Dynamics of Disc Galaxies (Sundelius, B., Ed.), Göteborg Astronomical Inst. Publ., Göteborg, 1991
[118] Balbus, S. A., in: The Interstellar Medium in Galaxies (Thronson, H. A., Shull, M., Eds.), Kluwer Academic Publ., Dordrecht, 1990
[119] Kennicutt, R. C., in: The Interstellar Medium in Galaxies (Thronson, H. A., Shull, M., Eds.), Kluwer Academic Publ., Dordrecht, 1990
[120] Dopita, M. A., in: The Interstellar Medium in Galaxies (Thronson, H. A., Shull, M., Eds.), Kluwer Academic Publ., Dordrecht, 1990
[121] Kormendy, J., in: The Structure and Evolution of Normal Galaxies (Fall, S. M., Lynden-Bell, D., Eds.), Cambridge University Press, Cambridge, 1981
[122] Contopoulos, G., Gottesman, S. T., Hunter, J. H., England, M. N., Ap. J. **343**, 608, 1989
[123] Contopoulos, G., Grosbol, P., Astr. Astrophys. Rev. **1**, 126, 1989
[124] Sellwood, J., in: Dynamics of Disc Galaxies (Sundelius, B., Ed.), 123, Göteborg Astronomical Inst. Publ., Göteborg, 1991
[125] Athanassoula, L., in: Dynamics of Disc Galaxies (Sundelius, B., Ed.), 149, Göteborg Astronomical Inst. Publ., Göteborg, 1991
[126] England, M. N., Ap. J. **344**, 669, 1989
[127] Tinsley, B. M., Fundamentals of Cosmic Physics **5**, 287, 1980
[128] Rana, N. Ch., Ann. Rev. Astr. Astrophys. **29**, 129, 1991
[129] Wilson, T. L., Matteucci, F., Astr. Astrophys. Rev. **4**, 1, 1992
[130] Trimble, V., Astr. Astrophys. Rev. **3**, 1, 1991
[131] Shields, G. A., Ann. Rev. Astr. Astrophys. **28**, 525, 1990
[132] Pagel, B. E. J., Edmunds, M. G., Ann. Rev. Astr. Astrophys. **19**, 77, 1981
[133] Garnett, D. R., Shields, G. A., Ap. J. **317**, 82, 1987
[134] van der Kruit, P. C., in: The Milky Way as a Galaxy (Buser, R., King, I., Eds.), 19. Advanced Astrophys. Course, Geneva Observatory, Saas Fee, 1989
[135] Sofue, Y., Fujimoto, M., Wielebinski, R., Ann. Rev. Astr. Astrophys. **24**, 459, 1986
[136] Beck, R., Gräve, R. (Eds.), Interstellar Magnetic Fields, Springer, Heidelberg, 1986
[137] Ruzmaikin, A. A., Shukurow, A. M., Sokoloff, D. D., Magnetic Fields of Galaxies, Kluwer, Academic Publ., Dordrecht, 1988
[138] Beck, R., Kronberg, P. P., Wielebinski, R. (Eds.), Galactic and Intergalactic Magnetic Fields, Kluwer, Academic Publ., Dordrecht, 1990
[139] Beck, R., Astr. Astrophys. **106**, 121, 1982
[140] Hodge, P. W., Ann. Rev. Astr. Astrophys. **19**, 357, 1981
[141] Rowen-Robinson, M., The Cosmological Distance Ladder, Freeman, New York, 1985
[142] van den Bergh, S., Pritchet, C. J., The Extragalactic Distance Scale, ASP Conference Series, No. 4, Brigham University Press, Provo, 1988
[143] von den Bergh, S., Astr. Astrophys. Rev. **1**, 111, 1989
[144] Wagoner, R. V., Goldsmith, D. W., Cosmic Horizons, Freeman, New York, 1983
[145] Tammann, G. A., Physica Scripta, 1992
[146] de Vaucouleurs, G., Ap. J. **227**, 729, 1979
[147] Kellermann, K. I., Pauliny-Toth, I. I. K., Ann. Rev. Astr. Astrophys. **19**, 373, 1981
[148] Begelman, M. C., Blandford, R. D., Rees, M. J., Rev. Mod. Phys. **56**, No. 2, 255, 1984
[149] Osterbrock, E. D., Mathews, W. G., Ann. Rev. Astr. Astrophys. **24**, 171, 1986
[150] Weedmann, D. W., Quasar Astronomy, Cambridge University Press, Cambridge, 1986

[151] Lawrence, A., Pub. Astr. Soc. Pacific **99**, 309, 1987
[152] Kellermann, K.I., Owen, F.N., in: Galactic and Extragalactic Radio Astronomy (Verschuur, G.L., Kellermann, K.I., Eds.), Springer, Heidelberg, 1988
[153] Wallinder, F.H., Kato, S., Abramowicz, M.A., Astr. Astrophys. Rev. **4**, 79, 1992
[154] Bregman, J.N., Astr. Astrophys. Rev. **2**, 125, 1990
[155] Bridle, A.H., Perley, R.A., Ann. Rev. Astr. Astrophys. **22**, 319, 1984
[156] Bridle, A.H., Can. J. Phys. **64**, 353, 1986
[157] Rees, M.J., in: Highlights of Modern Astrophysics (Shapiro, S.L., Teukolsky, S.A., Eds.), Wiley, New York, 1986
[158] Walker, R.C., Benson, J.M., Unwin, S.C., Ap. J. **316**, 546, 1987
[159] Balick, B., Heckman, T.M., Ann. Rev. Astr. Astrophys. **20**, 431, 1982
[160] Blandford, R.D., Narayan, R., Ann. Rev. Astr. Astrophys. **30**, 311, 1992
[161] Bahcall, N., Ann. Rev. Astr. Astrophys. **15**, 505, 1977
[162] Hewitt, A., Burbidge, G., Fang, F.Z. (Eds.), Observational Cosmology, IAU Symp., 124, Reidel, Dordrecht, 1987
[163] Mardirosian, F., Giuricini, G., Mezzetti, M. (Eds.), Clusters and Groups of Galaxies, Reidel, Boston, 1984
[164] Börner, G., The Early Universe, Springer, Berlin, 1988
[165] Bahcall, N., Ap. J. **198**, 249, 1975
[166] Sarazin, C.L., Rev. Mod. Phys. **58**, 1, 1986
[167] Fabian, C.A., Cooling Flows in Clusters and Galaxies, Kluwer Academic Press, Dordrecht, 1988
[168] Fabian, C.A., Astr. Astrophys. Rev. **2**, 191, 1991
[169] Peebles, P.J.E., The Large Scale Structure of the Universe, Princeton University Press, Princeton, 1980
[170] Oort, J.H., Ann. Rev. Astr. Astrophys. **21**, 373, 1983
[171] Davies, M., Peebles, P.J.E., Ann. Rev. Astr. Astrophys., **21**, 109, 1983
[172] Rood, H.J., Ann. Rev. Astr. Astrophys., **26**, 245, 1988
[173] Bahcall, N., Ann. Rev. Astr. Astrophys., **26**, 631, 1988
[174] Latham, D.W., da Costa, L.N. (Eds.), Large Scale Structure and Peculiar Motions in the Universe, Publ. Astr. Soc. Pac. Press, Vol. **15**, San Francisco, 1991
[175] Hendry, M.A., Vistas in Astronomy, **35**, 239, 1992
[176] Rubin, V.C., Coyne, G.V. (Eds.), Large Scale Motions in the Universe, Princeton University Press, Princeton, 1988
[177] Lapparent, V., de, Geller, M.J., Huchra, J.P., Ap. J. Lett. **302**, L1, 1986
[178] Lapparent, V., de, Geller, M.J., Huchra, J.P., Ap. J. **369**, 273, 1991
[179] Bertschinger, E., Deckel, A., Faber, S., Dressler, A., Burstein, D., Ap. J. **364**, 370, 1990
[180] Antonucci, R., Ann. Rev . Astr. Astrophys. **31**, 473, 1993
[181] Bahcall, J., Ostriker, J., P. (Eds.),Unsolved Problems in Astrophysics, Princeton University Press , Princeton, 1997
[182] Beck, R., Brandenburg, A. et al., Ann. Rev. Astr. Astrophys. **34**, 153, 1996
[183] Bender, R., Davies, R.,L. (Eds.), New Light on Galaxy Evolution, Springer, Berlin, 1996
[184] Bergh, van den, S., Galaxy Morphology and Classification, Cambridge University Press, Cambridge, 1998
[185] Bergh, van den, S., Astron. Astrophys. Rev. **9**, 273, 1999
[186] Bertin, G., Lin, C.,C., Spiral Structure in Galaxies, MIT Press, Cambridge, 1996
[187] Branch, D., Ann. Rev. Astr. Astrophys. **36**, 17, 1998
[188] Buta, R., Crocker, D.A., Elmegreen, B., G. (Eds.), Barred Galaxies, Astronomical Society Pazific, San Franzisko, 1996
[189] Capaccioli, M., Longo, G., Astron. Astrophys. Rev. **5**, 293, 1994
[190] Clements, D., L., Perez-Fournon, I. (Eds.), Quasar Hosts, Springer, Berlin, 1997

[191] Combes, F., Boisse, P., Mazure, A., Blanchard, A., Galaxies and Cosmology, Springer, Berlin, 1995

[192] Courvoisier, T., Astron. Astrophys. Rev. **9**, 1, 1998

[193] Costa da, L., N., Renzini, A., Galaxy Scaling Relations, Springer, Berlin, 1997

[194] Deckel, A., Ostriker, J. P. (Eds.), Formation of Structure in the Universe, Cambridge University Press, Cambridge, 1999

[195] Elmegreen, D., B., Galaxies and Galactic Structure, Prentice Hall Publishers, Upper Saddle River, 1998

[196] Fabian, A., C., Ann. Rev. Astr. Astrophys. **32**, 277, 1994

[197] Fairell, A., Large Scale Structure in the Universe, John Wiley, Chichester, 1998

[198] Ferguson, H., C., Binggeli, B., Astro. Astrophys. Rev. **6**, 67, 1994

[199] Ferrari, A., Ann. Rev. Astr. Astrophys. **36**, 539, 1998

[200] Freedman, W., L., in The Extragalactic Distance Scale (Livio, M., Donahue, M., Panagia, N., Eds.) p. 171, Cambridge University Press, Cambridge, 1997

[201] Gougenheim L., Bottinelli L. et al., in Rev. in Modern Astronomy (Schielicke, R., Ed.) Vol. **9**, p. 127, Astronomische Gesellschaft, Hamburg, 1996

[202] Hodge, P., The Andromeda Galaxy, Kluwer Academic Press, Dorderecht, 1992

[203] Israel, T., P., Astro. Astrophys. Rev. **8**, 237, 1998

[204] Kembhavi, A., K., Narlikar, J., V., Quasars and Active Nuclei, Cambridge University Press, Cambridge, 1999

[205] Kennicutt, R., C., Schweizer, F., Barnes, J., E., Galaxies: Interactions and Induced Star Formation, Springer, Berlin, 1997

[206] Longair, M., S., Galaxy Formation, Springer, Berlin, 1998

[207] Longo, G., Capaccioli M., Busarello, G. (Eds.), Morphology and Physical Classification of Galaxies, Kluwer Academic Press, Dorderecht, 1992

[208] Roberts, M., S., Haynes, M., P., Ann. Rev. Astr. Astrophys. **32**, 115, 1994

[209] Tammann G., A., Federspiel, M., in The Extragalactic Distance Scale (Livio, M., Donahue, M., Panagia, N., Eds.), p. 137, Cambridge University Press, Cambridge, 1997

[210] Tammann, G., A., in Rev. in Modern Astronomy (Schielicke, R., Ed.), Vol. **9**, p. 139, Astronomische Gesellschaft, Hamburg, 1996

[211] Westerlund, B., E., The Magellanic Clouds, Cambridge University Press, Cambridge, 1997

[212] Zensus, J. A., Ann. Rev. Astr. Astrophys. **35**, 607, 1997

Weiterführende Literatur

[36], [42], [56], [68], [134], [141], [152], [164], [184], [186], [191], [197], [204], [206].

Internet-Hinweise

Ausgewählte astronomische Seiten im World Wide Web, von denen anzunehmen ist, daß sie längeren aktuellen Bestand haben.
Der Server der Europäischen Südsternwarte: http://www.eso.org
Der Server der amerikanischen Raumfahrtbehörde: http://www.nasa.gov
Das Weltraumteleskop: http://www.stsci.edu/public.html
Softwarearchiv für alle Betriebssysteme, Verzeichnis „Astronomie":   http://www.leo.org

Verzeichnis astronomischer Webseiten:
http://www.yahoo.com/Sience/Astronomy
http://www.whitman.edu/~oronand/astro.html
http://www.astro.washington.edu/ingram
http://ecf.hq.eso.org/pub/WWW/astro-resource.html

6 Kosmologie

Hans Joachim Blome, Josef Hoell, Wolfgang Priester

6.1 Einleitung

Grundlage der modernen Kosmologie sind Einsteins Allgemeine Relativitätstheorie und die Quantenfeldtheorie. Vorausgesetzt wird dabei, daß die „lokal geprüften" physikalischen Gesetze universell gültig sind, d. h. auch jenseits unseres Horizontes der Erfahrbarkeit. Eine Einführung in den Gedankenkreis der Allgemeinen Relativitätstheorie (AR) und ihre experimentellen Bestätigungen findet man in Band 3, Kap. 12.

Einsteins Gleichungen bestehen aus zehn partiellen Differentialgleichungen zweiter Ordnung. In ihrer allgemeinsten Form erlauben sie eine große Mannigfaltigkeit verschiedener Lösungen. Durch Spezifizierung eines Materiemodells für das kosmologische Substrat und Vorgabe von Anfangsbedingungen wäre das Ziel der Kosmologie die deduktive Ableitung der beobachteten Strukturen des Universums. Aber weder sind uns die Anfangsbedingungen bekannt noch wissen wir, wie es zu diesem Anfangszustand kam. Der einzige uns offen stehende Weg ist der der Rückextrapolation gegebener Beobachtungsdaten im Rahmen eines angenommenen Modells und/oder die Annahme von Anfangs- und Randbedingungen (z. B. Symmetrien, plausible Zustandsgleichungen, etc.), deren Konsequenz im Rahmen der Theorie berechnet und durch Konfrontation mit der Erfahrung geprüft wird. Daher ist es die Aufgabe der Astronomen herauszufinden, welches Lösungsmodell unsere Wirklichkeit am besten beschreiben kann.

Glücklicherweise legen die Beobachtungen nahe, daß – großräumig gesehen – unser Kosmos eine hinreichend homogene Massenverteilung besitzt (d. h. homogene Verteilung der Galaxien auf Skalenlängen oberhalb von 100 Mpc [1 Mpc (Megaparsec) $= 3.086 \cdot 10^{19}$ km $= 3.26$ Mly (Megalichtjahre)] und daß der Kosmos für alle Beobachter isotrop erscheint. Diese Voraussetzungen vereinfachen Einsteins Gleichungen zu den Einstein-Friedmann-Gleichungen, die nur noch aus zwei Differentialgleichungen für den Skalenfaktor $R(t)$ bestehen, der die zeitliche Veränderung des Raumes beschreibt. Alle an ihren Koordinaten (im mitbewegten System) festsitzenden Galaxien haben die gleiche Eigenzeit, die kosmische Zeit. Wir können somit ziemlich einfach das zeitliche Verhalten des expandierenden Raumes studieren. Für alle kosmologischen Modelle, die mit einem überdichten Zustand (Singularität, Urknall, Big-Bang) beginnen, wird die kosmische Zeit auch als Friedmann-Zeit bezeichnet, wobei dem Urknall der Zeitpunkt $t = 0$ zugeordnet wird.

Die Gesamtheit der Lösungen hat Alexander Friedmann bereits 1922 und 1924 in zwei fundamentalen Arbeiten in der Zeitschrift für Physik diskutiert und zwar *mit* und *ohne* Einsteinsche Λ-Konstante. Schon in seiner ersten Arbeit „Über die

Krümmung des Raumes" steht gleich im zweiten Absatz das Ziel der Arbeit: „Beweis der Möglichkeit einer Welt, deren Raumkrümmung von der Zeit abhängt".

Interessanterweise hat er nur die Lösungen für sphärische und hyperbolische Raummetrik behandelt. Der dazwischen liegende Übergangsfall der euklidischen Metrik schien ihm wohl wenig wahrscheinlich, etwa wie es z. B. in der Himmelsmechanik zwischen Ellipsen- und Hyperbelbahnen wohl nie eine exakte Parabel gibt. Da Friedmann 1925 mit 37 Jahren an Typhus starb, hat er den späten Triumph seiner Arbeiten nicht mehr erleben dürfen. Friedmanns Voraussage einer „Expansion" (oder Kontraktion) des Kosmos blieb bei den Astronomen unbeachtet, bis der Abbé George Lemaître 1927 das Problem erneut aufgriff. Im Jahre 1929 hat Robertson den Fall der euklidischen Metrik hinzugefügt. Weltweite Beachtung fanden Lemaîtres Arbeiten, die ursprünglich in französischer Sprache publiziert wurden, erst als ab 1930 Sir Arthur Eddington sie in einer Arbeit diskutierte, in der er die Instabilität des statischen Einstein-Kosmos nachwies. Eddington hat eine englische Übersetzung der Lemaîtreschen Arbeit veranlaßt. Sie erschien 1931 in den Monthly Notices of the Royal Astronomical Society. Lemaître hat auch die Lichtausbreitung im expandierenden Raum untersucht und deutlich gemacht, daß die beobachteten „Fluchtgeschwindigkeiten" ein „kosmischer Effekt der Expansion des Universums" sind. Unglücklicherweise hat Lemaître die kosmische Rotverschiebung als Doppler-Effekt bezeichnet. Diese in gewisser Weise irreführende Bezeichnung hat sich dann vor allem bei den beobachtenden Astronomen bis heute erhalten, obwohl Max von Laue bereits 1931 die Lichtfortpflanzung in Räumen mit zeitlich veränderlicher Krümmung nach der Allgemeinen Relativitätstheorie in einwandfreier Weise untersucht hat. Solange die beobachteten Rotverschiebungen $z = \Delta\lambda/\lambda \ll 1$ sind, ist die Analogie zum Doppler-Effekt unproblematisch. Man sollte jedoch beachten, daß die kosmologische Rotverschiebung erst „unterwegs" während der gesamten Lichtlaufzeit akkumuliert (man vergleiche hierzu Abb. 6.9 im Abschn. 6.3.1).

Die erste systematische Darstellung aller kosmologischer Modelle für das homogen-isotrope Universum hat Otto Heckmann (1931) gegeben.

Wir werden uns im folgenden ausschließlich auf Modelle für das homogen-isotrope Universum beschränken, insbesondere auf solche Universen, die sich vor etwa 10 bis 30 Milliarden Jahren aus einer überdichten Phase entwickelt haben.

Über die physikalischen Vorgänge im frühen Kosmos ($t < 3$ Minuten) lassen sich „verläßliche" Aussagen nur unter Voraussetzung einer Theorie der Elementarteilchen und ihrer Wechselwirkungen machen (s. Bd. 4).

Der Versuch, die Kosmologie mit den neuen Entwicklungen in der Elementarteilchenphysik, den „Großen Vereinigungs-Theorien" (grand unification theories, GUT) in Einklang zu bringen, hat zu einer Hypothese geführt, die als „Inflationäres Szenario" bekannt geworden ist. Sie geht auf Allan Guth am Massachusetts Institute of Technology in Cambridge/USA und auf Andrei Linde in Moskau (jetzt Stanford, California) zurück. Es ging zunächst darum, das Fehlen der magnetischen Monopole im Kosmos zu erklären. Dieses Problem war vordringlich, weil alle GUTs die Entstehung einer extrem großen Zahl von magnetischen Monopolen voraussagen bei Dichten im Bereich von $10^{80}\,\mathrm{g} \cdot \mathrm{cm}^{-3}$, wie man sie unmittelbar nach dem Urknall im ganz frühen Kosmos erwarten sollte. Darüber hinaus liefert die Inflationshypothese als zusätzlichen Bonus eine mögliche Erklärung für die beobachtete großräumige Homogenität des Kosmos.

6.2 Beobachtungsergebnisse

Für die Eingrenzung der Lösungen der Einstein-Friedmann-Gleichungen ist die Kenntnis von Randbedingungen erforderlich, die man aus den Beobachtungen bestimmen muß. Die sechs wichtigsten Beobachtungsfunde sind:

1. Die *Rotverschiebung* in den Spektren der Galaxien. Aus Rotverschiebungen und Entfernungen der Galaxien ergibt sich die Expansionsrate, die empirische Hubble-Relation.
2. Die *Hintergrundstrahlung*, die im Mikrowellenbereich gemessen wird und als Reststrahlung des heißen Urknall-Plasmas verstanden wird.
3. Die Bestimmung der *heutigen mittleren Dichte* der beobachtbaren (d.h. leuchtenden) Materie im Kosmos, die sich in Sternen oder im interstellaren Gas bzw. im Staub befindet. Auch ein Anteil an intergalaktischer Materie wäre hier zu berücksichtigen, ferner der Anteil an dunkler Materie (baryonische Materie in nichtleuchtenden Objekten und nichtbaryonische (sog. exotische) Materie).
4. Bestimmung des *primordialen*[1] *Anteils von Helium, Lithium und Deuterium* in der Urmaterie, bevor es zur Bildung von Sternen kam. Aus den Messungen des Helium und Deuterium läßt sich mit der Theorie der primordialen Nukleosynthese das Verhältnis der Anzahl der Photonen zur Anzahl der Baryonen (Protonen + Neutronen) im Kosmos bestimmen.
5. *Altersbestimmung unserer Galaxis*
   a) aus der Analyse des radioaktiven Zerfalls in Meteoriten (und auch in Sternatmosphären durch die Beobachtung von Thorium-Linien in Sternspektren),
   b) aus der Sternentwicklungszeit von Kugelsternhaufen,
   c) aus der Abkühlzeit von Weißen Zwergsternen.
   Hieraus läßt sich eine untere Grenze für das Weltalter t_0 angeben.
6. Einsteins kosmologische Konstante Λ aus Quasar-Spektren, Helligkeiten von Supernovae und Temperaturfluktuationen in der Hintergrundstrahlung.

6.2.1 Die Hubble-Beziehung

Die Expansion des Kosmos macht sich bei der Beobachtung der Galaxien und der Quasare bemerkbar durch die **Rotverschiebung** der Spektrallinien in der Lichtstrahlung dieser Objekte. Der amerikanische Astronom Edwin Hubble hat im Jahre 1929 gezeigt, daß die Rotverschiebung linear mit der Entfernung der Galaxien anwächst, nachdem bereits Carl Wirtz 1924 in Kiel ein systematisches Anwachsen der Rotverschiebung gefunden hatte.

Wenn man die Rotverschiebung als die allseitige Flucht der Galaxien interpretiert, liefert der Doppler-Effekt den Zusammenhang zwischen der Fluchtgeschwindigkeit v und der Rotverschiebung z:

$$1 + z = \frac{1 + (v/c)}{\sqrt{1 - (v/c)^2}}, \tag{6.1}$$

---

[1] primordialer Anteil = ursprünglicher Anteil, der in den ersten Minuten erzeugt wurde.

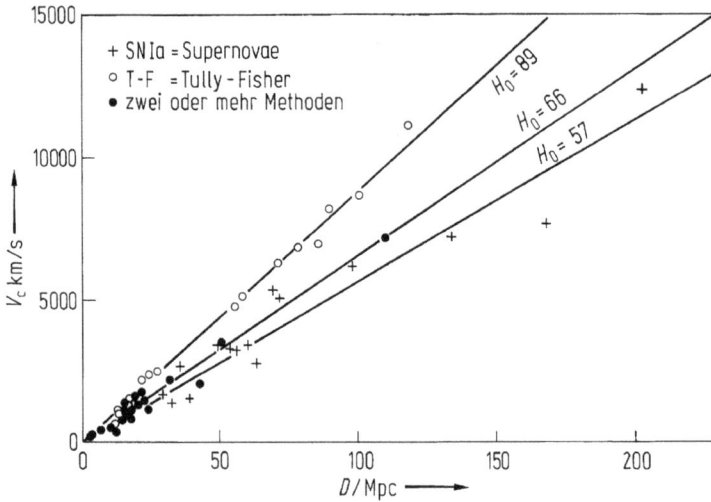

Abb. 6.1 Beziehung zwischen der Distanz D und der Rotverschiebung z bzw. „Flucht-geschwindigkeit" v_c für die hellsten Galaxien in Galaxienhaufen (nach der Analyse von Rowan-Robinson 1988). Die Geschwindigkeiten wurden korrigiert für die Rotationsge-schwindigkeit der Sonne um das galaktische Zentrum und für die Pekuliargeschwindigkeit unserer Galaxis gegenüber der Hintergrundstrahlung. Wegen der möglichen systematischen Fehler in der Entfernungsbestimmung kann der Zahlenwert der Hubble-Zahl H_0 nur auf den Bereich $50 < H_0 < 100$ (km/s)/Mpc eingegrenzt werden.

wobei

$$z = \frac{\lambda(\text{beob}) - \lambda_0}{\lambda_0} = \frac{\Delta\lambda}{\lambda_0} \tag{6.2}$$

ist. Die *Doppler-Formel* darf nicht darüber hinwegtäuschen, daß die so definierte Fluchtgeschwindigkeit durch die Expansion des Raumes und nicht durch die eigene Bewegung der Galaxien im Raum bedingt ist.

Für $z \ll 1$ gilt die Doppler-Formel für $v \ll c$:

$$z = \frac{v}{c}. \tag{6.3}$$

Die empirische Hubble-Beziehung lautet:

$$cz = v = H_0 \cdot E, \tag{6.4}$$

wobei der Proportionalitätsfaktor H_0 die **Hubble-Zahl** ist (Abb. 6.1).

In den Gleichungen (6.1) bis (6.3) bedeuten:

c Lichtgeschwindigkeit = 299 792.458 km/s

λ_0 Laborwellenlänge, das ist die im Ruhesystem der beobachteten Galaxis emittierte Wellenlänge einer Emissions- oder Absorptionslinie.

$\lambda(\text{beob})$ die heute von uns beobachtete Wellenlänge. Beispielsweise finden wir bei den sehr entfernten Quasaren die stärkste Linie des Wasserstoffatoms (Lyman α mit der Laborwellenlänge $\lambda_0 = 121.6$ nm) bis in den roten Spektralbereich verschoben. So wird Ly α mit einer Rotverschiebung von $z = 4$ bei der Wellenlänge $\lambda(\text{beob}) = (1 + z) \cdot 121.6\,\text{nm} = 608.0\,\text{nm}$ beobachtet.

E Entfernung (Distanz zwischen uns und der betreffenden Galaxis oder dem Quasar). Sie wird in der Astronomie üblicherweise in Parsec (pc) bzw. Megaparsec (Mpc) angegeben. In der Kosmologie bietet sich auch als Entfernungsmaß das Lichtjahr (ly = light year) bzw. Megalichtjahr (Mly) an. Es ist $1\,\text{Mpc} = 3.2615\,\text{Mly} = 3.0856 \cdot 10^{19}\,\text{km}$.

H_0 heutiger Wert der Hubble-Zahl in (km/s)/Mpc (gelegentlich auch in (km/s)/Mly angegeben).

Da im Rahmen der Einsteinschen Kosmologie der Raum zwischen den Galaxien expandiert, ist die Fluchtgeschwindigkeit als Ausdruck der zeitlichen Expansion des Raumes zu verstehen. Die Galaxien werden festgeheftet an ihren räumlichen Koordinaten betrachtet. Bewegungen relativ zu diesem mitbewegtem Koordinatensystem (pekuliare Bewegungen) werden hierbei vernachlässigt. Die Expansion des Raumes wird durch den **Skalenfaktor** $R(t)$ im homogen isotropen Universum ausgedrückt. Alle Abstände zwischen den Galaxien wachsen proportional zu $R(t)$. Daher gilt für die Rotverschiebung z bzw. den Rotverschiebungsfaktor ζ (vgl. Abschn. 6.3)

$$\zeta = 1 + z = \frac{R_0}{R(t_E)}. \tag{6.5}$$

Hierin ist $R_0 = R(t_0)$ der heutige Wert des Skalenfaktors und $R(t_E)$ der Skalenfaktor zur Zeit t_E der Emission der Strahlung der Galaxis, die heute mit der Rotverschiebung z beobachtet wird. Entwickelt man $R(t_E)$ in eine Taylor-Reihe, die man für $z \ll 1$ nach dem zweiten Glied abbricht, so ergibt sich:

$$R(t_E) = R_0 + \dot{R}(t_0) \cdot (t_E - t_0) + \dots. \tag{6.6}$$

Damit folgt aus Gl. (6.4) und Gl. (6.5) für $z \ll 1$

$$cz = \frac{\dot{R}(t_0)}{R_0} \cdot c(t_0 - t_E) = H_0 \cdot E. \tag{6.7}$$

Hieraus wird bereits ersichtlich, daß – allgemein gesehen – die Expansionsrate des Raumes, die Hubble-Zahl, eine Funktion der Friedmann-Zeit ist:

$$H(t) = \frac{\dot{R}(t)}{R(t)}, \tag{6.8}$$

wobei $\dot{R}(t) = \dfrac{\mathrm{d}R}{\mathrm{d}t}$ ist. Der heutige Wert von H ist:

$$H_0 = H(t_0) = \frac{\dot{R}(t_0)}{R_0}. \tag{6.9}$$

Die Entfernung E ist hier als Produkt der Lichtlaufzeit $(t_0 - t_E)$ mit der Lichtgeschwindigkeit c definiert. Leider kann man die Lichtlaufzeit nicht messen. Die Entfernungsbestimmungen von Galaxien und Quasaren sind vermutlich noch mit erheblichen systematischen Fehlern behaftet, da die Entfernungsskala durch Messungen von scheinbaren Helligkeiten von Objekten festgelegt werden muß, deren absolute Helligkeiten aus Vergleichen mit ähnlichen Objekten in unserer näheren Umgebung bzw. in unserer Galaxis abgeschätzt werden müssen.

Aus Gl. (6.7) ist unmittelbar ersichtlich, daß die Hubble-Zahl ohne vorherige Festlegung eines kosmologischen Modells nur aus Beobachtungen relativ naher Galaxien bestimmt werden kann. Diese Einschränkung ergibt sich zwangsläufig, da eine unabhängige Entfernungsbestimmung zur Zeit nur bis Rotverschiebungen von ca. $z = 0.04$, entsprechend $v = 12\,000$ km/s möglich ist. Auf die vielfältigen Verfahren zur Entfernungsbestimmung können wir hier nicht im einzelnen eingehen. Wir verweisen auf die Bücher von Rowan-Robinson (1985) und Voigt (1991). Die Problematik der Entfernungsbestimmung wird deutlich, wenn man bedenkt, daß es erst 1985 erstmals gelungen ist, drei δ-Cephei-Sterne im Virgo-Galaxienhaufen nachzuweisen. Bei δ-Cephei-Sternen ist die absolute Helligkeit mit der Periode ihrer Leuchtkraft korreliert. Sie gehören zu den veränderlichen Sternen, bei denen der Radius systematisch pulsiert (vgl. Kap. 4). Der Virgo-Haufen ist noch sehr nahe (Rotverschiebung $z \approx 0.003$, entsprechend $v = 1000$ km/s). Seine Entfernung wird von verschiedenen Autoren zwischen 11 und 22 Mpc angegeben. Da die Pekuliargeschwindigkeit des Virgo-Haufens nur mit erheblicher Unsicherheit abgeschätzt werden kann und die Pekuliarbewegung unserer Lokalen Gruppe (s. Abschn. 5.2.3) von Galaxien gegenüber dem aus der Hintergrundstrahlung festgelegten kosmischen Inertialsystem etwa 630 km/s beträgt, erkennt man, daß nahe Galaxienhaufen keine zuverlässige Bestimmung der Hubble-Zahl erlauben. Darüber hinaus gibt es Hinweise, daß der Virgo-Haufen in ein langgestrecktes Filament (Blasen-Wall) in der Verteilung der Galaxien eingebettet ist.

Zwei besonders wichtige Methoden der Entfernungsbestimmung sind die Supernova (Typ Ia)-Methode und die Tully-Fisher-Relation.

Die *Supernova-Methode* benutzt die Beobachtungen von Supernovae des Typs Ia, die in fernen Galaxien entdeckt werden. Durch Vergleich mit den absoluten Helligkeiten, die aus Beobachtungen an nahen Galaxien als bekannt gelten können, wird die Entfernungsskala aufgebaut. Problematisch ist hierbei z. B. die mögliche Untermischung von anderen Typen bzw. Subtypen von Supernovae.

Bei der *Tully-Fisher-Methode* wird die Masse einer Galaxis aus der beobachteten Breite der 21-cm-Linie des neutralen Wasserstoffs abgeleitet. Diese Linienbreite ist ein Maß für die Rotationsgeschwindigkeit der Galaxis, wobei noch die Neigung der Äquatorebene der Galaxis gegen unsere Blickrichtung berücksichtigt werden muß. Die Massen werden empirisch mit den Infrarot-Helligkeiten korreliert. Damit wird die Entfernungsskala aufgebaut.

Alle Methoden können noch erhebliche systematische Fehler enthalten. Daher hat Rowan-Robinson die vorliegenden Daten kritisch untersucht. Wenn er annimmt, daß systematische Fehler ausschließlich in der Supernova-Methode liegen, erhält er $H_0 = 78$ (km/s)/Mpc. Liegen die Fehler in der Tully-Fisher-Methode, ergibt sich $H_0 = 56$ (km/s)/Mpc. Damit ergibt sich als Mittelwert bei Berücksichtigung der Fehlerbereiche $H_0 = (67 \pm 15)$ (km/s)/Mpc (s. Abb. 6.1 und Tab. 6.1). Aus unseren Analysen resultiert seit 1992 $H_0 = (90 \pm 12)$ (km/s)/Mpc (Hoell et. al. (1994)) (s. Abschn. 6.3.9.4 und Tab. 6.3). Zusätzlich zu dem hier angegebenen Fehlerbereich muß immer noch die Möglichkeit eines größeren systematischen Skalierungsfehlers bei den Entfernungen in Betracht gezogen werden.

Die obigen Zahlen reflektieren eine langjährige Kontroverse zwischen den Arbeitsgruppen um Sandage und Tamman, die Werte zwischen 50 und 57 $\pm$ 5 bevorzugen, und um G. de Vaucouleurs (gest. 1995), der Werte im Bereich (100 $\pm$ 10) (km/s)/Mpc ableitete. Aus den Beobachtungsdaten des Hubble Space Telescopes wurde mit verschiedenen Methoden bis 2000 ein mittlerer Wert von $H_0 = (72 \pm 8)$ (km/s)/Mpc abgeleitet (Freedman et al. 2001). Zur Kalibrierung der Cepheiden wurde die Entfernung der Großen Magellanschen Wolke (LMC) mit 50 kpc als Standard angenommen. Neuere Messungen lassen vermuten, daß diese Standard-Entfernung um bis zu 12 % zu groß angenommen wurde. Wenn diese Messungen bestätigt werden, würde H_0 um bis zu 12 % größer werden. Aufgrund dieser Situation werden wir hier vorwiegend den „Mittelwert" $H_0 = 75$ (km/s)/Mpc benutzen.

Da die Fehler systematischer Natur sind, muß man bezüglich der Auswahl kosmologischer Modelle den Unsicherheitsbereich offen halten. Dies geschieht üblicherweise durch Einführung der dimensionslosen *Skalierungsgröße* h_0 mit

$$h_0 = \frac{H_0}{100 \text{ km s}^{-1} \text{ Mpc}^{-1}}. \tag{6.10}$$

Auf Grund des oben Gesagten kann h_0 zwischen 0.5 und 1.0 liegen, im extremen Fall sogar zwischen 0.4 und 1.1. Entfernungsangaben von Galaxien, die aus Rotverschiebungen abgeleitet wurden, sollten immer den Skalierungsfaktor h_0 enthalten.

Kosmologische Längen sind immer proportional zu h_0^{-1}. Somit sind Dichten proportional zu h_0^3 und Leuchtkräfte zu h_0^{-2}, da diese aus gemessenen Helligkeiten bestimmt werden, wobei mit dem Quadrat der Entfernung zu multiplizieren ist. In diesem Zusammenhang weisen wir bereits hier darauf hin, daß die in Gl. (6.11) eingeführte *Leuchtkraftdichte* zu h_0 proportional ist. Bei den aus der Rotationsgeschwindigkeit bestimmten Galaxienmassen geht der Bahnradius ($\propto h_0^{-1}$) ein, so daß das Masse-Leuchtkraft-Verhältnis M/L die Proportionalität $h_0^{-1}/h_0^{-2} = h_0$ besitzt.

6.2.2 Die Mikrowellen-Hintergrundstrahlung

Wenn das Universum seinen Anfang aus einem extrem dichten Zustand nahm, sollte man erwarten, daß in der Frühphase des Kosmos – ehe es zur Bildung von Sternen und Galaxien kommen konnte – ein dichtes, heißes Plasma existierte, das zunächst optisch dick, d. h. undurchlässig für Strahlung war. Nachdem das Plasma durch die Expansion auf Temperaturen von einigen Tausend Kelvin abgekühlt war, bildeten sich aus Protonen und Elektronen neutrale Wasserstoffatome. Dadurch wurde die Materie durchsichtig, und Materie und Strahlung konnten entkoppeln, d. h. die Strahlung breitete sich von diesem Zeitpunkt an nahezu wechselwirkungsfrei aus.

Aufgrund solcher Überlegungen hatte im Jahre 1948 George Gamow (1904–1968) ausgerechnet (Gamow 1949), daß heute noch Reststrahlung dieses primordialen Plasmas vorhanden sein muß. Die Strahlungstemperatur erwartete er im Bereich zwischen 3 und 10 Kelvin (K). Das war eine erstaunlich genaue Vorhersage, die jedoch damals keine Beachtung bei den Radioastronomen fand. Allerdings gab es in den fünfziger Jahren auch noch nicht die empfängertechnischen Voraussetzungen für ihren Nachweis. Erforderlich waren hochempfindliche Empfänger im cm-Wellenbereich mit extrem geringen Eigenrauschen.

So kam es erst 1965 zur Zufallsentdeckung der Hintergrundstrahlung, als Arno Penzias und Robert Wilson von den Bell Telephone Laboratories bei der Untersuchung des Rauschuntergrundes ihrer großen Hornantenne für Kommunikationssatelliten vom Echo-Typ auf einen isotropen kosmischen Strahlungsanteil stießen, der einer Temperatur des Kosmos von etwa 3 K entsprach. Penzias und Wilson beobachteten bei einer Wellenlänge von 7.5 cm.

In den nachfolgenden Jahren ergab sich auch im mm-Bereich der entsprechende Befund. Das Spektrum entspricht einer Planckschen Strahlungskurve für eine Temperatur von 2.73 K. Darüber hinaus ist die Strahlung in hohem Maße isotrop. Die gemessene Strahlungsintensität ist innerhalb einer Fehlerspanne von 1 Promille aus allen Richtungen konstant. Es sind genau diese zwei Eigenschaften, das Plancksche Spektrum und die hochgradige Isotropie der Intensität, die man aufgrund der homogenen Friedmann-Modelle des Kosmos erwarten sollte. Aus den Meßergebnissen resultiert, daß der Kosmos gleichmäßig mit einem Photonengas mit einer Dichte von etwa 400 Photonen pro Kubikzentimeter gefüllt ist, bei einer mittleren Photonenenergie von $h\nu = 3kT = 0.7 \cdot 10^{-3}$ eV. Die heutige Energiedichte der Strahlung ergibt sich zu 0.26 eV/cm^3. Das entspricht einem Masseäquivalent von $0.47 \cdot 10^{-33}$ g/cm^3.

Die Expansion des Kosmos und die Existenz der Hintergrundstrahlung sind die beiden fundamentalen Stützen für die isotropen kosmologischen Weltmodelle mit großräumig homogener Verteilung der Galaxien. Daher wurde diese fundamentale Entdeckung von Arno Penzias und Robert Wilson im Jahre 1978 mit dem Nobelpreis für Physik ausgezeichnet, nachdem die Isotropie und die Planck-Verteilung mit hinreichender Präzision gesichert waren.

Seit den siebziger Jahren werden Experimente über die genaue Isotropie der Hintergrundstrahlung gemacht. Wegen des störenden Einflusses der „heißen" Erdoberfläche und der Erdatmosphäre sind zunächst Ballon- und anschließend auch Satellitenbeobachtungen durchgeführt worden. Bereits die Ballonexperimente zeigten geringe Abweichungen in der Isotropie mit dipolartiger Verteilung. Die Strahlungsintensität aus Richtung der Sternbilder Leo und Hydra ist um etwa ein Promille größer, die Strahlung aus der Gegenrichtung, dem Sternbild Aquarius, um ein Promille niedriger als die mittlere Strahlungsintensität. Diese systematische Anisotropie läßt sich erklären durch die Bewegung unseres Sonnensystems im Kosmos. Diese setzt sich zusammen aus der Umlaufgeschwindigkeit des Sonnensystems um das galaktische Zentrum mit etwa 220 km/s in Richtung auf das Sternbild Cygnus, der Geschwindigkeit der Milchstraße um die Lokale Gruppe mit etwa 50 km/s, und die Bewegung der Lokalen Gruppe innerhalb des Virgo-Supergalaxienhaufens von rund 200 km/s. Die Vektoraddition dieser Geschwindigkeiten verursacht die Geschwindigkeit des Sonnensystems von etwa 370 km/s, wie sie in Relation zur Hintergrundstrahlung gemessen wird.

1989 startete die NASA den „Cosmic Background Explorer" COBE, der die bisher exakteste Untersuchung der kosmischen Hintergrundstrahlung am gesamten Himmel durchführte. Mit dem FIRAS-Experiment wurde eindrucksvoll die im Rahmen der Meßgenauigkeit exakte Planck-Form des Spektrums für eine Temperatur von 2.73 K nachgewiesen. Die Anisotropie wurde mit einem differentiell messenden Mikrowellen-Radiometer bei drei verschiedenen Wellenlängen untersucht. Abgesehen von dem Dipoleffekt fand man schließlich Strukturen mit einer Tempe-

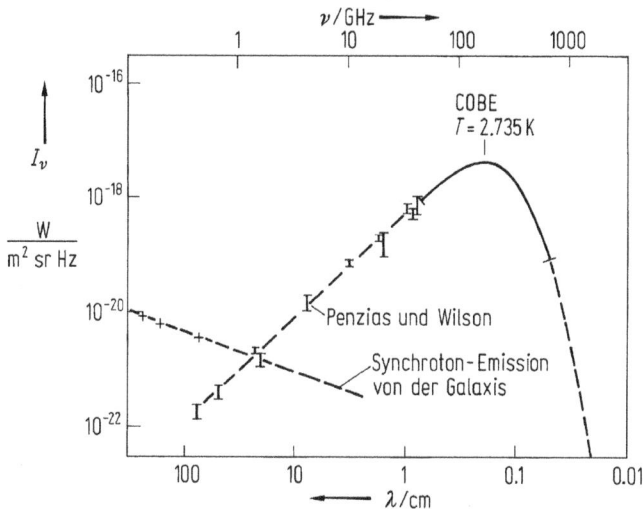

Abb. 6.2 Spektrum der Hintergrundstrahlung im Wellenlängenbereich von 0.2 mm bis 1 m, verglichen mit der Synchrotron-Strahlung unserer Galaxis, die im Meterwellenbereich überwiegt. Die ausgezogene Kurve repräsentiert die Planck-Funktion für 2.735 K nach den COBE-Messungen.

raturabweichung von nur etwa 30 μK, entsprechend einer Meßgenauigkeit von $\Delta T/T \approx 10^{-5}$.

Das beobachtete Spektrum ist in Abb. 6.2 wiedergegeben. Am linken Rand ist auch ein mittleres Spektrum der galaktischen Synchrotronstrahlung eingezeichnet, die durch Elektronen der kosmischen Strahlung erzeugt wird, die mit relativistischen Geschwindigkeiten in den Magnetfeldern unserer Galaxis auf Helix-Bahnen umlau-

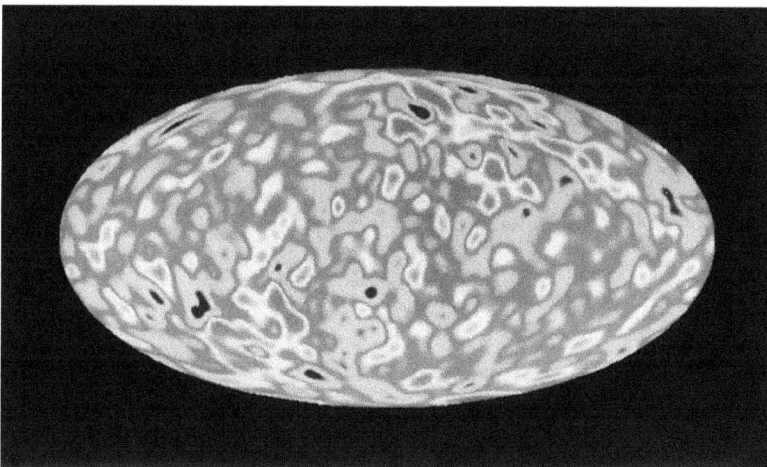

Abb. 6.3 Strukturen in der Hintergrundstrahlung, wie sie bis 1992 von dem COBE-Satelliten gemessen wurden, dargestellt in galaktischen Koordinaten. Die Abweichungen von der Isotropie betragen ± 30 μK (Smoot et al. 1992).

fen. Aus dem Verlauf des Spektrums erkennt man leicht, daß die Synchrotronstrahlung, die im Meterwellenbereich dominiert, im cm-Bereich praktisch keine Rolle
mehr spielt.

Abb. 6.3 zeigt die von COBE bis 1992 gemessenen Strukturen in der Hintergrundstrahlung. Sie sind in galaktischen Koordinaten dargestellt, wobei das galaktische Zentrum im Mittelpunkt der Abbildung liegt. In den dunklen Bereichen liegt
die Strahlungstemperatur 30 µK über dem Mittelwert, in den hellen Bereichen um
30 µK darunter. Das Winkelauflösungsvermögen des Meßinstrumentes beträgt 7°,
es ermöglicht Messungen bei 3.3, 5.7 und 9.5 mm Wellenlänge. Sowohl die Dipol-
asymmetrie als auch der Beitrag der galaktischen Strahlung wurden eliminiert.

Inzwischen gibt es auch Beobachtungen von Strukturen auf kleineren Winkelskalen, die wir unter den kosmologischen Tests (Abschn. 6.3.9) diskutieren.

6.2.3 Die Dichte der leuchtenden Materie

Neben der Expansionsrate (Hubble-Zahl) ist die Kenntnis der heutigen mittleren
Dichte der Materie die wichtigste Randbedingung für die Auswahl der kosmologischen Modelle. Im Rahmen der homogen isotropen Modelle erzielt man damit eine
brauchbare Beschreibung der zeitlichen Entwicklung des Kosmos in Vergangenheit
und Zukunft.

Wir wollen zunächst die Bestimmung der Dichte der beobachtbaren Materie er-
örtern. Dabei bleibt der Anteil der „unsichtbaren" Materie zunächst offen. Er muß
aus dynamischen Massenbestimmungen der Galaxien zusätzlich berücksichtigt werden.

Eine sorgfältige Analyse hat Peebles (1971) in seinem Buch *Physical Cosmology*
gegeben. Wir beschränken uns hier auf eine vereinfachte Beschreibung. Man geht
aus von einer Bestimmung der **Leuchtkraftdichte** L_V, d.h. der volumenbezogenen
Leuchtkraft, die von den Galaxien erzeugt wird. Man kann sie aus Zählungen der
Anzahl der Galaxien bis zu einer vorgegebenen Grenzhelligkeit erhalten. Überschau-
bare Zahlen erzielt man, wenn man die Leuchtkraft unserer Sonne als Bezugseinheit
benutzt:

$$L_\odot = 4 \cdot 10^{26} \, \text{W}.$$

Peebles erhält für die Leuchtkraftdichte L_V:

$$L_V = 3.0 \cdot 10^8 \cdot h_0 \cdot L_\odot \, (\text{Mpc})^{-3}, \tag{6.11}$$

wobei die Entfernungsskalierung h_0 aus Gl. (6.10) berücksichtigt ist. Ein $(\text{Mpc})^3$ entspricht $2.94 \cdot 10^{67} \, \text{m}^3$. Zur Veranschaulichung erwähnen wir, daß innerhalb unserer
Lokalen Gruppe der Abstand zur nächsten großen Galaxie, dem Andromeda-Nebel
(M31 = Nummer 31 im Messier-Katalog), (0.73 ± 0.04) Mpc beträgt. Der Durchmesser der Lokalen Gruppe kann mit 3 Mpc angesetzt werden.

Um aus der Leuchtkraftdichte die Massendichte zu erhalten, müssen wir noch
mit dem für Galaxien typischen *Masse-Leuchtkraft-Verhältnis* multiplizieren. Wenn
unsere Sonne typisch wäre mit ihrer Masse $M_\odot = 2 \cdot 10^{30}$ kg, wäre unser Problem
einfach gelöst. Wenn man jedoch die Massen der Galaxien aus den beobachteten
Rotationsgeschwindigkeiten abschätzt, sieht man, daß die zahlreichen lichtschwa-

chen Sterne ganz erheblich zum Masse-Leuchtkraft-Verhältnis beitragen. Eine einfache Massenabschätzung erhält man bereits aus dem dritten Keplerschen Gesetz

$$M(r) = \frac{r \cdot v^2}{G}. \tag{6.12}$$

Hierin ist $M(r)$ die innerhalb des Radius r enthaltene Masse der Galaxis und $v = v(r)$ die beobachtete Rotationsgeschwindigkeit als Funktion des Abstandes r vom Zentrum der Galaxis. Für Spiralgalaxien erhält man

$$\frac{M}{L} = (3 \; bis \; 8) \cdot h_0 \frac{M_\odot}{L_\odot}. \tag{6.13}$$

Bei elliptischen Galaxien gestaltet sich die Bestimmung schwieriger. Hier wird die Rotation von Galaxienpaaren herangezogen. Dies liefert Faktoren von 20 bis 30 anstelle der 3 bis 8 in Gl.(6.13).

Als sinnvollen mittleren Wert hat Peebles

$$\frac{M}{L} = 20 \, h_0 \frac{M_\odot}{L_\odot} \tag{6.14}$$

angesetzt.

Die Zahl 20 entspricht dem Masse-Leuchtkraft-Verhältnis von Roten Zwergsternen (Spektraltyp M). Man erkennt, daß die leuchtschwachen Sterne die Masse der Galaxien dominieren. Das entsprechende Verhältnis der Sterne der näheren Sonnenumgebung ist 3.

Wir erhalten aus Gl.(6.11) und Gl.(6.14) die heutige mittlere Dichte der in Galaxien enthaltenen Masse:

$$\varrho_G = L_V \cdot \frac{M}{L} = 0.4 \cdot 10^{-30} \, h_0^2 \, \mathrm{g \, cm}^{-3}. \tag{6.15}$$

Die Entfernungsskala h_0 geht quadratisch in diese Gleichung ein. Die Dichte der galaktischen Materie dürfte also zwischen 0.1 und $0.4 \cdot 10^{-30} \, \mathrm{g \, cm}^{-3}$ liegen. Wegen der Abhängigkeit dieser Zahl von der Hubble-Zahl benutzt man gern den Masseparameter Ω_0, der unabhängig von H_0 bestimmt wird:

$$\Omega_0 = \frac{\varrho_0}{\varrho_{c,0}}, \tag{6.16}$$

wobei

$$\varrho_{c,0} = \frac{3 H_0^2}{8 \pi G} = 18.8 \cdot 10^{-30} \, h_0^2 \, \mathrm{g \, cm}^{-3} \tag{6.17}$$

ist. Sie wird die *kritische Dichte* genannt. Es ist die Dichte im Materiemodell ($\Lambda = 0$) mit euklidischer Raummetrik. Aus Gl.(6.15) und Gl.(6.17) folgt

$$\Omega_0 = 0.02. \tag{6.18}$$

In den letzten Jahren hat sich gezeigt, daß Galaxien von ausgedehnten Halos umgeben sind, die sich weit über die sichtbare Galaxie hinaus erstrecken. Diese Erkenntnis beruht auf drei Beobachtungsbefunden:

Die Halos lassen sich durch die ausgedehnte Verteilung des neutralen Wasserstoffs nachweisen, der im Radiobereich bei 21 cm Wellenlänge gemessen wird. Die Dichte des Wasserstoffs im Halo ist allerdings wesentlich geringer als man sie etwa in den Armen der Spiralnebel findet.

Auch im optischen Spektralbereich ist es durch moderne Beobachtungstechnik gelungen, die sehr leuchtschwache, nahezu sphärische Komponente der ausgedehnten Halos nachzuweisen. Die Natur dieser Strahlung ist noch nicht generell geklärt. Man nimmt an, daß sie von sogenannten *Braunen Zwergsternen* herrührt. Wenn unsere Vorstellung richtig ist, daß sich Galaxien aus zunächst mehr oder weniger sphärischen Dichte-Inhomogenitäten im frühen Kosmos gebildet haben, dann sollten diese Sterne sehr alt sein und bereits zu Beginn der Kontraktionsphase der Galaxien entstanden sein. Braune Zwerge sollten sehr massearm sein verglichen mit unserer Sonne. Allerdings dürfte man erwarten, daß in der Frühphase auch massereiche Sterne entstanden sind. Die Sterne mit mehrfacher Sonnenmasse würden bereits „erloschen" sein, d.h. sich zu extrem kalten Weißen Zwergen, zu Neutronensternen oder sogar zu Schwarzen Löchern entwickelt haben.

Der dritte Beobachtungsfund ist die Tatsache, daß die Rotationskurven der Galaxien bis in große Entfernungen vom jeweiligen Zentrum flach verlaufen, also nicht den nach den Keplerschen Gesetzen zu erwartenden Abfall mit $1/\sqrt{r}$ zeigen (Abb. 6.4).

Aus diesen Beobachtungsdaten wurde errechnet, daß die Masse des Halos vergleichbar ist mit der Masse der sichtbaren Galaxie (Bahcall und Casertano 1985).

Da im vorn benutzten Masseverhältnis Gl. (6.14) bereits die Halo-Masse zumindest annähernd berücksichtigt ist, sollte sich eine Unterschätzung der Massen der Galaxien in engen Grenzen halten. Von einigen Autoren wird jedoch auch ein Masse-Leuchtkraft-Verhältnis von

$$\frac{M}{L} = 100 \, h_0 \, \frac{M_\odot}{L_\odot} \qquad (6.19)$$

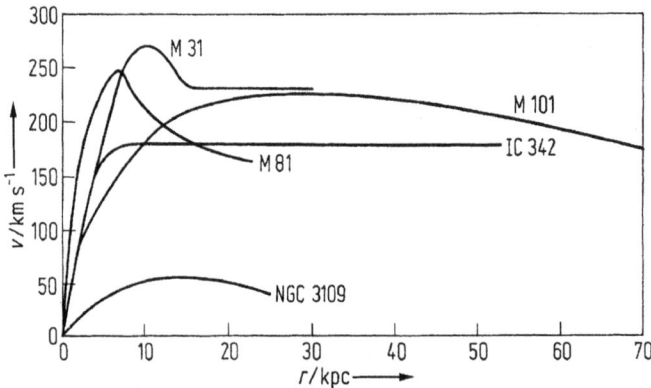

Abb. 6.4 Rotationskurven von fünf Spiralgalaxien, abgeleitet aus Messungen der 21-cm-Linie des Wasserstoff. Die Abszisse r ist der Abstand vom Zentrum der Galaxie (nach der Zusammenstellung von Mihalas und Binney 1981).

als im Bereich des Möglichen angesehen. Damit würde

$$\Omega_0 = 0.1 \tag{6.20}$$

werden. Das entspräche einer Dichte von einem Zehntel der kritischen Dichte.

Daraus folgt, daß für einen Kosmos, der durch ein euklidisches Modell mit Materie, aber ohne einen Beitrag der kosmologischen Konstante repräsentiert wird, immer noch 90 Prozent der Masse fehlen würde. Sie müßte dann durch „Dunkelmaterie" bereitgestellt werden. Die mögliche Unterschätzung der heutigen, mittleren Materiedichte nennt man das **Problem der fehlenden Masse** (*the missing mass problem*).

6.2.4 Dunkelmaterie

Es gibt deutliche Hinweise darauf, daß sich der überwiegende Teil der Materie im Universum nicht in Sternen befindet, also nicht leuchtet. Man spricht daher von Dunkelmaterie. Die wichtigsten Beobachtungsbefunde dazu sind:

a) Die bereits angesprochenen Rotationskurven von Spiralgalaxien (Abb. 6.4). Eine Konzentration der Masse im Zentrum der Galaxie, wie sie durch den steilen Helligkeitsabfall der sichtbaren Materie nahegelegt wird, würde weiter draußen eine Änderung der Rotationsgeschwindigkeit nach dem Kepler-Gesetz, $v \propto 1/\sqrt{r}$, verursachen. Tatsächlich beobachtet man, daß $v(r)$ für große r flach bleibt. Daraus schließt man, daß Spiralgalaxien von einem dunklen Halo umgeben sind, der sich vermutlich bis über 100 kpc vom Zentrum erstreckt.

b) Schon 1933 hatte Zwicky argumentiert, daß Galaxienhaufen allein durch die Schwerkraft der sichtbaren Galaxien und des Intra-Cluster-Mediums nicht gebunden werden können, sie würden im Laufe der Zeit auseinanderfliegen. In der Tat zeigen verschiedene Methoden, z.B. Röntgenbeobachtungen des heißen Gases, das das Gravitationspotential von Galaxienhaufen ausfüllt, daß diese deutlich mehr Masse enthalten als nur die der leuchtenden Galaxien. Andere Massenbestimmungen bedienen sich dynamischer Methoden (Abschätzung des Potentials mittels Virialsatz aus den Geschwindigkeiten der Einzelgalaxien) und der Analyse des Gravitationslinseneffekts. So erzeugt ein als Gravitationslinse wirkender Galaxienhaufen verzerrte Bilder von Hintergrundgalaxien, aus denen sich die Masse des Haufens ableiten läßt.

c) Betrachtet man nicht mehr einzelne Objekte oder Gruppen, sondern die großräumige Struktur, so läßt sich die Verteilung der Galaxien vergleichen mit der Materieverteilung, die sich durch ihre Gravitationswirkung bemerkbar macht. Galaxien werden in Richtung auf Dichtekonzentrationen beschleunigt. Aus den daraus resultierenden pekuliaren Geschwindigkeitsfeldern rekonstruiert man die Materiedichte. Problematisch ist allerdings die Entfernungsbestimmung unabhängig von der Rotverschiebung (Trennung von Doppler-Effekt und kosmologischer Rotverschiebung). Auch die gravitative Lichtablenkung von weit entfernten Galaxien durch großräumige Strukturen läßt sich statistisch auswerten. Man spricht hier von Kosmischer Scherung (*cosmic shear*). Dieser Effekt ist allerdings sehr klein, so daß er erst im Frühjahr 2000 erstmals nachgewiesen werden konnte.

d) Die Bildung der beobachteten Strukturen (Galaxien) aus der anfangs homogenen Materieverteilung erfordert nach heutigem Verständnis Dunkelmaterie, die unabhängig von der baryonischen Materie kondensiert und Potentialtöpfe bildet. In Abschn. 6.4.9 werden wir auf diesen Prozeß eingehen.

e) Aus anderen Beobachtungen und Annahmen (z. B. Inflationstheorie) mögen theoretische Modelle resultieren, die auf ein flaches oder geschlossenes Universum deuten. Um $\Omega \geq 1$ zu erhalten, muß, je nach Modell, neben der Kosmologischen Konstanten, leuchtender Materie, Neutrinos, etc. ein substantieller Beitrag durch Dunkelmaterie erbracht werden.

Die Natur dieser Dunklen Materie ist bis heute unbekannt. Der baryonische Anteil ist in den Berechnungen aufgrund der Häufigkeiten der primordialen Elemente enthalten (vgl. Abschn. 6.2.5). Von den nichtbaryonischen Teilchen wäre ein Neutrino mit Ruhemasse ein Kandidat, das aber aufgrund seiner relativistischen Geschwindigkeit für die Bildung der unter d) geschilderten Potentialtöpfe nicht in Frage kommt. Andere Kandidaten für nichtbaryonische „exotische" Teilchen werden von Theorien zur Erweiterung des Standardmodells der Elementarteilchenphysik gefordert, sind aber bisher noch nicht nachgewiesen.

6.2.5 Die heutige mittlere baryonische Dichte

Neben der in Abschn. 6.2.3 dargestellten Methode, die heutige Dichte zu bestimmen, gibt es noch ein weiteres Verfahren, das im Gegensatz zu dieser mittlere Dichten liefert, die erstens von der Hubble-Zahl praktisch unabhängig sind und die zweitens auch die in ausgebrannten oder extrem leuchtschwachen Sternen (Braune Zwerge, extrem kalte Weiße Zwerge, Neutronensterne, Schwarze Löcher) steckende Masse mitberücksichtigen.

Dieses Verfahren benutzt die beobachteten relativen Massenanteile des Helium-4 (^{4}He) und des Deuteriums (^{2}H). Ferner kann noch Helium-3 (^{3}He) und Lithium-7 (^{7}Li) herangezogen werden. Zur Vereinfachung werden wir uns hier auf den im interstellaren Gas beobachteten Anteil des ^{4}He und ^{2}H beschränken. Wir erhalten daraus die mittlere Dichte der in Form von Atomen, Molekülen oder Protonen bestehenden Materie. Das wäre im Gegensatz zu den im vorigen Abschnitt angesprochenen „exotischen" Teilchen das was wir normale Materie nennen. Wir bezeichnen Protonen und Neutronen als baryonische Materie. Nur sie tragen zur Masse der Atome wesentlich bei.

Wenn man die relativen Häufigkeiten der (wichtigsten) chemischen Elemente in den Sternatmosphären zusammenstellt, wie sie sich aus den spektroskopischen Untersuchungen des Sternlichtes ergeben, stößt man auf ein merkwürdiges Phänomen:

Der Anteil an schweren Elementen in den Sternen ist ganz signifikant davon abhängig, zu welchem Zeitpunkt im Leben unserer Galaxis sich Sterne aus dem interstellaren Medium gebildet haben. Sterne, die heute als alte Sterne zu bezeichnen sind, haben sich in der Frühzeit der Galaxis aus dem „jungfräulichen" interstellaren Gas geformt, während sich junge Sterne, die erst vor wenigen Millionen Jahren entstanden sind, aus „altem" Gas gebildet haben. Unter *schweren Elementen* wollen wir hier die wichtigsten zusammenfassen: Kohlenstoff (C), Stickstoff (N), Sauerstoff (O) und Eisen (Fe). Ihr Massenanteil liegt in den ältesten Sternen ganz wesentlich unterhalb von 1 % während er bei den jungen Sternen bis auf etwa 4 % angestiegen sein kann. Ganz anders verhalten sich die wichtigsten leichten Elemente: Wasserstoff und Helium.

Wasserstoff ist in allen Sternen und im interstellaren Gas das weitaus dominierende Element. Über 70 % der baryonischen Masse des Kosmos besteht aus Wasserstoff bzw. aus Protonen, wenn der Wasserstoff ionisiert ist. Wichtig ist in unserem Zusammenhang der Massenanteil des *Heliums*. Er liegt bei den alten Sternen bei etwa 25 %, bei den ganz jungen Sternen kann er bis zu 30 % betragen. Bei unserer Sonne rechnen wir mit 28 %. Der Anteil des Heliums ist also nur wenig davon abhängig, wann sich ein Stern aus dem interstellaren Gas gebildet hat.

Diese Befunde kann man verstehen und in Stern-Entwicklungsmodellen nachrechnen, wenn man annimmt, daß das Helium in der ganz frühen Phase der Galaxienentwicklung zum weit überwiegenden Anteil bereits vorhanden war – wir sprechen vom primordialen (siehe Fußnote 1, S. 441) Heliumanteil – während die schweren Elemente erst in den Fusionsreaktoren im Innern von relativ massearmen Sternen „gekocht" wurden. Diese angereicherte Materie wurde bei Supernova-Explosionen wieder an die interstellare Materie abgegeben, aus der dann die nächste Generation von Sternen entstand. Wir müssen hierbei berücksichtigen, daß die massereichen OB-Sterne nur eine Lebensdauer von einigen Millionen bis einigen zehn Millionen Jahren haben. Das heißt aber beispielsweise, daß ehe unsere Sonne vor 4.6 Milliarden Jahren entstand, einige hundert bis tausend Generationen von OB-Sternen vorher existiert haben können. Als OB-Sterne bezeichnet man Sterne, deren Leuchtkraft über dem Zehntausendfachen der Leuchtkraft unserer Sonne liegt. Sterne dieses Typs durchlaufen an ihrem Ende ein Supernova-Stadium, bei dem ein wesentlicher Teil ihrer Masse herausgeschleudert wird. Sie enden als Neutronenstern oder möglicherweise als Schwarzes Loch.

Für die Kosmologie ist also die Frage wichtig, ob der Massenanteil des Heliums von knapp 25 % in der Urknallphase entstanden sein kann. Es hat sich gezeigt, daß im frühen Kosmos eine *primordiale Nukleosynthese* stattgefunden haben muß, die nicht nur den Heliumanteil, sondern auch den Anteil des Deuteriums, das wir im interstellaren Gas und in den Atmosphären von Jupiter und Saturn finden, quantitativ zwanglos aus der Materieentwicklung in den ersten drei Minuten nach dem Beginn der Expansion erklären kann.

Die Fusion der Protonen und Neutronen zu Deuterium und Helium läßt sich für die ersten Minuten nach dem Urknall aus dem kosmologischen Modell berechnen. Der Vergleich der berechneten Massenanteile von Deuterium und Helium mit den heute beobachteten Anteilen erlaubt es, das Verhältnis der Anzahl der Photonen N_{ph} zur Anzahl der Baryonen N_B im frühen Kosmos festzulegen. Man kann nun leicht einsehen, daß sich dieses Zahlenverhältnis seither nicht mehr wesentlich geändert haben kann, da die Umwandlung von Materie in Strahlung in den Fusionsreaktoren der Sterne insgesamt nur höchstens einige Prozent zur Anzahldichte der Photonen aus dem frühen Strahlungskosmos hinzugefügt haben kann.

Wenn wir aber das heutige Zahlenverhältnis von Photonen zu Baryonen ableiten können, läßt sich leicht die heutige Anzahldichte der Baryonen errechnen, da sich

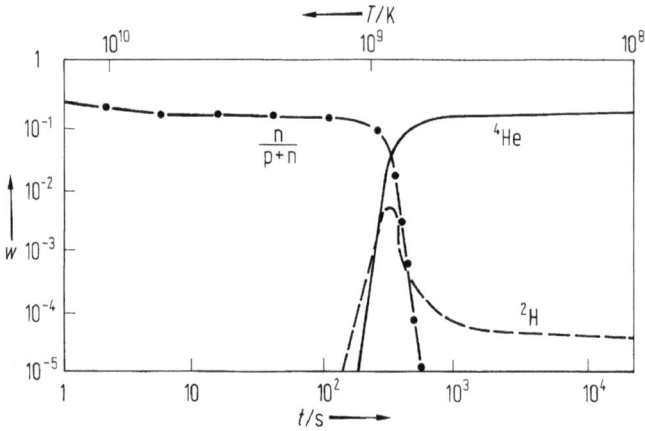

Abb. 6.5 Primordiale Fusion von (^{4}He) Helium- und (^{2}H) Deuterium-Kernen im frühen Kosmos bei $T = 10^9$ K (nach Wagoner 1973). Aufgetragen sind die Massenanteile w der Neutronen $n/(n + p)$, des ^{4}He und des ^{2}H bezogen auf die Massensumme H + He als Funktion der Temperatur bzw. der Friedmann-Zeit.

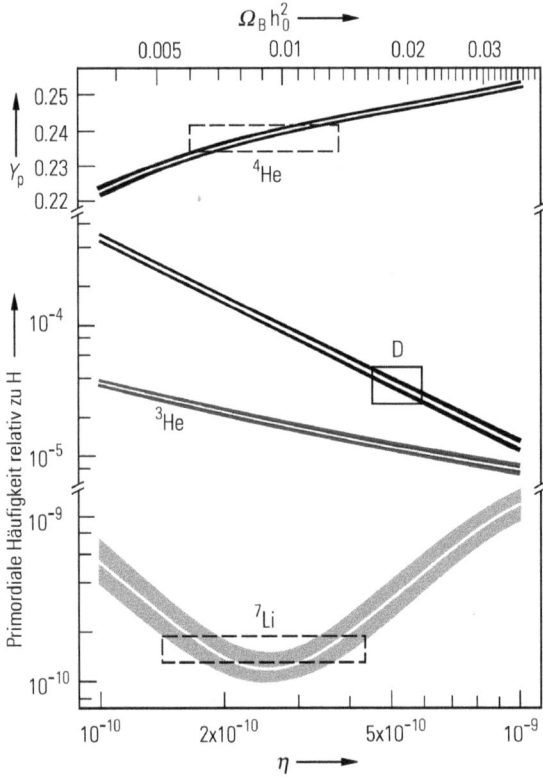

Abb. 6.6 Der Massenanteil von primordialem Helium, Deuterium und Lithium hängt empfindlich vom Anzahlverhältnis der Baryonen zu den Photonen $\eta = N_B/N_{ph}$ ab. Die obere Abszisse gibt die heutige baryonische Dichte Ω_B, normiert mit dem Skalierungsparameter h_0, an (s. Overduin und Priester 2001).

die Anzahldichte der Photonen $N_{ph} = (413 \pm 2)\,\mathrm{cm}^{-3}$ aus der Hintergrundstrahlung (Abschn. 6.2.2) ergibt. Die Fusionsrechnungen liefern

$$\frac{N_{ph}}{N_B} = 10^{9.5(+0.3, -0.2)}, \tag{6.21}$$

vergleiche hierzu Abb. 6.5 und Abb. 6.6.

Damit wird die *heutige mittlere baryonische Dichte*

$$\varrho_{B,0} = 0.2^{+0.2}_{-0.1} \cdot 10^{-30}\,\mathrm{g\,cm}^{-3}. \tag{6.22}$$

Diese Resultate haben wir zusammen mit den beobachteten Häufigkeiten von Helium und Deuterium in Tab. 6.1 zusammengefaßt.

Tab. 6.1 Heutige Randbedingungen/Beobachtungsdaten

Beobachtungsdaten			Literatur
1. Mikrowellen-Hintergrundstrahlung			
Temperatur	T	$= 2.728 \pm 0.004\,\mathrm{K}$	[M1]
Anzahldichte der Photonen	N_{ph}	$= 413 \pm 2\,\mathrm{cm}^{-3}$	
Mittlere Photonenenergie	$h\bar{\nu}$	$= 3kT = 7 \cdot 10^{-4}\,\mathrm{eV}$	
Energiedichte	ε_S	$= 0.261 \pm 0.002\,\mathrm{eV\,cm}^{-3}$	
äquivalente Massendichte	ϱ_S	$= (0.466 \pm 0.003) \cdot 10^{-33}\,\mathrm{g\,cm}^{-3}$	
Compton-Parameter	$|y|$	$< 3 \cdot 10^{-6}$ auf Winkelskala $7°$	[M2]
Chemisches Potential	$|\mu|$	$< 9 \cdot 10^{-5}$	[M1]
Dipolanisotropie	ΔT	$= 3.358 \pm 0.001\,\mathrm{mK}$	[M3]
abgeleitete Pekuliargeschwindigkeit der Sonne	v_p	$= 369\,\mathrm{km/s}$	[M3]
in Richtung	l, b	$= (264.14 \pm 0.30)°; (48.26 \pm 0.30)°$	[M1]
Isotropie auf Winkelskalen $< 1°$	$\Delta T/T$	$< 10^{-4}$	
2. Hubble-Zahl H_0			
$66 \pm 15\,\mathrm{km/s\,Mpc}$ (58 (a), 89 (b))			[H1]
$55 \pm 7\ \ \mathrm{km/s\,Mpc}$			[H2]
$85 \pm 5\ \ \mathrm{km/s\,Mpc}$			[H3]
$72 \pm 8\ \ \mathrm{km/s\,Mpc}$ (HST Key Project)			[H4]

Diese Auswahl der Messungen von H_0 demonstriert die langjährige Kontroverse, die auf der systematischen Unsicherheit der Entfernungsmessungen beruht!

3. Heutige mittlere Dichte der Materie $\Omega_{m,0} = \varrho_{m,0}/\varrho_{c,0}$ mit $h_0 = H_0/100\,\mathrm{km\,s}^{-1}\,\mathrm{Mpc}^{-1}$

a) Leuchtende Materie

$\quad \Omega_{m,0} = (0.0027 \pm 0.0014)\,h_0^{-1}$ [D7]

b) Aus leuchtender Materie abgeleitet mit $M/L = 20 \cdot h_0 \cdot M_\odot/L_\odot$

$\quad \Omega_{m,0} = 0.016$ bzw. $\varrho_{m,0} = 0.3 \cdot 10^{-30}\,h_0^2\,\mathrm{g\,cm}^{-3}$ [D1], [D2]

c) Baryonische Materie (vgl. 4.)

$\quad \Omega_{m,0} = (0.01 - 0.02)\,h_0^{-2}$

d) Leptonische Materie

Aus der Ladungsneutralität ($N_{e^-} = N_p$) folgt, daß die Masse der Elektronen kleiner als ein Zweitausendstel der baryonischen Masse ist. Signifikant könnte

Tab. 6.1   (Fortsetzung)

Beobachtungsdaten	Literatur

der Massenbeitrag der Neutrinos sein ($N_\nu = 9/11\, N_{\mathrm{ph}} \approx 340\,\mathrm{cm}^{-3}$), wenn die Ruhemasse mindestens einer der drei Spezies (ν_e, ν_μ, ν_τ) von null verschieden ist.

$$\Omega_{\mathrm{mv},0} = h_0^{-2} \sum_{i=1}^{3} \frac{m_{\nu,i}}{93\,\mathrm{eV}}$$ [D9]

$\Omega_{\mathrm{mv},0} = 0.0003$ bis 0.12 [D8]

Einschränkung der Neutrinomasse aus Labormessungen:
$m_{\nu e} < 15\,\mathrm{eV},\ m_{\nu\mu} < 0.17\,\mathrm{MeV},\ m_{\nu\tau} < 24\,\mathrm{MeV}$ [D8]

e) Nichtbaryonische Dunkelmaterie [D8]
$\Omega_{\mathrm{m},0} = 0.1$ bis 0.5 (Gravitations-Instabilitäts-Theorie)
$\Omega_{\mathrm{m},0} = 0$ bis 0.4 (andere Methoden)

---

4. *Häufigkeit der primordialen Elemente*
Primordialer Massenanteil von Helium und Deuterium (bezogen auf die
Massensumme von Wasserstoff und Helium) [D6]

	gemessen aus:

$^4\mathrm{He} = 0.235 \pm 0.005$ Radio- und optischen Spektren
$^3\mathrm{He} = 5^{+6}_{-5} \cdot 10^{-5}$ Radio-Spektren
$^2\mathrm{H} = 5^{+6}_{-4} \cdot 10^{-5}$ UV-Spektren (Lyman (D))
$^7\mathrm{Li} \leq 5 \cdot 10^{-10}$ optische Spektren

Abgeleitet aus Beobachtungen des Massenanteils von $^4\mathrm{He}$ und $^2\mathrm{H}$ (vgl. [D3])
erhält man für die baryonische Materie (ϱ ist unabhängig von H_0!):

$\Omega_{\mathrm{m},0} = (0.011 \pm 0.005) \cdot h_0^{-2}$ bzw. $\varrho_{\mathrm{B},0} = (0.21 \pm 0.09) \cdot 10^{-30}\,\mathrm{g\,cm}^{-3}$ [D4]
$\Omega_{\mathrm{m},0} = (0.019 \pm 0.0024) \cdot h_0^{-2}$ bzw. $\varrho_{\mathrm{B},0} = (0.36 \pm 0.04) \cdot 10^{-30}\,\mathrm{g\,cm}^{-3}$ [D5]

---

5. *Alter der Galaxis*

a) Entwicklungsalter der Kugelsternhaufen:
$t_{\mathrm{gal}} = (12 \pm 4) \cdot 10^9$ Jahre [A1]
b) Aus dem Thorium/Uran-Verhältnis in Meteoriten
$t_{\mathrm{gal}} = 20.8^{+2}_{-4} \cdot 10^9$ Jahre [A2]
$t_{\mathrm{gal}} = (18.6 \pm 6) \cdot 10^9$ Jahre [A3]
c) Aus dem Thorium/Europium-Verhältnis in Sternspektren
$t_{\mathrm{gal}} = (15.6 \pm 4.6) \cdot 10^9$ Jahre [A4]

Zusammenfassend: Alter der Objekte im Universum
$t_0 \geq (19 \pm 7) \cdot 10^9$ Jahre [A5]

[M1] Fixsen, D. J. et al., The cosmic microwave background spectrum from the full COBE FIRAS data set, ApJ **473**, 576, 1996 (astro-ph/9605054)

[M2] Fixsen, D. J. et al., The spectrum of the cosmic microwave background anisotropy from the combined COBE FIRAS and DMR observations, ApJ **486**, 623, 1997 (astro-ph/9704176)

[M3] Lineweaver, C. H. et al., The dipole observed in the COBE DMR 4 year data, ApJ **470**, 38, 1996 (astro-ph/9601151)

[H1] Rowan-Robinson, M., The extragalactic distance scale, Space Sci. Rev. **48**, 1–77, 1988. (a): $H_0 = 58$, wenn systematische Fehler ausschließlich in der Infrarot-Tully-Fischer-Methode; (b): $H_0 = 89$, wenn der Fehler in der Typ I-Supernova-Methode.

Tab. 6.1 (Fortsetzung)

[H2] Sandage, A., Tamman, G. A., Steps toward the Hubble constant. X. The distance of the Virgo cluster core using globular clusters, ApJ **446**, 1, 1995

[H3] Willick, J.A., Batra, P., A determination of the Hubble constant from cepheid distances and a model of the local peculiar velocity field, ApJ **548**, 564, 2001 (astro-ph/0005112)

[H4] Freedman, W. et al., Final results from the Hubble Space Telescope key project to measure the Hubble constant, ApJ **553**, 47, 2001 (astro-ph/0012376)

[D1] Peebles, P. J. E., Physical cosmology, Princeton University Press, 1974

[D2] Schuecker, P. et al., The Muenster redshift project, Rev. Mod. Astronomy **2**, 109, 1989

[D3] Priester, W., Urknall und Evolution des Kosmos, Fortschritte in der Kosmologie, Westdeutscher Verlag, Opladen, **N333**, 1984

[D4] Olive, K. A., Big Bang nucleosynthesis, Nucl. Phys. Proc. Suppl. **80**, 79, 2000 (astro-ph/9903309)

[D5] Tytler, D., O'Meara, J. M., Suzuki, N. Lubin, D., Review of Big Bang nucleosynthesis and primordial abundances, Physica Scripta, **T85**, 12, 2000 (astro-ph/0001318)

[D6] Mezger, P. G., Schmid-Burgk, J., The cosmological relevance of light element abundances, Mitt. Astron. Ges. **58**, 31, 1983

[D7] Fukugita, M., Hogan, C.J., Peebles, P.J.E., The cosmic baryon budget, ApJ **503**, 518, 1998

[D8] Overduin, J. und Priester, W., How dominant is the vacuum?, Naturwissenschaften **88**, 229–248, 2001 (astro-ph/0101484)

[D9] Peebles, P.J.E., Principles of physical cosmology, Princeton University Press, 1993

[A1] Gratton, R. et al., Ages of globular clusters from HIPPARCOS parallaxes of local subdwarfs, ApJ **491**, 749, 1997; Krauss, L., The age of globular clusters, Phys. Rept. **333**, 33, 2000 (astro-ph/9907308); Chaboyer, B. et al., The age of the inner halo globular cluster NGC 6652, Astron. Journ. **120**, 3102, 2000 (astro-ph/0008434); Carretta, E. et al., Distances, ages, and epoch of formation of globular clusters, ApJ **533**, 215, 2000

[A2] Thielemann, F. K., Metzinger, J., Klapdor, H. V., New actinide chronometer production ratios and the age of the galaxy, Astron. Astrophys. 123, 162, 1983

[A3] Thielemann, F. K. und Truran, J., Chronometer studies with initial galactic enrichment, Proc. Fifth Moriond Astrophys. Meeting, Reidel, Dordrecht, 1986

[A4] Cowan, J.J. et al., R-process abundances and chronometers in metal-poor stars, ApJ 521, 194, 1999 (astro-ph/9808272)

[A5] Blome, H. J., Priester, W., Vacuum energy in cosmic dynamics, Astrophys. Space Sci. 117, 327, 1985

6.2.6 Die großräumige Struktur des Universums

Die Materieverteilung im Universum, wie wir sie im Fernrohr beobachten können, weist eine hierarchische Struktur auf, die von Planeten und Sternen über Galaxien und Galaxienhaufen bis zu den Superhaufen reicht (vgl. auch Abb. 6.7). Setzt sich diese Strukturierung nach oben noch weiter fort oder gibt es eine Längenskala, auf der die Materie im Universum homogen verteilt ist? Die Beantwortung dieser Frage wird dadurch erschwert, daß wir nicht alle Galaxien in einem bestimmten Raum-

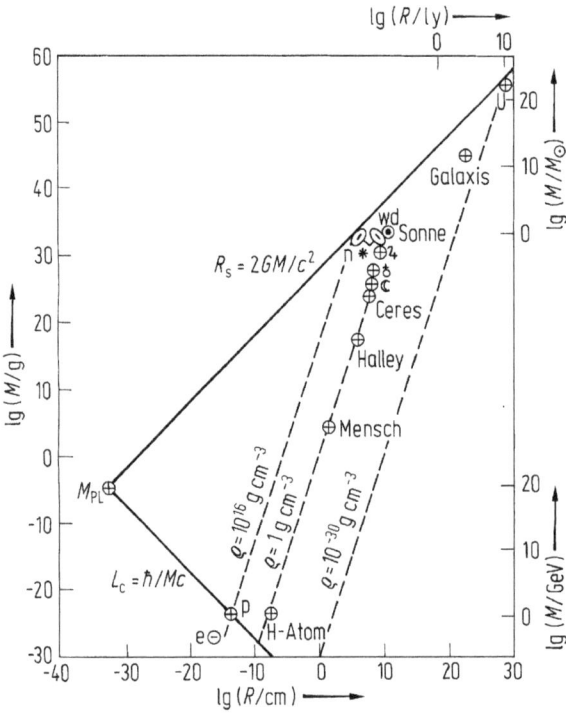

Abb. 6.7 Masse-Radius-Beziehung vom Elektron bis zum Radius des beobachtbaren Universums (Quasar-Horizont). Die untere Abszisse gibt die Radien in cm, die obere in Lichtjahren (für die Galaxien). Die rechte Ordinate gibt die Masse in Einheiten der Sonnenmasse (oben) und in GeV (unten). Es bedeuten M_{PL} = Planck-Masse, $R_{\mathrm{S}} = 2\,GM/c^2$ = Schwarzschild-Radius, $L_{\mathrm{C}} = \hbar/Mc$ = Compton-Länge.

bereich sehen können. Einige werden verdeckt oder sind zu lichtschwach, und oft sind ihre Entfernungen nicht genau genug bekannt.

Aktuelle Untersuchungen zur großräumigen Verteilung von Galaxien und Quasaren werden z. B. im Rahmen des „Sloan Digital Sky Survey" und des „2dF Survey" durchgeführt. Eine Pionierarbeit waren die am Harvard Center for Astrophysics (CfA) durchgeführten Untersuchungen (vgl. Geller und Huchra 1989, de Lapparent et al. 1986). Dabei werden die nach geeigneten Auswahlkriterien selektierten Galaxien in einem dreidimensionalen Rotverschiebungsraum dargestellt. Die Rotverschiebung z (oder äquivalent die durch die lineare Doppler-Formel definierte Fluchtgeschwindigkeit $v = cz$) wird als Maß für die Entfernung über den zwei Winkelkoordinaten der Galaxie an der Himmelssphäre aufgetragen. Zur Rotverschiebung trägt allerdings neben der kosmischen Expansion auch die Eigenbewegung der Galaxie entlang der Sichtlinie bei. Das führt zu einer leichten Verzerrung der Strukturen im Rotverschiebungsraum gegenüber dem reellen Raum. In der so bis zu einer Rotverschiebung von $z = 0.05$ ($v = 15\,000$ km/s) dargestellten Galaxienverteilung (s. Abb. 6.37 in Abschn. 6.5.4) zeigt sich eine auffällige Blasenstruktur. Der Raum ist durchsetzt mit großen Leerräumen (*Voids*), nahezu frei von leuchtender Materie, und mit Durchmessern bis zu etwa 150 Millionen Lichtjahren. Teilweise sind die Voids miteinander verbunden, aber es existieren auch Zwischenwände ohne signifikante Löcher. Die Galaxien sind größtenteils in relativ dünnen Schichten oder Filamenten angeordnet. Besonders auffällig ist der „Great Wall", der sich vom Coma-Haufen nach zwei Seiten bis zu den Grenzen des CfA-Surveys erstreckt. Diese Beobachtungen lassen vermuten, daß die Voids die fundamentalen Strukturen sind, so daß die Materieverteilung erst auf Skalenlängen oberhalb von etwa 500 Millionen Lichtjahren als homogen angesehen werden kann.

Durch die unabhängige Messung der Entfernung und der Rotverschiebung einer Galaxie läßt sich der kosmologische Anteil in der Rotverschiebung separieren und die radiale Komponente der Pekuliargeschwindigkeit der Galaxie bestimmen. Die Entfernungsmessungen sind allerdings mit wesentlich größeren Fehlern behaftet (größer als 20 %) als die Messungen der Rotverschiebung. Aus den Pekuliargeschwindigkeiten erhält man das *dreidimensionale Strömungsfeld*. Vorausgesetzt, daß die Bewegungen auf gravitativen Wechselwirkungen beruhen, kann man aus dem Strömungsfeld eine Massenverteilung ableiten. Die bisherigen Ergebnisse lassen sich mit der Existenz von zwei großen Massenkonzentrationen erklären, eine („Great Attractor") in Richtung auf die Sternbilder Hydra-Centaurus und eine kleinere bei Perseus-Pisces. Der Große Attraktor wird allerdings in Galaxien-Durchmusterungen nicht gesehen. Möglicherweise wird er teilweise durch die galaktische Scheibe verdeckt, oder er besteht aus nicht leuchtender Materie. Aufgrund der unsicheren Bestimmung der Pekuliargeschwindigkeiten haben solche Aussagen allerdings noch vorläufigen Charakter. Sollten sie sich bestätigen, wäre die Materie im Universum weit inhomogener verteilt, als es die Blasenstruktur der Galaxien-Verteilung im Rotverschiebungsraum nahelegt.

6.2.7 Das Alter der Galaxis

Das Alter des Universums ist ein wichtiges Kriterium zur Beurteilung der theoretisch denkbaren kosmologischen Modelle. Allerdings können wir für das Weltalter, abgeleitet aus Beobachtungen, nur eine *untere Grenze* angeben, die durch das Alter der Milchstraße gegeben ist. Um dieses Alter zu bestimmen, werden die folgenden Methoden verwendet.

Zu den ältesten Objekten in unserer Galaxis gehören die Kugelsternhaufen. Sie enthalten nur einen sehr geringen Anteil an schweren Elementen und sind nahezu sphärisch um die Milchstraße verteilt. Diese Eigenschaften deuten auf eine Entstehung während der frühen Kontraktionsphase unserer Milchstraße hin. Das auffällige Merkmal der alten Kugelsternhaufen ist, daß sie Entwicklungseffekte zeigen, wobei sich die massereichen Sterne im linken Bereich der Hauptreihe des Hertzsprung-Russel-Diagramms bereits zu Roten Riesensternen entwickelt haben. Durch den Vergleich mit theoretischen Sternentwicklungsmodellen läßt sich das *Alter des Kugelsternhaufens* bestimmen. Hierbei spielt der sogenannte „turn-off point" eine entscheidende Rolle. Die Beobachtungen mit dem europäischen Hipparcos-Satelliten von 1989 bis 1993 haben die Datenbasis für diese Analyse deutlich verbessert und das abgeleitete Alter der Kugelsternhaufen gegenüber vorherigen Analysen verringert. Es liegt nun im Bereich von 12 ± 4 Milliarden Jahren (Tab. 6.1).

Eine zweite, sehr bedeutsame Methode ist die Altersbestimmung aus dem *Zerfall radioaktiver Elemente*. Hier greift man zweckmäßig auf solche Elemente zurück, deren Halbwertszeit für den radioaktiven Zerfall in der gleichen Größenordnung liegt wie das vermutete Alter der Milchstraße. Als Chronometer kann z. B. das Uran-Isotop ^{238}U mit einer Halbwertszeit von $4.46 \cdot 10^9$ Jahren oder das Thorium-Isotop ^{232}Th mit einer Halbwertszeit von $14.05 \cdot 10^9$ Jahren dienen. Diese beiden Kerne werden bei Supernova-Ausbrüchen im sogenannten r-Prozeß (r für „rapid", da die Neutronenanlagerungen sich rasch im Vergleich zu den konkurrierenden β-Zerfällen ereignen) in einem bestimmten Mengenverhältnis produziert. Danach zerfallen sie entsprechend ihrer individuellen Halbwertszeit. Dabei ändert sich ihr Häufigkeitsverhältnis im Laufe der Zeit. Somit kann man aus dem beobachteten Häufigkeitsverhältnis auf den Zeitpunkt des Beginns des Zerfallswettlaufs schließen, vorausgesetzt man kennt das ursprüngliche Verhältnis, wie es durch den r-Prozeß erzeugt wurde. In der nicht ganz eindeutigen Kenntnis dieser Produktionsraten liegt die Problematik des Verfahrens. Die Produktion wird erheblich durch die Zerfallseigenschaften der neutronenreichen Kerne beeinflußt, die kurzfristig im Verlauf der r-Prozesse entstehen.

Die Bestimmung der gegenwärtigen Häufigkeitsverhältnisse der Chronometer-Elemente basiert im allgemeinen auf ihren Vorkommen in Meteoriten. Die Untersuchungen von Klapdor, Metzinger, Thielemann und Truran (s. Klapdor 1989) vor allem an Thorium und Uran liefern ein Alter der Galaxis von 18.6 ± 6 Milliarden Jahren. Das Ergebnis hängt noch von den Annahmen über den Verlauf der Produktionsrate der radioaktiven Elemente im Laufe des Weltalters ab. Wenn in der frühen Kontraktionsphase unserer Galaxis die Supernovarate signifikant größer gewesen ist als in späteren Zeiten, würde man mit einem Alter unserer Galaxis an der unteren Grenze des angegebenen Fehlerbereiches rechnen müssen, also bei etwa 13 Milliarden Jahren.

Bei einer anderen Methode, die ebenfalls auf der Existenz eines langlebigen Thorium-Isotops beruht, werden die *Spektren von G-Sternen* verschiedenen Alters untersucht. Aus dem Vergleich des Intensitätsverhältnisses der Thorium-Linie mit einer Neodym- bzw. Europium-Linie wird im Zusammenhang mit Modellen der galaktischen chemischen Evolution ein Alter der Galaxis von etwa 16 Milliarden Jahren abgeleitet.

Ein weiteres Verfahren basiert auf Überlegungen zur *Abkühlzeit von Weißen Zwergen*. Es liefert für die Weißen Zwerge in der galaktischen Ebene (!) und in der Umgebung der Sonne ein Alter von nur (9 ± 2) Milliarden Jahren.

Für eine ausführliche Diskussion der Methoden und Ergebnisse zur Altersbestimmung verweisen wir auf Lineweaver (1999).

Während die untere Grenze des Weltalters durch das Alter der Milchstraße und anderer Galaxien festgelegt ist, existiert eine ähnliche klare Einschränkung für eine obere Grenze nicht. Wenn man annimmt, daß sich unsere Galaxis schon sehr früh nach dem Urknall gebildet hat, brauchen wir zur Bestimmung des Weltalters lediglich zum Alter unserer Galaxis die Zeitdauer zu addieren, die minimal für die Bildung einer Galaxie aus einer primären Dichteschwankung anzusetzen ist. Diese zusätzliche Zeitdauer wird üblicherweise auf eine Milliarde Jahre abgeschätzt. Diese Zeit wird verständlich, wenn man sie mit den beobachteten Rotationszeiten großer Galaxien vergleicht, die zwischen 0.2 und 0.5 Milliarden Jahren liegen. Eine spätere Entstehungszeit der Milchstraße ist aber nicht ausgeschlossen, so daß man realistischerweise mit einer Zeitspanne von ca. 1 bis 5 Milliarden Jahren rechnen muß. Unter diesen Voraussetzungen wäre das Alter des Kosmos $t_0 = (19 \pm 10) \cdot 10^9$ Jahre.

6.3 Kosmologische Modelle

Im letzten Abschnitt haben wir gesehen, welche Beobachtungen für die moderne Kosmologie von Bedeutung sind. Welche Aussagen lassen sich daraus über die Vergangenheit und die Zukunft des Universums machen? Diese Fragen lassen sich nur im Rahmen der Allgemeinen Relativitätstheorie behandeln. Im Rahmen der Newtonschen Gravitationstheorie ist eine in allen Aspekten widerspruchsfreie Beschreibung der kosmischen Dynamik nicht möglich. Das kosmologische Gravitationsfeld kann auf einer Skala $\geq 10^3$ Mpc nicht mehr mit der Newtonschen Gravitationstheorie beschrieben werden, weil für mittlere Dichten der Größenordnung 10^{-31} g/cm^3 das dimensionslose Newtonsche Gravitationspotential Φ/c^2, für das die größenordnungsmäßige Relation $\dfrac{\Phi}{c^2} \approx \dfrac{GM}{rc^2} \approx \dfrac{4\pi r^2 \varrho G}{3c^2}$ gilt, nicht mehr klein gegenüber 1 ist. Außerdem ergeben die Rotverschiebungen von entfernten Galaxien, wenn man sie mit der Formel des Doppler-Effektes kinematisch interpretiert, Geschwindigkeiten, die in der Nähe der Lichtgeschwindigkeit liegen. Die geometrische Betrachtungsweise der Allgemeinen Relativitätstheorie, wonach der Raum sich dehnt und nicht das System der Galaxien sich durch einen vorgegebenen Raum bewegt, überwindet die damit verbundenen Schwierigkeiten. Die Expansion des Weltraums als Ursache der kosmologischen Rotverschiebung, wie sie von der Allgemeinen Relativitätstheorie beschrieben wird, ist durch Beobachtungen abgesichert (siehe z. B. Pahre et al. 1996). Alternative Überlegungen und Hypothesen sind von Hoyle, Burbidge und Narlikar diskutiert worden (Hoyle, Burbidge, Narlikar 2000). Für eine konsistente klassische physikalische Kosmologie, die in ihren theoretischen Grundlagen auf einer empirisch abgesicherten Theorie beruht (siehe z. B.: Dittus et al. 1999, Soffel und Müller 1997, Schäfer und Wex 1993) bleibt die Allgemeine Relativitätstheorie eine notwendige Grundlage. Näheres siehe z. B. bei Heckmann (1968), Kanitscheider (1984), Liebscher (1994) oder Goenner (1994). Eine systematische Darstellung der Allgemeinen Relativitätstheorie findet man z. B. bei Stephani (1980) und Misner, Thorne und Wheeler (1973). Eine kurze Einführung wird im Bergmann-Schaefer, Band 3, Kap. 12 gegeben.

6.3.1 Grundbegriffe der relativistischen Kosmologie

Während Newton die Gravitationswirkung der Materie durch ein in den euklidischen Raum eingelagertes Kraftfeld beschreibt, stellt nach der Einsteinschen Gravitationstheorie (Einstein 1915, 1922) jedes Gravitationsfeld nichts anderes dar als eine Änderung der raumzeitlichen Metrik $g_{ik}(t, x_\mu) = g_{ik}(x^j)$, die den Zusammenhang zwischen dem Abstand ds zweier benachbarter Punkte und den zugehörigen Koordinatendifferenzen beschreibt:

$$\mathrm{d}s^2 = g_{ik}\,\mathrm{d}x^i\,\mathrm{d}x^k. \tag{6.23}$$

Lateinische Indizes i, k laufen von 0 bis 3, $x^0 = ct$ ist die Zeitkoordinate und x^1, x^2 und x^3 sind die Raumkoordinaten. Über doppelt auftauchende Indizes wird summiert (*Einsteinsche Summationskonvention*). Nur dann, wenn der Riemannsche Krümmungstensor verschwindet, ist eine Reduktion von ds^2 auf die pseudoeuklidische Form

$$\mathrm{d}s^2 = c^2\,\mathrm{d}t^2 - \mathrm{d}x^2 - \mathrm{d}y^2 - \mathrm{d}z^2 \tag{6.24}$$

global möglich. Im allgemeinen Fall existieren nur in infinitesimalen Bereichen pseudoeuklidische Verhältnisse, d. h. lokale Inertialsysteme. Der zur metrischen Form (6.23) gehörende *Ricci-Tensor* $\boldsymbol{R}_{ik}$, der durch die Operation der Verjüngung aus dem Riemann-Tensor entsteht, ist durch die **Einsteinschen Feldgleichungen**

$$R_{ik} - \frac{1}{2}\,\mathfrak{R} \cdot g_{ik} - \Lambda g_{ik} = \frac{8\pi G}{c^4}\,T_{ik} \tag{6.25}$$

mit dem Energie-Impuls-Tensor der die Welt erfüllenden Materie und Strahlung verknüpft. (Die Vorzeichenkonventionen in den Einsteinschen Gleichungen sind in der Literatur sehr unterschiedlich. Wir verwenden hier die von Zel'dovich-Novikov benutzte Konvention.) Der *Energie-Impuls-Tensor* $\boldsymbol{T}_{ik}$ verallgemeinert den im dreidimensionalen Raum erklärten Maxwellschen Spannungstensor bzw. Drucktensor, indem er Energiedichte, Impulsdichte und Energiestromdichte zusammenfaßt. Für ein Gas oder eine Flüssigkeit hat er die Gestalt:

$$\boldsymbol{T}_{ik} = (\varepsilon + p)\,u_i u_k - p g_{ik}\,. \tag{6.26}$$

Hier ist $\varepsilon = \varrho \cdot c^2$ die Energiedichte, ϱ die Massendichte, p der Druck und u_i die Vierergeschwindigkeit. In Gl. (6.26) ist jede Art von Energiedissipation, die zum Wachstum von Entropie führen würde, unberücksichtigt. Für den Fall eines drucklosen Substrates („Staub", Sterne, Galaxien, inkohärente Materie) reduziert sich der Tensor auf:

$$\boldsymbol{T}_{ik} = \varepsilon u_i u_k\,. \tag{6.27}$$

In den quasilinearen Differentialgleichungen zweiter Ordnung (6.25) für die metrischen Koeffizienten g_{ik}, ausgedrückt durch den Ricci-Tensor $\boldsymbol{R}_{ik}$ und den Krümmungsskalar $\mathfrak{R}$, ist Λg_{ik} das kosmologische Glied. Es wurde ursprünglich von Einstein (1917) ad hoc eingeführt, später jedoch häufig vernachlässigt. Nach heutiger Kenntnis ergibt sich bei einer durch allgemeine Prinzipien geleiteten Aufstellung der Feldgleichungen der Λ-Term zwangsläufig (Ehlers 1979, Heckmann 1968, Lovelock 1972). Der Term Λg_{ik} läßt sich als zusätzlicher Energie-Impuls-Tensor

$$T_{ik}^* = \frac{c^4}{8\pi G}\,\Lambda g_{ik} \tag{6.28}$$

interpretieren:

$$R_{ik} - \frac{1}{2}\,\Re \cdot g_{ik} = \frac{8\pi G}{c^4}\left(T_{ik} + \frac{c^4}{8\pi G}\,\Lambda g_{ik}\right). \tag{6.29}$$

Er trägt mit einer Energiedichte ε_Λ und einem Druck p_Λ

$$\varepsilon_\Lambda = \frac{\Lambda c^4}{8\pi G},\quad p_\Lambda = -\varepsilon_\Lambda \tag{6.30}$$

zusätzlich zur Gravitationswirkung der Materie bei.

In diesem Zusammenhang sei bemerkt, daß die Einsteinschen Gleichungen in ihrer klassischen Form von Gl.(6.25) der Grenzfall einer verallgemeinerten Feldgleichung einer Quanten-Gravitationstheorie sein könnten (Zel'dovich 1974, Birrel und Davies 1982, Parker und Simon 1993). Dieser Problematik war sich auch schon Einstein (1922) bewußt: „Die gegenwärtige Relativitätstheorie beruht auf einer Spaltung der physikalischen Realität in metrisches Feld (Gravitation) einerseits und Materie und elektromagnetisches Feld andererseits. In Wahrheit dürfte das Raumerfüllende von einheitlichem Charakter sein und die gegenwärtige Theorie nur als Grenzfall gelten."

Aus den Gravitationsgleichungen ergeben sich auch Gleichungen für die dieses Feld erzeugende Materie. Deswegen kann die Verteilung und Bewegung der das Gravitationsfeld erzeugenden Materie nicht beliebig vorgegeben werden. Die Gleichungen

$$\nabla_i T_k^i = 0 \tag{6.31}$$

drücken einerseits den Energie-Impuls-Erhaltungssatz aus und enthalten andererseits wieder die Bewegungsgleichungen des physikalischen Systems, auf das sich der betrachtete Energie-Impuls-Tensor bezieht (Stephani 1980).

Bei der Konstruktion kosmologischer Modelle geht man von der durch die Beobachtung gestützten Annahme der großräumigen Homogenität aus (Isotropie um jeden Punkt). Man gelangt auf diese Weise zu den Friedmann-Lemaître-Modellen, die sich in invarianter Form auch dadurch charakterisieren lassen, daß es genau die Lösungen der Einsteinschen Feldgleichungen mit idealer Flüssigkeit (inkohärenter Materie) sind, deren Geschwindigkeitsfeld $u^n(x^i)$ rotations-, scherungs- und beschleunigungsfrei ist. Bei dieser Idealisierung vernachlässigt man die Eigenbewegungen der Galaxien. Der Flucht der Galaxien entspricht in dieser vierdimensionalen Sichtweise ein Bündel von geodätischen Weltlinien (*Weylsches Prinzip*), die keinen Punkt gemeinsam haben, mit Ausnahme der Anfangssingularität. Die Raumzeit ist geschichtet in eine Folge von expandierenden Räumen (dreidimensionalen Hyperflächen), die von den Weltlinien der Galaxien orthogonal durchsetzt werden.

Diese idealisierte Beschreibung stößt in der Frühzeit des Kosmos an ihre Grenzen. Vor der Entstehung von Galaxien muß man die Galaxien durch Atome bzw. Elementarteilchen ersetzen. Wenn der räumliche Abstand benachbarter Weltlinien der Elementarteilchen kleiner oder gleich der de Broglie-Wellenlänge wird, ist eine quantentheoretische Beschreibung notwendig. Diese Schwelle wird bei einer Zeit von $t = 10^{-23}$ s erreicht. Die Grenze der klassischen Beschreibung von Raum und Zeit wird erreicht zur Planck-Zeit $t = 10^{-43}$ s, wenn die Quantenfluktuationen der Raum-Zeit-Geometrie nicht mehr vernachlässigt werden können (Harrison 1970).

Im räumlich homogenen und isotropen Universum ist die *Raumkrümmung* in jedem Raumpunkt gleich. Die g_{ik} werden dadurch von den Raumkoordinaten unabhängig. Insbesondere verschwinden aufgrund der Isotropie die Komponenten g_{01}, g_{02}, g_{03}. Dies bewirkt eine *universelle kosmische Zeit*. In diesem Fall ist das Linienelement gegeben durch

$$\mathrm{d}s^2 = c^2\,\mathrm{d}t^2 - R^2(t)(\mathrm{d}\chi^2 + r^2\mathrm{d}\theta^2 + r^2\sin^2\theta\,\mathrm{d}\phi^2) \tag{6.32}$$

mit

$$r = \begin{cases} \sin\chi \\ \chi \\ \sinh\chi \end{cases} \text{für } k = \begin{cases} +1 \\ 0 \\ -1 \end{cases} \tag{6.33}$$

(Friedmann 1922). Die Konstante k bestimmt die Geometrie des Raumes:

$k = +1$ sphärische Metrik, positive Raumkrümmung
$k = 0$ euklidische Metrik, „flacher" Raum
$k = -1$ hyperbolische Metrik, negative Raumkrümmung.

Die Bedeutung der Koordinaten wird leicht verständlich im zweidimensionalen Analogon der flachen bzw. gekrümmten Flächenwelt (vgl. Abb. 6.8). χ wird radiale, r wird metrische Koordinate genannt. Die Position einer Galaxie oder eines Quasars

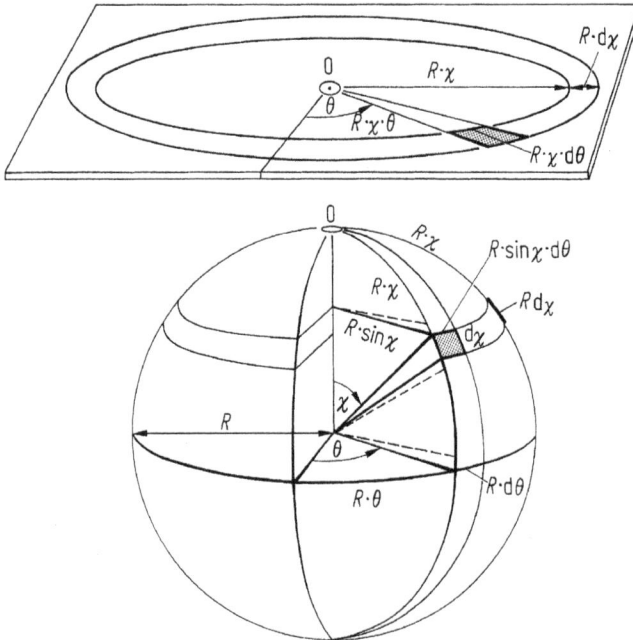

Abb. 6.8 Zweidimensionales Analogon des Raumes: Flächenwelt mit flacher (euklidischer) Metrik (oben) und mit sphärischer Metrik (unten). Das Koordinatensystem χ, θ, ϕ wurde so gewählt (ohne Einschränkung der Allgemeinheit), daß unser Ort (O) im Koordinatenursprung liegt. Das Licht der Galaxien erreicht uns entlang der radialen Koordinaten χ. Der gepunktete Bereich bezeichnet jeweils ein Flächenelement. Seine Diagonale ist oben:
$\mathrm{d}s = (R^2 \cdot \mathrm{d}\chi^2 + R^2 \cdot \chi^2 \cdot \mathrm{d}\theta^2)^{1/2}$ und unten: $\mathrm{d}s = (R^2 \cdot \mathrm{d}\chi^2 + R^2 \cdot \sin^2\chi \cdot \mathrm{d}\theta^2)^{1/2}$.

ist durch die zeitunabhängigen, dimensionslosen Koordinaten χ, θ und ϕ festgelegt. Dieses Koordinatensystem expandiert mit dem Universum. Es wird daher als *mitbewegtes Koordinatensystem* bezeichnet.

Die Expansion wird im homogenen und isotropen Universum durch den zeitabhängigen Skalenfaktor $R(t)$ beschrieben. Er hat die Dimension einer Länge. In Modellen mit sphärischer und hyperbolischer Metrik hat er auch die Bedeutung eines Krümmungsradius. Die Geometrie der dreidimensionalen Ortsräume zur Zeit t wird durch die Gaußsche Krümmung

$$K(t) = \frac{k}{R^2(t)} \tag{6.34}$$

charakterisiert. Während im ungekrümmten Raum zwischen der Oberfläche O und dem Volumen V einer Kugel die Beziehung $O^3 = 36\pi V^2$ gilt, ist bei positiver Krümmung $O^3 < 36\pi V^2$, bei negativer Krümmung $O^3 > 36\pi V^2$. Für das Volumen gilt (Liebscher 1994)

$$V = R^3 \begin{cases} \dfrac{4\pi}{2}\left(\chi(r) - r\sqrt{1-r^2}\right) & \text{für } k = +1 \\[2mm] \dfrac{4\pi}{3} r^3 & \text{für } k = 0 \\[2mm] \dfrac{4\pi}{2}\left(r\sqrt{1+r^2} - \chi(r)\right) & \text{für } k = -1 \,. \end{cases} \tag{6.35}$$

Das Gesamtvolumen des flachen und des negativ gekrümmten Raumes ist unendlich. Nur der positiv gekrümmte Raum hat, obwohl er ebenfalls unbegrenzt ist, ein endliches Gesamtvolumen $V = 2\pi^2 R^3$.

Bei Annäherung an die euklidische Metrik verschwindet die Raumkrümmung, d. h. der Krümmungsradius R (nicht aber das Produkt $R \cdot r$) wächst über alle Grenzen ($R \to \infty$). Daher muß für $k = 0$ der Skalenfaktor normiert werden. Am einfachsten kann die Singularität ($R \to \infty$) vermieden werden, durch Einführung des *normierten Skalenfaktors*

$$x(t) = \frac{R(t)}{R_0}, \tag{6.36}$$

wobei R_0 der heutige Wert des Skalenfaktors bzw. des Krümmungsradius ist. Hierdurch wird auch ein stetiger Übergang von sphärischer zu hyperbolischer Raummetrik erreicht.

Fundamentalbeobachter werden repräsentiert durch Galaxien, die keine Pekuliarbewegung gegenüber dem Koordinatensystem ($\chi, \theta, \phi = konstant$) haben. Für sie existiert in homogenen isotropen Modellen eine Eigenzeit t, die mit der vorn erwähnten kosmischen Zeit koinzidiert. Bei Modellen, die mit einer Singularität beginnen, wird die Zeit vom Urknall aus gezählt. Sie wird als *Friedmann-Zeit* bezeichnet. Friedmann selbst charakterisierte die Singularität als „Zeitpunkt der Erschaffung der Welt".

Die Lichtausbreitung der von einer Galaxie emittierten Welle verläuft längs der radialen Koordinate χ auf einer geodätischen Linie. Für die elektromagnetischen Wellen muß also $ds^2 = 0$ sein, daher folgt:

$$R(t) \cdot d\chi = -c\, dt. \tag{6.37}$$

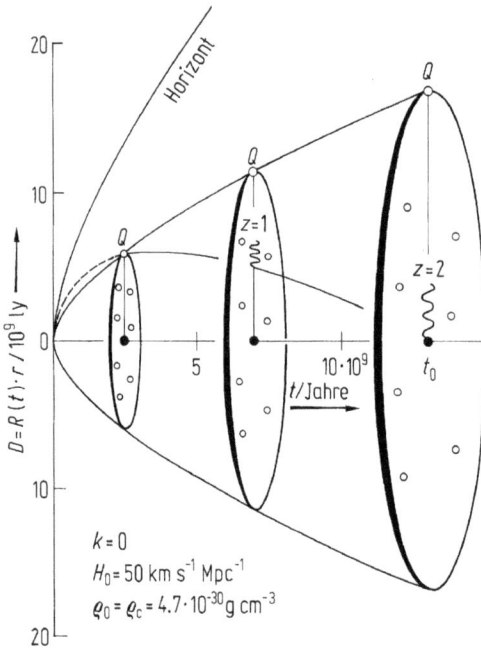

Abb. 6.9   Entwicklung des Kosmos als Funktion der Zeit t im Beispiel des Einstein-de Sitter-Modells ($\Lambda = 0$, $k = 0$) mit einer Hubble-Zahl $H_0 = 50$ (km/s)/Mpc. Die Abszisse ist unsere Weltlinie. Die obere Kurve ist die Weltlinie eines Quasars, dessen Strahlung uns heute (t_0) mit der Rotverschiebung $z = 2$ erreicht. Eingezeichnet wurden zwei frühere „Ausschnitte" des Kosmos 1. zur Zeit t_E der Emission der Strahlung: $t_E = 2.5 \cdot 10^9$ Jahre und 2. bei $t = 7 \cdot 10^9$ Jahre, als das Wellenpaket etwa die halbe Distanz zu uns zurückgelegt hatte. Die Strahlung läuft gegen den expandierenden Raum an. Die Ordinate ist die metrische Distanz $D_r = R(t) \cdot r$. Im euklidischen Fall ist die metrische Koordinate r gleich der radialen Koordinate χ.

In Abb. 6.9 haben wir die Lichtausbreitung anhand der Weltlinie eines Quasars und des Rückwärts-Lichtkegels erläutert. Letzterer ist der geometrische Ort für den Lauf des Wellenpaketes der Strahlung, die $2.5 \cdot 10^9$ Jahre nach dem Urknall von dem Quasar emittiert wurde und die uns heute, $10.5 \cdot 10^9$ Jahre später, mit einer Rotverschiebung $z = 2$ erreicht. Das Weltalter in dem hier zugrunde gelegten Modell ist $13 \cdot 10^9$ Jahre. Bei $t = 7 \cdot 10^9$ Jahren, also $4.5 \cdot 10^9$ Jahre nach der Emission, hatte das Wellenpaket eine Rotverschiebung $z = 1$.

Durch die Verknüpfung von Raum und Zeit können wir nur solche Ereignisse beobachten, die auf unserem, zum heutigen Zeitpunkt gehörenden Lichtkegel stattgefunden haben. Der Schnittpunkt der Weltlinie eines Objektes mit dem Lichtkegel ist für die Beobachtbarkeit maßgebend. Der Schnittpunkt legt den Zeitpunkt der Emission der von uns heute beobachteten Strahlung fest.

Leider läßt sich die radiale Koordinate aus astronomischen Beobachtungen nicht berechnen. Alle Messungen (z. B. photometrische Messungen der scheinbaren Helligkeit einer Galaxie) führen auf die metrische Koordinate r, die mit χ durch Gl. (6.33) verbunden ist (vgl. auch Abschn. 6.3.6). Um diesem Umstand auch in der

Darstellung des Linienelementes Rechnung zu tragen, wurde in den Dreißiger Jahren unabhängig voneinander von Robertson und Walker die Form

$$ds^2 = c^2 dt^2 - R^2(t) \left(\frac{dr^2}{1 - kr^2} + r^2 d\theta^2 + r^2 \sin^2\theta \, d\phi^2 \right) \qquad (6.38)$$

eingeführt. Sie ist der Form aus Gl. (6.32) gleichwertig und ergibt sich, wenn $d\chi$ durch dr gemäß Gl. (6.33) ersetzt wird. Wegen der größeren Anschaulichkeit werden wir die Friedmannsche Form (6.32) bevorzugen.

Im homogen isotropen Universum vereinfachen sich die Einsteinschen Gleichungen zu den Einstein-Friedmann-Gleichungen, deren Lösungen wir in den Abschnitten 6.3.3 bis 6.3.5 behandeln.

6.3.2 Grundannahmen kosmologischer Modelle

Zur Lösung der Einsteinschen Feldgleichungen werden uns aus der Beobachtung die folgenden Zusatzannahmen nahegelegt:

1. Das Universum ist *räumlich isotrop*, d. h. es gibt keine ausgezeichnete Richtung. Diese Annahme wird gestützt durch die Isotropie der Hintergrundstrahlung. Isotropie in jedem Punkt impliziert räumliche Homogenität.
2. *Räumliche Homogenität*. Das bedeutet, daß kein Ort im Universum ausgezeichnet ist. Die Strukturierung des Weltalls von Sternen bis hin zu Galaxien-Superhaufen, zwischen denen sich große Leerräume mit Durchmessern von 10 bis 50 Mpc befinden, scheint dieser Bedingung zu widersprechen. Nach dem derzeitigen Stand der Beobachtung kann man aber auf Skalenlängen größer als etwa 100 Mpc mit hinreichend homogener Materieverteilung rechnen.
   Die Annahme von räumlicher Homogenität und Isotropie wird auch als *Weltpostulat* oder *kosmologisches Prinzip* bezeichnet.
3. Die dritte Annahme wird durch die Rotverschiebung entfernter Galaxien und Quasare nahegelegt: *das Universum expandiert*. Aufgrund der Homogenität ist die Expansionsrate an jedem Punkt des Universums gleich.
4. In Modellen mit verschwindender kosmologischer Konstante Λ wird die Expansionsrate durch die Energiedichte gravitierender Teilchen bestimmt. Sie setzt sich aus mehreren Anteilen (Baryonen, Photonen, Neutrinos, usw.) zusammen, von denen heute die Materie (Teilchen mit Ruhemasse $m_0 \neq 0$) energetisch dominiert. Somit leben wir in einer materiedominierten Epoche, kurz *Materiekosmos* genannt. Der Druck, sowohl von den Pekuliargeschwindigkeiten der Galaxien als auch der intergalaktische Gasdruck, kann im Materiekosmos vernachlässigt werden ($p \ll \varrho c^2$). In Modellen mit positiver kosmologischer Konstante Λ wird die Expansionsrate nach einer charakteristischen Zeit durch Λ und nicht mehr durch die Materiedichte bestimmt.
5. In der Frühgeschichte des Universums gab es eine heiße, strahlungsdominierte Epoche (Strahlungskosmos). Diese Voraussetzung über die heiße Frühgeschichte des Kosmos bildet die Grundlage für die Berechnungen zur primordialen Nukleosynthese. Die 3 K-Strahlung mit ihrer Planckschen Intensitätsverteilung wird als Relikt dieser Epoche angesehen.

6. Zur Lösung der Einsteinschen Gleichungen ist die Kenntnis der Zustandsgleichungen des kosmischen Substrates notwendig. Es gibt zwei Methoden, die Eigenschaften von Materie- und Strahlungskosmos zu erfassen: Bei einer *mikroskopischen Beschreibung* wird die Art der Elementarteilchen betrachtet, ihre Temperaturen und Energien, ihre Verteilungsfunktion und die Wechselwirkungen untereinander. Die Expansionsrate ist $H(t) = \dot{R}(t)/R(t)$, die Reaktionsrate ist $n\,\sigma v$ (n ist die Teilchendichte, v ihre Geschwindigkeit und $\sigma(E)$ der energieabhängige Wirkungsquerschnitt). Ist die Reaktionsrate kleiner als die Expansionsrate, so entkoppeln die entsprechenden Teilchen vom kosmischen Substrat, sie „frieren aus". Bei einer *makroskopischen Beschreibung* wird dem kosmischen Substrat phänomenologisch eine Zustandsgleichung $p(\varrho, T)$ zugeordnet. Die Beziehungen zwischen Druck p, Dichte ϱ und Temperatur T in den für die Kosmologie relevanten Zustandsgleichungen lassen sich in der Form

$$p = (\gamma - 1)\,\varrho\,c^2 \tag{6.39}$$

darstellen. γ kann folgende Werte annehmen:

$$\gamma = 1, \quad p = 0 \quad \text{für } \textit{inkohärente Materie}$$
$$\gamma = \frac{4}{3}, \quad p = \frac{\varrho c^2}{3} = \frac{aT^4}{3} \quad \text{für } \textit{elektromagnetische Strahlung}$$
$$\gamma = 0, \quad p = -\varrho c^2 \quad \text{für das } \textit{Quantenvakuum} \text{ („}\textit{virtuelle" Materie}\text{). (6.40)}$$

Hier ist $a = \dfrac{4\sigma}{c} = \dfrac{\pi^2 k^4}{15 c^3 \hbar^3}$ die Strahlungskonstante, σ die Stefan-Boltzmann-Konstante, k die Boltzmann-Konstante und $\hbar = h/2\pi$ die Planck-Konstante.

Inkohärente Materie ist die Zustandsform unseres heutigen Universums. Sie wird wie ein ideales Gas behandelt, dessen Temperatur und damit auch dessen Druck vernachlässigbar klein sind. Der ebenfalls gebräuchliche Begriff „Staubkosmos" ist etwas irreführend. Die Materie befindet sich zum großen Teil in Sternen, die die Galaxien bilden.

Unter *„virtueller" Materie* versteht man die aufgrund der Heisenbergschen Unschärferelation entstehenden Teilchen-Antiteilchen-Paare, die nur eine extrem kurze Lebensdauer haben, denen aber durchaus eine mittlere Dichte und ein mittlerer Druck zugeordnet werden können. Da sie auch im materie- und strahlungsfreien Raum entstehen, ist die Bezeichnung *Quantenvakuum* gebräuchlich. Eine mögliche Bedeutung des Quantenvakuums für die Kosmologie muß noch als kontrovers bzw. spekulativ gelten, da die Quantenfeldtheorie keine Aussagen für die Energiedichte liefert. Das gilt auch für die Form der Zustandsfunktion $p = -\varrho c^2$. Wir folgen hier den heuristischen Resultaten von Gliner (1966), Zel'dovich (1968) und Streeruwitz (1975) (s. auch Abschn. 6.5.7).

6.3.3 Die Grundgleichungen

Die in Abschn. 6.3.2 besprochenen Zusatzannahmen ermöglichen es, die Einsteinschen Feldgleichungen so zu vereinfachen, daß konkrete Eigenschaften kosmologischer Modelle berechnet werden können.

Mit der Voraussetzung der Homogenität und Isotropie werden die Feldgleichungen auf zwei Differentialgleichungen reduziert, die **Einstein-Friedmann-Gleichungen**. Sie beschreiben die zeitliche Änderung des kosmischen Skalenfaktors $R(t)$ in Abhängigkeit von der kosmologischen Konstanten Λ, der Dichte $\varrho(t)$ und dem Druck $p(t)$ des kosmischen Substrats:

$$\frac{\dot{R}^2}{R^2} = \frac{8\pi G}{3} \cdot \varrho + \frac{\Lambda c^2}{3} - \frac{kc^2}{R^2} \tag{6.41}$$

$$\frac{\ddot{R}}{R} = -\frac{4\pi G}{3}\left(\varrho + \frac{3p}{c^2}\right) + \frac{\Lambda c^2}{3}, \tag{6.42}$$

wobei $R(t)$, $\dot{R}(t)$, $\ddot{R}(t)$, $\varrho(t)$ und $p(t)$ Funktionen der Zeit sind. Dichte und Druck lassen sich aufteilen in Komponenten ϱ_m bzw. p_m für Materie und ϱ_s bzw. p_s für Strahlung. Durch eine Umdimensionierung kann man auch der kosmologischen Konstanten eine *äquivalente Dichte* ϱ_Λ zuordnen:

$$\varrho_\Lambda = \frac{c^2}{8\pi G}\Lambda . \tag{6.43}$$

Sie läßt sich auch als Energiedichte des Quantenvakuums identifizieren (s. Abschn. 6.5.7).

Zahlenbeispiel: $\varrho_\Lambda = 10.0 \cdot 10^{-30}\,\mathrm{g\,cm^{-3}}$ entspricht $\Lambda = 1.86 \cdot 10^{-56}\,\mathrm{cm^{-2}}$. Einsetzen von Gl. (6.43) in Gl. (6.41) und Gl. (6.42) ergibt:

$$\frac{\dot{R}^2}{R^2} = \frac{8\pi G}{3}(\varrho_m + \varrho_s + \varrho_\Lambda) - \frac{kc^2}{R^2}, \tag{6.44}$$

$$\frac{\ddot{R}}{R} = -\frac{4\pi G}{3}\left(\varrho_m + \varrho_s - 2\varrho_\Lambda + 3\frac{p_m + p_s}{c^2}\right). \tag{6.45}$$

Mit der dritten Grundgleichung – der Zustandsgleichung $p(\varrho)$, Gl. (6.39) – läßt sich Gl. (6.45) umformen zu:

$$\frac{\ddot{R}}{R} = -\frac{4\pi G}{3}(\varrho_m + 2\varrho_s - 2\varrho_\Lambda) . \tag{6.46}$$

Im Analogon zur Newtonschen Gravitationstheorie entspricht Gl. (6.44) einer Energiegleichung, Gl. (6.46) einer Bewegungsgleichung.

In beiden Einstein-Friedmann-Gleichungen geht die Dichte als Funktion der Zeit ein. Ihre Abhängigkeit von den heutigen Werten $\varrho_{m,0}$ und $\varrho_{s,0}$ ist durch die lokale Energiebilanz festgelegt:

$$\frac{d\varrho}{dt} = -3\frac{\dot{R}}{R}\left(\varrho + \frac{p}{c^2}\right), \tag{6.47}$$

die eine Konsequenz des Energie-Impuls-Erhaltungssatzes (6.31) ist.

Vorausgesetzt, daß Strahlung und Materie nicht miteinander wechselwirken, folgt aus Gl. (6.47) mit den Zustandsgleichungen (6.39) und (6.40) für Materie

$$\varrho_m(t) \cdot R^3(t) = \varrho_{m,0} \cdot R_0^3 = const. \tag{6.48}$$

und für Strahlung

$$\varrho_s(t) \cdot R^4(t) = \varrho_{s,0} \cdot R_0^4 = const. \tag{6.49}$$

Hier ist $\varrho_{m,0}$ die heutige mittlere Materiedichte und $\varrho_{s,0}$ die heutige äquivalente Dichte des Photonengases. Beide Größen sind aus Beobachtungsdaten ableitbar (vgl. Abschn. 6.2). Mit Hilfe von Gl. (6.48) und Gl. (6.49) lassen sich durch Multiplikation mit $(R/R_0)^2$ die Einstein-Friedmann-Gleichungen in eine leichter integrierbare Form bringen:

$$\frac{\dot{R}^2}{R_0^2} = \frac{8\pi G}{3}\left(\varrho_{m,0}\frac{R_0}{R} + \varrho_{s,0}\left(\frac{R_0}{R}\right)^2 + \varrho_\Lambda\left(\frac{R}{R_0}\right)^2\right) - \frac{kc^2}{R_0^2}. \tag{6.50}$$

Hier sind nur noch $R(t)$ und $\dot{R}(t)$ zeitabhängige Größen. $R(t)$ tritt ausschließlich in der Form $R(t)/R_0$ auf. Wir führen daher mit dem *normierten Skalenfaktor* die folgenden Abkürzungen ein (s. Gl. 6.36):

$$x(t) = \frac{R(t)}{R_0}$$

und

$$\dot{x}(t) = \frac{\dot{R}(t)}{R_0}. \tag{6.51}$$

Letztere darf nicht mit der zeitabhängigen Hubble-Zahl $H(t)$ verwechselt werden:

$$H(t) = \frac{\dot{R}(t)}{R(t)} \quad \text{und} \quad H_0 = \frac{\dot{R}(t_0)}{R_0}. \tag{6.52}$$

Es ist $\dot{x}(t_0) = H_0$ und $x(t_0) = 1$. Der heutige Wert des Hubble-Parameters H_0 ist bereits in Gl. (6.4) als eine aus der Beobachtung ableitbare Proportionalitätskonstante eingeführt worden.

Somit wird aus Gl. (6.50):

$$\dot{x}^2 = \frac{8\pi G}{3}\left(\varrho_{m,0}\frac{1}{x} + \varrho_{s,0}\frac{1}{x^2} + \varrho_\Lambda x^2\right) - \frac{kc^2}{R_0^2} \tag{6.53}$$

und für $t = t_0$:

$$H_0^2 = \frac{8\pi G}{3}(\varrho_{m,0} + \varrho_{s,0} + \varrho_\Lambda) - \frac{kc^2}{R_0^2}. \tag{6.54}$$

Im euklidischen Modell mit heute vernachlässigbarer Strahlungsdichte $\varrho_{s,0}$ und $\Lambda = 0$ wird die mittlere Materiedichte als kritische Dichte $\varrho_{c,0}$ bezeichnet. Sie läßt sich aus Gl. (6.54) berechnen (mit $k = 0$ und $\varrho_\Lambda = 0$):

$$\varrho_{m,0} = \varrho_{c,0} = \frac{3H_0^2}{8\pi G}. \tag{6.55}$$

Wir werden Gl. (6.55) als bequeme Umdimensionierung der Hubble-Zahl benutzen, weil jetzt alle wesentlichen Größen als Dichten in der Dimension $10^{-30}\,\mathrm{g\,cm^{-3}}$ darstellbar sind und somit unmittelbar in ihrer relativen Bedeutung beurteilt werden können. $\varrho_c = 3H^2/8\pi G$ läßt sich generell als Umschreibung für die zeitabhängige Hubble-Zahl $H(t)$ definieren. $\varrho_{c,0}$ bezeichnet den heutigen Wert. Ausgedrückt mit der Skalierungsgröße h_0 nach Gl. (6.10) gilt:

$$\varrho_{c,0} = h_0^2 \cdot 18.8 \cdot 10^{-30}\, \text{g}\,\text{cm}^{-3}\,. \tag{6.56}$$

Eine weitere wichtige Größe wird aus Gl. (6.54) berechnet: der heutige Wert des Skalenfaktors R_0. Er hat bei sphärischer Raummetrik ($k = 1$) und bei hyperbolischer Raummetrik ($k = -1$) die Bedeutung eines Krümmungsradius. Bei euklidischer Metrik ist der Krümmungsradius unendlich. Daher ist auch die Bezeichnung *flacher Raum* oder *flache Raummetrik* gebräuchlich. Der Wert für R_0 ist wegen $k = 0$ und $\Omega_0^\Lambda - 1 = 0$ unbestimmt, der Grenzwert $\lim\limits_{\Omega_0^\Lambda \to 1} R_0$ geht gegen unendlich. Um diese mathematische Singularität zu vermeiden, ist es zweckmäßig, mit dem normierten Skalenfaktor $x(t) = R(t)/R_0$ zu rechnen, wodurch der Übergang von sphärischer zu hyperbolischer Metrik stetig wird. Es ist

$$R_0 = \sqrt{\frac{3kc^2}{8\pi G(\varrho_{m,0} + \varrho_\Lambda - \varrho_{c,0})}} = \frac{c}{H_0}\sqrt{\frac{k}{\Omega_0^\Lambda - 1}}\,. \tag{6.57}$$

Ω_0^Λ ist der totale Dichteparameter:

$$\Omega_{\text{tot},0} = \Omega_0^\Lambda = \frac{\varrho_{m,0} + \varrho_\Lambda}{\varrho_{c,0}} \quad \left(\text{bzw. } \Omega_0^\Lambda = \frac{\varrho_{m,0} + \varrho_{s,0} + \varrho_\Lambda}{\varrho_{c,0}}\,,\right. \tag{6.58}$$

wenn der Strahlungsterm $\varrho_{s,0}$ nicht vernachlässigt wird). Für $\varrho_\Lambda = 0$ geht er über in

$$\Omega_0 = \frac{\varrho_{m,0}}{\varrho_{c,0}} = \Omega_{m,0}\,. \tag{6.59}$$

Der normierte Strahlungsterm wird häufig als

$$\omega_0 = \frac{\varrho_{s,0}}{\varrho_{c,0}} \tag{6.60}$$

bezeichnet, die normierte kosmologische Konstante als

$$\lambda_0 = \frac{\varrho_\Lambda}{\varrho_{c,0}} = \frac{c^2}{3H_0^2}\Lambda\,. \tag{6.61}$$

Sie wird auch $\Omega_{\Lambda,0}$ genannt.

Mit Gl. (6.57) läßt sich Gl. (6.53) schreiben als:

$$\dot{x}^2 = \frac{8\pi G}{3}\left(\varrho_{m,0}\frac{1}{x} + \varrho_{s,0}\frac{1}{x^2} + \varrho_\Lambda x^2 + \varrho_{c,0} - \varrho_{m,0} - \varrho_{s,0} - \varrho_\Lambda\right). \tag{6.62}$$

Durch eine Integration kann daraus die Friedmann-Zeit für ein vorgegebenes R/R_0 berechnet werden, insbesondere auch das heutige Weltalter t_0 für $R/R_0 = 1$:

$$t = \frac{1}{H_0}\int_0^{x = \frac{R}{R_0}} \frac{\mathrm{d}x}{\sqrt{\dfrac{\varrho_{m,0}}{\varrho_{c,0}}\dfrac{1}{x} + \dfrac{\varrho_{s,0}}{\varrho_{c,0}}\dfrac{1}{x^2} + \dfrac{\varrho_\Lambda}{\varrho_{c,0}}x^2 + 1 - \dfrac{\varrho_{m,0} + \varrho_{s,0} + \varrho_\Lambda}{\varrho_{c,0}}}}\,. \tag{6.63}$$

Die **Grundgleichungen der Kosmologie**, kurz zusammengefaßt, sind also: Die *Zustandsgleichungen* (6.39), die beiden *Einstein-Friedmann-Gleichungen* (6.41) und (6.42) und die *lokale Energiebilanz* (6.47). In den nächsten beiden Abschnitten werden mit Hilfe dieser Gleichungen die charakteristischen Eigenschaften verschiedener kosmologischer Modelle berechnet.

Auf eine Konsequenz aus diesen Gleichungen sei schon hier hingewiesen. Ist zu jeder Zeit die Bedingung

$$\varrho + \frac{3p}{c^2} - \frac{\Lambda c^2}{4\pi G} > 0 \tag{6.64}$$

(*Hawking-Penrose-Theorem*) erfüllt, dann ist nach Gl. (6.42) immer $\ddot{R}$ kleiner als Null, d.h. die Expansion wird verlangsamt und vor einer endlichen Zeit t_0 war $R = 0$ (*Urknall*, *Big Bang*). In Modellen mit $\Lambda = 0$ gilt diese Beziehung als stets erfüllt. Bei einer speziellen Wahl von Λ oder $p < 0$ kann die Singularität dagegen vermieden werden.

Außerdem ist zu beachten, daß bei einer Friedmann-Zeit $t < 10^{-43}$ s die Allgemeine Relativitätstheorie an die Grenzen ihrer Anwendbarkeit stößt. Es ist möglich, daß mit einer Quantentheorie der Gravitation, die die Allgemeine Relativitätstheorie in diesem Zeitbereich ablösen würde, völlig neue Phänomene auftreten (vgl. Abschn. 6.6).

6.3.4 Der Strahlungskosmos

Für den frühen Kosmos lassen sich die Einstein-Friedmann-Gleichungen besonders einfach lösen. Er soll daher zuerst betrachtet werden.

In den ersten 10^5 Jahren nach dem Urknall dominierte der Strahlungsterm ϱ_s gegenüber anderen Beiträgen. Die Materie, die zu dieser Zeit noch als Plasma, bestehend aus freien Elektronen, Wasserstoff- und Heliumkernen, im jeweiligen thermodynamischen Gleichgewicht mit der Strahlung vorlag, wurde erst später für die Expansion des Universums bestimmend.

Die Wechselwirkung zwischen Strahlung und Materie muß nur im Zeitraum zwischen etwa 10^5 und 10^6 Jahren berücksichtigt werden. Es stellt sich aber heraus, daß die Fehler, die durch die Vernachlässigung der Wechselwirkung entstehen, für die heutige Expansionsrate unbedeutend sind.

Aus Gl. (6.48) und Gl. (6.49) wird deutlich, wie sich ϱ_m und ϱ_s während der Expansion ändern. Da die heutige Materiedichte $\varrho_{m,0}$ und die heutige Strahlungsdichte $\varrho_{s,0}$ innerhalb gewisser Fehlergrenzen bekannt sind, läßt sich der Dichteverlauf, wie in Abb. 6.10 dargestellt, zurückverfolgen.

Man erkennt, daß die Strahlung für $R/R_0 < 10^{-3}$ dominierte. Die zugehörigen Zeiten (etwa 10^5 Jahre) ergeben sich aus den Lösungen der Einstein-Friedmann-Gleichungen.

In dieser Frühphase des Universums (*Strahlungskosmos*) können also ϱ_m und ϱ_Λ vernachlässigt werden. Auch der Krümmungsterm ist in dieser Phase noch vernachlässigbar (vgl. z.B. Gl. (6.53)), daher können wir uns ohne nennenswerten Fehler

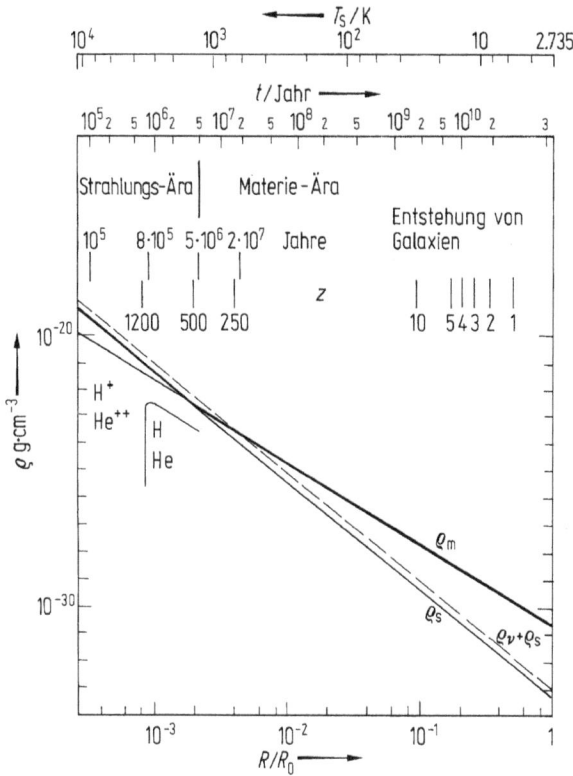

Abb. 6.10   Verlauf der Dichte der Materie ϱ_m (fette Kurve) und der Strahlung ϱ_s (dünne Gerade) als Funktion des Skalenfaktors $R(t)/R_0$ und der Strahlungstemperatur T_s bzw. der Friedmann-Zeit t von $t = 10^5$ Jahre bis zu einem Weltalter von 30 Milliarden Jahren. Die gestrichelte Gerade entspricht der Summe $\varrho_v + \varrho_s$ der Dichte der Strahlung (s) und der Neutrinos (v). Es wird hier angenommen, daß die Ruhemasse des Neutrinos Null ist ($\overline{m}_v = 0$).

auf euklidische Metrik ($k = 0$) beschränken. Die Einstein-Friedmann-Gleichungen gewinnen dadurch die einfache Form:

$$H^2(t) = \frac{\dot{R}^2}{R^2} = \frac{8\pi G}{3}\, \varrho_s(t) = \frac{8\pi G}{3}\, \varrho_{s,0} \left(\frac{R_0}{R}\right)^4 \tag{6.65}$$

bzw.

$$\dot{x}^2(t) = \frac{\dot{R}^2}{R_0^2} = \frac{8\pi G}{3}\, \varrho_{s,0}\, \frac{1}{x^2}. \tag{6.66}$$

Diese Gleichung läßt sich leicht integrieren:

$$t = \frac{x^2}{2\sqrt{\dfrac{8\pi G}{3}\, \varrho_{s,0}}} \tag{6.67}$$

Das zeitliche Verhalten des Skalenfaktors wird also beschrieben durch:

$$\frac{R}{R_0} = \sqrt[4]{\frac{32\pi G}{3} \varrho_{s,0}} \cdot \sqrt{t}. \tag{6.68}$$

Der Hubble-Parameter ergibt sich durch Einsetzen von Gl. (6.68) in Gl. (6.65):

$$H(t) = \frac{1}{2t}. \tag{6.69}$$

Die Dichte ändert sich mit

$$\varrho_s(t) = \frac{3}{32\pi G \cdot t^2}. \tag{6.70}$$

Das Spektrum eines isothermen, optisch dicken Plasmas weist eine Planck-Verteilung auf. Für die Temperaturabnahme während der Expansion gilt:

$$T = \sqrt[4]{\frac{\varrho_s \cdot c^2}{a}} = \sqrt[4]{\frac{3c^2}{32\pi Ga}} \cdot \frac{1}{\sqrt{t}}. \tag{6.71}$$

Da die Strahlungsdichte mit R^{-4} sinkt, die Materiedichte dagegen mit R^{-3}, wird die Differenz zwischen ihnen im Laufe der Zeit kleiner und nach einigen 10^5 Jahren beginnt der Einfluß der Materie zu überwiegen (Abb. 6.10). Etwa gleichzeitig mit dem Ende des Strahlungskosmos sinkt die Energie der Photonen bei einigen tausend Grad unter die Ionisationsenergie von Wasserstoff, so daß die Protonen und Elektronen beginnen, neutrale Wasserstoffatome zu bilden („Rekombination"). Die freien Elektronen waren bis zu diesem Zeitpunkt aufgrund der sehr effektiven Wechselwirkung mit den Photonen (Thomson-Streuung) für die Undurchsichtigkeit des Universums verantwortlich. Danach wurde das Universum durchsichtig. Die nun von der Materie abgekoppelte Strahlung, die während der Expansion weiter abkühlt, wird heute als die isotrope Hintergrundstrahlung mit der Temperatur von 2.73 K beobachtet.

6.3.5 Der Materiekosmos

Nach etwa 10^6 Jahren Friedmann-Zeit ist die Strahlungsdichte im Universum vernachlässigbar gegenüber der Materiedichte. Wir sprechen daher von einem Materiekosmos. Die Expansion wird nun nur noch von der Materie und dem Λ-Term bestimmt.

Der Materiekosmos wird beschrieben durch ein Gas, in dem die Galaxien die Rolle der Atome spielen. Mittelung über Regionen, die groß gegenüber dem Abstand der Galaxien sind, und Vernachlässigung der Pekuliarbewegung erlauben die Idealisierung durch inkohärente Materie (Druck $p = 0$).

Die Einstein-Friedmann-Gleichungen im Materiekosmos lauten damit:

$$\frac{\dot{R}^2}{R^2} = \frac{8\pi G}{3}(\varrho_m + \varrho_\Lambda) - \frac{kc^2}{R^2} \tag{6.72}$$

und

$$\frac{\ddot{R}}{R} = -\frac{4\pi G}{3}(\varrho_m - 2\varrho_\Lambda). \tag{6.73}$$

Wenn man berücksichtigt, daß sich die Materiedichte nach Gl. (6.48) mit

$$\varrho_m(t) = \varrho_{m,0}\left(\frac{R_0}{R}\right)^3 \tag{6.74}$$

ändert, folgt aus der ersten Gleichung:

$$\frac{\dot{R}^2}{R_0^2} = \frac{8\pi G}{3}\left[\varrho_{m,0}\frac{R_0}{R} + \varrho_\Lambda\left(\frac{R}{R_0}\right)^2\right] - \frac{kc^2}{R_0^2}. \tag{6.75}$$

Für den Zeitraum bis zur Galaxienbildung ist die Annahme druckfreier Materie eine unphysikalische Näherung. Beschreibt man die Materie mit der Zustandsgleichung des idealen Gases, folgt für die Temperaturabnahme eines einatomigen Gases für die Zeit nach der Rekombination

$$T_{Mat}(t) = T_{Mat}(t_{rec}) \cdot \left(\frac{R(t_{rec})}{R(t)}\right)^2 \tag{6.76}$$

(s. Weinberg 1972). Allerdings wird das Medium mit dem Einsetzen der Galaxienbildung durch die Abstrahlung der gravitativen Bindungsenergie sowie der Fusionsenergie nach Beginn der Sternentstehung teilweise wieder aufgeheizt.

6.3.5.1 Einstein-Friedmann-Modelle ($\Lambda = 0$)

Eine verschwindende kosmologische Konstante vereinfacht die Einstein-Friedmann-Gleichungen ganz erheblich. Wir bezeichnen diese Klasse als Einstein-Friedmann-Modelle, im Gegensatz zu den Friedmann-Lemaître-Modellen mit beliebigen Werten für Λ (insbesondere $\Lambda > 0$). Da lange Zeit von vielen Astrophysikern generell $\Lambda \equiv 0$ akzeptiert wurde, werden die Einstein-Friedmann-Modelle auch als Standardmodelle bezeichnet. Ihre Lösungen, die analytisch darstellbar sind, werden durch den Dichteparameter Ω_0 gemäß Gl. (6.59) oder den Verzögerungsparameter q_0 klassifiziert. q_0 ist definiert durch

$$q(t) = -\frac{\ddot{R} \cdot R}{\dot{R}^2}. \tag{6.77}$$

Allgemein ist

$$q(t) = \frac{\varrho_m(t)}{2\varrho_c(t)} - \frac{\varrho_\Lambda}{\varrho_c(t)} = \frac{\Omega(t)}{2} - \lambda(t). \tag{6.78}$$

Im Einstein-Friedmann-Modell, wenn ϱ_Λ gleich Null gesetzt wird, ist $q = \Omega/2$. Sein heutiger Wert q_0 ist von besonderem Interesse, da er aus Beobachtungen von Galaxienhelligkeiten bestimmt werden kann, allerdings nur mit einer großen Fehlerspanne.

In diesem reinen Materieuniversum lassen sich, je nachdem, wie das Verhältnis von Materiedichte ϱ_m zu kritischer Dichte ϱ_c ist, drei Fälle unterscheiden:

1. Modelle mit euklidischer Raummetrik (Einstein-de Sitter-Modelle)

$$\varrho_{\mathrm{m}} = \varrho_{\mathrm{c}}, \quad \Omega_0 = 1, \quad q_0 = \frac{1}{2}, \quad \varLambda = 0.$$

Dieses Modell beschreibt den Grenzfall zwischen einem offenen und einem geschlossenen Universum. Die Raummetrik ist charakterisiert durch $k = 0$. Die Materiedichte ϱ_{m} ist daher zu jeder Zeit gleich der kritischen Dichte:

$$\varrho_{\mathrm{m}}(t) = \varrho_{\mathrm{c}}(t) = \frac{3}{8\pi G} H^2(t). \tag{6.79}$$

Die Einstein-Friedmann-Gleichungen vereinfachen sich zu

$$H^2(t) = \frac{\dot{R}^2}{R^2} = \frac{8\pi G}{3} \varrho_{\mathrm{m}}(t) = \frac{8\pi G}{3} \varrho_{\mathrm{m},0} \left(\frac{R_0}{R}\right)^3 \tag{6.80}$$

bzw.

$$\dot{x}^2 = \frac{\dot{R}^2}{R_0^2} = \frac{8\pi G}{3} \varrho_{\mathrm{m},0} \cdot \frac{1}{x}. \tag{6.81}$$

Elementare Integration dieser Gleichung führt auf

$$t = \frac{2x^{3/2}}{3\sqrt{\dfrac{8\pi G}{3}\varrho_{\mathrm{m},0}}}. \tag{6.82}$$

Nach Umstellung und Einsetzen von Gl. (6.79) erhält man den zeitlichen Verlauf des Skalenfaktors

$$x = \frac{R}{R_0} = \sqrt[3]{6\pi G \cdot \varrho_{\mathrm{m},0} \cdot t^2} = \left(\frac{3}{2} H_0 \cdot t\right)^{\frac{2}{3}}. \tag{6.83}$$

Einsetzen von Gl. (6.82) in Gl. (6.79) liefert den zeitabhängigen Hubble-Parameter

$$H(t) = \frac{2}{3t}. \tag{6.84}$$

Die Dichte sinkt mit fortschreitender Friedmann-Zeit gemäß

$$\varrho_{\mathrm{m}}(t) = \frac{1}{6\pi G \cdot t^2}. \tag{6.85}$$

Auch für das Weltalter, das allgemein durch numerische Integration aus Gl. (6.63) berechnet wird, existieren im Einstein-Friedmann-Modell analytische Lösungen. Für $k = 0$ ist

$$t_0 = \frac{2}{3H_0}. \tag{6.86}$$

2. Modelle mit sphärischer Raummetrik

$$\varrho_{\mathrm{m}} > \varrho_{\mathrm{c}}, \quad \Omega_0 > 1, \quad q_0 > \frac{1}{2}, \quad \varLambda = 0.$$

Die Krümmung des dreidimensionalen Raumes ist positiv ($k = 1$). Der Graph des normierten Skalenfaktors beschreibt eine Zykloide, die nach Einführung eines Entwicklungswinkels η beschrieben wird durch die Gleichungen (Weinberg 1972):

$$\frac{R}{R_0} = \frac{R_{max}}{2R_0} (1 - \cos \eta) = \frac{q_0}{2q_0 - 1} (1 - \cos \eta), \tag{6.87}$$

$$t = \frac{R_{max}}{2c} (\eta - \sin \eta) = \frac{q_0}{H_0 \cdot (2q_0 - 1)^{3/2}} (\eta - \sin \eta). \tag{6.88}$$

Den Nachweis für die Brauchbarkeit dieser Parameter-Darstellung erhält man, wenn man $\dot{x} = \dfrac{\mathrm{d}x/\mathrm{d}\eta}{\mathrm{d}t/\mathrm{d}\eta}$ aus Gl. (6.87) bzw. (6.88) bildet und in Gl. (6.75) (mit $\varrho_\Lambda = 0$) einsetzt. Es ist:

$$R_0 = \frac{c}{H_0} \sqrt{\frac{k}{\Omega_0 - 1}}. \tag{6.89}$$

Das Maximum der Zykloide liegt bei

$$R_{max} = R_0 \frac{2q_0}{2q_0 - 1} = R_0 \frac{\Omega_0}{\Omega_0 - 1} = \frac{c}{H_0} \frac{\Omega_0}{(\Omega_0 - 1)^{3/2}} \tag{6.90}$$

zur Zeit

$$t(R_{max}) = \frac{\pi q_0}{H_0 (2q_0 - 1)^{3/2}} = \frac{\pi}{2} \cdot \frac{R_{max}}{c}. \tag{6.91}$$

Diese Modelle kollabieren (im „Schlußknall") bei

$$t_{coll} = 2 \cdot t(R_{max}) = \frac{\pi}{c} \cdot R_{max}. \tag{6.92}$$

Das heutige Weltalter in diesen Modellen ist

$$t_0 = \frac{1}{H_0} \left[\frac{q_0}{(2q_0 - 1)^{3/2}} \arccos \left(\frac{1}{q_0} - 1 \right) - \frac{1}{2q_0 - 1} \right]. \tag{6.93}$$

3. Modelle mit hyperbolischer Raummetrik

$$\varrho_m < \varrho_c, \quad \Omega_0 < 1, \quad q_0 < \frac{1}{2}, \quad \Lambda = 0.$$

In diesem Modell hat der dreidimensionale Raum eine negative Krümmung ($k = -1$). Der Verlauf des normierten Skalenfaktors wird beschrieben durch die Gleichungen

$$\frac{R}{R_0} = \frac{R_M}{2R_0} (\cosh \eta - 1) = \frac{q_0}{1 - 2q_0} (\cosh \eta - 1) \tag{6.94}$$

$$t = \frac{R_M}{2c} (\sinh \eta - \eta) = \frac{q_0}{H_0 \cdot (1 - 2q_0)^{3/2}} (\sinh \eta - \eta) \tag{6.95}$$

mit R_0 gemäß Gl. (6.89) und

$$R_M = R_0 \frac{2q_0}{1-2q_0} = R_0 \frac{\Omega_0}{1-\Omega_0}. \tag{6.96}$$

Das Weltalter ist

$$t_0 = \frac{1}{H_0}\left[\frac{1}{1-2q_0} - \frac{q_0}{(1-2q_0)^{3/2}} \ln\left(\frac{1-q_0}{q_0} + \frac{(1-2q_0)^{1/2}}{q_0}\right)\right]$$

bzw.

$$t_0 = \frac{1}{H_0}\left[\frac{1}{1-2q_0} - \frac{q_0}{(1-2q_0)^{3/2}} \operatorname{arcosh}\left(\frac{1}{q_0} - 1\right)\right]. \tag{6.97}$$

In allen Einstein-Friedmann-Modellen ist das Weltalter kleiner als die Hubble-Zeit $t_H = 1/H_0$. Sie dient als grobe Abschätzung. Generell gilt für das Weltalter in dieser Modellklasse:

$$t_0 < \frac{2}{3H_0} \qquad \text{für } k = +1 \text{ (sphärische Raummetrik)}$$

$$t_0 = \frac{2}{3H_0} \qquad \text{für } k = 0 \text{ (euklidische Raummetrik)}$$

$$\frac{2}{3H_0} < t_0 < \frac{1}{H_0} \qquad \text{für } k = -1 \text{ (hyperbolische Raummetrik)}.$$

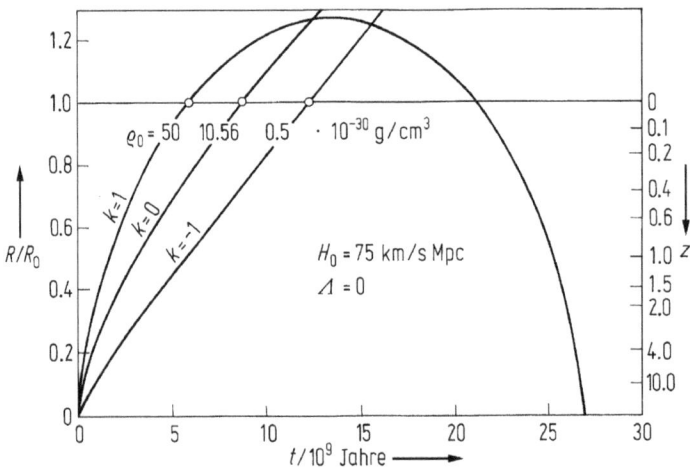

Abb. 6.11 Der Skalenfaktor $R(t)/R_0$ als Funktion der Friedmann-Zeit (in Milliarden Jahren) für Einstein-Friedmann-Modelle ($\Lambda = 0$) mit einer Expansionsrate $H_0 = 75$ (km/s)/Mpc. Das Modell mit hyperbolischer Raummetrik ($k = -1$) basiert auf einer heutigen Materie-Dichte $\varrho_0 = 0.5 \cdot 10^{-30}\,\mathrm{g\,cm^{-3}}$, Weltalter $t_0 = 12.2 \cdot 10^9$ Jahre. Das euklidische Modell ($k = 0$) erfordert eine heutige mittlere Dichte von $\varrho_0 = \varrho_c = 10.56 \cdot 10^{-30}\,\mathrm{g\,cm^{-3}}$, Weltalter $t_0 = 8.7 \cdot 10^9$ Jahre. Für das Modell mit sphärischer Metrik wurde eine extreme Dichte ausgewählt: $\varrho_0 = 50 \cdot 10^{-30}\,\mathrm{g\,cm^{-3}}$, Weltalter $t_0 = 6 \cdot 10^9$ Jahre. Ein solches Universum würde bei $t_0 = 27 \cdot 10^9$ Jahre rekollabieren.

Wie wir sehen werden, kehren sich die Verhältnisse bei den Friedmann-Lemaître-Modellen ($\Lambda > 0$) mit vorgegebenen heutigen Randbedingungen (H_0, $\varrho_{m,0}$) um. Hier ist das Weltalter bei sphärischer Raummetrik größer als bei hyperbolischer Raummetrik.

In Abb. 6.11 haben wir beispielhaft für drei Einstein-Friedmann-Modelle den normierten Skalenfaktor R/R_0 für eine Hubble-Zahl $H_0 = 75$ (km/s)/Mpc als Funktion der Friedmann-Zeit dargestellt. Für das Modell mit sphärischer Raummetrik ($k = +1$) haben wir eine extrem große heutige mittlere Dichte $\varrho_0 = 50 \cdot 10^{-30}$ g cm^{-3} gewählt. Sie führt auf ein sehr kurzes Weltalter von $6 \cdot 10^9$ Jahren, das also nur eine Milliarde Jahre älter als unser Sonnensystem ist. Man kann davon ausgehen, daß dieses Weltalter die *absolute untere Grenze* für ein realistisches Weltalter darstellt, allerdings bereits im krassen Gegensatz zum Alter der Kugelsternhaufen.

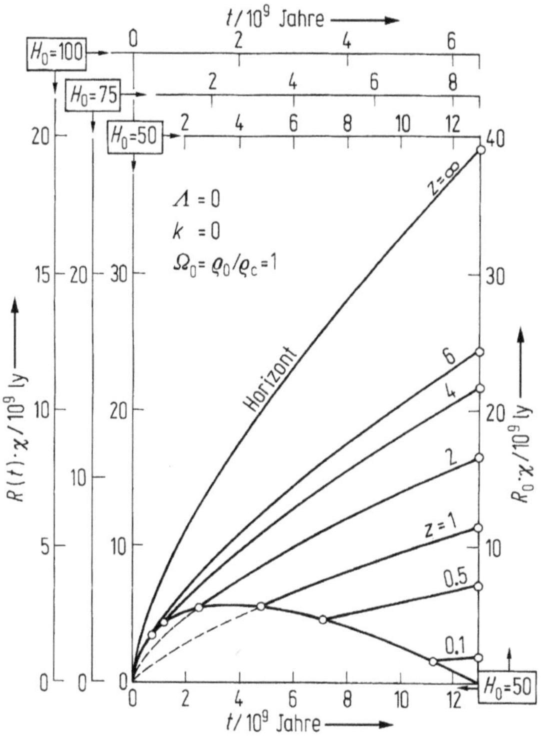

Abb. 6.12 Weltlinien im Einstein-Friedmann-Modell ($\Lambda = 0$) mit euklidischer Metrik ($k = 0$). Die Ordinate ist die radiale Distanz $D_\chi(t) = R(t) \cdot \chi$. Der Dichteparameter ist $\Omega = \varrho/\varrho_c = 1$. Die untere Abszisse bezeichnet das Weltalter t_0 für eine Expansionsrate $H_0 = 50$ (km/s)/Mpc. Für Einstein-Friedmann-Modelle mit vorgegebenem Dichteparameter sind die Weltlinien für verschiedene Expansionsraten H_0 einander ähnlich. Die Ordinatenskalen und die Abszissenskalen sind umgekehrt proportional zu H_0. Zur Verdeutlichung wurden die Ordinatenskalen (links) und die Abszissenskalen (oben) für die drei Werte $H_0 = 50$, 75 und 100 (km/s)/Mpc angegeben. Die zugehörigen Weltalter sind $t_0 = 13.1$, 8.7 und $6.5 \cdot 10^9$ Jahre. Der Parameter an den Kurven ist die Rotverschiebung z, die heute beobachtet würde. Die Kurve im unteren Bildteil stellt den Rückwärts-Lichtkegel dar, den geometrischen Ort der Weltlinienpunkte zur Zeit der Emission. Objekte oberhalb des Horizontes sind heute prinzipiell unbeobachtbar. Die Horizontlinie entspricht der heutigen Rotverschiebung $z = \infty$.

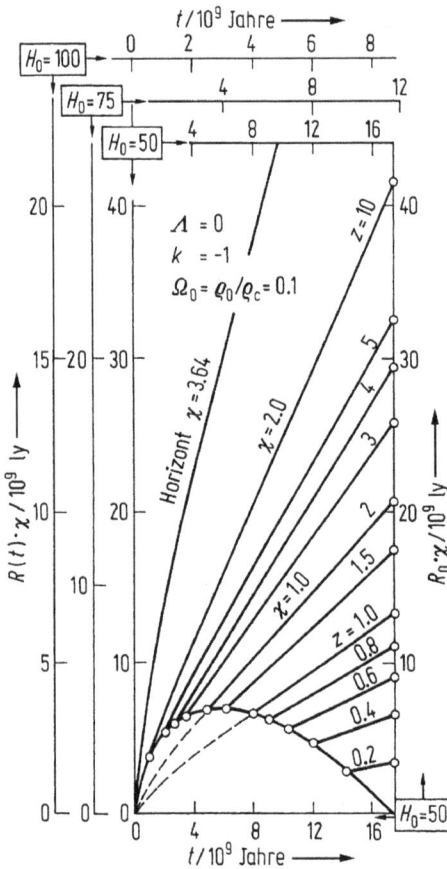

Abb. 6.13 Weltlinien im Einstein-Friedmann-Modell ($\Lambda = 0$) mit hyperbolischer Metrik ($k = -1$). Die Ordinate ist die radiale Distanz $D_\chi(t) = R(t) \cdot \chi$. Der Dichteparameter ist $\Omega = \varrho/\varrho_c = 0.1$. Die Ordinaten- und Abszissenskalen sind für die Expansionsraten $H_0 = 100$, 75 und 50 (km/s)/Mpc angegeben. Sonstige Bezeichnungen sind wie in Abb. 6.12. Man beachte, daß bei vorgegebenem Wert für den Dichteparameter die Expansion des beobachtbaren Universums *umgekehrt* proportional zur Expansionsrate ist.

Abb. 6.12, 6.13 und 6.14 zeigen die Weltlinien für drei charakteristische Weltmodelle: In Abb. 6.12 sind die *Weltlinien für euklidische Metrik* ($k = 0$) dargestellt. In diesen Modellen ist die heutige mittlere Dichte ϱ_0 gleich der kritischen Dichte, d. h. der Dichteparameter ist $\Omega_0 = 1$. *Weltlinien für hyperbolische Metrik* sind in Abb. 6.13 dargestellt. Für den Dichteparameter ist hier $\Omega_0 = 0.1$ gewählt. Die rechte Ordinate gibt zu den angegebenen heutigen Rotverschiebungen z die radiale Distanz $D_\chi = R_0 \cdot \chi(z)$ in Milliarden Lichtjahren für $H_0 = 50$ (km/s)/Mpc. Auf der linken Seite sind auch die radialen Distanzen für $H_0 = 75$ und 100 (km/s)/Mpc angegeben. Wie man leicht erkennt, skalieren bei festgehaltenem Dichteparameter sowohl die Ordinate als auch die Abszisse (Friedmann-Zeit) umgekehrt proportional zur Hubble-Zahl H_0. Auf den ersten Blick mag es überraschen, daß die Ausdehnung des heutigen Kosmos, z. B. charakterisiert durch die Rotverschiebung $z = 4$, kleiner

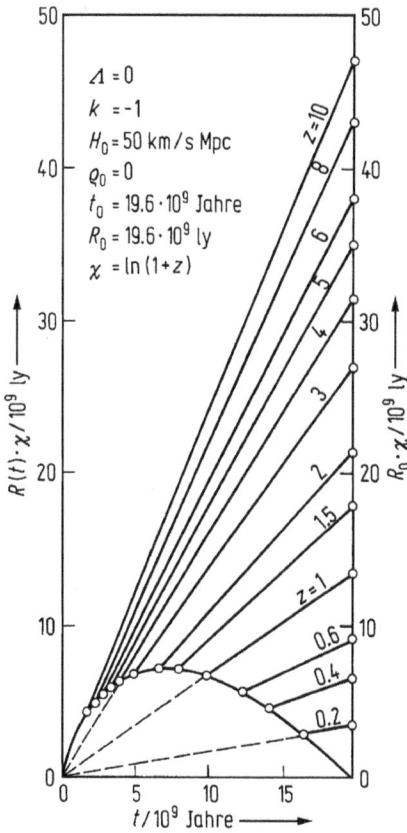

Abb. 6.14   Extremfall: Leerer Kosmos (Dichte $\varrho(t) = 0$). Eingezeichnet wurden die Weltlinien für 12 Probekörper (Quasare bzw. Galaxien), deren heutige Rotverschiebungen z im Bereich von 0.2 bis 10 liegen würden.

ist bei der größeren Expansionsrate ($H_0 = 100$) verglichen mit $H_0 = 50$ (km/s)/Mpc. Dies entsteht durch das Festhalten des Dichteparameters, dessen Nenner durch die kritische Dichte $\varrho_{c,0}$ gegeben ist und somit von H_0 abhängt. Die Ausdehnung des Kosmos würde in den Modellen anders aussehen, wenn man die heutige Dichte ϱ_0 vorgibt. Denn letztendlich bestimmt sie zusammen mit H_0 die Ausdehnung des heutigen Kosmos.

Der Grenzfall eines leeren Kosmos ($\varrho = 0$) ist in Abb. 6.14 dargestellt. Sein Weltalter ist $t_0 = 1/H_0$. Die Weltlinien hängen linear von der Zeit ab. In diesem Modell existiert kein Horizont, d.h. die radiale Distanz D_χ bei $z = \infty$ ist unendlich.

Wie in den Einstein-Friedmann-Modellen das Weltalter t_0 und der Dichteparameter Ω_0 (obere Abszisse) bzw. der Verzögerungsparameter q_0 (untere Abszisse) zusammenhängen, ist in Abb. 6.15 für fünf verschiedene Werte der Hubble-Zahl verdeutlicht. Dadurch soll der gesamte mögliche Fehlerbereich von H_0 abgedeckt sein. Der aus den Beobachtungen der Galaxienhelligkeiten abgeleitete Bereich für den Dichteparameter ist in der oberen Abszisse markiert. Der punktierte Bereich entspricht dem Fehlerbereich für die heutige mittlere baryonische Dichte ϱ_0. Wenn es

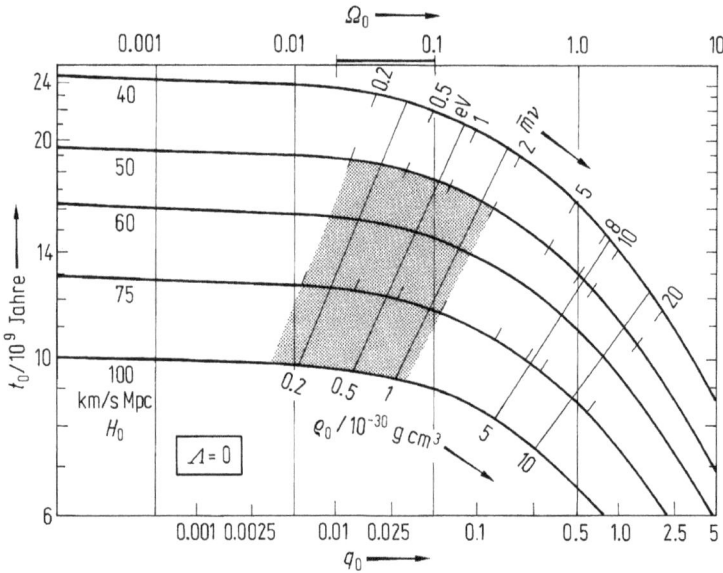

Abb. 6.15 Zusammenhang zwischen dem Weltalter t_0 (Ordinate, in Milliarden Jahren), dem Verzögerungsparameter der kosmischen Expansion q_0 (untere Abszisse) und der Expansionsrate (Hubble-Zahl) H_0 (Kurvenparameter, für $H_0 = 40, 50, 60, 75$ und 100 (km/s)/Mpc) in Einstein-Friedmann-Modellen ($\Lambda = 0$). Die obere Abszisse gibt den Dichteparameter $\Omega = 2q_0 = \varrho/\varrho_{c,0}$. Der beobachtete Bereich von 0.02 bis 0.1 ist markiert. Die mittlere baryonische Dichte ist an den schräg verlaufenden Geraden angegeben. Der beobachtete Bereich ist gepunktet. Ferner wurden die möglichen Werte der mittleren Ruhemasse $\overline{m}_\nu$ der Neutrinos angegeben, die mit ca. 340 Neutrinos/cm³ die Dichte ϱ_0 ergeben können.

keinen wesentlichen Beitrag durch unbeobachtbare Dunkelmaterie gibt, resultiert aus den Beobachtungen im Rahmen der Einstein-Friedmann-Modelle ein Kosmos mit hyperbolischer Raummetrik. Ein eventueller Beitrag der Neutrinos hängt entscheidend von der mittleren Neutrinomasse $\overline{m}_\nu$ der drei Neutrinosorten (ν_e, ν_μ, ν_τ) ab. Wir können mit etwa 340 Neutrinos/cm³ im Kosmos rechnen, die sich in den ersten Minuten nach dem Urknall wechselwirkungsmäßig von den Baryonen und den Elektronen abgekoppelt haben. Ihr möglicher Beitrag zur mittleren Dichte ist als Funktion ihrer mittleren Masse $\overline{m}_\nu$ im oberen rechten Teil der Abbildung dargestellt. Erst bei einer Neutrinomasse von $\geq 5\,\mathrm{eV}/c^2$ könnte ein Kosmos mit euklidischer oder sphärischer Metrik resultieren.

6.3.5.2 Friedmann-Lemaître-Modelle ($\Lambda \neq 0$)

Die kosmologischen Modelle, die aus den Einstein-Friedmann-Gleichungen mit einer von Null verschiedenen kosmologischen Konstante abgeleitet werden, bezeichnen wir als Friedmann-Lemaître-Modelle. Sie unterscheiden sich von den Einstein-

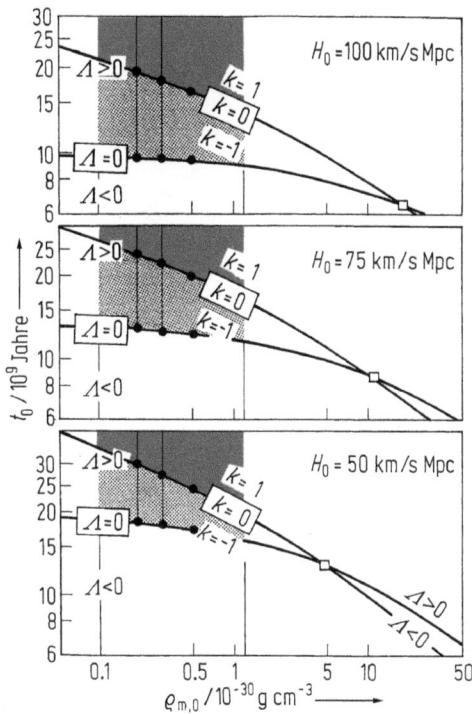

Abb. 6.16 Zusammenhang zwischen Weltalter t_0 (in Milliarden Jahren) und der heutigen Materiedichte $\varrho_{m,0}$ in Friedmann-Lemaître-Modellen für drei Werte der Hubble-Zahl $H_0 = 100$, 75 und 50 (km/s)/Mpc. Modelle mit euklidischer Metrik liegen auf der Linie $k = 0$. Die Linie $\Lambda = 0$ trennt die Bereiche mit positiver und negativer kosmologischer Konstante. Im Dichtebereich $\varrho_{m,0} = 0.5^{+0.7}_{-0.4} \cdot 10^{-30}$ cm^{-3} sind Modelle mit sphärischer Metrik dunkel schraffiert, Modelle mit hyperbolischer Metrik und positivem Λ hell schraffiert.

Friedmann-Modellen durch die grundlegende Eigenschaft, daß bei positivem Λ die ursprünglich gebremste Expansion in der Spätphase in eine beschleunigte Expansion einmündet (Für $\Lambda < 0$ wird die gravitative Abbremsung der Expansion verstärkt und das Weltalter kleiner). In den letzten Jahren hat sich gezeigt, daß die Beobachtungsbefunde am optimalsten im Rahmen von Friedmann-Lemaître-Modellen mit $\Lambda > 0$ verstanden werden können (vgl. Abb. 6.16).

Wie man aus Gl. (6.75) ersehen kann, setzt der Einfluß des positiven Λ-Terms etwa bei

$$\frac{R}{R_0} = \sqrt[3]{\frac{\varrho_{m,0}}{\varrho_\Lambda}} \tag{6.98}$$

ein. Er bewirkt einen Wendepunkt im Graphen von $R(t)/R_0$, der in Abb. 6.17 mit einem $*$ gekennzeichnet ist. Im Wendepunkt ist

$$\frac{R_*}{R_0} = \sqrt[3]{\frac{\varrho_{m,0}}{2\varrho_\Lambda}} = \sqrt[3]{\frac{\Omega_{m,0}}{2\lambda_0}}. \tag{6.99}$$

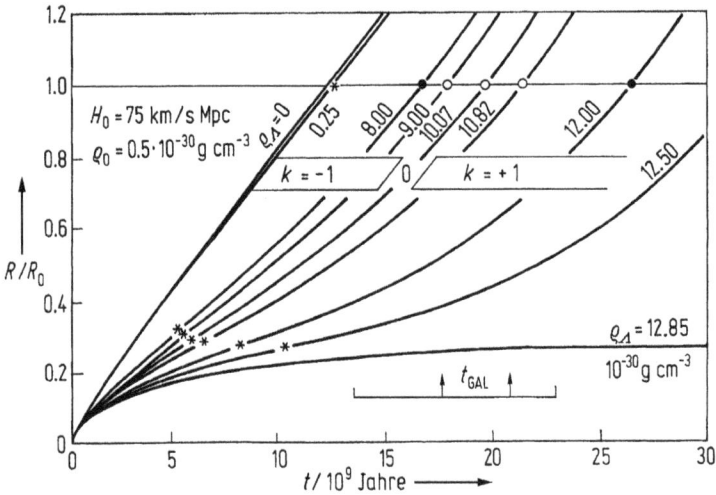

Abb. 6.17 Friedmann-Lemaître-Modelle ($\Lambda \geq 0$) für $H_0 = 75$ (km/s)/Mpc und eine heutige mittlere Materiedichte $\varrho_0 = 0.5 \cdot 10^{-30}$ g cm^{-3}: Skalenfaktor $R(t)/R_0$ als Funktion der Friedmann-Zeit (in Milliarden Jahren). Das Alter unserer Galaxis t_{GAL} ist unten rechts markiert. Das Modell mit euklidischer Metrik ($k = 0$) erfordert eine Λ-äquivalente Dichte $\varrho_\Lambda = 10.07 \cdot 10^{-30}$ g cm^{-3}, Weltalter $t_0 = 19.7 \cdot 10^9$ Jahre. Das Modell mit $\Lambda = 0$, $t_0 = 12.2 \cdot 10^9$ Jahre ist identisch mit dem entsprechenden Modell in Abb. 6.11 und 6.15.

Das Weltalter in Friedmann-Lemaître-Modellen mit positivem Λ ist unter gleichen Randbedingungen ($H_0, \varrho_{\mathrm{m},0}$) immer größer als in Einstein-Friedmann-Modellen (s. Abb. 6.17). Es kann auch größer als die Hubble-Zeit $t_{\mathrm{H}} = 1/H_0$ werden. Aus diesen Zusammenhängen wird klar, welche Bedeutung eine unabhängige Bestimmung des Weltalters für die Kosmologie hat. So ergibt sich eine deutliche Evidenz für eine von Null verschiedene, positive kosmologische Konstante, wenn die Hubble-Zahl $H_0 \geq 70$ (km/s)/Mpc und das Weltalter $t_0 \geq 14$ Milliarden Jahre sind. In diesem Fall gibt es keine Lösung der Einstein-Friedmann-Gleichungen mit $\Lambda = 0$. Diese Aussage ist unabhängig von der heutigen mittleren Materiedichte, denn jede zusätzliche Materie würde das Weltalter des Modells lediglich unter den Grenzwert von 14 Milliarden Jahren verkürzen.

Für die mathematische Behandlung von Friedmann-Lemaître-Modellen ist es sinnvoll, den Skalenfaktor $R(t)$ in Einheiten von R_*, den Skalenfaktor am Wendepunkt, zu betrachten. Für diesen Wendepunkt erhält man mit $\ddot{R} = 0$ und $\varrho_{\mathrm{s}} = 0$ aus der zweiten Einstein-Friedmann-Gleichung (6.45) die Bedingung:

$$\varrho_{\mathrm{m},*} = 2\varrho_\Lambda . \tag{6.100}$$

Aus der Kontinuitätsgleichung (6.48) folgt:

$$\varrho_{\mathrm{m}}(t) \cdot R^3(t) = \varrho_{\mathrm{m},0} \cdot R_0^3 = \varrho_{\mathrm{m},*} \cdot R_*^3 = 2\varrho_\Lambda \cdot R_*^3 . \tag{6.101}$$

Die Einstein-Friedmann-Gleichung (6.72) für R/R_* lautet:

$$\frac{\dot{R}^2}{R_*^2} = \frac{8\pi G}{3} \left(\varrho_{\mathrm{m}}(t) + \varrho_\Lambda \right) \left(\frac{R}{R_*} \right)^2 - \frac{kc^2}{R_*^2} . \tag{6.102}$$

Mit $x_* = R/R_*$ gilt damit für *euklidische Modelle* ($k = 0$)

$$\dot{x}_*^2 = \frac{8\pi G}{3} \cdot \varrho_A \left(\frac{2}{x_*} + x_*^2 \right). \tag{6.103}$$

Nach Einführung einer charakteristischen Zeit τ

$$\tau = \frac{1}{3H_0\sqrt{\lambda_0}} = \frac{1}{\sqrt{24\pi G \cdot \varrho_A}} = \frac{14.13}{\sqrt{\varrho_A/(10^{-30}\,\mathrm{g\,cm}^{-3})}} \cdot 10^9 \text{ Jahre} \tag{6.104}$$

und der Substitution $y = x^3 + 1$ erhält man aus Gl. (6.103)

$$\frac{1}{\tau}\,\mathrm{d}t = \frac{3\,\mathrm{d}x_*}{\sqrt{x_*^2 + \dfrac{2}{x_*}}} = \frac{3x_*^2\,\mathrm{d}x_*}{\sqrt{x_*^6 + 2x_*^3}} = \frac{\mathrm{d}y}{\sqrt{y^2 - 1}}. \tag{6.105}$$

Diese Differentialgleichung hat die Lösung

$$\frac{t}{\tau} = \operatorname{arcosh} y = \operatorname{arcosh}\left(\left(\frac{R}{R_*} \right)^3 + 1 \right). \tag{6.106}$$

Der Wendepunkt in *euklidischen Modellen* wird erreicht zu einer Zeit

$$t_* = \tau \cdot \operatorname{arcosh} 2 = 1.137 \cdot \tau. \tag{6.107}$$

Das Weltalter ist

$$t_0 = \tau \cdot \operatorname{arcosh}\left(\frac{2\varrho_A}{\varrho_{\mathrm{m},0}} + 1 \right) = \frac{2}{3H_0} \cdot \frac{1}{\sqrt{\lambda_0}} \cdot \operatorname{arsinh}\sqrt{\frac{\lambda_0}{\Omega_0}}. \tag{6.108}$$

Man beachte, daß in Friedmann-Lemaître-Modellen bei **euklidischer** Metrik

$$\varrho_A = \varrho_{\mathrm{c},0} - \varrho_{\mathrm{m},0} \quad \text{bzw.} \quad \lambda_0 = 1 - \Omega_{\mathrm{m},0}$$

ist, da der totale Dichteparameter $\Omega_0^A = 1$ ist (s. Gl. (6.58)).

Der zeitliche Verlauf des Skalenfaktors bei *euklidischer Raummetrik* folgt der Gleichung

$$\frac{R}{R_*} = \sqrt[3]{\cosh\left(\frac{t}{\tau} \right) - 1}, \tag{6.109}$$

bzw. (mit Hilfe der Kontinuitätsgleichung (6.101) mit seinem heutigen Wert R_0 normiert)

$$\frac{R}{R_0} = \sqrt[3]{\frac{\varrho_{\mathrm{m},0}}{2\varrho_A}\left(\cosh\left(\frac{t}{\tau} \right) - 1 \right)} = \sqrt[3]{\frac{\Omega_{\mathrm{m},0}}{\lambda_0}\left(\sinh\frac{t}{2\tau} \right)^2}. \tag{6.110}$$

Der zeitliche Verlauf des normierten Skalenfaktors ist in Abb. 6.17 für einige ausgewählte Modelle dargestellt. Im „Einstein-Limit", wenn der Skalenfaktor sich asymptotisch dem konstanten Wert nähert, beträgt für $\varrho_{\mathrm{m},0} \leq 0.5 \cdot \varrho_{\mathrm{c},0}$ die A-Dichte (Blome und Priester 1985, 1991; Priester und van de Bruck 1998; Overduin und Priester 2001):

$$\varrho_{A,\mathrm{E}} = \varrho_{\mathrm{c},0} - \varrho_{\mathrm{m},0} + \frac{3}{2}(\sqrt[3]{\varrho_{\mathrm{m},0}^2(m+n)} + \sqrt[3]{\varrho_{\mathrm{m},0}^2(m-n)}) \tag{6.111}$$

mit den Abkürzungen $m = \varrho_{c,0} - \varrho_{m,0}$ und $n = \sqrt{\varrho_{c,0}(\varrho_{c,0} - 2\varrho_{m,0})}$. Man erhält diese Formel, indem man den Wendepunkt R_* im Grenzfall $t \to \infty$ betrachtet. Für $\varrho_{m,0} > 0.5 \cdot \varrho_{c,0}$ erhält man Lösungen, die zweckmäßig in Parameterform dargestellt werden (s. Felten and Isaacman 1986, Priester und van de Bruck 1998).

Gl. (6.111) liefert den maximal möglichen Wert für ϱ_Λ, der in Friedmann-Lemaître-Modellen mit Wendepunkt (*) auftreten kann, wenn das Weltalter $t_0 \to \infty$ geht. Größere Werte können nicht mehr an die vorgegebenen Randbedingungen (H_0, $\varrho_{m,0}$, Urknall) angepaßt werden. Je näher ϱ_Λ bei diesem maximalen Wert liegt, desto stärker ausgeprägt ist die Phase gebremster, nahezu ruhender Expansion, die für die Galaxienentstehung von vitaler Bedeutung wäre.

Für $t \gg t_*$ wächst der Skalenfaktor exponentiell. Für die Expansion werden alle anderen Beiträge außer Λ vernachlässigbar und die Hubble-Expansionsrate nähert sich asymptotisch für $t \to \infty$ dem Grenzwert H_∞

$$H_\infty = \sqrt{\frac{\Lambda c^2}{3}}. \tag{6.112}$$

Somit gilt $\Lambda c^2 = 3H_\infty^2$. Das ist ein bedeutsamer Zusammenhang zwischen der Energiedichte des Quantenvakuums und der finalen Hubble-Zahl H_∞.

Die Auswirkung des Λ-Terms auf gebundene Systeme (Galaxien, Galaxienhaufen) im Weltraum läßt sich veranschaulichen, wenn man die Einstein-Gleichungen im Newtonschen Grenzfall betrachtet. Unter der Voraussetzung schwacher Felder und kleiner Geschwindigkeiten der Quellen ergibt sich aus Gl. (6.25) (s. z. B. Stephani 1980) ein zusätzlicher Term auf der rechten Seite der Poisson-Gleichung für das Gravitationspotential Φ:

$$\nabla^2 \Phi = 4\pi G\varrho + \Lambda c^2 \tag{6.113}$$

mit der Lösung:

$$\Phi = -\frac{GM}{r} - \frac{\Lambda c^2}{6} r^2. \tag{6.114}$$

Während der erste Term auf die anziehende Newtonsche Gravitationskraft führt

$$F_G = -\frac{GM}{r^2} \frac{\boldsymbol{r}}{r}, \tag{6.115}$$

führt der zweite Term für positives Λ zu einer abstoßenden Kraft

$$F_\Lambda = \frac{\Lambda c^2}{3} \boldsymbol{r}, \tag{6.116}$$

die in einer Entfernung

$$r > r_\Lambda = \sqrt[3]{\frac{3GM}{\Lambda c^2}} \tag{6.117}$$

gegenüber der gravitativen Anziehung überwiegt. Mit $\Lambda = 3 \cdot 10^{-56}\,\mathrm{cm}^{-2}$, dem Wert, der noch keine direkt beobachtbaren Konsequenzen hat, ist für eine typische Galaxie ($M \approx 10^{11}\,M_\odot$) $r_\Lambda = 1.2 \cdot 10^6$ Lichtjahre, für einen Galaxienhaufen mit $M \approx 10^{15}\,M_\odot$ ist $r_\Lambda = 2.6 \cdot 10^7$ Lichtjahre. $M_\odot = 2 \cdot 10^{30}$ kg ist die Sonnenmasse.

Unter Vernachlässigung der Pekuliargeschwindigkeiten ergibt sich für die Energie pro Masse in Newtonscher Betrachtung

$$\frac{E}{m} = \frac{1}{2} v^2 - \frac{GM}{r} - \frac{1}{6} \Lambda c^2 r^2. \tag{6.118}$$

Der Radius r_N des Gebietes, innerhalb dessen Expansion und Λ-Term vernachlässigbar sind gegenüber der lokalen Schwerkraft, ergibt sich zu:

$$r_N = \sqrt[3]{\frac{GM}{\frac{1}{2} H^2 + \frac{1}{3} \Lambda c^2}}. \tag{6.119}$$

In der Phase des exponentiellen Wachstums des Skalenfaktors, nimmt nach Gl. (6.112) dieser Radius den Wert

$$r_N = \sqrt[3]{\frac{2GM}{\Lambda c^2}} \tag{6.120}$$

an. Für den Fall $\Lambda = 0$ berechnet sich die Ausdehnung des Bereiches, innerhalb dessen die Newtonsche Gravitation über die Expansion dominiert, erwartungsgemäß zu

$$r_H = \sqrt[3]{\frac{2GM}{H^2}} = \sqrt[3]{\frac{3M}{4\pi \varrho_c}}, \tag{6.121}$$

nämlich genau dem Radius einer Kugel, in dem die Dichte gerade die kritische Dichte ist. Mit $M \approx 10^{15} M_\odot$ erhält man $r_H = 3.1 \cdot 10^7$ Lichtjahre.

Zum Abschluß der Diskussion der verschiedenen kosmologischen Modelle haben wir in Tab. 6.2 einige analytische Lösungen der Friedmann-Lemaître-Gleichungen gegenübergestellt.

6.3.6 Entfernungen im Kosmos

Eine häufige Frage an Astronomen ist, wie weit die kosmischen Objekte wie Quasare oder Galaxien, deren Licht mit der Rotverschiebung z empfangen wird, von uns entfernt sind. Die Antwort ist nicht nur von der Wahl des kosmologischen Modells abhängig, sondern es existieren auch verschiedene Möglichkeiten, wie man die Entfernung definieren kann.

1. Die radiale Distanz $D_\chi = R_0 \cdot \chi$. Der Abstand, den man auf einem Maßband ablesen würde, das entlang einer geodätischen Linie zwischen dem beobachteten Objekt und dem Beobachter gespannt wäre, ist die radiale Distanz $D_\chi = R_0 \cdot \chi$. Eine solche Messung ist natürlich in der Praxis nicht realisierbar. Denn zuvor müßte die kosmische Dynamik (und die pekuliare Dynamik) weltweit zur gleichen Zeit angehalten werden. Aber selbst unter dieser nicht realisierbaren Bedingung müßte man, wenn man dann die Entfernung mit einem Echolot mißt, bereits beim nahen Andromeda-Nebel über vier Millionen Jahre auf das Echo warten.

Tab. 6.2 Analytische Lösungen der Friedmann-Lemaître Gleichungen

---

1. *Strahlungskosmos (Λ und k vernachlässigbar)*

$$\frac{R}{R_0} = \left(\frac{32\pi G}{3}\varrho_{s,0}\right)^{1/4}\sqrt{t} \qquad\qquad T = \left(\frac{3c^2}{32\pi Ga}\right)^{1/4}\cdot\frac{1}{\sqrt{t}}$$

$$\varrho_s = \frac{3}{32\pi Gt^2}$$

---

2. *Materiekosmos, Einstein-de Sitter ($\Lambda = 0$, $k = 0$)*

$$\frac{R}{R_0} = (6\pi G\varrho_{c,0})^{1/3}\cdot t^{2/3} \qquad\qquad T(t \geq t_{rek}) = T(t_{rek})\cdot\left(\frac{t}{t_{rek}}\right)^{-2/3}$$

$$\varrho_c = \frac{1}{6\pi Gt^2}$$

Die Abnahme der Temperatur berücksichtigt nur die adiabatische Abkühlung der kosmischen Materie auf Grund der Expansion, nicht die vermutlich sehr bald nach der Rekombination einsetzende Aufheizung des prägalaktischen Gases.

---

3. *Materiekosmos, Friedmann-Lemaître*

a) $k = 0$

$$\frac{R}{R_0} = \sqrt[3]{\frac{\varrho_{m,0}}{2\varrho_\Lambda}\left(\cosh\left(\frac{t}{\tau}\right) - 1\right)} \qquad\qquad \varrho_m(z) = \varrho_{m,0}\left(\frac{R_0}{R}\right)^3 = \varrho_{m,0}(1+z)^3$$

b) $k = 1$

Analytische Lösungen sind nur darstellbar mit Hilfe der Weierstrass-Funktionen $\wp(\eta)$ und $\sigma(\eta)$ (siehe z. B. Kaufmann und Schücking 1971; Kharbediya 1976; Dabrowski und Stelmach 1986).

$$R(\eta) = \frac{1}{\wp\left(\frac{1}{2}\sqrt{\frac{A}{3}}\eta\right) + \frac{k}{A}}$$

$$t(\eta) = \frac{1}{\wp(v)}\left(\ln\left|\frac{\sigma\left(\frac{1}{2}\sqrt{\frac{A}{3}}\eta - v\right)}{\sigma\left(\frac{1}{2}\sqrt{\frac{A}{3}}\eta + v\right)}\right| + k\frac{\eta v}{\sqrt{3A}}\right)$$

Dabei ist A der Materieparameter und η die konforme Zeitkoordinate, die mit der Friedmann-Zeit t zusammenhängt:

$$d\eta = \frac{dt}{R} \text{ (Misner, Thorne und Wheeler}$$

1973, § 27.9).

Die Ableitung $\wp(v)$ wird an der Stelle der Nullstelle der Gleichung $\wp(v) = -\dfrac{k}{A}$ gebildet.

Da auf der Geodäte auch die Lichtfortpflanzung erfolgt, gilt nach Gl. (6.37) für ein Objekt (Quasar, Galaxie), dessen Strahlung zur Zeit t_E emittiert wurde und die heute (t_0) bei uns eintrifft

$$\chi = c\int_{t_E}^{t_0}\frac{dt}{R(t)}. \tag{6.122}$$

Mit dem normierten Skalenfaktor $x(t) = R(t)/R_0$ folgt für die radiale Distanz

$$D_\chi = R_0 \cdot \chi = c \int_{t_E}^{t_0} \frac{dt}{x(t)} = c \int_{R(t_E)/R_0}^{1} \frac{dx}{\dot{x}(t) \cdot x(t)}. \tag{6.123}$$

Nach Umrechnung des normierten Skalenfaktors in die Rotverschiebung z der zur Zeit t_E emittierten Strahlung (Gl. (6.5)),

$$\frac{R(t_E)}{R_0} = \frac{1}{1+z},$$

erhalten wir die radiale Distanz als Funktion von z

$$D_\chi(z) = R_0 \cdot \chi(z) = c \int_0^z \frac{dz}{\dot{x}(z) \cdot (1+z)}. \tag{6.124}$$

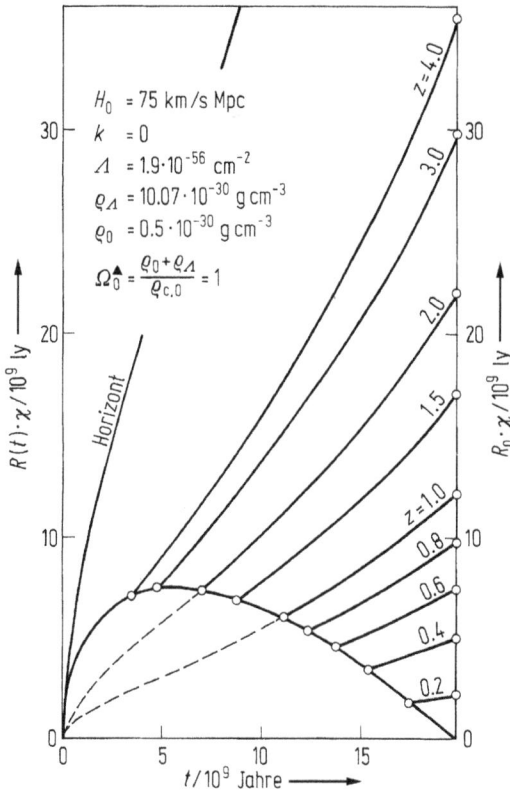

Abb. 6.18 Weltlinien für ein Friedmann-Lemaître-Modell ($\Lambda > 0$) mit euklidischer Metrik ($k = 0$) und einer Expansionsrate $H_0 = 75$ (km/s)/Mpc. Die Ordinate ist die radiale Distanz $D_\chi(t) = R(t) \cdot \chi$. Der kosmologischen Konstanten Λ entspricht eine äquivalente Dichte $\varrho_\Lambda = \Lambda c^2/8\pi G = 10.07 \cdot 10^{-30}$ g cm^{-3}. Der totale Dichteparameter ist $\Omega_0^\Lambda = (\varrho_0 + \varrho_\Lambda)/\varrho_{c,0} = 1$ für euklidische Metrik, die kritische Dichte $\varrho_{c,0} = 3H_0^2/8\pi G = 10.57 \cdot 10^{-30}$ g cm^{-3}. Für die heutige mittlere Materiedichte wurde der Wert $\varrho_0 = 0.5 \cdot 10^{-30}$ g cm^{-3} gewählt, wie er sich als oberer Grenzwert aus der Helium-Deuterium-Analyse ergibt. Die Weltlinien haben einen Wendepunkt beim Weltalter $t_* = 5.9 \cdot 10^9$ Jahre. Sonstige Bezeichnungen wie in Abb. 6.12.

Hier muß $\dot{x}(z)$ aus der Einstein-Friedmann-Gleichung (6.53) unter Beachtung von Gl. (6.5) eingesetzt werden. Im Integral (6.124) ist die obere Grenze z die heutige Rotverschiebung der Galaxie bzw. des Quasars. Daraus resultiert mit dem kosmologischen Term $\lambda_0 = \varrho_\Lambda / \varrho_{c,0}$ und dem Rotverschiebungsfaktor $\zeta = 1 + z$ die nützliche Formel für die radiale Distanz

$$D_\chi(z) = R_0 \cdot \chi(z) = \frac{c}{H_0} \int\limits_1^{\zeta = 1 + z} \frac{\mathrm{d}\zeta}{\sqrt{\Omega_{\mathrm{m},0} \cdot \zeta^3 + (1 - \Omega_{\mathrm{m},0} - \lambda_0)\,\zeta^2 + \lambda_0}}. \qquad (6.125)$$

2. Die Lichtlaufstrecke E. Eine weitere Entfernungsdefinition ist die Strecke, die das Licht seit seiner Emission zurückgelegt hat, also Lichtlaufzeit mal Lichtgeschwindigkeit

$$E = c \cdot (t_0 - t_{\mathrm{E}}). \qquad (6.126)$$

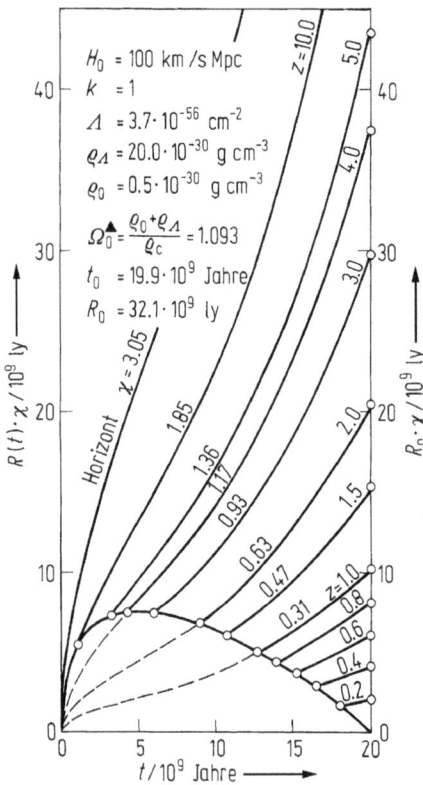

Abb. 6.19 Weltlinien im Friedmann-Lemaître-Modell ($\Lambda > 0$) mit sphärischer Metrik ($k = 1$) und einer Expansionsrate $H_0 = 100$ (km/s)/Mpc. Die Ordinate ist die radiale Distanz $D_\chi(t) = R(t) \cdot \chi$. Für die heutige mittlere Materiedichte wurde der Wert $\varrho_0 = 0.5 \cdot 10^{-30}\,\mathrm{g\,cm^{-3}}$ und für die Λ-äquivalente Dichte $\varrho_\Lambda = 20 \cdot 10^{-30}\,\mathrm{g\,cm^{-3}}$ gewählt. Diese Parameterwahl führt auf ein Weltalter $t_0 = 19.9 \cdot 10^9$ Jahre und auf einen Krümmungsradius $R_0 = 32.1 \cdot 10^9$ Lichtjahre. Der Horizont liegt mit $\chi = 3.05$ bereits nahe am Gegenpol ($\chi = \pi$). Die Wendepunkte in den Weltlinien liegen bei $t_* = 6 \cdot 10^9$ Jahre. Man vergleiche dieses Modell mit dem hyperbolischen Modell für $H_0 = 50$ (km/s)/Mpc und $\Lambda = 0$ (Abb. 6.13) mit nahezu gleichem Weltalter und vergleichbaren Dimensionen für den *beobachtbaren* Bereich des Kosmos.

Die Lichtlaufzeit ist natürlich immer kleiner als das Weltalter. Die radiale Distanz ist aufgrund der raschen Expansion des Raumes immer größer als die Lichtlaufstrecke und kann sogar das Weltalter (mal Lichtgeschwindigkeit) überschreiten. Man vergleiche hierzu die Weltlinien in den Abb. 6.18, 6.19 und 6.20.

3. Die metrische Distanz $D_r = R_0 \cdot r$. Verfolgt man die Lichtausbreitung in einer sphärisch gekrümmten Flächenwelt (Abb. 6.8), so erkennt man leicht, daß die beobachtete Helligkeit (die scheinbare Helligkeit in der Sprache der Astronomen) von $r \cdot d\theta = \sin \chi \cdot d\theta$ abhängt. Auch der Winkel $d\theta$, unter dem ein kosmisches Objekt beobachtet wird, hängt von der metrischen Koordinate r, nicht aber von der radialen Koordinate χ ab.

In der astronomischen Beobachtungspraxis werden Entfernungen von Galaxien durch Messung von scheinbaren Helligkeiten oder von Winkeldurchmessern be-

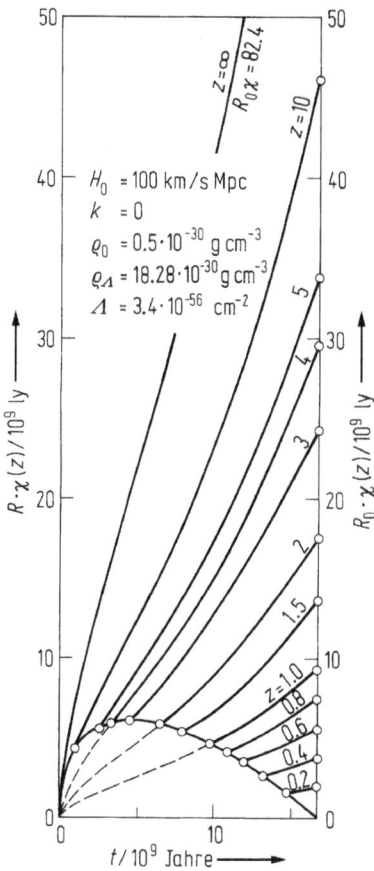

Abb. 6.20 Weltlinien für ein Friedmann-Lemaître-Modell ($\Lambda > 0$) mit euklidischer Metrik ($k = 0$) und einer Expansionsrate $H_0 = 100$ (km/s)/Mpc; vgl. Abb. 6.18 mit $H_0 = 75$ (km/s)/Mpc. Für die heutige mittlere Dichte wurde $\varrho_0 = 0.5 \cdot 10^{-30}$ g cm^{-3} gewählt. Die kritische Dichte ist $\varrho_{c,0} = 3 H_0^2 / 8 \pi G = 18.8 \cdot 10^{-30}$ g cm^{-3}. Die Weltlinie des Horizonts entspricht einer heutigen Rotverschiebung $z = \infty$. Die zugehörige radiale Distanz ist $D_\chi(t) = R(t) \cdot \chi(z = \infty) = 82.4 \cdot 10^9$ Lichtjahre.

stimmt, wobei im Prinzip die absolute Helligkeit oder der wahre Durchmesser anderweitig bekannt sein sollte. Die so bestimmten Entfernungen liefern die metrische Distanz $D_r = R_0 \cdot r$. Sie spielt in der kosmologischen Beobachtung eine dominierende Rolle. Im Rahmen der Modelle wird im allgemeinen Fall die metrische Distanz durch numerische Integration aus Gl.(6.123) bzw. Gl.(6.125) berechnet, wobei wiederum gilt (Gl.(6.33)):

$$
r = \begin{cases} \sin\chi \\ \chi \\ \sinh\chi \end{cases} \text{für } k = \begin{cases} +1 \\ 0 \\ -1 \end{cases}
$$

Es gibt aber auch analytische Lösungen der Gl.(6.124). Sie wurden 1958 von Mattig für die $\Lambda = 0$-Modelle und 1971 von Kaufmann und Schücking für den allgemeinen Fall angegeben. Da letztere aber auf die Umkehrfunktion der Weierstrasschen $\wp$-Funktion zurückgreift, sind die numerischen Lösungen auf dem Computer wesentlich bequemer.

4. Die Mattig-Formeln für die Einstein-Friedmann-Modelle. Für die Einstein-Friedmann-Modelle ($\Lambda = 0$) hat erstmalig Mattig (1958) analytische Lösungen sowohl für die radiale Distanz $D_\chi = R_0 \cdot \chi$ als auch für die metrische Distanz $D_r = R_0 \cdot r$ gefunden. Die Mattig-Formeln folgen nach einigen Substitutionen aus dem Integral (6.124) nach Einsetzen von $\dot{x}$ aus der Einstein-Friedmann-Gleichung (6.53) für $\Lambda = 0$.

Wir verzichten hier auf die langwierigen Umformungen und geben die Ergebnisse in leicht veränderter Schreibweise gegenüber Mattigs Originalarbeit wieder. Die *radiale Distanz* ergibt sich zu

$$
D_\chi(z) = \begin{cases} \dfrac{c}{H_0}\sqrt{\dfrac{1}{2q_0-1}}\left\{\arccos\left(\dfrac{2q_0-1}{q_0(1+z)}-1\right) - \arccos\left(\dfrac{2q_0-1}{q_0}-1\right)\right\} \text{ für } k = +1 \\[2em] \dfrac{2c}{H_0}\left\{1 - \dfrac{1}{\sqrt{1+z}}\right\} \text{ für } k = 0 \\[2em] \dfrac{c}{H_0}\sqrt{\dfrac{1}{1-2q_0}}\left\{\operatorname{arcosh}\left(\dfrac{1-2q_0}{q_0}+1\right) - \operatorname{arcosh}\left(\dfrac{1-2q_0}{q_0(1+z)}+1\right)\right\} \text{ für } k = -1 \end{cases}
$$

(6.127)

mit $2q_0 = \Omega_0 = \dfrac{\varrho_{m,0}}{\varrho_{c,0}}$.

Die *metrische Distanz* geben wir sowohl in der von Mattig formulierten Schreibweise als auch in einer leicht umgeformten Version an, aus der sich der Grenzwert für $z \to \infty$ (Definition des Teilchenhorizontes) unmittelbar ablesen läßt. Die Formel gilt für $q_0 > 0$ bei beliebiger Krümmung:

$$
D_r(z) = \frac{c}{H_0 q_0^2(1+z)}\left\{q_0 z + (q_0-1)\left[\sqrt{1+2q_0 z}-1\right]\right\}
$$

$$
= \frac{c}{H_0 q_0}\left\{1 + \frac{1}{1+z}\left[\frac{q_0-1}{q_0}\sqrt{1+2q_0 z} - \frac{2q_0-1}{q_0}\right]\right\}.
$$

(6.128)

Aufgrund des endlichen Weltalters kann der Abstand zwischen zwei Punkten im Universum, die kausal miteinander verknüpft sind, nicht größer sein als der sogenannte *Teilchenhorizont* $D_r(z = \infty)$

$$D_r(z = \infty) = R_0 \cdot r(z = \infty) = \frac{c}{H_0 q_0}. \tag{6.129}$$

Die metrische Distanz für das leere Modell (Dichte $\varrho(t) = 0$; also auch $q(t) = 0$) erhält man nach Entwicklung der Wurzel in Gl. (6.127)

$$D_r(z) = R_0 \cdot r = \frac{c}{H_0} \frac{z(1 + z/2)}{1 + z} \quad \text{für } q_0 = 0. \tag{6.130}$$

In diesem leeren Universum gilt wegen $r(z) = \sinh \chi(z) = \frac{1}{2} \cdot (e^\chi - e^{-\chi})$ für $\chi(z)$ der einfache Ausdruck

$$\chi(z) = \ln(1 + z). \tag{6.131}$$

Die radiale Distanz im leeren Einstein-Friedmann-Modell ist daher

$$D_\chi(z) = R_0 \cdot \chi(z) = \frac{c}{H_0} \ln(1 + z). \tag{6.132}$$

Als Beispiel für die Anwendung der Mattig-Formeln in zwei typischen Modelluniversen geben wir hier die metrische Distanz an:

a) Im Einstein-Friedmann-Modell mit hyperbolischer Raummetrik und $q_0 = 1/20$ bzw. $\Omega_0 = 0.1$ ist

$$D_r(z) = \frac{20c}{H_0} \left\{ 1 - \frac{1}{1 + z} \left[19 \sqrt{1 + \frac{z}{10}} - 18 \right] \right\}. \tag{6.132a}$$

b) Im Einstein-Friedmann-Modell mit sphärischer Raummetrik und $q_0 = 1$ bzw. $\Omega_0 = 2$ ist

$$D_r(z) = \frac{c}{H_0} \left\{ 1 - \frac{1}{1 + z} \right\} = \frac{c}{H_0} \frac{z}{1 + z}. \tag{6.132b}$$

6.3.7 Klassifizierung kosmologischer Modelle

Wie in Abschn. 6.3.2 erläutert, können wir uns auf die Lösungen der Einsteinschen Gleichungen für einen großräumig homogenen und isotropen Kosmos beschränken, d. h. auf die Lösungen der Einstein-Friedmann-Gleichungen (6.41) und (6.42). Für die frühe Phase ($t < 10^6$ Jahre) eines mit einer Urknall-Singularität beginnenden Kosmos (Strahlungskosmos) ergibt sich das durch Gl. (6.68) beschriebene zeitliche Verhalten des Skalenfaktors $R(t)/R_0 \propto \sqrt{t}$, da es hier im allgemeinen völlig ausreichend ist, sich auf eine euklidische Raummetrik zu beschränken.

Die Probleme, die mit möglichen Phasenübergängen im ganz frühen Kosmos ($t < 10^{-32}$ s) (Inflationäres Szenario, Big Bounce) zusammenhängen, diskutieren wir in Abschn. 6.4. und 6.6.

Für den von (baryonischer) Materie dominierten Kosmos (Druck $p = 0$, $\varrho_s(t) \ll \varrho_m(t)$ für $t > 10^6$ Jahre) werden wir die Dichte der relativistischen Materie ϱ_s (Photonen, Neutrinos ($m_v = 0$)) vernachlässigen, da zumindest die Photonen für $t > 10^6$ Jahre keinen wesentlichen Einfluß mehr auf das Expansionsverhalten haben. Ihre Berücksichtigung bei der Berechnung des Weltalters würde eine Verkürzung des berechneten Weltalters von nur wenigen Promille bewirken.

Eine Lösung für $R(t)/R_0$, die unser Universum repräsentieren soll, muß an die beobachtbaren heutigen Randbedingungen angepaßt sein. Dafür bieten sich an:

1. Expansionsrate (Hubble-Zahl) $H_0 = \dot{R}(t_0)/R_0$.
2. Materiedichte $\varrho_{m,0}$ bzw. Dichteparameter $\Omega_{m,0}$
   (Das ist die baryonische Dichte sowie ein möglicher Anteil an massebehafteten Neutrinos oder „exotischer" Dunkelmaterie (Axions, Photinos, etc.). Die baryonische Dichte sollte die im Staub und Gas, in Neutronensternen, Braunen Zwergen und evtl. Schwarzen Löchern gespeicherte baryonische Materie mit berücksichtigen, wie es sich z.B. aus der primordialen Nukleosynthese unmittelbar ergibt.).
3. Kosmologische Konstante Λ bzw. $\lambda_0 = \varrho_\Lambda/\varrho_{c,0}$,
   abgeleitet z.B. aus Quasar-Spektren, aus Helligkeiten von Ia Supernovae oder der Analyse von Temperaturfluktuationen in der kosmischen Hintergrundstrahlung (s. Abschn. 6.3.9).
4. Weltalter t_0 (s. Tab. 6.1).

Es ergeben sich die folgenden *Lösungsklassen* für $R(t)/R_0$ als Funktion von H_0, $\varrho_{m,0}$ und Λ:

a) *Friedmann-Lemaître-Modelle* ($\Lambda \neq 0$). Sie beginnen bei der Friedmann-Zeit $t = 0$ mit $R(0) = 0$, $H(0) \to \infty$ und $\varrho(0) \to \infty$.
b) Als *Einstein-Friedmann-Modell* bezeichnen wir die Unterklasse mit $\Lambda = 0$ und den gleichen Anfangsbedingungen wie unter a).
c) Das *Einstein-de-Sitter-Modell* ist das Einstein-Friedmann-Modell mit euklidischer Metrik. Es hängt nur von H_0 ab.
d) *Eddington-Lemaître-Modelle* beginnen bei $t \to -\infty$ mit $R(t) \geq 0$, durchlaufen bei t_{min} ein Minimum R_{min} und erreichen danach die heutige Expansionsrate $H_0 = H(t_0)$. Im speziellen *Eddington-Modell* ist $t_{min} \to -\infty$. Diese Modelle können aus der heutigen Diskussion praktisch ausgeschlossen werden, da mit dem heutigen unteren Grenzwert der Materiedichte $\varrho_{m,0}(min) = 0.1 \cdot 10^{-30}$ g cm^{-3} die beobachtete maximale Quasar-Rotverschiebung $z_{max} \approx 5$ nicht realisiert werden kann (Blome und Priester 1991). (Die Eddington-Lemaître-Modelle dürfen nicht mit dem Big Bounce-Modell (s. Abschn. 6.6.1) verwechselt werden).

Für die Klassifizierung erweist es sich als zweckmäßig, die Normierungen Ω_0, λ_0 und ω_0 gemäß Gl. (6.59) bis (6.61) einzuführen. Dadurch können wir, wie in Abb. 6.21 dargestellt, die Modellklassen unabhängig von H_0 diskutieren. Für $t > 10^6$ Jahre werden wir $\omega_0 = 0$ setzen. Wir gehen weiterhin davon aus, daß der Druck im Materiekosmos vernachlässigt werden kann ($p = 0$).

In der $\lambda_0 - \Omega_0$-Ebene markiert je eine parallele Geradenschar die Bereiche für Ω_0^Λ und q. Der in Gl. (6.58) eingeführte totale Dichteparameter

$$\Omega_0^\Lambda = \frac{\varrho_{m,0} + \varrho_\Lambda}{\varrho_{c,0}} = \Omega_0 + \lambda_0$$

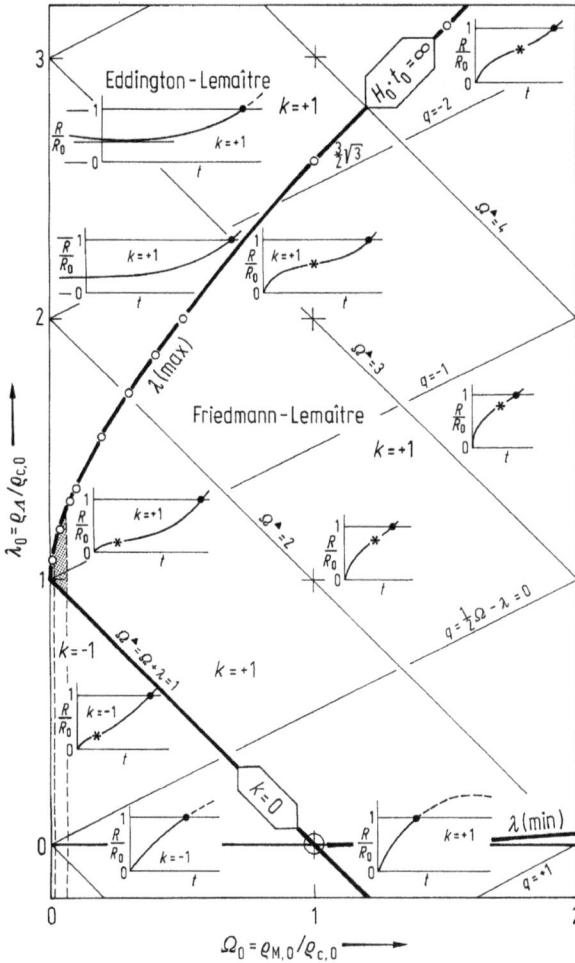

Abb. 6.21 Klassifizierung von kosmologischen Modellen nach dem heutigen Dichteparameter und dem normierten kosmologischen Term. Die λ(max)-Kurve begrenzt die Modelle, die mit einem Urknall ($R = 0$ bei $t = 0$) beginnen. Beobachtungsergebnisse (s. Abschn. 6.3.9) oder Modellannahmen grenzen verschiedene Regionen ein: Der gestrichelte Bereich links markiert die baryonische Dichte $0.01 < \Omega_0 < 0.06$. Das Big Bounce-Szenario (s. Abschn. 6.6.3) ist auf die Modelle in der gepunkteten Fläche (mit $k = +1$) begrenzt.

bestimmt die Raummetrik (> 1 sphärisch, $= 1$ euklidisch, < 1 hyperbolisch). Der Verzögerungsparameter q wurde in Gl. (6.77) eingeführt. Mit den normierten Größen gilt

$$q = -\frac{\ddot{R} \cdot R}{\dot{R}^2} = \frac{1}{2}\Omega - \lambda. \qquad (6.133)$$

Ferner ist (Gl. (6.57))

$$R_0 = \frac{c}{H_0}\sqrt{\frac{k}{\Omega_0^\Lambda - 1}}.$$

Wie man leicht sieht, läßt sich die Friedmann-Gleichung (6.41) mit Gl.(6.48) in folgender Form schreiben

$$\dot{R}^2(t) = \frac{8\pi G}{3}\varrho_{\mathrm{m},0} \cdot R_0^3 \frac{1}{R(t)} + \frac{\Lambda c^2}{3} R^2(t) - kc^2. \tag{6.134}$$

und mit den normierten Größen auf die normierte Form bringen

$$\frac{1}{H_0^2} \cdot \frac{\dot{R}^2(t)}{R^2(t)} = \lambda_0 + (1 - \Omega_0^\Lambda)\left(\frac{R_0}{R(t)}\right)^2 + \Omega_0\left(\frac{R_0}{R(t)}\right)^3. \tag{6.135}$$

Man vergleiche hierzu auch Gl.(6.72) und (6.73). Analog läßt sich Gl.(6.42) bzw. (6.46) umschreiben in

$$\ddot{R}(t) = -\frac{4\pi G}{3}\varrho_{\mathrm{m},0} \cdot R_0^3 \frac{1}{R^2(t)} + \frac{\Lambda c^2}{3} R(t) \tag{6.136}$$

und normieren auf

$$\frac{\ddot{R}(t)}{R_0} = -\frac{4\pi G}{3}\left\{\varrho_{\mathrm{m},0}\left(\frac{R_0}{R(t)}\right)^2 - 2\varrho_\Lambda \frac{R(t)}{R_0}\right\} \tag{6.137}$$

bzw.

$$\frac{1}{H_0^2}\frac{\ddot{R}(t)}{R_0} = -\frac{1}{2}\Omega_0\left(\frac{R_0}{R(t)}\right)^2 + \lambda_0 \frac{R(t)}{R_0}. \tag{6.138}$$

Für $\ddot{R}(t) = 0$ ergibt sich die Bedingung für den Wendepunkt (R_*, t_*), der die Friedmann-Lemaître-Modelle auszeichnet. Das sind diejenigen mit $\lambda_0 > 0$ für $\Omega_0 \leq 1$ und $\lambda_0 > \lambda(\mathrm{min})$ für $\Omega_0 > 1$. Wie Abb. 6.21 zeigt, ist $\lambda(\mathrm{min})$ eine Funktion von Ω_0. In den Modellen mit $0 < \lambda_0 < \lambda(\mathrm{min})$ überwiegt die Materie so stark, daß die Universen wieder kollabieren, bevor sich der Einfluß von Λ durchsetzen kann. In Modellen mit $\lambda_0 < 0$ wird die gravitative Abbremsung noch beschleunigt und damit das Weltalter weiter verringert. Aus heutiger Sicht muß daher die Unterklasse der *Friedmann-Lemaître-Modelle mit Wendepunkt* als die wichtigste für eine realistische Beschreibung des Universums angesehen werden. Für den Wendepunkt folgt mit Gl.(6.99)

$$\frac{R_*}{R_0} = \frac{1}{1 + z_*} = \sqrt[3]{\frac{\Omega_0}{2\lambda_0}}. \tag{6.139}$$

Bei Annäherung von λ_0 an $\lambda(\mathrm{max})$ wird die Phase gebremster Expansion um den Wendepunkt immer ausgeprägter und geht schließlich für $t \to \infty$ asymptotisch in eine Phase ruhender Expansion mit $\dot{R} = \ddot{R} = 0$ über. Diesen Grenzwert („Einstein-Limit") haben wir in Gl.(6.111) berechnet. Als Funktion der normierten Größen lautet er (für $\Omega_0 \leq 0.5$)

$$\lambda_0(\mathrm{max}) = 1 - \Omega_0 + \frac{3}{2}\sqrt[3]{\Omega_0^2(1 - \Omega_0 + \sqrt{1 - 2\Omega_0})} + \frac{3}{2}\sqrt[3]{\Omega_0^2(1 - \Omega_0 - \sqrt{1 - 2\Omega_0})}. \tag{6.140}$$

Man beachte, daß $\lambda_0 = 1 - \Omega_0$ den euklidischen Fall bezeichnet. Der Verlauf der Expansion $R(t)/R_0$ ist in Abb. 6.21 durch sechs eingefügte Skizzen gegeben mit den markierten Wendepunkten (vgl. auch Abb. 6.17).

Die Eddington-Lemaître-Modelle sind oben links durch zwei Skizzen markiert. Friedmann-Lemaître-Modelle mit $\Lambda < 0$ bzw. $\Lambda < \Lambda(\mathrm{min})$ enden alle im Kollaps („Big Crunch", „Schlußknall").

Der Verlauf der Einstein-Friedmann-Modelle mit $\Lambda \equiv 0$ führt für $\Omega_0 > 1$ ebenfalls zum Kollaps, wie bereits in Abschn. 6.3 ausführlich mit Formeln erläutert wurde. Die Einstein-Friedmann-Modelle sind in Abb. 6.21 durch zwei Skizzen für das offene Universum ($k = -1$) und für das kollabierende geschlossene Universum ($k = +1$) dargestellt (vgl. auch Abb. 6.11).

Das nach Gl. (6.140) in den statischen Grenzfall übergehende Modell ist nicht zu verwechseln mit *Einsteins statischem Kosmos* (1917). Einstein war von einem groß-räumig unveränderlichen Kosmos ausgegangen, wie es den damaligen Vorstellungen entsprach. Es war damals noch kontrovers, ob die Spiralnebel außerhalb unserer Galaxis selbständige Galaxien sind. Den Beweis dafür brachte erst Edwin Hubble 1924. Im Jahre 1929 fand dann Hubble, daß die Rotverschiebung der Spiralnebel proportional zu ihrer Entfernung ist. Aus Gl. (6.136) und (6.134) sieht man leicht, daß für $\ddot{R} = 0$, $\dot{R} = 0$ und $R = R_{\mathrm{E}} = \mathit{konstant}$ der Einstein-Wert für die kosmologische Konstante folgt:

$$\Lambda_{\mathrm{E}} = \frac{8\pi G}{c^2} \varrho_{\Lambda,\mathrm{E}} = \frac{4\pi G}{c^2} \varrho_{\mathrm{m,E}} \tag{6.141}$$

und der konstante Krümmungsradius:

$$R_{\mathrm{E}} = \frac{1}{\sqrt{\Lambda_{\mathrm{E}}}}. \tag{6.142}$$

Das Modell besitzt sphärische Metrik, ist definitionsgemäß statisch (also $H(t) \equiv 0$) und die Dichte (bzw. Λ) ist ein freier Parameter. Eddington zeigte zudem 1930, daß dieses statische Universum nicht stabil ist.

Da in vielen, hervorragenden Lehrbüchern der Kosmologie die Klassifizierung der Modelle in Abhängigkeit von Λ irreführend dargestellt ist, müssen wir kurz darauf eingehen. Zunächst bemerken wir, daß z. B. in der Kosmologie von Harrison (1983) (s. dort Abb. 5.13), Sexl und Urbantke (1987), Rindler (1986) (dort Gl. (9.81)) und Goenner (1994) (dort Typ M_1, Abb. 3.4) die zu den Friedmann-Lemaître-Modellen mit $k = +1$ und Wendepunkt gehörenden Λ-Werte als $\Lambda > \Lambda_{\mathrm{E}}$ angegeben werden, während es richtig $\Lambda < \Lambda_{\mathrm{E}}$ heißen müßte. Die Ursache hierfür geht zurück auf Friedmanns Arbeit aus dem Jahre 1922, in der er den geschlossenen Kosmos mit sphärischer Raummetrik behandelt. Da er keine heutigen Randbedingungen hatte (H_0 war noch nicht entdeckt!), war er genötigt, für seine Klassifizierung mit Λ als freiem Parameter als Zwangsbedingung einen für das Problem invarianten Masseparameter A einzuführen

$$A = \frac{8\pi G}{3} \varrho(t)\, R^3(t) = \frac{8\pi G}{3} \varrho_0\, R_0^3 = \frac{8\pi G}{3} \frac{\overline{M}}{2\pi^2}, \tag{6.143}$$

wobei $\overline{M} = 2\pi^2 \cdot \varrho_0\, R_0^3$ die Masse des geschlossenen Universums ist.

Dieser Konvention sind die meisten Kosmologen bis in die neueste Zeit gefolgt, obwohl heute beobachtbare Randbedingungen (z. B. H_0, $\varrho_{\mathrm{m,0}}$ oder Ω_0) für die Lösungsmannigfaltigkeit mit Λ als Parameter zur Verfügung stehen. Unter diesen

Voraussetzungen kann der Masseparameter nicht mehr als invariant eingeführt werden. Natürlich ist wegen der Masseerhaltung in jedem einzelnen Modell $A = kon$-*stant*, aber A ist eine Funktion von Λ, wie man leicht aus Gl. (6.57) erkennt:

$$R_0 = \frac{c}{H_0} \sqrt{\frac{k}{\dfrac{\varrho_\Lambda + \varrho_{m,0}}{\varrho_{c,0}} - 1}} = \frac{c}{H_0} \sqrt{\frac{k}{\Omega_{\Lambda,0} + \Omega_0 - 1}} \, . \qquad \text{s. (6.57)}$$

Hieraus erklären sich in einfacher Weise die oben erwähnten unrichtigen Angaben über Λ. Das betrifft in besonderem Maße die heute so wichtigen Friedmann-Lemaître-Modelle mit Wendepunkt.

6.3.8 Entwicklungsweg der kosmologischen Modelle

Die Parameter, deren heutige Werte gemäß 6.3.7 das kosmologische Modell festlegen, können in ihrer zeitlichen Entwicklung weite Bereiche durchlaufen. In ihrer zeitabhängigen Form sind $\Omega(t)$, $\omega(t)$, $\lambda(t)$ und $\varrho_c(t)$ unter Berücksichtigung der Erhaltungssätze (6.48) und (6.49) und unter Verwendung des normierten Skalenfaktors $x(t) = R(t)/R_0$ hier zusammengestellt:

$$\varrho_c(t) = \frac{3 H^2(t)}{8 \pi G} \, , \tag{6.144}$$

$$\Omega(t) = \frac{\varrho_m(t)}{\varrho_c(t)} = \Omega_0 \frac{\varrho_m(t)}{\varrho_c(t)} \frac{\varrho_{c,0}}{\varrho_{m,0}} = \Omega_0 \frac{\varrho_{c,0}}{\varrho_c(t)} \cdot \frac{1}{x^3} \, , \tag{6.145}$$

$$\omega(t) = \frac{\varrho_s(t)}{\varrho_c(t)} = \omega_0 \frac{\varrho_s(t)}{\varrho_c(t)} \frac{\varrho_{c,0}}{\varrho_{s,0}} = \omega_0 \frac{\varrho_{c,0}}{\varrho_c(t)} \cdot \frac{1}{x^4} \, , \tag{6.146}$$

$$\lambda(t) = \frac{\varrho_\Lambda}{\varrho_c(t)} = \lambda_0 \frac{\varrho_\Lambda}{\varrho_c(t)} \frac{\varrho_{c,0}}{\varrho_\Lambda} = \lambda_0 \frac{\varrho_{c,0}}{\varrho_c(t)} \, . \tag{6.147}$$

Besonders einfach läßt sich die Entwicklung darstellen, wenn man nicht die Abhängigkeit von der Friedmann-Zeit t, sondern vom normierten Skalenfaktor x betrachtet. (Wir erinnern daran, daß x in einfacher Weise mit der heute beobachteten Rotverschiebung z zusammenhängt: $1 + z = 1/x$.)

Wie man leicht sieht, läßt sich die normierte Friedmann-Gleichung (6.135) unter Verwendung von Gl. (6.58) und (6.59) wie folgt schreiben

$$\frac{1}{H_0^2} \cdot \left(\frac{\dot{R}(t)}{R(t)} \right)^2 = \frac{\varrho_c(t)}{\varrho_{c,0}} = \lambda_0 + (1 - \Omega_0^\Lambda) \frac{1}{x^2} + \Omega_0 \frac{1}{x^3} \tag{6.148}$$

bzw.

$$\frac{H^2(z)}{H_0^2} = \frac{\varrho_c(z)}{\varrho_{c,0}} = \lambda_0 + (1 - \Omega_0^\Lambda) \cdot (1 + z)^2 + \Omega_0 (1 + z)^3 \, . \tag{6.149}$$

Setzen wir Gl. (6.148) in die Gleichungen (6.145), (6.146) und (6.147) ein, erhalten wir die Entwicklung des Kosmos in Abhängigkeit vom normierten Skalenfaktor x

$$\Omega(x) = \frac{\Omega_0}{x^3 \left\{ \lambda_0 + (1 - \Omega_0^\Lambda) \dfrac{1}{x^2} + \Omega_0 \dfrac{1}{x^3} \right\}}, \qquad (6.150)$$

$$\omega(x) = \frac{\omega_0}{x^4 \left\{ \lambda_0 + (1 - \Omega_0^\Lambda) \dfrac{1}{x^2} + \Omega_0 \dfrac{1}{x^3} \right\}}, \qquad (6.151)$$

$$\lambda(x) = \frac{\lambda_0}{\left\{ \lambda_0 + (1 - \Omega_0^\Lambda) \dfrac{1}{x^2} + \Omega_0 \dfrac{1}{x^3} \right\}}. \qquad (6.152)$$

In diesen Gleichungen taucht der gleiche Klammerausdruck ($= \varrho_{c,0}/\varrho_c(t)$) auf, der zweckmäßig nur einmal, in Gl. (6.152), berechnet wird. Die beiden anderen Dichteparameter ergeben sich damit zu

$$\Omega(x) = \frac{\Omega_0}{\lambda_0} \frac{\lambda(x)}{x^3} \qquad (6.153)$$

und

$$\omega(x) = \frac{\omega_0}{\lambda_0} \frac{\lambda(x)}{x^4}. \qquad (6.154)$$

Da $\omega(x)$ nur für $t < 10^6$ Jahre bzw. $x < 10^{-3}$ wesentlich ist, vernachlässigen wir diesen Term auch hier für die Darstellung der langfristigen Entwicklung des Kosmos.

In Abb. 6.22 haben wir $\lambda(x)$ und $\Omega(x)$ dargestellt für Friedmann-Lemaître-Modelle mit $\lambda_0 > 0$ und $\Omega_0 = 0.02$. Alle Friedmann-Lemaître-Modelle beginnen für $x = 0$ mit $(\Omega; \lambda) = (1; 0)$. Alle Friedmann-Lemaître-Modelle mit $\Lambda > 0$ enden für $x \to \infty$ auf der Ordinatenachse $(\Omega; \lambda) = (0; 1)$. Für $x = 1$ haben wir $(\Omega; \lambda) = (\Omega_0; \lambda_0)$. Friedmann-Lemaître-Modelle mit $\Lambda > 0$ mit euklidischer Raummetrik entwickeln sich auf der Diagonallinie von $(1; 0)$ nach $(0; 1)$. Modelle mit sphärischer Metrik entwickeln sich oberhalb dieser Linie, Modelle mit hyperbolischer Metrik sind auf den Dreiecksbereich unterhalb der Diagonallinie beschränkt. Die Einstein-Friedmann-Modelle mit $\Lambda \equiv 0$ entwickeln sich nur entlang der Abszissenachse. Bei hyperbolischer Metrik enden sie bei $(0; 0)$. Bei sphärischer Metrik kehren sie im Kollaps nach $(1; 0)$ zurück. Letzteres gilt auch für alle Friedmann-Lemaître-Modelle mit $\Lambda < 0$ und mit $\Lambda < \Lambda$ (min), wenn $\Omega_0 > 1$ ist (s. Abb. 6.22).

Wegen der großen Bedeutung der Friedmann-Lemaître-Modelle mit Wendepunkt geben wir in Abb. 6.23 und 6.24 Entwicklungswege für solche Modelle an sowie den Verlauf des Skalenfaktors $R(t)/R_0$. Besondere Beachtung verdient dabei das Modell mit einem Weltalter von $t_0 \approx 30 \cdot 10^9$ Jahren. Hier ist im Zeitbereich von 5 bis $15 \cdot 10^9$ Jahren der Dichteparameter $\Omega(t) \approx 4$. Der Zeitbereich entspricht dem normierten Skalenfaktor $x = 0.15$ bis $x = 0.2$ bzw. den Rotverschiebungen $z = 6$ bis $z = 4$. Es ist leicht einzusehen, daß der große Wert des Dichteparameters von

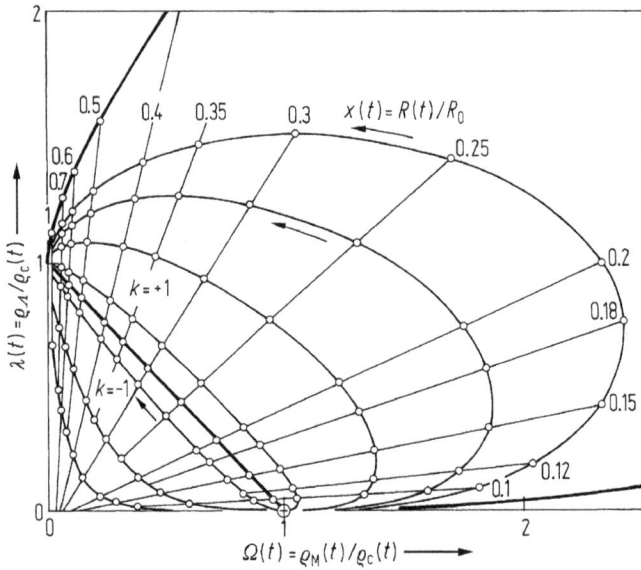

Abb. 6.22 Entwicklungsdiagramm der Friedmann-Lemaître-Modelle mit $\Lambda > 0$. Dargestellt ist die Relation zwischen dem Dichteparameter $\Omega(t)$ und dem kosmologischen Term $\lambda(t)$ als Funktion von $x(t) = R(t)/R_0$.

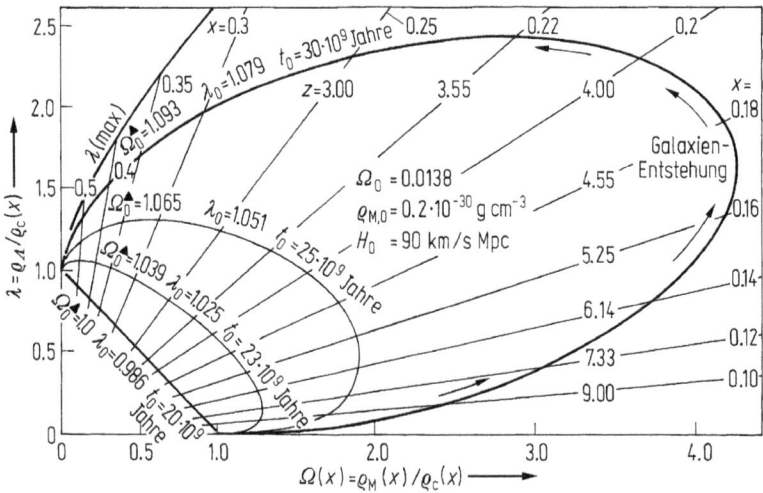

Abb. 6.23 Entwicklung von ausgewählten Friedmann-Lemaître-Modellen mit den Weltaltern 20, 23, 25 und 30 Milliarden Jahre als Funktion von $x = R(t)/R_0$ bzw. der zugehörigen Rotverschiebung z.

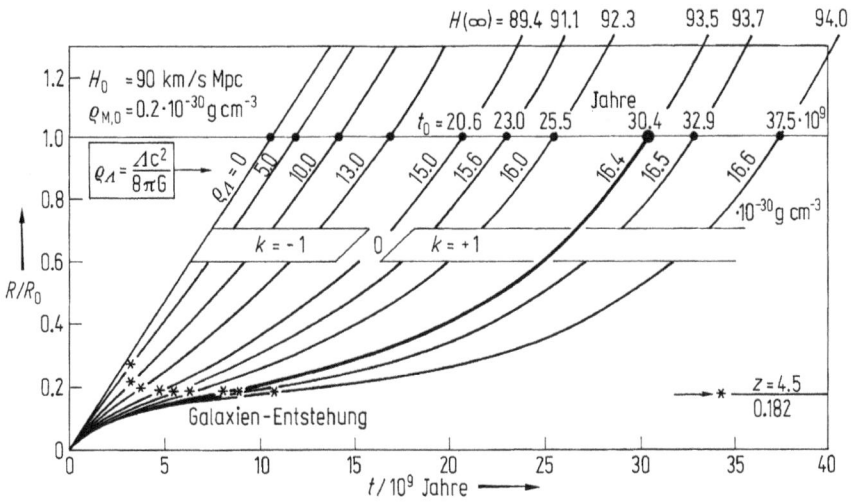

Abb. 6.24 Der kosmische Skalenfaktor $R(t)/R_0$ als Funktion der Zeit für ausgewählte Friedmann-Lemaître-Modelle mit $\Lambda \geq 0$, darunter die vier Modelle mit den Weltaltern 20, 23, 25 und 30 Milliarden Jahre, deren Entwicklungsweg in Abb. 6.23 aufgezeichnet ist. Sterne markieren den Wendepunkt im Graphen. Diese Modelle sind mit $H_0 = 90$ (km/s)/Mpc, $\varrho_{m,0} = 0.2 \cdot 10^{-30}\,\mathrm{g\,cm^{-3}}$ und $\varrho_{s,0} = 0.47 \cdot 10^{-33}\,\mathrm{g\,cm^{-3}}$ gerechnet. Für $t \to \infty$ folgt $\Lambda c^2 = 3 \cdot H_\infty^2$.

vitaler Bedeutung für die Entstehung von Galaxien aus Dichtefluktuationen im entsprechenden Zeitbereich ist. Man erkennt auch, daß für Friedmann-Lemaître-Modelle mit euklidischer Metrik $\Omega(t) < 1.0$ bleibt. Daher wird verständlich, daß bei diesen Modellen die Galaxienentstehung nicht durch einfache Dichtefluktuationen der baryonischen Dichte erklärbar ist.

6.3.9 Kosmologische Tests

Wie wir in den vorherigen Abschnitten gesehen haben, ist der Verlauf des kosmischen Skalenfaktors $R(t)$ determiniert durch die Angabe des Hubble-Parameters H_0, der mittleren Materiedichte $\varrho_{m,0}$ (bzw. des Dichteparameters Ω_0) und der Λ-äquivalenten Dichte. Andere kosmologische Größen (z. B. die heutige Raumkrümmung K_0 (Gl. (6.34), das Weltalter t_0 (Gl. 6.63) oder der Verzögerungsparameter q_0 (Gl. 6.77)) lassen sich direkt aus diesen ableiten. Um die möglichen Werte, die diese Parameter annehmen können, einzugrenzen, muß eine Beziehung zu den beobachtbaren Größen gefunden werden. Beobachtet werden zum Beispiel die scheinbare Helligkeit m von Objekten und ihr Winkeldurchmesser α als Funktion der Rotverschiebung z oder die Anzahl n von Objekten pro Raumwinkel. Diese klassischen Beobachtungsrelationen wurden bereits 1961 von Sandage im Hinblick auf Beobachtungen mit dem 200-inch Hale-Teleskop formuliert. Die Problematik bei solchen Untersuchungen liegt darin, die Entwicklung der Objekte von der Entwicklung der expandierenden Raumzeit zu trennen. Jeder Blick ins Universum ist schließlich auch ein Blick in die Vergangenheit. Wir sehen entfernte Galaxien und Quasare, wie sie vor

Milliarden von Jahren ausgesehen haben. Seitdem sind Generationen von Sternen vergangen, Galaxien sind miteinander verschmolzen. Aber nicht nur diese Objekte selbst, sondern eben auch die Werte der oben genannten kosmologischen Parameter waren, wie wir in Abschn. 6.3.7 gesehen haben, zum Teil völlig verschieden von ihren heutigen Werten. Die Meßgröße, aus der wir die räumlichen und zeitlichen Abstände ableiten, ist die Rotverschiebung z.

6.3.9.1 Die $m(z)$-Relation (Helligkeit – Rotverschiebung)

Die klassische Beobachtungsrelation, aufgrund derer schon Hubble sein berühmtes Expansionsgesetz Gl. (6.4) gefunden hatte, ist die Beziehung zwischen scheinbarer Helligkeit m, absoluter Helligkeit M und Rotverschiebung z:

$$m_{bol} = 5 \cdot \lg D_L(z) + M - 5 \,. \tag{6.155}$$

Hier ist $D_L(z)$ die photometrische Distanz

$$D_L = \sqrt{\frac{L}{4\pi \cdot S}} = R_0 \cdot r \cdot (1 + z) \tag{6.156}$$

L = Leuchtkraft,
S = Strahlungsstrom.

Durch Einsetzen der metrischen Distanz $R_0 \cdot r$ aus Abschn. 6.3.6 erhält man die Abhängigkeit von den kosmologischen Parametern. Der lineare Teil für kleine Rotverschiebungen ergibt die Hubble-Beziehung, für größere Rotverschiebungen wird die Analyse komplexer, wie Abb. 6.25 (nach Chu et al. 1988) zeigt. Der Vergleich

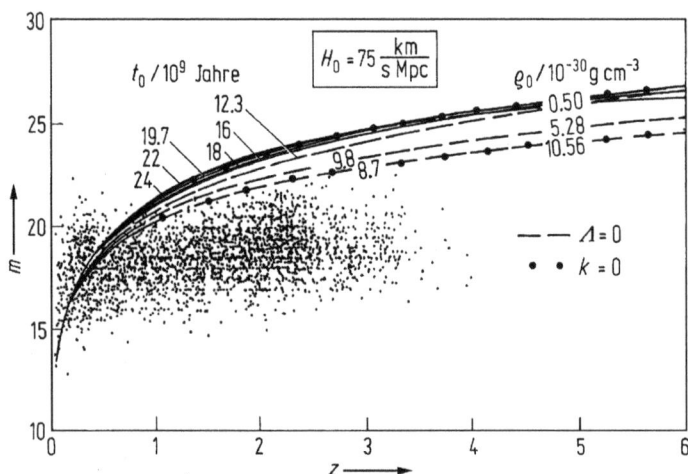

Abb. 6.25 Beziehung zwischen scheinbarer, bolometrischer Helligkeit m und beobachteter Rotverschiebung z für Objekte mit gleicher Leuchtkraft. Da die Leuchtkraft im allgemeinen nicht bekannt ist, sind die Kurven nur bis auf eine additive Konstante festgelegt. Die Datenpunkte stellen die Quasardaten aus dem Katalog von Hewitt und Burbidge (1987) dar, die Linien repräsentieren die verschiedenen kosmologischen Modelle (nach Chu et al. 1988).

mit beobachteten Daten demonstriert, wie stark die Auswertung von Korrektur-
termen abhängt. Berücksichtigt werden muß:

1. Die $m(z)$-Relation gilt für Objekte gleicher Leuchtkraft. Da diese im allgemeinen
   nicht bekannt ist, wird durch Gl. (6.155) die scheinbare Helligkeit nur bis auf
   eine additive Konstante festgelegt. Außerdem machen selbst gleiche kosmologische Objekte eine Entwicklung durch, so daß die Leuchtkraft eine Funktion der
   Zeit und damit auch der Rotverschiebung z wird. So ist z. B. für Quasare, die
   die größten, heute beobachteten Rotverschiebungen aufweisen, ohne Kenntnis
   der Leuchtkraftentwicklung $L(z)$ keine wesentliche Einschränkung der kosmologischen Modelle möglich.
2. Die $m(z)$-Relation (6.155) ist für scheinbare bolometrische Helligkeiten formuliert. In der Praxis wird aber nur in einem kleinen Wellenlängenbereich gemessen.
   Die Strahlung, die bei einer festen Wellenlänge emittiert wurde, ist aber durch
   die Rotverschiebung in einen anderen Wellenlängenbereich verschoben worden,
   so daß ein zusätzlicher, z-abhängiger Korrekturterm, die sogenannte K-Korrek-
   tur, nötig wird. Die wellenlängenabhängige Extinktion des Lichtes, die kosmologische Verlängerung der Zeitskala um $1 + z$, der Einfluß von Gravitationslinsen
   und Auswahlkriterien für die untersuchten Objekte sind weitere Effekte, die bei
   der Analyse der Daten korrigiert werden müssen.

In 1998/99 veröffentlichten zwei unabhängige Gruppen ihre Auswertungen, die auf
Beobachtungen von Ia Supernovae in anderen Galaxien beruhen. Sie basieren auf
der begründeten Annahme, daß die intrinsische Leuchtkraft dieser Supernovae aus
den Lichtkurven berechnet werden kann und unabhängig von der Rotverschiebung
ist. Damit lassen sie sich als „Standardkerzen" verwenden, aus denen sich gemäß
Gl. (6.155) nach Berechnung der absoluten Helligkeit, Messung der scheinbaren
Helligkeit und Anbringen der oben angesprochenen Korrekturen ihre Entfernungen
und damit auch kosmologische Parameter ableiten lassen. Beide Gruppen, die „Supernova Cosmology Project Collaboration" und das „High-Z Supernova Search
Team" schlossen aufgrund ihrer Messungen ein $\Lambda = 0$-Universum mit hoher Wahrscheinlichkeit aus. Die Supernova Cosmology Project Collaboration (Perlmutter et
al. 1999) hatte 42 Supernovae mit Rotverschiebungen zwischen 0.18 und 0.83 untersucht. Die vom „High-Z Supernova Search Team" veröffentlichten Ergebnisse
(Riess et al. 1998) beruhen ebenfalls auf Supernova-Beobachtungen mit Rotverschiebungen kleiner als Eins. Diese Untersuchungen der beiden Gruppen waren praktisch
der Durchbruch für die allgemeine Anerkennung einer nichtverschwindenden kosmologischen Konstante.

Allerdings weisen die Resultate noch relativ große Fehlerbereiche auf. Mit zusätzlichen Annahmen, z. B. $\Omega_M + \Omega_\Lambda \equiv 1$ (vgl. Abschn. 6.5.5 zur euklidischen Struk-
tur/Vorhersage der Inflation), wurden die Ergebnisse eingeschränkt, weitere Einschränkungen erfordern, wie auch von den Autoren diagnostiziert wird, Verbesserungen der Methode bezüglich der systematischen Fehler. So kann derzeit nicht
ausgeschlossen werden, daß Evolutionseffekte doch zu berücksichtigen sind (Drell
et al. 2000).

6.3.9.2 Die a-(z)-Relation (Winkeldurchmesser – Rotverschiebung)

Ein kosmisches Objekt, z. B. eine ausgedehnte Radiogalaxie oder einen Galaxienhaufen mit wahrem Durchmesser d, sehen wir unter dem Winkel α

$$\alpha = \frac{d}{R(t_E) \cdot r} = \frac{d \cdot (1 + z)}{R_0 \cdot r} \, . \tag{6.157}$$

Nach Einsetzen von $R_0 \cdot r$ für verschiedene kosmologische Modelle lassen sich beobachtbare Winkeldurchmesser mit den berechneten vergleichen. Es treten aber ähnliche Probleme wie bei der $m(z)$-Relation auf:

Der wahre Durchmesser ist im allgemeinen nicht bekannt, so daß lg $\alpha(z)$ für
Objekte gleicher Größe auch nur bis auf eine additive Konstante berechnet werden
kann (Abb. 6.26, Chu et al. 1988). Außerdem muß, analog zur Leuchtkraftentwicklung, eine Änderung der Durchmesser während der kosmischen Evolution berücksichtigt werden. Und selbst die Bestimmung des Winkeldurchmessers aus der Beobachtung ist oft nicht zweifelsfrei möglich.

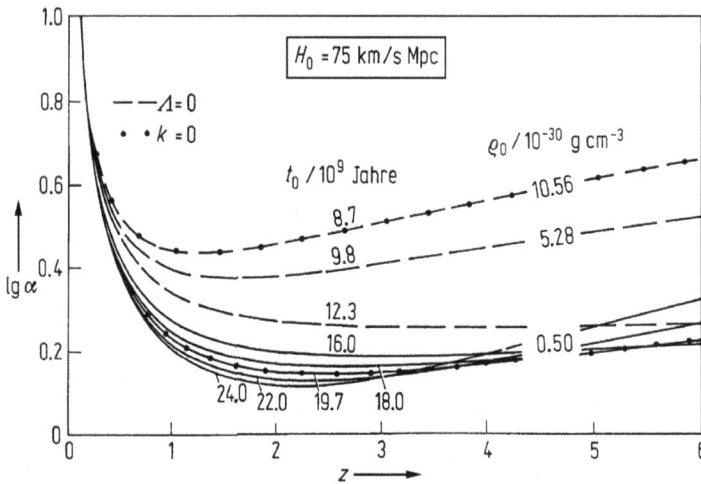

Abb. 6.26 Winkeldurchmesser α als Funktion der Rotverschiebung z in verschiedenen kosmologischen Modellen. Da man den wahren Durchmesser kosmologischer Objekte im allgemeinen nicht kennt, ist lg α nur bis auf eine additive Konstante festgelegt (nach Chu et al. 1988).

Auch für diese Art von Analyse versucht man daher Objekte zu finden, deren
Winkeldurchmesser zumindest im betrachteten Rotverschiebungsintervall mehr
oder weniger evolutionsfrei ist. Kellermann (1993) untersuchte kompakte Radioquellen, die mit Quasaren identifiziert werden, bis etwa $z = 3$. Seine Daten zeigen
die Abflachung der $\alpha(z)$-Kurve, zwischen $0.5 < z < 3$ ist der Durchmesser fast unabhängig von der Rotverschiebung. Die Analyse, die er allerdings auf Modelle mit
$\Lambda = 0$ beschränkte, ist konsistent mit einem Einstein-de Sitter Universum mit
$q_0 = 0.5$, echte Einschränkungen der kosmologischen Parameter werden nicht abgeleitet. Kayser bestätigte 1995, daß sich aus diesem Datensatz der zulässige Bereich
in der (Ω_0, λ_0)-Ebene nicht signifikant einschränken läßt. Auch die Auswertung eines

erweiterten Datensatzes aus 330 VLBI-Quellen zeigte lediglich, daß die Steigung der Kurve „mehr charakteristisch ist für Modelle mit $\Omega < 1$ und Werte von $\Lambda \neq 0$ erlaubt" (Gurvits, Kellermann und Frey 1999).

Die Möglichkeit, eine „Standardlänge" anzugeben, ohne daß dabei Evolutionsmodelle einzelner Objekte eingehen, bietet der thermische *Sunyaev-Zel'dovich-Effekt* (Für einen Überblick siehe Birkinshaw 1999). Er ermöglicht die Berechnung des wahren Durchmessers von Galaxienhaufen, der dann mit dem beobachteten Winkeldurchmesser verglichen werden kann. Diese Methode beruht auf der inversen Compton-Streuung der Photonen der Hintergrundstrahlung an den Elektronen des heißen Gases, das das Gravitationspotential der Galaxienhaufen ausfüllt. Das ursprüngliche Planck-Spektrum wird dadurch verändert, Photonen bei Wellenlängen größer als etwa 1.4 mm werden zu kürzeren Wellenlängen hin verschoben. Die Abnahme der Intensität im Rayleigh-Jeans-Teil des Spektrums ist

$$\frac{\Delta I_\nu}{I_\nu} \approx n_e \cdot d \cdot f_1(T_e)\,, \tag{6.158}$$

wobei n_e die Elektronendichte, d die Weglänge durch das streuende Medium und $f_1(T_e)$ eine berechenbare Funktion der Elektronentemperatur ist. Die Amplitude hängt nur von den physikalischen Eigenschaften des Galaxienhaufens ab, sie ist unabhängig von dessen Entfernung. Diese Messungen lassen sich nun mit Beobachtungen im Röntgenbereich kombinieren. Der Röntgenfluß ist proportional zu

$$S_X \approx n_e^2 \cdot d \cdot f_2(T_e)\,, \tag{6.159}$$

außerdem läßt sich aus den Röntgenspektren die Elektronentemperatur T_e bestimmen. Die zwei unbekannten Größen, die Elektronendichte n_e und die Weglänge d, lassen sich mit diesen zwei Gleichungen berechnen. Bei sphärischer Symmetrie des Galaxienhaufens kann die Weglänge mit der Ausdehnung am Himmel gleichgesetzt werden.

Die Methode ist derzeit noch zu ungenau, um damit die kosmologischen Parameter auf einen kleinen Bereich einzuschränken. In der Vergangenheit wurden Zahlenwerte für den Hubble-Parameter abgeleitet, allerdings unter zusätzlichen Annahmen, häufig $q_0 = 0.5$ und $\Lambda = 0$. Die Auswertung erfordert eine kritische Analyse bezüglich der sphärischen Symmetrie und bezüglich Pekuliargeschwindigkeiten der Galaxienhaufen (kinetischer Sunyaev-Zel'dovich-Effekt). Inzwischen wird der Sunyaev-Zel'dovich-Effekt nicht nur im Rayleigh-Jeans-Teil, sondern auch im Wien-Teil des Spektrums gemessen, wo die Intensitätserhöhung auftritt. Auch die Röntgenparameter lassen sich mit den 1999 gestarteten Röntgensatelliten Chandra und XMM genauer bestimmen als vorher. Für die nahe Zukunft kann man daher von dieser Methode deutlich aussagekräftigere Resultate erwarten.

6.3.9.3 Zählungen

Das Volumen einer Kugel im gekrümmten Raum ist bei positiver (negativer) Krümmung größer (kleiner) als im euklidischen Raum (s. Gl. (6.35)). Aufgrund dieser Eigenschaft lassen sich aus Zählungen von (gleichmäßig verteilten) kosmischen Objekten Aussagen über die Struktur des Universums gewinnen. Gezählt werden Objekte pro Raumwinkel $d\Omega$, die heller als eine scheinbare, vorgegebene Helligkeit sind, oder deren Rotverschiebung auf ein bestimmtes Intervall begrenzt ist.

Man betrachtet die Anzahldichte n der Objekte im Entfernungsintervall χ bis $\chi + d\chi$:

$$dn = n_0 R_0^3 r^2 d\chi \cdot d\Omega , \tag{6.160}$$

wobei n_0 die Anzahldichte der Objekte im mitbewegten Koordinatensystem ist. Mit der Substitution

$$d\chi = \frac{c}{R_0}\left[(1+z)\frac{\dot{R}}{R_0}\right]^{-1} dz \tag{6.161}$$

erhält man die Anzahl von Objekten im Rotverschiebungsintervall von z bis $z + dz$:

$$dn = cn_0 (R_0 r)^2 \left[(1+z)\frac{\dot{R}}{R_0}\right]^{-1} dz \cdot d\Omega . \tag{6.162}$$

Mit dieser Gleichung ist noch nicht berücksichtigt, daß in der Praxis nur die Objekte beobachtet werden, deren scheinbare Helligkeit eine durch das Beobachtungsinstrument vorgegebene Grenze überschreitet. Um diesen Effekt angemessen zu berücksichtigen, wäre wieder die Kenntnis der Leuchtkraftentwicklung während der kosmischen Evolution vonnöten. Analysen von Galaxienzählungen (z. B. Shanks et al. 1984) bestätigen dieses.

6.3.9.4 Analyse des Lyα-forest in Quasar-Spektren

Durch das Licht der Quasare erhalten die Astrophysiker nicht nur Informationen über die Vorgänge in diesen Objekten, sondern auch Hinweise über die Verteilung der Materie entlang des Sehstrahles. Materie entlang dieser Sichtlinie macht sich durch Absorptionslinien im Spektrum bemerkbar. Es ist insbesondere der Wasserstoff, der durch seine Absorptionslinien auf sich aufmerksam macht, von denen die kräftigste die ultraviolette Lyman-α-(Lyα)-Linie mit einer Laborwellenlänge von 1216 Å ist. Da man gewöhnlich eine große Zahl von Lyα-Linien in einem Spektrum beobachtet, spricht man vom *Lyα-Wald* („*Lyα-forest*"). Offenbar durchquert der Sehstrahl auf seinem Weg zu uns eine große Anzahl von Wasserstoffwolken, die je eine Absorptionslinie im Spektrum erzeugen. Wegen der unterschiedlichen Entfernungen dieser Wolken zur Erde sind die zugehörigen Absorptionslinien durch die kosmische Expansion verschieden weit nach Rot verschoben. Die Rotverschiebung z einer Absorptionslinie ist das Maß für die Entfernung der Wolke, die diese Linie erzeugt. Da die Wolken zwischen uns und dem Quasar liegen, ist ihre Rotverschiebung immer geringer als die Rotverschiebung des Quasars selbst. Daher befindet sich der Lyα-Wald der Absorptionslinien auf der „blauen" Seite der Emissionslinie, die aus der heißen Gaswolke in der näheren Umgebung des Quasars stammt.

Für die Analyse des Lyα-Waldes gibt es zwei Methoden, die sich durch die angenommene räumliche Anordnung der Wolken unterscheiden (Hoell und Priester 1991(b); Hoell, Liebscher und Priester 1994; Liebscher, Priester und Hoell 1992(a) und 1992(b); van de Bruck 1995). Wir wollen hier beide besprechen: (a) das Blasenwall-Modell, und (b) das Wolkenmodell.

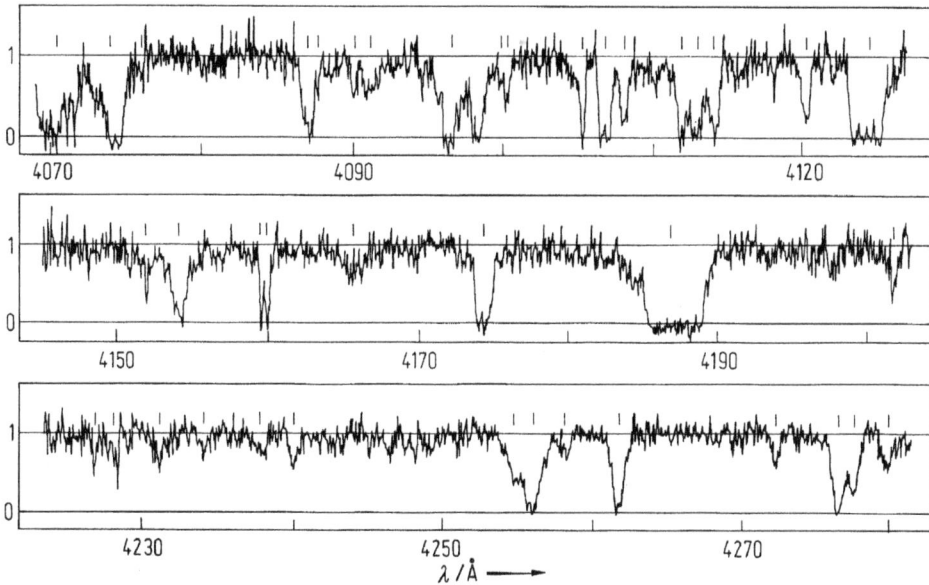

Abb. 6.27 Ein kurzer Ausschnitt aus dem Spektrum des Quasars QSO 2206-199 mit $z_{em} = 2.56$ mit zahlreichen, optisch dicken Ly α-Absorptionslinien (Å = Angström) (nach Pettini et al. 1990).

Das *Blasenwall-Modell* geht von einer Blasenstruktur des Universums aus, wie wir sie in Abschn. 6.2.6 beschrieben haben. Das Modell basiert auf der Voraussetzung, daß diese Blasenstruktur nicht nur ein Kuriosum unserer kosmischen Nachbarschaft, sondern ein universelles Phänomen ist, das mit dem Hubble-Fluß expandiert. Entsprechend entstehen die Absorptionslinien immer dann, wenn das vom Quasar ausgesandte Licht durch einen Blasenwall läuft und dabei auf Wasserstoffatome trifft. Je nach Entfernung des Walls wird diese Linie bei einer anderen Rotverschiebung beobachtet. Diese Grundannahme des Blasenwall-Modells impliziert, daß die Blasenstruktur schon sehr früh ($z \geq 5$) entstanden sein muß.

Das *Wolken-Modell* geht von einer homogenen Verteilung von Wasserstoffwolken aus, deren Absorptionsquerschnitt im Bereich $1.6 \leq z \leq 4.4$ konstant sein soll. Der Absorptionsquerschnitt ist ein Maß für die Größe und Wasserstoffdichte der Wolke.

Es hat sich herausgestellt, daß mit beiden Analyse-Verfahren die beobachteten Linienzahlen des Lyα-Waldes von bis zu 50 Quasaren mit dem gleichen kosmologischen Modell (ein Friedmann-Lemaître-Modell mit positiver kosmologischer Konstante) verstanden werden können, ohne daß wesentliche Entwicklungseffekte in den Zustandsgrößen der Wolken postuliert werden müssen. Das verwendete Verfahren wird als *Friedmann-Regressionsanalyse* bezeichnet.

Für die Analyse im *Blasenwall-Modell* schreiben wir die Friedmann-Gleichung in der Form:

$$H^2(z) = H_0^2 \left[\lambda_0 + (1 - \Omega_0 - \lambda_0)(1 + z)^2 + \Omega_0 (1 + z)^3 \right] \tag{6.163}$$

(vgl. Gl. (6.135)). Aus $z = (R_0/R(t)) - 1$ folgt

$$dz = -\frac{R_0 \cdot \dot{R}(t)}{R^2(t)}\,dt = -\frac{R_0}{R(t)}\,H(t)\,dt = \frac{R_0}{c}\,H(z)\,d\chi\,. \tag{6.164}$$

Demnach sind die typischen Abstände Δz der Lyα-Linien proportional zu $H(z)$ und Gl. (6.163) läßt sich schreiben als

$$(\Delta z)^2 = (\Delta\chi)^2\,\frac{R_0^2 H_0^2}{c^2}\,[\lambda_0 + (1 - \Omega_0 - \lambda_0)(1 + z)^2 + \Omega_0(1 + z)^3] \tag{6.165}$$

oder

$$(\Delta z)^2 = a_0 + a_2(1 + z)^2 + a_3(1 + z)^3\,. \tag{6.166}$$

Das wesentliche dieser Form ist das Fehlen des linearen Terms ($a_1 \equiv 0$), da Gl. (6.163) keine lineare Abhängigkeit von z enthält. Dadurch wird das Ergebnis sehr robust gegenüber der Streuung in den beobachteten Δz-Werten. Aus der Regressionsanalyse gewinnt man die Koeffizienten a_i und daraus die numerischen Werte für Ω_0 und λ_0:

$$\Omega_0 = \frac{a_3}{a_0 + a_2 + a_3} \tag{6.167}$$

und

$$\lambda_0 = \frac{a_0}{a_0 + a_2 + a_3}\,. \tag{6.168}$$

Sie ergeben sich zu $\Omega_0 = 0.014 \pm 0.002$ und $\lambda_0 = 1.080 \pm 0.006$.

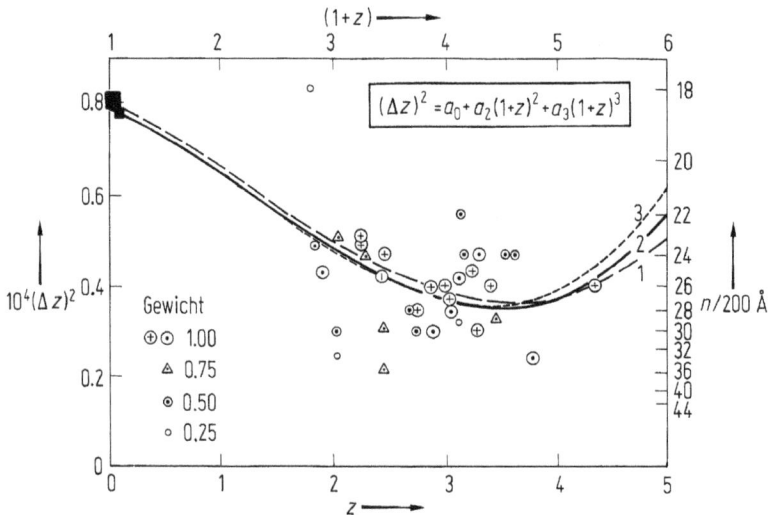

Abb. 6.28 Friedmann-Regressionsanalyse von „Ly α-forest"-Linien von 21 Quasaren. Die typischen Linienabstände in der Rotverschiebung $\Delta z = \Delta\lambda/1216$ Å sind als $10^4(\Delta z)^2$ gegenüber den entsprechenden Rotverschiebungen z der Absorptionslinien aufgetragen.

Mit Annahmen über die Materiedichte lassen sich weitere Parameter bestimmen. Die Expansionsrate H_0 ergibt sich aus dem Vergleich von Ω_0 mit der baryonischen Materiedichte, die aus der Theorie der primordialen Nukleosynthese abgeleitet wurde und einen Wert für $\Omega_0 \cdot h^2$ liefert. Hier wird also kein Anteil von nichtbaryonischer Materie angenommen, bzw., wie das Ergebnis zeigt, gibt es Argumente, diese sogar auszuschließen! Aus $\Omega_0 \cdot h^2 = 0.0125 \pm 0.0025$ resultiert $H_0 = (90 \pm 12)\,(\text{km/s})/\text{Mpc}$. Diese Zahl liegt an der Obergrenze der mit anderen Methoden bestimmten Werte (vgl. Tab. 6.1). Zusätzliche Dunkelmaterie würde den Wert für H_0 vergrößern!

Bei der Analyse der Daten im *Wolken-Modell* werden nur die stärkeren Linien berücksichtigt, bei denen die intrinsischen Äquivalentbreiten EW_i durch einen unteren Mindestwert beschränkt sind. Die Äquivalentbreite ist ein Maß für die Anzahl der Wasserstoffatome entlang des Sehstrahls. Dabei muß berücksichtigt werden, daß, durch die kosmologische Rotverschiebung verursacht, einem Beobachter auf der Erde eine Linie breiter erscheint, als einem Beobachter am Ort der Wolke. Der

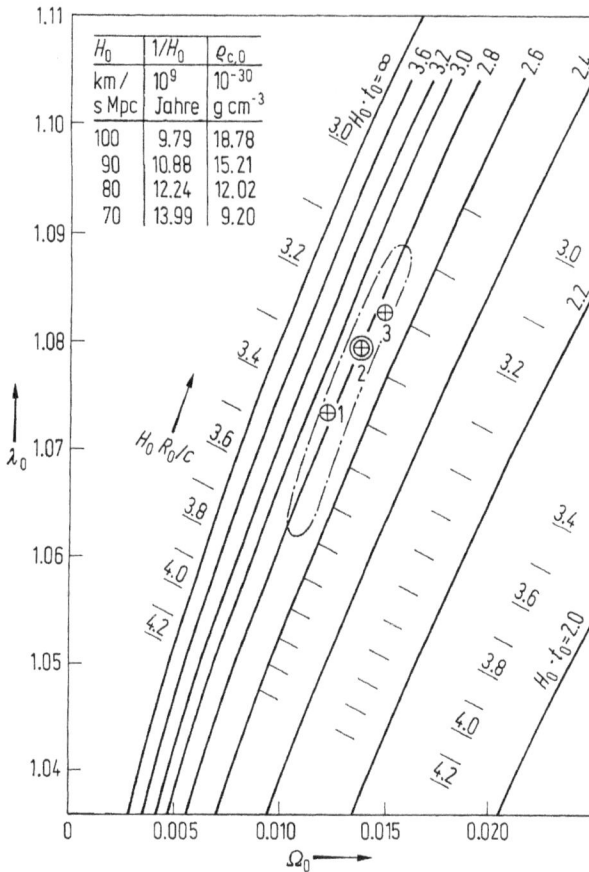

Abb. 6.29 Best-fit-Modell nach der Friedmann-Regressionsanalyse: $\oplus 2: \lambda_0 = 1.080$ und $\Omega_0 = 0.014$. Die gestrichelte Linie markiert den 1σ Unsicherheitsbereich. Die ausgezogenen Linien geben das Weltalter (in Einheiten von $1/H_0$) an. Die dazu senkrechten gestrichelten Geraden zeigen den heutigen Krümmungsradius R_0 (in Einheiten von c/H_0).

Zusammenhang lautet $EW_{beob} = (1 + z) \cdot EW_i$. Bei der Analyse wurden die Linien-zahlen benutzt, die Lu, Wolfe und Turnshek (1991) sowie Röser (vgl. Hoell, Liebscher und Priester 1994) aus 50 Quasar-Spektren bestimmt haben. Aus der Theorie, die von Peterson (1978) begründet wurde, folgt für die Linienzahlen pro Rotverschie-bungsintervall

$$\frac{dN(z)}{dz} = \left[\frac{dN(z=0)}{dz} \frac{H_0}{H(z)} \right] (1 + z)^2 . \tag{6.169}$$

Es zeigt sich, daß die Daten auch nach dieser Analyse durch $\Omega_0 = 0.014$ und $\lambda_0 = 1.080$ gut dargestellt werden können.

Warum liefern beide Analyse-Methoden trotz der erheblich verschiedenen Grund-annahmen und Datensätze das gleiche Friedmann-Lemaître-Modell? Der einfache Grund dafür ist, daß die beobachteten dN/dz-Werte über Rotverschiebungsintervalle $dz = 0.2$ gemittelt sind. Das impliziert eine Mittelung über mehr als 20 Blasen ($\Delta z = 0.009$). Somit ist es unerheblich, ob die Wolken völlig homogen verteilt sind, oder auf den Wällen einer Blasenstruktur sitzen.

Das aus den Analysen resultierende Friedmann-Lemaître-Modell nennen wir hier das „Λ Baryonic Matter" (ΛBM)-Modell. Die wichtigsten Parameter dieses Modells sind in Abschn. 6.3.10 beschrieben. Das Modell hat trotz seiner einfachen Erklärung der oben beschriebenen Phänomene noch eine Reihe ungeklärter Sachverhalte. Es geht von der Annahme einer Blasenstruktur aus, die mit dem Hubble-Fluß expan-diert, liefert aber keine Erklärung für die Entstehung der Blasen. Eine mögliche Ursache wäre eine Raumwellenstruktur im Photonengas zum Zeitpunkt der Rekom-bination. Ein weiteres Problem sind die beobachteten hohen Pekuliargeschwindig-keiten der Galaxien in der Umgebung von Galaxienhaufen. Die sichtbare Materie in den Haufen reicht nicht aus, um die hohen Geschwindigkeiten zu erklären. Auch der Beitrag, den die kosmologische Konstante zu den Geschwindigkeiten liefern würde, scheint zu gering (Liebscher 1994).

In der Vergangenheit wurden die beobachteten Werte für dN/dz mit kosmologi-schen Modellen analysiert, bei denen die kosmologische Konstante a priori zu Null angenommen wurde. Dabei zeigte sich, daß die Daten nur dann verstanden werden können, wenn man ganz extreme Entwicklungseffekte in den physikalischen Zu-standsgrößen postulieren würde. Die zeitliche Entwicklung der Wolken ist ein offenes Problem. Im vorliegenden ΛBM -Modell spielen Entwicklungseffekte keine wesent-liche Rolle.

6.3.9.5 Temperaturfluktuationen in der kosmischen Hintergrundstrahlung

Bei der Beobachtung der Photonen der kosmischen Hintergrundstrahlung (CMB, cosmic microwave background) blicken wir auf eine kugelförmige Fläche in einer Entfernung von etwa 10^4 Mpc und aus einer Zeit, als das Universum nur einige Hunderttausend Jahre alt war. Die beobachteten Fluktuationen in der Temperatur lassen sich durch eine Entwicklung nach Kugelfunktionen beschreiben:

$$\frac{\Delta T}{T}(\theta, \varphi) = \sum_{l,m} a_l^m Y_l^m(\theta, \varphi) . \tag{6.170}$$

Die quadratischen Mittelwerte der Koeffizienten a_l^m definieren das Leistungsspektrum („Power Spectrum") $C_l = \langle |a_l^m|^2 \rangle$. Die Multipolordnung l ist eng verknüpft mit der Winkelskala δ, auf der die Anisotropien auftreten:

$$\delta \approx \frac{2}{l}\,\text{rad}\,. \tag{6.171}$$

Der Verlauf des Leistungsspektrums C_l als Funktion der Multipolordnung wird von Abläufen im frühen Universum bestimmt, die sehr empfindlich von den fundamentalen kosmologischen Parametern abhängen. Die Analyse des Leistungsspektrums gestattet daher im Prinzip eine genaue Bestimmung dieser Größen.

Gebiete mit einer Ausdehnung größer als einige Grad waren zum Zeitpunkt der Rekombination kausal nicht verknüpft. Daß trotzdem eine fast isotrope Strahlung beobachtet wird, läßt sich durch die Inflationshypothese (vgl. Abschn. 6.4.3) erklären. Während der Inflation wurden kleine Dichtefluktuationen auf große Längenskalen ausgedehnt. Die Photonen aus einer überdichten Region haben einen größeren Potentialwall zu überwinden und verringern dadurch ihre Temperatur (*Sachs-Wolfe-Effekt*). Von adiabatischen primordialen Fluktuationen erwartet man ein nahezu skaleninvariantes Fluktuationsspektrum, d. h. einen flachen Verlauf des Leistungsspektrums. Auf großen Winkelskalen liefert daher der Vergleich zwischen Beobachtung und Modellrechnungen eine Methode, um die Inflationstheorie und alternative Theorien, die die ersten Sekundenbruchteile nach dem Urknall betreffen, zu überprüfen (Kamionkowski und Kosowsky 1999).

Auf Winkelskalen kleiner als ein bis zwei Grad waren die Fluktuationen zur Zeit der Rekombination kausal verknüpft, so daß Modifikationen der Temperatur-Anisotropie möglich waren. Der stärkste Effekt waren akustische Schwingungen, verursacht durch die Wechselwirkung zwischen Gasdruck und Gravitation in überdichten Regionen. Sie setzten ein, als der Teilchenhorizont die Ausdehnung dieser Region erreichte. Da das für gleich große Regionen gleichzeitig passierte, oszillierten sie in Phase. Mit der Rekombination endeten diese Schwingungen und ihr derzeitiger Zustand wurde in der Strahlung „eingefroren". Diese akustischen Schwingungen sind als „Doppler Peaks" im Leistungsspektrum beobachtbar.

Bis zum Einsetzen der Rekombination waren Photonen und freie Elektronen über Thomson-Streuung miteinander gekoppelt. Da der Übergang in die neutrale Phase nicht instantan passierte, nahm die freie Weglänge der Photonen kontinuierlich zu und Dichtefluktuationen auf kleinen Winkelskalen wurden zunächst noch ausgeglichen („Silk-Dämpfung"). Bei hohen Multipolordnungen sollte dieser Effekt zu beobachten sein.

Man erwartet also im Verlauf des Leistungsspektrums auf großen Winkelskalen ($> 2°$) das nahezu skaleninvariante inflationsbedingte Spektrum, eine Serie von Peaks auf mittleren Winkelskalen und einen starken Abfall auf kleinen Skalen unterhalb von etwa 10 Bogenminuten (Abb. 6.30, vgl. Bartelmann 2000).

Für die Bestimmung der fundamentalen kosmologischen Parameter ist die Lage und die Höhe der Peaks von großem Interesse. Die Lage des ersten Peaks ist nur von der Raumkrümmung abhängig, sie legt also $\Omega^A = \Omega_M + \Omega_A$ fest. Die Amplitude dieses Peaks hängt von $\Omega_b h_0^2$ ab. Damit wird dieses Ergebnis vergleichbar mit den Berechnungen zur primordialen Nukleosynthese. Auch die Hubble-Konstante und die Kosmologische Konstante lassen sich mit diesem Verfahren berechnen. Die Fest-

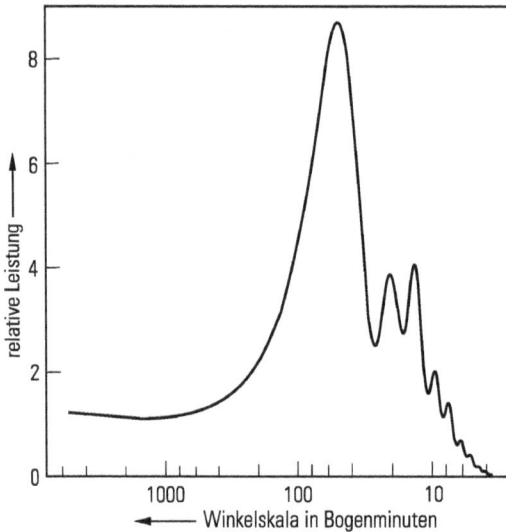

Abb. 6.30 Typischer Verlauf eines Leistungsspektrums der Temperaturfluktuationen in der kosmischen Hintergrundstrahlung.

legung der absoluten Amplituden ist allerdings komplexer als die der Lage der Peaks. Das liegt zum einen an der Kalibration der Beobachtungsinstrumente, zum andern daran, daß möglicherweise die Photonen noch abgelenkt wurden und dadurch die Amplituden verschmiert sind. Solche systematischen Fehler können auftreten, falls es nach der Rekombination noch einmal eine Phase mit starker Ionisation der kosmischen Materie, lokal oder allgemein, gegeben hat, wobei die Photonen wieder an den freien Elektronen gestreut wurden. Insbesondere auf kleinen Winkelskalen ist auch der Einfluß von Gravitationslinsen („weak gravitational lensing") zu berücksichtigen (Bartelmann und Schneider 2001).

Seit der Entdeckung der Temperatur-Anisotropie mit dem COBE-Satelliten sind zahlreiche weitere Beobachtungen mit bodengebundenen Teleskopen und von Ballons aus durchgeführt worden. Mit den Ballonexperimenten BOOMERANG und MAXIMA ist der erste Peak bei einer Multipolordnung von etwa 200 inzwischen nachgewiesen worden (de Bernadis et al. 2000; Balbi et al. 2000). Dieses Resultat deutet auf ein marginal geschlossenes oder ein flaches Universum. Die Amplitude des zweiten Peaks ist relativ niedrig. Die Ableitung weiterer kosmologischer Parameter aus diesen Daten ist nicht eindeutig, daher werden häufig zusätzliche Annahmen in die Analysen einbezogen. Die meisten dieser Analysen bewegen sich innerhalb der Modellklassen mit $\Omega^\Delta \equiv 1$ und der Existenz nichtbaryonischer Dunkelmaterie, doch lassen sich die Daten auch in einem geschlossenen Modell mit rein baryonischer Materie und $\Omega_\Lambda \approx 1$ interpretieren (McGaugh 2000, Griffith et al. 2001, Overduin und Priester 2001).

Solche Messungen und der Nachweis weiterer Peaks erfordern eine hohe Empfindlichkeit der Teleskope und eine gute Winkelauflösung (COBE hatte eine Auflösung von nur etwa 7°), sie sind beschränkt durch das begrenzte Beobachtungsgebiet am Himmel und vor allem durch irdische, galaktische und extragalaktische Vorder-

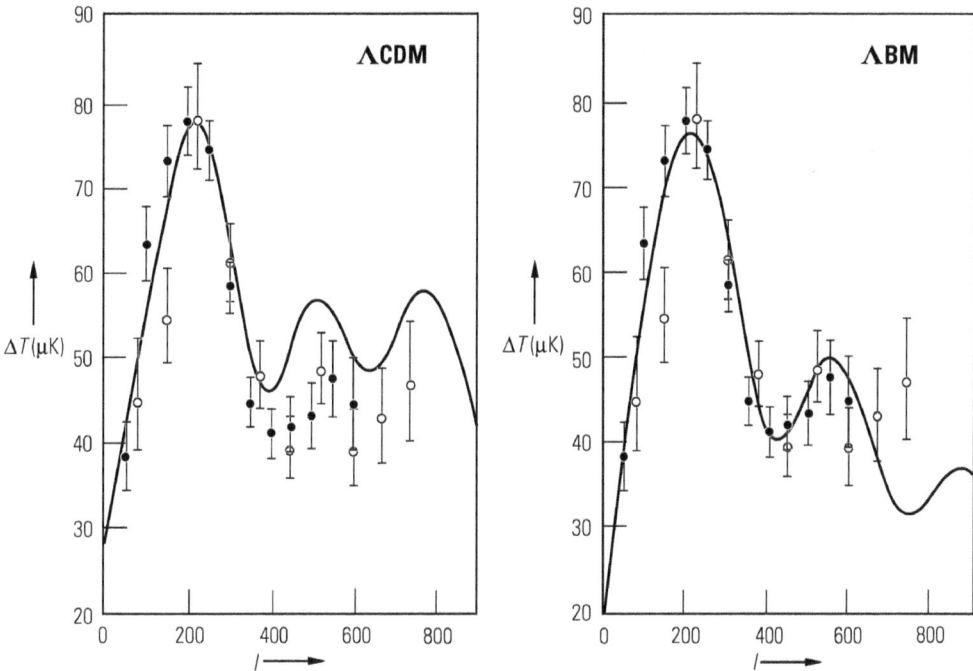

Abb. 6.31 Beobachtungsdaten des CMB-Leistungsspektrums des Boomerang- (gefüllte Kreise) und des MAXIMA-Experiments (offene Kreise) im Vergleich zu theoretischen Erwartungen in einem Λ Cold Dark Matter Modell (ΛCDM) (links) mit $\Omega_B = 0.039$, $\Omega_{CDM} = 0.137$, $\lambda_0 = 0.644$ und $h_0 = 0.7$ und in einem rein baryonischen Λ Modell (ΛBM) (rechts) mit $\Omega_B = 0.034$, $\Omega_{CDM} = 0$, $\lambda_0 = 1.006$ und $h_0 = 0.75$ (nach McGaugh 2000).

grundquellen, die die Beobachtungen des Mikrowellenhintergrundes verfälschen. Die Separation der verschiedenen Komponenten erfordert die Beobachtung über einen weiten Frequenzbereich und über eine große Region am Himmel. Der Durchbruch wird von zwei Satellitenprojekten erwartet, dem „Microwave Anisotropy Explorer" (MAP) der NASA und insbesondere dem europäischen Planck-Satelliten. Planck, der voraussichtlich 2007 in seine Umlaufbahn gebracht wird, soll den gesamten Himmel mit einer Empfindlichkeit von $\Delta T/T \approx 2 \cdot 10^{-6}$ und einer Winkelauflösung von etwa 10 Bogenminuten in neun Frequenzbändern zwischen 30 und 900 GHz messen.

6.3.9.6 Gravitationslinsen

Gravitationslinsen lassen sich gleich mehrfach für kosmologische Untersuchungen verwenden (vgl. Wambsganss 1998). Die erste Möglichkeit ist, ein bestimmtes Linsensystem detailliert zu untersuchen, und dabei die Geometrie so genau wie möglich zu rekonstruieren. Der zweite Fall ist statistischer Natur: Die Anzahl von beobachtbaren Gravitationslinsen hängt von den kosmologischen Parametern ab.

Bereits 1964 zeigte Refsdal, daß zwei durch eine Gravitationslinse erzeugte Bilder eine Bestimmung von H_0 ermöglichen, wenn man die Verzögerung der Ankunftszeiten und ihren Winkelabstand messen kann. 1979 wurde der erste Doppelquasar, Q0957 + 561, entdeckt, der diese Analyse ermöglichte. Dessen Verzögerungszeit wurde inzwischen zu 417 Tagen bestimmt. Auch heute sind erst einige wenige Systeme mehr bekannt, auf die sich das Verfahren anwenden läßt. Das größte Problem in der Auswertung ist die Modellierung der Linsenmasse, ggf. unter Berücksichtigung des Einflusses des zugehörigen Galaxienhaufens. Außerdem hängt das Ergebnis auch (schwach) von Ω_M und Ω_Λ ab. Die derzeitige Genauigkeit zeigt die Untersuchung von Bernstein und Fischer (1999) an Q0957 + 561: mit verschiedenen Linsenmodellen leiteten sie einen Hubble-Parameter $H_0 = 77^{+29}_{-24} \dfrac{\mathrm{km}}{\mathrm{s} \cdot \mathrm{Mpc}}$ ab.

Die statistischen, kosmologischen Analysen von Gravitationslinsen beruhen darauf, daß die Anzahl der beobachteten „gelinsten" Objekte sehr empfindlich von Ω_Λ abhängt. Für größere Werte von Ω_Λ ist auch die Wahrscheinlichkeit größer, daß ein Quasar gelinst wird, da das Volumen in einem bestimmten Rotverschiebungsintervall zunimmt. In einem Λ-dominierten flachen Universum werden etwa eine Größenordnung mehr Gravitationslinsen vorhergesagt als für $\Omega_\Lambda = 0$ und $k = 0$. In der Praxis gibt es aber auch hier Komplikationen: die Eigenschaften der Galaxien-Linsen sind häufig kaum bekannt, die Galaxien entwickeln sich und verschmelzen teilweise miteinander und sie enthalten absorbierenden Staub. Auch die Leuchtkraftfunktion der Quasare geht kritisch in die Auswertung ein.

Die Auswertung der vorliegenden Daten liefert, allerdings beschränkt auf euklidische Modelle, etwa $\Omega_\Lambda \leq 0.8$ (Kochanek 1993). Die Erhöhung der Anzahl der beobachteten Gravitationslinsen mit den modernen Teleskopen, und die detailliertere Untersuchung z. B. der Staubabsorption, wird auch diese Statistiken weiter verbessern.

6.3.10 Das „best-fit"-Modell

Die Diskussion der kosmologischen Tests zeigt, daß die meisten von ihnen sehr kritisch von der Evolution individueller kosmischer Objekte abhängen. Bei den davon unabhängigen Methoden ist neben den statistischen Unsicherheiten auch noch mit systematischen Fehlern zu rechnen, doch beruhen sie insgesamt auf weniger kritischen Annahmen. So hängt z. B. die Analyse der Lyman-α-Absorptionslinien in den Spektren der Quasare von der Entwicklung der großräumigen Blasenstruktur ab, eine unabhängige Bestimmung des Weltalters setzt Annahmen über die Entstehungszeit der Milchstraße und über Eigenschaften der ältesten Objekte in der Milchstraße voraus, die Bestimmung des Hubble-Parameters wird durch pekuliare Geschwindigkeiten und Unsicherheiten in der Entfernungsbestimmung verfälscht, die Bestimmung der baryonischen Dichte aus den Rechnungen zur primordialen Nukleosynthese wird durch die chemische Evolution beeinflusst und an den Verlauf des Leistungsspektrums der CMB-Temperaturfluktuationen lassen sich derzeit noch zu viele freie Parameter anpassen.

Alle diese Beobachtungen zusammengenommen sind mit Friedmann-Lemaître-Modellen gut verträglich, aber inkompatibel mit $\Lambda = 0$-Modellen und insbesondere mit dem Einstein-de Sitter-Modell ($\Lambda = 0$, $k = 0$). Im Detail unterscheiden sich die abgeleiteten Parameter jedoch, da einige Methoden derzeit noch systematische Fehler und/oder vereinfachende Annahmen enthalten. Auch kann es sich durch neue Beobachtungen in kurzer Zeit ändern, welche Parameter stärker gewichtet und welche vielleicht ganz ausgeschlossen werden. So haben 1999 die Beobachtungen der Ia Supernovae bei hohen Rotverschiebungen den Durchbruch für die Anerkennung einer nichtverschwindenden kosmologischen Konstanten gebracht, die vorher äußerst kontrovers diskutiert worden war.

In Abb. 6.32 und 6.33 werden sieben Modelle vorgestellt. Abb. 6.32 zeigt den Verlauf des Skalenfaktors, die Modellparameter (Ω_0, λ_0) sind in einer Tabelle eingefügt, und Abb. 6.33 zeigt die Entwicklungswege dieser Modelle in der (Ω, λ)-Ebene.

Zwei Modelle, Nr. 1 und Nr. 6, sollen hier etwas detaillierter vorgestellt werden. Das ΛBM -Modell **1** („Λ Baryonic Matter") ist das best-fit model aus der Friedmann Regressionsanalyse, während das ΛCDM **6** („Λ Cold Dark Matter") als best-fit nach der Supernova Ia-Methode, kombiniert mit den Boomerang/Maxima Ergebnissen aus dem Leistungsspektrum der CMB-Temperaturfluktuationen, resultiert. Tabelle 6.3 listet detailliert verschiedene Parameter beider Modelle auf.

Die CMB-Analysen liefern in der (Ω_0, λ_0)-Ebene eine Fehlerellipse um die $k = 0$-Linie (die Gerade zwischen (1; 0) und (0; 1)), deren best-fit ein marginal geschlossenes Universum bedeutet. Auch ein euklidisches Universum ist noch mit den Daten konsistent. Daher ist diese Analyse mit beiden Modellen verträglich. Die Fehlerellipsen der Friedmann-Regressionsanalyse (Abb. 6.28) und der SN-Ia Untersuchungen (ungefähr beschrieben durch die Relation $0.8\,\Omega_0 - 0.6\,\lambda_0 \approx -0.2 \pm 0.1$) liegen dagegen senkrecht zu der vorherigen und unterscheiden sich deutlich.

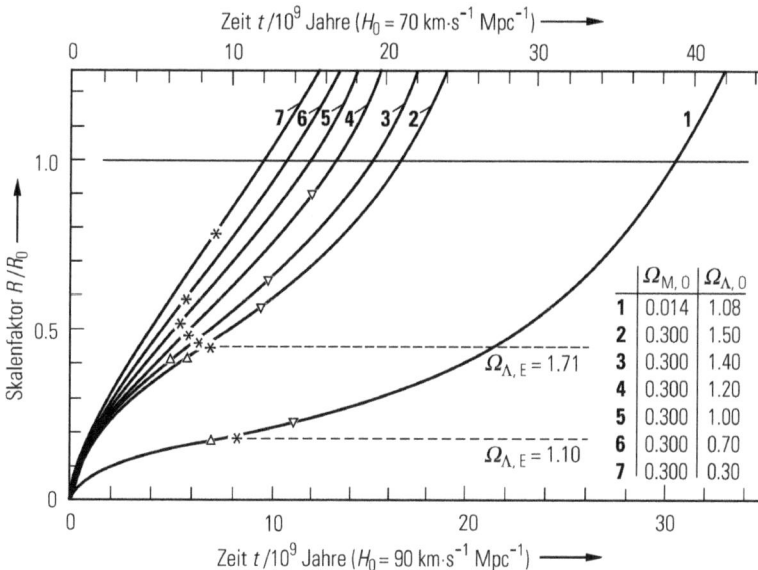

Abb. 6.32 Entwicklung des kosmologischen Skalenfaktors als Funktion der Zeit in verschiedenen Modellen. Die Tabelle rechts unten gibt die Modell-Parameter ($\Omega_{m,0}$, $\Omega_{\Lambda,0} = \lambda_0$) wieder (nach Overduin und Priester 2001).

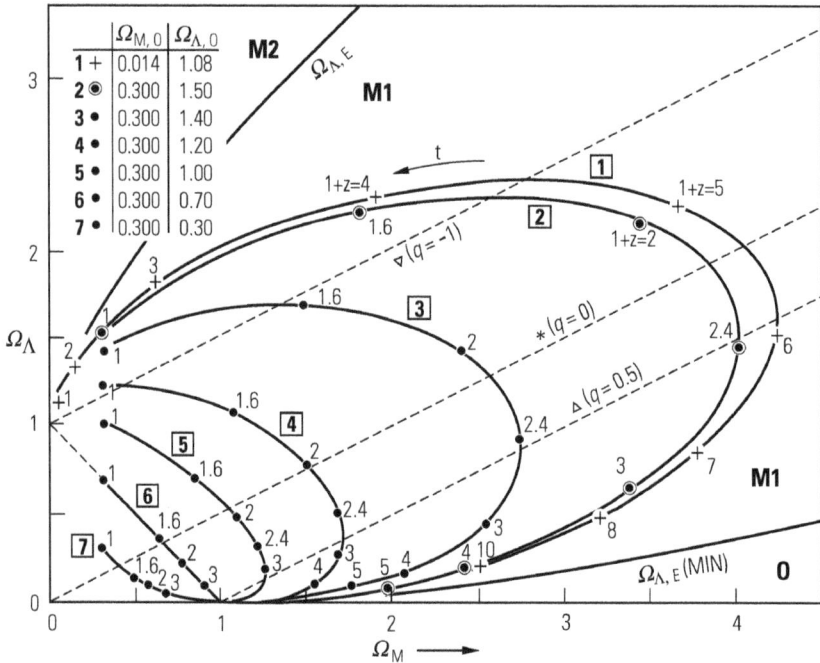

Abb. 6.33 Entwicklungswege $\Omega_\Lambda(\Omega_m)$ der sieben Modelle von Abb. 6.32 (vgl. Abschn. 6.3.8, nach Overduin und Priester 2001).

Ein großer Unterschied zwischen den beiden Modellen ist das Weltalter. Zwischen 13 und 30 Milliarden Jahren liegt der Bereich, der hier diskutiert wird. Ein weiterer Unterschied ist die Raumkrümmung: Modell 6 besitzt euklidische Metrik, während Modell 1 geschlossen ist. Dieser Sachverhalt folgt bei 1 direkt aus der Analyse ($\Omega_0^\Delta = \Omega_0 + \lambda_0 = 1.094 > 1.0$), während er bei 6 als eine Konsequenz der Inflationstheorie angenommen wird. Es ist allerdings noch ein offenes Problem, ob die Inflation exakt oder „ungefähr" ein flaches Universum produziert (s. Abschn. 6.4.3), ganz abgesehen davon, daß es derzeit noch keine beobachtungsmäßigen Möglichkeiten gibt, die Inflationstheorie überhaupt zu verifizieren.

Aus dem Verlauf des Skalenfaktors von Modell 1 in Abb. 6.32 sind weitere Eigenschaften ablesbar. Wenn eine frühe Blasenstruktur vorhanden war, muß sie sich bereits innerhalb der ersten fünf Milliarden Jahre gebildet haben. Zwischen 5 und 15 Milliarden Jahren nach dem Urknall hat sich der Kosmos nur wenig ausgedehnt. Diese Phase ist für die Galaxienentstehung wichtig, da die Verklumpung der Materie in einer solchen Phase begünstigt abläuft, insbesondere, da sich Ω in dieser Phase bis zu einer Überdichte von $\Omega \approx 4$ entwickelte (s. Abb. 6.23). Sonne und Erde bildeten sich in diesem Modell ca. 25 Milliarden Jahre nach dem Urknall.

Tab. 6.3 *Vergleich zweier Friedmann-Lemaître-Modelle*: Die beiden folgenden Modelle spiegeln wider, in welchem Rahmen aktuelle kosmologische Modelle diskutiert werden.

a) „Λ Baryonic Matter" (ΛBM)-Modell, abgeleitet aus den Lyman-α-Absorptionslinien in zahlreichen Quasarspektren mit zwei Verfahren (Blasenwall-Modell und Wolken-Modell) mittels der Friedmann-Regressions-Methode, sowie der Materiedichte aus der Theorie der primordialen Nukleosynthese.

Dichteparameter (Materie)	$\Omega_{m,0}$	$= 0.014 \pm 0.002$
Kosmologischer Term	$\lambda_0 = \Lambda c^2/3H_0^2$	$= 1.080 \pm 0.006$
Hubble-Zahl	H_0	$= 90 \pm 12$ (km/s)/Mpc
Dichte der Materie	$\varrho_{m,0}$	$= 0.21 \cdot 10^{-30}$ g $\cdot$ cm^{-3}
Dichte der Strahlung	$\varrho_{S,0}$	$= 0.47 \cdot 10^{-33}$ g $\cdot$ cm^{-3}
Einsteins Konstante	Λ	$= 3.1 \cdot 10^{-56}$ cm^{-2}
Kosmische Längeneinheit	$R_\Lambda = 1/\sqrt{\Lambda}$	$= 6 \cdot 10^9$ Lichtjahre
Alter des Universums	$t_0 = 2.8 \cdot H_0^{-1}$	$= 30 \cdot 10^9$ Jahre
Krümmungsparameter	k	$= 1$, positive Raumkrümmung, sphärische Metrik
Krümmungsradius	$R_0 = 3.3 \cdot c/H_0$	$= 36 \cdot 10^9$ Lichtjahre
Volumen des Universums	$V_0 = 2\pi^2 \cdot R_0^3$	$= 7.8 \cdot 10^{86}$ cm^3
Masse	$M = \varrho_{m,0} \cdot V_0$	$= 1.6 \cdot 10^{56}$ g
Anzahl der Baryonen	N	$= 1.0 \cdot 10^{80}$
Spezifische Entropie	$S = N_{ph}/N_B$	$= 3.2 \cdot 10^9$

b) Modellparameter für das „Λ Cold Dark Matter" (ΛCDM)-Modell, beruhend auf einer Kombination der Analyse des Leistungsspektrums der Temperaturfluktuationen in der Hintergrundstrahlung (Abschn. 6.3.9.5) und der Supernova-Beobachtungen (Abschn. 6.3.9.1) für ein **flaches** Universum, sowie einer aus HST-Beobachtungen abgeleiteten Hubble-Zahl.

Dichteparameter (Materie)	$\Omega_{m,0}$	$= 0.3$
Kosmologischer Term	$\lambda_0 = \Lambda c^2/3H_0^2$	$= 0.7$
Hubble-Zahl	H_0	$= 72 \pm 8$ (km/s)/Mpc
Dichte der Materie	$\varrho_{m,0}$	$= 2.92 \cdot 10^{-30}$ g $\cdot$ cm^{-3}
Dichte der Strahlung	$\varrho_{S,0}$	$= 0.47 \cdot 10^{-33}$ g $\cdot$ cm^{-3}
Einsteins Konstante	Λ	$= 1.3 \cdot 10^{-56}$ cm^{-2}
Kosmische Längeneinheit	$R_\Lambda = 1/\sqrt{\Lambda}$	$= 9.4 \cdot 10^9$ Lichtjahre
Alter des Universums	$t_0 = 0.9 \cdot H_0^{-1}$	$= 13.1 \cdot 10^9$ Jahre
Krümmungsparameter	k	$= 0$, flacher Raum, euklidische Metrik
Krümmungsradius	R_0	$= \infty$
Volumen des Universums	V_0	$= \infty$
Masse	M	$= \infty$

6.4 Standardmodell der kosmischen Entwicklung

Die Entwicklung des Universums und die Stabilität der kosmischen Objekte beruhen auf einem präzisen Ineinandergreifen der quantentheoretischen Gesetzmäßigkeiten, der durch die Expansion des Weltraums gesetzten Rahmenbedingungen, der Form der Naturgesetze und den zahlenmäßig festgelegten Naturkonstanten (Carr und Rees 1979). Beispielhaft läßt sich dies bei der Energieerzeugung der Sterne demonstrieren. Ohne quantentheoretischen Tunneleffekt und dem Zusammenklang von Schwerkraft, schwacher, starker und elektromagnetischer Wechselwirkung wären Stabilität und Entwicklung der Sterne nicht zu verstehen. Für die Kosmologie ergibt sich eine wesentliche Vereinfachung: die nichtgravitativen Kräfte spielen bei Erscheinungen, die über den Maßstab einer Galaxis hinausgehen keine Rolle, da sie teils kurzreichweitig sind oder sich – wegen der Ladungsneutralität – kompensieren. Andererseits ist es zur Berechnung der in der Frühzeit der kosmischen Entwicklung stattfindenden Umwandlungsprozesse von Elementarteilchen und Phasenübergängen notwendig, die Feldgleichungen der Gravitation zu ergänzen durch die Quantenfeldtheorie der Materie- und nichtgravitativen Kraft-Felder. Die Quantentheorie spielt aber nicht nur bei der Beschreibung des subatomaren Inhalts des Universums eine entscheidende Rolle, sondern auch bei den Fragen nach dem Anfang des Universums und der Dynamik des prä-inflationären Kosmos. Für damit zusammenhängende grundsätzliche Fragen verweisen wir auf Peacock (1999, Kap. 6-8), Kolb und Turner (1990, Kap. 11), Görnitz (1999), Kiefer (1994), Hehl und Heinicke (2000).

6.4.1 Elementarteilchen und ihre Wechselwirkung im Kosmos

In den bisherigen Abschnitten haben wir die kosmische Materie nur klassisch-makroskopisch – als Massenpunkt, ideale Flüssigkeit oder staubartige d.h. inkohärente Materie – beschrieben. Die Quantentheorie beschreibt aber Materie und die zwischen den Materiebausteinen wirkenden Kräfte durch quantisierte Felder.

Man kann frühe Phasen des Kosmos aus den Friedmann-Gleichungen nur berechnen, falls die Zustandsgleichungen für dieses Gemisch von Elementarteilchen bekannt sind. Dieses Problem setzt die Kenntnis der Eigenschaften und Verwandtschaft der subatomaren Teilchen und ihrer Wechselwirkungen voraus, auf die wir daher in diesem separaten Abschnitt eingehen, bevor wir die verschiedenen Epochen diskutieren.

Entsprechend dem heutigen Bild des Aufbaus der Materie besteht diese auf der subatomaren Ebene aus drei Klassen von Teilchen:

1. *Teilchen mit halbzahligem Spin:* Leptonen (d.h. Elektronen und Neutrinos) und Quarks, die die Hadronen konstituieren, d.h. Baryonen (z.B. Protonen und Neutronen) und Mesonen.
2. *Teilchen mit ganzzahligem Spin*, die die Wechselwirkungen vermitteln. Je nach Reichweite der Kräfte sind sie masselos wie das Photon, das Graviton und die Gluonen oder, im Fall kurzreichweitiger Kräfte, massebehaftet wie die $W^{\pm}$- und Z^0-Bosonen und die hypothetischen X-Bosonen.

3. *Skalare Higgs-Teilchen* sind notwendig, um zwischen den Symmetrien zu vermitteln und die Teilchen mit Masse zu beleiben. Darüber hinaus wird durch die Anwesenheit von Higgs-Teilchen das quantenfeldtheoretische Vakuum, d. h. der Grundzustand der elementaren Materiefelder, modifiziert.

Die Teilchen mit halbzahligem Spin, also Quarks und Leptonen, lassen sich in drei Familien unterteilen. Allerdings würde der jetzige Kosmos wohl kaum anders aussehen, wenn heute nur noch die erste Familie existieren würde, die aus u- und d-Quarks und aus Leptonen (Elektron, Elektron-Neutrino) sowie ihren jeweiligen Antiteilchen besteht. Aus u- und d-Quarks bestehen die Nukleonen (Protonen und Neutronen), die 99.95 % der kosmischen Materie ausmachen. Quarks und Leptonen haben den Spin 1/2 (Fermionen) und sind Träger von Masse. Sie können als Quanten eines zugehörigen Materiefeldes angesehen werden. (Vom noch offenen Problem der Neutrinomasse sehen wir hier ab.) Jede Wechselwirkung zwischen diesen Grundbausteinen wird durch Bindeteilchen vermittelt, die ganzzahligen Spin haben (Bosonen). Diejenigen Bosonen, die Masse besitzen, führen auf Kräfte geringer Reichweite zurück. Die diese Masse erzeugenden Teilchen werden Higgs-Bosonen genannt.

Nach den Vorstellungen der Quantenfeldtheorie ist das gesamte Raum-Zeit-Kontinuum stets von Feldern erfüllt. Auch bei Abwesenheit von reeller Materie bilden die virtuellen Teilchen-Antiteilchen-Paare einen nicht eliminierbaren Untergrund, der den Grundzustand (Vakuum) repräsentiert. Es ist möglich und von den vereinheitlichenden Feldtheorien gefordert, daß das Vakuum eine geringere Symmetrie aufweisen kann als die Bewegungsgesetze der Elementarteilchen (spontane Symmetriebrechung). Diese Symmetrieverminderung ist eng verknüpft mit der Wechselwirkung zwischen den Bindeteilchen und den Higgs-Teilchen, auf Grund derer die ersteren Masse gewinnen. Allerdings sind der Wirkung des Higgs-Feldes im allgemeinen energetische Grenzen gesetzt. Oberhalb einer charakteristischen Energie verschwindet ihr Einfluß. Der Kosmos, d. h. die Raumzeit, bildet also einerseits die Arena der Elementarteilchendynamik und ist andererseits durchsetzt mit dem Vakuum der verschiedenen Materiefelder, das auch die Umgebung bildet, mit der die Kräfte verwoben sind. Von großer Bedeutung für die Klassifikation der Teilchen und deren Wechselwirkungen sind die äußeren Symmetrien der Raumzeit (Lorentz-Gruppe) und die bei Umwandlungsprozessen in Erscheinung tretenden inneren Symmetrien (unitäre Symmetriegruppen U(1), SU(2), SU(3), usw.). Im Hinblick auf die Lorentz-Gruppe lassen sich Teilchen durch Masse, Spin und Parität klassifizieren. Die inneren Symmetrien führen auf ladungsartige Quantenzahlen (elektrische Ladung Q, Baryonenzahl B, usw.) als Charakteristika von Elementarteilchen.

Der Vorteil einer Feldtheorie der Materie mit lokaler Eichsymmetrie (d. h. die vorausgesetzten Symmetrietransformationen werden an verschiedenen Punkten der Raumzeit unterschiedlich vorgenommen) liegt darin, daß sich die Wechselwirkung als Konsequenz der Forderung nach Invarianz ergibt und die Theorie renormierbar ist.

Das **Weinberg-Salam-Modell** besagt, daß die elektromagnetische und die schwache Wechselwirkung durch das masselose Photon und drei massebehaftete Vektorbosonen W^+, W^- und Z^0 vermittelt werden. Letztere erhalten ihre Masse durch die erwähnten Higgs-Teilchen. Die Existenz der Vektorbosonen konnte Anfang 1983 am CERN nachgewiesen werden.

Die starke Wechselwirkung zwischen den Quarks wird durch acht Gluonen vermittelt, deren jedes eine Farbe und eine Antifarbe trägt (**Quantenchromodynamik**). In den Grand Unified Theories sind Quarks und Leptonen in einer gemeinsamen Familie vereinigt. Darin gibt es insgesamt 24 Eichbosonen (1 Photon, W^+, W^- und Z^0-Bosonen, 8 Gluonen und 12 sehr massereiche X-Bosonen) und nur eine einzige Kopplungskonstante. Die X-Bosonen vermitteln die Wechselwirkungen, die die Baryonenzahl und die Leptonenzahl verletzen. Damit heben sie den prinzipiellen Unterschied zwischen Quarks und Leptonen auf. Oberhalb von 10^{15} GeV verschmelzen die nichtgravitativen Kräfte zu einer einheitlichen Superkraft. Das die Welt erfüllende Vakuum weist in dieser Phase eine hohe Symmetrie auf (SU(5) oder (SO(10)). Allerdings ist dieser Vakuumzustand nicht identisch mit dem niedrigstmöglichen Grundzustand. Mit der expansionsbedingten Abkühlung des Weltalls kommt es zu einer Symmetrieverminderung, und die verschiedenen Naturkräfte kristallisieren sich heraus. Dabei wird einem Teil der Wechselwirkungsquanten durch die Higgs-Teilchen Masse verliehen.

Die in der Frühzeit der Welt mögliche Erzeugung von Teilchen durch gravitative Wechselwirkung bedeutet nicht Schöpfung aus dem Nichts sondern Realisierung von Teilchen aus dem die Raumzeit erfüllenden brodelnden Vakuum der virtuellen Teilchen-Antiteilchen-Paare (Zel'dovich und Novikov 1983, Schäfer und Dehnen 1977). Der Mechanismus der Teilchenerzeugung läßt sich mit Hilfe des Bildes erläutern, wonach ein Materiefeld einer unendlichen Menge harmonischer Oszillatoren äquivalent ist. Ändert sich die Raumzeit-Krümmung, dann ändern sich auch die physikalischen Eigenschaften der Feldoszillatoren. Befindet sich z.B. ein Oszillator in seinem Grundzustand, so führt er nur Nullpunktschwingungen aus. Wird eine seiner Eigenschaften geändert, dann müssen sich die Nullpunktschwingungen dieser Änderung anpassen. Danach ist der Oszillator mit einiger Wahrscheinlichkeit nicht mehr in seinem Grundzustand, sondern in einem angeregten Zustand. Dieses Phänomen entspricht z. B. den stärker werdenden Vibrationen einer Klavierseite, wenn man ihre Spannung erhöht (parametrische Verstärkung). Das quantenfeldtheoretische Analogon ist die Erzeugung von Teilchen, wobei das zeitlich veränderliche Gravitationsfeld den notwendigen Energie-Input bereitstellt.

Um den Vorgang der Materieerzeugung zu illustrieren, betrachten wir folgende Modellvorstellung: Damit kein Widerspruch zur Energieerhaltung auftritt, verlangt das Unschärfeprinzip für die virtuellen Teilchen-Antiteilchen-Paare

$$\Delta E \cdot \Delta t \geq \hbar \,, \tag{6.172}$$

daß sich ein Teilchenpaar, dessen jede Komponente die Ruheenergie mc^2 hat, innerhalb der Zeitspanne

$$\Delta t \leq \frac{\hbar}{mc^2} \approx t_c \tag{6.173}$$

wieder vernichtet. In dieser Zeit kann sich das virtuelle Paar maximal um seine Compton-Wellenlänge

$$\Delta s = L_c = \frac{\hbar}{mc} \tag{6.174}$$

voneinander entfernen.

Ist das Teilchenpaar einem äußeren Kraftfeld ausgesetzt, das stark genug ist, die beiden Komponenten in der Zeit t_c um mindestens einen weiteren Abstand L_c zu separieren und damit die Energie

$$\int_0^{L_c} F \cdot ds \geq mc^2 \tag{6.175}$$

aufzunehmen, so ist die Wahrscheinlichkeit groß, daß es als reelles Teilchenpaar in Erscheinung treten kann. Der Teilchenerzeugungsprozess ist also Resultat einer Störung des Vakuums durch ein äußeres Feld. Im Fall der Expansionsdynamik im frühen Kosmos ($R(t) \propto t^\alpha$, $0 < \alpha \leq 1$) wird eine Gravitationskraft

$$F \propto m \frac{s}{t^2} \tag{6.176}$$

erzeugt, wobei das Teilchen-Antiteilchen-Paar in s-Richtung orientiert ist. Aus Gl. (6.175) und Gl. (6.176) folgt, daß eine Realisierung von Teilchen nur für Zeiten $t < t_c$ möglich ist. Es werden keine ruhemassebehafteten Teilchen mehr erzeugt, sobald das Weltalter größer als die Compton-Zeit dieser Teilchen ist. Für Elektronen gilt z. B.:

$$t_c = \frac{\hbar}{m_e c^2} = 1.3 \cdot 10^{-21} \, \text{s} \,. \tag{6.177}$$

Der Prozeß der Teilchenerzeugung ist das Resultat einer Störung des quantenfeldtheoretischen Vakuums durch die dynamische Geometrie des expandierenden Weltraums, in die die quantisierten Materiefelder eingespannt sind. Teilchenerzeugung ist das quantenfeldtheoretische Analogon der aus der klassischen Mechanik bekannten parametrischen Resonanz – in diesem Fall zwischen den Nullpunktschwingungen des Vakuums der Materiefelder $\omega_{NP} \approx 1/t_{NP}$ und der Expansionsrate $\dot{R}/R \approx 1/t_{Exp}$ (Zel'dovich und Novikov 1983, § 24.5). Durch die äußere Störung des zeitabhängigen Gravitationsfeldes werden virtuelle Teilchenpaare in reale Teilchen-Antiteilchen-Paare verwandelt.

Da eine die Quantentheorie der Materiefelder und die Allgemeine Relativitätstheorie vereinigende Theorie aussteht, sind die Fragen der Teilchenerzeugung aus dem Quantenvakuum derzeit nur mit semi-klassischen und heuristisch motivierten Ansätzen möglich, siehe z. B. Lotze (1992), Zimdahl und Pavon (1993 und 1994), Surdharsan und Johri (1994) und Grib (2000).

Daraus ergibt sich, daß im sehr frühen Kosmos gleich viele Teilchen und Antiteilchen erzeugt wurden, so daß das Universum im Gegensatz zu den bislang gemachten Beobachtungen zu gleichen Teilen aus Materie und Antimaterie bestehen müßte.

6.4.2 Quantenkosmos zur Planck-Zeit

Für Zeiten $t > t_{PL} = 5.4 \cdot 10^{-44}$ s kann die Dynamik der Materie hydrodynamisch oder quantenmechanisch auf einem klassisch beschreibbaren geometrischen Hintergrund formuliert werden. Vor der Planck-Zeit (vgl. Abschn. 6.5.1) versagt diese

Beschreibung, da Geometrie und Topologie der Raumzeit kurzfristig und kleinräumig, soweit diese Begriffe überhaupt noch anwendbar sind, fluktuieren (Misner, Thorne und Wheeler 1973). Neben technischen Schwierigkeiten gibt es auch begriffliche Probleme, wenn man eine Quantentheorie der Gravitation formulieren will (s. z.B. Nicolai und Niedermaier 1989). Die Quantenmechanik macht Wahrscheinlichkeitsaussagen über die möglichen Werte von Observablen, und der Zustandsvektor bezieht sich immer auf eine Gesamtheit von vielen gleichartigen Systemen. Wie aber läßt sich der Begriff eines „Ensembles möglicher Welten" physikalisch sinnvoll definieren? Einen Versuch in dieser Richtung hat Wheeler unternommen. Dabei wird ein **Superraum** eingeführt, dessen einzelne Elemente jeweils komplette Geometrien dreidimensionaler Räume repräsentieren. Der Superraum ist also der Wirkungsbereich der Geometrodynamik, so wie es z.B. die Minkowski-Raumzeit für die Teilchendynamik ist. Im Rahmen dieser Ideen haben Hartle und Hawking (1983) Modellrechnungen angestellt, deren Ergebnis ein singularitätsfreies, geschlossenes ($k = +1$) Universum ist.

Zum zweiten ist hier die vermutete Separation der Gravitation von den Teilchenkräften zur Planck-Zeit $t_{PL} = 10^{-43}$ s von Interesse. Es ist besonders bemerkenswert, daß die Friedmann-Lösungen für diese Zeit t_{PL} ungefähr die Planck-Temperatur $T_{PL} = 10^{32}$ K und die Planck-Dichte $\varrho_{PL} = 5 \cdot 10^{93}$ g cm^{-3} liefern. Diese Werte entsprechen einer Teilchenenergie (bzw. Masse) von

$$M_{PL} = 1.2 \cdot 10^{19} \text{ GeV} = 2 \cdot 10^{-5} \text{ g} \,.$$

Wir sollten hier aber gleich bemerken, daß die Dimensionen des Friedmann-Kosmos zur Planck-Zeit um viele Größenordnungen über der Planck-Länge $L_{PL} = 10^{-33}$ cm liegen. Wenn wir mit Gl. (6.68) zurückrechnen, erhalten wir für unseren „Quasar-Horizont" zur damaligen Zeit $R = 1.4 \cdot 10^{-3}$ cm.

Für Dichten und Temperaturen oberhalb der Planck-Werte wäre eine Quantentheorie der Gravitation erforderlich, die es noch nicht gibt. Daher werden in der Kosmologie die Vorgänge im eigentlichen Urknall für Zeiten kürzer als 10^{-43} Sekunden durch ein *Ignoramus* ausgeklammert.

In der unmittelbar auf die Planck-Epoche folgenden Phase bestand nach konventionellen Hypothesen die Materie aus einem Gemisch verschiedener Sorten von Elementarteilchen. Die Energie aller im jeweiligen momentanen Gleichgewicht befindlichen Teilchen betrug anfänglich $E = 10^{19}$ GeV. Da dieser Betrag nicht nur weit über der Ruhemasse aller Teilchen sondern auch oberhalb der die Wechselwirkungen vermittelnden Feldquanten lag, waren Quarks, Leptonen, Photonen sowie W-, Z- und X-Bosonen gleichberechtigt und konnten sich frei ineinander umwandeln. Alle Kräfte waren gleich stark, es herrschte maximale Symmetrie, und alle Teilchen besaßen ultrarelativistische Geschwindigkeiten. Wegen der mit größer werdender Energie abnehmenden Wirkungsquerschnitte (*Asymptotische Freiheit der Quantenchromodynamik*) sollte auch in dieser dichten Phase die Benutzung der idealen Gasgleichung für Photonen anwendbar sein. Oberhalb der Schwellentemperatur

$$T > \frac{m_0 c^2}{k} \tag{6.178}$$

(k = Boltzmann-Konstante) verhalten sich auch materielle Teilchen wie Photonen. Die Zustandsgleichung hat dann die einfache Form

$$\varrho = \frac{\pi^2}{30}\frac{k^4}{\hbar^3 c^5}\left(\sum g_{\mathrm{B}} + \frac{7}{8}\sum g_{\mathrm{F}}\right) T^4\,, \tag{6.179}$$

wobei g_{F} und g_{B} die statistischen Gewichte der Fermionen und Bosonen bedeuten.

Im „heißen" Weltmodell wird die kosmische Entwicklung als ein Prozeß aufgefaßt, in dem etappenweise bestimmte Wechselwirkungen zwischen Elementarteilchen dominieren. Diese Wechselwirkungen hören auf, sobald für die in Frage kommenden Arten die Reaktionsrate kleiner ist als die Expansionsrate (Entkopplung = Ausfrieren). Darüber hinaus kommt es im Zuge der Expansion zur Verminderung der am Anfang im Kosmos realisierten Symmetrie. Die wesentlichen Symmetriebrechungen erfolgten nach 10^{-33} Sekunden, als die Energie von 10^{14} GeV der Masse der X-Bosonen entsprach, sowie nach 10^{-10} Sekunden bei etwa 100 GeV, vergleichbar mit der Masse der $W^{\pm}$- und Z^0-Bosonen, was zur Separation zwischen schwacher und elektroschwacher Kraft führte. Diese spontanen Symmetriebrechungen erklärt man damit, daß der Untergrund, d. h. das quantenmechanische Vakuum, in dem die Kräfte wirken, durch die speziellen Eigenschaften der Higgs-Felder seine Symmetrie bei Unterschreitung bestimmter Energien verliert.

6.4.3 Inflationäre Expansion

Im Rahmen der Elementarteilchentheorien sollten bei Dichten von 10^{81} g cm^{-3}, die Teilchenenergien von 10^{16} GeV entsprechen, magnetische Monopole in extrem großer Zahl entstanden sein. Dies steht in engem Zusammenhang mit der spontanen Symmetriebrechung, bei der sich die starke Wechselwirkung von der elektroschwachen separiert. Da die Monopole mit ihrer großen Masse einen frühen Kollaps des Kosmos zur Folge gehabt hätten, müssen sie entweder durch extreme Verdünnung unwirksam geworden sein oder sie sind gar nicht erst entstanden! Letzteres würde allerdings eine Alternative zu den Großen Vereinigungstheorien (GUTs) bedingen. Am naheliegendsten ist eine exponentielle Expansion, die eine so gewaltige Verdünnung bewirkt, daß innerhalb unseres Horizontes nur noch ganz wenige magnetische Monopole übrigbleiben. Wodurch kann aber eine solche exponentielle Aufblähung des Kosmos entstehen?

In den GUTs bietet sich als mögliche Erklärung das skalare Higgs-Feld an, das bei den extrem hohen Temperaturen im frühen Kosmos in einer Konfiguration eingefangen ist, die man auch als *falsches Vakuum* bezeichnet. In der Theorie dient dieses Feld dazu, bei den spontanen Symmetriebrechungen der Wechselwirkungskräfte den verschiedenen Bosonen die erforderlichen Massen zu vermitteln.

Da das Higgs-Feld im frühen Kosmos in einer energetisch labilen Phase auf einem zeitlich konstanten Wert festgehalten wird, bewirkt es unter der Voraussetzung, daß sein Energieniveau über dem der übrigen Materie liegt, eine exponentielle Expansion im Zeitraum von 10^{-36} bis 10^{-33} s nach dem Urknall.

Sinnvollerweise werden die kosmologischen Anfangsbedingungen zur Planck-Zeit ($t_{\mathrm{PL}} = 10^{-43}$ s) definiert. Existiert am Anfang nur die Energie des Vakuums

$\varepsilon_V = \varrho_V \cdot c^2$ der Materiefelder oder des Higgs-Feldes, dann ergibt sich für die Expansion eines *geschlossenen* Kosmos als Lösung der Friedmann-Gleichung

$$R(t) = \frac{c}{H} \cosh(t/t_V) \qquad (6.180)$$

mit der charakteristischen Expansionszeit $t_V = 1/H$ und der primordialen Expansionsrate

$$H = \sqrt{\frac{8\pi G}{3} \varrho_V} \qquad (6.181)$$

(unabhängig von der Zeit!). Dieser Kosmos nimmt seinen Anfang bei einem minimalen Radius

$$R_{\min} = \frac{c}{H} = \sqrt{\frac{3c^2}{8\pi G \varrho_V}}. \qquad (6.182)$$

Falls die Vakuumenergiedichte kleiner ist als die Planck-Dichte, d.h. $\varrho_V < \varrho_{PL}$, dann ergibt sich als minimaler Radius ein Wert oberhalb der Planck-Länge: $R_{\min} > L_{PL}$. Der Beginn der klassisch beschreibbaren Welt im Rahmen der Quantenkosmologie wird durch einen **geschlossenen** Kosmos ($k = +1$) modelliert, der das Resultat eines „kosmischen Quantentunneleffektes" ist (s. Abschn. 6.6). Die Dimensionen dieses Mini-Universums werden durch den Planck-Radius und die Planck-Dichte beschrieben, d.h. in diesem Fall gilt in obiger Formel $\varrho_V = \varrho_{PL}$ und entsprechend ist $R_{\min} = L_{PL}$. Beide Modelle durchlaufen eine Phase inflationärer Expansion und münden dann in einen Friedmann-Lemaître-Tolman Strahlungskosmos. Im Fall eines anfänglichen Planck-Miniuniversums kommt es allerdings, wegen der zu früh einsetzenden exponentiellen Aufblähung, nicht zu einer Verdünnung der erst später erzeugten Monopole.

Wenn man dagegen zur Planck-Zeit von einem Kosmos ausgeht, der durch die Energiedichte relativistischer Materie (Strahlung) dominiert wird und diese Energiedichte größer ist als die Energiedichte ε_V des Vakuums (z.B. Higgs-Feld $\varepsilon_H = \varrho_H \cdot c^2$)

$$\varepsilon \approx \varepsilon_{PL} = \frac{c^7}{\hbar G^2} = 10^{113} \, \mathrm{erg} \, \mathrm{cm}^{-3} > \varepsilon_V \qquad (6.183)$$

(„Planck Equipartition Proposal", Barrow 1995), dann ergibt sich für die Lösung der Friedmann-Gleichung (6.44) bei Vernachlässigung der Krümmung

$$\frac{R}{R_{PL}} = \frac{R(t)}{R(t_{PL})} = \sqrt[4]{\frac{\varrho_s(t_{PL})}{\varrho_V}} \cdot \sqrt{\sinh\frac{2t}{t_V}} \qquad (6.184)$$

mit der charakteristischen Zeitskala

$$t_V = \sqrt{\frac{3}{8\pi G \cdot \varrho_V}}. \qquad (6.185)$$

Im Unterschied zu der durch Gleichung (6.180) beschriebenen Lösung ist in diesem Fall die prä-inflationäre Phase kein leerer, nur mit Vakuumenergie gefüllter Kosmos,

sondern das Universum beginnt mit einer von relativistischer Materie dominierten Epoche. Die Lösung (6.184) hat für $t = t_*$ einen Wendepunkt, der mit
$\varrho_V = \varrho_H = 2 \cdot 10^{76}$ g cm^{-3} bei

$$t_* = 1.15 \cdot \left(\frac{32}{3} \pi G \cdot \varrho_V \right)^{\frac{1}{2}} \approx 5 \cdot 10^{-36} \text{ s} \tag{6.186}$$

liegt. Für $t < t_*$ existiert ein Strahlungskosmos

$$\frac{R(t)}{R_{PL}} = \sqrt[4]{\frac{32 \pi G}{3} \cdot \varrho_s(t_{PL}) \cdot \sqrt{t}} \, , \tag{6.187}$$

während es für $t > t_*$ zu einer Phase exponentieller Aufblähung kommt

$$\frac{R(t)}{R_{PL}} = \sqrt[4]{\frac{\varrho_s(t_{PL})}{4 \varrho_V}} \cdot e^{t/t_V} \, . \tag{6.188}$$

Der Wiedereintritt in einen Friedmann-Kosmos ist bislang nicht aus ersten Prinzipien bruchlos berechenbar.

Die Inflation bedeutet eine Volumenvergrößerung auf etwa das 10^{90} fache. Dadurch verdünnt sich die primordiale Materie auf eine relativ verschwindend kleine
Dichte. Das hat zur Folge, daß von den vielen magnetischen Monopolen nur noch
ganz wenige in dem für uns überschaubaren Bereich des Universums vorhanden sind.

Um aber den Übergang in das heutige Friedmann-Universum zu schaffen mit
seiner zum Zeitpunkt von $t = 10^{-33}$ s extrem großen Dichte von $\varrho \approx 10^{76}$ g cm^{-3},

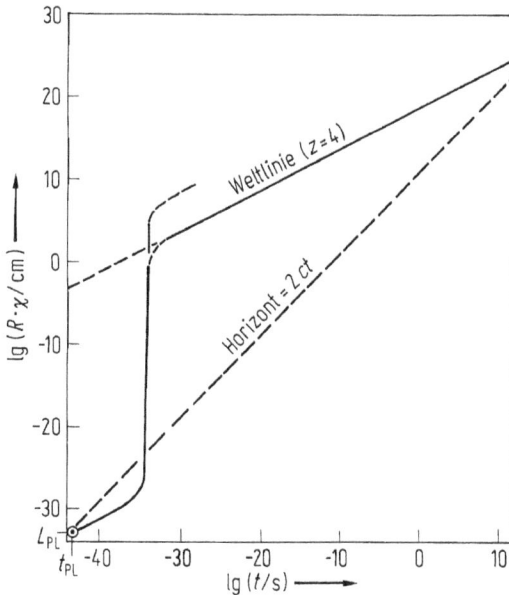

Abb. 6.34 Strahlungskosmos (von der Planck-Zeit $t_{PL} = 10^{-44}$ s bis $t = 3 \cdot 10^{12}$ s $= 10^5$ Jahre)
mit „inflationärer Expansion", die bei $t = 10^{-33}$ s in den Friedmann-Kosmos einmündet, dargestellt durch die Weltlinie unseres heutigen Quasar-Horizontes ($z = 4$). Die Ordinate gibt
den Weltlinien-Abstand an. Ausgangspunkt ist die Planck-Blase mit $L_{PL} = 1.6 \cdot 10^{-33}$ cm. Der
Horizont wächst im Strahlungskosmos mit $2ct$.

muß man einen Phasenübergang postulieren, bei dem die Energie des Higgs-Feldes in die primordialen Elementarteilchen übergeht. Die Physik dieser Umwandlung, entsprechend einem Phasenübergang zweiter Art, und ihr Einsetzen zum richtigen Zeitpunkt nach genügendem Aufblähen des Kosmos sind gegenwärtig nur im Rahmen eines phänomenologischen Modells möglich. In Abb. 6.34 haben wir das Anwachsen des kosmischen Skalenfaktors $R(t)$ mit der Inflation und sein Einmünden in den Friedmann-Kosmos dargestellt.

Wir sind dabei von der Annahme ausgegangen, daß unser heutiger Kosmos zur Planck-Zeit nur die Größe einer *Planck-Blase* mit dem Durchmesser der Planck-Länge $L_{PL} = 10^{-33}$ cm gehabt hat. In ihr herrscht wie beim einfachen Urknall die Planck-Dichte $\varrho_{PL} = 5.2 \cdot 10^{93}$ g cm^{-3}. Jedoch betrug, wie wir schon in Abschn. 6.4.2 gesehen haben, beim einfachen Urknall die Ausdehnung des Kosmos zu dieser Zeit bereits das 10^{30}fache der Planck-Länge. Zur Planck-Zeit kann die Blase als ein Teil des *Raum-Zeit-Schaums* angesehen werden, mit dem Wheeler (1968) den kosmischen Zustand in dieser ganz frühen Epoche ($t \leq t_{PL}$) beschrieben hat. Die innere Struktur dieses „Schaums" sollte dabei die Planck-Länge als charakteristische Ausdehnung haben.

Entsprechend einer Hubble-Zahl von 10^{35} s^{-1} setzt das exponentielle Aufblähen bei $t = 10^{-35}$ s mit einem steilen Anwachsen des Skalenfaktors $R(t)$ ein. Dieser Vorgang muß aber mit dem Phasenübergang bei $t = 10^{-33}$ s beendet sein, um ein rechtzeitiges Einmünden in den Friedmann-Kosmos zu gewährleisten. In Abb. 6.34 haben wir den Friedmann-Kosmos durch die Weltlinie unseres heutigen Quasar-Horizontes (Rotverschiebung $z = 4$) dargestellt. Sie charakterisiert den (durch Beobachtungen der fernsten Objekte) überschaubaren Bereich des Kosmos. Im Zeitbereich haben wir uns auf 10^{-44} s $< t < 10^{12}$ s beschränkt (Strahlungskosmos), weil sich in diesem Bereich alle Urknallmodelle durch einen einheitlichen funktionalen Zusammenhang darstellen lassen, der von der Raumkrümmung hinreichend unabhängig ist.

Ferner haben wir in Abb. 6.34 das Anwachsen des Horizontes durch die langgestrichelte Linie dargestellt. Im Strahlungskosmos wächst der Horizont mit $2c \cdot t$. Man sieht unmittelbar, daß im einfachen Urknallmodell während der strahlungsdominierten Ära zwischen weiten Bereichen des Kosmos kein kausaler Kontakt bestanden haben konnte, der sich ja nur mit höchstens Lichtgeschwindigkeit ausbreiten kann. Das ergibt sich daraus, daß die Quasar-Weltlinie stets oberhalb der Horizontlinie liegt.

6.4.4 Der Zerfall des X-Bosons und das Problem der Antimaterie

Wenn wegen der im Verlauf der Expansion fallenden Temperaturen die Wiederbildung von X-Bosonen in Stößen ihrer Zerfallsprodukte nicht mehr möglich ist, kommt es zu irreversiblen Zerfällen dieser Bosonen in unsymmetrische Reaktionskanäle. Drei Bedingungen sind die Voraussetzung dafür, daß aus einem symmetrischen Anfangszustand mit der Baryonenzahl $B = 0$ eine asymmetrische Situation entsteht (Sakharov 1967; Riotto und Trodden 1999):

1. die Nichterhaltung der Baryonenzahl,
2. die Verletzung der C- und CP-Invarianz,
3. die Abweichung vom thermischen Gleichgewicht.

Die Bedingung (1) folgt unmittelbar z. B. aus der SU(5)-Theorie. Bei vorhandener CP-Invarianz würden Teilchen und Antiteilchen einfach vertauscht, ohne daß ein Überschuß der einen oder anderen Art resultierte. Aber auch, wenn sich infolge (1) und (2) ein Exzeß an Quarks oder Antiquarks herausbildet, könnte er durch die inversen Zerfälle wieder kompensiert werden. Deshalb ist es notwendig, daß die Reaktionsrate kleiner als die Expansionsrate wird, mithin durch die Expansion eine Zeitrichtung ausgezeichnet wird. Infolge der unterschiedlichen Zerfälle der X- und Anti-X-Bosonen kann ca. 10^{-33} s nach Weltanfang eine winzige Differenz bestehen, die die normalen Quarks bevorzugt. Diese Asymmetrie ist abhängig von der Kopplungskonstanten der Feldtheorie und dem Grad der CP-Verletzung.

Um nach dem Zerfall der X-Bosonen einen geringen Überschuß an normaler Materie zu gewährleisten, muß in den jeweiligen Verzweigungsraten der Zerfall des X-Bosons in u-Quarks etwas günstiger sein als der entsprechende Zerfall beim $\overline{X}$ in $\overline{u}$-Quarks. Die Summe der Zerfälle muß natürlich für X und $\overline{X}$ gleich sein. Das führt dann zu einem ganz analogen Überschuß des d-Quarks aus dem Zerfall des $\overline{X}$ gegenüber dem $\overline{d}$ aus dem X-Zerfall. Damit sollte es zu einem winzigen Überschuß an Protonen (u, u, d) gegenüber Antiprotonen ($\overline{u}$, $\overline{u}$, $\overline{d}$) kommen, wenn die Quarks sich zu Hadronen zusammenschließen.

Der asymmetrische X-Bosonen-Zerfall liefert daher eine ganz zwanglose Erklärung für das Fehlen der Antimaterie im heutigen Universum. Wenn im ganz frühen Kosmos Teilchen und Antiteilchen in gleichen Mengen entstanden sind, bleibt nach der späteren Annihilation nur der durch den Zerfall des X-Bosons bewirkte Überschuß an Materie übrig.

6.4.5 Hadronenära

Für Zeiten $t \leq 10^{-6}$ s besteht die Materie aus einem dichten Quark-Lepton-Plasma im jeweiligen momentanen thermodynamischen Gleichgewicht mit den Photonen. Bei $t = 10^{-6}$ s bzw. bei Temperaturen von 10^{13} K (entsprechend einer Energie von 1 GeV) sollte der Übergang des Quark-Lepton-Plasmas in Hadronen erfolgen oder sogar beendet sein. Dieser Phasenübergang und die relevanten Zustandsgleichungen dieser Epoche sind jedoch weitgehend unbekannt (Olive 1991).

Bei Temperaturen unterhalb von 10^{13} K reicht die Teilchenenergie nicht mehr aus, um Protonen und Antiprotonen neu zu bilden. Dadurch kommt es zum Abkoppeln dieser Baryonen. Protonen und Antiprotonen vernichten sich paarweise durch Zerstrahlung. Wenn es keinen Protonenüberschuß gäbe, wäre die kosmische Materie restlos zerstrahlt. Nur dadurch, daß etwa ein Proton aus drei Milliarden Protonen und Antiprotonen keinen Partner findet, kann die normale Materie, die die Grundlage für unsere Existenz bildet, überleben. Nach diesen Vorstellungen ist die heutige Materie des Kosmos und die in ihr gespeicherte Energie nur ein winziger Bruchteil der baryonischen Materie, die 10^{-6} s nach dem Urknall vorhanden war. Die auf der CP-Invarianz-Verletzung beruhende Fähigkeit der Grand Unified Theories zur Überwindung der Symmetrie von Materie und Antimaterie kann also den Schlüssel zur Erklärung des Fehlens von Antimaterie liefern. Darüber hinaus wird auf diese Weise auch die hohe Entropie pro Baryon qualitativ verständlich. Allerdings ist es nicht möglich, durch Vergleich mit der beobachteten Entropie pro Baryon eine Auswahl unter den verschiedenen GUTs zu treffen.

Die Hadronenära ist dadurch gekennzeichnet, daß die Baryonen und Mesonen, die neben der elektromagnetischen und schwachen auch der starken Wechselwirkung unterworfen sind, mit der Strahlung im thermischen Gleichgewicht stehen.

Am Beginn der Hadronenära, als die Temperatur 10^{13} K betrug und die mittlere Energie der Teilchen und Photonen über 1 GeV lag (entspricht der Ruheenergie der Baryonen), konnten sich die schweren Teilchen nach ihrem Zerfall immer wieder regenerieren. Bei $t = 10^{-4}$ s und Temperaturen von ca. 10^{12} K war dann die Energie zu niedrig, um π-Mesonen zu bilden ($T < m_\pi c^2/k$). Mit dem *Aussterben der Pionen* endet die kosmologische Epoche der starken Wechselwirkung.

Zu Beginn des Leptonenzeitalters bei $t = 10^{-4}$ s zerfallen die Pionen in Myonen ($\pi^+ \to \mu^+ + \nu_\mu$, $\pi^- \to \mu^- + \bar{\nu}_\mu$). Am Ende dieser von der schwachen Wechselwirkung bestimmten Ära (zur Zeit $t \approx 1$ s) ist die Temperatur auf $T = 10^{10}$ K gesunken, so daß die Elektron-Positron-Annihilationen ($e^+ + e^- \to \nu_\mu + \bar{\nu}_\mu$, $e^+ + e^- \to 2\gamma$) nicht mehr durch Erzeugungsvorgänge kompensiert werden können.

6.4.6 Leptonenära

Wie wir gesehen haben, verbleibt nach der Annihilation von Baryon-Antibaryon-Paaren ein geringer Rest an baryonischer Materie, der die heute in den Atomkernen gespeicherte Materie des Weltalls bildet. Nukleonen, Elektronen, Positronen, Myonen, Neutrinos und Photonen bilden ein *quasineutrales Plasma* im jeweiligen momentanen thermischen Gleichgewicht. Die Wechselwirkung zwischen $e^\pm$ und Photonen besteht in Compton-Streuung

$$\gamma + e^\pm \to \gamma + e^\pm \, . \tag{6.189}$$

Die Zeitskala zum Erreichen des thermischen Gleichgewichtes beträgt

$$\tau_{\gamma e} \approx (N_e \cdot \sigma_T \cdot c)^{-1} \approx 10^{-21} \, \text{s} \, ,$$

wobei σ_T der Thomson-Querschnitt und N_e die Anzahldichte der Elektronen ist. Wegen $\tau_{\gamma e} \ll \tau_{\exp}$ haben beide Komponenten, Elektronen und Photonen, die gleiche Temperatur. Hier ist $\tau_{\exp} = R(t)/\dot{R}(t)$ die für die kosmische Expansion charakteristische Zeitskala. In dieser heißen Phase bekommt das Photonengas eine Planck-Verteilung aufgeprägt, die sich im Laufe der Expansion erhält und heute der Temperatur von etwa 3 K entspricht. Die Leptonenära endet mit der Zerstrahlung der Elektron-Positron-Paare bei einem Weltalter von 1 s, wobei der Überschuß an Elektronen überlebt.

Das Gleichgewicht zwischen Elektronen und *Neutrinos* wird über Reaktionen der Art $e^+ + e^- \to \nu_e + \bar{\nu}_e$ aufrechterhalten. Kurz vor Ende der Leptonenära koppeln auch die Neutrinos aus, denn bei Temperaturen $T \leq 10^{11}$ K wird $\tau_{ev} > \tau_{\exp}$ mit $\tau_{ev} = (N_e \cdot \sigma_{ve} \cdot c)^{-1} \approx 10^{-3}$ s und einem Wirkungsquerschnitt der Größenordnung $\sigma_{ve} \approx 10^{-42}$ cm^2. Bei der anschließenden Elektron-Positron-Paarvernichtung wird Entropie auf die Photonen übertragen, aber nicht auf die entkoppelten Neutrinos.

Zwischen Photonen- und Neutrinotemperatur stellt sich daher das Verhältnis ein (für masselose Neutrinos, siehe unten):

$$\frac{T_{\text{ph}}}{T_{\nu}} = \left(\frac{11}{4}\right)^{1/3} = 1.40 \tag{6.190}$$

(Kolb und Turner 1990). Die heutige Temperatur der Neutrinos beträgt demnach etwa 1.95 K. Ihre heutige Anzahldichte ist $N_{\nu,0} = (3/11) \cdot N_{\text{ph},0}$ für jede der drei Neutrinoarten, also insgesamt etwa 340 cm^{-3}.

Das Neutrinosubstrat weist auf Grund des vorherigen thermodynamischen Gleichgewichts eine Fermi-Verteilung auf, die während der Expansion ihre Form behält

$$N_{\nu_e}(E, t) = \frac{4\pi}{c^3} \frac{E^2}{h^2} \frac{1}{e^{E/kT(t)} - 1}. \tag{6.191}$$

N_{ν_e} ist die Anzahldichte der ν_e bei der Energie E.

Ursprünglich war angenommen worden, daß Neutrinos masselose Teilchen sind, doch mehren sich die Theorien und Beobachtungen, die auf eine nichtverschwindende Neutrinomasse hinweisen. Die Konsequenz wäre ein Beitrag zur mittleren Dichte der (nichtbaryonischen!) Materie. Eine Neutrinomasse $m_\nu > 0$ wird nahegelegt durch die Beobachtung solarer Neutrinos, doch ist es noch völlig offen, welche Massen den drei Neutrinospezies zuzuordnen sind (s. Tab. 6.1).

Falls die Neutrinomasse $m_\nu = 0$ ist, sinkt die zugehörige Temperatur proportional R^{-1} auf einen heutigen Wert von 1.95 K. Diese Gesetzmäßigkeit gilt für massive Neutrinos nur, solange sie relativistisch sind. Nach dem Übergang in ein nichtrelativistisches Gas bei $kT \approx m_\nu c^2$ sinkt die Temperatur des Neutrinosubstrates mit R^{-2} ab. Bei einer Neutrinomasse von 30 eV ergäbe sich dann ihre heutige Temperatur zu ≈ 0.005 K. Das hieße aber, daß ihre heutigen Geschwindigkeiten bei ca. 10 km/s liegen würden. Durch gravitative Wechselwirkung mit Galaxien würden sie aber wohl tatsächlich Geschwindigkeiten von 250–300 km/s erreichen. Unter der Annahme von drei Neutrinoarten mit einer mittleren Masse $\overline{m} = 20$ eV ergäbe sich eine Dominanz der Neutrino-Massendichte gegenüber der baryonischen Materie (vgl. Abb. 6.10)!

Der Nachweis der kosmologischen Neutrino-Hintergrundstrahlung wäre ein weiteres direktes Indiz für das Modell der heißen Anfangsphase des Kosmos. Das Problem ist der äußerst kleine Wirkungsquerschnitt für die heute sehr niederenergetischen kosmologischen Neutrinos, deren Energie mit $E_\nu \approx 10^{-3}$ eV weit unterhalb der mittleren Energie $E_\nu \approx 1$ MeV der solaren Neutrinos liegt.

Nach Einfrieren der Baryonenzahl und der Leptonenzahl ist die materielle Beschaffenheit des Universums festgelegt. Von dieser Zeit $t \approx 1$ s an erfolgt die physikalische Weiterentwicklung des Weltalls unter der Randbedingung der Baryonen- und Leptonenzahlerhaltung, d.h. die Baryonenzahldichte N_B und die drei Leptonenzahldichten N_e, N_μ und N_τ bleiben im mitbewegten Volumenelement erhalten:

$$N_B \cdot R^3(t) = \text{const.}$$
$$N_e \cdot R^3(t) = \text{const.}$$
$$N_\mu \cdot R^3(t) = \text{const.}$$
$$N_\tau \cdot R^3(t) = \text{const.} \tag{6.192}$$

Prinzipiell sind die ein Weltmodell der Friedmann-Lemaître-Lösungen charakterisierenden Anfangswerte von N_B, N_e, N_μ und N_τ für eine gegebene Temperatur jedoch unbekannt.

Die gewöhnliche, Asymmetrien in der Materie-Antimaterie-Verteilung zulassende Annahme ist $N_B \approx N_e$, $N_\mu \approx 0$, $N_\tau \approx 0$ und Kleinheit aller dieser Dichten gegenüber der Photonendichte N_{ph}. Eine verschwindende τ- und μ-Leptonenzahldichte schließt daher nicht etwa τ- und μ-Neutrinos als Bestandteil der primordialen Materie aus: Im Gleichgewicht werden gleiche Beiträge von τ- und μ-Neutrinos und Anti-Neutrinos erzeugt, die beim Ausfrieren aus dem thermischen Gleichgewicht wegen der geringen Reaktionsraten nicht annihilieren, sondern als wechselwirkungsfreies Neutrinogas neben dem Photonengas zur gravitationsfelderzeugenden Materie beitragen. Die Lage ist für die Elektron-Neutrinos ganz ähnlich, da die durch eine kleine Leptonendichte N_e hervorgerufenen Änderungen der Neutrino-Gleichgewichtsdichten nicht ins Gewicht fallen. Andere Anfangsbedingungen, z.B. $N_{\mu,\tau} \gg N_{ph} \gg N_B \approx N_e$, liefern einen Kosmos mit entarteten Neutrinos.

6.4.7 Elementsynthese im frühen Kosmos

Aus den Baryonen, die zunächst nur in Form von Neutronen und Protonen vorliegen, bilden sich bei Temperaturen unter 10^9 K leichte Atomkerne: H-, He-, Li-, Be- und B-Kerne. Die Teilchendichte liegt in dieser Zeit bei etwa 10^{18} bis 10^{20} cm^{-3}. Elemente, die schwerer sind als ^{4}He, sind mit Ausnahme von ^{7}Li und ^{7}Be, die allerdings die seltenen Wechselwirkungspartner ^{3}H und ^{3}He benötigen, nicht möglich, da die Zwischenschritte über instabile Kerne ($A = 5$ und 8) laufen müßten. Das Ergebnis der Nukleosynthese ist in Abb. 6.5 und 6.6 in Abschn. 6.2.5 erläutert.

Zusammenfassend läßt sich sagen, daß die Häufigkeit der abgebildeten Elemente von folgenden Faktoren abhängt.

1. Die Nukleonendichte N_B bestimmt die Reaktionsrate.
2. Das anfängliche Zahlenverhältnis von Neutronen zu Protonen ist abhängig von der Massendifferenz $m_n - m_p$ und der Lebensdauer des freien Neutrons.
3. Die Expansionsrate wird bestimmt durch die Energiedichte, zu der auch die Energiedichten von Leptonen beitragen, d.h. man kann mit Hilfe der primordialen Nukleosynthese Informationen über die Anzahl der Quark-Lepton-Familien bekommen.
4. Entartete Neutrinos: Eine hohe kritische Neutronenkonzentration kann durch die Existenz einer großen Zahl entarteter Anti-Elektron-Neutrinos erreicht werden, die die Neutronenbildung begünstigt und zu einer hohen Heliumproduktionsrate führt. Außerdem bewirken entartete Neutrinos eine Zunahme der Expansionsrate.

Während der Leptonenära sind Protonen und Neutronen etwa gleich häufig vertreten. Elektronen, Positronen und das Strahlungsfeld sind über die Reaktionen

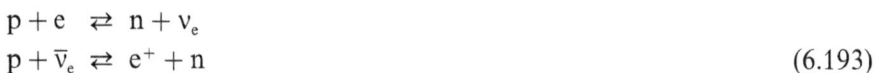

$$p + e \;\rightleftarrows\; n + \nu_e$$
$$p + \bar{\nu}_e \;\rightleftarrows\; e^+ + n \tag{6.193}$$

im Gleichgewicht. Der Wirkungsquerschnitt für diese Reaktionen ist energieabhängig ($\propto E^2$) und liegt für 10^{10} K und eine Dichte von 10^{30} cm^{-3} bei 10^{-43} cm^2. Ein geringer Häufigkeitsunterschied geht auf die etwas größere Masse des Neutrons zurück

$$\frac{N_n}{N_p} = e^{-\frac{(m_n - m_p)c^2}{kT}} \,. \tag{6.194}$$

Darin bedeuten $m_n - m_p = 1.293\,\text{MeV}/c^2$ die Massendifferenz und T die Temperatur.

Die Reaktionszeitskala liegt bei $\tau_{n \to p} \approx (\sigma_{n \to p} \cdot N_n \cdot c)^{-1} \approx 10\,\text{s}$. Sie skaliert mit der Temperatur ($\propto T^{-5}(t)$). Da die Zeitskala der Expansion $\tau_{exp} = R(t)/\dot{R}(t) \approx T^{-2}$ langsamer abfällt, ist für Temperaturen $T < 10^{10}\,\text{K}$ die Zeitskala zur Aufrechterhaltung des Gleichgewichtes der Reaktionen (6.193) nicht mehr gegeben. Detaillierte Rechnungen ergeben für das Anzahlverhältnis von Neutronen zu Protonen $N_n/N_p \approx 0.1 \ldots 0.2$. Das Verhältnis N_n/N_p ist ein wesentlicher Anfangsparameter für die nun einsetzende *Epoche der kosmologischen Nukleosynthese*.

Analog zu der Kernfusion im Sterninnern kann bei den hohen Temperaturen der Anfangsphasen die thermische Energie der Nukleonen deren Coulomb-Abstoßung überwinden: *Fusion im Urknall*. Verglichen mit der Fusion im Sonnenzentrum ($T \approx 10^7\,\text{K}$, $N_B \approx 10^{26}\,\text{cm}^{-3}$) ist im Urknall dagegen bei $T \approx 10^7\,\text{K}$ nur

$$N_B \approx (10^{-8} \ldots 10^{-10}) \cdot N_{ph} \approx 2 \cdot (10^{14} \ldots 10^{12})\,\text{cm}^{-3}\,,$$

da $N_{ph}(10^7\,\text{K}) \approx 20.3 \cdot 10^{21}\,\text{cm}^{-3}$; die Dichte ist also viel niedriger! Deshalb ist die Urknallfusion bei $T \approx 10^7\,\text{K}$ viel zu langsam, höhere Temperaturen (und damit höhere Dichten) sind notwendig. Oberhalb von $T \approx 10^9\,\text{K}$ bringt aber der erste Aufbauschritt ($n + p \to d + \gamma$) nur eine geringe d-Konzentration, weil wegen der geringen Bindungsenergie des Deuterons $d \equiv {}^2H$ von $2.2\,\text{MeV}$ jedes d schneller wieder thermisch zerstört wird, so daß die nächsten Schritte (z.B. $d + d \to {}^3H + p$, ${}^3H + d \to {}^4H + n$) nicht erfolgen können. Deshalb setzt die d-Bildung (und die anschließende He-Bildung) bei $T \approx 10^9\,\text{K}$ ziemlich schlagartig ein, also bei Dichten $N_B \approx (10^{18} \ldots 10^{20})\,\text{cm}^{-3}$ (etwa Luftdichte!). Weil diese Dichten zu niedrig sind, um Dreierstöße zu ermöglichen, können sich kaum Elemente schwerer als ${}^4He$ bilden, denn die Zwischenschritte müssen über Zweierstöße, im allgemeinen über instabile Kerne (bei Nukleonenzahlen $A = 5$ und 8), laufen. Bei Ausnahmen, z.B. ${}^3H + {}^4H \to {}^7Li + \gamma$ oder ${}^3He + {}^4He \to {}^7Be + \gamma$, sind die seltenen Partner ${}^3H$, ${}^3He$ notwendig.

Einerseits durften nicht zu viele hochenergetische Photonen vorhanden sein, die sofort jeden eben gebildeten ${}^2H$-, ${}^3H$-, ${}^3He$- oder ${}^4He$-Kern wieder zerschlagen hätten, andererseits mußten die Photonen aber heiß, d.h. energiereich genug sein, um die Coulomb-Barriere zu durchschlagen. Ebenso mußte der Zeitraum kleiner sein als die Zerfallszeit des Neutrons. Allerdings verschiebt der β-Zerfall das ursprüngliche Verhältnis von Neutronen zu Protonen noch weiter, nämlich von 1/5 auf ca. 1/7. Unter den gegebenen Voraussetzungen begannen nach etwa 90 s die Fusionsprozesse. Insgesamt kann man bei der kosmologischen Nukleosynthese drei Etappen unterscheiden:

1. Die Reaktionen gemäß Gl. (6.193) zwischen Neutronen, Protonen, Neutrinos, Elektronen und Positronen und der β-Zerfall des freien Neutrons

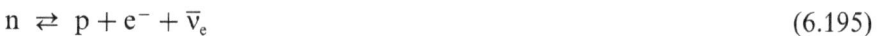

$$n \rightleftarrows p + e^- + \bar{\nu}_e \tag{6.195}$$

legen im Zusammenhang mit der Expansionsrate das Verhältnis N_n/N_p fest.

2. Die zweite Phase ist durch den Deuteronen-Engpaß, entsprechend der Reaktion

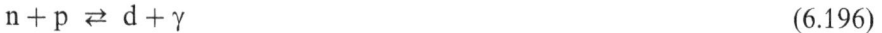

$$n + p \rightleftarrows d + \gamma \qquad (6.196)$$

gekennzeichnet.

3. Danach kommt es zu weiteren Fusionsschritten:

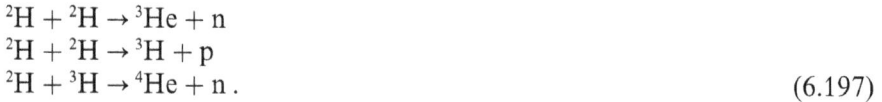

$$^2H + {}^2H \rightarrow {}^3He + n$$
$$^2H + {}^2H \rightarrow {}^3H + p$$
$$^2H + {}^3H \rightarrow {}^4He + n \, . \qquad (6.197)$$

Die Entstehung der Elemente schwerer als ^{4}He (mit der angesprochenen Ausnahme von ^{7}Li und ^{7}Be) begann erst viel später in den Fusionsreaktoren der ersten Sterne.

6.4.8 Rekombination des Plasmauniversums

Das Wasserstoff-Helium-Plasma bleibt in Wechselwirkung mit dem Photonengas bis zum Zeitpunkt der Bildung von neutralem Wasserstoff und Helium. Der Prozeß, der die freien Elektronen bindet, ist $p + e^- \rightarrow H + $ Photon, d.h. die Bildung von neutralen Wasserstoffatomen. Ist die Temperatur unter die Ionisierungsenergie des Wasserstoffs gefallen, konvergiert der Ionisierungsgrad des kosmischen Plasmas gegen Null. Es bilden sich neutrale Atome und die freie Weglänge der Photonen liegt in der Größenordnung des kosmischen Horizontes:

$$l_{ph} = \frac{1}{n_e \sigma_T} \le d_H \, . \qquad (6.198)$$

Dabei ist n_e die Elektronenkonzentration und σ_T der Wirkungsquerschnitt für Thomson-Streuung. Das bedeutet, der Weltraum klart auf, das Universum wird durchsichtig. Allerdings erfolgt die Rekombination nicht schlagartig bei der Temperatur, die der Ionisierungsenergie $B = 13.6$ eV $\cong 15.8 \cdot 10^4$ K von Wasserstoff entspricht. Der Ionisierungsgrad im Gleichgewicht wird durch die Saha-Gleichung beschrieben:

$$\frac{x^2}{1-x} = \frac{(2\pi m_e kT)^{3/2}}{n(2\pi\hbar)^3} e^{-B/kT} \qquad (6.199)$$

(vgl. Peebles 1993), wobei $x = n_e/n = n_e/(n_p + n_H)$ hier der Bruchteil der ionisierten (Wasserstoff-)Atome ist. Gleichgewichtsionisation mit $x = 0.5$ wird erst erreicht bei ca. $3.7 \cdot 10^3$ K $\cong 0.32$ eV. Der exakte Wert hängt von der Baryonendichte n (häufig ausgedrückt durch $\Omega_B h_0^2$) ab. Kleinere Korrekturen ergeben sich auch durch die Berücksichtigung von Nicht-Gleichgewichtsprozessen und der Beimischung von Helium-Atomen (s. z.B. Seager et al. 2000). Die Rekombination erfolgt gemäß $1 + z_{rec} = T_{rec}/T_0$ bei einer Rotverschiebung $z_{rec} \approx 1400$.

Kurz nach der Rekombination ist unser Universum also ein Gemisch von neutralen Atomen (dem *Wasserstoff-Helium-Gas*), einer *thermischen Photonenverteilung*, den *Neutrinos* und einem Anteil von nicht elektromagnetisch wechselwirkender *Dunkler Materie*, die nur über die Gravitation mit Photonen, Leptonen und Baryonen in Wechselwirkung steht.

Etwa gleichzeitig mit der Rekombination, aber logisch davon unabhängig, ist ein weiterer entscheidender Vorgang in der kosmischen Evolution. Die Energiedichte der Strahlung hat sich so weit verringert, daß sie in die gleiche Größenordnung wie die Energiedichte der Materie kommt ($\varrho_s \propto R^{-4}$, $\varrho_m \propto R^{-3}$). Von diesem Zeitpunkt an ist Materie die dominierende Erscheinungsform im Universum. Die Rotverschiebung z_{eq}, bei der dieser Übergang passiert, läßt sich nach Gln. (6.48) und (6.49) angeben

$$1 + z_{eq} = \frac{R_0}{R_{eq}} = \frac{\varrho_{m,0}}{\varrho_{s,0}} = \frac{18.8 \cdot 10^{-30}\ \mathrm{g\ cm^{-3}} \cdot h_0^2 \cdot \Omega_0}{0.466 \cdot 10^{-33}\ \mathrm{g\ cm^{-3}}} \approx 40\,000\ h_0^2 \cdot \Omega_0 \, . \tag{6.200}$$

Betrachtet man die derzeit diskutierten Werte für die heutige Materiedichte (Tab. 6.1 und Tab. 6.3) erhält man Rotverschiebungen z_{eq} von einigen hundert bis einigen tausend (*Zahlenbeispiele*: Für $\Omega_0 \cdot h_0^2 = 0.4$ ist $z_{eq} \approx 16000$, $T_{eq} \approx 44000\ \mathrm{K}$ und $t_{eq} \approx 3900$ Jahre. $\Omega_0 \cdot h_0^2 = 0.2$ liefert $z_{eq} \approx 8000$, $T_{eq} \approx 22000\ \mathrm{K}$ und $t_{eq} \approx 16000$ Jahre, $\Omega_0 \cdot h_0^2 = 0.02$ ergibt $z_{eq} \approx 800$, $T_{eq} \approx 2200\ \mathrm{K}$ und $t_{eq} \approx 1.5$ Millionen Jahre. Bei der Berechnung der kosmischen Zeit wurde ein Strahlungskosmos zugrundegelegt.)

Ein Vergleich der beiden Zeitpunkte zeigt, daß die Rekombination bei hoher heutiger Materiedichte bereits im strahlungsdominierten Kosmos stattgefunden hat, bei niedriger Materiedichte erst im materiedominierten Kosmos. Sie fallen zusammen, wenn $\Omega_0 \cdot h_0^2 \approx 0.035$.

Infolge der Aufhebung des elektromagnetischen Strahlungsdrucks durch die Abkopplung der Photonen ist in der Folgezeit die Bildung von Galaxien und Galaxienhaufen aus schon vorhandenen Dichtestörungen möglich. Die gravitative Wechselwirkung regiert die Entstehung von Materiekondensationen und inszeniert die Strukturierung der Welt. Zum anderen schafft die Expansion mit der daraus resultierenden Abkühlung die Voraussetzung, daß die bei der Entstehung der Strukturen freiwerdende Bindungsenergie an den kalten Weltraum abgeführt werden kann.

6.4.9 Die Frühzeit des Materiekosmos

Nachdem das Universum mit der Rekombination für die elektromagnetische Strahlung durchsichtig wurde, gab es also ein Gemisch aus neutralen Atomen, Dunkelmaterie sowie eine thermische Photonenverteilung. Diese hätte das Weltall für einen menschlichen Beobachter hell erleuchtet, denn das Strahlungsspektrum von einigen tausend Kelvin entspricht ja etwa dem des Sonnenlichtes. Zu sehen gab es allerdings nicht viel, da die baryonische Materie noch sehr homogen verteilt war. Ihre Dichte betrug bei $z = 1000$ ungefähr $10^{-21}\ \mathrm{g\ cm^{-3}}$, also etwa 10^9 Nukleonen pro Kubikmeter. Das Licht wurde weiter zu größeren Wellenlängen verschoben, schließlich glühte das Weltall in tiefem rot, bevor es dunkel wurde. Erst die Quasare und frühen Sterne erhellten das Weltall wieder (im sichtbaren Licht). Diese Dunkelheit, während der sich die ersten Strukturen formten, bezieht sich nicht nur auf die (hypothetische) Beobachtung im sichtbaren Licht, sondern auch auf unsere Kenntnisse aus dieser Zeit. Moderne Teleskope, insbesondere Infrarotteleskope für das kalte Universum und Röntgenteleskope für das heiße Universum, sind dabei, in diese Zeiten und Räume vorzudringen (vgl. Kap. 5, Abb. 5.66).

Sicher ist, daß sich in diesem dunklen Zeitalter die großräumigen Strukturen entwickelt haben. Wie aber aus einer nahezu homogenen Materieverteilung die heute beobachteten Galaxien und Galaxienhaufen entstanden sind, ist in vielen Punkten noch ungeklärt. In der derzeit plausibelsten Theorie spielt nichtbaryonische Dunkelmaterie eine entscheidende Rolle. Verschiedene Kandidaten für die Dunkelmaterie, die bezogen auf ihre thermische Energie im Verhältnis zu den Gravitationspotentialen als „kalt", „warm" oder „heiß" bezeichnet werden, werden diskutiert. Die Dynamik wird zudem beeinflußt durch den Photonenhintergrund und die kosmologische Konstante, die die Expansionsrate mitbestimmt.

Die Beschreibung, wie sich eine Inhomogenität in baryonischer (eigentlich: elektromagnetisch und gravitativ wechselwirkender) Materie verhält, geht zurück auf die Arbeiten von James Jeans aus dem Jahre 1902. Er betrachtete in einer *statischen* Materieverteilung die Wechselwirkung zwischen Gravitation, die zur Kontraktion führt, und dem Gasdruck, der dem entgegenwirkt. Es bilden sich Schwingungen, die eine Inhomogenität auseinanderlaufen lassen, es sei denn, die Gesamtmasse überschreitet als kritischen Wert die sogenannte Jeans-Masse

$$M_J = \frac{4\pi}{3} N m_H v_S^3 \left(\frac{\pi}{G(\varrho + p/c^2)} \right)^{3/2} \tag{6.201}$$

(m_H = Masse eines Wasserstoffatoms, N deren Anzahldichte, v_S = Schallgeschwindigkeit), dann überwiegt die Gravitation und die Dichtefluktuation kollabiert. 1946 zeigte Lifshitz in einer relativistischen Betrachtung, daß auch in einem expandierenden Kosmos die *Jeans-Masse* die für den Kollaps entscheidende Größe ist.

Bei Vernachlässigung des Druckterms und mit der Skalierung auf Sonnenmassen folgt aus Gl. (6.201) die Jeans-Masse in Newtonscher Näherung

$$\frac{M_J}{M_\odot} = 6.94 \cdot 10^{-10} \left(\frac{\text{kg}}{\text{K}^3 \text{m}^3} \right)^{\frac{1}{2}} \cdot \sqrt{\frac{T^3}{\mu^3 \cdot \varrho}}, \tag{6.202}$$

wobei μ das Molekulargewicht ($\frac{1}{2}$ für Wasserstoff, $\frac{4}{3}$ für Helium) der Gaswolke ist. Man sieht daran, daß bei kleiner Dichte und hoher Temperatur Objekte großer Masse instabil werden (Galaxienentstehung), während bei großer Dichte und niedriger Temperatur kleine Massen (Sternentstehung) unter der Wirkung der Gravitation kollabieren.

Eine lokale Überdichte, definiert über den relativen Dichtekontrast

$$\delta = \frac{\varrho - \overline{\varrho}}{\overline{\varrho}} = \frac{\Delta \varrho}{\overline{\varrho}} \tag{6.203}$$

(wobei $\overline{\varrho}$ die mittlere Dichte im Universum ist), wächst allerdings in expandierenden Modellen langsamer als im statischen Fall, wo sie, z.B. bei der Sternentstehung, exponentiell mit der Zeit zunimmt.

Der Wert der Jeans-Masse ändert sich während der kosmischen Expansion, da er von der Schallgeschwindigkeit im Medium abhängt. In Abb. 6.35 ist sein Verlauf in Abhängigkeit von der Strahlungstemperatur T_S dargestellt. Er stieg in der strahlungsdominierten Phase auf etwa 10^{18} Sonnenmassen an, also auf ein Vielfaches der Masse einer Galaxie ($M_{gal} \approx 10^{11} - 10^{12} M_\odot$). Diese Masse ist vergleichbar mit der Masse innerhalb des Horizontes. Eine Materie-Überdichte $M < M_J$ während dieser Zeit begann zu schwingen, sie konnte nicht weiter kontrahieren. Unterhalb einer kritischen Massenskala M_D wurde sie sogar durch das Strahlungsfeld ausgeglichen,

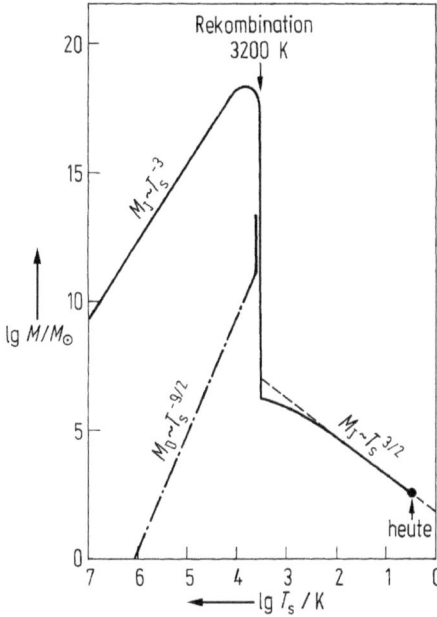

Abb. 6.35 Änderung der Jeans-Masse M_J adiabatischer Dichteinhomogenitäten während der kosmischen Expansion, dargestellt als Funktion der Strahlungstemperatur T_s des Kosmos. M_D ist die Massenskala der im Strahlungskosmos weggedämpften Fluktuationen. Die kritische Masse M_D wird durch Prozesse während der Rekombination noch um ein bis zwei Größenordnungen erhöht, d. h. nur Massekonzentrationen mit $M_D > 10^{13} M_\odot$ können die Rekombinationsphase überleben.

da aufgrund der Thomson-Streuung der Photonen an den freien Elektronen Materie und Strahlung miteinander gekoppelt waren

$$\frac{\Delta\varrho_S}{\varrho_S} = \frac{4}{3}\frac{\Delta\varrho_m}{\varrho_m}. \tag{6.204}$$

Diese kritische Massenskala M_D wurde vermutlich durch dissipative Prozesse während der Rekombination um weitere ein bis zwei Größenordnungen erhöht. Die Rekombination des Protonen-Elektronen-Plasmas zu neutralem Wasserstoffatom bei etwa 3600 K markiert einen Umbruch: die Schallgeschwindigkeit und damit die Jeans-Masse sinkt drastisch, eine Überdichte kann beginnen zu kollabieren, der Dichtekontrast δ wächst.

Die weitere Entwicklung dieses Dichtekontrastes Gl. (6.203) wird durch die 1957 von Bonnor mit linearer Störungstheorie abgeleitete Differentialgleichung (mit der Randbedingung Druck $p = 0$)

$$\ddot{\delta} + 2\frac{\dot{R}}{R}\dot{\delta} - 4\pi G\varrho\delta = 0 \tag{6.205}$$

beschrieben. Sie bestimmt das Verhalten des Dichtekontrastes, bis $\delta \approx 1$ erreicht ist. Anschließend beschleunigen nichtlineare Effekte den Kollaps (siehe auch Gl.

(6.76)) auf den heutigen Wert von ca. $\Delta\varrho/\varrho \approx 10^6$. Im Einstein-de Sitter-Modell ($k = 0$, $\Lambda = 0$) lautet die (anwachsende) Lösung:

$$\delta \propto t^{2/3} \quad \text{bzw.} \quad \delta = \propto R \propto 1/(1+z)\,. \tag{6.206}$$

Der Anfangswert, der Dichtekontrast zur Zeit der Rekombination, läßt sich für adiabatische Fluktuationen aus der gemessenen Anisotropie der Hintergrundstrahlung bestimmen:

$$\frac{1}{3}\left(\frac{\Delta\varrho}{\varrho}\right)_{\text{rec}} = \frac{\Delta T_S}{T_S} \approx 10^{-5}\,. \tag{6.207}$$

Da man inzwischen Quasare, die sich nach heutiger Vorstellung durch Akkretion von interstellarem Gas in den Zentren von Galaxien gebildet haben, schon bei Rotverschiebungen von über 5 beobachtet, sollte spätestens zu diesem Zeitpunkt der Gravitationskollaps eingetreten sein. Der Zeitraum, der für die Galaxienentstehung zur Verfügung steht, liegt also, ausgedrückt durch die Rotverschiebung, zwischen etwa $z \approx 1000$ und $z \approx 5$. Im Einstein-de Sitter-Modell ist nach Gl. (6.206) die Zeitspanne viel zu kurz, um die geforderte Verstärkung des Dichtekontrastes von ungefähr 10^5 zuzulassen. In Friedmann-Lemaître-Modellen kann der Dichtekontrast aufgrund der Phase verlangsamter Expansion um eine bis mehrere Größenordnungen schneller anwachsen!

Dunkelmaterie vereinfacht das Problem der Galaxienentstehung erheblich. Das Wachstum von Dichtefluktuationen in einem Medium aus nicht elektromagnetisch wechselwirkenden Teilchen (z.B. Neutrinos mit Ruhemasse oder „exotische" Teilchen) kann bereits einsetzen, sobald der Horizont (Hubble-Radius) die Ausdehnung dieser Inhomogenität überschreitet. Die Dunkelmaterie formt so schon früh Potentialtöpfe, in denen sich die baryonische Materie nach der Rekombination, wenn der Druck durch die Strahlung entfällt, sammelt. Diese Argumentation liefert derzeit die stärkste Motivation für die Existenz von kalter nichtbaryonischer Dunkelmaterie auf kosmologischen Skalen.

Als Ausgangspunkt für ein Anwachsen von Inhomogenitäten muß frühzeitig ein Dichtekontrast-Spektrum im Weltall vorhanden gewesen sein. Über deren Herkunft gibt es nur Vermutungen. Sicher ist, daß statistische Schwankungen im atomaren Bereich nicht in Frage kommen. Sie würden bei einer Dichtefluktuation mit der Masse einer durchschnittlichen Galaxie, also bestehend aus etwa 10^{68} Baryonen, einen Dichtekontrast von $\Delta\varrho/\varrho \approx 10^{-34}$ erzeugen, der viel zu klein ist, um in angemessenen Zeiten auf den heutigen Wert verstärkt werden zu können.

Die einfachste physikalisch begründbare Hypothese über das Spektrum der primordialen Inhomogenitäten in der Energiedichte des kosmischen Substrats befolgt ein schon von Harrison (1970) und Zel'dovich (1972) vorgeschlagenes Gesetz:

$$\mu(t_{\text{H}}) = A \cdot \left(\frac{M_{\text{H}}}{M_\odot}\right)^{-\alpha_{\text{H}}} \tag{6.208}$$

$\mu(t_{\text{H}})$ bezeichnet die Größe der Energiedichte-Störung in dem Moment, in dem sie auf der Skala des kosmischen Horizontes erscheint. $M_\odot$ ist eine Bezugsmasse und A quantifiziert die Amplitude. Für $\alpha_{\text{H}} > 0$ divergieren die Störungen in der Dichte auf kleinen Skalen und für $\alpha_{\text{H}} < 0$ divergieren sie auf großen Skalen. Wenn $\alpha_{\text{H}} = 0$

ist, gelangt man zum sogenannten „skalenfreien" *Harrison-Zel'dovich Spektrum*. Die Umrechnung auf das zur Zeit t (nach der Rekombination) beobachtbare Dichtekontrast-Spektrum liefert (Goenner 1994):

$$\frac{\delta \varrho}{\varrho}(t) = \overline{A} \cdot \left(\frac{M_{\mathrm{H}}}{M_{\odot}}\right)^{\alpha} \tag{6.209}$$

mit

$$\alpha = \frac{2}{3} - \alpha_{\mathrm{H}} . \tag{6.210}$$

Der Fall des Harrison-Zel'dovich-Spektrums entspricht $\alpha = 0$. Quantenfluktuationen und Inflationstheorie sagen ein solches anfängliches Fluktuationsspektrum voraus, die Amplitude ist aber nicht eindeutig durch die Theorie festgelegt.

Quantitativ wird die Entwicklung der dunklen Materie durch N-Körper-Simulationen berechnet. Man kann so zwar nicht die tatsächlich beobachtete Verteilung von Galaxien in der Umgebung der Milchstraße simulieren, sondern untersucht mit statistischen Methoden, ob die simulierte Verteilung mit der beobachteten übereinstimmt. Die „Beobachtungsgröße" ist die Korrelationsfunktion (z. B. Peebles 1993, vgl. auch Kap. 5). Die Zweipunktkorrelation $\xi(r)$ wird definiert durch die Wahrscheinlichkeit

$$\delta P_{12} = n^2 (1 + \xi(r)) \, \delta V_1 \, \delta V_2 \tag{6.211}$$

bei einer mittleren Anzahldichte n von Galaxien in jedem der im Abstand r befindlichen infinitesimalen Volumina δV_1 und δV_2 ein Objekt zu finden. Durch Vergleich zwischen simulierten und beobachteten Daten lassen sich die Modellparameter anpassen.

Auch „*kosmische Strings*" werden als Initiatoren der Galaxienentstehung diskutiert. Es handelt sich bei diesen Objekten um unsichtbare, fadenartige und evtl. supraleitende Gebilde, die in verschiedenen Elementarteilchentheorien als Fehlstellen im Universum postuliert werden, die bei den Phasenübergängen innerhalb der ersten Sekunden nach dem Urknall entstanden sind. Mit ihrer großen Masse von vermutlich bis zu 10^{21} g/cm wären sie eine mögliche Keimzelle für die Galaxienentstehung.

Zu den ältesten Objekten, die wir beobachten können, gehören die **Quasare**, die zu den aktiven Kernen von Galaxien (AGN) gezählt werden. Sie waren früher deutlich häufiger als heute, gerade so, als ob es eine Quasar-Epoche gegeben hätte: Bei Rotverschiebungen zwischen 2 und 4 ist ihre Anzahldichte mehr als hundert mal so groß wie heute. Eine zwanglose Interpretation liefert die Vorstellung, daß sie sich im Rahmen der Galaxienentstehung durch den Kollaps der Zentralregion einer rotierenden Protogalaxie von etwa 10^6 bis 10^{12} Sonnenmassen gebildet haben, während sich der Rest zur Galaxienscheibe entwickelte. In der Zentralregion formte sich eine Akkretionsscheibe um einen supermassiven Kern, der möglicherweise aus einem Schwarzen Loch besteht (Einen kritischen Überblick über das Schwarze-Loch-Modell und mögliche Alternativen geben Blome und Kundt 1989). Voraussetzung ist also neben der Existenz des supermassiven Kerns auch, daß genügend Material, das akkretiert werden kann, zur Verfügung stand. Gas war in der Frühzeit des Universums reichlich vorhanden, es besitzt jedoch typischerweise Drehimpuls, der verhindert, daß es in das Innere der Potentialtöpfe gelangt. Aber es gab häufig Wechselwirkungen zwischen den Galaxien, deren Abstände damals beträchtlich kleiner waren als heute und die zusammenstießen oder sogar verschmolzen. Sie verursachten Störungen, die die Bahnbewegungen des Gases beeinflußten und den Quasaren ermöglichten, ihre Energie zu produzieren. Später wurden diese Wechselwirkungen seltener und die Galaxien wandelten einen Großteil ihres Gases in Sterne um. Man geht heute davon aus, daß in den Zentren vieler Galaxien (auch in unserer eigenen) noch ein Schwarzes Loch existiert, das aber „hungert", da kein Material zur Akkretion mehr zur Verfügung steht.

Aufgrund ihres Alters und ihrer Entfernungen sind Quasare prädestiniert für kosmologische Analysen. Aus der Analyse des Ly α-forest lassen sich Aussagen über die Verteilung des neutralen Wasserstoffs entlang der Sichtlinie machen, z. B. für die Friedmann-Regressionsanalyse (s. Abschn. 6.3.9.4).

Photonen mit Energien $h\nu$ größer als 13.6 eV können die Wasserstoffatome ionisieren und werden dadurch absorbiert. Man erwartet daher, daß es im Kontinuum zwischen links und rechts von der Ly α-Emissionslinie einen Sprung gibt (*Gunn-Peterson-Effekt*), der 2001 erstmalig nachgewiesen werden konnte (s. Becker et al. 2001). Daraus läßt sich eine obere, relativ niedrige Grenze für die Dichte des neutralen Wasserstoffs angeben mit der Konsequenz, daß er bei diesen Rotverschiebungen nahezu vollständig ionisiert gewesen sein muß. Das bedeutet, daß es irgendwann zwischen Rekombination und $z \approx 5$ eine Phase der Reionisation gegeben hat, vermutlich durch die ersten Quasare und/oder Generationen von Sternen.

Selbst bei den Quasaren mit den größten beobachteten Rotverschiebungen treten bereits markante Emissionslinien auf. Neben der dominierenden Ly α-Linie des Wasserstoffs fallen besonders die Linie des dreifach ionisierten Kohlenstoffs C IV ($\lambda = 1549$ Å), die Stickstofflinie N V (1240 Å) und die Überlagerung der Silizium mit der Sauerstofflinie Si IV/O V (1400 Å) auf. Nach der gängigen Theorie entstehen diese schweren Elemente durch Fusionsprozesse im Innern massereicher Sterne. Bei Supernova-Explosionen werden sie an das interstellare Gas abgegeben. Nach dem Spektrenbefund sollte dieses Gas schon durch zahlreiche Generationen von Supernovae mit schweren Elementen angereichert worden sein. Besonders der Nachweis von Stickstoff, der im CNO-Zyklus aus Kohlenstoff und Sauerstoff synthetisiert wird, zeigt an, daß eine Sterngeneration für die Anreicherung mit diesen Elementen nicht ausreicht. Die Zeitskala für die Entstehungszeit der Quasare läßt sich daher abschätzen zu

$$t_{\mathrm{E}} = t_{\mathrm{zk}} + \tau_{\mathrm{evol}} + \tau_{\mathrm{grav}} . \tag{6.212}$$

Hier ist t_{zk} der Zeitpunkt des zentralen Kollaps ($\Delta\varrho/\varrho \approx 1$), τ_{evol} die Zeitskala für die stellare Evolution, während der die schweren Elemente gebildet werden, und τ_{grav} die Einfallzeit der akkretierten Materie auf den Kern (vgl. Sorrell 1985). Wie der Spektrenbefund zeigt, muß τ_{evol} mehrfach durchlaufen worden sein, um die beobachteten Emissionslinien zu erklären. Sterne, die einen beträchtlichen Teil ihrer Anfangsmasse durch Sternwinde abgeben, haben typischerweise eine Lebensdauer von mehreren 10^8 Jahren. τ_{grav} liegt in der gleichen Größenordnung. Abschätzungen dieser Zeitskalen ergibt $\tau_{\mathrm{evol}} + \tau_{\mathrm{grav}} \geq 1$ Milliarde Jahre. Abhängig von dem Zeitpunkt des zentralen Kollaps lassen sich so Einschränkungen für kosmologische Modelle definieren (Hoell und Priester 1988).

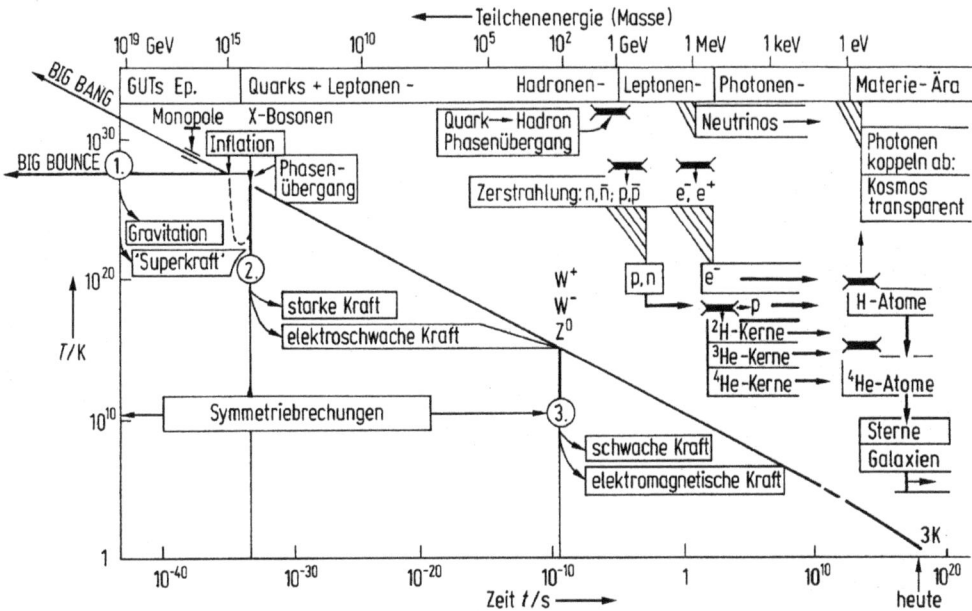

Abb. 6.36 Die heutige Vorstellung von der Entwicklung des Kosmos über den Zeitraum von 10^{-44} s nach dem Urknall bis heute ($t \approx 10^{18}$ s ≈ 30 Milliarden Jahre). Die Diagonale zeigt die Abnahme der Strahlungstemperatur des Kosmos bis zur heutigen Temperatur von ca. 3 K. Untere Hälfte: Emanzipation der Wechselwirkungskräfte: Die (alle Wechselwirkungen umfassende) *Urkraft* separiert zur Planck-Zeit (siehe ①) in die Gravitation und in die hypothetische *Superkraft* der Teilchenwechselwirkungen. Diese wiederum separiert bei $t = 10^{-33}$ s (siehe ②) in die *starke* und die *elektroschwache Kraft*. Letztere separiert dann (bei ③) in die *schwache* und die *elektromagnetische Kraft*. Obere Hälfte: Geschichte der Teilchen bis zur Entstehung der Sterne und Galaxien.

Abb. 6.36 faßt die verschiedenen Phasen der kosmischen Entwicklung, von ca. 10^{-44} Sekunden nach dem Urknall bis heute, noch einmal zusammen.

6.5 Grenzen und Probleme der Kosmologie

Die moderne physikalische Kosmologie ist eine Verbindung der Allgemeinen Relativitätstheorie mit der Quantentheorie und der Theorie der Elementarteilchen und ihrer Wechselwirkungen. Damit ist die Tragweite und Grenze kosmologischer Aussagen abgesteckt durch den Gültigkeitsbereich derzeitiger physikalischer Theorien.

Eine Besonderheit der Kosmologie besteht darin, dass der Komos, in dem wir leben, ein individuelles Objekt ist, dessen einmaligen geschichtlichen Ablauf wir im Rahmen der Naturgesetze zu rekonstruieren versuchen. Diese Gesetze beschreiben eine Vielzahl möglicher Welten – repräsentiert durch die kosmologischen Lösungen der Einsteinschen Feldgleichungen – beinhalten aber keine Information über die Anfangsbedingungen. Das bedeutet, daß die beobachtbaren Eigenschaften unseres Universums, d.h. seine Größe, sein Alter, Expansionsrate H_0, Dichteparameter Ω_0, normierte kosmologische Konstante λ_0 und die spezifische Entropie $S = n_\gamma/n_B$ ohne Kenntnis der Anfangsbedingungen zur Planck-Zeit nicht wirklich begründet werden können – es sei denn man akzeptiert das (starke) Anthropische Prinzip als Begründung für die spezielle Struktur unseres Kosmos.

Eine Theorie der Anfangsbedingungen erhofft man sich im Rahmen der (noch nicht existenten) Quantengravitations-Theorie. Ob die Superstring-Hypothese hier einen entscheidenden Eckstein bildet, ist eine derzeit offene Frage. In diesem Zusammenhang ist die Tatsache der großen spezifischen Entropie von Bedeutung. Die Photonenentropie dominiert die Entropie der kosmischen Materie und Strahlungsfelder insgesamt. Dennoch ist die Entropie unseres Universums klein im Vergleich zu dem prinzipiell möglichen Wert einer Entropie des Universums, die auch die Entropie des kosmischen Gravitationsfeldes einschließt (Penrose 1979).

Von der Seite der Beobachtung besteht das grundsätzliche Problem darin, daß der Kosmos uns nicht komplett zugänglich ist. Das sichtbare Gebiet des Weltraumes ist der Durchschnitt der vierdimensionalen Raumzeit mit dem Lichtkegel (siehe z. B. Börner 1993). Das heißt wir können nicht in große Entfernungen schauen ohne gleichzeitig in die Vergangenheit zurückzublicken, und beobachten können wir nur Objekte, die eine eigene Geschichte ihrer beobachtbaren Größen aufweisen. Zum Beispiel beruht die Problematik der genauen Bestimmung der derzeitigen Expansionsrate, des Hubble-Parameters, auf dem Fehlen einer wirklich zuverlässigen „kosmischen Standardkerze".

Die fundamentalen Fragen und Probleme, wie z. B. die primordiale Expansionsrate, die Dominanz der Materie über die Antimaterie, Natur und Verteilung der dunklen Materie, Konzentration der kosmischen Materie in Galaxien und deren Verteilung, Dimension und Struktur des Raumes, Signatur der Raumzeit und damit verknüpft die Frage nach dem „absoluten Nullpunkt" der Zeit und der Richtung des Zeitablaufs, hängen mit den in ihrer Ursache unbekannten Anfangsbedingungen zusammen.

Nachstehend geben wir einen Überblick über einige der offenen Probleme der Kosmologie. Dies betrifft in besonderer Weise die Prozesse im ganz frühen Kosmos.

6.5.1 Anfangssingularität des kosmologischen Modells

Die Allgemeine Relativitätstheorie stößt an die Grenze ihrer Anwendbarkeit dort, wo eine Quantentheorie der Gravitation erforderlich wäre. Man kann die Grenze abschätzen durch Gleichsetzen des Schwarzschild-Radius $R_S = 2\,Gm/c^2$ und der Compton-Länge $\hbar/mc$. Unter Fortlassung des Faktors 2 erhält man (Planck 1899)

$$
\begin{aligned}
&\textit{Planck-Masse} &M_{PL} &= \sqrt{\hbar c/G} = 1.2 \cdot 10^{19}\ \mathrm{GeV}/c^2 = 2.2 \cdot 10^{-5}\ \mathrm{g} \\
&\textit{Planck-Länge} &L_{PL} &= \sqrt{\hbar G/c^3} = 1.6 \cdot 10^{-33}\ \mathrm{cm} \\
&\textit{Planck-Zeit} &t_{PL} &= \sqrt{\hbar G/c^5} = 5.4 \cdot 10^{-44}\ \mathrm{s} \\
&\textit{Planck-Dichte} &\varrho_{PL} &= c^5/\hbar G^2 = 5.2 \cdot 10^{93}\ \mathrm{g\,cm^{-3}}\ .
\end{aligned}
\tag{6.213}
$$

Angewandt auf das kosmische Elementarteilchensubstrat bedeutet dies, daß bei einer Dichte von ca. 10^{93} g cm^{-3} und einer Temperatur von 10^{32} K die Wechselwirkung von Materie und Gravitation nur im Rahmen einer künftigen, quantisierten Gravitationstheorie verstanden werden könnte.

Damit geben uns die Planck-Werte zugleich auch die (zumindest gegenwärtige) Grenze, wieweit wir uns einer Singularität $R \to 0$, $t \to 0$, $\varrho \to \infty$ im Verständnis nähern dürfen. Dies läßt sich so interpretieren, daß das physikalische Universum (d. h. Raum, Zeit und Materie) in einem einzigen Augenblick aus einer Singularität entstanden ist. Diese Singularität betrifft die Raum-Zeit-Struktur selbst.

Eine analytische Fortsetzung der Metrik über den singulären Punkt hinaus ist in der klassischen Kosmologie physikalisch sinnlos. Für negative Zeiten in Gl. (6.68) wird $R(t)$ imaginär und R^2 negativ. Die Metrik (6.32) beschreibt dann einen vierdimensionalen Raum statt einer $(3 + 1)$-dimensionalen Raumzeit.

Die Singularität ist unabhängig von der vorausgesetzten Symmetrie und unausweichlich, wenn folgende Bedingungen vorliegen (Hawking und Penrose 1970):

1. Es gilt die Allgemeine Relativitätstheorie,
2. die Energiedominanzbedingung $\varepsilon + 3p \geq 0$ muß stets erfüllt sein,
3. Kausalität wird vorausgesetzt,
4. Energiedichte von Strahlung und Materie überschreiten einen Schwellenwert.

Akzeptiert man 1., 3. und 4., so erscheint eine singularitätsfreie kosmologische Lösung nur möglich, wenn in der Frühphase der Druck $p < -\varepsilon/3$ ist.

Es bleibt offen, ob die Singularität als „creatio ex nihilo" aller physikalischen Realität anzusehen ist oder ob sie lediglich eine Nahtstelle zwischen dem Raum-Zeit-Kontinuum und einer noch unbekannten „Realität" darstellt. Es ist denkbar, daß die Singularität auf dem idealisierten Materiemodell beruht. Diese Problematik hat auch Einstein (1954) schon betont. Die Vermutung, daß es unter den extremen Bedingungen des Urknalls zu einer Umgehung der Singularität kommen kann, hat zu einer Reihe von Untersuchungen geführt, die die Quantennatur der Materie berücksichtigen. Wir verweisen dazu auf den Übersichtsartikel von James Hartle (1983).

In diesem Zusammenhang stellt sich die Frage nach der *Erhaltung der Energie im Kosmos* bzw. der Anwendbarkeit des Energiebegriffs in einer gekrümmten Raumzeit. Im Rahmen der klassischen Mechanik erweist sich der Satz von der Erhaltung der Energie als Folge der Invarianz der Lagrange-Funktion unter zeitlicher Verschiebung. Dies impliziert die Homogenität der Zeit, die eine bestimmte Symmetrie der Raumzeit reflektiert. Sowohl die Expansion des Weltraums als auch die anfängliche Singularität der Friedmann-Lemaître-Modelle verletzen diese Voraussetzung. Infolge der Krümmungsstruktur (Riemannsche Geometrie) unserer Welt sind deshalb Aussagen über die Erhaltung der Energie des Universums nicht ohne weitere Annahmen formulierbar. Zwar ist die lokale Energiebilanzgleichung (6.47) erfüllt. Um jedoch von diesem lokalen Erhaltungssatz zu einem globalen, die ganze Welt beschreibenden Energiesatz überzugehen, muß die Raum-Zeit-Metrik die Existenz einer entsprechenden Symmetrie zulassen (s. z. B. Schmutzer 1972). Die Nichterhaltung der Energie in der Allgemeinen Relativitätstheorie bedeutet nicht eine Verletzung des Energiesatzes, sondern die Nichtexistenz einer der Energie (einschließlich der Gravitation) entsprechenden Größe für die expandierende Raumzeit. Damit verliert der Satz von der Erhaltung der Energie auch seine strenge Bedeutung im Zusammenhang mit dem Anfang der Welt.

6.5.2 Kausalität und Horizonte im expandierenden Kosmos

Die Abweichung der Geometrie kosmologischer Modelle von der einer pseudoeuklidischen Minkowski-Raumzeit hat geänderte Kausalitätsbeziehungen verschiedener Weltbereiche zur Folge.

Für einen unbeschleunigt bewegten Beobachter im Minkowski-Raum überdeckt die Vereinigung aller vorwärts gerichteten Lichtkegel die gesamte Raumzeit, ebenso die Vereinigung aller in die Vergangenheit gerichteten Lichtkegel. Physikalisch bedeutet das, daß ein Beobachter im Laufe seiner Geschichte von jedem Ereignis der Raumzeit Kenntnis erhalten kann und daß er umgekehrt jedes Ereignis der Raumzeit kausal beeinflussen kann. In den Friedmann-Lemaître-Modellen sind Grenzen kausaler Wechselwirkungen und der Beobachtung bedingt durch die Expansion und die endliche Lichtlaufzeit. Es ist zu beachten, daß diese Horizonte keine physikalischen Barrieren sind, sondern optische Grenzen (Rindler 1956).

Horizonte trennen das beobachtbare Universum vom unbeobachtbaren. Dabei wird zwischen zwei Typen unterschieden:

1. Der *Teilchenhorizont* ist für einen Beobachter A und eine kosmische Zeit t_0 eine Fläche im dreidimensionalen Raum, die alle Fundamentalteilchen in zwei nichtleere Klassen einteilt: diejenigen, die bis t_0 beobachtbar waren, und jene, für die das nicht der Fall war. Nur Teilchen, deren räumlicher Abstand kleiner als ihr Teilchenhorizont ist, können kausal miteinander verknüpft sein. Notwendig und hinreichend für die Existenz eines Teilchenhorizontes ist die Konvergenz des Integrals

$$D_{\mathrm{TH}} = R_0 \cdot \int_0^{t_0} \frac{c \cdot dt}{R(t)} < \infty \, , \tag{6.214}$$

was z. B. für kosmologische Modelle mit Anfangssingularität zutrifft.

2. Der *Ereignishorizont* ist für einen Beobachter A eine Hyperfläche der Raumzeit, die alle Ereignisse in zwei nichtleere Klassen einteilt: diejenigen, die in Vergangenheit, Gegenwart oder Zukunft von A beobachtet werden, und jene, die nie beobachtbar sind. Dies erfordert

$$D_{\mathrm{EH}} = R_0 \cdot \int_{t_0}^{\infty} \frac{c \cdot dt}{R(t)} < \infty \, . \tag{6.215}$$

Von Ereignissen, die gegenwärtig in Entfernungen $D > D_{\mathrm{EH}}$ stattfinden, werden wir nie etwas erfahren. Dieser Horizont existiert beispielsweise für geschlossene Modelle ($k = 1$), nicht aber bei $k = -1$ und $k = 0$.

6.5.3 Isotropie und Mikrowellen-Hintergrundstrahlung

Eine erstaunliche Eigenschaft des heutigen Kosmos ist die Richtungsunabhängigkeit (*Isotropie*) sowohl der Bewegung als auch der Verteilung von Galaxien. Der Grad der Anisotropie der kosmischen Hintergrundstrahlung, gemessen an den Temperaturfluktuationen, beträgt für Winkelabstände kleiner als ein Grad $\Delta T/T < 10^{-4}$ (s. Abschn. 6.2.2). Diese hochgradige Isotropie wäre verständlich, wenn alle Bereiche des expandierenden Weltalls in frühen Zeiten miteinander in physikalisch-kausalem

Kontakt gewesen wären. Auf Grund existierender Horizonte gibt es aber Bereiche im Universum, die im Rahmen der kosmologischen Standardmodelle niemals in Wechselwirkung miteinander gestanden haben können. Das bedeutet, daß zwischen Gebieten, aus denen die Hintergrundstrahlung zu uns kommt, niemals ausgleichende Einflüsse gewirkt haben können, sobald sie um einen Winkel von 2 bis 3° an der Himmelssphäre auseinander liegen. Wie kann aber in Gebieten des Universums, zwischen denen es keine Wechselwirkung gab, die gleiche Temperatur und die gleiche Expansionsrate herrschen? Das legt den Schluß nahe, daß entweder die heutige Symmetrie das Ergebnis spezieller Anfangsbedingungen ist, oder daß der frühe anisotrope Kosmos durch dissipative Prozesse noch vor der auf Anisotropien empfindlich reagierenden Heliumsynthese geglättet wurde. Eine weitere Möglichkeit, Isotropie und Homogenität zugleich zu erzielen, wird in Modellen mit einer inflationären, d. h. exponentiellen Expansion im ganz frühen Kosmos erreicht.

6.5.4 Homogenität und Verteilung der Galaxien

Betrachtet man Bereiche der Ausdehnung $L \leq 100$ Mpc, so zeigt sich eine sehr inhomogene Verteilung der Materie in Form von Sternen, Galaxien und Galaxienhaufen. Der expandierende Kosmos blieb keine streng homogene Gasmasse, sondern entwickelte Inhomogenitäten in der Dichteverteilung. Wir beobachten heute eine Hierarchie von Strukturen, die sich durch Masse und räumliche Dimension voneinander unterscheiden (vgl. auch Abb. 6.7). Auf der Skala von $L > 50$ Mpc bilden die Galaxienhaufen zum Teil Superhaufen und ordnen sich in Schichten und fila-

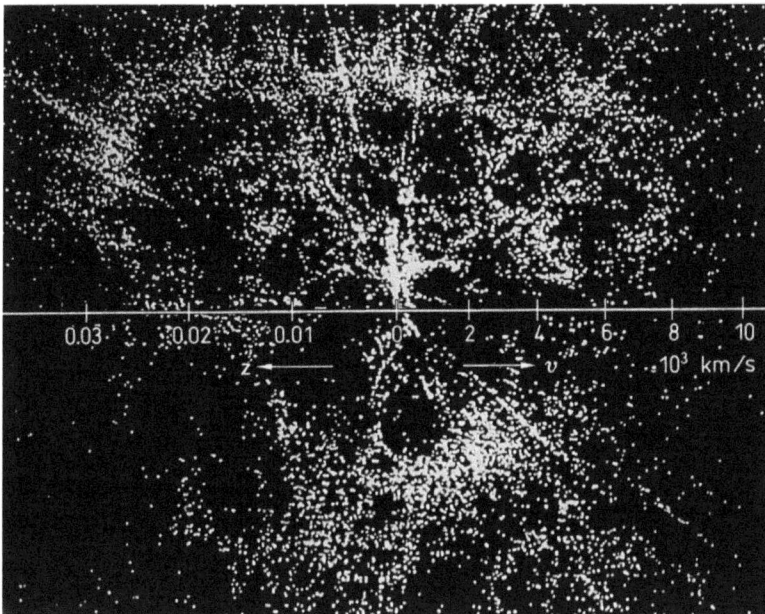

Abb. 6.37 Verteilung der Galaxien mit einer Rotverschiebung $z \leq 0.04$, entsprechend $v \leq 12\,000$ km/s im Deklinationsbereich $26°5 \leq \delta \leq 44°5$ am Nordhimmel, $-47°5 \leq \delta \leq -17°5$ am Südhimmel.

mentartigen Strukturen an, die auch galaxienfreie Räume umschließen. Diese beobachtete Blasenstruktur in der großräumigen Verteilung der Galaxien mit großen Leerräumen (Voids mit Durchmessern $\approx$ 30 Mpc, s. Abb. 6.37) läßt vermuten, daß gravitative Effekte allein die materiellen Kondensationen nicht erklären können.

Mit zunehmender Ausdehnung nimmt aber der Dichtekontrast gegenüber dem mittleren Dichtewert ab. Es stellt sich die Frage, ob ab einer bestimmten Skala eine homogene Verteilung erreicht wird und damit die Annahme des „kosmologischen Prinzips" (Abschn. 6.3.2) gerechtfertigt ist. Denkbar ist auch eine fraktale Struktur, die sich auf großen Skalen fortsetzt und das kosmologische Prinzip verletzen würde. Diese Problematik wurde 1999 von Wu, Lahav und Rees dargestellt. Sie diskutierten nicht nur die räumliche Verteilung von Galaxien, sondern berücksichtigten auch weitere Beobachtungen von Radio-Galaxien, Quasaren und des Röntgenhintergrundes. Zudem spiegelt die leuchtende Materie nicht unbedingt die Verteilung der Dunkelmaterie wieder. Aussagen zu deren Verteilung lassen sich aus Gravitationslinsen, der kosmischen Hintergrundstrahlung und Pekuliargeschwindigkeiten von Galaxien gewinnen. Leitet man aus diesen Daten eine fraktale Dimension D als Funktion der Längenskala R ab, so erreicht diese etwa bei $R \approx$ 100 Mpc den Homogenitäts-Wert $D = 3$. Die Annahme eines homogenen Kosmos bleibt damit gerechtfertigt, und kosmologische Parameter wie der Dichteparameter Ω oder die Hubble-Konstante H_0 lassen sich global definieren.

6.5.5 Zur euklidischen Metrik des Weltraums

Die verschiedenen kosmologischen Modelle sind spezifiziert durch einen der Metrik-Parameter $k = (+1, 0, -1)$. In Newtonscher Interpretation entspricht der Term $-kc^2/R^2$ in Gl. (6.41) der Summe von kinetischer Expansionsenergie und potentieller Energie. Das heißt, die Beobachtung von $k \approx 0$ würde bedeuten, daß bereits zu Anfang die kinetische Energie mit der potentiellen Energie in perfektem Gleichgewicht war. Da sich frühe Abweichungen vom Gleichgewicht mit der kosmischen Expansion extrem verstärken, muß die ursprüngliche Massendichte im frühen Universum außerordentlich nahe bei der kritischen Dichte des euklidischen Kosmos gelegen haben. Im Rahmen der Inflationshypothese wird der Raum zu euklidischer Struktur aufgebläht. Ob die Inflation eine „exakt euklidische" oder „nahezu euklidische" Raumstruktur vorhersagt, wird derzeit kontrovers diskutiert bzw. ist von freien Parametern in der Inflationstheorie abhängig. 1988 zeigten Madsen und Ellis, daß ein Dichteparameter $0.01 \leq \Omega_0 \leq 2$ durchaus mit den Aussagen des inflationären Szenariums konsistent ist (s. auch Ellis 1988, sowie Hübner und Ehlers 1991).

Die Forderung eines flachen oder sphärisch gekrümmten Universums bedeutet, daß zu dem verallgemeinerten Dichteparameter neben der baryonischen Materie auf jeden Fall auch eine kosmologische Konstante und/oder nichtbaryonische Dunkelmaterie beitragen muß.

6.5.6 Das Materie-Antimaterie-Problem

Bei allen physikalischen Elementarprozessen, bei denen Energie in Materie umgewandelt wird, entsteht stets Materie und Antimaterie zu genau gleichen Teilen. Warum gibt es aber im beobachtbaren Weltall keine nennenswerte Antimaterie? Dieser Überschuss an Materie und das Fehlen von Antimaterie läßt sich grundsätzlich durch zwei Möglichkeiten erklären: durch eine Symmetrieverletzung beim Zerfall von Elementarteilchen oder durch eine räumliche Trennung zwischen Materie und Antimaterie.

Die erste Möglichkeit, die von der wohl weit überwiegenden Mehrheit der Physiker und Astrophysiker bevorzugt wird, bedeutet, daß wirklich mehr Materie als Antimaterie existiert. Eine Asymmetrie während des Urblitzes beim Zerfall des X-Bosons (vgl. Abschn. 6.4.4), die auch im Zusammenhang mit einer großen, aber endlichen Lebensdauer des Protons diskutiert wird, liefert eine zwanglose Erklärung für den Überschuß an baryonischer Materie (z. B. Kolb und Turner 1990). Diese Reaktion findet allerdings bei so hohen Energien (ca. 10^{15} GeV) statt, daß sie sich in irdischen Teilchenbeschleunigern nicht nachvollziehen läßt.

Quantitativ ist der Überschuß an Baryonen verknüpft mit der Größe „Entropie pro Baryon". Der größte Teil der spezifischen Entropie S des Kosmos steckt in der kosmischen Photonen-Hintergrundstrahlung. Das Verhältnis der Zahl der Photonen im Kosmos zur Zahl der Nukleonen ist praktisch identisch mit der *Entropie pro Baryon*

$$\frac{S}{N_B} = \frac{4\,aT^3}{3\,N_B} \approx \frac{N_{ph}}{N_B} \approx 10^{9,5}\,. \tag{6.216}$$

Dieser Wert impliziert, daß im frühen Kosmos Baryonen und Antibaryonen ungefähr gleich häufig waren, daß es aber einen winzigen Überschuß an Baryonen gegeben haben muß. Nach der paarweisen Annihilation der Baryonen und Antibaryonen und dem Ausfrieren dieses Überschusses der übriggebliebenen Nukleonen im Temperaturbereich um 10^{12} K resultiert das beobachtbare Photonen-Nukleonen-Verhältnis (s. Gl. (6.21)).

Es ist offen, wie groß der Quotient (6.216) für leptonische Materie (Elektronen, Neutrinos) ist. Die großräumige Ladungsneutralität erfordert (Kolb und Turner 1990)

$$\frac{N_{e^-} - N_{e^+}}{S} \approx 0.95 \cdot \frac{N_B}{S} \approx 10^{-10}\,. \tag{6.217}$$

Unbekannt ist das entsprechende Verhältnis für die Neutrinos. Zukünftige Beobachtungen der Mikrowellen-Hintergrundstrahlung könnten zur Lösung dieses Problems beitragen (Kinney und Riotto 1999).

Eine bemerkenswerte Koinzidenz ist die gleiche Größenordnung der baryonischen und leptonischen Asymmetrie, weil die Annihilation von Baryonen und Anti-Baryonen einerseits und die der Leptonen und Anti-Leptonen andererseits zu verschiedenen Zeiten und über verschiedene Wechselwirkungen verlaufen:

$$\frac{N_B}{N_{ph}} \approx 10^{-9} \quad \text{bei kT = 200 MeV unter Beteiligung der starken}$$
$$\text{Wechselwirkung,}$$

$$\frac{N_e}{N_{ph}} \approx 10^{-9} \quad \text{bei kT = 0.5 MeV (Elektron-Positron-Annihilation) über}$$
$$\text{elektromagnetische Wechselwirkung.}$$

Da Protonen und Elektronen trotzdem in ungefähr gleichen Mengen entstanden sein müssen, liefert die Existenz des (insgesamt neutralen) Materieüberschusses einen überzeugenden Hinweis, daß bei hohen Energien eine Vereinigungstheorie von Quarks und Leptonen existiert.

Betrachten wir auch die Möglichkeit, daß die Entstehung der Materie symmetrisch verlaufen ist. Dann muß der Überschuß an Materie in unserem Teil des Universums durch einen Überschuß an Antimaterie in anderen Gebieten ausgeglichen werden. Dort existieren dann Galaxien und Galaxienhaufen aus Antimaterie. Der Quotient (6.216) ist in diesem Fall eine lokale Größe. Anhand der elektromagnetischen Strahlung, die uns erreicht, läßt sich der Unterschied zwischen Materie- und Antimaterie-Regionen nicht feststellen, da das Photon und das Antiphoton identisch sind. Allerdings müßte es Grenzgebiete geben, wo es trotz der geringen Dichte im intergalaktischen Raum zur Annihilation von Teilchen kommt. Dabei entstehen zwei prinzipiell beobachtbare Effekte: Emission von Gammastrahlen und Modifikation des Spektrums der kosmischen Hintergrundstrahlung aufgrund der Compton-Streuung der Photonen mit hochenergetischen Elektronen. Die negativen Beobachtungsergebnisse liefern eine untere Schranke für den Abstand dieser Gebiete (Stecker und Wolfendale 1984), möglicherweise bis an die Grenze des beobachtbaren Universums (Cohen et al. 1998). Auch bliebe das Problem, den Trennungsmechanismus zu finden, der Materie und Antimaterie großräumig getrennt hat.

Hinweise zu der zweiten Möglichkeit erwartet man von einem Experiment, das voraussichtlich im Jahre 2005 auf der Internationalen Raumstation ISS aufgebaut wird. Das „*Alpha Magnetic Spectrometer*" (AMS) wird von einer internationalen Gruppe von Wissenschaftlern entwickelt. Kernstück ist ein Spurdetektor in einem supraleitenden Magneten, um den weitere komplementäre Teilchendetektoren angeordnet werden. Primordiale Teilchen im Energiebereich zwischen etwa 100 MeV und 1 TeV lassen sich damit untersuchen. Die Empfindlichkeit des Detektors ist so groß, daß ein Antiheliumkern unter 10^9 Heliumkernen nachweisbar wird. Bereits der gesicherte Nachweis von einem Antihelium- oder schwereren Antiteilchen-Kern würde als Indiz für die Existenz von Antimaterie-Regionen gewertet.

6.5.7 Die kosmologische Konstante und das Quantenvakuum

In den modernen physikalischen Vorstellungen repräsentiert das Vakuum den Grundzustand aller Kraft- und Teilchenfelder. Entscheidend für das Nichtverschwinden des Grundzustandes ist die Heisenbergsche Unschärferelation. Sie läßt beispielsweise nicht zu, daß im elektromagnetischen Feld die magnetische und elektrische Feldstärke gleichzeitig gänzlich Null werden können. Im Jahre 1954 hatte der holländische Physiker Hendrik Casimir den Einfluß der Vakuumschwankungen des elektromagnetischen Feldes auf zwei parallele Metallplatten berechnet. Dieser Effekt ist durch Messungen eindeutig bestätigt (Lamoreaux 1997).

In der Quantenfeldtheorie ist das Vakuum angefüllt mit fluktuierenden virtuellen Teilchen, die kurzzeitig reell werden können und miteinander wechselwirken, z. B. könnte ein Teilchen zusammen mit seinem gleichzeitig entstehenden Antiteilchen zerstrahlen. Die kurze Zeitdauer, innerhalb derer solche Teilchen auftauchen können, ist durch die Unschärferelation festgelegt. Die Lebensdauer ist umgekehrt proportional zur Energie der Teilchen (s. Gl. (6.173)).

Theoretische Ansätze, die die Quantendynamik von Materiefeldern in Anwesenheit von Gravitationsfeldern beschreiben, führen u. a. auf einen der Metrik proportionalen Zusatzterm $\alpha \cdot g_{ik}$ in den Einsteinschen Gleichungen (s. z. B. Streeruwitz 1975, Zel'dovich 1981). Dieser Term kann als Teil des Energie-Impuls-Tensors aufgefaßt werden, der das Quantenvakuum repräsentiert. Eine zuverlässige Angabe über die Energiedichte des Vakuums kann die Quantenfeldtheorie bis heute noch nicht liefern. Wenn wir voraussetzen, daß zwischen der Materie, der Strahlung und dem Vakuum keine wesentliche Wechselwirkung existiert, läßt sich die Spur des Energie-Impuls-Tensors T_{ik} im homogen isotropen Universum schreiben als $\varrho(t) \cdot c^2 + 3 \cdot p(t)$ mit $\varrho(t) = \varrho_m + \varrho_s + \varrho_V$ und $p(t) = p_m + p_s + p_V$, wobei die Zustandsgleichungen $p(\varrho)$ bereits in Gl. (6.39) und (6.40) aufgeführt sind. Wie wir bereits in Abschn. 6.3.3 sahen, läßt sich auch der kosmologischen Konstante eine äquivalente Dichte $\varrho_\Lambda = \Lambda c^2 / 8 \pi G$ zuordnen. Die Einstein-Friedmann-Gleichungen lauten damit

$$\frac{\dot{R}^2}{R^2} = \frac{8\pi G}{3}(\varrho_m + \varrho_s + \varrho_V + \varrho_\Lambda) - \frac{kc^2}{R^2}, \tag{6.218}$$

$$\frac{\ddot{R}}{R} = \frac{4\pi G}{3}(\varrho_m + 2\varrho_s - 2\varrho_V - 2\varrho_\Lambda). \tag{6.219}$$

Wie man sieht, treten ϱ_V und ϱ_Λ immer als Summe auf, falls die Zustandsgleichung (6.40) für das Quantenvakuum im Universum realisiert ist. In der Kosmologie lassen sich daher beide Anteile zu einer effektiven kosmologischen Konstante Λ_{eff} zusammenfassen. Die dazu äquivalente Dichte bezeichnen wir hier mit $\varrho_{\Lambda V}$

$$\varrho_{\Lambda V} = \varrho_\Lambda + \varrho_V. \tag{6.220}$$

Nimmt man ϱ_V im materiedominierten Universum ($t < 10^6$ Jahre) als zeitlich konstant an, so kann man in der Kosmologie ϱ_V und ϱ_Λ nicht trennen! Die Kosmologie liefert aber eine obere Grenze für den effektiven kosmologischen Term: $|\Lambda_{eff}| \leq 4 \cdot 10^{-56}\,\text{cm}^{-2}$ bzw. $\varrho_{\Lambda V} \leq 2 \cdot 10^{-29}\,\text{g cm}^{-3}$. Die bislang vorausgesetzte zeitliche Konstanz der Vakuumenergie ist allerdings nicht unproblematisch. Das gilt besonders für den sehr frühen Kosmos. Die mit unterschiedlichen Frequenzen ω zur Grundzustandsenergie E beitragenden Quantenfluktuationen (Nullpunktsenergien) summieren sich additiv

$$E = \sum_{i=0}^{\infty} \frac{1}{2}\hbar\omega_i. \tag{6.221}$$

Da Felder Systeme mit unendlich vielen Freiheitsgraden sind, ist diese Summe (Integral) divergent. Im Rahmen der kanonischen Quantenfeldtheorie wird dieses Problem durch geeignete Festsetzung des Energienullpunktes entschärft (z. B. durch Normalordnung; *Renormalisierung*). Ganz unabhängig davon zeigen die Nullpunktsschwankungen in einem expandierenden Kosmos eine Variation mit dem Skalenfaktor $R(t)$, da ω proportional zu R^{-1} ist. Dies führt für die Energiedichte ε_V des Vakuums zu einem Term $\varepsilon_V \propto R^{-4}$. Ähnliche Ergebnisse ergeben sich bei der

Berechnung der Vakuumenergie durch Aufsummieren von Nullpunktsoszillationen im Fall von massiven Skalarfeldern und Spinorfeldern (Birrell und Davies 1982). Bemerkenswert ist, daß die Nullpunktsenergie (Vakuumenergie) bei Spinorfeldern mit dem negativen Vorzeichen erscheint, im Gegensatz zur Quantisierung von Feldern mit ganzzahligem Spin (s. z. B. Landau und Lifschitz 1975).

Streeruwitz (1975) konnte für ein skalares Mesonenfeld in einem expandierenden, geschlossenen Friedmann-Kosmos für die Vakuumenergiedichte eine Beziehung herleiten, die sich wie folgt schreiben läßt

$$\varrho_V = \sum_{n=0}^{2} f(n) \frac{\overline{m}}{L_C^3} \left(\frac{L_C}{R} \right)^{2n} = \frac{\overline{m}^4 c^3}{\hbar^3} + \frac{\overline{m}^2 c}{\hbar R^2} + \frac{\hbar}{4\pi^2 c R^4} \qquad (6.222)$$

mit $f(0) = 1$, $f(1) = 1$, $f(2) = 1/4\pi^2$, $L_C = \hbar/\overline{m}c$, $\overline{m} =$ charakteristische Masse. Der erste Term ist zeitlich konstant, die beiden anderen proportional zu $R^{-2}(t)$ bzw. $R^{-4}(t)$ (Abb. 6.38; vgl. auch Blome und Priester 1984 und 1985).

Im Rahmen der modernen *Eichfeldtheorien* der Elementarteilchen und ihrer Wechselwirkungen (z. B. Große Vereinigungstheorien GUT) verleiht die Anwesenheit von Higgs-Feldern dem kanonischen Quantenvakuum zusätzlich eine komplizierte innere Struktur. Sie zeigt sich im Auftreten des sogenannten falschen Vakuums, einer energetisch labilen Phase, deren latente Energie im sehr frühen Kosmos bei den mit der Symmetrieverminderung verbundenen Phasenübergängen in Elementarteilchen übergeführt wird. Kombiniert man die Einstein-Friedmann-Gleichungen mit der Dynamik des Higgs-Feldes, so zeigt sich, daß die Selbstenergieanteile des Higgs-Feldes wie eine kurzfristige kosmologische Konstante wirken.

Während des Phasenüberganges muß die Energiedichte des Higgs-Feldes um viele Zehnerpotenzen absinken. Im Detail ist dieser Vorgang allerdings noch nicht durch eine Theorie abgesichert. Es ist vor allem völlig ungeklärt, ob diese Energiedichte heute auf exakt Null abgesunken ist oder mit einem nicht verschwindenden Rest $\varepsilon_H = \varrho_H \cdot c^2$ mit dem Druck $p_H = -\varepsilon_H$ zusätzlich zum kanonischen Quantenvakuum beiträgt und als Quelle von Gravitation in der Kosmologie wirkt (s. auch Abschn. 6.4.3).

Aus theoretischen Prinzipien ist der Wert von Λ noch nicht ableitbar (Weinberg 1989). Allerdings ist es möglich das die angestrebte Quantentheorie der Gravitation die Einstein-Gleichungen mit dem $\Lambda g_{\mu\nu}$-Term als klassische Näherung enthält (Dolgov und Zel'dovich 1981).

Wenn $\Lambda \neq 0$ ist, dann besitzt die Raum-Zeit-Geometrie eine von Null verschiedene Krümmung, unabhängig von realer Materie. Ob diese Krümmung durch die Energiedichte der Quantenfluktuationen der quantisierten Materiefelder bedingt ist, oder rein geometrischen Ursprungs ist, kann beim derzeitigen Stand der Theorie nicht entschieden werden.

Im Zusammenhang mit der kosmologischen Konstanten (und ihrer noch nicht aufgeklärten Beziehung zum quantenfeldtheoretischen Vakuum) müssen folgende Beiträge berücksichtigt werden:

– „Inflaton"-Feld (z. B. skalares Higgs-Feld), das die Symmetriebrechung vermittelt und für die primordiale Inflation verantwortlich ist,
– „Quintessence"-Feld, ein zeitabhängiges skalares Feld, das das Vakuum durchsetzt und im Lauf der Expansion abnimmt (Zlatev et al. 1999),

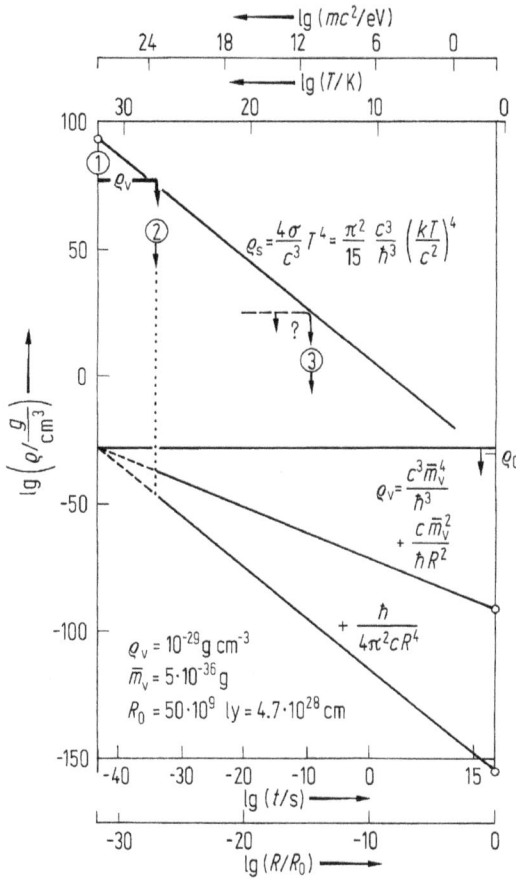

Abb. 6.38 Vergleich der Vakuumenergiedichte ϱ_V mit der Dichte ϱ_s relativistischer Teilchen. Es kommt zur Inflation, wenn ϱ_V die diagonale Linie (ϱ_s) kreuzt. Die Symmetriebrechungen sind durch ①, ②, ③ (vergleiche Abb. 6.36) markiert. Die drei Anteile der Streeruwitz-Formel für die Vakuumdichte sind durch die drei Linien im unteren Teil der Abbildung gegeben. Die waagerechte Linie markiert den konstanten kosmologischen Term mit $\varrho_V = 16 \cdot 10^{-30}\,\mathrm{g\,cm^{-3}}$. Dies entspricht dem Wert $\Lambda = 3 \cdot 10^{-56}\,\mathrm{cm^{-2}}$ (vgl. Tab. 6.3). Zweiter und dritter Term nehmen während der Inflation rapide ab (gepunktete Linie). Auf der Abszisse sind die kosmische Zeit t, der Skalenfaktor R/R_0, die Temperatur T des Strahlungskosmos und sein Massen-Äquivalent mc^2 aufgetragen.

– Grundzustand der quantisierten Gravitation resultierend aus den Quantenschwankungen der Metrik (Cacciatori et al. 1998).

Daher wird heute die dem konstanten kosmologischen Term entsprechende Energiedichte als ein Beitrag zu einer Summe gesehen

$$\Lambda = \Lambda_E + \Lambda_Q(t) = (8\pi G/c^2)\,\varepsilon_V\,.$$

Die Quantentheorie der Materiefelder und die hypothetischen Higgsfelder tragen demnach auch zur Vakuumenergie bei. Im inflationären Modell der frühen kosmischen Entwicklung wird angenommen, daß die Vakuumenergie der Quantenfelder die dominierende Energie für die Expansionsdynamik des Kosmos war.

Für die Energiedichte des Grundzustandes der Quantenfelder ergibt sich

$$\varepsilon = \frac{hc}{16\pi^2} k^4 = \frac{E^4}{16\pi^2 h^3 c^3}. \tag{6.223}$$

Im Gegensatz zu der dem Λ-Term zuordbaren Energiedichte ε_Λ ist $\varepsilon(k)$ eine mit der Expansion sich ändernde Größe. Da das Integral von $\varepsilon(k)$ über alle Wellenzahlen divergiert, schneidet man es bei einer Energieskala von 10^{19} GeV, d.h. bei der Planck-Skala ab. Damit ergibt sich ein Wert von

$$\varrho_{\text{vac}} = \frac{\varepsilon}{c^2} = 10^{93} \text{ g/cm}^3 = \varrho_\Lambda.$$

Ein interessanter Aspekt zur Interpretation der kosmologischen Konstante ergibt sich möglicherweise mit der Idee der Supersymmetrie zwischen Fermionen (Teilchen mit halbzahligem Spin) und Bosonen (Teilchen mit ganzzahligem Spin). Die Supersymmetrie beschreibt Transformationen von bosonischen in fermionische Zustände und umgekehrt. Die Nullpunktsenergie von Quantenfeldern hat für fermionische Felder und bosonische Felder unterschiedliches Vorzeichen:

$$\varepsilon_{\text{B}} = \sum \left(n + \frac{1}{2} h\omega \right)$$

$$\varepsilon_{\text{F}} = \sum \left(n - \frac{1}{2} h\omega \right). \tag{6.224}$$

In einer supersymmetrischen Welt würden sich beide Anteile zu Null addieren: $\varepsilon_{\text{B}} + \varepsilon_{\text{F}} = 0$. Wenn die Supersymmetrie gebrochen ist, ist die Differenz $\Delta\varepsilon \neq 0$ möglicherweise ein Mechanismus, um die kosmologische Konstante zu erklären (Pagels 1984).

Die derzeitigen lokalen und kosmologischen Beobachtungen sind verträglich mit einem Wert von $\varrho_\Lambda \approx 10^{-29}$ g/cm^3. Daraus resultiert ein Verhältnis von primordialer zu derzeitiger Vakuumenergiedichte von

$$\frac{\varepsilon(t_{\text{PL}})}{\varepsilon(t_0)} \approx 10^{122}.$$

Eine Einschränkung für die durch Λ repräsentierte Vakuumenergiedichte ergibt sich auf der Grundlage des Galaxienbildungsprozesses (Weinberg 1987):

$$10^{-29} \text{ g/cm}^3 \leq \varrho_\Lambda \leq 10^{-27} \text{ g/cm}^3.$$

Die kosmologische Konstante bestimmt einerseits den Krümmungsradius R_Λ des geschlossenen Kosmos zum Zeitpunkt, wenn der Dichteparameter $\Omega(t)$ durch sein Maximum läuft (siehe Abb. 6.33):

$$R_\Lambda = \frac{1}{\sqrt{\Lambda}} \approx 6 \cdot 10^9 \text{ Lichtjahre} \approx 5.7 \cdot 10^{27} \text{ cm},$$

und andererseits ist die finale Expansionsrate $H_\infty = H(t \to \infty)$ in einem Kosmos mit $\Lambda > 0$ festgelegt:

$$H_\infty = \sqrt{\frac{\Lambda c^2}{3}} \approx 93.5 \frac{\text{km}}{\text{s} \cdot \text{Mpc}} \approx 3 \cdot 10^{-18}\,\text{s}^{-1} \approx \frac{1}{10^{10}\,\text{Jahre}}.$$

Interessante Zahlenverhältnisse ergeben sich, wenn man R_Λ und H_∞ in Relation setzt zu den entsprechenden Planck-Größen $L_{\text{PL}} = 1.6 \cdot 10^{-33}\,\text{cm}$ bzw. $H(t_{\text{PL}}) = 10^{43}\,\text{s}^{-1}$:

$$\left(\frac{R_\Lambda}{L_{\text{PL}}}\right)^2 = 1.2 \cdot 10^{121}$$

$$\left(\frac{H(t_{\text{PL}})}{H_\infty}\right)^2 = 1.1 \cdot 10^{121}.$$

Eine weitere interessante Relation ergibt sich, wenn man das Plancksche Wirkungsquantum der Quantentheorie $h = 6.67 \cdot 10^{-27}\,\text{erg s}$ mit der der kosmologischen Konstanten Λ zuordbaren Wirkung S_Λ vergleicht. Zunächst ergibt sich mit Hilfe der Lichtgeschwindigkeit c, der Gravitationskonstanten G und dem aus dem „Best-Fit-Model" (Tab. 6.3a) abgeleiteten Wert $\Lambda = 3.1 \cdot 10^{-56}\,\text{cm}^{-2}$ ein Wert von

$$S_\Lambda = \frac{c^3}{G\Lambda} = 1.3 \cdot 10^{94}\,\text{erg} \cdot \text{s}.$$

Division durch die Plancksche Konstante (Wirkungsquantum) h liefert das Verhältnis

$$\frac{S_\Lambda}{h} \approx 1.9 \cdot 10^{120}.$$

Aus der Planckschen Konstante h und der Gravitationskonstante G läßt sich weiterhin mit Hilfe von Λ die Eddington-Masse definieren (Liebscher 1994):

$$M_{\text{Eddington}} = \sqrt{\frac{h^4 \Lambda}{G^2}} \approx 4 \cdot 10^{-25}\,\text{g}.$$

Dieser Wert liegt erstaunlich dicht an der Massenskala der Nukleonen, z.B. hat das Proton eine Masse von $m_{\text{P}} = 1.67 \cdot 10^{-24}\,\text{g}$. Abschließend läßt sich feststellen, daß sowohl die naturgesetzliche Struktur des Kosmos als auch die Naturkonstanten in einer derzeit noch undurchschauten Weise voneinander abhängen (vgl. Harrison 2000, Kap. 23). Es ist wahrscheinlich erst im Rahmen einer Quantentheorie der Gravitation möglich diese aus der Sicht der klassischen Kosmologie „zufälligen", d.h. kontingenten Beziehungen zu deuten.

6.6 Alternative Lösungen zur Urknallsingularität

Es ist eine offene Frage, ob die Existenz der Anfangssingularität eine notwendige Eigenschaft kosmologischer Modelle ist und nicht nur mit den spezifischen Näherungsannahmen zusammenhängt, die diesen Modellen zugrunde liegen, oder ob es die Konsequenz eines der quantentheoretischen Natur des Kosmos nicht Rechnung tragenden begrifflichen Ansatzes ist. Erst in einer zukünftigen Synthese von Gravitationstheorie und Quantentheorie, einer Quantengravitations-Theorie (siehe z. B. Kiefer 1994), wird sich zeigen ob der Anfang unseres Kosmos ein nicht weiter hintergehbarer Anfangspunkt ist, oder ob er nur den Wendepunkt einer Geschichte markiert, die sich auch jenseits der Planck-Grenze erstreckt (Gasperini und Veneziano 1993; Blome und Priester 1991; Rebhan 2000).

Die Vermutung, daß es unter den extremen Bedingungen des Urknalls zu einer Umgehung der Singularität kommen kann, hat schon früh zu einer Reihe von Untersuchungen geführt, die die Quantennatur der Materie berücksichtigen. Wir verweisen auf Starobinsky (1980) und auf die Übersichtsartikel von Hartle (1983) und Ellis (1984). Will man der Frage nach der Vermeidung der kosmologischen Singularität nachgehen, muß man untersuchen, ob die dem Singularitätstheorem zugrundeliegenden Voraussetzungen gebrochen werden können. Einerseits betrifft dies die Gültigkeit der Einsteinschen Gravitationstheorie und andererseits die materiellen Quellen des Gravitationsfeldes, die die für den Beweis des Singularitätstheorems vorausgesetzten Energiebedingungen (s. Abschn. 6.5.1) möglicherweise verletzen.

Kosmologische Modelle mit einer Phase exponentieller Expansion – primordiale Inflation – im frühen Kosmos (10^{-36} s $< t < 10^{-33}$ s) lösen nicht das Problem der in den Friedmann-Modellen auftretenden anfänglichen Singularität mit unendlich großer Dichte und unendlich großer Expansionsrate. Das Szenario der Inflation erklärt weiterhin nicht den Ursprung der prä-inflationären relativistischen Materie zur Planck-Zeit mit der immens großen Energiedichte und der zu diesem Zeitpunkt immer noch extrem großen Expansionsrate $H(t_{PL}) = 10^{43}$ s^{-1} (s. Abschn. 6.5.1 und 6.4.3). Da vor der inflationären Phase ein Materiemodell angenommen wird, das der Zustandsgleichung $p = \varepsilon/3$ gehorcht, ist wegen $\varepsilon + 3p > 0$ auf Grund des Hawking-Penrose-Theorems eine Singularität unvermeidlich. Extrapoliert man den Friedmann-Lemaître-Kosmos in die Vergangenheit zurück divergieren die Ausdrücke für die Expansionsrate H, die Energiedichte ε und die Temperatur T:

$$H(t) = \frac{1}{2t} \tag{6.225}$$

$$\varepsilon(t) = \frac{3c^2}{32\pi G t^2} \tag{6.226}$$

$$T(t) = \sqrt[4]{\frac{3c^2}{32\pi G a}} \cdot \frac{1}{t^{1/2}}. \tag{6.227}$$

Allerdings lassen sich bei der Rekonstruktion der Vergangenheit bereits vor Erreichen der Singularität (von jetzt aus rückwärts gerechnet) die Lösungen der kosmologischen Theorie nicht mehr als „vergangene Wirklichkeit" interpretieren. Für Zeiten, die unterhalb der Planck-Zeit von $t_{PL} = 10^{-43}$ Sekunden liegen, ist derzeit keine physikalisch zweifelsfreie Aussage über den Kosmos möglich. Da die Expansion des Weltraums einem Gesetz folgt, wonach die Ausdehnung proportional zur Quadratwurzel aus der Zeit anwächst (s. Gl. (6.187)), wird für einen Zeitparameter $t < 0$ die Größe $R(t)$ imaginär. Vom Standpunkt der klassischen Kosmologie ist eine Fortsetzung der Vorgeschichte des heutigen Kosmos über den singulären Punkt hinaus sinnlos. Eine imaginäre Zeitkoordinate ist jedoch charakteristisch für quantenmechanische Tunneleffekte, wie z. B. beim α-Zerfall von Atomkernen. Bereits 1931 thematisierte Lemaître den Anfang der Welt auf der Grundlage der Quantentheorie und der 1929 von Gamow formulierten Theorie des Tunneleffektes zur Erklärung des radioaktiven Zerfalls von Atomkernen. Im Rahmen einer – noch unfertigen – Quantenkosmologie versucht man heute tatsächlich den Ursprung des Kosmos als Quantentunneleffekt zu verstehen (Atkatz und Pagels 1982).

Die Grenze phänomenologischer prä-Inflationsmodelle ist allerdings erreicht, wenn der Expansionsparameter des Weltraums in die Größenordnung der Planck-Länge (Padmanabhan 1985) kommt, bzw. der Wert des Einstein-Hilbert-Wirkungsintegrals vergleichbar wird mit der Planckschen Wirkungskonstante (Hoyle und Narlikar 1970). Ziel einer Quantentheorie des prä-inflationären Universums wäre eine Erklärung folgender in der klassischen Kosmologie unbeantwortbaren Fragen:

- Anfangsbedingungen für den klassisch beschreibbaren Kosmos,
- Beseitigung der Anfangssingularität der klassischen Kosmologie,
- Bestimmung der Grundzustandsenergie des Kosmos, bzw. des eines „globalen Vakuumzustands" als Grundlage für die Quantentheorie der Materiefelder in der Ära nach der Planck-Zeit.

Fragen nach den Anfangsbedingungen kosmischer Entwicklung betreffen dabei nicht nur die Quantenaspekte der Gravitation und der Raum-Zeit-Geometrie sondern auch den thermodynamischen Zustand der Materie. Obwohl die exzellente Bestätigung der Planck-Verteilung in der kosmischen Hintergrundstrahlung durch COBE und die beobachteten Häufigkeiten der primordialen Elemente für einen thermodynamischen Gleichgewichtszustand hoher Temperatur am Anfang sprechen („heißer Big Bang"), wird von Layzer (1990) auch die Version eines kalten Modells diskutiert (s. auch Kundt 1998, Layzer und Hively 1973).

6.6.1 Eine de Sitter-Lösung als Modell für den frühen Kosmos

Für eine phänomenologische Beschreibung des frühen Kosmos eignen sich insbesondere die de Sitter Lösungen der Einsteinschen Feldgleichungen, weil sie kosmologische Modelle ohne reale Materie repräsentieren, aber durch Berücksichtigung einer kosmologischen Konstanten die virtuelle Materie des Quantenvakuums mit erfassen (Hartle 1982). Eine nähere Analyse zeigt (Blome, Priester und Hoell 1995), daß die de Sitter-Lösungen natürlicherweise im Kontext der Beobachtungsdaten zu einem nichtsingulären Anfang der kosmischen Entwicklung führen.

Das Big Bounce-Szenario geht von der Annahme eines ursprünglich homogenen, isotropen und materiefreien Kosmos aus, bzw. einer Raumzeit, in der sich noch alle Materiefelder in ihrem Grundzustand (Vakuum) befinden. Diese Vorstellung wird gestützt durch die Quantenfeldtheorie, wonach reale Materie (Elementarteilchen) nur eine Anregungsform von Materiefeldern ist, die den Raum durchsetzen. Insofern ist das Vakuum begrifflich den realen Teilchen vorgeordnet. Daraus ergibt sich fast zwangsläufig die Hypothese, daß es auch zeitlich in der Raumzeit vor der Materie existierte (Blome und Priester 1991, Priester und Blome 1987). Mit diesem

Bild wird die Entstehung der „gewöhnlichen" Materie (Quarks, Leptonen, Photonen, etc.) von der „Erschaffung" der Raumzeit entkoppelt.

1968 hatte Zel'dovich aus heuristischen Überlegungen die Zustandsgleichung $p_V = -\varepsilon_V$ für das Quantenvakuum abgeleitet, nachdem bereits Gliner (1966) diese Gleichung in seiner Diskussion über eine exponentielle Expansion im frühen Kosmos benutzt hatte. Mit dieser Zustandsgleichung ergeben sich aus den Einstein-Gleichungen die de Sitter-Lösungen als mögliche Modelle.

In einem homogen isotropen Kosmos, der in seiner Vergangenheit frei war von realer Materie, reduziert sich der Energie-Impuls-Tensor $\boldsymbol{T_{ik}}$ auf seinen Vakuum-Term:

$$\varepsilon_V(t) + 3p_V(t) \quad \text{mit} \quad \varepsilon_V = \varrho_V \cdot c^2. \tag{6.228}$$

Damit vereinfachen sich die Einstein-Friedmann-Gleichungen (6.41) und (6.42) zu

$$\frac{\dot{R}^2(t)}{R^2(t)} = \frac{8\pi G}{3}\varrho_V(t) + \frac{\Lambda c^2}{3} - \frac{kc^2}{R^2(t)} \tag{6.229}$$

und

$$\frac{\ddot{R}(t)}{R(t)} = -\frac{4\pi G}{3}\left(\varrho_V(t) + \frac{3p_V(t)}{c^2}\right) + \frac{\Lambda c^2}{3}, \tag{6.230}$$

wobei sich (6.230) aufgrund der Zustandsgleichung weiter vereinfachen läßt zu

$$\frac{\ddot{R}(t)}{R(t)} = +\frac{8\pi G}{3}\varrho_V(t) + \frac{\Lambda c^2}{3}. \tag{6.231}$$

Drücken wir die kosmologische Konstante Λ wieder durch ihre äquivalente Dichte aus, erhalten wir

$$\frac{\dot{R}^2(t)}{R^2(t)} = \frac{8\pi G}{3}(\varrho_V(t) + \varrho_\Lambda) - \frac{kc^2}{R^2(t)} \tag{6.232}$$

und

$$\frac{\ddot{R}(t)}{R(t)} = \frac{8\pi G}{3}(\varrho_V(t) + \varrho_\Lambda). \tag{6.233}$$

Solange die Energiedichte des Vakuums als zeitlich konstant angenommen werden kann, lassen sich ϱ_V und ϱ_Λ in den Gleichungen nicht trennen, da sie nur als Summe auftreten. Ein konstantes ϱ_V ist die Voraussetzung für die de Sitter-Lösungen der Einstein-Gleichungen. Diese Lösungen wurden 1917 von Willem de Sitter angegeben, lange bevor man einen Vakuumterm in den Einsteinschen Gleichungen in Betracht zog. De Sitter hat allein die kosmologische Konstante benutzt. Wenn wir jetzt die de Sitter-Lösung diskutieren, wollen wir hier die Summe von ϱ_V und ϱ_Λ einfach durch ein zeitlich konstantes ϱ_V ausdrücken.

Mit der Abkürzung

$$H^2 = \frac{8\pi G}{3}\varrho_V \tag{6.234}$$

wird aus den beiden letzten Gleichungen

$$\frac{\dot{R}^2(t)}{R^2(t)} = H^2 - \frac{kc^2}{R^2(t)} \tag{6.235}$$

und

$$\frac{\ddot{R}(t)}{R(t)} = H^2 \,. \tag{6.236}$$

Wie man unmittelbar sieht, hat H die Bedeutung der Expansionsrate (Hubble-Zahl) in einem Kosmos mit euklidischer Metrik ($k = 0$). Im Gegensatz zu den Friedmann-Lemaître-Lösungen ist hier H zeitlich konstant.

Die allgemeine Lösung der Gleichungen (6.235) und (6.236) lautet

$$R(t) = A e^{Ht} + B e^{-Ht} \,. \tag{6.237}$$

Sie beschreibt die Dynamik (Expansion oder Kontraktion) eines materiefreien Kosmos. Bestimmend ist die Energiedichte des Vakuums und/oder die kosmologische Konstante.

Aus Gl. (6.237) ist ersichtlich, daß das allgemeine Linienelement eines de Sitter-Kosmos von den zwei Integrationskonstanten A und B abhängt. Das Linienelement ds in der Robertson-Walker-Form ist durch Gl. (6.38) gegeben. Je nachdem, ob der dreidimensionale Unterraum dieser Weltmodelle sphärische ($k = +1$), euklidische ($k = 0$) oder hyperbolische ($k = -1$) Geometrie besitzt, lassen sich drei de Sitter-Modelle unterscheiden, die spezielle Lösungen von Gl. (6.235) bzw. (6.236) darstellen

$$R(t) = \frac{c}{H} \sinh(Ht) \quad \text{für } k = -1 \tag{6.238}$$

$$R(t) = \frac{c}{H} \exp(Ht) \quad \text{für } k = 0 \tag{6.239}$$

$$R(t) = \frac{c}{H} \cosh(Ht) \quad \text{für } k = +1 \,. \tag{6.240}$$

In der Abb. 6.39 haben wir die drei Lösungen $R(t)$ in linearen Skalen dargestellt. Für die Vakuumenergiedichte ϱ_V haben wir $2 \cdot 10^{76} \, \mathrm{g \, cm^{-3}}$ eingesetzt. Dies ist ein Wert, wie er im „inflationären Szenario" für die Energiedichte des sogenannten falschen Vakuums erforderlich ist.

Hier wollen wir eine de Sitter-Lösung verfolgen, bei der in der Vergangenheit, die vor der Friedmann-Zeit Null liegt, der Kosmos keine normale Materie enthielt, aber erfüllt war von einer konstanten Vakuumenergie. Wir favorisieren hier die Lösung (6.240) für einen Raum mit sphärischer Metrik, weil bei dieser Lösung die mathematische Singularität $R = 0$ mit $\varrho \to \infty$ vermieden wird.

Ein solcher Kosmos mit sphärischer Metrik würde in der extremen Vergangenheit mit einem unendlich ausgedehnten Volumen beginnen, sich zusammenziehen und ein extrem kleines Minimum-Volumen durchlaufen zu einem Zeitpunkt, den wir mit der Friedmann-Zeit Null identifizieren, also dem Zeitpunkt, der in den Fried-

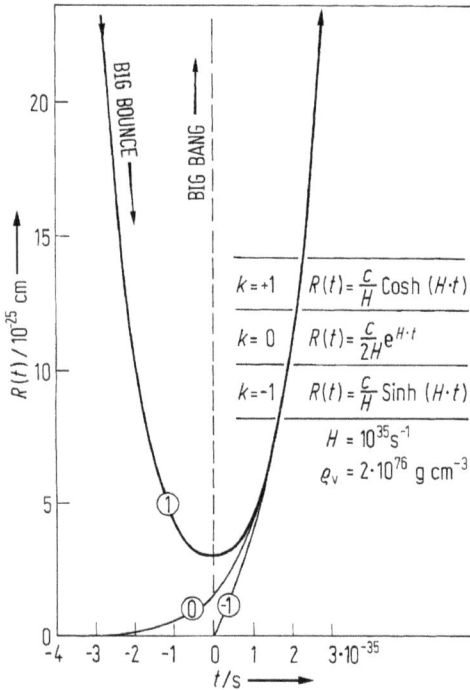

Abb. 6.39 Skalenfaktor $R(t)$ für drei de Sitter-Modelle des frühen Kosmos im Zeitbereich 10^{-35} s. BIG BOUNCE = Modell mit sphärischer Metrik ($k = +1$). Das euklidische Modell ($k = 0$) beginnt mit $R = 0$ bei $t = -\infty$, das Modell mit hyperbolischer Metrik ($k = -1$) bei $t = 0$ mit $R = 0$. Die Energiedichte des Vakuums ist in allen Modellen konstant und entspricht $\varrho_V = 2 \cdot 10^{76}\,\mathrm{g\,cm^{-3}}$. Das Urknall-Modell (BIG BANG) ist durch die nahezu vertikale Linie (gestrichelt) dargestellt.

mann-Lemaître-Modellen der Singularität des Urknalls entspricht. Nach dem Durchlaufen des Minimums dehnt sich der Kosmos in dieser de Sitter-Lösung wieder exponentiell aus entsprechend dem hyperbolischen Kosinus von Gl. (6.240) mit $H = 10^{35}\,\mathrm{s^{-1}}$ gemäß Gl. (6.234). Der Skalenfaktor $R(t)$ entspricht dem Krümmungsradius des sphärischen Unterraums. Er erreicht sein Minimum bei

$$R_{\min} = \frac{c}{H} = \sqrt{\frac{3\,c^2}{8\,\pi\,G\varrho_V}} = 3 \cdot 10^{-25}\,\mathrm{cm}\,, \qquad (6.241)$$

wenn die Raumkrümmung ihr Maximum durchläuft. Es mag interessant sein zu bemerken, daß der Wert für $R_{\min}$ formal dem Schwarzschild-Radius $R_S = 2GM/c^2$ für eine homogene Kugel mit der Masse $M = (4\pi/3) \cdot \varrho_V \cdot R_{\min}^3$ entspricht.

Um den rechtzeitigen Übergang in den Friedmann-Lemaître-Kosmos zu ermöglichen, sollte der Durchgang durch das Minimum den Phasenübergang triggern, der dann bis $t = 10^{-33}$ s mit der Erzeugung der primordialen Elementarteilchen den Übergang vom Vakuum zu einem strahlungsdominierten Friedmann-Kosmos initiiert. Die Physik der Teilchenerzeugung in gekrümmten Raumzeiten ist ein offenes Problem. (Die damit zusammenhängenden begrifflichen Probleme hat Audretsch

1981 in einer Arbeit über Gravitation und Quantenmechanik diskutiert; siehe auch Birrel und Davies 1982.) Die Feinabstimmung mit einer Vakuumdichte im Bereich von 10^{76} bis 10^{77} g cm^{-3} ist erforderlich, um die Entstehung der zahlreichen Monopole zu vermeiden. Sie würden entstehen, wenn die Äquivalentdichte etwa im Bereich von 10^{80} bis 10^{81} g cm^{-3} läge. Das wird durch die Feinabstimmung auf merklich geringere Dichten verhindert. Feinabstimmungen spielen in unserem Weltall an vielen Stellen eine wesentliche Rolle, so daß wir daraus keine Gegenargumente gewinnen können.

Wir haben diese de Sitter-Lösung mit der sphärischen Metrik **Big Bounce** genannt. Der Übergang von einem vakuumdominierten de Sitter-Kosmos in einen mit (relativistischer) Materie und Strahlung erfüllten Kosmos findet in diesem Modell nach der Minimumsphase statt. In der Reexpansionsphase geht dementsprechend das exponentielle Anwachsen des Skalenfaktors in das Potenzgesetz ($R \propto t^{1/2}$) des Friedmann-Kosmos über. Gleichzeitig verändert sich die Zustandsgleichung $p_\mathrm{V} = -\varepsilon_\mathrm{V}$ in $p_\mathrm{s} = \varepsilon_\mathrm{S}/3$. Dadurch ist phänomenologisch ausgedrückt, daß die Vakuumenergie in reale Materie übergeht. Man erwartet dabei, daß gleich viele Teilchen und Antiteilchen erzeugt werden. Daher müssen wir in diesem Bild fordern, daß bei $t = 10^{-33}$ s die Teilchenerzeugung zu primordialen Teilchen führt, die den X-Bosonen der GUTs entsprechen, aus deren asymmetrischen Zerfall sich heute die Dominanz der Materie gegenüber der Antimaterie ergibt (s. Abschn. 6.4.4).

Das Modell eines Big Bounce vermeidet das Erfordernis einer unendlich großen Dichte zur Friedmann-Zeit Null. Bei ihm ist die konstante Energiedichte des Vakuums zugleich die maximale Energiedichte, die überhaupt auftritt, einschließlich der Zeit nach dem Übergang in einen Friedmann-Kosmos. Ein Nachteil dieses Modells ist, daß die Verquickung mit den Großen Vereinigungstheorien der Elementarteilchenphysik nicht unmittelbar ersichtlich ist.

Das Problem der Physik der Übergangs in den Friedmann-Kosmos ist hier wie auch beim inflationären Szenario ungelöst.

Die Ausgangslage des homogenen isotropen Kosmos, dessen Dynamik seit langer Zeit von einer konstanten Vakuumdichte bestimmt wird, liefert uns ohne Probleme einen heutigen Kosmos, der homogen und isotrop ist, wenn wir annehmen, daß genau wie beim inflationären Szenario der Phasenübergang hinreichend homogen erfolgt. Unter der Voraussetzung, daß sich der Krümmungsindex k beim Phasenübergang nicht ändert, würde unser heutiger Kosmos gemäß seiner sphärischen Metrik auch heute geschlossen sein.

Wie aus Gl. (6.238) und (6.239) ersichtlich ist, sind im Rahmen der de Sitter-Lösungen auch Modelle mit euklidischer und hyperbolischer Metrik möglich, wiederum mit konstanter Vakuumdichte. Im euklidischen Falle liegt der Beginn bei $t = -\infty$ mit $R = 0$. Bei diesem Modell ist jedoch nicht zu sehen, was den plötzlichen Phasenübergang zum Friedmann-Kosmos mit der Teilchenerzeugung aus dem Vakuum ausgelöst haben sollte. Im Falle der hyperbolischen Metrik liegt der Anfang bei $t = 0$. Das entspräche in etwa dem Friedmann-Modell, allerdings beginnend mit der Dichte $2 \cdot 10^{76}$ g cm^{-3}, die nicht unendlich ist und noch weit unterhalb der Planck-Dichte liegt.

Um den Übergang in den Strahlungskosmos der Friedmann-Lemaître-Modelle darstellen zu können, muß man für den Skalenfaktor eine logarithmische Darstellung wählen. Wir haben in Abb. 6.40 die drei de Sitter-Lösungen zusammen mit dem

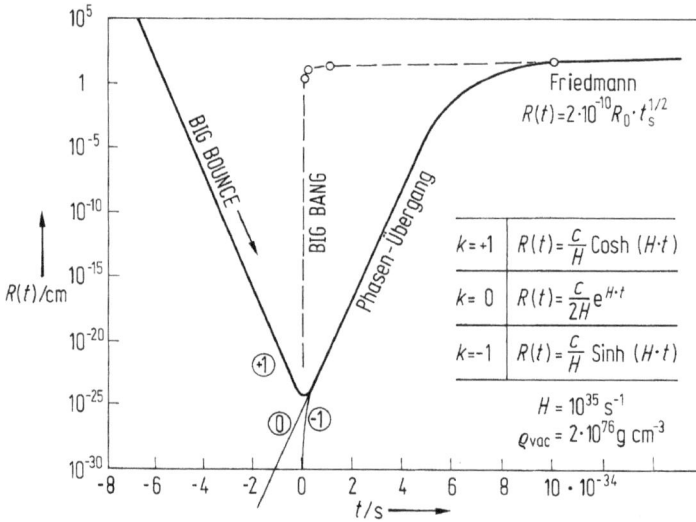

Abb. 6.40 Vier Urknall-Modelle im Zeitbereich bis $t = 10^{-33}$ s: Der Skalenfaktor $R(t)$ mit logarithmischer Skala als Funktion der Zeit. Gestrichelte Linie: Big Bang des Friedmann Kosmos, beginnend mit der Singularität bei $t = 0$ mit $R(0) = 0$ und $\varrho(0) = \infty$. Durchgezogene Linien: Drei de Sitter-Lösungen für einen materiefreien Kosmos mit einer seit beliebiger Vergangenheit ($t = -\infty$) konstanten Vakuum-Energiedichte. Die Lösung für sphärische Metrik geht bei $t = 0$ durch eine Phase maximaler Raumkrümmung.

Urknall-Modell des Friedmann-Universums dargestellt. (Der scheinbare Knick im Big Bang-Modell ist ausschließlich durch die Einheitenwahl in Ordinate und Abszisse bedingt!)

Eine umfassende Diskussion des Big Bounce-Modells und ein Vergleich mit dem ähnlichen Modell von Israelit und Rosen (1989), an dessen Anfang (bei $t = t_{PL}$) ein Universum mit Planck-Dimensionen steht, findet sich bei Priester und Blome (1987) und Blome und Priester (1991). Eine Synopsis der Entwicklungsepochen im Inflations-Szenario und im Big Bounce-Szenario ist in Abb. 6.41 dargestellt.

In Abb. 6.42 ist der Krümmungsradius $R(t)$ als Funktion der Zeit dargestellt. Das Modell von Israelit und Rosen (Modell I) ist durch offene Kreise markiert, das „Big Bounce"-Modell (Modell II) durch gefüllte Kreise (Blome und Priester 1991; Blome, Priester und Hoell 1995). Beide Modelle münden nach einer Phase exponentieller Expansion in einen geschlossenen, strahlungsdominierten Friedmann-Lemaître-Kosmos – allerdings zu unterschiedlichen Zeiten: Modell I noch vor der Erzeugung der Monopole. Damit entfällt bei diesem Modell die Möglichkeit durch die inflationäre Expansion die Monopole auf eine mit den heutigen Beobachtungen verträgliche Dichte zu verdünnen. Ähnlich zum Big Bounce-Modell hat Rebhan (2000) ein *Soft Bang*-Modell vorgeschlagen mit stationärer ewiger Vergangenheit. Nach dieser Hypothese entwickelt sich das (geschlossene) Universum aus einem Zustand mit einer Ausdehnung von ca. $2 \cdot 10^8$ Planck-Längen (vergleichbar mit dem minimalen Radius im „Big Bounce"-Modell) und mündet nach einer Phase exponentieller (inflationärer) Expansion in einen Friedmann-Lemaître-Kosmos mit $\Omega_{A,0}$ bzw. $\lambda_0 = 0.85$ – im Gegensatz zum Modell II („Best-fit"-Modell) mit einem heutigen

Zeit t		
$-\infty$	$-$	seit $t = -\infty$ Raum + Quanten-Vakuum
0	Urknall (BIG BANG): Singularität von: Raum Zeit Materie $=0$ $=0$ $\varrho = \infty$	BIG BOUNCE: keine Singularität: Bounce triggert Phasenüberg.
10^{-36} s	Inflation	Cosh-Expansion
10^{-33} s	Phasen-Übergang → 1. Form von Materie (Quarks, Elektronen, Neutrinos)	
	Urblitz: 10^{-33} bis 10^{-4} s	
10^{-6} s	je 3 Quarks bilden Protonen (p) und Neutronen (n)	
10^{-4} s	Zerstrahlung der Antimaterie ($\bar{p}, \bar{n}$)	
	stabile Materie friert aus bei $T = 10^{12}$ K	
3 min	thermonukleare Fusion: p, n → He-Kerne	
$6 \cdot 10^5$ Jahre	Wasserstoff + Helium neutral: (Kosmos „durchsichtig")	
ab $5 \cdot 10^9$ Jahre	Galaxien-Entstehung in einer Phase mit langsamer Expansion	

Abb. 6.41 Entwicklung des Kosmos: Synopsis des Inflations-Szenarios und des Big Bounce-Szenarios.

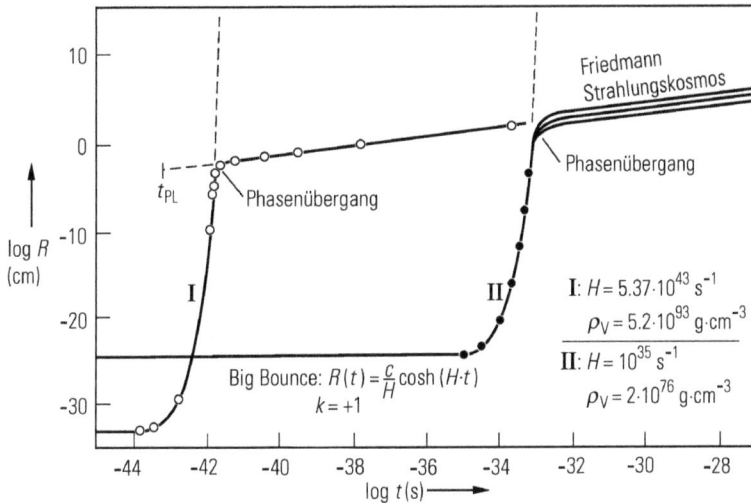

Abb. 6.42 Krümmungsradius $R(t)$ als Funktion der Zeit. Das Modell von Israelit und Rosen („Cosmic egg"-Modell) ist durch offene Kreise markiert, das „Big Bounce"-Modell durch gefüllte Kreise. Beide münden nach einer Phase exponentieller Expansion in ein strahlungs-dominiertes Friedmann-Lemaître-Modell.

Wert von $\lambda_0 = 1.080$. Der anfängliche Gleichgewichtszustand bei $t \to -\infty$ wird bei Rebhan durch die Äquipartition zwischen realer und virtueller Materie (Quanten-vakuum) realisiert.

6.6.2 Quantentheorie und Gravitation

Für ein Verständnis der Vorgänge im Inneren von Schwarzen Löchern und der Singularität, die im klassischen Urknall-Modell am Anfang der Entwicklung unseres Universums steht, ist eine Quantentheorie der Gravitation unerläßlich. Um die quantenpysikalischen Aspekte der Anfangssingularität der Friedmann-Lemaître-Modelle zu klären, kann man einerseits direkt bei den Friedmann-Gleichungen ansetzen (Candelas 1974), andererseits erfordern aber die mit einer Quantisierung der Gravitation verbundenen konzeptionellen Probleme zunächst eine Quantisierung der Allgemeinen Relativitätstheorie (Kiefer 1994; Nicolai und Niedermaier 1989).

Orientiert man sich bei der Quantisierung der Gravitationstheorie an der von der Hamiltonschen Formulierung der klassischen Mechanik und klassischen Elektrodynamik startenden Quantisierung klassischer Systeme, so gelangt man zur kanonischen Quantengravitation.

Die Quantenmechanik beschreibt die Bewegung von Teilchen nicht mehr deterministisch, sondern probabilistisch. Die dynamischen Größen der klassischen Mechanik nehmen wegen der Heisenbergschen Unschärferelation keine eindeutig bestimmten Werte an – Ort und Impuls sind objektiv unbestimmt. Ihr Auftreten wird durch eine Wahrscheinlichkeitsverteilung beschrieben, berechnet aus dem Quadrat der Wellenfunktion Ψ, die man nach Spezifizierung von Randbedingungen als Lösung der Schrödinger-Gleichung

$$i\hbar \frac{\mathrm{d}\Psi}{\mathrm{d}t} = H\Psi \tag{6.242}$$

erhält. Die zeitliche Änderung der Wellenfunktion wird durch den Hamiltonoperator H bestimmt. Die Wellenfunktionen der Quantenmechanik sind über den die Impuls- und Ortskoordinaten zusammenfassenden Phasenraum erklärt: $\psi(q)$ bzw. $\psi(p)$. Im Fall der Gravitation sind die zu Ort und Impuls der Qantenmechanik analogen kanonischen Variablen die Metrik des dreidimensionalen Raums h_{ij} und die sogenannte „äußere Krümmung" $K_{ij} \approx \frac{\partial h_{ij}}{\partial t}$, die angibt wie dieser dreidimensionale Raum in die vierdimensionale Geometrie eingebettet ist. Hier laufen die Indizes von 1 bis 3.

Die zum Phasenraum der Quantenmechanik analoge Begriffsbildung in der Quanten-Gravitation ist der „Superraum". Ein „Punkt" des Superraumes entspricht einem dreidimensionalen Raum, dessen „Koordinate" durch h_{ij} gegeben ist. Die Geschichte des Kosmos ist nach dieser Sichtweise eine Kurve im Superraum. Auf diesem Zustandsraum ist die „Wellenfunktion des Universums" Ψ definiert. Wegen der Invarianz der Allgemeinen Relativitätstheorie unter allgemeinen Koordinatentransformationen erfüllt Ψ eine „Null-Energie-Schrödingergleichung", wobei die Hamiltonfunktion H die Krümmung des dreidimensionalen Raumes als „potentielle Energie" enthält und das Quadrat der äußeren Krümmung die Analogie zur „kinetischen Energie" bildet. Diese auf Wheeler und DeWitt zurückgehende Gleichung verallgemeinert die Schrödingergleichung der Quantenmechanik auf den Fall der quantisierten Gravitation:

$$H\Psi(h_{ij}, \Phi_{\mathrm{M}}) = 0, \tag{6.243}$$

wobei Φ_M für die Materiefelder steht und h_{ij} die metrischen Koeffizienten des drei-dimensionalen Raumes sind. Eine Begründung findet (6.243) in der Diracschen Methode der Quantisierung von Systemen mit Zwangsbedingungen. Wegen der erwähnten Invarianz unter allgemeinen Koordinatentransformationen stehen nicht alle Punkte des aus „Orten" und „Impulsen" gebildeten Phasenraumes bzw. Superraumes zur Verfügung – es existieren Zwangsbedingungen, welche die Bewegung auf einen Unterraum einschränken. Diese Zwangsbedingungen haben die sogenannte Wheeler-DeWitt-Gleichung zur Konsequenz. Interessanterweise zeigt sich, daß in dem Wellenfunktional Ψ die Zeit nicht mehr explizit vorkommt. Das deutet darauf hin, daß die Zeit ein „sekundäres" Phänomen im Kosmos ist. Ähnlich den Newtonschen oder Hamiltonschen Bewegungsgleichungen der Mechanik beschreiben die Friedmann-Lemaître-Modelle nur die klassische Approximation des Kosmos. Der Begriff der Raum-Zeit-Geometrie, beruhend auf dem Begriff der geodätischen Linie und der Kontinuität stellt sich somit als ein klassischer Grenzfall heraus, genauso wie der Begriff der Teilchenbahn in der Quantenmechanik. *Wenn das Raum-Zeit-Kontinuum nur das Medium einer genäherten, also vordergründigen Beschreibung der Realität ist, so gilt das gewiß auch vom Weltraum und der Weltgeschichte, wie die Kosmologie sie benützt* (von Weizsäcker 1985). Für detailliertere Darstellungen zur Quantenkosmologie und zum Problem der physikalischen Zeit verweisen wir insbesondere auf Goenner (1994, Kap. 8) und Zeh (1992).

6.6.3 Quantenkosmologie

Wegen der Universalität der Quantentheorie gibt es keinen der Quantentheorie immanenten Grund, ihre Anwendung auf einen Teilbereich der physikalischen Wirklichkeit einzuschränken. Die Welt kann nicht zur Hälfte klassisch und zur anderen Hälfte eine Quantenrealität sein – so formulierte es einmal Richard Feynman. Die Welt, d. h. Raum, Zeit und Materie – bestehend aus ca. 10^{80} Baryonen und 10^{89} Photonen und der Energiedichte des Quantenvakuums –, ist aus quantentheoretischer Sicht eine Einheit, auch wenn dies aus der makroskopischen Kosmologie nicht sofort sichtbar ist (Görnitz 1999).

Friedmann-Lemaître-Modelle basieren auf einer makroskopischen Theorie der Materie und setzen die Existenz eines Raum-Zeit-Kontinuums voraus, dessen Metrik durch mit der Materieverteilung zusammenhängende Symmetrien spezifiziert ist. Eine mikroskopische Betrachtung zeigt die Materie konstituiert durch Elementarteilchen, die als Anregungsformen des die Raumzeit durchsetzenden Grundzustandes (Vakuum) interpretiert werden. Jenseits der Schwelle der klassischen Kosmologie (Harrison 1970), die durch die Planck-Zeit charakterisiert wird, beginnt die Quanten-Ära des Universums, in der die klassische Raum-Zeit-Geometrie infolge der Quantenfluktuationen der Metrik (Misner, Thorne und Wheeler 1973) zusammenbricht. Eine Foliation der Raum-Zeit-Geometrie in raumartige Hyperflächen (dreidimensionale Räume), parametrisiert nach der Zeit, wie sie der Robertson-Walker-Metrik zugrundeliegt, ist dann nicht mehr möglich. Das heißt die Ausdehnung des Weltraums $R(t)$ und die Expansionsrate $H = \dfrac{\dot{R}}{R}$ sind dann nicht mehr eindeutig und präzise definiert. Analog zur Quantenmechanik werden beide Größen zu Operatoren, die den Heisenbergschen Unbestimmtheitsrelationen gehorchen. Die Quanten-Kosmologie versucht analog zur Quantenmechanik den ganzen Kosmos mit einer universellen Wellenfunktion zu beschreiben. Dabei ist es kontrovers, ob der Begriff der Wellenfunktion und das Schrödinger-Bild der Quantenmechanik auf den Kosmos einfach übertragen werden können (s. z.B. Tipler 1986).

Die entsprechende Verallgemeinerung der Schrödinger-Gleichung ist die Wheeler-DeWitt-Gleichung (6.243), deren Lösung die Wellenfunktion des Universums liefern soll. In den einfachsten Fällen tritt die Ausdehnung des Kosmos an die Stelle der Ortsvariablen, und die Expansionsrate übernimmt die Rolle des Impulses (s. z.B. Goenner 1994, Liebscher 1994). Für einen homogen-isotropen Kosmos reduziert sich die Wheeler-DeWitt-Gleichung auf eine Schrödinger-Gleichung, wie sie aus der Theorie des Tunneleffektes bekannt ist (siehe z.B. Atkatz und Pagels 1982 und Atkatz 1994):

$$-\frac{\hbar^2}{2m}\frac{d^2\Psi}{dx^2} + U(x)\Psi = E\Psi = 0\,. \tag{6.244}$$

Die Wheeler-DeWitt-Gleichung für den Fall des hochsymmetrischen de Sitter-Modells mit sphärischer Geometrie, die klassische Bounce-Lösung, lautet dann:

$$\frac{d^2\Psi}{dR^2} - \left(\frac{3\pi c^3}{2G}\right)\left(R^2 - \frac{R^4}{R_{min}^2}\right)\Psi(R) = 0 \tag{6.245}$$

mit $R_{min} = \sqrt{\dfrac{3c^2}{8\pi G\varrho_\Lambda}} = \sqrt{\dfrac{3}{\Lambda}}$. Das Potential $U(R) = R^2\left(1 - \dfrac{R^2}{R_{min}^2}\right)$ stellt tatsächlich eine Potentialschwelle dar, die in der Nähe des Maximums durch eine inverse Parabel approximiert werden kann. Das Durchdringen eines Potentialbergs ist ein in der klassischen Physik unmöglicher Prozeß. Aus quantentheoretischer Sicht existiert aber eine endliche Übergangswahrscheinlichkeit (siehe z.B.: Fließbach 2000), die mit Hilfe der Wheeler-DeWitt-Gleichung unter Berücksichtigung von Randbedingungen an die Wellenfunktion berechnet werden kann:

$$W \cong \exp\left\{-\frac{2}{\hbar}\int dR\sqrt{2m(U-E)}\right\}\,. \tag{6.246}$$

Entsprechend den klassischen Bewegungsgleichungen erfolgt die Untertunnelung des Potentials entlang einer komplexen Bahnkurve mit einer imaginären Zeitkoordinate. Übertragen auf den Kosmos bedeutet dies, daß der Übergang von der Quantenära in den klassischen Kosmos entlang einer komplexen (imaginären) Bahnkurve verläuft. Die Wahrscheinlichkeit, daß über einen Quanten-Tunneleffekt ein zeitloser vierdimensionaler Weltraum in eine (3 + 1)-dimensionale Raumzeit tunnelt, ist dann gegeben durch

$$W \approx \exp(-S/h)\,,$$

wobei S das Wirkungsintegral darstellt, entlang einer klassisch (verboten) Trajektorie mit einer imaginären Zeitskala. Der dem klassischen Kosmos vorausliegende Quantenzustand beschreibt eine Realität, in der die drei Raumrichtungen zusammen mit der imaginären Zeit einen vierdimensionalen euklidischen Raum bilden, der ohne Grenzen und Ränder in sich geschlossen ist („No-boundary-Randbedingung"). In den von Hartle und Hawking (1983) und Vilenkin (1986, 1988) vorgeschlagenen Modellen berechnet sich dann die Wahrscheinlichkeit zu:

$$W \cong \exp\left(\pm \frac{3\varrho_{PL}}{8\pi G\varrho_A} \right), \qquad (6.247)$$

wobei das Vorzeichen mit den unterschiedlichen Randbedingungen zusammenhängt, die an die Wellenfunktion gestellt werden (siehe z. B. Linde 1993), und die Vakuum-energiedichte maximal gleich der Planck-Dichte sein kann: $\varrho_A \le \varrho_{PL}$. Das positive Vorzeichen korrespondiert mit der Lösung von Hartle und Hawking, deren charakteristisches Merkmal die „Randfreiheit" ist und die einem anfänglichen Kosmos geringer Energiedichte entspricht. Demgegenüber ergibt sich bei der von Vilenkin bevorzugten Randbedingung ein primordiales Miniuniversum hoher Dichte. Der Kosmos, der Gegenstand der klassischen Kosmologie ist, beginnt nach dieser Sichtweise zur Planck-Zeit bei $t_{PL} = 10^{-43}$ s mit einer endlichen Ausdehnung von etwa $L_{PL} = 10^{-33}$ cm als Miniuniversum. Es durchläuft dann eine Phase exponentieller Expansion (Inflation) und mündet dann in den aus heutigen Randbedingungen erschlossenen Friedmann-Lemaître-Kosmos ein.

Charakteristisch für diesen „quantentheoretischen Ursprung" des Kosmos ist der Wechsel in der Signatur der Metrik. Das deduktiv-nomologische Erklärungsschema erfordert bei der Anwendung auf die Wirklichkeit eine kausale Raum-Zeit-Struktur, die mit der Signatur der Raumzeit verknüpft ist. Das Modell von Hartle und Hawking hebt den Unterschied von Raum- und Zeitkoordinate auf. Die „Verräumlichung" der Zeit löst nicht das Problem des Anfangs, aber macht die Anwendung dieser Frage im Kontext des theoretischen Modells obsolet. Das Cauchy-Problem läßt sich nicht mehr formulieren. Dies läßt sich folgendermaßen einsehen. Die Signatur der Metrik bildet sich ab in der charakteristischen Struktur der hyperbolischen Differentialgleichungen, die den Ausgangspunkt für physikalische Anfangswertprobleme bilden. Ersetzt man in einer hyperbolischen Differentialgleichung den reellen Zeitparameter durch eine imaginäre Zeitkoordinate, dann wird daraus eine elliptische Differentialgleichung. Im Gegensatz zu hyperbolischen Differentialgleichungen sind aber für elliptische Differentialgleichungen zwar Randbedingungen aber keine Anfangsbedingungen definierbar. Ihre Lösungen sind analytische Funktionen, die statische Gleichgewichtzustände physikalischer Felder – z. B. Lösungen der Laplace-Gleichung für elektrostatische Probleme – beschreiben. Dagegen beschreiben Lösungen von hyperbolischen Differentialgleichungen im Raum im Lauf der Zeit fortschreitende Wellenfelder (siehe z. B. Jordan 1955). Historisch sei bemerkt, daß bereits Ehrenfest die Vermutung geäußert hat, daß in einem vierdimensionalen Raum das Problem kosmologischer Anfangsbedingungen vermieden werden kann (zitiert in de Sitter 1917). Die Hypothese, daß der Ursprung des expandierenden Universums als ein Quanten-Tunneleffekt deutbar ist, wurde schon 1931 von Lemaître aufgestellt.

In einem alternativen Szenario beginnt die kosmische Entwicklung mit der Implosion eines nur mit virtueller Materie (Blome, Priester und Hoell 1995) oder mit Superstrings (Gasperini und Veneziano 1993) durchsetzten Weltraumes, der sich bis auf einen Minimalradius zusammenzieht und dann wieder expandiert. Bei diesen „Big Bounce"-Modellen, die nicht zu verwechseln sind mit einem oszillierenden oder

Friedmann M2-Bounce-Weltmodell, geht man von der Annahme eines ursprünglich materiefreien Kosmos aus. In der leeren Raum-Zeit befinden sich noch alle Materiefelder in ihrem Grundzustand. Diese Vorstellung wird gestützt durch die Quantenfeldtheorie, wonach reale Materie (Elementarteilchen) nur eine Anregungsform von Materiefeldern oder von Superstrings ist, die den Raum permanent durchsetzen. Insofern sind Quantenvakuum und/oder Superstrings den realen Teilchen begrifflich vorgeordnet. Daraus ergibt sich zwangsläufig die Hypothese, daß sie auch zeitlich in der Raumzeit vor der Materie existierten. Dieses Szenario entkoppelt – im Gegensatz zum singulären Standardmodell – die Entstehung der Materie von der Formierung der Raumzeit. Noch einen Schritt weiter geht der Versuch, die Kosmologie aus einer abstrakten Quantentheorie zu begründen (von Weizsäcker 1985; Görnitz 1988, 1999). Dieser Ansatz versucht die kosmische Raum-Zeit-Geometrie und die Struktur der Materie unter Zugrundelegung der aus der Sicht der abstrakten Quantentheorie elementarsten Objekte den „Ur-Alternativen" zu begründen.

Während das Universum nach dem Standardmodell in reeller Zeit aus einer Singularität heraus expandiert, zeigt sich bei Anwendung der Quantentheorie, daß sich der Kosmos vor der Planck-Zeit in einem zeitlosen singularitätsfreien Quantenzustand befand, der dem eines Raumes mit 4 Dimensionen vergleichbar ist. Nach der auf Hartle und Hawking (1983) zurückgehenden Hypothese entspringt der Kosmos aus einem raumartigen Urzustand endlicher Ausdehnung, für den es in imaginärer Zeit keinen Anfang gibt. Zuerst nur mit der Energie des Quantenvakuums (der Materiefelder) beginnt das Miniuniversum mit einer Phase inflationärer Expansion, an deren Ende der größte Teil der Vakuumenergie in materielle Teilchen und Eichbosonen konvertiert wird. Danach befolgt dieser Strahlungskosmos (dominiert von der Energiedichte der relativistischen Materie) das Expansionsgesetz eines Tolmanschen Strahlungskosmos.

Ein anderer Aspekt der Entwicklung vom Quantenuniversum zum klassischen Kosmos ergibt sich mit der von Richard Feynman in die Quantenmechanik eingeführten Methode der Wegintegrale, angewendet auf die Geometrodynamik der Einsteinschen Gravitationstheorie. In der Newtonschen Mechanik durchlaufen Teilchen feste Bahnen, die durch das Hamilton-Prinzip der kleinsten Wirkung bestimmt sind. In der Quantenmechanik ist es aufgrund der Heisenbergschen Unschärferelation unmöglich, Ort und Impuls eines Teilchens zum gleichen Zeitpunkt exakt festzulegen. In der Feynman-Methode wird daher die Wahrscheinlichkeit für das Auftreten eines Teilchens im Endpunkt B einer Bahn als Folge des Starts in A aus einer gleichwertigen Überlagerung von allen möglichen Teilchenpfaden, die von A nach B führen, abgeleitet. Die den verschiedenen Wegen zugeordneten Wellenfunktionen addieren sich bei der Superposition fast überall zu Null, außer an den Stellen, wo wir das Teilchen aufgrund einer klassischen Bahnvorstellung erwarten müssen. Gegenseitige Verstärkung der Wellen geschieht dort, wo die Wirkung im Hamiltonschen Sinn ein Extremum durchläuft. Die klassischen Bahnen der Teilchen sind also Orte maximaler Wellenamplitude, d. h. nach der Quantenmechanik die wahrscheinlichsten Bahnen. Eine analoge Betrachtungsweise ist auch in der Geometrodynamik möglich. Dabei wird zur systematischen Beschreibung ein Superraum eingeführt, dessen einzelne Elemente jeweils komplette Geometrien dreidimensionaler Räume unterschiedlichster Krümmung repräsentieren. Der Superraum ist also der Wirkungsbereich der Geometrodynamik, so wie es die Minkowski-Raumzeit für die Teilchendynamik ist.

Das dynamische Objekt ist nicht die Raumzeit, sondern der Raum, dessen Konfiguration sich mit der Zeit ändern kann und dabei eine Trajektorie im Superraum durchläuft.

In der Quantengeometrodynamik lassen sich nur noch Wahrscheinlichkeitsaussagen über die zeitliche Entwicklung machen. Auch im Superraum beschreibt die Wahrscheinlichkeitsamplitude neben dem klassischen Bewegungsablauf der Raumgeometrie noch andere mit den Randwerten verträgliche geometrische Konfigurationen. Die Wellenfunktion im Superraum erlaubt die Berechnung der Wahrscheinlichkeiten ihres Auftretens.

Mit dem Feynman-Ansatz geht in Hawkings Vorschlag der Kosmos aus fluktuierenden „Raum-Zeit-Blasen" hervor. Die den verschiedenen Blasen zugehörigen Quantenzustände entsprechen gekrümmten Raumzeiten, von denen jede einem potentiellen Kosmos mit ganz verschiedenen Anfangszuständen entspricht.

Die den Entwicklungspfaden zugeordneten Wahrscheinlichkeitswellen löschen sich bei der Überlagerung fast überall aus, außer an den Stellen, wo wir die Raumgeometrie aufgrund einer klassischen Entwicklung erwarten würden, die sich als Lösung der Einsteinschen Gleichungen ergibt. Auf diese Weise versucht Hawking, die klassischen Lösungen durch den Ansatz einer quantisierten Gravitationstheorie zu legitimieren. Übertragen auf die Problemstellung der kosmologischen Weltmodelle bedeutet dies: Aus der Lösungsmannigfaltigkeit der Gleichungen der nichtquantisierten Allgemeinen Relativitätstheorie sieht die Hawking-Feynman-Methode diejenigen Lösungen aus, die nach der auf diese Weise quantisierten Kosmologie den wahrscheinlichsten Entwicklungsweg im Superraum nehmen.

Die Auswahl der Lösungen geschieht also nicht durch Vorgabe von Anfangsbedingungen oder empirisch begründbare Symmetrieforderungen, sondern die Geometrie und Expansionsdynamik der realen Welt erweist sich als Folge der Forderung, daß die Entwicklung im Superraum entlang des wahrscheinlichsten Pfads erfolgt. Zur technischen Durchführung des Formalismus ist die Einführung einer imaginären Zeitkoordinate notwendig. Als Materiemodell dient bei Hartle und Hawking ein skalares Feld. Die Rechnungen zeigen, daß der zeitliche Verlauf der Expansion des als geschlossen angenommenen Weltraums sich aus einem nichtsingulären zeitlichen Vorlauf zunächst exponentiell entwickelt (Inflation), um später in die bekannte Lösung des sphärischen Friedmann-Modells zu münden. Die Vermeidung der Singularität und die inflationäre Expansion erweisen sich als abhängig vom gewählten Materiemodell. Ferner liegt der Hypothese die Annahme zugrunde, daß sich das beobachtbare Weltall aus einer Blase des Raum-Zeit-Schaums zur Planck-Zeit ($t = 10^{-44}$ s) entwickelte.

In der Quantenkosmologie ist das ganze Universum ein Quantenobjekt. Damit stellen sich zwei grundlegende Fragen. Wie entwickelt sich aus der Wellenfunktion des Universums, die über viele räumliche Geometrien im Superraum ausgebreitet ist, der klassische Kosmos, der offensichtlich nicht durch eine Superposition von dreidimensionalen Geometrien gekennzeichnet ist (Problem der Dekohärenz, siehe z. B. Kiefer 1994) und wie ist die Beziehung zwischen Beobachter und Quantenobjekt Universum zu denken?

6.6.4 Stringkosmologie[2]

Moderne Theorien in der Physik versuchen, die Prinzipien der Quantenmechanik mit den Prinzipien der Allgemeinen Relativitätstheorie zu vereinigen. Einen Ansatz bieten die Stringtheorien, die als Ausgangspunkt annehmen, daß Elementarteilchen nicht punktförmig sind, so wie wir uns Quarks und Leptonen „vorstellen", sondern daß sie eine Ausdehnung in einer fadenförmigen Schlaufe (String) oder in zwei Dimensionen (Membran) besitzen. Dieser Ansatz vermeidet die Divergenzen, die sich z. B. bei der Berechnung der Selbstenergie E_S eines Punktteilchens ergeben. Die klassische Rechnung liefert:

$$E_S \approx \frac{e^2}{2R}. \tag{6.248}$$

Die Quantenfeldtheorie ergibt einen weniger divergenten Ausdruck:

$$E_S \approx \frac{e^2}{h} m \ln\left(\frac{h}{mR}\right). \tag{6.249}$$

Im Grenzfall $R \to 0$ zeigen beide Formeln ein divergentes Verhalten ($E_S \to \infty$), das heißt ein physikalisch unsinniges Resultat.

Die fundamentalen Bausteine der Materie und die Feldquanten der Wechselwirkungen werden in der Stringtheorie als Schwingungen, d. h. Anregungszustände von eindimensionalen Strings oder zweidimensionalen Membranen in höher dimensionalen Räumen interpretiert.

Wenn man versucht, eine Stringtheorie zu entwickeln, die mit den Prinzipien der Quantenmechanik vereinbar sein soll, dann stellt man fest, daß die Raumzeit eine spezielle Anzahl von Dimensionen haben muß. Eine bosonische Stringtheorie, d. h. eine solche, die nur ganzzahlige Spins zuläßt, ist in 26 Dimensionen formuliert. Eine realistischere Theorie, die auch fermionische, also halbzahlige Spin-Freiheitsgrade beinhaltet, muß in 10 Raum-Zeit-Dimensionen formuliert werden, d. h. eine Zeit-Richtung und neun Raum-Richtungen. Offensichtlich hat unsere Welt nur drei Raum-Dimensionen. Die Vorstellung ist hier, daß sechs der neun Dimensionen sich aufgerollt haben, man spricht von Kompaktifizierung der Extra-Dimensionen.

Die Stringtheorie, die fermionische Freiheitsgrade zuläßt, ist ferner supersymmetrisch. Supersymmetrie ist eine Symmetrie zwischen Bosonen und Fermionen. Wir können hier nicht näher darauf eingehen, doch sei gesagt, daß diese „Superstringtheorie" nur gewisse Kompaktifizierungs-Schemata zuläßt. Unglücklicherweise gibt es von diesen Schemata sehr viele und es erscheint, daß keine dieser bevorzugt ist. Interessant aber ist, daß jede Stringtheorie die Gravitation beinhalten muß. Der Grund ist folgender: Strings können offen oder geschlossen sein, aber eine Theorie kann entweder nur geschlossene Strings enthalten oder offene und geschlossene. Eine Theorie, die nur offene Strings enthält ist nicht konsistent, da Wechselwirkungen zwischen offenen Strings geschlossene Strings erzeugen können. Schaut man sich das Spektrum der Strings an, dann stellt man fest, daß jede Theorie einen geschlossenen String enthält, der den Spin 2 trägt. Die Quanten des Gravitationsfeldes

---

[2] Mit unserem Dank an Carsten van de Bruck für seinen Beitrag zur Stringkosmologie.

haben Spin 2, da die Gravitation eine Tensorkraft ist, so daß man sagen kann, daß eine Stringtheorie im gewissen Sinne die Gravitation vorhersagt.

Ein Problem ist, daß es keine eindeutige Superstringtheorie gibt. Es gibt fünf verschiedene, konsistente Möglichkeiten, eine Superstringtheorie zu quantisieren. Die Theorien, die störungstheoretisch formuliert werden, sehen so aus, als wären sie unterschiedlich und werden folgendermaßen benannt: Typ I, Typ IIA und IIB und die heterotischen Stringtheorien $E_8 \times E_8$ und $SO(32) \times SO(32)$. Wir wollen hier nicht auf die einzelnen Theorien eingehen, aber es sei erwähnt, daß die heterotische $E_8 \times E_8$-Theorie sehr reich in ihrer mathematischen Struktur ist und für lange Zeit als die erfolgsversprechendste Stringtheorie galt. Nur es bleibt ein fader Nachgeschmack: Warum ist die Theorie nicht einzigartig? Warum gibt es fünf verschiedene Möglichkeiten, um eine Stringtheorie zu formulieren?

Diese Frage wurde dramatisch in einigen bahnbrechenden Arbeiten 1995 beantwortet: der Ursprung all dieser Theorien liegt in 11 Dimensionen und die fünf Superstringtheorien sind Manifestationen einer Theorie, die in 11 Dimensionen formuliert wird. Es sei erwähnt, daß diese elfdimensionale Theorie keine gewöhnliche Stringtheorie sein kann, wie sie oben besprochen wurde. Einige Physiker glauben, daß Membran-Zustände in 11 Dimensionen fundamental sind. Man kann sich dann leicht ein Bild davon machen, indem man sich eine Membran vorstellt, die man aufrollt zu einem Zylinder. Nun lasse man den Radius dieses Zylinders kleiner und kleiner werden: die Membran sieht immer mehr aus wie ein String! Dieses ist exakt die Methode, um aus der 11-dimensionalen Theorie die Typ-IIA-Superstringtheorie zu erhalten: man kompaktifiziere die 11-dimensionale Theorie auf einen Kreis. Ähnlich, allerdings mit komplizierteren Kompaktifizierungs-Schemata, erhält man alle anderen Superstringtheorien durch Kompaktifizierung der Extradimension.

Zur Zeit fehlt ein Verständnis der mysteriösen 11-dimensionalen Theorie völlig. Man weiß, daß Membran-Zustände eine Rolle spielen, allerdings wissen wir nicht, ob diese Membran fundamental ist, d.h. ob sie nicht aus irgendwelchen Untereinheiten besteht. Es gibt Anlaß zu glauben, daß dies in der Tat sein muß. Eine Membran läßt sich nicht so einfach quantisieren wie ein String, die gewöhnlichen Methoden führen zu unsinnigen Ergebnissen. Da die Natur dieser 11-dimensionalen Theorie nicht klar ist, hat man ihr den vorläufigen Namen M-Theorie gegeben. M steht für Mystisch, Mutter oder Membran, je nach Geschmack. Wir wollen noch darauf hinweisen, daß eine Formulierung dieser Theorie existiert, in der die Membran aufgebaut ist durch punktförmige Objekte, die allerdings durch Strings verbunden sind, ähnlich den Quarks, die selbst nie alleine in der Natur vorkommen und verbunden sind durch den String der Quantenchromodynamik. Als weiterer Bonus dieser Entwicklungen erkannte man, daß eine Stringtheorie in der Lage ist, die Entropie von Schwarzen Löchern mit Hilfe statistischer Methoden als Anzahl von Mikrozuständen zu erklären. Trotz dieser Erfolge bleibt die Frage nach einem übergeordneten Prinzip. In der Relativitätstheorie hat man das Äquivalenzprinzip als leitendes Prinzip, welches einen zu den Gleichungen führt. In der Stringtheorie fehlt ein ähnliches Prinzip bisher.

Zuletzt wollen wir uns mit kosmologischen Aspekten der Superstringtheorie und M-Theorie befassen. Was sagen diese Theorien über das Universum als Ganzes aus? Gibt es ähnlich wie in dem Fall der Relativitätstheorie, die das Bild vom statischen Universum widerlegt und es als expandierende Einheit beschreibt, ein neues, revolutionäres Bild des Universums? Es gibt verschiedene Ansätze und wir beschreiben hier wohl den interessantesten: das Universum als ein „Domain-Wall". Diese Idee besagt, daß unser Universum eine 3-dimensionale Membran (eine sogenannte „Three-Brane") ist, die in einem höherdimensionalen Raum eingebettet ist. Die beobachtbare Materie ist dabei eingeschlossen auf dieser Three-Brane, nur Gravitation kann in die höheren Dimensionen entweichen (bei hohen Energien). Die Motivation dieser „Brane-Universen" kommt ursprünglich von der heterotischen Stringtheorie. Die M-theoretische, d. h. 11-dimensionale Version dieser Stringtheorie beschreibt ein solches Szenario. Die 11-dimensionale Raumzeit hat 2 Ränder, jeder dieser Ränder beschreibt ein Universum für sich. Gegenwärtig werden diese „Brane-World-Szenarien" mit großer Aktivität untersucht.

An dieser Stelle mag man sich fragen, ob und wie eine Stringtheorie jemals getestet werden kann. Physik ist eine empirische Wissenschaft und jede Theorie muß sich letztendlich experimentell falsifizieren lassen. Die Stringtheorie ist besonders problematisch zu testen, da die typische Energieskala bei der Planck-Skala liegt. Der Stringtheorie zufolge sollten sich die zusätzlichen Dimensionen bei der Gravitationskraft zeigen, aber nur bei sehr kleinen Abständen (Adelberger und Heckel 2001) oder bei der Kollision hochenergetischer Teilchen, z. B. im Tevatron (150 GeV) des Fermilabs (Arkani-Hamed et al. 1998). Weitere Möglichkeiten der Verifizierung oder Falsifizierung der Superstring-Hypothese bieten Beobachtungen der kosmologischen Mikrowellen-Hintergrundstrahlung und der Galaxienverteilungen. Zum Beispiel ist es vorstellbar, daß eine zusätzliche räumliche Dimension die Strukturbildung im sehr frühen Kosmos beeinflußt haben könnte, da die Gravitation in die fünfte Dimension entweichen kann. Gegenwärtig werden deswegen astrophysikalische und kosmologische Tests dieser Theorien untersucht.

Zusammenfassend ergeben sich für die Kosmologie aus der Superstringtheorie drei wesentliche Aspekte:

1. Superstringtheorien sind in Räumen definiert, die mehr als drei Dimensionen haben. Da wir heute in einer kosmischen Umwelt mit drei Raumdimensionen leben, müssen die überzähligen Dimensionen sehr früh – vermutlich zur Planck-Zeit – kompaktifiziert, d. h. bei einer Skala von etwa 10^{-33} cm eingerollt worden sein.
2. Phänomenologisch läßt sich ein von Strings durchsetzter Kosmos durch eine Zustandsgleichung folgender Art beschreiben (Liebscher 1994):

$$p_s = -\frac{1}{3} \varrho_s c^2.$$

Im Lauf der Expansion nimmt diese Energiedichte entsprechend $\varrho \approx R^{-2}$ ab.
3. Eine Superstringtheorie beinhaltet eine Quantenversion der Gravitation. Damit wäre – falls sich diese Theorie als korrekt erweist – eine Voraussetzung zur Beschreibung der Prä-Planck-Zeit gegeben. Erste Ansätze (Gasperini und Veneziano 1993, Greene 2000) eröffnen sogar die Möglichkeit eines Pre-Big Bang-Szenarios. Danach begann der Kosmos als ein kalter und im wesentlichen unendlich großer Raum. Auf Grund einer Instabilität beginnt eine Implosion, die bei einer minimalen Ausdehnung von der Größenordnung der Planck-Länge in eine inflationäre Expansion übergeht.

6.7 Anthropisches Prinzip

Wie Collins und Hawking (1973) in ihren Stabilitätsuntersuchungen der kosmologischen Modelle zeigen konnten, sind sehr spezielle Anfangsbedingungen erforderlich, um bei der großen Mannigfaltigkeit homogen-isotroper Lösungen zu einer langfristig stabilen Phase eines nahezu flachen Friedmann-Kosmos zu kommen. Um herauszufinden, warum das Universum so perfekt isotrop ist, wie an der kosmischen Hintergrundstrahlung festgestellt werden kann, studierten die beiden Autoren die asymptotische Stabilität von offenen Friedmann-Welten unter der Einwirkung von homogenen Anisotropie-Störungen; es ging also darum, wie sich eine in der Frühzeit angelegte Abweichung von der Zentralsymmetrie um jeden Punkt im Laufe der Entwicklung eines Weltmodells äußert. Die Analyse ergab, daß, wenn nicht gerade der Grenzfall verschwindender räumlicher Krümmungen vorliegt, die Eigenschaft der Isotropie instabil ist. Wenn das Universum sich nicht gerade, „newtonisch" gesprochen, im Energiebindungszustand $k = 0$ befindet, was bezogen auf die Gesamtmenge aller Anfangsdaten extrem unwahrscheinlich ist, müßte es zu späteren Zeiten in wachsendem Maße anisotrop werden.

Collins' und Hawkings Analyse führt also auf zwei alternative Möglichkeiten: Entweder ist das Universum noch so jung, daß die Instabilitäten sich noch nicht entwickeln konnten, oder das Universum ist nahezu in dem ausgezeichneten, extrem unwahrscheinlichen Energiebindungszustand eines euklidischen Universums. Dafür waren aber ganz spezielle Anfangsbedingungen notwendig.

Die unwahrscheinliche Tatsache, daß das Universum nahe an der kritischen Rate expandiert, hängt auf folgende Weise mit der menschlichen Existenz zusammen: Leben im Universum erfordert bestimmte physikalische Vorbedingungen, und diese sind nur bei einer festen kosmologischen Situation realisiert. Wäre die Materiedichte deutlich größer als die kritische Dichte, so wäre ein früher Rekollaps eingetreten und die Zeitskala wäre viel zu kurz gewesen für die Bildung von gebundenen Systemen wie Galaxien und Sternpopulationen. Eine zu schnelle Expansion andererseits hätte alle beginnenden Materiekondensationen sofort wieder auseinandergetrieben und so ebenfalls die Bildung der heutigen Strukturen verhindert. Nach unserem gegenwärtigen Wissen braucht Leben aber solche Körper wie Galaxien, Sterne und Planeten als Stätten der Erzeugung von schweren Elementen und komplexen Molekülen, die primordial nicht gegeben waren. Auch ist eine ausreichende Zeitskala für die biologische Entwicklung notwendig.

Eine solche Argumentation läßt sich vertiefen, wenn man die Eigenschaften der fundamentalen Teilchen und ihrer Wechselwirkungen betrachtet. Bedingungen für einen lebensfreundlichen Kosmos sind z. B. ein minimaler Überschuß von Materie über Antimaterie, die Massendifferenz von Neutron und Proton von etwa 1.3 Promille, die Halbwertszeit beim Beta-Zerfall des freien Neutrons sowie das Massenverhältnis Elektron zu Proton = 1 zu 1840 bei gleicher Ladung.

Geringfügige Unterschiede in den aktuellen Werten der Massen, Ladungen, fundamentalen Konstanten ($\hbar$, G, c) etc. hätten zum Teil beträchtliche Auswirkungen für die Entwicklung des Kosmos und auch für die biologische Evolution.

Auch die Anzahl der Raumdimensionen ist entscheidend: Hätte der Raum mehr als drei Dimensionen, gäbe es keine stabilen Planetenbahnen. Hätte er dagegen weniger als drei Dimensionen, gäbe es keine komplexen neuronalen Netzwerke und die Biochemie hätte nicht den Entfaltungsspielraum, der für die biologische Evolution notwendig ist. Wellen breiten sich in Räumen mit einer geraden Zahl von Dimensionen (2, 4, ...) anders aus als in Räumen mit ungeraden Dimensionen (wie etwa in unserem Weltraum). In ungerade dimensionierten Räumen breiten sich Wellen ohne Verzerrung aus, in Räumen mit gerader Anzahl von Dimensionen verschwimmen sie – fatal für den Genuß eines Mozart-Konzertes.

Die physikalischen Theorien können die Zahlenwerte dieser Parameter nicht begründen, es sind praktisch freie Parameter beim „Design" eines Universums.

Solche Gedanken haben zur Formulierung des (*schwachen*) „*Anthropischen Prinzips*" geführt:

„*Die beobachteten Werte aller physikalischen und kosmologischen Parameter sind nicht gleich wahrscheinlich, sondern ihre Zahlenwerte sind dadurch eingeschränkt, daß es Gebiete im Kosmos gibt, wo sich Leben auf Kohlenstoffbasis bilden kann, und daß das Universum alt genug ist, so daß dieses bereits geschehen konnte.*"

Kanitscheider (1984) drückt das so aus: „*Cogito, ergo mundus talis est.*" Für die hochinteressante Diskussion, welche Eigenschaften für die Entstehung von Leben notwendig sind, und in welchen Bereichen sich z. B. die erlaubten Massen von Elementarteilchen bewegen, verweisen wir auf das Buch von Barrow und Tipler (1986), aus dem auch die obige Definition übernommen worden ist. Es sei hier nur daran erinnert, welche Rolle die Differenz der Masse zwischen Neutron und Proton für die primordiale Nukleosynthese gespielt hat.

Das Anthropische Prinzip impliziert die Idee von vielen möglichen Universen, von denen jedes andere Eigenschaften und Parameter besitzt. Untersuchungen haben gezeigt, daß die Unterklasse, in der menschliches Leben möglich ist, gar nicht so groß ist. „*Die Natur, die uns hervorbrachte, ist die einfachste und vielleicht auch die einzig mögliche Natur, in der sich intelligentes Leben entwickeln konnte*" (Breuer 1983).

Die Aussage des schwachen Anthropischen Prinzips basiert auf einem logisch selbstverständlichen Zusammenhang: Weil es in diesem Universum Beobachter gibt, muß die Entwicklung des Universums die Existenz der Beobachter zulassen (Carter 1974).

Wesentlich spekulativer ist die Formulierung des *starken Anthropischen Prinzips*, das dem Universum einen Zielrichtungsmechanismus zuschreibt:

„*Das Universum muß die Eigenschaften haben, die es ermöglichen, daß sich im Laufe der kosmischen Evolution Leben entwickeln kann.*"

Wie wir im nächsten Abschnitt sehen werden, kann diese Argumentation aus physikalisch-kosmologischer Sicht nicht aufrecht erhalten werden.

Eine dritte Variante ist das *finale Anthropische Prinzip*. Es besagt, daß *intelligente Informationsverarbeitung*, auf die in dieser Variante das Leben reduziert wird, irgendwann im Universum in Erscheinung treten muß, und, nachdem es in Erscheinung getreten ist, niemals wieder aussterben kann. Dieses „Postulat des ewigen Lebens" ist an eine spezielle kosmologische Entwicklung geknüpft und basiert auf einer abstrakten biokybernetischen Definition von Leben, die von Barrow und Tipler (1986) näher untersucht wurde.

Unabhängig wie man im einzelnen die zu den „Anthropischen Prinzipien" gehörenden Argumente und empirischen Indizien wertet, kommt man doch an einer Einsicht nicht vorbei, die der Astronom Otto Heckmann 1976 in seinem Buch *Sterne Kosmos Weltmodelle* formuliert hat: „*Kein Hochmut und keine Theologie hat in die*

Gesamtheit der Argumentationen hineinspielt, wenn wir erkennen, daß ein ganzer Kosmos von unwahrscheinlichen Baubedingungen und von sehr spezifischer Unwahrscheinlichkeit in seinen Anfangswerten in die wirkliche Existenz kommen mußte, damit der Mensch ins Leben treten konnte. Wenn der Mensch Wert legt auf kosmische Würde, auf kosmischen Rang: Hier sind beide zurückerstattet in einer Größenordnung, die man kaum steigern kann."

6.8 Die Zukunft des Kosmos

Der Versuch einer kosmischen Eschatologie, die Extrapolation des gegenwärtigen Zustands des Kosmos in die Zukunft – auf der Grundlage derzeit bekannter Naturgesetze – wurde im Rahmen der modernen Kosmologie zuerst von Rees 1969 in einer „Eschatologischen Studie zur Zukunft eines kollabierenden Kosmos" versucht. Die Frage nach der zukünftigen Entwicklung der Welt, des Kosmos, war aus naturwissenschaftlicher Sicht aber bereits im 19. Jahrhundert nach der Formulierung der klassischen Thermodynamik gestellt worden. Helmholtz (1854) und Clausius (1865) stellten auf der Grundlage des 2. Hauptsatzes der Thermodynamik die Hypothese auf, daß das Ende der Welt ein Zustand maximaler Entropie sei („Wärmetod"). Eddington (1931) vermutete, daß die Materie sich langsam in Strahlung verwandelt, deren Energiedichte sich im Zuge der Expansion verdünnt: am Ende ein ewig expandierender Strahlungskosmos.

Die Friedmann-Lemaître-Kosmologie und die heutige Astrophysik erlauben nicht nur die Rekonstruktion der Vergangenheit, sie geben auch zusammen mit den heute bekannten physikalischen Gesetzen die Möglichkeit, die zukünftige Geschichte des Kosmos, der Sterne und Galaxien zu berechnen (Adams und Laughlin 1997, 2000). Unser Universum ist mindestens 14 Milliarden Jahre alt (Lineweaver 1999). Strenge physikalische Argumente für eine obere Grenze existieren nicht. Die gegenwärtige Epoche ist geprägt durch die Existenz von Galaxien, die aus jeweils 100 Milliarden leuchtender Sterne, Gas und Staub bestehen. Sternentstehung aus interstellarer Materie und das Ende von Sternen – nach dem Versiegen der nuklearen Energiequellen – sind ein andauernder Prozeß.

Die Voraussetzungen, dank derer sich die kosmischen Objekte von Atomen, Planeten, Sternen, Galaxien bis zu Lebewesen bilden konnten, entstanden im Lauf der Zeit. Irreversibilität, das Wachstum der Entropie, und die zunehmende Strukturierung der Materie in Galaxien und Galaxienhaufen sind in dem durch die Gravitation geprägten Universum koexistierende Prozesse (Frautschi 1982, Landsberg 1984, Layzer 1990). Die Bildung materieller Strukturen erfolgt einerseits auf Grund der Wechselwirkungskräfte der Materie, insbesondere der weiten, nicht abschirmbaren Reichweite der Gravitationskraft. Andererseits ist die mit der Expansion verbundene adiabatische Abkühlung des Weltraums Voraussetzung dafür, daß die bei der Kontraktion von prägalaktischen Gaswolken frei werdende Bindungsenergie an die kältere Weltraumumgebung abgeführt werden kann.

Zukunft der Expansion. Die Dichte der Materie und die Energiedichte des Quantenvakuums im Kosmos entscheidet, ob sich die Expansion ewig fortsetzt oder ob nach Erreichen eines Maximums der Ausdehnung der Weltraum sich wieder zusammenzieht. In Modellen ohne Berücksichtigung der Vakuumenergie (Standardmodelle mit $\Lambda = 0$) bestimmt das Verhältnis von mittlerer Materiedichte zu kritischer Dichte das zukünftige Expansionsverhalten und läßt nur zwei Möglichkeiten zu. Entweder einen Kollaps des Weltraumes nach Erreichen einer maximalen Ausdehnung oder der Weltraum expandiert ewig (s. Abb. 6.11).

Die aktuellen Beobachtungen mit der momentanen Expansionsrate $H_0 = 72$ km/ (s Mpc) (Freedman et al. 2001) und einer kosmologischen Konstante $\Lambda > 0$, die den Einfluß des Quantenvakuums beschreibt, favorisieren ein beschleunigt expandierendes Weltall, das ewig expandieren wird.

In einem Kosmos mit einer von Null verschiedenen kosmologischen Konstanten ($\Lambda > 0$) bewirkt die virtuelle Materie des Quantenvakuums eine beschleunigte, immerwährende Expansion. Diese beginnt ab einer Rotverschiebung z_* zu dominieren:

$$\frac{R_*}{R_0} = \frac{1}{1 + z_*} = \sqrt[3]{\frac{\Omega_0}{2\lambda_0}}.$$

Für Zeiten $t \gg t_*$ gilt: $R(t) \approx \dfrac{c}{2H} \exp(Ht),$

wobei sich die Expansionsrate schließlich ($t \gg t_*$) dem asymptotischen Wert

$$H_\infty = \sqrt{\frac{\Lambda c^2}{3}} \quad \text{bzw.} \quad 3 \cdot H_\infty^2 = \Lambda \cdot c^2$$

nähert. Im Gegensatz zu Modellen, die der Energie des Quantenvakuums, repräsentiert durch die kosmologische Konstante Λ, nicht Rechnung tragen, ist in Modellen mit $\Lambda \neq 0$ auch im Fall eines Weltraums mit sphärischer Geometrie (mit endlichem Volumen!) eine unbegrenzte Expansion möglich (Kraus und Turner 1999). Die neuesten Messungen weisen darauf hin, daß wir in einem geringfügig gekrümmten Raum leben ($k = +1$), der ein endliches Volumen hat – aber unbegrenzt ist – und beschleunigt ($\Lambda \neq 0$) für alle Zeiten weiter expandiert.

Ewige Expansion. Die astrophysikalische Zukunft in einem permanent expandierenden Universum (Dyson 1979; Barrow und Tipler 1978) ist gekennzeichnet durch ein immerwährendes Anwachsen des Skalenfaktors und eine stetig sinkende Temperatur der kosmologischen Mikrowellen-Hintergrundstrahlung. In den Galaxien kommt in ferner Zukunft die Bildung neuer Sterne zum Erliegen. In den Sternen werden die thermonuklearen Reaktionen allmählich aufhören – nach 10^{14} Jahren auch in den strahlungsärmsten Sternen. Zurück bleiben die Endzustände der Sternentwicklung: Weiße Zwerge, Braune Zwerge, Neutronensterne und vermutlich Schwarze Löcher. Durch Abstrahlung von Gravitationswellen werden Planetensysteme und Doppelsternsysteme zusammenschrumpfen. In Galaxienhaufen und Sternhaufen werden Galaxien bzw. Sterne durch Begegnungen entweichen, während gleichzeitig die Systeme als Ganzes zusammensintern. In den Zentralregionen kommt es dann zum Gravitationskollaps der Materie und vermutlich zur Bildung supermassiver Schwarzer Löcher.

Nach dieser durch die klassische Kosmologie bestimmten Epoche beginnt eine Ära, die wesentlich durch quantentheoretische Effekte gekennzeichnet ist: Tunneleffekte, die Weiße Zwerge und Neutronensterne zur Auflösung bringen oder die Verdampfung Schwarzer Löcher. Ein weiterer wichtiger Meilenstein hängt mit der möglichen Instabilität des Protons zusammen (Dicus et al. 1982, Meyer-Berkhout 1984). Als Konsequenz dieser Prozesse besteht das kosmologische Substrat am Ende nur noch aus geladenen Leptonen und Photonen. Vermutlich ist in einem flachen Universum dieser Zustand dynamisch nicht stabil (Barrow und Tipler 1978). Vielmehr kann es in diesem extrem verdünnten, von niederenergetischen Photonen durchsetzten Paarplasma, zu Wirbelbildungen kommen. *So weit unsere Vorstellung in die Zukunft reicht, werden weiter Dinge geschehen. In der offenen Kosmologie hat die Geschichte kein Ende* (Dyson 1989):

Die Aktivität der Sterne kommt zu einem Ende	10^{14} Jahre
Dynamische Relaxation in Galaxien	10^{19} Jahre
Zerfall von Bahnen infolge Gravitationsstrahlung	10^{20} Jahre
Zerfall der Protonen	10^{34} (?) Jahre
Planeten und Weiße Zwerge werden durch Protonenzerfall vernichtet	10^{39} Jahre
Stellare Schwarze Löcher verdampfen	10^{64} Jahre
Supermassive Schwarze Löcher verdampfen	10^{100} Jahre
Kosmologischer Phasenübergang: am Ende ein „Neuer Kosmos" (?)	10^{1000} Jahre

Der Weltraum kollabiert. Falls der Kosmos nach dem Erreichen einer maximalen Ausdehnung wieder kontrahieren würde – eine Zukunftsvariante, die derzeit durch kein empirisches Indiz gestützt wird –, begänne die Temperatur des kosmischen Hintergrundes, d. h. der Mikrowellenstrahlung vom Urknall, angereichert durch die in Sternen erzeugte Strahlung, wieder zu steigen. Außerdem würden die Eigengeschwindigkeiten der Sterne bzw. Galaxien zunehmen. Schließlich würden Sterne und Galaxien verschmelzen und die Materie sich in ihre subatomaren Bestandteile zersetzen. Das Ende gleicht dem Anfang. Die Materie besteht aus einem implodierenden Gemisch von Elementarteilchen. Ob sich eine Singularität ausbildet oder der Kollaps zum Stillstand kommt und wieder in eine Expansion übergeht (zyklischer Kosmos), wäre nicht eindeutig zu beantworten (Rees 1969, Barrow und Dabrowski 1995).

Leben – nur ein Übergangsphänomen? Die in die Zukunft gerichtete kosmologische Langzeitperspektive zeigt die Befristung der bewohnbaren Zeitzone in der Geschichte des Kosmos – nicht nur auf der Erde wegen des endlichen Energievorrats der Sonne – sondern in allen Sternsystemen auf Grund der endlichen Lebensdauer der Sterne. Leben ist ein Durchgangsphänomen im ewig expandierenden Kosmos. Generell läßt sich sagen, daß die lebensfreundliche Epoche auf folgendes Zeitintervall beschränkt ist: $10^9 \leq t \leq 10^{14}$ Jahre. Denn vor 10^9 Jahren gab es keine Galaxien und damit keine stellare Nukleosynthese der für die Existenz von Leben notwendigen schweren Elemente Kohlenstoff, Sauerstoff, Stickstoff, ... und spätestens nach 10^{14} Jahren sind die Sterne aller Galaxien ausgebrannt. Wegen der endlichen Lebensdauer der Sonne ist die Existenz von Leben auf unserem Planeten zeitlich befristet. In ca. $5 \cdot 10^9$ Jahren tritt die Sonne in das Rote Riesen-Stadium, dehnt sich aus, und zwar weit in das heutige Planetensystem hinein, und läßt das Leben auf der Erde verdorren.

Leben in derzeitiger Form kann die Zukunft nicht (ewig) überdauern. Leben kann nur so lange existieren, wie eine „warme Umgebung" existiert, mit flüssigem Wasser und einer fortgesetzten Versorgung mit freier Energie zur Aufrechterhaltung einer konstanten Stoffwechselrate. Die Dauer von Leben ist begrenzt, da eine Galaxie nur einen endlichen Vorrat an freier Energie besitzt. Im Zuge der Expansion und Abkühlung werden die Quellen freier Energie, auf die Leben für seinen Metabolismus angewiesen ist, schließlich erschöpft sein (Dyson 1979 und 1989, Tipler 1992, Ellis und Coule 1994).

In **unserer** Zeit wird das Abenteuer der Forschung weitergehen, wird sich unser Bild vom Kosmos – gestützt auf bodengebundene und satellitengestützte Teleskope – verfeinern. Denn der Impuls, den Kosmos zu erforschen, bleibt verknüpft mit der Hoffnung, aus einem besseren Verständnis von Ursprung, Aufbau und Entwicklung des Kosmos zugleich Informationen über das kosmische Schicksal von Erde und Menschen, Antworten auf die uns bewegenden Fragen nach dem „Woher und Wohin", zu erhalten.

Literatur

Weiterführende Literatur

Barrow, J.D., Tipler, F.J., The Anthropic Cosmological Principle, Oxford University Press,1986

Berry, M., Kosmologie und Gravitation, Teubner, Stuttgart, 1990

Blome, H.-J., Priester, W., Urknall und Evolution des Kosmos, Naturwissenschaften **71**, 456–467 und 515–527, 1984

Börner, G., The early universe, facts and fiction, Springer, Berlin, 1993

Goenner, H., Einführung in die Kosmologie, Spektrum Akad. Verlag, Heidelberg, 1994

Harrison, E.R., Cosmology, Cambridge University Press, 1981 und 2000 (Übersetzung: Kosmologie, Verlag Darmstätter Blätter, 1983)

Hawking, S.W., Eine kurze Geschichte der Zeit, Rowohlt, Reinbeck, 1988

Heckmann, O., Theorien der Kosmologie, Springer, Berlin, 1942 (Nachdruck 1968)

Kanitscheider, B., Kosmologie, Reclam, Stuttgart, 1984

Kolb, E.W., Turner, M.S., The early universe, Addison-Wesley, 1990

Liebscher, D.-E., Kosmologie, J.A. Barth, Leipzig, 1994

Linde, A., Elementarteilchen und inflationärer Kosmos, Spektrum Akad. Verlag, Heidelberg, 1993

Longair, M.S., Galaxy formation, Springer, Berlin, 1998

Misner, C.W., Thorne, K.S., Wheeler, J.A., Gravitation, Freeman, San Francisco, 1973

Padmanabhan, T., Structure formation in the universe, Cambridge University Press, 1992

Peacock, J.A., Cosmological physics, Cambridge University Press, 1999

Peebles, P.J.E., The large scale structure of the universe, Princeton University Press, 1980

Peebles, P.J.E., Principles of Physical Cosmology, Princeton University Press, 1993

Priester, W., Urknall und Evolution des Kosmos – Fortschritte in der Kosmologie, Rheinisch-Westfälische Akademie der Wissenschaften, N 333, 1984

Priester, W., Über den Ursprung des Universums: Das Problem der Singularität, Rheinisch-Westfälische Akademie der Wissenschaften, N 414, 1995

Priester, W., Blome, H.-J., Zum Problem des Urknalls: „Big Bang" oder „Big Bounce"?, Sterne und Weltraum **26**, 83 und 140, 1987

Rees, M., Perspectives in astrophysical cosmology, Cambridge University Press, 1995

Rindler, W., Essential relativity, Springer, Berlin, 1986

Schoenebeck, H., Sedlmayer, E., Fleischer, A., Lichtausbreitung und Relativitätstheorie, in: Bergmann-Schaefer, Bd. 3, Optik (Niedrig, H., Hrsg.), de Gruyter, Berlin, 1993

Sexl, R.U., Urbantke, H.K., Gravitation und Kosmologie, Bibliogr. Inst., Mannheim, 1987

Silk, J., Die Geschichte des Kosmos, Spektrum Akademischer Verlag, Heidelberg, Berlin, Oxford, 1996

Smolin, L., The life of the cosmos, Oxford University Press, Oxford, 1997 (Übersetzung: Warum gibt es die Welt? C.H. Beck, München, 1999)

Stephani, H., Allgemeine Relativitätstheorie, Deutscher Verlag der Wissenschaften, Berlin, 1980

Suchan, B., Die Stabilität der Welt, mentis Verlag, Paderborn, 1999

Voigt, H.H., Abriß der Astronomie, Bibliogr. Inst., Mannheim, 1991

Weinberg, S., Gravitation and cosmology, Wiley, New York, 1972

Zel'dovich, Y.B., Novikov, I.D., Relativistic astrophysics, Vol. 2: The structure and evolution of the universe, University of Chicago Press, 1983

Zitierte Literatur

Adams, F.C., Laughlin, G., A dying universe: the long term fate and evolution of astrophysical objects, Rev. Mod. Phys. **69**, 337, 1997

Adams, F.C., Laughlin, G., Die fünf Zeitalter des Universums, Deutsche Verlagsanstalt, Stuttgart, 2000

Adelberger, E., Heckel, B., Sub-millimeter tests of the gravitational inverse-square law: A search for "large" extra dimensions, Phys. Rev. Lett. **86**, 1418–1421, 2001

Arkani-Hamed, N., Dimopoulos, S., Dvali, G., Phys. Lett. **B429**, 263, 1998

Atkatz, D., Quantum cosmology for pedestrians, Am. J. Phys. **62**, 619–627, 1994

Atkatz, D., Pagels, H., Origin of the universe as a quantum tunneling event, Phys. Rev. **D25**, 2065–2073, 1982

Audretsch, J., Gravitation und Quantenmechanik, in: Grundlagenprobleme der modernen Physik (Nitsch, J., Pfarr, J., Stachow, E.W., Hrsg.), Bibliogr. Inst., Mannheim, 1981

Bahcall, J.N., Casertano, S., Some possible regularities in the missing mass problem, ApJ **293**, L7-L10, 1985

Balbi, A. et al., Constraints on cosmological parameters from MAXIMA-1, ApJ **545**, L1-L4, 2000 (astro-ph/0005124)(Erratum in ApJ **558**, L145, 2001)

Barrow, J.D., Why the universe is not anisotropic, Phys. Rev. **D51**, 734, 1995

Barrow, J.D., Dabrowski, M.P., Oscillating universes, MNRAS **275**, 850, 1995

Barrow, J.D., Tipler F.J., Eternity is unstable, Nature **276**, 453, 1978

Bartelmann, M., Der kosmische Mikrowellenhintergrund, Sterne und Weltraum **39**, 330–337, 2000

Bartelmann, M., Schneider, P., Weak gravitational lensing, Phys. Rept. **340**, 291, 2001

Becker, R.H. et al., Evidence for reionization at z ≈ 6: detection of a Gunn-Peterson trough in a z = 6.28 quasar, Astron. Journ., 2001 (astro-ph/0108097)

de Bernadis, P. et al., A flat universe from high-resolution maps of the cosmic microwave background radiation, Nature **404**, 955–959, 2000

Bernstein, G., Fischer, P., Values of H_0 from models of the gravitational lens 0957+561, Astron. Journ. **118**, 14, 1999

Birkinshaw, M., The Sunyaev-Zel'dovich effect, Phys. Rept. **310**, 97–195, 1999 (astro-ph/9808050)

Birrel, N.D., Davies, P.C.W., Quantum fields in curved space, Cambridge University Press, 1982

Blome, H.-J., Kundt, W., Wie funktionieren die aktiven Kerne der Galaxien?, Naturwissenschaften **76**, 310–317, 1989

Blome, H.-J., Priester, W., Vacuum energy in a Friedmann-Lemaître cosmos, Naturwissenschaften **71**, 528–531, 1984

Blome, H.-J., Priester, W., Vacuum energy in cosmic dynamics, Astrophys. Space Sci. **117**, 327–335, 1985

Blome, H.-J., Priester, W., Big Bounce in the very early universe, Astron. Astrophys. **250**, 43–49, 1991

Blome, H.-J., Priester, W., Hoell, J., New ways in cosmology, in: Currents in high-energy astrophysics (Eds. Shapiro, M.M. et al.), 291–310, NATO ASI Series C **458**, Kluwer, Dordrecht, 1995

Bonnor, W.B., Jeans formula for gravitational instability, MNRAS **117**, 104–117, 1957

Breuer, R., Das Anthropische Prinzip, Meyster, München, 1983

van de Bruck, C., Der Lyman–Wald und das Bonn-Potsdam-Modell, Sterne und Weltraum **34**, 529–531, 1995

van de Bruck, C., Priester, W., Quasar pairs testing the bubble wall model, ASP Conference Series **88**, 290–293, 1996

Cacciatori, S. et al., On the ground state of quantum gravity, Phys. Lett. **B427**, 254, 1998

Candelas, P., A simple model of a Friedmann universe filled with a quantised scalar field, Nature **252**, 554, 1974

Carr, B.J., Bond, J.R., Arnett, W.D., Cosmological consequences of population III stars, ApJ **277**, 445–469, 1984

Carter, B., Large number coincidences and the anthropic principle in cosmology, in: Confrontation of cosmological theories with observational data (Longair, M.S., Ed.), 291–298, IAU Symp., Dordecht, 1974

Chu, Y., Hoell, J., Blome, H.-J., Priester, W., The observational discrimination of Friedmann-Lemaître models, Astrophys. Space Sci. **148**, 119–130, 1988

Cohen, A.G., de Rújula, A., Glashow, S.L., A matter-antimatter universe?, ApJ **495**, 539–549, 1998

Collins, C.B., Hawking, S.W., Why is the universe isotropic?, ApJ **180**, 317–334, 1973 (Deutsche Zusammenfassung: Heckmann, O., Warum ist das Weltall isotrop?, Sterne und Weltraum **13**, 152–156, 1974)

Dabrowski, M., Stelmach, J., A redshift-magnitude formula for the universe with cosmological constant and radiation pressure, Astron. Journ. **92**, 1272, 1986

Dicus, D., Letaw, J.R., Teplitz, D.C., Teplitz, V.L., Effects of proton decay on the cosmological future, ApJ **252**, 1, 1982

Dittus, H., Everitt, F., Lämmerzahl, C., Schäfer, G., Die Gravitation im Test, Phys. Bl. **55**, 39, 1999

Dolgov, A.D., Zel'dovich, Y.B., Cosmology and elementary particles, Rev. Mod. Phys. **53**, 1–41, 1981

Drell, P.S., Loredo, T.J., Wasserman, I.; Type Ia supernovae, evolution, and the cosmological constant, ApJ **530**, 593–617, 2000

Dyson, F.D., Time without end: Physics and biology in an open universe, Rev. Mod. Phys. **51**, 447, 1979

Dyson, F.D., Zeit ohne Ende – Physik und Biologie in einem offenen Universum, Brinkmann und Brose, Berlin, 1989

Eddington, A.S., On the instability of Einsteins spherical world, MNRAS **90**, 668–678, 1930

Eddington, A.S., The end of the world from the standpoint of mathematical physics, Nature Suppl. **21**, 431, 1931

Ehlers, J., General Relativity, Lect. Not. Physics **100** (Einstein Symp. Berlin) (Nelkowski, H., Hermann, A., Poser, N., Schrader, R., Seiler, R., Eds.) Springer, Berlin, 1979

Einstein, A., Zur Allgemeinen Relativitätstheorie, Sitzungsber. Preuss. Akad. Wiss., Berlin, 1915

Einstein, A., Kosmologische Betrachtungen zur Allgemeinen Relativitätstheorie, Sitzungsber. Preuss. Akad. Wiss., Berlin, 1917

Einstein, A., The meaning of relativity, Princeton University Press, 1954

Einstein, A., Grundzüge der Relativitätstheorie, Vieweg, Braunschweig, 1956 (beinhaltet 3. Auflage der „Vier Vorlesungen über Relativitätstheorie" von 1922)

Ellis, G.F.R., Alternatives to the Big Bang, Ann. Rev. Astron. Astrophys. **22**, 157, 1984

Ellis, G.F.R., Does inflation necessarily imply $\Omega = 1$?, Class. Quant. Grav. **5**, 891–901, 1988

Ellis, G.F.R., Coule, D.H., Life at the end of the universe?, Gen. Relativ. Grav. **26**, 731, 1994

Felten, J., Isaacman, R., Scale factors R(t) and critical values of the cosmological constant in Friedmann universes, Rev. Mod. Phys. **58**, 689–698, 1986

Fließbach, T., Quantenmechanik, Spektrum Akad. Verlag, Heidelberg, 2000

Frautschi, S., Entropy in an expanding universe, Science **217**, 593, 1982

Freedman, W. et al., Final results from the Hubble Space Telescope key project to measure the Hubble constant, ApJ **553**, 47–72, 2001 (astro-ph/0012376)

Friedmann, A.A., Über die Krümmung des Raumes, Z. Physik **10**, 377–386, 1922

Friedmann, A.A., Über die Möglichkeit einer Welt mit konstanter negativer Krümmung des Raumes, Z. Physik **21**, 326–332, 1924

Gamow, G., 1949 (vgl. Alpher, R.A., Herman, R.C., Theory of the origin and the distribution of the elements, Rev. Mod. Phys. **22**, 153–212, 1950)

Gasperini, M., Veneziano, G., Pre-Big-Bang in string cosmology, Astroparticle Physics 1, 317, 1993

Geller, M.J., Huchra, J.P., Mapping the universe, Science **246**, 897–903, 1989

Gliner, E.B., Algebraic properties of energy-momentum-tensor and vacuum-like state of matter, Sov. Phys. JETP **22**, 378, 1966

Görnitz, T., On the connection between abstract quantum theory and space-time-structure. A model of cosmological evolution, Intern. Journal of Theoret. Phys. **27**, 659, 1988

Görnitz, T., Quanten sind anders – Die verborgene Einheit der Welt, Spektrum Akad. Verlag, Heidelberg, 1999

Greene, B., Das elegante Universum, Siedler, Berlin, 2000

Grib, A.A., Particle creation in the early Friedmann universe, Gen. Relativ. Grav. **32**, 621, 2000

Griffith, L.M., Melchiorri, A., Silk, J., Cosmic microwave background constraints on a baryonic dark matter-dominated universe, ApJ **553**, L5-L9, 2001

Gurvits, L.I., Kellermann, K.I., Frey, S., The „angular size – redshift" relation for compact radio structures in quasars and radio galaxies, Astron. Astrophys. **342**, 378–388, 1999

Guth, A.H., Inflationary universe: a possible solution of the horizon and the flatness problem, Phys. Rev. **D 23**, 347–356, 1981

Harrison, E.R., Fluctuations at the threshold of classical cosmology. Phys. Rev. **D 1**, 2726, 1970

Hartle, J.B., Quantum cosmology and the early universe, in: The very early universe (Gibbons, G.W., Hawking, S.W., Eds.), Cambridge University Press, 1983

Hartle, J.B., Hawking, S.W., Wave function of the universe, Phys. Rev. **D 28**, 2960, 1983

Hawking, S.W., Nucl. Phys. **B 224**, 180, 1983

Hawking, S.W., The quantum mechanics of the universe, in: Large scale structure of the universe, cosmology and fundamental physics (Setti, G., van Hove, L., Eds.), Proc. first ESO-CERN Symp., Geneva 1984

Hawking, S.W., Ellis, G.F.R., The large scale structure of space-time, Cambridge University Press, 1973

Hawking, S.W., Penrose, R., The singularities of gravitational collapse and cosmology, Proc. Roy. Soc. **A 314**, 529–548, 1970

Heckmann, O., Die Ausdehnung der Welt in ihrer Abhängigkeit von der Zeit, Nachr. Wiss. Ges., Göttingen, 1931

Heckmann, O., Sterne Kosmos Weltmodelle, Piper, München, 1976

Hehl, F.W., Heinicke, C., Über die Riemann-Einstein-Struktur der Raumzeit und ihre möglichen Gültigkeitsgrenzen, Philosophia Naturalis 37, 317, 2000

Hewitt, A., Burbidge, G., A new optical catalog of quasi-stellar-objects, ApJ Suppl. 63, 1–246, 1987

Hoell, J., Liebscher, D.-E., Priester, W., Confirmation of the Friedmann-Lemaître universe, Astron. Nachr. 315, 89–96, 1994

Hoell, J., Priester, W., Die Evolutionszeit der Quasare, Sterne und Weltraum 27, 412–413, 1988

Hoell, J., Priester, W., Voids, Walls und Schweizer Käse, Sterne und Weltraum 29, 74–75, 1990(a)

Hoell, J., Priester, W., Ist die „fehlende Masse" Illusion?, Sterne und Weltraum 29, 638–641, 1990(b)

Hoell, J., Priester, W., Dark matter and the cosmological constant, Comments on Astrophysics 15, 127–138, 1991(a)

Hoell, J., Priester, W., Void-structure in the early universe, Astron. Astrophys. 251, L23-L26, 1991(b)

Hoell, J., Priester, W., Galaxy formation in a Friedmann-Lemaître-model, Proc. Panchrom. View of Galaxies, Edit. Frontières, 29–32, 1994

Hoyle, F., Burbidge, G., Narlikar, J.V., A different approach to cosmology, Cambridge University Press, 2000

Hoyle, F., Narlikar, J., Effect of quantum conditions in a Friedmann cosmology, Nature 228, 544, 1970

Hubble, E.P., A relation between distance and radial velocity among extragalactic nebulae, Proc. Nat. Acad. Sci. 15, 169–173, 1929

Hübner, P., Ehlers, J., Inflation in curved model universes with noncritical density, Class. Quant. Grav. 8, 333, 1991

Islam, J.N., Possible ultimate fate of the Universe, Quart. J. Royal. Astron. Soc. 18, 3, 1977

Israelit, M., Rosen, N., A singularity-free cosmological model in general relativity, ApJ 342, 627–634, 1989

Jeans, J., The stability of spherical nebula, Phil. Trans. Roy. Soc. 199A, 1–53, 1902

Jones, A.W., Lasenby, A.N., The cosmic microwave background, http://www.livingreviews.org/Articles/Volume1/1998–11jones/index.html

Jones, B.J.T., The origin of galaxies: a review of recent theoretical developments and their confrontation with observation, Rev. Mod. Phys. 48, 107–149, 1976

Jordan, P., Schwerkraft und Weltall, Vieweg, Braunschweig, 1955

Kamionkowski, M., Kosowsky, A., The cosmic microwave background and particle physics, Annu. Rev. Nucl. Part. Sci, 1999 (astro-ph/9904108)

Kaufmann, S.E., Schücking, E.L., A generalized redshift-magnitude formula, Astron. Journ. 76, 583–587, 1971

Kayser, R, A cosmological test with compact radio sources, Astron. Astrophys. 294, L21-L23, 1995

Kellermann, K.I., The cosmological deceleration parameter estimated from the angular-size/redshift relation for compact radio sources, Nature 361, 134–136, 1993

Kharbediya, L.I., Some exact solutions of the Friedmann equations with the cosmological term, Sov. Astron. 20, 647, 1976

Kiefer, C., Probleme der Quantengravitation, Philosophia Naturalis 31, 310, 1994

Kiefer, C., The semiclassical approximation to quantum gravity, in: Canonical Gravity – from classical to quantum (Ehlers, J., Friedrich, H., Eds.) Springer, Berlin, 1994

Kinney, W.H., Riotto, A., Measuring the cosmological lepton asymmetry through the cosmic microwave background anisotropy, Phys. Rev. Lett. 83, 3366, 1999

Klapdor, H.V., Der Beta-Zerfall und das Alter des Universums, Rheinisch-Westfälische Akademie der Wissenschaften N **365**, 73–123, 1989

Kochanek, C.S., The analysis of gravitational lens surveys II – Maximum likelihood models and singular potentials, ApJ **419**, 12–29, 1993

Kraus, L., Turner, M. S., Geometry and Destiny, Gen. Relativ. Grav. **31**, 1553, 1999

Kundt, W., The Gold effect – odyssey of scientific research, in: Understanding Physics (Richer, A.K., Ed.), 1998

Lamoreaux, S.K., Demonstration of the Casimir effect in the 0.6 to 6 micrometer range, Phys. Rev. Lett. **78**, 5, 1997

Landau, L.D., Lifschitz, E.M., Lehrbuch der theoretischen Physik IVa, Relativistische Quantentheorie, Akademie-Verlag, Berlin, 1975

Landsberg, P.T., Can entropy and ,,order,, increase together?, Phys. Lett. **102A**, 171, 1984

de Lapparent, V., Geller, M.J., Huchra, J.P., A slice of the universe, ApJ **302**, L1-L5, 1986

Lawler, J.E., Whaling, W., Grevesse, N., Contamination of the Th II line and the age of the galaxy, Nature **346**, 635–637, 1990

Layzer, D., Hively, R., Origin of the microwave background, ApJ **197**, 361–369, 1973

Layzer, D., Cosmogenesis. The growth of order in the universe, Oxford University Press, Oxford, 1990

Lemaître, G., The beginning of the world from the point of view of quantum theory, Nature **127**, 706, 1931

Lemaître, G., A homogeneous universe of constant mass and increasing radius accounting for the radial velocity of extra-galactic nebula, MNRAS **91**, 483, 1931 (Französische Originalarbeit: Ann. Soc. Sci. Brux. **A47**, 49–59, 1927)

Liebscher, D.-E., Priester, W., Hoell, J., A new method to test the model of the universe, Astron. Astrophys. **261**, 377–391, 1992(a)

Liebscher, D.-E., Priester, W., Hoell, J., Ly forest and the evolution of the universe, Astron. Nachr. **313**, 265–273, 1992(b)

Lifshitz, E.M., On the gravitational stability of the expanding universe, J. Phys. U.S.S.R. **10**, 116–129, 1946

Linde, A.D., Particle physics and inflationary cosmology, Phys. Today **40**, 61–68, 1987

Lineweaver, Ch.H., A younger age for the universe, Science **284**, 1503, 1999

Lotze K.-H., Simultaneous creation of electron-positron pairs and photons in Robertson-Walker universes with statically bounded expansion. International Journ. of Mod. Phys. **A7**, 2695, 1992

Lovelock, D., The uniqueness of the Einstein field equations in a four-dimensional space, J. Math. Phys. **13**, 874, 1972

Lu, L., Wolfe, A., Turnshek, D.A., The redshift distribution of Ly clouds and the proximity effect, ApJ **367**, 19, 1991

Madsen, M.S., Ellis, G.F.R., The evolution of Ω in inflationary universes, MNRAS **234**, 67–77, 1988

Mattig, W., Über den Zusammenhang zwischen Rotverschiebung und scheinbarer Helligkeit, Astron. Nachr. **284**, 109–111, 1958

McGaugh, S., Boomerang data suggest a purely baryonic universe, ApJ **541**, L33, 2000 (astro-ph/0008188)

Meyer-Berkhout, U., Sind Protonen sterblich?, Naturwissensch. Rundschau **37**, 259, 1984

Mezger, P.G., Schmid-Burgk, J., The cosmological relevance of light element abundances, Mitt. Astron. Ges. **58**, 31–45, 1983

Mihalas, D., Binney, J., Galactic astronomy, Freeman, San Francisco, 1981

Nicolai, H., Niedermaier, M., Quantengravitation vom Schwarzen Loch zum Wurmloch, Phys. Bl. **45**, 459–464, 1989

Olive, K.A., The quark-hadron transition in cosmology and astrophysics, Science **251**, 1194–1199, 1991

Overduin, J. Priester, W., Problems of modern cosmology: How dominant is the vacuum?, Naturwissenschaften **88**, 229–248, 2001

Padmanabhan T., Physical significance of Planck length, Ann. Phys. **165**, 38, 1985

Pagels, H.R., Microcosmology – New particles and cosmology, Ann. N. Y. Acad. Sci. **422**, 15–32, 1984

Pahre, M.A., Djorgovski, S.G., De Carvalho, R.R., A Tolman surface brightness test for universal expansion and the evolution of elliptical galaxies in distant clusters, ApJ **456**, L79, 1996

Parker, L., Simon, J.Z., Einstein equations with quantum corrections reduced to second order, Phys. Rev. **D47**, 47, 1993

Peebles, P.J.E., Physical cosmology, Princeton University Press, 1971

Penrose, R., Singularities and time asymmetries, in: General Relativity (Hawking, S.W., Israel, W., Eds.), Cambridge University Press, 1979

Penzias, A.A., Wilson, R.W., A measurement of excess antenna temperature at 4080Mc/s, ApJ **142**, 419–421, 1965

Perlmutter, S. et al., Measurements of Ω and Λ from 42 high-redshift supernovae, ApJ **517**, 565, 1999 (astro-ph/9812133)

Peterson, B.A., QSO absorption lines and intergalactic hydrogen clouds, IAU Symp. **79**, 389–392, Dordrecht 1978

Pettini, M., Hunstead, R.W., Smith, L.J., Mar, D.P., The Lyman forest at 6 km s-1 resolution, MNRAS **246**, 545–564, 1990

Planck, M., Über irreversible Strahlungsvorgänge, Sitzungsber. Königl. Preuss. Akad. Wiss. 440–480, Berlin, 1899

Priester, W., van de Bruck, C., Friedmann-Modelle und der "Einstein-Limit", Naturwissenschaften **85**, 524–538, 1998

Priester, W., Hoell, J., Blome, H.-J., Das Quantenvakuum und die kosmologische Konstante, Phys. Bl. **45**, 51–56, 1989

Priester, W., Hoell, J., Blome, H.-J., The scale of the universe: a unit of length, Comm. Astrophys. **17**, 327–342, 1995

Priester, W., Hoell, J., Liebscher, D.-E., van de Bruck, C., Friedmann-Lemaître model derived from the Lyman alpha forest in quasar spectra, Proc. third A. Friedmann Sem., 52–67, St. Petersburg, 1996

Rebhahn, S., "Soft Bang" instead of "Big Bang", Astron. Astrophys. **353**, 1–9, 2000

Rees, M., The collapse of the universe: An eschatological study, The Observatory **89**, 193, 1969

Rees, M., Origin of pregalactic microwave background, Nature **275**, 35–37, 1978

Refsdal, S., On the possibility of determining Hubble's parameter and the masses of galaxies from the gravitational lens effect, MNRAS **128**, 307, 1964

Riess, A.G., Observational evidence from supernovae for an accelerating universe and a cosmological constant, Astron. Journ. **116**, 1009, 1998 (astro-ph/9805201)

Rindler, W., Visual horizons in world models, MNRAS **116**, 662–677, 1956

Riotto,A., Trodden, M., Recent progress in baryogenesis, Ann. Rev. Nucl. Part. Sci. **49**, 35–75, 1979

Robertson, H.P., On the foundations of relativistic cosmology, Proc. Nat. Acad. Sci. **15**, 822–829, 1929

Rowan-Robinson, M., The cosmological distance ladder, Freeman, New York, 1985

Rowan-Robinson, M., The Extragalactic Distance Scale, Space Sci. Rev. **48**, 1–77, 1988

Russell, R.J., Murphy, N., Isham, C.J. (Hrsg.), Quantum cosmology and the laws of nature. Scientific perspectives on divine action, University of Notre Dame Press, Notre Dame, USA, 1993

Sakharov, A.D., Violation of CP invariance, C asymmetry and baryon asymmetry in the universe, JETP Lett. **5**, 24, 1967

Sandage, A., The ability of the 200-inch Telescope to discriminate between selected world models, ApJ **133**, 355–392, 1961

Schäfer, G., Dehnen, H., On the origin of matter in the universe, Astron. Astrophys. **54**, 823–836, 1977

Schäfer, G., Wex, N., Binärpulsare testen Einsteins Gravitationstheorie, Sterne und Weltraum **32**, 770, 1993

Schmutzer, E., Symmetrien und Erhaltungssätze der Physik, Akademie-Verlag, Berlin, 1972

Seager, S., Sasselov, D.D., Scott, D., How exactly did the universe become neutral?, ApJ Suppl. **128**, 407–430, 2000

Shanks, T., Stevenson, P.R.F., Fong, R., MacGillivray, H.T., Galaxy number counts and cosmology, MNRAS **206**, 767–800, 1984

de Sitter, W., On the relativity of inertia, Proc. Roy. Acad. Sci. (Amsterdam) **19**, 1217, 1917

Smoot, G.F. et al., Structure in the COBE-DMR first year results, ApJ **396**, L1-L5, 1992

Soffel, M.H., Müller, J., Lasermessungen der Monddistanz – Experimentelle Tests der Gravitationstheorien, Sterne und Weltraum **36**, 646, 1997

Sorrell, W.H., Maximum cosmic redshift of quasars at z > 4, MNRAS **213**, 389–398, 1985

Starobinsky, A.A., A new type of isotropic cosmological models without singularity, Phys. Lett. **91B**, 99–102, 1980

Stecker, F.W., Wolfendale, A.W., The case for antiparticles in the extragalactic cosmic radiation, Nature **309**, 37–38, 1984

Streeruwitz, E., Vacuum fluctuations of a quantized scalar field in a Robertson-Walker universe, Phys. Rev. **D11**, 3378–3383, 1975

Surdharsan R., Johri V.B., Cosmological models with particle creation and bulk viscosity. Gen. Relativ. Grav. **6**, 41, 1994

Tipler, F.J., Interpreting the wave-function of the universe, Phys. Rep. **137**, 231–275, 1986

Tipler, F.J., The ultimate fate of life, Phys. Lett. **B286**, 36, 1992

Vilenkin, A., Boundary conditions in quantum cosmology, Phys. Rev. **D33**, 3560–3569, 1986

Vilenkin, A., Quantum cosmology and the initial state of the universe, Phys. Rev. **D37**, 888–897, 1988

Wagoner, R.V., Big Bang nucleosynthesis revisited, ApJ **179**, 343–360, 1973

Wambsganss, J., Gravitational lensing in astronomy, http://www.livingreviews.org/Articles/Volume1/1998–12wamb/index.html

Weinberg, S., Anthropic bound on the cosmological constant, Phys. Rev. Lett. **59**, 2607, 1987

Weinberg, S., The cosmological constant problem, Rev. Mod. Phys. **61**, 1–23, 1989

von Weizsäcker, C.F., Aufbau der Physik, Hanser, München, 1985

Wheeler, J.A., Einstein's vision, Springer, Berlin, 1968

Wirtz, C., De Sitters Kosmologie und die Radialbewegungen der Spiralnebel, Astron. Nachr. **222**, 21–26, 1924

Wu, K.K.S., Lahav, O., Rees, M.J., The large-scale smoothness of the universe, Nature **397**, 225–230, 1999

Zeh, H.D., The physical basis of the direction of time, Springer, Berlin, 1992

Zel'dovich, Y.B., The cosmological constant and the theory of elementary particles, Sov. Phys. Usp. **11**, 381–393, 1968

Zel'dovich, Y.B., A hypothesis, unifying the structure and the entropy of the universe, MNRAS **160**, 1P, 1972

Zel'dovich, Y.B., Creation of particles in cosmology, IAU Symp. **63**, Reidel, Dordrecht 1974

Zel'dovich, Y.B., Vacuum theory, a possible solution of the singularity problem of cosmology, Sov. Phys. Usp. **24**, 216, 1981

Zimdahl W., Pavon D., Cosmology with adiabatic matter creation. Phys. Lett. **A176**, 57, 1993
Zimdahl W., Pavon D., Reheating and adiabatic particle production, MNRAS **266**, 872, 1994
Zlatev, I., Wang, L., Steinhardt, P.J., Quintessence, cosmic coincidence and the cosmological
constant, Phys. Rev. Lett. **82**, 896, 1999

Bildanhang

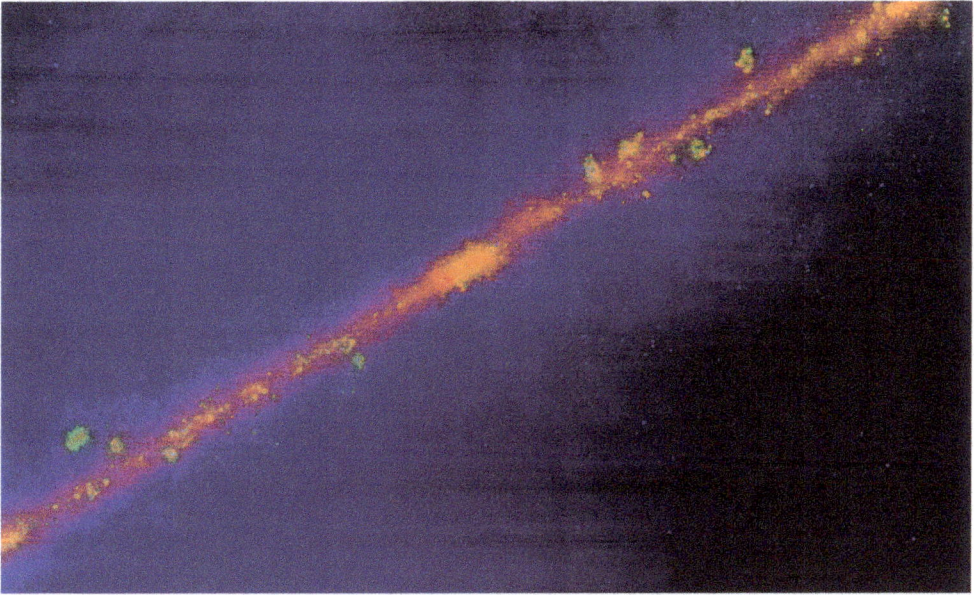

1 Die Milchstraße im Infrarot-Spektrum. Der IRAS-Satellit machte diese Aufnahme der Milchstraße im Jahre 1983. Das große helle Gebiet in der Mitte des Bildes ist das Zentrum unserer Galaxie. Andere helle Punkte sind Wolken von interstellarer Materie, die von benachbarten Sternen aufgeheizt werden (NASA).

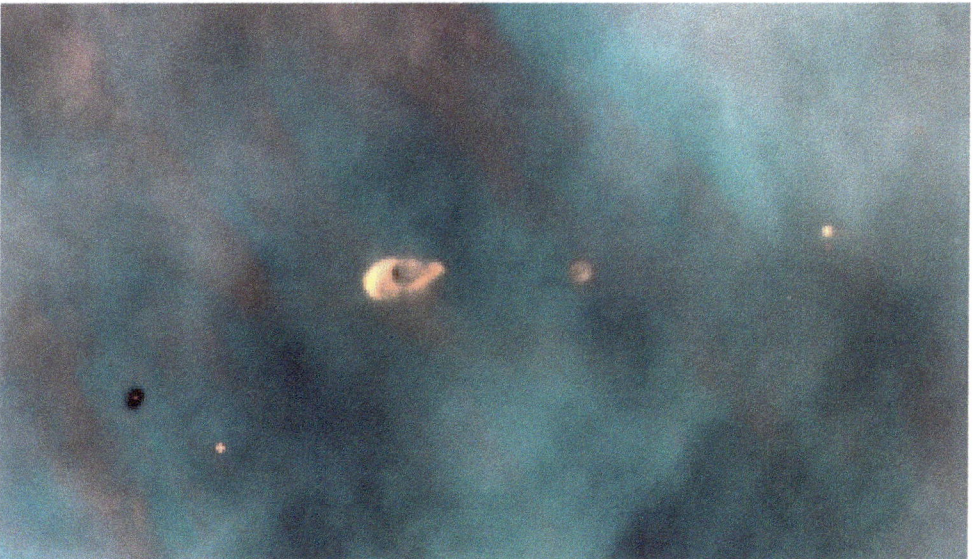

2 Proto-planetare Staubringe im Sternbild Orion. Nach der Reparatur der Hubble-Optik sind fünf junge Sterne im Orion Nebel in der Entfernung von 1500 Lichtjahren zu erkennen, von denen vier von Staubringen umgeben sind, deren Helligkeit von der Temperatur des Sterns bestimmt ist. Es wird angenommen, daß sich im Laufe der Zeit Planeten aus dem Ringmaterial formen können. Dies ist ein wichtiger Schritt in der Suche nach Planeten außerhalb des Sonnensystems (NASA).

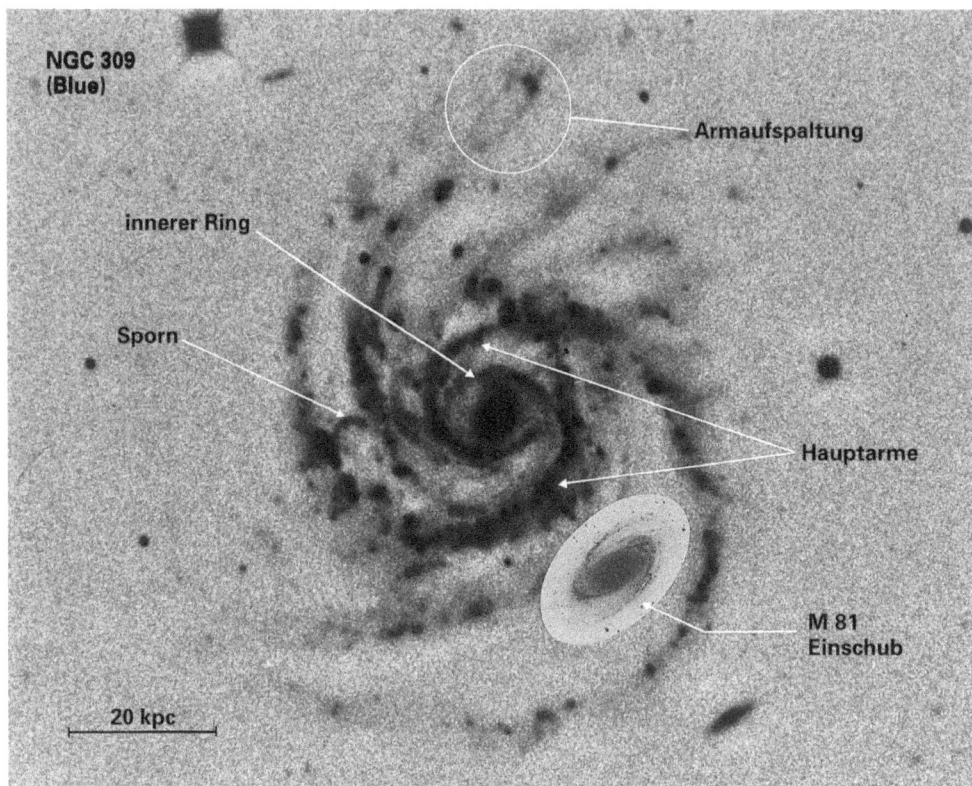

3 NGC 309 (Sc I) aufgenommen in drei Spektralbereichen [11]: (a) bei 4400 Å, (b) bei 2.1 µm, (c) bei 0.83 µm; NGC 309 gehört zu den größten Spiralgalaxien; zum Vergleich ist im gleichen Maßstab das Bild der normalen Galaxie M 81 eingeblendet. Im Infraroten wird aus der Sc- eine SBa-Galaxie. (Wir danken D. L. Block, R. J. Wainscoat, T. Kinman und NATURE für die Abdruckerlaubnis.)

3b, 3c ▶

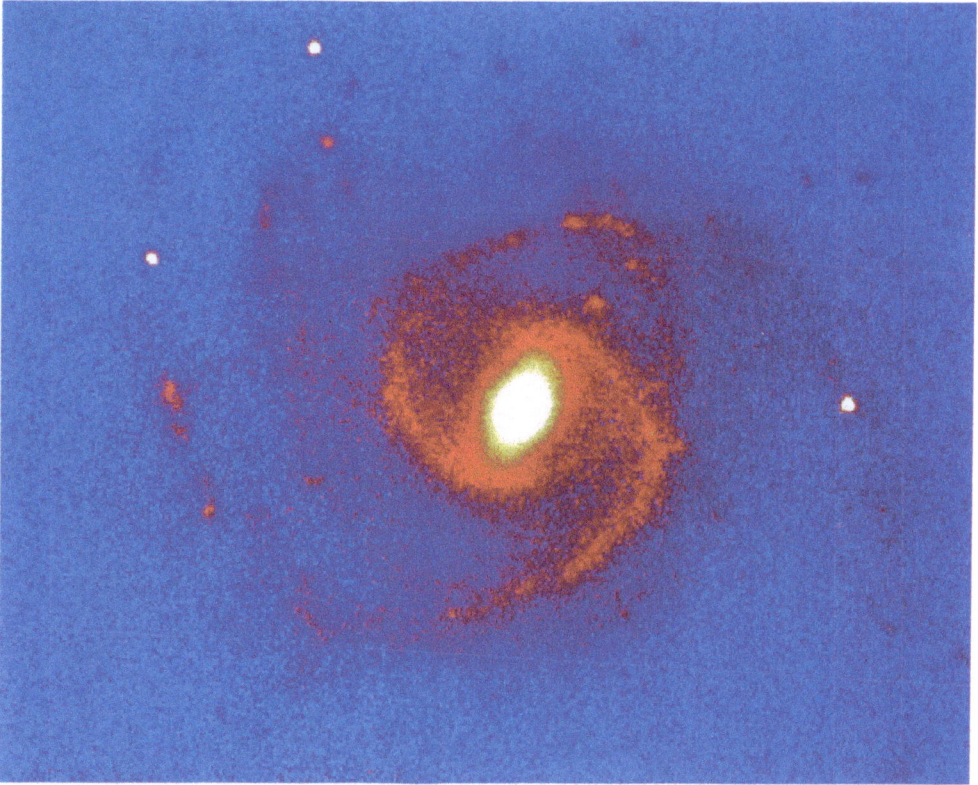

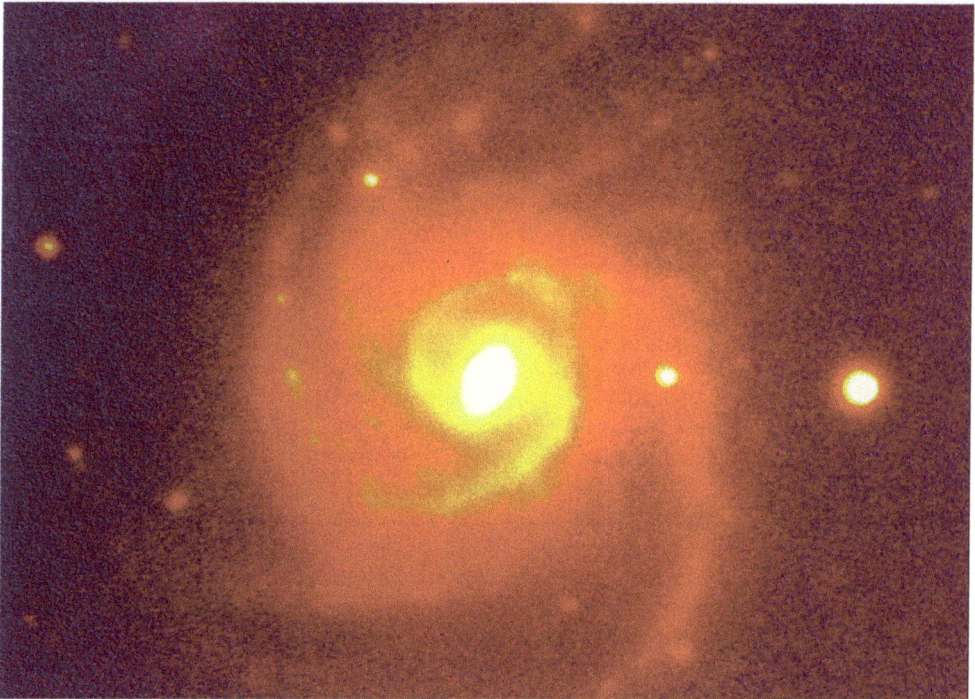

4 NGC 1232 in Falschfarbendarstellung [96]. Die mittlere Sternfarbe wurde als Neutralfarbe ausbalanciert; daher entspricht die Galaxienfarbe einem wahren Farbeindruck. Die starke Hα-Emission der HII-Gebiete erscheint rot; im eingeblendeten Bild wurden die schwachen Helligkeitsstrukturen maximal verstärkt und so die ältere Scheibenpopulation sichtbar gemacht. (Wir danken H. C. Arp und dem Astrophysical Journal für die Abdruckerlaubnis.)

5 Leerräume und Filamente der kosmischen Gasverteilung für zwei unterschiedliche Rotverschiebungen. In den Filamenten findet auch Galaxienentstehung statt. Die Zeit ist mit Hilfe der Rotverschiebung parametrisiert; $z = 2$ ist klumpiger als $z = 3$; $z = 0$ ist heute. Die Filamentstruktur entwickelt sich aus den primordialen Gas, den Strahlungsfeldern und der kalten dunklen Materie. Die Kantenlänge der Simulation entspricht 10 Mpc. Die Farben geben Temperaturen wieder; rot ist am heißesten. Der untere Teil der Abbildung zeigt als rote Kurve den „Lyman-Alpha-Wald", wie er in den Spektren sehr ferner Galaxien und Quasare erfaßt wird. Die Rotverschiebung jeder Lyman-Alpha-Linie ist proportional zur „Fluchtgeschwindigkeit" des absorbierenden Wasserstoffs (Abszisse) und ein Maß für die Ausdehnungsgeschwindigkeit des Universums zur Zeit der Absorption. Die schwarze Kurve zeigt die Rotverschiebungsverteilung der gesamten Baryonendichte. Die senkrechten Marken stehen für schwache Linien (Wasserstoffsäulendichte in Atomen pro cm²) (Abbildung nach Y. Zhang, M. Mieksins, P. Anninos, M. Norman, University of Illinois; Physics Today, Oct. 1996, S. 42).

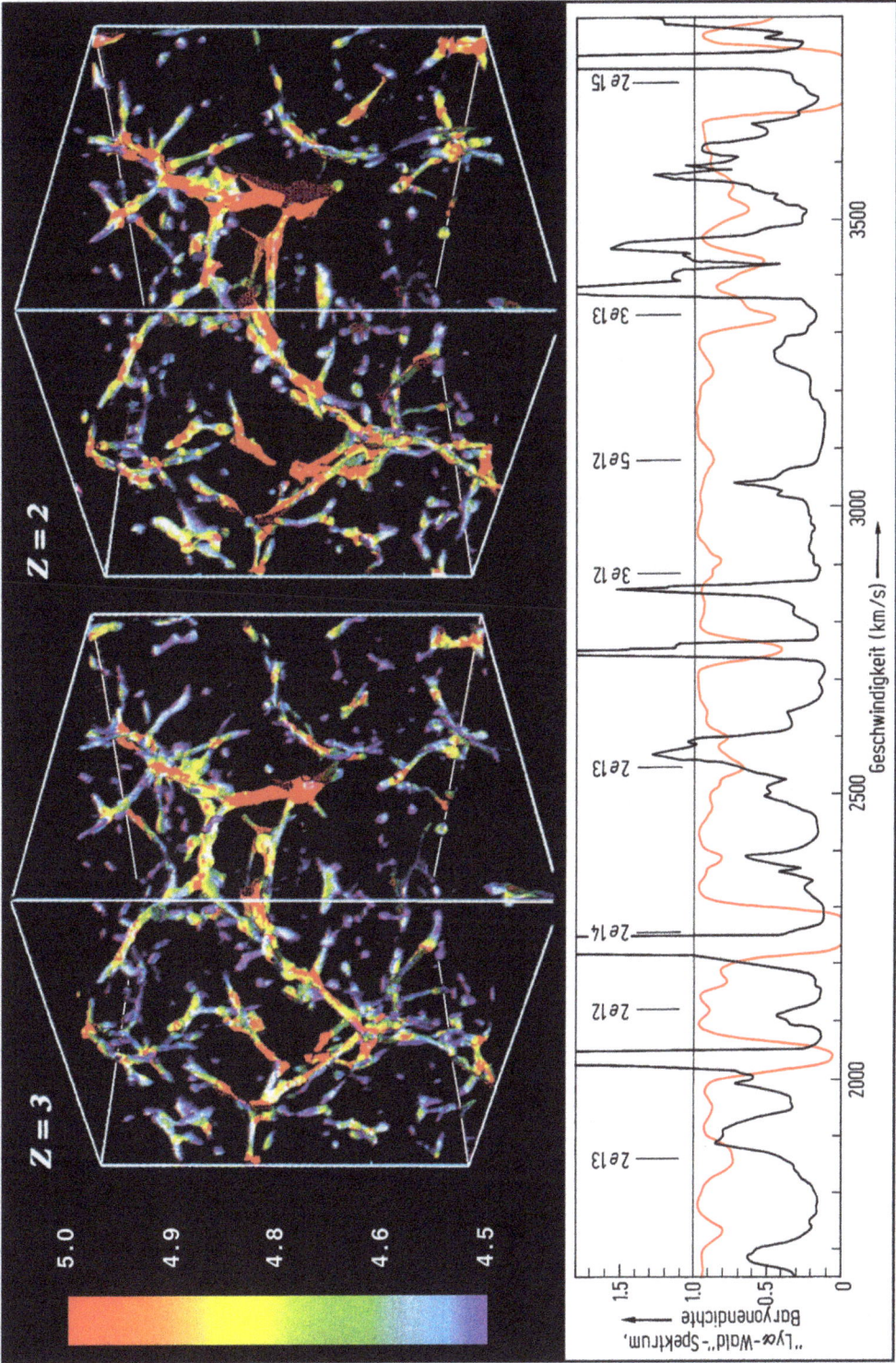

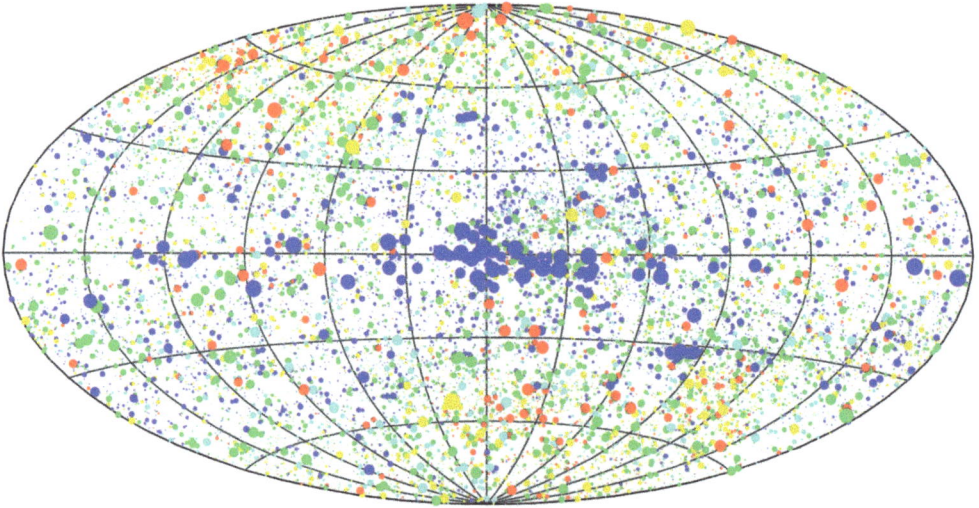

6 Karte der ROSAT-Himmelsdurchmusterung im Energiebereich zwischen 0.1 und 2.4 keV. Das Bild in galaktischen Koordinaten mit dem Milchstraßenzentrum in der Mitte zeigt die ca. 80.000 beobachteten Punktquellen. Die Größe der Punkte entspricht der Intensität der Quellen, die Farbe ihrem Spektrum, wobei analog zu den Regenbogenfarben rot den langwelligeren Bereich und blau den kurzwelligeren repräsentiert (Abbildung: Max Planck Institut für Extraterrestrische Physik, Garching).

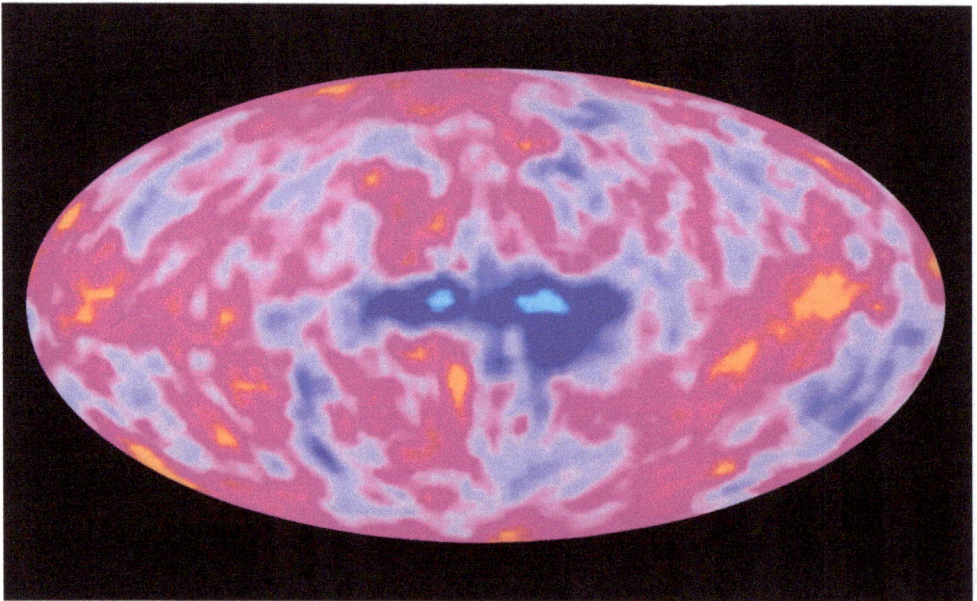

7 Anisotropie der kosmischen Mikrowellenstrahlung in galaktischen Koordinaten. Die horizontale Längsachse liegt in der Ebene der Milchstraße. Die Messungen wurden über die gesamte Himmelskugel für vier Jahre gemittelt. Die Farbunterschiede entsprechen sehr geringen Temperaturdifferenzen (5 µK) (NASA-GSFC).

Zahlenwerte und Tabellen

Wegen der im Deutschen und Englischen unterschiedlichen **Schreibung von Dezimalzahlen** und der dadurch bedingten Fehlermöglichkeiten wird im Bergmann-Schaefer der englische Dezimal*punkt* anstelle des deutschen *Kommas* verwendet.

Naturkonstanten*

Vakuum-Lichtgeschwindigkeit	$c \equiv 299\,792\,458 \text{ m s}^{-1}$
Gravitationskonstante	$G = 6.673(10) \cdot 10^{-11} \text{ m}^3 \text{ kg}^{-1} \text{ s}^{-2}$
Stefan-Boltzmann-Konstante	$\sigma = 5.670\,400(40) \cdot 10^{-8} \text{ W m}^{-2} \text{ K}^{-4}$
Molare Gaskonstante	$R = 8.314\,72(15) \text{ J mol}^{-1} \text{ K}^{-1}$
Faraday-Konstante	$F = 96\,485.341\,5(39) \text{ A s mol}^{-1}$
Avogadro-Konstante	$N_\text{A} = 6.022\,141\,99(47) \cdot 10^{23} \text{ mol}^{-1}$
Elementarladung	$e = 1.602\,176\,462(63) \cdot 10^{-19} \text{ A s}$
Boltzmann-Konstante	$k = 1.380\,650\,3(24) \cdot 10^{-23} \text{ J K}^{-1}$
	$ = 8.617\,342(15) \cdot 10^{-5} \text{ eV K}^{-1}$
Planck-Konstante	$h = 6.626\,068\,76(52) \cdot 10^{-34} \text{ J s}$
Elektronenmasse	$m_\text{e} = 9.109\,381\,88(72) \cdot 10^{-31} \text{ kg}$
	$\phantom{m_\text{e}} = 0.510\,998\,902(21) \text{ MeV}/c^2$
Protonenmasse	$m_\text{p} = 1.672\,621\,58(13) \cdot 10^{-27} \text{ kg}$
	$\phantom{m_\text{p}} = 938.271\,998(38) \text{ MeV}/c^2$

* Mohr, P.J. and Taylor, B.N., Physics Today, August 2001, Buyer's Guide, BG6–BG13

SI-fremde Einheiten

Zeit	mittlerer Sonnentag	1 d	$= 86\,400 \text{ s}$
	tropisches Jahr	1 a	$= 365.242\,189\,7 \text{ d}$
	Gigajahr	1 Ga	$= 10^9 \text{ a}$
Länge	Ångström	1 Å	$= 10^{-10} \text{ m}$
	astronomische Einheit	1 AE	$= 1.495\,978\,706\,6 \cdot 10^{11} \text{ m}$
			$= c \cdot 499.004\,783\,70 \text{ s}$
	Lichtjahr (light year)	1 Lj (ly)	$= c \cdot (1 \text{ Julianisches Jahr})$
			$= c \cdot (365.25 \cdot 24 \cdot 60 \cdot 60 \text{ s})$
			$= 9.460\,730\,472 \cdot 10^{15} \text{ m}$
	Parsec	1 pc	$= 3.0856776 \cdot 10^{16} \text{ m}$
			$= 3.2615638 \text{ Lj}$
Winkel	Bogensekunde	1 arc s	$= 1'' = 4.8481 \cdot 10^{-6} \text{ rad}$
	Millibogensekunde	1 mas	$= 10^{-3} \text{ arc s}$
Raumwinkel	Quadratbogensekunde	1 arc s^2	$= 2.3504 \cdot 10^{-11} \text{ sr}$
Energie	Erg	1 erg	$= 10^{-7} \text{ J}$
Spektrale Flußdichte	Jansky	1 Jy	$= 10^{-26} \text{ W m}^{-2} \text{ Hz}^{-1}$
Druck	Bar	1 bar	$= 10^5 \text{ Pa} = 1000 \text{ hPa}$
magnetische Feldstärke ($B = \mu_0 H$)	Gauß	1 G	$= 10^{-4} \text{ T}$

Erde

Radius	äquatorialer Radius	$a = 6378.1$ km
	polarer Radius	$c = 6356.8$ km
	Abplattung	$f = (a - c)/a$
		$= 0.00334$
	Radius für volumengleiche Kugel	$R_\oplus = 6371.0$ km
Masse		$M_\oplus = 5.9736 \cdot 10^{24}$ kg
	mittlere Dichte	5515 kg/m^3
Rotation	Sterntag = siderische Rotationsperiode	$= 86164.2$ s
	$= 23^h 56^m 4^s$ mittlere Sonnenzeit	
	Winkelgeschwindigkeit der Erdrotation	$7.292 \cdot 10^{-5}$ s^{-1}
	Trägheitsmoment	$8.0208 \cdot 10^{37}$ kg m^2
	Rotationsenergie	$2.1325 \cdot 10^{29}$ J
	Neigung der Erdachse gegen die Erdbahn-Normale	$23.45°$
	Präzessionsperiode	$25\,800$ a
Beschleunigungen	Fallbeschleunigung	
	am Äquator	9.78031 m s^{-2}
	am Pol	9.83217 m s^{-2}
	Abnahme mit der Höhe	$3.086 \cdot 10^{-3}$ (m s^{-2})/m
	Zentrifugalbeschleunigung am Äquator	$3.392 \cdot 10^{-2}$ m s^{-2}
	lunare Gezeitenbeschleunigung	$8.23 \cdot 10^{-7}$ m s^{-2}
	solare Gezeitenbeschleunigung	$3.79 \cdot 10^{-7}$ m s^{-2}
Erdbahn um die Sonne	große Bahnhalbachse	$149.60 \cdot 10^6$ km
		$= 1$ AE
	Perihel	$147.09 \cdot 10^6$ km
	Aphel	$152.10 \cdot 10^6$ km
	Bahn-Exzentrizität	0.0167
	siderische Umlaufszeit	365.256 d
	tropische Umlaufzeit	365.242 d
	mittlere Umlaufgeschwindigkeit	29.78 km/s
Fluchtgeschwindig-keit	von der Erdoberfläche in die erdferne Erdbahn (Luftreibung vernachlässigt)	11.2 km/s
	von der Erdbahn in den sonnenfernen Raum	42.1 km/s
	$=$ Erdbahngeschwindigkeit $\cdot \sqrt{2}$	

Erdsatelliten, Mond

Satellitenbahnen

Kreisbahn	Radius/$R_\oplus$	Umlaufzeit
Satelliten im ‚Low Earth Orbit' (z. B. Hubble, ROSAT)	1.08–1.12	1.5–1.17 h
2h-Bahn	1.27	2 h
geostationäre Bahn	6.628	24 h
Mondbahn	60.3	27.3217 d

Mondkörper

Masse	$7.35 \cdot 10^{22}$ kg $= 0.0123\ M_{\oplus}$
Radius	1737.4 km $= 0.273\ R_{\oplus}$
mittlere Dichte	3340 kg/m^3
Schwerpunkt des Erde-Mond-Systems	im Erdinneren bei 0.73 $R_{\oplus}$
Fallbeschleunigung auf Mondoberfläche	1.62 m s^{-2}
Fluchtgeschwindigkeit in die mondferne Mondbahn	2.38 km/s

Mondbahn um die Erde

große Halbachse	$0.3844 \cdot 10^6$ km
Perigäum	$0.3633 \cdot 10^6$ km
Apogäum	$0.4055 \cdot 10^6$ km
Bahnexzentrizität	0.0549
Neigung gegen Erdbahn	5.145 Grad
siderische Umlaufszeit	27.3217 d
synodische Umlaufszeit	29.53 d
mittlere Bahngeschwindigkeit	1.023 km/s
Neigung der Bahn gegen Erdbahn	5.145 Grad
siderische Rotationsperiode = siderische Umlaufszeit	
Neigung der Rotationsachse gegen Bahnnormale	6.68 Grad
Abstandsvergrößerung zur Erde	3.8 cm/a

Planeten des Sonnensystems*

Die Festkörper-Planeten

Name	Merkur	Venus	Erde	Mars	Pluto
Symbol	☿	♀	♁, ⊕	♂	♇
große Bahnhalbachse (AE)	0.387	0.723	1	1.524	39.236
Bahn-Exzentrizität	0.2056	0.0067	0.0167	0.0935	0.2444
Neigung der Bahn gegen Erdbahn (Grad)	7.00	3.39	–	1.850	17.16
siderischer Umlauf (a)	0.24085	0.61521	1	1.88089	247.685
siderische Rotation (d)	58.65	−243.0208	0.99727	1.02595	−6.3872
Neigung der Rotationsachse gegen Bahnnormale (Grad)	0.01	177.36	23.45	25.19	122.53
Masse/Erdmasse	0.0553	0.815	1	0.107	0.0021
Radius/Erdradius	0.383	0.949	1	0.533	0.187
mittlere Dichte (kg/m^3)	5427	5243	5515	3933	1750
beobachtete Monde	0	0	1	2	1
Ringsysteme	–	–	–	–	–

* Neueste Daten vom National Space Science Data Center: http://nssdc.gsfc.nasa.gov
  →Planetary/Lunar Science →Planetary Fact Sheets

Die Gas-Planeten

Name	Jupiter	Saturn	Uranus	Neptun
Symbol	♃	♄	♁	♆
große Bahnhalbachse (AE)	5.204	9.582	19.201	30.047
Bahn-Exzentrizität	0.0489	0.0565	0.0457	0.0113
Neigung der Bahn gegen Erdbahn (Grad)	1.304	2.485	0.772	1.769
siderischer Umlauf (a)	11.8622	29.4578	84.0138	164.792
siderische Rotation (d)	0.41354	0.44400	−0.71833	0.67125
Neigung der Rotationsachse gegen Bahnnormale (Grad)	3.13	26.73	97.77	28.32
Masse/Erdmasse	317.83	95.159	14.536	17.147
Äquatorialradius 10^5 Pa-Niveau/Erdradius	11.209	9.449	4.007	3.883
mittlere Dichte (kg/m^3)	1326	687	1270	1638
beobachtete Monde	28	30	21	8
Ringsysteme	ja	ja	ja	ja

Sonne

Masse	$M_\odot$ = $1.989 \cdot 10^{30}$ kg
Massenänderungsrate	d$M_\odot$/dt = $-1.35 \cdot 10^{17}$ kg/a durch Kernfusion $-4 \cdot 10^{16}$ kg/a durch Sonnenwind
Leuchtkraft	$L_\odot$ = $3.845 \cdot 10^{26}$ W
Spektraltyp	G2V
absolute Helligkeit	M_{vis} = 4.82, M_{bol} = 4.74
effektive Oberflächentemperatur	5777 K
Radius	$R_\odot$ = 695 508(26) km = 109 $R_\oplus$ $R_\oplus$ = Erdradius
mittlere Dichte	1.409 g cm^{-3}
Winkeldurchmesser von Erde gesehen	0.525−0.542°
siderische Rotationsperiode in mittleren Breiten	25.38 d
Sonnenfleckenzyklus	11 a (Anzahl) 22 a (magnetische Polarität)

Sonnenatmosphäre

Name der Zone	radiale Ausdehnung $(R_\odot)$	Temperatur (K)	Dichte $(g\,cm^{-3})$
Photosphäre	≈ 0.9995 bis	8000 bis	$5 \cdot 10^{-7}$ bis
Sonnenrand	1	4300	$3 \cdot 10^{-8}$
Chromosphäre	1–1.005	4300 bis 20 000	$3 \cdot 10^{-8}$ bis $3 \cdot 10^{-14}$
Korona	kontinuierlicher Übergang zum Sonnenwind	$\approx 10^6$	$1 \cdot 10^{-15}$ bis $2 \cdot 10^{-23}$

Umgebung der Sonne

Die sonnen-nächsten Sterne

Stern	M_{vis}	Spektraltyp	Entfernung (pc)
Proxima Centauri	15.45	M5Ve	1.29
α Centauri A	4.34	G2V	1.34
B	5.70	K1V	1.34
Barnards Stern	13.24	M5V	1.82
Wolf 359	16.65	M6.5Ve	2.39
HD95735	10.46	M2Ve	2.55
Sirius A	1.45	A1V	2.64
B	11.35	WZ	2.64
UV Ceti A	15.40	M6Ve	2.68
B	15.82	M6Ve	2.68

Die sonnen-nächsten Vertreter besonderer Objekte

Objekt	Name	Entfernung
Weißer Zwerg	Sirius B	2.65 pc
Roter Riese	Pollux (K0 III)	10.3 pc
	Arktur (K2 III)	11.3 pc
Pulsar	PSR 1929 + 10	47 pc
offener Sternhaufen	Hyaden	46 pc
HI-Wolke (keine Entfernungsbestimmung im Nahbereich möglich)		?
Molekül- und Staubwolke	L 1457 (in Aries)	65 pc
Wolke mit neuen Sternen	Lupus Wolkenkomplex	125 pc
Cepheiden	δ Cep	300 pc
HII-Region	Orionnebel	500 pc
Schwarzes Loch	Cyg X-1 (?)	2.5 kpc
Kugelhaufen	M4	3.0 kpc
	M22	3.1 kpc

Milchstraßen-System (Galaxis)

Größe und Form	Scheibe	
	Durchmesser	20–25 kpc
	Dicke der dicken Scheibe	1.3 kpc
	der dünnen Scheibe	0.325 kpc
	Halo	
	Durchmesser	≥ 40 kpc
	Zentrum	
	sphäroidale Aufbauchung (Bulge)	≈ 5 kpc
	Kern (kompaktes Zentralobjekt)	$\leq 10^{-4}$ pc
Masse	Gesamtmasse	$(0.4\text{–}1.4) \cdot 10^{12}\, M_\odot$
	Masse von Gas und Staub	$(2\text{–}5) \cdot 10^{9}\, M_\odot$
Position und Dynamik der Sonne	Richtung des galaktischen Zentrums	Sagittarius
	Abstand der Sonne vom Zentrum	8.5 kpc
	Umlauf um das galaktische Zentrum	
	Periode	$2.4 \cdot 10^{8}$ a
	Bahngeschwindigkeit	220 km/s
	Entfernung der Sonne von der Scheibenebene	≤ 20 pc
	Periode der Schwingung durch die Scheibenebene	$6.2 \cdot 10^{7}$ a

Galaxien

Umgebung unserer Milchstraße

	Entfernung von der Sonne	Masse ($M_\odot$)
assoziierte Zwerg-Galaxien		
Große Magellansche Wolke	(44 ± 3) kpc	$5 \cdot 10^{10}$
Kleine Magellansche Wolke	58 kpc (?)	$2 \cdot 10^{9}$
nächste Riesen-Galaxie		
Andromeda	725 kpc	$6 \cdot 10^{11}$

	Durchmesser	Masse ($M_\odot$)
unser Galaxien-Haufen		
Lokale Gruppe	1.4 Mpc	$(0.5\text{–}5) \cdot 10^{12}$
unser Galaxien-Superhaufen		
Virgo-Superhaufen	3–5 Mpc	ca. 10^{15}

Galaxien im Universum

Gesamtzahl aller Galaxien	$10^{12}\text{–}10^{13}$ (abhängig vom Modell, vgl. Tab. 6.3)
Gesamtmasse aller Galaxien	$5 \cdot 10^{22}\, M_\odot \approx 10^{53}$ kg (siehe auch Tab. 6.3)

Kosmologisch relevante Daten

Expansion des Universums

Hubble-Parameter	
heutige Expansionsrate des Raumes	$H_0 = h_0 \cdot 100\,\mathrm{km/s\,Mpc^{-1}}$ mit $0.5 \leq h_0 \leq 1.0$
häufig verwendeter Mittelwert	$h_0 \approx 0.75$
Hubble-Zeit	$H_0^{-1} = h_0^{-1} \cdot 9.8 \cdot 10^9\,\mathrm{a}$

Altersbestimmungen

	Mindestalter des Sonnensystems
aus dem Verhältnis von Uran- und Blei-Isotopen:	
älteste Gesteinsproben von Erde	$(3.962 \pm 0.003) \cdot 10^9\,\mathrm{a}$
älteste Gesteinsproben von Mond	$(4.6 \pm 0.1) \cdot 10^9\,\mathrm{a}$
älteste Meteoriten aus dem Sonnensystem	$(4.53 \pm 0.02) \cdot 10^9\,\mathrm{a}$

	Mindestalter der Galaxis
aus Uran/Thorium-Verhältnis und Modellen zur chemischen Evolution:	
älteste Meteoriten	$(18.6 \pm 6) \cdot 10^9\,\mathrm{a}$
aus Thorium/Europium-Verhältnis in Sternspektren:	
älteste Sterne	$(15.6 \pm 4.6) \cdot 10^9\,\mathrm{a}$
aus der Sternentwicklung:	
galaktische Kugelhaufen	$(12 \pm 4) \cdot 10^9\,\mathrm{a}$
Mindestalter der Objekte im Universum (Zusammenfassung, vgl. Tab. 6.1)	$(19 \pm 7) \cdot 10^9\,\mathrm{a}$

Hintergrundstrahlung

Temperatur	$(2.728 \pm 0.004)\,\mathrm{K}$
Dipolanisotropie durch Eigenbewegung von Sonne und Milchstraße	$\Delta T = 3.358 \pm 0.001\,\mathrm{mK}$
Temperatur-Inhomogenitäten	$\lvert \delta T \rvert / T < 10^{-4}$ über Winkelbereiche $< 1°$
Bewegung der Galaxis gegen den Strahlungshintergrund	mit $\approx 600\,\mathrm{km/s}$ in Richtung des Sternbildes Crater $(\mathrm{RA} = 11^\mathrm{h}\,12^\mathrm{m},\ \mathrm{Dekl.}\ -7°22')$

Mittlere Dichte des Universums (vgl. Tab. 6.1)

heutige kritische Dichte	$\varrho_{c,0} = \dfrac{3 H_0^2}{8 \pi G} = 18.8 \cdot 10^{-30} h_0^2 \ \mathrm{g\,cm^{-3}}$
	H_0 = heutiger Hubble-Parameter
	G = Gravitationskonstante
Dichteparameter	$\Omega_0 = \dfrac{\varrho_0}{\varrho_{c,0}}$
	ϱ_0 = heutige mittlere Dichte

Materieart	Ω_0
leuchtende Materie	$(0.0027 \pm 0.0014)\, h_0^{-1}$
baryonische Materie	$(0.01 - 0.02)\, h_0^{-2}$
leptonische Materie	$0.0003 - 0.12$
nichtbaryonische Dunkelmaterie	$0 - 0.5$

Literatur

Cox, A. N. (Hrsg.), Allen's Astrophysical Quantities, 4. Aufl., AIP/Springer, New York, 2000

Register

www.ingramcontent.com/pod-product-compliance
Lightning Source LLC
Chambersburg PA
CBHW051013240326

41458CB00145B/6433

* 9 7 8 3 1 1 0 1 6 8 6 6 2 *